U0248474

On Chinese

中国建筑的艺术表现，是通过组群建筑的空间序列在时间的流变中，创造出系列的空间景象，

最终突破有限空间的局限，与无限空间的自然相贯通而融合，具有时空的无限性和永恒性。

中国的建筑艺术，是流动的空间艺术。

# 中国建筑论

张家骥 著

On Chinese Architectu

山西人民出版社

一个人能按自己的意愿做学问，终年耕读而
乐在其中，已属幸运；得至环中，有些成就，能为社会
和后人提供些有用的东西，那就是幸福！

张家骥

作者张家骥教授1990年春于中国苏州

北京天坛祈年殿 [始建于明永乐十八年 (1420)，清光绪十五年 (1889) 重建]

北京故宫鸟瞰 [明永乐四年 (1406) 始建，永乐十八年 (1420) 建成，清代沿用，基本格局未变]

北京故宫一角

北京故宫之太和殿

纳一 摄

北京故宫保和殿中屏风、雕龙宝座

北京故宫中和殿、保和殿外观〔明初名华盖殿、谨身殿，清顺治时始称今名〕

北京颐和园晨曦中的山湖胜境

北京北海白塔山北沿湖二层延楼

北京颐和园中万寿山
排云殿、佛香阁

河北承德市须弥福寿庙之全景

[清乾隆四十五年(1780)仿日喀则扎布伦寺建]

河北承德市普陀宗乘庙之全景 [清乾隆三十二年 (1767) 建，又称 "小布达拉宫"]

河北承德市普陀宗乘庙中万法归一殿金顶、慈航普渡亭

河北承德市普陀宗乘庙，通高43米的大红台上建造的四周高25米的三层群楼

山西大同华严寺薄
伽教藏殿壁藏［辽重熙
七年（1038）建］

河北正定县隆兴寺大
悲阁［宋开宝四年（971）
建，高33米。阁内有高达
22米铜铸大悲菩萨像，为
国内铜像中之最高者］

山西五台山台怀镇寺庙群胜概［我国四大佛教名山之一，现存寺庙台内39座，台外8座］

山西五台山龙泉寺前石牌楼［宋代创建，清末民初重建］

山西洪洞县广胜寺上寺飞虹塔围廊门楼［明天启二年（1622）增建］

山西洪洞县广胜寺上寺琉璃鸱尾

云南大理崇圣寺三塔胜概

[三塔鼎立，大塔名千寻塔，建于南诏保和时期 (824~839)，方形十六层密檐塔，高 69.13 米。南北两实心砖塔，八角十层，高 42 米]

山西灵丘县觉山寺塔［辽大安五年 (1089) 建］

山西洪洞县广胜上寺飞虹塔［始建于汉，重建于明嘉靖六年（1527），为古代琉璃塔之代表］

山西应县佛宫寺释迦塔［辽清宁二年（1056）建，高67.3米，为世界最古最高的木结构建筑］

山西五台山碧云寺玉佛〔缅甸赠〕

山西运城泛舟禅师塔
〔唐长庆二年（822）建，为唐代圆形墓塔典型实例〕

山西五台山镇海寺章嘉佛塔造像

山西五台南禅寺大殿〔唐建中三年（782）建，为古代遗存最早的一栋建筑〕

山西五台山显通寺鎏金铜亭与两座小无梁殿、两座铜塔

雪景中的山西五台山菩萨顶前牌楼

山西高平县定林寺楼阁式
山门［宋代之前］

山西五台山南山寺
楼阁式山门

山西浑源县悬空寺局部景观

山西五台山佛光寺东大殿
转角铺作［角柱上斗拱，挑出
达5米之深，为全国之最］

山西五台山佛光寺东大殿
[唐大中十一年 (857) 建，为唐
代木构建筑的范例]

山西太原晋祠圣母殿［宋天圣年间创建，崇宁元年（1102）重修］

山西太原崇善寺明代布局图

山西太原市崇善寺千手佛

湖南省岳阳市岳阳楼

山西临汾市尧庙（被焚毁前摄）

山西代县文庙大殿藻井

山西大同华严寺上寺大殿平棊

山西芮城县永乐宫三清殿壁画《朝元图》[元泰定二年 (1325) 洛阳马君祥等绘]

山西芮城县永乐宫三清殿元代
壁画《朝元图》中的众神像

山西芮城县永乐宫中纯阳殿之元代壁画

山西洪洞县水神庙主殿中的戏曲壁画［元至大二年（1309），是中国最早的戏曲演出场面］

山西繁峙县岩山寺金代壁画

山西蒲县东岳庙大殿献亭 [始建年代不详，元延祐五年 (1318) 重建]

山西大同云冈石窟第二
十窟主佛与东立佛［主佛为
释迦牟尼坐像，高 13.7 米］

山西太原天龙山漫山阁
修复前的北魏石雕

山西大同云冈石窟第九窟前室上部与顶端精雕的佛龛、乐舞与卷草纹

山西大同云冈石窟第十六窟内景之一

［平面成椭圆形，正中莲花座上一立佛，周壁雕有千佛和佛龛］

山西大同云冈石窟第十六窟内景之二

山西大同云冈第五窟前壁之佛头像
［造型优美，系北魏石雕佛像代表作之一］

山西大同云冈石窟第十四窟西壁上部残存的佛头像

山西芮城县永乐宫三清殿元代壁画《朝元图》中的玉女

山西大同下华严寺辽塑露齿佛

山西隰县小西天胜概
［建于明代崇祯七年（1634），
又名千佛庵］

山西代县赵杲观朝圆洞
[创建于北魏，明万历年间重修]

山西隰县小西天大殿悬塑之一

山西隰县小西天大殿悬塑之二

浙江绍兴市兰亭碑亭〔清康熙帝题兰亭碑〕

浙江绍兴市兰亭之六角亭

山西万荣县东岳庙飞云楼

［创建年代不详，清乾隆十一年（1746）重建］

本书彩页除署名的一幅图片外，其余均由顾棣先生拍摄。

山西万荣县后土祠秋风楼

[ 现存为明构，楼上存元大德年间（1297–1307）汉武帝《秋风辞》刻石 ]

山西宁武县
芦芽山太子殿
[铜顶、铁柱、石
壁。明代建]

远眺中的山西五台山 [1980年摄]

山西浑源县恒山金龙口崖壁之悬空寺全景［创建于北魏晚期，约公元6世纪］

# 内 容 提 要

《中国建筑论》是建筑学领域中，第一部对中国木构建筑体系的形成、发展、衰亡作全面的整体性、系统性研究的理论巨著。著者博古通今，以多学科的理论研究方法，对建筑历史实践的各个方面进行分析；广征博引，鞭辟入里，从而揭示出中国古代建筑客观存在的内在规律性。如从人类学的古典家庭结构形式，对偶婚家庭的生活方式和居住模式对建筑空间结构的影响和制约，论证建筑设计的客观规律性；并从"质"的规定性对"建筑"做出科学的定义。从历史、民族、社会学角度分析中西方由原始社会进入阶级社会的不同及中国形成"宗法制"的缘由，据此发现中国历史上改朝换姓必然采取"毁旧国，建新朝"的政策，及与此相适应的特殊的建筑生产方式，从而解决了中国建筑史上迄今无法解释的一系列重大问题。诸如：为什么中国不采用砖石结构，始终用木构梁架体系建筑？而且数千年来没有根本性、原则性的变革？为什么野蛮落后的建筑生产方式，却采用科学先进的"模数制"？为什么有技术水平很高的建筑法式，却没有一本建筑的理论著作？等等。著者剖析深刻，论证有据，言之凿凿，做出令人信服的回答。

本书著者视野广阔，而治学严谨。每论一题，尽可能汇集各家之说，比较评述，以新的认识提出自己的独到见解。这样的例子在书中比比皆是，独具只眼之论，随处可见。著者对前人把握不定的模糊概念，如建筑与建筑艺术，建筑形式与建筑类型，建筑装饰与建筑装修，意象与意境等等，用哲学、美学、艺术等理论，条分缕析，论述清楚、涵义透彻。对辞书中许多古建筑辞汇，解释不确以致错误者，则以训诂、考据等方法，清源正本，作了明确的界说。著者亦运用现代力学的基本原理，对宋《营造法式》中的四种典型柱网布置模式，从梁架结构的整体刚度和稳定性分析比较，论定"金箱斗底槽"为古建筑的标准柱网模式。这就为确定辽、金、元时代建筑的减柱移柱提供了标准，从而避免了对减柱移柱建筑言人人殊，令人莫衷一是的困惑。如此等等，不一而足。

本书的特点，是不囿于以往研究中国建筑受遗存实物的局限，也超越了建筑史学传统的考古式的研究方法，而是以辩证唯物史观分析问题，运用多学科的理论方法，把握当代新科学的精神，充分利用遗存实物，尽力收集古籍文献资料，多元分析历史上建筑实践中的矛盾和解决矛盾的思想方法；总结出中国传统建筑的设计原理和法则，建立了系统的中国建筑的思想理论体系，使中国建筑真正成为一门现代科学。本书的问世，在理论上对建筑学、建筑史学的重大意义和补阙作用，是不言而喻的！

# On Chinese Architecture

## Summary

"On Chinese Architecture" is the first theoretical work in the field of architecture in which a comprehensive, integrated and systematic study on the formation, development and decline of the system of Chinese wooden architecture are carried out. Being conversant with ancient and modern learning both of China and foreign countries, the author has analyzed from every aspects of the practice in the history of architecture in terms a theoretical approach of multidisciplinary book, and expounded the inherent law, as an objective existence, in the ancient architecture of China by fully quoting and proving and penetrating criticism. For example, from the point of view of anthropology, from the influence and constraint of the classic type of familientoamation, the lifestyle of the pairing families and their mode of inhabitancy on the structure of building space, the author discussed the objective law in design of buildings, and proposed a scientific definition of "Architecture" in the connotation of its "Essence". From the angles of history, nation and sociology the differences in the process from primitive society to class society of China and the West and the reason why "Patriarch System" established in China are analyzed. Based on this it is found that in the history of China for changing of dynasties the policy of "destroying old regime and establishing a new dynasty" and special way of building construction fit with it should be used. Hence many questions in the history of Chinese architecture which have not been answered so far are explained, such as why the masonry and stone structures were not used in China and instead the wooden frame system was always used for architecture? Why no fundamental changes in matter of principles took place in several thousand years? Why advanced scientific "Modular System" was used with such an uncivilized backward way of building construction? Why no theoretical works echoed with such rules of architecture of higher technical level? …. Through penetrating analysis and discussion on good grounds, the author issued convincing answers to these questions.

The author of this book have a wide sphere of vision, is rigorous in his researches, and he has tried to collect as many as possible the theories of various scholars, compares, comments, and finally puts forward his own u-nique opinion based on his new understanding. The readers can find such examples everywhere in this book, as well as the idea of excellence. Regarding some obscure concepts which the predecessors were not quite sure, such as the architecture and the art of architecture, form of architecture and the type of architecture, the architectural ornament and the architectural decoration, the imagery and the spatial imagery etc., this book analyzes point by point in terms of the theories of philosophy, aesthetics and arts and expounds clearly with definite meaning. As for such words in the vocabulary for ancient architecture in the dictionary which are interpreted inexact or incorrect, the methods in the critical interpretation and textual research are used to clarify matters and get the origin and give them precise definition. Further, by applying the fundamental principles of modern mechanics to the four typical arrangement of column grid in "Rules of Architecture", a book published in Song Dynasty, and from the analysis and comparison of overall rigidity and stability of these arrangement, the author concluded that "Jin Xiang Dou Di Cao" (金箱斗底槽) is the standard mode of column grid of ancient buildings. Thus a standard is provided for determining whether a building in the times of Liao(辽), Jin (金) and Yuan(元) involved any deduction or shift of columns so as to avoid the situation that one feel puzzled being unable to agree which is right of the different opinions on such buildings.

As its distinguished features, this book is not limited to researches on the remains of Chinese buildings and the traditional methodology of archaeology used in the study of history of architecture, but, by using dialectical materialistic point of view on history and the methods for a multidisciplinary theory, making full use of the remains, collecting as many as possible literatures and information in ancient books and analyzing the contradiction in the practice of buildings in ancient times from various aspects and the ideology for solution of the contradictions, draws conclusions on the principles and rules in the Chinese traditional architecture and establishes a coherent ideological and theoretical system of Chinese architecture so as to make Chinese architecture an branch of modern science. The momentous significance and the role of making good deficiencies in theory of the publication of this book to the architectonics and the history of architecture are evident.

（张　炜译）

# 目　　录

# 序

在人类文明史上，中国古代社会创造出灿烂辉煌的建筑文化，是值得炎黄子孙引以自豪的。

中国传统建筑，在结构与构造、功能与审美上的完美结合，以其物质技术与思想艺术的高度统一，鲜明的民族特点与风格，在世界建筑史上独树一帜。

中国建筑在历史发展过程中，确有其特殊的为其他建筑体系所没有的现象，如梁思成先生在20世纪30年代就曾指出的，中国文化"数千年来，虽有二十余朝帝王的更替；虽然在政治上有匈奴、五胡的威胁，辽金元清的统治；在文化上，先有佛教的输入，后有耶教之东来，中国文化却是从来是赓续的①。"

中国的建筑文化也同样，虽然"在军事，政治及思想方面，中国常与他族接触，但建筑之基本结构及部署之原则，仅有和缓之变迁，顺序之进展，直之最近半世纪，未受其他建筑之影响。数千年来无遽变之迹、渗杂之象，一贯以其独特纯粹之木构系统，随我民族足迹所至，树立文化标志②。"

这就是说，数千年来，中国建筑在发展过程中，从未有过"**质**"的变化，当然也就不存在有过"质"的飞跃，始终是持续不断的"和缓"而按"顺序"的进展。

中国建筑这种历史发展的特殊性，显然与一贯采用木造结构有直接的关系，如梁思成先生在其《中国建筑史》中，讲中国建筑的主要特征，首先就是以木料为主要构材。他说："世界它系建筑，多采用石料以替代其原始之木构，故仅于石面浮雕木质构材之形，以为装饰，其主要构造法则依石料垒砌之法，产生其形制。中国始终保持木材为主要建筑材料，故其形式为木造结构之直接表现。其在结构方面之努力，则尽木材应用之能事，以臻实际之需要，而同时完成其本身完美之形体③。"

对中国建筑的发展历史与成果，人们似乎多视为**禀赋优异**而想当然地接受下来，但却没有作过认真的理性思考：

为什么"世界它系建筑，多采用石料以替代其原始之木构"，惟独中国始终保持木造结构呢？

是什么力量在左右着中国建筑的发展？数千年来如此"和缓的变迁"，"顺序的进展"，而且不受政治风暴的干扰和外来建筑文化的影响呢？

梁思成先生在 20 世纪 40 年代写的《中国建筑史》，是第一个中国人写出的第一部中国建筑发展史。如"绪论"所说："本篇之作，乃本中国营造学社十余年来对于文献术书及实物遗迹互相参证之研究，将中国历朝建筑之表现，试作简略之叙述，对其蜕变沿革及时代特征稍加检讨，试作分析比较，以明此结构系统之源流而已④。"这就是说，当时正处于了解研究中国建筑文化的初期，还没有深入到上面所提出的问题。所以，梁先生对今后中国建筑史的研究认为：

"中国建筑历史之研究尚有待于将来建筑考古方面发掘调查种种之努力⑤。"

世人对中国传统建筑文化的认识，20 世纪 30 年代时，"虽渐有人对中国建筑有相当兴趣，但也不过取种神秘态度，或含糊的骄傲的用些抽象字句来对外人颂扬它；至于其结构上的美德及真正的艺术上成功，则仍非常缺乏了解⑥。"真正去了解研究中国建筑的是从**中国营造学社**开始，以**梁思成、刘敦桢**为代表的中国第一代建筑师，通过对古代建筑遗构的艰辛调查和对古籍文献术书的考据，在弄清古代建筑形制方面，做了大量工作，积累了极为珍贵的资料，为后人走进中国古建筑圣殿，开辟了道路，为研究中国建筑者，奠定了基础。先辈们的功绩，是永不会泯没的。

但对今后建筑史应如何研究，梁先生认为在于"建筑考古方面"的思想，对后来中国建筑史学界影响很深，几乎以建筑考古、发掘、调查等等的研究，替代了对建筑史的研究，从而形成**以考古方式为研究中国建筑的正统思想**。这就将建筑史的研究重心落实在历史遗存的建筑上，研究者也多集中于遗构的微观研究。历史上遗存下来的建筑物，是当时人们生活的遗留实物，对研究建筑史的重要，是不言而喻的。但任何一栋遗存建筑，不论其考古学上的价值大小，对建筑史来说只是**史料**而非**历史**，建筑史就是要从其中具有典型性的史料之间的内在联系中，揭示出中国建筑历史发展的客观规律。

1949 年以后政治运动一个接着一个而来，从知识分子的思想改造运动，到 1955 年建筑界对"以梁思成为代表的资产阶级唯美主义的复古主义建筑思想"的批判，无人再敢去研究什么建筑史了。为了高校教学的需要，于 1959 年开始筹划编写《中国古代建筑史》，"前后历时七年，共编写过八次稿本，是我国建筑史学界研究人员的共同成果⑦。"后因"文化大革命"，书稿被搁置起来，到 1978 年，这部《中国古代建筑史》终于出版。

《中国古代建筑史》的编写，正处于极"左"思想泛滥之时，狭隘的阶级观念，排斥、否定古今一切与剥削阶级有关的东西，对体现封建统治阶

级生活方式的古典建筑,也就成了禁区。殊不知:

**正是人的恶劣的情欲——贪欲和权势欲成了历史发展的杠杆**⑧。

《中国古代建筑史》的编写由于受时代的局限,反映在主观方面受建筑考古式研究思想的影响,必然在内容上受考古遗存实物的局限,建筑类型很少,尤其在明清以前,主要是寺院、石窟寺和地下的坟墓。建筑作为人不可缺少的物质生活资料,仅此不可能反映出古代社会生活的全貌。客观方面在极"左"思想的制约下,不可能以辩证唯物史观作编写的指导思想,当然也就无法去揭示**中国建筑的历史发展规律**。难以超脱按朝代的时序罗列和解释史料的窠臼,只能告诉人们历史上遗存的建筑**有什么! 是什么!** 从不讲**为什么?** 这样,中国古代建筑史,就成为已经逝去的,与现实生活无关紧要的历史常识。在教学中,这种状况至今并无多大改变。正是由于中国的建筑学根植于缺乏辩证唯物史观的思想贫瘠的土壤里,所以成了不结果实的花朵,这是造成迄今为止,**中国建筑无理论**的主要原因。

李允鉌的《华夏意匠》问世,打破了中国建筑史学按朝代罗列和解释史料的框子,改变了历史上"有什么! 是什么!"的传统模式。他从建筑设计角度,对中国建筑史提出一些重大问题和看法,无疑的对建筑界起了振聋发聩的作用,得到一些专家的推崇,也普遍获得好评。但在中国不同于西方,始终以木构架体系为主的重大问题上,对李允鉌所列举的论证和看法,并没有引起建筑史学界的兴趣,有如一粒石子丢入深潭,随一点波纹的逐渐扩散而消失,仍然归之于平静,即回归到知其然不知其所以然的自我满足的境界里去了。

对中国古代始终采用木构架建筑的原因,李允鉌举出几位专家学者的不同看法,即刘致平的**自然条件说**,徐敬直的**经济水平说**,李约瑟的**社会制度说**。正如李允鉌所说,这些说法都是经不起认真分析的。李允鉌提出了**技术标准说**。他抓住中国木构架建筑生产的特点,特别是可大大缩短工期的突出优越性,无疑比其他说法要实际得多,也深刻得多。但材料和技术是生产力的要素,技术本身既非生产的目的,更非是生产的原因。也就是说,木构架建筑生产在技术上的优越性,是采用木构架建筑实践的结果,不是采用木构架建筑的原因(详见本书第一章"木构建筑历史发展原因"一节)。

上述四种说法,是从社会制度、社会经济、物质技术和自然条件四个方面,都未能回答出中国古代之所以采用木结构的原因。这说明,单从古代建筑实践的表面现象,或者以主观的逻辑推理,已经不可能再想出什么新的答案来了。但自从李允鉌提出这个古代中国建筑具有根本性的问题以后,撰写有关中国古代建筑的书,就不能再回避这个问题,必须做出回答。

有的研究中国建筑史学者,找不出新的答案,便认为上述四种说法,都有一定的道理,作为答案,单独不能成立,综合起来做为一个答案,岂不是无可非议了吗?

这个综合说,作为答案就需要一个表述的形式。正好美国通俗历史作家亨德里克·威廉·房龙(Hendrick Van Loon)有一把"解答许多历史问题的灵巧钥匙",即"**绳圈**"图解。这把钥匙的绝妙之处,不管什么样的历史问题,答案是已经设定了的,即"绳圈"。并假设"绳圈"是由许多内力支撑着,也就是构成答案的各种因素,而且这些构成答案因素的内力,多少不限,于是乎以不变(绳圈)应万变(合力)的"灵巧"答案就形成了,如果这些力是均衡相等的,那么,这绳圈就是圆的;如果这些力既不均衡,又各不相等,那就成了毫无规则的随意弯曲的一根闭合的绳子。这把灵巧的钥匙,就成了变幻无穷,无以名状,莫名其妙的"**神圈**"了。

不论这绳圈的合力是"多因子"的,绳圈的形状变化无穷;还是将合力分为"虚"与"实"聚合的纵横两个向度的力,在这两个力的作用下,绳圈只有圆形和椭圆形(纵长和横长的)的变化。研究者就以神圈由圆而椭圆的变化,结论为:中国古代建筑史,就是像绳圈一样变化和发展的。且不论此说之毫无意义,不要忘了,研究者原来要回答的,不是中国古代建筑如何发展,而是中国古代为什么始终采用木结构建筑?这种顾左右而言他,对中国建筑史学的研究,舍弃了艰苦浩繁的独立功夫,竟替代以某一作家的写作方法。如此研究态度对建筑史学而言,就等于数的空位"**0**"⑨。

> 把凑巧碰到,偶然听到的较为"公开地"叫喊的东西等等信以为真,自然要"容易"得多。但是,以此为满足的人,就叫做"轻率的"、轻浮的人,是谁也不会认真地理会他的。不用相当独立的功夫,不论在哪个严重的问题上都不能找出真理;谁怕用功夫,谁就无法找到真理⑩。

为什么世界它系建筑,"多采用石料以替代其原始之木构",而"中国始终保持木材为主要建筑材料"的木构架建筑?要回答这个中国建筑最根本的问题,必须以辩证唯物史观考察中国的古代社会。

中国是由氏族社会父系家长制演变而成的以血缘为基础的族制系统宗法制,是维护贵族世袭统治和封建等级的一种制度。如史学家吕思勉所说:"古无今所谓国家,搏结之道,惟在于族。故治理之权,亦操诸族⑪。"中国古代所谓"国家"与今天的含义不同,"古之所谓国者,诸侯之私产也。所谓家者,卿大夫之私产也⑫。"在春秋时期,"城"与"国"同义,因为**建城即建国,城破则国亡**。所以,在《周礼·考工记》中,讲城市规划的一段著名文字,开头就说"匠人建国"而不说"建城"。

中国古代的国家,是一姓的家天下。凡改朝换姓,新王朝建立时,毫无例外的将旧姓王朝的宗庙、社稷、宫殿以至都城全部摧毁,重新建造。所以古代历朝的宫殿,除北京故宫,无一幸存。数千年来,"**毁旧国,建新**

朝"已成为中国历史的传统和特有的现象。对如此重大事件，新朝无须记，旧国无人写，史书上不会看到专题的记载，这大概是未引起史学界重视的缘故。囿于考古的建筑史学界，对此更是无知。正是中国宗法制的社会，这种"毁旧国，建新朝"的特殊政策，**是决定中国建筑历史发展方向和命运的内在缘由。**

**因毁旧国，建新朝的需要，建立起来的中国建筑特殊的生产方式，是真正能打开中国建筑历史圣殿之门的钥匙。**

毁掉旧国的新王朝，都必须面对建造宗庙、社稷、宫殿和都城，规模非常庞大的建筑工程和必须在最短工期内建成的矛盾。新王朝在建国之初，就要集中大量的建材等物力和数以万计的工匠丁夫等劳力，惟一可行的是以官府的暴力，无偿地向全国征调和超经济的奴役，实行严酷的军事化的施工组织与管理。古代工官名"将作大匠"、左、右、前、后、中"校令"等，正反映这种军事化的情况。这就是中国古代建筑生产方式所实施的"**工官匠役制**"(详见本书第二章"中国建筑的生产方式")。

在手工业生产时代，能最大限度地缩短工期的关键，在建筑结构构件上能最大限度地分解，以便最大限度地投入劳动力，同时进行加工和装配。中国木构架建筑，用最简单的简支梁重叠，构件间皆用卯榫结合，组成梁架的结构方式，最合于这种生产的要求。可以说这种木构架建筑是中国特殊的建筑生产方式的产物，有其必然性。**这是中国建筑不用砖石结构，始终采用木结构建筑体系的真正原因。**

为了适应从全国各地征调来的数以万计的工匠，以简单劳作协作的方式进行生产的需要，不仅要合理有效的组织和监督生产，为保证生产的顺利进行，保证产品的质量合格，必须用**模数制**使构件标准化和定型化，必须编制出制度和营造式样，令工匠按式加工，管理者有章可循。

**中国古代野蛮落后的建筑生产，却采用先进科学的模数制，这奇异的果实，正是工官匠役制生产方式的产物。**

而这种以政治暴力超经济奴役工匠的生产方式，根本不需要什么建筑理论，但绝对不能没有制度和法式。

显然"毁旧国，建新朝"的现象继续存在，工官匠役制的建筑生产方式就不会有"质"的变革，木构架建筑也就不可能有原则性的改变。**这正是中国木构架建筑体系，数千年来一气呵成，不受上层政治风暴的干扰和外来建筑文化影响的原因。**

著者根据多年从古籍文献中收集的史料，证实"毁旧国，建新朝"，并非是某个时期或某一代王朝的个别现象，而是宗法制社会改朝换姓的历史传统，是中国古代社会所特有的一种现象。正是从这一现象出发，使我看到古代的工官制度和官营手工业之间的内在联系，从而得出**工官匠役制体现了中国古代建筑生产方式的特殊性质。**正如恩格斯所说：

"物质生活的生产方式制约着整个社会生活、政治生活和精神生活的过程[13]。"

事实正是如此,中国古代社会的宗法制度,造成改朝换姓时"毁旧国,建新朝"的历史现象,新姓王朝的建设,就离不开"工官匠役制"的生产轨道。把握中国古代建筑生产方式的特殊性质,原先建筑史上诸多难以解释的问题,就可迎刃而解;不知其所以然的东西,也就一目了然。由此可证,从中国建筑生产方式的特殊性质,研究中国古代建筑的历史发展规律,是一条正确的途径;对中国建筑史学而言,是在研究思想方法上的重大突破,有其划时代的意义。

《中国建筑论》涉及的问题很多,除上面的主要内容外,摘其要者简介如下:

### "建筑"概念的本质特征

什么是建筑?有各种各样的回答,迄今仍然莫衷一是。权威辞书《辞海》解释:"建筑物和构筑物的通称。"这是没有解释的解释。

《中国建筑论》从人类早期的建筑实践,对偶婚家庭的住房,选择其中的北美易洛魁人的"长屋"、陕西临潼姜寨遗址的"穴居"、20世纪50年代云南纳西族的"院落",进行比较分析论证:三者的共性,建筑空间的性质和相对组合关系,即建筑的内容,决定于对偶家庭的生活方式。三者的个性各不相同,是随地理自然环境等条件不同,而形成各自的空间组合方式,即建筑形式。

结论:建筑直接体现人的生活方式,而且不受时间和空间的限制。足资证明:**空间是建筑的本质,这一概念的科学性。**

建筑的定义:

**一定的生产方式,决定人的社会生活方式,人们利用社会所能提供的物质技术条件,建造适于自己生活方式的空间环境。**

简言之,建筑是人工创造的生活空间环境。

### 建筑艺术问题

建筑是不是艺术?这是近年建筑界还在争论不休的问题,辞书上的解释也是罗列一堆要素,只是现象而非本质。本书在第十一章"中国建筑艺术"中,针对各种观点作了分析评论,澄清对建筑艺术的模糊概念,提出:建筑作为人所不可缺少的物质生活资料,不可能都成为艺术。成为艺术的建筑,必须具备艺术的共同本质特征,即**形式美**和**思想性**——交织在形象之中与情感相融合的思想。建筑艺术与纯属意识形态的艺术区别在于,建筑首先是物质生活资料,不是生活的再现,而是直接体现人的生活。建筑艺术的定义:

**建筑艺术,是在用物质实体构成空间的合目的和合规律的前提下,按照美的规律,突破建筑有限空间的局限,创造视觉空间无限的、富于生命力的艺术形象。**

在建筑学和建筑史学中,许多专业名词,在概念上多模糊不清,理解错误或不确切者比比皆是。如：**殿、堂、楼、阁、馆、斋、亭、榭**等建筑名词，《辞海》中的解释，多不够确切。这些词本是名建筑的形式，但在有的建筑著作中，却当做了建筑的类型。本书除了对建筑类型列有专篇之外，在第三章"建筑的名实与环境"中，从建筑的"名"与"实"角度，对这些词汇作了详细的分析考证。

《辞海》是部权威的辞书，其中有关古建筑的词解，是大有商榷必要的。如：将古建筑木构架中的檩或桁，即**栋、楣、桴**解释为主梁或二梁。而宋·《营造法式》中的重要名词"**榑**"和"**栿**"却没有收入等等。见附录：《对〈辞海〉中有关建筑词义的质疑》一文。

## 建筑类型的开拓

《中国建筑论》的著述，在充分利用历史上建筑遗构资料的基础上，不囿于已有的建筑类型，从古籍中收集有关建筑的文字材料，开拓对古代建筑类型的研究。资料少者，就着重于介绍类型建筑本身的特点和社会作用。如：酒楼、茶馆、学校、浴堂、塌坊、车坊、柜坊、碾硙等等；资料多者，尽可能分析其产生、发展和衰亡的历史规律。如：北宋坊市制崩溃以后，各种"市"的形式和特征，对商店建筑的廊房、骑楼、市房的形成与发展。坊市制崩溃以后，在都城重镇中出现的集中娱乐场所瓦子的兴衰，其中的演艺场地勾栏，由乐棚、腰棚、棚屋的发展。随百伎杂剧向戏曲的演进，瓦舍勾栏的消失，戏曲演出进入酒楼、茶园，直到近代剧院建筑的产生，开创性的总结出中国戏曲建筑的发展史，等等。

《中国建筑论》的主要特点，是它的实践性。著者把握住空间是建筑的本质，从历史上建筑实践的各个方面，充分利用遗存实物和文献资料，分析在历史实践中的矛盾，解决矛盾的思想方法，及其具体的处理手法，以期对建筑师们，在设计思想上有所启迪，设计方法上有所借鉴。

本书从历史上，建筑实践各个方面的内在联系中，总结其形成、发展和衰亡的历史运动过程，从而揭示出中国建筑的历史发展规律。但愿此书的出版为把中国建筑史学建成现代科学的殿堂，建构框架。

注　释：

①⑥ 梁思成：《建筑设计参考图集·序》载《营造汇刊》第六辑。

② 梁思成：《中国建筑史》，百花出版社1998年版，第11页。

③④⑤⑥ 梁思成：《中国建筑史》第13、21页。

⑦ 刘敦桢主编：《中国古代建筑史》，中国建筑工业出版社，1984年版，第422页。

⑧ 恩格斯：《费尔巴哈与德国古典哲学的终结》，人民出版社，1960年版，第27页。

⑨ 详见侯幼彬：《中国建筑美学》第6～10页，黑龙江科技出版社，1997年版。

⑩ 列宁：《几个争论问题》1913年，《列宁全集》第135～136页，人民出版社1959年版。

⑪⑫ 吕思勉：《先秦史》第281页、282页，上海古籍出版社1982年版。

⑬ 马克思：《政治经济学批判》附录—恩格斯："马克思《政治经济学批判》"，第175页，人民出版社1964年版。

中国古建筑之杰构——山西浑源县悬空寺远景

# 导 论

什么是建筑?似乎是不言而喻。建筑这个词，也是常常挂在人们嘴边的东西，正如法国哲学家狄德罗（D·Diderot）谈到人们对美的概念时所说："人们谈论得最多的东西，每每注定是人们知道得很少的东西①。"对建筑，同样是人们最熟悉的，也是最模糊的概念之一。

# 第一节　人的生活与建筑

人类从猿到人经历了一个非常漫长的时期。据现代科学推断,这个过渡时期从 1500 万年前至 300 万年前完成。人在发展过程中要脱离动物状态,完成在自然界中生存、发展这一伟大的过程,虽然有种种因素,但前提是必须克服个体力量的软弱,只有靠**群**的联合力量和集体行动,才能补充个体自卫能力的单薄。

**群**的组成,是自然选择的结果,首先是个体的自由,而获得个体自由的前提,是性的自由。如恩格斯的《家庭、私有制和国家的起源》中所说:"成年雄者的相互忍耐,嫉妒的消除,乃是形成这样大而永恒的集团(群)的第一个条件,由动物转变为人类只有在这种集团的环境中才能办到②。"人类学(**anthropology**)的大量资料说明,凡盛行自由性交的地方,**群**多是自行组成的,恩格斯称这种原始群为**人类的幼年时代**。

人类的幼年时代常活动在热带或亚热带的森林里,即使不是都栖于树上,至少是部分在树上居住,只有**巢居**才能说明他们在凶禽巨兽中还能生存。中国古典哲学家庄子(约前 369—前 286)所说:"古者禽兽多而人少,于是民皆巢居以避之,昼拾橡栗,暮栖木上,故命之曰有巢氏之民③。"**有巢氏**之说,并非虚构,而是反映了人类幼年时代可能存在过的生活现实。

杂乱性交的**原始群**,为猿转变成人打开了大门,但还不能制造工具。所以**巢居**对只能利用自然树枝和石块的**猿人**,可以说是猿人惟一能够避免凶禽猛兽侵害的居住方式了。"洞窟"显然是要比"巢居"能更好地隐蔽和防护的天然住所。但是,猿人要住进洞窟,不仅要能赶走洞中的野兽,而且要能改善洞中不适于人生活的黑暗和潮湿。所以,只有在人类发明取火以后,住进洞窟的这种可能才能成为现实。因为有了火才能赶走洞中的野兽,烘干洞窟,取得照明。可以说摩擦生火,是人类在发展过程中空前的巨大飞跃。正如恩格斯所说:

> 就世界性的解放作用而言,摩擦生火还超过了蒸汽机(引起的工业革命),因为摩擦生火第一次使人支配了一种自然力,从而最终把人类同动物界分开④。

这就是**洞窟人时代**。从人类初期的居住状态,**巢居**使人能在凶禽猛兽中得以生存,但仍然是生活在大自然的无限空间里。**窟处**则是在自然的无限空间里,具有相对独立性的封闭的有限空间。它不仅保障了人的生命安全,并且为人类生活的进一步发展提供了条件,即人的生存和种的繁衍所必须的物质环境。

巢居和窟处,这种直接的自然的居住状态,是人类的生产——自身的繁殖和生活资料的生产处于原始的粗野状态的结果。这种天然的住所，还不是人有意识的改变自然物的形态，人工创造出来的生活空间环境——**建筑**（**Architecture**）。

从人类初始的居住状态，不难获得这样一个概念：住（广义的）的需要，是人类生存和发展的首要条件之一。在整个原始社会，人类的居住状态都是同人的两性关系，或者说婚姻状态有着直接的联系和关系。如果说，人类初始为了克服个体力量的软弱，需要个体的自由（性）形成群团，由猿变成为人，是自然界中的必然现象。当人脱离了动物界以后，猿人要获得人的生活和发展，又必然要受自然选择规律的制约，两性关系的自由范围要求不断的缩小。随着生产力的向前发展，人类由原始群的乱婚，逐渐向氏族公社过渡，它经历了群婚初级阶段的血缘婚，恩格斯称之谓**血缘家庭**（**The Consanguine Family**）的同一群体的同辈男女之间的集团婚，进一步发展为非同胞兄弟和非同胞姊妹的，同辈男女间互为夫妻的集团婚，即普那路亚婚，也称为**普那路亚家庭**（**The punaluan Family**）。"普那路亚"，夏威夷语 **punalua**，是"亲密伙伴"的意思。到母系氏族公社又逐渐为更高一级的对偶婚所代替，通常由一男一女在或长或短的时间内结为配偶的婚姻形式，称为**对偶家庭**（**The Pairing Family**）。对偶婚是人类由群婚向一夫一妻制的文明社会发展的中间环节。可见：

**在人类原始社会，家庭与群即处于对抗之中，是按反比例发展的。**

**家庭**这个词，在原始社会同后来文明社会的人们在观念上是不同的。"家庭"这一用语是罗马人发明的，"它用以表示一种新的社会组织，这种组织的首长，乃是妻、子及若干奴隶的领主，在罗马人的父权制下，他对他们握有生死之权"[⑤]。**Famulus** 是指一个家庭奴隶，**familia** 则是属于一个男人的全体奴隶。

家庭观念的产生和变化，反映了一个历史现实，一夫一妻制婚姻的**个体家庭**，从一开始就是同以男性为中心私有制的形成，对财产继承权的需要，男人对女人的支配而共生的。中国封建社会的"父为子纲，夫为妻纲"的传统观念，对中国人的家庭生活影响极深，这种观念就如高强度的黏合剂，把夫妻只有感情没有**爱情**的中国式家庭牢牢的黏合在一起。

广义的家庭，泛指人类乱婚以后发展的各种家庭形式，包括血缘家庭、普那路亚家庭（亚血缘家庭）、对偶家庭和一夫一妻制的个体家庭。可以看到人类的家庭形式与婚姻形态是密切相关的，**婚姻是构成家庭的基础，家庭是建立在婚姻基础上的广厦。**

婚姻形态的演变，随着家庭形式由低级向高级的发展，是同社会生产力的发展阶段大致相适应的。从拿着棍棒的猿人，经过长期缓慢的发展，由旧石器时代，新石器时代到青铜器时代。原始社会由共产制的生产分配的生活方式，随生产力的发展，劳动效率的提高，剩余产品日益增多，私有财产的出现而瓦解。

原始人制造出工具，具备了改变自然物质形态的能力，才能改变巢居窟处的自然居住状态，生产出大自然所不能生产的东西——建筑。

我们知道，许多落后部落完全没有，或几乎没有衣服，同时却没有一个落后的部落——连最落后的也包括在内——是还没有住所的[⑥]。

## 第二节  建筑空间结构与社会结构

食与住是人类最基本的需要。原始人从巢居窟处到开始建造住所,创造建筑文化,经历了旧石器、新石器、青铜器时代;家庭形态则由群婚的血缘家庭、亚血缘家庭、向更高一级的家庭发展,即对偶家庭。"在对偶共居中,群已经减缩到它的最后单位,仅由两个原子而成的分子,即一男与一女。自然选择是通过对共同婚姻的日益扩大的禁止而进行的⑦。"在两性的婚姻关系上"它再也没有要做的事了"(恩格斯语)。我们知道,在原始社会中,家庭关系是人之间的惟一社会关系。建筑作为一种物质生活资料,它满足了家庭生活的需要,同时也就满足了社会生活的要求。因此,研究原始社会的家庭形式及其生活方式,与建筑模式之间的内在联系与关系,可以说是迄今为止,用辩证唯物史观澄清人们在建筑观念上许多模糊看法和科学地认识建筑本质的惟一途径。

对 20 世纪有巨大影响的美国社会思想家、社会人类学家路易斯·亨利·摩尔根(**Lewis Henry Morgan**, 1818 ~ 1881),"在原始历史的研究方面开辟了一个新时代"(恩格斯语)。他所著《美洲土著的房屋和家庭生活》一书,"是首先把建筑物的结构⑧与社会结构二者互相联系起来"的惟一的科学著作,"尽管它已不能再被人全盘接受,但还没有一本类似的书能够取代它"⑨。如摩尔根在书的"前言"中所阐明的:

> 印第安人建筑的一切形式都源出于同一个思想,它表明相类似的需要所产生的相同概念具有不同的发展阶段。他们的建筑形式还相当完整地代表了印第安人生活的几种状态。从易洛魁人的长屋到新墨西哥、尤卡坦、恰帕斯和危地马拉用土坯或石头建成的群居大房屋,形成了一套房屋建筑体系,诸部落进步程度不同,其房屋形式自然也就多种多样。把这些共同经验、类似的需要、在相同性质的制度下产生不同形式的房屋作为一个体系来研究,就可以看出它们揭示了一种新奇的、原始的、独特的生活方式⑩。

《美洲土著的房屋和家庭生活》("**Houses and House-life of th American Aborigines**)一书,是摩尔根的最后一部著作。书于 1881 年出版,当年 12 月 17 日他就病故了。如保罗·博安南(**Bohannan, paul**)在书的"导论"中说:"摩尔根的进化论体系是以家庭和家庭类型为根据的,并与亲属称谓制和政治结构有联系。他的关于社会建筑学的著作,讲述地域群和家庭与居住模式和建筑之间相互影响的方式;也表现出他把文化特征和社会结构相连结的努力。人类学慢慢吞吞地承认了摩尔根在这个领域中的领先地位,从一种非常认真的观点来看,这个领域是他建立起来的,但是他没有给它命名⑪。"这就是本世纪 60 年代美国兴起的"社会建筑学"。所谓"社会建筑学是爱德华·霍尔(**Hall·Edward**)创造的名词,用以表示对于社会结构与空间(特别是建筑物与其位置、运输方式及其对人类的要求)之关系的研究"⑫。这种研究不论以什么学科为背景和研究角度,摩尔根将人类的建筑实践与社会科学

十九世纪末"英国原始历史学派,仍然尽可能地抹煞摩尔根底发现对于原始历史见解所产生的革命,然而这一学派却丝毫不客气的把摩尔根研究所得的成果,掠为己有。而在其他各国,也间常有十二分热心地仿效英国这一榜样的。"

——恩格斯

5

联系起来的思想方法,毫无疑问地为建筑学的理论研究开辟了一条科学的道路!

摩尔根的学说,在建筑学界并未引起重视,中国的建筑学界恐怕很少有人知道摩尔根,更不用说认真读过他的《古代社会》了。建筑历史讲起源,只不过从形式上,根据遗址考古所画的想像复原图,了解点原始房屋的情况而已。而建筑学者从不过问这种原始居住房屋在社会组织方面显示了什么? 社会组织又如何与生产技术体系和生态学调整相结合,从而影响了家庭建筑和公共建筑? 用形式与内容的关系说,这种原始家庭房屋的**建筑形式**,反映出什么生活**内容**? 这应该是建筑学首先需要弄清的问题。建筑界这种重形式不究内容的思想已形成传统,从而对**建筑本质**的认识,在**概念**上一直处于模糊状态,对什么是建筑,其说不一,各执一端,而莫衷一是。这种现象就足以说明,为什至今还没有一本建筑著作,能称得上是科学的、系统的建筑理论。

在教学中我始终认为,**建筑学首先是一门科学**,建筑实践是人类社会实践的重要活动,这就必然存在着它自身的客观**规律性**。我自 1956 年大学毕业留校执教,结合设计教学,开始对大量建造的城市住宅——**集合式家庭住宅**,从建筑设计角度进行规律性的探索,一方面广泛收集国内外(主要是西方国家)住宅实践资料,一方面研读有关理论著作。从恩格斯的《家庭、私有制和国家的起源》一书,知道摩尔根和他的《古代社会》,读后极大地引起我对社会结构与家庭形态及其生活方式之间的联系,和对建筑的空间构成及其组合方式的影响的研究兴趣。大有拨开迷雾见山峰之感,也深知攀登的这条崎岖道路还很遥远。自此四十多年来焚膏继晷,从未间息,即使在"文化大革命"十年浩劫中,虽然停止了研究工作,但脑海中始终没有停止过对建筑规律性的思维活动。这种思维活动常使我进入"禅定"状态,忘掉现实中的一切苦痛。

20 世纪 70 年代中,浩劫之后,我集中精力进行原始社会对偶婚家庭及其房屋的研究,从人类学和民族学有关资料中发现,凡实行对偶婚的地方,不论肤色人种的差别,不论时空跨越有多么久长,房屋的形式有什么不同,它们的空间构成与空间组合方式,在体现对偶家庭 (**The Pairing Family**) 的结构和生活方式上,都是完全相同的。可见:

**人类随历史发展而流变的生活方式,是决定建筑形式的内在因素。**

一定生产力发展阶段,就形成人们一定的生活方式;

建筑的空间构成与组合形式,是人生活方式的直接体现。

摩尔根的《美洲土著的房屋和家庭生活》一书,"他是从社会关系及其结构入手,而不是从文化特征与文化特征的集合体入手的"。"就是要把建筑物的结构与社会结构二者互相联系起来"⑬。从美洲土著不同形式的房屋,揭示出在相同制度下人的生活方式所具有的共性。这就使我在研究过程中已形成的基本观点更加明确、肯定。

基于这种观点和思想方法,总结出住宅平面空间组合规律的理论,一直用于住宅建筑设计指导和理论讲授的教学中,取得显著的成效。在吸取摩尔根的研究思想方法的基础上,进一步从社会经济基础与上层建筑的辩证关系,对历史上建筑实践的种种矛盾,力求透过现象从其内在联系中,揭示出中国建筑历史发展的客观规律。

# 第三节　古典家庭结构形式与生活方式

　　恩格斯称原始社会对偶婚阶段的家庭形式，是一种古典的家庭结构形式（**Familienformation**）。对偶家庭，是以对偶婚姻形态为特征构成的原始家庭形式，属母系氏族公社性质。所谓**对偶婚**，是由一男一女在或长或短的时间里，过两性同居生活的一种婚姻关系。丈夫是外氏族的男人，起初是采取走访形式，丈夫晚上来清晨走，不参加女方家庭的经济生活，纯属男女之间**性**的生活关系。

　　对偶家庭，以女性为中心，女人是同一氏族的，所生子女属于母亲，所以当时人是"知其母，而不知其父"，世系按母系计算，家庭靠母系血缘维系。由走访婚进一步发展，男人住到女人家里称**妻方居**，并参加女方家庭的生产劳动，共同消费和抚养子女。这种家庭虽然已是一对对确定的配偶，但婚姻关系通过自然选择，可以轻易的离异，是一种很脆弱的不牢固的婚姻关系。当时生产力还低下，依靠个人或少数人的力量不能维持生活，也不可能引起对偶自营家庭经济的要求。家庭成员的共同劳动决定了生产资料的公有和产品平均分配的制度。如恩格斯所说：

> 在共产制家庭经济中，全体或大多数妇女都属同一氏族，而男子则属于不同的氏族，这种共产制家庭经济是原始时代到处通行的妇女统治的物质基础⑭。

　　这就是人类史上的**女性英雄时代**。下面我们选择不同时空的具有典型性的对偶家庭房屋，来具体分析建筑的空间结构与家庭生活方式的内在联系和关系。

> 家庭靠母系血缘维系的对偶婚制时代，是人类历史上的女性英雄时代。

## 一、易洛魁人的长屋⑮

　　17世纪时定居在美国纽约州的易洛魁塞内卡部落（**Sencea-lroquois Tribe**）还处于走访婚的对偶家庭阶段。在家庭中妇女支配一切，有很大的权力，"有时她们可以毫不犹豫的撤换酋长，把他贬为普通的武士"⑯。妻子对那些过于懒惰和笨拙的丈夫，如果他不能给公共贮藏品增加一份的话，不管他生有多少子女，都会被驱逐出去，丈夫只能听命滚蛋。财产是公有的，只有衣服、武器、工具或装饰品，属于个人所有的东西可以带走。

　　易洛魁人结成联盟而自称荷—德—诺—骚—尼（**Ho-de-no-sau-nee**），这个名称是从他们居住的"**长屋**"（**Long houses**）而来。他们聚居成村落，村子的大小视房屋的多少。房屋的大小按火塘的数目而定。17世纪70年代据访问者目睹一个大的村落，有120座长屋，房屋最大的长50英尺~60英尺（16m~18m）。长屋的构筑和内部空间情况，据摩尔根在书中描述：

> 房屋的构架很结实，在插入地面的直杆上架上横杆，用枝条捆牢，上面覆盖着一个三角形的屋顶，有时有一个圆形的屋顶。房屋的两侧和屋顶都覆盖着大张的榆树皮，树皮被绳子或夹板固定在构架上。然后将两侧外

部的木杆构架和屋顶的屋椽的外部木杆构架调整适当，以便把它们之间的树皮屋板固定住，这两幅构架是捆扎在一起的⑰。

长屋结构主要是靠插入地面的木杆，从摩尔根书中所画的长屋平面图来看（见图0—1），这种直杆是按内部隔间距离埋设的，直杆上架横杆成框架，是房屋结构的基本方式。随这两度空间框架的连续，围成间数多少不同的屋身。顶上也是用这种框架斜置成三角形坡顶，斜杆与直杆捆牢，构成三度空间的立体房架。若如此，斜杆起斜梁的作用，屋顶有如人字架；直杆起柱的作用，有如穿斗式构架的柱子。这是房屋的承重结构部分，围蔽结构则是用大张的榆树皮，夹在同样的平面框架与承重结构的框架中间，有如藩篱的构造。易洛魁人"长屋"的木制构架，无以名之，但为以后行文的方便，姑且名之为"藩篱式柱架"结构。

这种长屋长50至80英尺，有时达100英尺，按1英尺＝0.3048米，即长15米～24米，有时长达30米。其内部空间结构：

"房屋内部每隔六或八英尺（**1.8**或**2.4M**）就隔出一间房，每间房都像牛栏那样对着过道完全敞开，过道在房屋中间从一端通到另一端。两端各有一道门，门上悬挂着兽皮。每隔四个隔间（对面各两间）有一个火塘，火塘在过道中间，由住在这四个隔间里的人共同使用。所以，有五个火塘的房屋可拥有二十个隔间，住二十个家庭，除非有些隔间用作贮藏室。这些隔间是暖和、宽敞和整洁的住所⑱。"

居住在长屋里的易洛魁人的生活情况，描写得很不全面，只讲到吃的习俗，每天只做一餐饭（正餐），由女家长负责食物管理，实行有计划的公平的分配。"在一所房屋里分别有几个火塘，那是为了炊事的便利"⑲。如果一所房屋有二十个家庭，至少有三四十人，不可能在走道上用一个火塘做饭的缘故。火塘上如何排烟？每一隔间住一个家庭，这"家庭"的含义有那些成员？在一所房屋的家户（**household**）中，不过婚姻生活的老年人和未婚子女如何住等等，都没有交代。

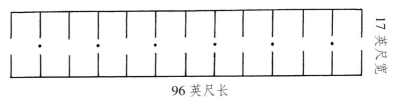

图0-1 摩尔根书中的易洛魁人塞内卡部落的长屋平面图

摩尔根在书中还介绍了约翰·巴特拉姆（**Bartram. John**）于1743年在鄂农达加参加会议时所画的长屋图，"这是所发表的关于长屋的第一张平面图"（摩尔根语）（图0-2）。这里我们只作必要的补充：

图0-2 巴特拉姆于1743年画的鄂农达加长屋的平面图和剖面图

长屋除两边隔成若干房间以外，房屋的两头有一个棚，"冬天堆柴，夏天在那里休息、谈话和玩耍。⑳"

在中间较宽的过道上有火塘，"在每个火塘上方的屋顶上有一个出烟的洞，下雨天用一块树皮把洞口盖上,他们用一根竿子就能轻易地把那块树皮挑到一边,或使它盖住洞口。他们的大多数房屋都是这样建造的[21]。"屋顶是圆形的,屋身的结构构造和材料与上述长屋相同。

房间"长宽各为五英尺",仅 1.5×1.5 米显然太小,上述易洛魁人长屋的尺寸较合理。但"房间的地面比过道高一英尺"约高 30 公分,下有托梁,上铺大块的树皮,"在特殊场合还铺上用蒲草做的席子",指待客时言。房间是用木板或树皮分隔的,间壁高约 2 米,上置搁板以存放杂物[22]。显然这样的房间更合于人睡眠的需要,而且有必须的贮藏空间。平常人们就坐在过道两边房间地板的边缘上。

巴特拉姆所见 18 世纪的长屋,显然比摩尔根据传说所描绘的长屋不仅较详细,也可看到经过一个世纪以后的发展。易洛魁人的长屋在 19 世纪开始前已经消失,后来的印第安人(Indian)已想不起来长屋的形式了,所以摩尔根说:"我们可能永远也不会对长屋的生活方式得到全面的了解。"

从"住"的生活方式言,这种分隔许多小间的长屋形式,毫无疑问地体现出**对偶同居**的生活方式的特点;从对偶婚夫妻关系的不稳定性和房间之小,每间住一个家庭的含义,也就是指过对偶婚姻生活的一对男女。那么,她们的未婚子女和"家户"中已不过婚姻生活的老年男女,是怎样住的呢?

据法拉格在《财产的起源》一书中说:"男人和老年人,未婚子女和少年,都睡在隔开的公用大厅之内[23]。"这一说法,在摩尔根的书里是找不到证明的。如果说,在易洛魁人长屋中,并未存在过在分隔许多小间之外还有"隔开的公用大厅"的房屋形式,那就有一种可能,即每一家户所建造的长屋的长度,所能分隔的房间数都多于对偶家庭数,家户中的其余成员也睡在同样的房间里。

## 二、云南纳西族摩梭人的庭院房屋

我国云南永宁纳西族,居住在罗沽湖畔的摩梭人,直到 20 世纪 40 年代末,还过着妻方居的对偶家庭生活。他们住的是用四幢房屋围合成院子(Commual house),朝南的正房,面积较大,约 16 米×16 米,纳西语叫"一梅"。正房是家庭成员的公共活动空间,内分五个部分:进门为走廊;东西两侧为上、下室,是家内进行粮食加工等劳作空间;中央是主室,家庭成员共享空间;主室后是贮藏粮食或物品的仓库。

**主室**中前后有两根柱子,家庭议事和举行宗教活动,以柱为标志,女右男左按辈份列坐,故右柱叫"攸杜梅",意为女柱;左柱称"瓦杜梅",意为男柱。这两根柱子也是举行成丁礼的标志,少女在女柱前举行穿裙子礼,少男在男柱前举行穿裤子礼,成丁礼后就可以过婚姻生活了。配偶双方互称"阿注",即同居朋友的意思。

主室的西部,设有中心火塘,火塘后靠墙为炉灶。火塘三面铺木板,是女家长、老人及未婚子女们的生活空间,白天席地而坐,夜间就地而寝的地方。图 **0-3** 为透视图,图 **0-4** 为云南纳西族房屋平面图。

院子的西厢房是经堂,为供佛和僧侣的住处。东和南两面是二层楼房,底层为贮存柴草和饲养牲畜,楼上单面走廊和隔成许多小房间,都是对偶同居的卧室,纳西语叫"尼扎意",客房的意思。每一小间约 4 米×5 米,中有火塘供烧茶取暖之用,右铺木板,为"阿注"睡觉的地方。如妇女年老,不再过婚姻生活了,就主动搬出客

图 0 – 3　云南永宁纳西族对偶家庭院落式房屋透视图

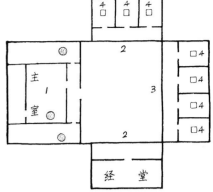

1. 正房　2. 厢房　3. 门房　4. 客房

图 0 – 4　云南永宁纳西族对偶家庭院落
式房屋平面示意图

房,由家长再行分配。炊事由女家长主持,实行平均分食制。

　　建筑的结构,正房与经堂用方木或圆木叠构的井干式,客房则是用架空的干栏式,墙上无窗,屋顶呈人字形,坡度平缓,上盖木板,不加固定,仅压以石块防风吹移动,称为"黄板"。白天为了通风散烟和采光,就堆开屋上的两块黄板,是谓"倚山而居,覆板为屋"的居住生活㉔。

### 三、西安半坡遗址的穴居

　　陕西西安的半坡遗址,是 6 000 年前的仰韶文化遗址。位于骊山脚下,背山临水,有规划布局的一座原始时代的村落。村中央广场,是氏族成员集会、娱乐和生产活动的地方。广场四周围绕着许多房屋,大大小小,井然有序,所有房子的入口都朝向中心广场,沿村边挖有壕沟,沟外东北是公共墓地,男女分葬,说明男女不是同一血缘的氏族,是母系氏族的对偶家庭。墓地北面设有窑场,整个村落显然有明确的中心和规划。见图 0 – 5、图 0 – 7。

　　在村内近百座房屋中,有四座平面呈方形的半地穴式的大房子,西面的一座最大,约 **123** 平米,其余三面分列的大房子,均在 80 平米左右。在大房子的中间,东部有两个对称的柱洞,直径为 25 厘米,深 32 厘米。西部对门户的通道中间,有一个圆形灶坑,与灶相连有一个内凹 3 厘米、高出地面 13 厘米的平台。进门内两侧各有一高出地面的大平台。图 **0 – 6** 为大房子平面示意图。

　　大房子里这种地面高差,从空间上就明显将室内分成东西两个部分。东部中间的两个对称的柱洞,显然与纳西人的"女柱"和"男柱"有着相同的意义与作用。东部也就是家庭成员议事和举行仪式的公共活动场所。西部进门的敞亮处,以灶坑为中心,是炊事、采暖和交通等生活辅助性空间。门后两侧暗处的大平台,不仅高出地面 **9** 厘米,且表面经过烘烤,显然是为了防潮,适于睡眠的要求,形成室内相当独立的隐奥(**Secret**)空间,而具有卧室的功

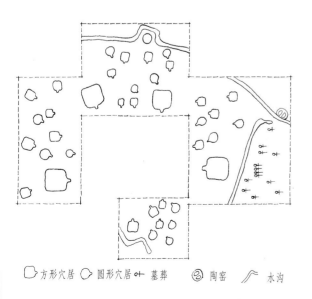

☐方形穴居　◯圆形穴居　○┼墓葬　◎陶窑　∧水沟

图 0 – 5　西安半坡遗址发掘平面示意

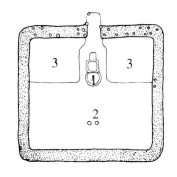

1. 灶坑　2. 对柱　3. 隐奥空间

图 0-7　仰韶文化半坡遗址母系氏族村落想像示意图　　　　图 0-6　大房子平面示意图

能,也可能成为后世火炕的雏形。

这就是说,半坡遗址中的大房子与纳西族的主室,在性质上是相同的。而那许多围绕着"大房子"的小穴居,则是与纳西人的"客房"相似,是供对偶同居的专用房子。其中有少数的地穴或半地穴,可能用作贮藏粮食等物品。图 **0-8** 为母系氏族对偶婚家庭穴居建筑

# 第四节　古典家庭的建筑形式分析

对偶家庭的建筑形式,由于氏族社会进步程度的不同,地理气候自然环境的差别,是多种多样的。我们从上节所举的三个例子,即美洲易洛魁人的长屋、我国纳西族摩梭人的庭院、陕西西安半坡遗址穴居,在建筑形式中似毫无相同之处,但在空间上却有其共同的的特点:

一、都有供全体家庭成员公共活动的,和不再过婚姻生活的老年男女及未成丁子女休息睡眠的共享的**大空间**;

二、都有若干专供妇女过婚姻生活的对偶同居的隐奥的**小空间**。

这种空间上的共性,正反映了对偶家庭的结构和生活方式的特殊性。由这种大、小空间组合的建筑,直接体现着对偶家庭的生活方式,或者说为对偶家庭生活方式所决定。

对任何婚姻形态的家庭,建筑与生活方式之间,都存在着这种普遍的、客观的、必然的联系。如:同辈男女之间互为夫妻的集体婚制的血缘家庭,不会产生对偶同居生活相对独立的小空间。体现群婚血缘家庭结构和生活方式的房屋,则是不需要分隔的混沌的大空间。如前苏联考古发掘的"沃龙涅什附近顿河上骨村 1 号遗址"(图 0-9),就是群婚时代的房屋。房子很大,边缘不规则,平面近椭圆形,中间有一

在人类历史上,不同婚姻形态的家庭结构和生活方式,是决定建筑空间结构和形式的内在因素。不论是在亚洲或美洲,或地球上任何地方,也不论这种家庭存在的时间相差千年、万年,建筑空间体现人的生活方式的特殊性,是不因时间和空间的限制而改变的。

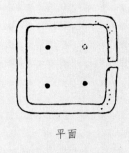

透视　　　　　平面

对偶家庭的大房子

小房子围绕大房子布置
都面向村落中心的广场

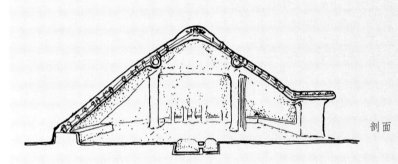

剖面

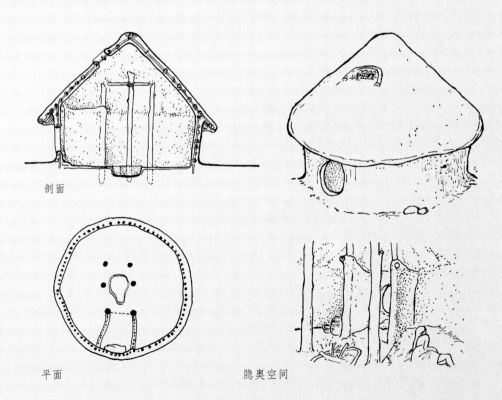

剖面

平面　　　　　隐奥空间

对偶同居的小房子

**图 0 - 8　母系氏族对偶家庭穴居式建筑**

(摹写自《考古学报》1975.1 期杨鸿勋绘复原想像图)

列烧火坑和相对均匀散处的家用库和坑,从这似乎杂乱无章的平面布置中,却显示出某种内在的生活秩序和活动规律。据考古学家考证房屋是用**猛犸象**(**Mammuthues primigenius**)骨和象牙构成的穹窿式屋顶。图**0-10**为1864年在法国拉·马德冷洞内发现的猛犸象图画(旧石器时代)。

这种全部共享的大空间房屋,虽然是用大自然生产的自然存在的猛犸象牙和骨骼作材料,但能建造出如此大的空间的房屋,它不仅显示出人类的智慧,也说明人类从开始建筑实践时,总是利用可能得到的材料和掌握的技术,建造适合于自己生活方式的建筑。随着社会的发展,这种适于群婚制**血缘家庭**(**The Consanguine Family**)生活的大空间房屋,演进到对偶婚制家庭时,混沌的大空间就不适合对偶同居的生活需要,产生对空间分隔和组合的要求。由不分男女大家共同生活的大空间,到一对男女需要独自生活的小空间,是人类两性关系的发展,人们对空间产生**私密性**要求开始的。

对偶家庭房屋的内容相同而形式殊异,这是受地理自然环境和历史文化等多种因素的影响。易洛魁人藩篱式柱架**长屋**,与美国纽约州冬寒夏热潮湿的气候条件有关;云南永宁纳西族井干式**院落**,与云南湿热的森林环境分不开;陕西西安半坡遗址的**穴居**,这种半地穴式的建筑,则与西北地区高亢寒冷的自然环境相适应。由此可见,决定人生活方式的根本要素,是社会生产力发展的状况,外在条件的差异并不能改变建筑体现人生活方式的内容。但是同一建筑内容,在外在条件的影响下,却会构成不同的建筑形式。

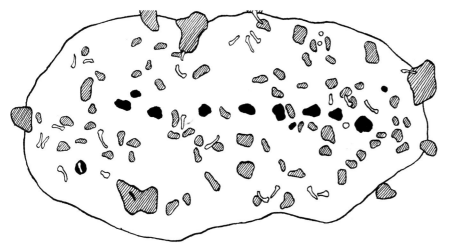

● 炉灶　　⬭ 家用的库和坑　　〰 野兽的大骨头

图 0-9　前苏联沃龙涅什附近顿河上骨村 1 号遗址

前苏联科学院主编《世界通史》卷 1 第 61 页

图 0-10　法国拉·马德冷洞中发现的猛犸象图画

13

## 第五节　古典家庭建筑的空间组合

从建筑空间的组合方式，易洛魁人的长屋，摩梭人的院落，西安半坡村遗址的穴居，其典型性不仅反映了地理气候上的特点，并且从建筑设计方案看，它们基本概括了组合方案的可能性。

**集中式组合**　易洛魁人的长屋就属这一类型。将全体家庭公共活动的、并供无婚姻生活的老小居住的大空间，和对偶同居的若干小空间，全部集中在一起，构成一幢建筑。

**相对集中式组合**　云南纳西摩梭人的院落组合方式，是将集体生活的共享空间，构成院落的主体建筑，把对偶同居的若干私密性的小空间，分构成幢，围合成一座院子。

**分散式组合**　西安半坡村遗址的穴居，就属于这种组合方式。不论是集体生活的大空间，还是对偶同居的小空间，全部分散，各自独立成幢，形成以共享空间的大房子为核心，若干对偶同居的小房子，围绕着大房子形成建筑组群和村落。

从上述三个实例的空间组合方式的分析，我们可以得出如下结论：

**建筑的空间结构与社会结构之间，存在着不以人的意志为转移的必然联系。质言之，建筑的形式及其空间组合方式的决定因素，是社会人的生活方式。所以说，建筑是人的生活方式的直接体现。**

在现实生活中，一般地说：建筑的状况是怎样的，说明人是怎样在生活的。在一定条件下，建筑空间如何分隔与组合，是"意匠"问题，也就是**建筑设计**（**Architecture Design**）问题。不论建筑设计的发展是否已形成一门科学，人类自开始从事建筑实践活动，就是一种合目的性和合规律性的行为。马克思曾对建筑实践活动说过一段话，非常生动而有意义：

> *蜘蛛的工作与织工的工作相类似；在蜂房的建筑上，蜜蜂的本事，曾使许多以建筑师为业的人惭愧。但是最拙劣的建筑师都比最巧妙的蜜蜂更优越的，是建筑师用蜂蜡在构筑蜂房以前，已经在脑海里把它构成了。劳动过程终末时取得的结果，已经在劳动过程开始时，存在于劳动者的观念中，已经观念地存在了。他不仅引起自然物的一种形态变化，同时还在自然物中实现他的目的[25]。*

对偶婚家庭建筑，在建筑空间构成上只有最简单的大和小两种形式，空间上有了不同才有分隔和组合的要求。从对偶家庭建筑空间的分隔与组合的三种方式可给人以重要的启示，它说明建筑在自然环境与材料技术等条件的制约下，相同的家庭形态和结构形式（**Familienformation**），人们对生活空间有类似的要求，但由于客观条件不同，空间的分隔与组合方式、构成的建筑形式是不同的。如果我们将对偶家庭房屋作为一个体系来看，内容相同的建筑，反映这内容的形式可以是多样的。

从建筑设计而言,也就是说相同的建筑内容要求,空间组合的方案是有多种可能性的,但要把这种可能性转化为现实,仍然要受到各种条件的制约,**建筑设计所规定的制约条件愈多,设计方案的可能性就愈少;而设计方案的现实性,是与设计条件的合理性成正比的。**建筑设计的任务和目的,就是构筑空间和组合空间,既体现着建筑的内容,也决定着反映内容的形式。建筑设计是创造性的劳动,首先是科学,同时也是艺术。作为社会实践,建筑设计有其客观的规律性。如何从建筑这一普遍存在的复杂的现象中,探索人的各种生活活动过程与建筑空间的结构和组合间的内在的必然联系,揭示出建筑设计的客观规律,这在建筑设计理论尚未开垦的土地上,还有待于有志者去艰辛的开拓。

# 第六节　建筑的本质与定义

人是大自然的一部分,不能脱离自然界而生存,但是就在这自然的无限空间里也难以生存。人为了生存,并能获得人的生活与发展,就必须在自然的无限空间里,创造出相对独立的有限的空间环境——**建筑**。事实上,人类从人的生活开始,建筑就是人生活的一部分,是生活所不可缺少的物质资料。随着人类社会的发展,建筑也在不断的发展和变化之中。建筑在高度文明的现代社会里,可谓五彩缤纷,琳琅满目,有如《老子》云:"五色令人目盲"。往往与人生活休戚相关的事物,却想当然而不知其本义,对建筑本质的概念之模糊,就是其中之一。

所谓建筑的本质,是人为了**住**(广义的)的生活需要,改变自然物的形态,用物质实体所构成的空间环境。简言之,**空间是建筑的本质**。这个概念,中国人早在**2500**年以前已经有非常明哲的认识,如春秋末的哲学家李耳在《老子》中所说:

> "凿户牖以为室,当其无,有室之用。故有之以为利,无之以为用[26]。"

这里老子所说的**有**与**无**,不是指宇宙本体道的"有"(**Being**)与"无"(**Non-Being**),而是指现象界的"有"(**existence**)与"无"(**non-existence**)。在建筑学术语中的**有**,是指建筑的**实体**;**无**,则是指建筑的**空间**(**space**),也就是建筑艺术中的**实**和**虚**。

我在《中国造园论》中,对建筑"有"与"无"的辩证关系曾说:"建筑要没有这个**无——空间**,就不能有**室**之用。人用物质技术所构成的建筑**实体——有**,根本目的不是为了得到这**有**——建筑实体本身,而是由这**有**去获得**无——空间**。但要得到这'**有**',必先观念的存在'**无**',才能由有生无,故云"**有无相生**[27]。"

因为"空间"是无形、无色、无声、无嗅的,人们时刻都看到建筑,而人视觉所感知的建筑,是它的实体而不是空间。更确切地说,是建筑实体的外在形式。就如庄子所说:"故视而可见者,形与色也[28]。"这正是人们不重视甚至忘掉**空间是建筑本质**的缘故了。

不仅一般人如此,就是那些对专业认识肤浅、缺乏建筑艺术修养的设计者,也一意的追求建筑形式,忽视建筑空间的生活内容。建筑作为财富,在商品经济中成了炫耀财力的手段和商业广告,把建筑当作立体的图案和抽象的雕塑,奇形异状,光怪陆离,形成一种庸俗的、被扭曲的建筑文化氛围,以致建筑专业的学生,在设计中片面地追求二度空间的立面效果,以奇特不类而自我标榜,忘掉建筑的本质是体现生活活动过程的空间环境。

## 一、什么是建筑

这似乎是尽人皆知,不言而喻的问题。人的生活与建筑太密切了,可事实往往是,人们对常见的东西反而熟视无睹,讲不清道不明。建筑是个复杂的社会现象,解释建者,多半是抓住现象的某一方面,各持己见而莫衷一是。可见"任何一件事情,非追溯其以往不能明白其现在"(梁启超语)。

本书从人类初期生活开始,阐明"住"的空间环境对人的生存与生活的意义,并从人类开始对建筑空间产生不同功能要求的**对偶家庭**,证明在相同的社会发展阶段,人的家庭形态与生活方式是大致相同的。对偶家庭出于类似的生活需要,所建造的房屋形式虽各不相同,但在建筑的空间功能上具有内在的同一性(**the inner unity**)。地理自然和物质技术条件,只是决定如何去构成空间的手段,直接影响建筑空间的组合方式和构成的建筑形式,并不能影响和改变建筑空间的功能和性质。换言之,物质技术等条件,只是影响**建筑形式**的要素,并不能改变**建筑内容**。

> 内容与形式互为表里不可分割,形式是内容的转化,内容借形式而体现。

在建筑学界,对建筑的**内容和形式**,在概念上是十分模糊的。为了明确本书的学术观点,提出我个人对建筑关键词含义的见解,我认为:建筑的"内容",就是人们建造房屋所依据的各种生活活动过程,而现实中所有的生活活动过程,都是当时社会**人的生活方式**的组成部分。概言之,**建筑的内容,就是人的生活方式**。为了满足各种生活活动过程的需要,用物质实体构成的空间环境,包括空间的组合方式和构成的形式——建筑内部的空间形式和外部形体,就是建筑的"形式"。简言之,**建筑的形式,就是构成建筑空间的实体**。

这里,对生活方式的含义,有必要做些解释。从原始社会的家庭形态,由低级向高级发展,是同社会生产力发展水平相适应的,民族学的研究已提供了大量的科学资料。我的看法是:

**人们的生活方式,决定于社会的生产方式,是随着生产方式的变革而演变的**。生活方式(**designs for living**)不但要受社会环境和社会条件的制约,同时也要受到自然环境和自然条件的制约。生活方式既包括人们的物质生活方式(生产、交换、消费等方式),也包含着精神生活方式(思维活动、心理状态以及审美方式)。由血缘和地域结合而成的民族群体,就形成民族的生活方式(**the mode of life of this or that people**)。一定的社会生产发展阶段,就形成一定的社会生活方式(**Way of live**)[29]。

在原始社会,家庭关系是惟一的社会关系。家庭的生活方式,实际上也就是社会生活方式。由此出发,我们从对偶婚的家庭结构和生活方式,与建筑的空间结构和组合方式,这两者之间存在着的内在联系与关系,可以清楚地看到建筑不同于其他事物的"质"的规定性,对建筑做出如下的定义:

建筑，是社会生产发展到一定阶段，形成人们的一定生活方式，人们运用社会可能提供的物质技术条件，改造和利用自然，建造出适于自己生活方式的空间环境——建筑。

正如列宁所说："太简短的定义虽然很方便，因为它概括了主要的内容，但是如果你要从定义特别明显地看出，它所说明的那个现象的各个极重要的特点，那就显得这个定义很不够了。因此，一方面要记住，所有一般的定义都只有有条件的、相对的意义，永远也不能包括现象的全部、发展上各方面的联系……㉚"定义之所以必要，是为了把各种复杂的现象，从本质上区别开来，便于研究事物自身的规律，避免在概念上混淆不清。

## 二、建筑与建筑艺术

建筑与建筑艺术，在概念上是不同的。马克思曾强调地指出："人们为了能够'创造历史'，必须能够生活。但是为了生活，首先就需要食、住、衣以及其他的东西。因此第一个历史活动就是生产满足这些需要的资料，即生产物质生活本身㉛。"这就从两方面说明建筑的性质：一、建筑，首先是人所必须的物质生活资料；二、建筑，是人物质生活本身。

建筑，作为人所必须的物质生活资料，是财富。在财产私有的社会里，历来是"劳动者替富者生产了惊人的作品，然而，劳动替劳动者生产了赤贫；劳动生产了宫殿，但劳动给劳动者生产了洞窟；劳动生产了美，但给劳动者生产了畸形㉜"。在现实生活中，大量的简陋篷舍和聊以栖身的住所，是建筑！但生活在其中的人连一点生活美也没有，哪里还有什么艺术性？

建筑艺术，同纯精神型文化的艺术，如文学、音乐、绘画、戏剧等等有"质"的不同。建筑是人的物质生活本身，它不是表现、更不是再现生活，而是人的生活方式的直接体现。具体地说，任何一种类型建筑，都是人们某种特定的生活活动过程的体现，如居住建筑之与家庭生活，医疗性建筑之与疾病的治疗等等。而重重庭院的第宅，体现封建社会不同地位家庭的生活活动的方式和需要；集合式公寓建筑，体现以夫妻子女组成的现代家庭结构与生活方式等等。

事实说明，那些只讲形式忽视内容的建筑，必然影响这些生活活动过程的进行，甚至只能在不完善的情况下进行，从而影响以致妨碍人的生活。现代解释学者伽达默尔（**Hans-Georg Gadamer, 1900—** ）有段话，虽无新意，但对建筑专业的学生来说是很有教益的。他说：

> 一个建筑物从来没有首先是一件艺术品，建筑物由其从属于生活要求的目的规定，在建筑物没有失去现实意义的情况下，同样也没有让自身脱离生活要求。如果建筑物只是某种审美意识的对象，那么，它就只具有虚幻的现实意义，而且在旅游者要求或照像复制的退化形式中，就只存在一种扭曲的生命，"自在的艺术作品"就表现为一种纯粹的抽象㉝。

任何时代具有高度艺术价值的建筑，只能是那些充分体现社会物质和精神生活的、具有高度文化内涵的建筑。**建筑的艺术性，是指具有形式美和思想性而言。**只有形式美的建筑，并不等于有艺术性。著名的悉尼歌剧院，如飞临碧波之上的白色大鸟，造型具有雕塑形式（**statuesque form**）之美，成为悉尼城市的标志和象征。但

建筑艺术，固然是指建筑的艺术性，但不是所有建筑都能具有艺术性，不论是否有艺术性的建筑，都是建筑。

17

它不是以完美的剧院建筑，载入现代世界建筑史册，如伽达默尔所说，是作为人们的审美意识对象，表现为一种纯粹抽象的**自在的艺术品**。

建筑既然是为人的各种生活活动过程所创造的空间环境，建筑的美和艺术性，就不是只对建筑实体的表面装饰所能达到的，而是要首先满足人们对生活空间要求的前提下，按造美的法则去构成空间，组织空间，创造出一个完美的生活空间和环境(详见第十一章中国建筑艺术)。

我们对生活空间的理解，不应局限在孤立的建筑内部空间，即相对独立的、封闭的、有限空间——**建筑空间**，同时还应包含由于建筑物的存在所形成的空间环境，即外部的、开敞的、无限空间部分。这不仅仅是从建筑空间为了采光通风，与自然空间不可分离的关系而言，而是从人的活动特点，任何一种生活活动过程，都是与建筑的外部空间环境密切联系的。因为满足人的任一生活活动过程的建筑，在城镇中只是人的生活活动的一个组成部分。所以，城市设计建筑如果不能与环境有机地联系，构成协调而和谐的整体，它就不可能成为一种艺术。建筑设计忽视环境的意义，就可能成为破坏环境的建筑，成为建设性的破坏。

中国建筑在艺术上的高度成就，正是体现在整体环境上的匠心独运，通过建筑群的环境氛围给人以巨大的艺术感染力，是中国传统建筑文化的一个突出传统。中国木构架建筑体系，是平面空间结构。建筑的艺术性，无不是从建筑空间环境的整体上进行惨淡的意匠经营，借空间的序列、层次、开合、曲直、对比等等的变化，形成流动性的节奏与韵律，表现出建筑的不同性格与艺术精神，创造出非常富于感染力的空间形象与意境(**spatial imagery**)。

人们只要通过北京故宫的重重殿庭，就会深深地感受到中国宫殿的壮丽和古代帝王至高无上的权威；人们只有游历了苏州园林，才能感受到中国园林在有限的空间里，创造出无限的具有高度自然精神的境界!

世人都爱用**凝固的音乐**赞美建筑。对中国建筑来说，这不是赞美，是盲目的误解和歪曲。这是西方人对西方建筑的赞颂，因为，"对西方建筑空间集合为整体的结构体系，空间是被严格界定的、凝固的、相对独立的，建筑空间与自然的无限空间是对立的、分离的、疏远的，西方人习惯于'只是在空间里看见孤立的物体'。所谓的建筑节奏感，不是体现在空间的结构、序列、层次的韵律之中，而是表现在建筑实体的外在形式上"㉞。赞美它是"凝固的音乐"，是很恰当的比喻。

中国建筑与西方建筑恰恰相反，任何一类建筑的内外空间都是融合的，空间是相互流通的，"一个空间可能是一个暗示运动方向的流动起伏的空间㉟。"整个空间又是循环而往复无尽的，并且它通向无限空间的自然。这就是说，中国建筑的空间，是时空融合的空间，它具有流动性、无限性，绝不是什么**凝固的音乐**，勉强喻之，是一幅无尽的**流动画卷**。

对中国建筑空间的理解，西方建筑师反倒比一些炎黄子孙的感受要深刻些。美国景园建筑师(**Landscape Architect**)西蒙德(**John Ormsbes Simonde**)在他的《景园建筑学》中曾说："西方人传统的情形是关切围绕在结构或形象周围的。相反地，东方人却比较更关切所围成空间的物质，及这些空间对过去经验它所产生的智慧及感情方面的影响㊱。"可以说：**知道如何去观察空间，把握空间这一建筑的本质，是理解中国古典建筑的钥匙**。

为了从对比中看清自我，可以看看现代西方建筑师对建筑空间的认识：

空间是不可塑造的、静止的、绝对的、可计划的。它是空虚的、负的、退

18

建筑是凝固的音乐，是西方人对西方建筑的赞颂。对中国的木构架建筑来说，则是一幅无尽的流动画卷。

隐的。它从不是完整的有限的。它是在移动之中，与另一空间相联结，再与另外一个空间相联结，并与无限的空间相联结。学会移动快些，比任何其他生物移动得快些的我们，有新的空间经验：移动中的空间，流动中的空间。因为我们具备了这一新经验，我们不再对细微末节关切那么多，但却关切这一新而奇妙的媒介物的更大的统一体；我们试图模造这流动空间㊲。

——Marcel Breuer

我们要重新建立我们的视觉习惯，使我们不只是在空间里看见孤立的"物体"，而是在时空中看到结构、次序与事件间的关联；也许是神奇的可能的革命。但这革命已逾期甚久，不仅是在艺术方面，并且是在我们所有经验方面也迟了㊳。

——S. L. Hayakawa

从这些对建筑空间生涩的言语描绘中，值得中国人自豪的是，我们古代的宫殿、寺庙、第宅、园林等等，可以说无一不是这"新而奇妙的媒介物的更大统一体"。这种"也许是神奇的可能的革命"，在中国早已是历史的现实，积累有数百年以至千年的经验了。他们试图模造的"流动空间"和要重新建立的"视觉习惯"，中国人随处可见。正因为经常看到，反而习以为常而熟视无睹。令人叹息的不是西方建筑师感到他们获得这方面的经验迟了，而是身为炎黄子孙的我们"只缘身在此山中"，却不识庐山真面目。甚至像英国学者李约瑟（**Joseph Needham**）所指出的："中国科学工作者本身，也往往忽视了他们自己祖先的贡献㊴。"

不少人有这样的看法，"认为传统的中国建筑的知识只对于那些企图模仿古代形式的设计者有用，因为一个现代的建筑设计者并不需要知道斗栱的构造和雀替的权衡的㊵。"其实，任何模仿，都必须是模仿者深刻掌握被模仿对象的特征为前提。就如近年旅游事业的暴发，到处在不断建造仿古的影视城，如李允鉌所说："模仿者们不少根本就缺乏基础的知识"，甚至是美工师在大显奇能，似是而非的所谓唐、宋建筑，还能为拍摄历史题材的影视片充当布景的话，那些将巴黎的凯旋门、西班牙的城堡……，甚至把外国的死人坟墓——埃及法老的金字塔，也缩小比例作为"景物"，这真是用一堆七拼八凑的大杂烩，以飨精神文化饥渴的人们。有的是以破坏自然山水为代价而获取利润，这是在抽象地玩弄无根的形和饰，是在把建筑文化**庸俗化**而暴露出来对**文化的庸俗观念**，这也反映了中国人对中国传统的优秀的建筑文化，不是知之甚多，而且知之甚少，甚至是无知的。可见，弘扬民族文化传统的重要意义了。

李允鉌在《华夏意匠》中说得好："历史经验是'未来创作'的一个重要源泉，任何体系的建筑同样都担负这一任务。因为中华民族的文化较为长远、广博和深厚，如果我们真正打开中国'意匠'的宝库的话，它的珍贵的历史经验肯定会对整个建筑的'未来'产生更大更多的贡献㊶。"要真正打开中国建筑"意匠"的宝库，首先要解决对传统建筑的认识问题。正由于长期以来，无人从古典建筑的意匠角度，深入地研究，系统地从理论上总结传统建筑的设计思想方法和大量的优秀的空间处理手法，这些对今天的创作也有其现实性（**Actuality**）的珍贵遗产。使青年建筑师们对传统建筑文化，继承和吸取什么？如何继承？产生了困惑和迷惘。20 世纪 80 年代初，在建筑界曾有过一场对"传统"的争论，颇能说明学术思想上的混乱状况。

中国的建筑艺术，对空间的流动性和时空的无限性、永恒性的追求，积千百年来的创作实践，累积有非常丰富的成熟的经验，为建构具有民族特色的、科学系统的思想理论体系奠定了坚实的基础。

### 三、略论传统

日本建筑师丹下健三设计的东京代代木游泳馆,这幢大跨空间建筑,是用现代新的结构和技术设计建造的,而又具有相当浓厚的日本风味的成功作品。在争论中却是作为否定现代建筑可以吸取传统文化精神的证据提出来的,理由是根据丹下健三自己的说法:在他这一代日本建筑师的作品中,之所以还存在着显著的传统风味,是由于他们的创作能力还没有成熟,还处在他们向新建筑创新的过渡时期。并且强调说:他没有任何愿望把他的作品表现为传统形式。

这个论据恰恰不但不能证明现代建筑不能具有传统形式,相反地却充分说明:一个受日本传统文化培育、熏陶的建筑师,他创作出"没有任何愿望把他的作品表现为传统形式"的作品,之所以具有浓厚的传统风味,是不以他个人意志为转移的,是受着传统的影响和作用的。不仅证明传统的存在,而且有顽强的生命力和深层潜在的影响力量。

至于丹下健三自己怎么说,是无关紧要的。正如马克思所说:"我们判断一个人不能以他对自己的看法为根据⁤[42]。"任何一个建筑师设计的房屋,一旦建成以后,成为生活中的现实,它就获得自己的生命,它的存在价值和意义,将由社会生活实践去判断,对建筑和一切文学艺术作品是如此,对一个人也是如此。

我们应该看到:"人们在生活中,受传统的潜移默化作用,自觉或不自觉地为这种看不见、摸不着的无形力量所控制。有人生动地将传统比喻为幽灵,它在人世间游荡,无影无踪,却无处不在;它无声无息,却无时不有。它顽强地表现在人们的生活和思想行为之中,受着传统的制约和支配。人们都强烈地感到它的存在,有人珍惜它,却难以把握;有人想摆脱它,又总是脱不掉,甩不开。要超越这种困境的办法,看来只有去探讨它、研究它、理解它,只有真正地理解它,才能掌握它,才能取其精华,去其糟粕,开创出新的传统[43]。"

认为建筑现代化与传统水火不容的思想,虽没有否定中国建筑具有优秀的传统,实际上反映了对传统建筑继承什么、如何继承的问题还没有解决。当然,对建筑师来说,不可能先去研究出成果再去设计建筑,而是需要在建筑设计中有所借鉴的东西,去加以运用和发展。这就需要有志于研究者,以大量生命力消耗为代价,去研究和总结出传统建筑中"珍贵的历史经验",以期"对整个建筑的未来产生更大更多的贡献[44]。"

在中国的古代建筑,对世人尚是一部未曾打开的天书时,我国以梁思成、刘敦桢等为代表的先辈建筑家们,他们不得不用考古学的方法,从古代建筑法式和型制的考证入手,通过大量的实物勘察,使人们能看懂它、认识它,为此付出毕生精力,做出巨大的贡献,为弘扬中华民族的建筑文化,为研究中国建筑铺平了道路,先辈学者的光辉业绩是不可泯灭的。

但因此却形成以建筑考古为史学正宗的思想传统,这就把古建筑研究,在很大程度上局限在建筑的形式方面和建筑技术之中。不容否认,法式和型制是研究古建筑的前提或者说是基础,但法式和型制本身并非历史。所以只从形式去研究,只能知道是什么,无法知道为什么。那些遗存至今的大量的珍贵的古建遗产,它们对今天来说还是僵死的、凝固的东西,难以在今天的现实中发挥作用,更无助于未来了。如果我们把这无生命的**形式**,置于其特定的**生活空间和社会环境**中去考察,就

传统已积淀为人的普遍心理和生理素质的内在因素,在影响着甚至在支配着人的思想和行为。

会将它从死梦中唤醒,它将充满着无限的**生命活力(life-force)**,向我们显示出古代匠师在建筑实践中,大量的优秀设计手法,解决矛盾的高度智慧和创造**意境**的艺术思想和精神。

从形式研究所遭受的一次严重的历史教训,是20世纪50年代的建筑界,全国性的对**复古主义**思潮的批判。我认为就同对"**传统**"概念模糊有关,即将**建筑风格**看成为古建筑的外在**形式**有很大关系。**60**年代初,全国开展建筑风格的学术讨论,我在《黑龙江日报》发表了《试论建筑风格问题》一文,曾对建筑风格作如下的定义:

> **建筑风格,是建筑在一定历史时期中,反映当地社会集团的生活方式和社会意识的、在建筑的内容和艺术形象上所具有的共同性的特征⑮。**

"**传统**"一词,在中国最早见于文字的是《后汉书·东夷传》,其含义是取"**传**"的相传继续,和"**统**"的统一与世代相承的意思。传统的古典含义,"是指历代沿传下来的,具有根本性模型、模式、准则的总和"。现代意义上的"**传统**",是由英文**Tradition**而来,是指历史相继承传下来的具有一定特质的文化思想、观念、信仰、心态、风俗、制度等等,是个外延宽广,反映事物最一般规定性的概念。

传统与文化是有区别的,**文化**是外在的、显露的东西,在文化成果中体现着传统;**传统**是内在的、隐藏的,它凝聚在文化成果之中。这就是说,传统并不是单纯的、直接的以实践活动的文化成果的形式表现出来,而是在这些文化成果中所体现的主体智力和意向中的风格、旨趣、精神的凝聚。文化是有形的实体,是传统的存在前提和基础;传统是以文化延续和凝聚为系统的内在要素,是通过文化活动的形式特征来体现的。**没有文化,就无所谓传统。**

传统作为一种观念和价值取向,既非是历史上存在过的一切,也非固定不变的东西。"辩证法的奠基人之一"(列宁语)古希腊哲学家赫拉克利特(**Herakleitos**,约前540～前480)有句名言:"**一切皆流**"。传统也就是一种**观念之流**。

对建筑来说,如果把古代建筑形式本身当作传统,那么,随着木构梁架体系的古代建筑已不适于今天的生活要求——就社会生活的主要方面,传统岂不要随之消亡,中国的建筑文化岂不要中断?事实不会如此,虽然今天的建筑科学技术远远超过古代,随着社会生产的发展,社会结构与关系的变化,人们的生活方式起了很大的变化,正如马克思所说:"人们自己创造自己的历史,但他们并不是随心所欲地创造,并不是在他们自己选定的条件下创造,而是在直接碰到的、既定的、从过去继承下来的条件下创造⑯。"这是任何民族文化和传统之所以延续不断的前提和基础。

传统不是静止的,而是动态的观念之流。所以,要继承的不是古代的建筑形式,而是从这些形式所体现的空间观念及其优秀的设计思想方法,和从建筑艺术形象体现的意境创造中富于深邃哲理性的传统艺术精神!

对传统不论是吸取,是反思,还是批判,都必须先了解传统,去研究它,理解它,把握它,只有深刻地理解和把握它,不仅充实我们的今天,也意味着把握未来。应该说:

**传统是时代的传统,时代是传统的时代!**

**注　释：**

① 狄德罗：《美之根源及性质的哲学研究》，《文艺理论译丛》1958年，第1期，第1页。

② 恩格斯：《家庭、私有制和国家的起源》，人民出版社，1955年版，第34页。

③《庄子·盗跖》。

④ 恩格斯：《反杜林论》，人民出版社，1970年版，第112页。

⑤ 同上，第55页。

⑥ 柯斯文：《原始文化史纲》，三联书店，1955年版，第98页。

⑦ 恩格斯：《家庭、私有制和国家的起源》，第51页。

⑧ "建筑物的结构"一词，为《美洲土著的房屋和家庭生活·导论》的作者保罗·博安南所用。我体会应从两方面理解：（一）构成建筑物材料技术等结构形式；（二）建筑的空间形式及其组合方式。

⑨ 摩尔根：《美洲土著的房屋和家庭生活·导论》，中国社会科学出版社，1985年版，第5页。

⑩《美洲土著的房屋和家庭生活·前言》第1～2页。

⑪《美洲土著的房屋和家庭生活·导论》第16页。

⑫⑬ 同上，第4、5页。

⑭《马克思恩格斯选集》卷四，人民出版社，1972年版，第44页。

⑮ 长屋并非易洛魁人独有的建筑，其他许多部落也有，如弗吉尼亚的波哈坦人，长岛的尼阿克人，等等。

⑯《美洲土著的房屋和家庭生活》第69页。

⑰⑱⑲ 同上，第129、130、131页。

⑳㉑㉒ 同上，第133页。

㉓ 法拉格：《财产的起源》，三联书店，1957年版，第48页。

㉔ 宋兆麟：《云南永宁纳西族的住俗——兼谈仰韶文化大房子用途》，载《考古》，1964年第8期。

㉕ 马克思：《资本论》第1卷，人民出版社，1975年版，第202页。

㉖ 陈鼓应：《老子注译及评价》，中华书局，1984年版，第102页。

㉗ 张家骥：《中国造园论》，山西人民出版社，1991年版，第111页。

㉘《庄子·天道》

㉙《中国造园论》，第7页。

㉚《列宁全集》22卷，人民出版社，1958年版，第258页。

㉛ 马克思、恩格斯：《德意志意识形态》

㉜ 马克思：《经济学——哲学手稿》，人民出版社，1963年版，第54页。

㉝ 伽达默尔：《真理与方法》，辽宁人民出版社，1987年版，第230页。

㉞《中国造园论》，第113页。

㉟ 宗白华《美学散步》，上海人民出版社，1981年版，第41页。

㊱㊲㊳ 西蒙德：《景园建筑学》，台隆书店，1982年版，第108、188页。

㊴ 李约瑟：《中国科学技术史》，中华书局，1975年版，第5页。

㊵ 李允鉌：《华夏意匠》，中国建筑工业出版社，1985年重印本，第17页。

㊶《华夏意匠》，第17页。

㊷ 马克思：《政治经济学批判·序言》，人民出版社，1964年版，第3页。

㊸《中国造园论》，第3页。

㊹《华夏意匠》，第17页。

㊺ 张家骥：《试论建筑风格问题》，载《黑龙江日报·理论研究》1962年7月14日。

㊻《马克思恩格斯全集》第8卷，人民出版社，1961年版，第121页。

# 第一章
# 中国建筑的起源与发展

○建筑的起源

○木构架建筑的由来

○木构架发展的历史原因

○建城即建国,城毁则国灭

○古代的国与城不分

○木构架建筑的基本概念

○高层木构架建筑

○中国梁架结构的特殊性

世界上到处有山，有山就有石头和木材。为什么西方人采用坚实、耐久而难建的石头砌筑房屋？中国人却选择轻便、不耐久而易建的木材构筑房屋？

# 第一节　建筑的起源

　　原始社会的文化,是人类一切文化的起源。原始人为了"住"的需要,从改变自然物的形态建造出房屋,也就是人类建筑的起源了。研究中国建筑历史的学者,都根据在华夏大地上的考古发现,以西安半坡仰韶文化的建筑遗址,为中国最古远、最原始的房屋。仰韶文化属新石器时期母系氏族社会,家庭结构是对偶婚形态,仰韶文化的建筑,也就是对偶家庭的居住房屋。关于对偶家庭 (**The Pairing Family**) 的生活,我们在"导论"中,从对偶婚的家庭结构和生活方式,与建筑空间的性质及其组合方式的内在联系,已经作了阐明和分析。这里则从构成空间的建筑形式与结构方式,来讨论中国木构架建筑体系的形成与发展。

　　从仰韶文化遗址情况房屋有建在地上的和半穴居式的,平面有方形和圆形两种,建筑物结构与外形,只能根据墙柱遗迹,参照新石器时代生产力的发展水平等因素,进行考证和推论,难免带有不同程度的想像成分。我们从下面这两种对偶家庭房屋的复原想像图看,是很有意思的。两者粗看大同小异,细辨却颇异其趣,一者粗犷而野①(图1-1),一者古朴而文②(图1-2)。这种差别正说明想像与建筑原貌,还存在一定的距离。那么,这两张复原想像图,何者更接近原貌呢?

　　仰韶文化时期的建筑,距今已有七八千年之久,绝不可能再看到它的原貌了。但我们从人类学和民族志学可知,原始社会的发展阶段,如对偶婚家庭在地球上存在的时差非常之大,美洲的印弟安人 (**Indian**) 直到十七、十八世纪还在过着对偶同居的家庭生活。他们在高山寒冷地区所构筑的半穴居式房屋,在很大程度上,几乎可以说是半坡遗址的房屋再现。据路易斯·亨利·摩尔根的《美洲土著的房屋和家庭生活》一书所载,在美洲塞拉山脉 (**Sierras**) 高山区的迈杜人 (**Maidu**) 的房屋情况:

　　　　在塞拉山脉最高的地方,那里的雪下得很厚,以致火会被雪盖灭,房屋敞开口的一边也会被雪封住。因此,那里的住房形状和材料虽然也和上述大体一样,但是火塘却在房屋的中间。房屋的一边(一般是东边)比另一边斜度较小。终端是弯曲的,伸出一个约三英尺高、六英尺长的过道。图1-3塞拉山脉高山区迈杜人的房屋③

　　这是由六所这样的房子组成的村落,在村子的中间是一座半球形的供家庭公共活动的大房子。这座村落与西安半坡村遗址比较,规模要小,家庭公共活动的大房子是半球形的,半坡遗址是方形的,图所示房子显然与半坡遗址相同,都是对偶同居的住处。

　　我们从迈杜人房屋形式来看,所说"终端是弯曲的,伸出一个约三英尺高、六英尺长的过道",是指房子与过道屋顶连接的建筑形状,可见房屋的平面不是正方形,而是梯形,西面的短边与过道相连,故屋顶坡度长而较缓,东面的长边是对偶起居活动的地方,所以屋顶的坡度**短**而比较**陡**,室内空间也较高。从房顶尖端露出的一

图 1-1　原始房屋西安半坡村遗址想像复原图

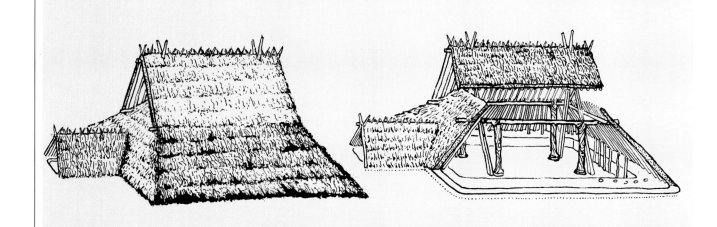

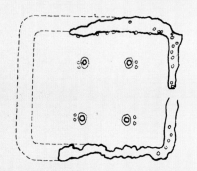

图 1-2　西安半坡村遗址对偶家庭住宅想像复原图
（摹写于《中国古代建筑史》）

图 1-3　美洲塞拉山脉高山区迈杜人房屋

束木杆,可以想见支承屋顶的是简单木支架,屋顶构造大概也是用树枝和木棒排列编扎而成。图上未见有窗洞,很可能同这一时期的房屋相同,屋顶上有不加固定的板,推开可以排烟通风。

中国文字中的**窗**,从**穴**从**囱**,原意就是指穴居房屋,在顶上开的排烟洞口。人类在原始建筑之初,"窗"的主要功能就是排烟。事实上,当人类的建筑生产,在很大程度上还是处于依赖自然的、直接的、粗野的状态,无论从建筑技术还是从生活需要,还没有形成为了采光通风而开窗辟牖的观念。当建筑由地下、半地下升到地面上以后,**建筑在墙上开窗,是人类建筑史上的一个飞跃**。

但《中国古代建筑史》上的复原想像图,如该书所说:"屋顶形状可能用四角攒尖顶,也可能在攒尖顶(或圆锥形顶——著者)上部,利用内部柱子,再建采光和出烟的二面坡屋顶。"这个想像复原方案,在通风和采光上要进步得多,参考印第安迈杜人的房屋,显然距离对偶家庭时期的生产技术状况要远,主观想像的成分要多。当然在此后数以千年的建筑发展过程中,无法臆测曾演变出多少建筑形式,这种神似歇山式的屋顶,也有存在的可能性。

# 第二节　木构架建筑的由来

中国建筑起源于西安半坡原始社会的地上和半穴居式房屋,但是从这种原始房屋到木构梁架,经历千万年的漫长岁月,是如何演变发展形成的?考古学者的铲子还没有挖掘出来,这中间过渡状态的建筑是什么样的?迄今为止,在建筑史学界还无人作过正面的回答。

《中国古代建筑史》这部重要的著作,在"绪论"中从中国古代的结构特点作了如下的概括:

> 中国古代建筑以木构架结构为主要结构方式,创造了与这种结构相适应的各种平面和外观,从原始社会末期起,一脉相承(重点为笔者所加),形成了一种独特的风格。中国古代木构架有抬梁、穿斗、井干三种不同的结构方式,抬梁式使用范围较广,在三者中居首位④。

意思说:从原始社会末期起,就同时存在着抬梁、穿斗、井干三种结构方式了,而这三种结构方式,都是由原始房屋**一脉相承**而来,这是很笼统的说法。当然,原始社会房屋是个极为广泛的概念,即使是同处对偶家庭形态的发展阶段,由于这种家庭形式的存在,在空间和时间上相距很大,构筑房屋的结构方式肯定是多种多样的。但不论其如何多样,必然有它客观的统一性,也就是这种家庭形态所存在的社会生产力的发展水平。

我们从抬梁、穿斗、井干三种结构的构件和构造方式分析,三者受力的关系是不同的。如**井干式**,完全是用木材横卧垒叠构成,没有竖向的支承构件(图**1-4**为云南南华县马鞍山井干式民居。);**抬梁式**和**穿斗式**虽然都有竖向承重构件的柱(**pillar**),但横向构件的结构构造不同,受力的情况也有质的区别。穿斗式房屋支承

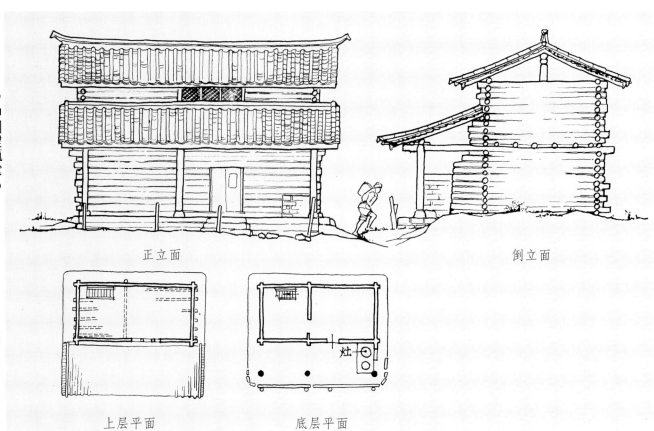

正立面 倒立面

上层平面 底层平面

图1-4 云南南华县马鞍山井干式民居

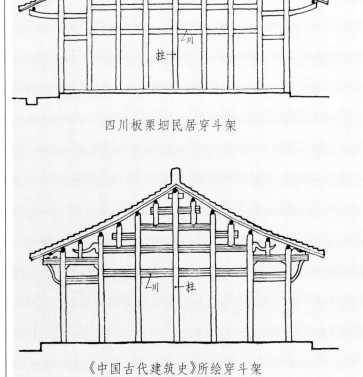

四川板栗坳民居穿斗架

《中国古代建筑史》所绘穿斗架

图1-5 穿斗架比较示意图

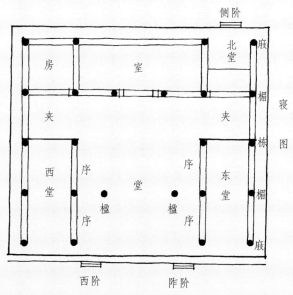

图1-6 清·黄以周《礼书通故·名物国·宫》寝图

屋顶的"檩"木下均有立柱,柱子直接支承屋盖结构柱间的横木,只起联系作用;而抬梁式的横向构件是**梁(beam)**,柱子支承梁,檩子搁在梁头上,屋盖荷重是由梁传递给柱,梁是承重的受弯构件。所以,抬梁式的立柱较穿斗式大大地减少了。从建筑结构与构成空间的关系言,**抬梁式结构的技术较进步、要比穿斗式出现为晚**(图1-5)。

那么,抬梁式与穿斗式结构之间,是否存在着因果关系呢?显然,要找出实例来证明是不可能的。

李允鉌先生在《华夏意匠》中,对中国木构建筑的演变,做了很有意义的设想和推论。他根据半坡仰韶文化遗迹,地上的和半穴居式房屋,建筑沿坑的周边排列着密集的木柱,外抹草泥的墙壁构造,这种具有围蔽结构和承重结构双重作用的做法,而设想:"在结构的发展上就摆着有两条可走的路:一条就是框架式结构,一条就是承重墙式的结构,自然有时也可以混为一体⑤。"从考古学所提供的资料,他作了如下的推论:

> 从郑州大河村仰韶文化房屋遗址,河南偃师早期商宫殿遗址等考古报告中,我们是可以确信中国早期的建筑是使用过骨架式承力墙的体系的。在结构上的发展所以锐变成为骨架结构,问题就在于墙内骨架构造的变化,由密集的立柱改为有规则的排柱,利用这些排柱来支承屋顶的构造,同时也作为墙壁的骨架。柱距由楞木的距离来决定,这就是后来的"穿斗式"房屋柱架。大概,这是方格形的柱网制式开始建立之后的事情⑥。

原始房屋墙壁构造,由立柱密集地无序排列,向有序的排柱发展,应该说是合乎情理的推论。有序柱列,其柱距是由楞木的间距决定的,李允鉌所依据的是相传为周代制定的**仕寝图**(图1-6)。图中立柱的名称与楞木的名称相同,见图所注名称。当然,此说需要以屋顶构造的发展用楞木支承屋面为前提。问题是:是有了楞木支承屋面的构造而决定了有序的排柱结构呢?还是发展了有序的排柱结构决定了用楞木支承屋面的构造呢?我认为两者应是互为因果的关系。对人类早期的生活实践而言,就如古希腊唯物主义哲学家,原子说的创始人德谟克利特(**Demokritos**,约前460~前370)所说:"**一般来说,需要和经验是教人学会一切的老师。**"

李允鉌进一步推论:

> 楞木完全由立柱所支承,屋架自然就不存在。支承屋顶构造的排架柱与柱之间在每一楞木位置的水平面上都有连梁,以保持整体构架的稳定,整个屋面就成为了一个三向的框架。但是当房屋的面积愈来愈大,在功能上要求室内空间扩大和延伸的时候,立柱就成为一种阻碍,为了取消其中一些柱子,梁架就产生了。简单的办法就是把不承重的连梁改为支承重量的大梁,只是省去了立柱,立柱以上原来形式不变,相信这就是中国式梁架形式的由来⑦。

我们据刘致平教授《中国建筑类型及结构》中所绘,四川板栗坳(**ào**)民居的穿斗构架,和《中国古代建筑史》中所绘:"穿斗式构架构造示意图",重新绘制两者的横剖面进行比较(见图1-5),可以看到一个很意义的现象。四川民居的穿斗架,所有檩下全都支承着立柱,这应是典型的穿斗架;而《中国古代建筑史》所绘的穿斗架,虽然檩下都有柱子,但在两根落地的立柱中间的柱子,是不落地的,而是立在柱间联系的横木上,这就完全改变了矮柱下联系横木"川"的力学性质,而具有受力构件"梁"的作用了。且不论这种近一半柱子不落地的穿斗架结构形式的资料来源,可以相信,这是现实中存在过的一种穿川架。我们不妨把这种穿斗架的结构形式,看做是向梁架过渡的一个中间形式,大概是不违背事物发展规律的。结论就如李允钚所说:

**木骨架承重墙其后发展为"穿斗式"柱架,柱架最后演进为梁架,中国式的木框架结构体系到此才正式确定起来**[8]。

建筑作为一种社会实践现象,是十分错综复杂的,在数千年的演进发展过程中,会有许多我们今天难以想像的种种结构方式。由柱子直接支承屋顶结构,到用柱子支承梁再由梁支承屋顶荷重,是结构上带有原则性的变革,也是建筑技术上的一个巨大飞跃,很难武断一步就能直接跨过。但是,既然在现实中存在着"穿斗式"和"抬梁式"两种结构方式,这两种结构方式之间,又存在着都用梁柱构成的共性和在技术发展程度上的差别,我们就不能否定,由穿斗的**柱架**演进为抬梁的**梁架**的可能性。

穿斗式与抬梁式结构并存现象,并不能证明这两种结构在历史上是并列发展的,更难以证明它们是同时产生的。今天我们在西南边陲的偏僻村镇里,同时可以找到这两种结构的房屋,不足为怪,因为在幅员辽阔的中国,由于地区之间经济发展极不平衡,在文明程度上存在很大的差异,造成在建筑技术上较落后的"穿斗架"与较先进的"抬梁式"结构长期并存的现象,是十分自然的事。这种类似的情况,就是在今天的现实生活中也比比皆是。

我认为:抬梁式结构是由穿斗式结构发展演进而来,这种**由穿斗到抬梁的演进说**,虽然合乎逻辑,这只是一种想像。根据我的研究,从古代文字资料中,是可以找到一些根据的。试析之以见教于方家。

古代的梁字,是专指桥而言,建筑构件中没有用"梁"字的名词。古代的梁为**宋**。

《说文》:"梁,水桥也。"段玉裁注:"梁之字,用木跨水,则今之桥也。"古籍皆以"梁"指桥,如《孟子》:"十月舆梁成";《国语》:"九月除道,十月成梁";《大雅》:"造舟为梁"。所以,段玉裁说:"**见于经传者,言梁不言桥也。**"

中国最早的解释词义的专著,《尔雅》:"隄谓之梁。"《毛传》:"石绝水为梁。"按段注所说,这水隄和拦水所砌的石墙,都是为"偃塞取鱼"之用,并非是架在水上的石桥,其所以称之为"梁"者,是"取亘于水中之义"。故云:"凡《毛诗》自造舟为梁外,多言鱼梁。"由此说明,最早的桥都为木造,跨度大的"造舟为梁",大概就是用船联系在一起上铺木板的浮桥;跨度小的"用木跨水"为之了。

古代建筑结构中,横向受弯承重的构件不叫"梁"而用"宋"字。《尔雅·释宫》:"宋廇谓之梁。"疏:"屋大梁也。"这就说明一个现象,建筑中用"宋"而不用"梁"字,不仅是梁为桥的专称,也反映出早先的建筑结构形式,主要是"穿斗式"构架,柱间的横木很多,而且只起联系作用,还不存在架空如"桥"的横向水平承重构件的缘故。

从礼制**寝图**所注的构件名称,檩与柱相对应都称之为**栋、楣、庑**,也说明当时人

先进与落后共存,文明与野蛮同在。

30

的结构概念是"穿斗式"的结构。随着社会的发展技术的进步,解决了穿斗式构架全部柱子落地,对纵向空间限制的矛盾,将内柱搁置在层梁上,"宋"就成为最简单的"梁",即如木跨水的形式,此后,桥的发展用"梁"也难以表示各种材料和结构形式的桥了,"梁"就逐渐失去"桥"的专一含义,主要成为建筑水平承重构件的专业名称了。

**从"梁"字原指称桥,而转化为建筑构件的名称,这个名与实的变化,可以作为中国古代建筑结构,由穿斗式演进为抬梁式的一个佐证。**

在辞书中对"宋"的解释不尽相同,如《辞海》解释:宋为"栋"。并引韩愈的《进学解》:"夫大木为宋,细木为桷。"将大木理解为"栋",是不正确的。**因为栋是檩子而不是梁**。这同《辞海》中释"桴"为"次梁"一样,都是不确切的。清代学者段玉裁在《说文解字注》中早已明确指出:**"栋与梁不同物,栋言东西者,梁言南北者。"**这是以主要建筑殿堂必须朝南的方位说的,东西者是指建筑的纵轴方向的"檩",南北者是指横轴方向梁架中的梁。(详见本书第四章"廊"一节中有关构件的名词解释)。

《辞源》则不同,释:"宋,屋的正梁。"虽然也同样引了韩愈的《进学解》:"夫大木为宋,细木为桷,……各得其宜,施以成室者,匠氏之工也。"多引了后面的三句话,文意就很清楚了。用现代汉语说:用粗大的木料做梁,细小的木料做椽子,是各得其宜的,用这些东西去构成房子,是要靠工匠们去建造的。韩愈是以造房子用材的大小,比喻才的各有其用,各有所宜。用大梁和椽子来概括整体构架,是非常恰当而形象的比喻。如果用檩和椽子都是屋顶的构件,则以偏概全很不合理了。《辞海》之病在以"栋"为"梁"。

# 第三节　木构架发展的历史原因

我们弄清楚木构梁架如何演变而来,这固然必要,但更重要的是:世界上到处都有山,有山就有石头和木材。中国不是没有石头,为什么中国建筑主要发展木构架的建筑体系?西方也并不缺少木材,为什么大多数发展砖石结构的建筑体系呢?中国建筑不像其他建筑体系那样发展砖石承重墙式结构,原因何在**?这是研究中国建筑的一个很主要的关键性的问题,实在不容许轻轻地带过的**[9]。

事实上,对这个建筑史上非常重要的问题,并未引起中国建筑史学界的重视,甚至未见有一篇专门研究这个问题的论文。在研究中国建筑的书籍里,也只是泛泛而论,且其说不一,可以说多是想当然的说法。正因为如此,中国建筑史学中存在着许多类似的想当然的问题,而无人提出疑问来。李允鉌先生在他所著的《华夏意匠》中,首次明确地提出了问题,虽然他远没有做出令人信服的答案,但在科学上提出问题,要比解决问题有意义得多。根据我的研究,在回答这个问题之前,仅就《华夏意匠》中所谈到的几种不同说法,略加分析和评论。

## 一、自然条件说

刘致平教授在《中国建筑类型及结构》一书中，对中国之所以采用木构建筑认为："我国最早发祥地区——中原等黄土地区，多木材而少佳石，所以石建筑甚少。同时因为木材轻便坚韧，抚摩舒适，便于施工，而梁柱式结构开门开窗均甚方便，所以木构宫室，在我国很早原始社会就用，而且相当普遍[⑩]。"

是地理自然条件决定了中国采用木构建筑。英国学者李约瑟在其名著《中国科学技术史》中，就不同意这种自然条件说。他认为："肯定地不能说中国是没有石头适合建筑类似欧洲和西亚那样的巨大建筑物，而只不过是将它们用之于陵墓结构、华表和纪念碑（在这些石作中常模仿典型的木作大样），并用来修筑道路中的行人道，院子和小径[⑪]。"

对原始社会生产力处于直接、粗野的状态，**就地取材**是自然的原则，但对阶级社会的帝王宫殿，尤其对后世大规模的宫殿建设，历来的帝王根本不需要这个原则。秦代造在陕西咸阳的"阿房宫"，木材却采自遥远的四川。"隋炀帝营宫室，近山无大木，皆致之远方。二千人曳一柱，以木为轮，则夏摩火出，乃铸铁为毂，行一二里，毂则破，别使数百人赍毂，随而易之，尽日不过行二三十里，计一柱之费，已用数十万功[⑫]。"对"普天之下莫非王土，率土之滨莫非王臣"的中国君主来说，天子的需要就是高于一切的。

## 二、经济水平说

建筑师徐敬直在他的英文本《中国建筑》一书中，认为中国用木结构房屋，是"因为人民生计基本上依靠农业，经济水平很低，因此尽管木结构房屋很易燃烧，二十多个世纪来仍然极力保留作为普遍使用的建筑方法[⑬]。"

这个说法，只能说是建筑师凭感性直觉，对其所见现实认为想当然如此而已。首先古代依靠农业的国家并不都采用木结构建筑。如果说，中国古代采用和发展木结构建筑，是因为生产力落后，经济水平很低，这用来说近代中国的经济状况是如此，对中国的古代就大不为然了。

**在中国古代，由于冶铁鼓风炉的进步，很早就发明了冶炼铸铁的技术。这个发明要比欧洲早一千九百年[⑭]。**

决定社会经济水平的是生产力的发展状况，首先是生产工具的变革和发展。掌握冶铁技术的意义，因为"铁使更大面积的农田耕作，开垦广阔的森林地区，成为可能；它给手工业工人提供了一种极其坚固锐利非石头或当时所知道的其他金属所能抵挡的工具[⑮]。"中国古代由于冶铁技术的进步，冶铁工业有了发展，铁制的生产工具逐渐普遍应用于农业和手工业生产，从而使社会生产力有了进一步发展。古代的中国，在宋以前没有西方那种长达二千年之久的宗教统治的黑暗时代，而使中国在中世纪成为人类文明的第二个高峰。说中国二十多个世纪来仍然采用木构建筑，一概归结为社会"经济水平很低"，是没有根据的。"而且在建筑历史上，并不是只有经济力量强大的国家和地区才去发展石头建筑的[⑯]。"

显然，自然地理环境等客观条件，并非是决定中国之所以采用并发展木构架建筑的原因。

建筑历史事实说明，一个国家民族的建筑采用和发展什么结构方式，并非决定于社会的经济条件和水平。

## 三、社会制度说

英国学者李约瑟认为："也许对社会和经济条件加深点认识会对事情弄得明白一些，因为据知中国各个时期似乎未有过与之平行的西方所采用的奴隶制度形式，西方当时可在同一时候派出以千计的人去担负石工场的艰苦劳动。在中国文化上绝对没有如亚述或埃及的巨大的雕刻'模式'，它们反映出驱使大量的劳动力运输巨大的石块作为建筑和雕刻之用。事实上似乎还没有过更甚于最早的万里长城的建筑者秦始皇的绝对统治，毫无疑问在古代或者中世纪的中国是可以动员很大的人力投入劳役，但那时的中国建筑的基本性格已经完成，成了已经决定了的事实。总之，木结构形式和缺乏大量奴隶之间是多少会有一些相连的关系的⑰。"

李约瑟的观点：中国之所以采用木结构形式是与中国缺乏大量奴隶有关，而中国之所以缺乏大量奴隶，是由于中国社会有史以来，未曾有过与之平行的西方文化所采用的奴隶制度形式。问题令人难以理解的是，李约瑟所指的西方文化所采用奴隶制度形式，是什么样的奴隶制度？却不得而知。

世界上最早出现的奴隶社会，就是在古代东方的埃及、巴比伦和中国等国家。夏朝是中国古代第一个奴隶制国家。在公元前约 16 世纪，商部族灭亡了夏朝，建立了比较强大的奴隶制国家。公元前 11 世纪，因奴隶和平民不堪忍受奴隶主的残酷剥削和奴役，在战场上倒戈，商朝被在今陕西岐山一带的周族联合西南许多部族所灭亡，史称西周，是中国历史上奴隶制的全盛时期。到公元前 771 年，周幽王被申侯联合犬戎所杀，西周亡。周平王迁都洛邑，即今河南洛阳王城公园一带，历史上称东周。东周是个徒有虚名的王朝，分为春秋和战国两个时期。春秋战国之际，是中国由奴隶社会向封建社会的大转变时期，直到公元前 221 年秦兼并六国，建立了中国历史上第一个统一的中央集权的封建制国家。

李约瑟所说："中国各个时期似乎未有过与之平行的西方文化所采用的奴隶制度形式。"无非是想说明，中国古代不可能在同一时候使役数以千计的奴隶劳动。所以为了说明需要大量的奴隶才能营造，却举出东方的"亚述或者埃及的巨大的雕刻'模式'。"而亚述和埃及是东方的奴隶制国家。从政权的组织形式而言，**中国夏代是君主制奴隶国家，与古代典型奴隶制的希腊和罗马虽然不同，古希腊的雅典是民主共和制，古希腊的斯巴达是贵族共和制。但是与用石头建筑金字塔那样巨大的雕刻模式的埃及，同样都是君主制的奴隶国家。**可见，李约瑟的奴隶制度的含义是模糊的，对能否集中使役大量的奴隶，决定于国家采取的奴隶制度形式的说法，是没有科学根据的轻率的说法。

李约瑟认为，中国之所以用木构建筑，是和缺乏大量的奴隶有关，论据是中国古代没有用石头去建造像埃及那样的巨大的雕刻"模式"，这个立论的前提根本站不住脚。道理很简单，建造埃及金字塔那样的石构建筑物，固然需要使役大量的奴隶，但却不能说，没有建造这样的建筑物，就断定没有大量的奴隶可供使役。中国古代是否缺乏大量可供使役的奴隶呢？

我们可从殷和周初的情况看，《左传》昭公二十四年引《大誓》："纣有亿兆夷人，亦大有离德。"被统治和奴役的夷人，就不止以千计。殷纣王征东夷，俘获为奴隶者，就有三万人（《卜辞》粹一一七一）。据殷陵考古发掘，每一大墓殉葬人数皆多达四五百人，总计二千人以上。周初成王在农业集体生产中的奴隶就有二万人⑱。

春秋时代,诸侯分立,兼并战争频繁,筑城防御成了最重要的工程,由于对奴隶和庶人残暴的奴役,爆发梁国的"民溃"(前641),陈国的庶人起义(前550),使役的奴隶当不至少到以千计。在奴隶社会,不管国家采取什么奴隶制度形式,奴隶都是"会说话的工具"和私有财产,可以任意买卖、奴役、屠杀,不论在东方还是西方本质上完全一样,否则就不成其为奴隶和奴隶社会了。

我们再以春秋战国时在历史上著称的建筑工程来看:《左传》襄公二十一年(前552):"晋国有铜鞮之宫,长达数里。"《墨子·非攻》:吴国建姑苏之台,七年尚未完成。《国语·楚语》引贾谊《新书》:楚章华台之高,平地攀登,"三休乃至",曾发动全国的人力建造,数年方成。这些工程投入多少人力,虽然尚未见诸文字记载。但可以肯定地说:任何为帝王所营建的宫殿台榭,无不是殚尽全国的人力和物力,正因为是经常之事,所以才不计其数的吧。从《周礼·考工记》证明,中国古代在西周时已经实行了官营手工业"工官匠役制",也就是全国的劳动力,都必须为帝室生活需要的手工业生产进行无偿的服役。这种超经济的奴隶制,在中国从奴隶社会一直沿用到封建社会末。如果说,中国奴隶社会初期地广人稀,后期诸侯分列,国多民寡,而不像封建社会自秦始皇统一中国,营建宫殿陵墓等建设规模之庞大,使役的劳动力动辄以数十万以至百万计,但也绝不会如李约瑟所想像,不能像西方在同一时候派出以千人计的劳力去从事建筑工程的艰苦劳动。建筑工程是否需要使役大量的人力,同建筑采用什么结构方式并无必然的关系。可见,李约瑟以中国没有采用石结构建筑为前提,据此断定中国采用木结构建筑,是与中国古代缺乏大量的奴隶有关,这个论证的前提本身就是不能成立的。

## 四、技术标准说

李允鉌对上述的自然条件说、经济水平说和社会制度说等说法,都认为是经不起认真分析的,他提出自己的看法说:"在达到同一要求和效果的前提下,中国建筑是世界上最节约的建筑,换句话说也是最经济的技术方案。尤其在施工时间上,同时代的同规模的中国建筑比西方建筑不知快了多少倍。因此,即使中国古代有同样足够的石材,足够的劳动力,相信也不会虑及去建筑可以存之永世的石头的庞然大物,因为何必去浪费巨大的人力物力呢[19]?"

从建筑技术角度比较中西方建筑,是很有意义的。我们从一些实例的比较中,不仅能加深对中西方不同结构建筑的认识,而且会引发更多的思考。西方古代的著名建筑物,因为是砖石承重墙结构体系,往往要经数十年以至百余年才能建成。如:

西亚波斯的百柱殿(**persepolis: Hall of Hundred Columns.** 前518～前460)建造了58年;

雅典奥林匹克宙斯神庙(**The Temple of Zeus, Olympius.** 前174～132)建筑群历经三百多年才建成;

罗马的圣彼得教堂(**St. Peter, Rome.** 1506～1626)前后造了120年;

伦敦的圣保罗大教堂(**St. Paul's Cathedral**)已是18世纪的建筑,也用了45年才建成。仅此数例可见一般。

中国古代建筑,秦汉以前的情况多属后人所记,因非实录而语焉不详,即使如此根据史料简略的记载,也可以看出古代建筑工程的施工速度,是非常之快的。如:

---

说中国采用木结构建筑,是与缺乏大量奴隶有关,只是一种主观遐想。因为那怕从历史现象去设想,中国古代诸侯分列、兼并战争频仍,没有一个统治者会愚蠢地以大量的人力,花费几十年或上百年去用石头建造他们不可能享受的,甚至看不到的建筑。

周初文王建灵台，《诗经·灵台》："经始灵台，经之营之，庶民攻之，不日成之。"

用现代汉语说：开始筹划造灵台，精心意匠巧安排，百姓齐心都来干，要不了几天就建起来。据《三辅黄图·台榭》记载："周灵台高二十丈，周回四百二十步。"按商代每尺折合公制为 0.169 米计，台高约 24 米。如此土筑高台，如果不投入大量劳力，是不可能很快就造好的。

春秋时，楚灵王筑章华台，章华台是建有高台的离宫之名。据《水经·沔水注》："台高十丈，基广十五丈。"按战国每尺折合 0.227 米计，章华台高约 22 米，包括离宫建筑在内，数年就建成了。

自秦汉以后，大规模的筑城、兴建宫殿、苑囿和陵墓等工程，封建集权的帝王可以征调全国的人力物力，建设速度之快是十分惊人的。

秦始皇统一中国后，在位仅 11 年(前 221~210)，建造了咸阳宫殿，筑章台、上林苑于渭水之南，写放诸侯宫室于北阪，筑长城，造骊山陵，建阿房宫等大量的离宫别馆和陵墓。《淮南子》："秦之时，高台榭，大苑囿，远驰道。"以大、高、远三个字精辟地概括出其规模之宏大，建设速度之快，在建筑史上是空前的。

汉高祖建长乐宫，五年(前 202)始建，七年(前 200)二月建成。又命萧何造未央宫，九年(前 198)建成。长乐宫周回 20 里，未央宫周回 22 里，规模虽大，都只用了两年时间就建成了。

明成祖建都北京，是在元大都的基础上改建和扩建的。据《明会典》记载，主要的殿堂，自"永乐十五年(1417)起工，至十八年(1420)殿工成。"仅用了 **4** 年，对整个北京城的改建，也只用了 **16** 年时间。

从中国古代这些重大的建筑工程，足以说明，中国木结构建筑要比西方砖石结构建筑的施工速度快得很多。但要说"中国建筑是世界上最节省的建筑"，就并不尽然了。这要看是谁造？造什么样的建筑？历史上历代帝王营建殚尽国家的人力物力的史实很多，这里仅举少数民族统治的金代为例，可见一斑：

> 金代营建燕都，"其宫阙壮丽，延亘阡陌，上切霄汉，虽秦阿房(宫)，汉建章(宫)不过如是[20]"，为了建筑工程的需要，"役民八十万，兵夫四十万，作治数年，死者不可胜计[21]"。金·海陵王完颜亮于"正隆六年(1161)，营南京(即燕京)宫殿。运一木之费至二千万，牵一车之力至五百人。宫殿之饰遍傅黄金，一殿之费以亿万计[22]"。"代价之昂贵是惊人的。

数字尽管有夸张，历来中国封建统治者多好营宫殿，浪费人力和物力的惨重情况，是史不绝书的。但是，中国建筑可以同时投入大量劳动力，在施工上高效快速工期很短，是客观存在的事实。

李允鉌对中国建筑的生产进一步分析说："中国建筑施工起来也较为方便容易，主要原因是中国建筑的规模是由量的积累而来，分布很广，工作面大，可以同时进行工作。同时因结构上采取标准化和定型化，可以通过严密的施工组织发挥最大的效率。过去研究建筑的学者很少注意到这个问题，没有提出过施工快速是中国在建筑上的另一个很大的特色[23]。"

对中国建筑施工快速这一重要特点，在《中国古代建筑史》的绪论中，已把它列为中国木构建筑的特点之一，应该说研究中国建筑的史学界的学者们不是没有看到这个特点，问题是却一直没有引起重视，更没有把这个重要问题置于中国社会的历史背景中去深入研究它。

我认为：抓住这一很大特色，可以说，是打开中国木构建筑成因之谜的一把钥匙，但还不是真正的答案。如果我们不能用史实证明，中国之所以长期采用木构架建筑的根本原因，就是因为它**施工快速**这个特色的话，那么，李允鉌先生所说，施工快速的木构建筑，"就是一直被确认为最合理的构造方式，是一种经过选择和考验而建立起来的技术标准㉔。"只能是历史实践的结果，而不是它的原因。

道理很简单，既然世界上到处都有石头和木材，开采和加工木头要比石头方便容易，就如石头比木材耐火坚固一样，是实践常识，不需要什么理论去证明。为什么中西方建筑文化发展的主流却不同？建筑以砖石结构为主的西方，并非没有木构建筑；以木构架建筑为主的中国，也非没有砖石结构的建筑，而是很早就懂得使用砖石结构，并发明了"拱券"（**arch**）构造。难道西方人不喜欢快速的建筑房屋？中国人不怕木构建筑很容易被烧毁吗？

李允鉌先生对此有个解释："西方人在建筑上重视创造一个长久性的环境，中国人却着眼于建立当代的天地。这个问题在对材料选择的态度上便充分地表现出来㉕。"并以明代造园学家计成在《园冶》中所说为证："固作千年事，宁知百岁人；足以乐闲，悠然护宅㉖。"用现代汉语说："立身建业固欲名垂千古，人生在世不过百年岁月；园居有护宅之佳境，得清闲而知足常乐㉗。"计成的话，本是后世困顿失意的封建士大夫们避世隐居的思想，是对生活的一种消极态度的反映。如果说，中国人对建筑不求永世长存，正因为是数千年来生活在木构建筑环境里的话，**是存在决定了人们的意识，决不是天性就有这种意识**，所以才采用和发展木结构建筑的。

西方人用石头建造房屋，是为了超人间力量的神和上帝建造神殿和教堂，是在教会的统治下，为一个永恒世界服务的，所以用砖石结构创造成永久性的纪念物，西方建筑史几乎就是一部宗教建筑史。中国人恰恰相反，是将神灵"人化"，在现实世界中，神的存在必须得到人的承认。宗教必须按照帝王的意志加以改造，是为了利用宗教"助王政之禁律，益仁智之善性㉘"的作用，使其成为巩固政权的一种精神统治工具。所以自东汉明帝永平十年（公元 67 年）佛教传入时，中国皇帝为进口神灵安排的住所，就是人间天堂的宫殿。而古代的佛寺，常常是王公贵胄和公卿豪门所施舍的住宅，尤其在南北朝时**舍宅为寺**是很普遍的现象。

如北魏时，河阴之变中，诸王多被朱尔荣杀害，其家多舍居宅以施僧尼，以至于"京邑第宅，略为寺矣㉙！"北周时灭佛，又将八州的四万所寺院赐给贵族充当了贵族的第宅。

在中国历史上，当佛教发展兴盛，寺庙的田产日广，游离于社会生产之外的僧尼人数太多，以至于影响社会生产和经济发展，对朝廷的政权巩固不利时，统治者就下令废除佛教，毁寺庙，焚经卷，强迫僧尼还俗。佛教史上把前后四次的灭法事件，称之为**三武一宗法难**。三武就是指北魏的太武帝、北周的武帝、唐代的武宗，一宗则是指周世宗。

佛教徒为了避免灭法时经卷被焚，影响佛教教义的永恒流传，而经卷所用材料"缣缃有坏，简策非久，金牒难求，皮纸易灭"。缣缃，是浅黄色的细绢；简策，是编连成册的竹片；金牒，古代用金制的书板；皮纸，以韧皮纤维为原料制成的纸。意思是：任何抄写经卷的材料都难以永久保存，于是就产生了凿窟刻石藏经的**石经**。在今河北武安县义井里的北响堂山，北齐时开凿的**刻经洞**（568～572），窟壁所镌刻的石经，是 **40** 年后著名的房山石经的先驱。北京房山县石经山云居寺的**房山石经**，是僧

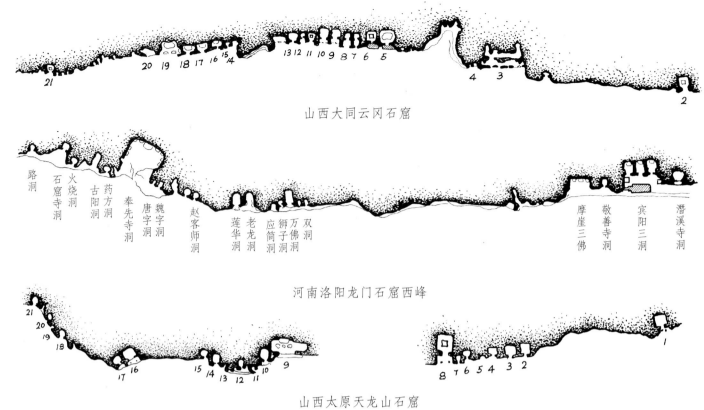

山西大同云冈石窟

路洞 石窟寺洞 火烧洞 古阳洞 药方洞 魏字洞 奉先寺洞 唐字洞 赵客师洞 莲华洞 老龙洞 应简子洞 狮子洞 万佛洞 双洞 摩崖三佛 敬善寺洞 宾阳三洞 潜溪寺洞

河南洛阳龙门石窟西峰

山西太原天龙山石窟

图1—7 云冈、龙门、天龙山石窟总平面示意图

人静琬(?—639)于隋大业年间(605~617)开凿,经唐、辽、金三代历时数百年才完成,规模宏伟,是中国佛教文化史上的重大业绩。

永世长存的观念,在中国人的思想里丝毫不比西方人差,只是社会的历史条件与环境不同,表现的方面与形式不同而已。中国的封建统治者非常重视利用**石窟寺**的永久性纪念意义,就充分地说明了这一点。在佛教盛行的"南北朝时代,凿崖造寺之风遍及国内,如云冈西部五大窟与龙门三窟,是为北魏皇帝祈功德而建的,北响堂石窟则是北齐高欢的灵庙,其他大小统治者也凿崖造寺,因而西起新疆,东至山东,南至浙江,北至辽宁,都有这个时期留存至今的石窟[30]。"著名的石窟寺还有:甘肃敦煌的莫高窟,甘肃天水的麦积山石窟,山西太原天龙山石窟等,多是在公元**5**世纪到**6**世纪的一百多年所建。图1—7为云冈、龙门、天龙山石窟总平面图。

石窟寺的外部有廊庑(corridor),洞口和洞内多采用建筑手法,雕刻有梁柱斗栱和藻井(caisson ceiling),依窟壁雕凿佛像。石质不宜雕凿者,如敦煌石窟则用泥塑之像和彩绘壁画。图1—8为天龙山第三窟天花、飞天及雕刻示意图。

中国的石窟寺(the Cave Temple)是一种特殊形式的石构建筑,它以整座山为**材料,用减法(subtraction)**凿挖空间,洞窟千百连列,上上下下层层叠叠,廊庑联属,殿阁崔巍,遍布崖面。是建筑的山,是山的建筑,山与建筑融为一体;是山的自然人化,是建筑的人化自然,是人工与天巧的奇妙统一。其体量之大,气势之伟,恐怕世界上任何石构建筑难以与之媲美。如果我们不固执于只有用加法(addition)构筑空间才是建筑的话,就不能说:"在中国文化上绝对没有如亚述或埃及的巨大雕刻模式"了。

千年永存的石窟寺,不但说明中国人的意识中并不缺少永恒的观念,甚至帝王

在中国文化艺术史上,这些石窟寺都有十分巨大的意义和作用。窟内的雕刻、装饰、壁画以及本身结构、构造都成了北魏至宋元间文化艺术及建筑发展的具体例证。成了一部活的、形象化的艺术史和文化史,或者说博物馆。也许,世界上任何伟大的建筑物都没有发挥过与此相同的作用[31]。

37

图 1-8　山西太原天龙山第三窟天花及飞天雕刻示意图

的这种观念也非常强烈。北魏石窟中的造像(**statue**),有的佛像实际上是照帝王的样子塑的。《魏书·释老志》载:"令如帝身。既成,颜上足下,各有黑石,冥同帝体上下黑子㉜。"意思是:佛像按帝王塑造,造成后面部和脚下都有一粒黑石,暗同帝王身上的黑痣,可见仿造之真。传说龙门石窟奉先寺窟中的本尊大佛,是照女皇武则天的面目雕刻的。佛就成了帝王的化身,帝王幻想不死的精神,藉无生命的石头得到永存。

　　中国帝王既然有强烈的永恒观念,为什么不用石头去建造与世长存的宫殿?却热衷于开凿供佛的石窟?唐代僧人律宗三派之一南山宗创始人道宣(596~667)回答了这个问题。他说:"古来帝宫,终逢煨烬,若依立之……乃盼顾山尊,可以终天㉝。"用现代汉语说:自古以来的帝王宫殿,最终都被烧成灰烬;如果去造石窟寺,就会像那怡然自得的大佛,可以与天地共存了。

　　道宣所说,自古帝王宫殿终遭焚毁的命运,并非耸人听闻的不实之词,而是古代的历史事实。历来在改朝换代的王朝更替中,旧王朝覆灭,宫殿亦随之被毁;新王朝建立,又重新进行建设。但是,我们却不应由此得出这样的结论:中国之所以采用木构建筑,就是因为木构比石筑容易,烧掉可以很快地造起来。若是如此,选择木构建筑的经济性,岂不成了最大的浪费了吗?

　　我认为要找出**古来帝宫,终逢煨烬**的历史原因,才能令人信服地证明并回答,中国古代为什么采用和发展木结构的建筑!

## 五、建新朝毁旧国说

　　木构建筑的寿命不长吗?也不尽然。如果不遭天灾人祸,保持必要的维修,是可以千古长存的。如中国建筑史上著名的古刹,山西五台县的**南禅寺大殿**和**佛光寺大殿**,前者建于唐建中三年(782),后者建于唐大中十一年(857),距今都在千年以上,仍然巨宇横空,巍然屹立。南禅寺大殿较小,平面深广各三间,单檐歇山顶,殿内无柱,梁架结构十分简洁,立面比例和谐而端庄(图 **1－9**、**1－10**、**1－11**)。建造年代比佛光寺大殿早 **75** 年,主要构架和佛像基本是原物。

佛光寺大殿,面阔七间,进深四间,为八架椽屋用四柱,内槽为 2×5 间,梁架为**四椽栿对乳栿**形式。佛光寺大殿结构简洁,梁架顶端平梁上用斜柱构成三角形架支承脊槫的做法,是遗存建筑中的孤例,但体现出唐代木构建筑技术的特点。

佛光寺大殿梁架结构的另一显著特点,是斗栱出跳多,而且位置不同,手法也不同,如檐下斗栱出四跳,将整个屋檐挑出近 4 米之深,由于屋顶坡度和缓,突出了苗壮有力的斗栱,建筑形像显得稳健而雄丽;殿身内槽为陈列佛像的需要,在内槽柱头上向内用连续四跳的斗栱承托明栿,均为无横向栱和枋的偷心造,并将平阇做在明栿之上,从而将内槽空间分隔成高敞而明确的、五间相对独立的空间部分,供佛像陈列,使结构、空间与佛像形成一个有机的整体。一千多年前的佛光寺大殿,无论在结构技术和空间艺术上,都是相当成功的作品,为今见唐代木构建筑的范例(图 **1—12**、**1—13**)。

古代木构建筑自唐以来,历代都有佛寺建筑遗存的实物,但宫殿建筑,除了末代王朝的**清故宫**以外,无一幸存者。这个历史现象,三国时曹植曾有很精要的概括,他曾说:

> 昔汤之隆也,则夏馆无余迹。武之兴也,则殷台无遗基。周之亡也,则伊洛无只椽。秦之灭也,则阿房无尺椽。汉道衰则建章撤;灵帝崩则雨宫燔[34]……

这是曹植在做鄄城侯时,要拆除一座汉武帝时行宫的旧殿,有人借神话传说来反对,他用历史事实进行批驳时说的话。意思很明白,用现代汉语说:以往商代成汤强盛,而夏代的馆舍踪迹皆无。周代武王兴起,则商纣王的台榭基址难觅。西周灭亡了,伊洛城连一根椽子也不见。秦代覆灭了,阿房宫找不到尺长的木头。西汉王朝衰败,建章宫就被拆毁;东汉灵帝死了,雨宫立刻被焚烬……何况他要拆除的,只不过是这小小县城里,已经破败的一座殿堂呢!

曹植的这段话,确是根据历史事实,总结出来的经验之谈,证明"**古来帝宫,终逢煨烬**",并非是历史上的偶然现象,而是有其深刻的社会原因。

但从曹植所说,至少反映出中国历代统治者,有一个共同的思想,那就是"有了新朝就该把旧朝的东西完全摧毁[35]!"可以想像,既然新王朝兴起时,把旧朝的宫殿都毁掉了,所以当务之急,就是要尽快地建好新朝宫殿。如东汉明帝时,司空(古掌国家土木营建的官)陈群上疏所说:"昔汉祖惟与项羽争天下,羽已灭,宫室烧焚,是以萧何建武库、太仓,皆是要急[36]。"意思说:以往汉高祖刘邦与楚霸王项羽争天下,项羽已被消灭,宫殿都烧毁了,所以萧何建造武器库和京都的粮库,都是重要急需的事。

问题是:为什么改朝换姓不利用旧朝的宫室,一定要毁掉重建?即使不是全都摧毁,也必须按新朝统治者的意图加以彻底的改造?这是中国古代社会特殊的具有很深历史缘由的问题,是与古代国家的统治形式和政权性质有密切的关系,这就需要追本溯源作专题来论述了。

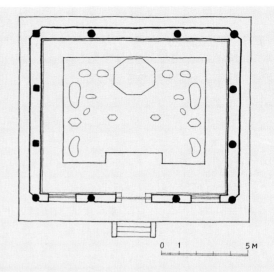

图1-9　山西五台山南禅寺大殿平面

0　1　　　　5 M

图1-10　山西五台山南禅寺
　　　　大殿立面图

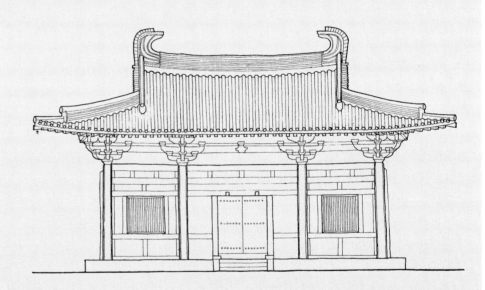

40

图1-11　山西五台山南禅寺
　　　　大殿横剖面图

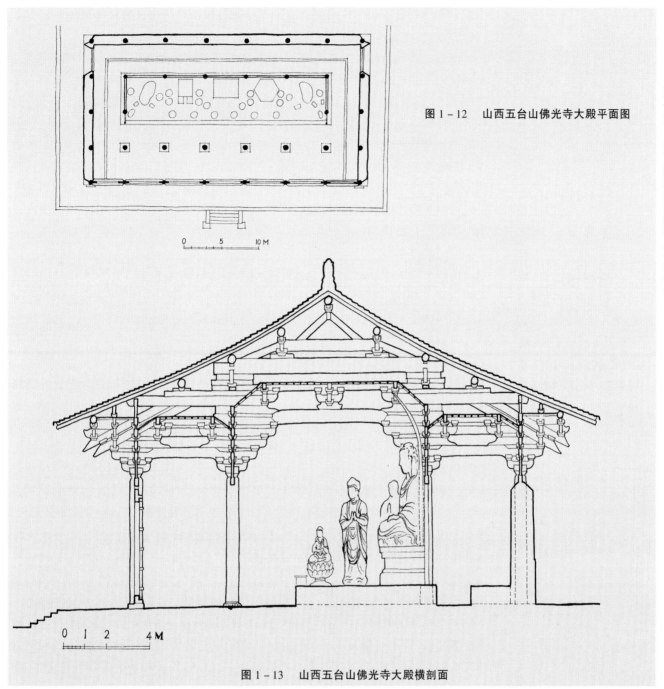

图 1 - 12　山西五台山佛光寺大殿平面图

图 1 - 13　山西五台山佛光寺大殿横剖面

# 第四节　建城即建国,城毁则国灭

古无今所谓国家,搏结之道,惟在于族。故治理之权,亦操诸族[37]。

中国奴隶社会的制度形式与西方是截然不同的,自父系氏族公社内产生阶级以后,中国向文明社会过渡阶段,就出现了与西方不同的发展方式。也就是说,在父系制时代以前,从原始群婚到对偶婚制,中国社会的发展与世界各民族都是一致的。大约在五千年前的龙山文化时期,黄河流域的各部落进入了父系制时代,由于中西方社会发展的条件与情况殊异，使中国奴隶制社会与家庭结构出现与西方不同的特点，具有自己鲜明的特色。

西方文明起源的古代希腊和罗马，地理位置靠近地中海与爱琴海，水陆交通便利，但半岛的土地贫瘠，不适于农耕而利于海运，多从事海上贸易的商业活动和手工业生产，商业和手工业在氏族社会的经济发展中占有十分重要的地位，一些专门从事海外贸易和手工业的氏族成员，获得了大量财富，形成工商业奴隶主阶层，他们同氏族显贵必然产生矛盾。雅典城邦最先的领导权掌握在氏族显贵手里，不久就被工商业奴隶主所掌握，以梭伦(**Solon, 638 or 640—558 or 559 B. C.**)为代表执政期间，进行了一系列的改革，废除了债务奴隶制，按财产多寡划分社会等级，使奴隶可以自由买卖。这就打破了氏族公社以血缘为纽带的人身依附关系，"旧的血缘亲族集团也就日益遭到排斥，氏族制度遭到新的失败[38]"。古罗马的图里维阿也进行了类似的改革。

血缘关系的破坏，对国家和家庭都产生重要的影响，形成了国家在政治上的奴隶民主制，家庭婚姻形态比较彻底的一夫一妻制。法律明确规定，从国王到平民的家庭结构都是一夫一妻制，没有公开的一夫多妻家庭。但古希腊和罗马，两性之间存在大量的婚前和婚外性关系，离婚也较随便。人与人之间的关系，是与氏族血缘无关的公民之间的政治、法律关系。

中国的情况就完全不同了，大陆的地理自然环境和对外的封闭，为农业经济的生存和发展提供了条件。但在氏族社会时期，铁器还没有出现，生产工具以木器、石器、骨器和蚌器为主。简陋的生产工具，落后的生产力，农业生产的集体耕作和管理就非常必要，正因为生产的落后，氏族成员不可能形成自营经济成为私有者，而氏族首领在生产中的显著作用，使其权力的不断扩大，剩余产品大部分为氏族首领所占有，形成在氏族首领和公社成员之间的贫富分化，以致最终首领独占了整个氏族的财产，成为贵族，其他氏族成员沦为被奴役的奴隶。奴隶主与奴隶的阶级对立，并没有使氏族公社从内部解体，氏族的血缘关系也没有受到很大冲击，公社土地所有权和氏族支配权的统一，被保留下来的氏族公社就转变为农村公社，血缘关系仍然成为维系农村公社的纽带。

为了财产继承权的确认，在宗族血缘关系的基础上，建立了与西方奴隶社会民主制完全不同的奴隶制的宗法制度(**patriarchal clan system**)。这种宗法制度到西周逐渐完备，周王自称天子，王位由嫡长子继承，是为大宗，是同姓贵族的最高家长和政治上的共主，也是国家最高的统治者君主。庶子、外戚和功臣等分封为诸侯，对君主称小宗，在本国则是大宗，其职位由嫡长子继承，均以国名为氏。诸侯的庶子有分封为卿大夫者，对诸侯称小宗，在本家为大宗，以官职、邑名、辈份为氏。卿大夫以下到士，其大宗和小宗及继承关系亦如是。

这种以血缘为纽带的宗法统治，是以分封土地的制度来实现的。封地称为"邑"，因以世袭的封地为食禄，所以称"采邑"或者"食邑"。诸侯的食邑建有城池，故称其食邑为**国**，邑也就有国的意义。卿大夫的食邑不能筑城，而称之为**家**。他们是封地内的统治者，但对土地只有占有权，每一级的奴隶主贵族对他们的上一级主人以贡赋的形式尽自己的义务。这就是所谓"普天之下，莫非王土，率土之滨，莫非王臣"的意义。家庭与政权的密切结合，是中国奴隶制时代家庭与西方不同的一个重要特点。中国古代的所谓**国家**与今天的含义是不同的，"古之所谓国者，诸侯之私产也。所谓家者，卿大夫之私产也[39]。"

由原始公社进入阶级社会，中西方有很大差别。古希腊罗马的人与人之间是与氏族血缘无关的、公民之间的政治与法律关系；中国则仍然是以氏族血缘为纽带的宗法关系。

中国奴隶社会的家庭结构与婚姻关系与西方是不同的，由于血缘关系的继续存在，使原始社会的群婚习俗以一种变态的形式残留下来，早在父系氏族时代已有的多妻制现象，在阶级产生以后，根据礼的规定，从天子、公卿到庶民，正配的"妻"只能有一个，而"妾"则根据男人的社会地位，数目不等。天子之妻称"后"，此外可以拥有三个"夫人"，九个"嫔"，二十七个"世妇"，八十一个"御妻"，她们既有嫡庶之别，也有等级之差。公侯一级的贵族妻妾也分好几等，如《礼记·曲礼》所说："公侯有夫人，有世妇，有妻，有妾。"大夫的正配叫"孺人"，士的正配叫"妇人"，只有庶人的正配才叫"妻"。这种一夫多妻制的实质，是男人可以多妻，到后世几乎不加限制，但对于女人则要求必须对丈夫绝对忠贞，以保证财产和权力遗传给自己的亲子。**中国古代的一夫一妻制，只是对女人的一夫一妻制**。妇女根本没有主动离婚的自由。

如《礼记·礼运》所说，在原始社会的"天下为公"时代结束以后，出现了一个"大道既隐，天下为家，各亲其亲，各子其子"的社会。唐代的孔颖达解释说："天下为家者，父传天下与子，是用天下为家也，禹为其始也"（《礼记正义·礼运》）。也就是说，在中国进入阶级社会以后，原始公社时代的那种"不独亲其亲，不独子其子"的美妙和谐的社会景象已不复存在，自夏禹以后，至高无上的帝王宝座，就成为一家一姓代代相传的"遗产"了。

一个民族的文化，都是由它的精神本性决定的，它的精神本性是由该民族的境况造成的，而它的境况归根到底是受生产力状况和它的生产关系所制约的[40]。

# 第五节　古代的国与城不分

《说文》曰："国，邦也。"《周礼》注："大曰邦，小曰国，邦之所居亦曰国。"按古时境内之封，郊内之都，及诸侯所食邑，皆可称为**国**或**邦**。大邦之所居者，是指**城**。《说文》："城，以盛民也。"意思是人民集中之处。吕思勉《先秦史》说："古所谓国者，城郭之谓，居于郭以内之人，曰国人；居于郭以外之人，则曰野人而已矣[41]。"居城内者，是统治者和贵族官吏们。国人，即六乡之民，是奴隶主阶级和平民，有服役纳军赋的义务。野人，是指奴隶除了为奴隶主服役的以外，就是大量从事农业和手工业的奴隶，因农业奴隶居于野，故名。**国**与**野**，既反映阶级的对立。也反映**城**与**乡**之间的对立。

国与城不分，说明周王朝兴盛之时，除王城之外只有诸侯在其封地所筑之城，还没有一国数城的情况，也就是说有城即是国。所以在《周礼·考工记》主管营建的职官"匠人"条，讲其职掌城市规划时，不说匠人建城，而说"**匠人建国**[42]"，足证当时"国"与"城"同义。

城市建设是分封制的一个组成部分，一般的说："古者天子封诸侯，其地足以容其民，其民足以满城而自守也[43]。"根据分封的等级，对封地的大小，人民的多少，筑城的规模以及城防条件，甚至城墙的高度，都有一定之规。所以，中国古代的城市不是经济性的，而是政治性的，城市之间的联系也仅是一种政治性的联系，往往由于政治关系的破裂而断绝城市间的联系。正因为城市的非经济性，也常被轻易地毁掉或者迁移而废弃。

古代这种限制性的城市建设制度，**在对土地和人数规定比例的同时，随着人口的增加，就必然造成发展的障碍**。加之国有大小，自然的和人为的种种因素，发展不可能平衡,而统治者奢糜淫乐和贪得无厌,必然引起相互之间的兼并和战争。西周历时三百余年,有十二个诸侯国,到东周前半期(公元前 **770 ~ 公元前 476**)的春秋时,诸侯国已有一百四十多个了,经过二百五十多年的兼并战争,情况是:

> 有以诸侯灭诸侯者,凡灭国是也;有以诸侯灭大夫者,若楚之于若敖氏是也。有以大夫灭大夫者,若赵、韩、魏之于范、中行、知氏是也。有以大夫灭诸侯者,若三家之于晋,田氏之于齐是也㊹。

到战国时代(公元前 475 ~ 公元前 221),兼并结果就剩下秦、楚、齐、燕、韩、赵、魏七个大国。在整个东周的形势,是"强国众,合强以攻弱,以图霸;强国少,合小以攻大,以图王㊺。"也就是说:强国多的形势下,就联合强国征服弱国,成为诸侯之长,以图称霸;如强国少,就联合小国去攻打大国,以便称王。所以,在春秋战国时代,对诸侯的国家大事,就是祭神祀祖和征伐兼并,所谓"国之大事,在祀与戎㊻。"

所谓祀,就是祭祀社稷和宗庙。

**社稷**(the god of the land and the god of grain)"社"是指土地之神,"稷"是指谷神。历代王朝必先立社稷坛壝,因古代贵族皆持封土为食禄,古人迷信"鬼犹求食"与生人一样,故"失其封土,则生无以为养,死不能尽葬祭之礼,故古人以为大戚㊼。"意思说,如失掉封地,生时就失去了生活资料,死后也不能得到安葬和受祭祀的东西,古人认为是最大的悲哀了。在以国为家的古代,社稷就成了国家的代称。如《檀弓下》有:"能执干戈以卫社稷",卫社稷就是保卫国家。灭人之国时,必毁掉其社稷。

**宗庙**(ancestral temple)是天子和诸侯奉祭祖先的处所。历代帝王都以天下为家,一家一姓代代相传,故亦以"宗庙"作为王室和国家的代称,是国家的象征。所以灭人之国必毁其宗庙。如燕昭王二十八年(前284),燕国殷富,就与秦、楚、三晋合谋去攻打齐国,齐国兵败,齐湣王逃亡在外,"燕兵独追北,入至临淄,尽取齐宝,烧其宫室宗庙㊽。"当齐国攻占燕的都城时,"杀其父兄,系累(囚拘)其子弟,毁其宗庙,迁其重器(珍宝)㊾。"燕毁齐的宫室宗庙,是象征齐国的被征服,齐毁燕的宗庙宫室,是证明燕国的覆灭。

在春秋战国的兼并战争中,被消灭了的国家,必毁其社稷宗庙者,是为了昭示这一姓所统治的国家已不复存在。在当时毁掉了宫室宗庙,也就毁掉了城市,消灭了国家。

在古代,**建城就是建国**,对那些不允许建国的奴隶主,如果擅自筑城,必然要被上一级的奴隶主诸侯毁掉。如历史上著名的孔子堕三都事件:鲁襄王时,大夫季孙、叔孙、孟孙"三分公室"的土地,为巩固实力而筑城。孔子做了鲁国掌刑狱的大官司寇,提出"臣无藏甲,大夫毋百雉之城㊿。"甲,是兵甲,或披甲的士;雉,城长三丈,高一丈为"雉",古城不过百雉,这里就是指城墙。就是说:臣子不能隐藏有武装,大夫不允许筑城。孔子就把季孙的费都,叔孙的郈(**hòu** 后)都毁掉了,因孟孙早有准备才未被毁。焚毁的目的,如《管子·霸言》所说:"楚人攻宗郑,烧炳爆焚郑地,使城坏者不得复筑,屋之烧者不得复葺也[51]。"炳爆(**re hàn**):焚烧的意思,烧得城坏了不能再筑,烧得房屋皆成灰烬,以城为国也就不复存在了。

秦始皇灭六国,统一华夏,建立了中国历史上第一个中央集权制的封建大帝国。秦始皇为了长治久安,不仅灭了诸侯之国,而且"坏诸侯之城,销其兵,铸以为钟镶(乐器),示不复用[52]。"因为国家统一了,毁掉诸侯的城墉,销毁兵器,铸为乐器,昭示不再用作兵器,即没有战争了。秦王朝覆灭以后,楚霸王和汉高祖争天下时,

"项羽西屠咸阳,杀秦降王子婴。烧秦宫室,火三月不灭"。楚霸王项羽,攻占秦的咸阳都城以后,不仅杀掉秦始皇孙投降的秦王子婴,并焚烧秦的宫室,烧了三个月火还没有熄灭,可见秦代宫室规模之宏大了。

**灭国毁城**的现象,不止是秦汉以前如此,秦汉以后的封建社会也多如此。在古代认为是理所当然的事,这大概是很少加以专门记载的缘故了。我们从宋代的翰林学士王禹偁给皇帝的上书中所说:"太祖、太宗,削平僭伪。当时议者,乃令江、淮诸都,毁城隍,收兵甲,彻武备者二十余年⑤³。"文中所指"僭伪",是赵宋以正统自居,对与正统对立的割据者的称谓,消灭这些割据者后,仍然采取毁其宫室城隍的传统做法。

如果说"毁旧国,建新朝"是汉族王朝更迭时的传统,历史上那些少数民族入主中原,建新朝时是否受这一传统的影响?事实说明,自秦汉到明清,没有一个新兴王朝是全部利用旧有宫殿的。如元大都选择在燕京,就舍弃金代中都的旧城,而是另觅新址,在中都城东北原金代离宫"万宁宫",即以琼华岛为基础建新的都城。从客观上,也有两个原因:一是因为金中都已很残破,尤其是宫殿已荡然无存;二是原中都水源主要是靠城西的莲花池水系,水量既不足,且"土泉疏恶"。而琼华岛周围的湖泊,上接高梁河,水源亦较充沛。大都的宫殿、皇城和都城,从至元三年(1266)始到至元十三年(1276)建成,仅用了**10**年。

明代情况,从《故宫遗录·序二》:"洪武元年灭元,命大臣毁元氏宫殿。庐陵工部郎萧洵实从事焉。因记录成帙⑤⁴。"由此说明,朱元璋灭元后,当即于洪武元年(1368)就命大臣去北京毁掉元朝的宗庙社稷和宫室,完全继承了传统的做法。萧洵是工部的属官,随大臣去毁元氏宫室,因而有机会察看元代宫殿的情况,记录成《故宫遗录》一书。

中国整个封建社会,只有最后一个清王朝,是在明代北京城基础上重建的宫殿。清定都北京,是由于"燕都东控辽碣,西连三晋,背负关岭,瞰临河朔,南面以莅天下",所以选择燕京定都。且明代宫殿除景山、琼华岛等园苑尚存,大内的主要宫殿皆被农民起义军毁掉了。清代建都利用明代北京城的基础,是最佳的也是必然的选择,既占有北京可控制南北的优越地理位置,也可事半功倍快速建成宫殿。当时的满族是野蛮落后的少数民族,入关后大肆屠杀、掠夺,如著称史册的"扬州十日"和"嘉定三屠",对社会经济和生产造成很大的破坏,根本也不具备在很短时间内另觅新址建设宫殿和都城的可能。

其实,古代中国自形成阶级社会以来,"毁旧国,建新朝"的举措,是否累朝无间,已无关要旨。正如李约瑟所说,到秦代中国建筑的基本性格已经确定了。需要证明的是,中国古代进入文明社会之初,为什么采用和发展木结构建筑的原因。

历史事实说明,中国古代宗法制社会,国是一家一姓之国,所以自三代始,改朝换姓必对旧国毁其宗庙宫室。更因春秋战国时代,诸侯分列,国多而兴亡亦快,旧王朝宫室必然"**终逢煨烬**",新王朝就必须尽可能在最短的时间里,以最快的速度建好大量的宫殿以成为都城。显然,需要花数十年甚至上百年才能建成的砖石结构宫殿,根本不合中国宗法制社会统治者的要求。

规模宏大的宫殿建筑群,要在最短的时间里建成,必须具备几个必要的条件,一、尽最大可能投入最多的劳力,同时进行生产;二、建筑结构构件能作最大限度的分解,构件可分别加工,最后组装成构架;三、有效地保证生产进行的严密的施工组织管理。

中国木结构建筑的特点,就是用最简单的简支梁结构原理,以梁柱全叠构成梁架,搁檩构成框架,可化整为零,分解为单根的构件,全部用卯榫结合,既利于分别加工,又便于组合装配成栋,完全适应中国建筑的社会实践需要的产物。所以,从一开始这种梁架结构方式就基本形成,数千年来虽有所发展变化,但始终没有根本性的改变。

"毁旧国"的事,史书多有记载,并非著者的新发现。研究中国建筑的中外学者,甚至是史学家们,可能视为偶发事件,因而未能从这种不断重复的、普遍的、客观存在的社会现象中,看到它对中国建筑的形成和发展,所导致的一系列的必然结果。诸如:工官匠役制的特殊生产方式;结构与空间构成的标准化和定型化,以至很早就运用模型制;有很先进科学的建筑法式,却没有一本建筑理论……等等。

到此,对中国古代不像西方那样采用砖石结构,而始终采用并发展木构架的原因,我的回答是:**"毁旧国,建新朝",是中国宗法制社会的历史必然现象。旧国的宫殿既已煨烬,新朝的当务之急,就是要尽快地建好新的宫殿,只有采用能同时投入大量人力物力,可高效快速施工的装配式的木构梁架建筑体系,才能始终被认为是最合理的结构和构造方式,它已成为一种经过选择和考验而建立起来的技术标准,并且被沿用了数千年。**

# 第六节　木构架建筑的基本概念

中国木结构建筑,抬梁式是主要的结构方式,应用范围也十分广泛。这种结构形式至迟在春秋时代已初步完备,历经二三千年的实践,已形成一套完整的木构梁架建筑体系。

## 一、梁架的构成方式

抬梁式构架,顾名思义,就是在两根柱子(column)上架一根横梁(beam),构成一个非常简单的Π形架,这是抬梁式构架最主要的受力构件,也是最基本的构成元素。为了支承有坡顶的屋盖,在屋顶之下横梁之上的三角形空间里,再层层叠梁,在上下层梁之间立矮柱,最上层梁中的矮柱支承着屋脊,构成形⎯的一片梁架。梁架的结构功能,除为了构成一个空间的框架,它直接承受屋顶的重量。所以,**中国木构建筑本来就不存在有屋架(roof truss)的结构概念。**

两根立柱之间的横梁,称大梁,是主要的受弯构件。而支承大梁的两根立柱,是承受梁架上部荷载的主要受压构件,北方称为"金柱",有喻其坚牢巩固之意,俗云:立木顶千斤也;南方则称之为"步柱",有度量长短决定大梁跨度和空间深度的意思。梁上立的矮柱,北方称"瓜柱",喻其形状也;南方则称"童柱",言其矮小也。对一片梁架,北方称为"缝";南方称"贴",随梁架在建筑中的位置不同,有"正贴"与"边贴"之分[55]。

贴,很形象地说明,一片梁架只是两度空间(two‐dimensional space)的面,要构成三度空间(thee‐dimensional space)的建筑,必须在平行的两片(缝)梁架之

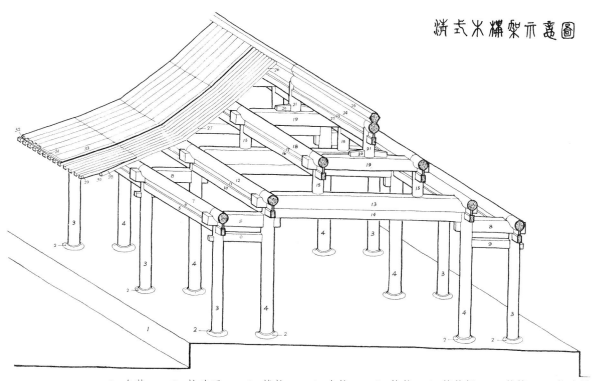

1. 台基　2. 柱础石　3. 檐柱　4. 金柱　5. 檐枋　6. 檐垫板　7. 檐檩　8. 抱头梁
9. 穿插枋　10. 下金枋　11. 下金垫板　12. 下金檩　13. 五架梁　14. 随梁枋　15. 金瓜柱
16. 上金枋　17. 上金垫板　18. 上金檩　19. 三架梁　20. 角背　21. 脊瓜柱　22. 脊枋
23. 脊垫板　24. 脊檩　25. 扶脊木　26. 脑椽　27. 花椽　28. 檐椽　29. 飞檐椽
30. 小连檐　31. 大连檐　32. 瓦口　33. 望板

图1-14　清式木构架示意图

间,即建筑的长(纵)轴方面,架上水平构件,才能构成立体的框架。在两缝梁架柱间的水平构件称枋,搁置在梁头上的称檩或桁(purlin)。在上下檩子之间,与檩垂直平行排列的细木棒,圆木的称椽,方木的称桷(rafter)。椽子随上下檩的位置不同,有不同的名称;自顶端的脊檩至檐口,依次名脑椽、花架椽、檐椽,挑出承托檐口的称飞椽。而南方苏式做法,则称脑椽为"头停椽",最下面的飞椽称"出檐椽",中间的也都称"花架椽"。图1-14为中国木构架示意图。

由两缝梁架和枋、檩(桁)所构成的空间框架,称为间(bay)。"间",在中国木构架建筑中,既是结构空间,同时也是建筑空间,是中国建筑的空间组合的最基本单位。

木构架的大梁长度,要受木材自然生长规律的制约。中国传统建筑的大梁跨度与搁置的檩数有关,梁的名称也有各种叫法,宋代与清代不同,南方与北方也不一样。如宋代称梁为栿,以梁上间的椽数命名,梁上有四根椽子的称四椽栿,有六根椽子的称六椽栿等等。清代则以梁上的檩子多少命名,有一檩称一架,不论是大梁还是其上叠架的梁,有三檩者称三架梁(3-purlin beam),五檩者称五架梁(5-purlin beam),七檩者称七架梁(7-purlin beam)。七架梁是宫殿、寺庙等建筑常用的梁长,一般也是最大的梁的跨度。或用檩子之间的水平投影距离计,两檩间的一个水平投影距离,北方称一步架,南方则称之为界。"界"可能是江南工匠对"架"的音讹,江南方言"架"与"界"音同。步架或界与宋代的槫栿,都是檩间椽的水平投影。北方的五架梁,在五根檩子间有四个水平投影距离,也就是四根椽子的水平投影距离,南方就称做四界大梁,是民居等普通建筑常用的大梁长度,也是一般建筑的最大的梁的跨度。

结构空间与建筑空间的一致性,是中国木构建筑与西方砖石结构建筑,在空间上的一个重要区别。

47

梁架结构的大梁跨度,是中国传统建筑室内空间的完整的最大深度,故南方特名之为**内四界**。如果建筑扩大进深,超过"七架梁"或超过内四界时,就要在梁架前后再添加柱子和联系梁了。

## 二、"栿"名之由来

凡学建筑的人,大概无人不知"栿"就是梁,但还未见有人解释过何以将梁叫做"栿"?在现代权威的辞书《辞海》中,根本查不到"栿"字,就是从古籍《尔雅》、《说文》、《释名》等书中,也没有"栿"这个字。见于文字的,是宋《营造法式》对不同长度的梁称"**x** 椽栿"。问题是:

为什么宋代称梁为栿呢?

古人很讲究名副其实,既然称梁为"栿",说明"栿"与通常所说的梁,是有所不同的。查宋《营造法式》卷第五"大木作制度二""梁"的制度中,对梁的大小规定:"**凡梁之大小,各随其广分为三分,以二分为厚。**"即规定了梁的截面高厚比为3:2。在细则中说明如梁的用料达不到上述规定时,须按下列几种做法解决:

> 凡方木小,须缴贴令大;如方木大,不得裁减,即于广厚加之。……若直梁狭,即两面安褥栿板。如月梁狭,即上加缴背,下贴两颊;不得刻剜梁面。⑤⑥

总的说,凡梁用方木小于规定高度的,要用小的方木缴贴在梁背上,以达到3:2的高厚比的规定,这缴贴在梁背上的方木称"**缴背**";如用料厚度不足的,须在两面"安褥栿板"。这种情况尚未见有实例。

但从"如方木大,不得裁减,即于广厚加之"这条规定的意思来看,如果说即使方木大于规定的尺寸,也不允许裁减。就按材料尺寸用上去。并按构件规定的截面比把不足的部分补上。如此理解是合乎《法式》文字原意的话,再大的原木做矩形截面的梁,只能锯成正方形,也都必须加上缴背才能符合3:2的高厚比。由此推之,岂非是梁都必须加上"缴背"吗?

实际情况,除梁思成先生在《营造法式注释》中,用两张实物图片说明"缴贴令大"的例子,即河北新城开善寺大殿的梁,河北正定隆兴寺转轮藏殿梁架中的"劄牵"和"乳栿"都有缴背外。在辽金减柱移柱建筑中,可说是屡见不鲜,如山西大同华严寺大殿的大梁就有缴背,而善化寺大殿,尤其是三圣殿,几乎每层梁都加有缴背。辽金建筑受宋代影响,而《营造法式》把加大梁高定为制度,说明在宋代即使不是凡梁都须加缴背的话,这种"缴贴令大"的梁,也是宋代常用的做法。

"栿"字被《康熙字典》收入,我原对其解释:"以小木附大木上为栿"很费解,从上有关《法式》中梁的制度分析,就很清楚了。所谓"**栿,以缴背附大木上的梁**"也。褥栿的"**褥**"字,也只有《康熙字典》收入,可以查到。对"褥"字的解释说:"楚人谓圆为褥。"未说褥是何物。《营造法式》中的"褥",是指檩子。宋代称檩子为褥,可能因檩子用料为圆木之故,与梁用方木以资区别,由此也说明宋代和在前的木构架从制度规定"梁"都是用方木而不用圆木的。

## 三、斗栱

"在中国古代的建筑文化中,斗栱是最富于创造性和特征性的构件。斗栱不仅曾是重要的结构构件,而且它那'千栌赫奕,万栱峻层'的艺术形象,在辉煌壮丽的殿堂建筑中起着非常显要的作用。历代王朝无不用斗栱作为正名分、别等级的工具,斗栱也就成了人的政治地位与权力的标志了<sup>⑤⑦</sup>。"

斗栱,梁架结构的功能是支承屋顶,由柱将梁架的荷载传递到基础,在屋顶与立柱之间的有种特殊过渡构件斗宲,是中国建筑独有特征。

早先中国建筑是版筑土墙,为防雨浸将檐口伸出深远,就用重叠的曲木"**翘**",向外支出,以承挑檐桁。"为求减少桁与翘相交处的剪力,故在翘头加横的曲木——栱。在栱之两端或栱与翘相交处,用斗形木块——斗——垫托于上下两层栱或翘之间。这多数曲木与斗形木块结合在一起,用以支撑伸出的檐者,谓之斗栱。"斗栱完整形态的构成,是个长期实践的发展过程,林徽音先生在《清式营造则例·绪论》中的这个解释,是言简意赅、很科学的说法。斗栱形成就不止用于檐下,在建筑内部柱头上亦用斗栱,作用也与檐下斗栱不同,如前面提到的佛光寺大殿金柱头上连续四跳的偷心造斗栱的作用,就起抬高梁栿,减少梁跨和前后拉接的作用。现按斗栱分

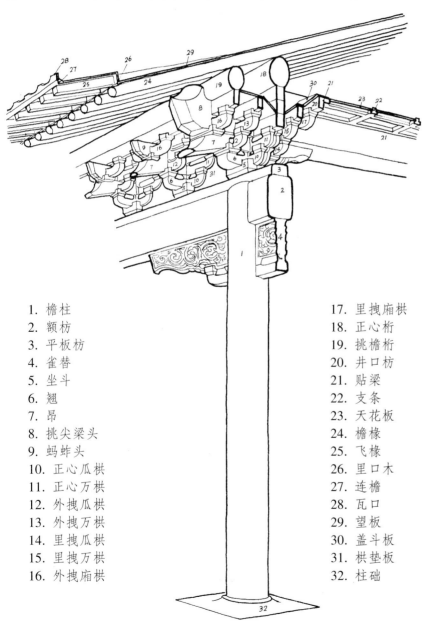

| | |
|---|---|
| 1. 檐柱 | 17. 里拽厢栱 |
| 2. 额枋 | 18. 正心桁 |
| 3. 平板枋 | 19. 挑檐桁 |
| 4. 雀替 | 20. 井口枋 |
| 5. 坐斗 | 21. 贴梁 |
| 6. 翘 | 22. 支条 |
| 7. 昂 | 23. 天花板 |
| 8. 挑尖梁头 | 24. 檐椽 |
| 9. 蚂蚱头 | 25. 飞椽 |
| 10. 正心瓜栱 | 26. 里口木 |
| 11. 正心万栱 | 27. 连檐 |
| 12. 外拽瓜栱 | 28. 瓦口 |
| 13. 外拽万栱 | 29. 望板 |
| 14. 里拽瓜栱 | 30. 盖斗板 |
| 15. 里拽万栱 | 31. 栱垫板 |
| 16. 外拽厢栱 | 32. 柱础 |

**图 1-15　清代斗栱(五踩单翘单昂)组合示意图**

件作简单的介绍(图 1-15)：

斗　是斗栱中方形的木块,因其形状加工如古代量具的"斗",故名。作用是用来固定上下两层的栱和昂翘的构件。随所在位置有不同的名称,在宋式中都称"斗",如在斗栱最下一层的大斗,叫**栌斗**。清式建筑中则叫**坐斗**;位于栱心上的小斗,统称**齐心斗**;位于栱两端的小斗,叫**散斗**;在华栱(翘)或昂挑头上的小斗,叫**交互斗**。

升　是指清式建筑按斗形方木的位置和所开卯口的不同,有"斗"和"升"的名称之别。凡承一面的栱或枋,只开一面口的(顺身口),则称为"升"。按清代与建筑正面平行的矩形短木称"栱",与栱垂直挑出称昂或翘。所以"升"就是位于栱上的方木,即宋式之散斗。而坐斗和位于昂头上的"交互斗",两面承托栱和翘昂,要开十字口,仍称斗,但在昂或翘挑头上的,叫**十八斗**。

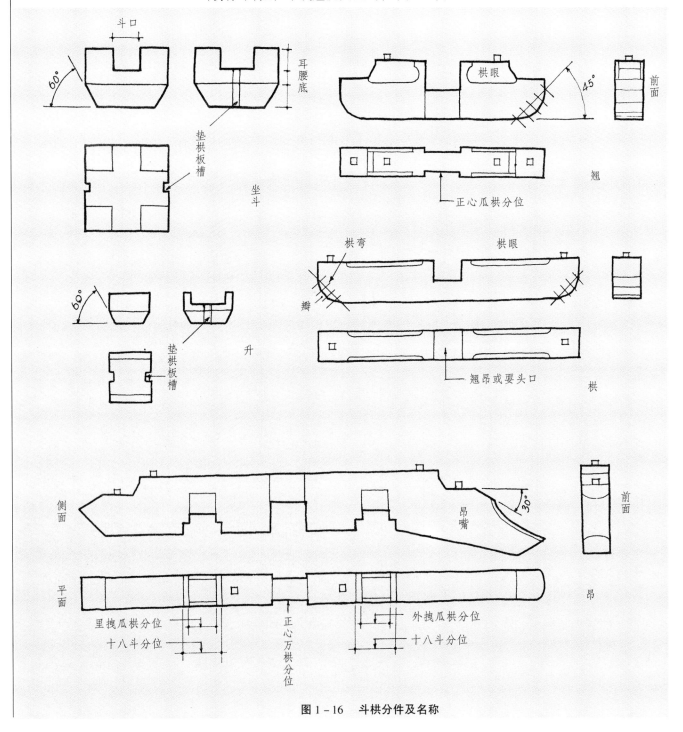

图 1-16　斗栱分件及名称

凡位于正心栱中线上的"斗"和"升",因斗栱间嵌填**垫栱板**,所以侧面须开垫栱板槽。

**栱** 是矩形的短木,置斗上两头悬挑,具有杠杆作用。这种矩形短木之所以称之为"栱",是从视觉审美要求所作的加工,在栱上卯口与升之间,刻出一条凹槽,称**栱眼**;在短木两端下头作卷杀处理,成连续的小的折面,称**栱弯**,小的折面称**瓣**,使短木似成弯曲的栱状故名。见图**1-16**斗栱分件及名称。

栱的位置,不论是在正心,还是向外或向里挑出者,都是与建筑的正面即纵轴平行。层层叠架,挑出多少而长短不同,清代称最短者为**瓜栱**,最长者为**万栱**,介两者之间者为**厢栱**。随位置不同冠以"正心"、"外拽"、"里拽"等词,如**正心瓜栱、外拽瓜栱、里拽瓜栱**等,万栱亦然。

**翘** 实际上就是与建筑正面垂直的栱,宋式称"华栱",苏州工匠加以简化不分栱和翘,都称为栱。翘在斗栱中起前后悬挑的杠杆作用,多置昂的下面。

**昂** 是斗栱中斜置的方木,宋式同华栱(翘)一样起传跳作用,其后尾伸入室内作成**挑斡(wo 涡)**,压在下平槫下。柱头斗栱的昂尾,则以草栱或丁栱压之。清式的昂已不用斜置的方术,简化同翘,只是将向外的一端特别加长,向下伸出,劈成斜的平面,叫做**昂嘴**。向里的一端或曲卷如栱,或做成六分头或**霸王拳**之类的雕饰。实际外观只具昂形,作用完全同翘。

斗栱在构架中位置不同,组合的形式和作用也有所不同,清代分三种,(一)在两柱之间枋子上的称**平身科**或**补间铺作**;(二)在柱头上的称**柱头科**或**柱头铺作**;(三)位于转角柱头上的称**角科**或**转角铺作**。图**1-17**为不同位置的斗栱及名称。

**铺作**的意思,如《营造法式·总释》所说:"今以斗栱层数相叠,出跳多寡的次序谓之铺作。"所谓**出跳**,是指从栌斗(坐斗)或交互斗(十八斗)口内,伸出华栱(翘)或

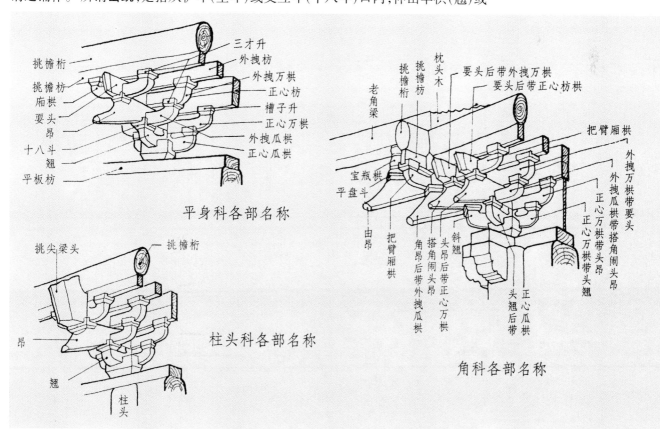

图 1-17 不同位置的斗栱及名称

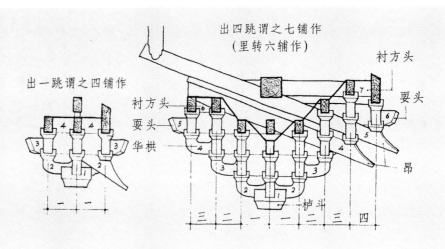

出四跳谓之七铺作
（里转六辅作）

出一跳谓之四铺作

衬方头
要头
华栱

衬方头
要头
昂

栌斗

图 1-18　斗栱的出跳与铺作

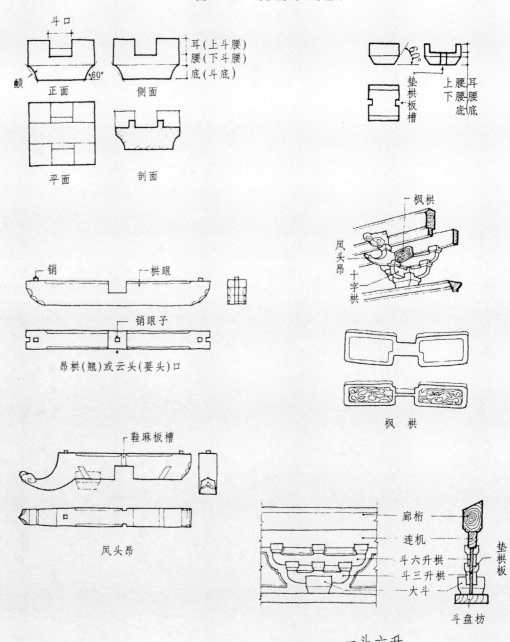

斗口

正面　　　侧面
耳(上斗腰)
腰(下斗腰)
底(斗底)
颏
60°

平面　　　剖面

垫栱板槽
上腰底
下腰底
耳腰底

销　　一栱眼

销眼子

昂栱(翘)或云头(要头)口

一枫栱
凤头昂
十字栱

枫栱

鞋麻板槽

凤头昂

廊桁
连机
斗六升栱
斗三升栱
大斗
垫栱板
斗盘枋

一斗六升

图 1-19　苏式的牌科

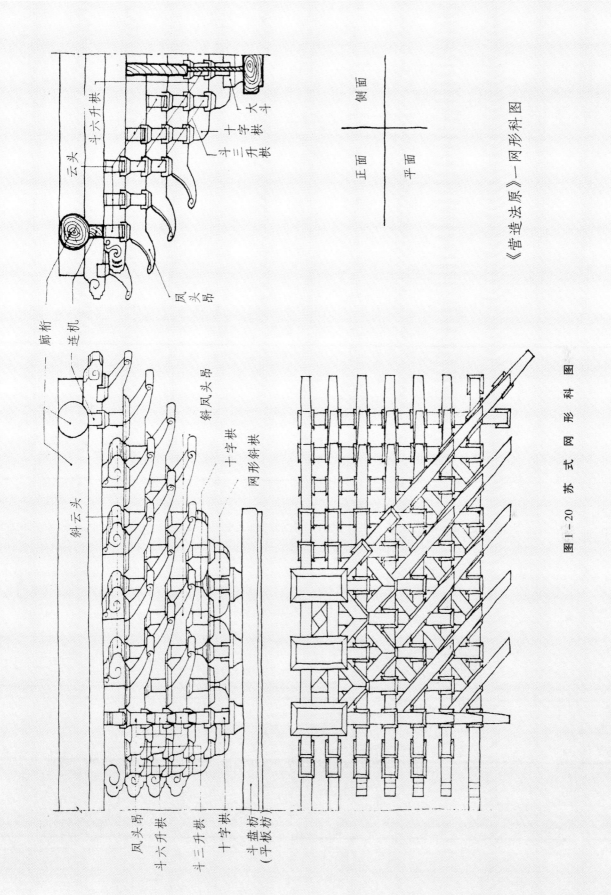

《营造法原》—网形科图

图1-20 苏 式 网 形 科 图

昂的做法。出跳的多少标志着斗栱等级的高低，最多为五跳。铺作数非出跳数，而是自栌斗起每铺上一层构件，算是一铺作，所以栌斗是一铺，还有斗栱顶上的要头和衬方头二铺作。因此，出一跳要加上这三铺作，谓之四铺作，出两跳谓之五铺作，……出五跳谓之八铺作[58]。图 **1－18** 为斗栱的出跳与铺作。

**拽架**　昂翘每支出一层，在里外两面各加一排栱，叫做踩。踩与踩中心线间的水平距离叫做**一拽架**，昂翘的长短以拽架多少而定。

**斗口**，坐斗上为承接瓜栱和第一层翘或昂，开有十字卯口，这就叫**斗口**。见图 **1－16**。这是大式大木有斗栱建筑构件尺寸权衡的基本单位。例如：坐斗高二斗口，长宽各三斗口；每一拽架长三斗口；柱径六斗口，柱高六十斗口等等。所有大木的权衡，都是按斗口作为模数的基本单位。

南方的工匠称斗栱为"**牌科**"，凡殿堂、厅堂、牌坊皆用之，但都较简单。牌科的分类，不是像北方官式按斗栱在构架中的位置，而是根据斗栱组合的形式，如**一斗三升**，即在坐斗上一面架栱，栱与桁平行，栱的两端和中央各置一升，故名；**一斗六升**，在一斗三升之上，再架较长的栱及三升，则称一斗六升。这两种牌科，常用于厅堂廊柱间的廊桁之下，也称为**桁间牌科**；**丁字科**，坐斗上卯口为丁字形，只向外一面出参，外观同十字科，而由内观之，则似一斗六升，组合后的平面投影亦成丁字形者；**十字科**，坐斗面上开十字形卯口，栱向内外出参，组合后的斗栱平面投影成十字形者。南方的栱，方向与桁垂直的不称翘，均称为栱；**琵琶科**，颇似北方的溜金斗栱，是将昂的后尾延长做斜撑，称琵琶撑，尾的端头置栱及三升，承托连机（类攀间）和步桁（金桁）。琵琶撑也就是《法式》中的昂的做法，到清代昂只是将翘头延长向外下斜做装饰了。网形科，用于牌楼的一种非常复杂而极富变化，装饰性很强的牌科（图 **1－19、1－20**）。南方对斗栱的分类法，因较北方大式建筑简单，且权衡比例，也不以斗口计，常以规定的尺寸制作，如五七式、四六式、双四六式等。主要是民间工匠便于记忆掌握和制作也。

但不论那一类斗栱，在《法式》中，凡每出一跳的翘或昂头上都有横栱的叫做**计心**，这种构造做法，就称**计心造**。凡在出跳的翘、昂头上不安置横栱的叫**偷心**，也就称为**偷心造**。

**斗栱的作用**。在殿堂的构架，内外柱列等高时，梁下的斗栱，除了将梁架的荷重

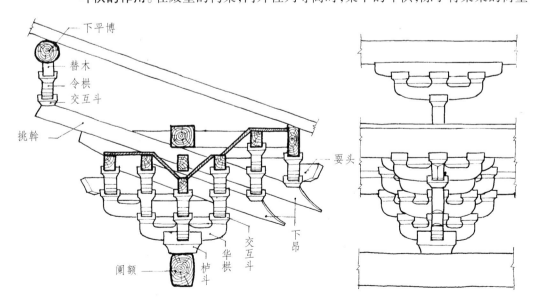

图 1－21　昂的杠杆作用

传递给柱子外,还有减少梁枋跨度的作用。檐下斗栱,层层挑出以承托檐口,相当一个组合的悬臂梁。而斜置的昂,具有杠杆的性质,使斗栱能充分利用屋顶自身重量的平衡作用,取得最大限度的悬挑距离(图 **1－21** 昂的杠杆作用)。

斗栱发展到宋代,"作为一个结构构件,无论在受力状况,还是悬挑能力上,都充分展示了它的优越性和完美性。尽管它的用料很多,构造复杂,但在古代没有现代材料的情况下,取得三四米,乃至四五米之多的悬挑距离这般惊人的成就,不能不说是中国古代木构建筑'小材大用'的典型范例;不能不说是中国古代木构建筑的精髓"。

斗栱在构架柱列等高,版筑土墙需深檐庇护的时代,不仅充分发挥了结构上的作用,也充分体现出人按美的规律进行创造的智慧和才能。到明清时期,由于内柱升高,构架的整体刚度和稳定性加强,版筑土墙也代之以砖砌,斗栱存在的必要性也逐渐消失,"但斗栱并没有因之消亡,相反的斗栱数目增多,日益繁琐。这就说明,斗栱之所以被封建统治阶级视为瑰宝,并不是为了尊重科学技术,珍视劳动者的创造成果,主要是由于斗栱在壮丽的殿堂中那奕奕煌煌的作用。因为,在这'云薄万栱'的气势里,斗栱集中地显示出那支配着大量的人的生命力的消耗和对社会财富占有的统治力量[59]。"

概言之,斗栱的发展,由简而繁,由硕壮而纤细,由结构构件逐渐转化为艺术装饰,这一演变过程,是合乎历史规律的发展。

# 第七节 高层木构架建筑

中国木构架高层建筑,大概比西方用砖石结构建造高层要早得多。最早见于文字记载的例子,是北魏熙平元年(516),灵太后胡氏所建的**洛阳永宁寺塔**,"九层高四十丈"(《魏书·释老志》),塔的形状是"四面九间六窗三户"(《释教录》)"架木为之"(《洛阳伽蓝记》)。是一幢 3×3 间,平面呈方形;一面围蔽,三面设门窗,每面一门二窗的木构高塔。按北魏每尺折合 0.255～0.295 米计,取低限四十丈高就达 100 米,在一千四百多年以前,用木构架能建造如此之高,堪称世界奇迹了。

现存最古老的木构高层建筑,是建于辽代清宁二年(1056)的山西**应县佛宫寺释迦塔**。塔的平面为八角形,底层直径 30.27 米,高九层为 67.3 米。在斗栱挑出平座部分形成暗层,因有四个暗层,所以塔虽九层,外观却为五层,暗层内加斜撑的戗柱,保证的塔的刚度和稳定性,历近千年沧桑,巍然屹立。层层挑出的平座,栏干周绕;重重飞扬的檐宇,翼角交错,庞大而高耸的形象,给人以雄伟钜丽之感。(详见第四章"中国建筑类型(一)"塔一节图 **4－20** 和彩页)。

在中国建筑史上,秦汉的高台建筑时代,早就建造过木结构的高层建筑了。如汉代别馆建章宫内与"别凤阙"相"对峙"的井干楼。**井干楼**,据《三辅黄图》记载:"井干楼高五十丈,辇道相属焉。"楼名"井干"者,"言筑万木,转相交架,如井干"(《史记·孝武帝本纪·索隐》)。《汉宫阙疏》说得较详:"井干楼,积木而高为楼,若井干之形也。井干者,井上木栏也,其形或四角或八角。"

**井干式结构** 是一种原始的古老结构形式。是用整根木材在端部做成一半深的槽口,互相咬合成四角或八角形平面木框,然后以大量相同的木框层层叠积,构成空间实体的刚性墙壁,所以说是"言筑万木,转相交架",像井上的木栏,故名**井干**。

从井干楼高五十丈,按汉代每尺折合 0.23 米计,楼高达 115 米。如此之高,相应的井干空间直径亦大,平面可能是八角形的。楼的具体形象,由于古籍所载多很阔略,从东汉班固(32—92)的《西都赋》描写:"攀井干而未半,目眴转而意迷。舍棂槛而却倚,若颠坠而复稽。魂悦悦以失度,巡回涂而下低[60]。"用现代汉语说:攀登井干楼还不到一半,就觉头晕目眩心神迷离。不敢靠栏干而退步依壁,好像从天上坠落在半空。神魂恍惚如失去了平稳,慌忙寻找回路下到低处。从描述可以想见,井干楼并非是多层的楼阁,而是用井干结构的高台建筑,围绕楼壁外筑梯设栏,曲折回转而上,顶部可能挑出平台,台上构有殿堂。从这一想像的井干楼的形象,就会使人产生一种粗犷雄伟的崇高之美。

用井干式结构建造高台建筑,在魏晋南北朝时代还有记载,如三国曹魏黄初二年(221)所建的凌云台,"凌云台楼观极精巧,先称平众材,轻重当宜,然后构造,乃无锱铢,递相负揭。台虽高峻,常随风摇动,而终无崩坏[61]。"意思是说:凌云台建筑非常精巧,先要测定所有的木材,使其长短相称,轻重相当,然后相对的层层挑出,对称平衡而没一点差别。台虽然很高峻,而且常常随着风向摆动,但始终没有倒塌损坏。

**凌云台**,是造在曹魏时西游园里的一座高台建筑,到北魏时还曾加以增饰。台的高度,古籍所载其说不一,经分析:台的平面为方形,高约九丈,按三国魏时每尺折合 0.241~0.242 米计,高约 20 多米。顶部挑出一个方十三丈的平台,台身边长不详。从"先称平众材"和"递相负揭"来看,是层层向上挑出去的,以悬挑顶上的平台[62]。据"常随风摇动,而终无崩坏"之说,四面悬挑的尺度颇大。台上一定还建有观榭建筑。说明凌云台的构造,不止简单地运用井干式结构,有很好整体刚度和稳定性,在结构力学的平衡观念方面,一千七百多年以前的中国人已有深刻的认识了。

用井干式结构建筑高台建筑,要耗费大量的木材。在世界建筑史上,它曾为中国人占有高空(**high altitude**)而俯视大地,显示出人的智慧和力量! 但也说明,一千七百多年以前,古代的中国还没有找到更好地适于建造高层建筑的结构技术,井干式结构,随着高台建筑的消亡,终于退出建筑舞台。随着梁架结构技术的发展和日臻完善,在中华大地上就不断出现木构架建筑的巍峨殿阁,高出云表的佛塔,无论在建筑技术和空间艺术上,都取得了独特的辉煌成就!

井干式结构,曾经是中国古代建造高楼和高台建筑的一种重要的结构方式。

# 第八节　中国梁架结构的特殊性

### 一、承重与围蔽结构的分工

中国的木构架与西方的砖石结构,在功能上是有同有异的,共同处都是构成空间和承载楼面和屋顶的荷重,不同处砖石结构的墙体既是承重结构,同时也是围蔽结构。而中国建筑由梁架和枋檩构成空间的框架,墙体除自重外不承受任何荷载,只起围蔽的作用,所以有"墙倒屋不塌"的说法。这就给建筑空间形态以很大的灵活性,通常是三面筑墙围蔽,一面做成全部开敞的可以装拆的槅扇;或者做成前后开敞的轩舍;也可以做成四面户牖开敞、廊庑周匝的厅堂水榭,甚至不加围蔽做成四面阙如、八方无碍的空亭。

正因为墙只有围蔽作用,而且在深远的屋檐下,不受霜打雨淋,古时讲造房子是:"**筑土构木,以为宫室**"(《淮南子·汜论训》)。筑土,就是用版筑土墙;构木,就是用木材结构梁架。**版筑**,是筑土墙的方法,按墙宽用两木板相夹,置土其中,而以杵将土夯实之谓。古代对**墙(wall)**有不同名称和解释:

"墙,障也。所以自障蔽也。"

"墉,容也。所以蔽隐形容也。"

"垣,援也。人所依阻,以为援卫也。"

"壁,辟也。辟御风寒也。"

从《释名·释宫室》中的这些解释,皆无承重之意,都是讲墙的围蔽作用。而"壁",据宋代戴侗的《六书故》说:"后世编苇竹以障楹间,涂之以泥曰壁。"也就是用苇或竹子编的篱笆,围蔽在房屋的柱子间,并涂抹上泥土的称壁。对土墙而言,壁尤如今天的轻质墙,作用同墙,所以也就统称"墙壁"。对具有防卫性的院墙、宫墙、城墙,则称之为"垣"或"垣墙"。"墉",多指城墙,有时也称高峻的墙叫墉。

**土墙** 是中国历史上长期使用的"墙",秦汉时宫殿也是用版筑的土墙,如"贾山言:秦皇帝筛土筑阿房之宫[63]。"除了版筑墙,东汉时已有用土坯砖的记载,《后汉书·酷吏传》:"周纤廉洁无资,常筑墼以自给。"是说汉代有个叫周纤的人,为官廉洁而贫困,常常做土坯砖以自给。

**墼** 是没有烧制过的砖坯。明代学者杨慎解释说:"刑土为方曰墼。今之土墼,以金为模,实土其中,非筑而何?"这是讲明代用金属的模子制土坯砖。中国古代,早在战国时已出现了花纹砖和大块空心砖,但只用于地下,为死人建筑坟墓。版筑的厚实土墙,有防寒隔热的优点,但不美观,所以古代的殿堂里多"被以文绣",就如今之挂壁毯也(**tapestry**)。

中国什么时候开始用"砖"(亦作"塼"、"甓")砌墙呢?据《宋书·王彭传》:"元嘉初,父又丧亡,家贫力弱,无以营葬,……乡里并哀之,乃各出夫力助作塼[64]。"《晋书·吴逵传》亦有"昼则佣赁,夜烧塼甓"的记载,说明魏晋南北朝时,民间已有人靠烧制砖瓦生活。这种小规模的砖瓦生产,显然是供民间建筑之用。需用大量砖砌筑的城墙,从唐代史书中看到这样的记载说:"江夏城风土散恶,难立垣墉。每年加板筑,赋菁茅以覆之。吏缘为奸,蠹弊绵岁。僧孺至,计苟苦板筑之费,岁十余万,即赋之以砖,以当苦筑之价。凡五年,墉皆甓葺,蠹弊永除[65]。"江夏,隋唐时为武昌府治。僧孺,是唐代穆宗时的宰相牛僧孺。用现代汉语说:江夏的土质松散粘结极差,很难建筑城墙。每年都要加以修筑,向百姓捐征茅草盖在城墙上。地方官吏从中剥削百姓,相沿成习,年年不绝。牛僧孺到任后,计算每年盖草筑墙的费用十多万钱,改为以砖代税,用了五年时间,就将城墙全部用砖砌筑好,这个积弊也就永远消除了。说明唐宋时的城墙,大多数还是用土筑的。从完成于隋时的《颜氏家训》中还有"若作室家,既勤墉垣"的说法,到隋代用板筑土墙的房屋还是很普遍的。

**瓦(tile)**,中国古代建筑罕用砖,但很早就掌握了烧瓦的技术,而且制作精良。明代医药学家李时珍说:"夏桀始以泥坯烧作瓦[66]。"汉·许慎《说文》云:"瓦,土器已烧之总名。"故土烧之器云瓦罐、瓦盆、瓦甄等等。

中国木构架建筑,是古代宗法制社会"毁旧国,建新朝"的产物。所以,从一开始就否定了向墙体承重结构发展的可能性与现实性瓦覆盖在屋面上,要经风霜雨雪且利排水,需质地坚密而不渗漏。据《青州府志》载:在潍水南岸塌方时,发现一口古井,"中得古瓦,厚大且坚,瓦面皆作细纹如镂,扣之铿然,三千年前物也"。是春秋初期的瓦。三国时魏武帝造铜雀台,瓦用铅丹杂胡桃油捣制烧成的瓦,"雨过即干"而不渗漏。《道山清话》:世传铜雀瓦,验之有三:锡花、雷斧、鲜疵是也。然皆雨风雕镂,不可得而伪。"锡花,是指掺杂在泥土中的金属屑,烧制后处在瓦面上的。雷斧,可能是指瓦面上的细纹。宋时的古物收藏家视 铜雀瓦为稀世之珍。公元 **6** 世纪上半期,在北魏的宫殿上已用**琉璃瓦 (glazed tile)**[67]宋代称琉璃瓦为"缥瓦","缥"是淡青色,以缥名瓦,可能当时琉璃瓦大多是这种颜色的缘故。宋仁宗时用琉璃砖建造高达 **54.66** 米的**开封祐国寺塔**。

## 二、进深有限而开间无穷

三维的建筑空间,体现人的生活活动过程和功能需要的,是建筑空间的平面组合和各个空间的平面尺度——开间与进深。中国传统木构架建筑与西方砖石结构建筑不同,**建筑空间**的尺度要受梁架尺寸的严格制约,不可能像砖石结构建筑一样的灵活自由。

**进深** 即建筑物的空间深度(**depth**)。中国传统建筑的建筑空间深度,由于受梁架结构的限制,有两种情况:一、建筑空间的深度,就是梁架结构的大梁(**main beam**)的长度,这是中国建筑室内空间最完整的深度,也是一般次要的或辅助性房屋的建筑深度——栋深。换句话说,就是建筑的"进深"与"幢深"相等。二、是建筑空间的深度,超过**基本梁架**的宽度,即大于大梁的长度,由于大梁的长度受木材的限制,不可能随意延长,就必须在基本梁架之外,金柱(步柱)前后增设立柱,用联系梁与基本梁架的金柱联结,构成梁架的一个组成部分。这种情况,建筑的"幢深"大于"进深",而增加的立柱虽然扩大了空间深度,但在空间的使用功能和视觉上,都起着分隔和界定空间的作用。

**幢深** 是一幢建筑物的深度,它可以是"基本梁架"的大梁长度,也可以是整个构架的结构长度。建筑的幢深,因为要受屋顶坡度的制约,幢深愈大,则檐口就愈低。增设的柱子,北方称"檐柱",南方称"廊柱",与"金柱"或曰"步柱"之间的距离,建筑一般常规为一步架或两步架,也就是说,联系梁的跨度为一界或两界。联系梁如一头挑出檐柱(廊柱)之外,以承托屋檐者,北方称"挑尖梁"或"抱头梁",南方则称为 "川"。基本梁架外加双步的做法 ,是中国木构架建筑典型的结构形式(**structural shape**)。

中国传统建筑需要更大的空间深度时,不可能靠构架本身去解决,简单的办法,就是把梁架横向并列,即用几幢房屋前后排列在一起,如清代的李斗在《扬州画舫录》所说:"贯进为连二厅及连三、连四、连五厅;枸木椽脊为卷厅,连二卷为两卷厅,连三卷为三卷厅[68]"等等。这种多幢并连的形式,大多用于园林建筑中,如北京圆明园里的**天地一家春**。

这种建筑形式,因为屋顶相连,天沟排水在建筑空间范围内,构造上难以解决雨雪渗漏的矛盾,在园林建筑中主要是取其建筑造型形式(**plastic form**)上的变化,而不是从功能上为了扩大建筑的幢深。

**开间**(**bay**) 是传统房屋的宽度单位,相当于两"贴"梁架之间的"檩"的长度。在建筑的空间深度一定时,每增加一片梁架,就增加了**一间**的宽度,随梁架数(缝或贴)的增加,"间"数增多,建筑空间就沿纵轴方向延伸,在结构上可以说是不受限制的。在理论上,中国建筑具有**开间的无限性**。从空间而言,木构架由于受木材和梁架叠构技术的限制,中国建筑从一开始就不是向空间高度方向发展,而是为建筑空间在平面上的扩展,提供了极大的灵活性与无限性。

开间无限性的现实意义,就在于构成一幢建筑物的"间"数多少,在结构和构造技术上是不受限制的,所以明代计成说:"凡家宅住房,五间三间,循次第而进;惟园林书屋,一室半室,按时景为精[69]。"这是说:凡住宅建筑,不论是三间还是五间,都必须按照一定的空间序列建造;惟有园林建筑,那怕只有一室或半室,都要以有应时的景境才完美。计成所说的几间,是指一幢建筑物的大小,**以间数来代表一幢建筑,是中国建筑所特有的表示方法**。

所谓间数不受限制,是从结构和构造技术而言的,但在古代现实生活中,不是不受限制,而是要受到严格的限制。在封建等级森严的社会,建筑作为人生活所必需的物质资料,它不仅是私人的财产,而且是人的社会地位和政治权力的标志,所以历代王朝对官民的第宅,从房屋的"间架"到装饰都有严格的规定,是不允许僭越的法定制度。

**间**　是中国建筑的**空间基本单位**。是在两"贴"梁架之间,架上桁枋构成框架下的空间。再由数"间"构成一幢相对独立的建筑物。不论"幢"的"间"数多少,是三间、五间,还是七间、九间,性质没有什么不同,都只是一个**空间使用单位**。它不同于西方建筑,为满足一定的生活活动过程要求,将活动过程中需要的各个空间,按活动流程组织并集合成一个整体的**个体建筑**。而中国建筑的一"幢"房屋,它只能供整个活动过程中某个或者部分的活动内容使用。要满足某种完整的生活活动过程,就不是靠一幢房屋,而是以若干幢房屋组合成群体才行。比如:西方砖石结构的一座教堂,是对外界空间环境完全独立的"个体建筑"。而中国的佛寺,却是由若干幢房屋构成重重殿庭的**组群建筑**,其中每一幢房屋只是寺庙中的一个使用单位,只有相对的独立性。为了与西方的"个体建筑"相区别,我们称之谓单体建筑。

中国的一幢单体建筑"间"数虽然有多有少,但间的空间形体是基本相同的。一般只中央一间的"开间"稍宽,通进深皆相等。这种空间上的**单一性**,就造成了在使用功能上的不确定性,或者说具有**模糊性**的特点。这就是说,单体建筑的使用功能,从空间角度言,不是决定于其空间的特点,而是主要取决于它在"组群建筑"中的相对位置。因为任何一幢单体建筑都组合在庭院里,**庭院**(courtyard)是中国组群建筑中的**基本单元**。庭院之间既是互相联系的,又是相对独立的可以自成一个生活环境。所谓单体建筑在内容上的模糊性,只是从其抽象的存在而言,当它组合在既定的庭院中,内在的**建筑空间**就与外界的**庭院空间**共同形成一个具有明确使用功能和思想内容的**生活环境**了。

传统建筑的一些名称,诸如:殿、堂、楼、阁、斋、馆、轩、榭等等,都是指单体建筑,与西方的个体建筑如教堂、医院、学校、别墅等等,在性质上是完全不同的。

所以,研究中国建筑的学者,往往把这些单位建筑作为建筑类型谈论,显然是很不恰当的,这就很容易离开中国建筑的特点,而导致许多概念上的模糊不清。

### 三、梁架露明造,节点用榫卯

中国传统建筑有个很显著的特点,大多数建筑都不用"天花"(ceiling),梁架结

抽象存在的单体建筑,在功能上具有不确定性。但是,任何单体建筑都现实地存在于一定的组群建筑之中,是组群建筑的一个有机组成部分,它就从整体中获得自己的内容和反映这内容的建筑形式,并通过其生活空间环境,和谐地融合并显现出组群建筑的空间艺术形象。

构全部暴露在外，构架形式一目了然。这对古代口传手教的工匠掌握建筑营造技术，是非常有利的，可以凭感性直观了解梁架的结构方式。而历代营建都有法式和一定的制度，一般的说，工匠如果能较全面掌握梁架结构技术，实际上也就基本具备了建造房屋的本领。

正因为梁架是露明造的，木材有易于雕镂的特点，中国建筑的装饰，充分利用结构构件本身加以装饰化，如斗栱、雀替、栏干等等，既是结构构件，也是装饰构件。同时形成极富于艺术表现力的"外檐装修"和"内檐装修"，如门窗槅扇棂子(**lattice**)的图案化和裙板的精致雕刻；空间隔而不断的各种形式雅致的"罩"等等。

更重要的是，中国建筑装饰的**意匠**(**artistic conception**)精辟之处，是空间的整体性。尤其是在**园林建筑**中，由于扩大建筑的幢深，抬高前檐的檐口，又保证建筑空间的完整性的**重椽草架制度**，从而形成各种**轩式**的特殊做法(详见"建筑的结构与空间"一章)，充分地体现了中国人的空间意识，从建筑空间上，将结构技术与形式美的规律有机的结合在一起。

中国建筑的梁架结构，几乎全是用榫卯接合的。这种构造方法，在结构的整体刚度与稳定性得到保证时，由于木材的榫卯接合，节点不是刚性的，具有一定的伸缩性——弹性，所以建筑有很强的抗震性能。如河北蓟县**的独乐寺观音阁**，建于辽代统和二年(984)，距今已一千多年，经历多次强烈的地震，仍然完好无损，就是个典型的例证。

梁架用榫卯接合的构造方法，在施工上也带来很大的优越性。构件的加工制作，可以分别单独进行，工匠只要按照法式就可以生产。制作好的大量构件，在古代是由工程技术的组织者**都料匠**运筹帷幄，指挥安装即可。故历来大规模的宫殿建设，统治者可以殚尽国家的人力物力，征调数以十万、百万计的工匠丁伕，同时投入生产。而且是以简单劳动协作的方式，在很短的工期内快速地造出"千栌赫美，万栱峻层"气势非凡的宏伟宫殿建筑群。

结构技术与装饰艺术融为一体，是中国木构架建筑艺术的独特的表现形式。

## 四、构件标准化　施工高速度

中国古代社会"建新朝，毁旧国"的传统，毁掉旧朝城市宫殿的新王朝，急需在最短的时间内进行大规模宫殿建设，是采用木构架建筑的根本原因。只有采用榫卯结合的木构架建筑，才可能将大量形状尺寸不同的构件分别进行加工制作，然后加以组装，从而取得很高的生产效率和施工速度。

问题是：要同时加工难以数计的建筑构件，就需要有数以千、万计的技术工人，尤其是木工。即使人力解决了，如此众多的技工，在只能以简单劳动协作的方式，生产像斗栱那样复杂的梁架结构建筑，如果没有非常严密的施工组织管理，没有能保证构件加工精密的真正有效措施和制度，能高效快速的完成建设，是难以想像的，也是不可思议的。

中国历代王朝，是如何高效快速地进行建筑生产的问题，研究中国建筑的中外学者，始终未能引起重视去深入的探讨。可以说，这是中国建筑史上十分重大的、带有根本性的一个问题。

中国建筑所能如此高效迅速地进行生产，正是采用了世界建筑史上其他国家所没有的**工官匠役制的生产方式**。

**工官制**，历代王朝都设有职掌土木营建等事的工官，从春秋时的司空、秦汉时将作大匠到明清时的工部尚书,都是朝廷的最高官吏之一,有专门的机构,严密的组织和制度。虽然各代工官和机构名称不同,但数千年来工官制度,是累朝无间的。

**匠役制** 是对全国工匠和劳动力,实行征调的一种无偿的超经济奴役制度。虽然随着社会的向前发展,匠人丁伕服劳役的时间和服役的方式有所改善和变化,但无偿的强制性服劳役的性质,并无变化,几乎从奴隶社会到封建社会,没有根本性的改变。

为了确保构件加工制作的准确性,历代王朝都制定有建筑法规和相应的各种制度,这些法规和制度,不单是技术性的,而是严酷的官府法令(详见下一章"中国建筑的生产方式")。

中国建筑是特定历史条件下,工官匠役制的产物,是数千年来兆亿人民用生命力的代价所取得的辉煌成果,如梁思成教授所说:

> 世界上现存的文化中,除去我们邻邦印度的文化可算是约略同时诞生的兄弟外,中华民族的文化是最古老、最长寿的。我们的建筑也同样是最古老、最长寿的体系。在历史上,其他与中国文化约略同时,或先或后形成的文化,如埃及、巴比伦,稍后一点的古波斯、古希腊,及更晚的古罗马,都已成为历史的陈迹。而我们的中华文化则血脉相承,蓬勃地滋长发展,四千余年,一气呵成⑩。

我们只有了解与中国建筑历史相始终的工官匠役制的存在,才会理解中国的建筑文化,何以能"四千余年,一气呵成";了解了这种官营建筑手工业的残酷生产方式,才会理解这"血脉相承"的意义中所凝聚着的古代劳动人民的血泪和无限智慧!

中国数千年没有间断所形成的建筑文化,在长期发展过程中,积累了非常丰富的经验,特别是在空间意匠中的智慧,还有待我们去不断深入地发掘,是今天建筑创作的一个重要源泉。但也应看到,正因为"四千余年,一气呵成",中国建筑没有产生过根本性的突破和原则性的变革,归根到底,是建筑生产方式没有质的变化。其实,一切事物有它的优越性,就有它的局限性,所谓正与反共生,好与坏往往并存,或者说是**相反相成**。

任何现实的存在,都有其必然性。对中国的建筑文化,只有了解它,才能去掌握它! 就不会因为它不适于今天的需要,而虚无主义地全盘否定,丢掉民族的自尊与自信心;更不应把它当作古董去展览,肤浅庸俗的抄袭它的形式。

我们需要的是从传统建筑文化的观念之流中,吸取古代富于深邃哲理性的空间概念和体现这一概念的建筑空间的意匠和方法。

工官匠役制的官营手工业建筑生产方式,是中国建筑高效快速的施工,由可能性转化为现实性的根本原因。

---

**注 释:**

① 杨鸿勋:《仰韶文化居住建筑发展的探讨》,半坡 $F_1$ 复原图。载《考古学报》1975 年,第 1 期。

② 刘敦桢主编:《中国古代建筑史》,中国建筑工业出版社,1984 年版,第 24、25 页。半坡原始房屋复原想像图。

③ 摩尔根:《美洲土著房屋和家庭生活》,中国社会科学出版社,1985 年版,第 114、115 页。

④《中国古代建筑史》,第 3 页。

⑤ 李允鉌:《华夏意匠》,中国建筑工业出版社,1985 年重印版,第 202 页。

⑥⑦⑧⑨ 同上,第 203、205 页。

⑩ 刘致平:《中国建筑类型及结构》,中国建筑工业出版社,1987 年版,第 2 页。

⑪ 李约瑟:《中国科学技术史》,转引自《华夏意匠》,第 29 页。

⑫ 宋·洪迈:《容斋随笔·土木宫室》。

⑬ 引自《华夏意匠》,第 29 页。

⑭ 杨宽:《战国史》,上海人民出版社,1980 年第 2 版,第 22 页。

⑮ 恩格斯:《家庭、私有制和国家的起源》,《马克思恩格斯全集》21 卷,第 186 页。

⑯《华夏意匠》,第 29 页。

⑰ 引自《华夏意匠》,第 30 页。

⑱ 李亚农:《中国的奴隶制与封建制》。

⑲《华夏意匠》,第 31 页。

⑳㉑㉒ 李国豪主编:《建苑拾英》,"中国古代土木建筑科技史料选编",同济大学出版社 1990 年版,第 261 页 ~ 262 页。

㉓㉔㉕《华夏意匠》第 27、31、30 页。

㉖㉗ 张家骥:《园冶全释》,山西人民出版社,1993 年版,第 18、193 页。

㉘ 北齐·魏收:《魏书·释老志》。

㉙ 张家骥:《中国造园史》,黑龙江人民出版社,1986 年版,第 16 页。

㉚《中国古代建筑史》,第 95 页。

㉛《华夏意匠》,第 110 页 ~ 112 页。

㉜《魏书·释老志》。

㉝《释道宣集·神州三宝通感录》。

㉞㉟ 顾颉刚:《战国秦汉间人的造伪与辩伪》,载《古史辩》,第七册,上编。

㊱《建苑拾英》,第 175 页。

㊲ 吕思勉:《先秦史》,上海古籍出版社,1982 年版,第 281 页。

㊳ 恩格斯:《家庭、私有制和国家的起源》,见《马克思恩格斯选集》第 4 卷,第 112 页。

㊴《先秦史》,第 282 页。

㊵《普列汉诺夫美学论文集》第 1 卷,《没有地址的信》,第 346 页。

㊶《先秦史》,第 291 页。

㊷《周礼·考工记》,"匠人"。

㊸《谷梁传·襄公二十九年》。

㊹《先秦史》,第 151 页。

㊺《管子·霸言》。

㊻《左传·成公十三年》。

㊼《先秦史》,第 382 页。

㊽《史记·燕召公世家》。

㊾《孟子·梁惠王下》。

㊿ 汉·司马迁:《史记·孔子世家》。

51《管子·霸言》。

52 汉·班固:《汉书·严安传》。

53 元·脱脱:《宋史·王禹偁传》。

54 明·萧洵《故宫遗录》。

55 本书所说的北方,是指清代的官式做法,建筑名词均按梁思成:《清式营造则例》;南方,是指江南苏州一带的做法,名词均按姚承祖:《营造法原》。为行文方便,文中名词讲清代官式时,括号中即为苏式名称;反之,讲苏式时,括号中的名为清代官式的。

56 宋·《营造法式·大木作制度·梁》。

57 张家骥:《论斗栱》,载《建筑学报》1979 年第 12 期。

58 徐伯安、郭黛姮:《宋〈营造法式〉术语汇释》,载《建筑史论文集》第六辑,清华大学出版社,1984 年版。

㊄《论斗栱》。

⑩ 汉·班固:《西都赋》,《昭明文选》。

㊑ 元·《河南志·魏城阙宫殿古迹》。

㊒《中国造园史》。

㊓ 吕思勉:《秦汉史》,上海古籍出版社,1983年版,第586页。

㊔《宋书·王彭传》。

㊕ 五代·刘昫等:《旧唐书·牛僧孺传》。

㊖ 明·李时珍:《本草纲目·乌古瓦集解》。

㊗ 梁·肖子显:《南齐书·魏虏传》。

㊘ 清·李斗:《扬州画舫录·工段营造录》。

㊙ 明·计成:《园冶·屋宇》。

㊚ 梁思成:《我国伟大的建筑传统与遗产》,载《文物参考资料》,1953年,第10期。

山西五台山南禅寺斗栱(唐)

山西朔州崇福寺弥陀殿后檐补间斗栱(金)

山西代县文庙大殿转角斗拱（明）

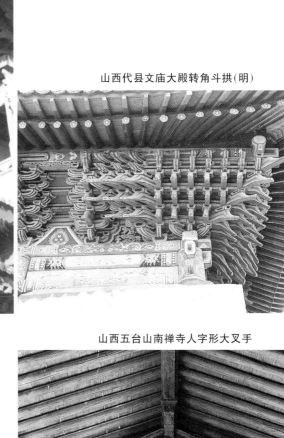

山西万荣县秋风楼角檐斗栱

山西万荣县秋风楼局部

山西五台山南禅寺人字形大叉手

山西太原天龙山石窟北齐石刻中的人字拱

# 第二章
# 中国古代的建筑生产方式

○中国古代的工官制度
○中国古代的匠役制
○历代工匠的服役概况
○物勒工名与哲匠升官
○古代的建筑生产与法式

建筑，是人为了生存和生活所不可缺少的物质生活资料之一。物质生活资料的生产方式，是决定社会面貌和社会性质的主要力量。揭示中国建筑生产方式的特殊性质，是解开中国建筑史上许多重大问题之谜的关键。

# 第一节　中国古代的工官制度

　　中国古代社会数千年来实行的工官制,是中国建筑生产特殊方式的产物。**工官制**,是官府为帝室和朝廷所需的物质资料组织的官营手工业生产,所设置的监督管理机构和职官的一种制度。早在殷代就有"天子有六工,司空董之①"的记载。六工,是指土、金、石、木、兽、草六种天然材料的加工制作。"司空董之",就是由"司空"的官,全部负责所有手工业生产监督管理的政事。

　　周代的朝廷职能和制度日趋完备,将国家分为六种职事,在"司空"的属下设"百工"的官职,主管手工业的生产。所谓"百工饬化八材,定工事之式②。"八材:是指珠、象、玉、石、木、金、革、羽。将殷代六材中作萑苇之器的草工取消了,增加了珍珠、象牙、玉石和皮革、羽毛等贵重的材料。反映出周代的生产和社会经济的发展,帝王的物质生活较殷代丰富,有了很大的提高。饬(chì),是整治的意思;化,这里是改变自然的物质形态之意。饬化八材,就是将八种材料,按照一定的生活需要进行加工制作。工,凡掌握技艺能制成器物的都称为"工"。从百工"**定工事之式**",说明古代的工官,在周代已有订立制度和法式的职能了。

　　**司空**,是古代中央政府中掌管土木工程的长官,周制冬官大司空,为六卿之一。汉时将大司空、大司马、大司徒,并列为三公。司空的官名最早与建筑有关,据《汉书》对百官职能的注说:"空,穴也,穿土为穴以居人也。"即:空者,就是空洞,挖土为穴可以住人。所以**空,就是指空间**。司空之名的来源,大概就是监督管理构筑"空间"——穴居的官了。

　　中国人的**空间概念**,内涵很广、深刻而富哲理性,早在春秋时代,古典哲学对生活中器物的空间作用,就有精辟的看法。《老子》中有云:

　　三十辐共一毂,当其无,有车之用。埏埴以为器,当其无,有器之用。凿户牖以为室,当其无,有室之用。故有之以为利,无之以为用③。

　　用现代汉语说:三十根辐条都集中在毂(gǔ 轴承)上,有了毂中心的空洞,才有车子的作用。揉和陶土做成器皿,有了器皿中的空间,才有器皿的作用。开辟门窗建造房屋,有了房屋中的空间,才有房屋的作用。所以,构成空间实体的"有",带给人的便利,完全是靠"无"在起着决定性的作用。

　　制造器皿、舟、车和房屋,都是要用物质实体去构成空间的,所以"司空"职掌的范围就不止是建筑。据《周礼·考工记》中载,具体主管营建宫殿、城廓和沟洫的,是匠人。"匠人"除土木工程,还掌管水利建设④。

秦始皇时，设"将作少府"，就不管水利建设，专管建造宫殿、城廓，但增加陵邑，因当时为秦始皇造骊山陵墓，是工程浩大的任务。西汉初，沿用秦的"将作少府"之名，到汉景帝中元六年(前144)，更名"将作少府"为"**将作大匠**"。东汉也恢复"将作大匠"之名，一直沿用到魏晋南北朝时代。

据《汉书·百官公卿表》云：将作大匠"属官有石库、东园主章、左右前后中校七令丞，又主章长丞。"

**石库**　有令有丞，主管建筑用的石料保管和加工事务。令是部门长官，丞是辅佐令的副职，副长官。

**东园主章**　如淳注曰："章谓大材也，旧将作大匠主材吏名章曹掾。"西汉时主木材及木器制作。

**左校令**　校字本义，古代既是一种军事编制单位，也有囚具之义，故《后汉书集解》引李祖懋曰："左右校，署名，凡臣工坐法，常输作于此校也。"汉代的校令，执掌工徒营缮事。左校令、丞，是掌梓之事及宫室营建规制。也就是负责建筑木工工种的生产，管理木工工匠和参加木工施工的服役士卒和囚犯。

**右校令**　掌泥瓦作的工徒营缮事。即负责营建工程中的版筑、涂泥等泥瓦作的生产，管理泥瓦作工匠和参加服役的士卒和囚犯。

秦汉时工程规模很大，工徒甚多，故设有左右前后中五校令七令丞。东汉时将作大匠的属官，有将作大匠丞一人，六百石。左右校令各一人，掌左右工徒，秩皆六百石，有丞各一人，较西汉职掌相对集中。

**主章长丞**　颜师古注曰："掌凡大木也。"可能是单纯保管木材的，所以只设长、丞，比以上令、丞地位略低一点。

### 将作大匠属官表

| 属官名称 | 职　掌 | 秩　次 | 备　考 |
|---|---|---|---|
| 将作大匠丞 | 佐将作大匠掌治宫室。 | 六百石 | 西汉两丞，东汉一丞。 |
| 石库令(西汉) | 主石料保管和加工。 | | |
| 东园主章令(西汉) | 主木材及木器制作。 | | 武帝太初元年更名木工。 |
| 左　校　令 | 掌木工工徒 | 东汉六百石 | |
| 右　校　令 | 掌泥瓦作、工徒。 | 东汉六百石 | |
| 前校令(西汉) | | | |
| 后校令(西汉) | | | |
| 中校令(西汉) | | | |
| 主章长(西汉) | 师古曰："掌凡大木也。" | | |

注：将作大匠秩次为二千石。

古代的建筑生产，秦汉时主要是为帝室服务的，随帝王宫殿、陵寝、都城的规模大小，将作大匠所属的职官也多少不等。在新王朝建立，营建工程结束，除维修就很少有什么工程，所以历代王朝工官的设置和机构的业务范围，多有所变动和不同，但汉代的工官和职能，可以说反映了古代封建社会工官制的基本性质。

东汉时的"将作大匠"，不仅主管土木工程，负责营造宫殿、宗庙和陵园，并负责宫殿、陵园和道路的绿化工程⑤。有时还受皇帝之命，为大臣建造第宅和坟墓，如汉哀帝为宠臣董贤建第宅和坟墓的事⑥。

隋代始废除司空设**工部尚书**，下设"将作寺"，以"大匠"主管营建。开皇二十年(600)改将作寺为"监"，大匠为"大监"。隋炀帝即位，又有改变，到大业五年(609)改将作监大匠为大监，少匠为少监。

唐代的工部尚书，统属工部、屯田、虞部(掌山泽的官)、水部。而在百工技巧中的土木之工，则专有少府监和将作监主管。工部，只负责城池的建设，而京都的一切营造或修缮的建筑工程，皆由少府、将作共同负责⑦。

宋代工部尚书，属下亦设有将作监和少府监，据《宋史·职官志》载："工部掌天下城郭、宫室、舟车、器械、符印、钱币、山泽、苑囿、河渠之政⑧。"宋代的工部职掌内容与范围均有扩大。

金代工部尚书，《金史·百官志》："工部尚书，掌修造营建法式，诸作工匠、屯田、山林川泽之禁，江河堤岸，道路桥梁之事⑨。"

元代的工部尚书，《元史·百官志》："掌天下营造百工之政令。凡城池之修濬，土木之缮葺，材物之给受，工匠之程式，铨注局院司匠之官，悉以任之⑩。"

明清设工部尚书，"掌天下工役，农田山川薮泽河渠之政令。其属为营缮、虞衡、都水、屯田四司。"其中的**营缮司**，是专"掌经营兴造之事，凡大内宫殿、陵寝、城壕、坛场、祠庙、廨署、仓库、营房之役，鸠力会财而以时督程之，王邸亦如之⑪。"明清工官主管营造的范围很广，已不同于**将作大匠**时代，不止是为帝王建造宫殿和陵寝，而是包括政府所需要的所有建筑工程。

中国古代设置工官，而以建造宫殿、城郭、宗庙、陵墓为主，是**建新朝毁旧朝**，百废待兴的当务之急。数千年间，国家久分必合，久合必分，分列战乱之时，国小工程规模不可能很大，建完则无事可做。如《晋书·职官志》所说："将作大匠有事则置，无事则罢⑫。"南北朝时亦多如此，如南齐"将作大匠，掌宫庙土木，有事权置兼官，毕乃省⑬。"梁朝也是，在"营宗庙宫室则权置之，事毕则省⑭。"工部的事务，就由其他部门代管。这也反映出中国古代的建设，只是以帝室生活服务为主体的性质，所谓**官营手工业**，实质上是属皇家所有的手工业而已。

中国工官中专门设置营建部门和职官，这与古代**建新朝毁旧朝**的特殊传统有直接关系。我们从上述历代工官职掌的简略材料，在将作大匠到营缮司的职能中，有两方面内容是值得重视的：

一、是从西周就有的**定工事之式**，也就是制订法式。唐代之"掌城池土木之工役程式"，金代之"掌修造营建法式"和元代的制订"工匠之程式"等等。宋代工部职掌虽未订有制订法式的内容，而李诫所订的宋《营造法式》，是今天尚遗存的历史上一部最完整的法式，说明历代王朝的工官，都有这个职责。而唐代所说："土木之工役程式"和元代的"工匠之程式"，**程**的字义，有度量的总称，计量考核和期限的意思。除了制订出构件的形状尺寸，还有用料、工限等内容。显然，对制订和执行法式，是中国古代建筑生产非常重要的制度。

二、是**鸠力会财而以时督程之**的职能。说明古代的将作大匠和营缮司官吏，是征集施工的人力财力，并对建筑生产进行监督管理的执法部门的主管，并非是生产技术的施工组织者和领导者。

那么，古代是如何筹划组织人力物力进行大规模的工程施工呢？

秦始皇时代的建设规模之宏大是空前的，当时的情况，据古籍记载：

秦始皇作阿房宫,徙蜀荆地材至关中,役徒七十万人⑮。

昌陵因卑为高,积土为山,……卒徒工庸(通"用")以巨万数,至燃脂火夜作,取土东山,土与谷同贾⑯。

这两条资料的意思是:秦始皇造阿房宫,从四川、湖北运材料到咸阳,使役了**70**万人。汉成帝筑昌陵,因陵地不高,就堆土成山……使役大量的工匠和劳力,以至燃油火照明连夜施工,从东山取土,使土的代价与粮食相同。

我们在第一章里已说过,**就地取材**从来就不是帝王营建的原则,哪里材料好就从哪里征调,是不计代价的。这里值得弄清楚的,是对使役的劳动力称**徒、卒徒和工**的性质。

**徒奴**　有的文献中亦称**徒刑**或**徒隶**,都是指调来工地服劳役的犯人。如:"高祖为亭长,为县送徒骊山,徒多道亡。"(《史记·高祖本纪》)就是说秦始皇造骊山陵墓时,汉高祖刘邦还在做泗上亭长(相当后世地方保甲负责治安的人)的时候,他为县里送犯人去造陵,犯人多半在途中逃跑或死亡了。

**卒徒**　卒,是指服兵役的人。"徒",古代称"步兵"亦为"卒"。如:《诗·鲁颂·閟宫》:"公徒三万",就是有三万名步兵的意思。战国时齐的陶器铭文,陶工在自己的籍贯、姓氏前面有称"王卒左敀"或"王卒右敀"的。说明这些陶工是以"王卒"的身份,参加制陶的官营手工业的生产。秦汉沿用了先秦时代的官营手工业生产方式,和生产中使役士兵和犯人的制度。由此我们从施工管理角度去设想,就会从"将作大匠"这个名称,对中国的建筑文化加深点认识。

**将作大匠**　这是个复合名词。**大匠**,古代称木工之长,也是对技艺高超的工匠的尊称,作为官的职称,有工匠最高长官之意。**将作**的"将"《吕氏春秋·执一》:"军必有将。"有统率之义。"将作",则有秉承王命而作的意思,《诗·大雅·烝民》:"肃肃王命,仲山甫将之。"用现代汉语说:"严厉的国王命令,是由仲山甫传达执行的。"

我们从秦"将作大匠"下属的职官名称看,如掌施工的左中侯、右中侯,掌工徒的左校令、右校令,西汉时还设有前、后、中校令等等,这些都是按古代军队左、中、右三军的编制,是武官的名称。可见在古代大规模营建工程中,除了有各工种技艺的工匠,大量劳动力来源是从全国调集来的士兵和犯人,施工组织采取军队的编制和管理制度是必然的,尤其在政治动荡、战祸频仍的魏晋南北朝时期,常以军事将领主持重要的工程。如北魏为华林园造景阳山的骠骑将军茹皓;营建洛阳永宁寺九级浮图(塔)的殿中将军郭安兴;营造平城太庙和太极殿的蒋少游,是前将军兼将作大匠等。事实也证明,秦始皇时,"正因为是军事编制,所以将作少府章邯在短时间集结骊山徒去镇压农民起义⑰"。

在工程施工中,除了使役大量的士兵和犯人,还必须有一定比例的工匠。工匠也是从全国征调来的,他们虽然不是奴隶和犯人,从服役的性质来说,并没有什么本质的不同,都是无偿的强制性劳动。这种制度,自秦始皇直接继承了先秦的官营手工业生产方式,一直沿用到清代,虽有发展和变化,但在实质上并没有什么根本性的改变。

任何物质生活资料的生产品,都要受其生产方式制约或影响,建筑作为"住"的物质生活资料也同样如此。因此要系统地阐明中国建筑的生产方式,历代官营手工业的建筑生产情况,就可以写本专著,这是一项十分艰巨的工程。本书仅据史学中的有关资料,从建筑的生产性质与特点,简要的分析对中国建筑文化的影响。

中国历来改朝换姓,无不采取"毁旧国,建新朝"的办法,这就必须在最短的时间里,建成规模宏大的都城和宫殿建筑,这是数千年来,一贯采用工官匠役制的根本原因。也就是以官府的暴力,从全国征调大量的工匠和士兵,以及服刑的犯人,实行军事编制和严酷的监督管理,以无偿的、超经济的奴役制度,保证了高效快速施工和建筑的质量。中国古代,建筑规模之大,施工速度之快,工期之短,质量之高,在世界建筑史上是独一无二的,这正反映了中国古代建筑生产方式的特殊性质。

# 第二节　中国古代的匠役制

古代社会分工不精确，将人按职业分为**士、农、工、商**四种，以"士"为贵。士，在古代是来源于农民中"有拳勇股肱之力，秀出于众者"(《国语·齐语》)。也就是农民中有一定文化、身强力壮的人，所以唐代以"凡习学文武者为士"(《唐六典·户部尚书》)。平时在乡务农，战时参军入伍，是统治者"**利用暴力来维持统治阶级的生活条件和统治条件，以反对被统治阶级**[18]"的依靠力量。

在古代农业经济社会，又是重农而贱工、商的。但在社会生活中，农、工、商都是不可缺少的，所谓"农不出则乏其食，工不出则乏其事，商不出则三宝绝"(《史记·货殖列传》)。农民要生产不出来就没有食粮；工人要生产不出来就没有用的东西；商人要不经营货物的流通，农、工、商也就都不存在了。《六韬·六守》："大农、大工、大商，是为三宝。"

统治者为巩固其统治，保持社会分工和结构的稳定，《管子》提出："士农工商四民者，国之石民也，不可使杂处，杂处则其言咙(máng 忙，杂乱)其事乱。是故圣王之处士必于闲燕，处农必就田野，处工必就官府，处商必就市井。"意思说：士农工商，是国家的基石，不能混杂居住在一起，杂处人多嘴杂思想混乱。所以古时圣明的君王必定让士居家以防守，农民必须住在乡野，工人必须住在官府附近，商人必须住在市场旁边。让他们聚居在一起，就不会见异思迁，他们的父兄不用严教，子弟就会学成；子弟间的相互影响，很易获得技能。这样做的目的，就是要达到："士之子常为士"，"农之子常为农"，"工之子常为工"，商之子常为商[19]。"在商品经济不发达，自给自足的自然经济社会，稳定社会分工和社会结构，是维护阶级统治的必要条件。

**工之子常为工**的制度，始终为历代王朝保持，到封建社会鼎盛的唐代，还有"工巧作业之子弟，一入工匠后，不得别入诸色[20]。"色，是名色或名目。诸色是其他手工行业。凡靠技艺为业的人家子弟，一入匠籍，就不得再从事其他行业了。直至封建后期的明代，工匠仍需编入户籍，"军匠灶户，役皆永充"。灶，是指煎盐的灶丁。不论军、匠、灶户，都要永远为朝廷服劳役。如明代著名的木匠蒯祥，因"技艺勤劳"，在许多重要建筑工程中的杰出贡献，脱离了匠籍，并授于工官职务，虽"位至工部侍郎，子孙犹世工业[21]。"蒯祥已官至工部的副长官，地位仅次于尚书，相当于今天的副部长职位，他的子孙仍然要以木匠的身份为业。可见"工之子常为工"在封建统治阶级的观念中是多么根深蒂固了。

在封建社会初期的秦汉时代，工匠虽不同于官府的奴婢在生活和生产中的奴隶身份，但他们的命运并不比奴隶好多少。秦始皇筑骊山陵墓，"吏徒数十万，旷日十年"，秦始皇死时葬骊山，"又多杀宫人，生薶(埋)工匠，计以万数[22]。"汉代，"徒隶殷(众)积数十万人，工匠饥死，长安皆臭[23]。"同手工业奴隶一样，工匠的生命也毫无保障。

**处工就官府**　汉代将大量工匠集中到都城长安，以致没有生路而饿死，这正是实行"处工就官府"的政策后果。因为营建工程有集中性和时间性，只在需要时从全国去征集；因为帝室的物质生活资料的生产，经常性的生活消费品是大量的，为满足帝室奢糜淫乐的欲求，在宫廷、苑囿从事各种劳动的奴婢以万计。为生产这些生活用品，就必须将各种手艺的匠人，集中到都城，在官营手工业的各种工场里，从事定期的无偿劳动。这就是历代王朝都实行"处工就官府"的道理。

## 第三节　历代工匠服役概况

历代工匠服役制的具体内容，限于资料，仅作概略的介绍，以见一般。

秦始皇时大规模的建设，对工匠和丁伕（民庶）的使役，可谓完全沿袭奴隶社会的残酷制度。工匠不仅受超经济的残暴奴役，还得为统治者殉葬，生命毫无保障。

汉代营缮，仅造陵墓一项，"汉自文帝以后，皆预作陵"，已成旧制，每作陵"卒徒工庸以巨万数"，长年累月，以致"天下遍被其劳，国家罢敝，府藏空虚，下至众庶，熬熬苦之"，民不聊生。如《汉书·食货志》所说："一岁屯戍，一岁力役，三十倍于古"，"故贫民常衣牛马之衣，而食犬彘之食"。魏晋南北朝战祸频仍，也不会有什么新的匠役制度可言。

隋朝开皇初，"于时王业初基，百度伊始，征天下工匠，纤微之巧，无不毕集㉔。"当时王朝刚打基础，一切从头开始，征调全国工匠，那怕有一点微末技巧的，都集中到京城来。隋文帝造仁寿宫，"役使严急，丁夫多死。疲顿颠扑，堆填坑坎，复以土石，因而筑为平地，死者以万数㉕。"这是说：由于工期急迫，对劳力的残酷奴役，大多数人都死了。因劳累而晕倒的填满了坑坑坎坎，盖上石头和泥土，因而筑成了平地，死的人以万数。隋炀帝的时候，曾下令河北诸郡送各种手艺的匠人，达三千多户，并圈定在东都建阳门的道北，沿洛水的十二个街坊为匠户的居住地㉖。规定这些工匠每年为政府无偿的服役两个月（见《隋书·食货志》）。

唐代的匠役制度，是对全国工匠采取军队的组织形式，"凡工匠以州县为团，五人为火（伙），五火置长一人"。定期的轮番服役，称**番匠**。服役的时间，规定"番户一年三番，杂户二年五番㉗。"番户，是轮番服役的工匠；杂户，是指行业中主要工种之外的各种手艺人。**番**，是为政府无偿服役的时间，唐代一番为一个月。就是说工匠每年要服役三个月，杂户每年服役二个半月。而"其官奴婢，长役无番也"。即以奴隶身份为官家服役，是终身的。

唐代是封建社会的盛期，由于社会经济的发展，已开始出现了**和雇**的方式，出资雇佣工匠，工钱虽不高已非无偿的劳动了，这种雇佣的工匠称明资匠和**巧儿匠**。顾名思义，大概是技艺高的或者有特殊手艺的人。"雇佣的工匠虽较自由，但政府或把和雇者变成番匠，或番匠在非服役期仍以和雇之名把他们束缚在官府中。不过，从长上匠到番匠再到和雇，以及纳资代役的办法，总的发展趋势，是束缚在官府中，实质上就是农奴式的工匠，其身份逐渐自由些，这和农民的依附性相比相对削弱些，正相适应㉘。"**长上匠**，是终年在官府监督和控制下随时服役的工匠，这是实行番匠以前的情况了。

宋代城市经济发展较快，束缚城市商业发展的坊市制度，终于崩溃。绘画史上著名的《清明上河图》正反映了北宋城市经济繁荣的景象。宋代的匠役制，是官府平时将民匠登记入册，需用时则顺次差使，不得逃避，对应差的工匠称**当行**或**鳞差**㉙。"鳞差"形容如鱼的鳞一样稠密的应差也。对部分工匠也用雇的办法，称为**募匠**或**募工**。雇佣的工匠称为"募匠"，反映已非唐代的"巧儿匠"，没有工种技巧的限制，招募的面较广。据考："宋神宗熙宁四年(1071)，颁募役法于天下㉚。"这里的"役"不止是工匠的服役，以往凡州县收税、捕盗贼等供官府驱使奔走的人，都是由人们无偿服役的。**募役法**，是对不愿服役的，由官府出钱募人来充役。这说明北宋的社会经济较前代有了发展与提高。

宋代工匠"鳞差"，没有规定的服役时间，似乎要比"番匠"自由些。但实际上在朝廷大兴土木之时，这种服役无定时，就会造成工匠人身更大的不自由和生活上的沉重负担。

明代初期，对匠役制度进行了改革，将元代工匠终年在官府监督下，没有自由的服役情况，调整为**轮班**和**住坐**两种形式。"轮班"，是工匠按班次轮流到京城服役一定时间；"住坐"，是定居京城服役一定时间。

洪武十九年(1386)四月，"量地远近以为班次，初议"定以三年为班，更番赴京轮作三月"，名**轮班匠**㉛。洪武二十六年(1393)，又根据实际情况，进一步调整，分五年一班，四年一班，三年一班，二年一班，一年一班，五种轮班制度㉜。根据工匠住地距离京城的远近，决定轮班服役的时间，这对交通不便，自费旅行且无偿服役的工匠，无疑是较合理的措施。

**住坐匠**　是徙居京城的固定为官府服役的工匠，由内府、内官监等管辖。"住坐匠"要每月服役 **10** 天，其余 **12** 天可自行谋生。住坐匠是从明代永乐年间开始实行的，人数有一万多人㉝。据洪武时在籍的"轮班匠"为 **23289** 名㉞，住坐与轮班工匠的比例，约为二十分之一。

"住坐匠"服役要失班，则要罚班银。"轮班匠"不愿赴班服役的，可以纳资代役，即只要交纳一定的钱来代替服役。但南方与北方工匠纳罚的班银却不等，南方为九钱银子，北方是六钱㉟。可以看出，明代时我国南北方的经济发展已不平衡了。明代对工匠的人身束缚，要比以前各代自由些。明代对劳动力的部分解放，使工匠有一定时间投入社会，这对手工业的生产与发展，显然有一定的积极意义。

但是，明代工匠的实际生活状况怎样呢？据《正统实录》记载："轮班诸匠，正班虽止三月，然路程遥远者，往返动经三、四月余，则是每应一班，六七月方能宁家。其三年一班者，常得二年休息，二年一班者，奔走道路，盘费罄竭。"远途工匠轮班，往返费时，服役无偿，往往陷于破家荡产的境地。

"住坐"工匠，虽无应差旅途跋涉之劳，但每月服役十天，每年累计就四个月，比"轮班匠"三年一班者，高出四倍时间，比二年一班者也近三倍。况且大量的工匠集中在京城，朝廷官府的消费均取自官营手工业的生产，广大农村还处于自给自足的自然经济状态，"住坐"工匠，既不能远离京城，在京城的狭窄市场里，使大多数的工匠生活也难得到保障。

匠役制直到清代顺治年间(1644~1661)取消了匠籍，将无偿的服役改为计工给值的雇募制度，终于废除了匠役制，使手工业者从世袭的匠役制的桎梏下解放出来。

以上只是历代匠役制的大致情况，但我们从中国古代匠役制的发展，不难看出工匠服役制度由**长上匠**——**番匠、巧儿匠**——**当行、募匠**——**轮班匠、住坐匠**——

雇募制,这一大致的发展过程。随着社会经济的发展,人口的繁衍,官府对工匠的人身束缚和奴役的程度逐渐趋向自由和减轻,但就其生产力的主体,尤其是在大规模的营建工程中,无偿的超经济奴役制仍然是占主要成分。官府对工匠残酷的剥削和奴役,必然引起工匠的反抗,而这种反抗也从未停止过。历代官府以暴力统治进行官营手工业生产,无偿的强迫工匠在一定时间里为官府生产,这是生产的前提条件,但要能使生产正常进行,保证生产品——构件的质量,还必须有相应的措施和制度。

# 第四节　物勒工名与哲匠升官

## 一、物勒工名

古代工匠数千年来,为反抗匠役制的残酷奴役,以各种方式与官府进行斗争。如"逃亡,怠工,造作不如法,造作过限"等等。

明初南京有四万五千多匠户,明成祖朱棣迁都北京后,到正统二年(1437),仅三十年就只剩下十分之一,四千四百多户。匠户的大量减少,其中虽有历来"逃亡"的因素,主要原因是由于迁都。这也说明,古代的京城主要是政治性和消费性的特点。

历代王朝对工匠的斗争,都制订有针对性的法律条文。如明代就明文规定:"逃亡者,一日笞二十,每日加一等[36]";"若诈冒脱免,避重就轻者,杖八十[37]";"凡造作不如法者,笞四十[38]"……等等。古刑法"杖"是用大杖击打背、臀或腿部;"笞"是小杖击打腿部,对过失小者的惩罚。要检查考核产品的质量,就必须知道产品是由谁生产的。所以,早在先秦时就有"物勒工名"的制度。

**物勒工名**　《礼记·月令》记载,在冬季主管手工业的官吏要考核生产情况,就是根据"物勒工名以考其诚,功有不当,必行其罪,以穷其情[39]"。"物勒工名",就是工匠在他所制作的产品上,刻写上自己的姓名和生产日期。据此检查工匠是否诚实地按照法式生产,不合要求的,必须惩罚其过失,追究其原因,以防止"造作不如法"或"造作过限"。这对建筑生产尤为重要,因加工制作的构件以千万计,一个构件不合规格要求,就影响整个构架的安装。

"物勒工名"对匠役制的手工业生产是非常必须的制度,但在保证产品质量的同时,必然对工匠劳动创造性起遏制作用。事物的发展往往又是难以预料的,随着时间的流逝,这种制度却成了现代考古的确凿证据。如河北正定**隆兴寺摩尼殿**的建造年代问题,**20**世纪**70**年代我从古建筑的结构与空间的矛盾与山西晋祠圣母殿对比时发现,两者的间架完全相同,但在空间组合和建筑形象上,却给人以完全不同的感觉,中国建筑史学认定"摩尼殿"为金代的遗构,完全是从形式出发导致的谬误。大概"专家"们没有注意"摩尼殿"空间封闭造型雄实浑厚,而"圣母殿"空间开敞造型空灵典丽,是由于在结构上,前者构架的柱子全部落地,后者却做了大量的减柱。显然,**在建筑技术上摩尼殿比圣母殿要落后许多**。在建造年代上,何以摩尼殿反而比圣母殿晚一个世纪左右?岂非是时间倒流的神话?二十多年前我曾著文指出摩尼殿是金代遗构之谬,推论为宋初所建<sup>⑩</sup>。当然,在建筑史学以考古为正宗的传统思想支配下,对我的研究是很不以为然的。未料,在我的文章将要遭老鼠牙齿批判的命运时,河北邢台大地震,摩尼殿被震塌了一角,震后翻建在拆下的斗栱构件上,发现宋初工匠的"物勒工名",证明我的推论是完全正确的。在中国古代的建筑历史书籍中,摩尼殿建于金代之谬,也就于无声处消失,悄然地改为宋初了。

阶级的统治,都是暴力的统治。但明智的统治者深知全靠暴力是不能长期维护其统治的。在古代建筑生产中,以暴力管理监督生产,即使工匠皆造作如法,造作不过限,如果没有一个技术上的主持者,把千万不同的构件组成有机的整体,并赋与它以精神和生命,就不可能建造出具有高度艺术性的建筑。所以古代木匠中有大木匠,管理木工制作和计划工程材料的人,称为**都料匠**。即柳宗元《梓人传》所说:"梓人,盖古之审曲面势者,今谓之都料匠云。"意为审察各种木材的曲直、方面决定用料之宜的人。在大规模建筑工程中,仅有都料匠是不行的,还需要有一定的技术骨干力量,也就是要有能全面掌握木作技术,技艺高超巧匠的生产积极性。笞杖鞭策只能产生消极性和仇恨。统治者深知巧匠们在建筑工程中的重要作用,为了能调动巧匠们的聪明才智效忠朝廷,常在重大工程完竣后,对少数"技艺勤劳"的工匠,特许脱离匠籍,并授以官职。

## 二、哲匠升官

对大多工匠的暴力奴役,和对极少数工匠脱籍升官,是古代建筑生产匠役制的两个不可分割的方面。仍以明代为例:

天顺八年(1464),修隆寺工竣,英宗授工官三十人。

弘治(1488～1505)时,"匠官张广宁等,一传至百二十余人。少卿李伦、指挥张纪等再传至八十余人<sup>⑪</sup>。"

正德时(1506～1521),"画史工匠滥授官职多至数百人<sup>⑫</sup>。"

嘉靖时(1522～1566),"官匠赵奎等六十八员名,内升职五十四员,冠带一十四名<sup>⑬</sup>。"

"冠带"是帽子和束带,这里意为授与官职。脱籍升官的工匠,仅是自身改变了工匠的身份,子孙仍在匠籍。地位虽有改善,并没有能真正获得与其他官吏的同等待遇。如弘治时吏部尚书耿裕等上疏反对李伦等八十余人升官。嘉靖时,胡世宁等在《乞停工匠等赏疏》中,以**"成此工作,乃其职分"**反对给赵奎等升官,认为他们的工作,是职务份内的事。明世宗朱厚熜于嘉靖九年(1530)下诏:"宣德年后(1426～1435),以技艺勤劳传乞升职世袭者俱查革。"官职世袭也就违反"工之子常为工"的古制,所以被革除了。嘉靖十年(1531)又定:"匠官升级,悉照见行例支予半俸。"只能照已提升的级别给一半的薪俸。嘉靖二十三年(1544)"匠官加俸又升级者,只照今升品级支俸,其节次所加之俸,不许重支"等等<sup>⑭</sup>。虽然如此,脱籍升官的工匠,总是改变了被奴役的地位,获得了人身的自由,在生活条件上比工匠们要优越得多,自然会在工程中发挥他们的智慧起积极的作用。

中国古代建筑生产实行工匠无偿的强迫服役制度,原出于毁旧朝建新朝的特殊需要,这个传统的长期存在,数千年来使匠役制没有得到根本性的改变,归根到底,是由社会经济情况所决定。所以,只有在社会经济力量的冲击下,才能摧毁这种制度。

建筑历史若要都靠死人出来说话,那要活着的人干什么?科学对中国建筑史岂不是多余的了吗?

少数工匠的脱籍升官,与大多数匠人被强制地无偿劳动,两者相反相成,是中国建筑生产采取匠役制的两个不可或缺的方面。

中国封建社会历经王朝的不断更替，而社会的经济结构，并没有受到上层政治风暴的惊扰，这只从官营手工业的生产方式顽强的存在，就可以看到封建政权对社会发展所起的阻碍和迟缓作用。但是，社会经济永远是向前发展的，到明代中叶以后，社会经济有了显著的发展。反映到科技上，自"明末崇祯七年(1634)《园冶》刊行，到崇祯十六年(1643)明王朝覆灭，就在这10年间，刊行了好几部有重要价值的科学技术巨著。如：宋应星(1587~?)于崇祯十年(1637)刊行的《天工开物》；徐光启(1562~1633)于崇祯十二年(1639)刊行的《农政全书》；徐霞客(1586~1641)死后，整理他从1613~1639的旅行考察、刊行的《徐霞客游记》等等[45]"。到清代，随着社会经济的发展，匠籍制度亦随之结束，此后官府营建需要的工匠，改为计工给值的**雇募制度**，使手工业者从世袭的匠役制的桎梏下解放出来，获得了与平民一样的自由身份。从工官制与匠役制可以理解，社会的生产方式制约着整个社会生活、政治生活和精神生活的过程。由此深入一步，我们就不难理解，中国建筑中那一系列难以理解的现象。如：为什么中国建筑长期发展迟缓却又从未间断？为什么中国历史上建筑的规模虽然十分庞大，施工却非常高效迅速？

至于中国建筑在艺术上成就很高，为什么却未见有杰出建筑师的记载？从古籍中，历史上那许多著名的建筑，只知它们是什么时候建造的，最多能知道是谁负责建造的，却不知道它们的设计者是谁？中国古代以文献浩翰著称于世，"却没有流传下多少有关建筑的专业著作[46]。"不去研究并搞清楚这些问题，我们就会凭主观推测，一切都认为想当然如此，不能真正地理解中国的建筑文化。人们对他所不理解的东西，是永远不能掌握它，更谈不上什么科学的运用了。

工官制与匠役制，是中国古代建筑生产中相互依存的两个组成部分，它构成古代官营手工业生产方式的特殊性质，也决定着中国建筑的历史发展特点。

## 第五节　古代的建筑生产与法式

中国古代的建筑生产，是采取官府监督管理下的工官制和对工匠实行无偿的定期服役制度，所以生产是靠暴力统治维持和实现的。统治者不仅要控制工匠的人身自由，强迫工匠服役而获得生产力，同时必须要控制产品的质量。在大规模的宫殿建筑工程中，用榫卯结合的木构建筑，加工制作的构件的种类和数量，是十分惊人的，以简单劳动协作的方式进行生产，每一根构件都必须合于规格和质量要求，否则就无法构成整体的建筑物。

古代在建筑生产中，用**物勒工名**的办法控制工匠生产的产品质量，这只是手段而非目的。目的在考核产品质量是否合于要求，保证造作如法，或造作不过限。这就首先必须给工匠生产构件以既定**模式(standard)**，工匠才能照法制作，工官才能依法考核。所以，历代工官制的一个重要职能，就是制定营造的规范和法式。法式也就反映古代建筑技术发展的状况和水平，是从技术上了解中国建筑的重要历史文献。本书就以清代前历史遗存的文献《周礼·考工记》和宋代的《营造法式》作必要的分析，既有助于对前所述工官匠役制的了解，也是对中国建筑文化的特殊性作进一步的讨论。

营造的规范和法式，是中国建筑生产的技术依据和法律，没有它，中国建筑就不能生产。

## 一、《周礼》与《考工记》

《周礼》是记载西周政治制度的经书,原名《周官》或《周官经》。西汉末列为经而属于礼,故有《周礼》之名。经,古指圣贤所著的书;礼,是指礼仪。及到西汉末年,把《周官》列为圣贤的著作,属于礼仪的的典籍。

《周礼》共分"天官冢宰"、"地官司徒"、"春官宗伯"、"夏官司马"、"秋官司寇"、"冬官司空"六篇。大部分是西周的官制,同时也增入了汇编者儒家的政治理想。近人从周秦铜器铭文所载官制,参证书中的政治、经济制度和学术思想,定为战国时代的作品。《周礼》所载官职,均先讲官名、爵等、员数,再分别讲各级官吏的职掌。保存了大量古史资料,有很高的史料价值,对后世的政治也有很大的影响。如汉代王莽改制,西魏宇文泰更制,宋代王安石变法,都曾援引过《周礼》的内容。

《周礼》中掌管营造的"冬官司空",全篇已亡。西汉河间献王刘德以《考工记》补入,所以称《周礼·考工记》,是先秦古籍中重要的科学技术著作,也是今天遗存的历史上中国最早的建筑技术文献。

《考工记》的作者不详,是"记述齐国官营手工业各个工种的设计规范和制造工艺的文献。从它所使用的度量衡和方言等方面来看,是齐国人的记载。从它的内容来看,并不是出于一人一时手笔。各部分记载的格局并不一致,有些部分前后重复,该是当时各个工种的制作工艺和操作经验,经后人整理加工后编辑而成。从它的思想倾向以及它所反映的手工业分工比较细密,工艺比较进步来看,编成当在战国初期[47]。"

《考工记》所记各种手工业,分攻木之工,攻金之工,攻皮之工,设色之工,刮摩之工、搏埴之工等六部分 31 个工种。分别记述了各种生产工具、兵器、车子、饮食用具、乐器及建筑等的制作规范和工艺,反映出手工业工匠在生产实践中,掌握的数学、力学和声学等方面的知识,在手工业制作中的具体应用,内容非常丰富。可惜其中的"段氏"、"韦氏"、"裘氏"已经散失,仅存名目。《考工记》中某些部分叙述的完整性和科学性,在科学技术上所达到的水平,在二千多年的世界科技之林中堪称独步。

《考工记》中专讲营造的是"攻木之工"中的匠人。"匠人"所记一共只有五百多字,包括的内容有:工程的辨方定位,城市规划,宫室与门墙制度,沟洫做法,以及屋顶坡度和墙体的高厚比例等。

《考工记·匠人》开头说:"**匠人建国,水地以臬,置槷以悬,眡以景,为规,识日出之景,与日入之景,昼参诸日中之景,夜考之极星,以正朝夕。**"古三代之时,建国才建城,"匠人建国",就是"建城"。

这段话古字多而难懂。臬,悬的本字,垂线以校直也。槷,古时测日影的标杆。眡,古视字。景,影的本字。"以正朝夕",据现代学者考证,与《韩非子·有度篇》的"故先王立司南,以端朝夕"的意思相同,都是"以正四方[48]"之义。**司南**,是战国末年,利用磁石的指极性,发明的一种正方向、定南北的仪器。是中国古代三大发明之一的**指南针**。

字义清楚了,这段话的意思说:匠人建造城市,先用水准仪器测地平,然后立标杆,悬绳使垂直,以观察杆的影子,作日规。白天以日出和日落的杆影,夜里根据北极星,定出中心点和东西南北的方位。目的是:根据中心点和方位辟一方场,作为建造宫殿、宗庙和社稷的基址。再由中心点引出正交的纵横的基线,定出城方的界线。这基线也就是城市道路和街坊划分的基准。

《周礼·考工记》中的"匠人建国",在世界上是最早提出的、完整的、科学的城市规划思想。对后世的影响深远,甚至在二千年后的清代,北京宫城建设中得到充分的体现。

**1.《考工记》的城市规划思想**

在《匠人》条中讲了 **32** 个字,是世界城市建设史上的著名文献,对中国后世的城市建设思想有很深的影响。

**"匠人建国,方九里,旁三门,国中九经九纬,经涂九轨,左祖右社,面朝后市,市朝一夫⑭。"**

用现代汉语说:匠人营造国城,城方为九里,每边设三座城门,城中主要道路,南北与东西各有九条,每条路宽可容九辆战车并行,王宫路门外,左边建宗庙,右边造社稷,王宫的南面是朝廷,北面是市肆,市和朝各方一百步。图 **2—1** 为宋·聂崇义《三礼图集注》中的"王城"图。

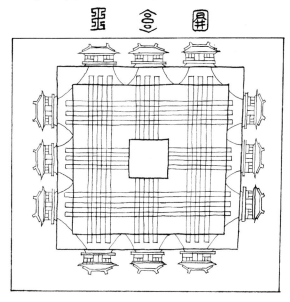

宋·聂崇义《三礼图集注》中的王城,是为《考工记》"匠人建国方九里,旁三门,国中九经九纬,经涂九轨"所作的图解。

图 2 – 1   宋·聂崇义
《三礼图集注》中的王城图(摹写)

《考工记》中的城市规划制度,可能带有些理想成分,"但现存春秋战国的城市遗址,例如晋侯马、燕下都、赵邯郸王城等,确有以宫室为主体的情况,若干小城遗址还有整齐规则的街道布局,因此《考工记》所记载的至少有若干事实为依据,而非完全出于臆造⑭。"考古发掘出来的遗址,虽告诉我们曾有过些什么,是什么,却不能说明为什么。本书据有关史料,对《考工记》记载的城市规划情况作些解释。关于"礼制"在城市规划中的反映,见第十章   礼制五行风水与中国建筑。

在建城即建国的古代,建造规整方正的城市,反映当时地广人稀,择土地肥沃的平原,聚居以利农业生产的规划思想。《诗经·大雅·绵》中的"周原膴膴","筑室于兹⑭"。膴膴(wǔ 舞),是肥美的意思。说明西周时在岐山南面筑城,是在土地肥美的平原上。显然,在春秋战国的东周时代,诸侯分列,城市增多,加之战争的城防要求,城就不可能都造在平原上了。

**定之方中**。将王宫造在城的中心,据考古多是造在夯土的台基上。这有两种意义:对内,宫城居高临下,四面环瞩,可对街衢里闾一目了然,便于管制城市,防止奴隶的反抗;对外,在战争之时,城毁则国亡,宫城就是保卫宗庙社稷的堡垒。这就是《吕氏春秋·知度》中所说:"古之王者,择天下之中而立国,择国之中而立宫,择宫之中而立庙"的道理。也就是说,在建国即建城的古代,主者是选择天下的中心地方建

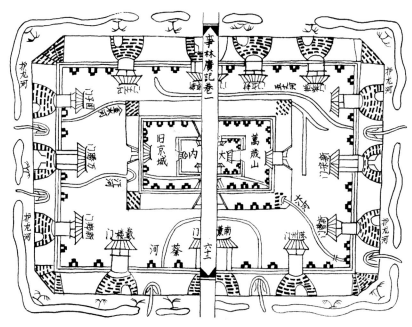

图 2-2　《事林广记》中北宋汴京城图(摹写)

城,在城的中心建宫殿,在宫城中建立宗庙。这种"定之方中"的城市规划模式,后世仍然可见,如北宋的汴京,明清的北京。图 **2-2** 是《事林广记》中的"宋汴京城图"。

**经涂九轨**　经涂,是自城中心的宫城通向城门的大道。道路宽九轨共 72 尺,按战国每尺折合 0.23 米,路宽约 15 米左右。古代城市道路如此宽阔绳直,并非是城市交通的需要,而是决定于战时驰骋战车的要求。战争时,城中居民都是要参加战斗的,如《墨子·城守篇》记载:"诸卒民居城上各保其左右","城下里中家人各保其左右、前后,如城上"。而城中道路**九经九纬**,横平竖直,纵横交叉,就将城市划分成如棋盘一样许多方块,构成里闾和坊市。这种城市道路结构和空间划分形式,实质上是有兵营规划的性质。因古代国家**寓兵于民**,里闾居住的户数和组织管理,完全是按军队的编制形式,而且各级互相对应,户主平时是民,战时是兵,户籍与军籍是统一的,所以说古代军队是"**卒伍定于里**"的。《考工记》的城市规划,是中国古代社会生活的产物,从规划内容到形式都充分体现出**城**的战争防御性质和军政统一的思想,反映着阶级对立与统治的社会实质。哲学家认为这种兵营式的城市空间划分形式,是古代井田制农业经济的反映,是很有意义的。

《考工记·匠人》中列举了三代宫室,夏后氏的**世室**,殷人的**重屋**,周代的**明堂**。"世室",郑玄注:"世室者,宗庙也。"认为是古代帝王的宗庙;蔡邕《明堂月令章句》:谓夏后氏的世室就是周代的明堂。"重屋",孙诒让正义引孔广森曰:"殷人始为重檐,故以重屋名。"将重屋解释为重檐。"明堂",是古代帝王宣明政教,举行典礼的地方。

实际上,世室、重屋、明堂三者都是古代帝王的宫室,只是名称不同而已。《考工记·匠人》讲得非常阔略,除在"世室"和"明堂"中提到有五室,主要是讲三者的平面尺寸。可以想见,三代之时,人们的生活较简单朴略,建筑技术也较粗陋,仍处于形成发展的过程之中,不可能在空间功能上构成复杂的形制。后世的儒家学者,为统治阶级"礼教"的需要,为礼寻找历史根据进行所谓追本溯源,对**明堂**的形制作了大量的繁琐考证,从而将"明堂"神圣化和神秘化,本属附会臆造之事。弄得历代礼家聚讼纷纭,莫衷一是。问题的答案,对建筑史学是没有意义的,但历来礼家的考证

《考工记》记载的城市规划制度,从城市的空间结构上,充分体现出中国古代的社会生活方式,深刻地反映了古代城市的阶级结构和社会的经济状况。

史料,对了解在建筑中体现"礼制"的思想还是有参考价值的。

**2. 人体尺度比例与建筑**

《考工记·匠人》在三代宫室的平面尺寸中,所说度量制度对了解古代建筑的设计方法是很有意义的,即"**室中度以几,堂上度以筵,宫中度以寻,野度以步,涂度以轨[52]**"。用现代汉语说:室内大小以"几"来度量,堂的宽广用"筵"为度量单位,宫里以舒臂之长"寻"为度,野地以步距为度,道路的宽度以车轨为度量。"涂度以轨",在城市规划中已解释了。按周代制度:寸、咫、尺、寻、常、仞,都是以人体尺度为标准的,所谓"古以身为度,故按指知寸,布手知尺,舒臂为寻[53]。"以身为度,就是按人体四肢活动的尺度为长度标准,所以按手指度量可知寸,张开手指度量可知尺,平展两臂的长度就为寻。故按《说文》释"夫"谓"周制以八寸为尺,十尺为丈,人长八尺,故曰丈夫"。意思是:汉代男人平均身长八尺,等于周制一丈,所以称丈夫。人的两臂平伸等于身高八尺称"寻",而"寻"的一倍一丈六尺则称为"常"。"仞",多为度量高度的单位,周制为六尺,汉制七尺,东汉末为五尺六寸(见《说文》)。"步",跨两足为一步,为六尺,跨一足半步为"跬"三尺。在二千多年以前,中国人以人体自身尺度为比例,和谐地组合建筑空间,创造出人所要求的尺度和规模的建筑,这在世界建筑史上是个杰出的贡献。如李允鉌在《华夏意匠》中所说:

> 虽然,我们很难判断现代建筑设计以"柱纲"(**pillar – intervals**)作为平面布置基础的方法和选用合乎人体尺度比例高度的空间是否直接来自中国的原则和经验,但是不管如何,这一事实的本身就说明了中国传统的建筑设计确实是存在着仍然有用于今天的原则,也说明了中国建筑一早就在合理的、科学的基础上起步的[54]。

古代"**以身为度**",对学建筑专业的人来说,是培养空间尺度概念最方便易行的有效方法,可以用自身的尺度,随时随地衡量物体和空间的比例和大小,久之一目了然可度,对建筑设计是大有裨益的。

**3. 几、筵与室内空间尺度**

周制衡量建筑空间的尺度用"几"和"筵",这同古代"席地而坐"的生活方式有关。我们知道中国直到汉代,除了"载寝之床"(《诗》),惟一的家具只有"几"。也就是说,除了供睡眠的床,还没有桌椅等家具,所谓"古人席地而坐,尊者则用几"。几,是用来倚凭人的身体,也是对人表示尊敬所设的家具。据阮谌的《礼图》说:"几长五尺,高尺二寸,广二尺[55]。"几的高度不及今天的椅子,因为古人的坐法与今天大不同也。**坐与跪**。古人的"坐"与"跪"的姿势,是大同之中有异,同者是都以两膝着地;异者"跪"直身而臀部不靠脚根,臀部靠在脚根上时则为"坐"。因"跪"有危义,所以为敬,"坐"则安稳。坐必先脱掉鞋子,因穿着鞋子妨碍臀部压在脚根上。跪则不必脱掉鞋子,故云:"拜不脱屦"。古代对跪是可以称为坐的,但坐则不可以称为跪。《礼记》孔疏曰:"坐名通跪,跪名不能坐。"这种坐的方式,直到已有了榻和胡床等家具,有人仍然改变不了席地而坐的方式。如《三国志·管宁传》注引《高士传》说:"宁自越海及归,常坐一木榻,积五十余年,未尝箕股,其榻上当膝处皆穿。"意思说:管宁自海外归隐,常坐在一个木榻上,五十多年不改席坐方式,将榻上当其膝盖处都磨成了洞。可见人对长期形成的积习,是很难改变的。今天日本人还保持这种坐法,对中国人反而成为异国风俗了。

几 "几"何以成为室内空间的度量标准呢?从《周礼·春官·司几筵》:"掌五

几五席之名物,辨其用与其位。"说明"司几筵"的官,职能是掌管五几、五席的名称种类,辨明它的用途和陈设位置。五几:是玉几、雕几、彤几、漆几、素几。五席:是莞席、藻席、次席、蒲席、熊席。古代帝王与诸侯举行不同的祭祀和典礼时,不同质地和装饰的"几"与"席",和几席陈设的位置,都代表人的不同地位和身份,而有一定的礼仪要求。

**室中度以几**　因为"几"是古代室内惟一的家具,它的数量和质量,陈设的位置与方式,就体现着古代帝王特定的生活活动过程对建筑空间的要求。"室中度以几",用现代汉语说,就是室的空间大小,要按照"几"所体现的使用功能来决定。

古代以家具尺度和布置决定室的大小,是非常合理的科学的设计方法。

**席与筵**　《说文》注:"陈之曰筵,藉之曰席。"陈,是铺设的意思;藉,是坐在上面。人们往往以为铺在室内地面上的编织物是"席",这是误解。古对铺在地上的不称席,而称之为筵。席,是放在"筵"上,人坐处的编织物。所以《说文》释席有"从巾,其方幅如巾也。"古代席地而坐,也有说藉地而坐,席是放在人坐处的方形垫子。筵,则是满铺在室内地面上的,是长方形的编织物,作用是清洁和隔寒气、湿气。

席的形状与尺寸问题。从《周礼·曲礼上》所载:"主人跪正席,客跪抚席而辞。客撤重席,主人固辞,客践席乃坐⑤⑥。"用现代汉语说:主人跪着将席放得端正,以示对客人的尊敬,客人以手按着阻止主人。客人不敢受重席的礼遇,就欲撤掉重叠的坐席,主人一再坚持不让。客人就席了,主人才坐下。正席,是把席摆摆正,表示尊敬。如《论语·乡党》:"席不正不坐。"**重席**,是将几只席子重叠放在一起。《礼记·礼器》云:"天子之席五重,诸侯之席三重,大夫再重⑤⑦。"五重有六只席子,三重则四席,再重则三席。尊者多,卑者少。从《公食礼》:"蒲筵常,加萑席寻"。蒲筵,是用蒲草编织成的筵,长一丈六尺。萑席,是用芦类植物编的席,长八尺。很清楚是把"席"放在"筵"上的。

那么,席是什么样的东西呢?据清代学者孙希旦的《礼记集解》说:"席之制三尺三寸三分寸之一,则三席是一丈⑤⑧。"根据是来自《礼记·文王世子》中的注:"席广三尺三寸三分寸之一。三席,所谓函丈也⑤⑨。"广,是指大小,三席之长为一丈,可见席的形状:是边长为三尺三寸三分**左右**的正方形。按战国时每尺折合0.231米计,边长为77厘米。如按前"加萑席寻"之说,席的大小为八尺,按商代每尺折合0.169米计,边长为1.35米,要大得多。事实上席地而坐的生活方式,自三代至秦汉长达千余年,席的大小具体尺寸,不可能是固定不变的。从人跪与坐的需要而言,**席大概是一米左右见方的垫子**。

我认为席的形状是正方形,其理由除上述尺度上的推论,还有两点:一是从正**席**,为表示对客人的尊敬,请客人就席时,主人要将席摆摆端正;二是**重席**,席既然常重叠使用以示尊敬,而宾客自谦可以随手撤去,席是正方形的才方便合理。足证席字从巾形方之说。

**席的样式**　从《周礼·春官宗伯·司几筵》中记载有"缫席画纯","次席黼纯","莞席纷纯"三种,可见古代帝王宫室中"席"的样式和制作材料。

**缫席画纯**　缫席,东汉郑玄说,是削蒲合以五彩所编之席。纯,是边缘。画纯,是画上云气的边饰。"缫席画纯",就是画云气为边缘的五彩蒲席。

**次席黼纯**　次席,东汉郑玄说,是用桃枝竹编成的席。据戴凯之《竹谱》:桃枝,皮赤,编之滑劲,可以为席。黼纯,是绣上黑白之绘为边饰。"次席黼纯",就是绣上黑白纹样边缘的桃枝竹席。

**莞席纷纯**　莞,是较细小的蒲,也叫小蒲。纷纯,是用丝织的带子作为边饰。"莞席纷纯",就是有白色丝带边饰的莞草编的席子。

其他,如田猎祭用的**熊席**,丧祭用的**苇席**,即熊皮做的和芦苇编的席子等等。在古代帝王凡大朝觐,大飨射,封建国家策命诸侯,祭祀先王等等,用什么样的"筵",在"筵"上放什么样的"席",按礼仪要求都有一定之规。

**筵** 是满铺在室内地面上的席子。据《考工记·匠人》:"周人明堂,度九尺之筵,东西九筵,南北七筵,堂崇一筵,五室,凡室二筵[60]。"用现代汉语说:周代帝王的宫室"明堂",是以九尺长的筵为度量的,东西宽度九筵,南北深为七筵,堂基高为一筵,五室,每室的宽与深都是二筵。筵长九尺,按战国时每尺折合 0.227~0.231 米计,约等于 2 米。筵既是铺满室内地面的席子,它的长宽边之比应是倍数,并且可纵横排列组合,适于多种边长比的矩形建筑平面。从制作和搬动方便,边长比为 2:1 较合适。即"筵"的平面尺寸为 2 米×1 米左右,大概如今单人床的面积大小。

**筵的样式** 从《周礼·春官宗伯·司几筵》中记载的有"莞筵纷纯"和"蒲筵缋纯"两种。

**莞筵纷纯** 是用莞草编成的铺席,用白色丝带缝作边缘的;

**蒲筵缋纯** 是以赤色丝带为边缘的蒲草编的铺席。

帝王用"莞筵纷纯"铺地,诸侯则用"蒲筵缋纯"等等。一般的说,铺在地上的"筵"质较粗,放在"筵"上的"席"质较细。如"诸侯祭祀席,蒲筵缋纯,加莞席纷纯,右雕几[61]。"意思说,诸侯祭祀几筵的布置,地上铺赤色丝带为边饰用蒲编的筵,上面放白丝带边饰的莞草编的席,右面设雕几。席与筵是以质的粗细,边缘色形的对比,表示出席的重要性。

**筵** 是古代席地而坐的生活方式的产物,它不仅使地面整洁,有隔潮保暖的功能,也是度量室内平面空间尺度的标准。说明:**中国古代建筑空间面积的大小,既要考虑人活动需要的"几"的数量与陈设位置,同时必须是"筵"的倍数才行。可见,中国建筑在二千多年以前,就用"筵"作为建筑空间设计的模数了。**

这种制度,我们从今天仍保持席地而坐的日本人生活中,可以看到这种文化之间的渊源。日本和室地上所铺的"榻榻咪",实际上就同中国古代的"筵";和室面积大小用榻榻咪的度量单位"帖"(じょろ)表示,正可为**堂上度以筵**作注解。

《考工记·匠人》中有关水利方面的记载,从田头小沟的"遂",随灌溉面积的扩大,沟渠相应地加宽,而称之为"沟"为"洫",直到地方百里之间大渠称为"浍",由"浍"导入江河,反映出西周时代已有完善的农田水利系统工程。在建筑技术上的**葺屋三分,瓦屋四分**,即茅草房的屋顶坡度(脊高)为建筑幢深的 1/3,瓦屋顶坡度为幢深的 1/4,是古代工匠长期实践的经验结果。《考工记》中还反映出当时许多科学技术方面的成果,如将数学上的割圆和弧度用于弓的制作;将声学中板振动规律用于制造钟磬等乐器,以及将力学的滚动摩擦理论,在车轮制作中加以应用等等。

清代学者对《考工记》中的名物制度,曾进行注解和考证。现代学者有人从力学和声学角度,对《考工记》中的技术知识作新的阐释[62]。在建筑学界,研究中国建筑者,《考工记》是基本资料,但却很少见有对其建筑和规划思想从社会历史背景进行广泛深入的研究。

《考工记》本是古代官营手工业为管理与监督生产制订的法规,只需要规定如何做,应做成什么样的。不需要说明为什么,也不用解释制定规范的依据。它是手工业生产中必须执行和遵守的法令,是保证生产的法定技术文献。这一类的文献遗存下来的已经极少,历代多已不存,仅在《唐六典》中见有这方面的条文,而宋代的《营造法式》，是继《考工记》之后，最早的也是最完整的一部建筑法规。对我们进一步了解中国的建筑生产方式，深入理解并掌握中国建筑文化的特殊性质，是非常必要的。

## 二、《营造法式》

《营造法式》是在《元祐法式》于宋哲宗元祐六年(1091)编成以后，李诫奉旨于绍圣四年(1098)重新开始编写的，元符三年(1100)完成，宋徽宗于崇宁二年(1103)刊印颁发。

北宋末年，统治者为什么如此重视《法式》的编写呢？其实，既不是为了促进生产，更不是为了发展科学技术。因北宋王朝晚期，政治腐败，统治者穷奢极欲，大肆营建宫殿苑囿，而负责工程的官吏们贪污成风，国库亏损殆尽。宋神宗朝王安石执政，为挽救朝廷危机，制订了各种财政和经济政策条例，《元祐法式》就是其中的一项重要措施。宋神宗死后，王安石的变法也告失败，更加剧了朝廷的危机。

哲宗朝又令李诫重新编修，是因为《元祐法式》"衹是料状，别无变造用材制度，其间工料太宽，关防无术[63]。"也就是说《元祐法式》只有构件的用料和形状，没有任何变通制作用材的制度，而且规定的用工用料太宽，缺少严密的监督管理方法。所以"斫轮之手，巧或失真。董役之官，才非兼技[64]。"即工匠能手，虽有技巧造作却不合要求，监督役使工匠的官吏，又缺乏技术管理的才能，从而造成"弊积因循，法疏检察"的状况，重编《营造法式》的目的，就是为了防止贪污浪费，以保证质量，供统治者奢靡淫乐的生活需要。这就等于把精心调制的膏药，贴在已经溃烂的肌体上，既无济于事，更挽救不了北宋王朝覆灭的命运。

但从李诫所编的《营造法式》，全书 **357** 篇，**3555** 条中，有 **308** 篇，**3272** 条，是历来工匠相传的经久可行之法。也就是说，集工匠的智慧和实践经验的资料，占全书 90% 以上，是《营造法式》存在的历史价值，它反映了中国建筑发展到宋代的建筑技术和艺术水平。

《营造法式》的内容可分为五大部分：

**释名** 第 1、2 两卷。是对古代文献中，建筑术语的同物不同名称，作了考证定名。并订出"总例"；

**各作制度** 第 3～15 卷，包括大木作，小木作、雕作、旋作、锯作、竹作、瓦作、泥作、彩画作、砖作、窑作、石作、壕寨等 13 个工种的加工造作制度。按建筑等级制定构件的规格、用材标准、加工方法，以及构件的相互关系与位置等等。

**功限** 第 16～25 卷。按各作的制度，规定各工种构件产品的劳动定额与计算方法。

**料例** 第 26～28 卷。规定各种制作的用料定额和有关产品质量标准。

**图样** 第 29～34 卷。包括大木作、小木作、雕木作、石作、彩画作的平面图、断面图、构件详图及各种雕饰和彩画图案。

宋·《营造法式》是中国建筑发展到十分成熟阶段的标志。它使在建筑技术和艺术方面以及生产管理上许多重要经验，藉文字而被肯定得以保存下来。主要者阐述如下：

**1. 以材而定分的模数制。**

在建筑生产中，中国是世界上运用**模数 (modules)** 最早的国家。现代的模数，

宋《营造法式》是历史上的一个里程碑。仅从书中所绘的插图而言，"至少在建筑构造上却竟然没有能力使欧洲产生过超过中国的，在图画上良好的施工图。"

——李约瑟

"存在于可比西埃（**Le Corbusier**）等一类现代建筑师的理论和实践中…可比西埃的'模数'是一系列意图利用作为建筑物尺度的假设的长度，主要利用标准的人体高度(**sectio aurea,** 1.829 米或 6 呎)出发，从费布尼斯(**Fibonacci**)级数中引导出来⑥。"以便灵活地适用于不同目的变化的重复单位(**repeating unit**)决定所要求的各种尺度。模数，是现代建筑工业化生产的技术要求的产物。问题是：

**为什么中国古代落后的建筑生产方式，会产生科学的、先进的模数概念和需要？**

问题的答案，不在于古人是如何想的，而在于决定人思想的客观存在。正是由于中国古代落后的，甚至可以说是非常残酷的、野蛮的官营手工业生产方式，才产生需要"模数"的必然结果。历代都采用这种生产方式，我们在前面已作了论证。由于古代中国**建新朝，毁旧国**的历史传统，每代王朝建立百废待兴，必然形成建筑规模大，时间集中，施工期短的特点。统治者为适应这种快速建设的需要，沿用在奴隶社会就实行的在官府监督管理下的**工官制**和对工匠劳力采取无偿的强制性服役的匠役制，是最切实有效的方式，否则就根本无法实现。这就是中国古代累朝无间的，始终保持官营手工业生产方式的根本原因。

从中国木构架建筑的生产特点，所有构件必须分别进行加工制作，然后以卯榫互相结合，安装建构成整体框架。单体建筑的构架形式虽基本相同，但在建筑组群中有多种体量和尺度。因此，建筑构件的种类和尺寸，是个非常庞大和复杂的变量。而由全国各地征调来的数以万计的服役工匠，是以**简单劳动协作的方式**生产的，要保证每一构件加工的准确性，这在事实上是难以控制的主要矛盾，这个矛盾不解决，不仅会造成材料的大量浪费，而且直接影响构架的刚度和稳定性。这就需要有一个适用于各种构件尺度的度量标准，也就是要制定出两个变量成比例关系时的比例常数——**模数**。

《营造法式》规定基本模数单位："以单栱或素方用料的断面尺寸为**一材**。材的高宽比为 3:2。"材的具体尺寸，为了适应当时建筑等级划分为"**殿阁**"类、"**厅堂**"类和"**余屋**"类建筑用料的要求不同，分成三组八个等级，最大的材高为 9 寸，宽 6寸；最小的材高为 4.5 寸，宽 3 寸。为适应比材更小尺寸，"把两层栱之间填充的木件(或空档)的断面尺寸定为**一契(zi)**；又把材高分为 **15** 等分，每一等分叫做一分⑥。"所以也有人称这种模数制度为"**材分制度**"。

宋《营造法式》的模数制度，其最大特点是对构件尺寸的控制不是单向的，而是按断面两向即高与宽的比例关系，如断面高三材的梁，按 3:2 的比例，同时可知其宽度为二材，或高 45 分宽 30 分。这个比例对受弯构件是很合理的，其比值的合理性已为现代建筑力学所证明。

《营造法式》的"材分制度"，主要是对梁架的结构构件必须遵循的模数制，但并非建筑上所有的构件一切尺寸都是用材分来度量的，如栏杆、门、窗等等装修构件，就不必按材分制，而是规定了"**以每尺之高积而为法**"的补充办法。如栏板以高为准，每高一尺，其他构件的断面高和厚应是多少尺多少寸。这显然是考虑了带有装饰性构件设计的灵活和方便。

模数是中国建筑生产中必须的制度。对模数的运用，显然绝非自宋代始，而是在实践中有个长期从摸索到完善的发展过程，只是唐宋时已经成熟，藉《营造法式》的文字确定保存下来，一直沿用到明清。模数的运用，对古代的建筑生产无疑起了积极作用，但同时也就从生产技术上，将木构架的建筑体系固定下来，从而加强了对中国传统建筑结构发展的束缚。

古代的模数制,是中国特定建筑生产方式的产物,对今天的建筑设计虽已失去现实的意义,但从古代产生模数制这一事实本身说明:如果说,"**技术在很大程度上是依赖于科学的状况,那么,科学状况却就在更大的程度上是依赖于技术的状况和需要了**⑥。"

### 2. 侧脚与升起

《营造法式》根据长期实践的经验总结,凡立柱都要有"**侧脚**"。侧脚,就是柱子都必须向建筑物中心略有倾斜,其倾斜度为柱头内倾约1%。并规定柱子的高度,纵向柱列由中间向两端至角柱逐渐加高,形成两端微微向上的反曲线。这种做法对多开间的殿堂,从视觉上纠正了建筑檐口两头下垂的错觉,加之翼角上翘,而增檐宇雄飞的气势。这种将纵向柱列向两端逐根加高的做法,就叫**升起**。

在结构上侧脚与升起,使整体构架内倾,有利于加强结构的刚度和稳定性。《营造法式》在结构上也较唐代有所简化和发展,如用斜栿(梁)代替斗栱下昂的结构作用,从而使斗栱比例较小,补间铺作(柱间斗栱)的朵数增多。它如梁、柱、斗栱等构件的轮廓和曲线用"卷杀"方法加工,取得结构与装饰的统一艺术效果等等。

《营造法式》是施工技术与管理的规范性法典,是中国官营手工业建筑生产不可缺少的一个重要组成部分。营造法式是中国特有的建筑生产方式——工官匠役制的产物,这种生产方式决定了中国建筑不同于西方建筑的特殊性质,也制约着中国建筑的发展。

## 三、中国古代建筑设计的特殊性

在历代有关建筑的文献中,未见有建筑设计方面的条例、规范和制度。宋·《营造法式》对"各种制度虽然都有明确而细致的规定,但未涉及组群建筑的布局和单体建筑的平面尺度,而且各种制度的条文下往往附有'随宜加减'的小注,因此设计人可按具体情况,在各作制度的总原则下,对构件的比例尺度发挥自己的创造性⑥。"这就反映出中国古代建筑设计的特殊性,**单体建筑**,不同建筑等级,构架皆有定制,有法式可循。单体建筑的平面尺度、体量和造型形式(**plastic form**),不是独立存在的,而是决定于它在"组群建筑"中的地位与关系。**组群建筑**,既有类型性质之别,又有规模大小、地形地势的不同,能组合成极富变化的空间环境,创造出丰富多彩的空间艺术形象(**andachtshild**)。因此,对组群建筑的总体规划布局,不可能规定出一种固定的制度来。虽然,历来官府没有设置过专门的建筑设计机构,工官中也未见有专职的规划和建筑设计人员,但历代营建新都,大规模的建造宫殿苑园,没有"建筑师"的精心设计,没有图纸和模型等建筑语言,只靠征调来的工匠,按《法式》是无法施工的,更不能创造出具有高度艺术成就的古典建筑。

历代重大建筑工程的设计者,虽无专门文字记载,但我们从史书的人物传记中,对那些在营建工程中有贡献的人都会有所记述。常以"机巧有思"或"有巧思"的官员,被皇帝任命主管营建的事,有的人就负责规划和设计的工作。巧思:是灵敏高妙的构思,这里是指有建筑设计思想和才能的人。我们从《隋书·宇文恺传》记载他从事营建的事迹较详,可大致了解中国古代建筑设计的情况。

宇文恺(555～612),隋朝朔方(今内蒙古白城子)人,字安乐。好学巧思,多才多艺。初仕北周,入隋仕将作少监,文帝杨坚营新都,由宇文恺负责规划。炀帝时任将

中国古代工官与匠役制的建筑生产方式,肇始于奴隶社会,自秦汉时继承,几乎沿用于整个封建制时代。社会的变动与发展,并没有引起建筑生产方式"质"的变化。这正是研究中国建筑的中外学者所无法理解,因而也未能回答的问题:为什么中国建筑在漫长的历史发展过程中,它的木构架建筑体系,始终没有中断和发生原则性变化?

第二章　中国古代的建筑生产方式 ●

85

作大匠,主持东都的营建有功,拜工部尚书[69]。

隋朝开国之初,因魏晋南北朝长期战乱,明堂废绝,"将复古制,议者纷然,不能决",宇文恺承担了"明堂"的考证和设计,从他所写的《明堂议表》中可知:

**1. 设计图的比例**

宇文恺首先研究了制图的比例(scale),他在《明堂议表》中说:"昔张衡浑象,以三分为一度;裴秀舆地,以二寸为千里。臣之此图,用一分为一尺[70]。"用现代汉语说:以前东汉科学家张衡创制浑天仪,以三分为一经纬度;西晋裴秀绘制地图,以二寸为一千里。宇文恺说他绘制的建筑图,是用一分为一尺的比例。一分为一尺,即1/100的比例。用这个比例绘制建筑图,图幅的大小是较合适的,也是合于实用的比例。今天绘制建筑平面、立面、剖面图,一般仍然用1/100的比例。

**2. 设计有图纸和模型**

《明堂议表》中说:"总撰今图,其样以木为之。"说明宇文恺不仅绘制了"明堂"的全部图纸,还用木材制作了建筑模型。

古时造房,民间的一般建筑,匠师按等级制度,照法式就可以建造的。但对规模较大的第宅,或空间组合复杂的建筑,也都是绘有图纸的。如隋炀帝在扬州造的著名建筑"迷楼",就是浙江人项昇自荐能设计宫室,"炀帝召而问之,昇曰:'臣乞先进图本'。后数日进图,帝览之大悦[71]。"即日下令建造,使役数万人,经一年时间建成。这是一座建筑高下曲折、路线往复回环、空间流动而富于变化的复杂组合的建筑。项昇必先进行构思设计出图纸,获得隋炀帝的赞赏才得以建造。从《迷楼记》记载,只说项昇是浙人,未明其身份,可见项昇既非工官,更非匠人,大概只是位有建筑巧思的文人。由此也可看出,古代对建筑设计者的资格,并没有严格的规定制度和要求。从《清异录》中"郭从义造第,巧匠蔡奇献样[72]。"的记载,说明宋代工匠建造第宅,事前也设计有图纸。或者说,为业主提供建筑设计方案,也是古代工匠获得营建工程的一种手段。

**3. 考据式的设计方法**

宇文恺所要考证和设计的"明堂",本是三代之时,天子所居的房子,当时政教朴略,宫殿未兴,建筑简率,并无复杂的形制。后世帝王为存古制,将明堂从礼制加以神圣化,儒学礼家进行了大量的繁琐考据,以致众说纷纭,没有定论,也不可能有定论。宇文恺只能爬剔古籍,旁征博引,从文字上进行考据,所以他在《明堂议表》中说:"臣远寻经传,旁求子史,研究众说,总撰今图[73]。"意思是说:他研究古代的明堂资料,远的从儒家经典(**经**)和解释经文的书(**传**)中去找依据,并参考先秦百家的著作(**子**)和历史书籍(**史**),研究了大家的意见和说法,综合归纳画出这份明堂图纸。考据的结果,也就是他设计方案的依据了。建筑是体现人生活方式的空间环境,在人的生活方式中处处渗透着**礼制**的时代,宇文恺从**礼**考据建筑形制的思想方法,应该说是带有普遍意义的设计方法。

**4. 综合式的设计方案**

宇文恺从前人考据的"明堂"形制中,他吸取了《礼图》(未明撰人)所载,于东汉建武三十年(公元54年)建造的明堂方案,**上圆下方**的形体构思,取其"上圆法天","下方法地"的设计思想。但将其下方的十二堂法日辰,九室法九州,这种复杂的平面空间组合加以简化,采取《周礼·考工记》中"一堂五室"组合形式,综合成"下为方堂,堂有五室,上为圆观,观有四门"的新方案。方案是二层建筑,在中心正方形的大室上,为圆形平面的建筑"观",辟有四门。下层五室者,是在大室的四角有四个正方形小室。对方案并附以阴阳五行之说,体现帝王"尊天重象"之义。宇文恺的这个方案,隋文帝很欣赏,但因辽东之役未能建造。

明堂,是象征王权礼制的纪念性建筑。宇文恺的设计,不同于今天的建筑师,是根据某一既定的生活活动过程,按一定的结构方式进行空间形体组合的构思,他是用考据的方法,按礼制的精神,对以往的明堂方案加以取舍综合。这种设计方法,今天看来似不够科学,但作为一个被认可实施的方案,应该说它体现了当时社会需要的**因时制宜**,合于帝王意愿的**因人制宜**和适于建筑基址的**因地制宜**,这一古今皆宜的设计要求。宇文凯较之今天那些生搬硬套、杂乱拼凑的建筑设计,他应属名副其实的建筑师了。

李允钚的《华夏意匠》中有这样一段话:

> 好些学者都认为古代中国的建筑工程完全由"匠师"们担任,他们的技艺是依靠薪火相传地相接下来,知识分子很少插手和担任这门工作,在"雕虫小技"、"君子不齿"的思想支配下,没有参加推动建筑事业的发展⑭。

这种看法进一层的意思,无非是想说,中国建筑在世界上的辉煌杰出成就,已是无法否认的事实,但创造这建筑文化的人,却是缺乏文化修养的工匠们依靠手艺建造出来的罢了。有如是观的"学者",不是对中国文化的全然无知,至少也是对中国建筑了解得非常浅薄。

古代的一般性民间建筑,确因为没有以"建筑师"为业的人,只有靠工匠按照制度和法式把它建造出来。即使如此,也首先得有知识分子把制度和法式制订出来才行。我们在前面的**工官制**介绍中已知,历代工官的职掌重要职责之一,就是制订建筑的制度和规范性的法规和法式。这里再举个北魏的李冲事迹为证。

李冲(450~498)北魏时的宰相,曾佐孝文帝拟定礼仪律令,主持营建洛阳新都。据《魏书·李冲传》记载:"冲机敏有巧思,北京明堂、圜丘、太庙及洛都初基,安处郊兆,新起堂寝,皆资于冲。勤志强力,孜孜无怠。但理文部兼营匠制,几案盈积,剞劂在手,终不劳厌也⑮。"圜丘:祭天的坛;太庙:帝王的宗庙;郊兆:郊外的墓域;剞劂(jī jué):刻镂的刀和凿子,这里指书写工具。用现代汉语说:李冲思维敏捷,善于精心构思,北魏京都的明堂、圜丘、宗庙等建筑,及新都洛阳的规划,界定郊外的墓域,兴建帝王的陵园,皆出李冲之手。他非常勉力勤奋,孜孜不倦。处理朝廷文件,兼管制订匠役制度和法规,文书堆满几案,笔不离手,始终不感到劳累和厌倦。要是没有知识分子的参与和劳动,工官匠役制的建筑生产是无法进行的!

历代的都城建设和大规模的宫殿建造,都可以从史书中找到规划和设计的人,只是附于人物传记中,所记的多非常简略而语焉不详。记载较详的著名"规划、建筑师",如隋代的宇文恺,唐代的阎立德,北魏的李冲等等,他们都是知识分子。而宋代编写《营造法式》的李诫,对中国建筑发展的历史推动作用,更是不言而喻的了。

英国学者李约瑟,在看到《营造法式》中的插图以后,就非常惊叹地说:"为什么1103年的《营造法式》是历史上的一个里程碑呢?书中所出现的完善的构造图样颇见重要,实在已经和我们今日所称的'施工图'相去不远。李诫绘图室的工作人员所作出的框架组合部分的形状表示得十分清楚,我们几乎可以说就是今天所要求的施工图——也许是任何文化中第一次出现。我们这个时代的工程师常常对古代和中世纪时候的技术图样为什么这样坏而觉得不解,而阿拉伯机械图样的含糊就是众所周知的事。中世纪的大教堂的建筑者是没有较好制图员的，**15**世纪的德国，即使是达·芬奇本人，只不过是提供较为清楚的草图，虽然有时候也是十分出色的。西方是无法可与《营造法式》互相较量的，我们必须要面对欧几里德几何学的事实（欧洲有而中国无），视觉的形象在文艺复兴时代已经发展成为光学上的透视图，作为现代实验科学兴起的基础。至少在建筑构造上却竟然没有能力使欧洲产生超过中国的，在图面上良好的施工图 [76]。"参见图**2-3**、图**2-4**。

从《营造法式》中插图的内容和表现方法看，没有较全面的建筑知识和艺术修养，是画不出建筑的梁架结构图和建筑立面的。尤其是用透视的方法清楚地表示出卯榫构造的构件图，没有经过系统训练建立起空间概念的专业人员，是根本画不出来的，更非匠人可为。正如明代造园学家计成所说："凡匠作，止能式屋列图，式地图者鲜矣 [77]。"可见，明代的工匠，也只能凭感性直观画房屋梁架图，需要理性逻辑思维才能画出的建筑水平截面投影的**平面图**，就极少有工匠能够画出来了，何况《营造法式》中那些三维空间的构件透视图？毋庸置疑，为《营造法式》绘图的工作人员，都是脑力劳动的知识分子。

中国古代的士大夫，大多是多才多艺有所造诣的知识分子，他们在物质生活和精神生活上都有很深文化素养、美学思想和审美鉴赏能力，不少人就是诗人、画家，如唐代的将作大匠阎立德就是著名的画家。历代任命"有巧思"的工程主管，所谓构思的巧妙也不限于某个固定的方面，所以在组群建筑的空间环境意匠过程中，从总体规划布局、庭院布置、建筑空间的家具造型和布置以及室内陈设等等，都会吸收一些画家和工艺设计师参加建筑设计的工作。而士大夫们对自己的住宅和园林，往往多自出机杼，藉其生活的空间环境，以自我抒发韵致才情，为建筑空间环境的意匠提供了丰富的美学思想和审美经验，这种例子可说俯拾皆是。

那些认为中国建筑只是靠工匠世代相传的技艺建造出来的"学者"，就等于他们面对一部未打开的科学艺术巨著，只看到书籍装帧和印刷质量的精美，不看（或看不懂）它的内容，而忘掉了这书首先是由人——知识分子写出来的，它的价值不仅仅是表象的物质形式，而在于它为人类文化提供了创造性的有价值的思想和经验。

古代工官制中没有专门设置建筑设计的机构，也没有专门从事建筑设计的人员，这种现象，根本原因还是同**毁旧国建新朝**的特殊传统有关。新的王朝兴起，将旧朝代的城池宫殿都毁掉了，迫切地需要在短时间里很快地全部建造起来，所以始终沿用**工官与匠役制度**，保持历代制订的规范和法式，就可以组织大量的人力物力同时投入建筑生产。对朝廷来说，既有制度和法式可循，就没有像今天一样必须要有个方案设计的过程，更没有必要投入大量设计人员去绘制施工图才能施工。我们从《营造法式》可知，法式只给组群建筑的设计以灵活性，但对总体规划布局并无任何规定，这就说明设计需要解决的矛盾，不是使用功能上的科学技术问题，而是遵循**礼制**的要求，体现合乎礼的生活方式。以往和旧朝所建一切，正是为新朝提供的参照系的蓝本，新朝可按现实的需要加以变革和创新。从建筑设计角度，纵观历史上的同一类型建筑，如宫殿；或同一处建筑，如皇家的宫苑，正是在毁旧建新不断实践过程中发展而趋于完善的。北京的故宫和北海的琼华岛，就是中国建筑历史实践的杰出成果。

**营建**，在古人的思想中就是**工官匠役制的建筑生产**，并不存在有独立的创造性"设计"的概念。士大夫轻视营建的匠人是"雕虫小技，君子不齿"，但对规划和设

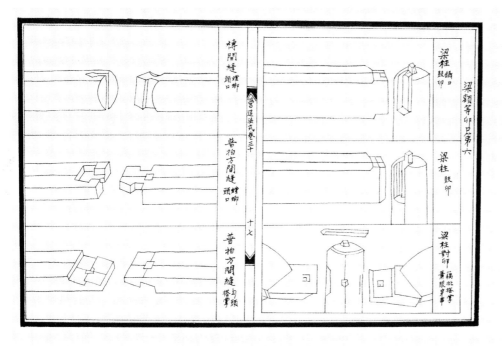

图2-3　宋《营造法式》梁柱节点榫卯构造图(摹写)

大木作制度图样二十

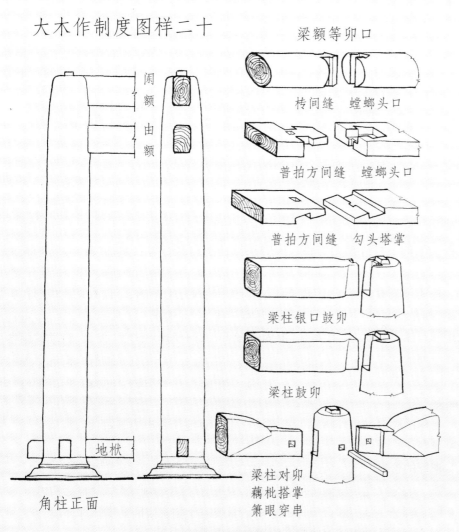

图2-4　梁思成著《营造法式注释》所绘梁柱节点构造图

中国古代的知识分子，是通过制订建筑制度，编纂法式，城市规划和建筑的总体布局以及空间环境的设计，参加了推动建筑事业的发展。应该说，中国古代灿烂的建筑文化，是知识分子和劳动者共同创造的产物。

计工作是很重视的，例如：北魏初兴，建都平城（今山西大同）时，为建好都城曾派"有公输之思"的蒋少游为使臣，去建康（今南京）暗中考察城市规划和宫殿建设情况[78]。说明统治者深知规划和设计对建设的重要意义。对规划和设计者，是选拔士大夫中有巧思或机敏有巧思的人，也就是说在历史上对有"**建筑师**"才华的士大夫，是倍受尊重的，他们也由于在重大工程中的贡献，受到皇帝的嘉奖被授予高官，史书也多记载他们的事迹。实际上，在古之士大夫中，并不认为**设计**属于**营建**范围，而是属于儒者为官从政的一种特殊才能。在工部职官中，不论"设计"是谁做的，"计划制订者和直接执行者二者之间是不能完全分割开来的"。不论"设计"以什么方式进行，没有设计，中国古代的建筑生产就无法进行。更不可能创造出高度艺术性的建筑。

### 意匠与设计

由于中国历史上没有明确的"设计"概念，也就没有"设计"这个词，甚至于今天，我们从有权威性的辞典《辞海》和《辞源》中，也还是查不到"设计"这个词。

**设计** 是从英文 **design** 而来，是指对图画、书籍、建筑物、机器等的计划、配置和布局，也有为这些事物的意向、计划绘制图样的意思，主要是用于工程技术和物质生活用品的工艺方面。如：建筑设计、桥梁设计、机械设计、工业产品的造型设计等等，以用仪器或电脑绘制成图纸来表示出意向和构思为特点。一般不用于纯属精神生产的艺术。

**意匠** 是中国原有辞汇，本与建筑无关，是指文学与绘画艺术创作过程中的精心构思。源出西晋文学家陆机（261～303）《文赋》中的"辞程才以效伎，意司契而为匠。"程才：衡量才能。效伎：献出技（通伎）艺。司契：掌握设计图纸、蓝图。意思是说：辞藻之妙如争献技艺的能工，文章意旨似掌握蓝图的巧匠。程才、司契，是比喻，辞如技工，意如匠师，辞为意所用也。从"意"与"匠"的比喻则有两层意思：即文章立意（或驾驭文章的才能），就如技艺高超的匠师，对设计图一样的了如指掌；深一层的含义，则是指文章的思想内容和社会意义，犹如巧匠建造出来的钜丽的宫殿。

唐代大诗人杜甫曾用**意匠**二字，在诗中用"意匠惨淡经营中"，形容画马大家曹霸，奉诏作画时凝神深虑的创作构思。经营，即《诗》中之"经之营之"，也是指筹划营建的事。陆机、杜甫都用建造房屋来比喻文艺创作，这足以说明，建筑作为物质生活资料与人的不可分离的关系，同时在精神上建筑有将人的感情社会化的深刻作用。

从建筑艺术而言，中国传统建筑与西方建筑完全不同，不仅只是表现形式美的规律，而是同文学、绘画、音乐等纯艺术一样，共同追求一个最高的境界，宇宙自然的运动规律"**道**"的显现，不是"**凝固的音乐**"式的建筑形式美，而是"**流动的画卷**"，是在空间流动中显示出人与自然融合的生命活力。是从空间的有限而达于无限的妙，也就是要创造出"情"与"景"与"境"交融而升华的**意象（image）**和**意境（spatial image）**[79]。

对中国建筑的创作活动，用意匠比设计更能反映出中国古代的规划设计思想和特点。

### 意匠的含义

**意** 就是在建筑空间环境整体布局中进行"意象"和"意境"的精心构思。

**匠** 就是合目的和合规律的应用科学技术于构筑空间的实体和环境。

**建筑意匠是中国建筑师应予继承的优秀传统。**

**注 释:**

①② 李国豪主编:《建苑拾英》——中国古代土木建筑科技史料选编。同济大学出版社 1990 年版,第 4 页。

③ 陈鼓应:《老子注译及评价》,中华书局 1984 年版,第 102 页。

④ 《周礼·考工记》

⑤⑥ 刘宋·范晔:《后汉书·百官志》。

⑦⑧⑨⑩⑪ 《建苑拾英》,第 12 ~ 15 页。

⑫ 北齐·魏收:《晋书·职官志》。

⑬ 梁·肖子显:《南齐书·百官志》。

⑭ 唐·于志宁等:《隋书·百官志》。

⑮ 宋·洪迈:《容斋随笔》。

⑯ 汉·班固:《汉书·陈汤传》。

⑰ 安作璋、熊铁基:《秦汉官制史稿》,齐鲁书社 1984 年版,第 226 页。

⑱ 恩格斯:《反杜林论》,第 146 页。

⑲ 《管子·小匡》。

⑳ 唐玄宗撰:《唐六典·工部尚书》。

㉑ 朱启钤、梁启雄:《哲匠录》,载《中国营造学社汇刊》,3 卷,第 3 期,1932 年版。

㉒ 东汉·班固:《汉书·楚元王传》。

㉓ 南宋·范晔:《后汉书·魏嚣传》。

㉔ 唐·魏徵等:《隋书·苏孝慈传》。

㉕ 南宋·郑樵:《通志·隋纪二》。

㉖ 《大业杂记》。

㉗ 《唐六典·尚书刑部》。

㉘ 韩国磐:《隋唐五代史纲》,人民出版社,1979 年版,第 192 页。

㉙ 宋·岳珂:《愧剡录·京师木工》。

㉚ 元·马端临:《文献通考·职役考》。

㉛ 《明太祖洪武实录》,卷 177。

㉜㉝㉞ 《大明会典·工部九,工匠二》。

㉟ 《明史·食货志校注》注③,93 页。

㊱㊲㊳ 《明律集解附例》。

㊴ 汉·戴圣:《礼记·月令》。

㊵ 张家骥:《论斗栱》,刊《建筑学报》,1979 年,第 11 期。

㊶ 清·张廷玉:《明史·张弘传》。

㊷ 《明史·刘健传》。

㊸㊹ 《明臣奏议》。

㊺ 张家骥:《园冶全释·序言》,山西人民出版社,1993 年版,第 6 页。

㊻ 李允鉌:《华夏意匠》——中国古典建筑设计原理分析。中国建筑工业出版社,1985 年重印版,第 13 页。

㊼ 杨宽:《战国史》,上海人民出版社,1980。

㊽ 杨宽:《战国史》,第 439 页。

㊾ 《周礼·考工记·匠人》。

㊿ 刘敦桢主编:《中国古代建筑史》,中国建筑工业出版社,1980 年版,第 36 页。

51 《诗·大雅·绵》。

52 《周礼·考工记·匠人》。

(53)《建苑拾英》,第 82 页。
(54)《华夏意匠》,第 26 ~ 27 页。
(55)《先秦史》,第 358 页。
(56)《礼记·曲礼上》。
(57)《礼记·礼器》。
(58)《礼记集解》第 36 页。
(59)《礼记·文王世子》。
(60)《周礼·考工记·匠人》。
(61)《周礼·春官·司几筵》。
(62) 王燮山:《考工记及其中的力学知识》、《考工记中的声学知识》,载《物理通报》,1959 年第 5 期。杜正国:《考工记中的力学和声学知识》,载《物理通报》,1965 年第 6 期。
(63)(64) 梁思成:《宋〈营造法式〉注释·序》。
(65)《华夏意匠》,第 26 页。
(66) 徐伯安、郭黛姮:《宋·〈营造法式〉术语汇释》,载清华大学《建筑史文集》第 6 辑。
(67)《马克思恩格斯文选》(两卷集),1955 年莫斯科中文版,第 504 ~ 505 页。
(68)《中国古代建筑史》,第 229 页。
(69)(70) 唐·魏徵:《隋书·宇文恺传》。
(71)《迷楼记》(《说郛》三二)。
(72) 宋·陶穀:《清异录》。
(73)《隋书·宇文恺传》。
(74)《华夏意匠》,第 412 页。
(75) 北齐·魏收:《魏书·李冲传》。
(76)《华夏意匠》,第 419 ~ 420 页。
(77) 明·计成:《园冶》。
(78) 南朝梁·肖子显:《南齐书·魏虏传略》。
(79) 张家骥:《中国造园论》"7·中国造园艺术的意境论"山西人民出版社,1991 年版。
(80)《左传·隐公十一年》。

山西原平县朱氏石牌坊石雕人物(清)

山西解州关帝庙建筑门楣雀替木雕图案(清)

# 第三章
# 中国建筑的名实与环境

○建筑的名与实

○堂

○厅

○楼

○阁

○斋

○轩

○榭

○馆

○廊

○亭

中国传统建筑名词中的厅、堂、楼、阁、斋、馆、轩、榭……等等，都是指单体建筑，而这些不同的名称，并非是根据它们不同的功能命名的。这就说明中国的单体建筑非类型性的特点，把这些名词作为建筑类型，既不确切，也不科学。

# 第一节　建筑的名与实

**名与实**，是中国哲学史上表示概念与实在的两个哲学范畴。名，是指名称、概念；实，是指实际事物、实在。如《论语·子路》所说："名不正则言不顺，言不顺则事不成①。"在生活中，任何事物如果**名实不副**，就会产生概念上的模糊，导致行为的踟蹰或失措；如果人们对事物认识不清，往往会"以名乱实"或"以实乱名"，造成思想上的混乱，不能从"质"上区别事物间的异同。所以，要求名称与实际事物相副。墨子认为，要做到**名实相副**，必须坚持"取实予名"的原则，做到"异实者莫不易名"，"同实者莫不同名②"（《荀子·正名》），才不会造成人们在概念上的混淆不清。荀子把这种概念上的纠缠纽结和意思的混淆不清名之"玄纽"（玄，同"眩"）。

研究中国建筑，辨明建筑名称的异同是十分重要的，尤其是对中西方建筑的名称，不只是文字表达不同，实质也殊异。《管子·心术》上说："物固有形，形固有名"。作为"物"，中西方的建筑都可"名"之为建筑，但建筑构成的**空间形式**和其组合的**空间形态**，是有质的区别的。如西方的教堂，中国的佛寺，都是宗教性建筑，属同一建筑类型。西方的某教堂，就是定指这一个**个体建筑**，而中国的任一处佛寺，却不能指任何一栋独立的建筑物——**单体建筑**，必须是指由若干栋"单体建筑"所组成的建筑群体——**组群建筑**。中国建筑的这种特殊性，在前两章中从不同角度已做了分析、阐明，不再赘述。

中国建筑名称的厅、堂、楼、阁、斋、馆、房、榭等等，并非建筑的类型，但却可以用于各种类型之中，作为组群建筑中的组成部分，是一个空间单位。所以，这些建筑名称本身并不表示某种固定的功能和用途，只有当它们组合在整体的组群建筑之中，按照其相对位置和建筑的类型性质——人的活动过程需要，才能获得自己的功能，并决定其空间形式（**plastic form**）、建筑的体量和造型。这些名称的单体建筑，在群体组合的**空间基本模式**——庭院中，建筑与庭院之间，在空间上是内外交流的、互相融合的、相对独立的环境，是组群建筑的一个**空间基本单元**。它既是整体空间环境的一个有机组成部分，又具有自己的空间环境的特点和氛围。

实际上，中国建筑的名称，早先多从文字象形而来，《华夏意匠》很有意义地举出甲骨文中的**室、宅、宫**三个字：

中国的建筑类型是指组群建筑，因为单体建筑只是组群建筑中的一个空间使用单位，所以，任何名称的单体建筑，都不能成为一种建筑类型。中国的单体建筑，不等于西方的个体建筑，这是中西方建筑在空间形态上的本质区别。

1.　　2.　　3.　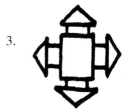

图3-1　古金文中表示建筑的字

古代的事物,今天有许多已不清楚者,可用金石文来考察,因为中国文字是象形的,本来就是对事物的简略描绘。

"假如我们较为仔细地研究一下这三个甲骨文的字形,我们就会发觉它们就是一组房屋的平、立、剖面图。图**1**的'室'字,是在台基上的一座四面坡屋顶的房屋,这是一幅正式的'立面图'。**2**的'宅'字,就把房屋的构造情况也表达出来了,它是'平座'、屋身、屋顶的骨架,说它是一个'剖面图'实在并不勉强。**3**是一个'宫'字,它是一个建筑的平面图,在一个方形的院子里,四面布置了四座房屋。这个'平面图'和现代的建筑平面图表示方法不一样,但是中国古代一直都是以这种方法来表示平面图的③。"

这就说明,中国古代是以感性直觉来命名建筑的,随着社会的发展,人们对建筑的需要日益丰富多样,建筑的名称大多是从生活经验和习惯,对建筑空间环境某些较显著的特点命名的。如荀子说:"名无固宜,约之以命,约定俗成谓之宜,异于约则谓之不宜④。"意思是说,事物的名称不是一开始就会合宜的,而是由人们互相约定一个名称,约定了也用惯了,就认为这个名称是合宜的,与约定的名称不同的就是不合宜的了。所以说:"**名无固实,约之以命实**⑤。"事物的名称不是固定就有的,是人们约定俗成所命名。

事物的名称既然是由人们的共同意向所约定的,显然随着社会生活演变和人的观念改变,那些失去了原意和作用的东西,它们的名称也就会随之消失,或者实物尚存含义已不同。古代的建筑虽然还简单朴略,但建筑物中的名称要比后来为多,如门的名称就有闬(hàn 巷门)、闱(wéi 宫中之门)、闺(guī 闱之小者)、阁(ge 小闺)、闳(hóng 衖门)、阖(hé 门扉)等等,说明帝王的宫室的发展已有较多的房屋,当宫室日兴,建筑成群时,既不可能也无必要为不同位置和大小的门都去命名了,这些表示门名称的字也就从生活中消失。尚保存的"闺"字,作为宫中小门的名称,几乎无人知道,已成为内室的门和妇女居室的专称。

建筑构架中的构件名称,像棁(瓜柱)、栾(斗)、栾(栱)、楢(檐)、宋(梁)等等,已极少有人认识这些字了,自唐宋用模数实行构件的标准化,这些不通俗的字和名称反映初期建筑生产技术和施工管理的落后,已失去作用而被淘汰。因为历史发展而改变名称、用途的如:战国末的阴阳家代表人物邹衍入燕,燕昭王"筑碣石宫亲师事之。"唐代文学家陈子昂《蓟邱览古》诗:"南登碣石馆,遥望黄金台。邱陵尽乔木,昭王安在哉?⑥"诗中称"碣石宫"为馆,这一字之易,却是反映了古代社会的巨大变革的一滴水珠,因为战国时的"宫"还是建筑的通称,自秦汉开始,"宫"就成为帝王居处建筑的专称,诗人既不能再称其为"宫",便取停居客舍之义而称之谓"馆"了。清代也有人用"馆"命名园林的,如扬州的"小玲珑山馆",只是借"馆"之义喻主人园居生活的思想情怀而已,同馆的建筑内容与形式无关。

在古代辞书和有关古籍中,对建筑名称的释义,无论是厅堂楼阁,还是斋馆轩榭,都不是根据建筑功能不同而异其名的,这也说明中国的**单体建筑非类型性**的特点。因此,在这些命名的建筑之间,离开它在组群建筑中的位置和环境,绝大多数是很难做出严格界定的。例如:

**厅与堂**就很难分。《世说新语·黜免》:"大司马听前有一老槐,甚扶疏⑦。"听(聽),后加"广"为"廳",简化为"厅"。这句话中所说的"厅",是大厅或正厅的"堂"?还是一般会客休息的"客厅"、"花厅"?是难以确定的。所以,在行文时往往厅堂二字连用,泛指体量较大具有公用性的建筑。

**楼与阁**亦难辨。从空间构成两者都是"重屋"。如著名的江南三大楼阁:湘北洞庭湖畔的"岳阳楼";武汉蛇山黄鹤矶头的"黄鹤楼";南昌市赣江边的"滕王阁",史载都是三层的高楼杰阁，皆栏楯回绕，重檐飞角，是登高远眺饱览河山胜概的历史名胜。而"滕王阁"上层前额，由翁方纲原来所题的匾额则是"西江第一楼"，是阁，也是楼。清代为藏《四库全书》建了七阁，即文渊、文溯、文源、文津"内廷四阁"，和扬州的文汇、镇江的文宗、杭州的文澜"江南三阁⑧"均仿照浙江宁波的天一阁形式，六开间二层楼房，是典型的楼，因藏书的功能，而称之为"阁"。再如：佛阁，多为平面方形，多层，因设**平座**多为明三内五(有两个暗层)，皆称"阁"。但山西万荣解店镇的东岳庙，现存山门内的**飞云楼**，空间构成基本相同，因四出抱厦而屋顶呈十字脊，造型秀丽而挺拔，则名之为"楼"，而不称为"阁"，说明在古人概念中"楼"与"阁"并无严格的区别，所以统称之谓**楼阁**，但不等于相同制式的楼阁就是千人一面的雷同，在建筑艺术形象上，仍然各有其自身的特点和风格。

**轩的多义**　轩，是古代车的通称，本指车辕前端拱曲的部分，引申为高起、高敞、飞举。对建筑是一种形容，主要是指空间的特点，与建筑的形制和功能无直接关系。对体量较大的厅、堂、馆、榭，为扩大进深，抬高前檐，空间开敞的部分就称"轩"。这一部分的顶椽，为空间的完整，常做成拱曲形的，随其形状不同，在园林建筑中有各种名称，如船篷轩、菱角轩、鹤胫轩等等，如厅堂内顶部用假的椽子做成等跨连续拱券形，则称为"满轩"，这里的轩只是名这种空间和顶部的构造形式，不是建筑物的名称。对体量小而高敞的建筑，也称"轩"，如苏州虎丘拥翠山庄的"月驾轩"，就是名其建筑了。还有称层廊为轩的等等。

中国建筑名称在概念与实物之间的矛盾，说明研究中国建筑的一个为人们所忽略的思想，即厅堂楼阁，斋馆轩榭等名称，只是对单体建筑而言，它们都不是建筑类型。有的中国建筑著作中，把这些名称的单体建筑与宫殿、佛寺、陵园等，统统纳入建筑类型，就模糊了单体建筑与组群建筑"质"的不同，实际上是**用西方建筑的观念研究中国的建筑，而不能从中国建筑的特殊性，建立研究中国建筑的思想方法和体系**，从而只是就建筑的名称，考证其由来和它的历史沿革。当然这对了解和掌握中国建筑文化，不仅需要，也非常必要，但这种考据式的传统研究方法，说明历史尚可，对今用则不足，就会使传统建筑成为历史存在过的、僵化的、凝固的古董，既不能抓住不同名称的单体建筑，在空间环境上的特点与要求；更不可能从组群建筑的类型共性中，通过不同的空间组合和艺术的意匠，揭示出中国建筑创作实践的客观规律，从而为人们提供可以吸取的优秀的设计思想和手法。

建筑无法脱离它所存在的环境，不论其环境的大小，是好是坏，是有意识的美化创造，还是无意识的恶性破坏，都是直接影响人生活的客观存在。在今天的建筑实践中，把建筑空间与环境作为一个不可分割的整体，以满足人的物质生活和精神生活的需要，不是被忽视就是不能完美地实现。而中国建筑的突出的优越性，无论是厅是堂，是楼是榭，建筑空间不仅与庭院相通互融，而且是与宇宙的自然空间相应相合的。如清代著明书画家郑板桥描写他的小斋庭院只不过是"十笏茅斋，一方天井，修竹数竿，石笋数尺，其他无多"，但是"构此境，何难敛之则退藏于密，亦复放之可弥六合也⑨。"敛，约束。闭门自敛也。六合：天地四方也。弥六合，充满天地之间。这就体现了中国人与宇宙天地相往来，人与自然统一和谐的传统思想精神。

在以下各节，除按各单体建筑的名称分别加以解释，并从建筑环境方面结合古代诗词中有关描绘，以便有助于对传统建筑的理解，并从审美经验方面，对我们有所启迪。

在西方，人与环境间互相感应是抽象的；在东方，人与环境的关系是具体的、直接的，是以彼此的关系作基础的。西方人对自然作战，东方人以自身适应自然，并以自然适应自身⑩。

## 第二节 堂

　　堂,本不是指房屋建筑,这是现今辞书中对"堂"的解释,会产生谬误的原因,如《辞海》释堂:"❶古代宫室,前为堂,后为室";"❷四方而高的建筑;四方形的坛"。堂的❶义,虽不是错误,读者查阅"堂"、"室",既是房屋的名称,何以不讲两者的功能用途,却用两者的前后位置来解释?是指两栋房子的前后位置,还是在一栋房子里两者的相对组合关系呢?从词义解释,读者是无法弄懂的。此释大概来自《说文》:"室,实也。"段注:"古者前堂后室。"这是指古代**寝制**居住房屋平面布置而言,如附以"寝图"词义就清楚了(见本书图 **1－6** 清·黄以周《礼书通故·名物图·宫》所示及第四章中有关文字分析)。

　　《辞海》在❷的解释下,引用了《礼记·檀弓》:"吾见封之若堂者"的郑玄注:"堂形四方而高。"藉以证明堂是"四方而高的建筑"和"四方形坛"的说法。

　　显然"堂"的词条撰写者,主观认为"堂"是定指房屋的,只见"堂形四方而高"这几个字,既忽视《礼记·檀弓》讲的是丧礼,也无视于"封之若堂者"明明不是指堂本身,为了证明堂是房屋建筑,不惜断章取义,将郑玄注:"封,筑土为垄,堂形四方而高。"的前半句删掉,只取所要的后半句,这就歪曲了《檀弓》中的这句话,是讲坟墓筑土形状的原意。《周礼·封人》注:"聚土曰封。"冢人注:"王公曰丘,诸臣曰封。"而"筑土为垄"的"垄",是坟墓。

　　元·陈澔在《礼记集解》中释"封之若堂"说:封,筑土为坟也。若堂者,如堂之基,四方而高也。"陈注虽将"堂"作房屋,而用"如堂之基"解释"堂",意思是对的。准确地说:是将坟墓用土堆筑成像台基"四方而高"的形状。

　　从《说文》:"堂,殿也。从土,尚声。'坣'古文堂如此。"段注:"盖从尚省。"汉字属建筑空间的词,均在宀部,"宀"是屋顶交覆的形状,如宫、室、宅、宇……等。而堂属土部,尚,是加也、饰也、崇也、贵也。堂,就是用土堆筑以示崇敬的意思。

### 一、堂的本义

　　《说文》:"堂,殿也。"段玉裁注:"释宫室曰,殿有殿鄂也。殿鄂即《礼记》注之沂鄂。"又:"堂之所以称殿者,正谓前有陛,四缘皆高起,沂鄂显然,故名之殿[11]。"可见这里的"堂"与"殿"是指同一东西,但都不是指房屋建筑。

　　《说文》:"陛,升高阶也。"段注:"自卑而可以登高者谓之陛。"又:"阶,陛也。"段注:"凡以渐而升皆曰阶。木部曰:梯,木阶也。"说明"阶"是台阶,或曰踏步。"陛"是有多级踏步的台基,故云:"四缘皆高起"。阶级多则堂高,为了升高阶的安全,在阶级与建筑物之间,就需要有一个过渡和缓冲的余地,即露天的平台。对"陛"与"阶"不妨作如下的区别:**多级有露台之基称陛,少级无露台之基称阶**。

　　台基见于古籍的均作**"堂"**。《墨子》谓:"尧堂高三尺,土阶三等。"《礼记·礼器》:"有以高为贵者,天子之堂九尺,诸侯七尺,大夫五尺,士三尺。"如按商尺每尺折合公制 0.169 米,"堂高三尺"仅高 50 厘米,九尺也只有 1.5 米,绝非是住人的房子。《周礼·考工记》中的"夏后氏世室,堂修二七,广四修一,五室……殷人重屋,堂修七寻,堂崇三尺,四阿重屋。"郑玄注:"修,南北之深也。"所云"堂",即台基。五室,是造在台基上的五个室也。

### 房屋之堂

西汉·史游《急就篇》:"凡正室之有基者,则谓之堂[12]。"是后世将当正向阳比较高大的房屋,称之谓"堂"。汉以后帝王之堂称"殿"。据《初学记》谓殿之名起于《始皇纪》曰:"作前殿。"段玉裁《说文解字注》说:"许(慎)以殿释堂者,以今释古也。**古曰堂,汉以后曰殿**。"在民间如计成在《园冶》中解释:"堂者当也,当正向阳之谓也。"

堂,是在庭院组合中,居主轴线上当正向阳而轩敞的房屋。

## 二、堂与殿之别

宋·高承《事物纪原》中对阶与陛的区别说:"殿则有阶陛,堂有阶无陛[13]。"汉有三阶之制,左碱右平,三阶是三层台基,碱是台阶的踏道,平即御路[14]。这种阶陛,只能用于帝王的宫殿,以示尊贵。如蔡邕所说:"群臣与天子言,不敢指斥天子,故呼在陛下者而告之,因卑达尊之意也[15]。"故古之臣称君王为"陛下",就如古埃及称国王为"法老"。法老为 **pharaoh** 之音译,本意与"大宫殿"的意思相同。

实际上,皇宫中有阶陛的殿,是在主要轴线上的殿,次要轴线上的殿也多是"有阶无陛"的。看来有阶是否有陛,也难区别堂和殿。就是在帝王宫殿中,也有称"堂"的,如颐和园中的**乐寿堂**即是。

宋代叶梦得在《石林燕语》中,从制式上抓住了"堂"与"殿"的一个重要特征:"其制设吻者为殿,无吻者不为殿矣[16]。"

**吻**　《清式营造则例》:"一种龙头形的装饰,张开大口将正脊咬着;吻下山面有吻座,吻背上有扇形的剑把,背后有背兽。在较大的建筑物上,正吻常常有八九尺高,由若干块(窑制)拼垒而成[17]。"《营造法原》称哺龙脊或龙吻。**龙**,在古代是帝王的象征,这种屋脊两端龙形翘起的饰物"吻",只能允许用于宫殿和寺庙中的殿堂。所以,用吻的有无来区别"殿"和"堂",是简单而准确的界定方法〔见彩页,山西洪洞县广胜寺琉璃鸱尾(吻)〕。

古籍中台基均作堂,宋代称"阶基",清代及今称为"台基"。殿也是指台基,后对高显崇丽之建筑称之谓堂或殿,汉以后殿成为宫中之堂的专称,并以正脊是否筑吻区别堂与殿,有吻者为殿,无吻者为堂。

## 三、堂的空间构成

《释名·释宫室》:"堂,犹堂堂,高显貌也。"又:"古者为堂,自半以前虚之,谓堂;自半以后实之,谓室。堂者,当也。谓当正向阳之屋。"这是古代宫室**寝制**的形式(见第四章的"寝宫与第宅"一节)。明代的计成在《园冶·屋宇》中仍然以寝释"堂",后世不知"寝"为何物者就无法理解,对园林建筑设计也毫无意义。汉代始已改变了这种"前堂后室"的"寝制"平面布置,简化为"一堂二内"的形式,即三间房屋,中间的正间(明间)为"堂",两边隔间为"室"。多进住宅,不论三间五间,亦有不加分隔的通敞厅堂,有时不论是否分隔都通称为"堂屋"。如晋·干宝《搜神记》:"家人既集,堂屋五间拉然而崩。"但有一点是肯定的,只有正屋才能称"堂"。

**当正向阳**　这是堂在组群建筑中不同于其他建筑物的重要之处。"当正"是指堂的位置在组群建筑的中央轴线上。正,也有主体和庄重的意思。"向阳",俗云:南阳,北阴,东曦,西晒。向阳就是要求堂屋布置"坐北朝南"。在北半球建筑朝南,是最佳的方位和朝向。按空间组合的基本模式,沿轴线对称均衡的布置一进庭院时,作为主体建筑的"堂",必须当正向阳。就是在布局灵活力求自然的园林中,堂也必须与直接对外的园门对位,即计成在《园冶·立基》中所说:"安门须合厅方。"园门与园林主体建筑的"堂",形成一条轴线,这对园林的总体规划具有决定性作用,故有"奠一园之体势者,莫如堂"之说。

## 四、堂的意义

最早的堂,如《淮南子·本经训》所说:"堂大足以周旋理文,静洁足以享上帝,礼鬼神[18]。"说明早先古帝王之堂——明堂,高大能在里面处理政事,举行典礼和集会;安静洁净可以用来祭天帝、祀鬼神。一般仕寝之堂,也是祭祀祖先的地方。宋代高承在《事物纪原》则说:"堂,当也,当正向阳之屋;又堂,明也,言明礼仪之所[19]。"这是指一般住宅中的堂,也是供奉和祭祀天地君亲师神位之所,是举行婚丧礼仪之处,听事处理家政的地方,是社会生活的缩影,家庭生活神圣的场所。所以"堂"就含有尊贵、敬重的意义,正是古称父母为"堂上"、"高堂";母居内堂,而称"萱堂"、"令堂"的道理。

堂的这种表示尊贵和礼敬鬼神的意义,在其他建筑类型而有此功用的建筑,也就多以堂为名了。如清代皇家园林的颐和园,在宫殿区里,对皇帝处理朝政、召见大臣等政务活动的殿堂,只称为殿,如以"**仁寿殿**"为主的组群建筑。那些供帝室生活起居的殿堂,就以堂为名而不称"殿",例如,仁寿殿后,西面临湖的"**玉澜堂**",曾是光绪皇帝的寝宫。南临昆明湖的一组建筑,是慈禧太后的寝宫,名"**乐寿堂**"。专为慈禧欣赏戏剧建造的"大戏楼"一组建筑,则名"**怡春堂**"等等。河北承德"避暑山庄"的宫殿区,前朝称殿,如"**澹泊敬诚殿**"、"**烟波致爽殿**"等,后寝称堂,如七间大殿的皇太后寝宫,亦名"**乐寿堂**",后改名"**悦性居**"。皇太子所居名"**继德堂**"等。其他建筑用斋、馆、轩、榭之名的皆有。在皇家园林中,帝室生活起居的建筑,多不称"殿",而名之为"堂",大概是殿太严肃政治化,而以堂为名,既合园居的生活化,又不失尊贵之意。

中国的宗教建筑佛寺中,除供佛的主要建筑称殿外,也有以堂为名的。如:供僧众诵经的经堂,坐禅的禅堂;供菩萨的五百罗汉堂,如现存苏州戒幢律寺(西园)的罗汉堂,四川新都宝光寺的罗汉堂等等(见第十一章 中国的建筑艺术)。

堂的祭祀鬼神功能,如旧时祭祀祖宗或先贤的庙堂,和封建宗族的宗祠,皆通称之为**祠堂**。司马光《文潞公家庙碑》云:"汉世公卿贵人多建祠堂于墓所。"是在家族墓地建立祠堂。杜甫《蜀相祠》诗有:"丞相祠堂何处寻,锦官城外柏森森"之句。后宗族祠堂多建于族居住处。纪念先贤的祠堂,以清道光八年(1828),巡抚陶澍在今苏州古园"沧浪亭"内,"五百名贤祠"为著。堂三间,三面墙壁上,嵌有敬慕真像570人石刻。此后又收录殉节孝义、为国捐躯、成仁取义者,凡"山樵、市隐、缁流、兵役、家丁人等,并授命郡中者[20]"共计有三千八百余人,编入《吴郡忠义汇录》中。如其堂楹联所题:"非关貌取前人,有德有言,千载风徽追石室;但觉神传阿堵,亦模亦范,四时俎豆式金闾。"风徽:徽,善也。谓风雅相善,形容美好的风范品德。石室:是指古代宗庙中藏神主的处所。阿堵:用东晋画家顾恺之画人,数年不点目睛。人问其故所说:"传神写照,正在阿堵中"的典故,即眉目传神之意。顾恺之是中国画史上创立"以形写神"论者。俎豆:俎和豆都是古代祭祀用的器具。金闾:旧时苏州的别称,因城西阊门外有金阊亭而得名,意思是一年四季在苏州祭祀先贤。

**五百名贤祠** 这种用传统庭院式建筑摹像刻石的祠堂,可说**是中国式的历史名人纪念馆**。从民族历史文化的教育作用,在山水风景名胜之地,有史迹文脉可寻者,大可吸取这种寓教于乐的建筑意匠和手法,既可驻足游憩,又能瞻仰凭吊古人,是建"堂"亦造景也。

**堂的活动内容** 堂不仅是"明礼仪之所",也是日常团聚、宴会、娱乐之处,尤其是别业和园林中的堂,其活动内容更是随意而多样的。下面摘宋人诗词中有关材料,以见一斑:

> 刘祀《半隐堂》:"一堂图书自陶冶,三径萧兰俱岁华。"
> 楼锷《双桧堂·浣溪沙词》:"双桧堂深新酿好,且传觞。"
> 张汋《双瑞堂·念奴娇词》:"烛华红坠,瑞堂犹按歌舞。"
> 陈师道《贺友堂成·南歌子词》:"故国山河在,新堂冰雪生,万家和气贺初成,人在笙歌声里暗生春。"
> 黄山谷《双松堂》:"我登双松堂,时步双松阴,中有寂寞人,安禅无古今。"

诗词中除描写的生活内容外,我们从堂题名为"双松"、"双桧"、"三槐"(苏东坡有《三槐堂铭》)等等,说明"堂"前庭院中都种植有树木。对当正向阳,堂堂高显的"堂",不论在住宅组群建筑中,还是在园林中独立建造,都要"筑垣须广,空地多存"(《园冶》),植树不宜密茂,否则空间郁结而不开朗。"倘有乔木数株,仅就中庭一二",故宜少而修。所以选择植株高大、主干明显直立、枝柯离地较高、树冠枝繁叶茂的乔木。唐诗人白居易《庭松》诗描写庭中植松的好处说:"朝昏有风月,燥湿无尘泥,疏韵秋槭槭,凉阴夏凄凄,春深微雨夕,满叶珠蓑蓑,岁暮大雪天,压枝玉皑皑,四时各有趣,万木非其俦。"诗人可谓妙笔生花,形容松树四时之趣,秋枝光疏而槭槭;夏阴清凉而凄凄;春雨叶珠下垂而蓑蓑;冬雪压枝洁白而皑皑。

庭中植木,对树种的选择,又同古代传统的自然美学思想"**比德**"学说有关,所谓"比德则质符君子",如松岁寒不凋,松龄长久,常以喻坚贞,祝寿考。这种比君子之德的自然物很多,皆源出自孔子的"**知者乐水,仁者乐山**"(《论语·雍也》)之说。如"松、竹、梅、兰等被比喻有人品德的植物,在中国人的生活和造园艺术中,已成为传统的观赏植物。可以说,在人与自然的审美关系中,以生活的想像和联想,将自然山水树石的某些形态特征,看作为人的精神拟态,这种审美心理特点已成为民族的历史传统了[21]。"

## 五、堂之美

《诗经·小雅·斯干》中的"**如跂斯翼,如矢斯棘。如鸟斯革,如翚斯飞**[22]。"《诗经》编成于春秋时代,是中国最早的诗歌总集,本来只称《诗》,儒家列为经典之一以后称《诗经》。这两句话十六个字,是描写中国建筑最古老的文字,也集中代表了最早建筑形象的特征。用宋儒学者朱熹的解释:"言其大势严正,如人之竦立,而其恭翼翼也。其廉隅整饬,如矢之急而直也。其栋宇峻起,如鸟之警而革也。其檐阿华彩而轩翔,如翚之飞而矫其翼也。盖其堂之美如此[23]。"

跂:跷起脚尖站着。故朱注以竦立。矢:是箭。棘:通急。"如矢斯棘",像箭一样笔直地疾射出去。朱熹解释是形容堂的四角绳直如飞出之箭。廉隅:堂的四角。整饬:规整之意。革:鸟张开翅膀。翚:鼓翼急飞。朱以"如鸟斯革"像鸟一样张开翅膀,形容堂的建筑形象;以"如翚斯飞"如鸟鼓翼欲飞,形容堂的檐宇华彩而轩昂。可见,最早的建筑形象已具后世殿堂的雏形。

后世之堂,明代文震亨在《长物志》中说:"堂之制,宜宏敞精丽,前后须层轩广庭,廊庑俱可容一席[24]。**宏敞精丽**四个字,基本上概括了"堂"的特点。但句中"层轩"的"层"字,据陈植教授注解:"层轩——轩为小式建筑,每作书房及雅叙之用。层轩,轩上有楼[25]。"就很费解了。"前后须层轩广庭",是指建筑本身而言,因堂高显,所以堂的前后庭院须广(堂后亦不竟然如此);因堂宏敞,故堂前后檐须轩昂。如按陈先生所说,"层轩"就成了堂建筑之外前后必须建造的小楼了,古代既无这种建筑制度,恐怕也难找到这样的实例。我认为这"层轩"之意,应是计成在《园冶》中所说的"前添敞卷,后进余轩"的"轩",这"前后"非指堂屋之外,而在堂屋之中。因堂欲高大,必须加大进深,当进深超过大梁的长度,就需要添柱系梁。但进深愈大,房屋愈高,随之檐口也就愈低了。为了抬高檐口,则需按**草架**制度,用重椽覆水,将檐内顶上的**覆水椽**做成各式栱曲的形状,如我在前面曾提到的,这"轩"也不是指小式建筑,而是指这轩轩欲举的空间部分(详见本书"中国建筑的结构与空间"一章)。

释"层轩"为"轩上有楼",肯定是错误的。《说文》段注释"层"为"重屋,复笮也。"按"笮在上椽之下,下椽之上,迫居其间故曰笮。"这很符合计成草架的重椽复水之义,层轩应指**廊轩**而言。文震亨对营造事不甚了解,表达不清楚也。《长物志》一书,虽有其一得之见,也间有精要之言,只是"雅人深致"的品评鉴赏之作,有不少内容多抄撮自他书,如"山斋"的开头两句,就与《考槃余事》一字不差;而植物部分多摘抄简化《群芳谱》文字。正如沈春泽《长物志·序》所说:"大都游戏点缀中一往删繁去奢之意存焉"而已。

**堂的环境之美** 中国人历来很讲究建筑的生活环境之美,但更重视将自然之美纳入建筑的生活环境之中。一千五百多年以前,南朝山水诗人谢灵运的"**罗层崖于户内,列镜澜于窗前**"之说,就从建筑美学思想上,为中国独特的"**借景**"论创说的先河。这是中国传统建筑文化在建筑设计思想上不同西方的重要特色。

建筑的基址既定,自然环境优美者,"借景"的得失,在建筑师的"意匠惨淡经营中"。用李渔之论:"是山(景)也,可以入画;是画也,可以为窗也"(《闲情偶寄》)。堂址可选,"借景"当在规划设计之初,建筑师还得有"屏俗收佳"的功夫。我们可以从诗人的感兴里,体会堂的不同环境景观之美。

近郊之堂:"结庐弥城郭,及到云木深,启户面白水,凭轩对苍岑。"(唐·吴筠)

冈埠之堂:"城北横冈走翠虬,一堂高视两三洲,淮岑日对朱栏出,江岫云齐乱瓦浮。"(王安石《平山堂》)

山上之堂:"平观碧落星辰近,俯见红尘世界低。"(管师复《白云堂》)
"草堂列仙楼,上在青天顶,户外窥数峰,阶前对双井,雨来花尽湿,风度松初冷。"(唐·汤浚)

海滨之堂:"清风海上至,朝阳在户庭。"(苏轼《载酒堂》)
"八窗尽控琼钩,送帆樯杳杳,潮碁悠悠。"(史疁《浮远堂》)

# 第三节 厅

## 一、厅名由来

廳(厅),本为"聽"(听)字。听,有治理,决断的意思,故听取他人言词而处理事情,叫"听事"。《汉书·宣帝纪》:"令群臣得奏封事,以知下情,五日一听事㉖。"《北史·长孙俭传》:"俭于听事列军仪,具戎服,以宾主礼见使㉗。"原是指"听事"的行为,后来就指"听事"的处所。李斗《扬州画舫录》说:"廳事,犹殿也,汉、晋为'聽',六朝加广为'廳'。"《老学庵笔记》云:"'路寝'今之正廳,治官处之廳多廠,今谓廠廳㉘。"據《爾雅·釋宮》:"周制王公六寢,路寢一,小寢五。路寢治事之所,小寢燕息之地也。"所以,《老學庵筆記》雲:"路寢,今之正廳"也。唐代文學家劉禹錫在《鄭州刺史東廳壁記》中說:"古諸侯之居,公私皆曰寢,其他室爲便坐。今凡視事之所皆曰廳,其他室以辨方爲稱。"所雲"辨方爲稱"者,大概是随室的方位而稱之,如東室、西室之類。厅亦堂也。按《说文》:"堂,殿也。"而李斗说:"厅,犹殿也。"实际上"堂"亦可称"厅";"厅"也是"堂",故通称之谓"厅堂"。但在住宅和园林中的主要厅堂,则多称堂,虽口语中也常称厅,题写匾额皆名"堂"不名"厅"。所以《扬州画舫录》云:"正寝曰堂,堂奥为室,古称一房二内,即今住房两房一堂屋是也。今之堂屋,古谓之房;今之房,古谓之内;湖上园亭皆有之,以备游人退处。厅事无中柱,住室有中柱,三楹居多,五楹则藏东、西两梢间于房中,谓之套房,即古密室、复室、连房、闺房之属㉙。"这说明了后世住宅中厅堂建筑空间构成的典型制式。

## 二、厅名之别

厅,随其在组群建筑中的位置、环境特点、平面形状、空间形态等的不同而有不同的名称,如李斗的《扬州画舫录》中㉚所列:

**从建筑的空间序列** "有大厅、二厅、照厅、东厅、西厅、退厅、女厅"。中国建筑的布局序列与礼制有关,上列是住宅建筑中的厅名,大厅、二厅,是位于轴线正中的"堂"。照厅,是指厅坐南朝北,与正厅相对照,故名。退厅和女厅,是接待宾客和妇女休息的地方,多布置在次要轴线上。

**从建筑的平面形式** "以字名如一字厅、工字厅、之字厅、丁字厅、十字厅"。厅的平面呈一字形,是中国木构架建筑最典型的平面。其他多为园林中建筑组合成的平面,而丁字厅,似为厅堂前出抱厦者,亦名抱厦厅。十字厅,平面呈十字形,当为正方形平面四出抱厦之厅,这种形式的建筑,在《圆明园四十景图咏》的第二十景"濂溪乐处"中,绘有一亭,四面均为歇山卷棚顶与中央的四角攒尖顶,每边平行而非山花朝外,此建筑亦无题名。

**从建筑的空间形态** "六角庋(**gui** 音:鬼)板为板厅;四面不安窗棂为凉厅;四面环合为四面厅;贯进为连二厅及连三、连四、连五厅;柱檩木径取方为方厅,无金

廳(厅),本为"聽"(听),听人呈辞而处理事务,叫"听事"。原是称"听事"的行为,后称作此用的房屋为"厅事",六朝时加广为"廳"字,后简化为"厅",成为建筑物的一种代称。厅与堂没有质的区别,由于厅无堂的明礼仪、祭祖先、祀鬼神的功能,所以厅的用途较随意,建筑的形式也灵活多样,空间环境则要求净洁幽雅。

柱亦曰方厅;四面添廊子飞椽攒角为蝴蝶厅;仿十一檩挑山仓房抱厦为抱厦厅;枸木椽脊为卷厅;连二卷为两卷厅;连三为三卷厅;由后檐入拖架为倒坐厅"。庋,搁置,或放置器物的搁板或架子。六面庋板,当为建筑四壁、地面和天棚均用木板构造,故名板厅。四面厅,从《扬州画舫录》二十四景的"砚池染翰"图中的"临池亭",为一座在两卷厅的两山各接一卷棚式的建筑,四面皆是建筑的立面,故云"四面环合"。方厅,柱檩木径取方,《营造法原》中称"扁作厅"。蝴蝶厅,在圆明园的第十六景"月地云居",就是四面添廊子飞椽,中为四角攒尖顶;四面视之皆重檐的建筑。抱厦厅,这种形式在圆明园中不止一座,抱厦建筑均不山花朝外,而与厅堂平行。三卷厅,圆明园四十景中的"西峰秀色"组群中,"含韵斋"就是以三幢五间悬山卷棚顶建筑并立组合的厅堂。倒坐厅,也就是"照厅"。

**从建筑的植物景观** "以花名如梅花厅、荷花厅、桂花厅、牡丹厅、芍药厅;若玉兰以房名,藤花以榭名,各从其类"。李斗所说的"各从其类",大概是指古代对花卉的品评,从"比德"的美学思想,有尊卑贵贱清俗之别,如宋·周敦颐《爱莲说》有:"菊花,花之隐逸者;牡丹,花之富贵者;莲花,花之君子者也。"故喻梅花为"清友",而称牡丹为"花王",芍药称"花相";"桃花为丽姝,李如女道士"等等。所以中国花卉的种植,不仅有园艺学方面的经验积累,而且从审美观念上与建筑物的主次、功能和环境,也有相应相配的要求。

**从建筑的用材** "以木名如楠木厅、柏木厅、杪椤厅、水磨厅"。楠木 (**phoebe nanmu**) 樟科,常绿乔木。质细而坚,材富有香气,是尊贵的建筑用材。如承德"避暑山庄"门内正中的大殿"澹泊敬诚"殿,就是用楠木建造的,俗称"楠木殿"。柏木 (**cupressus funebris**) 柏科常绿乔木,木材淡黄褐色,质细有芳香,是建筑用材,也是优良的观赏树木。史书上著名的"柏梁台",就是汉武帝元鼎二年所造,"以香柏为梁也"。(《三辅旧事》)杪椤木,(**cyathea spinulosa**)杪椤科蕨类植物,茎柱直立,高 3～8 米,因茎含淀粉可食,尚未见有用杪椤为建筑材料的记载。水磨厅,概指用细清水砖砌筑墙壁和铺地的厅堂。水磨,《营造法原》:"砖料经刨磨工作者,谓之做细清水砖[31]。"以"水磨"二字名厅,仅见于《扬州画舫录》一书。

# 第四节 楼

## 一、楼的名与实

**楼** 作为建筑名称,早先并没有在建筑空间上层叠的意思。中国最早解释词义的专著,被列为十三经之一的《尔雅》解释:"四方而高曰台,陕而脩曲曰楼。"注:"脩(脩,修的异体字),长也;陕,狭。"疏:"凡台上有屋陕而屈曲者为楼[32]。"疏者为宋代的邢昺,是对晋代郭璞旧注所作的阐释,认为楼是造在高台上的狭长而屈曲的房屋,不认为"楼"的建筑自身在结构上有梁架重叠构成层层空间的意思。这个解释符合历史实际情况吗?

李允钘在《华夏意匠》中提出不同看法,理由是说:"甲骨文的'室'字还有另外一个字形（），它表示的却是一个'重檐'的屋顶或两层的'重屋'，《考工记》有'殷人重屋'之说，这个字形也作了一个具体的形象上的证明。《说文》：有'楼，重屋也'，指出商代(公元前16～前11世纪)已经有了楼房的存在[33]。"

李允鉌对甲骨文"室"的字形分析，有"重檐"和"重屋"的两种可能，是无可非议的。但以《说文》的楼为"重屋"来解释《考工记》的"殷人重屋"，据此断定中国在公元前16世纪至前11世纪的商代，"已经有了楼房的存在"，就大成问题了。字形，既然有两种可能，用《说文》的"重屋"并不能证明就是早先的楼房，因为汉代《说文》所说的"重屋"二字本身就要考证其含义，何况殷在汉千年以前。

从"重屋"两个字的字义来看，"重"，这里作重复或重叠的意思。重复，是行为或事物的再现；重叠，则是物的层层堆叠。"屋"，从《释名》："宫，穹也，言屋见于垣上。穹，崇然也[34]。"这里的屋，是指覆盖在墙上的屋顶，所以屋常泛指覆盖之物，如《礼·杂记》："素锦以为屋而行。"是指盖棺的小帐；《史记·项羽本纪》："纪信乘黄屋车。"这是指的车盖。习惯上将房屋简称为"屋"，是代称，非本义。我认为：在公元前16到前11世纪时，从考古发掘，当时建筑还较朴略粗率，找不到证据证实已存在梁架重叠，构成两层甚至多层空间的楼房。李允鉌先生的另一个理由，也正是认为从考古基础的遗迹，不易断定它是单层还是楼房。既然如此，又何以能轻易地武断："殷人重屋"就是楼房呢？

其实古代的考据学家们，也没有对《说文》的"楼，重屋也。"下过"重屋"就是楼房的结论。如清代著名学者段玉裁注《说文》的"楼"却说："重屋与复屋不同，复屋不可居，重屋可居。《考工记》之重屋，谓复屋也[35]。"清代的经学、文字学家孙诒让在《周礼正义》中亦说："孔广森曰：殷人始为重檐，故以重屋名[36]。"段玉裁(1735～1815)和孔广森(1752～1787)是同一时期的人，段说之"复屋"虽肯定不是楼房，却不清楚建筑是什么形象。孔广森说得较明确是"重檐"。

孔说之"重檐"，是否像今存建筑的重檐呢？我认为，这也几乎是不可能的。如果同今天看到的的重檐一样的话，那就没有理由否定说，殷代已有可居的楼房，在结

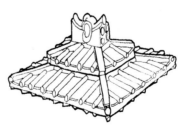

图3-2B　高颐墓阙屋顶

复屋示意图

图3-2A　四川雅安县高颐墓阙立面图

0　　　1　　　2M

楼，是最早建在高台上的狭长而屈曲的房屋。断定《考工记》中的"殷人重屋"为屋上架屋的楼房，是不符合中国建筑历史的发展规律的。殷商时代的"重屋"，大概是一种屋面分为两截，部分重叠的简单的"复屋"形式。

中国古代"屋上架屋"的楼房，到战国时代才见诸文字的记载。起初是由于城防的军事需要，在城上建造的楼，称为"谯"。而人家之楼，显然由"谯"发展而来，开始亦非平民所能为，多贵族之家才能建造。

构技术是不可能的。孔广森所说的"重檐"之堂，是殷人的"明堂"，为求其高大，栋深可能较广，在木构架建筑的早期，大面积的屋顶还难以保持坡面的平整，从防漏和美观将屋面做成两截，搭接处部分重叠呈 ⌃ 状，这应是简单可行的办法，也似合乎建筑技术的发展规律。

"复屋"，已不能用考古发掘的铲子去找到实物证据，但从汉代遗存的文物中，如四川雅安高颐墓阙上还可以看到这种"重檐"的影子。图3—2为高颐墓阙立面、屋顶示意图。这是立在墓前神道的门阙，阙用石造，屋顶成两段叠落的形式。这种屋顶形式，在汉代遗存的有关建筑资料，如石室、画像砖、画像石等表现生活题材的建筑都没有发现。而墓阙用这种屋顶形式，不可能是凭空构想出来的，大概同当时人对死去的先人和祖宗的纪念，同数典思古之情有关，至少汉代人还可见到这种屋顶形式的资料。高颐墓阙的屋顶形式，可以作为"复屋"在历史上存在过的佐证。

### 楼房的起源

**楼** 这种屋上架屋的建筑形式，最早见于文字的是《孟子·尽心下》中："孟子之滕，馆于上宫。"注："上宫，楼也，孟子舍止宾客所馆之楼上也[37]。"是说孟子到滕国，住在宾馆的楼上。《史记·平原君列传》："平原君家楼临民家。民家有躄者，槃散行汲。平原君美人居楼上，临见，大笑之[38]。"躄：瘸腿。槃散：同蹒跚，跛行貌。汲：从井中打水。用现代汉语说：平原君家的楼房朝向平民家，民家有个瘸子，蹒跚着去井里取水。平原君的美人住在楼上，向下看见，大笑了。

《孟子》一书，是孟子（约前372～前289）和他的弟子万章等著，平原君（？～前251）是战国时赵国的贵族，都是战国时人。至少可说明，战国时代在贵族的家里已建造有楼房了。所以史学家吕思勉在《先秦史》中说："今之楼，战国之世，乃能为之，春秋时尚无有也[39]。"

**谯** 《汉书·陈胜传》："胜攻陈，守丞与战谯门中。"颜师古注："谯门，谓门上为高楼以望敌者。楼一名谯，故谓美丽之楼为丽谯，谯亦呼为巢，所谓巢车者，亦于兵车之上为楼以望敌也。谯、巢声相近，本一物也[40]。"春秋战国之际，城池的得失，关系国家的兴亡。车上架屋之楼，是战争的需要，当先于家居之楼，"人家之楼，实承城楼及巢车之制[41]。"这是合乎逻辑的推论。

这就使我们能较清楚地理解，刘熙在《释名·释宫室》中的解释："楼，谓户牖之间，诸射孔，娄娄然也。"《说文》段注："《释名》曰：楼谓户牖之间，诸射孔楼楼然也。楼楼当作娄娄。女部曰：娄，空也[42]。"所指的"楼"，不是人家所建造的满装窗棂槅扇之楼，这种形式的楼，既不防火也不能挡箭，是不适用于战争军事需要的。所指者应是"谯"，并且楼的围护结构是砌筑（或版筑）的墙，对城外一面开有射箭的孔洞，所以说："诸射孔娄娄然也。"而这"户牖之间"只是对"诸射孔"的形容，不可能是在窗棂槅扇之间还有许多射孔的，因为有了窗棂槅扇，绝不能再有什么射孔。这种"谯"，大概就似过去北京城的箭楼。中国建筑史上常引用《释名》解释楼，却不加分析。

## 二、楼的型式

楼的崇丽高显的形象和登眺广瞻的功能，为人们所喜见乐造的建筑，是传统建筑中应用较广、型体变化也很丰富的形式之一。

### 平面形式

楼用长方形平面，是梁架结构空间构成的最基本形式，大多数为三间或五间。

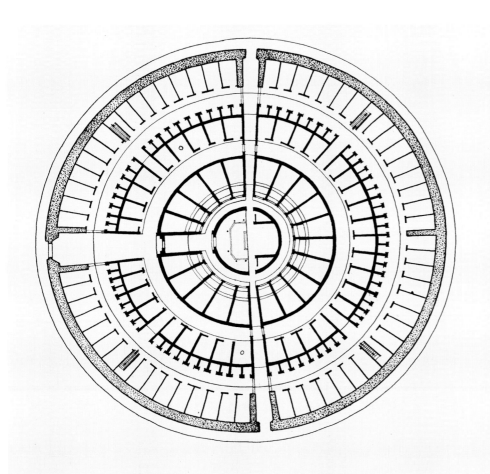

图 3 - 3　福建永定县
客家住宅承
启楼平面图

107

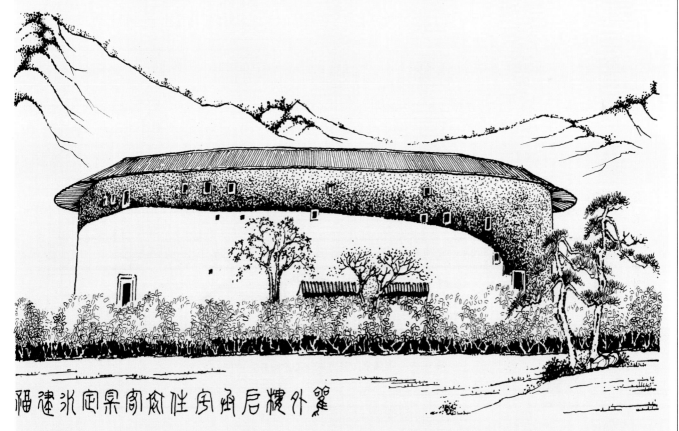

图 3 - 4　福建永定县客家住宅"承启楼"外观

开间用单数是当心间的需要，因传统建筑是沿轴线对称布置的，从空间构图需要均衡，从空间功能当心间亦有通前达后的要求，从阴阳五行奇数属阳之故。

**长方形**平面的楼，历史上有数十间的长楼者。《西京杂记》："大福殿重楼连阁，绵亘西殿。有走马楼，南北长百余步，下即九仙门，西入苑。"这是记汉代长安从宫殿区到苑囿间的门楼。走马楼长百余步，按步长六尺，有六七十丈长，近200米，开间面阔以4～5米计，有四五十间之多，显然是夸张的形容，但楼的间数是较多的。楼建在台城之上，蔚为大观也。

**方形** 这种平面形式的楼，大都是多层建筑，而且是以底层为基座，上层平面加以变化，型体较复杂的一种特殊型制。如福建泉州的"奎星楼"；山西万荣的飞云楼（见彩页）；四川成都的**望江楼**等（见下节"型体变化"）。

**六角形** 采用六角形平面的楼，是极少见的，现存安徽太平县明代的六角楼，原名"太宇亭"。楼三层高20米，平面六角形，重檐三滴水，攒尖顶，16只翼角层叠飞扬，翼角下悬铜铃。底层砌墙，四周有17块石刻，浅刻工致的山水人物和花卉浮雕。

**凸字形** 这是在楼阁前加"抱厦"构成的一种平面形式。抱厦，是在主体建筑前面，正中加建一间开敞的建筑，空间上有蔽雨和缓冲的过渡作用；造型上多用歇山顶，"山花"朝外，极有装饰性，如山西解州关帝庙**御书楼**。若外加一间或三间，进深很浅且屋顶与主体建筑平行，则称**雨搭**。

**圆形** 如清代构筑的福建永定县高头村的**承启楼**，是现存的最古老、体量最大的圆楼之一，楼周长1915.6米，高12.42米，墙均土筑，厚1.5米，俗称"土楼"。这是中国特殊形式的一种居住建筑，楼从外至内，房屋成三圈，外圈圆楼四层，高12.42米，每层有房72间；中圈二层楼，每层有房40间；内圈单层平房，有房32间；中央为大厅，亦成圆形小院。全楼房间总计400间，总面积达5 376.17平方米。外圈主楼设大门三个，楼内各圈设巷门6个，水井两口。全楼最盛时，曾住八十多户，六百余人。这是我国"客家"人长期聚族而居，因而产生这种体形巨大，层层封闭，雄厚坚实如碉堡式的集群住宅。"这个例子的意义主要还不在于它的圆形的特殊形式，而是说明了一种组合性单元住宅设计在中国很早便出现，而这种意念正是现代建筑正在致力发展的住宅形式[43]。"图3—3为福建永定客家住宅承启楼平面图。图3—4为承启楼外观。图3—5为承启楼剖面图。

在十七、十八世纪，承启楼已出现了单元组合的设计方法，这深刻地反映出家庭生活方式的变化。而引起这种变化的力量，归根结底，是社会的经济作用，成为把众多家庭集合在一起的无形力量。不论古今的社会条件与环境有何不同，经济都是产生单元组合的各种集合式住宅的内在原因。

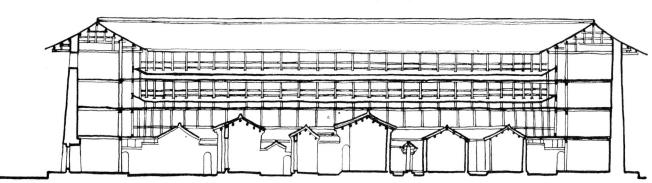

图3-5 福建永定县客家住宅承启楼剖面图

## 三、楼的型体变化

楼的型体变化，是十分丰富多彩的。就以长方形的楼来说，楼的开间有多有少；

楼前抱厦可有可无;楼的前后可有廊可无廊;楼可三面筑墙一面虚敞,也可前装槅扇后安窗棂;可单檐或重檐,用硬山或歇山、卷棚等等的不同,再与庭院之相应互融,就能创造出不同的建筑风格和艺术形象。

还有另一类长方形平面的楼,是造在高的门台上,因为这种楼横跨在城市街道之上,所以"台"要辟门,以便行人车马交通。这种用砖石砌筑,辟有拱券的门洞,上面造楼的台,常称之谓"城台",是很不恰切的名称。这种楼并不多建造在城墙上,但不论造在哪里,都是辟有门洞的"台",我们通称它为门台,是不会误解的。

**城门楼**　古称"谯楼"。楼的功用在瞭敌防守,城门处为造楼,城墙需放宽成台,古称这种城门上的台为"阇"。城门楼中最著名的**岳阳楼**,就是造在湖南岳阳市的西城门上,誉为"江南的三大楼阁"之一。楼三间三层,通高 19.72 米,底层廊庑周匝,二层设平座栏楯回绕,重檐三滴水盔顶(顶如头盔形式故名)。这是一种少见的屋顶形式。

**过街楼**　多为"钟鼓楼",楼中悬钟或鼓,击鼓敲钟以报时。但在宋代以前实行"坊市制"时,击鼓传呼是号令城门和坊市的门晨开暮闭之用。钟鼓楼,造在门台上的平房也称楼,这是合乎古代"楼"的原意。如河北正定的"**阳和楼**"。鼓楼,横跨在街道上的,台与楼为长方形平面,楼多二、三层,台按街道中轴线两面设门洞,如河北**蓟县鼓楼**。街道宽阔鼓楼体量大者,台辟三座券门的如:坐落在北京地安门大街上的**北京鼓楼**。位于城市中心十字路口交汇处的钟鼓楼,门台和楼的平面都为方形,在台的四面辟拱券门,如陕西的**西安钟楼**,三层高约 27 米,重檐四角攒顶的方形高楼。甘肃的**张掖鼓楼**,是二层的四角攒尖顶形式,曾称"靖远楼"等等。

**台门楼**　是指在建筑组群中的门楼。如用于帝王宫殿中的沈阳清故宫(奉天行宫)的**凤凰楼**。在沈阳故宫中路后院,为清宁宫的门楼。因门楼在"崇政殿"后与"清宁宫"殿前两重庭院的中间,如仍采用门楼下筑台,台的坚实沉重的防御性,显然与殿庭内部的环境氛围不协调。设计者却将整个"清宁宫"宫院建在 3.8 米的台基上,"凤凰楼"在台的前沿,既有门楼"击柝防害"之功,又不失楼的崇丽巍峨之势。现存"凤凰楼"为康熙二十一年(1682)重建,楼三层,深广各三间,层层栏楯回绕,三滴水歇山琉璃瓦顶。旧为盛京城内最高建筑,"凤楼晓日"为沈阳八景之一。

山西介休县的**祆神楼**,是一座很特殊的台门楼。在介休县北关顺城街,是三结义庙前的乐楼,又是街心的过街楼,明万历年间(1573～1620)建。楼的主体面宽五间,前附三间抱厦式二层戏台,平面组成"凸"字形。主楼二层设平坐栏杆;戏台下为山门,上下叠构,歇山十字脊顶,四面山花朝外。构造奇特,造型瑰丽而雄秀,是传统建筑的佳构。

方形平面的楼,不论是在组群建筑中,还是在风景名胜之处,多独立建造,是型体变化丰富的多层建筑。如:福建泉州的"**奎星楼**"。楼三层,第一、二层的平面为方形,第二层内收较小,顶层则变型体为八角重檐攒尖顶,建筑三层四滴水,形象端庄而灵秀。

山西万荣解店镇的**秋风楼**,平面方形,外观三层,因第二、三层均设平座,内有两个暗层,实为五层。底层左右砌墙,前后开敞穿通。第二、三层四面均出抱厦,歇山顶山花朝外。⬡ 平面就构成复杂的亞字形,楼顶为歇山十字脊,四面山花与下层呼应,第四层檐宇上下叠飞,32 个翼角层层交错,楼虽高仅及 22 米,确有高入云表之感。结构之精巧,造型之灵秀,可称楼阁建筑的优秀作品(见彩页)。

四川成都市东的**望江楼**,即"崇丽阁"。楼阁四层,高 30 米,上两层是八角形平面,下两层是方形的,四重檐八角攒尖顶。这也是楼阁型体变化较复杂的例子。

楼阁殿身形体变化示意图

陕西西安钟楼

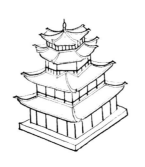

福建泉州奎星楼

四川成都望江楼(崇丽阁)

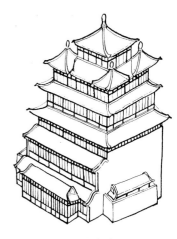

河北承德普宁寺大乘阁

图3-6　楼阁殿身形体变化示意图

这种独立式的点状楼阁,造型虽极臻变化,运用的手段却很简单,从上述例子说明:一是用加法:如"飞云楼",是在楼的主体结构空间之外,挑出平座或平台。平座,是在底层或下层屋檐上用斗拱挑出回廊,并设置栏杆者。而飞云楼不仅设"平座",而且在楼层四面正中挑出平座之外,故称之为"平台",并把平台做成山花朝外的抱厦形式;二是用减法:如"奎星楼"和"望江楼",是用缩小楼的上层空间并改变平面形式,以取得建筑形体变化的手法。由于受木构架结构方式的制约,从上述的两个例子可见,上层空间缩小后的形体都是八角形,因为在方形的框架上,只有在四角搁置45°的斜梁,才能构成等边的八角形,并能保证上下层的立柱可以竖向的垂直对位,而不影响方形平面柱纲有规则地排列(图3—6为楼阁形式示意图)。

中国建筑以简单的构成原素,创造出丰富多彩的建筑形象,体现了中国艺术哲学"以少总多"的美学原则。

## 四、楼的环境景观

楼是形象雄伟崇丽的建筑。在中国古代以平房为主的城市中,楼本身就是一个突出的景观,它既是街道的对景,也是城市的重要标志,使城市增加了浓厚的文化艺术氛围。城市中的高楼,登临眺望,使人有接近宇宙之感。如:晋·张载《成都白菟楼》诗:"重城结曲阿,飞宇起层楼,累栋出云表,峣嶭临太虚,高轩起朱扉,回望畅八隅,西瞻岷江岭,嵯峨似荆丛。"宋代诗人苏东坡《聚远楼》诗:"闻说楼居似地仙,不知楼外有尘寰。幽人隐几寂无语,心在飞鸿灭没间。"故有"赖有高楼能聚远"之句。

**楼观的朦胧之美**　古人喜朦胧之美,朦胧则迷茫一色,不知其深其浅,令人有变幻莫测之感,就如王夫之推崇诗的艺术,要"脱形写影[44]","神寄影中[45]","令人循声测影而得之[46]"的境界,这种境界也是晨烟暮雨中建筑景观的境界。欣赏朦胧之美,也就成了中国人的一种传统审美思想。

以观赏朦胧之美而建楼题名"烟雨"的,历史上就不止一处。唐代处州(今浙江丽水一带)的括山曾建有"烟雨楼",赵癞诗有"烟收雨霁曾来否?见尽东南万叠山"之句,此楼大概不是建于水滨;北宋沔阳州(今沔阳)亦建有"烟雨楼",郑侠诗:"群岫西来烟漠漠,大江南去雨濛濛。"写的就是山水烟雨之景。五代吴越钱元璙所建的

浙江**嘉兴烟雨楼**,是现存的名胜古迹,原建南湖(鸳鸯湖)湖滨,明代始建于湖心岛

上。杨万里诗："轻烟淡淡雨疏疏,碧瓦朱甍隔水隅。"烟雨楼四面临水,湖面不大,已被围于城市街道之中,加之沿岸树木稀少,晴日登楼,房屋参差,车水人流,景观不佳。据云清帝乾隆南巡,登此楼因非烟雨之时,而大失所望。若沿堤多植杨柳,"晴雨漠漠柳惨惨",当可化实境为烟景也。但于晨烟暮雨中登斯楼,朦胧中而有空濛玄渺的意境。故乾隆在避暑山庄中所建的**烟雨楼**,即仿此(图3-7)。

图3-7 承德避暑山庄烟雨楼

中国人自古就认为:"登高望远,人情所乐[47]。"所以在名山大川,登临恣望,纵目披襟,多建有高楼杰阁。临滇池而著称于世的云南昆明**大观楼**,楼虽不雄丽巍峨,而景观壮美!如孙髯的"海内长联第一佳者"开头所云:"五百里滇池,奔来眼底",如云中睡佛之太华山,隔水相望。登斯楼游目骋怀,足以极视听之娱,信可乐也。

历有"洞庭天下水,岳阳天下楼"之誉的**岳阳楼**,本是湖南岳阳城的西门楼,因地临洞庭湖畔,北宋的政治家、文学家范仲淹在《岳阳楼记》中,不仅写下"衔远山,吞长江,浩浩荡荡,横无际涯,朝晖夕阴,气象万千"而气势磅礴的江湖景象,他还从这大自然的审美感兴中升华为"先天下之忧而忧,后天下之乐而乐"的人生崇高的思想境界。

高楼杰阁,临江枕流,古往今来,登眺饫览河山的感兴名作,许多堪称千古绝唱,陶冶、激励着炎黄子孙,对祖国山河的热爱,为中华民族的灿烂文化而自豪!可谓"楼阁为山河而增辉,山河因楼阁而名著"。它们的作用,早已超越建筑自身的美学意义,而成为民族文化的象征[48]。

# 第五节 阁

## 一、阁的名与实

**阁** 这个字本与房屋无关。《说文》曰:"阁,所以止扉者。"段玉裁注:"《释宫》曰,'所以止扉谓之阁'。郭璞注:'门辟旁长橛也'。"辟,是打开。橛,是小的木桩。长橛,大概是比较细长的木棒,一端削尖钉立在地上。也就是说,阁是为挡住打开的门扇,钉立在门旁地上的木橛。

从《尔雅·释宫》:"橛谓之闑。"郝懿行义疏:"两扉中之橛也。"这里的橛,则是竖立在门当中,限制两扇门关起来的位置能严缝用的了。不论这种"阁"是竖立在门旁还是门的当中,作用都是限制门扉的。由此引申,把这种"长橛"钉入版筑土墙上,在两根长橛上架以木板,就可以放置食物等东西,所以《说文》段注对这种"横者可以庋物者,亦曰阁。"类此,将许多横木一端固定在悬崖峭壁上,上铺木板并覆以屋盖,就称为"**阁道**"。《国策·齐策》:"为栈道木阁,而迎王与后于阳城山中"。这木阁,就是指的"阁道"。杜甫诗:"栈云栏干峻,梯石结构牢"也!

汉代时又将凌空飞架于宫殿楼台之间的飞廊,称为"阁道"。如:张衡《西京赋》:"阁道穹隆"阁道呈栱形。班固《西都赋》:"辇路经营,修涂飞阁,自未央而连桂宫,北弥明光而亘长乐⁴⁹。"辇:古君后所乘的车。涂,同途。弥:终于。亘:横贯。用现代汉语说:宫中的辇路,循环往复,长长的大路和飞架的阁道,从未央宫通达桂宫,北至明光宫而横贯长乐宫。

北宋李诫在《营造法式》中,将"平坐"解释为"阁道"、"飞陛"。大概是从平坐的悬挑结构方式,和如凌空离地的基台一样而言的。刘致平教授说:"一般的阁都带有平坐,这平坐也可以说是楼与阁主要差别之所在⁵⁰。"事实上,以是否设平坐也很难区分楼与阁。就以佛阁而言,虽然都带有平坐,但点状建筑的楼,也有带平坐的,前所举的"飞云楼"就是一例。两者的差别主要的并不在平坐。

从"阁"的庋藏功能(庋:置放、收藏),后来就将作庋藏之用,不住人的建筑和建筑的空间部分,也称之为"阁"。如汉代"天禄阁"、"石渠阁"、"麒麟阁",是见诸史籍的最早庋藏图书典籍文献的地方,大概也是以"阁"为建筑名称之始。**天禄阁**,是汉代宫中收藏各地所献秘书的殿阁,刘向、扬雄曾先后在此校书;**石渠阁**,是汉入关时,庋藏所得秦的图籍处,宣帝时曾在阁中召集当时著名学者论定五经;**麒麟阁**,汉宣帝时曾图霍光等 11 位功臣像于阁中,以表彰他们的功绩,这是由庋藏发展而具纪念性的建筑。后多以"麒麟阁"表示卓越功勋和最高的荣誉。

汉代宫廷中"阁"的庋藏功能,是后世藏书楼称为"阁"的来由。但汉代之阁,所藏非一般的图书,常有皇帝手谕等朝廷的重要文献和图籍,也是参与政务的大臣当值的地方。明代初年,为加强专制统治,废除丞相。明成祖时,命翰林院官品较低的官员,入午门内文渊阁当值,参与机务,称"内阁"。后来内阁成员的官品高、权位高了,实际上掌握了宰相的权力,内阁就成为最高级官署的名词了。

这种庋藏功能,在建筑物中专用于贮藏东西的房间,也称"阁"。宋代描写的《保和殿曲宴记》:"宣和元年(1119)九月十二日,召臣蔡京等宴保和殿,……殿三楹,楹七十架,两挟阁,无彩绘饰,落成于八月。中楹置御榻,东西二间列宝玩与古鼎彝玉器。左挟阁曰:'妙有',设古今儒书子史,楮墨名画。右挟阁曰:'日宣',设道家金柜玉笈之书与神霄诸天隐文。"保和殿三间两挟阁,实是五间,"挟阁"在两梢间,一般开间较窄,用墙间隔专作贮藏之用。清故宫中九间的大殿——太和殿,实际上是九间两挟阁的 11 间建筑也。

一般人家,非日常需用的服饰器物,或古董珍玩,为防盗往往在曲室奥房中密藏,或于房室中利用上部空间,架搁栅铺板以庋藏,也都称之为"阁"。

藏书楼称为阁,就是由阁的庋藏之义而来。最著名的藏书阁,是浙江宁波的"**天一阁**",为明代浙江鄞县人范钦辞官回乡后所建,藏书 7 万卷。范钦死后,其子孙为免藏书散失,相议将阁厨锁钥分属掌管,故所藏之书历久而不散(有《天一阁集》)。

藏书楼名"天一阁",是取古之"天一生水,地六成之"之义,故阁用六开间,三面筑墙封闭,向庭院一面窗棂疏锁的二层楼房。为防火,院中凿池,并叠石植树,环境十分幽静。清代乾隆年间,为专藏《四库全书》,造了七座藏书阁,都是仿照"天一阁"的模式。即**内廷四阁**:在故宫紫禁城内的"文渊阁"、沈阳故宫西的"文溯阁"、承德避暑山庄的"文津阁"、北京圆明园的"文源阁"(已毁);**江南三阁**:杭州孤山的"文澜阁"、镇江金山寺的"文宗阁"(已毁)、扬州大观堂的"文汇阁"(已毁)。也有不称阁的,如清代孙诒让藏书的"玉海楼"。

**阁的止而不行之义**

阁,本是挡住门扉,竖立地上的门橛,后将长橛一端钉在墙上,架木板用以置物,叫做阁。由此引申,将结构方式相同并覆以屋盖的栈道,称为阁道,平坐称为飞陛、架空的廊称飞阁。从阁的庋藏之义,凡庋藏之所,皆可称之为阁。

从"阁"的止扉和庋藏作用,都是使物品静止地存放,所以"阁"又引申为:"**凡止而不行皆得谓之阁**"(《说文》段注)。这应是"阁"作为建筑名称的意义所在。纵观历史建筑实践情况,称之为阁的建筑都有基本的特点,即不是以住人为目的,而是可以登临的楼房。

如建于山水名胜处的"滕王阁",就是使游人"止而不行",可驻足登临,纵目披襟的楼,故可称之为"阁"。在佛教建筑中,为供奉大型立雕菩萨塑像,从视觉心理上使人产生伟大神圣之感,利用空间上下贯通的多层高楼,皆名之为"阁"。如河北蓟县独乐寺之"观音阁";河北正定龙兴寺之"大悲阁";承德普宁寺之"大乘阁"等等。

**阁的角落之义**

在民间"人家居室,自门而庭,自庭而堂,自堂而室,基址必取宽,体势必取正,《考工》自有制度,大略如此。或有宅中隙地,必为之蓺花莳竹,叠石疏沼。又于隙地之据胜者,则构重阁,以为宾朋游息之所。有角落之义,故名曰阁"(《识余纂》)。这是指在私家园林中,选择可览园林之胜,而又辟静的地方,造楼可登览,以供宾客游息者,因其隐辟"有角落之义",故可称为"阁"。历史上著名的私家园林中的"阁",为元代画家倪瓒的"清閟阁":瓒"所居有阁,曰清閟,幽回绝尘。藏书数千卷,皆手自勘定。古鼎法书,名琴奇画,陈列左右。四时卉木,萦绕其外,高木修篁,郁然深秀,故自号云林居士。时与客觞咏其中"(《明史·倪瓒传》)。倪云林的清閟阁,体现了古代文人对"阁"的生活要求和美学思想,"**幽回绝尘**"四个字,概括出园林中"阁"的境界。这就如《长物志》所说:"楼阁,作房闼者,须回环窈窕;供登眺者,须轩敞宏丽;藏书画者,须爽垲高深,此其大略也[51]。"

## 二、阁的特殊形制——佛阁

在中国的佛教建筑中,"阁"已成为专供超楼层高度的大型菩萨立像的建筑,为赋予佛像以崇高神圣的形象,创造出一个独特的观瞻视觉环境。**佛阁**在建筑空间的构成和建筑造型上,都有其自身的特点,从而在中国的**单体建筑**中,成为不同一般楼阁的特殊建筑物。这种大型雕塑的菩萨立像,不论是用泥塑、木雕,还是铜铸,多高达 20 米左右,所以"佛阁"也多为三到五层楼阁。现举几个典型的例子:

**独乐寺观音阁**　这是一座现存最古,在建筑上具有很高艺术性的建筑,在蓟县(今属天津市)。阁建于辽代统和二年(984),距今已过千年,阁五间九架,二层重檐歇山顶,通高 23 米,下檐上以斗栱挑出平坐,绕以雕栏,所以平坐内形成一个暗的夹层,内部仰视为三层。阁内的大菩萨十一面观音(立像头顶有十个小佛头,故名),从殿内地面高至天花藻井,高 16 米,是我国最大的**泥塑**之一。

奇伟的佛像贯通三层空间,所以"观音阁"的构架形成筒状结构,中空而四周铺设楼板;因为"阁"的功能主要是为瞻仰大佛,除南面开敞设户牖,其他三面筑墙,栏楯回绕的平坐,对雄厚的外墙就起了"化实为虚"的作用。观音阁在室内设计上,匠心独运,有一系列的杰出手法(我们将在"中国建筑艺术"一章中再详加分析)。

**隆兴寺大悲阁**　在河北正定(真定)城内,宋初名龙兴寺天宁阁,康熙年间更名隆兴寺。《畿辅通志·真定府》:"天宁阁在府治东龙兴寺后,一名大悲阁。七间五层,高一百三十尺,中供铜铸观音佛,高七十三尺,宋开宝四年(971)建[52]。"大悲阁是寺中的主体建筑之一,面阔七间,深五间,通高约 33 米。阁的外观三层,设平坐,内有二个夹层,重檐五滴水歇山绿琉璃瓦顶,建筑形象庄严而雄秀(见彩页)。

阁内铜佛,先后毁于契丹、后周。现铜铸大悲菩萨佛像,为宋开宝四年(971)造,铜佛有42臂,手掌中均有一目,故称千手千眼观音。像立在2.2米高的须弥坐上,通高22米多,比例匀称,线条流畅,是现存**铜铸**立像中最高的一座。佛像仅当胸合掌的两臂为铜铸,两侧的40只手臂于清末已改为木制。大悲阁是登临眺览正定古城风貌之处,元代诗人萨都剌诗云:"眼中楼阁见应稀,铁凤楼檐势欲飞,天半宝花飘关道,月中桂子落僧衣。高擎玉露仙人掌,上碍银河织女机,全赵堂堂遗物在,山川良是昔人非。"

**普宁寺大乘之阁** 在河北承德避暑山庄之北,因寺内阁中有巨大的木雕佛像,又称大佛寺,寺为乾隆年间按西藏三摩耶庙形式建造的。大乘之阁高36.75米,三层六重檐,上面五个四角攒尖顶,一大四小,造型崇雄,十分壮观。

阁内的千手千眼观音菩萨泥金立像,高达22.28米,用松、柏、榆、杉、椴五种木材雕凿而成,重约110吨,堪称世界最大的**木雕**观音像(图**3-8**为普宁寺大乘阁纵剖面图。图**3-9**为大乘阁横剖面图)。

除寺庙的殿阁,还有石窟寺(**The Cave temple**)在摩崖大像前覆以倚崖建造的多层楼阁。《陕西通志·西安府》:"石崖大佛阁,在邠州(今陕西彬县)西二十里。其崖壁立百余仞,无阶可陟。石佛嵌空而坐,其崇八丈。前起层台飞阁,止露一乳及半掌。阁底窍通,中寒泉冽凄,彻及肌骨。上镌贞观二年(628)开凿。其余孔洞皆在阁东,版栏比比。笑语出于石中,鸡犬鸣于半天。居民汲缳梯门而登,如捷猱之悬度。明范文光有题咏⑤。"这对"大佛阁"的环境,是很具体生动的描写。

彬县大佛窟平面呈半圆形,直径约21米,高30多米,倚岩雕跌坐大佛一尊,两侧侍立二菩萨。大佛高24米,面貌丰腴,体态雍容,雕饰富丽。窟前覆构三层楼阁,高50余米。阁内无梯,自佛窟西侧狭窄的石级而上,进入俗称罗汉洞的窟群,故云:"笑语出于石中,鸡犬鸣于半天"也。这种石窟前覆建高阁的例子,如云冈石窟,敦煌石窟,乐山凌云寺等等,"常是一座大佛,高贯五、七、九、十一层大楼阁,这种楼阁多是因山崖修造,所以工程当不甚艰巨,但是效果却很好,值得我们学习的⑤。"这种依附山崖建造的楼阁,也会遇到一般建筑所没有的问题,如山西太原天龙山的"漫山阁",(早毁,现已修复),原是覆盖在崖端东南角摩崖雕凿的一组大佛上(见彩页),阁只有东、南两个立面,重檐歇山顶,西、北两面梁栋楔入崖壁。因此,南立面西端檐口横止崖壁而断,东端则两面临空翼角飞扬,上下檐却给人以不平行之感,产生由西向东缩小距离的错觉。这点在设计图纸上是看不出来的⑤。由"漫山阁"向西,南面崖壁上有两列小石窟,原有"阁道"。想见阁道上下檐与"漫山阁"的重檐相接,当会消除这种错觉。

## 三、阁的形胜与景观

中国山河锦秀,"崖崖壑壑尽仙姿"。中国人酷爱山水,中国人也非常懂得怎样去欣赏大自然的山水之美,常"因地制宜"的建造楼阁亭台,为人们提供纵览山水胜概的最佳处所。而中国的建筑,从开始的"如鸟斯革,如翚斯飞"的雏形,到钜宇横空,高阁屹立,以至空亭翼然,无不极高尽眺之美;而中国建筑本身,那静态中的动势,华丽中的浑朴,与自然山水是那么的相互协调(**eurhythmic**),又是那么的相融和谐(**harmony**),已成为自然山水中的一个有机组成,并赋与自然山水以民族的文化精神!

从**人**和**建筑**与**自然**的关系,中西方建筑是绝然不同的。如铃木大拙所说:

东方人"他们热爱自然爱得如此深切,以致他们觉得同自然是一体

图 3-8　承德普宁寺大乘阁纵剖面图

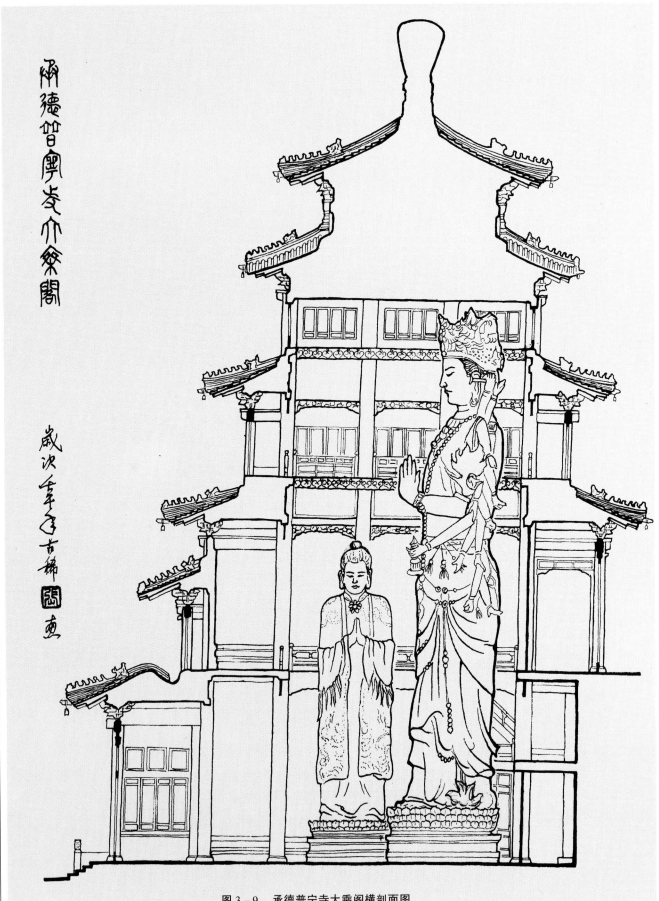

图 3-9　承德普宁寺大乘阁横剖面图

的,他们感觉到自然的血脉中所跳动的每个脉搏。大部分西方人则易于把他们同自然疏远。他们认为人同自然除了欲望有关方面之外,没有什么相同之处,自然的存在只是为了让人利用而已⑤。"

西方的人对自然的征服和占有,反映在建筑上与自然的相互排斥与对立,这在今天我们对自然山水风景区的开发建筑中,已造成的"建设性的破坏",早为人们所共识。但数千年来,"中国人与自然是一种相亲、相近、相融、相合的关系,即人与自然的和谐,重**天道**与**人道**的统一,强调'与浑成等其自然','万物与吾一体',物与我与自然,交融而符契,这是一种深层的感情与精神上的交流⑤。"中国的建筑艺术,正是这种传统的自然精神,崇尚"**师法自然**"的美学思想,经数千年实践积累的成果。

虽然,中国传统建筑的结构与空间,已不适应现代人生活方式的需要,但它的价值,不仅只是说明历史的过去,作为文物保护起来供人欣赏。建筑直接体现人的生活方式,是物质的也是精神的文化,从文化的思想传统,历史上积累的建筑创作思想方法、空间意匠与手法,这些对现代和未来的中国建筑师,都是非常必要,而且应该掌握的东西。

作为**风景建筑**,中国的楼台亭阁与自然山水相融互补,两者相得益彰的美学意义与作用,在中国人的审美观念与心理中,已积淀为一种民族的传统。构建不破坏(建设)自然,而在自然山水中创造人文景观,用西方或现代建筑是无法代替、也不可能代替的,它具有鲜明的民族特色和有高度艺术性的中国古典风格的建筑。

我们从历代诗人骚客浩翰的吟咏中,千百年来的审美经验的积累和深化,使中国人理解地踞形胜的楼阁之美,和登临纵览的楼阁与自然山水之间的深邃的美学思想。如:

**楼阁之崇丽:**

唐·王勃《滕王阁序》中最后的诗曰:"滕王高阁临江渚,佩玉鸣鸾罢歌舞,画栋朝飞南浦云,珠帘暮卷西山雨。闲云潭影日悠悠,物换星移几度秋!阁中帝子今何在?槛外长江空自流。"

宋·郭祥正《荆州涵辉阁》:"天放星斗数寻近,地卷云山千里来。"

宋·邵有道《汀州天香阁》:"晚散朱栏青雀影,朝吹画阁碧荷香。"

唐·李嘉祐《登重元阁》:"高阁朱栏不厌游,兼葭白水绕长洲。"

**楼阁之胜览:**

"落霞与孤鹜齐飞,秋水共长天一色。"(王勃《滕王阁序》)

"汴水悠悠去似嵥,远山如画翠眉横。"(韦庄《汴阳阁》)

"独开西阁咏清夜,秋河欲坠山苍然。"(高启)

# 第六节 斋

## 一、斋的名与实

斋是斋的简化字,本作"齊",即简化字"齐"。斋,是古祭祀前清心洁身以示虔敬的意思。《礼记·曲礼上》:"齐戒以告鬼神。"齐戒,即"斋戒",则是表示虔敬的行为。在祭祀前,沐浴更衣,不吃荤,不饮酒称为"斋戒"。《周易·系辞上》第十一章:"圣人以此齐戒,以神明其德夫。"韩康伯注:"洗心曰齐,防患曰戒。"是说圣人用《易经》平和其心以养思虑的精神,以明其人格品德。这就从"斋戒"的带有宗教性的仪式,引申转化为人的修身养性,也称之为"斋"了。对中国的士人而言,"奉世德而聿修之,味道风而游泳之",以"颐神养寿,畅其天和",是人生理想人格的象征。

**斋的意义** 一、是带有宗教性的,如素食称"吃斋",施饭与僧称"斋僧";帝王祭祀前清心洁身的地方(组群建筑),称"斋宫"等等。二、是个人的修身养性活动,和供这种活动的建筑,也都称为"斋"。如宋文学家欧阳修《东斋记》所说,他在斋中的活动,主要是"取六经百氏若古人述作之文章诵之,爱其深博闳达雄富伟丽之说",而"安居是斋,以养思虑,又以圣人之道,和平其心,而忘厥疾"。养思虑,是提高思想修养;忘厥疾,意在防止情绪烦躁激动。所以常称书房为"书斋"。实际上,凡静僻清幽的建筑环境,都可建"斋",也都可称之谓"斋"。所以斋对建筑并无特殊的要求。像北京北海的静心斋,静心斋实际上是一座苑中之园,厅堂楼阁、池沼竹树,可说是座很大的"斋",环境清幽,当然可以作读书养性之所。颐和园中的"眺远斋"、"圆朗斋",圆明园第九景"杏花春馆"中的"抑斋"、"镜水斋"则是三间的小屋。

### 二、斋的空间环境

斋作为修身养性之处,修身是要提高自己的品德修养,就必须养性,如《淮南子·俶真训》说:"静默恬淡,所以养性也[58]"。**静默恬淡**四个字,很精要地概括了"斋"对人和建筑主客观两方面的要求。静默,是虚静而无声;恬淡,是清心淡泊。这就是《庄子·天道》所说:"夫虚静恬淡、寂寞无为者,天地之本,而道德之至也[59]。"这是指人内心休静而空明,虚静、恬淡、寂寞、无为,乃天地之本和道德的极至。达到这种"平易恬淡,则忧患不能入,邪气不能袭,故其德全而神不亏[60]"。这是说:安宁恬淡,则忧患不能进入,邪气不能侵袭,于是乎德性完美而精神不亏损。

对斋的建筑要求,如文震亨《长物志·位置》云:"位置之法,繁简不同,寒暑各异,高堂广榭,曲房奥室,各有所宜。即如图书鼎彝之属,亦须安设得所,方如图画[61]。"这是讲斋的室内陈设与布置,但说明"斋"对建筑本身无特殊要求,是随人所宜的。家具不宜多,陈设不宜俗,而要"高雅朴拙",令人"神骨俱冷"。环境则必须清幽,"竹径通幽处,禅房花木深"的意境,即"斋"之境也,要使室内外的建筑环境,有一种"萧寂气味耳[62]。"斋的意境在萧寂。

明·屠本畯在《考槃余事》中,对斋的空间环境有个很细致的设想,可了解古时士人对斋的理想与要求。他说:

> 斋"宜明净,不可太敞。明净可爽心神,宏敞则伤目力。中庭列盆景建兰一二本,近窗处宿金鳞五六头于盆池内,傍置一洗砚池,余沃以饭瀋,雨渍生苔,绿缛可爱。绕砌种以翠云草,令遍茂,则青葱欲浮。取薜荔根瘞墙下,洒鱼腥水于墙上,腥之所至,萝必蔓焉。月色盈临,浑如水府。斋中几榻,琴剑书画,鼎研之属,须制作不俗,铺设得体,方称清赏。永日据席,长夜篝灯,无事扰心,尽可终老[63]。"

从设计角度,这段话中有两点是很有意义的。古代的设计者很讲究建筑空间的

**明净**,“明净”不仅是采光的问题,而是通过室内设计所取得的视觉审美效果。李渔在《闲情偶寄》中,从人体尺度与建筑空间相称的关系,认为建筑的空间体量不宜过大,“不则堂愈高而人愈觉其矮,地愈宽而体愈形其瘠,何如略小其堂,而宽大其身之为得乎?”虽然一般人的住房“难免卑隘”,房屋不能使其高大,“而污秽者、充塞者则能去之使净,净则卑者高而隘者广矣[64]。”净,有扩大空间之感。

另一则是庭院的绿化设计,墙上萝蔓和“雨渍生苔”,这是明代造园家计成在《园冶》中一再提到的“围墙隐约于萝间”;“环堵翠延萝薜”,这是园林造境的一个重要手法。我曾在《园冶全释》中的按语说:“‘围墙隐于萝间’句,不只是讲植物的种植设计,而是园林造境的一种手法。如刘侗《帝京景物略》中‘英国公园’条云:‘藕花一塘,隔岸数石,乱而卧,土墙生苔,如山脚到涧边,不记在人家圃。’明·张岱《陶庵梦忆》中亦有类似的描写。’……使围墙隐于藤萝之中,不仅可打破人的视觉局限,而且可造成山林意象[65]。”在明代著述中,常称“斋”为“**山斋**”,显然与“斋”的环境意匠有关,非定指山居之斋也。

## 三、斋的特殊形制

斋,既然以环境静僻清幽为要务,泛舟湖上,或船泊柳深疏芦之际,要比在城市中能获得静僻清幽的更佳环境,这大概是引起人去构筑“**水斋**”的因由。《南史·羊侃传》:侃“性豪侈,……初起衡州(今湖南衡阳),于两艖艄起三间通梁水斋,饰以珠玉,加之锦缋,盛设帷屏,列女乐。乘潮解缆,临波置酒,缘塘傍水,观者填咽[66]。”艖艄,是短而深的船。这是浮筏水上豪华的建筑,这种建造的靡费,酒宴女乐的享受与“斋”的本义已完全相反,所以称其为“水斋”,正是从水上环境而言的了。

宋代的欧阳修将房屋室内改造为舟,对后世园林建筑设计却产生积极的影响。他在《画舫斋记》中描述:“余至滑(河南滑县城)之三月,即其署东偏之室,治为燕私之居,而名曰画舫斋。斋广一室,其深七室,以户相通。凡入予室者,如入乎舟中。其温室之奥,则穴其上以为明。其虚室之疏以达,则栏槛其旁,以为坐立之倚。凡偃休乎吾斋者,又如偃乎舟中。山石崷崒(高峻貌),佳花美木之植,列于门檐之外,又似汎乎中流,而左山右林之相映皆可爱者,故因以舟名焉[67]。”欧阳修不愧是位杰出的室内设计的建筑师,他匠心独运,把一幢比例很狭长,难以使用的偏室,以舟船为意匠,不仅将室内改造如舟形,而且通过环境的设计,借峰石、花木列于檐外,人偃乎其中,如泛舟水上,可谓化腐朽为神奇,这种设计思想方法,难道不值得学习?

欧阳修以室为舟的创造,无疑是明清水景建筑“**不系舟**”创作的源头。这是将欧阳修的“画舫斋”,由地上移至水中,由室内形似到整体神似画舫的发展。自宋以后,最早见于文字的是刘侗《帝京景物略》中有:“台如凫,楼如船”之说,无详细描述。与《帝京景物略》几乎同时梓行问世的,计成的《园冶》没有提到这种建筑。但在明代构筑的“拙政园”已有此形式的建筑,名“香洲”。说明这种组合式园林建筑,明代尚不普遍,清代的江南大中型园林,几乎是园皆有,如上海“九果园”的“红萝画舫”,南浔“宜园”的“闲红舸”,南翔“猗园”的“不系舟”等等。

**不系舟**三字出《庄子·列御寇》:“汎若不系之舟,虚而遨游者也[68]。”不系舟喻萍踪不定之意。不系舟只用于题名,这种建筑还无一定名称。我认为:用“不系舟”作为这种建筑的名称,是名实相副、十分贴切的。从实在言,建筑似舟而固定,当不用系之;从审美言,于月色朦胧、水波粼粼之夜,坐卧其中而有泛舟江湖、虚心遨游之境界也。不系舟是一种组合建筑,用空灵的卷棚之亭,前筑台,后接两坡顶房舍,房后接二层楼阁组合成"台如凫,楼如船"的象征性画舫,"这种'不系舟'的形象,既由这似是而非的建筑形象所生,又在这建筑形象之外,这就是我们所说的'意象'。也正因它非舟而似舟的审美'意象',表现出它的高度艺术性,成为园林水景建筑的佳构。这种'不系舟',在江南古典名园中,几乎是园皆有,虽大同小异,在艺术形象上并不尽同,各有其趣[69]。"

"不系舟"之妙,就在似与不似之间,达到"神似"的意境。如果自然主义的追求"形似",如清末颐和园中的**石舫**,只能使人感到它是假的、死的而毫无生气。雕凿再精,也只有物趣而无天趣。特别是在私家园林中,"不系舟"如追求形似,因其体量较大,与园林有限的水面对比,园林的池沼就成了一洼死水,不仅违背了园林造景"视觉无尽"的美学原则,而且破坏了整个园林"咫尺山林"的意境。苏州狮子林中的石舫,正是追求形似而大刹风景的败笔。


# 第七节　轩

## 一、轩的名与实

**轩**字之义,起初也是个与建筑无关的字。汉·许慎《说文》:"轩,曲輈藩车也。"是指古代的车。段玉裁注:"谓曲輈而有藩蔽之车也。曲輈者,小车谓之輈,大车谓之辕。"輈(zhōu)是古代车辕的一种,载重的大车,左右两根直而平的木叫"辕";乘人小车,居中一木曲而上者叫"輈"。輈,是一端为方形截面固定在车的轮轴当中,伸出车斗外逐渐拱起截面亦成圆形,端头置横木为驾驭双马置轭处。輈的前端需拱起向上,显然是轮轴距地面的高度低于轭的原固。**轩**的本义,就是指輈前端拱起的部分,"轩"也作车的代称。

"轩"也用于形容车的形态,车舆前高后低如仰称**轩**;前低后高如俯称**轾**。《诗·小雅·六月》:"戎车既安,如轾如轩[70]。"所以,轩轾,引申为高低、轻重。"轩",引申为高昂、飞举。在赋中常用"轩"形容京都建筑宏伟的气势,如汉·班固《两都赋》:"左城右平,重轩三陛。"左边做阶级(城)以上人,右边做平坡以上车,重轩设三层台基。晋·左思《三都赋》:"开高轩以临山,列绮窗而瞰江。"是说:层层高敞的廊庑面对青山,排排雕镂的窗户俯视着长江。这样的例子很多,赋中之"轩"都是指宫殿楼阁的层廊庑。《康熙字典》有,"左思《魏都赋》:'周轩中天'"。注:"周轩,长廊有窗而周回者。"看来长廊有窗亦可称轩。圆明园的"汇芳书院"景中,临水的"眉月轩",就是九间廊式平面呈弧形的建筑。

**轩,后来也指小建筑之高敞者**,或用卷棚顶的小舍。在清代皇家园林和私家园林中,称为"轩"的建筑是很多的。我们从《圆明园四十景图咏》第十一景"茹古涵今"的组群建筑的题名、布局和建筑形式,可以看出"轩"和"斋"在含义和性质上的差异。这一组群建筑从图3-10可见,是以"韶景轩"为主体,在其庭院两侧,用斋组合

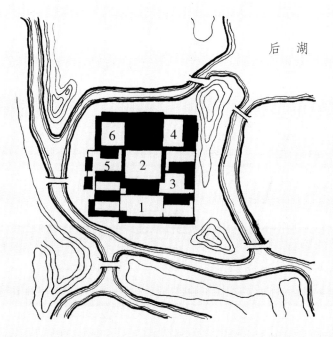

北京圆明园"茹古涵今"胜概图

1. 菇古涵今
2. 韶景轩
3. 茂育斋
4. 环翠斋
5. 竹香斋
6. 静通斋

"茹古涵今"平面布置图

**图 3-10 圆明园"茹古涵今"平面及胜概图**

的几个小院,西有"竹香斋",其后为"静通斋";东有"茂育斋",其后为"环翠斋"。"韶景轩"体量相对很大,为5×5间,平面呈方形,底层廊庑周匝,上层栏楯回绕,重檐四角攒尖顶,轩敞而雄秀。"韶景轩"与门殿"茹古涵今"和东西修廊围合成广庭。广庭两侧小院中的四座"斋",均为三间小室,硬山卷棚顶,藏幽僻处,清静而简朴。整个组群建筑,于嘉树丛卉之中,"缭以曲垣,缀以周廊,邃馆明窗"(乾隆皇帝诗序)。

从乾隆皇帝题此景为"**茹古涵今**",是通晓古今、博学多闻的意思。乾隆皇帝诗有"时温旧学宁无说,欲去陈言尚未能"句,说明这是一处以读书写作为主题的景点。建筑师巧妙地运用了**轩**的高敞开朗和明显,为景点的建筑主体和活动场所。用**斋**的静僻清幽和深藏,回廊小室闭合成小院,作为主人读书的怡情养性之处。斋分四院者,既是群体布局的需要,也有取古代图书分类:经、史、子、集四部之意。

虽然,在实际生活中,"轩"和"斋"的使用,并不是十分明确的,但从"茹古涵今"的景境创作中,反映出中国建筑在功能上的模糊性和在文化内涵上的丰富性。正是这种文化内涵的丰富,为设计者提供了建筑形式与空间组合上的灵活和变化;在建筑

图3-11　苏州虎丘山月驾轩

技术上,这种在规矩方圆之中,而极臻变化之能的创作思想方法,正充分体现了中国建筑文化不同于西方的特点(图 **3 - 10** 为北京圆明园"茹古涵今"平面及胜概图)。

在民间和私家园林中,称建筑为"轩"的情况也很多。《东坡志林》:"陶靖节云,'倚南窗以寄傲,审容膝之易安。'故常欲作小轩,以'容安'名之",如苏州狮子林中的"指柏轩",留园的"揖峰轩",沧浪亭的"面水轩",吴县羡园的"织翠轩",南翔猗园的"鹤守轩",杭州红栎山庄的"且住轩"等等。而苏州虎丘拥翠山庄中的"月驾轩",大小如一方形空亭,位于山顶,坐西崖壁上,面东向,三面砌墙,山墙辟门空,正面只筑槛墙不设窗棂,建筑虽小却十分高昂豁敞,很恰当地称之为"轩"(图 **3 - 11** 为苏州虎丘月驾轩)。

**廊檐之轩** 《正字通》:"檐宇之末曰轩,取车象也㉑。"檐宇之末,是指房屋出檐的廊。这一部分的建筑空间,"为什么又称为'轩'呢?因为檐下双步的廊较宽,顶上空间在屋盖下成直角三角形,空间局促且不完整,也不美观。为了解决这个矛盾,计成在《园冶》中提出:'必有重椽,须支草架',即在原有屋面下再加上一层椽子,故名'重椽',使顶上空间前后对称,表里齐整,自下仰视,俨若假屋,而将这些重椽都做成弯曲上拱的形式,所以称之谓'轩'。"这种做法,即"取车象之义"。故《正字通》又云:"殿堂前檐特起,曲椽无中梁者,亦曰轩。"

从前高后低为轩,前低后高为轾,《园冶》中的草架制度,可以说是一种轩式的做法。

综上所述,建筑称为"轩"者,有下列几种情况:

① 有窗的廊式建筑,称轩;

② 长廊有窗而周回者,称周轩;

③ 明净轩敞的小室,亦称轩;

④ 厅堂为扩大进深抬高檐口,在檐廊顶部用曲椽的做法,称"轩式"。

这种"轩式",随曲椽加工的形式不同有不同的名称。如:茶壶档轩、船篷轩、鹤胫轩、海棠轩等等(见第八章"廊轩及其形式"一节)。

## 二、轩的环境景观

"轩"和"斋"类似,对建筑的形式和功能没有什么特定的要求。如果说,斋的主要特点在建筑的环境,而轩的主要特点在建筑的空间。我们从"轩"的题名,可见它的随意性。如:

**从朝向** 轩不论建于何处,南北东西朝向的房屋皆可名"轩"。有东轩,苏东坡有记;西轩,柳宗元有记;南轩,李东阳有赋;北轩,杜牧有诗等等。

**面山者** 面对青山或有远山之景可借者。有玉峰轩、挹翠轩等等。立于山上者,有月驾轩、宿云轩、叠云轩等。

**临水者** 有回澜轩、江雨轩等。

**因花木者** 有兰轩、菊轩、竹轩、茉莉轩、霜筠轩等。

**书画者** 有万卷轩、笔议轩、阅耕轩等。

**名其境者** 有清静轩、高明轩、近雅轩、潇洒轩、大观轩、广野轩等等。

**轩的情景**

唐·戴叔伦《南轩》:"野居何处是?轩外一横塘,座纳薰风细,帘垂白日长,面山如对画,临水坐流觞,更爱闲花木,欣欣得向阳。"

柳宗元《东轩》:"莫向东轩春嬾望,花开日出雉皆飞。"

杜牧《甘露寺北轩》:"曾向蓬莱宫里行,北轩栏槛最留情。"

宋·陆游《小轩》:"四面山如碧玉城,小轩聊得惬幽情。"

元·倪瓒《居竹轩》:"遥知静者忘声色,满屋清香未觉贫。"

明·杨基《梦绿轩》:"南风划然吹梦破,树头不知微雨过,从今寤寐两俱忘,静与白云相对坐。"

## 第八节 榭

### 一、榭的名与实

**榭** 在秦汉以前无"榭"字,经传通作"谢"。"榭"作建筑名称有多义:

《书·泰誓上》:"惟宫室台榭。"孔传:"土高曰台,有木曰榭[72]。"这是指建在高台上的开敞式建筑;

《国语·楚语上》:"榭不过讲军实[73]。"本为古代存置兵器和讲武的堂所;

《汉书·五行志上》:"榭者所以藏乐器[74]。"汉代又称藏乐器之所为榭;

《公羊传·宣公十六年》有"宣谢(榭)[75]。"徐彦疏引《尔雅·释宫》:"无室曰榭。"郭璞注:"云无室曰榭者,但有大殿,无室内,名曰榭。"这是指建筑空间不加分隔的开敞厅堂;

《左传·襄公三一年》:"宫室卑庳,无观台榭[76]。"是说:宫室低下,没有高台敞榭可纵观博览。这是相对建于高台上的游观之所而言,也是对台上"有木曰榭",榭建高处的解释。

从上列诸说,除了游观的"台榭",建造在平地上的建筑,无论是作讲武堂,或存放兵器、乐器,还是作为厅堂,都有一个共同特点,建筑内部空间都是不加分隔的敞厅。而"台榭"从游观的广瞻要求,不仅室内无分隔,四壁也是绮窗列槛,户牖虚敞的建筑。

### 二、景观建筑的榭

**台榭** 是秦汉高台建筑时期的产物。随着社会的发展,以消耗大量劳动力的土筑高台,也随之消失。后世虽不兴"台榭",但榭的空间开敞可以广瞻博览的游观功能,却被保存下来,成为园林中的一种景观建筑。

明·计成《园冶·屋宇》:"《释名》云:榭者,藉也。藉景而成者也。或水边,或花畔,制亦随态。"藉,是"借"的繁体字。用现代汉语说:《释名》说,榭,是凭借的意思。就是凭借景境构筑的。或临水际,或隐花间,榭的型式根据景境的不同而随其所宜[77]。"园林中的榭多临水构筑,称"水榭",取水面的浮空泛影,视觉开朗而有旷如之感。

**榭** 是景观建筑,本身就是景,不同于藏修密处的"斋"。"榭"的建筑形式虽无定制,造型必须与景境融合而相得益彰。独立建造的"榭"多临水,廊庑周匝,四面虚敞;用歇山卷棚顶,轻逸而挺秀。如《圆明园四十景图咏》中,两幢题名为"榭"的建筑,"方壶胜境"中的"辉渊榭"和"澡身浴德"中的"澄渊榭",都是采用这种建筑形

**图 3 - 12  承德避暑山庄水心榭**

式,并且建筑的前廊都挑出架在水上。而"涵虚朗鉴"一景中的"寻云榭",虽沿福海,因不临水,在"贻兰庭"后的小院里,就用了简朴的悬山卷棚顶,可见榭与环境"意匠"的一般情况。

承德"避暑山庄"中著名的**"水心榭"**,为乾隆三十六景的第八景。这是以三座亭榭藉桥上空间联成一体的水景建筑,建于下湖与银湖之间的多孔水闸上,南北为重檐四角攒尖顶方亭,中列三间重檐歇山卷棚顶的敞榭。亭榭立桥闸之上,两边夹水,确有"飞角高骞,虚檐洞朗,上下天光,影落空际"的意境(图 **3 - 12** 为河北承德避暑山庄水心榭)。

# 第九节  馆

**馆**  最早见于文字者,是《周礼·地官·遗人》所载:"凡国野之道,十里有庐,庐有饮食。三十里有宿,宿有路室,路室有委。五十里有市,市有候馆,候馆有积[78]。"遗人,是掌管国家税收的粟米、薪刍、木材等储备物资,用于救济、抚恤和招待宾客的职官。委积,是指这些储备的物资,小曰"委",大曰"积"。庐,是小屋,从秦制多半是路边只可日息不可夜宿的"亭"式建筑。路室,是路途中可以止宿的房子。候馆,是等候接待宾客,供食宿的地方。用现代汉语说:凡国道,十里设有庐,可供旅人饮食。三十里可以止宿,建有路室,备有粮草。五十里设有交易市场,市中建有候馆;候馆备有充足的粮草,可接待宾客食宿。

### 候馆

就是在国道上接待宾客的房屋。所以《说文》曰:"馆,客舍也。""馆"也有指临时住宿之意。《左传·隐公十一年》:"公祭钟巫,齐(斋)于杜圃,馆于寪氏[79]。"寪氏,是鲁国大夫。意思是:公祭钟巫时,斋戒于杜圃的地方,寄住在鲁大夫穷氏的家里。

从《孟子·告子下》:"交得见于邹君,可以假馆,愿留而受业于门⑩。"这是曹君之弟曹交对孟子说的话:我能够见到邹国国君,并可借到住处,我愿意留在您的门下接受教育。馆,就有临时寄居之所的意思了。《园冶·屋宇》说:"客舍为假馆⑪。"假,借也。

**馆,供人停息、饮食的寄居之所。**

后世对凡可供人驻足休憩的服务性场所皆可称之为"馆"。如:饮食业的茶馆、咖啡馆、餐馆;旅店业的旅馆、宾馆;文化服务的文化馆、图书馆、游泳馆等等。旧时同乡和同业的行会组织聚会和办事处,称"会馆"等。

### 别馆

司马相如《上林赋》中所说:"离宫别馆,弥山跨谷。"离宫与别馆并称,性质相同也。别馆者,是帝王在京师宫殿之外,供游娱休憩的宫殿,有食宿等完善设施而名之为"馆"。清代的圆明园第十二景"长春仙馆",是一处组群建筑,乾隆皇帝弘历曾在此读书,自号"长春居士"。私家园林亦有以"馆"名园的,如扬州的"小玲珑山馆"。而大多用"馆"名供休憩娱乐活动的次要厅堂,如苏州留园的"五峰仙馆";拙政园中的鸳鸯厅,前临水,名"三十六鸳鸯馆",后对花,名"十八曼陀罗馆"等等。

# 第十节　廊

## 一、廊与庑之别

《说文》:"庑,堂周屋也。"庑,是殿堂或厅堂檐下四周的回廊,所谓"廊庑周匝"是也。东汉许慎(约58~约147)的《说文解字》中无"廊"字。但在西汉辞赋家司马相如(前179~前117)的《上林赋》中已有"高廊四注,重坐曲阁"之句。许慎30岁时,司马相如才逝世,何以《说文》中未收入"廊"字呢?

我们从"**高廊四注,重坐曲阁**"试析之。高廊:是形容高敞的廊,也就是供行走的廊。四注:注,即帀(zā 札),环绕一周叫一帀。四注,就是围绕四周。高廊四注,是围绕四周的廊,廊所围绕的当然是殿堂,而围绕殿堂四周的廊,实际上也就是许慎所说:"堂周屋也"的"庑"。

"重坐曲阁",重坐:是指建筑的形式为"重屋",且上下两层皆可以坐。曲阁:是形容曲折相连的阁道。

对"阁"的含义和演变,前面已做了专节论述。其中从峭壁上用木梁悬挑,搁板覆屋的栈道式的"阁",有架空之意。所以秦汉高台建筑时代,架设于台观楼殿之间的凌空之廊,称"飞阁"。当阁的发展,由悬挑而架空,由架空而落实到地上,为保持架空为阁的原意,开始可能是两层的底层空敞,故仍称为"阁",而不叫做廊。"重坐曲阁",也就是两层的上下可坐而曲折相连的"阁道",当时生活中不称之为廊。这大概是《说文》中之所以无"廊"字的原因了。

**庑**　是围绕建筑四周的回廊,是建筑内外空间的缓冲与过渡,它在建筑物的构架之中和屋顶之下,对此是没有疑问的。但"庑"只用于四坡顶的建筑,两坡顶的建筑多在建筑前或前后设廊。这种单面或双面的廊,性质与"庑"一样,形式则不同,所以无称其为"庑"者,但也没有明确称其为"廊"的。因为"廊"在结构上是独立建造的,它的主要功能是建筑空间的引申与延续,空间形式相似而性质不同。计成在《园冶》中说"前添敞卷,后进余轩[82]",不说添廊设庑。计成所说的"卷"和"轩",严格地说,并不是指称这部分的空间,而是指此空间顶上的构造形式。

正因为这檐下之廊,既不是"庑",又不同于"廊",常含混地叫廊庑,还没有个约定俗成的名称。从房屋前后最外一列柱子,北方称"檐柱",南方称"廊柱"的事实,我认为名其为"**檐廊**",是名实相副、概念明确的名称。

**廊** 《园冶·屋宇》:"廊者,庑出一步也[83]。"这是个较确切的解释。将"廊"与"庑"和"檐廊",从结构和空间上分开,也说明廊与建筑的庑和檐廊连接的关系。

清·李斗《扬州画舫录》云:"浮栟在内,虚檐在外,阳马引出,橺如束腰,谓之廊[84]。"栟:《尔雅·释宫》:"栋谓之栟。"许慎《说文》:"栟,眉栋也。"段玉裁注:"《尔雅》浑言之,许析言之。"认为《尔雅》是笼统的说法,许慎是具体而言。但两说的共同点都是指"栋",只是"栋"在构架中位置不同而有不同的名称。

那么,什么是栋?《说文》:"**栋**,极也。"段注:"谓屋至高之处,《系辞》曰:'上栋下宇。'五架之屋,正中曰栋。《释名》:'栋,中也,居屋之中。'"所谓古之"栋"也就是后来所称的**脊檩**或**脊桁**。

按礼制**寝图**,五架之屋,用清式名称言,**栋**,是脊檩;**楣**,是金檩;**庪**,是檐檩(见**31**页图**1-6**及**33**页所述)。脊檩(桁)居中,只有一根。而金檩、檐檩是前后对称的各有两根。《辞海》和《辞源》中解释"栋"为"房屋的正梁",《辞海》释"栟"为"房屋的次梁,即二梁",都是不正确的。因古代的**梁**是指桥,如《说文》段注所说:"见于经传者,言梁不言桥也。"梁还不是建筑构件的名称。

**梁** 在古代不是建筑构件的名称,其原因,我的看法是:这正可说明梁架结构是由"穿斗架"发展而来。因为"穿斗架"的"栋",即每根檩子都直接搁置在柱子上,柱之间的横木只起联系作用,还不存在横向水平承重构件的梁。所以在《寝图》上,柱名**栋,楣,庪**,是与檩的名称对应一致的。穿斗架的柱子全部落地,限制了建筑内的纵向空间,为解决这个矛盾,将中间的柱子悬空,放在一根横木上来承受上部的荷载,除了脊檩置脊(瓜)柱上,其他均搁置在各层的梁端,形成梁架式结构。因为这横向水平承重构件,如架空的"桥",所以才称之为**梁**,"梁"也就逐渐失去"桥"的含义。

段玉裁在《说文解字注》中已明确地指出:"栋与梁不同物,栋言东西者,梁言南北者[85]。"详细点儿说,栋是建筑的纵轴方向(东西),搁置在两片(缝)梁架之间的横木;梁是建筑的横轴方向(南北),在构架中起主要承重作用的横木。可见,《辞海》以"梁"解释"栋"、"栟",在概念上会使读者模糊,应该说是错误的解释。

**阳马** 是指廊转角处斜置的长桁。《文选·何晏〈景福殿赋〉》注:"阳马,四阿长桁也。"**束腰**:是指廊栏杆的一种形状。《扬州画舫录》:"廊之有栏,如美人服半背,腰为之细,其上置板为飞来椅,亦名美人靠[86]。"所谓"其上置板"者,非置栏上,而置栏下槛墙上以为坐,栏作靠背,故名"飞来椅"、"美人靠"也。


## 二、廊的形式与作用


**廊的形式** 李斗《扬州画舫录》:"板上甃砖,谓之响廊;随势曲折,谓之游廊;愈折愈曲，谓之曲廊；不曲者修廊；相向者对廊；通往来者走廊；容徘徊者步廊；入竹为竹廊；近水者为水廊。花间偶出数尖，池北时来一角，或依悬崖，故作危槛；或跨虹板，下可通舟，递迢于楼台亭榭之间，而轻好过之[87]。"

宋·范成大《吴郡志》："响屧廊，在灵岩山寺。相传吴王令西施撵步屧，廊虚而响，故名。今寺中以圆照塔前小斜廊为之，白乐天亦名鸣屧廊[88]。"屧：是木屐。这是历史上有文字记载的"响廊"，宋·王禹偁诗："廊坏空留响屧名，为因西施绕廊行。可怜伍相终尸谏，谁记当时曳履声。"

李斗所说两廊相向的"对廊"，却不好理解。如果说是以一幢房屋用廊或廊与垣围合的庭院，两面相对有廊的意思，这样的情况很多，而这种廊的布置形式，是决定于庭院的空间环境设计，并非是廊的固定模式。若如是，"对廊"之说是无意义的。如果是指"复廊"，则"相向者对廊"用词不当。在现存苏州古典园林中，"复廊"是廊的一种特殊空间形式。其结构方式，是在两坡顶下沿中间的脊檩筑墙，并在墙上辟"漏窗"或"窗空"（月洞），分隔成两条并列的廊。从廊的开敞面（立面），两廊不是相向，

图 3－13　苏州拙政园小飞虹

而是相背。如苏州怡园分隔景区的就是一条曲折的"复廊",廊中墙上漏窗,虚实相间,隔院亭台,时隐时现,既增加了景深和层次,也隔出了境界。

"近水为水廊"也不确切,那"或跨虹板,下可通舟"的廊,叫什么呢?**水廊者驾于水上之廊也**,如苏州拙政园"远香堂"西南隅,"清莘阁"与"松风亭"一组建筑,就是用驾水之廊"小飞虹"围成的水院(图**3-13**为拙政园小飞虹)。拙政园西部的补园,进"别有洞天"门空(地穴),沿墙一带长廊曲折,挑出水面,水如出自廊下,不见池岸,具有扩大空间的妙用(参见本书图**12-43**苏州拙政园西部补园水廊)。

**廊的妙用**  北京北海公园琼华岛白塔山,北面山麓沿岸,有一排双层60间的临水游廊"延楼",半月形环抱着琼华岛。回廊、青山、白塔倒映水中,景色如画(见彩页,北海白塔山阴二层回廊延楼)。廊是空间立体的路,除了顶着屋顶的柱子,没有围蔽结构,空空如也。是内部空间?却与外部空间通畅无碍;是外部空间?顶与柱列又有明确的空间视界。可见:**廊的空间,非内非外,亦内亦外**,是颇有禅味的空间形式,无以名之,我称之谓"**交混空间**"。

廊的空间特殊性,形成在建筑设计中具有特殊的作用。它连接房屋之间,建筑空间就得以引申与延续,引申与延续是时间与空间的融合,只有**时空融合的空间才是流动的空间**。中国造园独特的**往复无尽的流动空间**的创作思想与手法,廊是个重要的因素。只有在无尽的流动中,有限的空间才能使人产生无限之感,景有限而意无穷之趣。

廊贵在**曲折**,随形而弯,依势而曲,要"曲折有致","曲折有情",在审美心理上,如论画者说:"**以活动之意取其变化,由曲折之意取其幽深故也。**"

"但随廊的位置与环境不同,空间又是极臻变化的,可虚可实,实中有虚,虚中有实:靠墙者,化实为虚;筑墙而辟漏窗和窗洞者,实中有虚;筑槛墙栏护者,虚中有实;临空者,前后皆虚。一条曲折长廊,可以一面虚中有实,一面实中有虚;一段左虚右实,一段左实右虚,虚虚实实。而何处用虚,何处用实,既要考虑空间构图的审美要求,更要从空间环境的意境出发,是围是隔,需透需漏,才能有所依据[89]。"如计成在《园冶·屋宇》中强调:"长廊一带回旋,在竖柱之初,妙于变幻[90]。"说明"廊"不是在园林建筑景境造好之后,随意的添加,应该是景境创作的有机组成部分,在总体规划中就应设计布置,是体现中国园林空间意匠的重要因素之一。

廊的空间,非内非外,亦内亦外,是建筑空间的引申与延续,是时间与空间的融合,是古典园林中构成往复无尽流动空间的一种必要手段。

# 第十一节  亭

## 一、亭的名与实

亭  《墨子·备城门》:"百步一亭,高垣丈四尺,厚四尺,为闺门两扇,令各可以自闭[91]。"墨子(约前468~前376)是春秋战国之际的思想家,《备城门》所载,是"亭"最早见到的文字,说明中国在春秋战国之际,已经有了"亭"的建筑。

《墨子》所说的"亭",是城防守备建筑中的一种。从非常简略的文字,对这种造在城上的"亭",我们可做大概的推测:这每百步一亭,亭多半为方形,四敞有顶的简易建筑。从"高垣丈四尺,厚四尺",这高约3米多,厚近1米的墙(以每尺折0.23米计),显然是为抬高亭的视野,在亭下筑的小土堡。不称为台,因其中空。闺门,即亭垣之门;门两扇,且各自可以关闭者,是在亭垣(小土堡)相对两面各有一门,以便城上通行也。《墨子》在亭句下有"亭一尉,尉必取有重厚忠信可任事者②"。岑仲勉注:"尉为协助守城之长官。"可见亭是供"尉"休息和观察敌情、防务的地方。

亭这种性质,在历史上沿用了很长时期,如:《战国策·韩策》:"料大王之卒,悉之不过三十万……除守徼亭、障、塞,见卒不过二十万而已矣。"是说:料想大王的士兵,统共不过30万人……除了驻守边亭、关防要塞,现士兵不过20万而已。《战国策·魏策一》:"魏地方不至千里,卒不过三十万人……卒戍四方,守亭、障者参列,粟粮漕庚不下十万。"戍:军队驻防。障:边境城堡。参:同三(叁)。漕:指水路运输征粮至京师。庚:露天堆积粮食。用现代汉语说:魏国地方不到千里,士兵不过30万人……驻防四方,守备亭、边关者三之一,水运堆积粮食的不下10万。文中的"亭"、"徼亭",就是边境上的守备之亭。"徼",有边界和巡察之义。

《辞源》:"徼亭,设于境上的驿亭。"驿:是古代官府传递文书的车马。"驿亭,古代驿传有亭,为行旅休息之所。"这个解释是不准确不全面的,"徼亭"不等于"驿亭",我认为:这种在边境线上每隔一定距离设置的亭,是军事设施,功能应是守卫边境线的岗亭(观察哨)。一般沿边境线不可能筑路,所以徼亭就不具有驿亭的意义。如《韩非子·内储说上》记载,吴起为魏西河守,"秦有小亭临境","不去则甚害田者"。说明秦的小亭已在魏国边境的田野里。亭之所以很害田者,是因为这种亭建在四方土台上的,木构小亭很容易拆除,而亭下的一座座土堆之台,不铲平就影响耕地之故。

正因为"亭"的城防作用,所以《说文》有"亭,民所安定也"的解释。研究中国建筑者,尚未见有引用《说文》对"亭"的这个解释,显然是忽视了秦汉以前"亭"的军用功能。段玉裁对《说文》"亭"的注解,虽综合古籍所云,但释"民所安定也"也是根据汉代的情况。《说文》段注:

> 《周礼》三十里有宿。郑云:可止宿,若今亭有室矣。《百官公卿表》曰:县道大率十里一亭,亭有长。十亭一乡,乡有三老,有秩啬夫。《后汉志》曰:亭有长以禁盗贼。《风俗通》曰:亭,留也,盖行旅宿会之所馆。《释名》曰:亭,停也,人所停集。按:云民所安定者,谓居民于是备盗贼;行旅于是止宿也③。

计成在《园冶·屋宇》中说:"《释名》云:亭,停也。所以停憩游行也④。"他将《释名》的"人所停集也"作了造园学意义的解释。秦汉时,在国道上一定距离建造为旅人遮阳避雨休息用的亭,人在休息时有景可观,亭自然也就具有休憩观赏的功用了。但这不是建造亭子的目的,秦汉时"亭"有编户的意义,以娱游观赏为主而建造的"亭",据我所知,最早见于文字的是北魏郦道元在《水经注》中所记的"兰亭":

> 浙江又东与兰溪合,湖南有天柱山,湖口有亭,号曰兰亭,亦曰兰上里。太守王羲之、谢安兄弟数往造焉。吴郡太守谢勖,封兰亭侯,盖取此亭以为封号也。太守王廙之,移亭在水中,晋司空何无忌之临郡也,起亭于上椒,极高尽眺矣⑤。

这是因晋代大书法家王羲之的《兰亭集序》而著称于世的浙江绍兴"兰亭"。亭原建于湖口"兰上里"村头，显然非为观景而建，但自王羲之将亭移建水中，何无忌又建到山顶，而有"极高尽眺"之美，无疑地都是为了欣赏这里的湖山胜景。"可见，为观赏风景建于自然山水中的亭，最晚到晋时已出现了。现存兰亭的建筑和园林，是明嘉靖二十七年(1548年)后移此重建的，有清康熙帝书的"兰亭"碑。园内茂林修竹，鹅池清鉴，环境清幽(见彩页浙江绍兴兰亭碑亭、兰亭之六角亭)。而将亭造在园林里的最早记载，是北魏时人杨衔之所著的《洛阳伽蓝记》中所记，华林园的景阳山有'临涧亭'(张伦私园"景阳山"亦有亭，并有《亭山赋》)。但至少在北魏时造园中已采用了'亭'的建筑形式。到隋朝，在西苑的十六院中，每院均建有一'逍遥亭'，唐代的禁苑，亭的数量大大增加，几乎成为一种主要的建筑形式⑨⑥。"到明清时代，可说无园不亭，以至称"园林"者少，称"亭园"或"园亭"者多矣。

## 二、亭的功用

唐·欧阳詹《二公亭记》:"亭也者，藉之于人，则与楼观台榭同;制之于人，则与楼观台榭殊。无重构再成之糜费，如版筑栏槛之可处，事约而用博。贤人君子多建之，其建皆造之于胜境⑨⑦。"欧阳詹认为:所谓"亭"，在人的生活中，是与楼观台榭一样;建造它时，则与楼台观榭不同。亭无"楼"的层叠重构和"观"的需筑台再成的糜费，却如台榭一样可以居处，构筑简单而用途很广。贤人君子多喜欢建造，凡建亭都选择在环境幽美的地方。

**事约而用博** 言简意赅地概括出"亭"不同于其他建筑的特点。亭是点式建筑，亭的体量可大小自如，"亭虽结构奇巧，构筑则简便，对地形地势有高度适应性:立山巅、傍岩壁、临涧壑、枕清泉、处平野、藏幽林……空间中独立自在，位置上灵活自由。有胜境处建亭，如画龙点睛，使景象增生民族的色彩和精神;无胜景处立亭，亦可于平淡中见精神，使景境富有活力和生气⑨⑧。"可以说，凡人涉足处，几乎皆可筑"亭"以待。正因此，"亭"的功用十分广泛，下面分别其用举例概述之。

**史迹** 属历史事件或故事发生地所建之亭如:西周的亡国之君周幽王，为得宠妃褒姒一笑，举伪烽失信于诸侯，而被杀于骊山之下的"戏亭"。项羽与章邯会盟处之"会盟亭"。宋代吕蒙正食人所遗之瓜，作宰相后于此处建亭，以不忘贫贱之"饴瓜亭"(亭已不存)等等。

**纪念** 为纪念民族英雄、历史文化名人所建的亭。如:广东海丰县城外五坡岭上的"方饭亭"，南宋景炎三年(1278)，抗元英雄文天祥从潮阳转战至此，时宋军正在开饭，张弘范率骑兵突袭，猝不及防，文天祥被俘，特建此亭，以事命名。亭中有碑刻文天祥肖像。楹联为"热血腔中只有宋，孤忠岭外更何人"。四川灌县二王庙之"观澜亭"，为纪念战国时水利家李冰父子所建祠庙，宋以后历代封李冰父子为王，原名崇德祠，后随称二王庙。庙在都江堰岷江东岸玉垒山麓，坐落在陡急的山坡上，建筑随山势叠落。"观澜亭"正处半坡拾级而上的转折处，为登山对景和过渡的标志，建于崖边石墙上，墙上嵌李冰治水方针石刻。亭为三间，中一间为二层，檐宇层叠飞扬，形成空间围合与引导作用。登亭可远眺索桥、鱼嘴及西岭雪峰诸胜，可谓因势利导的空间设计佳构。纪念文化名人的亭所在多有，如:为纪念晋代"竹林七贤"之一，被司马昭所杀的嵇康，在安徽蒙城嵇山的"**嵇康亭**";纪念北宋理学家程颢、程颐兄弟，在湖北黄陂鲁台山上的"**双凤亭**";纪念北宋政治家范仲淹，在山东益都阳河畔建的"**范公亭**"等等(图**3－14**为四川灌县二王庙的观澜亭)。

**文化** 古讲学之处或名人为读书作文所建的亭。唐穆宗时，令侍讲书处厚等讲《诗》《尚书》之"**太液亭**"。文宗又命纂集《尚书》中君臣事迹，令工匠刻于太液亭；宋张子厚讲学之所的"**绿野亭**"；诸葛武侯读书处之陕西"**卧龙亭**"；清初学者孙承泽，自号"退翁"，为著书在北京樱桃沟花园所建的**退翁亭**；为贮王羲之所集右军书，陀罗尼经及华阳真迹《瘗鹤铭》的镇江"**宝墨亭**"；欧阳修建并为之作记的"**醉翁亭**"等等。

**迎饯** 城外迎送亲友客人休息的亭。如：宋代金陵的"**折柳亭**"，扬州南门外的"**南丽亭**"，南昌桥步门外之"**南浦亭**"等。白居易有诗："南浦凄凄别，西风袅袅秋。一看肠一断，好去莫回头。"作为迎饯的亭，旧时大概是较普遍的。

**流觞** 古代风俗，于阴历三月上巳日（魏以后定为三月三日）就水滨宴饮，以祓除不祥。后人因引水亭中环曲成渠，流觞（酒杯）取饮，相与为乐，称"曲水流觞"。筑亭流觞的较早记载，是浙江金华的"**涵碧亭**"。《浙江通志·金华府》："唐宝历二年（826）建。下穿方池，刻石作双鱼，引水贯其中，以为流觞之所。"宋·李格非《洛阳名园记》中杨侍郎园有"流杯亭"。清代遗存可见者，北京故宫乾隆花园中的"**禊赏亭**"，潭柘寺的"**流杯亭**"等。亭地面铺石凿曲渠，均似二龙蟠卧，九经曲折，水方流出亭外（图3-15宋《营造法式》中流杯渠图）。

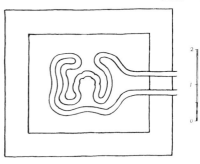

图3-15 河南登封崇福宫泛觞亭流盃渠平面复原图（《营造法式注释》）

**息足** 为行人息足于路边所建之亭，为秦汉以来"亭"的本义。后常建于要道渡口之处，并有施以茶水者，如广东"止渴亭，在乳源县滩头渡，煮茶施众"（《广东通志·韶州府》）。苏州山塘之"茶亭"，"在小普陀寺前，为行人息足之地"。柱联曰："皎日当空聊憩息，清风徐拂足淹留"（《桐桥倚棹录》）。

**庇碑** 为庇护皇帝题写的御碑所筑之亭，即"御碑亭"。这种亭遍及各地，今多见诸庙宇中。亭多而集中的，是山东曲阜城内孔庙大成门前的"**十三御碑亭**"。是金、元、清三代帝王为保护唐宋以来祭孔、修庙的石碑而建。十三座碑亭，均为方形木构，重檐歇山，彩绘斗栱，黄瓦朱甍。共有石碑53座，碑下均以赑屃驮趺。碑之最早者，为唐代所立。碑之最大者，约重65吨，为清康熙时所立。

**寄情** 造亭藉题名以抒发生活态度和思想感情者。如：唐代司空图隐居中条山有"**休休亭**"。"名亭曰休休，作文以见志曰：'休，美也，既休而美具。故量才，一宜休；揣分，二宜休；耄而聩，三宜休；又少也惰，长也率，老也迂，三者非济时用，则又宜休。'因自目为耐辱居士"（《新唐书·卓行·司空图传》）。四川南充县宋时有"**五友亭**"，宋游炳题："明月清风为道友，古典今文为义友，孤云野鹤为自在友，怪石流水为娱乐友，山果橡栗为相保友，是五友者，无须臾不在此间也"（《山堂肆考》）。宋代治平初（1065前后），县令周景贤建"**六劝亭**"，"作文劝民，其条有六：行孝悌，务农桑，向儒学，兴廉逊，崇信行，近医药"（《山堂肆考》）。寓教于行人停憩中，这种亭的作用是颇有意义的。

**观赏** 为观赏某一特定景观或环境所建造的亭。如：山东泰山顶上为观日出之"**观日亭**"（图3-16）。旭日东升，晚霞夕照，黄河金带，云海玉盘，为岱顶四大奇观。湖北蒲圻县西北长江边，赤壁山顶近代所建的**翼江亭**，为纵目披襟长江天堑之处。湖南长沙岳麓山清风峡小山上，遍山枫林，春绿秋红，别饶佳趣之**爱晚亭**，取唐杜牧的"停车坐爱枫林晚，霜叶红于二月花"诗意而名（图3-17），等等。

**造景** 非一般安亭得景之意，是指由"亭"构成的具有独立景观意义的造景。一亭而成景者如：北戴河海滨二十四景之一的**鹰角亭**，亭立海滨巨型礁石之顶，石色

图 3 - 14 四川灌县二王庙观澜亭

图 3 - 16 山东泰山观日亭

图 3 - 18 四川青城山慰鹤亭景观

图 3 - 17 湖南长沙爱晚亭

黄,嶙峋陡峭,裂隙纵横,如披麻乱柴之皴,形如雄鹰屹岸,因名"鹰角石",亭因石名,登斯亭,海天一碧,波涛拍石,为绝胜之景。

多亭成景者,以北京故宫神武门对面的**景山五亭**为典型。"景山",本元代大都城内一土丘,明永乐十四年(1416)营建北京,用挖紫禁城河和旧城渣土,堆丘为山,名"万岁山",清更名为"景山"。景山横列故宫轴线之上,中高而两边渐低,成对称的五个小峰,峰顶各建一亭。中为**万春亭**,三重檐四角攒尖黄琉璃瓦顶;其左右之亭,东名**周赏**,西名**富览**,均为重檐八角攒尖绿琉璃瓦顶;东西两端小亭,东名**观妙**,西名**辑芳**,均为圆形重檐攒尖蓝琉璃瓦顶。以"万春亭"为中心,左右对称,亭由大渐小,由高而低,由方而圆,由于亭的空灵秀丽,布局对称均衡,景山形象端庄而典雅,是北京纵览故宫胜概之最佳处。

以亭为主的造景,是古造园艺术的传统。据《大业杂记》载:"汾河之源,上有名山管涔,高可千仞。帝于江山造亭十二所。其最上名翠微亭,……亭子内皆纵广二丈,四边安剑栏。"如此高山,亭大概是沿山磴道自由立基的,不可能形成十二亭的整体景观。北宋的艮岳,是造园史上著名的摹写自然的山水园,园的主体"万岁山",正是以五亭屏立山头造景之先河者,万岁山"主峰上建有介亭,以介亭为中心,左右各有两座亭子,《宋史·地理志》记载很清楚,谓'(介)亭左复有亭,曰极目,曰萧森;右复有亭,曰麓云、半山'。我们今天从清代遗存的北京景山公园万岁山上的五亭的格局,大概可想像出艮岳万岁山的形象⑨"和建筑文化的历史继承关系。

当然,亭既可息足,就可具相应的各种功用,以上仅从建造的主要目的而言;亭既到处可建,就不可能枚举,以上仅从有助于了解亭的特点概言之。

### 三、亭的美学意义

对古典建筑的审美评价,"亭"是最高的了。唐代大诗人杜甫诗云:"乾坤一草亭";北宋文学家苏东坡《涵虚亭》诗:"惟有此亭无一物,坐观万景得天全";明张宣题倪瓒《溪亭山色图》诗:"江山无限景,都聚一亭中";清代画家戴熙在《赐砚斋题画偶录》中说:"群山郁苍,群木荟蔚,空亭翼然,吐纳云气。"把山水中一座空亭,看成是山川云气吐纳的精神凝聚焦点。

历代诗人画家对"亭"的高度审美评价,绝非是文学的夸饰,而是有其深邃的文化思想内涵。我在《中国造园论》中,曾以苏辙的《黄州快哉亭记》做过分析,《记》中云:

> 盖亭之所见,南北百里,东西一合,涛澜汹涌,云风开阖。昼则舟楫出没于其前,夜则鱼龙悲啸于其下,变化倏忽,动心骇目,不可久视。今乃得玩之几席之上,举目而足。西望武昌诸山,冈陵起伏,草木行列,烟消日出,渔夫樵父之舍,皆可指数,此其所以为快哉者也⑩。

这段话有很重要的意义,重要的不是文字所描绘的景象,而是反映出建亭前后,自然景象给人的感受和心理状态。"建亭前的观感,是波涛汹涌,云天开阖,鱼龙悲啸,变化倏忽的景象,使人'动心骇目,不可久视'。说明人在自然的无限空间里,面对大自然的变化莫测,会感到一种力量的威胁,自觉渺小而有失去安全之感。亭建成以后,人在亭中的观感就大不相同了,虽然这小小的亭子,只不过是头上有顶,四周有柱,空空如也,但却构成一种相对独立的有限空间,这是人为的也是为人所有的空间,它是人的本质力量的对象化,是人对自然的征服和占有,有了这个空间就改变了人与自然的关系,人就可安闲自适地去欣赏自然,山水日月'乃得玩之几席之上,举目而足[101]'。"在人与大自然之间,亭的这种作用,的确深刻地揭示出建筑——人工创造的空间环境,对人的生存与发展的"本质"的意义。

亭的审美价值,对人心理上产生的积极作用,是其他建筑形式所难以取代的。袁枚《峡江寺飞泉亭记》:

> 登山大半,飞瀑雷震,从空而下。瀑旁有室,即'飞泉亭'也。纵横丈余,几窗明净,闭窗瀑闻,开窗瀑至。人可坐,可卧,可箕踞,可偃仰,可放笔砚,可瀹(yuè)茗置饮。以人之逸,待水之劳,取九天银河置几席作玩。当时建此亭者其仙乎?僧澄波善奕,余命霞裳与之对枰。于是水声、棋声、松声、鸟声参错并奏。顷之,又有曳杖声从云中来者,则老僧怀远抱诗集尺许,来索余序。于是吟咏之声又复大作,天籁人籁合同而化。不图观瀑之娱,一至于斯,亭之功大矣[102]!

亭之功大矣!若飞瀑藏于原始森林之中,林木森然,飞瀑雷震,巨石峥嵘,寂寥无人,这种景象,恐怕比柳宗元笔下的《小石潭记》所写,更加令人"凄神寒骨",难以停留去欣赏这飞瀑之美了。

《飞泉亭记》却反映出人与自然的辩证关系,自然山水中的亭,那怕是座小小的空亭,它标志着**自然的人化**,起了使人与自然原来疏远、对立的关系,转化为一种亲切、和谐的关系,使大自然的美,人们能够安闲地去欣赏!将**自然美转化为生活美**,即把自然之景与人的生活之情融合、融化在一起,成为"情中之景,景中之情"。诗人袁枚这篇短短的文字,所以生动而有意趣,正在于它"情景交融"。如果没有这飞泉亭在,也就无从产生这**天籁人籁合同而化**的境界了。

四川青城山的"**慰鹤亭**",对人的审美心理影响,更有其特殊的意义和作用。亭立于山道的十分险要处,峡谷如山崩裂,夹隙借天,故名一线天。仰视青天一线,俯首万丈深渊,压顶巨岩欲坠,嶝道如天栈迫隘,游人至此,可谓胆颤心惊,望而却步。就在这进退维谷间,山环路转,嶝道似尽的悬崖边,"**慰鹤亭**"凌空兀立(图3-18)。

"慰鹤亭"立基之妙在"险",它显示着人对自然的控制和征服。有了这亭在,险恶的环境化为画意诗情,使人紧张恐惧的心情,得到松弛,感到安逸;有了这亭在,则转危为安,使游人安然!欣然!青城山的亭还有其独特的风格,因为亭多立于悬崖峭壁之上,为免固基之难,就以树木为天然擎柱,以不加人工的枝柯为梁架和栏楯,以树皮覆顶为屋盖,形象朴拙而自然,极"事约而用博"之能,为"青城天下幽"增添了山林的野致(图3-19为四川青城山宜奥亭景观图)。

**宜奥亭** 看是山路旁的休憩之亭,依树就地势而建,平面不规则,造型自由生动。由盘山路向前是架涧凿上的石桥,面向直上山顶的嶝道,游人至此,可小憩,辨方位,或攀登小蹊上山,或跨壑过桥(图3-20宜奥亭环境平面图)。

青城山"**翠光亭**"的空间导向性作用是非常明确的。亭建于跨山涧的桥头。为加强导向性,亭临崖傍处为五角形,顺桥方向一面展开为两间矩形,形体如箭矢指向对岸。游人从嶝道拾级而上,过小桥前,如图3-21翠光亭环境平面中视点所示,道边崖际有巨石突立,与山岩夹道而峙,透过阙口,只见苍松古木下,翠光亭架空而半隐,前端栏杆曲折,翼角飞指向前,形象生动而诱人,虽不见桥头,从景观的空间构

中国的亭,是无限空间里的有限空间,又是将有限空间融于无限空间的一种特殊的建筑空间形式。它体现了自然的人化,空间是建筑的本质的真谛。

135

图3-19 四川青城山宜奥亭景观　　　　　图3-20 宜奥亭环境平面图

图3-21 四川青城山翠光亭环境平面　　　图3-22 四川青城山翠光亭景观

图,已暗示前进的方向了(图 **3 – 22** 为翠光亭景观)。

概言之,自然山水中亭不可无,明代造园家计成所说:"**亭安有式,基立无凭。**"亭的意匠要**因地制宜**:登山旅途中,构亭以待驻足小憩,山重水复,小亭一令人欣然。歧路筑亭则指引之,桥头建亭则标示之,危崖立亭则招慰之。山巅造亭,俯仰自得,极视听之娱;水际安亭,天水一色令人心旷神怡。

亭之妙,在于其"空",苏轼诗云:"**静故了群动,空故纳万境。**"东坡之诗充分表现了中国人传统的宇宙观和空间概念,这也是中国艺术的哲学思想用诗的形式集中精练的概括。而这一哲学思想,在中国建筑的"亭"中得到最充分的集中体现。

静寂非寂灭,是生命(群动)之所生;虚空非真空,是万境之所由。这是由静而动,静中有动,动归之于静的观念。这种观念反映在建筑的空间和构成空间实体的外在形式上。中国建筑的形式,无不是在静穆中力求有飞动之感,追求静态中具有动势之美。《诗》中早有"如鸟斯革,如翚斯飞"的建筑形态的描写。**飞动之美,是中国建筑艺术造型的传统精神。**

中国的"亭",在形象创造上,可说集历代建筑匠师智慧之大成,运用中国建筑最富于民族特征的屋顶精华,从方到圆,从三角至八角、扇面、套方、梅花、十字脊;可单檐亦可重檐,如翼斯飞,攒尖耸拔,形象非常丰富多姿,气势生动而空灵。充分地表现出传统建筑的飞动之美,静态中具有动势的美学思想。

亭在空间上,不论亭的形式如何,除了支承屋顶的柱子,四面阒如,八方无碍,但它在视界上是有限的,是人工创造的相对无限自然空间中的有限空间;这空间是豁敞的,它与自然的无限空间却是完全通联、通畅而融合的,所以亭集中的体现了**有限空间中的无限性**,体现了古典哲学"有无相生","无中生有"的虚无的空间观念。

我在《中国造园论》中曾说:"认识了'亭'的审美价值和美学意义,可以说,就理解了中国园林建筑的空间艺术;掌握了'亭'的创作思想方法和规律,也就把握了其他园林建筑的意匠奥秘[⑩]。"

但要能真正掌握"亭"的创作思想方法和规律,实在不是一件容易的事,在景区规划中,何处宜亭,建什么样的亭,绝非随手拈来均成格局的,必须从总体环境中视线所及做到"精在体宜",还需要下一番惨淡经营的功夫。亭虽简单,对缺少中国建筑文化修养和古建知识的建筑师,每每刻意模仿,形略似而神全非,多把亭的艺术庸俗化了,非但不美反增其丑。如台湾学者陈兆熊《论中国庭院设计》中所说:

"现在外方(指西方)天然公园中,关于亭的设置,亦常有弃繁趋简而思灵活之举,其尤甚者,每立一支柱,上置一盖或布篷如雨伞状,惟此则终无登大雅之堂,其味俗而野。其所谓简,只是粗;其所谓灵,只是轻。甚至轻而至于无重量,粗而至于无分寸,全未能获中国亭之意。因之,也不会有一点中国亭之味。"

中国的亭,是空间"有"与"无"的矛盾统一,是融合"时""空"于一体的独特创造;它为中国古代"无往不复,天地际也"的空间观念,提供一个最理想的立足点,集中地体现出中国传统的美学思想和艺术精神!

---

注　释:

① 《论语·子路》。

② 《荀子·正名》。

③ 李允鉌:《华夏意匠——中国古典建筑设计原理分析》。中国建筑工业出版社,1985 年重印版,第 48 页。

④⑤ 《荀子·正名》。

⑥ 明·蒋一葵:《长安客话·皇都杂记》。北京古籍出版社,1982 年版,第 5 页。

⑦ 南朝宋·刘义庆:《世说新语·黜免》。

⑧ 七阁中“内廷四阁”，在圆明园的文源阁已焚毁不存；“江南三阁”只存杭州的文澜阁，即七阁现存四阁。
⑨ 卞孝萱编：《郑板桥全集》，齐鲁书社，1985年版，第223页。
⑩ 美·西蒙德：《景园建筑学》，台隆书店，1971年版，第108页。
⑪ 汉·许慎撰、清·段玉裁注：《说文解字注》，上海古籍出版社，1981年版，第685页。
⑫ 汉·史游：《急救篇》。
⑬ 宋·高承：《事物纪原》卷八。
⑭ 梁思成：《清式营造则例·绪论》，中国建筑工业出版社，1981年新一版，第14~15页。
⑮ 东汉·蔡邕：《独断》卷上。
⑯ 南宋·叶梦得：《石林燕语》卷二。
⑰《清式营造则例》，第36页。
⑱ 汉·刘安等著：《淮南子·本经训》。
⑲《事物纪原·堂》卷八。
⑳ 清·顾震涛：《吴门表隐》卷十三。江苏古籍出版社，1986年版，第184页。
㉑ 张家骥：《中国造园史》，第一章，第二节“古代自然美学思想与造园艺术”。黑龙江人民出版社，1987年版，第13页。
㉒《诗经·小雅·斯干》。
㉓ 李国豪主编：《建苑拾英》——中国古代土木建筑科技史料选编，同济大学出版社，1990年版，第353页。
㉔㉕ 明·文震亨原著，陈植校注：《长物志校注》，江苏科学技术出版社，1984年版，第27页。
㉖ 汉·班固：《汉书》。
㉗ 唐·李延寿：《北史》。
㉘ 清·李斗：《扬州画舫录》，江苏广陵古籍刻印社，1984年版，第397页。
㉙《扬州画舫录》. 第397~398页。
㉚ 见《中国造园史》，《扬州画舫录·工段营造录》。
㉛ 姚承祖原著，张至刚增编：《营造法原》，中国建筑工业出版社，1986年版，第72页。
㉜ 晋·郭璞注、宋·邢昺疏：《十三经注疏》，中华书局，1980年版，第2598页。
㉝《华夏意匠》，第49页。
㉞ 东汉·刘熙：《释名》。
㉟ 汉·许慎著、清·段玉裁注：《说文解字注》，上海古籍出版社，1981年版，第255页。
㊱ 清·孙诒让：《周礼正义》。
㊲《孟子·尽心下》。
㊳ 汉·司马迁：《史记·平原君列传》.
㊴㊶ 吕思勉：《先秦史》，上海古籍出版社，1982年版，第352页。
㊵《汉书·陈胜传》。
㊷《说文解字注》，第255页。
㊸《华夏意匠》，第88页。
㊹《明诗评选》卷一。
㊺《唐诗评选》卷一。
㊻《古诗评选》卷四。
㊼《公羊春秋》庄公三十一年《解诂》。
㊽ 张家骥：《中国造园论》，山西人民出版社，1991年版，第73页。
㊾ 汉·班固：《西都赋》，载《昭明文选》。
㊿ 刘致平：《中国建筑类型及结构》，中国建筑工业出版社，1987年版，第29页。
(51) 陈植校注：《长物志校注》，江苏科学技术出版社，1984年版，第34页。
(52) 清·王灏纂修：《畿辅通志》。
(53)《陕西通志·西安府》。

54 《中国建筑类型及结构》,第 30 页。

55 "漫山阁"的设计者,是我的学生,原"山西古建筑研究所"所长左国保。他是天龙山风景区规划
   设计的负责人,我是技术顾问之一。

56 铃木大拙:《禅与心理分析》,中国民间文艺出版社,1986 年版,第 18～19 页。

57 《中国造园论》,第 42 页。

58 《淮南子·俶真训》。

59 《庄子·天道》。

60 《庄子·刻意》。

61 62 《长物志校注》,第 347 页。

63 明·屠本畯:《考槃余事》。

64 清·李渔:《闲情偶寄》,浙江古籍出版社,1985 年版,第 143～144 页。

65 张家骥:《园冶全释》,山西人民出版社,1993 年版,第 169～170 页。

66 唐·李延寿:《南史·羊侃传》。

67 宋·欧阳修:《画舫斋记》。

68 《庄子·列御冠》。

69 《中国造园论》,第 185 页。

70 《诗·小雅·六月》

71 明·张自烈:《正字通》。

72 《尚书·泰誓上》。"尚"即"上",上代以来之书,故名。儒家经典之一。

73 春秋·左丘明:《国语·楚语上》。

74 汉·班固:《汉书·五行志上》。

75 战国·公羊高:《公羊传》,亦称《春秋公羊传》,或《公羊春秋》,儒家经典之一。

76 春秋·左丘明:《左传》,亦《春秋左氏传》或《左氏春秋》,儒家经典之一。

77 张家骥:《园冶全释》,山西人民出版社,1993 年版,第 28、228 页。

78 《周礼·地官·遗人》。

79 《左传·隐公十一年》。

80 《孟子·告子下》。

81 《园冶全释》,第 224 页。

82 同上,第 214 页。

83 《园冶全释》,第 231 页。

84 86 87 《扬州画舫录》,第 399 页。

85 《说文解字注》,第 256 页。

88 宋·范成大:《吴郡志·古迹》,江苏古籍出版社,1986 年版,第 104 页。

89 《中国造园论》,第 194 页。

90 《园冶全释》,第 214 页。

91 92 岑仲勉:《墨子城守各篇简注》,上海古籍出版社,1958 年版,第 19 页。

93 《说文解字注》,第 227 页。

94 《园冶全释》,第 227 页。

95 王国维校:《水经注校》,上海人民出版社,1984 年版,第 1254 页。

96 《中国造园史》,第 215 页。

97 《建苑拾英》,第 391 页。

98 《中国造园论》,第 207 页。

99 《中国造园史》,第 122 页。

100 《古文观止·苏辙:〈黄州快哉亭记〉》,中华书局,1959 年版,第 520 页。

101 《中国造园论》,第 207 页。

102 《小仓山房文集》,卷二十九。

103 《中国造园论》,第 218 页。

山西晋城南村二仙庙大殿内楼阁式小木作（宋）

北京故宫中的铜鹤

山西五台山显通寺明铸铜塔下部佛像与力士

木塔进行勘查。梁思成冒着生命危险爬上塔顶进行测量，险被雷击。

山西应县木塔顶端塔刹（1933年中国建筑学家梁思成、林徽因夫妇前来

山西晋城南村二仙庙大殿内楼阁式小木作之二（宋）

# 第四章
# 中国建筑的类型（一）

《易》："上古穴居而野处，后世圣人易之以宫室。上栋下宇，以待风雨。盖取诸大壮①。"

# 第一节 建筑类型概说

古汉语中没有"建筑"这个词,统称房屋为"宫室"。古之"宫室"等于今之"建筑"。《尔雅·释宫》:"**宫谓之室,室谓之宫**[②]。""宫"与"室",古代是指同一东西,即人工建筑的房屋,只是从不同角度而名。如汉·刘熙《释名》:"宫,穹也。屋见于垣上,穹隆然也。"是从房屋的外在形式,隆然覆盖在墙上的房顶(屋)而名。又:"室,实也,人物实满其中也。"这是从房屋内在的空间,其中可放满东西和住人而名。**宫室**二字较全面地表达了古人对**建筑**的认识:人利用自然,改变自然的物质形态,以隆然的物质实体,构成住人置物的生活空间。

宫,就是房屋,早先本无特殊意义。如《礼记·儒行》:"儒有一亩之宫,环堵之室,筚门圭窬,蓬户瓮牖。"这里所说的"宫",是泛指儒者的居处。环堵:四面围着方丈大小的土墙。方丈为堵,言其室之小。筚门圭窬:编荆为门,破壁为户。圭窬:上尖下方如圭的洞口,言其简陋。蓬户:用蓬草编成的门户。瓮牖:墙上如瓮口的窗洞。这几句话的意思,儒者有一亩地的住所,四周土墙的方丈小室,穿壁为门洞,编蓬草为门,瓮口大小的窗洞。这种简陋住所,应是古代人民典型的生活状况,说明古代不论贵贱,所住的房屋皆可称为"宫"。如汉代的应劭《风俗通》所说:"自古宫室一也,汉来尊者为号,下乃避之也[③]。"可见,自汉代尊贵的人(指帝王)用"宫"作为其房屋的名称,下面的人就避讳不再称"宫"了。英国学者李约瑟把"宫"作为"宫殿",他说:"宫,一座宫殿(**a palace**),它的古代字形显示在一个屋顶下有两个方形的房间[④]。"其实,古代的字形所表示的是一座房屋,到秦汉时,才将"宫"与"殿"用于帝王所居的建筑,宫殿就从此成为帝王生活用建筑的专称了。

**宫室**作为建筑的通称,反映早期建筑的遮风蔽雨、防寒御暑、供人居住的最基本的功能。社会生产力愈是低下,建筑愈是粗率简陋,人的生活也就愈是简单朴略,对建筑空间的要求也愈单一。**住**就概括了人在**建筑空间**里的一切生活,而对房屋建筑通称之谓"宫室"。但随着社会生产和经济的发展,社会分工日细并趋向专业化,人的各种生活活动,也日益具有相对独立性,其活动过程需要在适于其功能要求的空间环境里进行,否则就不能进行或只能在不完善的情况下进行。因此,随着社会文明的不断进步,形成各种功能性质不同的建筑类型。

**建筑类型** 我们对建筑类型的概念,不是指构筑空间的建筑实体,在材料和结构型式上不同分类。更不是从建筑艺术上,对不同时代和地方建筑在内容与形式上存在某些共同性特征形成不同的**建筑风格**加以区分,而是从建筑设计的角度,对不同使用功能和性质的建筑进行分类。分别建筑类型的意义在于:任何一种类型建筑,都是满足人的某种生活需要,其活动过程,在内容与性质上是基本相同的。在相同的物质技术条件下,所能构成的建筑空间及其相对的空间组合关系,都具有其内在的必然规律。或者说,设计方案的可能性是一定的,而且制约的条件愈多,设计的可能性方案就愈少,现实性也愈大。反之,制约的条件愈是阔略,设计方案的任意性就愈大,合理性也愈少。一个建筑师就在于能认识这些规律,只有把握这种认识所赋予的可能,才能真正发挥主观能动作用,使规律为建筑设计服务。这就需要首先掌握大量的资料,不是形而上学地罗列资料,从形式上比较;而是从现象的内在联系中,探索并揭示出类型建筑的普遍的、客观的必然性,即建筑创作实践的规律性。对研究中国传统建筑也同样如此。当然,要想掌握建筑的规律性,必须以大量生命力的消耗为代价去研究才有可能。可惜把建筑设计视为天才和灵感的发挥者的观念中,是不存在什么建筑设计规律性的。

不承认建筑存在着客观的规律性,不去研究这些规律性,建筑科学是不能存在和发展的。

# 第二节　中国建筑的性格问题

中外学者对中国建筑都做过不少研究,如李允鉌在《华夏意匠》中所说:"好些现代学者都用分类的观点来研究评价中国历史上的建筑。他们同样地对中国建筑进行分类,搜集了大量的有关资料,包括了实物的考察和文字的记录。很多外国的学者作了一番分类和比较研究之后,很容易便作出了这样的结论:中国无论什么种类的建筑物,无论平面的配置,立面的形式都是大同小异、变化不大的。他们都不大明白,为什么功能和用途不同,却没有产生各自的应有的性格⑤。"

西方学者如果未到过中国,没有身历其境的感受,只凭图纸或西方人难以看懂的文字研究中国建筑,就像第一次看到他从未见过的人种,皆是千人一面没有个性一样,是不足为怪的。令人奇怪的是,与中国文化有很深历史渊源的日本的学者伊东忠太在他的《中国建筑史》中,收集了中国几种典型建筑总体平面,画出"中国建筑配置形式比较图"(见图 **4－1**),竟然"看来看去,也觉得不外是那一套",于是乎就断言:"中国不独严守古法,且往往为求左右均齐,故作无关紧要之建筑物。盖中国人无论何事,皆表露出此种性质⑥。"这种评论,已毫无学术上的意义。就从他所列出的所谓"配置形式"中的**北京故宫三大殿、北京西郊卧佛寺、北京西南郊白云观**三个例子,都体现出沿轴左右对称均衡的同一布局原则。任何一个起码称得上建筑师的人,也都会看到在这个共同的原则下,单只从庭院组合方式或所谓的"配置形式",既有卧佛寺的**闭合中的围合**,也有白云观的**围合中的闭合**,这种空间组合上的变化。就以故宫的三大殿来说,如此重要的主体建筑,不是以建筑体量之高大而显示其崇高,而是用中国才会运用的**独化玄冥**的妙法⑦,使建筑的空间环境与宇宙均其符契,使有限的空间融合于无限自然之中,从而显示其宏阔博大。这种有着深邃的哲理性的设计思想和手法,对中国文化缺乏深入了解的人,即使是西方的建筑师虽不易理解,但却是很易感知的。一位西方的建筑师游览了故宫以后说:

> 故宫布局的安排很多时候都会引起参观者不断地回味,置身于南京明孝陵以及 **15** 世纪北京的天坛和祈年殿都会有这种感受,中国建筑这种伟大的总体布局早已达到它的最高的水平,将深沉的对自然的谦恭的情怀与崇高的诗意组合起来,形成任何文化都未能超越的有机图案⑧。

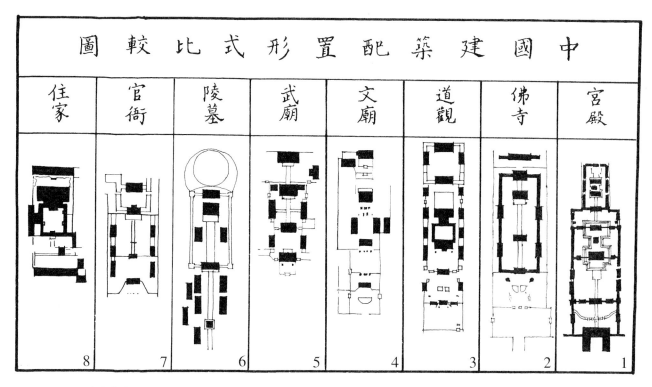

中国建筑配置形式比较图

| 住家 | 官衙 | 陵墓 | 武庙 | 文庙 | 道观 | 佛寺 | 宫殿 |
|---|---|---|---|---|---|---|---|
| 8 | 7 | 6 | 5 | 4 | 3 | 2 | 1 |

1. 北京故宫三大殿　　2. 北京西郊卧佛寺　　3. 北京西南郊白云观　　4. 辽宁海城县文庙

5. 沈阳小西门关帝庙　　6. 沈阳清代陵墓　　7. 陕西省某县县衙门　　8. 北京某住宅

图4-1　伊东忠太《中国建筑史》中的《中国建筑配置形式比较图》(摹写)

这就是曾被伊东忠太过分埋怨过的、对中国建筑"无知"和抱有"偏见"的西方人的感受。而伊东忠太却指着这些"建筑配置形式",当作图案构成设计来比较,告诉人们多是些"故作无关紧之建筑物"。他的这种带有成见的研究思想方法,"皆表露出此种性质也"。

对那些现代学者认为:中国不同类型的建筑"没有产生各自的应有的性格"的看法,李允鉌先生是不同意这种"**中国建筑无性格**"论的,对中国建筑的**性格**(**character**)问题,他提出了自己的见解[9],但其中有些论点是值得商榷的。

一、他认为中国典型的"正规的"建筑,"都是由同一的原型发展而来,有一定的规定和制式,甚至大半是由官方进行建筑的。这一类型的建筑是不能完全代表和包括所有的中国建筑的,这只不过是表示了中国建筑的一个方面"。这个说法不科学,也令人费解。

中国的典型的"正规的"的建筑,也就是官营手工业生产的、为帝室服务的建筑,除了民间的和少数民族的建筑,可以说包括了建筑的主要类型,如:宫殿、园林、坛庙、佛寺、道观、府邸、衙署、陵墓等等。如果把这些统统看成一类,那么,在古代其他还有什么类型建筑呢?

再说,如果说中国典型的"正规的"建筑,只是表示中国建筑的一个方面,是不能完全代表中国建筑的看法。这在概念上是模糊的!在立论上也是错误的!我们在前两章中已作了论证,概括地说:

建筑作为人所必需的物质生活资料,它首先是财富。在历史上,只有在经济上居于社会统治地位的,从而在思想上也居于统治地位的阶级,才能运用当时社会所达到的物质技术水平和条件,建造出体现当代社会生活方式,反映其思想精神的建筑,代表当时社会的物质文化和精神文化,形成建筑历史发展的主流,并起着主导的作用。

李允铄在《华夏意匠》中,虽然举出诸如"两阙"制改变为"台门",坊市制的崩溃与城市经济的繁荣,"中国建筑还是依循着生产和生活的变化而变化,这一建筑上共同发展规律而发展的"事实,但他对这些事实并没有说明,中国建筑类型是否形成各自的性格问题。

实质上,李允铄的观点,从建筑本身并没有否定是无性格的,所以他在肯定"不同类型建筑表现出大体相同的布局和形式,在中国建筑上是无可否认的事实"前提下,没有正面讨论中国建筑类型是否形成各自的性格,而是着重于中国建筑之所以形成在布局与形式上相同的原因。他认为:

> 不同用途的建筑群采用相同的形式和相同布局的最大的原因在于设计标准化,在这个技术基础上是不可能完全按照使用要求来产生变化,或者改变外貌形式⑩。
>
> 标准化的基础就是"通用设计"(**all purpose design**),通用设计的目的就在于尽量适应任何用途,或者说任何的使用方式。

从这些话可以看出,不是从中国木构架所固有的特点,而是从砖石结构建筑的空间形态和特点说的。如果说"不可能完全按照使用要求来产生变化,或者改变外貌形式",是指不同用途的建筑群,事实上李允铄已经回答了那些认为"中国建筑无性格"的学者们所不明白的问题,即:"为什么功能和用途不同,却没有产生各自的应有的性格"最大的原因,是由于中国建筑设计的标准化。

建筑设计标准化,只是建筑生产中的一种技术措施,而生产中的任何一项技术措施,从来就不是生产的目的,仅是生产实践中出于需要所形成的一种手段而已。

我们在"中国建筑的生产方式"一章中,对设计标准化和"模数"的运用,已作了分析。标准化的产生,则是出于"匠役制"的简单劳动协作和对构件加工的生产需要,它只对**单体建筑**的间架构成和形制起作用,特点是建筑物的结构空间与建筑空间的一致性。这种**空间的单一性**,造成单体建筑功能上的不确定性,或者说**通用性**。作为一栋单体建筑,它的空间大小、体量和形式,要决定于它在组群建筑中的使用功能和相对位置。单体建筑是构成组群建筑使用功能的一个有机组成部分,或者说**使用单位**,必须从组群建筑所满足的生活活动过程中获得自己的功能和用途。

中国传统建筑的设计标准化,只对结构的**间架**形制起规范和制约作用,也就是对单体建筑起作用,并不影响组群建筑的总体布局或规划设计。说中国建筑采用相同的布局与形式,如果是指庭院空间组合的基本模式,这种基本模式只是中国建筑空间组合的一种方式,模式本身并不是采用标准化设计的结果,它的形成决定于木构架建筑空间组合的特点和礼制的精神要求,但并不妨碍不同的类型具有自己的性格。

我们说设计标准化只对"单体建筑"的间架构成和形制起作用,并不影响组群建筑的规划布局和设计。因为采用**空间组合基本模式**,随组群建筑的规模和类型性

中国建筑类型,不是指单体建筑,而是组群建筑。不同功能和用途的建筑类型,是否形成自己的性格,它的主要原因,不是设计的标准化。

质的不同,选择单体建筑的体量、形式、幢数与庭院的大小、形状和比例关系等具体的组合方式,可以按不同的功能和用途,创造出有序列、有层次、有开合、有节奏、有韵律的多样统一(**both unity and multiplicity**)的生活环境,并在空间的流动中给人以整体的不同艺术形象和感受。

为什么研究中国建筑的学者会得出:"中国无论什么种类的建筑物,无论平面的配置、立面的形式都是大同小异,变化不大的。"显然,这"建筑物"的概念,是西方的**个体建筑**的概念,也就是西方的将空间集合成整体,活动过程在一个整体的**结构空间**里进行的建筑,个体建筑是以个体的形态与自然空间之间,是相对独立的和封闭的,它的功能和用途,静态地表现在实体的外在形式上。以西方的建筑眼光,很容易把中国的**单体建筑**当成西方的**个体建筑**来审视,当然只有看到单一的空间平面和大同小异的立面,永远看不到这样的建筑物会有什么各自不同的性格了。

西方的任何类型建筑,大都是以个体建筑形态出现的,但中国的类型建筑,却不是单体建筑,而是用若干单体建筑组合成的建筑群——**组群建筑**。中国任何一种类型的组群建筑,人的活动过程,是在建筑空间与庭院空间里交替进行的,空间是内外结合的,建筑空间与自然空间是相互融合的,它的功能和用途,动态地表现在时空融合的外闭内敞的环境中。必须历时空而身临其境,才能感知它的"性格",从整个的空间环境中获得它的艺术形象。

有人认为,中国建筑用四合院这种单调的**空间组合基本模式**,不可能显现(**occurrence**)出丰富多彩的类型性格。这是太不了解中国的文化了。在一个共同的固定的格式中,表现出不同的个性,正是中国传统艺术的特征。如:限定字句、格律严整的诗歌,既有李白的奔放豪迈,也有杜甫的精练沉郁;方块汉字的书法,既有"草圣"张旭的龙飞凤舞,也有颜真卿的刚健方正;妙造自然的绘画,虽将线条规范化为各种皴法,可工可写,三百里嘉陵江山水,"李思训数月之功,吴道子一日之迹,皆极其妙"。

李允鉌对中国建筑的性格问题,终于明确地表达说:"中国建筑只有通过'装修'才能表现出其不同的性格,以不同的陈设布置显示出其使用的目的。"

这两句话,直白地说,他并未否定那些研究中国建筑的现代学者们认为"中国建筑无性格"之说,李允鉌的观念是:中国建筑的类型性格,不在建筑本身(即建筑本身无性格),而在建筑的"装修"和"陈设布置"上。这种有条件的肯定,由于条件的可变性是没有意义的。事实上,一幢未经装修没有一点陈设布置的建筑,只是个对人生活无意义的空洞壳体,正如一位伟大的思想家说过:"**一件衣服由于穿的行为才现实地成为衣服;一间房屋无人居住,事实上就不成其为现实的房屋⑩**。"对中国建筑如此,对西方建筑也一样。

中国早在《周礼·考工记》中已有"**室中度以几,堂上度以筵**"的记载,《尔雅·释宫》:"**室,实也,人、物实满其中也。**"都说明人"住"的物质生活资料——建筑与家具陈设是不可分离的整体(见第九章　建筑装修与室内设计)。

历代的建筑制度,按封建等级不仅控制建筑体量的大小,即房屋的间架形制,同时对建筑的装修和装饰,按等级作了严格的规定⑪。中国建筑的空间环境与内外装修、家具布置与陈设、庭院的设计,是有机的统一体,不仅表现出不同类型建筑的性格,而且还能显示出主人的生活情操和志趣。

中国的**单体建筑**只是个组合的**空间单位**,它本身不能成为一种类型。如前之界定,**建筑类型**,一般是指能满足一定生活活动过程的建筑。中国建筑类型的空间形

用人的性格来比喻,西方建筑的类型性格,是外向的;中国建筑的类型性格,是内向的。两者的表现完全不同,因为中西方的建筑空间形态,在本质上是不同的。

态,不同于西方的**个体建筑**,而是以若干"单体建筑"所构成的群体——**组群建筑**。所以,宫、殿、堂、阁、斋、馆、楼、榭等等,这些单体建筑的名称,并不是一种建筑类型。

如:住宅,是一种建筑类型,建筑制度中所限定的只是住宅中的单体建筑,如主体建筑的间架形制,到门屋的间架以至门扇的具体装饰,但并不限制造多少"进",有多少幢房子。这也反映了中国建筑空间构成的特点,任何功能和用途的类型"组群建筑",都可以选用相应名称的"单体建筑",而"单体建筑"的间架形制,它的功能和性质则决定于在"组群建筑"中的位置和环境。如不明确地把握住这一特点,就会用西方的或现代建筑的观念去看中国的传统建筑,"方凿圆枘",什么问题也不能解决。

下面从类型角度,从词的本义和历史上的变化加以分析阐明,对特殊的建筑形式,则重点分析其对建筑文化的影响和意义。

> 不是建筑装修和室内布置决定建筑的类型性格;相反的是,不同需要的建筑类型,决定如何装修和进行室内布置。

# 第三节　宫室与宫殿

## 一、宫与殿

早在战国时代,中国的思想家们就强调据"实"命名,注重"辨同异"。最早"宫室"一词,是"达名",即普通事物的名称,泛指所有的房屋。如前所论,**宫**,本指崇然于墙上的屋顶,这是大自然本身所不能产生出来的东西。**室**,实也,是指房屋里可住人存物的功能。宫室,是古人感性直观对建筑形式的较全面的理解。所以,我国最早解释词义的专著《尔雅》:"**宫谓之室,室谓之宫**"是很正确的解释。

自秦汉始,帝王称其所居为"宫",如秦作"阿房宫",汉高祖治"长乐、未央宫"以及甘泉、建章等离宫,**宫**就成了帝王居处的专称,不是指"单体建筑",而是指"组群建筑"。并用"**宫殿**"二字,统称帝王所居的建筑,成为类型名称。

**殿**　古原指高大崇丽的堂屋,颜师古注:"古者屋之高丽,通呼为殿,不必宫中也。"(《汉书·黄霸传》)西汉·史游的《急就篇》亦云:"殿,谓室之崇丽者也。"凡房屋高大宏丽的皆可称"殿"。并非宫殿和佛寺中的正堂才称"殿"。殿,何时起成了尊贵的建筑呢?据《石林燕语》中的"殿"考说:

> 古者天子之居,总言宫而不名殿,其别名皆曰堂,明堂是也。故《诗》云:"自堂徂(到)基。"而《礼》言:"天子之堂。"初未有称殿者。《秦始皇本纪》言:作阿房、甘泉前殿。《萧何传》言:作未央前殿,其名始见。而阿房、甘泉、未央亦以名宫,疑皆起于秦时。然秦制独天子称陛下……则诸侯王自汉以来皆通称殿下矣。至唐初制令,惟皇太后、皇后、百官上疏称殿下,至今循用之,盖自唐始也。其制设吻者为殿,无吻不为殿矣[12]。

《石林燕语》的作者叶梦得是南宋人,他以《诗经》、《礼记》中未见有称天子之居为殿,证明先秦时代"**殿**"只是高大崇丽堂屋的通称。在《史记·秦始皇本纪》、《汉书

·萧何传》中，始称宫中的建筑为"殿"，显然是指帝王宫中体量大而壮丽的主要的单位建筑。自此称诸侯王，皇太后和皇后为殿下。

从"设吻者为殿，无吻不为殿"，**吻**在中国建筑中，是指主体建筑正脊两端龙头形翘起的雕饰。**龙**，在古代是帝王的象征，只有在尊贵建筑上才能以龙为饰，正脊上是否用"吻"，就将"殿"与一般高大崇丽的建筑区别开来了。

## 二、古代的明堂

秦汉以前，天子之居还没有宫殿的专称，所以三代时名称各不相同，夏称**世室**，殷称**重屋**，周称**明堂**，三者性质一样。古时社会经济不发达，人们生活也简单粗陋，帝王之居虽比百姓的高大讲究些，还是很粗率简朴的。这时的天子之居，不仅是天子的私人住所，也是其执政的活动场所。

后世儒家从礼制出发，将三代天子简朴居处解释成"明诸侯之尊卑也"，而统称之为"明堂"。明堂就被神圣化和神秘化，成为封建王朝的最高礼制建筑。

西汉初，集众家之说的道家思潮最高理论成果的《淮南子》，对"明堂"有个合乎历史唯物观的解释：

> 是故古者明堂之制，下之润湿弗能及，上之雾露弗能入，四方之风弗能袭。土事不文，木事不斫，金器不镂。衣无隅差之削，冠无觚嬴之理。堂大足以周旋理文，静洁足以享上帝，礼鬼神，以示民知俭节⑬。

用现代汉语说：古代有建立明堂的制度。地下的潮湿不能侵，天上的雾露不能入，四面之风不能袭。版筑土墙不加粉饰，木构梁架不施雕刻，使用的金器也不用刻画。衣用全幅，边角不加剪裁；冠文平直不加修饰。堂之大能在里面处理政事、举行典礼和集会。静穆、净洁完全可以用来祭祀天帝、礼敬鬼神。明堂制度就是要告诉人们节俭。这是合乎历史的解释，也是正确的认识。《淮南子》一书，是淮南王刘安于建元二年（前139）献给汉武帝刘彻的。未过几年，田蚡为丞相就黜黄老刑名百家之言，接着是董仲舒《举贤良对策》，汉武帝开始推行**罢黜百家，独尊儒术**的文化专制主义政策，依附于政治的儒学，从此就成了官方哲学。儒家为封建帝王的绝对统治寻找理论依据，将三代天子简朴的居处解释为"明堂也者，明诸侯之尊卑也⑭"。明堂就成了最高的礼制建筑，关于古代"明堂"之制，历代儒家聚讼纷纭，考证明堂成了一门高深莫测的"学问"。

清代学者阮元说得明白。他说："有古之明堂，有后世之明堂。古者政教朴略，宫室未兴，一切典礼，皆行于天子之居，后乃礼备而地分。礼不忘本，于近郊东南，别建明堂，以存古制⑮。"这是合乎唯物史观的说法。所谓"**礼不忘本**"，不过是封建社会早期的帝王，为巩固其统治，藉明堂表示**礼制的传统性**，以证明其统治地位的正统而已。也说明汉唐的统治者非常了解、重视**建筑艺术感情社会化的重要作用**。他们用封建贵族等级制的社会规范和道德规范，去设想一两千年以前奴隶社会君主的生活方式和宫室，可谓考证得细，离开三代帝王的生活就愈远，所以考证者其说不一，因为按照他们所设想的明堂根本就不存在。这些考证出的不同明堂方案，对建筑史学是毫无意义的。

但是，从建筑设计角度，我们却可以从这考证不同的方案中，了解古代的建筑师从礼制的理想如何构思建筑方案。换言之，从其方案的空间组合方式和建筑形

自秦汉始，殿就成为单体建筑中的尊称，专指帝王所居和供奉神佛的高大建筑物。

149

象,了解是如何体现出礼制思想精神的。

"礼"的思想内容,与宇宙天地、阴阳五行、日月星辰、四时鬼神等密切相关,说明"礼"本于宇宙本体论的古典哲学思想。如:《礼记·礼运》:"夫礼必本于太一,分而为天地,转而为阴阳,变而为四时,列而为鬼神[16]"。《大戴礼记》:"礼象五行也,其义四时也[17]"。古代的建筑师将这些思想,按照自己的想像,在建筑手段的制约下,只能以建筑物的个数、形体、方位、构件数目,通过组合的方式和形式来体现。

有关明堂的考证资料,除记礼制的古籍,《淮南子·本经训》,汉高诱注的明堂说,尤其是隋代的杰出建筑师宇文恺在《明堂议表》中,不仅对明堂诸说加以考证,并提出他的见解。考证明堂不属本书的研究范围,有关明堂说的文字就不列出了。但为了让读者对明堂有所了解,仅就《考工记》"匠人"中所举三代明堂为例,王世仁先生对此作了考证,并绘出平、立面图更可从形象上了解"明堂"大致情况。《考工记》中对三代明堂的记录文字:

> 夏后氏世室,堂修二七,广四修一。五室。三四步,四三尺。九阶、四旁、两夹、窗,白盛。门,堂三之二,室三之一[18]。
>
> 殷人重屋,堂修七寻,堂崇三尺,四阿重屋[19]。
>
> 周人明堂,度九尺之筵。东西九筵,南北七筵,堂崇一筵。五室,凡室二筵[20]。

为了看得清楚,便于比较,按一步等于六尺,一筵等于九尺,换算成统一度量单位"尺"列表如下:

单位:尺

| 三代 \\ 明堂 | 广面阔 | 修进深 | 室数、面积 | 堂崇基高 | 阶 |
|---|---|---|---|---|---|
| 夏后氏世室 | 168 | 84(42) | 5(36×36) | — | 9 |
| 殷人重屋 | — | 56 | | 3 | — |
| 周人明堂 | 81 | 63 | 5(18×18) | 9 | — |

从上表可见,所言三代明堂尺度都有缺项,如夏后氏世室无台基高度;殷人重屋有进深无面阔,无阶;周人明堂无阶。不仅文字过简,且有脱衍。从建筑体量上,夏后氏世室要比殷、周明堂大得多,这显然不合建筑发展由简趋繁,由小而大的规律。因而宇文恺提出:

> 三王之世,夏为最古。从质尚文,理应渐就宽大,何因夏室乃大殷堂?相形为论,理恐不尔[21]。

宇文恺认为,夏后氏世室的"堂修二七"中的"二"字是"增益记文","桑间俗儒,信情加减"所致,若堂的进深非十四步,而是七步则合四十二尺,三堂的进深尺度就合乎"渐就宽大"之理了。夏后氏世室,在三代中最早,而尺度最大,记述较详,形制也最完整,这种现象说明,正因其最早,为记载明堂之始,受到研究礼制者的重视,逐渐增益而成春秋战国时期人们理想的礼制建筑模式。

对《考工记》三代明堂的记载,"从汉至清,不少学者对这些文字进行考据猜测,设想了不少方案，也提出不少问题。比较趋于一致的方案是，主体建筑是一个十字轴对称的大房子，内部是'井'字形分隔[22]。"王世仁先生从建筑美学角度，对明堂作了较系统的研究，并以现代的考古资料，对三代明堂的形式作出推测，绘出三代明堂的平、立面图(本书为三图之摹写)。据考古资料，商代的宫室，如偃师二里头遗址、黄陂盘龙城遗址、安阳小屯殷墟遗址，"都是基座高不超过1米，进深大约10米~13米左右的矩形房屋，大体上都符合《考工记》殷人重屋的尺度"。他推测：

殷人重屋　不会是十字轴线对称的正方形建筑，很可能如商代宫室遗址是矩形房屋，并选用偃师二里头遗址的平面比例和柱网关系，将平面空间分隔成扁长的"井"字形，近似古代"寝制"的格局，中央的"太室"用天窗采光通风(图4-2殷人重屋)。

周人明堂　因其广修为7×9筵，按十字轴对称布置近于正方形，"是由矩形房屋向正方形台榭过渡的中间形式"。推测其形式，是在高9尺约1.7米的台基上，对称分列布置五室，每室边长二筵即18尺。为考虑室柱有足够的承压角度，周边留出"下出"半筵即4.5尺，在东西面阔方向，中央太室两侧各留一筵宽的通道，既为五室之间的交通和屋檐排水所需，也为周代建筑设东西阶的位置需要(图4-3为周人明堂)。

夏后氏世室　"应是一座标准的台榭建筑，中心、四隅为土台，四面两层，十字轴线对称。下层为堂，上层为室"。其各部尺度安排见图4-4夏后氏世室。其文中之"两夹"，"应指在东西两堂的后面各有一夹室，其宽度各为1步"，夹室的用途，"可能是储放神主的密室，也可能是从内部升台的楼梯部位"。文中的"门，堂三之二，室三之一"。是指下层堂，每堂二门一窗；上层室，每面一门二窗。王世仁对夏后氏世室这段文字中的"'白盛'，实不明白是何意[23]"。

据林尹在《周礼今注今译》中解释："白盛：盛，成也。谓以白灰粉刷之也[24]。"

从图看夏后氏世室，无论其规模、形象和构筑技术都要比后来的殷人重室和周人明堂气势大得多也先进得多，可见画得具体是基于考证得较细，而考证得愈细离开原来的面目就愈远。对建筑史来说，是极不合理的，但这种考证本身的目的不在三代明堂原来是什么样的，而是封建社会历代王朝借古言今，利用明堂作为王权礼制的精神象征。

历代名堂，无论在规模、布局——空间组合方式及造型上，都各有其时代的不

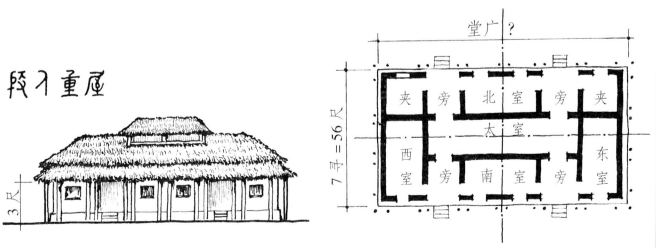

"殷人重屋，堂修七寻，堂崇三尺。四阿重屋。"

图4-2　殷人重屋想像复原图

同特征,但它们都有一个基本的共同点,虽是建筑实质上都没有实用功能价值,它们体现的生活方式,主要在思想精神方面。在中国古典建筑类型中,明堂可以说是**象征型建筑**。从古埃及建筑常用行星数的 7 和月份数 12,金字塔中的迷径象征行星的运行轨道等,黑格尔称之为古代东方建筑的象征型艺术,这种象征型建筑,虽然只是一些抽象的形式,黑格尔认为,"它们毕竟还是一些形象,足以显示出它们之所以被选用,并非只表现它们本身而是要暗示一些更深刻更广泛的意义[25]。"

中国的明堂,远远超越了简单几何形体的抽象形式,而是以具体的建筑空间形式,将内涵丰富的抽象的数字,贯串在建筑的布局和各部分建筑尺度之中,暗示阴阳五行和四时等等,并借建筑型体和有序的组合以法天地和宇宙星辰。"试问,有哪一种数的象征能发挥到明堂那么细致丰富的程度?又有哪一种象征的涵义——'普遍意义'能和它的'形象中的本质性的东西'(黑格尔语)契合得如此密切?又有哪一种象征型的建筑能达到概括了政治、伦理、宗教、审美,以至社会生活,内容如此广泛,形式又如此简单的水平?在古今建筑史上,中国的明堂是应居于第一位的[26]。"

象征型建筑能对人们产生巨大的艺术感染力和精神作用,它所内涵的丰富的"普遍意义",必须以完美的形式来表现,在时空上使人的视觉感受到无限与永恒,才能产生实际的效果(详见本书第十一章《中国传统建筑艺术》)。

## 第四节　寝制与第宅

### 一、寝的制度

古代称居住处为"寝",也是人们居住生活的建筑。古人从"礼"的要求,寝的平面布置已形成一定的模式。但寝中不包括厨厕等辅助性用房,只是供起居等活动的

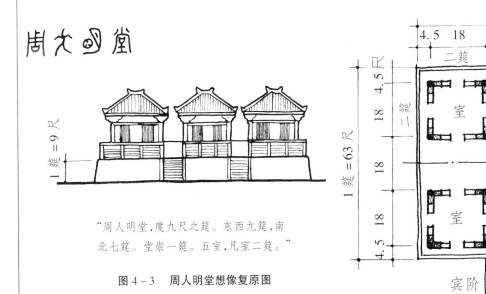

"周人明堂,度九尺之筵。东西九筵,南北七筵。堂崇一筵。五室,凡室二筵。"

图 4-3　周人明堂想像复原图

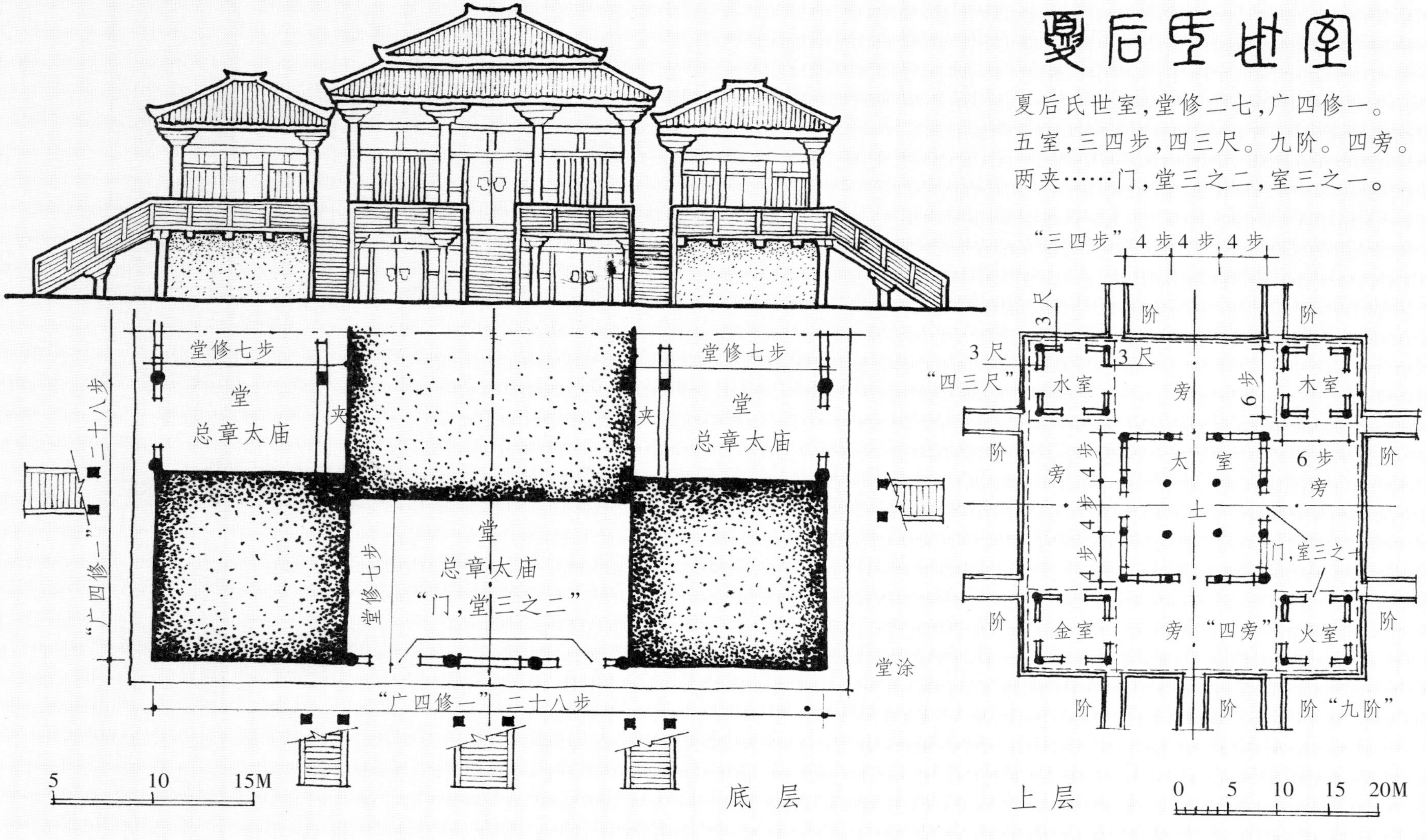

# 夏后氏世室图

夏后氏世室，堂修二七，广四修一。五室，三四步，四三尺。九阶。四旁两夹……门，堂三之二，室三之一。

图4-4　夏后氏世室想象复原图

单体建筑,如把"寝"与"宅"等同,是不够切当的。由于古代统称房屋建筑为"宫室",所谓"儒有一亩之宫",就是指以"寝"为主体建筑的"儒"者的住所。这个"儒"是最初从巫、史、祝、卜中分化出来,为贵族相礼的知识分子,他们这"一亩之宫"的简陋住所,大概是古时一般的典型住宅。

自秦汉始,**宫**成为帝王建筑的专称,因皇后嫔妃各有其"寝",因此,以"寝"为主体的住所就不止一处,从而形成宫殿中部分组群建筑,称"**寝宫**"。臣民们由"寝"和生活辅助房屋组成的住所,就叫做**宅**,宅也称为**第**。晋周处《风土记》:"宅亦曰第,言有甲乙之次第也[27]。"反映了封建社会在住宅建筑上的等级制度,所以统称之谓**第宅**。

"寝"是人生活中的重要内容,是不可缺少的空间环境。在**礼制**社会,寝的房屋大小广狭,布置形式与装修,皆有定制,且各有专称。帝王的叫**燕寝**,诸侯的叫**路寝**,士大夫以下叫庙,或**寝庙**,士庶人的叫**正寝**。这里的"庙",在中国还未形成宗教之前,是指在"寝"中祭祖供神的地方,为示尊敬,平面布置在"寝"的前面,所谓"前曰庙,后曰寝"。《释宫》云:"室有东西厢曰庙,无东西厢有室曰寝。"从《寝图》看,寝前之庙,有东西厢,有序墙,中为堂。这种形式可能被后世儒家礼制神圣化了。从《左传·襄公四年(前569)》中有"民有寝庙,兽有茂草,各有攸处"的说法,老百姓的寝庙就同野兽栖身的茂草一样,可见"寝庙"原是指人民寻常的住所。

我们从清代学者黄以周(1828~1899)根据历代资料考据绘制而成的《寝图》中,可以看出:[28](见图1—6)。

这是礼制化的古代民房的标准平面,也就是"寝庙"。图中所示的"前堂后室",也就是"前庙后寝"。所谓"寝庙"的庙,就是前堂。前堂两旁的**东堂、西堂**,应是《释宫》所说的**东厢、西厢**。由《史记·张丞相列传·附周昌》:"吕后侧耳于东箱听。"(箱通厢)《索隐》小颜曰:"正寝之东西室,皆号曰箱,言似箱箧之形。"可证。这里的东西堂又称"室",古代使用建筑名词是不规范的,若无图示每易误解。我们只能从概念分别庶人的**正寝**是没有东西厢的,是一种"前堂后室"的住房形式。

前堂称庙之义,主要是指祭祖祀神的地方,当然平时也可作其他活动之用。李允鉌在《华夏意匠》中认为:《左传》的"民有寝庙"之句,是"指民间有这样的卧室和厅堂",将"庙"解释为"客厅",显然不合**庙制**的本义。

寝的制度,是汉代以前的情况。自汉景帝时,政论家晁错(前200~前154)建议募民充实边境,积极备御匈奴贵族的攻掠,为安置移民,有"先为筑室,**家有一堂二内**"的记载[29],就是将"寝"简化为**中间为堂两旁为室**的制度。这种住房形式,一直沿用至今达二千多年之久。

三间房屋,以"寝"之室为堂,以"房"为室的"一堂二内"形制,不仅简化了建筑的空间构成,解决了寝制的"室"和"房",空间窄小而局促的矛盾,将结构空间与建筑空间统一起来。寝制消失了,"庙"也转化为佛教建筑的名称,人们也就很少知道"庙"的原意了。

明代的造园家计成,在他的《园冶·屋宇》中解释"堂"、"室",仍然用寝制的"自半已前虚之为堂,自半已后实之为室"。(《释名》)的解释,不看《寝图》则不知所云,除显示其文字古奥,实在没有必要。但《寝图》中,在东西堂(厢)之后的"**夹**",是大有深义的。

**夹** 是在寝制的"庙"与"寝"之间,两厢后的"夹道"。但东夹与西夹的空间功能不同,西堂(厢)后的"夹",显然是为了"堂"与"房"之间的交通需要。而东堂(厢)的"夹"与"北堂"相通连,而"北堂"实际上是通向后院的一间过道,"夹"也就成为

"堂"、"室"通向后院的转折处。因此，**夹就具有通前达后空间曲折转换的特殊功用。**

计成在《园冶》中总结出古典园林艺术一系列独特的意匠和手法，其中最重要的手法之一，就是"砖墙留夹，可通不断之房廊[30]。"通过**夹**产生变化莫测的空间景象，对中国园林艺术**以小见大**，**空间无尽**的"意境"创作，起着非常重要的作用。我在《中国造园论》一书中，从《易经》的"**无往不复，天地际也**"的空间意识，将**留夹**的手法概括提炼为：**往复无尽的流动空间理论**，从而揭示出中国建筑和园林艺术空间意匠(设计)的规律性(详见第十二章《中国的造园艺术》)。

从"寝制"中的**夹**，到园林中的**留夹**，正说明中国建筑与园林文化的历史发展渊源。

## 二、古代住宅建筑的等级制度

住宅在人们的物质生活资料中，是人人所必需，家家不能无的建筑。在封建私有制社会里，住宅必然成为区别人的不同社会地位与身份的等级标志，所以，也称为"**第**"，有次第之别也。《辞海》在"第**②**"中解释："上等房屋，因以为大住宅之称。如府第；门第；宅第。"是现象而非"第"的实质。

唐·徐坚等撰的《初学记》卷二十四"居处部·宅"条中说：

> 宅亦曰第，言有甲乙之次第也。一曰：出不由里门，面大道者，名曰第。爵虽列侯，食邑不满万户，不得作第。其舍在里中，皆不称第(见魏王奏事)[31]。

宋·王应麟撰《玉海》卷一七五"宫室宅"条，亦有同样的记载：

> 魏奏事，爵虽列侯，食邑不满万户，不得作第。其舍在里，皆不称第[32]。

魏是指曹魏，魏王是汉时魏诸王之略。说明汉魏时代，坊市制的存在，凡住宅在坊里围墙之内，只能从里门出入的，皆不能称为"第"；只有不经里门，将住宅的大门直接开向街道的，才可称"第"，而且必须是食邑"万户侯"才能得到这种特殊的批准。

唐代时限制已有所放宽，据《唐会要》记载：

> 伏准令式，及至德、长庆年中前后敕文，非三品以上，及坊内三绝，不合辄向街开门。各逐便宜，无所拘限。因循既久，约勒甚难。或鼓未动，即先开，或夜已深，犹未闭。致使街司巡检，人力难周，亦令奸盗之徒，易为逃匿……如非三绝者，请勒坊内开门，向街门户，悉令闭塞，请准前后除准令式各合开外，一切禁断[33]。

这是唐文宗大和五年(831)左右巡使在奏章中所说，文中坊内**三绝**一词，研究中国历史的中外学者都不得其解。何谓三绝？三绝与"三品以上"并列，显然"三绝"与官职品级无关，从唐玄宗称广文馆博士郑虔的诗、书、画为"郑虔三绝"，和唐文宗时诏以李白的诗、裴旻的剑舞、张旭的草书为三绝等等，我理解**唐代所称"三绝"，是指在文学艺术上有某种卓越才能和成就的人。**

说明唐代中期以后，坊市的管制已开始放松，即使非三品以上官员，属于"三

古代的坊市制，是坊、市都筑墙围闭，四面设门，以鼓声为令，晨开暮闭。是空间上禁锢、时间上管制的一种特殊的城市管理制度。

155

绝"的人家也可以直接向街道开门。到文宗时，人们已随便向街开门，坊门的开闭也不尊街鼓号令而难以控制了，坊市制随城市商业经济的发展，日益走向崩溃。

建筑等级制度就直接反映在建筑的间架形制上。现以明代**官民第宅制度**为例<sup>㉞</sup>简述之：

> 洪武二十六年(1393)定，官员盖造房屋，并不许歇山、转角、重檐、重栱、绘画、藻井。其楼房不系重檐之例，听以自便。

> 公侯，前厅七间或五间，两厦九架，造中堂七间九架。后堂七间七架，门屋三间五架。门用金漆及兽面，摆锡环。家庙三间五架，俱用黑板瓦盖，屋脊用花样瓦兽。梁栋、斗栱、檐桷用彩色绘饰。窗枋柱用金漆或黑油饰。其余廊庑、库厨、从屋等房，从宜盖造，俱不得过五间七架。

> 一品、二品，厅堂五间九架，屋脊许用瓦兽。梁栋、斗栱、檐桷用青碧绘饰。门屋三间五架，门用绿油及兽面，摆锡环。

> 三品至五品，厅堂五间七架，屋脊用瓦兽。梁栋、檐桷用青碧绘饰。正门三间三架，门用黑油，摆锡环。

> 六品至九品，厅堂三间七架，梁栋止用土黄刷饰。正门一间三架。黑门铁环。

> ……庶民所居房舍不过三间五架，不许用斗栱及彩色妆饰。

> 洪武末申明，军民房屋不许盖造九五间数。一品二品，厅堂各七间。六品至九品，厅堂栋梁止用粉青刷饰。庶民所居房屋从屋，虽十所二十所，随所宜盖，但不得过三间。

> 正统十二年(1447)令，庶民房屋架多而间少者，不在禁限。

建筑制度从公侯到庶民，按等级不仅限定了主要建筑物的间架，而且对显而易见的建筑装饰和色彩都作了具体的规定。从明代的"官民第宅之制"可说明如下特点：

一、房屋的间架，除帝王的宫殿都不允许造九间和五间，架数不得过七架。这个规定除了限制建筑的体量，还有风水的观念。从《周易》的卦位，**九五居乾卦之中位**，也就是居天之正位，象征人居帝王之位，而谓**九五之尊**。后人因以"九五"称帝王之位，臣民也就不得用"九五"之数了。

二、从建筑形式，屋顶不许用歇山式，当然最尊贵的"庑殿"顶更不能用。并且在建筑的装修、装饰和色彩上按等级都有不同的限定，而这些限定又是与建筑的体量(间架)造型(如屋顶形式)是相应的，也就成为建筑空间环境特定的组成部分。在组群建筑中，随整体的规划布局和环境意匠的不同，对显示建筑的类型性格和艺术形象的创造，就有不可分离的关系。

三、建筑制度与法式是配套的，只限定**单位建筑**不限制**组群建筑**。从随所宜盖的声明，不论官民都不限制所盖房屋的数量，当然也就不控制组群建筑的规划设计，对公共建筑更是如此。这就为群体组合提供了灵活性，不仅在各种类型的组群建筑规划布局上，可以创造出不同意境的空间艺术形象，而且在同一类型建筑中，也可以反映出主人的审美思想和生活的情趣。

四、从正统十二年令，庶民造屋只要间数不过三间，架数已经不限，即进深可以扩大。说明随明代经济的发展，建筑制度有放宽的趋势。明末，计成在《园冶》"兴造论"中讲到建宅时说："其屋架何必拘三间、五间，为进多少。"可见民间造房屋已不

明代的建筑等级制度，只限制单体建筑的间架，不限单体建筑的数量。从建筑设计上，即只控制单体建筑的设计，而不控制组群建筑的规划。

156

受"九五"之尊的"五"的数量限制了。

### 三、宅的建筑思想与环境

住宅是人的家庭团聚和种的繁衍之所，是人生活最必需的空间环境。古时人们非常重视住宅的基址和环境的选择，所以《释名·释宫室》云："宅，择也，择吉处而营之也。"晋·干宝《搜神记》中很形象地用人体比喻住宅说："宅以形势为身体，以泉水为血脉，以土地为皮肉，以草木为毛发，以屋舍为衣服，以门户为冠带。若得如斯，是事俨雅。"冠带：戴帽束腰带，古官吏服饰，这里有表示身份门第的意思。俨雅，是端庄而雅致。

**俨雅** 应是中国传统住宅艺术形象的美学要求。

对中国古代的住宅建筑思想，可以概括为八个字，即**藏焉息焉，休焉游焉**（《初学记》）。意思就是说：要隐僻宁静以蓄息，安居养生以乐游。这藏字道出古人住宅选址的要求，不论宅居何地，都要求环境能静僻清幽。居城市，能于"闹处寻幽"（《园冶》），可谓"地僻能来长者居"也；处田野，"前村后垄桑柘深，东邻西舍无相侵"（唐·贯休诗）；栖山林，"白水青山此卜居，水光山色澹幽虚"（明·徐贲诗）；住江湖，"翠竹新栽映白沙，碧湖深处是吾家"（明·江以达诗）。东晋大诗人陶渊明的"结庐在人境，而无车马喧"，就概括了选址的要旨。

从宋诗人陆游的《青山记》，可见当时人理想的建宅佳境："山南小市有谢元晖故宅基，南望平野极目，而环宅皆流水、奇石、青林、文篠，真佳处也"。寥寥数十字描绘出一个视野开阔，环境清幽，旷如中的奥如之境，想像中也给人以清新、开阔、幽静的感觉。

中国人历来非常重视建筑环境的质量，即使在深巷之中重重庭院里，绿化点缀也是不可缺少的内容。宋人薛野鹤有云："**人家住屋须是三分水，二分竹，一分屋，方好**[35]!"甚至有"宁可食无肉，不可居无竹"的说法。所谓"室雅何须大，花香不在多"，虽不在多，但不可无。

中国人对居住生活环境的追求，既要静僻清幽，也要求方便，因此对居住大环境评价，有"**山居之迹于寂也，市居之迹于喧也，惟园居在季孟间耳**[36]。"是说山居太寥寂，城市太喧嚣，只有园居生活在"山居"与"市居"之间，环境清旷而不寥寂，氛围幽静而不喧嚣。故明代造园学家计成，称城市宅园为护宅之佳境。明清时代私家造园盛行，大者二三十亩，小者不足一亩，无力构园者则"庭园"（**Courtyard Garden**）之[37]。居住生活的园林化，已成为中国住宅著称世界的杰出范例。中国传统住宅，对生活环境的要求，已不止是简单的绿化和美化问题，而是藉建筑和花木水石，在有限的空间里，创造出视界无限的具有高度自然精神境界的生活环境。

中国住宅的居住生活园林化，对现代的住宅建设是应于继承和发扬的优秀文化传统。

山西晋城青莲寺牡丹卷草石刻图案（唐）

山西解州关帝庙凤鸟砖雕图案（清）

## 第五节　道教与道观

### 一、道教

"道教"一词,开始并非专指佛教、道教、基督教、伊斯兰教等宗教的"道教"。在南北朝以前,诸子百家无不称自己的理论和方法为"道",以"道"教化人,就称之为"道教"。所以,在古籍中不能看到"道教"这个词,就以为都同宗教的道教有关而产生误会。

在宗教中,道教是中国土生土长的宗教。道教与中国的民族文化传统,民间信仰和风俗密切交织在一起。常成为民间反抗封建统治的精神武器,如汉末的黄巾起义。

道教形成的时间,一般都认为是东汉顺帝时(126～144),迄今已有一千八百多年的历史。"但若追溯到战国时期齐燕沿海一带宣扬神仙方术,《史记·封禅书》所谓'形解销化,依于鬼神之事'的方仙道与西汉时托黄帝而言神仙之术,托老子而言修道养寿的黄老道,则这种以神仙信仰为特征的宗教,在我国已流行有两千多年的历史了[38]。"亦有从道教的神学理论体系的完成时间,确定认为:"大概'道教'一词成为产生在我国的五斗米道的专称,是在完成了对老子的神化,建立了以'太上老君'为核心的较为完整的神学理论之后,时间当是南北朝(420～589)[39]。"

**道家与道教**　人们常常将"道家"与"道教"混为一谈。**道家**,是以老、庄为代表,以天道自然的哲学思想为中心的学术派别,而**道教**则"是以我国古代社会的鬼神崇拜为基础;以神仙存在、神仙可求论和诱使人们用方术修持以追求长生不死、登仙享乐和用祭祀醮仪以祈福免灾为主体内容和特征;又文饰以道家、阴阳五行家、儒家谶纬学说中的神秘主义成分为神学理论;带有浓厚的万物有灵论和泛神论性质的宗教[40]。"

道家的思想,如郭沫若对《庄子》一书的评价说:"秦汉以来的一部中国文学史,差不多大半是在他的影响下发展"的,道家的宇宙本体论和空间概念,对中国建筑和园林艺术有着非常深刻的影响。但对道教也不能简单地统统视为迷信,认为都是糟粕。如道教史上著名的道教理论家、医药学家、炼丹家葛洪(284—364)的《抱朴子·内篇》,虽然是集魏晋时期神仙方术大成之作,包含着宗教信仰的成分,但"同时是中国哲学史、道教史和中国科技史上的重要著作,它在科技史上为人体科学、心理学、医药学、养生学和古化学留下宝贵的资料,这些资料至今仍有进一步发掘的价值[41]。"

### 二、道教建筑

早在东汉末,五斗米道的宗教活动场所称"静室",南北朝时称"仙馆"。汉武帝时迷信方士李少翁、栾大的荒诞之语,为求长生以"候神明,望仙人",大兴台观,如蜚廉观、延寿观等(详见"台观与台榭"一节),成为道教形成前的祀神建筑,因而北周武帝时改"馆"为"观"；唐代道教尊奉老子为宗祖"太上老君"，并以高祖、太宗、高宗、中宗、睿宗五帝画像陪祀，从此道教建筑沾上皇帝的光可以称"宫"。所以，一般建筑规模大，而且经皇帝敕额命名的多称宫或观，如全真道的三大祖庭：山西芮城的**永乐宫**、陕西户县的**重阳万寿宫**、北京的**白云观**；也有道教宏大祠宇称庙的，如上海城隍庙，北京东岳庙，嵩山中岳庙等；一般规模较小，且所供之神不及"天尊"、"帝君"之显赫者，大都称道院，如鞍山风景名胜区中千山（千朵莲花山）的无量观道院。

道教宫观建筑，如：明·《正统道藏》正一部《道书援神契·宫观》所说：

> 古者王侯之居皆曰宫，城门之两旁高楼谓之观。殿堂分东西，阶连以门庑。宗庙亦然。今天尊殿与大成殿同古之制也。《诗》曰：雍雍在宫。《传》曰：遂登观台㊷。

说明道教供祀天尊的宫观，与帝王的宫室、宗庙，儒家祀孔子的大成殿，在建筑形式都是依照古制，是同样的。所以，道教的正乙、全真两大道派，除有些宫观所祀的主要神祇略有不同，建筑形式和组合方式基本相同，一般无差别。"其规式大都是：前有山门、华表、幡杆，入山门即进入宫观管理范围，一般以华表之外属俗界，华表之内属仙界；山门内之正中部分为中庭，中庭建三大殿堂，也有或多或少的。大多祀王灵官及四帅、玉皇大帝、四御、三清；正殿的两侧为陪殿，祀一般道教尊神，或设十方、云水客堂及执事房；中庭为宫观的主要部分，在中庭整体的两边，则建道院，一般称东道院、西道院，祀一般诸神，并建斋堂、寮房等。宫观大都绕以红墙；院内常种植松柏、白果树（银杏）及翠竹㊸。"

道教是多神的宗教，天堂、人间、地狱的世俗世界及彼岸世界都充满着各种各样的神仙和鬼怪，既有承袭古代社会崇拜的鬼神，也有从道教信仰所虚构出来的"仙真"；不论是死后被帝王封诰的神，还是活着白日飞升、长生不死的仙，道教的神仙都是"人"。道教徒之所以向往修炼成仙，因为神仙的生活，是"饮则玉醴金浆，食则翠芝朱英，居则瑶堂瑰室，行则逍遥太清"；不仅如此，而且做了神仙，"或可以翼亮五帝，或可以监御百灵"，"位可以不求而自致"，"势可以总摄罗酆（阴世间）"㊹。这种权势不但和人间帝王一样，甚至可以控制阳世帝王所不能统治的阴曹地府，显然完全合乎世家大族的口味，是为统治阶级服务的。所以，道教建筑，所幻想的"天上神仙府"，也就是按照"人间帝王家"的古制建造的。这就是说，道教宫观的建筑思想，是与帝王的宫殿和贵族官僚的邸第完全一样的。

从道教建筑的名称看，其规模的大小与供奉的神也有一定的关系，如供奉显赫神仙的玉皇大帝、太上老君等诸多神祇的称"宫"或"观"；以供奉某一尊神为主的，不论规模大小，一般称"祠"或"庙"。如关帝庙、火星庙、城隍庙、土地庙、晋祠、土谷祠等等，这是沿袭古代对"祠"和"庙"的传统观念，"祠"是祭祀天地鬼神之义，《周礼·春官·小宗伯》："大灾，及执事祷祠于上下神祇㊺。""庙"是古代的寝制，指居住房屋的前半部中间祭祖先的地方，故祭祀祖先的建筑，也称宗庙和祠堂。实际上，也就是祭死人灵魂升天做了神仙的人，道教一般称其建筑为祠、为庙。

所以，道教宫观祠庙中的"单体建筑"，不出历代的建筑形制，"组群建筑"皆遵轴线对称均衡的布局原则和庭院的基本组合模式（见第六章《中国建筑的空间组合》）。

中国道教的宫观建筑，既不同于古希腊的神殿，也不同于基督教的教堂，它是为祭祀成仙的人和欲成仙的人修炼的生活活动场所。所以，帝王宫殿的建筑类型性格，也就是道教宫观的建筑类型性格。

159

# 第六节　佛教与佛寺

## 一、佛　教

佛教何时传入中国?确实的年代已难稽考。古来佛教徒间流传东汉明帝求法的史话,同时也传说东汉明帝之前佛教已经传入。据中国佛教协会编的《中国佛教》第一辑,就举出十种文献流行的说法,认为大多数是由于同道教对抗,互竞兴教的先后,"所有引据大都是虚构和臆测的[46]。"

汉地佛教初传的普遍说法,是东汉明帝永平十年(67)佛教传入说,"一般略谓:永平七年(64),明帝夜梦金人飞行殿庭,明晨问于群臣。太史傅毅答说:西方有神,其名曰佛;陛下所梦恐怕就是他。帝就派遣中郎将蔡愔、秦景、博士王遵等十八人去西域,访求佛道。十年(67)蔡愔等于大月氏国遇沙门迦叶摩腾、竺法兰两人,并得佛像经卷,用白马驮着共返洛阳。帝特为建立精舍给他们居住,称做白马寺。于是摩腾与法兰在寺里译出《四十二章经》[47]。"此说自西晋以来就流传于佛教徒间,但具体情况,说法也颇不一。如求法的具体时间,汉明帝所遣使者之人,经是否译过,到底是谁译的等等,甚至摩腾、法兰是不是实有其人,这些问题都还在争论,尚无定论。

佛教,传说公元前 6 世纪至 5 世纪古印度迦毗罗卫国 (今尼泊尔南部) 王子悉达多·乔答摩(**Sarva – Siddhartha** 梵文 **Gautama,** 即释迦牟尼) 创立,反对婆罗门教的种姓制度,主张"众生平等"、"有生皆苦",以超脱生死的"**涅槃**"为理想境界。

所以称佛教,**佛**是梵语 可石 ,英译 **Buddha,** 我国通常译作浮图、浮屠、佛陀、勃塔等等,意思是"觉者"、"知者"、"觉"。觉行圆满是佛教修行的最高果位。"佛"一般用作对释迦牟尼的尊称,或指一切觉行圆满者,这同道教的神仙一样,到处有佛,如恒河沙数。佛是供奉的偶像,修行的理想,故称之为佛教。"涅槃"是梵文 **Nirvāna** 的音译,意译"灭"、"寂灭"或"圆寂"。佛教大乘对"涅槃"有许多解释,实际上就是彻底死亡的代称。有道的高僧死了称"圆寂",死了也就成佛了。

佛教传入时, 黄老之学和神仙方技已受到皇室的崇奉, 皇室将佛教与黄老并论,"佛"被认为不过是一种大神。如《后汉书》有关楚王英的记载说:"英好游侠,交通宾客,晚节喜黄老,修浮屠祠[48]。"可见当时佛教只当作一种祠祀。后汉桓帝时,在宫中铸黄金浮图(佛)、老子像,在濯龙宫中设华盖的座位,用祀天的音乐奉事他,故《后汉书·西域传》有"楚王英始盛斋戒之祀,桓帝又修华盖之饰"的话。这是后汉末宫廷奉佛的情况。

佛教到魏晋南北朝时期,是中国历史政治大动乱、战争频繁剧烈、生灵涂炭、民不聊生的苦难时代。在水深火热中挣扎的黎民百姓,"由于没有力量同剥削者进行斗争,必然会产生对死亡后幸福生活的憧憬,正如野蛮人由于没有力量同大自然搏斗而产生对上帝、魔鬼、奇迹等信仰一样[49]。"佛陀便走进了人们的心灵,借助艺术宣传佛本生故事,如"割肉贸鸽"、"舍身饲虎"等经变,以人生的悲惨、苦难和"自我牺牲"来烘托灵魂的善良与圣洁,引导人去忘掉现实,忍受这人间的不平和罪恶,以得到佛的慈悲，死后或来生超登西方的"极乐世界"。佛教在中国兴盛起来后，北朝时洛阳是"招提栉比，宝塔骈罗"（《洛阳伽蓝记·序》），北齐的邺都一市就有四千余寺，僧尼近八万人（《续高僧传·法上传》）。

佛教到隋唐时代已发展了十余宗派，武则天佞佛，竟"倾四海之财，殚万人之力，穷山之木以为塔，极冶之金以为像"（《旧唐书·张廷珪传》）。佛寺达五千余所，佛教已很普及。佛教的宗派如天台、法相、华严等宗的经院哲学、复杂的教义和戒律仪式，使人望而生畏，天国离庶民生活太远，多只在上层阶级中流行；惟有由中国佛教学者独创的**禅宗**，一扫各宗的烦琐经院习气，以教外别传，不立文字，直指人心，见性成佛为宗旨，禅宗中的南宗提倡"顿悟"法门，倡言"众生皆有佛性"，干脆把"天国"直接搬到人们的心里，所以很容易取得众生的信仰，后来者居上，终于取代了其他各宗的地位，成为我国封建社会后期惟一兴盛的佛教宗派。

## 二、佛教建筑

在中国佛教史和建筑史上，洛阳的白马寺是历史上的第一座佛教建筑。关于建白马寺的情况，历史上无详细记载，因多是数百年后的人在有关书中提到的，如北魏郦道元（466或472—527）于北魏延昌、正光间（512～524）撰《水经注》卷十六"毂水"中注云：

> 毂水又南迳白马寺东，昔汉明帝见大人金色，项佩白光，以问群臣。或对曰：西方有神名曰佛，形如陛下所梦，得无是乎？于是发使天竺，写致经像，始以榆椵盛经，白马负图，表之中夏，故以白马为寺名。

榆椵是以榆木做的经函。北魏杨衒之撰《洛阳伽蓝记》卷四：

> 白马寺，汉明帝所立也，佛入中国之始。帝梦金神，长丈六，项背日月光明，金神号曰佛。遣使向西域求之，乃得经像焉。时白马负经而来，因以为名。

杨衒之的生卒时间和《洛阳伽蓝记》著作时间均不详，据书中自述，他在武定五年（547）因行役重览洛阳，城市已毁，"寺观灰烬，庙塔丘墟"，"故撰斯《记》"。武定是东魏孝静帝年号（543～549），魏亡，说明《洛阳伽蓝记》可能在这几年中所写。

梁·慧皎撰《高僧传·摄摩腾传》云：

> 汉永平（58～75）中，明皇帝夜梦金人飞空而至，乃大集群臣以占所梦。通人傅毅奉答：臣闻西域有神，其名曰佛，陛下所梦，将必是乎？帝以为然，即遣郎中蔡愔、博士才子秦景等使往天竺，寻访佛法。愔等于彼遇见摩腾，乃东还汉地……至乎雒邑，帝甚加赏接，于城西门外立精舍以处之，汉地有沙门之始也。

慧皎称造寺为"立精舍"。我不厌其烦地引了上面几条，要想说明中国第一座佛教建筑是什么样的。没有当时的资料，二百多年以后的人当然不会去描写白马寺的情况了。但在《宗教词典》的"白马寺"条云："据传，寺式仿照印度祇园精舍，中有塔，摄摩腾曾在此译出《四十二章经》。"传说中国建造第一座佛寺，不论是建筑还是布局形式，是仿照印度的祇园精舍，这种传说根本不可信，因为不合佛教初传入汉土的情况。"后汉末期汉地对于佛教的信奉,首先是宫廷的奉佛。由于黄老之学和神仙方技已受到皇室崇奉,佛教初传入汉土,适逢其会。一方面它的教理被认为'清虚无为',可和黄老之学并论;另一方面'佛'被认为不过是一种大神,而且中土初传佛教的斋忏等仪式,效法祠祀,也为汉代帝王所好尚。佛教在当时只不过是当作祠祀的一种,根本不可能会仿照印度的祇园精舍去造"浮屠祠"。

所谓"仿照印度祇园精舍"的传说,可能同当时僧人称为奉佛所建房屋为"立精舍"有关。祇园精舍,梵文 **Jetavanavihara**,"相传释迦牟尼成道后,憍萨罗国给孤独长者,用大量金钱购置波斯匿王太子祇陀在舍卫城南的花园,建筑精舍,作为释迦牟尼在舍卫国居住、说法的场所。祇陀太子仅出卖花园地面,而将园中树木奉献给释迦。因以两人名字命名此精舍,称为祇树给孤独园"。"释迦牟尼在此居住、说法二十五年。唐玄奘去印度时,精舍已毁"(《宗教词典》)。祇园精舍,是祇树给孤独园的简译。

**精舍**　在古汉语中原指书斋、学舍、私人讲学之所,后对僧、道所居讲经说法处也称之为精舍。《晋书·孝武帝纪》:"帝初奉佛法,立精舍于殿内,引诸沙门以居之。"就是帝王把宫殿内给佛教僧侣居住的地方称"立精舍"。这类用途的房屋之所以称精舍,我认为可以从主客观两方面来看,客观上书斋、讲学、说法等活动,都需清幽之境,而私人讲学所建多在山水胜地,如《世说新语·栖逸》:"康僧渊在豫章,去郭数十里立精舍,旁连岭,带长川,芳林列于轩庭,清流激于堂宇,乃闲居研讲,希心理昧。"从主观要求而言,如《管子·内业》云:"定心在中,耳目聪明,四肢坚固,可以为精舍。"是"心者,精之所舍"也,这是学习、修行所必要的虚静心境。所以将释迦牟尼居住、说法的祇树给孤独园简称为"祇园精舍"。可见,"精舍"一词在古代没有任何宗教上的意义。

精舍,在古汉语中,原指学舍和私人讲学之所,后对僧道所居讲经说法之处也称之为精舍,并无任何特别的宗教意义。

## 三、寺的本义与宗教无关

《说文》:"寺,廷也。有法度者也。"廷,是朝中;寺从寸,故云有法度。《汉书》注:"凡府庭所在皆谓之寺";《左传·隐公七年》"发币于公卿"疏:"自汉以来,三公所居谓之府,九卿所居谓之寺。"秦汉的九卿,是太常、光禄勋、卫尉、太仆、廷尉、大鸿胪、宗正、大司农、少府。九卿的官署称"寺",如:太常寺、光禄寺、鸿胪寺等。

寺,在汉代是指中央机构各部门所在的地方,与宗教毫无关系,所以清代学者段玉裁在《说文》注中所说:"汉西域由白马驮经来,初止于鸿胪寺,遂取寺名,初置白马寺,此名之不正者也。"说明汉明帝派蔡愔等去西域求佛,请来僧人摩腾和法兰及所得佛像经卷,用白马驮回洛阳时,安置于鸿胪寺。鸿胪寺是掌朝贺庆吊之赞导相礼的衙门,由鸿胪寺接待,是对外宾所给予的礼遇。唐代的鸿胪寺就曾一度改为"司宾寺",并非奉迎法力无边的佛陀。以"寺"为僧侣居住和佛事活动场所之名,只能理解为当时帝王对外来文化传播者的礼遇,还没有崇奉膜拜佛的宗教意义。所以从宗教观念言,段玉裁认为当初名佛教建筑为"寺",是"此名之不正者也"。

古称佛教建筑为寺,是因佛教传入之初由鸿胪寺接待西域僧人之故。"此名之不正者也"。

但从名佛教建筑为寺却说明,当初建白马寺时,建筑的标准大概与九卿的官署相等,还不可能用尊贵建筑"**殿**"的形制。供佛之堂为殿,应是后来的事,更不可能有塔。

可以说,在中国人的概念中,不存在西方人所膜拜的超人间力量的神,当然也就不存在异于人的神的住所,僧侣所居的奉佛之处,在东汉与寺卿所居没有性质上的不同。

在西方"神"是人的精神主宰，所以古代主要的建筑生产是神的住所——神殿和教堂。在这种宗教统治的社会里，人要取得统治的权威，就必须借助神的力量，将人神化。中国的宗法性社会则相反，以君主家长式统治为核心的人本主义社会里，帝王主宰一切。神要得到承认，必须人化。神是为人服务的，所谓"天上神仙府，人间帝王家"，帝王的生活也就是天堂的生活。因此，中国古代主要的建筑生产不是神殿，而是供现世帝王生活的宫殿⑩。

那么，中国佛教建筑史上，是否有过其宗教特点的建筑制度呢？

回答是肯定的。北魏杨衒之《洛阳伽蓝记》记"永宁寺"说："中有九层浮图一所，架木为之，举高九十丈"，和"浮图北有佛殿一所，形如太极殿"。这是见诸文字记载的最早的用木构方形的佛塔，九十丈高是夸饰之词，《水经注》和《魏书·释老志》都说是四十多丈，不足五十丈。这两句话的重要，说明建佛寺都要造塔，而且塔的位置，在主体建筑的殿堂之前。据说南北朝时，新建佛寺多按"伽蓝七堂"的制度，所谓"伽蓝七堂"，据唐·释道宣（596—667）《戒坛图经》传称中天竺舍卫城的祇洹精舍（即祇园精舍），建筑沿主轴线，由南往北是：外门、中门、前佛殿、七重塔、讲堂、三重楼、三重阁，合计恰是七座堂塔。值得注意的是"塔"已不在佛殿之前了。

祇洹精舍距道宣已千余年，与道宣同时的唐玄奘（602—664）到印度时，祇洹精舍已毁，既无实物又无文字记载为据，就如隋代宇文恺考证明堂制度一样，说法不一。事实上，南北朝时佛教宗派不同，除禅宗按《百丈清规》所说："不立佛殿，惟树法堂"（后亦恢复佛殿制度），也不重视塔的供养，七堂中没有塔；其他宗派的七堂，虽都有塔，房舍却是不尽相同⑪。

南北朝时"塔"的位置，在山门和大殿之间的布局，无疑地反映了中国佛教建筑的特点和性格。这种以塔为中心的寺院，南北朝以后尚未见有记载，为了与此后塔不在主轴线上，而与专门建造塔院的寺庙有所区别，我们对这种以塔为中心的寺庙称之谓"塔寺建筑"。

佛塔本为供奉"舍利"而建，舍利是梵文 **Sarira** 的音译，意为尸体或身骨。相传释迦牟尼遗体火化后结成珠状物，后来也指德行较高的和尚死后烧剩的骨粒和骨灰。

古代中国人对神的概念，是超脱了人躯体的"灵魂"，很忌讳在居住生活环境中供奉死人的遗骸。早先建塔尝作为一种新奇的建筑景观，而非宗教信仰的需要。如《齐书》记载世祖太子造园时说："开拓元圃园，与城北堑等。其中楼观**塔宇**，多聚奇石，妙极山水。"塔就是作为园林的观赏建筑修建的，这就足以说明当时皇室的宗教观念了。

塔寺建筑，进山门就高塔屏蔽，不仅破坏了以殿堂为主体的传统的庭院空间环境，也不合于中国人沿轴线贯通的生活活动方式，势必难以存在下去，更不可能得到发展。

塔寺建筑的消失，我认为其主要的社会原因：南北朝时，皇帝大都佞佛，甚至北朝有许多废后、公主、郡主不少人出家为尼。北魏诸王在"河阴之变"（528）中多被尔朱荣杀害，其家"多舍居宅，以施僧尼"，一度几乎造成"京邑第舍，略为寺"的情况（《魏书·释老志》）。到了北齐末年，后主高纬甚至把邺都三台宫（铜雀台、金虎台、冰井台）都舍施给大兴圣寺，后来又把并州（今太原）的尚书省也舍施为大基圣寺等等。

在中国佛教建筑史上，南北朝时一度兴起的塔在殿前，以塔为中心布局的塔寺建筑，是惟一存在过的佛教建筑。

杨衒之的《洛阳伽蓝记》也记载了北魏末尔朱氏跋扈的历史事件，同时也揭露了当时贵族的穷奢极欲的生活，从中也可了解"**舍宅为寺**"的性质和意义。

> 经河阴之役，诸元歼尽，王侯第宅，多题为寺……四月初八日，京师士女多至河间寺。观其廊庑绮丽，无不叹息，以为蓬莱仙室，亦不是过[52]。

"河阴之役"是指北魏武泰元年(528)，尔朱荣举兵入洛，杀王公朝士二千余人的历史事件。"河间寺"，就是北魏河间王元琛宅舍为佛寺，故名河间寺。在人们看到河间寺建筑的华丽，而有"蓬莱仙室"也不如它的叹息。对此，可从两方面来看：其一，废后公主郡主们出家为尼，绝非看破红尘，欣赏佛教戒律制度，靠乞食和施舍去苦行修炼；只是在互相残杀的大动乱中，难以逃避残酷的现实，为求精神上的安宁，遁入空门以自保，并非要舍弃人世间的物质享受，显然寺如其宅，是最适合她们出家修行的地方。其二，从生活现实，建造的佛寺，除了"塔"以外，不可能都比王公贵胄的第宅还好，"舍宅为寺"，在当时统治阶级看来，是提高了寺院的生活环境，丝毫也不含有一点贬低的意思，更不用说把宫殿和高级官署赐给佛教为寺了。充分反映出中国人以人为本的宗教观念，自秦皇、汉武就不承认有超自然的主宰人间的神，而是求自身的长生不死、成为永远统治人间尽享富贵的神样的人。所以，给僧尼居住和奉佛之处，与王公贵族的住宅，没有性质上的不同。从"京邑第宅略为寺"的说法，虽有夸饰，但也说明，南北朝时代数以百计千计的佛寺，新建者不若住宅"多题为寺"者众。

李允鉌在《华夏意匠》中提出："西方的教堂很难适合作为住宅，中国的住宅却可以改作佛寺，官衙和大官员的宅第似乎没有两样，至少有一部分有相同的使用方式[53]。"这正是研究中国建筑的外国学者，认为中国建筑无类型和性格的证据之一。李允鉌没有从中西方的不同文化背景，了解中西方宗教观念的区别，而是从西方宗教建筑与住宅建筑的概念出发，也就无法解释古代寺宅同质的现象。他从现代建筑标准化和"通用设计"角度，认为："传统的中国式房屋设计原则就是：房屋就是房屋，不管什么用途几乎都希望合乎使用[54]。"标准化是中国古代建筑生产方式的必然产物，对各种**单体建筑**设计确是如此，但对不同性质和活动要求的**组群建筑**的总体规划设计，"不管什么用途"的设计原则，是根本不存在的。

"**舍宅为寺**"不是证明了"中国建筑无性格论"，而是证明了这种"无性格论"者对中国建筑文化的无知。宅可为寺，寺亦可为宅，在中国古代是同一功能性质的建筑，只是使用对象的不同而已，**宅以居人，寺以住僧也**。"因此，中国没有西方那种长达二千年之久的自然神秘论体系——宗教统治的黑暗时代，而使中国在中世纪成为人类文明的第二个高峰。历史是辩证的，正如鲁迅先生在他早年所写的《科学史教篇》和《文化偏至论》等文章中，认为近代西方发达的科学成就，又正是基督教文化的结果[55]。"

南北朝兴建的以"塔"为中心的"**寺塔建筑**"，如果存在并发展下去，就会像西方的教堂很难适合做住宅了，也就是说会形成在建筑形式与内容上不同于住宅的一种宗教建筑的类型和性格。但中国的佛寺，并不是按某些学者的建筑类型概念去发展的。

"舍宅为寺"这一历史的运动，为中国佛寺的发展，带来两方面的影响，即建筑和布局上的**邸宅化**和环境上的**园林化**。所谓"邸宅化"，从实践情况更确切地说，是主要建筑的宫殿化，规模的第宅化。园林化，从《洛阳伽蓝记》所记的佛寺，都有山池

南北朝时的"舍宅为寺"和"赐寺为宅"，只是使用对象的不同，宅以居人，寺以住僧也。这是形成中国的宅与寺同质同构，具有互换性的原因。

绿化造景的描写,我认为这同"舍宅为寺"有关。因为南北朝时皇室贵胄们的邸宅,如《洛阳伽蓝记》所述:

> 帝族、王侯、外戚、公主擅山海之富,居川林之饶,争修园宅,互相夸竞,崇门丰室,洞户连房;飞馆生风,重楼起雾。高台芳树,家家而筑;花林曲池,园园而有。莫不桃李夏绿,竹柏冬青㊶。

由邸宅也就可以想见,当时佛寺的情况了。中国佛教建筑的**园宅化**,由此经千余年的发展,并没有原则性的根本改变,我认为,这同南北朝以后**禅宗**的兴起和长久不衰有很大的关系。

禅宗,自梁武帝时,达摩大师渡海东来,传佛心印的禅宗法门,据宋睦庵《祖庭事苑》卷八说:

> 自达摩来梁隐居魏地,六祖相继至大寂之世,凡二百五十余年,未有禅居。洪州百丈大智禅师怀海始创意,不拘大小乘,折中经中之法,以设制范堂、布长床,为禅宴食息之具,高横椸架,置巾单瓶钵之器。屏佛殿、建法堂,明佛祖亲自属授,当代为尊也……后世各随于宜,别立规式㊷。

据《释门正统》载:"元和九年(814),百丈怀海禅师,始立天下**丛林**规式,谓之清规。"可知禅宗传入我国二百五十多年以后,到唐宪宗元和九年(814),才由百丈怀海禅师为中国佛教制定出"丛林规式",在此之前禅宗没有寺院,其它宗派也还无一定的规式。从怀海制定的规式内容,具体的只有"范堂"和"法堂","范堂"即**禅堂**,是供僧众们专门修持坐禅的地方。"法堂"是住持和尚升座说法的殿堂,而且是不设供佛的殿堂,是"**屏佛堂**"的,要求十分简朴。如南怀瑾在《禅宗与道家》中所说:"百丈禅师创建丛林以来,他的初衷本意,只是为了便利出家僧众,不为生活所障碍,能够无牵无挂,好好地老实修行,安心求道,他并不想建立一个什么社会,而且更没有宗教组织的野心存在,所谓'君子爱人以德'则有之,如果认为他是予志自雄,绝对无此用心,尤其是他没有用世之心,所以他的一切措施,自然而然的,便合于儒佛两家慈悲仁义的宗旨了㊸。"

按佛教宗旨是屏弃物欲的,为了表示佛祖亲自属授当代为尊之意,所以不建"佛殿"。据云在古代梵文经典中本无佛殿名目,后来印度寺院建殿,也不称佛殿而称"香室"或"香殿",日本则称"本堂"或"金堂",都是表示尊敬佛陀的意思。禅宗恢复佛殿制度,是祖师惧怕信徒去佛逾远忘本才造殿供佛的。

## 四、佛教寺院规式

南北朝以后,佛寺也并无严格的规制,是"各随于宜"的,大体布局相同,殿堂的多少位置和辅助设施则各有异宜。一般情况是:

主要建筑山门、天王殿、佛殿、法堂、方丈等都布列在寺院的南北中轴线上,禅堂、食堂、厕所等布置在轴线的两旁,主要建筑略述如下:

所谓建筑的类型性格,只是由于人们某种生活活动的需要,经过不断的建筑实践,在建筑的内容与形式上,自然形成的某些特点。建筑类型的形成与发展,既要受社会意识形态的影响,同时要受构筑建筑空间的物质技术条件的制约。

**山门** 是佛寺组群建筑的大门。寺院多居山林之处,故名。一般有三个门,象征三解脱门(空门、无相门、无作门),也称"三门"。有的寺院只设一门,也往往称山门为"三门"。

从古籍载,山门原为楼阁式建筑。如"维新巍其(山)门为杰阁"(《天童寺志》);"三门阁上必设十六罗汉像"(《禅林象器笺》)等。这种山门的建筑形式在南方已极少见,但并非"现在实物不存[59]",如山西高平县大粮山**定林寺山门**,为两层三重檐楼阁式,造型复杂很别致;山西五台山南山寺**山门**,为两层重檐歇山顶楼阁,底层为台门式,形象雄实如城楼(见彩图)。山西上党也见有楼阁式的山门,因地偏僻而鲜为人知。

**天王殿** 位置在山门与佛殿之间。孙宗文在《南方禅宗寺院建筑及其影响》一文中说,从日本京都宇治万福寺始有"天王殿"。万福寺是建于日本德川幕府时期的宽文元年,即清顺治十八年(1661),是我国明代僧人隐元东渡日本负责建造的,全仿福建省福清黄檗山的"万福寺"。他推测:"我国寺院中的天王殿创建时期一定很晚[60]。"我们从太原市内的**崇善寺**保存一张《**崇善寺明代布局图**》(见彩页),在正殿前已画有"天王殿",可证明代寺院已有天王殿的设置。殿内陈列佛教传说中的"护世四天王",即东方持国天王,南方增长天王,西方广目天王,北方多闻天王,塑像分别为白、青、红、绿色。

**佛殿** 早期的佛殿平面为正方形,位置在山门与大殿之间,相当南北朝时"寺塔建筑"中塔的位置,可能是受"塔"的平面影响。建筑形制,随寺院规模大小而有所不同。如少林寺**初祖庵**,宋徽宗宣和七年(1125),为纪念禅宗初祖菩提达摩而建。平面为 3×3 间的正方形,单檐歇山顶建筑,为扩大像前空间,后金柱后移 124 厘米,属移柱式建筑,是著名古建筑之一(图 **4-5** 为少林寺初祖庵大殿平面、立面图)。

**正殿** 是寺院中的主体建筑,也是等级最高体量最大者,也称"主殿"或"大殿"。山西大同**华严寺上寺大殿**,单檐庑殿顶,9×5 间,建筑面积 1473 平米,是今发现木构建筑中,型体最大的一座。在早,佛殿以一殿供一佛为准则,明以后多供三如来佛像。如果说,这是后世"由于地基、经费之限,遂改成一殿数佛之制[61]"的话,倒不如说,是出于佛殿陈列塑像的空间艺术需要。大殿都是长方形平面,一般多为五开间或多于五开间,木构建筑的殿堂空间,大梁以下金柱之间的空间,是通敞完整的;大梁以上的顶部空间,每间在空间视觉上,仍然是相对独立的。通常大殿都是彻上露明造,为示佛之崇伟,塑像都占有顶部的空间,人们瞻仰佛相须仰视,在顶部空间分隔的情况下,只供一座佛像,显然不如在内槽按间陈列佛像整体形象完美。从建筑设计角度,塑像的体量与形态,同建筑空间的和谐协调,是一种整体性的艺术形象创造(见第七章文后之照片)。

**法堂** 禅宗说法之堂,其它宗派寺院称"讲堂",按百丈怀海的"丛林规式",法堂是禅宗寺院最早的用于宗教活动的殿堂。讲堂一般是楼阁建筑,现多以阁下为讲堂,上层作藏经之用。在南北朝"舍宅为寺"时,不可能恰好在作佛殿建筑之后是重阁,所以《洛阳伽蓝记》在"建中寺"的描述中说:"前厅为佛殿,后堂为讲室。"由此可见,第宅对寺院制度的影响。

**方丈** 是指住持长老的居处,住持的和尚也称"丈室"、"函丈"、

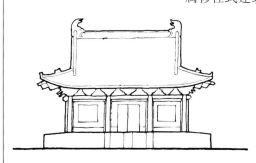

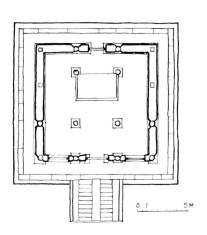

图 4-5 河南嵩山少林寺
初祖庵大殿平、立面图

"正堂"、"堂头"等。"方丈"一名的来源,据《祖庭事苑》说:"今以禅林的正寝为方丈,盖取自毗耶离城维摩之室而来,以一丈之室能容三万二千师子之座,有不可思议之妙故事也。唐王玄策为使西域,过其居以手版纵横量之得十笏,因以为名。"笏,是古时大臣朝见时拿在手里用以指画和记事的狭长板子。唐时笏长一尺,十笏即一丈,"方丈"是边长一丈的方形之室。

维摩,是梵文 Vimalakīrti 音译"维摩诘"的略称。他是"妙语"横生、义理深奥的大乘居士。"**居士**",原指古代印度吠舍种姓工商业中的富人,信佛而在家修行受过"三归"、"五戒"的人。维摩诘就是非常富有的"居士",他生活奢侈豪华,妻妾成群,极尽物质生活的享乐。但他精通大乘佛教义理,为佛典中现身说法,辩才无碍的代表人物,被尊为菩萨。这种修行的方式,自然深得中国上层统治阶级的崇慕。所以南朝的萧统(昭明太子)小字维摩。唐代的大诗画家王维,字摩诘,用"维摩诘"作名字,可知其多么的崇拜了。

佛教各宗都力倡禁欲主义,禅宗则不然,主张禁欲不是屏绝物质世界,而是要求同物质世界充分接触中去修炼,做到"见色不乱","无所住心"才是硬功夫。"后来的禅宗甚至喊出'饮酒食肉,不碍菩提','行盗行淫,无妨般若'的口号来,这就连禁欲也不提了[②]。"菩提,梵文 **Bodhi** 的音译,指对佛教"真理"的觉悟;般若,梵文 **prajna** 的音译,是指修炼成佛所需要的特殊智慧和认识。干脆一句话即"放下屠刀,立地成佛",不管做多少坏事,只要不干了,都一律免费发放进入天国的门票,这是禅宗为众生所欢迎的道理。但禅宗的美学思想,打破烦琐戒律的大胆革新作风,对中唐以后佛教艺术的发展,是有很大的积极影响的。

**钟鼓楼**　寺院用钟很早,是"丛林号令资始也,晓击则破长夜,警睡眠;暮击则觉昏衢,疏冥昧"(《百丈清规·法器》)。初期钟楼位置,在寺院法堂后的东北角,无鼓楼,这种位置方式只有现存苏州枫桥**寒山寺**,是惟一的例子。而山西广灵县壶山的**水神堂**,只在山门内有一结构玲珑的钟楼。

鼓楼出现以后,钟鼓楼都采取对称的布置。钟楼在东,鼓楼在西,所谓"楼",实际上是两层的亭式建筑,平面一般为正方形,底层多用墙围蔽成台门形式,上层为空亭,有四角攒顶,亦有用卷棚和十字脊者;山西天镇县城内的**慈云寺**,钟鼓楼在山门与金刚殿(天王殿)之间,为圆形重檐攒尖顶建筑,是极其少见的实例。

钟鼓楼的位置,仅以古建筑遗存最多的山西省而言,大体可见有三种组合方式:一、钟鼓楼与山门组合成一体;二、位置在山门与天王殿或佛殿之间;三、钟鼓楼与过殿组合在一起。一、二两种情况较多,二是钟鼓楼相对独立在殿庭中,如山西稷山县稷王庙等。一、三是组合式建筑,很富于造型的变化,而且组合的手法有不同,从建筑设计角度分析,是很有意思的,举例如下(见图**4-6**山门与钟鼓楼组合示意图):

(**1**)太原崛峒山**多福寺**,钟鼓楼在山门两边院墙内,与山门并列,位置相邻而不相接。如此处理,显然是考虑,硬山的山门太简,十字脊的钟鼓楼太繁,组合成一体则对比强烈,而互相排斥,故用隔的手法,既可取得整体的多样性变化,又不失突出山门的目的。

(**2**)五台山的**镇海寺**,钟鼓楼与山门并列,中间用短墙相连,保持各自的独立形式,组成联合的形态。因山门硬山顶,墙上辟三圈门,形象朴实;钟鼓楼底层砖墙围蔽,上层空亭的柱间封以板壁,中开一圈门,用"实"的处理以取得协调。

(**3**)清徐的**宝梵寺**,则是将山门与钟鼓楼组合成整体的设计。山门单檐歇山顶,檐廊豁敞，中筑墙于明间开门，将墙向外东西伸延，与钟鼓楼底层墙壁连成一体，两者之间连系墙上开掖门；钟鼓楼上层，四角攒尖顶，下砌砖栏，中部四向开敞，与山门上下呼应，可谓虚实相间，高低有致，主次有序，手法颇为新颖。

（4）晋城的**玉皇庙**，是至今唯一见到的将过殿与钟鼓楼组合在一起的实例。过殿当中的三间为开敞式门殿，两边端头为钟鼓楼，过殿的外墙与钟鼓楼底层连为一体，楼的底层墙头成雉堞形，上层为歇山顶空亭样式，形象朴实而有变化。为了使过殿两边连接钟鼓楼的大片闭实的廊房外墙，与三间开敞的过殿有机结合，将墙伸入过殿，遮住部分山墙檐柱，在立面构图上十分别致而和谐，这一手法颇有现代设计风味。

在山西遗存的古建筑中，钟鼓楼与山门接合，在造型上变化的例子颇多，以上只是选择有代表性者。从中我们不难看到，古建筑中蕴藏着许多杰出的意匠和手法，是值得借鉴和学习的。由于研究中国建筑者，大多从建筑考古出发重古建筑的文物价值，极少从建筑学的角度，去研究古代建筑实践中那些对今天有用的东西。

**禅堂**　就是供给僧众专门修持坐禅的地方。在禅堂专志修习禅定的僧众，叫"清众"，旦暮起居，都在禅堂。其余僧人都有寮房，有单人间和数人一间。禅堂里每人一个铺位，可以安禅打坐，也可躺卧休息，铺位连接故称"长连床"。墙上"高横椸架，置巾单、瓶钵之器"（《祖庭事苑》）。椸，是衣架，古横竿为"椸"，钉在墙上挂衣的橛为"楎"。也就是有可供每人挂衣服和日常简单的必须用品的架子。所谓"清众"是非常清苦的，睡只容身，一日两餐，过午不食，终生素食。

禅堂沿墙设"长连床"，俗称通铺，中间是个大的空庭，以供清众集团行走踱步，作适当活动，称"行香"或"跪香"，成圆圈行走，或分两个圈子或三个圈子。"后世渐在禅堂中间，供奉一尊迦叶尊者或达摩祖师像。禅堂的上位（明间对进门处），安放一个大座位，是住持和尚的位置，和尚应随时领导大家修行禅坐，间或早晚说法指导修持[63]。"对禅宗寺院来说，从其宗旨，不在于建筑规模如何，而在于有一座好的禅堂。要说自"唐、宋、元、明、清以来，国内有的丛林里的禅堂，可以容纳数百到千余人的坐卧之处[64]"此说太过夸张了。如果禅堂只能沿墙布置长连床，古代能建造供数百至上千人坐卧的大禅堂，而且是一座建筑物，这是绝对不可能的。就以现存国内最大的佛殿，大同华严寺上寺的大殿，面阔九间53.9米，进深五间27.5米，建筑面积为1 473平米。去掉正面的三座殿门约20米，整个建筑四围墙壁的沿长度为1430厘米，以每人50厘米宽计，最多只能容纳280多人的铺位，木构建筑是造不出比华严寺大殿大二三倍的建筑的。

**罗汉堂**　梵文**Arhat**音译"阿罗汉"的略称为"罗汉"，是小乘佛教修行的最高果位，意指杀尽一

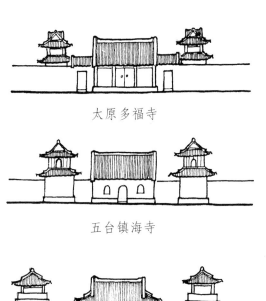

太原多福寺

五台镇海寺

清徐宝梵寺

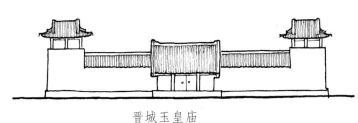

晋城玉皇庙

**图4-6　佛寺山门与钟鼓楼组合示意**

168

切烦恼之贼，应受天人的供养，永远进入涅槃，不再生死轮回的修行者。在早是十六罗汉，后十八罗汉，"我国寺院供奉五百罗汉之风，始于唐开元年间（713～741），因当时有位大雕塑家杨惠之，他结合当时的建筑技巧，创造出一种壁塑手法，首先在河南府(今洛阳)的广爱寺山门上作五百罗汉。到五代时(907～960)，吴越王钱氏曾造五百铜罗汉于浙江天台山的方广寺。又传杭州石屋洞的五百十六身罗汉（五百罗汉与十六罗汉合刻），亦系镌于五代后晋开运初到宋开宝七年之间（944～974）⑥。"

殿堂中要陈列多达五百尊的罗汉塑像，扩大殿堂的空间是不能解决的，因此就产生了"**田字殿**"的特殊建筑形式。据明·汪砢玉《西子湖拾翠余谈》描写杭州**净慈寺**罗汉堂说：

> 东廊构田字殿，贮五百尊像，作四层相背坐，尊尊异形。位置曲折多迷。

净慈寺的"田字殿"罗汉堂，始建于后周显德元年(954)，南宋初毁而复建。殿堂四十九楹，平面为田字形，中有四个小天井，用田字形，可以取得最大的墙壁展览面，更杰出的是：这种平面空间的人流路线，是大环套小环，环环相套，形成"曲折多迷"的往复无尽的循环路线。这种建筑的空间意匠，充分体现**中国古代"无往不复，天地际也"的空间观念**，是将**往复无尽的流动空间**设计发挥到极臻的例子。在世界建筑史上，这种陈列数百躯塑像的特殊展览馆，可以说是建筑空间艺术上的杰出创造(关于"田字殿"的空间艺术，见本书第六章《建筑的空间组合(一)》)。

## 佛教四大名山

中国佛教所传四大菩萨分别显灵说法的道场，亦称"**四大道场**"。所谓四大菩萨，即文殊师利的"大智"，普贤的"大行"，观世音的"大悲"，地藏的"大愿"，被中国佛教徒总称之为四大菩萨。中国佛教寺院多喜建于名山大川之中，而**五台山、普陀山、峨眉山、九华山**因菩萨显灵说法的传说，成为寺院集中之地，四大名山也就成为名胜古迹荟萃的著名旅游胜地了。

**五台山**　传为文殊师利菩萨显灵说法的道场。五台山属太行山一个支脉，分布在山西五台、繁峙二县境内，周回250公里，由五座山峰环抱而成，五峰顶平如台，故称五台。五峰之外称台外，五峰之内称台内，台内以**台怀镇**为中心。五台中北台最高，海拔3058米，有"**华北屋脊**"之称。因"岁积坚冰，夏仍飞雪，曾无炎暑"（《广清凉传》卷上），亦称"**清凉山**"。

明《清凉山志》载，东汉永平年间(58—75)五台山已有寺庙建筑，北齐时山区扩建寺院二百余所。隋文帝下诏，五顶各立一寺，至唐开元以后，寺院已臻极盛，中有大寺十二所。敦煌莫高窟第六十一窟中，现存《五台山图》是五代时五台寺院的历史写照。到清嘉庆(1796～1820)中叶以后，逐渐衰败。据**20世纪50年代**统计，台内和台外尚有寺院百余处，现仅存台内寺庙**39**座，台外寺庙**8**处矣。

台怀镇寺庙较集中，五台山的五大禅处：**显通寺、塔院寺、菩萨顶、殊像寺、罗睺寺**都在台怀镇(见彩页"山西五台山台怀镇寺庙群胜概"。近景为塔院寺的白塔，远景为灵鹫峰上的菩萨顶，蔚为大观)。

**普陀山**　传说为观音显灵说法的道场，是浙江舟山群岛中的一个小岛，岛形狭长，南北纵长 8.6 公里，东西横宽 3.5 公里，面积 12.76 平方公里。最高峰佛顶山，海拔 291.3 米。唐大中年间(847~860)有一印度僧来此自燔十指，"亲见观世音菩萨现身说法，授以七色宝石"，遂传为观音显圣地。佛经有观音住南印度普陀洛伽山(梵文 **Potalaka**)之说，因略以"普陀"称岛。自北宋以还，寺院渐增，僧尼日众，其中以**普济、法雨、慧济**三大寺，规模宏大，殿阁巍峨，是清代建筑典型。岛上有千步沙、梵音洞、潮音洞、磐陀石等名胜，平岗曲涧，幽洞奇岩，海景变幻，历来为游览避暑胜地。

**峨眉山** 传说为普贤菩萨显灵说法道场。峨眉山在四川属横断山系的邛崃山脉，主峰万佛顶海拔 3099 米，周回千里。《峨眉郡志》云："云鬟凝翠，鬓黛遥妆，真如蝶首蛾眉，细而长，美而艳也，故名峨眉山。"有"峨眉天下秀"之誉。佛教称光明山，道教称"虚灵洞天"。从山麓至峰顶 50 余公里，磴道盘旋，直上云霄，唐·司空曙诗：

太一天坛天柱西，重萝为幄石为梯。
前登灵境青霄绝，下视人间白日低。

唐宋以后佛教日兴，明清时臻于鼎盛，一时梵宫琳宇，大小寺庙近百所。自清以降，日趋衰微，至民国年间所存不及半数。现存主要寺院有**报国寺、万年寺、伏虎寺、仙峰寺、卧云庵**等，有石龛百余个，大小洞 40 个，及峨眉宝光、舍身崖、洗象池、清音阁、黑龙江栈道等胜迹。

**九华山** 传为地藏菩萨显灵说法的道场。在安徽青阳县西南，有 99 峰，以天台、莲华、天柱、十王等九峰最为雄伟。主峰十王峰海拔 1342 米，周围百余平方公里。旧名九子山，唐代大诗人李白诗有"天河挂绿水，绣出九芙蓉"之句，而改名九华山。

九华山多溪水、瀑布、怪石、古洞，苍松蟠郁、修竹萧疏，王安石誉为"楚越千万山，雄奇此山兼"，而有"东南第一山"之称。传说唐永徽四年(653)，新罗国王近宗金乔觉(地藏)渡海至此，开元十六年(728)去世，山上化城寺为其成道处，即地藏菩萨。据《安徽通志》载，金乔觉 99 岁圆寂，兜罗手软，金锁骨鸣，颜面如生。佛徒信为菩萨化身，遂建"护国肉身宝塔"纪念，即神光岭月(肉)**身宝殿**。重檐歇山，顶覆铁瓦，廊庑周匝，石柱环卫，殿前有石阶 81 级，殿宇十分壮观。历史上九华山鼎盛时期，寺院多达三百余座，香火终年不断，享有"佛国仙城"之誉。现尚存**化城寺、月身宝殿、百岁宫、慧居寺**等古刹 78 座，有"天台晓日"、"天柱仙踪"、"九子听泉"、"东崖云舫"等九华十景，东岩、回香阁等名胜。

佛教名山，借菩萨显灵说法的传说，使寺庙大量集中，随佛教的兴衰，虽也难免遭到兵燹回禄之灾，数量较盛期大量的减少，但由于寺庙不直接受社会上层政治风暴的摧残，因此，寺庙是历史文化遗存实物的重要宝库，特别是佛教文物，如峨眉山**万年寺铜铁佛像**，造型优美，铸造精良；还有用铜铸造的五台山**显通寺铜殿**(见彩页)。大量的难以数计的碑刻、藏经、法器等等，而每一名山的佛像多以千计，如唐建的佛光寺中面容丰满，神态自若，衣纹流畅的彩塑菩萨；宋晋祠圣母殿的婀娜多姿、栩栩如生的彩塑侍女像等等，为研究中国古代的雕塑艺术，提供了极为丰富的资料。

历代遗存的寺庙，是古人用土木写成的历史。有人说西方建筑史，实际是宗教建筑史。其实宗教建筑，在中国古代建筑史中也占有很大的比例。只要我们不断深入地研究、挖掘，在建筑的意匠经营上，可以说是汲取不尽的源泉。最早的有 782 年建的唐代五台山**南禅寺大殿**和 857 年建的唐**佛光寺东大殿**(见彩页)。东大殿的转角铺作，雄硕的斗栱层叠悬挑竟深达 5 米之远……等等；从结构上，佛光寺内于金天会十五年(1137)所建的**文殊殿**，七间殿堂内前后只用了 4 根金柱，而且与梁架不对位；五台山建于元至正年间(1341～1368)的**广济寺大雄宝殿**，五间殿堂内只用了两根金柱等等，都是研究古代木构梁架**减柱移柱法**的非常珍贵的实例。

山地寺庙"**因山构室**"，在总体布局和空间的意匠上，有许多值得总结的经验，但还很少有人问津。如五台山**南山寺**，背山面水，依山就势，高低错落，层叠有致；九华山**天台寺**，依山势高低构成楼阁，上下五层，有万佛楼、地藏殿等。这类例子颇多，是应予深入研究的。

道教的名山，如**武当山**、**龙虎山**、**青城山**、**罗浮山**等等，不再阐述。这里特别对民族文化融合的典范——清代康乾盛世在承德避暑山庄建造的外八庙，加以介绍。

**外八庙** 在承德避暑山庄的东面和北面，是对向山庄环列布置的藏传佛教寺庙的总称。从清康熙五十二年 (1713) 到乾隆四十五年 (1780) 陆续兴建了一批寺庙。将其中由朝庭直接管理的 9 座设了 8 个管理机构。清代正史文献将这 9 座寺庙称外庙。因普佑寺附属于普宁寺，以后就俗称外八庙了。建造年代与背景：

**溥仁寺** 建于康熙五十二年 (1713)，平息厄鲁特蒙古准葛尔部噶尔丹叛乱以后，据《御制溥仁寺碑》载：康熙皇帝 60 寿辰，"众蒙古部落，咸至阙廷，奉行朝贺，不谋同辞，具疏陈恩，愿建刹宇，为朕祝釐"而建，供蒙古诸部大聚会使用。

溥仁寺是按汉式伽蓝七堂规制，自南而北为山门、钟鼓楼、天王殿、正殿"**慈云普荫**"，后殿**宝相长新殿**。塑像雕刻皆颇具艺术价值(图 **4-7** 为溥仁寺总平面图)。

**普宁寺** 是乾隆二十年(1755)，平定西陲，四卫拉特来觐，为纪武成，仿西藏三摩耶庙式而建。普宁寺总体布局分前后两部分，以金刚墙为界，前半部按汉式伽蓝七堂制，以大雄宝殿为主体，其后高 8.92 米，石构金刚墙内填灰土夯实成大平台，台上按西藏三摩耶庙式建造。台的中心矗立仿三摩耶庙乌策殿式的**大乘之阁**。阁高 36.75 米，正面六层重檐，阁内置千眼千手观音菩萨立像，用松、柏、榆、杉、椴五种木材雕成，通高 22.28 米，腰围 15 米，使用木材 120 立方米，头重 5 200 公斤，全身重 110 吨，是世界上最高大的木质雕像。故普宁寺又称大佛寺(图 **4-8** 为普宁寺总平面)。

大乘之阁，象征须弥山，阁四周有塔、台等小型藏式建筑，象征佛经中的"四大部洲"、"八小部洲"。

**安远庙** 俗称伊犁庙，乾隆二十九年(1764)仿新疆伊犁固尔札庙所建。固尔札庙是漠北规模最大的一座寺庙，该庙于乾隆二十一年 (1756) 被民族分裂分子阿睦尔撒纳溃军烧毁。平叛后，乾隆皇帝将有功的达什达瓦族全部迁到热河，弘历考虑到给达什达瓦族提供佛事活动的场所，遂命在武烈河东岸建造此庙。

安远庙，占地 2.8 公顷，内外二层围墙，内围用墙隔成三进，从中间山门至棂星门，为一进庭院，长方形无任何附属建筑。由棂星门至二山门，庭院为狭窄的横长方形，东西有配殿。最后一进庭院，由 64 间房屋围闭成院，中间偏北为平面呈正方形，三层重檐的**普渡殿**。按五行、五方、五色，北属水色黑，故普渡殿的重檐歇山顶上覆黑色琉璃瓦。因新疆固尔札庙毁于火，安远庙用黑瓦顶，意在以水克火也(图 **4-9** 为安远庙总平面)。

**普乐寺** 俗称圆亭子。建于乾隆三十一年(1766)。由于西北边陲的安定，生活在巴尔喀什湖附近的哈萨克族和葱岭以北的布鲁特族 (柯尔克孜族)，年年来避暑山庄朝拜皇帝，扈从行围，接受封爵。因建此寺，为他们首领来热河聚会、举行宗教

承德避暑山庄的外八庙，是汉藏建筑艺术在融合的过程中，把中国古典建筑艺术推向一个新的高度，成为民族文化交融的典范。

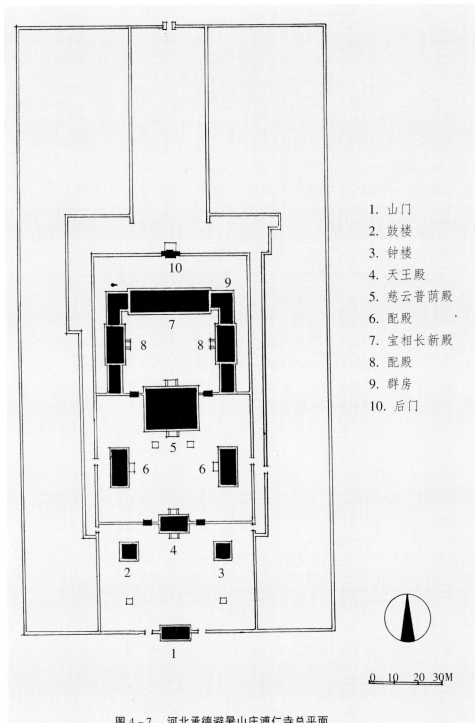

1. 山门
2. 鼓楼
3. 钟楼
4. 天王殿
5. 慈云普荫殿
6. 配殿
7. 宝相长新殿
8. 配殿
9. 群房
10. 后门

0　10　20 30M

**图 4－7　河北承德避暑山庄溥仁寺总平面**

和习俗活动提供场所。

　　普乐寺占地 2 公顷，该庙布局总体虽采取轴线对称形式，前半部承袭伽蓝七堂之制，后半部则融进了藏式风格，在阇城(阇 dū 督)上建筑。阇城分三层，底层石砌金刚墙，高 3.36 米，75 米见方。四面正中辟门，墙内有围廊一周。第二层墙上有雉堞，台上四面正中和四角各置琉璃喇嘛塔一个。再上为平台，在圆座上是主体建筑**旭光阁**。旭光阁为圆形重檐攒尖顶，是仿北京天坛祈年殿之作。阁中二龙戏珠的斗八藻井，制作精美，具有很高的艺术价值(图 **4－10** 为普乐寺总平面)。

　　**普陀宗乘之庙**　　建于乾隆三十二年(1767)，三十六年(1771)竣工。普陀宗乘是

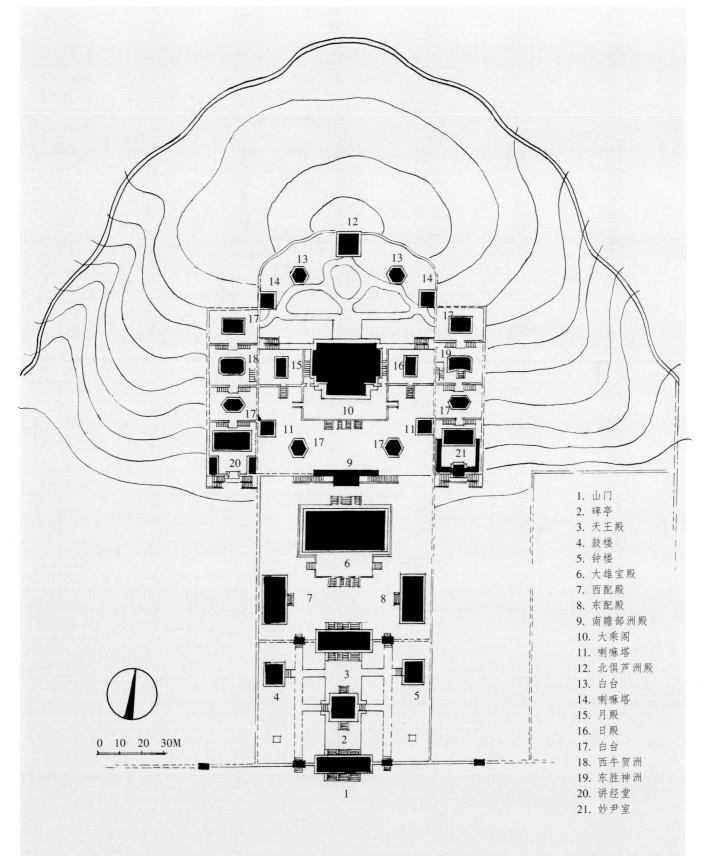

1. 山门
2. 碑亭
3. 天王殿
4. 鼓楼
5. 钟楼
6. 大雄宝殿
7. 西配殿
8. 东配殿
9. 南赡部洲殿
10. 大乘阁
11. 喇嘛塔
12. 北俱芦洲殿
13. 白台
14. 喇嘛塔
15. 月殿
16. 日殿
17. 白台
18. 西牛贺洲
19. 东胜神洲
20. 讲经堂
21. 妙尹室

图 4-8　河北承德避暑山庄普宁寺总平面

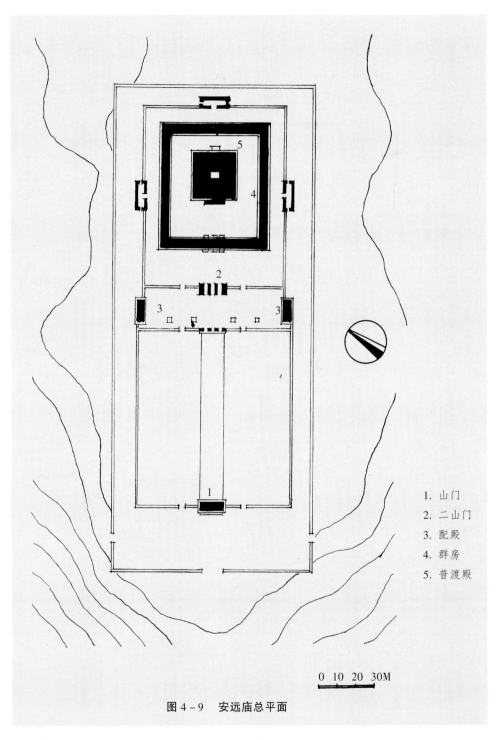

1. 山门
2. 二山门
3. 配殿
4. 群房
5. 普渡殿

0 10 20 30M

图 4-9 安远庙总平面

藏语"布达拉"的汉译,故又有"小布达拉宫"之称。为乾隆 60 寿辰(乾隆三十五年)、皇太后钮祜禄氏 80 寿辰 (乾隆三十六年),接待各少数民族王公贵族,仿西藏拉萨布达拉宫形制营建此庙(见彩页承德普陀宗乘之庙全景)。

普陀宗乘之庙总体布局与西藏布达拉宫相似,无明显的中轴线,利用山势,自由散置,自南而北,依势层层升高,极富于变化。全寺大体可分三部分:第一部分,由山门、碑亭、五塔门、琉璃牌楼组成;第二部分是白台群,由 30 余座大小白台,依山势上下,不规则布置。白台分殿台、楼台、敞台、实台,形状不一,体量不等,高者四层,以二、三层居多,大都用白灰抹面,故称白台,为藏式平顶碉房的形制;第三部分,是位于山巅的大红台(见图 **4-11** 普陀宗乘之庙总平面)。

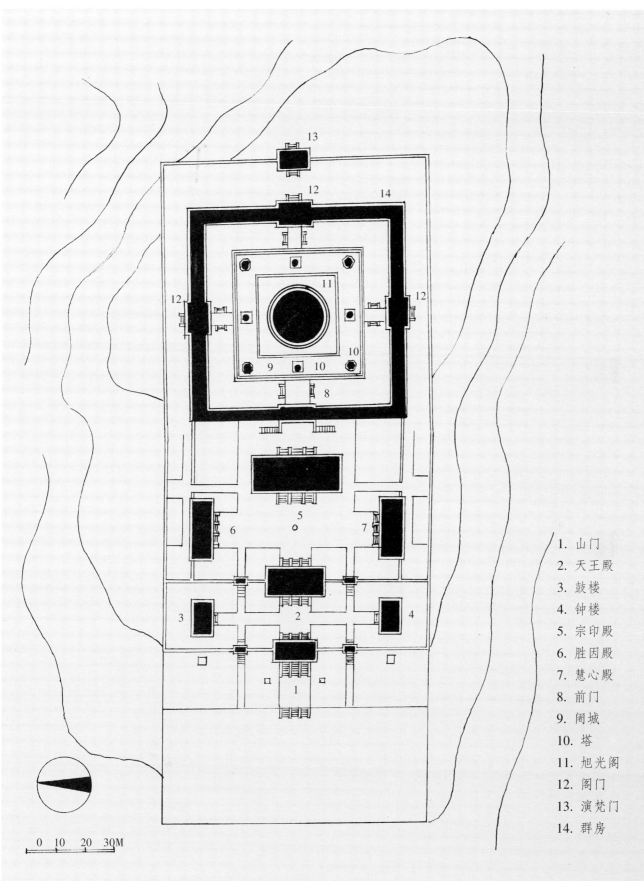

1. 山门
2. 天王殿
3. 鼓楼
4. 钟楼
5. 宗印殿
6. 胜因殿
7. 慧心殿
8. 前门
9. 阇城
10. 塔
11. 旭光阁
12. 阁门
13. 演梵门
14. 群房

0  10  20  30M

图4-10 河北承德避暑山庄普乐寺总平面

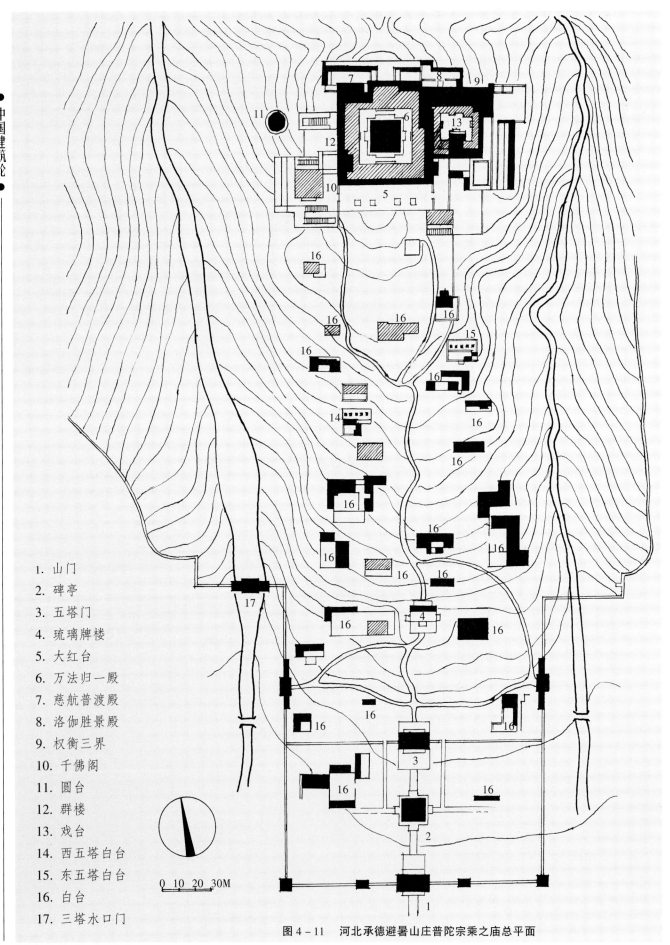

1. 山门
2. 碑亭
3. 五塔门
4. 琉璃牌楼
5. 大红台
6. 万法归一殿
7. 慈航普渡殿
8. 洛伽胜景殿
9. 权衡三界
10. 千佛阁
11. 圆台
12. 群楼
13. 戏台
14. 西五塔白台
15. 东五塔白台
16. 白台
17. 三塔水口门

0  10  20  30M

图4-11 河北承德避暑山庄普陀宗乘之庙总平面

大红台面积 1.03 万平方米,正面基层是实心白台,高 17 米。白台之上起红台,高 25 米,共七层,一至四层实心,均设置盲窗(在墙上做成窗框形式),五至七层为三层楼阁,每层 44 间,四面围闭,每层间隔开真窗和盲窗,亦称**群楼**。群楼空井中心建**万法归一殿**,四角重檐攒尖顶,上覆镏金鱼鳞铜瓦,法铃宝顶(见彩页万法归一殿的金顶)。

万法归一殿是普陀宗乘之庙的主殿,隐于大红台群楼之中,在巍峨雄壮的大红台上,镏金的殿顶,闪闪发光,增加了宗教的神圣气氛。

**殊象寺**　乾隆二十六年(1761),弘历陪皇太后到山西五台山文殊菩萨道场——殊象寺进香,见文殊妙相庄严,"默识其像以归"。回到京师,在北京香山摹像建寺,名曰"**宝相**"。乾隆三十九年(1774),又在避暑山庄之北建寺,"庄校金容,一如香山之制"。

殊像寺为典型的汉式寺庙,占地 2.7 公顷,寺庙的主要建筑组群,采用沿中轴线平衡对称的布置,山门、天王殿、大雄宝殿。天王殿前东西为钟、鼓楼。天王殿北两侧为东、西配殿,东名"馔香室",西名"演梵堂"。天王殿向北地势渐高,上多级大石阶可登月台,月台北为主殿**会乘殿**,殿 5×7 间,重檐歇山黄琉璃瓦顶。殿内两侧壁藏,藏满文大藏经三部,日本帝国主义侵华劫去一部,现存东京;一部流落西欧,现存巴黎图书馆;一部下落不明。会乘殿前东、西两侧,有配殿,东名"指峰",西名"面月"。殿北则采取园林化手法,依山势叠假山,洞壑婉转,曲径幽深,假山上建重檐八角黄色琉璃瓦顶,绿色剪边之**宝相阁**,又名**净名普观**,东西两侧有配殿。登第二层假山,直北有**清凉楼**,两侧亦有配殿,西配殿西有六角亭,亭前有一小院,院中小楼,因皇帝来殊像寺上香时,皇后在此梳妆,故名"梳妆楼"(见图 4-12 殊像寺总平面)。

该寺大多被毁,今仅存会乘殿、山门、钟鼓楼。

**须弥福寿之庙**　须弥,指佛的居处"须弥山",藏语"札什";福寿,藏语"伦布",合意札什伦布。乾隆四十五年(1780),是弘历 70 寿辰,为西藏政教领袖班禅额尔德尼六世来参加寿辰典礼,仿六世班禅在西藏日喀则**札什伦布寺**规制为他建造的行宫,故此庙亦称班禅行宫,或札什伦布。占地 3.8 公顷,总平面布局具有日喀则札什伦布的特征,同时又融合汉式建筑的特点,形式独特。主要建筑沿中轴线布置,两侧建筑大体对称,分前、中、后三部分。总体规划强调中部的大红台及**妙高庄严殿**,体量最大,位居中心,南为前导,北为后续,以**万寿塔**为结束。寺庙的轮廓线独具特色,不同于外八庙其它庙宇,是汉藏建筑文化融合的进一步发展(见彩图,承德须弥福寿之庙全景。图 4-13 为须弥福寿之庙总平面)。

寺建山麓坡地上,自南而北,前为五孔石桥,桥北为**山门**,三券门阁城上起殿。门殿三间,长方形单檐庑殿琉璃瓦顶。山门北为三间方形**碑亭**,重檐歇山黄琉璃瓦顶。碑亭东西围墙辟侧门,设蹬道,上起庑殿,左右对称。由碑亭向北,地势渐高,循石级至琉璃牌楼,为三间四柱七楼形制,至此为寺庙之前部。

牌楼北为大红台,由三层群楼围闭成院,东西各 13 间,南北各 11 间,外墙勒脚用花岗岩条石,上部砌砖,朱红灰抹面,各层窗仍真窗、盲窗相间;窗式汉化,改梯形为矩形,窗头嵌琉璃垂花罩,中开琉璃门。大红台上四角各设庑殿一座,象征四方天王。封闭的院内建三层殿阁,名**妙高庄严殿**,平面正方形,高为 **28.8** 米,重檐攒尖顶,上覆鱼鳞镏金铜瓦,四条波纹屋脊上,各置镏金铜龙两条,弓身翘尾,形态生动。

大红台东为二层**御座楼**,供皇帝礼庙之用,群楼形式与大红台相同,中央设小佛殿一座。大红台西北角,利用地势,建方形五间两层之**吉祥法喜殿**,重檐歇山顶,

大红台的可虚可实,使建筑体量可大可小,可高可低;盲窗与真窗的兼用,使台建筑化和整体化;群楼与亭型殿阁金顶的结合,从而创造出民族文化融合的、新的古典建筑形式。

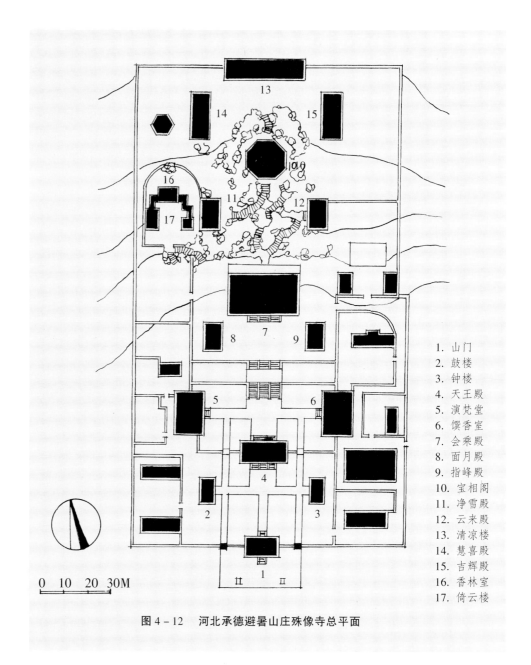

1. 山门
2. 鼓楼
3. 钟楼
4. 天王殿
5. 演梵堂
6. 馔香室
7. 会乘殿
8. 面月殿
9. 指峰殿
10. 宝相阁
11. 净雪殿
12. 云来殿
13. 清凉楼
14. 慧喜殿
15. 吉辉殿
16. 香林室
17. 倚云楼

0　10　20　30M

图4－12　河北承德避暑山庄殊像寺总平面

上覆鱼鳞镏金铜瓦。吉祥法喜殿之一层地面与大红台顶持平,为班禅的住所,二楼为佛堂。殿前围以群房,殿内陈设琳琅满目,富丽堂皇,俗称**金殿**。

大红台北,地势更高,在轴线上是由**金贺堂**与**万法宗源殿**组成的独立庭院。原为班禅眷属及子弟住所,后作为经堂。万法宗源殿后,寺庙的北端为八角七层琉璃的**万寿塔**,一层围以木廊,顶覆黄琉璃瓦,壁面贴绿琉璃砖,遍置佛龛。塔周有九间楼、白台等建筑。

须弥福寿之庙,是外八庙中最后建造的一座寺庙,汉藏建筑艺术的融合已获得经验,从该庙的全景图可以看到,在藏式建筑中已融进更多的汉式建筑手法,如门殿、碑亭、牌楼、宝塔等等,使极富于藏族建筑特点的大红台,与群楼顶上亭型殿阁的大屋顶有机地融合成一体,把中国古典建筑艺术推向一个新的高度,成为民族文化交融的典范。

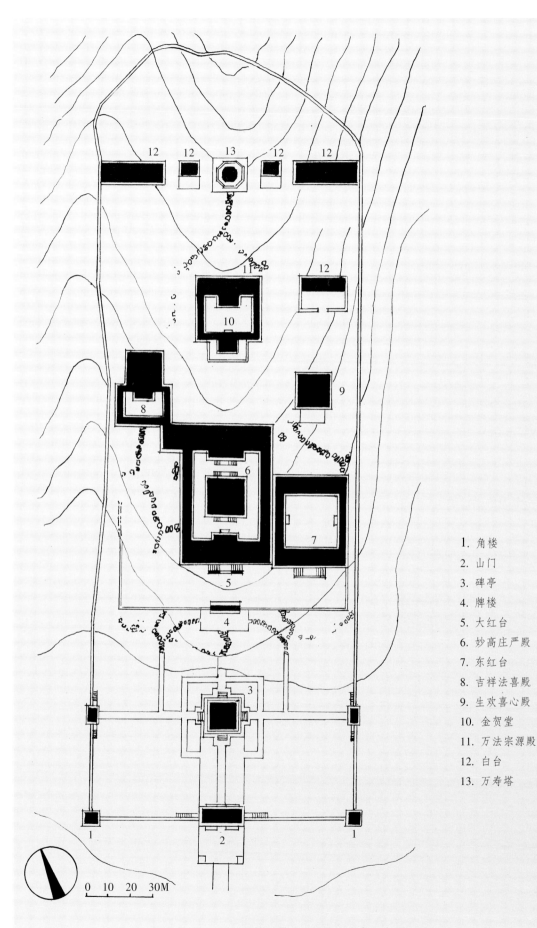

1. 角楼
2. 山门
3. 碑亭
4. 牌楼
5. 大红台
6. 妙高庄严殿
7. 东红台
8. 吉祥法喜殿
9. 生欢喜心殿
10. 金贺堂
11. 万法宗源殿
12. 白台
13. 万寿塔

0  10  20  30M

图4-13 河北承德避暑山庄须弥福寿寺之庙总平面

# 第七节 塔(墖)

## 一、概述

中国木构架建筑的空间结构特点,是宜于向水平面扩展;西方用砖石砌筑的建筑,易于向高度上升延。这种现象就形成西方一些人以为"我们占领着空间,他们(中国)占据着地面"的思想 ⑥⑥,这种看法很片面,是缺乏对中国建筑文化的了解。

中国早在奴隶社会就有不少建造高台的记载,到公元前的秦汉时代筑台之风非常盛行,成为中国建筑史上的**高台建筑时代**。据史书所载台之低者有二十多米,最高者如甘泉宫中的"通天台",竟高达二百多米,当然这样的高台是"夷峻筑堂"而成,也就把殿堂造在削平的山峰孤峻的顶上(详见后"台观与台榭"一节)。大量的高台建筑实践,使人获得空间视觉无尽的精神感受,正如东汉经学家何休在讲到台时,概括出"**登高望远,人情所乐**"的审美经验。

如果"占领空间"的意思,是从建筑技术科学上认为,中国木构建筑造不出西方砖石结构的高层建筑的话,也是管窥蠡测之见了。李允鉌《华夏意匠》中,曾对中西方高层建筑作比较,他说:"著名的意大利**比萨斜塔**(**The Campanile pisa**),是 12 世纪(建于 1174 年)的产物,高度是一百五十一英尺三英寸(约 46 米),而 11 世纪(建于辽清宁二年,即 1056 年)辽代所建的山西应县**佛宫寺释迦木塔**(**The Sakya Tower of Fogong Monastery in Yingxian District**)的高度是二百一十英尺(67.3 米),比斜塔高出六十五英尺(约 20 米)左右。二者都是教堂寺庙附属的宗教建筑,都可以供人登临眺望 ⑥⑦。"

### 1. 塔与"墖"的释义

中国传统建筑遗存至今的除了住宅以外,大概"塔"可能是数量最多、分布最广的了。在佛教传入以前,中国不仅没有塔的建筑,而且也没有塔这个字。不但汉初由学者缀辑古书增益而成的中国最早解释词义的《尔雅》中无"塔"字,就是在建白马寺以后三十多年,由许慎在汉和帝永元十二年(100)所撰的《说文解字》——我国第一部系统分析字形和考究字源的书中也没有"塔"字。据说"塔"字为晋宋译经时所造,初见于晋葛洪(284—364)《字苑》、南朝陈顾野王(519—581)《玉篇》等书。到唐代时,诗僧皎然在其诗中"双墖寒林外,三陵暮雨间"则将"塔"写成**墖**字,可见"塔"字还未俗成通用。"塔"是梵文音译之略的形声字。"墖"偏旁之"土",是指土木之物,而畗是在"人"字下的"畐",畐是古"福"字(见《康熙字典》),如《洛阳伽蓝记》在卷三"景明寺"条所说南北朝"**时世好崇福**",不论是舍宅为寺,还是建造塔庙,不是为生人祈福,就是为死者追福。《洛阳伽蓝记》卷二"秦太上君寺"条云:"当时太后正号崇训,母仪天下,号父为秦太上公,母为秦太上君。为母追福,因以名焉。"建塔庙可以祈福,是积德的善举,这既反映了南北朝战祸频仍、灾难深重,祈求佛保祐的心理,也说明对佛教的观念,所谓"救人一命胜造七级浮屠"成了人们的口头禅。墖是会意字,不仅比"塔"字结构繁,也不如"塔"的形声更易说明其由来,大概这就是

在中世纪,中国用木构架建造的高层建筑(塔),超过西方砖石结构的建筑高度,而公元前秦汉的高台建筑时代,不仅充分显示出中国人占领空间的意识,并形成高视点的空间审美观念,对中国的传统艺术产生非常深远的影响。

"墖"字未能为人们接受的缘故了。

**2. 白马寺始建时是否有塔**

《说文解字》中无"塔"字，是否创建白马寺时未造塔呢？但《洛阳伽蓝记》"白马寺"条中不是有"浮屠前，奈林蒲萄，异于余处"的话吗？

塔，即梵文中的 स्तूप，英语译作 **Stupa**。唐代沙门慧琳在《大藏音义》中说："窣堵波，上苏没反，古译云薮斗婆，又云偷婆，或云兜婆，曰塔婆，皆梵语讹转不正也，此即如来舍利砖塔也。"在古籍和佛经中，除上述两种译法，还有译作率都婆、素觇波、佛图、浮屠、浮图等等。这许多译法，正如慧琳所说是由于"梵语讹转不正"而来。更易误解的是梵语词汇中的 बुद्ध，英语译作 **Budda** 或 **Buddha**，我国通常译作佛陀、勃塔，也有译作浮图和浮屠的，बुद्ध 乃是释迦牟尼的尊称，译作浮图或浮屠，常与塔混淆不清。

治郦学者陈桥驿就认为，《洛阳伽蓝记》白马寺条中的"浮屠"，"当是 बुद्ध 无疑，因《洛阳伽蓝记》记塔，都说明层数，如卷一永宁寺'九层浮图'，瑶光寺'五层浮图'……卷四宣忠寺'三层浮图'，融光寺'五层浮图'等等。又《洛阳伽蓝记》记塔通例，总是在开始点出寺名称以后，紧接着就记载：'有五层浮图一所'云云，几乎千篇一律，而白马寺无此文，益足证并无塔的建筑[68]。"再如，后汉桓帝时，"更在宫禁中铸黄金浮图(浮屠)、老子像，亲自在濯龙宫中设华盖的座位，用郊天的音乐奉事他。如《后汉书·西域传》说：'汉自楚英始盛斋戒之祀，桓帝又修华盖之饰'[69]。"显然用黄金所铸的"浮图"，只能是佛像，才能同老子像放在宫中设华盖的座位上供奉。

楚王刘英也好，桓帝刘志也好，在东汉的将近二百年间，都是把佛教与黄老等同对待，当时人们把佛寺叫作**浮屠祠**。塔，《魏书·释老志》："犹宗庙也，故世称塔庙。"宗庙是祭祀祖先的地方，如《孝经·丧亲》："为之宗庙，以鬼享之。"这同印度"佛塔"的原意是坟墓不同，绝不会把死人的尸体，即使火化后的骨粒放在宫殿和宗庙里的。实际上，窣堵婆在印度产生佛教以前的婆罗门教时代已有，是建在坟上用以纪念死者的标志，故道世在《法苑珠林》中有"塔者或云塔婆，此云方坟"之说。佛教兴起后，用它来供奉释迦牟尼的舍利或成道后的古迹，并加以丰富发展而定型，信徒们将它作为佛的象征，成为人们礼拜的对象和信仰的标志。

据《魏书·释老志》云，东汉孝明帝遣蔡愔等去天竺求佛，"得佛经四十二章及释迦立像。明帝令画工图佛像，置清凉台及显节陵上[70]。"这条资料说明，孝明帝遣使天竺，取回的是佛经和释迦立像(图画)，根本没有舍利。据此亦可证，建白马寺无塔说之可信。

据《洛阳伽蓝记》"白马寺"条说："明帝崩，起祇洹于陵上，自此以后，百姓家上或作浮图焉。"祇洹、浮图，都是塔的同物异名。将墓塔已发展为佛塔的窣堵波，用作纪念死者的坟上附属物，是从汉明帝刘庄开始，此后百姓就有人也在墓上建塔了。说明佛教传入之初，在中国人的思想中，埋葬尸骨与供奉火化后的骨粒（舍利）并无区别。从这一角度也反映出中国的宗教思想，既不同于西方的基督教，也不尽同于印度的佛教，在中国统治者的思想中不存在有超人间力量的神佛，帝王就是神佛现实的化身，正如《魏书·释老志》说得好，"能鸿道者人主也，非我拜天子，乃是礼佛耳"。

所以，中国佛教的兴衰，完全决定于它与统治阶级政权的利害关系。当统治者需要佛教起"助王政之禁律，益仁智之善性"(《魏书·释老志》)的作用，即佛化有助于政教时，佛教就受到帝王的重视，寺塔营造兴盛，出家为僧尼的人就多；如南北朝是佛教鼎盛时期，到魏末洛阳寺庙有一千三百所，各地寺庙达三万有余，各地的僧尼多

楚王英之"诵黄老之微言，高浮屠之仁祠"，并非弃黄老而改信佛陀，他之所以崇拜佛陀，是因为把佛教教义看成和黄老思想等同的缘故。

到二百余万人。出家的猥滥，为前所未有(《释老志》《洛阳伽蓝记》)，可谓盛极一时。

寺庙愈多，供养寺庙的土地愈广，加之大量游离于社会生产之外的僧尼，对官府的租税和徭役必将受到影响，当社会矛盾激化时，可能由各种原因而产生"毁灭佛法"事件，佛教徒一般称之为"**法难**"。历史上大的灭佛事件有四次，即北魏太武帝灭佛、北周武帝灭佛、唐武宗灭佛、后周世宗灭佛，史称"**三武一宗**"。毁寺庙，焚经卷，强迫僧尼还俗，甚至遭到杀戮。

据此可以理解，塔既是佛的象征，是人们崇拜的对象，而中国的帝王也就是佛的化身，汉明帝死后，在他的陵墓上建塔，是很自然的事了。自刘庄(汉明帝)在墓上建塔以后，百姓也有在坟上建塔的，《洛阳伽蓝记》无具体记载，仅郦道元《水经注》卷二十三"汳水"注中引《续述征记》云："西去夏侯坞二十里，东一里，即襄乡浮图也。汳水迳其南，熹平中某君所立，死因葬之，弟刻石树碑以旌厥德，隧前有师(仝狮)子天鹿，下累砖作百达，柱八所，荒芜颓毁，凋落略尽矣⑦。"隧是墓道，"下累砖作百达柱八所"，可能指颓毁的墓道情况(?)这是一座坟墓，是不会有疑问的。虽已颓毁，坟墓的遗迹昭然，浮图如是独立的建筑物，郦道元不会对浮图情况只字未提，可见"襄乡浮图"不是独立于坟墓之外，而是建立在墓上之塔，是具有纪念性的附属物，也就是"刹"。这一点如果可以肯定，那么襄乡浮图应是《洛阳伽蓝记》所说的百姓的冢上浮图。

但也有学者认为，《水经注》记载的公元 2 世纪后期所建的襄乡浮图，可能是我国现存的最早建塔资料⑫。"这里所指浮图，显然是指独立建造的塔，如是墓上附属的纪念物(刹)，汉明帝的墓上早就建有了。用同一资料何以会有不同的结论？因《水经注》在雕板印刷问世前的五百多年间，它的流传完全依靠传抄，各种刊本也就存在着各自的残缺错漏，文字上的衍夺讹错为数很多。所用刊本不同，引用者理解不同，结论自然两样。如认为"襄乡浮图"的记载，在"我国建塔的记载没有早于此的"学者其所引《水经注》文，则是"《续述征记》曰：西去夏侯坞二十里，东一里，即襄乡浮图也，汳水出其南，熹平中某君所立。"引文略去了后面的文字，读者就不知道这浮图所在是墓地，自然会被误导"某君所立"的襄乡浮图，是后世人们所常见的多层独立建筑物的佛塔了。

查阅现存文献，《后汉书·陶谦传》中记载，丹阳人笮融在徐州"大起浮屠寺，上累金盘，下为重楼，又堂阁周回，可容三千许人"。大概是最早建造楼阁式塔的资料。

从引文中"上累金盘，下为重楼"句可以推断"上累金盘"，就是窣堵波顶上用长杆串连许多金盘的"刹"；"下为重楼"，也就是以多层楼阁为塔身，故称之为**楼阁式塔**。从后来的《魏书·释老志》对塔的解释所说："凡宫塔制度，犹依天竺旧状而重构之，从一级至三、五、七、九"。所谓"天竺旧状"是指印度的窣堵波，实际上具体所指的是窣堵波顶上的刹。"重构之"就是多层木楼阁。这显然是对实践中已经产生的楼阁式塔的肯定，说明在汉魏时期，在多层楼阁的顶上安置"刹"，是形成中国式塔的基本模式。

中国的塔既然是源自印度的窣堵波(梵文 **Stupa**)或者塔婆(巴利文 **Thupa**)，那么，印度的窣堵波是什么样的建筑物呢？从威廉·威列特斯(**William Willetts**)的《中国艺术的基础》(**Foundations of Chinese Art**)一书对中国佛塔建筑来源图解所绘"印度 **Sanchi** 的斯屠巴(即窣堵波)(见图 **4－14**)，是在高 4.3 米的鼓形大基座上，建一个高 12.8 米，直径达 32 米的覆钵，顶部为置放舍利或佛教圣物的小室(也叫平头)，室顶正中立一根"刹"(梵文 **Ksetra**)，是在一根长杆上串连许多互相重叠

印度的窣堵波，在佛教初传入汉土时，只吸取了其顶上"刹"的奇特形象，用于帝王的陵墓，作为一种纪念性的附属物。

的圆盘,形象奇特极富装饰性,成为塔的特殊标志。基座一圈绕以栏杆,有阶梯上下,为礼佛时绕行覆钵之用。在地面上四面围绕着栏杆,每面通常设有装饰丰富的石"牌门"。覆钵与基座全是用砖砌成,外表有一层石板贴面。刹,**Ksetra** 亦译作制底、刹多罗、掣多罗,简略称为刹。刹的原意是指塔顶上的幡杆,故玄应《一切经音义》卷六中说:"金刹,梵言掣多罗。按西域别无幡杆,即于塔覆钵柱头悬幡。今言刹者,应讹略也。"

图 4 – 14 　印度 Sanchi 的斯屠巴

我们了解了印度窣堵波的形制,就不难想见汉明帝时墓上建塔的情况。

从印度窣堵波整体言,基座和覆钵是主体,在形式上与一般坟墓没有多大区别,其特别突出的就是覆钵顶上放舍利的小室和室顶上的刹。图 **4 – 15** 为英国博物馆所藏的 3 世纪时印度窣堵波形式的"圣骨箱",正是反映顶上这一特殊部分的典型形象。汉明帝死后,所谓"起祇洹于陵上",说明帝王陵墓的形制不变,只是在墓上建了祇洹,按《摩诃僧祇律》第三十三"塔枝提"条所说:"有舍利者名塔,无舍利者名枝提。"所以汉明帝墓上所建称"祇洹",实际上也非全部,仅是窣堵波顶上的特殊形式的"刹",也不会包括放舍利的小室或圣骨箱。因汉俗土葬,尸骨埋在地下,帝王则是放在陵墓的地宫里。有研究者认为,墓顶上所建非单独的"刹",而是"亭阁式塔",可备一说。至于百姓家上的所谓浮图,大概简单为之,就是在坟顶上立幡杆之类了。

## 二、《洛阳伽蓝记》中的寺塔

中国的塔 (英文称 **pagoda**),从记载最早的汉末笮融所建,与印度的窣堵波相比较,除了在多层楼阁顶上安了九重铜盘的"刹"之外,可谓毫无相似之处。中国塔的塔身基本上是传统的木构"楼阁",完全没有印度窣堵波那种坟墓的形象,惟一能表现佛教精神的只有顶尖上的"刹"了。这种形式是不是初期佛塔的基本模式呢?

北魏杨衒之的《洛阳伽蓝记》,是以记北魏京师洛阳 40 年间佛教寺塔的兴废,反映北魏王朝兴亡的专著,第一卷的第一座寺庙"永宁寺"就讲寺中之塔说:"永宁寺,熙平元年 (516),灵太后胡氏所立也……中有九层浮图一所,架木为之,举高九十丈。有刹复高十丈,合去地一千尺。去京师百里,已遥见之。……刹上有金宝瓶,

图 4 – 15　英博物馆藏三世纪印度斯屠巴式的圣骨箱

容二十五石。宝瓶下有承露金盘三十重,周匝皆垂金铎,复有铁锁四道,引刹向浮图。……浮图有九级,角角皆悬金铎,合上下有一百二十铎。浮图有四面,面有三户六窗,皆朱漆。扉上有五行金钉,合有五千四百枚。复有金镮铺首。殚土木之功,穷造形之巧[73]。"记载较详,可知此塔是:建筑结构,为传统的木构梁架;从"浮图有四面,面有三户六窗",四面门窗相同,塔的平面是正方形的;"浮图有九级,角角皆悬金铎",可见塔九级是层层出檐的;从每层四面都设门,可能层层都构有回廊。此塔之高大,仅塔刹就高十丈,刹上的宝瓶,可容二十五石之大。永宁寺塔之雄伟,如《洛阳伽蓝记》所描述:"绣柱金铺,骇人心目。至于高风永夜,宝铎和鸣,铿锵之声,闻及十余里。"

对永宁塔的高度,塔身加刹高"去地千尺"之说,难以令人致信。按后魏尺度,前尺为今市尺 0.8343 尺;中尺为 0.8370 尺;后尺为今 0.8853 尺,以最小比例折算,千尺合今市尺为 834.3 尺,近 280 米,如此之高的木构架建筑,今天也不可能,何况一千四百八十多年前的北魏?

郦道元在《水经注》中也有记永宁寺浮图的资料,《穀水注》云:"水西有永宁寺,熙平中始创也,作九层浮图,浮图下基方一十四丈,自金露槃下至地四十九丈,取法代都七级而又高广之。虽二京之盛,五都之富,利刹灵图,未有若斯之构[74]。"是说永宁寺浮图,是照原来代都平城的七级浮图修建而更高大,这是魏迁都洛阳后,孝明帝的母亲灵太后所立。《释老志》亦记载:"肃宗熙平中,于城内太社西,起永宁寺。灵太后亲率百僚表基立刹。佛图九层,高四十余丈,其诸费用,不可胜计。"四十余丈虽是约数,与《水经注》相近,与《洛阳伽蓝记》相差一倍还多。再看平城(今大同)七级浮图的高度,《魏书》一百十四卷《释老志》说:"天安元年(466)……其岁,高祖诞载。于时起永宁寺,构七级佛图,高三百余尺,基架博敞,为天下第一[75]。"皇兴中(467~470)寺塔夜为上火所焚,仅存在三四年就焚毁了。这大概是迁都洛阳后,重建永宁寺塔并扩大规模的原因。

洛阳永宁寺塔,是仿平城寺塔所建,说明两座塔的结构和平面形体是相同的,若前者塔身九十丈,合 250 米,如此高的木构建筑,即使撇开技术上是否可能不谈,仅从空间尺度而言,九层 250 米高的塔,每层平均层高近 30 米,这样的空间高度,显然太高了。平城塔七级,高三百余尺,平均层高 15 米左右,还给人感到其"基架博敞"。郦道元所说洛阳永宁寺塔,"自金露盘下至地四十九丈",合 136 米,平均层高也在 15 米,从两塔的对比和层高的空间尺度看,四十九丈之说是比较可信的。

据说郦道元本人曾亲睹永宁寺塔建成,而杨衒之在洛阳时,"尝与河南尹胡世孝共登永宁寺浮图[76]。"何以二人所记塔高尺寸如此悬殊?据《通鉴》卷一五六,《梁纪》十二,梁武帝中大通元年(529,北魏永安二年):"魏永宁浮图灾,观者皆哭,声振城阙"。永宁寺塔建成后仅 13 年就被焚毁了。到孝静帝元年(534)迁都邺城,洛阳已残破。杨衒之在迁都十多年后(武定五年,547)再到洛阳,看到的已是"城郭崩毁,宫室倾覆,寺观灰烬,庙塔丘墟"矣,才撰《洛阳伽蓝记》一书。他对洛阳昔日寺塔,全凭回忆记述,具体尺寸不准不足为怪。即使今天学建筑者,对高层建筑或塔,如无参照对比,也难准确判断其高度,何况杨衒之写《洛阳伽蓝记》的目的,是"盖见元魏末寺宇壮丽,损费金碧;王公相竞,侵渔百姓,**乃撰此记,言不恤众庶也[77]。**"有所夸饰,也是很自然的事。

但有治郦学者,大概过于追求了《水经注》的史料价值,认为《洛阳伽蓝记》所说:"举高九十丈,有刹复高十丈,合去地一千尺",与《水经注》所说:"自金露盘下至地四十九丈"，是不矛盾的。理由有二，一是四十九丈"没有包括塔基和塔顶附属物"的缘故；二是"因为《方舆纪要》所引《水经注》实有'高百丈，最为壮丽'之语，足见'高百丈'是郦注原有的记载，由于殿本等脱佚了这句注文，才造成差异，而其实《水经注》与《洛阳伽蓝记》的记载是完全一致的[78]。"此说之谬，只用简单的减法就足以说明了。

《水经注》的四十九丈，既然不包括塔基和塔刹，四十九丈就是"塔身"，按《洛阳伽蓝记》刹高十丈，那么塔基高为：100 −（49 + 10）= 41 丈，合今尺为 342 尺，114 米。这个塔基的尺度，比现存著称世界的应县木塔还高 46.7 米，不是太荒诞了吗！治学严谨的郦道元，不会在很具体的记述塔的高度，是"自金露盘下至地四十九丈"以后，又会说塔"高百丈，最为壮丽"的话，我相信郦道元绝不会如此自相矛盾，也不会对建筑工程如此无知的。

北魏是我国中古时期宗教狂热的时代，也就是佛教臻于极盛，大肆建立寺塔的时代。显然综合《洛阳伽蓝记》中建立寺塔的材料，加以归纳分析，对中国塔的历史发展特点，是很有意义的事。

据杨衒之在《洛阳伽蓝记·序》所说："今之所录，上大伽蓝。其中小者，取其详世谛事而出之。"因此，对大的寺庙记述较详，大体上可以了解建筑布局和"塔"的形制情况；中小寺庙因事出之，对寺庙本身很少记述，最多说明是否有塔，或是否舍宅为寺，甚至许多寺只列寺名而已。但仅从《洛阳伽蓝记》所记近 90 所寺庙分析，从建筑学上仍然可以看出一些有意义的东西，归纳言之：

#### 1. 新建寺庙少，舍宅为寺多

《洛阳伽蓝记》中对寺庙多少有所描述的有 30 余所，新建的约占 2/5 弱，舍宅为寺者占 3/5 强。实际上，舍宅为寺之多，远不止这个比例，如《记》中"法云寺条"在"王子坊"一则中云："经河阴之役，诸元歼尽，王侯第宅多题为寺，寿丘里间，列刹相望，祇洹郁起，宝塔高凌。"京师第宅多题为寺的现象，正说明中国人将佛寺作为祠庙的宗教观念，而舍宅为寺的社会风气，对佛教寺院的住宅化起了重要的历史作用。

#### 2. 以塔为中心的塔庙，是早期寺院的特点

早期寺院以"塔"为中心的布局特点，从《洛阳伽蓝记》中虽无明确具体的描述，但从所记第一所寺院"永宁寺"中所说："浮图北有佛殿一所，形如太极殿。"据《初学记》二十四："历代殿名或沿或革，惟魏之太极，自晋以降，正殿皆名之。"可见"形如太极殿"者，是永宁寺的主要大殿，其位置在塔的北面，换言之"塔"在寺门与大殿之间，所以说北魏新造塔庙，是以"塔"为中心的空间组合模式。据《考古》1973 年第四期载《汉魏洛阳城初步勘查》云："永宁寺九层浮图塔基位于寺院正中。今残存高大夯土台基，残高约 8 米左右。塔基平面呈方形。分三层而上，顶上两层在今地面上屹立可见。底层夯基近方形，东西约 **101** 米，南北约 98 米，基高约 2.1 米；中层夯基面积较小，呈正方形，东西、南北各长 50 米，高约 3.6 米；顶层台基系用土坯垒砌，呈方形，面积约有 10 米见方，残高 2.2 米。这与《水经注》所载永宁寺'浮图下基方十四丈'的面积相近[79]。"（见图 **4 – 16**）从上述考古资料也证实郦道元所说永宁寺塔高四十九丈之可信。

#### 3. 楼阁增层以高显，列刹顶端作象征

《洛阳伽蓝记》中所记新建寺庙中的塔，都是平面呈方形的木构楼阁式建筑，它反映了我国佛教建筑初期"塔"的形制。塔，是佛教的特有建筑，但中国开始造塔，并没有受印度佛教建筑文化的影响，而是在采用木构楼阁这一传统的建筑基础上，为达到"窣堵坡"要求"高显"的意旨，增加楼阁的层高和层数。惟一吸取的是印度窣堵

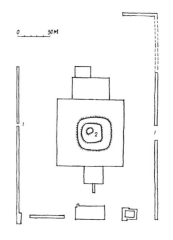

图 4 – 16　北魏永宁寺遗址

坡顶上特殊纪念性附属物"刹",安置在楼阁顶上作象征,从而利用楼阁这一传统的建筑形式,杰出地创造出独立而"高显"的完美的艺术形象。

**4. 舍宅为寺,以前厅为佛殿,后堂为讲室,形成中国寺庙建筑布局的基本模式**

塔,作为供奉舍利(尸骨)的功能,以塔为中心建造寺庙,生者与死者共居,这不合乎中国人传统的阴阳观念,所以这种建筑布局方式不可能得到发展。北魏时舍宅为寺风行,大量的第宅成为寺庙,充分反映了中国传统的宗教观念,事实上就否定了以塔为中心的寺庙形式。换句话说,寺庙受住宅建筑组合模式的制约,根本不可能在厅前庭院中造塔,在住宅中也没有建塔的空间,所以在《洛阳伽蓝记》中,舍宅为寺者多无塔,其中"崇义里"条中的杜子休宅情况特殊,建有三层砖塔。

据《记》载崇义里内有京兆人杜子休宅,"地形显敞,门临御道"。时有隐士赵逸,据说他是二百多年前晋武帝时人,看到杜的住宅说,在晋朝本是太康寺,有三层砖塔,就在杜宅"果菜丰蔚,林木扶疏"的园中,"子休掘而验之,果得砖数万",并掘得石铭,砖塔为太康六年(285)襄阳侯王濬(jùn 俊)所造。杜子休遂舍宅为灵应寺,用"所得之砖,还为三层浮图"。《记》对砖塔本身未作任何描述,从得砖数万来看,很可能是体量较小的实心砖塔。且不论赵逸其人的神话,如果太康寺曾是历史存在的事实,那么,**晋太康六年(285)所造的太康寺塔,是文字记载的历史上最早的砖塔**。

**5. 宅居家人,寺住僧众,寺与宅的互换性**

中国古代既可舍宅为寺,也可赐寺为宅,宅与寺的这种互换性,被一些西方研究中国建筑的学者认为,中国建筑无性格论的证据。殊不知中国的寺庙不同于希腊的神殿和西方的教堂,它不是神的住所,而是供僧尼们进行佛事活动和生活的场所。

《洛阳伽蓝记》卷三延贤里内,尚书令王肃建立"正觉寺"的故事,非常生动地说明建立寺庙的性质。在南齐任秘书丞的王肃,"瞻学多通,才辞美茂",娶妻谢氏,父王奂为齐雍州刺史,为齐武帝萧赜所杀,他于太和十八年(494),归顺北魏,及至京师洛阳,"诏肃尚(婚配)陈留长公主"(《魏书·王肃传》)。其妻谢氏入道为尼,来投奔王肃,"肃甚有愧谢之色,遂造正觉寺以憩之⑳。"王肃建正觉寺的目的,正是出于他对前妻的愧疚,为被其遗弃的谢氏安顿一个适宜的生活条件和安逸的生活环境。

从《洛阳伽蓝记》所记的诸多寺庙,除"正始寺"一所是由百官施钱集资修建的,绝大多数都是皇宗、贵胄、重臣个人建立或者舍宅为寺。如河阴之役,皇宗所居的寿丘里,民间号称王子坊,为尔朱氏歼灭几尽,其家多舍宅以施僧尼,这些王侯第宅无不是"崇门丰室,洞户连房,飞馆生风,重楼起雾,高台芳榭,家家而筑;花林曲池,园园而有"(《洛阳伽蓝记》卷四"寿丘里"条)。

皇宗、贵胄中为逃避残酷的政治斗争,出家为僧尼者,除以己宅为寺,新建庙也都极臻精丽。如《洛阳伽蓝记》卷一"胡统寺"云:"胡统寺,太后从姑所立也,入道为尼,遂在永宁(寺)南一里许。宝塔五重,金刹高耸。洞房周匝,对户交疏,朱柱素壁,甚为佳丽。"

这对后世寺庙园林化有着深刻的影响。建在自然山水中的寺庙,不仅使山河生色而光辉,也是历史文化凝聚的名胜古迹。

## 三、塔的意匠

中国的**佛塔**起源于印度佛教的**窣堵波**(梵文 **Stupa**)或浮图(梵文 **Buddha Stupa**),是用以藏**舍利**(梵文 **Sarira**)圣物及经卷的。舍利这一佛教名词,传说是释迦牟

从建筑与环境言,南北朝时期的寺庙,无不簷宇精净,廊庑绮丽;庭列修竹,檐拂高松,给人以"虽云朝市,想同岩谷"的审美感受。

尼遗体火化后结成的珠状物，后来也指高僧死后烧剩的骨粒。据说舍利有三种颜色：白色骨舍利，黑色发舍利，赤色肉舍利。从藏舍利的塔的记载，舍利是难以数计的。又有"全身舍利"、"碎身舍利"、"生身舍利"以及"法身舍利"（指佛教大小乘全部经卷）的区别。甚至传说释迦牟尼火化后，不仅全身都变成细粒状舍利，而且牙齿完好无损，被称为"**佛牙舍利**"。

正因塔是藏释迦牟尼舍利的神圣处，塔在印度佛教徒的信念中，成为**佛陀**释迦牟尼的象征，窣堵波的特殊形象，尤其是形式奇异具有标志性的"**刹**"，为佛教建筑所特有，从而也就成为佛教信仰的标志。窣堵波在佛教建筑中的重要性，是不言而喻的。

窣堵波随佛教的传入，从开始将"刹"用于坟墓，逐渐发展成为具有中国传统建筑特色的"宝塔"，充分体现了中国艺术不求形似重神似的精神。不以其奇特去模仿，而是在固有的传统文化基础上，吸取其宜己的东西，创造出新的传统。从建筑设计角度，塔的形成在吸取外来文化方面，是很值得研究的一种建筑类型。

印度的窣堵波，是佛教创始人释迦（**Sākya**）族的圣人（**muni**）即释迦牟尼（**Sākyamuni**）死后，为了供奉和安置他火化后的骨粒，创造的一种宗教性纪念建筑。

从窣堵波的形体组合，颇能说明当时佛教徒的思想观念，大致了解决定窣堵波的思想内容。作为"**死人**"的"萨婆悉达多"（**Sarva – Siddhārtha.** 释迦牟尼本名），其遗体或舍利，应埋于土中，累土石其上成圆冢。窣堵波的主体部分台（基台）和覆钵（台上半球部分），就是在圆冢的基础上，为永久性和纪念性加以装饰的建筑实体；但是，被神化为"**佛陀**"（**Buddha**）的释迦牟尼，不能同凡人一样埋入土中，为了崇敬将其舍利安置在覆钵顶上的平头（祭坛、方形箱）里，为了高显而富纪念性，在平头上用竿、伞和重盘制成"刹"的特殊装饰。基台、覆钵、平头、刹，是组合成窣堵波的四部分，这个形体组合的建筑形象虽然新异，但其主体部分的台基和覆钵，并没有脱离坟墓的基本特征。

东汉明帝死后将"刹"用于陵墓上，说明佛教传入初期，中国人只是把窣堵波看成为释迦牟尼的坟墓，认为释迦牟尼也就是有高超的智慧和品德高尚的"**人**"，完全不同于印度佛教徒，认为释迦牟尼是能"自觉"、"觉他"、"觉行圆满"成了"**佛**"的人，佛是不会死亡的，而是"**涅槃**"（**Nirvāna**），也就是修习到最高的理想——熄灭"生死"轮回而获得永生常乐的境界。

佛教传入之初，在交通困难，信息闭塞，加之"梵语讹传不正"，人们对佛教教义和什么是佛并不清楚，而是以华夏的传统思想观念去理解和对待佛教。我们还可以从东汉末牟子著的《牟子理惑论》中了解，佛教传入中国初期，人们对佛教的理解。

**牟子**（一作牟子博，讹传牟融），东汉末人，名不详。原是儒者，中平六年（189）灵帝死后，天下混乱，他绝意仕途，潜心佛教，兼研《老子》。"世俗之徒多非之者，以为背《五经》而向异道"，《理惑论》就是他对其非议的答辩之著，他广引《老子》和儒家经书，论证佛、道、儒的一致性。如书中对"佛"的解释说："佛者谥号也，犹名三皇'神'、五帝'圣'也。佛乃道德之元祖，神明之宗绪。佛之言，觉也。恍惚变化，分身散体，或存或亡。能大能小，能圆能方。能老能少，能隐能彰。蹈火不烧，履刃不伤。在污不染，在祸无殃。欲行则飞，坐则扬光。故号为佛也[81]。"这个解释充分反映了当时中国人对佛教的理解，首先认为"佛"是人死后的谥号，《逸周书·谥法解》："谥者，行之迹也；号者，功之表也；车服者，位之章也。"是封建时代在人死后按其生前事迹评定褒贬给予的称号。

涅槃，梵文 Nirvana 的音译。旧译"泥曰"、"泥洹"等。意译"灭"、"灭度"、"无为"、"圆寂"等。是佛教全部修习所要达到的最高理想。一般指熄灭"生死"轮回而后获得的一种精神境界，通常也作死亡的代称。

"佛"既是谥号,这就将释迦牟尼还原为"人"。这个"人"不是一般的人,不仅是儒家所赞颂的"三皇五帝","道德之元祖,神明之宗绪",而且将老子对自然规律"道"的观念移植到"人"(佛)的身上,成为活着长生,死后升仙,随心所欲,无所不能的人。这正是古代帝王所追求的生活,反映了佛教传入初期,只在帝王贵胄等少数上层统治阶级中流行的原因。牟子之作反映了佛教传入初期人们对佛教的认识,随佛教广泛的传播,历代学者对佛教思想研究的深入,尤其在形成具有中国特色的禅宗教派以后,儒、道、佛三者不是相互排斥,而是相融互补,互相渗透,到晚唐、宋代以后,儒、道、禅三家思想趋于合流。这三者的统一性,在旧社会的知识分子身上体现得最为充分,随着社会的变动和个人处境的不同,而有不同的表现,如元代画家倪瓒所说是"**据于儒,依于老,逃于禅**"。这是非常精辟的概括。

### 1. 楼阁式塔的产生与形成

从以上的分析可以得出这样的结论,佛教传入汉土之初,象征"佛陀"的印度窣堵波,作为一种独立的宗教建筑物,并没有被接受。按照中国人的传统观念,窣堵波只是安放圣人遗骸的坟墓,而构成窣堵波主体的基台和覆钵又与圆冢无异,所以引起当时人们注意和感兴趣的不是窣堵波的整体形象,而是它顶上造型奇特、富有装饰性和纪念意义的"刹"。把"刹"立于汉明帝的陵墓上,正说明是将释迦牟尼视为人中的圣人,可以如对帝王一样的崇敬。换言之,帝王应受到人们对佛一样的膜拜。可见,在佛教传入初期,中国人的思想中,对窣堵波还没有认为是佛陀的象征和信仰佛教的标志意义。当时"以僧为西方之客,若待以宾礼"而建造的寺庙,用今天的语言说,"寺"就是为西方僧人特地建造的宾馆,所以不会在建寺的同时建造"窣堵波"。

为了对中国塔的形成与发展有较清楚的时间概念,以传说佛教于汉明帝永平十年(67)传入我国,到东汉献帝时(189~193),丹阳人笮融造楼阁式佛塔,这百余年间,尚未有建塔之事见诸史籍。那么,笮融所建之塔是否是佛教传入中国后的第一座佛塔呢?再者,自笮融造塔到南北朝佛教广为流传,寺庙随之大量兴建,楼阁式塔得到广泛的采用,这之间相距二百多年,塔是如何发展的呢?

以上问题,不仅对了解中国塔的形成与发展是必要的,而且可以通过塔这一特殊建筑类型,反映出古代中国是如何接受和融合外来文化的。要解决这个问题,不可能找到任何直接的材料,但可以从佛教史籍中从侧面印证佛教传入以后塔的发展情况。如《高僧传·竺佛图澄传》记载,后赵石勒时,王度上书说:汉代"惟听西域人得立寺都邑,以奉其神,其汉人皆不得出家。魏承汉制,亦循前轨[82]。"

《高僧传》是南朝梁慧皎所著,所引后赵石勒时王度云"魏承汉制"的政策,如基本合乎事实的话,从东汉末到曹魏这二百年间,既不允许汉人出家为僧尼,说明已有要求出家的人,佛教的传播已不止于封建统治阶级中间,在民间已有一定的影响。但从另一方面说,汉人不允许出家,寺庙建筑也就不可能彻底摆脱只允许"西域人得立寺都邑"的大势。寺庙的营建,不论其规模、数量、地方,都必须有相应数量的僧尼,在"汉人皆不得出家"的情况下,地方民间就不可能建造寺庙,当然也更不可能造塔。

在中国任何宗教的存在与发展,首先要适应统治阶级的需要,凡帝王佞佛的朝代,佛教就得到迅速的发展,寺庙建造也就兴盛;当帝王灭佛的朝代,不但佛教不能发展,寺庙也因之遭到大量的破坏。帝王佞佛也好,灭佛也好,都深刻地说明与当时的社会状况、阶级利益有非常密切的关系。

山西五台山显通寺铜塔之一

关于中国佛教的发展历史,非本书的研究范围,读者有兴趣,可阅读中国佛教史方面的专著。我们要讨论的是,寺庙中造塔始于何时?楼阁式塔是怎样形成的?

在考古的铲子还没有挖出白马寺以后东汉的寺庙,史书在记载东汉献帝时笮融造塔之前,又没有任何造塔的文字材料,在这个前提下,我们认为笮融造塔,可视为中国佛教建筑史上最早建造的佛塔。至于塔是在什么样情况下建筑的?如何建造的?塔的形成为什么是楼阁式的?下面作专题分析。

**2. 笮融建造佛寺**

笮融是佛教史上因造寺而留名后世的人。日本研究中国佛教者有"笮融所建造的佛寺,可以说是中国佛教最古的寺院"之说[83]。此说可能与日本研究者否定"白马寺"的历史存在有关,认为"后汉明帝遣使求法的白马寺传说,是后代佛教徒所杜撰创作的[84]。"佛教传入汉土的传说很多,既是传说就可能不准确,传说就是传说,如白马寺不存在,中国佛教建筑何以用汉代官署"寺"为名?就很难解释了。

笮融建寺在佛教史上具有重要的意义,因是史书记载的第一座私人建造的寺。笮融所建之寺,既非官府为西域来的僧人所建,也不在京师,说明佛教发展至汉献帝时,帝室已十分衰微,社会动荡,人心不安,祈求菩萨保佑的人日众。笮融造寺,充分反映当时地方民间对佛教的理解,显然为奉佛活动而建造的佛寺,只能是中国式的佛寺。而这座佛寺的建筑特点和布局方式,必然对后世建造佛寺产生影响。现将《后汉书》和《三国志》中有关笮融建寺的记载集录如下,以便比较分析。

> 初,同郡人笮融,聚众数百,往依于谦,谦使督广陵、下邳、彭城运粮。遂断三郡委输,大起浮屠寺。上累金盘,下为重楼,又堂阁周回,可容三千许人,作黄金涂像,衣以锦采。每浴佛,辄多设饮饭,布席于路,其有就食及观者且万余人[85]。

> 笮融者,丹阳人,初聚众数百,往依徐州牧陶谦。谦使督广陵、彭城运漕,遂放纵擅杀,坐断三郡委输以自入。乃大起浮图祠,以铜为人,黄金涂身,衣以锦采,垂铜槃九重,下为重楼阁道,可容三千余人,悉课读佛经,令界内及旁郡人有好佛者听受道,复其他役以招致之,由此远近前后至者五千余人户。每浴佛,多设酒饭,布席于路,经数十里,民人来观及就食且万人,费以巨亿计[86]。

上面的两段文字,若分开单读,皆有词句不清之处;如对比来看,意义则十分明了。如:笮融之所以投靠徐州牧陶谦,因为他与陶谦是同乡,都是丹阳人;三郡委输,是指广陵(今扬州)、彭城(今徐州)、下邳(今睢宁西北)。运粮或委输,都是指**漕运**,也就是中国历代官府将所征粮食主要以水道解往京师的运输。宋以前皆用民运,数量很大,历代漕粮每年都有几百万石。由于运输的困难,官吏的贪污,耗费之大,往往运一石需十数石为代价,所以承运者无论是官军还是人民,都是重役,往往破产,甚至毙命;《后汉书》称笮融所建为"浮屠寺",浮屠如指佛陀,即**佛寺**;浮屠如指塔,即**塔寺**。称之为寺,显然由白马寺沿袭而来。《三国志》则称"浮图祠",浮图即浮屠。称之为**祠**,祠本祭祀之义。《周礼·春官·小宗伯》:"大灾,及执事祷祠于上下神祇。"亦指祭祀祖宗或先贤的庙堂。这就是说,自东汉明帝佛教传入汉土,到献帝时这百余年间,在民间仍然是**将佛陀当作有禳灾招福、长生不老之灵力的神来信仰的**。这种早期佛教的信仰内容贯穿于以后的中国佛教史,反映了中国佛教最基本的性质。

### 3. 笮融所建寺庙的特点

《后汉书·陶谦传》中所记笮融建寺,虽文字简略,但用词准确,可谓言简意赅。用"上累金盘,下为重楼"八个字,说明寺庙首先建造的是在重楼之上列剎的塔,也就是用中国传统木构架建筑技术的**楼阁式塔**。"又堂阁周回"句,用了个"又"字,很明确地指出,在塔之外,采用殿堂和阁道(廊庑)围绕塔的布局形式,即构成**以塔为中心的"塔寺建筑"组群**。从可容三千许人的规模可知,除了以塔为中心周绕堂阁的庭院组合为主体之外,显然还有若干建筑和庭院。

《三国志·刘繇传》记笮融建寺事,文字较《后汉书》虽有敷演铺陈,对寺庙建筑的描述则用字较少而意思模糊。如云:"垂铜盘九重,下为重楼阁道",既未说清楚塔是什么样的,更无法了解塔与殿堂等建筑的关系。但在其他的一些细节上,对《后汉书》所记还是有所补益的。

### 4. 塔寺建筑的成因

笮融所建的佛寺,即使不是佛教史上最古老的寺院,但自佛教传入汉土以后,在地方上由私人为信仰佛教而建造的寺庙也是空前的。问题是,在中国佛教寺院建筑尚无一定制度,在京师为西域僧人立寺又带有驿馆的性质,那么,笮融造寺是按照什么蓝图建筑的呢?我认为单从宗教信仰中是找不到答案的,必须从笮融建寺的社会背景,笮融其人和他建寺的目的进行分析,以期得到合乎历史逻辑的结论。

笮融建寺处于东汉王朝的末代皇帝献帝刘协时代,帝室衰微已近覆灭,群雄蜂起,天下忧乱,在这社会动荡、人心不安、人们不能掌握自己命运的时候,就把希望寄托在能禳灾招福的菩萨神佛那里,佛教传播也逐渐深入到民间。笮融建寺,正说明当时在徐州(彭城)和扬州(广陵)等地方佛教已很流行了。

所谓乱世造英雄,综合史书有关笮融的点滴材料看,笮融多半属于市井无赖之流,是在游民中有一定号召力者。他聚众数百人,去徐州投靠同乡陶谦——徐州的军政长官(徐州牧),陶谦委派笮融负责监督三郡漕运的事。漕运是重役,也是苦差,笮融则滥施督责的权力,横征暴敛漕运的租税钱粮,"放纵擅杀"百姓,"断三郡委输",全部据为己有。如此无法无天,正说明他是个"草莽英雄"式的人物,同时也反映东汉末代王朝的统治已濒临崩溃的边缘。

笮融是个背信弃义,为己利不择手段的人。如:曹操攻陶谦,徐州骚动,笮融将男女万口,走广陵,广陵太守赵昱待以宾礼,笮融则乘酒酣杀掉赵昱,大肆掠夺而去;后扬州刺史刘繇,命笮融去助彭泽太守朱皓,讨伐刘表所用的太守诸葛玄。笮融到彭泽后,却诈杀朱皓,代领郡事。刘繇进讨笮融,城破"融败走入山,为民所杀"。足见其作恶多端,为人民所不容了。故谢承写的《后汉书》中称笮融为贼。

我们了解笮融其人,也就不难了解他建造寺庙的目的,想见其是如何建造的了。

笮融"坐断三郡委输以自入",也就拥有了巨大的财富,他虽然没有受朝廷的惩罚,必然会遭到人们的腹诽心谤。笮融能拿出部分的不义之财建造佛寺,显然是欲收买人心,扩大他的社会影响。

从其自身来说,笮融一旦有了点权力,"遂放纵擅杀",作恶多端,难免暗室亏心。他处于社会动乱的斗争漩涡之中,也难以掌握自己的命运,建寺祈福是期望能得到菩萨的保佑,以取得自我安慰和心理平衡。从社会而言,在佛教深入民间之时,地方还极少有寺庙的情况下,笮融建寺,无疑是顺潮流、得民心的大善举。他不惜

"费以巨亿计"的建造"可容三千余人，悉课读佛经"的宏大寺院，并且"作黄金涂（佛）像"，举行浴佛会，实行施食，"多设酒饭，布席于路，经数十里"，吸引来民众和就食者上万人。如此轰动的社会效应，正是笮融所需要的，这不仅显示了他个人的力量，同时为自己树立(伪)善的形象，从而扩大笮融的社会声誉和影响。这应是笮融建寺的主要目的。

有人认为："笮融曾诵读佛经，这也是确实的[87]。"我看未必是确实的，如没有新的材料，而是根据《三国志》的记载："……可容三千余人，悉课读佛经"这句话，大概是断错了句子，将句号置"可容三千余人"之后，而引起的误解。我认为出身于市井无赖的笮融，他能识多少字？是否识字？都是问题。

由此可以想见，正因为笮融是草莽英雄式的人物，他绝不会像封建官僚士大夫那样，建寺之前为了有所依据去引经据典。何况佛寺建筑尤其是塔，既无式可循，亦无本可图。但中国古代营造的最大优越性，即使无人规划设计，业主只要向匠师提出要求，熟练掌握营造法式和技艺的工匠，就可将房子造出来，甚至可以达到某种艺术趣味和水平。所谓"世之兴造，专主鸠匠"，虽是计成讲明代的情况，但对笮融来说，依靠工匠建寺，是很现实的，也是便宜的举措。

《后汉书》和《三国志》记笮融建寺，都是重点地先写"刹"，说明当时人对"刹"所代表的"塔"非常重视。塔作为释迦牟尼的象征和佛教信仰的标志，要求**高显**以辉隆佛法。这种要求很契合**高台建筑**的秦汉时代建筑实践的时尚和人们"**登高眺远，人情所乐**"的空间审美观念。那么，这佛塔究竟如何造呢？

有的中国古塔专著和文章的作者，可能考虑产生楼阁式塔这样杰出的创造，绝非轻而易举的事，于是乎探其源流，找出楼阁式塔与"阙"和"台观"的关系。"阙"是古代宫殿、祠庙或陵墓前起标表作用的高大建筑。所谓高大是相对的，它要受宫殿建筑组群的尺度制约。"台观"确是很高，低者数十丈，高者百余丈，但台观之意，在

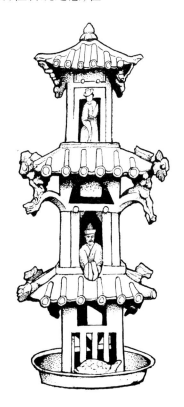

图 4-17 汉 代 的 陶 楼

191

使地上的宫殿升天，是为帝王创造一个与仙人会面的场所，功能是"**望神明，候神仙**"也。塔从功能上就与阙和台观不同，是安置佛陀**舍利**之处，所以才成为释迦牟尼的象征，**塔不仅要求高显，而且是(佛)可居的建筑。**

创造佛塔之初，如"可居而高显"是建塔的要求，在秦汉时代的高显建筑中，除了阙和台观之外，楼阁是最合乎"可居而高显"要求的建筑形式了。特别是建在"市"里作瞭望和监察用的**市亭**和**市楼**之类的**点式建筑**，唐诗中有"市亭忽云构，方物如山峙"的诗句，说明这种市亭的平面为方形，而且如"山峙"般的高峻。东汉科学家、文学家张衡《西京赋》："旗亭五重，俯察百隧。"薛综注："旗亭，市楼也。"已有五层的高楼了。从全国各地大量出土的汉代**陶楼**，皆平面为方形的多层楼阁。说明这种点式的多层楼阁，汉代已很普遍了(图 **4－17** 为汉代的陶楼)。

从陶楼的多层楼阁形象，我们很容易联想到在其顶上加刹的楼阁式宝塔，楼阁顶上加刹就起了质的变化。多层楼阁虽可居而高显，它只是人的活动场所；安了刹的楼阁式宝塔，却令人感到它崇高而神圣，因为佛陀(舍利)住在里面。

刹与楼阁的结合，绝非是简单的拼凑，可以说是**天作之合**。从物质技术言，作为塔身的楼阁，不论平面是方形、六角、八角或圆形，都是攒尖顶，屋盖的构件全都集中到一点，在结构上就需要有一定份量的构件来压住而使其牢固；构造上也需要将尖端封死以防渗漏，刹多在顶层中心用柱子穿出屋顶作刹，正是起着压盖封顶作用的构件。从精神审美言，象征佛国的刹(**Ksetra**)，冠于全塔的顶峰，玲珑挺拔，直指苍穹，与塔身楼阁层层檐宇雄飞，四面翼角翘扬相应，使整个宝塔在静穆中蕴含着动态之**美**，令人感到有欲出云表之**势**。

宝塔的高度艺术感染力，是楼阁所无法达到的，由于塔的巍峨高耸，超越了寺院和其周围建筑的空间视觉高度，是惟一可以脱离**建筑组群**的空间关系，以自身的形象产生巨大艺术感染力的**个体建筑**。

质言之，刹与楼阁的结合，存在着一定的必然性。当社会生活对建筑有新的要求时，新的建筑产生，只有利用社会所能提供的物质技术条件才能进行创造，并把它生产出来。而中国的木构梁架建筑，到汉代已基本定型成熟，建筑的生产技术，在官营手工业生产方式的严格制约下，任何新型建筑的产生，都不可能脱离木构架建筑体系而存在。正是在这一基点上，可以说，中国楼阁式宝塔的出现，是出于集体智慧的工匠之手也好，还是有无名大匠的规划经营也罢，这种印度窣堵波的刹与中国多层楼阁的巧妙结合，是偶然之中的必然结果。

不难想像，当这第一座佛塔屹立在徐扬大地上时，万众翘企，仰望出三天，登临瞰八极的景象，给人们那种无比的喜悦、兴奋和惊叹！虽说秦汉是高台建筑时代，但巍峨的台观，与黎民百姓的生活相隔天壤；屹峙的佛塔，却为芸芸众生敞开升天之路。佛塔，既为人们所喜闻乐见，又是非常新颖的建筑形式，其巨大的吸引力，无疑地对辉隆佛教起了推动作用，随之也扩大了建塔者笮融的社会声誉。所以，在佛教传入初期，不论从弘扬佛法，还是扩大建寺者的个人社会影响，**建寺首要在造塔，造塔更重于建寺。**在民间不惜费竭财产，以造塔的高广相竞的风气，延续二三百年之久。

据《魏书·释老志》记载，北魏孝文帝元宏践位，于延兴二年(472)，对民间造塔的滥侈之风，曾下诏禁止。诏曰：

> 内外之人，兴建福业，造立图寺，高敞显博，亦足以辉隆至教矣。然无
> 知之徒，各相高尚，贫富相竞，费竭财产，务存高广，伤杀昆虫含生之类。苟

中国楼阁式佛塔的诞生，是东汉末笮融私人建造塔寺时，由工匠们集体智慧创造出来的劳动成果。

192

能精致,累土聚沙,福锺不朽。欲建为福之因,未知伤生之业。朕为民父母,
慈养是务。自今一切断之[88]。

文中用"造立图寺"四字,"图"是浮图,这里指塔。强调"立图",即建塔。也充分
说明建寺首要在造塔,造塔更重于建寺。在这种建寺思想的主导下,塔就成为寺院
建筑的中心,其他建筑又采取传统的**庭院式**组合时,从建筑设计角度言,寺院的总
体布局,只能有一种组合方案,即塔在寺的中心位置,殿堂和廊庑围绕塔来布置,成
塔寺建筑的模式。

如果说汉末的笮融,是藉塔的社会效应来扩大个人的声誉,隋文帝杨坚则将塔
的这种社会效应发挥到极致。开皇元年(581),即北周大定元年二月,隋文帝接受静
帝(宇文阐)的禅让,登上皇帝的宝座。开皇九年(589)灭南朝陈,结束了南北朝对立
的时代,统一了天下。为了稳固政局,安定人心,大力提倡佛教,推行佛教复兴政
策。在全国各地大量造塔建寺、剃度僧尼等等。

如隋文帝在开皇元年二月即位,次月即敕令在汉族视为神圣名山五岳各建佛
寺一所[89]。开皇三年(583),下令修复因北周废佛而破坏的寺院[90]。次年七月,在襄
阳、随州、江陵、晋阳等地建佛寺,命令每年国忌日设斋行道。开皇十一年(591)下
诏,此后不问公私,一律奖励建立寺院。据说从开皇至仁寿年间(581~604),建造寺
院有 3792 所,造石像大小十余万尊,剃度僧尼约 23 万名,抄经十余万卷。尤其是到
仁寿年间(601~604),数次下令在全国各地建造舍利塔,如仁寿元年(601)六月十
二日下达建造舍利塔的敕令,同年十月十五日舍利入函,在 30 个地方同时建塔。次
年四月八日第二次下令,在 51 个地方建塔。仁寿四年(604)又敕令,于四月八日在
30 个州同时建塔。先后三次共建塔 110 座。

隋文帝推行佛教复兴的政策,使隋朝的佛教迅速繁荣起来,其目的是**欲使佛教
成为隋王朝统一国家的精神支柱**,而建立在全国各地的**佛塔**,就成为这种精神支柱
的象征。

从隋文帝实施佛教复兴政策看,大致分两个阶段,即开皇年间(581~600),这
20 年主要是为佛教的复兴创造条件,如在名山胜地造寺院、大量修复废寺、剃度僧
尼、抄译经卷等等。到仁寿年间(601~604)的短短四年中,在全国各地分批同时建
塔百余座,其速度之快,效率之高,说明是沿袭传统的官营手工业生产方式,塔无疑
是木构架楼阁式方塔。而如此壮举,是竭力利用塔的崔巍形象和艺术魅力,以期从
精神上达到一统天下,巩固王朝统治的目的。

问题是这些塔与寺的关系,如在已建成的寺院里,建寺之初必预留建塔之地,
否则就不能保持"塔寺建筑"的模式。如在修复的北周废寺中是不能建塔的,因此周
废佛时曾将八州四万所寺庙充当了贵族的宅第,说明这些寺庙本来就是"**舍宅为
寺**",否则不可能再"**废寺为宅**"。就是说如将塔建在已有的寺庙里,如果有地方建造
的话,最大的可能就是建在寺旁或寺后的塔院里,不再沿袭"塔寺建筑"的模式。当
然,这许多分批同时建造的塔,如皆选址新建,按照"塔寺建筑"模式进行统一规划
设计建造,也不能断言没有这种可能性。

实际上,自东汉末笮融建寺,经魏、晋、南北朝至隋、唐初,寺庙建筑中,以塔为
中心和以佛殿为中心,是同时存在的。两者在建筑布局上的不同,寺庙生活和进行
佛事活动的方式也不一样,前者主要是围绕塔进行,后者是在大殿内进行,正如我
们在"佛寺"中分析的,以安置舍利的塔建在寺庙中心,对汉人来说,既不合于中国
传统的风俗习惯,也不适合人们在生活空间环境中的活动方式。

以塔为中心,四周殿
廊围绕的"塔寺建筑"模
式,并非是按照什么佛教
的理论或制度建造的。只
不过是,在佛教传入初
期,人们对宝塔,这一新
型建筑的巨大艺术感染
力,在辉隆佛教方面的积
极作用,引起极大的兴趣
和高度重视,形成建寺首
要在造塔的思想,以致在
寺院总体布局上产生的
必然结果。

唐初南山律宗的开创者道宣（596—667），根据我国的具体情况，制定出《戒坛图经》，把以塔为中心的布局，改变为以佛殿为中心的布局，从此宣告了塔寺建筑模式的结束。

194

应县木塔距今已九百多年。是世界上现存最古老最高大的木结构塔林建筑。

以塔为中心的"塔寺建筑"模式，既然是在"建寺首要在造塔"的思想下造成的，随着塔在全国各地普遍建立，人们对塔已是司空见惯的等闲之事，塔在初期的那种社会轰动效应，已经不会再现了，将塔造在寺院的中心位置也就没有必要了，但塔作为佛教信仰的标志，人民所喜闻乐见的建筑形式被一直保留下来。

## 四、塔的主要形式与特点

### 1. 楼阁式塔

自东汉献帝朝，木构楼阁式方塔问世，直到隋末唐初，这种形式的塔，是建造塔时的主要形式。木构楼阁式的塔也有其局限性，由于木材潮湿易朽，火灾易焚，灭法（毁佛）易毁，难以久存。如北魏在平城所建的永宁寺七级浮图，仅存二三年就被焚，在洛阳永宁寺造的九级浮图，也仅有十多年亦终成灰烬。唐以前的木塔已无一幸存，宋以后也少建木塔，遗存至今的全国只有惟一的一座山西应县木塔了。

正由于木塔难以久存，南北朝时已出现用砖石建造的塔，但多体量较小，内部不能登临。就在洛阳永宁寺塔建成后，仅六七年时间，在河南登封县建造了一座密檐式砖塔，即嵩岳寺塔。它没有仿照木结构楼阁式方塔形式，而是完全按砖的性能砌筑的塔，也是能充分表现宗教精神的佛塔（见下节）。从南北朝到唐代，这种密檐式塔发展缓慢。现存唐代的密檐塔都是方形塔，显然是受方形楼阁式木塔的影响。

唐以前的楼阁式木塔，实物虽已无存，但在石窟寺中还可见到这种塔的形象。如山西大同的云冈石窟中，多数窟柱被雕成塔的形式，故亦称塔柱。平面为四方形，仿木楼阁式，第一、二窟和二十一窟塔柱，即当时木构楼阁式塔的缩影。

唐以后的砖石楼阁式塔，实物很多。著名的如陕西西安慈恩寺内的**大雁塔**，唐高宗永徽三年(652)建，砖结构，平面方形，七层，高64米（图**4–18**）；西安兴教寺**玄奘塔**，唐高宗总章二年(669)为高僧玄奘所修墓塔，砖结构，平面方形，五层塔檐，高21米，底层为方室，其上各层均实心，不能登攀；江苏苏州云岩寺**虎丘塔**，五代吴越钱弘俶十二年(959)建，砖结构（带木檐），平面正八边形，七层，现存塔身高47米，塔刹与塔周木围廊已毁；浙江杭州**六和塔**，吴越钱弘俶二十三年(970)建，北宋徽宗宣和三年(1121)，毁于兵燹，南宋高宗绍兴十二年(1142)开始重建，到绍兴二十六年(1156)建成，历时15年。砖木混合结构，塔身用砖砌，塔檐、平座、栏杆等为木结构，这种结构方式是从木结构塔转化为砖石结构塔的过渡形式。平面正八边形，高约**60**米（图**4–19**）；河北定县开元寺**瞭敌塔**，北宋真宗咸平四年(1001)始建，于北宋仁宗至和二年(1055)落成。砖结构，平面正八边形，十一层，全高84米，是我国现存佛塔中最高的一座。现今寺毁塔存，塔身局部开裂坍陷，正在维修中；山西应县佛宫寺**释迦塔**，即应县木塔。辽道宗清宁二年(1056)建，木梁架结构，平面正八边形，五层六檐，由地面至刹顶高67.3米，底层副阶周匝，上层挑出平座，栏楯周绕，结构精巧，形象宏伟，经千年风雨和多次地震考验，巍然屹立，是遗存至今惟一的木构佛塔（见彩图山西应县木塔及图**4–20**）；山西洪洞县广胜寺**飞虹塔**，寺建于唐代宗大历四年(769)，塔传说创建于北周。作为琉璃宝塔，则起工于明武宗正德十一年(1516)，完工于明世宗嘉靖六年(1527)，历时12年。明熹宗天启元年(1621)，京师大慧和尚，在塔底层加建了一圈回廊，遂成今见之规模。飞虹塔平面为正八边形，十三檐楼阁式琉璃塔，通高47.6米。通体上下的檐口、斗栱、角柱、门窗、基座，以及各

图 4 - 18　西安大雁塔

图 4 - 19　杭州六和塔

图 4 - 20　山西应县木塔

图 4 - 21　山西洪洞飞虹塔

部位的金刚、天王佛像等浮雕,皆用彩色琉璃烧制而成,外部成锥形,制作精致,气势雄伟(见彩页及图 4－21)。

### 2. 最古老的砖塔——嵩岳寺塔

嵩岳寺塔是北魏孝明帝正光四年(523)建造的砖塔,迄今 1500 年,历经风雨,巍然屹立在嵩山南麓登封县郊的山村里。

嵩岳寺也属舍宅为寺的一类,不过这"宅"是宣武帝元恪于永平年间(508～511)建的离宫。孝明帝元诩于正光年间(520—524)将此离宫舍为"闲居寺",并建寺塔。隋朝开皇年间(581—600)改寺名为"嵩岳",塔随之名嵩岳寺塔(图 4－22)。

用砖造塔,非自嵩岳寺塔始,从《洛阳伽蓝记》中可知晋代已有砖塔,多为二三层,且体量较小,内部不能登临。但嵩岳寺塔的出现,反映了塔在结构上的变化,即用砖石结构代替木结构,以解决木塔不经久、易焚毁的问题。从今天遗存的实物看,这种结构上的转化,是向两个方向发展,一是用砖石结构仿楼阁式木塔的形式;二是运用砖结构的性能,向密檐塔发展。

嵩岳寺塔,在物质技术和思想艺术方面,都有其独到之处,是中国佛塔史上非常重要的典型。在物质技术上,它充分利用砖结构的分子(砖)的尺寸小,而型体可塑性大的特点,平面轮廓砌筑成 12 边形,近乎圆形,这是国内现存惟一的孤例。底层特高,壁面装饰如角倚柱、火焰纹拱券的门、龛等,带有明显的印度建筑装饰手法。底层塔身以上,是 15 层密排的叠涩出檐,顶上是一个砖雕的窣堵波式的刹。由于檐间距离逐渐缩小,壁面层层收分,密檐部分呈现出丰满而柔和的抛物曲线。塔全高约 40 米,因出檐多而相当密集,故称之为**密檐式塔**,嵩岳寺塔为后世密檐塔之滥觞。

就思想艺术而言,楼阁式木塔,是完全按照中国人的思想观念对佛教的理解,以高楼杰阁奉佛,是将佛陀生活人情化,宝塔的玲珑宏伟,高出云表的气势和形象,显示的是人间的无穷智慧和力量,渗透着中国人的实践理性精神。塔改用砖石结构以后,无疑给狂迷于佛教对佛教哲学思想有修养的建筑师,以很大自由的创作机遇,不用受木构建筑形制的束缚,可以充分利用砖结构砌体可塑性的特点,创造出佛陀无边法力的塔的艺术形象。嵩岳寺塔,正是"既摆脱了汉魏传统的楼阁,也不拘泥于印度形式,而是把印度窣堵婆和婆罗门教密檐式的'天祠'或'大精舍'结合起来,又加以夸大,尽力在追求一种宗教的内在力量[91]。"**12**边形的塔身是棱非棱,非圆似圆,朦胧而浑朴,层层的密檐与修伟的塔身强烈对比,似由静而动,且节奏在逐渐加快,这种动势感,因密檐形成丰满柔和的曲线,不是扶摇直上,而似有无尽的内在力量层层向空间扩散,弥漫着宗教崇拜的非理性的浪漫精神。

### 3. 密檐式塔

密檐式塔发展到唐代,虽然保持了其主要特点,即密集的层层叠涩出檐和丰满柔和的抛物线轮廓,但却舍弃了塔身 12 边形似是而非的模糊性,仍然采取传统楼阁式木塔的方形平面,塔身的线条明确而肯定,而且不加装饰,如此对塔身的改造,绝不是简单地改变几何形体的问题,而是极大地淡化了密檐的异域风貌,表现出传统之中而带有创新意味的新颖形式。如唐中宗景龙元年(707)建的陕西西安荐福寺**小雁塔**(图 4－23),平面正方形,底边长 11.25 米,原有塔檐 15 层,明世宗嘉靖三十四年(1555),地震中震坍了塔刹和顶部二层,现存高度为 45.8 米,塔身中央也出现

在遗存的古塔中,嵩岳寺塔是最古老的砖塔,也是最早的一座密檐式塔。

了纵向裂缝,虽历尽沧桑,仍然给人以简洁而明快、秀丽而挺拔的审美感受,受到当时人的欣赏和青睐。在唐代从北到南,都遗存有同小雁塔造型相同的密檐式方塔,如唐睿宗景云二年(711)建的北京云居寺**罗汉塔**,平面为正方形,密檐式石塔;唐文宗开成元年(836)建的云南大理崇圣寺**千寻塔**等(图4-24为云南大理崇圣寺三塔,见彩页)。

宋辽时代,密檐式塔的发展,存在着明显的地域差异。在宋王朝汉族统治的地方,完全抛弃了嵩岳寺塔——采用小雁塔的密檐式塔型,而在辽、金少数民族统治地区,这种风格不仅继承下来,而且有显著的变化和发展。这就充分反映出,在宋王朝正统观念的统治下,实践的理性观点和传统礼制的思想,崇尚明确的上下序列,左右权衡,实用机能,所以不能接受密檐式塔的那种朦胧的神秘性和非理性的浪漫气息。但对唐代楼阁式砖塔的传统形式,则有所改变和发展,塔身用八角形代替了正方形,从构造技术上加强了抗风和抗震能力,大大地提高了塔的稳定性和刚度;从造型上,八角形的线角比正方形要丰富得多,且面的倍增视角也扩大了一倍,既利于登临眺览,又为塔的艺术加工和形象创作,提供了较方塔更为优越的条件。

在辽、金少数民族统治地区,密檐式塔之所以能得到继承和发展,"也许是契丹、女真人更能欣赏这种富于异域情调的造型,或是他们对宗教的崇拜还停留在巫、佛混沌的阶段,因而在那些非理性而又强烈刺激的艺术形式中感到精神的抚慰[92]。"换言之,是由于他们的野蛮和落后。正因为他们野蛮,才比已有两千多年文明史的汉人保持更多人性的纯真;正因为他们落后,还很少受到随文明进步而来的对人性的污染,礼制和种种封建制度对他们还不起作用。这同中国木构架建筑的革新运动,不是在宋土,而是在辽、金地区大量存在**减柱移柱**建筑的道理完全相同。

辽金的密檐式塔,塔身也用八边形。在这一点上,反映出整个时代在建筑技术上进步的共同特征。它与嵩岳寺塔和小雁塔比较,有非常明显的变化,改变了以前密檐式塔可以攀登,但由于密檐间的孔洞与楼层空间不对位造成的矛盾,并不适于登眺,于是干脆填实塔心,成为只供参拜,不能登临的实心塔。在塔的外观上,竭力进行大肆装饰,八边形塔身特高,每面都刻有门窗、佛像、阑额、倚柱,密檐间布满了斗栱,塔身下承托着莲瓣、栏杆、佛龛等基座,十分繁琐而华丽。由于细部过分的装饰,它已失去密檐塔的那种朦胧的神秘感,使人感到爆发式的繁缛,给人以强烈的刺激,它恰当地反映出那个时代、地区的社会风貌和审美情趣。

辽金密檐式塔的代表作品,如北京的**天宁寺塔**、河北昌黎**源影塔**、山西灵丘县**觉山寺塔**等等(见彩页)。而创建于隋唐时代的山西蒲县原普救寺内的密檐塔(普救寺塔俗称"**莺莺塔**"),在明世宗嘉靖三十四年的大地震中,全部倒坍后重修的,平面为正方形,十三檐的密檐式砖塔,仍保持原来的形制,形象古朴而飘逸。

**4. 近于窣堵婆的喇嘛塔**

喇嘛塔是在元代喇嘛教兴盛时传入的,北京妙应寺白塔和山西五台山塔院寺的白塔,都是尼泊尔匠师阿尼哥的作品。明蒋一葵著《长安客话》卷二《皇都杂记·白塔寺》记载:"都城西北隅妙应寺(阜城门内)偏右有白塔一座,人多称白塔寺。世传是塔创建自辽寿昌二年(1096),为释迦佛舍利建,内贮舍利戒珠二十粒,香泥小塔二千,无垢净光等陀罗尼经五部,水晶为轴[93]。"元世祖忽必烈于至元八年(1271)曾"崇饰斯塔"。蒋一葵对塔有一段描写,可见白塔的风姿。文曰:

> 此塔"取军持之像,标驮都之仪。砆砄下磬,琼瑶上钉。角垂玉杆,阶布石栏。檐挂华鬘,身络珠纲。珍铎迎风而韵响,金顶向日而光辉。亭亭岌岌,

山西浑源县圆觉寺
密檐式砖塔(金)

图4-23 西安小雁塔

图4-22 河南嵩岳寺塔

图4-24 云南大理崇圣寺三塔

图4-25 北京妙应寺白塔

遥映紫宫。制度之巧,盖古今所罕有矣[94]。"

文中有些词句需稍加解释。军持:梵文(**Kundika**),是印度僧人生活中常用的贮水瓶,又名澡灌,是指喇嘛塔的塔身形状;驮都,即浮图(梵音讹转不正的译法),意思是说,塔是佛的象征;砥砆下磐:砥砆,像玉的石块。磐,厚重之石,指塔基;琼瑶上钮:琼瑶,比喻白色如玉的塔身。上钮是顶上用金装饰;檐挂华鬘:这里的檐,是指塔刹上部的金属圆盘的四周,用铜制的透镂流苏和铃铎等装饰。鬘是梵文 **Soma** 的译名,亦称"华鬘",指首上的装饰;亭亭癹癹:形容塔的高耸;紫宫,亦称紫微宫,或紫微垣,星官或天区名,这里指天空。

喇嘛塔完全是外来形式,与印度窣堵婆非常接近,主要在塔身的变化,窣堵婆是近半球的覆钵形,而喇嘛塔则是上大下略小,形如贮水瓶。北京**妙应寺白塔**,由基座、塔身、塔刹三部分组成,基座下部是平面呈十字形折角的两层须弥座,其上是一层平面呈圆形的莲花座。塔身是贮水瓶式塔肚,亦有称为"宝瓶"者。塔刹也可分为刹座、相轮、宝盖、刹顶几部分。刹座的形式与塔的基座一样,是缩小了的须弥座;相轮是向上渐小的圆柱体,砌成 **13** 层棱线,以象征"十三天";宝盖是一个金属圆盘,围以铜制镂空的流苏,并悬以铃铎;刹顶则是一个鎏金的小铜塔。塔全用大型石块砌筑而成,通高 51.3 米,是现存全国最大的一座喇嘛塔。随着喇嘛教的不断发展,明清时喇嘛塔修建得很多,并成为高僧墓塔的主要形式(图 **4－25**)。

喇嘛塔作为**个体建筑**的造型,不论是窣堵婆的覆钵,还是喇嘛塔的贮水瓶,都是取与死者生前生活密切的东西为象征,显然这是一种低级的象征。其形象都未能超脱坟墓的外在特征,也难以表现出宗教的内在精神。但喇嘛塔通体洁白如玉,在雕梁画栋、红墙碧瓦的寺庙建筑群中,在绿树的衬托下,非常醒目突出,因而常用作园林和名胜中的点缀景物。如:

**北京北海永安寺塔**　即北海琼华岛山顶上的白塔。琼华岛上原无塔,明代时是一座殿堂,名"广寒殿",万历年间已经倒塌,一直未予修复。清顺治八年(1651),在广寒殿旧址建造了这座喇嘛塔,拆除了山前散立的殿堂,"**因山构室**"改建为永安寺。这一改造使北海面貌起了巨大变化,可谓"旧貌变新颜":在空间上,耸然屹立山顶的白塔,"梵宇弘开壮帝都,碧天突起玉浮图",成为北海的制高点,更加突出琼华岛的中心构图作用。白塔简洁而特有的造型,与金碧辉煌的琳宫梵宇形成强烈的对比,在树木的衬托和掩映中,使北海富于一种独特的风貌,万岁山因此而以**白塔山**著名了。乾隆皇帝弘历为琼华岛写了《塔山四面记》。

**扬州莲性寺塔**　在扬州瘦西湖畔,据李斗《扬州画舫录》卷十三记载:"乾隆甲辰(1784),重修白塔甫成"。此塔是"仿京师万岁山塔式"。"白塔晴云"是扬州牙牌 24 景之一。观赏白塔的最佳处,是在瘦西湖中的"钓鱼台"。钓鱼台是重檐四角攒尖顶方亭,建在伸入湖中一条东西向短堤的西端,因清帝弘历南巡扬州时,曾在此钓鱼,故名。钓鱼台三面临水,台前湖面广阔,与对岸莲性寺白塔、五亭桥成鼎足之势。亭内筑墙,东向来路阔方门,其余三面砌成圆洞,正好一洞衔桥,一洞衔塔,妙不可言。正如计成《园冶》中云:"刹宇隐环窗,仿佛片图小李",这幅如画美景,令人心旷神怡。


## 五、塔的社会功用

中国古塔,虽说是宗教性建筑,但从开始造塔就采用高楼杰阁的形式,说明其中就已包含了一个非宗教性的要素，即它能满足人们"**登高望远，人情所乐**"的传统美学思想和审美要求。如北魏的灵太后胡氏，在洛阳永宁寺塔造好以后，于神龟二年(519)八月"躬登九层浮图"。《洛阳伽蓝记》的作者杨衒之，在洛阳时"尝与河南尹胡世孝共登永宁寺浮图"。北周的文学家庾信(513—581)，写过一首登嵩山九层浮图诗："重峦千仞塔，危登九层台，石阙恒逆上，山梁作斗回。"登塔是游庙的一个最佳活动，不论男女老少，登塔望远，极目畅怀，都是赏心乐事也。中国诗人对游塔有非常细致而精妙的审美感受，如唐代诗人岑参 (715—770)《与高适薛据登慈恩寺塔》诗，从看到塔之"塔势如涌出，孤高耸天宫"，攀登时有"登临出世界，磴道盘虚空"之感，感叹"突兀压神州，峥嵘如鬼工"! 俯瞰"下窥指高鸟，俯听闻惊风"；"青槐夹驰道，宫馆何玲珑"。远望"连山若波涛，奔凑似朝东"。在秋色的笼罩下，"苍然满关中"；北原上的五陵，"万古青濛濛"。诗人面对苍茫大地，油然而生出世之感，"誓将挂冠去，觉道资无穷"。这种审美经验的历史积累，大大地丰富了中国人的美学思想和审美感受。

塔的这种**登高望远**功能，在古代军事缺乏先进有效的侦察手段的情况下，利用塔来观察敌情，便成了最好的城防建筑。河北定县**开元寺塔**，就是以佛塔之名而作瞭敌之用建造的，故又名**瞭敌塔**。在北宋时，定州(今定县)与辽交界，军事地位十分重要，为瞭望敌情，宋真宗于咸平四年(1001)下诏建塔，仁宗至和二年(1055)始成，历时 55 年，故流传有"砍尽嘉山木，修成定县塔"的传说。塔的平面为八角形，11 层楼阁式砖塔，通高 84 米，为我国现存最高的古塔。有诗云："每上穿然绝顶处，几疑身到碧虚中。"如此高度也说明当时工程技术所能达到的建筑工程水平。

古代的军事重镇中的塔，也都起着瞭望敌情的作用。如宁夏银川市老城西南隅**承天寺塔**，为八角形楼阁式空心砖塔，塔身十一层通高 64.5 米，也是建在寺庙中的瞭敌塔。山西大同自古以来就是战略要地，从军事要求上为了更有利于城防，大同**雁塔**不拘泥于建在寺庙之中，而是直接在巍峨雄厚的城墙上，造了一座八角七层楼阁式空心砖塔，以作观察敌情之用，这是一座名副其实的**瞭望塔**，因瞭望敌情，通报信息，犹如传书，故又称之为**雁塔**。

**登高望远** 是人在塔内眺望;**高灯远亮**，则是人在远处望塔。古代利用塔的高灯远亮作用，在江河转折、入海口处，或海湾岸边建塔，就是为了"**建塔标灯，以为往来之望**"的目的。如浙江海盐的**资圣寺塔**，建于海塘边，夜晚"层层用四方灯点照，东海行舟皆望此以为标的焉"。福建晋江县石湖村金钗山上的**六胜塔**，控钗山，临东海，为古泉州海外交通之航标。浙江杭州的**六和塔**，明代散文家张岱的《西湖梦寻·六和塔》条云："宋开宝三年(970)，智觉禅师筑之以镇江潮。塔九级，高五十余丈，撑空突兀，跨陆俯川，海船方泛者，以塔灯为之向导。"六和塔位于钱塘江入海的转折处，白昼为标志，夜晚作灯塔，它都起着供船舶定位和指示航向的作用。

正因塔的高显具有标识作用，不少塔成了某些城市或名胜的象征。如在沪宁铁路的列车上，当看到"古塔欲倾乱云扶"的虎丘塔时，江南水乡文化名城苏州已到。耸立在杭州宝石山上，"当峰一塔微，落木净烟浦"的保俶塔，象征着冶艳的西子湖。延河岸边土山上的宝塔，成了延安革命圣地的象征。这类例子很多，如西安的大雁塔，开封的铁塔，应县的木塔，泉州的双石塔，以及云南大理鼎足矗立在苍山之麓、洱海之滨的崇圣寺三塔……

塔在特定的条件和环境下，它的象征意义会超越地方的局限而广博得多。如福建晋江市属的石狮市（县级市，属晋江市管辖）东南宝盖山上，面临泉州湾的万寿宝塔（一名姑嫂塔），为闽南侨乡的标志。旧时侨胞离乡别塔，无不难舍得依依泪下；一旦兴舟归国，遥见塔影，无不激动得热泪盈眶。在异国他乡的游子，梦魂塔影，塔不仅象征着家乡亲人，也象征着祖国同胞。

塔矗立而挺秀的形象，往往成为风景名胜的点睛之笔。因塔而名景者，摘其要者如：杭州西湖十景中的"**雷峰夕照**"，就是以西湖南岸夕照山上的雷峰塔而名。雷峰塔是吴越王钱俶为王妃黄氏而建，故亦名黄妃塔。明嘉靖年间倭寇侵犯杭州，塔被焚仅存赭色塔身，夕阳西照，宝塔金碧与山光辉映，别具风韵。塔已于1924年9月25日倒塌（准备恢复）。宋尹廷高有诗曰：

> 烟光山色淡溟濛，千尺浮图兀倚空。
> 湖上画船归欲尽，孤峰犹带夕阳红。

陕西西安的小雁塔建成以后，塔姿挺秀，钟声清越，"**雁塔晨钟**"遂成古长安八景之一。唐代新进士放榜，赐宴于曲江的杏园，宴后，同榜新进士去慈恩寺大雁塔上题名，名次有雁行之列，故名雁塔。而"**雁塔题名**"既成长安的游览胜地，也成为后世文人中举的典故。唐程公琳诗：

> 轻裘访古出南城，宝刹云烟拂旆旌。
> 三十年前前进士，无惭雁塔一题名。

江苏扬州瘦西湖莲性寺塔（喇嘛塔），为扬州牙牌**24**景中的"**白塔晴云**"。宁夏银川的海宝塔，是一座**11**层檐楼阁式空心砖塔，平面呈十字套方形，即方形平面的四面中间凸出如抱厦者，形制独特，立面简洁而富于变化，形象端庄而十分挺秀，以"**古塔凌霄**"列入朔方八景之一。如此等等，不一而足。

塔对环境景观的影响，是不言而喻的，如在市井中或田野上建塔，可于寻常的景象中显现出传统的文化精神；在山水形胜处建塔，**山水因塔而愈显，塔藉山水而益彰**。

从建筑意匠和风景区规划设计角度考虑，一个应予重视并吸取的历史经验，是古人借建塔以弥补山水形胜不足的思想方法。如明代冷崇《创建文星塔记》所说："**盖从来陬境名区，天工居其半，人巧亦居其半**"，甚至说人力的培补是不可少的。如何培补，按不同情况，可"作之、屏之、启之、辟之、攘之、剔之"。对"**第巽峰微不耸拔，议建一浮图而培补之**"。文星塔是为了文运昌盛而建的风水塔，据说东南方为"奎星"所处方位，山势高峻则文运昌盛，如东南方向（巽）山峰低小不够耸拔时，可建塔来增高山的气势。虽然山势高低与文运盛衰无关，但峰微不耸拔，建塔以增山势，则为景观生色。说明早在数百年前，人们已了解**天工与人巧的互补关系**。

用塔来增高山的气势，在清代皇家园林的造山艺术中，已是运用得非常成功的手法。如北京北海琼华岛，清顺治年间修复时，正因万岁山峰微不耸拔，不是按明代原样去恢复，而是作了很大的改造，首先是在山顶原"广寒殿"遗址上造了一座白塔，即用"浮图而培补之"。二是拆除前山原存的分散布置的殿堂，而是"**因山构室**"建造了一座整体建筑组群的"永安寺"，将山与建筑有机结合起来，建筑藉山势之高下，在空间上立体化；山因建筑层叠而生动，并藉塔的耸拔而增高山的气势。

清代建颐和园时，曾对山水进行过大规模的改造，但万寿山体既不伟，形亦不奇，山高不过60米，与三千多亩辽阔的昆明湖相比，仍然有"峰微不耸拔"的缺陷，

山西五台山显通寺铜塔之二

201

起初也是考虑"建塔以培补之"的,据清吴振棫《养吉斋丛录》记载:"仿浙之六和塔,建窣堵波,未成而圮⑤。"原是仿六和塔建造九层的**延寿塔**,所谓"未成而圮",是建到第八层时,奉旨停修,拆掉再在高20多米的台基"**塔城**"上,造了座八角形三层四重檐,高达41米的**佛香阁**。当时的乾隆皇帝是个艺术家,对造园艺术很有修养,他之所以将已快造好的延寿塔拆掉而重建佛香阁,是因为如果我们从规划设计角度比较"塔"与"阁",可以想见,九层宝塔形体比例之修长,建在峰脊较缓的万寿山上,只会有孤峙无依之感,难以与山浑然一体。佛香阁形体壮硕而典丽,立在石构的塔城上,与万寿山比例和谐而协调,且位置不在山顶,但高出山顶的智慧海,从而加深了山体和建筑的空间层次,在山前"大报恩延寿寺"依山重叠,层层而上的殿宇烘托中,使万寿山的气势十分宏伟。

### 六、奇塔

奇塔,是指山西永济县峨眉塬(**yuán**)头的**普救寺塔**。此塔与北京天坛的回音壁、河南宝轮寺塔、四川潼南大佛寺的"石琴",并称为我国现存四大回音建筑。

普救寺塔,始建于唐武周时期,明嘉靖三十四年(1555)寺宇塔殿全部毁于大地震中。明嘉靖四十三年(1564),重建普救寺塔,为13层方形密檐式空心砖塔,通高50米,不计塔刹高度为36.76米。从七层以上突然收缩,檐距亦随之减小,型体显得峻俏而挺秀。到1949年时,经火灾兵燹,加之年久失修,寺宇尽毁,只剩下塔、石狮、菩萨洞,1986年进行大规模修缮,在原址上恢复了普救寺原貌。在四周陡峭,顶上平坦的塬上(塬:是西北黄土高原地区因流水冲刷形成的一种地貌),塔院回廊围绕,宝塔凌虚;寺宇殿堂,周流重叠,已埋没多年的普救寺又出现在三晋的大地上了。

普救寺塔之奇,奇在塔的回声效应。塔前有"蛙鸣石",以石击之,酷似蛙鸣,尤其在不远处土坡上的"蛙鸣亭",是听蛙鸣回音的最佳处。更奇者,人在塔底台阶上,可以听到五里路外蒲州镇上的唱戏声、锣鼓声,附近村镇的人言笑语声、车马声、鸡犬声。人在塔旁低语,距塔40米清晰可闻;人在塔内第九层说话,塔下听声如从一层传来;在第五层说话,则像一至九层皆有人语。所以它不仅是我国四大回音建筑之一,而且同缅甸掸邦的摇头塔、匈牙利索尔诺克的音乐塔、摩洛哥马拉克斯的香塔、法国巴黎的钟塔、意大利的比萨斜塔同为世界上的六大奇塔。

在山西有回音效应的奇塔,不止一座。如永济县万固寺,八角十三层楼阁式多宝佛塔,也具有莺莺塔的蛙鸣效应,据说莺莺塔是雌蛙声,而此塔则是雄蛙声。此外,河津县兴国寺,四角十三层密檐式实心塔——镇风塔,其回声效应则是清脆悦耳的鸟鸣声。产生这种奇特的现象,显然与建塔处的特定环境、建塔的材料与构造等等因素有关,这是值得建筑声学研究的课题。

上面所说的**莺莺塔**,即普救寺塔。塔称"莺莺"之由来,是因为著名历史戏曲《西厢记》的故事发生在普救寺里的缘故。《西厢记》全名为《崔莺莺待月西厢记》,元代戏曲家王实甫作(一说关汉卿作)。写书生张珙在普救寺与崔相国的女儿莺莺相遇,一见钟情,在侍女红娘的协助下,终于冲破封建礼教的束缚而结合的故事。剧本主题思想是反封建,人物的个性鲜明,故事情节曲折,文词也优美生动,在戏曲文学发展史上影响深远。

戏曲文学与"塔"联姻,除莺莺塔之外,还有著名的杭州西湖雷峰塔。如清黄图珌、方成培均作有《雷峰塔》传奇,《警世恒言》有《白娘子永镇雷峰塔》,弹词有《白蛇

峰微不耸拔,建塔以培补之。是园林大体量造山的重要方法,但塔的设计必须精在体宜,才能达到"状飞动之趣,写真奥之思"的艺术境界。

传》等等，都是根据民间传说，写白蛇(白娘子、白素贞)思凡下山，与侍女青蛇(小青)到杭州后，白娘子与店伙计许仙结为夫妻。法海和尚以白娘子、小青为妖，几次从中破坏，终于借佛法将白娘子镇于雷峰塔下。《白蛇传》的主题也有反封建的意义。但不论是象征爱情的"莺莺塔"，还是象征破坏爱情的封建势力的"雷峰塔"，在中国芸芸众生的心目中，已没有对超人间力量神灵的敬畏，也没有对主宰一切的佛祖的神圣感，塔已被人们生活化和世俗化了，它已成为生活中赏心悦目的美好事物。

图 4－26　山东历城四门塔

据不完全统计，我国现存古塔有三千余座，遍布神州大地，点缀着锦绣山河。塔的形式丰富多样，从塔的建筑形制来讲，除了前面所讲的楼阁式、密檐式、覆钵式(喇嘛塔)以外，还有用窣堵波的刹与中国亭子结合的亭阁式塔。做塔身的亭，大多一层单檐的方形、六角形、八角形或圆形的亭子，下筑台基，顶上立刹，组合成**亭阁式塔**。这类塔非砖筑即为石构，体量较小，多作为高僧、和尚的**墓塔**。现存最早的实物，是隋代时建的山东历城**神通寺四门塔** (图**4－26**)。山西运城泛舟禅师塔 (见彩页)。

明清以后，出现了完全仿照印度佛陀伽耶的金刚宝座大塔而建的塔。如北京西郊**真觉寺金刚宝座塔**，据《帝京景物略·西城外》真觉寺条云："成祖文皇帝时，西番板的达来送金佛五躯，金刚宝座规式……成化九年(1473)，诏寺准中印度式，建宝座，累石台五丈，藏级于壁，左右蜗旋而上，顶平为台。列塔五，各二丈，塔刻梵像、梵宇、梵宝、梵华⑥。"据佛经称，密宗金刚界有五部，各有一部主。板的达(亦译班迪达)进贡的金佛五躯，即金刚界五个部主像。这是佛教密宗一派的塔式，建造的数量极少，皆为明清时所建。

从塔身的平面形式而言，有方形的，也有圆的；有八角形的，也有六角的。从塔的形体组合言，如山西寿阳县境内五峰山龙泉寺北的**凌泾塔**，在圆形的基座上，为石砌八角须弥座，座上承砖砌八角十二层楼阁式空心塔身，每面均有砖券门洞，虚实相间，前后对位。顶上(13层)为红砖砌筑的八角亭，亭身比例很高，四面辟砖券拱门洞，与以下各层门空洞垂直对位。各层叠涩出檐，檐角翘起，檐口略呈弧形，塔顶收分结顶颇陡，是少见的形体组合式宝塔。在该县宗艾村东南的黄土高坡上的**魁星塔**，地处林木茂盛，风景形胜之地。塔座为砖砌的高大须弥座，周长 33 米，座上为两层八角形砖砌空心塔身，叠涩出檐，一层正面阔砖券门洞，二层正面亦有门洞，且两侧面还有两个圆形窗洞。八角攒尖顶较陡，顶上置塔刹，通高约 22 米。塔面无任何装饰，形体组合有如将亭子架在碉堡之上，完全打破了人们对塔形的常规概念。

凌泾塔虽说建在龙泉寺的北面，它与寺庙无关，同佛教也毫无联系。这类塔却带有儒道的色彩，其功用是**培补形胜，祈兴文运**，是从风水需要而建造的塔，也就是**风水塔**。塔多独立建造，可以说是传统建筑中的**个体建筑**。这类塔盛行于 14 世纪以后的明清两代，培补形胜的如镇风塔、风脉塔，直接叫风水塔的更多，仅山西省就有四五座；祈兴文运的如魁星塔、魁光塔、文明塔、文昌塔、文风塔、文峰塔、文笔塔等等，皆有同名，叫文峰、文笔者更多。

这类风水塔之佳者,的确起了弥补山川形胜不足的作用。祈兴文运的塔,多为族人、村人或私人所建,显然为财力所限,多制作简单而粗陋,如名文峰、文笔者,多自然主义的、模仿笔的形式,这是一种很低级庸俗的象征,整个塔用砖砌筑成方形或圆形,虽顶部缩小如笔头,给人的感觉如烟囱矗立在那里,毫无美感可言,实是大煞风景。

其它如辽金时期出现的塔上半部装饰华丽的**花塔**,造在墙阁上的**塔门**或**过街塔**等等。塔的形式很多,即使属同一形式的塔,由于比例关系和细部处理不同,形象亦各异。读者如对塔很感兴趣,欲更多了解塔的情况,可以阅读有关塔的专著,近年出版的以"中国古塔"为名的书就不止一本,此类书籍大多出自建筑考古学者之手,资料积累丰富,对每座塔的始建年代、历史沿革、建筑特征、构造特点,以及各部分的尺寸等等,叙述得都较详细。它能告诉人们现存古塔都有什么,它们是什么样的,完全可以满足读者的要求。

我们所要做的则是在**有什么、是什么**的基础上,从事物本身的内在联系,选择具有普遍性和典型性的实例,研究分析**为什么**。

对塔而言,首先要弄清楚的问题是,**塔随佛教传入中国,为什么没有接受其原形覆钵式的窣堵波,而是采用传统的楼阁式为主体的创作方法**。在塔这一节中,本书用了大量的篇幅,论证自东汉明帝时佛教传入我国,到献帝时笮融建塔寺之前,寺庙中无塔的史实。以笮融造塔为中国民间建塔之始,分析了当时的社会背景,笮融其人和他建塔的目的和方法,塔之所以不是模仿印度窣堵波的原形,而是采用传统木构架的楼阁形式的种种原因。概言之,对"塔"这一外来文化建筑,从对佛教的理解,塔的宗教意义,以至塔的内容与形式,都是按照**中国的社会生活方式**来接受、加以吸取和融合的。从艺术创作而言,就如清高宗弘历所说:是"**肖其意,不舍己之所长**"。中国的宝塔非常生动地说明了这一点,宝塔是肖窣堵婆的**高显**之意,而**不舍**传统**木构架**之长,用楼阁增层以高显,创造出有飞腾之势的崇高建筑形象。

# 第八节　华表与坊表

华表与坊表的"**表**"字,有标识的意思,古代测日影的柱子,也称为"表"。所以,华表、坊表都与树立柱子作为标识有关。表,又有表率、表彰之义,后来用于表彰的标识之"表",就发展成多种建筑形式。

## 一、华　表

原叫"桓表"。汉许慎《说文解字》:"桓,亭邮表也。"桓的解释不一,有柱双植为桓;一有四植为桓;一说柱有四棱为桓等等。这里是指古代传递公文信件供食宿车马的驿站,在路两边所树立的柱状标识,叫做"桓表"。

桓表之所以又称"华表",是形容其柱头上两块横贯交叉四出的大版,形状如华(花),故名。西晋崔豹《古今注》:"今之华表以横木交柱,头状如华,形似桔槔,大路交衢悉施焉。或谓之表木，以表王者纳谏。亦以表识衢路。秦乃除之，汉始复焉。今西京谓之交午柱[97]。"早先华表的两种功用，即"表王者纳谏"和"表识衢路"。

华表最早见于文字的是《大戴礼·保傅》："有进善之旌，有诽谤之木，有敢谏之鼓。"《吕氏春秋·自知》记有"舜有诽谤之木。"《古今注》说得很清楚："尧设诽谤之木何也?答曰:今之华表木也。"设诽谤木的作用，是"虑政有阙失，使书于木"。设诽谤木是尧舜时代的事，即父系氏族社会的后期，原始公社解体阶段，还没有出现阶级和国家，在部落内部公社成员还过着一定的民主生活，才会有"书其善否于华表木"的事(《淮南子·主术训》)。这个传说不会是凭空编造出来的，"所谓诽谤木云云，实际是曾经存在过但已失去的原始民主的传说，被儒家当作美化'先王'、'仁政'的折射反映[98]。"可见**华表木起源于原始社会父系氏族公社时期，历史非常悠久**。

从"表，标志也"(《荀子》注)，"表，柱也"(《吕氏春秋》注)的基本特点和功能，随着社会经济文化的发展，华表的应用范围也较广泛，但都有表的标志作用。华表用于不同的场合，形式虽多种多样，但都离不开柱的基本形态。古代的华表大体可分为三类。

**1. 交通华表**

在古代道路上需要标志的地方，首先是**亭邮**。秦始皇统一中国后，重要的基础设施建设是**远为驰道**，市际交通"县大率十里一亭，亭有长"(《百官公卿表》)。亭是编户的基层单位，亭长"以禁盗贼"。所以，亭不仅是"行旅宿会之所馆"(《风俗通》)，即是旅人止宿安全的地方，也是古时"乘传骑驿而使者"的邮递站点。这样的地方当然需要有明显的标志，如《礼记正义》云:"亭邮之所而立表木谓之桓"，这种亭邮桓表的具体情况，《说文解字》注引如淳语说得较详细:"旧亭传于四角面百步，筑土四方，上有屋，屋上有柱出高丈余，有大板贯柱四出，名曰桓表。师古曰:即华表也。"桓表的式样可见于沂南汉墓的画像石(见图**4－27**)。从桓表的形式和夹道设置，显然是模仿门阙的形式和布置方式。

据古籍中曾有"洛阳二十四街，街一亭。"有研究者提出，是否可以设想，"既然亭邮都设华表，那么这些街道当然也有华表无疑[99]"了。我认为不能因亭邮设表，就据此推论凡建亭处必定设表。亭邮设表，驰道在乡野，设表标志有驿站，可供行旅宿食，亦有记程的作用。古代城市规划如兵营、街坊皆筑墙围闭，不允许将门直接开向街道，所以沿街是看不到房屋的。若街衔有亭，亭皆设表，它标志什么? 有什么作用呢? 显然街亭设表，既无必要，也无意义。

桥头设表的历史亦非常悠久，据《史记·孝文纪》集解，服虔云:"尧作之，桥梁交午柱头"，这是一种传说，但在徐州汉墓画像石中所绘，桥头的两根柱子，顶端贯有横木，显然是**桥表**。说明汉代已有桥表，高大的桥表亦称桓楹(图**4－28**)。北魏杨衒之《洛阳伽蓝记》中记云:"宣阳门外四里，至洛水上作浮桥，所谓永桥也。南北两岸有华表高二十丈，上作凤凰，势欲冲天势[100]。"华表高达二十丈，按每尺折合0.255~0.295米，为51~59米，显然是夸饰表柱之高。从元王应鹏《金明池图》中的桥头桓表看，元代仍然保持这种基本形式(图**4－29**)。

华表源于尧舜时诽谤木的传说。实是阶级社会诞生前，氏族公社民主生活的反映。后被儒家当作"先王"的"仁政"而加以美化了。

图4－27 沂南汉墓画像石桓表

图4－28 徐州汉墓画像石桥表

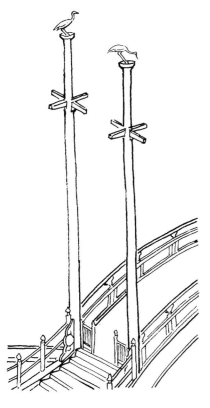

图 4 - 29  元·王应鹏《金明池图》桥头桓表

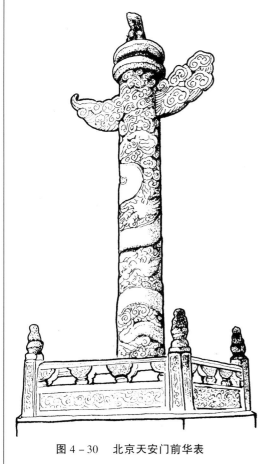

206

图 4 - 30  北京天安门前华表

明清时代桥表仅见于皇家园林中,如北京北海大石桥,原为木吊桥,明代改建为九孔石桥,名"金鳌玉蝀",桥两头建有华丽的牌楼。圆明园中"曲院风荷"一景,是在窄长的湖中,架九孔桥,桥头东西各建一座牌楼,东名"玉蝀",西名"金鳌",显然是仿北海而建。明清以前,除桥头设表,水陆运输的码头也设表作为标志。

**2. 建筑华表**

汉代在官府衙署的门前都设有华表,如《汉书·尹赏传》如淳注:"县所治夹两边各一桓。"官署门前的华表,不仅是一种标志,也起一定的仪卫作用。历代帝王宫殿大概门前皆有华表,古籍中不会对这种习以为常的标志特意提出来,多在笔记杂录中偶尔会有记录,如宋孔偁《宣靖妖化录》中记"宝箓宫"有"宫前华表柱忽生松一枝"。这说明华表很高大,风飘来的树籽才能在表上生长。

明清时代遗存下来的华表较多,均为石制,表柱下为须弥座,柱身雕饰盘龙,柱头上横贯一块雕刻云纹的大版,叫"云版",柱顶上雕石兽,成为名副其实的华丽的桓表。图 **4 - 30** 是北京故宫天安门前金水桥南的华表,其雕刻之精致为华表中之杰作,它不仅是宫殿区的一个重要标志,而且在空间上起着界定的作用。

**3. 陵墓华表**

墓表起初是作死者标识的小木桩,称"楬"或"楬橥"(**jié zhū** 杰猪)。《周礼·秋官·蜡氏》:"若有死于道路者,则令埋而置楬焉。"《汉书·尹赏传》:"瘗寺桓门东,楬著其姓名。"颜师古注:"楬,杙也;椷杙(木桩)于瘗(**yì** 意,埋葬)处而书死者名也。"椷杙(**zhuó yì** 酌亦),是小的木橛,在古代生活中有多种用途。用椷杙为楬,只用于庶民百姓,对统治阶级则如王献在《杂录》中所说:"秦汉以来……人臣墓前有石虎、石羊、石人、石柱之类,皆以饰墓垄,如生前之仪卫。"这些石雕都很高大,本身具有装饰性,整齐而有序的排列,有如仪仗似的排场和气势。从建筑意匠言,这些高过人视平线的石雕和树木,夹神道两边有序而对称的排列,在墓前广漠的自然空间里,就为神道形成一个无形而有限的空间,打破了陵园环境的孤寂和单调,而且创造出庄严肃穆的氛围,从而将墓烘托出来。可谓"建茔起畴,岸岸双表,列列行楸"。

墓表与宫殿的华表不同,它需要书写死者的身份和姓名,所以没有交午木或云版的指向性装饰,而是在柱身上有一块"记名位"的方板。从江苏南京梁·萧景墓墓表看(图 **4 - 31**),方板只在柱的一面,上刻死者的职衔,柱头是在覆莲的圆盖上雕一石兽(辟邪)。柱头用较大的覆莲圆盖,显然是为了与柱身方板取得平衡和比例上的协调。萧景墓表雕饰虽多而不觉其烦琐,整个造型简洁挺拔而秀美,是汉以来墓表中精美的作品。

河北定兴县义慈惠石柱(图 **4 - 32**),建于北齐天统五年(569),在方形基石上置圆形莲瓣柱础,上建八角形柱子,柱身上段的前面成长方形,以刻铭文。柱顶置方形平板,板上为一座面阔三间的小石殿,雕刻精致,成为当时建筑难得的模型。

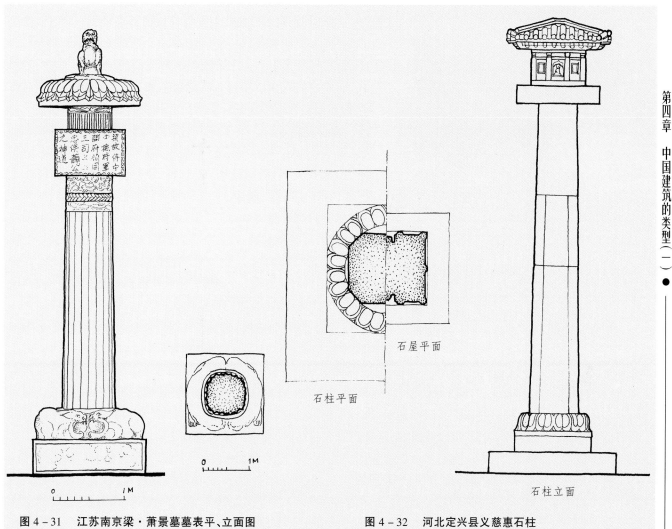

石屋平面

石柱平面

0　　　　　　1M

0　　　　　　1M

图4-31　江苏南京梁·萧景墓墓表平、立面图

石柱立面

图4-32　河北定兴县义慈惠石柱

## 二、坊　表

《荀子·大略》："武王始入殷,表商容之闾[101]。"商容是商代贵族,相传被纣王废黜。周武王灭商后,曾在商容所居的闾里立表加以表彰。闾,是里巷的大门。这是最早记载为表彰善者,以表柱的形式做成坊门之始。这种门就是在两根华表柱之间加横梁成门宕式,在横梁间有题字的板叫"牌",这种形式的"坊表"称为**牌坊**。坊表的作用,如《周书·毕命篇》所说："旌别淑慝,表厥宅里,彰善瘅恶,树之风声[102]。"旌别:识别。淑慝:犹言善恶。厥:其。瘅:病也。用现代汉语说就是:识别善恶,表识居里,扬善病恶,树立好的风气。这种牌坊式的门,既可用于被表彰者所居之坊门,也可用于其宅门。不论用于坊门还是宅门,早先都是装有门扇的。

在宋代以前,坊市制尚未崩溃,坊的四周都砌有围墙,非三品以上的高官,住宅的大门是不允许直接向街道开门的。古代人民所居住的坊,和交易的市,都四周筑墙而设门,坊市不仅在空间上是禁闭的,而且时间上也加以管制,"至唐时仍然沿用击鼓传呼开闭坊门的制度,但已松弛得多。由《墨子》中记载的,早晚开后即锁上的情况,改变为晨开暮闭了。这种变化反映出社会性质的巨大变革,居民白天出入坊门自由,而夜禁的目的,已不是对人身自由的居民管制,只是为了防范奸盗之徒了[103]。"

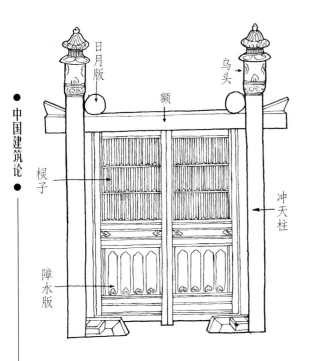

日月版

乌头

额

棂子

冲天柱

障水版

图4-33　《营造法式》棂星门

牌坊或牌楼,是构成中国古代城市街道的特殊景观和空间界定的标志。

这种有门扇的牌坊门,称为**乌头门**或**棂星门**。宋《营造法式》:"乌头门其名有三:一曰乌头大门;二曰表褐;三曰阀阅。今呼为棂星门。"因其作用在于标榜,久之成了人们喜用的门的形式,所以唐代就加以控制,"六品以上者,仍通用乌头大门"(《唐六典》)。成为当时人的社会地位与政治身份的标志。

**乌头门**的名称,早在唐宋以前,北魏杨衒之的《洛阳伽蓝记》记载:"永宁寺北门一道,不施屋,似乌头门。"**乌头**之名的来源,据宋代类书《册府元龟》载:"正门阀阅一丈二尺,二柱相去一丈,柱端安瓦筒,墨染,号乌头染。"从《营造法式》棂星门图式看,似套在木柱头上的瓦筒,作用应是防风雨浸蚀柱头,因刷成黑色而名之为"乌头",所以称"柱上安乌头"(《营造法式》)。**棂星门**,是名其门扇用木条作棂子的特点,也可能与"灵星"农神的名字有关,所以后世的"棂星门"多用于坛庙和陵园之故(图**4-33**为宋《营造法式》的棂星门)。

宋代城市商业经济空前繁荣,经济的力量终于摧毁了**坊市制**的时空禁锢,建筑打破了坊墙的封闭,自由地面向城市街道。坊墙消失了,坊表被保留下来,门扇作为妨碍交通的东西也随之消失。由于"坊表"的表彰的纪念意义而被保持下来。《避暑录》:"吴下全盛时,衣冠所聚,土风笃厚,尊事耆老,为守者多前辈名人,亦能因其习俗,以成美意,旧通衢皆立表为坊名,凡士大夫名德在人者,所居往往因之以著。"吴下:指苏州。衣冠:指世族、士绅。耆老:指年高而有声望的人。这句话是说:苏州在繁盛时,是世族聚居的地方,当地风俗非常淳厚,尊奉敬重老人,做太守的地方长官多是前辈知名人士,也能入乡通俗,以成地方的美意,在原来的大街要道,都建立坊表为坊题名,凡有道德名望的士大夫,他们的居处往往因坊表而著名。这种现象在明清时代的历史文化名城里,是很普遍的。如17世纪法国人写的《中华帝国旅行回忆录》所说:"宁波市仍然满布中国人称为牌坊或者牌楼的纪念物,而我们则称为凯旋门,这在中国是十分普遍存在的[⑩]。"这种城市景观,白居易有诗云:"半酣凭栏起四顾,七堰八门十六坊。"

### 三、牌坊与牌楼

据《辞海》解释:"牌坊,又名'牌楼'。一种门洞式的纪念性建筑物。"而《辞源》中无此辞条。按《辞海》的解释,牌坊和牌楼是同物异名,两者是无差别的。这种说法既不确切,也不科学,牌坊与牌楼在构造和造型上是有区别的。

牌楼是由牌坊演变出来的,民间常将两者混同,称牌楼仍叫牌坊,但却极少将牌坊称之为牌楼的,这既反映两者形成的先后关系,也说明两者是有区别的。立牌坊和牌楼的作用都在标榜,所以两者的最大共同点,在于柱间的上下横梁间,都要有可题字的板,即"**牌**",所以称牌坊或牌楼。两者的结构,不论用几柱(间),基本上都是由梁柱结构成两度空间的**门宕式**。为达到彰明昭著的目的,除牌坊可做为直接对外的垣门,如孔庙的棂星门,帝王贵胄园寝的垣门等之外,都横跨在道路之上。两者的不同处,不仅表现在具体形式上,而且用途也有所区别。

**牌坊**:是只用华表柱,清代称**冲天柱**者,在两柱间连结横梁,上下梁间置牌,结构成**框宕门**的形状。原本为表彰贤者的宅门或坊门之门，坊市制崩溃前，牌坊已成唐宋时代街坊的坊门形式，这应是"牌坊"之名的由来。后世木牌坊很少，常用作酒楼和商店的店面装饰。而对人的表彰作用，则由活人转向死人，用坚硬而冰冷的石头制作，如帝王陵墓和贵胄园寝的外门，祭坛和祠庙的大门，以及生前在忠孝节义某一方面有特出表现的死人，所谓孝子贤孙，贞女烈妇等等（图**4－34**）。

**牌楼** 则是在柱间梁上架斗栱，斗栱上承托着两坡（用冲天柱）或四坡（不用冲天柱）的"**屋**"。《说文解字》："屋者室之覆也，引申之凡覆于上皆曰屋。"牌楼的"屋"，只是做成屋顶的形式。这种形式何以称之为楼？因牌楼至少是四柱三间，不论是做成三间三屋，还是三间五屋，都是中间高，两旁对称叠落的组合形式，看上去这些檐屋是重叠的。

《说文解字》释："楼，重屋也。"这里的"屋"是房屋的代称，是指有顶的室，即今统称之建筑。重屋，是指梁架构成的建筑空间在高度上的重叠。

牌楼之"楼"，显然是指其檐屋本身的重叠形式，藉楼的重屋之义，将牌坊上做"屋"，称之为"**起楼**"。凡"起楼"者就不再称牌坊，而叫做牌楼了（图**4－35**）。

牌楼，有用冲天柱和不用冲天柱之分。冲天牌楼的华表柱冲出屋顶之上，柱头用云罐及毗卢帽，作用同"乌头"以防雨水浸蚀柱头一样，屋顶因为夹在柱子之间，故用两坡顶形式。非冲天牌楼，柱子不出头，而以斗栱和屋顶覆盖在柱头上，顶用四坡形式。牌楼按用材不同，分石构、木构、琉璃构数种。

**木牌楼** 用于重要建筑的门前或者跨街而立，朱楹彩绘十分华美典丽。如用于祠庙、佛寺、衙署、苑园等建筑，成为空间界定和标志性的特殊建筑。木牌楼的两柱之间称为一间，木牌楼有一间、三间、五间等，三间是最常用的一种（见彩页：山西五台山菩萨顶木牌楼）。

**石牌楼** 用石头构筑。石有坚硬冷漠之感，多用于表彰纪念死者。用石牌楼最多的是为寡妇建的"贞节坊"，一般为三间，有的一连十几座牌坊排列着跨在道路上，可谓蔚为壮观矣！今天它已成为中国妇女在数千年礼制的压迫下，人身遭受摧残，人性被扭曲的标志。在寺庙前也有雕刻非常精美的石牌楼，如山西五台山龙泉寺前石牌楼（见彩页）。

牌楼是二度空间的单片结构，前后难自保持隐定，石碑楼在柱脚前后用大抱鼓石或夹杆石，夹杆石上雕石狮。木牌楼则在柱的前后多用戗柱撑固。为了加强横向刚度，常在柱旁加梓框和雀替，石作者都雕刻精美。木牌楼则有将平面做成 ⋊ 形者，中间横跨街道，以通行人车马，右左间前后立柱成八字形，结构稳定，又丰富了牌楼的造型，庄重而典丽。

图 4 – 34 牌坊

图 4 – 35 牌楼（四川青城山）

## 四、牌楼的空间艺术

牌楼不仅有突出的空间标志作用，同时具有分隔空间和界定空间的意义。

牌楼除了表彰的纪念意义，在空间艺术上还具有其特殊的作用。《吴地记》："孔子祀泰山，望吴阊门，叹曰：吴门有白气如练。今置'曳练坊'及'望舒坊'因此[⑩]。"且不论这故事传说的真实如何，但却说明古时已有将坊用于景观建筑的做法。将坊建于山上，利用坊的标志作用和框宕形式作为景框，引导游人驻足观赏某一特定景观，再以题额和楹联揭示出景的文化内涵和审美意义。而且坊本身的艺术形象，又为自然山林点缀成景，这就形成一种独特的**建筑艺术化的取景门框**。对现代风景区的开发和建设，从意匠和手法都是值得研究和足资借鉴的。

牌坊本身不是空间结构也不构成空间，但由于它的"门"的形式，在人的心理感觉上就有一种隔断空间的通道口——"门"的作用。

在自然山水中的宫观、佛寺和帝王的陵园，常在山口交衢处建立牌楼。当游人经过长途跋涉来朝圣拜佛，眼前出现牌楼屹立道中，期盼而急躁的心情就会松弛，疲倦而劳顿的精神就会兴奋起来。通过牌楼使人感觉已到游览之地，尽管牌楼离去处尚有数里或数十里之遥，却不会有遥远之感，从而进入游娱的心理状态之中。在自然山水中，牌楼的特殊的空间标志、界定、指示和引导作用，是其他任何建筑形式所无法替代的。

在所有艺术中，**建筑艺术**是促使感情社会化最普遍的有效手段之一。西方重要的公共建筑物，由于其艺术形象是以实体的外在形式来显现的，为烘托其自身的环境氛围，给人们提供观瞻的视觉活动空间，从而产生了**建筑广场**。

中国的任何建筑类型，都是平面扩展的组群建筑，而且是封闭在垣墙里，惟一对外的建筑物是**门屋**，建筑的艺术形象，必须身临其境，从整体的空间环境中才能感知。所以中国建筑不需要公共性空间的广场，自古中国城市中也没有广场。中国的公共建筑如佛寺、衙署等，为了在城市街巷中突出其重要地位，古代建筑师非常巧妙地运用了**牌楼**，这种空间标志性的建筑形式，将它跨立在门前的街道两头，既起了显著的标志作用，同时把两座牌楼间界定的一段门前的街道空间，就从街道中相对独立出来了。为了进一步强化这门前空间的独立性，通常是将门屋退后，门屋两边的围墙也砌成外敞的八字形，并与街道对面的**照壁**相呼应。图 **4-36** 为江南传统住宅大门前照壁。如门前街道沿河时，"照壁"则砌筑在对岸，如今天苏州虎丘山门前的格局。这样就造成一种虚拟的空间围合之势，使门前的空间成为建筑的组成部分，形成组群建筑**空间序列的前奏**，从而加强并丰富了建筑群体的空间节奏感和艺术感染力。

这种空间意匠之妙，就在于：它所占有的外部空间，非我所有而为我所用，改变了街道空间的性质，而街道又不失其交通功能。质言之，中国建筑门前由牌楼所界定的空间，它既是城市街道流通的空间部分，又是组群建筑前的空间过渡与缓冲。它与西方的建筑广场，从内容到形式是完全不同的。这个特殊的空间，在中国建筑学中，因无人去研究它，所以迄今也无以名之。如此独特的空间意匠与手法，实在不可无名，但又难以确切名之。我就想起中国特有的民间曲艺评话来，过去评话演员在说正书以前，有时先念诵一段诗词，内容不一定与正书有关，但思路上有些联系的"开词"近似，强为之名曰：**开场**。

"开场"的设计并不那么简单，牌楼的位置，要根据门前街道情况；牌楼的造型

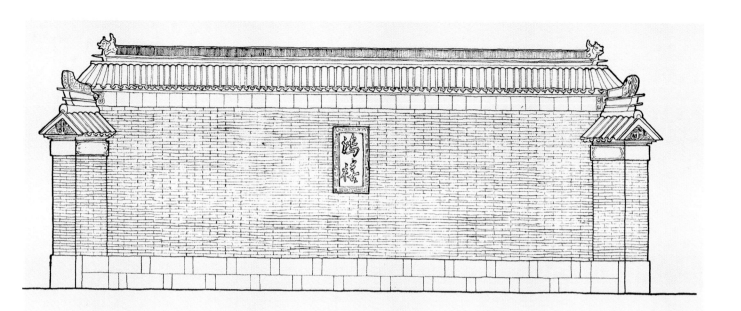

江南传统住宅大门前照壁 摹写自同济建筑系上世纪五十年代测绘图 志騂画

**图4-36　江南传统住宅大门前照壁**

（plastic form），要与建筑类型的性格、门屋的形式在风格上协调（eurhythmic）。例如：

清代的"国子监"，在北京内城东北安定门，是清王朝的最高教育管理机关和最高学府。如图**4-37**透视所示，门屋是歇山顶建筑，牌楼的设计颇具匠心，采用冲天式木牌楼，柱头用云罐和毗卢帽。在两道横梁中题字"国子监"，两旁饰以简洁的如意纹。下层梁枋与柱子节点处，设大而有力的雀替，既加强了横向的刚度，也打破了矩形框宕的单调。上层梁枋上架层层斗栱支承着两坡琉璃瓦顶。在两根冲天柱左右各挑出一根垂莲柱，如三间牌楼而边柱不落地，因间距小而形同双耳。牌楼的整体造型，简洁轻快而有变化，端庄挺秀而不华丽，为这所神圣的最高学府的空间前奏，创造出一种典雅而具有文化氛围的"开场"。

图**4-38**透视所见，是四川某地的一所尼庵。这是"开场"设计很成功的佳构，它将三间门屋和两旁一段垣墙连成一片，做成层层叠落的山墙形式，门屋中辟三个拱卷式门洞，中高边低皆实拼木板门扉，檐头下和洞门边有简洁的匾联框和线脚砖饰，中门上刻"得胜庵"题名。门屋后退，两边不是用外敞的八字形墙壁，而是用方正的碑亭和短墙组成曲尺形状，庵门的平面呈 ▛▀▜ 形，处处体现出设计者严正谨护的设计思想，体现出女僧修行庵堂的性质。更有意义的是：将普遍用于妇女贞节坊的石牌楼，作为"开场"的空间界定和标志。三间五楼的石坊、方正的梁柱、层层叠落的檐宇与庵门呼应得十分协调而和谐（harmony）。"得胜庵"的空间艺术形象，简朴清净而不觉平淡，严谨冷漠而不失阴柔之美。

仅上述的例子就足以说明，中国建筑的"开场"设计，从布局和形式上都大同小异，甚至可以说是千篇一律，但它确能充分反映出不同用途和功能的建筑性格，创造出风格各异的空间艺术形象，给人以不同的精神审美感受。作为建筑空间序列的

山西平遥古城民居麒麟如意砖雕（清）

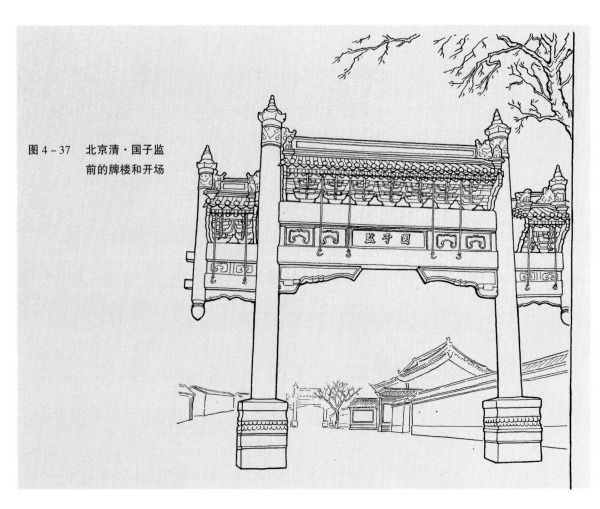

图 4－37　北京清·国子监
前的牌楼和开场

图 4－38　四川某地得胜庵前的开场

前奏的艺术表现如此,不同类型的组群建筑整体空间"意境"如故宫、天坛、寺庙、园林等等,更是体现出它们各自所应有的性格。就是同一类型的建筑,如寺庙建筑,在类型共性中,每一座寺庙都有不同于其他寺庙的特点和环境氛围,或者说是共性中的个性。可以断言,任何一个西方人,不论他对中国文化了解与否,让他只参观庙宇,他绝不会感到有两座寺庙是完全一样的。这就是中国建筑的性格!

# 第九节　台观与台榭

## 一、古代的台

中国人占领空间的意识非常之早,奴隶社会就有不少建筑高台的记载,到秦汉时代筑台之风盛行,成为中国建筑史上的突出的**高台建筑时代**。

古代筑高台的目的,《春秋公羊解诂》说:"天子有灵台,以候天地。诸侯有时台,以候四时。登高望远,人情所乐。"《五经异义》:"天子有三台:灵台以观天,时台以观四时施化,囿台以观鸟兽鱼鳖。诸侯卑,不得观天文,无灵台。但有时台、囿台也[106]。"这说明"台"最早是为了观察天文建造的,为观天而登高,使人获得在平地所不能得到的视觉经验,那种极目而尽的无限视野的精神感受,从而得到**登高望远,人情所乐**的审美经验。这种观察天地的视觉审美经验,对中国的传统文化,尤其是空间艺术的表现与独特成就,有非常深刻的影响。

东汉洛阳的灵台遗址于 1975 年开始发掘。王世仁先生据古籍中有关灵台的记载,结合考古发掘资料加以对照,历史记载灵台的主要尺度与发掘遗址的情况基本符合,灵台的布局方式也与明堂大致相同,即采用十字形轴线对称的构图方式,他推测并绘出《东汉灵台》的复原想像图(图 **4 – 39** 为东汉灵台遗址平剖面图。图 **4 – 40** 为东汉灵台复原图)[107]。

灵台整个平面为正方形,三层总高六丈,一层台高若按堂崇三尺,二层就是二丈七尺,三层为三丈;底层边长二百一十尺,四周围廊深九尺;每面设堂,堂每面七间,每间面阔二十四尺,进深均为三十六尺。实际上构成堂使用空间的是五间 **120** 尺,这就是三层台的边长尺寸,所以在每面堂的两头,也就是二层台的四隅都留有

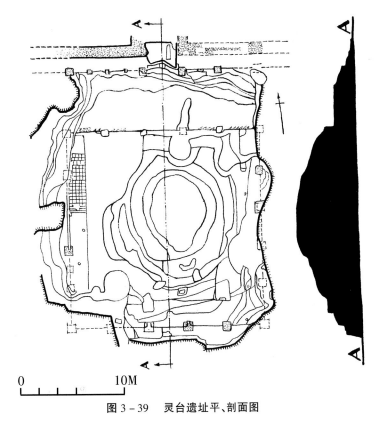

图 3 – 39　灵台遗址平、剖面图

秦汉时代是中国历史上的高台建筑时代,标志着在二千多年以前,中国人已懂得了占领空间高度的要意,并形成了"登高望远,人情所乐"的审美经验。对中国传统艺术产生了深刻的影响。

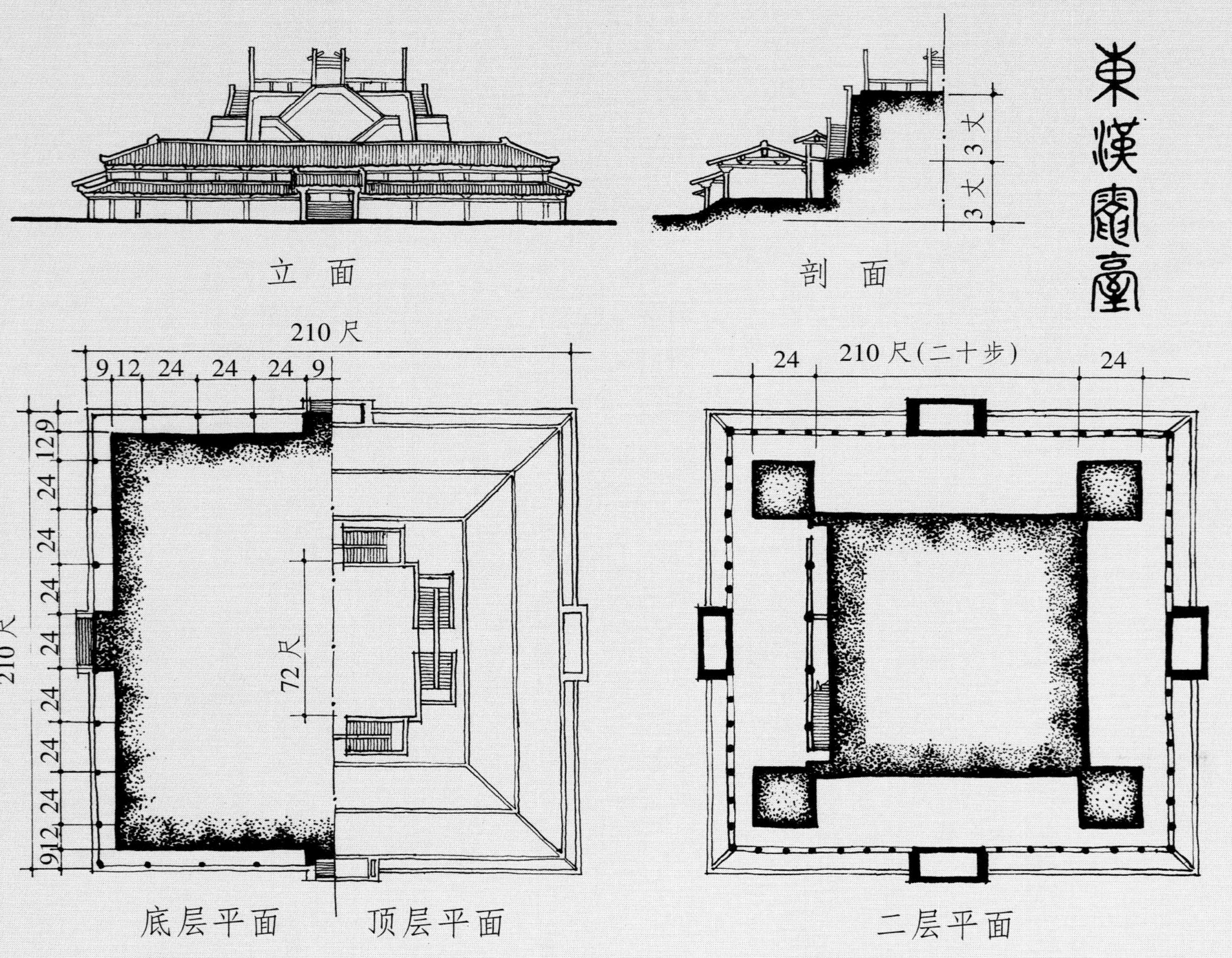

复原图灵

剖 面

3尺 3尺

立 面

24

210 尺（二十步）

24

二层平面

210 尺

24.9

72 尺

顶层平面

底层平面

9 12 24 24 24 24 24 24 12 9

210 尺

图 4 - 40　东汉灵台复原图（摹写）

一个与堂进深相等的**36尺×36尺**的土墩，高与三层台面等。中央台方一百二十尺，为二十步，正好与《水经注·穀水》记载："灵台高六丈，方二十步[108]。"相符合。

中央第三层方台，是灵台的中心和主体部分，是什么样子呢？王世仁大概根据《后汉书·光武帝纪》中引"汉宫阁疏"："灵台高三丈，十二门[109]。"据发掘简报，基址范围大约200米见方，为灵台外围墙，设四门，与灵台第一层的四门，共八门。所以在方20步的三层灵台上，周围有宽二十四尺的回道，是台阶及通道的位置，中心方七十二尺的台上，四面设桓门绕以栏杆，以符合十二门之说。古人对审美感兴和感情抒发描写很细腻生动。但对事物描述则缺乏逻辑性，往往阔略而散漫难以考证，绘出复原图给人以感性的认识亦非易事也。

在秦汉**高台建筑时代**，不论在都城、宫殿、苑囿，还是在县邑和郊野都有筑台的记载，以苑囿中的台观较集中，这正是为满足帝王的**人情所乐**了。所以《淮南子·氾论训》说："秦之时，高为台榭，大为苑囿，远为驰道[110]。"这里用**高、大、远**，三个字很确切地概括了秦汉时代的建筑特征。

秦汉时筑台多很高，低者如汉代建章宫太液池中的"渐台"，高10丈，约23米。中等的高四五十丈，如上林苑中的"飞廉观"，高40丈，合92米。高者如甘泉宫中的"通天台"去地百余丈，合230多米，如此之高当非土筑。

## 二、台的名与实

**台** 是臺的简化字，"台"本义是星名，与古代三公同名，并为三公的尊称。按"台"作建筑物名称，在古代文献中有时称"榭"或"台榭"；有时称"观"或"台观"。为了弄清楚**台、观、榭**的含义，汇集古籍中有关解释列出如下：

《尔雅·释宫》：

"阇（dū），谓之台"；

"四方而高谓之台"；

"有木者谓之榭。"

《说文解字》：

"台，观四方而高者也"；

"榭，台有屋也"；

"观其所由"。注："观，广瞻也。"

《左传·哀公元年》：

"宫室不观。"注："观，台榭也。"

《吕氏春秋》：

"禁妇女无观。"注："观，游也。"

《三辅黄图》：

"观，观也，于上观望也。"

首先"阇"（dū）是城门上的台。《礼·礼器》："家不宝龟，不藏圭，不台门。"郑玄注："阇者谓之台。"大概是城门上建楼，以门上为台，而称"台门"，亦称"阇"。

古代的台多为土筑，从台的平面形式看，"四方而高"者，是四方形。"观四方而高"，从台可以观望四方解，台的平面就不一定是正方形的，这应是较广泛的解释。

从"台"与建筑的关系而言，"有木者谓之榭"，是指在台上建造有房屋者。

秦汉时的高台，标志着二千多年前，中国人已占领了空间。

215

**榭** 本身亦有多种解释。如《尔雅》有"无室曰榭"之解。《左传·宣公十六》杜引之谓"屋歇前者",疏云："歇前者无壁,如今厅是也,为讲武屋。"这大概是内无分隔的敞厅,作讲授武艺的房屋。《汉书·五行志》上"榭者所以藏乐器",是指存放乐器的房屋。从郭璞注《尔雅》云："云无室曰榭者,但有大殿,无室内,名曰榭。"由此可知,不论是讲武还是存放乐器,建筑内部无分隔,前面开敞者就称"榭"。既然"台"是为了望观四方,**台榭就是造在高台上的开敞式建筑。**

计成在《园冶》中解释："榭者,藉也,藉景而成者也。或水边,或花畔,制亦随态。"作为建筑形式,计成所说的"榭"已非古义。高台随秦汉而埋灭,后世平地造园,将平面近方形四面开敞的单体建筑称之为榭,是取"榭"的广瞻四方之义。

**观** 古籍所解释都作动词"观望"的意思。在台上建屋,汉时叫"起观宇",也就简称之"观"。如:上林苑中的"长杨榭",又称"射熊观",司马相如《上林赋》则称"射熊馆"。馆,是客舍,可供暂时停居之所。三者名异实指同一处:"长杨榭"是名其建有台榭的离宫;"射熊观"是名其宫有台可以观赏射熊;"射熊馆"则是名其处为圈养和观赏禽兽,并可止宿的一组宫室。在汉代从不同角度或功用命名建筑是很普遍的现象。如:上林苑昆明池中的"豫章台",也称"豫章观"或"豫章宫";未央宫里影娥池畔的"望鹄台",又称"眺瞻宫"。观,不是指台上建屋的形式,而是说这种建筑形式有瞭望观览的功能。

### 三、台的功能

#### 1. 天 文 台

西周营灵台,《诗经·灵台》郑玄注："天子有灵台者,所以观祲象,察氛祥也。文王受命,而作邑于丰,立灵台。"祲,是阴阳相侵之气。氛,古迷信为预示凶象的云气。意思是:天子所以造灵台,是为了观察天文气象,以预示凶吉。文王受命为天之子,在丰建都城,造灵台。《三辅黄图·台榭·沉案》："周灵台高二十丈,周回四百二十步。"按商代每尺折合 0. 169 米,台高约 24 米,周回约 420 余米,每边长约 100 米。

《三辅黄图·台榭》："汉灵台,在长安西北八里,汉始曰清台,本为候者观阴阳天文之变,更名灵台。"郭延生《述异记》："长安宫南有灵台,高十五仞,上有浑仪,张衡所制。又有相风铜鸟,遇风乃动。又有铜表高八尺,长一丈三尺,广尺二寸,题云:太初四年(前 3 年)造。"相风铜鸟,是用铜制成鸟形的风向仪,西汉时在建章宫的璧门、圆阙、凤阙、别风阙等建筑的屋顶上都有这种"向风若翔"的风向仪。这座东汉时的灵台,是拥有世界上第一架用水力发动的"水运浑象仪",也是世界上最早就有科学仪器先进设备的天文台了。

河南登封县告成镇的**"观星台"**,是元代建造遗存至今的天文台。图 **4 - 41** 整个台就是一座巨大的天文仪,台高 **40** 尺 (约 13 米),平面正方形,四面收分体型如覆斗,踏步绕台身两边拾级而上,正中一凹槽,槽内的直壁即为"表"(高与台等高,其上所建小屋为明代加盖的),对着凹槽的地面上,用 36 块方圭石平铺成一条有刻度的量天尺,以测日影。这是世界上重要的天文建筑遗址之一。

#### 2. 祭鬼神之台

秦始皇信方士之术而"好营宫室";汉武帝听取李少君、栾大荒诞之语而"多兴楼观[11]"。据《三辅黄图》中所记的高台有甘泉宫的通天台,亦称候神台。建章宫的神明台,上林苑的飞廉观,甘泉苑的延寿观等等。如神明台高 **50** 丈,"武帝造,祭仙人

台榭,是指台上起屋的建筑形式;观,则是从空间上指其视线无碍而广瞻的观览功能和特点。

中国在"公元三世纪到十三世纪之间保持一个西方世界所望尘莫及的科学知识水平"。
——李约瑟
《中国科学技术史》

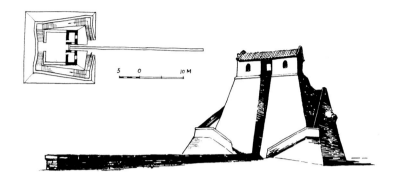

图4-41 河南登封告成镇元代郭守敬造测景台(摹写)

处,上有承露盘,有铜仙人舒掌,捧铜盘玉杯,以承云表之露。以露和玉屑服之,以求仙道。"这种现象说明:

> 这类台观建筑,是汉武帝信方士荒诞之语"多兴台观"的原因。这种"候神明,望仙人"的台观,多极高显,低者如飞廉观、延寿观也有**40**丈高,通天台就高达百余丈了。神仙永远不会降临人间,但帝王却把地上的宫殿升到天上。在中国作为宗教建筑的话,这高入云表的台观,并不是人对神灵的崇拜,慑服于超人间力量的神,而是封建最高统治者极权极欲的反映,帝王恣情纵欲的生活,贪婪到想永远活着享受下去,妄图获得仙人与天地同寿的金刚之体,不惜奴役数以十万、百万计的人民,岁月不息地建造与神仙往来的高台。其实,这种高耸入云的高台,并不象征神力的无边,而是显示帝王至高无上的权力,"盖骋其邪心以夸天下也"[112]。

秦皇汉武随高台的堙灭,早已化为尘土,历史记录下来的高台建筑,却永远向人们显示着劳动者的智慧和伟大的力量。

汉代还有纪念死人的台,如汉武帝宠幸的钩弋夫人,因得罪掖庭狱死于甘泉,葬云阳,"武帝思之,起'通灵台'于甘泉宫"(《三辅黄图》)。掖庭:指宫中的官署,掌宫人之事。又:"武帝寤戾太子无辜被杀,作思子宫为'归来望思之台'于湖。"这又是祭鬼魂之台了。

### 3. 观 赏 台

秦汉时代"大苑囿"与"高台榭"是相辅相成的。观赏的景境范围愈大,人的视点就要求愈高,这是欲广瞻眇远必须筑台登高的原因。如:汉代上林苑中,凡豢养禽兽,种植果木,娱游竞赛等,可供帝王娱乐观赏之处,皆筑有楼台。《三辅黄图》:"汉兽圈九,兽圈上有楼观。"从列名如:观象观、白鹿观、鱼观、鸟观等等,都是观赏动物的台观了。据扬雄《长杨赋·序》描述:

> 秋命右扶风发民入南山,捕熊罴豪猪,虎豹狖玃,狐兔麋鹿,载以槛车,输长杨射熊馆,纵禽兽其中,令胡人手搏之,自取其获,上亲临观焉[113]。

右扶风,政区名,汉为京畿三辅之一,相当于郡,治所在长安。罴,熊的一种。狖(**yòu**又),黑色长尾猿。玃(**jué**),大母猴。这段话的意思是说:秋季命右扶风人民进南山,捕获熊罴豪猪,虎豹猿猴,狐兔麋鹿,装进槛车,运到长杨射熊馆,将这些禽兽放养在里面，令少数民族的人徒手与禽兽搏斗，自取他所获得的猎物，皇帝亲临观看。这是秋冬三军狩猎，供帝王"览山川之体势，观三军之杂获"的长杨榭，筑台以观赏的内容。而"走马观"和"犬台"，则是观看赛马和驱使猎犬追逐兔子的看台。秦始皇为了射飞雁而筑有"鸿台"，如《淮南子·原道训》所说："强弩弋高鸟，走犬逐狡兔。此其为乐也。"

上林苑中池沼很多，列名的就有上林十池。既有水面，自有浮空泛影之景，泛舟嬉游之乐，为了帝王观赏娱乐，昆明池中有豫章台，影娥池有眺瞻台，琳池有桂台等等。其娱游情景，如《三辅黄图》所说："昆明池中有豫章台，池中有龙头船，常令宫女泛舟其中，张凤盖，建华旗，作櫂歌，杂以鼓吹，帝御豫章台临观焉。"可以想见，龙舟泛游水上，旌旗招展，凤盖张扬；鼓乐声中，宫女且歌且舞。如在夜晚，舟火辉煌，水波星烁，歌舞升平，真可谓是飘缈如仙的境界了。

### 4. 娱乐台

是以"台"作为娱乐活动的地方。

斗鸡台，用两只雄鸡相斗来决胜负的一种娱乐。早在春秋后期，奴隶主贵族间就很流行，到战国时已盛行于民间。《国策·齐策一》："临淄甚富而实，其民无不吹竽、鼓瑟、击筑、弹琴、斗鸡、走犬。"三国时，魏明帝于太和(227—232)间还筑有"斗鸡台"。唐玄宗在藩邸时，就喜民间清明的斗鸡戏，即位后治"鸡坊"于两宫间。

平乐馆，《汉书·武帝纪》："元封三年(108)春，作角抵戏，三百里内皆观"。应劭曰："角者，角技也。抵者，相抵触也。"亦作"觳抵"，与现代摔跤大致相同。传说起源于战国，秦汉时称**角抵**，汉代以后称**相扑**。

唐代盛行集体相扑，唐上元元年(760)，唐肃宗让雍王、贤王带一批人为东棚，周王、显王带一批人为西棚，互相扑打以决胜负为乐。

宋代相扑广为流行，坊市崩溃后出现城市平民的游乐场所瓦子，都有"相扑"和"小儿相扑"的表演。在盛大节日或大规模御宴时，有官军表演的"左右军相扑"。

清代北京流行"扑虎"，满语则称"布库"，实际上就是"相扑"。表演者大都十分肥壮，身材不高，上半身裸露，穿着褡裢，互相揪牢对方，摔倒为止。"这些人的待遇也不一样，按技艺的高下分成头、二、三等发给钱粮[114]。"这种表演和表演者的形象和打扮与日本现代的相扑非常接近，而近代中国相扑已不兴，所以看到日本的相扑反倒有新异之感，殊不知这是中国古代曾流行一两千年的民族形式的技艺。

柏梁台，《三辅旧事》："柏梁台，以香柏为梁也。帝尝置酒其上，诏群臣和诗，能七言诗者，乃得上。"这是以诗酒为乐之台，它如以读书著文而建的"著室台"等等。

在汉代众多的台观中，并非都有使用功能的记载，帝王从生活习惯和环境，某种活动常在某台进行是可能的。而在特定环境中，需要某种条件和设备的娱乐，如兽圈、赛马、跑狗等，则有专用的台观。

其他如军事的"烽山台"、"瞭望台"、"练兵台"等等，古代凡需登高望远处多筑台。

### 四、台的构筑形式

秦汉时代的高台建筑，多以土筑为主，但并非全用土筑，如"通天台"高百余丈，绝非用土可筑成。我们根据古籍资料分析，大体有两种方式：

---

相扑，秦汉时称"角抵"，汉以后称"相扑"，清称"扑虎"，满语称"布库"，是中国曾流行两千年的民族形式的竞技项目。

**1. 凿池垒土成台**

西周的灵台，据《三辅黄图》引刘向《新序》云："周文王作灵台及为池沼。"将筑台与凿池并举，说明平地造台，是**挖土凿池，垒土成台**。这是合乎土方平衡原则的系统工程。但土筑高台要受土力学的制约，需要有一定的坡度，才能"筑土坚高能自胜持也"。台愈高则体量也愈大，无论从土方平衡还是景境的构图来看，台与池都需要有恰当的比例关系。

汉代苑囿常水中筑台，称"渐台"。《三辅黄图》："渐，浸也，言为池水所渐。又一说，渐台星名，法星以为台名。"以"渐"名台，显然既因池水所渐，又因是星名之故。汉代的水中之台，如昆明池中的"豫章台"；未央宫沧池中的"渐台"，相传王莽即死于此台；建章宫太液池中的"渐台"，武帝时，赵飞燕乘云舟池上，"每轻风时至，飞燕殆欲随风入水，帝以翠缕结飞燕之裙（衣襟）"的地方，又名"避风台"；还有琳池中的"商台"；而影娥池的"眺蟾台"，则是在水边之台。将台筑水中，可四周挖土而垒其中，筑台与挖池相结合，无疑是种最经济的施工方案。

**2. 削平山顶为台**

这是利用高聚而兀立的山峰加工改造成的台观。这种特殊的台，从司马长卿《上林赋》所述可知："**夷嵕筑堂，累台增成，岩窔洞房**[115]。"夷，平也。嵕（zong），峰聚之山。累台，一层层累积。窔（yào），岩底。洞房，从岩底潜通台上的房间或孔道（用郭璞说）。

这三句话，用现代汉语说：在削平的山顶上建造殿堂，构成层层重叠的高台，从岩底凿洞房以潜通台上。可以设想，这种台如果只削平山顶筑堂，山体不凿成层层叠落的台，就同山西隰县造在四面若削的土山顶上的"小西天"一样，虽有孤峙兀立高耸入云的奇特仙境之感，却不会有高台的形象。既然说"增成"，很可能在层叠的台级上，绕山体构筑回廊，形成**步檐周流**的形式，潜通台上的函道可达各层回廊。这种台的形象，可想见是层层回廊，栏楯围绕，重重檐宇，斗角钩心，巍巍台榭，浮现云上。俯视，浩浩渺渺，杳无可见；仰望，青天咫只，星月可掬，视觉精神之感受，是难以言喻的。

司马长卿的描写是有事实依据的，《三辅黄图》引《云阳宫记》有记载：

> 宫东北有石门山，冈峦纠纷，干霄秀出，有石岩容数百人，上起甘泉观。

这个"甘泉观"，就是利用石门山的一座"干霄秀出"的石岩改造成的台观。其他还有"石阙观"、"封峦观"等。扬雄在《甘泉赋》中写"通天台"说："乃望通天之绎绎，下阴潜以惨廪兮，上洪纷而相错。直峣峣以造天兮，厥高庆而不可乎弥度[116]。"绎绎：高耸的样子。阴潜：阴暗不明。惨廪：寒凉之感。洪纷：宏大而纷杂。相错：光彩而交错。峣峣：高耸貌。厥：其。庆（qiāng）：通"羌"，感叹词。弥度（duó）：弥，终极；度，测量。

用现代汉语说：眺望高入云表的通天之台，台下阴阴森森，令人感到寒冷呵，台上建筑宏伟，相互交错而辉煌华丽。直立高耸可达天穹呵，其高度最终也无法测量。这高达百余丈合二百多米的通天台，在科技高度发达的今天，这样高的建筑也还没有建造出来。显然，这也是削山平顶筑成的台。秦汉时代利用山峰高聚兀立的自然形态改造成台的手法，对如今自然山水风景区的开发建设，还是很有启迪的。

## 第十节　高台的特殊意义

秦汉时代"结阳城之延阁,飞观榭于云中"的高台,它给人提供居高临下,远眺广瞻自然空间的条件,开扩了人的视觉精神世界,获得了地面生活所不能得到的广漠无垠的审美感受,从而形成中国人观察自然的独特方式。在思想意识形态上,先秦时代的"无往不复,天地际也"(《易》),"返身而诚,万物皆备于我"(《孟子》)的空间意识,藉高台而与现实生活密切联系起来。这种空间意识与观察空间的独特方式,对中国的文学、绘画、戏剧,尤其是建筑和造园艺术的民族形式、民族风格的形成与发展,有着非常深刻和巨大的影响。

人在高台上的视觉活动,基本上有两种方式:

### 一、仰眺俯瞰

是空间景象随着视线在时间中由远而近的运动。这种观察方式,就形成后来中国山水画中"三远"画法的"**高远**"和"**深远**"的透视和章法。从而出现中国式的独特的长条立轴的画面构图,人们在欣赏条幅山水画时,也是由上(远)往下(近)地看,这同高视点的"仰眺俯瞰"的视觉活动方式是完全一致的。

### 二、游目环瞩

是空间景象随视线在时间中左右的水平方向运动。这是中国画"三远"画法中的"**平远**"之景,从而产生横幅手卷画的透视和章法,横披长卷式的画面构图。中国画取景的这种特殊构图和画幅比例,完全不同于西方"黄金分割"的画幅比例和构图章法,因为中国人不是从几何关系中去寻找形式美,而是以感性直观来体悟自然生命的规律。

这种"俯仰终宇宙"的观察所得,就是《庄子》的"乘物以游心",从大自然中获得自我的精神自由和超越。眼睛是心灵的窗户,游心必须藉目动。所以,不论是远眺近览、仰观俯察,还是左顾右盼、游目环瞩,都是动态的,是在视线运动中取景。这同西方的绘画固定视点的取景方法,是大异其趣的。

## 第十一节　定点透视与散点透视

中国画不论画什么,无论是山水还是建筑,都不用静态的定点透视,而是用动态的连续不断的散点透视法。对于**散点透视法**,现代的西方画家和建筑师多认为不合于透视学的原理,是不科学的方法,甚至有人认为中国古人不懂得透视原理,这是非常有成见的曲解。

15世纪初,为建筑家卜鲁勒莱西(**Brunelleci**)发现的**定点透视**(**focused perspective**)原理,由阿尔伯蒂(**Alberti,** 1401—1472)第一次写成书以前,中国早在它一千多年前的六朝画家宗炳(375—443)已经发现了定点透视方法,而且在绘画中已运用了。如甘肃敦煌石窟的唐代佛寺壁画,就是用定点透视画法的(图**4 – 42**)。宗炳在他的《画山水序》中准确的表述了定点透视原理。他说:

> 且夫昆仑山之大,瞳子之小,迫目以寸,则其形莫睹。回以数里,则可围于寸眸。诚由去之稍阔,其见弥小。今张绡素以远映,则昆阆之形,可围于方寸之内,竖画三寸,当千仞之高,横墨数尺,体百里之远。是以观画图者,徒患类之不巧,不以制小而累其似,此自然之势如是,则嵩华之秀,玄牝之灵,皆可得之于一图矣[117]。

宗炳不仅明确指出"视觉"是"距离感官"的特性,透视上"去之稍阔,其见弥小"的**近大远小**的基本原理,正因为中国画是采取视点高远的观察画法,才能"竖画三寸,当千仞之高;横墨数尺,体百里之远",画出天下佳山胜水之形。更重要的是他提出中国绘画艺术的美学思想,"质有而趣灵"说,山水画是以山水之形,**表现**(**expression**)山水之神,宗炳用老子语表达为"**玄牝之灵**[118]"也就是宇宙化生万物的自然生命活力——山水的气势和精神。这同西方绘画的定点取景,**再现**(**reappear**)固定的有限的局部景物,是完全不同的。事实上,定点透视画法,虽然合乎透视的几何原理,但并不符合人观察事物的视觉活动特点;它符合人理性思维的逻辑推理,却不合乎人感性直观的情感的抒发和精神的体现,更不合乎中国人的空间意识,和表现空间艺术的精神审美要求。

中国人观察自然,不仅是以目的游动,更要求以心灵的律动去观照,力求突破"目有所及,故所见不周"的视界局限,使一草一木、一丘一壑,达到"其意象在六合

**图4 – 42　甘肃敦煌县莫高窟148窟壁画唐代佛寺(定点透视画法)**

(天地)之表,荣落在四时之外"的空灵意境。所追求的是:由**有限**的山水形质达到**无限**的天地自然之道。所以中国的透视法,是在视觉运动中的**散点透视**方法,更确切地说是"**动点透视**"法。

散点透视,从表现空间的范围来说是无限的,可以画出西方绘画所不能"再现"的嘉陵江三百里的《蜀道图》,表现出宋代城市繁荣的《清明上河图》。更需引起重视的是,散点透视的"灭点"是随视线在运动的,它不固定于一点,可处处皆在,它不在画面之内,而在无限空间之中,这正是中国画在有限的二维空间里,能充分表现出三维空间的无限性,常常给人一种深邃的玄冥的宇宙感、时空感的奥妙。

在建筑上,这种空间表现方法,也同体现中国人生活方式的建筑的空间构成与组合方式,是密切相关的。中国木构架建筑是平面空间结构,建筑空间与庭院及自然空间,是相互融合的有机整体。建筑的空间序列、层次随时间的延续而伸展,具有时空的统一性、广延性和无限性。

西方建筑是集合空间成为整一的实体,它与自然空间是对立的,用定点的成角透视,可以通过建筑外在形体和形式上的特点,基本上把握其建筑的空间组合和空间结构,了解它的功能与性质。但对中国的传统建筑和园林来说,不论画家和建筑师用多少定点透视的画面图景,也无法表现出空间结构的整体性来,而只能像宋代科学家沈括在《梦溪笔谈》中所说,用**以大观小之法**,即采用高远的视点,游目骋怀的散点透视方法,才能画出重重庭院和"中庭及巷中事",才能将建筑的空间结构完整的、全面的表现在二维空间的画面里。

关于散点透视的科学性见解,我在1986年出版的《中国造园史》一书中第一次提出,但未深入分析。书出版后,我得到国画家朋友和在高校从事美术教学的教授的赞同,说我说出他们想说而未能说清楚的道理。故在这里以专题作了较系统的阐述,以供研究中国绘画和传统建筑者参考。

散点透视,是符合人的视觉活动特点的观察方式。散点透视的画法,是惟一能表现出中国传统建筑和园林的空间结构整体性的画法。

---

**注　释:**

① 《周易·系辞传下》。

② 《尔雅》是中国最早解释词义的书,由汉初学者缀辑诸书旧文,递相增益而成。为考证词义和古代名物的重要资料。后世经学家常用以解释儒家经义,到唐宋时遂列为"十三经"之一。

③ 汉·应劭:《风俗通义》。

④ 李允鉌:《华夏意匠》,广角镜出版社出版,中国建筑工业出版社,1985年重印,第51页。

⑤⑥ 《华夏意匠》,第78页。

⑦ 详见本书"中国建筑的空间组合"一章中的群体组合部分和第九章"中国的建筑艺术"。

⑧ 《华夏意匠》,第91页。

⑨ 同上书,第78页。以下所引未注者,均为本页所载。

⑩ 马克思:《政治经济学批判》,人民出版社,1964年版,第205页。

⑪ 见本章"寝宫与第宅"一节中的"官民第宅之制"。

⑫ 南宋·叶梦得:《石林燕语》卷二。

⑬ 汉·刘安等著:《淮南子·本经训》。

⑭ 清·阮元校刊:《十三经注疏·礼记正义》,中华书局,1980年版,第1488页。

⑮ 阮元:《揅经室集·明堂说》。

⑯⑰ 先秦礼家传习《仪礼》附有释文以补充说明谓之"记"。汉初凡204篇,载德删之为80篇,谓之《大戴礼记》。其侄戴圣从中又精选49篇,称《小戴礼记》。东汉郑玄为《小戴礼记》作注,独立成书,简称《礼记》。

⑱⑲⑳ 清·戴震:《考工记图》,商务印书馆,1955 年版,第 104 页～106 页。

㉑ 唐·魏徵:《隋书·宇文恺传》。

㉒㉓㉖ 王世仁:《理性与浪漫的交织·明堂美学观》,中国建筑工业出版社,1987 年版,第 79、80、102 页。

㉔ 林尹注释:《周礼今注今译》,书目文献出版社,1985 年版,第 473 页。

㉕ 朱光潜译:《美学》第 2 卷,商务印书馆,1979 年版,第 66 页。

㉗ 晋·周处:《风土记》。

㉘ 清·黄以周:《礼书通政》。

㉙ 汉·班固:《汉书·晁错传》。

㉚ 明·计成:《园冶·装折》。

㉛ 唐·徐坚等:《初学记》卷 24。

㉜ 宋·王应麟:《玉海》卷 175。

㉝ 宋·王溥:《唐会要》。

㉞ 明·申时行等撰:《明会典》。

㉟ 南宋·周密:《癸辛杂识》。

㊱ 童寯:《江南园林志》,第 42 页。

㊲ 张家骥:《中国造园论》中有关"庭园"解释,第 29～34 页。

㊳㊴㊵ 李养正:《道教概说》,中华书局,1989 年版,第 2～3 页。

㊶ 胡孚琛:《魏晋神仙道教》,人民出版社,第 230 页。

㊷ 明代《正统道藏·道书援神契·宫观》。

㊸ 《道教概说》,第 392 页。

㊹ 晋·葛洪:《抱朴子·对俗篇》。

㊺ 《周礼·春官·小宗伯》。

㊻ 中国佛教协会编《中国佛教》第一辑,知识出版社,1980 年版,第 4 页。

㊼ 《中国佛教》第 4 页～5 页。

㊽ 宋·范晔:《后汉书·楚王英传》。

㊾ 列宁:《社会主义与宗教》。

㊿ 张家骥:《中国造园史》,黑龙江人民出版社,1986 年版,第 16 页。

51 孙宗文:《南方禅宗寺院建筑及其影响》,载《科技史文汇·建筑史专辑(4)》,上海科技出版社,1984 年版,第 45 页。

52 56 北魏·杨衒之:《洛阳伽蓝记·序》。

53 54 《华夏意匠》,第 79 页。

55 《中国造园论》,第 45 页。

57 宋睦庵:《祖庭事苑》卷八。

58 南怀瑾:《禅宗与道家》,复旦大学出版社,1991 年版,第 133 页。

59 60 61 孙宗文:《南方禅宗寺院建筑及其影响》。

62 严北溟:《儒道佛思想散论》湖南人民出版社,1984 年版,第 218 页。

63 64 《禅宗与道教》第 126 页、127 页。

65 孙宗文:《南方禅宗寺院建筑及其影响》。

66 《华夏意匠》,第 69 页。

67 同上书,第 72 页。

68 陈桥驿:《水经注研究》"古建塔史与《水经注》的记载"注 11,天津古籍出版社,1985 年版,第 260 页。

69 南朝·宋范晔:《后汉书·西域传》。

70 北齐·魏收:《魏书·释老传》一百一十四卷。

71 北魏·郦道元:《水经注·汲水》卷二十三。

72 《水经注研究》,第 254 页。

⑦ 范祥雍校注:《洛阳伽蓝记校注》,上海古籍出版社,1982 年版,第 1～2 页。

⑦ 《水经注·滍水》。

⑦ 《魏书·释老志》。

⑦ 《洛阳伽蓝记》附编一"杨衒之传略"。

⑦ 唐·道宣:《广弘明集》第六。

⑦ 《水经注研究》,第 259 页。

⑦ 《考古》1973 年第四期《汉魏洛阳城初步勘查》。

⑧ 《洛阳伽蓝记校注》卷三"延贤里"条。

⑧ 东汉末·牟子:《理惑论》,收入南朝梁·僧祐:《弘明集》中。

⑧ 南朝梁·慧皎:《高僧传·竺佛图澄传》。

⑧ 大谷胜真:《关于中国佛寺建筑的起源》(《东洋学报》第十一卷第一号,1921 年 1 月)

⑧ 镰田茂雄:《简明中国佛教史》,上海译文出版社,1986 年版,第 16 页。

⑧ 《后汉书·陶谦传》。

⑧ 《三国志·吴书·刘繇传》。

⑧ 《简明中国佛教史》,第 21 页。

⑧ 《魏书·释老志》。

⑧⑨ 中国佛教协会编《中国佛教》一,知识出版社,1980 年版,第 54 页～55 页。

⑨⑨ 王世仁:《理性与浪漫的交织—中国建筑美学论文集》,中国建工出版社,1987 年版,第 76 页。

⑨⑨ 明·蒋一葵:《长安客话》,北京古籍出版社,1982 年版,第 26 页。

⑨ 清·吴振棫:《养吉斋丛录》,北京古籍出版社,1983 年版,第 193 页。

⑨ 明·刘侗、于奕正:《帝京景物略·西域外》,"真觉寺"条。

⑨ 西晋·崔豹:《古今注》。

⑨⑨ 冯君实:《华表的起源与演变》,载《社会科学战线》第四期。

⑩ 《洛阳伽蓝记》。

⑩ 《荀子·大略》。

⑩ 《周书·毕命篇》。

⑩ 张家骥:《西周城市初探》,载《科技史文集》11 辑。

⑩ 《华夏意匠》,第 66 页。

⑩ 旧题唐·陆广微撰:《吴地记》原书已佚,今本为后人采缀成编者。

⑩ 东汉·许慎:《五经异义》。

⑩ 王世仁:《明堂美学观》。

⑩ 魏·郦道元:《水经注·滍水》。

⑩ 《后汉书·光武帝纪》。

⑩ 《淮南子·汜论训》。

⑪ 李少君,西汉齐人。栾大,胶东人,方士,以方术得汉武帝宠信,封王利将军,佩六个将军印,贵震天下,术败被诛。

⑪ 《中国造园史》,第 45 页。

⑪ 《昭明文选·长杨赋·序》。

⑪ 蒋星煜:《中国古代的相扑与乔相扑》,载《社会科学战线》1979 年,第 4 期。

⑪ 《昭明文选·上林赋》。

⑪ 《昭明文选·甘泉赋》。

⑪ 南朝宋·宗炳:《画山水序》。

⑪ 玄牝,《老子》:"玄牝之门,是谓天地之根。"意为"道"就像神妙的母体一样生成万物。

# 第五章
# 中国建筑的类型(二)

○市与肆

○酒楼茶肆

○瓦舍勾栏与戏园

○其他

商业依存于城市的发展，城市的发展又以商业为条件。

# 第十二节　市与肆(行)

任何时代有了城,就必须有市。"**无市则民乏**"(《管子》),人民生活中许多必需的东西,就得不到供应。有了"市"就有商业建筑,商业建筑作为一种建筑类型,也有它产生和发展的过程。在这方面还未见有比较系统的研究,如李允鉌在《华夏意匠》中所说:

> 在有关传统建筑的问题研究上,很少人在商业建筑上面做文章,在可见的中外有关著述中,大部分都没有讨论这一个内容。虽然古代中国将商人和商业活动的地位排列得很低,但是并不表示他们对社会的一切没有发生支配性的力量,没有形成专门为这种活动需要的建筑类型①。

正是鉴于此,他在《华夏意匠》的"商业建筑的集中和分散"一节,作了专题的讨论,可能从"集中和分散"的概念出发,对古代商业建筑的历史,勾画了一个极为简单的轮廓,而未能据史料作具体的分析,使人有阔略而无征之憾。

商业对社会经济的促进作用,早在西周时统治者就了解并加以利用了。如周文王时大旱,就曾用繁荣商业的政策来解决经济的萧条,从他颁布的《告四方游旅》②可知,不仅从交通、货币轻重和贸易时间上,都给以方便;并鼓励县、鄙的商人迁居城市,"能来三室者与之一室之禄③",即迁来三家时,由官府负担一家的生活以奖励来者,从而达到繁荣城市商业的目的。

## 一、古代的市

《周礼·考工记·匠人》中的"**前朝后市**",就说明"市"在城市规划中是一项重要内容。西周时对"市"的管理有严密的组织和严格的管治制度,从负责市的最高官吏"司市"的职责,"**以次叙分地而经市,以陈肆办物而平市④**"来看,市内划分成若干地段,在一定的区划范围设有管理所,叫"次";货物必须陈列在指定的地方,叫"肆",才能进行交易。所谓"**立市必四方,若造井之制,故曰市井⑤**"。这是对古代"市"的规划形式的很好说明。

可见,市的规划,是采用当时井田制的棋盘式的区划形式。有一定区划范围的"次",次的管治下有若干行列成巷的"肆"。起初的肆可能不是永久性的建筑物,但为了不受气候影响,至少应设有防日晒雨淋的简陋的棚廊。市不是整天开放的,每日分三次开市;朝市,以商贾间的买卖为主;大市在中午,以消费者为主;夕市在傍晚,以贩夫贩妇为主⑥。出售商品需先经"贾师"检验评价,再到指定的肆中陈列,等分区管理所"司次"升上旗号,方能开始交易⑦。可见"次"应是有建筑的。

市的管理极严,设有许多稽查和巡警类的人员,对违法乱禁者,常掩其不备突然袭击"挞戮而罚之⑧"。货物陈列不是按商品种类,而是按商品价值,即同等价钱的人(奴隶)和等价的牛马放一起,所谓"名相近者相远也,实相近者相迩也⑨。"凡统治阶级奴隶主所需要的,都由"处工就官府"奴隶生产,市上规定不许买卖,也反映当时商品生产还极不发达的经济状况。

从上面十分概略的阐述,大致可以想像,中国古代奴隶社会"市"的情况。市的周围筑有高墙,四面墙上设门,按规定的时间开市闭市。市内如棋盘式划分成若干街区叫"次",次也是市内的管理所,可能建有供管理官员工作的房子。次以内,按行列设置若干"肆",以陈列货物进行交易,可能是一排排简易如廊式的不加分隔的棚子。显然,市内的道路网规划,次之间的较宽,肆之间的较窄。

商业随社会生产的发展、经济的繁荣,市的内容也起了变化,《左传·襄公三十年》有"伯有死于羊肆"的记载。羊肆,就是专买卖羊和羊肉的肆;《庄子·外物篇》:"曾不如早索我于枯鱼之肆。"枯鱼之肆,可解释为干鱼交易的肆。这反映出春秋初以商品的质和价值相同的在一起陈肆,到战国时已按商品的种类分别列肆,说明物质生活资料产品较前丰富了。

汉代长安的市,班固的《西都赋》中有:

> 九市开场,货别隧分,人不得顾,车不得旋,阗城溢郭,旁流百廛⑩。

九市:李善注引《汉宫阙疏》:"长安立九市,其六市在道西,三市在道东。"隧:是市中的通道;隧分,即按"次"分成街区;按"肆"分为街巷。廛:郑玄《礼记》注:"廛,市物邸舍也。"说明汉代市内货物和贮货处,已经是永久性的房舍了。百廛:各式各样的店铺。引文可见汉代长安九市开场的盛况,不仅市内人们拥挤得不能回转身来,车马更无法回旋,整个城市街道也是车水马龙,非常热闹。

汉代商业经济的繁荣,非周时的都城只有一市而是九市,货物的种类以百计,售货的"肆"已不是简易的棚舍,而是永久性的房舍了,但货物还是按种类集中在一定的街区里。

据左思《吴都赋》中,对三国时代吴都建业(现江苏南京市)市的描写,其中值得注意的话:"开市朝而并纳,横阛阓而流溢,混品物而同廛⑪。"阛阓(huán huì 环会):是环绕市的墙和门,代称"市"。引文用现代汉语说:市场开放,百货汇集,人货充满市场如水流溢,同一街区混杂着各种货物。发展到三国时,货物的品种繁多,已不可能完全按分类集中于指定售货的地点了,从而打破了经市办物,分地陈肆的制度。

隋唐时代,从古籍中有关两代的洛阳"市"的记载有:

> 东都丰都市,东西南北,居二坊之地,四面各开三门,邸凡三百一十二区,资货一百行⑫。

> 唐之南市,隋曰丰都市,东西南北,居二坊之地,其内一百二十行,三千余肆,四壁有四百余店,货贿山积⑬。

从隋朝的丰都市,到唐朝的南市,看不出有什么变化,其中所说的"邸"和"店",都是多义的字,这里都是指存货的仓库,这些仓库都建在"四壁",即沿"市"的围墙内四边都建造有仓库。区:是小屋。《汉书·胡建传》:"穿北军垒垣以为贾区。"注:"区者,小室之名,若今小庵屋之类耳。故卫士之屋,谓之区庐;宿卫宫外士,称为区士

中国从上古以来就有"市"的存在,如《诗经·陈风》中的"市也婆娑",《周礼·地官》中记载了管理市肆的各级官吏,《考工记》讲城市规划的"前朝后市"等等,都说明"市"是在城市的统一规划之中,采取井田的布局方式,在空间上是封闭的,时间上是管制的交易场所,当时还不存在有独立的商业建筑物。

也⑭。"我们就清楚"市"四周做仓库用的都是一个个小房子,可能进深很浅,面宽也不太大,故不以间或栋计。所云:三百一十二区,四百余店,都是约数。这种市的四周建小屋作仓库的情况,从郑玄注"廛":"市物邸舍也。"**邸舍**:就包含有仓库、店铺和旅舍的意思。说明汉代的市也是这样的。行:是行业,俗称七十二行,三百六十行;同业者称同行。行的这种意义,可能由古市内的肆,按行列布置,一行行的肆,陈列不同的货物,同一货物的肆同行之故。从韦述《西京记》:记载隋大业六年(610),炀帝驻跸洛阳时,诸夷在洛阳入朝,修饰丰都市的事,可以见隋朝"市"的较具体的情况,记云:

> 大业六年,诸夷来朝,请入市交易。炀帝许之。于是修饰诸行,葺理邸店,皆使甍宇齐正,高卑如一,瑰货充积,人物华盛⑮。

这段文字,对了解"市"的建筑非常重要。所谓"修饰诸行"的"行"与"肆"同义,是买卖交易之所,故要修饰一新;邸店是四周的仓库,所以说要修治"葺理"整齐。"甍宇",甍是屋脊,宇是指垂檐;甍宇,是通指缮瓦的木构建筑物。"甍宇齐正,高卑如一",齐正者,行列齐正;如一者,形式和大小一致也。因此,可以解释"行"或"肆",是一行行如廊式的房屋,横向分隔成若干间以供商人交易之处。据日本源顺的《和名类聚抄笺注》中"居处部·屋宅类·肆"条中说:

> 唐令云:诸市每肆立标题行名⑯。

可见,在唐代制度中,市内要在每行的进口处,竖有写着行业名称的牌子,如绢行、药行等等。这在行肆很多的市里,为购物和管理的方便,是非常必要的措施。唐代的市,在时空上仍然是管制的,这种行或肆中的店铺之间,是否加以分隔,如分隔,是否可以锁闭,尚未见有这方面的材料,不能简单地论断是非。但不妨从侧面作些分析。

从隋至唐的"市",有"邸三百一十二区",或者说"四壁有四百余店",都是约数,指的是一回事。除了市里的这些邸店——仓库,据《新唐书》所载,当时"方镇设邸阁,居茶取直";如茶商"诸道置邸以收税,谓之拓地钱"。这就说明,外地客商贩运的大宗货物,在码头等地,官府建有专设的仓库,并不直接存放在市内的许多小仓库里。据此推测,市中的"三千余肆"的"肆",应是指店铺数,而不可能是廊房的栋数,二坊之地恐难以容纳。这就是说店铺之间,可能是分隔的。肆大概只供白天开市铺席交易,晚间闭市,货物由商人带走,否则就存放在四边的许多小屋的仓库里。从唐宋文字中常用**铺席**一词,辞书中未见有解释,但弄清"铺席"的词义,是非常有意义的。铺:是布设、敷陈;席:本席地而坐时的坐垫,后作坐卧铺垫之物;布席治事,也称职务为席。我理解:铺席,就是早先在地上铺上席子,陈列出货物以供交易。按《唐律》疏:**居物之处为邸,沽卖之所为店**。铺席即早先的店铺。

这个"市"的描绘,只能是从空间结构上大体的想像,生活是很复杂的,尤其在经济生活中更是如此。时空管制的市,本是商品生产与流通极不发达的奴隶社会的产物,随社会经济和商业的发展,就将成为一种束缚和障碍。盛唐时期的市内,行"肆"成列布置的基本原则不会改变,但"肆"的建筑是否始终是简单的廊屋形式,因缺乏资料不能妄加推测。

从隋唐的文献中,一再看到禁止坊内居民向街开门和做夜市交易的禁令,说明这已不是个别现象,坊市制已开始松弛了。到唐代后期,由于商业的发展和消费的需要,长安的市在空间上已无法容纳。突破坊市制的最初形式,是在市以外的坊里

中国古代的市,同坊一样四筑围墙,大的市每边有三个门,一般每边设一个门。市内道路纵横如棋盘,划分成若干街区称"次",街区建有管理市场的厅舍。街区内一排排成行列布置的廊房,是供交易用的称"肆"或"行",形成许多街巷,在销售同类货物行的入口处,设有标明行业的招牌。市场内沿四周的围墙,构有上百个仓房,以存放货物称"邸"或"店"。市场早开晚闭,空间上是集中而封闭的,时间上仍然是管制的。

开设店铺，如：延寿坊的金银珠玉店[17]；宣阳坊的彩缬铺[18]，彩缬(cǎi xié)：彩色丝绸；平康坊的卖姜果的小铺[19]；崇仁坊有制造、修理、卖乐器的店铺[20]；升平坊有胡人卖烧饼的铺子[21]。这些店铺多在与长安东市和西市相邻的坊内，如延寿坊在西市的东邻，宣阳、平康是东市西邻的两个街坊。崇仁坊是平康坊的北邻，与东市对角，这种手工制造乐器的家庭作坊，兼修理贩卖的乐器铺，需要手工场地和安静的环境，市内不适于生产，可能自古以来就准许在市外家中经营。其中只有做烧饼的铺子，设在升平坊的坊门口，离东市较远，隔两个坊里。这类现做现卖的点心铺，生产能力有一定的服务半径，只宜分散在居民区里，集中在"市"对居民生活不便，也难以生存。中国传统的民间小吃多是热食。如现今为保持卫生城市的面貌，一再禁止路边早晚设摊做"排档"[22]，然而却禁不胜禁，愈禁愈多，正因适合居民生活需要和饮食商品的经济规律的缘故。唐代"市"外店铺，从一开始就反映了这点，当时由于坊市的存在，这些店铺都在坊门以内，而且都是与住宅结合的形式。

坊市制对城市和商业的限制，随经济的不断发展必然终将崩溃。但是封建宗法社会的统治者对自古以来的祖宗陈规，是不会下令取消的，即使矛盾已很尖锐，他们解决的办法不是废止坊市制度，而是新筑罗城、扩大市街。如《五代会要》中所载：五代时，后周显德二年(955)四月的诏中说：

> 东京华夷辐辏，水陆会通，时向隆平，日增繁盛，而都城因旧，制度未恢，诸卫军营，或多窄狭，百司公署，无处兴修，加以坊市之中，邸店有限，工商外至，络绎无穷，僦赁之资，增添不定，贫乏之户，供办实多[23]。

文中"邸店"：可解释为仓库和店铺；僦赁(jiù 就，lìn 任)：租赁。是指租赁房屋以存放货物，也可能包含租房开设店铺的意思。这段文字不难理解，是说东京繁华，人口增加，城市仍旧原样，制度还不完善，军营卫所多已狭小，官署衙门没有地方修建，加之坊市里店铺仓库有限，外来的工商不断，租赁栈房的费用随便上涨，多是民间承办谋利。下文就是讲为解决这些矛盾，需要扩建城市的事。发展到宋代，坊市制度的崩溃也就成为必然的事了。

## 二、坊市制的崩溃

坊市制的崩溃，是中国城市史上的巨大变革，这一变革不仅完全改变了千年来"六街鼓歇人绝灭，九衢茫茫空有月"的城市面貌，也为商业建筑的发展解开了绳索。由于这一深刻的社会变革，并非是人们自觉的认识加以废除，所以，坊市制的解体过程十分缓慢。

坊市制的崩溃在宋代，这在宋人笔记小说和绘画艺术中都有明确的佐证，这已是众所周知的事实。

问题是，坊市制是在宋代什么时候崩溃的呢？这种逐渐消失的社会现象，是很难划定为某一时间的。日本研究中国经济史学的开拓者，已故的加藤繁博士以实证主义的考证方法，从宋代"街鼓"制度的兴废来考证坊市制度的弛废时间，至今可以说是惟一一个用古代文字资料证明坊市制在宋代弛废时间者。

唐代坊门开闭的号令，最初是在宫城的南门城楼上击鼓，使骑卒到各街坊传呼。唐贞观十年(636)大臣马周(601—648)建议，在"诸街置鼓，每击以警众，令罢传呼，时人便之[24]"，称"街鼓"。宋代开封的街鼓制度，宋敏求在《春明退朝录》(卷上)

坊市的崩溃，是经济发展的必然，采取了偶然的自发的形式。

中说：

> 京师街衢，置鼓于小楼之上，以警昏晓。太宗时，命张公泊制坊名，列
> 牌于楼上。按唐马周始建议，置冬冬鼓，惟两京有之。后北都亦有鼕鼕鼓，
> 是则京师之制也。**二纪以来，不闻街鼓之声**，金吾之职废矣㉕。

可以想见，宋初时的坊，不仅有坊墙，还在坊门上建有小楼，挂有坊名的牌匾，
小楼上置鼓，昏晓击鼓，以号令坊门开闭。当时都城重镇都实行这种街鼓制度。但在
宋敏求记此事时，他已二纪没有听到击鼓的声音了。二纪，一纪 12 年，是 24 年。据
加藤博士考证，宋敏求的《春明退朝录》是从熙宁三年(1070)十一月到七年(1074)
左右写的。也就是他于熙宁三年任谏议大夫期间，每退朝就阅读唐宋名人撰著，补
记其所闻，纂辑而成，因住在春明里，故以名其书。二纪不闻鼓声，就是到宋仁宗庆
历、皇祐年间，此后就再也听不到街鼓声了。加藤繁认为：**"仁宗中期以后不闻街鼓
之声的时期，同时就是坊制崩溃的时期㉖。"**并以与《春明退朝录》大概同时的书《吴
郡图经续记·坊市》条中的："近者坊市之名，多失标榜"为佐证。苏州如此，说明从
都城到县城的坊市制也都逐渐废除了。

### 三、坊市制崩溃后的商业建筑

坊市制的崩溃，是个自发的缓慢的解体过程，绝非一下子拆掉坊市的围墙就解
决了。坊内民居虽可以随便向街开门，也只有靠近坊墙的住宅才有可能，即便能向
街开门的住家，也并非就能适合开店的要求。在坊市制度松弛的时期，店铺从营业
需要，肯定不愿关闭在军营式的市里，力求面向人流多的主要街道。沿街面市造房
屋开店铺的事，在街鼓制度还未废除的宋真宗赵恒朝已经出现，如《续资治通鉴长
编》卷 70 "大中祥符元年(1008)十一月癸亥"条中说：

> 次郓州。上睹城中巷陌迫隘，询之。云："徙城之始，衢路显敞，其后守
> 吏增市廊以收课。即诏毁之㉗。"

郓州，唐治在须昌(今山东东平西北)，宋移治须城(今东平)。这是说宋真宗到
郓州，见城市街道狭窄，询问原因。说移城时街道原很宽敞，后来城市主管官吏为了
增加税收，在街道两边造"市廊"开店铺，所以就狭窄了。因当时坊市制度还存在，所
以宋真宗就下诏拆毁了。

"市廊"就是在街道两旁建筑类似廊庑式的长屋，中间隔开作店铺等商业的用
房。这是地方官府建造的，而敢于公开破坏政策法令的，可以说无不是与官府有直
接或间接关系者，历来如此。但时隔 70 年左右，在仁宗朝街鼓制度废止以后，到宋
神宗赵顼(xū)朝时，官府造市房以收租课利就成为合法的事了。如《续资治通鉴长
编》卷 300 "元丰二年(1079)九月丙子"条载：

> 修完京城所请，赁官地创屋，与民为面市收其租，下开封相度，乞如其
> 请㉘。

又：同书卷 539 "元丰八年九月乙未"条：

> 中书省言：在京免行钱，既与放免，并汴河堤岸司京城所房廊，并拨隶
> 户部左曹，及岁收课利，除代还免行钱外，余充本曹年计㉙。

京城所是要求将官地赁给市民去造面市房屋,开店铺以收租税,这反映了由官府营建商业建筑发展为市民营建了。在坊市制崩溃期间,起先可能是不禁止向街开门,门开多了坊墙自然也就废除了。而坊中民居在一个相当长的时间里,即使是近街住宅,不可能都改造成适于商业要求的房屋,最便当的办法是在街道两旁建造廊式的店面房子了,坊市制时街道都平直宽阔,尤其是以水运为主、人货流集散的码头、桥梁附近,沿河造市房"廊房"是最适应地形的建筑形式。

**1. 廊房与购物中心式的"天街"**

这种在市制的封闭中的基本形式,随"坊市"的崩溃,由集结的团块向外扩散,就如溢出的池水向四方成线型流动,成为临街夹道的"街市",自宋以后,一直成为城市商业建筑的主要形式。明初建都南京,为京师城市生活需要,官府就建造了大量商业建筑,据《明太祖实录》记载:"初京师辐辏,军民屋室,皆官所给,连廊栉比,无复隙地。"南京是六朝故都,坊市制崩溃以后,肯定已有不少沿街面市的商店。明代建都后,这显然不能适应政治和消费中心的都城要求,所以洪武朝必须扩大建设,从"连廊栉比"的形容,商业建筑也是采用"廊房"的形式。

明成祖朱棣夺得王位后,将都城由南京迁到北京。在营建北京之初,就考虑商业的发展与城市繁荣的需要,不仅在四门交通要道,最热闹的地方,造"廊房"开店铺,还在大明门外建造了集中式的街区,就是今天前门门楼后的那片空地,因为是正方形的,而称之为"**棋盘天街**"。天街内都是带有宽敞檐廊的"**廊房**"式的商店建筑,据明末蒋一葵在《长安客话》中描述:

> 大明门前棋盘天街……天下士民工贾各以牒至,云集于斯,肩摩毂击,竟日喧嚣,此亦见国门丰豫之景[30]。

棋盘天街的热闹,展现了明代都城北京升平繁华的景象。棋盘天街到清代仍然兴盛不衰,如康熙时诗人查嗣瑮《杂咏》中"天街"诗云:

> 棋盘街阔静无尘,百货初收百戏陈。
> 向夜月明真似海,参差宫殿涌金银。

天街喧嚣了一天,晚市刚收,娱乐的百戏就接着开场了。可见天街不单只是商店栉比,而且还有表演百戏的娱乐场所。从蒋一葵所说天街的盛况,展示了当时"国门丰豫之景",这"丰豫"二字非泛泛的形容,"丰"当然是指商品的种类和数量的丰富;"豫",则有游乐之意。《孟子·梁惠王下》:"吾王不游,吾何以休?吾王不豫,吾何以助?"丰豫,既有购物也有娱乐的内容。说明天街自明初建时,就是将购物和娱乐结合在一起的商业中心。

在明清两朝"棋盘天街"一直十分热闹,但到1900年,八国联军攻陷北京时,"前内由棋盘街东廊起,东交民巷、东城根……一带,官民住宅铺户货产,俱被武卫各军枪击火焚,蹂躏殆尽"(仲芳氏《庚子记事》)。此后经改建已看不到天街"廊房"的面貌矣。

明代营建北京之始,不仅用"廊房"建造了购物中心式的"棋盘天街",同时在京城道路要冲、人流汇集之处,也都建有"廊房",给各类商人设铺面贸易。如康熙时诗人查慎行在《人海记》中所说:

> 永乐初,北京四门、钟鼓楼等处,各盖铺房店房,召民居住,召商居货,总谓之"廊房",视冲僻分三等,纳钞若干贯,洪武钱若干文,选廊房内住民

明代永乐朝,在北京建筑的"棋盘天街"(1406～1420),从一开始就是将商业和娱乐业结合在一起的市场。在五百多年以前,中国的商业已开现代购物中心之先河了。

之有力者一人，佥为"廊房"，计应纳钱钞，敛银收买本色，解内府天财库交纳㉛。

廊房，既是一种商业建筑的普遍形式，在明代还曾是一种商业组织。今天北京的廊房建筑已经看不到了，作为地名却保存下来，如北京前门外西面还有廊房头、二、三条，阜城门外还有东廊下、西廊下等名称，说明廊房的历史存在。

### 2. 骑楼与市房

**骑楼**

是在"廊房"基础上发展的一种新型商店建筑，其实是一种楼阁式的廊房。一般为二、三层，特点是楼层无廊，占有底层廊上的空间，保持了廊房沿街的宽大走廊，既使商店与街道人流之间留有回旋余地，方便交易，又可遮阳避雨以利游逛街市，招徕顾客；也有利于商家，既可上下营业，亦可**上居下店**。所以在南方炎热多雨的城市，常见这种"骑楼"。建骑楼的街市，街道立面紧凑齐整，形成一种特有的风貌。

**市房**

廊房由于其构筑简便，空间沿街呈线型延伸，不影响街坊的结构，而得到广泛的采用。随着城市商业的发展，必然产生其他的商业建筑形式，如《东京梦华录·东角楼街巷》记录：

> 潘楼街……，南通一巷，谓之界身，并是金银彩帛交易之所，屋宇雄壮，门面广阔，望之森然，每一交易，动即千万，骇人闻见。

又"马行街北诸医铺"条说：

> 马行北去，乃小货行，时楼大骨傅药铺，直抵正系旧封丘门，两行金紫医官，药铺如杜金勾家、曹家……医小儿大鞋任家产科，其余香药铺席、官员宅舍，不欲遍记㉜。

界身，是指金银彩帛商人集中的街区，大多是富贾豪商，所以其商店屋宇高大、门面广阔、望之森然，显然是大宅院的店面房屋。而马行街至封丘门，除了有许多卖香药的铺面，街道两边，集中有各科坐堂医生的药店，中间还夹杂着"官员宅舍"。说明是临街住宅开设的店铺，是一种**前店后居**，即连家店的形式。作为商业建筑，可称之为**市房**。所以"市房"，是指沿街宅院开店铺之意，有别于"廊房"和住宅也。

从南宋吴自牧的《梦粱录》中，还可以看到在街坊内具有作坊性质的店铺，如卷十六"肉铺"条云：

> 坝北修义坊，名曰肉市。巷内两街，皆是屠宰之家，每日不下宰数百口，皆成边及头蹄等肉，俱系城内外诸面店、分茶店、酒店、把鲊店及盘街卖熝肉等人，自三更开行上市，至晓方罢市㉝。

成边：猪胴体的一半；鲊(zhǎ 眨)：是加工过的腌鱼、糟鱼之类；熝(āo 凹)：烤肉、熏肉之类。这些肉铺都在坊内巷子里，不需要向街面市，因为其销售对象，不是供市民日常食用，而是专供茶肆、酒楼、熟食店作加工的原料。他们也不需要整天营业，因为饮食业须在早市以前备好料，现杀现卖的肉，以保证新鲜之故。正因为肉铺的主人自己屠宰，既有院子可以操作，又有家人作帮手，故称其为"屠宰之家"，俗称"屠户"。其它开在街坊里的，还有供居民日常饮食、杂物的烧饼铺、杂货铺等等。

这类材料，由宋至清，文人笔记、小说中不少，无需罗列，从上述的一些较典型

廊房，在宋代坊市制崩溃以后，曾是中小型商店的传统建筑形式，也是普遍采用的一种商店建筑。

233

的材料中也不难看出古代商业的一些特点。在坊市制崩溃后，城市中心或交通要道，以及货运集散的码头附近，多沿街临河建"廊房"，南方则多"骑楼"以**下店上居**；一般街区或街市，常将宅院的沿街房屋作店面，成**前店后宅**的形式。

时空禁闭的"市"瓦解了，但同行业集聚的形式却保持下来。这有利于顾客选购商品，也体现了商业竞争，而竞争是商业扩销的重要手段。所以，同行业往往相对集中成街区或街市，仍称"行"或"市"，如果子行、小货行、珠子市、米市、肉市、药市等等，并以行业为街道、桥梁之名的，如马市街、牛行街、葱行桥、竹行桥之类。而居民日常食用如点心铺、干果铺等，早在唐代已散见于街坊之内。那些做批发交易的大商贾，不需要门面招揽顾客，就把店铺设在石库门的大宅院里了。

### 3. 店里设计与装修

中国古代的商业建筑，除廊房外，还有沿街住宅的店面房。在平面空间组合上，店面房与住宅没有多大区别，因沿街房屋需全面开敞作店铺，住宅不可能再开大门，出入住宅只能经过店铺，换言之，铺面房兼有住宅对外交通的作用。住宅沿街房做铺面，从结构上说只是普通的两坡顶房屋，商店的沿街立面难以装修，为招揽顾客的商业需要，多在铺面房前增构一列平顶的廊子，单坡顶向里坡，以防雨天檐雷滴水妨碍顾客出入影响营业。单坡顶的檐口需要封上做挂檐板，正好可利用做装饰，版面常雕刻有精细的图案，故称"**华板**"。

这种加在铺面房前的单坡顶廊子，称"**拍子**"。拍子的作用，当然不单只为了华板的装饰，实际上"拍子"是商店立面装潢的立架，有的在华板上做栏杆，有的做牌楼或两三层的华楼，为了稳定和牢固，将柱脚埋入土中很深，并将立柱用铁条钉在檐柱上。一般的或规模小的店铺，大多无拍子，只挑出幌子(图**5—1**为旧沈阳城内街市的店面)。

从图**5—1**可清楚的看到，旧时沈阳街市两边商店的店面情况，街道的一边均设有"拍子"，在华板上做成檐头线条，多为砖质冰盘檐，上为栏杆，栏板上嵌商店字号的大字，而街对面的商店则均无拍子，只有用斜杆挑出商店的字号。两边的店铺都挑出幌子，悬挂长条招牌和商品模样的"**挑头**"杆，高度并无定规，视需要随宜，如图**5—1**广泰兴衣庄的"挑头"很高，在华板上栏杆的上框处，挑头杆为金属制，除悬挂长条招牌外，在杆端如意云装饰下，还挂着一件衣袍样品作广告。对面的大成水靴鞋铺，勾头上却悬挂着一串靴鞋作幌子。这种以实物作为店铺所卖商品的标志，反映了手工业制作商品的时代特点。今天在东北的小县镇上，饭铺多悬挂一种纸糊的箩圈状下带穗子的幌子，用红色穗的是荤菜馆，蓝穗的是回教馆，也称教门馆。这种幌子的来源，也极少有人能说清楚了。这种幌子，我们从清乾隆年间所绘的苏州《盛世滋生图》中还可以看到，至少已有二三百年的历史了。

旧时商店的幌子，有些是饶有趣味的，如前所说靴鞋铺的一串鞋子，还有香烛店的大蜡烛，或当铺前面高大的幌杆等等。

铺面房从外表形式上，大略有如下几种：

### (一)牌楼式

传统的牌楼用作店面装饰，既豪华而且气派。这是旧北平商店常见的一种铺面形式。牌楼与铺面建筑本身没有直接关系，纯粹是为了装饰，可以说是一种特殊的大幌子。

牌楼的各间楼檐都用斗栱承托，斗栱的型制不一、繁简随宜，楼檐虽有单檐重檐之别，都用冲天柱高高伸出楼檐之上，柱头安云罐或宝珠一类装饰。匾额和挑头

图 5－1 旧沈阳城内街市的店面

图 5－3 北京城内商店

图 5－2 旧北京时华楼式店面

的位置，匾额均挂在楼檐下绦环以上的分位；挑头从冲天柱上伸出，用卯榫节点下亦有用角替承托者，高度随宜，前面已述。较次的店面，用牌坊而不用牌楼，牌坊构造较简单，虽亦四柱冲天，但柱间只有绦环华板，上面没有斗栱楼檐，也没有匾额，商店的字号和商品名称，都做在华板上。

"门前因牌楼的立法，往往可以标示店铺的性质：如木厂无论门面多少间，只立一间牌楼，高高耸起。香烛店多用重檐牌楼。惟有染坊最为特殊，最能表示商品的性质。牌坊上面架起细长的挑杆多根，遇有染好须晾干的布匹之类，便高高挂起垂下。这种幌子，既实用，又便于宣传，但是对路上行人有无不便，却是个问题。"

### (二)华 楼 式

华楼式店面，是把立在铺面前的拍子做成装饰华丽的楼房式样。楼多两层，亦有高达三四层者。具体做法是，拍子上有楼，或拍子的平顶作店屋的楼层平台，或拍子二层只做成空廊，或"拍子上陡然立起空敞的雨棚"。如图5-2旧北京时华楼式店面。

从图5-2可见，这个华楼店面，前后均四柱冲天，拍子的二层是空廊。立面设计巧妙而复杂，底层挂檐板(华板)下，每间都有拱形飞罩式装饰。华板上至二层窗下，都用了歇山十字脊形式的雨搭。窗均加边饰，窗上为华板，其上用连续拱形的挑檐装饰，檐口上为饰有套方和万字图案的栏杆，栏杆上当中一间为一圆亭式装饰，左右两间对称，似多边攒尖顶作装饰。这个立面设计得很花哨热闹，在沿街铺面中很显眼、很突出，这正是店主所需要的商业广告作用。

### (三)拍 子 式

拍子式，是就拍子本身所做的铺面装饰，要比牌楼式、华楼式简单而事约得多，但装修大多精致而玲珑(图5-3)。为了显目，则在拍子的平顶上立起栏杆，栏杆上标出店铺的字号，在挂檐板上伸出"挑头"，悬挂长条形招牌和幌子。

从结构上看，拍子多用方柱，柱上"安承重枋，枋上安楞木(joist)以承望板及灰顶。承重枋头上安挂檐板，上冠以砖质冰盘檐，全部与罗马式cornice极相似<sup>㉞</sup>。"图5-4为旧北京东四牌楼带栏杆的拍子式店面。

从图5-4可以看到两家完整的店面，右面是三间门面的"宝裕茶庄"，左面从栏杆上的不完全字号，大概是家自产自销的糕点店，门面为五间。两者虽然开间多少不同，但设计手法是基本相同的，都是当中一间设槅扇，为店铺与住宅的出入口，次间除安槅扇外，外面下半有栏杆阻隔；糕点店的左右稍间，则在槅扇外面用木栅栏将槅扇全部遮住。两者在柱间门窗上加安雕刻繁富的横楣和飞罩一类装饰，感觉繁琐。"宝裕茶庄"有匾额，挂在门楣上与华板下的分位。两者都是在华板上冠以冰盘檐，檐上做栏杆，按间分隔，标以店铺字号。

两家铺面的不同处为，茶庄店宅均为平房，檐上栏杆纯属装饰；糕点店前后都是楼房，拍子的平顶是铺面房楼上的露天平台，栏杆很高，既作防护，也为了遮挡，并使沿街面整洁。

挑头的设置，茶庄没有，只在檐上用根曲尺形金属杆高高的悬挂一块长条木板招牌。糕点店的挑头很典型，挑头在当中三间挂檐板上伸出，端部雕成龙头形，即**"夔龙挑头"**。悬挂幌子的挂法，不是将各种商品的象征品直接由挑头挂下来，而是在每一挑头中部用吊杆悬挂一条横杠，横杠的两端亦雕成龙头，杠身雕满鳞甲，与挑头相似；在横杠下有十多只铁钩，以悬挂各种幌子。

从图5-4店面设计反映出的时代特点可知，商店沿街门面并不向街市全部开

图 5 - 4　旧北京东四牌楼带栏杆的拍子式店面

敞,仍按传统建筑方式,中间辟门,两旁设窗,全用槅扇。这种做法,显然是为了适应北方的寒冷气候。即使如此,本可利用橱窗陈列商品,可能当时还缺少玻璃,更可能是大块玻璃的橱窗与铺面传统设计思想不协调。从顾客对商店的要求,是希望开敞、开朗、开放、进出随便、一目了然。而这种半封闭式的铺面装修,对商品而言,并不理想,设计者为解决这个难题,却从日常生活角度出发,将住宅庭院内的建筑立面用于商店的沿街立面设计,将本属外檐装修的店面,却采用了住宅内檐所用的形式,从而达到毫无拒人于门垣之外的感觉,并营造出一种平易亲和的氛围。

### (四)栅 栏 式

商店用栅栏围护起来的做法,只有当铺为了防贼防盗,需要防范和保卫才如此。所有森严戒备的栅栏,就成了旧时**当铺**的形象特征。以收取衣物首饰等动产为质押,放款高利贷的当铺的店面如此,看来唐宋间出现的为人存放保管金银财物的**柜坊**、铺面或宅门都会安栅栏作防护的。

栅栏大小按铺面的间数制作,两边立柱,柱间安上下枋,枋间安直棂(图5-4)。 糕点作坊铺面两端的稍间,就是安装的这种栅栏。栅栏开门多狭小,门上有门楼,楼上伸出幌子。平时经常性出入,多在栅栏的一端开旁门通行,便于加强防卫。

以上所举四种均为北方的店面,主要是旧北平的商店铺面情况。明清时北京是京师都城,是全国政治、经济、文化中心所在。我们可以从北京的铺面,不仅看到那浓厚的传统文化气息,也可以体会出当时的设计者,在诸多既定的客观条件下,将传统的建筑形式和手法运用到店面设计之中的思想方法。

就传统建筑文化而言,旧北京的四种店面形式,可以说其具有时代的商业建筑设计的代表性或典型性,但不具有普遍性。在气候暖和的南方,尤其在中小城市,作为民间个体经营的店铺,几乎没有什么明显的铺面装饰。就以清代被誉为以市肆胜的苏州为例,从清代徐扬所绘反映乾隆年间苏州繁华兴盛景象的《盛世滋生图》卷,纵览所绘苏州的沿河街市行人川流不息,各行铺面沿河而设;栉比鳞次,酒楼饭馆糕点等铺夹岸临衢,河道舟楫首尾相接几无虚隙。图5-5熙攘中市图,为下塘街市中的一段,这一小段沿河街市有五家店铺,左面桥堍第一家是平房,地处转角,山墙面对街河,为免山墙蔽实,屋顶用了歇山的形式,据版图说明,这是家糖果铺。从其侧檐挑出的幌子看,糖果铺后面向桥者是饭铺。

沿糖果铺右行,一列均二层楼房,紧邻两间重檐硬山顶铺面,楼上窗户紧闭,楼下开敞,沿外墙设通长柜台者是杂货铺。隔壁楼上下开敞者是酒楼,檐外张有遮阳布篷,无字号匾额,亦无悬挂幌子的挑头。楼上就在墙、柱上挂着"五簋大菜"、"各色小吃"、"家常便饭"的市招,楼下用斜杆挑出带红穗笋圈式的幌子。这种饭店用的幌子,今天在东北城镇还到处可见,可见其历史悠久了。这个酒楼生意红火,顾客盈席。

在酒楼右邻,接连有两家饮食店,一家招牌上写"上桌馒头",店前置有炉灶蒸笼;另一家为糕团店,门外架上有各色糕点。虽只一小段街市,五家店铺,只一家是杂货店,其余都是卖吃食的,饮食业如此兴旺,应是古镇经济繁荣的象征。

旧时商店,不论地处南北,都要有招牌幌子。北方气候严寒,需设门窗,所以要进行店面设计,很讲究铺面装修,尤其是旧北京,店面街市都蕴含着一种传统文化的意味。南方气候温和,店堂豁敞,店铺街道空间内外通畅,行人对店内商品一目了然,可以说铺面无什么装修,招牌挂在墙柱上,幌子用斜杆挑出去就行了,整个街市有一种轻简而随和的气氛。这种差别,除了地区、都城与县镇之别,还与资金多少、行业性质、规模大小等因素有关。

图 5-5　清·徐扬《盛世滋生图》卷中苏州街市店面景观

**4. 庙会——商品展销会式的"瓦市"**

北宋后期,城市中除整天营业的商店,还有种种定期市。在大的寺庙中举行定期集市的"庙会",是重要的形式之一。当时开封大相国寺的庙会,是历史上著名的定期市。《东京梦华录》卷三"相国寺"条记载:

> 相国寺,每月五次开放,万姓交易。大三门上,皆是飞禽猫犬之类,珍禽奇兽,无所不有。第二、三门皆动用什物,庭中设彩幙露屋义铺,卖蒲合、簟席、屏帏、洗漱、鞍辔、弓剑、时果、脯腊之类。近佛殿,孟家道冠、王道人蜜饯、赵文秀笔及潘谷墨。

庙会也称庙市,相国寺的庙市,可谓百货云集,货别隧分,在庙中都有一定的地段。在露天的殿庭中,义铺即售货摊,都张有綵棚。相国寺的规模是很大的,南宋时人王栐在《燕翼诒谋录》中说:"东京相国寺乃瓦市也,僧房散处,而中庭两庑,可容万人。凡商旅交易,皆萃其中。"相国寺的布局,是在两进殿堂间用廊庑围成院,大殿前的殿庭很宽广,可以容纳万人。王栐称相国寺的集市为瓦市,是值得注意的。

**瓦市**　在坊市制崩溃以后,宋代就出现了集中演艺的娱乐场所,称"瓦子"或略称"瓦"。瓦是"野合易散"之意。本是指以演艺为主的娱乐场所,而在有瓦子之前,百戏的演出除了在城市空地进行,庙宇是主要的演出场所。在寺院中举行定期集市,显然是借用了庙会酬神娱人的传统,人流大量集中的优势。王栐所以称相国寺的庙会为瓦市,不仅指商品贸易开市时云集,闭市时瓦散;也指庙会上的艺人像"瓦子"一样,是野合易散的。**瓦市**,很确切地表示了庙会的定期市商业与娱乐相结合的特点。

庙会这种集市贸易的形式,到明清仍很盛行,刘侗《帝京景物略》记北京城隍庙市说:

> 东弼教坊,西逮庙墀庑,列肆三里,图籍之日古今,彝鼎之日商周,匝

镜之曰秦汉,书画之曰唐宋,珠宝象玉、珍错绫锦之曰滇、粤、闽、楚、吴、越者集㉟。

商品档次之高,货源之广,已大大地超过宋代相国寺以土特产和工艺品为主的范围了。

清代初年继承了明代庙市的规模,除城隍庙,还增加了报国寺和灵佑宫庙市。到乾隆时代,随着城市人口的繁衍、城市结构的变化发展,城隍庙、报国寺、灵佑宫等早已冷落,而又增加了护国寺、隆福寺。乾隆时,汪启淑《水曹清暇录》的记载说:

庙市,西城则集于护国寺,七八之期;东城则集于隆福寺,九十之期,惟逢三则集于外城之土地庙斜街㊱。

庙市的所谓七八,就是初七、初八、十七、十八、二十七、二十八,每月开市六天;九十之期,即初九、初十、十九、二十、二十九、三十,每月开市五或六天;逢三,即初三、十三、二十三,每月开市三天。就此三个庙市而言,每月开市一共为十五天,赶庙会的商贩一个月可以做半个月的生意,这就形成了一种特殊的商业活动和经营方式。庙市,也是中国传统的特殊的市场形式。嘉庆时,方朔的《金台游学草·庙市》诗详细地反映了当时东西庙市的情况:

**庙会市期**

"月七八,护国寺中市风发;月九十,隆福寺中市齐集。"

**商贩活动**

"东西两庙物不分,昨日今日即前日,笨车辇载轰山门,地毯未设先天棚。"

是说庙虽在东西,商号则一,今天昨日东庙之物,即前天在西庙所见。商人们用笨重的货车拉来拉去,地摊未摆先把棚子搭起来,以防日晒雨淋。大的货摊,"高者或板支案要令阅者无长蹲。"大的货摊用板支成案子陈列货物,顾客就不用蹲在地上看货了。

**庙市货物**

"大院衣服列如织,中殿珠玩攒为营,宝刀动辄百数十,聚钿金钏摇繁星。"其货物之丰,交易之旺,如《京都竹枝词》中云:

"东西两庙货真全,一日能消百万钱,多少贵人闲至此,衣香犹带御炉烟。"

**庙市饮食**

"食物不论冷热荤素酸咸甘苦辛"。潘荣陛《帝京岁时纪胜》:"土地庙之香酥,饼泛鹅油,传来澜水。"这种香酥饼,还是从浙(澜,同浙)江流传来的。看来庙市中还有外地的地方名点小吃。

**庙市娱乐**

"前院鼓,后院钲,钲鼓声中百戏陈,难拦大众如狂兴。"从民间通俗文学中,常可以看到庙市上卖艺的情况,有讲评书、唱三弦、说相声、变戏法,玩杂耍、练武艺等等。

所以说赶庙会的商人是特殊的,他们虽然流动性很强,今天在此庙摆一两天摊,后天又要把货物拉到彼庙去摆摊营业,奔忙于各庙会之间,但他们并非**行商**。行商靠长途贩运盈利,没有固定的营业地点,而他们则有一定的行当,销售一定的行货,而且在庙市中租有相对固定的摊位,且有自己的字号,有的生意还做得很大。说他们是**坐商**,又无固定的营业店堂,时间上是随庙期而间息,空间上是露天而流动的。可以说是:**流动摊贩的形式,字号商铺的内容**。

庙会,是古代集市的一种传统形式,是将购物与饮食、娱乐相结合的定期集市贸易方式。

庙市的特殊性。自古寺庙就是人们游览随喜之处,具有公共性。在寺庙中"集"市,正是以利招揽游人。从庙市货物经营特点,"衣服列如织"、"珠玩攒为营"、"宝刀动辄百数十"的描述,显然同类货物要比一般商店齐全,也不乏外地的名特产品,尤其是集结了地方的土特产和手工艺品,所以庙市实际上具有**商品展销会**的性质。

庙市的另一主要特点,为了尽量吸引市民,加强庙市的集聚力,都是将购物和饮食娱乐结合在一起。虽然在寺庙的空间限制下,还不可能从休闲购货的环境角度进行科学的有机规划,但庙市**购货与饮食娱乐相结合的贸易方式,已经具有现代"购物中心"的性质。**

以上所列资料主要是都城情况,但并非只有都城才有庙会,其他如杭州的昭庆寺,苏州的玄妙观等的庙会,都是很兴旺、很热闹的。但仅从上述材料已足以说明,自坊市制崩溃以后,数百年来随商业的发展,商业建筑已逐渐趋向于完善的程度。如李允钚所说:"购物中心式的'市场'和商品展览式的'庙会'等商业组织形式,历代以来都长期存在。'市'或'商场'内部都是有遮盖的、只供步行的商店街道,它使购物者免受日晒雨淋;街道中各个行业做了适当的分类和有组织的安排,其效果就一如今日的购物中心。其实,中国人在商业建筑上是有着无比丰富的经验和创造过多种多样的形式的。假如,我们将世界上现下所有商业区规划方式总结一下,立刻就会发觉到无论商店街道、小区(**precinct**)、分部门的商店(百货公司)、商场、街市、购货中心等等,无一不是过去的日子曾经采用过的售货方式。大概,我们今日也再想不出什么全新的商业建筑组织形式了,也许就是因为几千年来'购物的习惯'还没有做过根本性的改变[37]。"

## 四、邸店与塌坊

在唐宋时代,就有专门为商业货运贮存保管而专门建造的房屋,也就是现在所谓的仓库建筑。隋唐的"市"中,周围建造的存放货物的许多小屋,被称之为"**邸**"或"**店**"。这两个字都有多种意思。邸和店用作建筑名称:

**邸**　战国和汉代,将诸郡王侯为了朝见而在京都设置的住所,称"邸"。所以王侯的府第也有时称邸,也用以借指王侯;南北朝时,称客舍、旅店为邸或"客邸",如南齐陆厥诗:"出入平津邸,一见孟尝尊。"《宋史·黄幹传》:"侯因留客邸";隋唐市中的仓库,称邸、邸店或邸舍(见上节)。对于邸作王侯所居的房屋可以不论,邸作旅舍和仓库时则有连带关系,如在古代的西周时,周文王《告四方游旅》的文告中,"游旅"是指贩运货物的商人,大概春秋时代旅行的人主要是商人,途中止宿,旅舍中可住宿亦可存放货物之故,大概这就是"邸"兼有旅舍和仓库之意的由来了。

**店**　晋崔豹《古今注·都邑》上:"店,所以置货鬻之物也。"店即商店、店铺、铺子;旅馆、客栈,也常称店。如唐元稹《连昌宫词》:"初过寒食一百六,店舍无烟宫树绿。"就称旅舍为店舍;作仓库解,汉谓之邸;晋以来始曰店。邸和店用作旅舍的意思,两者如分别其稍异处,邸,是宿客兼仓贮的"客栈";店,是宿客兼售物的"客店"。唐代对日本文化有很深的影响,当时日本人称"停置货物,卖物取赁者"为**邸家**,所以在制定"邸家"的日本名称时,就采取与邸家发音相近的**ツセ**,即**津屋**这个用语。也就是说,"先有邸家这个汉语的存在,其次,才有津屋这个日本语的发生[38]。"

**塌坊**　亦曰**塌房**,是宋后期对仓库建筑的名称。元明时代用得很普遍,到清代这个用语就消失了,而称为**栈**或**栈房**等。"塌"是东西倒在地上的意思,塌房是转借

邸,《说文解字》:"文帝纪曰:入代邸。颜注曰:'郡国朝宿之舍在京师者率各邸。邸,至也。"后引申凡可留宿之处称邸。如邸店、邸舍。

为把东西堆放在地上。而"坊"和"房",都是防卫的意思,也都同建筑有关,因而用"塌坊"和"塌房"称仓库。这个用语的变化,大概是"邸店"原来都是指官库,坊市制崩溃以后,仓库业随商业的繁荣而发展起来,仓库建筑不只是官家所有,私人建造的仓库也多了的缘故。

在唐宋时代,大官置产邸店,朝廷把邸店赐给宫观。官府和官僚贵族建仓库租赁以谋利,可说在当时是很风行的现象。古代的商人有两种:一是在市开店住坐买卖的称"坐贾(gǔ)"或"坐商";二是由产地运货物到需要处贩卖的称"客商",亦称行商。即古之"游旅"。古时的货运,陆路虽有,因用马车载货数量少费用高,所以大量货物主要靠水运,沿河的桥梁码头附近不仅是商店集中之处,也是建仓库最有利的地方。所以在《东京梦华录》、《梦粱录》等书中可以看到,北宋开封沿汴河、蔡河一带,南宋杭州沿北关水门内水路,都建有很多的邸店和塌坊。

仓库是功能较简单的建筑类型,没有必要多讲它的历史发展和变化,从建筑形式看,主要有楼房式的高仓和廊房式的平仓两类。如五代十国时,后周世宗显德年间(954~958),治浚汴口,周景料到汴口疏浚,淮浙商贾将会有大量货物运来,建议世宗"环汴栽榆柳,起台榭,以为都会之壮"。他自己乘机"踞汴流中要,起巨楼十二间",世宗看了很高兴,赐酒犒其功,不知周景是为了经营仓库谋利。"景后邀巨货于楼,山积波委,岁入数万计[39]。"

这种沿河建楼为仓库的壮观,宋神宗熙宁五年(1072),日本僧人成寻乘船到杭州时曾描述:

> 未时,著杭州凑口,津屋皆瓦葺,楼门相交,海面方叠石高一丈许,长十余町许,及江口河左右同前[40]。

可以想见宋时杭州海岸码头一带楼式仓库屏立的景观。

廊式的平仓,清徐松辑《宋会要辑稿·食货·茶法杂录》中记载:"访闻客人近岁以中卖为名,……在官场三两月间,故意高索贵价,商量不成,遂致翻引离场,不惟虚占**廊屋**,兼亦有误官场元指拟之数[41]。"这是北宋末徽宗朝的情况,将廊式平房的长仓称为"廊屋"。"楼"或"廊屋"是指仓库所采用的建筑形式。宋以后的"塌坊"大多是用这种廊式的长仓。明代初期,据《明太祖实录》卷**21**,"洪武二十四年八月辛巳"条中说:

> 初京师辐辏,军民屋室,皆官所给,连廊栉比,无复隙地。商人货物至京者,或止于舟,或贮于城外民居,驵侩之徒,从而持其价,高低悉听断于彼,商人病之。上知其然,遂命工部,于三山等门外濒水处,为屋数十楹,名曰塌坊。商人至者,俾悉贮货其中,既纳税,从其自相贸易,驵侩无所与,商族称便[42]。

后面又说:"永乐初……准南京例,置京城官店塌房。"明初南京缺少仓库,驵侩,一作"驵会",(zǎng kuài)古代对牙商的称呼,即现在所谓的经纪人(commission agent),以民居作仓储,随便要价勒索客商,为此明朝廷在三山等门外建仓库,便利商贾,称"塌坊"。而永乐初,北京以南京为例,建仓库则称"塌房",说明仓库建筑多为廊式长仓。南京所建"为屋数十楹",可解释为造了数十间,也可理解为一栋有数十间,总之不只是一两栋房屋,可能成片故而称"塌坊"。北京是准备照南京的例子,由朝廷建房屋作仓库,而称之为"塌房"的吧!但在宋人笔记中同一仓库,有称"坊",亦有称"房"的,坊和房互用,没有严格的分别。

在中国仓库建筑史上,值得大书一笔的是南宋杭州所建的仓库建筑。吴自牧的《梦梁录》是根据耐得翁的《都城纪胜·坊院》条所记敷衍增补而成,记述较详,便于阅读。记云:

> 城郭内北关水门里,有水路,周回数里,自梅家桥至白洋湖、方家桥,直到法物库市舶前,有慈元殿及富豪内侍诸司等人家,于水次起造**塌房**数十所,为屋数千间,专以假赁与市郭间铺席宅舍及客旅,寄藏物货并动具等物,**四面皆水**,不惟可**避风烛**,亦可**免偷盗**,极为利便。盖置塌房家,日月取索,假赁者管**巡廊钱会**,雇养人力,遇夜巡警,不致疏虞。其他州郡,如荆南、沙市、太平州、黄池,皆客商所聚,虽云浩繁,亦恐无此等稳当房屋矣㊸。

在八百多年前的宋代,这种仓库是十分合理先进的设计,四面环水,便于防火。宋代对城市消防非常重视,有严格的组织,《东京梦华录·防火》条说:"每坊巷三百步许,有军巡铺屋一所,铺兵五人,夜间巡警,收领公事。又于高处砖砌望火楼,楼上有人卓望,下有官屋数间,屯驻军兵百余人,及有救火家事(器具),谓如大小桶、洒子、麻搭、斧锯、梯子、火叉、大索、铁猫儿之类。每遇有遗火去处,则有马军奔报军厢主,各领军级扑灭,不劳百姓㊹。"宋代城市消防是十分完备的,防火是仓库的头等大事,当时塌坊中雇用的夜间巡逻警卫的人,可能就兼有消防的任务。正因有这些安全措施,所以假赁者不仅要付仓贮的费用"垛地钱",还要付"管巡廊钱会"("会",是"会关子",相当于纸钞),即保险费之意。称这种费用为"管巡廊",可见仓库建筑物是廊屋式的平仓。

明代以前,对塌坊虽有文字记载,但很难有具体的形象概念。我们从清代徐扬所绘苏州的《盛世滋生图》中的**社仓**,可以看到仓库建筑的具体情况。图**5—6**为苏州木渎社仓,社仓建在木渎镇郊临河的旷野处,三面环水,从总体布局看,仓库在西,为五栋行列式布置的廊式平仓,两面临水;管理用建筑在东南部分,组合成庭院建筑,前面有一对旗杆处,当是社仓的大门;仓房东用廊、墙围合成水院,靠仓房一隅设有曲尺形平台,显然北墙下有路连台,可通东面的修廊。这样设计,不仅为了仓房的消防用水,也有利于防盗,还可能与粮食发放活动功能有关。东南角上建有八角形的"敌楼",为巡廊警卫瞭望之用。社仓不仅交通方便,有利于防火防盗,在空间意匠上亦富于变化。

**社仓** 在汉代以后,历代官府为"**调节粮价,备荒赈恤**"都建有粮仓,称"**常平仓**"。后仓设在里社,由当地人管理,亦称"社仓"。据乾隆《苏州府志》载,此木渎社仓乃雍正年间创建。清代社仓屡兴屡废,常为官吏和豪绅把持,对百姓进行额外的剥削。

# 第十三节　酒楼茶肆

不论在什么时候,经济的发展,总是无情地、无例外地开拓着自己的道路。中国到宋代,管制禁锢了千年之久的坊市制,终于被经济的力量摧毁了。都市在时空上

塌房,亦称塌坊。宋明间租赁给人存放货物等的仓库建筑物。

社仓

图 5 - 6　清·徐扬《盛世滋生图》中的社仓（摹写）

的种种限制被解除了,城市面貌发生了空前的巨变:店铺骈集的街道到处可见;出现了历史上没有过的**瓦子**——市民集中的游乐场所;酒馆、茶肆,高楼雄峙,横跨街衢,俯视着热闹的车马人流,**酒楼**成了城市繁华的标志;过去"六街鼓歇人绝灭"的凄冷景象,如今已是"深夜灯火上樊楼"的繁华盛况了。人们被长期束缚抑制的欲望似决堤之水而人欲横流,过着颇为自由、放纵享乐的生活。

这种空前的城市繁荣,在文学上产生了前所未有的回忆和记录南北宋城市社会生活的作品,如:孟元老的《东京梦华录》,著成于南宋绍兴十七年(1147),大多追写北宋(1102~1125)年间都城汴梁(开封)的情况;灌园耐得翁在南宋理宗端平二年(1235)所作的《都城纪胜》是写当时的临安(杭州);西湖老人的《西湖老人繁胜录》写作略迟于《都城纪胜》,内容却相同;吴自牧在南宋末年所作的《梦粱录》,记述了南宋整个时期的临安情况;周密的《武林旧事》成书于宋亡之后的元至元二十七年(1290)以前,也是记述南宋时期临安的社会城市生活的作品。还有记述其他城市的如南宋洪迈的《夷坚志》、楼钥的《北行日录》、范成大的《揽辔录》和《事林广记》等等。在绘画艺术上,北宋画家张择端于徽宗时所绘《清明上河图》卷,是形象地描绘北宋开封繁华景象的著名艺术珍品(图**5-7**为《清明上河图》部分)。

## 一、酒 楼

我们在宋人笔记里许多散漫阔略的文字中,只有选择能多少反映出建筑情况

图 5-7　宋·张择端《清明上河图》中的酒楼(摹写)

的一些材料,作简要的分析。《东京梦华录·酒楼》中说:

> 凡京师酒店门首,皆缚彩楼欢门,惟任店入其门,一直主廊约百余步,南北天井两廊皆小阁子,向晚灯烛荧煌,上下相照,浓妆妓女数百,聚于主廊檐面上,以待酒客呼唤,望之若神仙。北去……东西两巷,谓之大小货行,皆工作伎巧所居。小货行通鸡儿巷**妓馆**,大货行通棧纸店。**白矾楼**,后改为丰乐楼,宣和间,更修三层相高,五楼相向,各用飞桥栏槛,明暗相通,珠帘绣额,灯烛晃耀……元夜则每一瓦陇中,皆置莲灯一盏。内西楼后来禁人登眺,以第一层下视禁中。大抵诸酒肆瓦市,不以风雨寒暑,白昼通夜,骈阗如此……(酒肆)在京正店七十二户,此外不能遍数,其余皆谓之'脚店'。卖贵细下酒,迎接中贵饮食……九桥门街市酒店,彩楼相对,绣旆相招,掩翳天日[45]。

又:"饮食果子"条记有:

> 诸酒店必有厅院,廊庑掩映,排列小阁子,吊窗花竹,各垂帘幕,命妓歌笑,各得稳便[46]。

小阁子,"阖":《汉书·公孙弘传》注:"阖者,小门也。"后通"阁"。"天井两廊皆小阁子",说明廊是设有外廊的长屋,进深很浅,隔成许多小的单间;所谓"厅"者,是二三层的楼房(大多是二层),因是饮宴娱乐之所,故称厅而不称堂,此可谓之楼厅。以前后楼厅为主,左右两边用廊屋组合成围闭式庭院,故云:"诸酒店必有厅院",耐得翁的《都城纪胜·酒肆》条中则明确的说:"酒阁名为厅院",可见在整个宋代,"厅院"是大的酒店的典型建筑形式。

这种二三层的大酒店,都雄峙在街道两旁。规模大者,楼厅不只一座,如著名的"白矾楼",就有五座三层高楼对峙在街的两边,而且用飞桥栏槛架于街上,明暗相通,其华丽雄飞的气势,难怪造成"观者如堵"的盛况。这就不难理解所谓"一直主廊约百余步",而且有"浓妆妓女数百,聚于主廊檐面上"的意思了。"檐",《说文解字》释:"檐,同床,户也。"檐面,就是门面的意思。邓之诚先生的《东京梦华录注》,在檐字下注"案:檐应作檐。"则檐面就成"檐面",似不确切。但可以想见,主廊就是连接在临街两座楼的檐前之廊,妓女们都聚在酒店门面前的廊上,"以待酒客呼唤",如此众多的浓妆艳抹、搔首弄姿的女子,也是酒店招徕顾客最好的活广告了。

《都城纪胜·酒肆》中说:"大凡入店,不可轻易登楼上阁,恐饮燕浅短。如买酒不多,则只就楼下散坐,谓之门床马道[47]。"可知当时酒店楼厅设计,楼上也是分隔成许多单间的,谓之"酒阁子[48]";楼下是敞厅布置成散座,可随意小吃花钱少,"谓之小分下酒"。若单间叫妓女,妓女就"索唤高价细食",只有出得起钱的食客,才"不被所侮也"。宋代的酒楼,从建筑设计布局、酒店的设备和经营的手段方式看,可以说较之今日也有过之而无不及,红灯绿酒,纸醉金迷。如刘子翚《屏山集钞·汴京纪事》诗:

> 梁园歌舞足风流,美酒如刀解断愁,
> 忆得少年多乐事,夜深灯火上樊楼。

北宋后期都市居民的生活,仅据《东京梦华录》记载,从马行街北去到封丘门的十多里,"坊巷院落,纵横万数,莫知纪极。处处拥门,各有茶坊酒店,勾肆饮食。市井经纪之家,往往于市店旋买饮食,不置家蔬[49]。"经纪之家:是指做小买卖的商贩人

---

自北宋到南宋,都市中的大酒店,都是用楼厅和分隔成若干小单间的廊屋组合成四合院,称"厅院"。厅院,是宋代大酒店的典型建筑形式。

家。他们都常常不动灶火三餐去买了吃的，足见坊市制崩溃后，城市商业经济有一个飞跃的发展。人民生活富裕了，物质生活就讲究起来，连卖饮食的人，也"装鲜净盘合器皿"，甚至"卖药卖卦，皆具冠带"，到处是"花阵酒池，香山药海。别有幽坊小巷，燕馆歌楼，举之万数，不欲繁碎⑤。"

酒店具有规模的都建造楼房，所以称**酒楼**，在宋时官营的酒楼叫做**官库**，私营的酒楼叫做**市楼**。不仅在都城开封，在其他城市也临街巍然耸峙着酒楼，如楼钥的《北行日录》卷上"乾道五年（1169）十二月十五日"条：

> 至相州城外安阳驿，早顿马入城，人烟尤盛。二酒楼，曰康乐楼，曰月白风清。又二大楼夹街，西无名，东起三楼，秦楼也。望傍巷中，又有琴楼，亦雄伟，观者如堵。大街直北，出朝京门⑤。

相州，今河南安阳，范成大的《揽辔录》也记有上述相州的酒楼。范成大的《吴群志》卷六还记有平江府（今苏州）的五座酒楼，即清风楼，在乐桥南；黄鹤楼，在西楼之西；跨街楼，西楼之西；花月楼，饮马桥东北；丽景楼，乐桥东南。以淳熙十二年（1185）所建之花月、丽景"雄盛甲于诸楼"。这五楼都见于《平江图碑》。在《平江图碑》上将酒楼与官署、寺观同时特为刻出，说明酒楼在当时人们心目中是都市中具有代表性的建筑。

**1. 宋代酒楼类别**

宋代酒店有不同的层次和形式，据《都城纪胜》所载⑤，可知南宋时酒店的大致情况。

**宅子酒店** "谓外门面装饰如仕宦宅舍，或是旧仕宦宅子改作者"。

**花园酒店** "城外多有之，或城中效学园馆装折"。《都城纪胜》中的这"装折"一词，研究园林者多未注意，故皆认为《园冶》的"装折"，是吴中工匠的地方术语，由此证明此说之谬矣。

**散酒店** 是大众化的小酒馆，"门首亦不设油漆权子，多是竹栅布幕，谓之打椀，遂言只一杯也，却不甚尊贵，非高人所往"。权子，是阻拦人马通行的木架，用一根横木置于数对交叉的木棍上制成。《东京梦华录·御街》：街上置有黑漆权子和朱漆权子，如今马路上分车道所置拦阻的东西。

**庵酒店** "谓有娼妓在内，可以就欢，而于酒阁内暗藏卧床也。门首红栀子灯上，不以晴雨，必用箬匾盖之，以为记认。其他大酒店，娼妓只伴坐而已。欲买欢，则多往其居"。箬（ruò）：竹叶、笋皮；匾：《说文》：栖也。栖同杯。这是形容用竹叶编成如盘子样盖在门口的灯上，作为可嫖妓的标识。

这种藉酒店而兼妓馆之业，在门灯上做记认的标识，显然不是怕官府之禁，而是为大人先生们遮羞也。这种酒店冠以"庵"字，"庵"本小草屋，为修行者所居。如范成大《花山村舍》诗："菴庐少往来，门巷湿苍苔。"庵酒店，是取其隐蔽之义的幽默说法。宋代都城中的妓馆很多，早在唐代晚期已经出现妓馆酒楼，只是在坊市的围墙里，宋代就公然招摇上市了。旧时官府并不禁止卖淫宿娼，也充分说明儒家道德说教的虚伪，实际上"凡在妇女方面被认为是犯罪并且要引起严重的法律后果和社会后果的一切，对男子却被认为是一种光荣，至多也不过当做可以欣然接受的道德上的小污点⑤。"正如恩格斯说的"**以通奸和卖淫为补充的一夫一妻制是与文明时代相适应的**⑤。"

宋代城市的开放，酒楼茶肆空前的兴盛，大大推动了中国饮食文化的发展。到

《都城纪胜》中用装折一词，说明园林学界所公认的，《园冶》中用的装折，是吴中工匠术语的谬误，早在南宋时的杭州已用"装折"称建筑装修了。

247

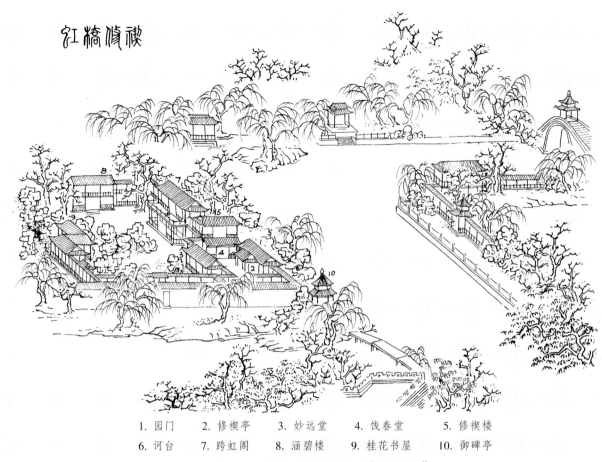

1. 园门　　2. 修禊亭　　3. 妙远堂　　4. 饯春堂　　5. 修禊楼
6. 诃台　　7. 跨虹阁　　8. 涵碧楼　　9. 桂花书屋　　10. 御碑亭

**图5-8　清代扬州瘦西湖园林"虹桥修禊"**

1. 辋川图画阁　　2. 流波华馆　　3. 湖心亭　　4. 怀仙馆

**图5-9　清代扬州瘦西湖园林"柳湖春泛"**

明清时代,酒店已非宋代摆脱坊市制的束缚以后,那种暴发户式的高楼雄峙,临街跨衢,招摇炫耀的风尚,而是既讲究菜肴的精致,要求色、香、味俱佳,并且非常重视饮食环境的文化氛围。现就清代"以市肆胜"的苏州和"以园亭胜"的扬州(清·刘大观评语)为例。

### 2. 扬州酒肆

扬州的酒店称酒肆或酒铺,它继承和发展了宋代的"宅子酒店"和"花园酒店"清静幽雅的环境,舍弃了"市楼酒店"的繁华热闹。如清·李斗的《扬州画舫录》卷十一所说,扬州开酒肆者,"不惜千金买仕商大宅为之。如涌翠、碧芗泉、槐月楼、双松圃、胜春楼诸肆,**楼台亭榭,水石花树**,争新斗丽,实他地之所无。其最胜者,鲥鱼、蚌蝑(蛤类)、班鱼、羊肉诸大连,一碗费中人一日之用焉[55]。"大连,是指面条;冬用满汤,夏用半汤,谓之过桥。李斗说以园林开酒店"实他地之所无",是囿于地方之见也,苏州亦是如此。

> 跨虹阁在虹桥埂,是地先为酒铺,迨丁丑(乾隆二十二年,1757)后,改官园,契归黄氏,仍令园丁卖酒为业。联云:"地偏山水秀(刘禹锡),酒绿河桥春(李正封)"。阁外日揭帘,夜悬灯,帘以青白布数幅为之,下端裁为燕尾,上端夹板灯,上贴一"酒"字……铺中敛钱者为掌柜,烫酒者为酒把持。凡有沽者斤数,掌柜唱之,把持应之,遥遥赠答,自成作家,殆非局外人所能猝办[56]。

清代中叶扬州瘦西湖一带"十里图画新闻苑"集中了大量园林,皆乾隆南巡时所建,都不是宅园,但"饬庖寝以供岁时宴游",园主多不居住园内,平时大都可供游人宴寝;这就为人们宴集娱游提供了消闲而幽雅的环境,从而促进餐饮业向园林化发展。图 **5-8** 为清代扬州瘦西湖园林"虹桥修禊",图 **5-9** 为"柳湖春泛",图 **5-10** 为"西园曲水"。清·方桂《望江南十调》:"扬州好,小憩纵奇观,醉白园中沽佛手,碧乡泉内煮龙团,到处可为欢。"

### 3. 苏州酒肆

苏州的"虎丘泉石既佳,去郭又近。登临之人,岁无虚日。至如游宦两京,行役四方者,率于此饮饯,及相赠言,多取山中古迹,分题赋诗,不独今人然也[57]。"至唐代白居易守郡,开凿自阊门至虎丘山的山塘河与运河通连,成南北水路通道,沿河七里山塘,为苏州人游虎丘的主要游览线,十分繁华热闹,酒楼茶馆很多,著名的如三山馆、山景园、聚景园酒楼等。清顾禄的《桐桥倚棹录》是一部专记虎丘山塘一带山水名胜、市廛工艺的书,记酒楼有:"山景园、三山馆筑近丘南,址连塔影,点缀溪山景致,未始非润色太平之一助。且地当孔道,凡宴会祖饯,春秋览古,尤便驻足。"这是建在虎丘山前(南),靠近塔影园的酒楼,酒楼而有点缀溪山景致,润色太平之助,这同今天在风景区盖酒楼饭店,造成建设性的破坏,可谓天壤之别了。山景园是如何建造的呢?据顾禄记云:

> 乾隆某年,戴大伦于引善桥旁,即接驾楼遗址筑山景园酒楼,**疏泉叠石,略具林亭之胜**。亭曰:"坐花醉月",堂曰"勺水卷石之堂"。上有飞阁,接翠流丹,额曰"留仙",联曰:"莺花几编展,鲦菜一扁舟"。又柱联曰:"竹外山影,花间水香"。皆吴云书。左楼三楹,匾曰"一楼山向酒人青"。……右楼曰"涵翠"、"笔峰"、"白雪阳春阁"。冰盘牙箸,美酒精肴。客至则先馈以佳莼,此风实开吴市酒楼之先[58]。

1. 舫咏楼　　2. 东楼　　3. 濯清堂　　4. 新月楼　　5. 拂柳亭　　6. 水明楼

**图 5 - 10　　清代扬州瘦西湖园林"西园曲水"**

山景园有堂,有左右楼,有亭,看来是庭园式的酒楼,因是酒楼非园林,"略具林亭之胜",美化环境而有传统风味即可。建筑皆有匾额楹联,这种园林文学化是扬州园林的风尚,为酒店亦增添文化氛围。餐器已不尚宋代酒店用金银以显豪华,而是用白瓷或玻璃杯盘、象牙筷子,盛以美酒精肴,追求素洁高雅。处处反映出"式征清赏"的文化内涵,是中国饮食文化发展到更高层面的表现。

飨(xiǎng):用酒食款待人,荈(chuǎn喘):晚采的茶。山景园酒楼在客人到来后,先送上好茶的做法,不仅开当时苏州酒楼之先,而且一直沿续至今,为上海等南方酒楼饭店所继承,并发展到与茶艺结合,茶已不只单用茶叶,并参以中药成为所谓的开胃保健茶。它用长嘴铜壶冲水,有壶嘴长数尺、嘴端细如粗箸者,侍者不移位可为满桌茶盅冲水,亦时尚也。沈朝初《忆江南》词云:

苏州好,酒肆半朱楼。迟日芳樽开槛畔,月明灯火照街头。雅坐列珍馐。

## 二、茶　肆

茶肆,在宋人笔记中常称茶店、茶坊、茶邸等,没有固定名称,显然是从坊市的概念藉以表示一种行业。明清时除了称肆,还出现了社、馆、屋等名称,这个变化已有表示行业性质的意思,是以茶会友和消闲的地方。今天也有称茶馆、茶社、茶屋者。

### 1. 宋代的茶肆
北宋都城开封的茶肆,孟元老《东京梦华录》中有"酒肆",但不称茶肆,而称茶坊。

对茶坊亦无具体的描述。南宋耐得翁《都城纪胜》中,虽列有茶坊条,但记述十分简略。吴自牧的《梦粱录》"茶肆"条,从文字结构看,是取自《都城纪胜》,而敷衍记述较详。

据《梦粱录》记载:

> 汴京熟食店,张挂名画,所以勾引观者,流连食客。今杭城茶肆亦如之,插四时花,挂名人画,装点店面。四时卖奇茶异汤,冬月添卖七宝擂茶、馓子、葱茶,或卖盐豉汤,暑天添卖雪泡梅花酒,或缩脾饮暑药之属……今之茶肆,列花架,安顿奇松异桧等物于其上,装饰店面,敲打响盏歌卖,止用瓷盏漆托供卖,则无银盂物也。夜市于大街有车担设浮铺,点茶汤以便游观之人[59]。

可见当时茶肆的特点:多讲究悬挂名人字画,摆设插花、盆景等,以饮茶环境的幽雅,招揽流连顾客;不单只卖茶水,也卖点心、冷饮等"奇茶异汤";还时兴在店面敲盏歌吟叫卖,如《都城纪胜》云:"叫声自京师起撰,因市井诸色歌吟卖物之声,采合宫调而成也……若不上鼓面,祗敲者,谓之打拍。"宋代的很多行业时兴"歌吟卖物"而称之谓"吟叫"。将夜市中车推肩担设摊的叫"**浮铺**"。茶肆随其开设的地点和物质条件等的不同,常常成为不同社会集团和行业人员的聚会之处,而带有了不同的性质。

## 2. 苏州茶肆

到明清时代的茶肆,继承宋代茶肆悬挂书画之风雅和讲究环境之美的特点。顾禄《桐桥倚棹录·市廛》记苏州"虎丘茶坊"云:

> 多门临塘河,不下十余处。皆筑危楼杰阁,妆点书画,以迎游客,而以斟酌桥"东情园"为最。春秋花市及竞渡市,裙屐争集。湖光山色,逐人眉宇。木樨开时,香满楼中,尤令人流连不置。又虎丘山寺碑亭后"一同馆",虽不甚修葺,而轩窗爽垲,凭栏远眺,吴越烟树,历历在目。费参诗云:"过尽回栏即讲堂,老僧前揖话兴亡。行行小幔邀人坐,依旧茶坊共酒坊[60]。"

这是指虎丘附近山塘街上的茶楼,前面山塘街,后临山塘河,是由阊门到虎丘的水陆游览线,不仅街市繁华集中了地方特产和手工艺品店铺,河上画舫亦十分热闹,"郡人宴会与估客之在吴贸易者,辄赁沙飞船会饮于是[61]。"如沈朝初《忆江南》词云:"苏州好,载酒卷艄船。几上博山香篆细,筵前冰碗五侯鲜。稳坐到山前。"茶楼在街河之间,前迎行旅,后待船客,多为单体建筑的楼阁,以环境景观为胜也。山塘街早已荒废不兴。所云"一同馆"茶肆,在虎丘寺内半山上,极凭眺之胜,今仍设有茶座。

### 3. 扬州茶肆

扬州茶肆盛名久誉海内,如李斗在《扬州画舫录》中所说:"吾乡茶肆,甲于天下,多有以此为业者,出金建造花园,或鬻故家大宅废园为之。楼台亭舍,花木竹石,杯盘匙箸,无不精美[62]。"举例言之:

"小秦淮茶肆":"小秦淮茶肆在五敌台。入门,阶十余级,螺转而下,小屋三楹,屋旁小阁二楹,黄石嶙屼,石中古木数株,下围一弓地,置石几石床。前构方亭,亭左河房四间,久称佳构。后改名东篱,今又改为客舍[63]。"小秦淮是扬州小东门内之夹河,所谓五敌台可能原为瞭敌所筑土台之下,故入茶肆须拾级而下。这一带是妓院集中处,因逊于金陵(南京)之秦淮河,而名"小秦淮"。河房四间为客舍,多为说评书、变戏法的艺人所居。嶙屼(**cuán wán**):山形尖锐貌。这里指所叠的黄石假山,并有古木数株,空庭中置石几石床,大约夏天可作露天饮了。茶肆房舍不多,沿河而园林化。

中国古代的茶肆,室内讲究摆设、插花、盆景,悬挂名人字画,轩窗爽垲,明净幽雅;室外楼台亭舍,花木竹石,追求环境的园林化。不仅按时令有"奇茶异汤",而且各有特色的名点,这是足资借鉴的一种饮食文化传统。

"合欣园茶肆"："合欣园本亢家花园旧址，改为茶肆，以酥儿烧饼见称于市，开市为林媪……于头敌台开大门，门可方轨。门内用文砖亚子，红栏屈曲，垒石阶十数级而下，为二门。门内厅事三楹，题曰'秋阴书屋'。厅后住房十数间，一间二层，前一层为客座，后一层为卧室。或近水，或依城，游人无不适意。未几林媪死，遂改是园为客寓⑭。"

扬州茶肆继承并发展了茶肆备有汤点的特点，有荤茶肆与素茶肆之分，李斗在《扬州画舫录》中列名者就有十多家，举出以某种点心著名的茶肆有：

> 双虹楼烧饼，开风气之先，有糖馅、肉馅、干菜馅、苋菜馅之分。宜兴丁四官开蕙芳、集芳，以糟窖馒头得名。二梅轩以灌汤包子得名，雨莲以春饼得名，文杏园以稍麦得名，谓之鬼蓬头。品陆轩以淮饺得名，小方壶以菜饺得名，各极其盛。而城内外小茶肆或为油镟饼，或为甑儿糕，或为松毛包子，茆檐筚门，每旦络绎不绝⑮。

扬州茶肆著名者多在风景优美山湖之胜处，茶点兼备，既重饮食环境之美，又重饮食之独特风味。这说明中国传统的饮食文化，并非只在饮食本身，而是与建筑文化相融合，是值得继承和发扬的。

扬州茶肆建筑的特点，一言以蔽之，即**茶馆的园林化，园林化的茶馆**。有原为茶肆，后为私家园林者，如"西园茶肆"后归张氏为园，即扬州二十四景中的"西园曲水"（图5-10"西园曲水"）；有园林平时卖茶，或在园中设茶屋者，前者如朱标别墅的"柳林茶庄"，后者如"白塔晴云"，在园内芍药圃中之"芍厅茶屋"等等。这种现象反映了清代扬州的特殊社会条件，由于乾隆皇帝多次南巡，盐商为接驾而兴建了大量的园林，多与家庭生活无关，不同于苏杭的宅园。但在园林而经营酒茶，反映了园林的开放性和社会化的趋势；而造园开酒店茶馆，则反映了中国的饮食业超越了市井化，向更高的文化层次的发展。

# 第十四节　瓦舍勾栏与戏园

## 一、瓦　舍

### 1. 瓦舍释义

宋代坊市制崩溃以后，在大城市里出现了各种伎艺表演集中在一个地方的娱乐场所，称之谓"瓦子"，也叫"瓦舍"、"瓦肆"或"瓦市"。据宋人笔记中的解释：

> 《梦粱录》："瓦舍者，谓其来时瓦合，去时瓦解之义，易聚易散也⑯。"
> 《都城纪胜》："瓦者，野合易散之意，不知起于何时⑰？"

是用"瓦"形容这种娱乐场所，聚拢时成屋盖，分散时屋即不存了。所谓"易聚易散"所指的对象，毫无疑问的首先是指观众，没有观众就不存在表演，同时也指在瓦子里演艺者的流动性，这在史无前例的瓦子出现之初，表达了人们对这种集中了

山西运城博物馆收藏的陶制戏台

各类表演艺术的场所，无以名之的一种非常形象的比喻。《都城胜纪》不说"易聚易散"，而说"野合易散"，大概起初瓦子里的观演场所是露天的缘故。

瓦子里有那么多伎艺表演，会吸引大量的游人观众，自然就会有许多服务性的行业和各种商贩买卖。所以在北宋时"瓦中多有货药、卖卦、喝故衣、探搏、饮食、剃剪、纸画、令曲之类"（《东京梦华录》卷二）。游人"终日居此，不觉抵暮"。上句话中的"瓦中多有……"，就非常明确说明：**"瓦"或"瓦舍"，就是各种伎艺集中在一起的公共娱乐场所。** 瓦舍里有饮食等各种买卖，初期的瓦子里还不太可能建造永久性的商业建筑，多半是排档式的浮铺和零售摊点，所以只讲有做什么营生的，而未说有什么店铺。瓦子发展以后，如纳新在《河朔访古记》中讲到真定路（今河北正定市）南门的情况时所说："左右挟二瓦市，优肆娼门、酒垆茶灶，豪商大贾，并集于此⑱。"这已是元代的事了。这里虽用"瓦市"一词，并非是指"优肆娼门、酒垆茶灶"，只是说这些行当和瓦市都"并集于此"。令人难以理解的是，许多权威性的辞典对"瓦子"或"瓦舍"都做了错误的解释。如：

> 商务印书馆 1991 年印行的《辞源》"瓦子"条："即妓院、茶楼、酒肆、娱乐、出售杂货等场所。"仅列"娱乐"一词根本没有说明"瓦子"的性质是什么；
> 台湾三民书局 1985 年出版的《大辞典》则解释"瓦子"为"宋代称妓院、茶楼、酒肆、卖杂货的店铺等场所。"竟然把"瓦子"的主要内容"勾栏"——许多观演场均取消了；
> 台湾中国文化学院出版部 1968 年出版的《中文大辞典》干脆将"瓦子"解释为"宋时妓院之称"。

这些解释的文字虽有繁简，但共同一点都认为"瓦子"或"瓦舍"的主要内容和性质是"妓院"。说宋代称妓院为"瓦舍"，还没有见到任何文献有此一说，不知有什么根据？从宋元人笔记中大量资料都很清楚地说明，"瓦子"主要是由表演各种伎艺的"勾栏"集中在一起的娱乐场所，而"勾栏"是中国剧院建筑史上出现的初期形式。产生上述错误的原因，大概是与元以后称妓院为"勾栏"有关。从元高安道《嗓淡行院》中的"倦游柳陌恋烟花，且向棚阑玩俳优"之句，"棚阑"就是指勾栏，可见在元代时，妓院与勾栏还是两码事。元以后称妓院为勾栏，显然是戏曲演出已进入茶馆酒楼的阶段，勾栏逐渐消失了，才会发生这种词义的变化。将妓院与"勾栏"联系起来的原因，还可能与明朱权（1378—1448）《太和正音谱》的"杂剧，俳优所扮者谓之娼戏，故曰勾栏"的说法有一定的关系。

**2. 瓦舍起源**

**瓦子起于何时？** 南宋时人灌园耐得翁在写《都城纪胜》时，已经搞不清楚了。可以肯定的是在北宋仁宗朝坊市制崩溃以前，城市在空间和时间上都加以管制的时代，根本不允许市民在围闭的坊市之外，有自由集会的公共活动场所，是绝不会出现"瓦舍勾栏"式的游乐场。而坊市制的崩溃是个缓慢进行的过程，社会经济的繁盛以不可阻挡的力量摧毁了坊市的墙垣，市民的生活活动，尤其是商业活动在时空上已不再受到官府的管制，才会出现瓦舍勾栏的新生事物。开始只出现在北宋京师汴梁，此后是否扩展到其他城市，尚未见有文字资料，所以我们不得而知。从南宋潜说友《咸淳临安志》记载：

> 故老曰：绍兴和议后，杨和王为殿前都指挥使。从军士多西北人，故于诸军寨左右，营创瓦舍，招集伎乐，以为暇日娱戏之地。其后修内司又于城

瓦舍，非建筑名称。是指北宋仁宗朝坊市制崩溃以后，出现的由若干演艺场"勾栏"集中成市的游乐场所，故有"瓦子"、"瓦舍"、"瓦肆"、"瓦市"等等的称呼。

253

中建五瓦以处游艺⑩。

这条资料说明，北宋时像杭州这样经济发达的南方城市还没有瓦舍，宋朝廷南渡后，大量西北（指河南、陕西、山西一带）的军士涌入杭州，指挥官为军士"暇日娱乐"的需要，才开始建了瓦舍，后来官府的营缮部门在杭州城里又建了五处瓦舍。据周密《武林旧事》所记，到南宋末，当时已发展瓦舍二十余处之多，江浙一带的城市也多有瓦舍。入元以后，随北曲杂剧风行大江南北，瓦舍勾栏也遍及各地。

北宋汴京的瓦子，据《东京梦华录》记载：

> 街南桑家瓦子，近北则中瓦，次里瓦，其中大小勾栏五十余座。内中瓦子，莲花棚、牡丹棚；里瓦子，夜叉棚、象棚最大，可容数千人……瓦中多有货药、卖卦、喝故衣、探搏、饮食、剃剪、纸画、令曲之类，终日居此，不觉抵暮⑩。

这条资料说明，北宋汴京的瓦子不只一处，瓦子里有大大小小的观演伎艺场子叫"**勾栏**"，从列名的三处瓦子，桑家瓦子、中瓦、里瓦中就有勾栏五十余座，平均一处瓦子有十六七座勾栏。勾栏还搭有"棚"，除了勾栏还有许多饮食和杂货买卖。

从有些勾栏称"棚"，买卖只讲什么营生而不说什么店铺来看，瓦子里的勾栏只是用竹木搭的临时性棚子，各种买卖多半是浮铺和一些摊点，反映出这种纯由民间自发形成的娱乐场所——**瓦子的初期形态**，既没有统一的规划，也没有固定的永久性建筑。

上面所引的资料中"棚"是个值得研究的问题，是五十余座勾栏都搭棚呢，还是只有少数的勾栏搭有棚子？是勾栏的顶上全部搭上棚子呢，还是只在局部的地方搭棚呢？这些问题我们可以从周密的《武林旧事》回忆南宋都城临安（今杭州）的情况来分析：

> 北瓦、羊棚等，谓之"游棚"，外又有勾栏甚多，北瓦内勾栏十三座最盛。或有路歧，不入勾栏，只在要闹宽阔之处做场者，谓之"打野呵"，此又艺之次者⑪。

"北瓦、羊棚等"，说明北瓦内有十三座勾栏，其中不只有"羊棚"，对这种有棚的勾栏称之谓"**游棚**"。接着说"外又有勾栏甚多"，很显然是说像"羊棚等，谓之游棚"的之外，还有很多没有"游棚"的勾栏。因为此瓦一共有十三座勾栏，搭"游棚"的勾栏只是少数。如果这样理解是对的，则说明瓦子发展到南宋以后，勾栏尚且没有全都搭上棚子，此前的北宋显然更不可能凡勾栏都搭有"游棚"了。

观演场所的物质条件和空间形式，与演出的内容和形式是相关的，北宋瓦子里所表演的伎艺，孟元老在《东京梦华录》中提到的有：小唱、嘌唱、杂剧、傀儡、杂手伎、讲史、小说、舞旋、影戏、相扑、球杖踢弄、掉刀蛮牌、诸宫调、弄虫蚁、商谜、合生、说诨话、杂班、叫果子等等，这些大多是时间很短的节目，常常是杂剧和百戏杂技前后出场连台表演。从《水浒传》第五十一回，白秀英说唱诸宫调，可知当时勾栏演出的收费情况："白秀英（唱到中间）拿起盘子指着道：'财门上起，利地上住，吉地上过，旺地上行。手到面前，休教空过。'白玉乔道：'我儿且走一遭，看官都待赏你。'"白秀英就从戏台上下来，到观众中间转圈讨钱。

这种收费形式同"瓦舍勾栏"出现以前艺人在城市路边空地上演出一样，行同乞讨，不收门票，观众就可以自由出入。这种由观众随意赏几个小钱，连票房价值也谈不上，艺人付给勾栏主的租场费也就有限得很，从经营勾栏的场主来说，不可能为上百人的勾栏搭建全封闭的棚子,上千人的大勾栏就更不可能了。到南宋时,这种收费形式,有的勾栏还是如此。可以想见,瓦舍勾栏开始出现的初期,勾栏只是用木栅栏围成的空场,有表演的舞台,最多有部分或全部的简易的观众坐具,如地上钉上木桩,桩头上铺长条木板的连凳之类,多半是露天观演,这大概就是南宋灌园叟在《都城纪胜》中解释"瓦子"为"**野合易散**"的道理。

以棚为名的勾栏,棚是如何搭的,搭在什么地方?这要从观演搭棚的历史来考察,因为在 瓦子勾栏出现以前,观看伎艺表演就已搭棚了。这里先解释"勾栏"。

### 3. 勾　栏

"勾栏",即栏干。晋·崔豹《古今注》:"汉顾成庙槐树设扶老钩栏,其始也。"这大概是为保护古老槐树,根际设的围栏。"其始也"是指这种功用的栏干,因为早在战国时代的大床,就"周围绕以阑干"了(《中国古代建筑史》)。唐代也多称栏干为"勾栏",李商隐诗:"碧城冷落空濛烟,帘轻幕重金钩栏。"勾同"钩",勾连也。称栏干为"勾栏"者,可能是形容望柱间寻杖栏板(花格)勾连成带的缘故。今可见苏州古典园林凉亭水榭的坐槛上设栏干,弯曲而名"美人靠"者,因向外倾斜,倒是用铁钩钩在柱上的,可谓名副其实的"勾栏"了。栏干不论用于建筑还是桥梁,都有空间界定和拦护的作用。

宋元时代称瓦舍中的观演场为"勾栏",**勾栏是早期演艺场地用木栅栏围成圆场的称谓**,所以元人市语谓:"勾栏——圈儿"、"勾栏看杂剧——圈里睃末"(《墨娥小录》)。睃(suō 梭):斜着眼看;末:是宋元杂剧中扮演中年以上男子者,也是主要的角色。说明"勾栏",这一新生事物出现时,人们是从观演场的外在形式特点而名的。勾栏的形状是围栏的圆形场子。

### 4. 棚

棚,是用竹木搭成架,上铺苇草或席子的临时性建筑物。视顶上的构造,密实者可遮风雨,疏漏者可以遮阳,勾栏的棚多木构。问题是这"棚"的搭建,是覆盖整个勾栏场地,还是只在表演的台上或部分观众席上呢?从《东京梦华录》所说的里瓦子中"夜叉棚、象棚最大,可容数千人"来看,规模之大是很惊人的,不用说数千人,就上千人的勾栏,全部搭上棚子、加上舞台和观众席的通道,也要近千平米,这是难以想像的。尤其是对早期的瓦子勾栏,只是将"路歧"式的百戏杂技相对集中在简易的演出场所,是不太可能的。

从历史上看,在伎艺表演场所搭棚,早在张衡的《西京赋》里就有描述。不过早先搭棚不是为了演出,而是为观看演出的人,如《隋书·音乐志》下:

> 每岁正月,万国来朝,留至十五日,于端门外,建国门内,绵亘八里,列为戏场。百官起棚夹路,从昏达旦,以纵观之[72]。

这是在节日间,官府划定一段主要街道,作为百戏杂技的表演场地叫"**戏场**",沿着街道两旁搭棚,供帝室和百官观看表演,这临时搭的棚,叫"**看棚**"。

唐代情况也差不多,唐郑处诲《明皇杂录》下:

> 每正月望夜,又御勤政楼作乐,贵臣戚里官设看楼[73]。

勤政楼,即"勤政务本楼",原是在唐玄宗李隆基旧居"兴庆宫"内,南面临街的楼。隔街的胜业坊和兴安坊是玄宗兄弟的居处,所以选此楼前街道为"戏场"。不止是正月十五夜,凡改元、大赦、受降以及赐宴等,都常在这里以观看伎艺表演作乐。

勾栏,起初是瓦子中用木栅栏围成的露天演艺场地。到明代瓦子勾栏消失以后,勾栏才演化有妓院的意思。

北宋元宵节在皇宫正门前"用棘刺围绕"的露天戏场,名之为"棘盆"者,应是"勾栏"的起源。

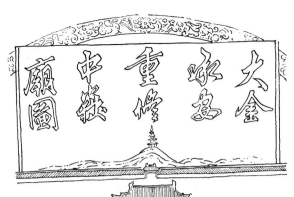

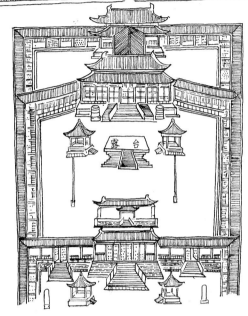

河南登封中岳庙金代庙图大殿前殿庭中露台

**图 5 - 11　河南登封中岳庙局部平面图**

所谓"**看楼**",是搭有台子的"看棚"。皇帝登楼、官僚们上棚,居高临下的观赏各种伎艺表演,艺人则在街上露天演出。从唐代诗人的作品可知,当时的王大娘顶长竿、公孙大娘舞剑,皆是出神入化、非常精彩的表演。

宋时的搭棚就有了"质"的变化,据《东京梦华录》"元宵"条记载:在皇宫正门宣德门楼下,宽约二百余步的大街上作戏场,"用棘刺围绕,谓之'棘盆',内设两长竿,高数十丈,以缯彩结束,纸糊百戏人物,悬于竿上,风动宛若飞仙。内设乐棚,差衙前乐人作乐杂戏,并左右军百戏在其中[74]。"

在宣德门两侧垛楼前,又各"用枋木垒成露台一所,彩结栏槛,两边皆禁卫排列……面此乐棚,教坊钧容直、露台弟子更互杂剧[75]。"皇帝驾登宣德楼,百姓在露台下观看演出。这个露台上,也是搭有乐棚的。

每逢节庆,都城的要闹处,也都搭有乐棚。《东京梦华录》"十六日"条记载:"诸门皆有宫中乐棚,万街千巷,尽皆繁盛浩闹。每一坊巷口,无乐棚去处,多设小影戏棚子,以防本坊游人小儿相失,以引聚之[76]。"

庙会时,寺庙不仅是人们祈福拜佛之地,也是商贾交易的繁华场所,都搭乐棚供艺人作场。如相国寺,在"寺之大殿前设乐棚,诸军作乐[77]。"崔府君庙,"于殿前露台上设乐棚,教坊钧容直作乐,更互杂剧舞旋"。其他寺庙也如此,如"开宝、景德、大佛寺等处,皆有乐棚作乐燃灯"。

**乐棚**　是为了伎艺表演而搭的棚子。在宣德门前用枋木垒露台,露台上搭乐棚,和在神庙殿前院中原有砌筑的露台上搭乐棚看,**乐棚都是有台的临时性的简易建筑**。

**露台**　本来是在乡镇的巫神俗庙中,殿前砌筑的露天的土台,供祀神放祭品和酬神演戏之用(见图 5 - 11 河南登封中岳庙金代庙图及露台)。露台,就是祭神用的露天土台,后来随戏曲艺术的发展,在露台上建起像"钟楼模样"的"舞亭"、"舞楼"等名称的永久性建筑,这才具有演出意义上的"舞台"。在瓦舍勾栏出现以前,百戏杂技等各种艺人都是在空地和露台上演出的,所以称民间艺人为"**露台弟子**",称宫廷艺人为"**教坊钧容直**"。

### 棚的发展与变化

从隋唐时代的"看棚",到北宋时的"乐棚",绝非是把棚搭在不同地方的问题,它反映了观众与演员、表演与观赏之间关系的深刻变化。

看棚,是为了观众欣赏表演,不是为了表演的艺人,观演活动的主体是观赏者而非表演者。这种在节日临时开设的街上"戏场",只是统治阶级节日取乐的活动而已,伎艺表演不过是为了满足这一活动的需要,是高贵者"**作乐**",贫贱者"**娱人**"的关系。在空间上,观赏空间是相对固定的,但观赏者具有随意性;表演空间则是流动的,所以观演的方式只能是线型的,观演关系具有时空非统一性的特点。从表演艺术而言,反映出当时在表演形式上的简陋单一、内容上的稚拙粗率,所以演出节目的时间较短,以艺人的个体技巧为主。"看棚"正是这种观演方式和特点的产物。

宋金时代的"乐棚"性质就不同了,搭棚是为了艺人的表演,不是为了观众,但却提高了观赏的质量。在空间上,表演的空间是相对固定的,相反观赏的空间是开放的,观众是流动的,所以观演方式,是以表演空间"乐棚"为中心聚合而成圆型,观演关系具有不稳定的时空统一性。"乐棚"是"台"和"棚"的结合,它使表演空间固定化,将演出限制在一定尺度的三维空间里,百戏的许多节目如马术、顶长竿等无法施展其技,而能够演出的只有乐舞与杂剧,所以**乐棚就为戏曲艺术的繁荣与发展提供了必要的条件。**

因为表演空间的固定化,就意味着表演时间的延长,表演内容情节化,表演活动趋向规范化,而乐棚的台将表演的空间地面提高,既易于集中观众视线,又形成观赏点的前后视距差,扩大了观赏范围,改善和提高了露天流动性演出的质量和效果。

### 5. 勾栏与棚

在瓦舍勾栏还没有出现的时候,其实这种观演的空间模式就已经存在了,这就是《东京梦华录》"元宵"条中所说的"**棘盆**"。"棘盆"是用棘刺围成的戏场,场中设有"乐棚",故名。这种把观演空间界定的,有一定围闭的临时性戏场,显然为后来出现的**勾栏**提供了观演**空间的基本模式。**可以想见,初期的勾栏是很简易的,只要把"用棘刺围绕"的"棘盆",改用木栅栏围绕起来,在场中搭建好"乐棚",很容易地就将临时性的"棘盆"改变成固定性的"勾栏"了。

**勾栏仿自棘盆说,**是否合乎历史的实际情况呢?直接的资料,大概是不会有的,但从元代杜善夫《般涉调·耍孩儿·庄稼不识勾栏》的描述,可以得到证实:

> 入得门上个木坡,见层层叠叠团圆坐,抬头觑(**qù** 趣。窥探。)是个钟楼模样,往下觑却是人旋窝。见几个妇女向台上坐,又不是迎神赛会,不住地擂鼓筛锣⑱。

这是元代初期的勾栏,在前的宋代勾栏不会比它更好,弄清楚这个勾栏的情况,就不难推论出宋代的勾栏是什么样子的了。

杜善夫以庄稼人没见过勾栏的眼光,描写所看到的景象,非直接介绍勾栏建筑,这就需要对其所见进行分析:

首先从"入得门上个木坡"来看,进入勾栏的大门要上个木板铺的坡子,庄稼汉正是站在这坡上窥探勾栏里面情况的。他抬头看有个像"钟楼模样"的建筑,是什么?下面再说。当他向下看时,场里的观众像"人旋窝"一样。这种情况就足以说明,观众场地不是平的,而是向舞台倾斜的坡地,而且观众是有座位的,否则站着一堆乱糟糟的人群,是不会说层层叠叠团圆坐,像人旋窝一样了。

"抬头觑是个钟楼模样",这像钟楼的是什么呢?

戏曲史研究者一般多认为,是居中正对戏台,而位置比较高的看台——"**神楼**"(?)而且庄稼汉进入勾栏大门后,抬头看到"钟楼模样"的就是"神楼"(?)此说十分费解,既然神楼正对着戏台,而且都在勾栏的中轴线上,那么刚进入勾栏大门的庄稼汉,看到"钟楼模样"的绝不会是"神楼",只能是戏台了。从观演场的活动功能要求看,古今的剧场,戏台都对着观众厅的大门,即迎着观众进场的人流方向,而不是相反。可以肯定地说,"钟楼模样"的是戏台,更准确地说是"乐棚"(见后"舞亭、舞楼"的分析),因为戏台是不能设在勾栏大门口的。

如果说勾栏里确有神楼的话,那就只有一种可能,神楼不是什么比较高的看台,只能是高架在勾栏门口,下可通行的高台"看棚"。即使如此,庄稼汉进门后,抬头看到的(应该是仰头看)只是头顶上神楼的楼板,只有当他走进观众席中间,回头才能看到所谓"钟楼模样"的神楼。如果是这样,那就根本不存在什么抬头看如何,往下看如何了。

勾栏里是否有神楼?神楼在什么地方?是什么模样?我们不得而知,也没有任何史料为依据,这个问题只能有待于新的史料发现了。从建筑学的观点看,是否有神楼与勾栏的观演功能毫无关系。如果神楼只是优人为了供奉梨园神主的牌位,开始经营勾栏的产业主就会为优人去搭建神楼?作为勾栏的一部分,是难以理解的。据说清代是把戏神供在后台的,与戏园的设计、建造和经营无关,是很自然合乎生活现实的事。

### (一)乐棚勾栏

从《庄稼不识勾栏》的描述,除了像钟楼模样的乐棚,没有说还有其他的棚子,由此可以设想,至少在出现瓦子的初期,存在过这种露天剧场式的**乐棚勾栏**。

但也有戏曲史研究者认为:庄稼汉进入勾栏后,他往下看到的"层层叠叠团围坐"的"人旋窝"是**腰棚**。显然,这层层叠叠人旋窝,是整个观众席(场地)的景象。如果这"腰棚"是覆盖整个观众席的棚子,就没有必要再搭建单独像钟楼模样的"乐棚"了,这就意味着整个勾栏是一座"棚屋",当然不能否定有这个可能性,如陶宗仪《辍耕录》中就有"棚屋"之说,那已是元末的情况,不是元初,更非宋代。这种棚屋式勾栏,不符合《庄稼不识勾栏》的描述,一个没有到过勾栏的庄稼汉,进入勾栏后对容纳上百人甚至上千人的空间结构大棚子,竟无动于衷,抬头看到的却只是像"钟楼模样"的戏台,可能吗?更何况,在一座整体空间的棚屋里,从设计者角度,是不会将戏台设计成"钟楼模样"去提高整个棚屋的空间高度的。

### (二)腰棚勾栏

宋代的勾栏里,除了"乐棚"是否还有其他棚呢?周密在《武林旧事》中讲到南宋的勾栏时曾说:"北瓦、羊棚等,谓之'游棚'。"据研究者考证"游棚"亦称"邀棚","邀棚"、"腰棚"为同音转字,"腰棚"是当时的口语。如果说"游棚"、"腰棚"是一回事,以"腰"名棚,是感性直观的形容,不可能把一座覆盖整个勾栏的"棚屋"称之为"腰棚"的。从形象来说,"腰棚"很可能是以"乐棚"为结点,环绕勾栏搭建如"腰带"似的看棚。这是很合理的设计,既可藉棚将勾栏场地围闭起来,又可将边远地方的座位提高。这种"腰棚"式的场内空间环境景象,从《嗓淡行院》描写的戏台上坐排场的女伎"棚上下把郎君溜",以及台上演出效果很糟,观众不满报复时所说:"凹了也难收救:四边厢土糁,八下里砖丢"的景况,也可以想见其大概。

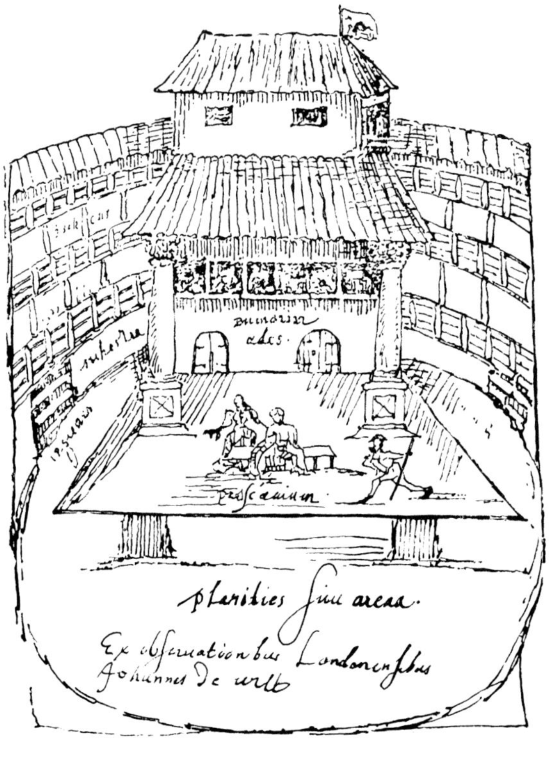

对古代勾栏的具体情况,从宋元笔记文学描写戏曲的文字中,很难找到直接的确切材料,而这些木构的临时性简易建筑,更不可能保存下来,只有通过分析,难免带有想像的成分。西方剧场史上,有幸保存下来的1596年荷兰学者德·维特在英国旅游时,所画的一张民间剧场的速写,如图5-12英国莎士比亚时代的天鹅剧场图。这张极其宝贵的形象资料,同我们所分析的**腰棚勾栏**有某些相似之处,可以参考。

勾栏的出现在中国剧场建筑史上具有划时代的意义,不论是露天剧场式的"乐棚勾栏",还是半露天式的"游棚

**图5-12 英国莎士比亚时代的天鹅剧场(摹写)**

勾栏",它都改变了以往"看棚"和"露台"的观演关系,即相对流动的不稳定结构。勾栏的出现就把表演空间和观赏空间聚合在同一空间里,这就形成一种新的观演关系,演员是为一定的观众去演出,观众为一定的表演来观赏。许多勾栏集中在一个瓦子里,艺人在勾栏中演出是一种严酷的竞争,要靠艺人的本事和剧本的优劣来争夺观众,如果技艺不高,演出的效果不好,在勾栏里站不住脚,就只有到处流浪,在空地上做场去"打野呵"了。所以,勾栏的出现,必然对表演艺术的提高、戏曲的形成和发展起着催化的作用。

勾栏在一定的有限空间范围里,为了容纳更多的观众,乐棚(戏台)必须布置在一边,这就改变了以往的观演方式,由空地演出的**四面围观变成三面围观**,既避免了一面观众看到的多是背景,演员能面向大多数观众,同时也为演出创造了优越条件,戏台可以用布幕或屏风前后隔开,使前台的表演空间得到净化,后台有个藏踪蹑迹之处,即戏班称之为**"戏房"**者。两边的上下场门,便于演出中的转换和有序化的间歇,旧称上下场门为**"鬼门"**,所谓"鬼者,言其所扮者,皆是以往昔人也"(《太和正音谱》)。

（三）棚屋勾栏

"棚屋",是勾栏发展到元代后期的一种全封闭式简易结构建筑。据元陶宗仪《辍耕录》"勾栏压"条记载:

> 至元壬寅夏,松江府前勾栏邻居顾百一者……有女官奴,习讴唱,每闻勾栏鼓鸣则入。是日入未几,**棚屋**拉然有声。众惊散,既而无恙,复集焉。不移时,棚阽压。顾走入抢其女,不谓女已出矣,遂毙于颠木之下,死者凡四十二人,内有一僧人二道士,独歌儿天生秀全家不损一人。其死者皆碎首折肋,断筋溃髓[79]。

陶宗仪是元末明初时人,上文是记其耳闻或目睹的一次勾栏倒塌的重大事故。"至元壬寅"是"至正壬寅"之误,元末至元无壬寅干支纪年,至正壬寅是至正二十二年(1362)。讴(**ōu** 欧):唱歌;阽(**diàn** 店):临近险境。阽压:很快就要倒塌下来。

陶宗仪称倒塌的勾栏为**"棚屋"**,而不说是"乐棚"、"腰棚","屋":在建筑上原指覆盖在房舍上的顶;"棚屋",显然是指覆盖在勾栏上面的,像房顶一样的大棚。这种大棚下主要是观赏空间,为了尽量减少遮挡视线,棚架的立柱愈少愈好,立柱愈少则顶上的横木就愈大,棚顶的荷载也愈重,年久日剥,绑扎的节点受损就会造成倒塌。松江府衙门前棚屋倒塌,压死了四十多人,说明棚屋的规模很大。在压死的人中,除了棚屋将倒塌时抢进棚内救女儿的顾百一,还有一僧人二道士,可见当时杂剧的兴旺,连出家人也去勾栏观优。

值得注意的是,在此作场的家庭戏班天生秀一家,艺人是不会抢在观众前逃命的,却一个受伤的也没有。这就充分说明,戏台是在棚屋下的一边,为架高台面有立柱,在整体棚架中形成局部刚性较强的框架,虽棚屋倒塌,戏台部分却没有彻底垮下之故。

**棚屋勾栏**　虽然还是非永久性的简易建筑物,但其空间结构已包含了表演和观赏两大主要的空间部分,在一完整的空间里,为观演创出了以演出为中心,相互融合的**视觉环境**(visual environment)。

这就是说,这种全封闭的棚屋勾栏,已经具备剧院建筑的空间形式。剧场建筑的空间形式,是与戏曲艺术发展水平相适应的,戏曲艺术发展到元初,已非宋金杂

宋金时代的勾栏,不论是露天的乐棚勾栏还是半露天的腰棚勾栏,都已经把观演活动聚合在同一空间里,成为以舞台为中心的固定的演艺场所,形成比较完整的剧场雏形。

剧"大率不过谑浪调笑"而已，而是反映社会生活的各个方面，许多节目"皆可以厚人伦，美风化，又非唐之传奇、宋之戏文、金之院本所可同日语矣"(夏伯和《青楼集志》)。如胡祇遹(1227—1295)《紫山先生大全集》卷八"赠宋氏序"中所说：

> 乐音与政通，而伎剧亦随时尚而变。近代教坊院本之外，再变而为杂剧。既谓之"杂"，上则朝廷君臣政治之得失，下则闾里市井、父子兄弟夫妇朋友之厚薄，以至医药卜筮释道商贾之人情物性，殊方异域风俗语言之不同，无一物不得其情，不穷其态。以一女子而兼万人之所为……吾于宋氏见矣[80]。

文中所说的宋氏女子"而兼万人之所为"，说明元初的杂剧女演员已可扮演主角，突破了宋金杂剧以男性演"副净"、"副末"为主的传统，开始女演员主演"旦本"或"末本"的重要变化，女性演员成为舞台的骄子。

元初杂剧上场的人物已较多，故事的情节复杂了，演出的时间也长，不单只为"娱人"，而且具有"寓教于乐"的作用，已发展到具备完全形态的戏剧形式。显然，宋金时代的露天和半露天式的勾栏，已不能适应元代杂剧观演的需要，雨雪天既无法演出，日晒下观众也难以持久。随着戏曲表演艺术的发展，吸引的观众日多，票房价值的提高，将"棚"搭建成屋顶形式、覆盖整个观演空间的"棚屋勾栏"的出现也是必然的事。

关于元代戏曲的演出情况，山西洪洞水神庙明应王殿壁画中一幅戏曲画，是迄今保留下来的惟一珍贵资料(见彩页)。"大行散乐忠都秀在此作场"的横幅悬挂在台口上，横幅尾题有泰定元年四月的日期。元泰定帝也孙铁木儿的元年是1324年，是元代的中期。这是一幅舞台正面的图画，人物有11个，除半遮于上场门帘后的一人，台上有七个演员，三个乐手，一人击鼓，一人吹笛，一人拍板。前后台还不是固定的分隔，而是用帷幕隔开，上下场有门帘。这幅画形象地再现了七百多年前的舞台演出情况。

以上我们根据有限的史料，分析勾栏在发展过程中，有过**乐棚、腰棚、棚屋**三种形式，勾栏搭棚非技术问题，而是演出的经济效益问题，由于勾栏的规模有大小，演出的情况也很复杂，只能从戏曲的总体发展说，勾栏的这三种情况可能是先后嬗替的。事物的发展，总是由简而繁，由不完善到完善的过程，但也不能完全排斥，前两种棚有同时出现或交错并存的可能。

## 二、戏　园

### 1. 戏园概说

瓦舍勾栏作为民间商业性剧场，经宋、金、元数百年，虽有所进步和发展，但始终未摆脱木棚的简陋状态。这同中国建筑史上产生了《营造法式》的宋代，无论在物质技术与思想艺术上，都达到很高建筑成就的时代，形成强烈的反差。这种现象说明，历来中国的封建统治者，对社会公共事业和文化设施的漠不关心，同时也反映产生于封建社会初期的戏曲，本萌发自乡野的百戏伎艺，由民间艺人个体或小家庭把演出作为糊口谋生的手段，在迎神赛会上或走江湖式的串演，形同乞讨；以至后来女艺人半伎半娼的身份，民间艺人社会地位之卑，阶级地位之贱，经济地位之贫，一直处于社会的最低层。不像希腊戏剧那样，一开始就得到城邦政府的重视和赞助；相反地，

**棚屋勾栏，虽然是临时性的简易建筑物，其空间结构已是可供戏曲演出的、完整的建筑化的剧场，它与元代戏曲艺术的发展已趋成熟，大体上是同步的。**

中国的戏曲不仅始终受到社会的轻视，还常常受到官府的干预和禁止。这正是古代的戏曲和剧场建筑由于缺乏经济基础和物质条件，始终处于简陋匮乏状态的原因。

自秦汉到北宋仁宗朝，千余年来被禁锢在坊市时空中生活的人们，一旦有了自由娱乐的场所——瓦舍，勾栏的演出受到市民的极大欢迎，浩繁之况盛极一时。不仅市民"不以风雨寒暑，诸棚看人，日日如是"（《东京梦华录》卷五）。都城附近的村民，也"尝入戏场观优"（《容斋随笔》卷二）。南宋时"临安中瓦在御街，士大夫必游之地，天下术士皆聚焉"（《贵耳集》）。中瓦是在皇帝巡行的御街上，勾栏和演出条件可能较好，连士大夫也去观优了。入元以后，瓦舍勾栏遍及各地，元夏庭芝《青楼集志》云："内而京师，外而郡邑，皆有所谓勾栏者。辟优萃而隶乐，观者挥金与之。"实际上，到勾栏来看演出的观众，主要是贩夫走卒卖浆者之流的平民百姓，上流社会则认为瓦舍勾栏是："甚为士庶放荡不羁之所，亦子弟流连破坏之地"（《都城纪胜》）。因而"士人便服，日至瓦舍观优"（《暌车记》），说明读书人去勾栏都换上便装以遮掩身份。

从称呼上也说明戏曲演员受歧视的身份。**倡优**，按《汉书·灌夫传》颜师古注："倡，乐人也；优，谐戏者也。"并无贬义，但在生活中却常与妓女并称"倡优"；原称杂剧艺人聚居的地方为**行院**，但也称妓院和江湖卖艺的女伎为"行院"；元以后瓦舍勾栏消失了，干脆**勾栏**就成了妓院的代称，以至今人亦有不知"瓦舍勾栏"原是演艺的娱乐场所了。

封建统治阶级到勾栏去观优，是有失身份的事，他们根本用不着去勾栏消遣，皇帝有为他专管雅乐以外的音乐、歌唱、舞蹈、百戏的教习、排练、演出等事务的**教坊**，自唐高祖始禁中设"教坊"，到清代雍正时才废除。官僚士大夫们也多蓄有乐人家妓，早在唐代诗人白居易虽官未至公卿，亦非豪富，他就养着习管磬弦歌的乐童10人，并有"家妓樊素、蛮子者，能歌善舞"（《池上篇》）。元代戏曲发展成熟以后，明代的官宦人家，如崇祯时做过御史的祁彪佳，不仅蓄有家班，而且有建筑相当讲究的**厅堂戏台**。据明文人张岱（1597～1679）在《陶庵梦忆》卷二记朱云崃家里的厅堂戏台可容二十余人作歌舞表演，而杭州副史包涵所的大厅，"以栱斗抬梁，偷其中四柱，队伍狮子甚畅"（《陶庵梦忆》卷三）。那些市井商贾之家，虽不能自蓄家班，婚丧喜庆，则叫杂剧艺人到家中搬演戏文，称之为**堂会**。《金瓶梅词话》第六十三回所绘西门庆观戏的插图，可以形象地看到明代"堂会"的情景〔图**5-13**为《金瓶梅词话》中西门庆观戏图（堂会）〕。清代曹雪芹在《红楼梦》中曾写，贾府的大观园建成后，就曾去苏州买许多女孩，学习戏曲，专为贾府主子们表演戏曲取乐。

在中国两千多年的封建社会里，封建统治阶级始终有其自己"作乐"的方式，所以也始终轻视民间艺人和戏曲，但从民间艺术中吸取养料向"雅"的方向发展，这就是后来风行于"**厅堂氍毹**"和"**庭院戏台**"上的昆曲，这种很少知音的阳春白雪，当雅俗共赏的"乱弹"兴起，昆腔也就走向了衰微。在民间物质条件非常匮乏的戏曲演出，就只能与临时性的简陋的勾栏长期共存，直到瓦舍勾栏消失，并没有出现专供戏曲演出的永久性建筑的剧场，而是依附于饮食行业，成为酒楼、茶馆利用表演艺术改善业务经营的手段，即明清时期的"**酒楼戏园**"和"**茶园剧场**"。在中国剧院建筑史上，可以说，在民间始终没有形成与古代建筑文化相适应的商业性的剧场建筑。

事物的发展是辩证的，中国戏曲正是在长期匮乏的条件下演出，从而创造出中国戏曲独特的虚拟化的表演方式和几乎不需一物的时空无限的戏台。

从表演性建筑言，在历史上还存在着一种不容忽视的特殊现象，即除了集中在城市中的瓦舍勾栏，这种临时性的简陋的商业演出场所，同时在民间遍及城乡各

中国戏曲艺术鲜明的民族性和高度的艺术性，主要就在于它的表演方式"虚拟化"的神似和表演空间的时空无限性的自由，才成为世界上独树一帜的戏剧表演体系。

图5-13 《金瓶梅》中的厅堂戏曲表演(堂会)

地,还建有能反映当时建筑文化的永久性的"舞亭"和"戏台"建筑。近年来,在山西省文物考古中,就发现宋元时代保存下来的七八座戏台,还有这一时期的戏俑以及大量戏曲题材的墓葬砖雕和壁画。明清时期建于村头、水边、会馆、庙宇中的戏台,几乎到处可见,分布较广而各具地方风格;环境不同质量也殊异。总之,戏台作为一种独立的建筑形式,在建筑史上是不应忽略的一页。

**2. 舞亭和戏台**

古代建舞亭和戏台,同民间的祭神活动有非常密切的关系,不论在哪里筑戏台,都是为祭神时呈献祭品和敷衍歌舞。而祭神与佛教无关,都是与黎民百姓的生活和农业生产直接有关的风神、雨神、水神、谷神以及忠臣义士死后被封的鬼神等等,也就是对自然和社会无力抗争,无法掌握自己命运的都寄托于神的保祐。

宋元之际的史学家马端临(约1254—1323)在《文献通考·郊社》中称之为"杂神淫祠"。这种杂神淫祠,在北方早见于先秦,盛兴于唐宋,滥觞于金元,宋时开封府曾一次拆毁神祠一千余所,并禁止军民擅立大小神祠,可见民间祀神风俗之盛。

这种祭神演戏的盛况,城市中的庙会,北魏杨衒之的《洛阳伽蓝记》、宋孟元老的《东京梦华录》、吴自牧的《梦梁录》等书均有记载,无不是"梵乐法音,聒动天地;百戏腾骧,所在骈化";乡村社火亦"每当季春中休前二日张乐祀神,远近之人不期而会,居街坊者倾市而来,处田里者舍农而至,肩摩踵接,塞于庙下。不知是报神休而专香火,是纵己欲而徒为侠游,何致民如此之繁伙哉[81]?"其实这个问题是不难回答的,在封建社会的乡镇农村,长期处于分散、闭塞、落后、贫困、寥寂的无奈生活中,祭神演戏是一年中非常难得的,也可以说是惟一的公共性文化娱乐活动了,无疑的这种迎神赛会社火性质的演出,**是"酬神",也是为了"娱人"**,因而成为民间的一种传统习俗。戏曲正是藉祭祀鬼神的这一重要的手段,在农村中得到迅速的发展。

这种情况反映在建筑上,有个看似奇怪的现象,即:**舞台的建筑化**,乡村神庙里的舞台,不仅早于勾栏瓦舍中的"乐棚",而且非常讲究正规,都是"**地基奕垲**"、"**栋宇翚飞,石柱参差,乐厅雄丽**"的建筑物。早在唐人的诗文中已有"舞亭"、"舞楼"、"舞台"这些名词,如唐沈佺期有"池影摇歌席,林香散舞台"的诗句。从山西省考古发现的神庙碑记所载"舞台"的资料看:北宋真宗天禧四年(1020),万荣县后土圣母庙碑记有"修舞亭"事;北宋神宗元丰三年(1080),沁县关圣庙碑记:"正殿三间,舞楼一座";北宋徽宗朝建中靖国元年(1101),平顺县九天圣母庙碑记;哲宗元符三年(1100),"命工再修北殿,创起舞楼"……可见在宋真宗时,山西农村已经有了舞亭、舞楼,也就是说,**在北宋瓦舍勾栏出现的半个世纪以前,已经建有永久性的舞台建筑了。**

从山西西南部金元时代遗存下来的七八座舞台来看,多经历代重建,但形制基本相同,都是建在台基上的**四柱式空亭建筑**。台基高1米~1.5米,台方形边长9米左右,四柱多用石制约45厘米见方,单檐歇山顶,个别有十字脊和斗八藻井者,如晋城冶底村天齐南舞楼,沁水县郭壁村崔府君庙舞楼(图**5-14**)。

图5-14　山西沁水县郭壁村崔府君庙舞楼

由宋金四面围观的"舞亭"发展到元朝中期(1283~1321)三面围观的戏台,尚未脱离典型的"钟楼模样"。**戏台**的建筑形式虽无多大改变,但在功能上已起了质的变化,由四面围观的舞亭改为建在殿庭当中而靠一边,台中分隔成前后两部分,前为表演区,后为戏房。很真实地反映出戏曲艺术,由宋金到元初的发展已趋向成熟的过渡形式,或者说舞台的形式与戏曲的发展是同步的。

清乾隆间徐扬在《盛世滋生图》中绘有苏州民间社戏的场面。据《清嘉录》记载,苏州民俗云:"每年二三月间,里豪市侠,搭台旷野,醵钱演戏,男妇聚观,谓之春台戏,以祈农祥"。说明苏州一带,乡村中没有固定建造的戏台,春天祭神祈农祥演戏,是在旷野里临时搭建的。

图**5-15**所绘的戏台,就是搭在西郊狮子山前田野的临河处,江南水乡,河渠纵横,以便民众乘船来看戏也。戏台虽然是用竹、木等材料搭建的临时性建筑,但制作很讲究,重檐歇山顶,飞檐翘角,周边均饰以彩绸和彩球,颇为壮观华丽。

台三面开敞,台口绕以勾栏,台的后部屏蔽,设有上下场门,完全是戏曲舞台的形制。台上有三个演员,一是手持小锣的黑衣男角,一是腰系花鼓的女角,一个公子模样的人正上前调戏她。所演的是明代传奇《红梅记》中的一出"打花鼓",是当时著名的"时剧"。台的后部有乐手三人,一敲锣,一击鼓,一吹笛,俗称"场面"。台的左

古代所谓的舞亭、舞楼,形制并无不同,都是建在露台上的,像亭子样的建筑,所以叫舞亭。所谓舞楼,大概是《庄稼不识勾栏》散曲中所形容的"像钟楼模样"之故。

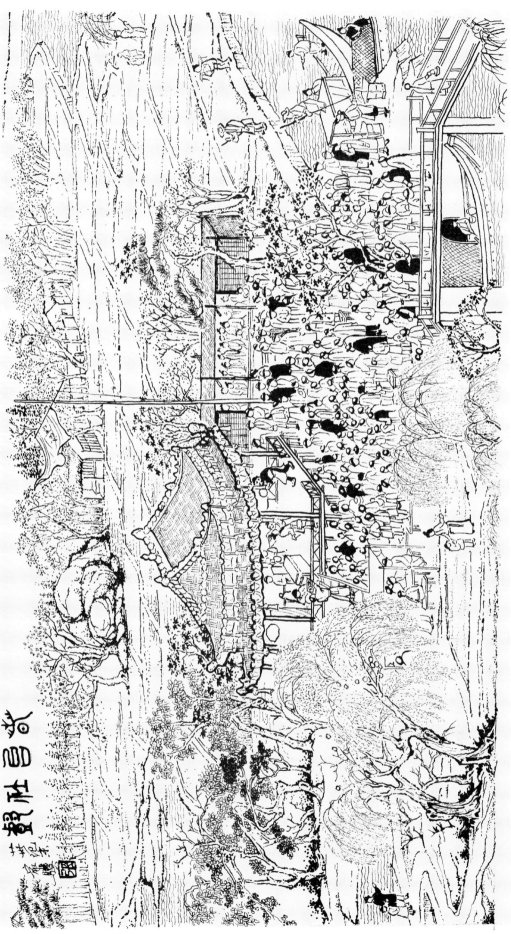

图 5－15　清·徐扬《盛世滋生图》春台社戏（摹写）

面,有一为女眷看戏搭的看棚。台口右边,有人将一盘糕点送上戏台,似为祈福祝愿者的馈赠。台下观众,人头攒动,近台者仰首,远者立凳上;乘舟而来者,络绎不绝,非常生动地描绘出清代盛世苏州"**春台社戏**"的情况。

### 3. 酒楼戏园

南宋时杂剧和技艺的演出,除了在瓦舍的勾栏里,有的酒楼和茶肆也利用演出来招揽顾客以改善经营。如《梦粱录》所说:"绍兴年间,卖梅花酒之肆,以鼓乐吹《梅花引》曲破卖之。"《武林旧事》"酒楼"条亦云:"又有吹箫、弹阮、息气、锣板、歌唱、散耍等人,谓之'赶趁'。"在茶肆亦有习学乐器、上教曲赚之类,称为"人情茶肆",而这些茶肆"本非以点汤为业,但将此为由,多觅茶金耳"(《梦粱录》)。明代天启间(1621～1627)浙江《慈溪县志》载:

> 东西廊皆有酒楼……宋元以来皆为戏台,歌鼓之声不断。台之四面皆楼,楼前商泊云屯,往往于楼上宴乐。清中叶以后,听歌而已,无肆筵也,则曰"茶园"[82]。

慈溪是杭州湾的沿海县城,明末时沿海的城市商业已很繁荣,酒楼中都建有戏台,演出戏曲,到清代中叶以后,酒楼就改营茶馆了,说明大概自明代后期到清代中期以前,曾有过酒楼演戏的阶段,从《慈溪县志》所述"台之四面皆楼",往来客商常"于楼上宴乐"的简略描写,当时的**酒楼戏园**,大致是二层楼房围闭的四合院,一边建有戏台,戏台如建酒楼入口,或通向别院的过道时则为二层,上作戏台下为通道,这种酒楼演戏的剧场形式,也就是清中叶以后**茶园剧场**的滥觞。

入明以后,瓦舍勾栏的衰微以至消失的原因,尚未见有直接的史料说明。如果我们将勾栏的产生、发展和衰亡的过程,放在社会历史特定的背景中去考察,是不难理解的。瓦舍勾栏是历史上出现的新生事物,是中国城市史上空前巨变的产物,在社会生活上被禁锢、管制了千余年的人们,随坊市制的逐渐崩溃,当人们在无形中一旦都意识到已获得生活行动自由的时候,压抑在人们心底的情欲势必激荡翻腾起来,对娱乐的渴求就如决堤之水,首先在都城中冲击起巨大的漩涡,几乎把天下的百戏杂技艺人都卷到城市里,汴京一下子就出现了八九处瓦子、上百座勾栏,不用说大者可容数千人,就以平均容纳五六百人计,每天吸引的游人也有数万之众,这种浩繁的盛况,是空前的,但并不绝后,类似的现象今天也有,就如几十年被灰蓝色包裹着的对服装的爱美心理,一旦能够随心所欲地穿戴时,大都市的商业街道上几乎看到的都是色彩缤纷的时装,好像服装成了人们惟一需要的商品;更接近瓦舍爆发现象的是经济较发达的名城都市,占地数百亩的大型游乐场,如雨后春笋般兴起。这些以新奇和高消费为特色的大小"乐园",曾几何时,有的已停车场上无车辆,游乐园中不见人矣!如此等等,不一而足。

瓦舍勾栏的情况,大概也是如此,随着时间的推移,生活的川流渐归平静,大量勾栏中的各种技艺表演,靠人们的热情和声、色耳目之娱,是不能维持盛况的;在商业的严酷竞争中,那些在勾栏中站不住脚的艺人,只有去流浪江湖以"打野呵"为生了。因观演两方面量的不断减少,就会在一定时期,造成瓦舍勾栏的迅速萎缩。适于在戏台上演出,并得到不断提高和发展的戏曲艺术,尤其在进入蒙古族统治的元代以后,由于诸多特殊的社会原因,在短短的数十年里,戏曲艺术发生"质"的飞跃。这个中国戏曲史上非常特殊的现象,最直接的一个原因,就是元统治者废止了科举考试制度,"当时台省元臣、郡邑正官及雄要之职,尽其国人为之。中州人每每沉抑下僚，志不获展<sup>83</sup>。"汉族知识分子做官无门，仕途断绝，使他们不得不感到愤懑和惆怅，"于是，以其有用之才，而一寓之乎声歌之末，以抒其怫郁感慨之怀，盖所谓不得其平而鸣焉者也<sup>84</sup>。"正是在这种特殊的社会环境中，使大批知识分子参与了戏曲创作活动，并出现了像关汉卿、马致远、郑光祖、白朴等等杰出的戏曲作家。如果没有众多的知识分子投入，没有这些知识界精英们为戏曲艺术付出的卓越的艰辛劳动，就不可能使杂剧得以"韵共守自然之音，字能通天下之语"（《中原音韵·序》），表演能"字畅语俊，韵促音调"；同时在内容上，发挥出戏剧之发隐抉微、深刻地反映历史和现实社会生活的作用，从而使戏曲艺术在形式美与思想性上统一起来，发展成为具有戏剧完全形态的戏曲艺术。其盖世之功，是毋庸讳言的。

但事实远非如此，由于长期在思想领域的**传统堕力**的作用下，对元代沉沦到"七匠、八娼、九儒、十丐"不堪地步的"臭老九"，历来都是竭力地"淡化"或有意无意的"贬低"他们。尤其对那些在科学和艺术领域中，毕生以消耗生命力为代价取得重大成果，甚至具有划时代意义的人，这种人既无时间和精力，也不屑于为了追名逐利去蝇营狗苟，历来不为当权者所重，更为名流、"专家"、"学者"所轻。正如三国时的曹丕在《典论·论文》中所说**文人相轻，自古而然**，这是封建社会土壤中滋生出的中国文人的一种劣根性了。有的研究戏曲史者，虽不得不承认元代剧作家关汉卿等人，在中国戏曲发展史上的重大作用和他们创作的不朽作品，总要在"但是"之后强调，在他的成就中凝聚着一代或几代人的心血来加以淡化；甚至有的竟然说，元代戏曲即使没有关汉卿这些文人，从戏曲自身的发展规律也会成熟的。既然如此，不知持此论而写文章的人为什么还要研究什么戏曲史？

戏曲艺术发展到成熟阶段，影响戏曲发展的主要矛盾，已不再是演什么？如何演？即剧本和表演水平的问题了。而是怎么样去演？在什么环境中去演？也就是表演的服装（行头）和道具（砌末）等物质条件，以及观演的空间环境问题。说到底是个经济问题，要改善和提高表演的物质条件和演出的环境，就需要提高票房的价值，也只有提高了票房价值，才可能改善与提高演出诸条件。十分简陋和具有浓厚经济匮乏色彩的、建立在民间自然经济基础上的"勾栏"，事实上无法再满足和适应戏曲艺术的发展要求，尤其在勾栏日趋萧条的状况下，就迫使戏曲的演出不得不去另谋出路。

南宋时已经出现的在酒楼茶肆中演出的形式，显然是一种对双方都有利的经营方式。特别是在坊市制崩溃以后，酒楼是城市商业繁盛的标志，是市民高消费的享乐场所，艺人借酒楼演出，保证有一定消费水平的观众；酒楼利用戏曲表演，可以改善经营招徕更多的酒客。这大概是明代后期到清代中期以前，曾经出现过**酒楼戏园**阶段的原因。

戏曲在酒楼演出之初，可以想像，酒楼主绝不会造酒楼时就先造好戏台，然后去招戏班来演出。应有个酒楼中无戏台的演出过程，清戴璐《藤荫杂记》："《亚谷丛书》云：'京师戏馆，惟太平园、四宜园最久，其次则查家楼、月明楼。'此康熙末年酒园也。"其时酒园戏馆的情况，从近年发现的清初以"康熙私访月明楼"传说所画的《月明楼》图（图5—16），很形象地说明，酒楼内部情况，是四面皆楼，酒宴都设于四面楼房上下，中庭中有两根柱子，支承上部的天棚（天花板），说明中庭非露天的庭院，上有顶形成室内的大厅，艺人们就在这中庭里演出，楼上下的食客们可四面围观，没有建造戏台。这是很合乎事物发展逻辑的，所谓"酒楼戏园"，只能是先有酒楼，酒楼在楼廊围闭的庭院上加顶，作为戏曲演出的场地，食客们在四面边饮边赏，不用改变酒楼建筑原有的格局，这是最简便易行的办法了。

图 5 - 16　清画《月明楼》酒楼戏园(摹写)

从观演方式言，这一方案回复了演出无戏台、四面围观的原始方式，显然是很不理想的，它忠实地反映了酒楼戏曲的初期状态，也反映了当时来酒楼的客人主要是宴饮而不是看戏。随着这种合作经营的发展，酒楼和戏班都能比独立经营获得更多的经济效益，而戏曲表演艺术的魅力，使来酒楼宴集的客人带有看戏动机者，人数日多的时候，建造的有戏台的剧场化的酒楼戏园也就产生了。

在清代，除了北京以外，东南都会以苏州最早出现酒楼戏园，即雍正年间的郭园，如清顾公燮《消夏闲记》云："至雍正年间，郭园始创开戏馆，既而增至一二馆，人皆称便。"此后发展很快，仅苏州的"金阊商贾云集，宴会无时。戏馆数十处，每日演戏，义活小民不下数万人[85]。"金阊，是苏州城西北金门和阊门一带，古代不仅商贾云集，也是都城士女去虎丘游览的集散码头，今天的金阊"石路"商业中心区，就建有商业大厦六七座之多。

清代苏州的酒楼戏园情况，今天尚能从苏州桃花坞乾隆朝木版年画《庆春楼》中看到大概的风貌(见图 5 - 17)。苏州桃花坞年画《庆春楼》(乾隆)年画是用俯视透视的画法，酒楼大门是乌头门式样，衡木上悬匾，大书"庆春楼"三字。门的左右两根冲天柱上，挂有近期上演的剧目牌(十天一换剧目)。门内设有柜台，台后坐着两个管账、掌柜的人，台上有"酒席"二字的木牌，说明其经营主要是看馔酒筵的酒楼。柜台外站着正在招呼客人的店小二，从门上透视画出酒楼内的部分情景，在楼廊下和中庭内有正在吃喝的酒客，从廊下桌凳顶头布置，两边坐人，中庭内桌凳顺廊放，酒客大都朝向左方观看的情况，(画左边)楼廊的对面可能造有戏台。这种酒楼戏园的建筑形制与前引《慈溪县志》的描述，是有代表性的较典型的形式。

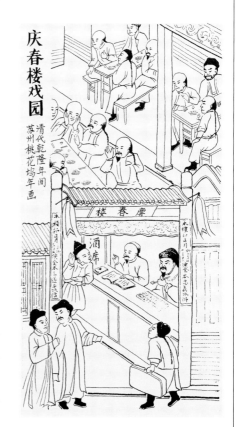

图 5 - 17　苏州桃花坞年画《庆春楼》(摹写)

酒楼戏园的兴旺和发展，必须维持酒楼营业和戏班演出双方的经济效益，如清汪启淑《水曹清暇录》卷十二中所说："内外城向有酒馆戏园，酒

267

馔价最贵。初南来者未悉,每受其累,一夕几费十金⑧"这显然对扩大顾客量是不利的,更何况戏曲的演出需一定的时间,同限定规模的酒楼的客流量是有矛盾的,这必然迫使酒楼以饮食为主的情况有所改变。清乾隆间,蒋士铨所写的《戏园》诗,很可说明这种情况,现择其要者阐述之:

写酒楼戏园的建筑情况云:"三面起楼下复廊,广庭十丈台中央。鱼鳞作瓦蔽日光",说明是三面围闭着廊式的二层楼房,从看到房顶上铺着像鱼鳞似的瓦,可见庭院是露天的。在庭院无楼的一面,建有永久性的戏台建筑。

写戏曲演出,开始时"台中奏伎出优孟,座上击碟催壶觞"。优孟:本春秋时楚国的优人,后泛指演员。台上奏起音乐,演员已出场了,台下的酒客们还在敲碟子打碗,催着上酒上菜一片嘈杂。可是当"淫哇一歌众耳侧,狎昵杂陈群目张",当演员开口演唱了,个个皆侧耳而听;表演动情时,人人都张目而看,场内又一片寂静。可见当时戏曲表演艺术的魅力使观众投入并产生共鸣的情景。

值得注意的是,"曲终人散日过午,别求市肆一饭充饥肠"。戏曲演出到过午结束了,酒客们也就要散场,还得到街市饭馆里去吃饭充饥。这就充分表明,乾隆中期前,酒楼戏园已由酒筵为主的经营转向以看戏为主。这同初期的酒楼戏园的情况,如《月明楼》鼓词中所反映的已有很大的变化。当时演出是靠酒客点戏付钱,其他酒客是白听戏不花钱,所以要到晌午吃饭的客人上座时才开戏,显然点戏的节目只能是短小精悍的,演员的收入没有一定的保障,对戏曲本身的发展也不是有利的。

酒楼戏园发展为以演戏为主,必然要将演出的费用加在酒馔之中。所以"酒馆戏园,酒馔价最贵",既然南方来京的客人不了解情况,去酒馆戏园"一夕几费十金",可见本地人去酒馆戏园的已不多;更何况挂牌演出公布剧目,不论几天一换,每天每场的演出时间是固定的,酒客宴饮就要受时间的限制,以宴饮为主的酒楼戏园也难以继续维持。戏曲发展成熟,就要求观演时空的独立性,酒宴作乐与戏曲观赏,日益变成不文明的和难以调和的矛盾,戏园就只有向**茶园剧场**转化了。

**4. 茶园剧场**

酒楼戏园改变为茶园剧场,只是经营内容的改变,由供应酒菜改为只供应茶点就可以了。如《慈溪县志》所说的酒楼,到清中叶以后,原来的酒楼就只能"听歌而已,无肆筵也",也就改称"茶园"了。所以,在建筑上酒楼戏园与茶园剧场没有什么"质"的不同,但从观演的关系说,却是个"质"的变化。酒楼戏园的对象是酒客,宴饮是主要的活动,宴集者不可能专注表演,戏曲演出的性质,是为酒宴助兴;茶园剧场的对象是观众,品茗非主要的目的,且吃茶不妨碍看戏,来茶园是为了欣赏戏曲的表演艺术。图5-18为清代光绪年间茶园演剧图(摹写)(原件藏首都博物馆)

茶园剧场,在晚清时遍及各地,成为中国剧院的独特形式,如上海的丹桂茶园、咏霓茶园等,杭州的富春茶园、天仙茶园,宁波的馥兰茶园等等,据研究者介绍,建于清光绪二十年(1894)杭州二马路之"天仙茶园",是当时比较典型的室内剧场。"戏台阔约12米,深为10米,台面至横枋约高2米余。台前方柱之间,装有一根铁质横杠,专为表演武技而设。台下正厅均摆方桌,一桌六座,一排六桌,坐三十六客;纵向四至五排,可坐百余人,远处为边厢,茶金稍低,正厅中间作走道,两旁隔成包厢,一间可容十人,可与家眷同坐(非包厢男女不能合桌),楼上设为嘉宾雅座⑧"这台下正厅即池座,其布置情况可见后文清光绪时石印本《合肥相国七十赐寿图》的参考和说明。

**5. 会馆剧场**

268

图 5-18 清代光绪年间茶园演剧图(摹写)

今天在江南一带还有保存完好的会馆剧场和戏台,如苏州城内张家巷全晋会馆古戏台,戏台建于四合院的圈楼中,三面为看楼,戏台造在庭院间穿堂前,凸向院内。戏台二层,四柱歇山筒瓦顶,上层戏台高2.7米,下层为中路二进通道,戏台宽6.55米,深6.24米;戏台与后台隔以"太上板",古称"守旧",左右设上下场门,古称"鬼门"。台下三面围观的庭院长26.32米,宽22米,戏台两边之看楼,各长22米,宽4.22米,楼上原是为女宾内眷所特设的包厢,戏台后之楼房与两边看楼等宽,为演出之后台,即"戏房",设有演员专用的楼梯。全晋会馆戏楼的建筑质量很高,戏台顶上构藻井,内雕镂324只黑色蝙蝠和306朵金黄云头圆雕;自戏楼至门厅建筑上雕刻的蝙蝠和古钱图案不可胜数,反映当时山西钱业商人的经济实力和"招财赐福"的企望⑱。在苏州还有保存比较完整的古戏台,如建于康熙四十七年(1708),坐落在阊门外上塘街西头之潮州会馆的古戏台,都是这类在露天庭院中建戏台的形式。到清代中期已有会馆在庭院上加棚的剧场,如乾隆六年岁次辛酉(1741)北京的颜料会馆《建修戏台罩棚碑记》载,为了祭祀梅、葛二仙翁,瞻礼庆贺,"今于乾隆六年岁次辛酉,凡我同侪,乐输己资,共成胜事,于大厅前建造戏台罩棚一所"。

剧场的池座部分加屋顶,是演出与观赏要求的必然趋势,"罩棚"是在原庭院基础上的一种惟一改善方法,可以说是室内剧场的自然过渡形式。这种加罩棚剧场的具体情况,我们可以从清光绪十八年(1892)石印本《吴楚公所寿筵图》(即合肥相国七十赐寿图)很清楚地看到,在天井上所搭的屋盖,既防风雨又可悬挂灯笼以供夜晚演出照明之用,但罩棚露明结构很不美观(见图 **5-19** 清代会馆院顶加罩棚剧场)。

明清时随社会经济的发展,城市中的地方会馆和各行业会馆,大量建立起来,尤以京师为多,会馆就成为同乡和同行业成员合作、互助、经营、社交的娱乐和活动场所。如光绪八年(1882)《重修晋冀会馆碑记》所说,除了修缮了旧有殿宇,并在殿前建了"卷棚、大厅、罩棚、戏台,无不备细焉"。清末会馆都建有戏台,说明戏曲发展之兴盛,戏台在会馆中已成为节庆、仪典和公共集会的娱乐中心了。

中国戏院由三面围廊、一面建戏台的传统庭院空间形式,要形成永久性的室内剧场,在结构上就需要构筑大空间。以多进庭院为基本组合模式的会馆,是不可能的。从木构梁架体系传统扩大进深的方式,是采用**勾连搭**的方案,也就是李斗在《工段营造录》中说的连二、连三厅。这种勾连搭结构的室内剧场,是中国木构体系建筑在民间剧场上发展到可能完善的方式;从剧院功能上,是将表演和观赏两者的对立统一融合在同一时空里,可以说是具有现代剧院意义的中国剧院的典型形式。晚清的这种会馆剧场遗留下来不少,可惜半个多世纪以来,对传统文化不重视甚至肆意毁掉,尤其对民间娱乐文化设施更加如此,不是被占用单位逐渐拆光改作他用,就是只存尸壳破败不堪。非常幸运的是,在北京琉璃厂西南后孙公园胡同15号,为某厂占用做仓库的原安徽会馆,本欲毁掉利用木料,因解决不了仓库问题,会馆的剧场才得以较完整地保存下来。

从图 **5-20**、**5-21** 平面和剧场剖面图看,这个两卷厅为二层,覆盖在舞台上卷棚的梁跨近 6 米,在座席上的梁跨约为 9 米,在中间两层顶的柱子重合,正是舞台口的二柱。从平面和剖面图可以看到,这通高 7 米的两根柱子,要支承全部屋顶1/3 的重量,比所有柱子的荷载要大得多,所以,截面为方形,取材相当粗壮。

"从空间的形式和比例来看,台前二柱的位置接近大厅中央,勾连搭的舞台跨度近 6 米,而坐席跨度约为 9 米,从结构上考虑,两跨距较接近还是有利的,因为形成了舞台伸出较远而座区环绕较深的空间特点,这对于剧场的亲切感和戏剧气氛

图 5 - 19　清代会馆院顶加有罩棚的剧场

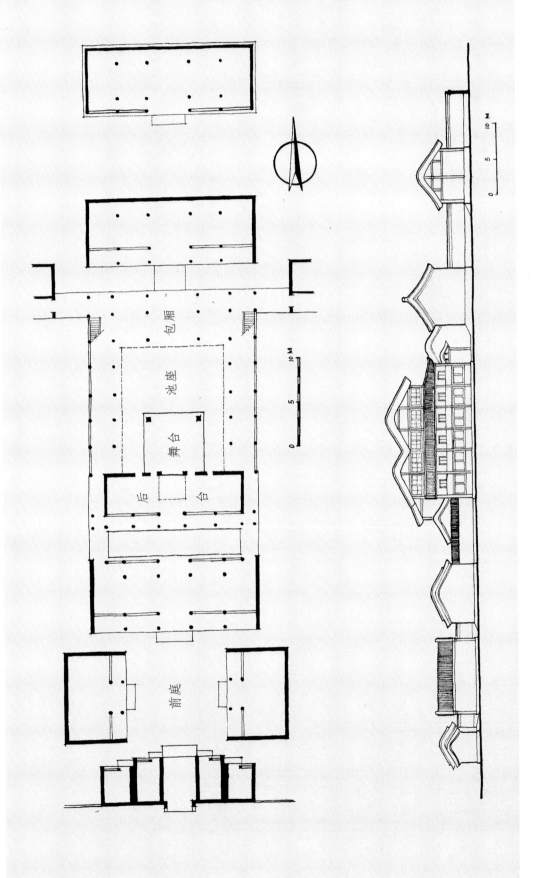

池座

包厢

舞台

后 台

前庭

图 5－20　北京安徽会馆及剧场的平面和东立面图

图 5－21　清代北京安徽会馆剧场部分剖视图（摹写）

　　的增长是十分有利的[89]。"这是中国戏剧建筑史上十分可贵的实例。

　　到清光绪三十四年（1908），清亡（1911）的三年前，上海十六铺建造了第一座新式的剧场建筑"新舞台"，是受英侨民所建"兰心"剧场的影响。此后，北京最早的剧场，是 1914 年建的"第一舞台"，现均已不存。从此，中国的戏曲艺术家就在西式剧场中演出了。

### 三、剧院建筑的意匠

　　剧院，也称"剧场"或"戏园"、"戏院"，不论叫什么，都是指供戏剧表演的演出场所。从建筑的空间内容和组合方式的特点，凡剧院建筑必须在同一空间内，包含舞台和观众席两个空间部分。但是，具备这两个部分空间结构的剧院，不等于就可以适于各种戏曲演出的要求。在西方戏剧（**drama**）是指话剧，在中国是对戏曲、话剧、歌剧等的总称。不仅这三者由于表现手段的不同，对剧场有不同的要求，就是中国传统的戏曲，不同的剧种对演出的空间环境要求也不完全一样。

　　清李斗《扬州画舫录》中说："两淮盐务例蓄花、雅两部以备大戏：雅部即昆山腔；花部为京腔、秦腔、弋阳腔、梆子腔、罗罗腔、二簧调，统谓之乱弹。"又："若郡城演唱，皆重昆腔，谓之堂戏。"李斗将戏曲分成**花、雅**两部，雅部中只有昆山腔一种，亦称"**昆腔**"或"**昆曲**"，其余均属花部，包括后来形成的**京剧**，统称之为**乱弹**。将戏曲分成"**花**"、"**雅**"，说明戏曲的两种不同的发展道路。

#### 1. 雅部的昆曲

　　昆曲，本是元代昆山一带（今属苏州市）地方流行的民间曲调，元末明初经文人顾坚等对南曲有研究的人加工整理，已有"昆山腔"之名，至明代嘉靖年间，又经戏曲音乐家魏良辅等吸收海盐腔、弋阳腔和民间曲调，加以丰富完善，成为一种广泛的声腔系统，对京剧和许多地方戏曲产生深刻的影响。

昆曲产生于江南经济发达、文人荟萃的苏州地区，又经文人韵士不断地加工藻饰，所以在上层社会和官僚士大夫中"皆重昆腔"，成为适于在**厅堂氍毹**(地毯)上演出的高雅剧种，而称之为**堂戏**。正由于昆曲曲调典雅骈丽，深奥难懂；声腔细腻优美，曲折繁缛，如清哲学家、数学家、戏曲理论家焦循(1763—1820)在《花部农谭·序》中所说：

> "花部"者，其曲文俚质，共称为"乱弹"者也，乃余独好之。盖吴音繁缛，其曲虽极谐于律，而听者始未睹本文，无不茫然不知所谓……花部本于元剧，其事多忠孝节义，足以动人；其词直质，虽妇孺亦能解；其音慷慨，血气为之动荡[90]。

焦循是乾隆年间人，像他这样对戏曲很有研究的学者，不看脚本，都听不懂昆曲唱的是什么，对一般人来说，更是莫名其妙了。所以，昆曲到清中叶以后，也就日趋衰微了。但昆曲适于室内演出之雅，从建筑声学角度，是否在现代剧场中演出效果很好？对剧场观众容量是否有要求呢？尚未见有这方面的研究。

### 2. 乱弹的京剧

清代时一些地方性剧种已基本形成，到乾隆末年四大徽班进京，在嘉庆、道光年间与湖北汉调艺人合作，吸取了昆腔、梆子腔的一些曲调和表演方法，发展成京剧。

京剧，从一开始就继承了戏曲在露天或简陋棚栏中演出的特点和需要，概言之：吐字清晰，富于音乐性的念白；音调高亢，旋律变幻的唱腔；节奏鲜明，程式化的优美身段；性格分明，夸张抽象的脸谱；铿锵高频，锣鼓管弦的演奏；化景物为情思，虚拟式的表演方式；时空无限自由，不用设置布景的舞台等等。京剧经二百多年的实践，成为**雅俗共赏**有着高度艺术性和高度成就的艺术，在世界戏剧史上形成具有非常鲜明的民族性、精深而独特的表演艺术体系。

但是，中国古代的剧院建筑，不论是雕镂彩画非常考究的"会馆戏楼"，甚至专为最高统治者慈禧太后观赏戏剧，在颐和园的"德和园"里所建高21米，三层重檐的金碧辉煌的大戏楼，都是在露天庭院里建造的舞台而已。而京剧在其中演出了二百多年的"茶园剧场"，也只是在戏台和楼廊围合的天井上加个屋盖罢了。这要同西方现代剧院相比，岂不是太简单，也太简陋了吗？中国的剧场，自露天的勾栏起，当时由于围观者众，还考虑前后的视线遮挡，将地面做成坡度。到酒楼、茶馆戏园，除了台前中庭的席位，四周都是在楼上观看，所以四周回廊筑楼；但从不考虑音响的问题，实际上中国的戏园，只在视觉上是封闭的，在声音的传播上是不封闭的，根本不存在所谓交声回响的现象，剧场建筑也从没有什么声学的设计，但过去北京的京剧爱好者不讲看戏，而说"听戏"，如果声音模糊不清，这戏如何听得下去。

这就向中国的建筑师和研究戏曲的学者提出了一个问题，具有高度表演艺术水平的京剧，在简陋的茶园剧场里演出了上百年，并不存在什么视听质量的问题，这就充分说明京剧完全不同于其他戏剧，如话剧、歌剧等表演艺术，有其深厚的民族文化传统和表演思想方法的特殊性，或者说，有其不同于其他表演艺术的优越性！

那么，中国现代京剧剧院建筑设计，如何科学地根据中国戏曲表演的特殊性，发挥其优越性，设计出具有中国民族特色的现代化剧院建筑呢？这是很值得研究的问题，也是终将会去解决的课题。

不可思议的是，在某些戏曲理论研究者中，面对今天科学技术的高度发展，声、光、道具和布景等**物质技术**大量应用于舞台的事实，以至产生从本质上否定戏曲艺术表演特点的倾向，认为戏曲表演的虚拟化、程式化，是与舞台时空处理写实化矛盾的，而且随着科学技术的发展，舞台美术的完备化、系统化，这种矛盾就更加尖锐突出起来。造成这一矛盾的原因，是由于元人杂剧的时空观念所致，即假定性的时空与虚拟化的表演，甚至得出结论，这种假定性的时空，是脱离表演艺术需要的，是违背戏曲艺术规律的。

更加令人费解的是，持有这种假定性时空与写实化的矛盾论者，不仅肯定了元人杂剧假定性的舞台时空与生活时空达到了和谐统一，已形成了我国戏曲艺术的民族特色，而且认为：在写实性上，戏曲与电影、电视、话剧不能相比，但在假定性和虚拟化上，使电影等其他现代艺术相形见绌。既然如此，为什么又硬要把话剧的写实化舞台时空与戏曲扯到一起，制造出所谓的舞台时空矛盾呢？据持此观点者说，是由于"我们"——应是指持有同样观点者——一直视戏曲为写实艺术，用"真实"的尺度去衡量，这是"我们"的失误。

这是个奇怪的逻辑，既然一直把**写意**——虚拟化表演艺术的戏曲，看成为**写实艺术**是失误，那就不再用"真实"的尺度去衡量，矛盾不就解决了吗！其实不然，因为舞台时空矛盾论者，是对现代舞台美术越来越写实化和演员表演虚拟化的矛盾而言，问题的症结就在于：持此论者认为，舞台美术的**现代化**就是**写实化**，而写实化的时空代替假定性的舞台时空，是现代戏曲艺术发展的必然趋势。这就是戏曲舞台存在着矛盾的所谓原因。据此，解决矛盾的办法，就必须突破元人杂剧时空观念的束缚，就像话剧一样把写实化的道具、布景搬上戏曲舞台。结论是：现代戏曲舞台美术要写实化，表演艺术要真实化、时代化。戏曲需要改革，特别是在内容上，不少剧目都或多或少地糅杂一些封建落后的思想意识。但如何改革？是戏曲理论研究的重要问题，不是本书的研究范围，我们只是从建筑构成的空间环境与人们对空间活动功能的要求，探讨现代戏曲剧院的设计问题。

所谓舞台时空的假定性，也就是在舞台上表演时空的无限性，这种时空观念，既非为戏曲所独有，更非元人杂剧才有的时空观念，而是中国传统艺术所共同具有的特性。本书在涉及有关时空问题时多作了阐述，并在"中国的建筑艺术"一章中作了重点的分析。对中国传统艺术来说，无论是诗词、绘画、书法、建筑、园林等艺术创作的最高境界，就是对时空无限性和永恒性的追求。用我在《中国造园论》中的话说：

> 中国的传统艺术，"在艺术创作思想上的特点，就是空间不囿于有限，要超越有限，追求空间的无限性；不局限于所描绘（表演）的事物本身，所谓神超形越，就是始终放眼于体现天地造化之'道'的宇宙中去观察，即使寥寥数笔如齐白石的《虾》、牧溪的《六柿图》，也会给人一种深邃的、无尽的时空感和生命的活力。在中国艺术家看来。艺术所表现的东西，都是贯通宇宙的'道'的具体显现。这就是中国的艺术精神，而这种与宇宙相通的'道'的观照和表现方法，正是中国艺术的一个极为重要的特点⑨。"

所谓舞台时空的假定性，就是演员在舞台上表演的空间与时间是无限自由的（**measureless**）。台上转一圈千山万水；演出几小时沧海桑田。所以，戏曲舞台凡表演室外的，台上就空无一物；表演室内的，最多只一桌二椅而已。如果用布景，不论如何简化，只要是具象性的，都是对表演时空的一种限制，妨碍以至破坏戏曲的表

中国戏曲艺术，舞台时空的假定性和表演的虚拟化，是互为表里的不可分割的整体，没有假定性的舞台时空，就不可能进行虚拟化、程式化的表演；否定舞台时空的假定性，即中国古代艺术时空无限性的观念，也就从根本上否定了中国传统艺术之一的具有高度艺术性的戏曲。

275

演。因此,戏曲表演必然是虚拟化的,也就是演员用曲白和身段动作表演出既定的时空,以及在这时空中的故事情节。

**虚拟化表演特点**,就是把表演者的动作对象人和物,以及具体的空间环境虚掉,而是用富于技巧和节奏的优美**身段**和动作,把对象和环境**表现**(expression)出来。这种虚拟化的表演,客观世界是通过演员形体动作表演出来的,所以说是主观世界的表现;而话剧既要表演主观世界人的表情动作,又要表演客观世界人在空间环境中的变化,才能将生活**再现**(reappear)出来,两者的表演方式是完全不同的。戏曲演员正因为不受对象和环境的束缚,就能更自由地、更集中地、更充分地表现出剧中人的情绪、感情和性格,鲜明突出地塑造出各种典型人物的形象(image)。

正由于戏曲舞台时空的假定性,为演员提供了非常自由的表演时空,如果毫无规范,许多杰出的戏曲表演艺术家技巧精湛、动人心弦的表演就无法传承下来,就如明张岱在《陶庵梦忆》中所说:

> 余尝见一出好戏,恨不得法锦包裹,传之不朽。尝比之天上一夜好月,
> 与得火候一杯好茶,只可供一刻受用,其实珍惜之不尽也。桓子野见山水
> 佳处,辄呼"奈何奈何",真有无可奈何者,口说不出[92]。

演员在舞台上每一瞬间表演,都不可能以不变的状态重复再现,口又说不出来,这在没有先进的音像技术时代,只有徒唤奈何了。中国戏曲之所以源远流长、世代相承,正由于表演的**程式化**(conventionaliztion)。表演的程式化,是戏曲表演艺术家们将不受时空束缚、变化莫测的天才表演,归纳凝炼在一定的形式表现方法和规律之中,"从而,不再是可能而不可习,可至而不可学的天才美,而成为人人可学而至,可习而能的人工美了"(李泽厚《美的历程》)。中国的传统艺术,无不极臻变化之妙,也无不有规矩可循,这是中国艺术的共同特点之一。如诗词中杜甫的"铺陈终始,排比声韵",在形式与内容上的严格统一;书法中颜真卿的"元气浑然",刚健方正,形式均齐和谐的楷书……正是在杜诗、颜字所开创的规矩之中,人人可以从这些形式的规范中,寻求到美,创造出美,成为后世人们看得见、抓得住、学得到的技术功夫。

戏曲表现生活,随着生活的发展,程式必然也会有所变化和发展,但中国戏曲却不可没有程式,由于它使虚拟化的表演转化为可以掌握的物质形式,为学戏者提供入门之路,为演员创造性劳动奠定登上戏曲艺术圣殿的基础。质言之,中国戏曲的时空观念,是"节奏化和音乐化了的宇宙感";虚拟化的表演,体现了化实为虚、"化景物为情思"的美学传统精神。

杰出的苏联戏剧家梅耶荷德说:"戏剧的革新创造,必定要建立在中国戏剧的假定性上。"我们中国的戏曲家如何革新创造?将中国戏曲现代化化成什么样子呢?从建筑学观点,只要中国戏曲舞台时空的假定性和表演虚拟化的特点存在,建筑师就必须了解戏曲表演艺术的特点,设计出合乎中国戏曲表演特点需要的、在物质技术与思想艺术上高度统一的现代化剧院建筑。

某些只从舞台美术角度,认为舞台美术的现代化就是写实化,从而认为中国戏曲艺术舞台时空的假定性和虚拟化的表演,是与舞台美术写实化和现代化是矛盾的。忘掉了舞台美术是为戏曲服务的,而不是相反。这个所谓的矛盾根本不是存在于戏曲艺术之中,而是存在于舞台美术现代化者的脑子里,解决矛盾的方法很简单,首先要解决矛盾论者对中国戏曲的无知。

# 第十五节 学 校

中国的教育有文字记载的，早在三代时就设立有官学教育机构。《孟子·滕文公上》："设为庠、序、学、校以教之。庠者养也，校者教也，序者射也。夏曰**校**，殷曰**序**，周曰**庠**，学则三代共之，皆所以明人伦也。"所以后世通释**庠序**为学校或教育事业。

历代王朝的**官学**，既是教育管理机构，也是最高学府，名称不一，据《大戴记·保傅》："帝入太学，承师问道。"西周时已有**太学**之名了。西周太学从教育内容看，有大学与小学之分，小学以**六艺**(礼、乐、射、御、书、数)中的**书、数**为主，大学以**礼、乐、射、御**为主。大学如同高等学校的本科，小学就相当于专科了。

汉代于武帝元朔五年(前 124)始建立太学，设五经博士，弟子有 50 人。东汉时太学大为发展，到质帝朝太学生多达 3 万人。此后，晋立国子学，北齐称为国子寺，隋炀帝始改为**国子监**，唐宋以国子监总辖国子、太学、四门等学。明以后不设太学，只有国子监，在监读书的称太学生。到清光绪三十一年(1905)设立学部，国子监遂废。

魏晋到明清，或设太学或设国子学(国子监)，或两者同时设立，唐代在两者之外还设有四门等学，名称不一，制度亦有变化，性质均为传授儒家经典的最高学府，区别在于培养对象入学条件不同。据《唐六典》卷二十一，《国子监》资料列表如下：

| | 学 官 | 生员数 | 入学条件 |
|---|---|---|---|
| 国子学 | 博士二人，正五品上 | 3000 人 | 文武官三品以上及国公子孙，从二品以上曾孙 |
| | 助教二人，从六品上 | | |
| 太 学 | 博士三人，正六品上 | 500 人 | 文武官五品以上及郡县公子孙、从三品曾孙 |
| | 助教三人，从七品上 | | |
| 四 门 | 博士三人，正七品上 | 1300 人 | 文武官七品以上及侯、伯、子、男，庶人子为俊士生 |
| | 助教三人，从八品上 | | |

表中所列博士和助教，是作为高等学府中主要从事教学的官员，从事教育管理机构中的领导、事务和杂务者还有许多官员。学生凭门荫入选，教师亦随学生门荫的高低，其官位品秩有高低之差，这是受魏晋以来的门阀制度、等级制度对学校教育的影响。而唐代的四门学馆吸收庶人子弟为俊士生，是沿用北魏太和二十年(496)设四门博士管教七品以上侯、伯、子、男的子弟，以及有才干的庶人子弟的做法，使庶民子弟也可与官僚子弟一样入国子监受教育，随着科举制度的发展，国子监的等级制也就逐渐被打破。

**博士** 战国已有此名称，仅为一般博学者的通称，非官职。战国末至秦逐渐成为掌议论政事及礼仪的官员。博士的主要职责为"掌教弟子，国有疑问，掌承问对"。可见博士除了在高等学府中讲授经籍，并充当君主的参谋和顾问，有时还能参与政事或作奉使外出巡察的官员。精通一艺的博士则讲授专门的学问。

**助教** 是掌辅佐博士分经讲授经学的学官,实际上是学校专业学科的教员。国子助教在两晋、南北朝主要讲授经学,此后专科学校增多了,助教的名目也越来越多,如隋唐除国子、太学、四门外,还有书学、算学、律学、医学等等。清代除国子监外,专业性质的学校,如算学馆、阴阳学(天文)、医学、俄罗斯学馆里均设置助教之职。助教虽有官位品秩,且各朝各学都不一样,但非行政意义上的官吏,而是国家设立大学里的专职教师。一般来说,助教的政治地位低下,不受重视,待遇低而生活清苦。以唐代为例,大历年间所定的月俸,博士自二十五贯至二贯,而助教由五贯三百文至一二贯。说明中国大学教师政治地位和工资待遇之低,是历史的传统了。

## 一、学校建筑

古代的官学,中央设有国子学或太学,地方州、县亦设有地方官学,学校规模虽大小不等,但基本形制相同。宋元代均与孔庙建在一起,形成"庙"和"学"两部分,有以"庙"为主体,学校的教学和生活设施都在"庙"的周围。有的"左庙右学",庙的部分有大成殿、从祀廊庙以及殿前的道路、泮水、仪门、棂星门等;学的部分有讲堂、生员斋舍、学官厅舍、尊经阁(书库)、仓库、庖厨等。南宋吴自牧《梦粱录·学校》中对杭州的太学有较详的描写:

> 太学在纪家桥东,以岳鄂王(岳飞)第为之,规模宏阔,舍宇壮丽。学之西偏建大成殿,殿门外立二十四戟,大成殿以奉至圣文宣王(孔子),十哲配享,两庑彩画七十二贤,前朝贤士公卿诸像皆从祀,每岁春秋二丁,行释奠礼,命太常乐工数辈用宫架乐歌"宣圣御赞……"。置学官,自祭酒、司业、丞、簿、正、录等共十四五员。学有崇化堂、首善阁、光尧石经之阁(书库),奉高、孝二帝宸书御制札,石刻于阁下,以墨本置于上堂之后。东西为学官位。
>
> 太学有二十斋:區曰服膺、褆身、习是、守约……十七斋區,俱米友仁书;余节性、经德、立礼斋區,张孝祥书。各斋有楼,揭题名于东西壁。厅之左右,为东西序,对列位。后为炉亭,又有亭宇,揭以嘉名甚夥。太学生员今为额一千七百一十有六员……诸生衫帽出入,规矩森严,朝家所给学廪,动以万计,日供饮膳,为礼甚丰[93]。

这段文字,首先说明太学是在岳鄂王第的基础上建立起来的,因为太学不单是最高学府,而且是官府的最高教育管理机构,所以王府的住宅庭院组合,也就是太学主要建筑和学官办公的组群建筑,而是改变了第宅的功能用途。主轴线上庭院的主体建筑是崇化堂、首善阁、光尧石经之阁。古代将藏书处称"阁",阁不一定是楼房,但从石刻于阁下看,光尧石经之阁是楼房,楼下陈列高宗赵构和孝宗赵眘(**shèn**同慎)的宸书御札石刻,墨本则藏于崇化堂。每进庭院的两厢,是学官们办公的地方。

斋舍,是生员宿食和活动的场所,其中的"楼"和"厅",显然是讲授和学习用的建筑。斋是生员的宿舍,一千七百多人的太学,所以斋有二十个。据《梦粱录·学校》记载,斋分"上舍"、"内舍"、"外舍"三种,按学习程度不同分配,"上舍额三十人,内舍额二百单六人,外舍额一千四百人,国子生员八十人"。学生经"月书季考,由外舍而升内舍,由内舍而升上舍,或释褐及第,或过省赴殿,恩例最优,于此见朝廷待士之厚,而平日教养之功,所以为他日大用之地也"。可见上、内、外舍之分,与学习的程度有关,上舍最高,内舍次之,外舍最低。从各舍生员定额人数看,上舍仅有 30 名,内舍有 206 人,为上舍的 6.9 倍,外舍则多达 1400 人,几乎为上舍的 50 倍,每月和季度进行考试,优秀者可从外舍升内舍,内舍升上舍,上舍中优秀者,就可脱掉平民的衣服(释褐)穿上进士服和官服了。

在封建社会,太学作为最高学府主要是培养官吏,外舍等于大学的预备班,上舍犹如毕业班,对生员采取淘汰制,能升入上舍的人可能仅有 1/50。三舍生员数额悬殊,斋总共有 20 个,一斋内的房舍数多少是不定的。外舍之名可能因人数众多,房舍的需要很多,占地亦广,而不在太学之内的缘故吧。

从太学的总体布局看,是宋元时代盛行的"**左庙右学**"格式,即东建孔庙,西为太学。太学的主要建筑在中,为多进宽大的庭院,生员斋舍在西。从建筑空间组合的传统方式,斋舍可能以厅、楼为主体,以多间厢房或廊屋围合成相对独立的庭院。当然也少不了仓库、庖厨等生活必须的辅助性建筑。

庙学结合,学校既是生员学习的地方,也是祭祀先贤等的重要场所,自然成为文人经常聚会之处。这种庙学结合的思想,用塑像和彩画先贤(思想家、教育家、科学家、艺术家等)直观形象地教育、熏陶学子,渲染、烘托、创造出高等学府的文化氛围,这是应予继承的传统。

地方官学则多采取**以庙为主**的方式,显然是生员人数较少,形成以孔庙为中心的学宫建筑群,俗称府学或县学,建筑也有一定的格局和规模。据山西《汾阳县教育志》,从老辈知情者的简单描述:"孔庙造型风格为古宫殿式,庄严肃穆。庙顶飞甍碧瓦,檐牙高喙,绘饰雕画。宫墙朱红,庙台高筑,金碧辉煌。庙前两侧,各置镌文巨碑,殿内壁绘七十二贤。具体建筑:圣庙门外有'先师牌坊'。龙池置先师牌坊界内,石砌栏,中筑一方台,台上建有凉亭。钟楼峙其右,鼓楼夹其左,悬额'凤葛卜山'。左由敷教坊入,有入室亭,亭北有书舍,舍北有学正宅。右由观德坊入,有射圃亭,亭北有司训宅。右北有八县公馆,明伦堂后为尊经阁,阁后为敬一亭,亭后为启圣祠,祠西有书院,东有三贤祠,又东建崇圣祠,祠南为奎星楼[04]。"见(图 **5 - 22** 汾阳学宫图可参考)。进学士子,来自府属八县取得秀才资格的生员,而这些生员大多是富家和官僚乡绅子弟。古代的官学,都靠士子自学,但可向教授、训导质疑问难。引文中之"学正",是府县学的教官,掌教育训导所属生员。"司训",即训导,是明清时府、州、县学教官副职,掌协助府学教授、州学学正、县学教谕教导所属生员。

这种以庙为中心的学宫,可能是明清时地方官学较典型的模式。

中国历代兴办的**官学**均是高等学府,生员的对象都是贵族和官宦子弟,到唐代始虽吸收少数有才干的庶民子弟为俊士生,对全国来说是微乎其微的。**私学**就成为庶民子弟接受教育尤其是启蒙教育所必须的和必然的形式。私学包括家学、私塾、私人讲学、隐居游学以及义学等多种形式。

## 二、家　学

官宦、富贾和知识水平较高者的子女受教育的方式,不外是父母兄长亲授或延师教授两种。如果查查史书人物传记,有不少是从小受母亲或父兄启蒙教育的文化名人,如唐代诗人元稹、李绅等等,这种亲授家庭一般多为仕宦贫寒者。更多的富家和官宦子弟则是在家学中延师进行启蒙教育的。

中国的家学不仅对启蒙教育,在培养专业人才方面也起着特殊的重要作用,尤

官学和私学的共存互补,是中国传统教育体系的两个重要组成部分。

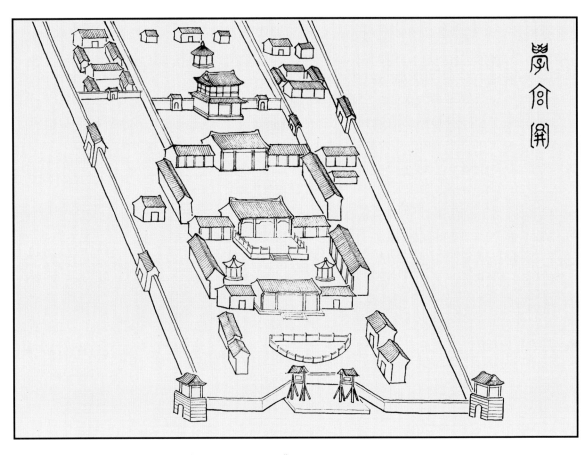

图 5 - 22　《山西汾阳县教育志》中学宫图(摹写作了必要的加工整理)

其是魏晋南北朝时代，士族门阀特别重视家学，为社会培养了大批精英人才。在文学上，东晋政治家谢安家族文学俊秀辈出，谢道韫是著名的才女，谢灵运、谢朓、谢朓、谢瞻、谢晦、谢惠连、谢庄等，都是当时有名的诗人、文学家。北朝文学家庾信与父庾肩吾、祖庾易皆"鸿名重誉，独步江南"，其家世"或昭或穆，七世举秀才；且珪且璋，五代有文集"(宇文通《庾信集序》)，都与家学有密切关系。

在科学上，南朝祖冲之(429～500)在数学、天文历法等方面取得举世瞩目的成就，他推算的圆周 $\pi$ 值在 3.1415926 和 3.1415927 之间，他提出 $\pi$ 的约率为 22/7 和密率为 355/113，密率值比欧洲早一千多年。祖冲之的儿子祖暅之，"少传家业，究极精微，亦有巧思"。祖暅之的儿子祖皓，也"少传家业，善算历"(见《南史》卷七十二《祖冲之传》)。祖冲之三代从事数学研究，足见其家学渊源深厚。

在书法上，后世尊为"书圣"的王羲之，不仅与其子王献之在书法上有很高造诣，王氏一族几代人驰骋东晋书坛。三国魏的书法家卫觊，其子卫瓘对草书、篆书皆擅长，并创造了柳叶篆体，字形细长，笔势遒劲，别具风格。卫瓘子卫恒，用楷墨法写出"飞白"书，三代书法家各有成就，可谓家学渊博。

在医学上，俗谓"学书废纸，学医废人"，行医是关系人生命存亡的大事，所以历来人们对有丰富临床经验的祖传世医更为信任，先秦时就有**"医不三世，不服其药"**的说法(《礼记·曲礼下》)。北朝名医徐之才，先祖徐熙即为名医，到徐之才一族 6 世出了 9 个医生，皆医术高明。徐之才于北魏孝昌二年(526)到洛阳，因"药石多效，又窥涉经史，发言辩捷，朝贤竞相要引，为之延誉"(《北史·艺术下·徐謇传》)。足见家学对培养医学人才的重要作用。

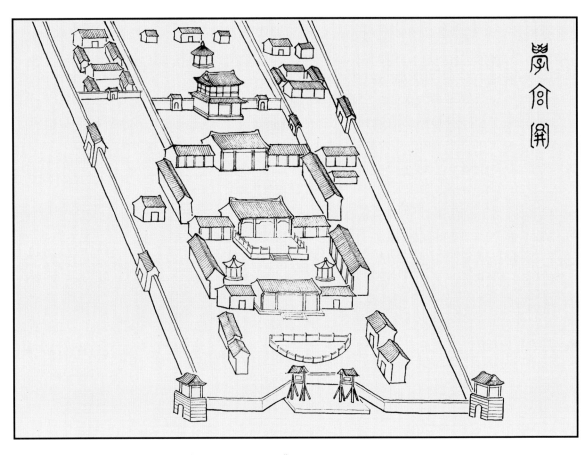

北齐文学家颜之推(531—约590以后)写的《颜氏家训》,以儒家思想为立身治家的家学教育,成为千古流传的教育学名著,充分说明了古代对家学的重视。

### 三、私　塾

是私学之一种,有塾师自设的学馆,有地主、商人设立的家塾,也有宗族祠堂或寺庙举办免费的义塾。不论是那种形式,一般私塾都只有一名教师,生徒年龄、文化程度不限,所以是采取个别教学,教材和学习年限也不定。最富特色且史籍中记载最多的是乡村蒙学了,据(唐)《玄怪录》卷三齐饶州篇和(宋)《太平广记》卷四十四都记有田先生隐于饶州鄱亭村,建草堂设馆教学的事,学校设施自很简陋,学生只有十数个村童,穷乡僻壤,农家贫困,子弟读书交不起学费,田先生只有轮流到学生家"转食"糊口。乡村教书先生的穷困潦倒生活,历来如此,社会的科学、经济愈落后,教书先生的社会地位和生活也就愈低下。

乡村小学的教育内容"幼能就学,皆诵当代之诗;长而博文,不越诸家之集"(《旧唐书》卷一一九《杨绾传》)。宋朝之后启蒙多授《百家姓》、《千字文》等蒙书。图**5–23**宋画《村童闹学图》,非常形象而生动地描绘出乡村蒙学的情景。

义学,亦称"**义塾**",是免费的私塾。唐代的义学多为寺院所办,宋代崔与之《崔清献公集》五"迁游郑氏家塾记跋":"君未仕之前,创义塾于家,聚族党食而教之。"清代曹雪芹《红楼梦》第九回:"原来这义学也离家不远,原系当日始祖所立,恐族中子弟有力不能延师者,即入此中读书;凡族中为官者,皆有帮助银两,以为学中膏火之费;举年高有德之人为塾师。"这是贾氏家族办的义塾,经费来源是族人中为官者的资助。一般由族人或地方办的义塾,经费的主要来源为地租。

**私人讲学**　是私学中分布很广,高层次的教育形式。在中国历史上,首创私人讲学者,是儒家创始人**孔子**(前551—前479),他主张"**有教无类**",因材施教,并有"**学而不厌,诲人不倦**"的精神。孔子的教育思想,注重"学"与"思"的结合,提出"**学而不思则罔,思而不学则殆**"和"**温故而知新**"的命题。相传其弟子先后有三千人,其中著名的有七十余人。

孔子既开创了私人讲学之风,而且把私人讲学的地位置于很高的起点上。后世的私人讲学时有盛衰,但讲学的老师均学问渊博,水平很高,许多私学教师都是当代著名

图 5－23　宋画《村童闹学图》中的私塾

的学者。

自汉代以来，如经学家郑玄（127—200），游学十余年，回乡讲学，因党事禁锢，遂杜门不出，刻意研经，不囿前人专治一经，意主博通，遍注五经，潜心著书百余万言，弟子自远方至者数千人。"京师谓郑玄为经神，何休为**学海**"（王嘉《拾遗记·后汉》）。今尚存所注《毛诗》《周礼》《仪礼》《礼记》等。

何休（129—182）东汉经学家，精研今文诸经，以17年时间撰成《春秋公羊解诂》，系统地阐发《春秋》中的"微言大义"，成为今文经学家议政的主要依据。另撰有《公羊墨守》、《左氏膏肓》、《谷梁废疾》等，已佚。被誉为"学海"。

上文有些词须稍加解释：**经**，旧称儒家的重要代表著作或儒家祖述的古代典籍。**经学**，训释或阐述儒家经典之学，中国封建社会文化的正统。**今文**，汉代称当时通行的隶书为今文；**古文**，秦以前用的篆书为古文。**今文经**，指汉代学者所传述的儒家经典，用当时通行的隶书记录者。研究今文经籍就称今文经学。**古文经**，指秦以前用篆文书写而由汉代学者加以训释的儒家经典。研究古文经籍的就称**古文经学**了。**五经**，指《易》、《尚书》、《诗》、《礼》、《春秋》。**六经**，除上述五经外，还多《乐》经，今文家说乐本无经，乐之源在《诗》三百篇中，乐之用在《礼》十七篇中；古文家则认为乐有经，因秦焚书而亡佚。**学海**，辞书多解释是称学问渊博的人，我认为不止于此，学海的出处是汉扬雄《法言·学行》："**百川学海而至于海，丘陵学山而不至于山。**"从文意看，百川运动而总归于大海，丘陵止而不动，所以不至于山。以学喻百川归海，学必近乎"趣"而始化，化则可达博大高深之境界；丘陵固而不化，不可能达高峰而一览众山小的境界也。誉何休为"学海"，也有对他阐发《春秋》中微言大义之能的推崇。

西晋时的刘兆，安贫乐道，朝廷三征五辟皆不就位。数十年足不出户，潜心著述，整理《春秋》、训注《周易》，"凡所赞述百余万言"。因其博学强志，温笃善诱，"从受业者数千人[95]。"

多数私学教师，都在儒学方面造诣很深。私学中还有其他内容，在某一方面研究精深有独到之处者。如西晋时的杨轲，"少好《易》"，史称他"学业精微，养徒数百"，"教授不绝[96]。"南朝徐湛之，史称其"伎乐之妙，冠绝一时，门生千余人，皆三吴富人之子，姿质端妍，衣服鲜丽[97]。"北魏时，清河人崔彧"少尝诣青州，逢隐逸沙门，教以《素问》九卷及《甲乙》，遂善医术"。他成为名医后，"广教门生，令多救疗。其弟子清河赵约、渤海郝文法之徒咸亦有名[98]。"亦有以文学教授生徒的，如《南史·隐逸下·沈麟士传》记载，沈麟士非常推崇西晋陆机文学作品《连珠》，"每为诸生讲之"。《连珠》是一种文体，晋傅玄谓其"辞丽而言约"，"历历如贯珠"，故名。这种文体起源于汉魏，形成于南北朝，全篇以偶句（即俪句）为主，讲究对仗和声律，即骈俪文。陆机的诗文辞藻宏丽，讲求排偶，开六朝骈文之先。除了儒学、文学、音乐、医学，还有道学、佛学、天文、数学等等。可见，在历史上私学不仅对官学作了重要的补充，而且又为华夏文化的传播与继承起着重要的作用。

私学在中国传统教育史上的重要作用，是不言而喻的。私学的最大特点，是教师只有一个人，学生人数则众多，少者几十人，一般百人至数百人，多达千人甚至数千人。从建筑学角度说，教的方面，只教师一人讲授，在家中厅堂里就可进行了。如《南史·儒林·伏曼容传》记载，萧齐中散大夫伏曼容于家"施高坐于听事（即厅堂），有宾客，辄升高坐为讲说。生徒常数十百人[99]。"讲者高踞坐位之上讲说，大概是不需要讲台的；听者在厅堂之内多达数十百人，即使都站着也难以容纳，是如何解决的呢？

据《后汉书·郑玄传》载，郑玄曾投当时"通儒"马融门下学习，"融门徒四百余人，升堂进者五十余生。融素骄贵，玄在门下，三年不得见，乃使高业弟子传授于玄。玄日夜寻诵，未尝怠倦[100]。"说明私学中弟子很多时，只有高才生才能得到老师的亲自传授，多数弟子则是令高才生传授的。早在西汉时，哲学家董仲舒(前179—前104)，"下帷讲诵，弟子传以久次相授业，或莫见其面[101]。"董仲舒的教学，也是由弟子转授，先来的向后进的依次相授业，由他亲授者也是少数。不论用什么样的教学方法，不集中全部学生进行讲授，当然也就不需要容纳上百人以至更多人的大讲堂了。换言之，也正由于民间厅堂建筑不能容纳太多的人，同时入学弟子的水平程度不可能一致，所以采取由弟子间传授的办法。当然需要集中全体学生时，可以在庭院和露天场所中进行。

如果学生并非都来自本地，或者教师居于乡野，或隐迹山林，人数众多、成百上千时，学生的住宿问题是如何解决的呢？

如前面讲过的，讲授陆机文学作品的沈麟士，他"无所营求，以笃学为务"，不愿为官，"隐居余不吴差山，讲经教授，从学士数十百人，各营屋宇，依止其侧，时为之语曰：'吴差山中有贤士，开门教授居成市'[102]。"学生住宿，由自建屋宇解决，因集中在教师宅旁而成街市也。

私学中有为讲学专门建造"精舍"的，如《后汉书·包咸传》："因住东海，立精舍讲授。"《后汉书·党锢传》："(刘)淑少学明《五经》，遂隐居，立精舍讲授，诸生常数百人。"《唐才子传》卷一：卢鸿隐于嵩山，广精舍讲学，"从学者五百人"。《高僧传·竺僧朗传》记十六国时僧人竺僧朗于昆仑山立精舍，"内外屋宇数十余区，闻风而造者百有余人。朗孜孜训诱，劳不告倦[103]。"竺僧朗建造的精舍"内外屋宇数十余区"，学生有百余人，从人数与屋宇的比例关系看，这"区"非"有宅一区"(《汉书·扬雄传上》)的区，如这个"区"是指一个建筑组群所占的地方。若数十余区皆是建筑组群，房舍就太多了。这里所谓"区者，小室之名，若今之小庵屋之类耳"(《汉书·胡建传》注)。也就是小的茅舍，显然是给学生住宿的房子，建在精舍之外者。精舍内的屋宇，当为讲诵和教师生活活动之所，房屋的体量虽不会很小，但完全可能也是茅舍。建茅舍的私学场所也称"精舍"吗？

**精舍** 旧时集生徒讲学之所。之所以称为"精舍"，非指房屋的质量和装修的讲究。我认为"精舍"的意思有两层，一是从讲学场所的高雅而言；二是翻阅史籍有关精舍的记载，几乎皆建于山水优胜之处，而精舍本身也很讲究环境的幽美。例如《唐文粹》卷七七，崔祐甫在《穆氏四子讲艺记》中对穆氏家族所建的学舍的描写："于是考州之东四十里，因僧居之外，阶庭户牖，芳草拳石，近而幽，远而旷。澶漫平田，潎沸温泉，可以步而适，可以濯而蠲，谓尔群子息焉游焉。"澶(**chán** 馋)漫：宽阔貌；潎(**bì** 必)沸：泉水涌出貌；蠲(**juān** 捐)：通"涓"，清洁。虽是家学，也很重视环境对学习的影响，以及对人性情的陶冶。

自然山林的清旷，可以陶冶性情，促进文思，所以，在唐代尤其是后期，士子隐居山林读书习业十分盛行，唐后期做到宰相的就近 **20** 人，一代文章宗匠陈子昂、李白、白居易，诗文名家岑参、孟郊、李贺、杜牧、王建、李商隐、温庭筠、杜荀鹤等，都曾隐居山林，潜心读书。唐贞元中，在庐山结草堂于岩谷间读书属文者有一二十人，这些人结庐为友，与有道的释道交往。古之贤者，每多隐逸山林。所以，在名山大川中隐居习业，不仅有最佳的读书环境，而且可得良师益友，有切磋之惠，比在学院中读

精舍，古指学者的讲学居住之所。后对僧道讲经处亦称精舍。

書气氛更浓厚,交流更广泛也更活跃。这种中世纪牧歌式的隐居习业的生活方式,随着将求学作为生活志趣的时代的逝去已不复存在了。

# 第十六节　其　他

随着社会生活的发展和科学技术的进步,建筑的类型也就丰富起来。建筑的类型与生活的关系是辩证的,一种建筑类型,体现了人们在社会生活中不同活动过程的某种特定功能的需要,但并非所有的不同活动过程的建筑,都成为一种建筑类型,尤其是古代的社会生活,离现代的生活愈远,其功能要求也就愈简单,建筑的类型也就愈少。除了本章上面所讲到的一些建筑类型,在古籍中还可以看到不少不同用途的建筑名称。如:留宿旅客的**客坊**,也叫客舍、客店、客邸等等,即旅馆;收容病人的**病坊**;存放或出租马车的车坊;保管、存放金银钱财的**柜坊**,也叫"寄附铺";以至养鹰、养狗的地方叫做**鹰坊**、**狗坊**……只在叙事中提到这些名称,极少有关于建筑的描写,难以窥其端倪。在这一节中,仅就掌握的资料所及,将有点参考性的东西写出,多少能有助于对古代建筑类型的了解,以便今后深入研究。对读者来说,也免得打开中国的建筑书籍,只有庙宇、住宅和宫殿,误以为古时的中国人,除了上庙里去烧香和逛庙会,就都呆在家里了。

## 一、浴　室

古人洗发曰**沐**,洗身曰**浴**。屈原《楚辞·渔父》:"新沐者必弹冠,新浴者必振衣。"从古籍记载,古代宫廷和佛寺中都有洗澡的浴堂,如北魏杨衒之《洛阳伽蓝记》四"城西光宝寺":"指园中一处,曰:此是浴堂[104]。"唐王建诗有:"浴堂门外抄名入,公主家人谢面脂。"从前一句看,浴堂是供多人共同沐浴的。宋耐得翁《都城纪胜·诸行》条:"市肆谓之行……又有异名者,如七宝谓之骨董行,浴堂谓之香水行是也[105]。"洪迈的《夷坚志》八"京师浴堂"条,记北宋宣和年间汴京故事时,曾提到"茶邸之中则浴堂也"。

从这些点滴资料看,宋代以前寺庙、宫廷、王府中的浴堂,只是供自己家人或僧众沐浴用的,民间是否有浴堂,不得而知。但至少可以肯定,北宋时,有的茶邸(茶馆)已兼营浴堂,南宋的杭州既称浴堂为"香水行",说明民间营业性的浴堂已较普遍了。可惜对浴堂都没有具体记载,浴堂是什么样子,难以想象。

清代乾隆年间,李斗在《扬州画舫录·草河录》上,对扬州浴池有段较具体的描写,他说:

> 浴池之风,开于邵伯镇之郭堂,后徐宁门外之张堂效之。城内张氏复于兴教寺效其制以相竞尚,由是四门内外皆然……各极其盛。而城外则坛巷之顾堂,北门街之新丰泉最著。并以白石为池,方丈余,间为大小数格:其大者近镬水热,为大池,次者为中池,小而水不甚热者为娃娃池。贮衣之柜,环而列于厅事者为座箱,在两旁者为站箱。内通小室,谓之暖房。茶香

酒碧之余，侍者折枝按摩，备极豪侈。男子亲迎前一夕入浴，动费数十金。
　除夕浴谓之"洗邋遢"，端午谓之"百草水⑩"。"

李斗列出当时扬州浴堂名字的，就有12家分布在城内外各处，足可满足市民沐浴的需要了。浴堂由以业主之姓，名张堂、李堂，进而不少浴堂都起了雅致的堂名，如：小蓬莱、清缨泉、广陵涛、白玉池……可见清代中叶时民间浴堂已颇具规模和水平了。

文中的大池、中池、小池，是指用白石砌筑的水池，中间分隔成数池，多为4米~5米见方。这种浴池到上世纪六七十年代还普遍存在，今天在一些县城中仍未消失。镬（huò 获）：古代是指无足的鼎，这里是指烧热池水的大锅，在池一端的中间，与池底平，由外面坑道烧火。因是直接加热池水处，多用石壁与大池隔开，其上盖以木制搁栅，以防浴客烫伤。分隔池的壁底两头与中间有方孔，各池的水可以相通，利用池水散热，池离镬愈远水温愈低，以适应大人和小孩洗澡的不同要求，俗称"澡堂子"。

旧时的澡堂建筑，从江苏一些中小城市现存的情况看，多以浴池为中心，四面围绕更衣休息的房间，最为典型。这显然是利用四合院改建而成，将天井做浴池，加盖屋顶，吊以拱形平顶以防滴凝结水，并开天窗以适当通风，澡池前多有前室，既防水蒸气侵出，又可作擦背的地方。原来的天井没有了，但为休息厅房的采光通风，澡堂前后都必须另开天井。所以，只能利用多进住宅的中间庭院做澡堂，这正是大门在街道的澡堂，都必须经过一段弄堂才能进入的缘故。

旧时洗澡收费，是按休息的设备标准高低而异。如前引李斗所说浴池中的"座箱"，是沿墙设较低的衣柜，柜上可坐着休息；只设高的衣柜，室内放一些长凳供更衣临时凭坐者，为"站箱"；设躺椅可躺着休息的，称"雅座"；隔成双人或三四人的小间者，即李斗所说的"暖房"。

今天在大中城市的街上，到处可见"桑拿浴"的巨幅招牌，就同"肯德基"和"麦当劳"快餐店一样，成了中国城市现代化的时尚和不可或缺的点缀。其实"蒸汽浴"，并非是什么进口的时髦事，早在400年前中国已有了。据明代文学家沈德符在《野获编》中记载："沈惟敬，日必再浴，不设浴池，但置密室。高设木格，人坐格上，其下炽火，沸汤蒸之，肌热垢浮，令童子擦去⑩。"中国的士大夫在生活上是很会享受的，这种蒸汽浴大概没有引起人们的兴趣，或习惯上认为不如泡在浴池中更舒服，未能走上社会成为一种服务性行业。

中国的浴堂，俗称洗澡堂或澡堂，有许多独到的传统服务项目，如擦背、修脚、捏脚、捶背、捶腿、按摩等等，作为一种手艺，世代相传，堪称绝活。如捏脚之治脚气病，捏时手法轻重要适宜，稍轻则不止痒，稍重则疼痛，捏脚师傅能视浴客的脸部表情，用力恰到好处。20世纪50年代著名的原苏联芭蕾舞表演艺术家乌兰诺娃来华演出期间，请修脚师傅为她修治脚趾甲，这本是使芭蕾舞演员很感痛苦的事，中国这种民间技艺却使她感到是一种享受，她深感在中国以外的外科医生也没有这种手术水平，从而才引起中国人自己的重视，一向认为这种低贱行当竟有如此的意义和作用，各大报纸也曾以"脚医"为题发表过文章。"文化大革命"中，浴室的这些服务被"革"掉了，今虽恢复，已难有技艺高超的师傅了。

从乾隆末，李斗写《扬州画舫录》时扬州浴堂的情况，到20世纪70年代的浴堂，在近200年的时间里，浴室建筑几乎没有什么"质"的改变，多少也反映了社会公共服务设施的落后状况。近来商品经济发展了，浴室有了很大改善，20世纪90年代初,多在原有基础上装修,取消低档的,增加包房,设备和卫生条件改善了。90 年代末在大中城市不断有新建的设备讲究的大、中型浴室出现。洗一次澡,一般五六十元,多者百余元,按现在城市居民的最低生活标准计算,半月到一个月的生活费用矣。

中国传统浴室有许多优势,浴室不仅是大众化和现代化的沐浴之处,更应发扬脚医、按摩等传统之长,成为市民休憩保健的场所,这应是中国浴室发展的方向。

## 二、车 坊

在唐代的官方文献中,常看到"车坊"一词,如《旧唐书·玄宗本纪》开元二十九年(741)正月条中记有:

> 正月丁丑,制两京……禁九品已下清资官置客舍、邸店、车坊[108]。

这是说九品以下清资官不准开客栈、仓库和车坊。九品是唐宋官阶中的最低一级,清资官可能是指列于清班属下的小官。连无权势的小官也有不少人开办客栈、车坊等盈利,所以才下令禁止,说明九品以上的官是不禁止的。实际上就是说王公贵胄官吏们,都可以"置客舍、邸店、车坊"。

从《册府元龟·邦计部》所载,蠲复贞元二十一(805)年六月顺宗诏中说:

> 从兴元元年(784)至贞元二十年(804)十月三十日已前,畿内及诸州府庄宅、店铺、车坊、园碨、零地等,所有百姓及诸色人,应欠租课斛斗见钱绝丝草等,共五十二万余,并放免[109]。

可见,不仅贵族官吏们有车坊、邸店等产业,京都和各州府也都有官家的这些产业,以收取租税。《旧唐书·宪宗本纪》元和八年(813)十二月条中说:

> 辛巳,敕:"应赐王公、公主、百官等庄宅、碾碨、店铺、车坊、园林等,一任贴典货卖[110]。"

敕,也作"勅":告诫。这里指皇帝下的诏令,说明这些庄宅、店铺、水磨房、车坊等等产业,有些是皇帝赏赐的,而得到这些赏赐的产业,王公百官可以抵押、典当、出卖。这就是说"车坊"不只是供人存放马车的地方,而是靠马车营业的,大概是备有很多马车出租的车行。

车坊的情况,《册府元龟·台省部》公正条:"永泰元年(765),正月壬子,章敬皇太后忌辰,百僚于兴唐寺行香。内侍鱼朝恩置斋馔于寺外商贩车坊,延宰相及台省官就食。朝恩恣口谈时政,公卿慑息[111]。"鱼朝恩是历史上著名的奸宦之一,唐肃宗、代宗时的宦官,权势极大,干预朝政,贪赃枉法,非常骄横,后被缢死。所以,他在请宰相、台省官(尚书省、门下省、中书省合称台省)等大官吃饭时,信口谈论时政,公卿们都不敢作声。这里值得注意的是,他请吃饭的地方,称之为"**商贩车坊**"。可作两种解释:一、这种车坊不止供市内交通出租马车,而且经营货运的业务;二、车坊既可供大臣们宴饮,一定有颇为讲究的大厅,车坊也兼营饭店的业务。我们还可以找出两条材料来说明,钱易《南部新书》卷戊:

> 元和二年,始令僧道隶左右街功德使,其年方于建福门置百官待漏院,旧但于光德(光宅之误)车坊而已[112]。

百官待漏院,是百官入朝等待皇宫开门的地方,在未建待漏院时,百官是在"光宅车坊"等候的。光宅是大明宫建福门对面的"坊",可见光宅坊中有车坊,车坊中也有大的厅堂,而坊近宫门,就不可能作货运,大概是以百官为对象的出租马车的车行。另一条材料是,《唐会要》卷七十二,车杂录中有:

> 大中六年(852)九月敕,京兆府奏,条流,坊市诸车坊客院,不许置弓箭长刀,如先有者,并勒纳官[113]。

车坊既置备有兵器,就有使用兵器的武艺之人,这对出租马车只供市内交通用的车坊,是毫无必要的。置备兵器的车坊,大概是以长途货运为主要业务,为招徕客商,保证货运的安全,雇用有武艺的保镖,才有必要置弓箭、长刀之类的兵器。这条敕文是针对"坊市诸车坊客院"的,其中的客院、旅馆常见称客舍、客坊、客邸、客店,而不称"客院"。院是指建筑组合的形式,车坊客院,可能是指有客院的车坊,或者说"客院"是车坊的一种形式,这种形式的车坊,在坊和市中都有。

**车坊客院**,如果是指车坊的一种形式,就可以解释,这种车坊出租的马车很多,需要一个供车辆出入回旋的大院,院内应有存马车的车库和马厩;为方便商旅,可供食宿,而且有保镖负责货运的安全。车坊和旅店的结合,可以说是设有旅店的车坊,也可以说是运输业的旅店,运货当然也就载人,是古代市际交通的营运形式。这也就是后来的"大车店",今天的停车旅馆(载货卡车)。

### 三、柜(櫃)坊

櫃,简体字为"柜",是大型的藏物器。"柜坊",是晚唐到宋代出现的、为人存放、保管金银财物的商铺。这一行业之所以称之为"柜坊",可能为保管钱财有特制的大而坚牢的柜子而名。唐宋城市商业繁盛,富商巨贾为了金银财物的安全,使用时免于搬运的麻烦,将钱物存放在"柜坊"里,用时可出贴或凭信物支领,付给柜坊一定的保管费用。

柜坊是靠代人保存钱物收取费用的一种行业,只管存放钱财的多少,是不问钱财由来的,虽方便了金钱的流通,也必然有利于不义之财的隐藏,同时为利用金钱做非法之事提供了方便。从宋敏求《唐大诏令集》卷七十二"僖宗乾符二年(875)南郊敕中所说可知:

> 自今以后,如有入钱买官,纳银求职,败露之后,言告之初,取与同罪……其柜坊人户,明知事情,不来陈告,所有物业,并令纳官,严加惩断,决流边远,庶绝此类[114]。

说明唐末已有花钱买官做的事,当时还是违法的行为,是要治罪的。对保管钱财的"柜坊"更要"严加惩断",不但全部财产没收,开柜坊的人户还要流放到边远的地方。柜坊所以知情,因为赠贿的钱财要经过柜坊收授的关系。唐僖宗李儇以为严厉惩办了存钱的地方,就可以"庶绝此类"买官卖爵的事了,这不过自欺欺人罢了。中国的封建政府,自秦汉始就可花钱得到官爵,秦始皇因飞蝗成灾,下诏凡百姓缴粟千石的拜爵一级;汉文帝也曾下诏,准人民缴粟赎罪或给予爵位,所谓"捐纳"由此开始。以后历代封建政府常因筹饷、赈灾、备边、水利等需要,用捐纳作为取得经费的来源。清乾隆时,捐纳就成为常例。鸦片战争后,由于清廷的腐败和经费匮乏,

唐代的车坊,是出租马车的地方,是我国古代城市中,市内交通和市际交通运输的一种营运行业,有的可供餐饮,有的可供客商食宿,是与旅店结合的车行。

捐纳盛行,官职成了商品,造成大量贪污腐化昏庸无能的大小官吏。唐代所以惩罚买官的人和柜坊主,只不过是因为获利的不是政府,而是出卖官职的人。但惩罚的不是卖官者,反而是买官的和保管钱财的商人。事实说明,只要当官已成发财的门径,买卖官职的交易就不会绝迹,只是形式会有所不同而已。

柜坊,是金银财物聚存的地方,要保证安全,而且是私家开设的,既要能免于地方官家的勒索,必须有其社会背景,又要防止匪人的偷盗抢劫。可以从下列两条资料以见一斑。

《续资治通鉴长编》卷三十二宋太宗淳化二年(991)闰二月己丑条:"诏:京城无赖辈,相聚蒲博,开柜坊,屠牛马驴狗以食,销铸铜钱,为器用杂物,令开封府戒坊市谨捕之,犯者斩,匿不以闻及居人邸舍僦与恶少为柜坊者同罪[115]。"

这是北宋初的柜坊情况。蒲,是指"摴蒱(chū pú)",古代博戏,后作赌博的通称。所谓无赖辈,可理解为柜坊招来保卫人员的蜕化;恶少,应是官宦富家子弟、品质恶劣的柜坊主。说明唐代的柜坊到宋初时,由方便商人周转运用资本的需要,为商人存放保管金钱财物的职能,变成了赌场和藏垢纳污的恶徒巢窟了。我们从把"邸舍"租赁给恶少为柜坊的居民,也要同样获罪的话来看,因宋初的坊市制还未崩溃,"邸舍"多半是指较大的住宅。柜坊,主要是放置存钱物的柜子,当时柜是一种藏东西最坚牢的器具,柜坊所用可能是超乎寻常家具的大柜,所以称"柜坊",对建筑本身还无特殊的要求。

再一条材料,是《宋会要·刑法》中禁约绍兴三年(1133)七月二十二日条中所记:"诏:宗室及有荫不肖子弟,多是酤私酒、开柜坊,遇夜将带不逞,殴打平人,夺取沿身财物,令临安府责夜密行收捕[116]。"

南宋时的开柜坊者,多是皇亲国戚官僚的不肖子弟,柜坊已堕落为抢劫财物的强暴了。周密在《武林旧事·游手》条中,对当时社会和柜坊有较详的记述。云:

> 浩穰之区,人物盛夥,游手奸黠,实繁有徒。有所谓美人局,以娼优为姬妾,诱引少年为事。柜坊赌局,以博戏关扑结党手法骗钱。水功德局,以求官、觅举、恩泽、迁转、讼事、交易为名,假借声势,脱漏财物。不一而足,又有卖买货物,以伪易真,至以纸为衣,铜铅为金银,土木为香药,变换如神,谓之"白日贼"[117]。

周密描写这类社会现象,用"游手"一词为题是很有深义的。游手,《后汉书·章帝纪》:"务尽地力,勿令游手。"是指游惰不从事生产的无业流民。事实说明,无论古今,只要城市中有不少的游手在,这些坑蒙拐骗以至图财害命的社会现象就不会绝迹。

宋以后柜坊已堕落至极,所以,在元明的古籍中就已完全看不到有关柜坊的记载了。城市商业愈是发展,商业资本的流通方便就更加必要,到明末清初兴起了山西私人创办的"票号",也称"票庄"或"汇兑庄"。票号在各地设有分号,初期主要经营汇兑业,后发展存款、放款业务。19世纪中叶,是票号的鼎盛时期,清末银行兴起,票号营业受到影响,清亡后由于票号放款给清朝官僚的大量钱财无法收回,乃逐渐衰落,到20世纪20年代相继停业,或改组钱庄,到20世纪50年代"公私合营"以后,私人金融信用业的历史,从此结束。

在我国历史文化名城中,山西平遥是票号的发源地。古城很小,保护较好,是城墙完整遗存下来的极少数城市之一,其主要街道和许多票号建筑多需要修缮复原,是国内外著名的旅游之地。

## 四、碾硙

碾硙,是利用水力转动石磨的机械装置,可作灌溉及粮食加工之用。在唐代史籍中常见"碾硙"和庄宅、店铺、车坊等并举,如:《旧唐书·宪宗本纪》元和八年(813)敕文:

> 应赐王公、公主、百官等庄宅、碾硙、店铺、车坊、园林等[118]。

这些不动产,唐代设有"庄宅使"掌管,上文说明皇帝尝将庄宅、碾硙、店铺、车坊等赐给王公、百官等。碾硙和店铺、车坊等,都是可以出租取得租金的产业,从建筑功能分类碾硙是生产性建筑,其他都是民用建筑。碾与硙在功能上是有区别的,"碾"是利用水力或畜力研压谷物的工具;"硙"是把脱壳的谷物磨成粉末的工具。碾硙是人们主食米面必需的加工工具,造碾硙出租或经营,都是非常有利可图的产业。所以,在唐代的诏令中,碾硙是常常被提到的惟一生产性建筑。据《唐大诏令集》卷二载:

> 诸州府,除京兆、河南府外,应有官庄宅、铺店、碾硙、茶菜园、盐畦、车坊等,宜割属所管官府[119]。

这是唐穆宗李恒即位赦文中所说,把原属朝廷的不动产划归各州府自己掌管收益,以示他执政的恩典。唐代饮茶已很流行,所以,茶菜种植的园地,也是获利颇多的产业。

利用水力设计碾硙的生产工具,始于何时?是何人创造的?

据《魏书·崔亮传》中记载:"亮在雍州,读《杜预传》,见为八磨,嘉其有济时用,遂教民为碾。及为仆射(宰相),奏于张方桥东堰谷水造水碾磨数十区,其利十倍,国用便之[120]。"所说水碾磨数十区的"区",是小屋意,即造了水碾磨房数十座。崔亮之举,是从《晋书·杜预传》中看到"水磨"的启发。那么,碾硙是否是杜预发明的呢?我们可从《晋书·杜预传》来研究。

杜预(222—284),西晋时人,学者,著《春秋左氏传集解》,是流传至今的最早的《左传》注释。他是博学多谋略的人,如在担任掌管国家财政收支的"度支尚书"时,"预在内七年,损益万机,不可胜数,朝野称美,号曰'杜武库',言其无所不有也[121]。"关于水磨的发明问题,可以从《晋书·杜预传》中的有关记载来分析:

> ……又作人排新器,兴常平仓,定谷价,较盐运,制课调,内以利国、外以救边者五十余条[122]。
>
> ……激用滍、淯诸水以浸原田万余顷,分疆刊石,使有定分,公私同利。众庶赖之,号曰"杜父"[123]。

上一条是杜预任度支尚书时的作为,虽都与水利无关,从"作人排新器"说明,他不是墨守成规者,而是能从实际需要敢于创新的人。下一条,"激用滍、淯诸水以浸原田万余顷","激用"二字,显然是利用水流冲激的力量来转动灌溉的机械装置,如果这个理解是对的,那么,杜预用水力代替畜力转动碾硙,是完全可能的事。明代的科学家徐光启(1562—1633)在《农政全书·水利》中,很明确地说:"杜预作连机碓<sup>⑭</sup>。"碓(duì 对),是舂谷的设备,是靠冲压捣碎谷物,必须把转动转换为连续的冲压,故曰"连机碓"。碾硙,是水力转动的磨和碓,说:**杜预是古代水力转动碾硙的发明者**,是可信的,不愧于当时人称他为"杜父"。

碾硙之利是显而易见的,所以为官府和贵族官僚所据有。如在前"车坊"中所引《旧唐书》中材料,到唐宪宗时,王公百官的庄宅、碾硙等就允许"贴典货卖",当然私家也就可以建造,"往日郑白渠溉田四万余顷、今为富商大贾竞造碾硙,堰遏费水,渠流梗涩<sup>⑫</sup>。"碾硙本由水利产生,碾硙之利又损害了水利,这就是历史的辩证法。

以水为动力的碾硙,要受自然地形地貌、水流速度等条件的制约,何处造碾硙,不能水随人意,要人借水势,碾硙才能固定,所以到清代时就出现了"硙船"。据清文学家王士禛(1634—1711)在《蜀道驿程记》中说:

> 江间多硙船,如水车之制,泊急溜中,碾硙舂簸,悉用水功,轧轧之声
> 不绝<sup>⑫</sup>。

这种硙船的机械装置情况如何,就不得而知了。

山西繁峙县岩山寺菩萨殿**金代壁画《碾硙图》**,使我们看到七八百年以前碾硙生产建筑的情况,水磨和水碓是两幢并立的房舍,水碓是平房,水磨为二层楼房。在两房之间,是主要的水力转动装置——叶轮。两房地面的高差,完全决定于轮轴的机械装置需要。水磨房为改变轮轴一端的齿轮转动方向,由竖向转换为水平向,以带动磨盘旋转,石磨必须安装在二层楼上;水碓房在轮轴的另一头,轴上安有短杆。利用杠杆原理,轮轴转动时短杆间息不断地压起碓杠的一端,使碓产生不断的捶击运动,所以无需两层。建筑很简朴,水碓房为草顶;水磨房为瓦盖,楼层围有栏杆和室外楼梯,显然是民间碾硙的典型建筑形式(图 **5–24**)。

所谓建筑的类型性格,都是与人类最早最必需的建筑——住宅相比较而言,当人类生活还处于直接自然的原始状态时,除了野外捕猎、采集以外,一切活动:人类

图 5 - 24　山西繁峙县岩山寺菩萨殿金代壁画《碾硙图》(摹写)

自身的再生产和物质生活资料的生产等生活，都在居住空间里进行。人类进入文明社会以后，随着社会的不断发展和进步，人的生活活动也日益细致和复杂，当活动过程和性质，在住宅中已无法进行时，就会对建筑空间产生新的需求。当这一性质的活动成为一种社会生活需要时，在各种客观条件下，如材料结构技术、地形地势及周围环境等等，通过大量的建筑实践，就会形成一种新的建筑类型。在古代私有制社会，建筑实践虽然都是以个别的、偶然性形式出现的，但在社会经济基础和意识形态的制约中，由于同一类型在使用功能上存在着内在的同一性，必然在空间的组合方式及其空间构成的实体上，形成某些共同性的特点，这些共同性的特点正反映出某种生活活动性质的合乎目的性，以及物质技术上的合乎规律性，从而可以揭示出建筑实践(建筑的设计和生产)存在着的普遍性、客观性和必然性，即不以人的意志为转移的内在规律性。

---

**注　释：**

① 李允鉌：《华夏意匠》，中国建筑工业出版社，1985 年重印，第 115 页。

②《逸周书·大匡》。

③《逸周书·大聚》。

④《周礼·地官下·司市》。

⑤《管子·小匡》。

⑥《周礼·地官·司市》。

⑦《周礼·地官·司市、贾师、栱人》。

⑧《周礼·地官·司圃·司稽》。

⑨《周礼·地官·肆长》。

⑩ 汉·班固：《西都赋》。

⑪ 西晋·左思：《吴都赋》。

⑫《太平御览·居处部》卷 191。

⑬《元河南志》卷 1。

⑭ 汉·班固：《汉书·胡建传》。

⑮ 唐·韦述：《西京记》。

⑯ 转引自(日)加藤繁：《中国经济史考证》，商务印书馆，1960 年版，第 342 页。

⑰ 五代·高彦休：《唐阙史》卷下。

⑱⑲ 唐·孙棨：《北里志》。

⑳ 唐·段安节：《乐府杂录·琵琶》。

㉑ 唐·沈既济：《任氏传》(晚唐小说)。

㉒ 排档：今指夜晚马路边设摊桌，如市，张灯升炉火热炒供酒食的饮食摊。"排档"一词，非新创，是有出处的。周密《武林旧事·赏花》："大抵内宴赏，初坐、再坐，插食、架盘者，谓之排档。"古帝王生活，今平民化，古用似俗，今用十分确当。

㉓ 宋·王溥：《五代会要》卷 26。

㉔ 后晋·刘宋：《旧唐书·马周传》。

㉕ 宋·宋敏求：《春明退朝录》卷上。

㉖《中国经济史考证》第 258 页。

㉗㉘㉙ 南宋·李焘：《续资治通鉴长篇》卷 70、300。

㉚ 明·蒋一葵：《长安客话》。

㉛ 清·查慎行：《人海记》。

㉜ 宋·孟元老：《东京梦华录》。

㉝ 南宋·吴自牧:《梦粱录》。

㉞《中国营造学社汇刊》,第6卷,第2期,第101页。**“拍子”**一词,大概是北方工匠的地方术语,这种单坡顶廊的作用是为了装修店面,它与建筑构架无关,又附于建筑门外,说明装修是非永久性的,但不论门面装修成什么样子,都必须与建筑的门窗户牖对位,就如打击乐必须乐曲“合拍”一样,故称这种廊式框架为“拍子”。

㉟ 明·刘侗:《帝京景物略》。

㊱ 清·汪启淑:《水曹清暇录》。

㊲《华夏意匠》,第119页。

㊳㊵《中国经济史考证》,第385页、第372页。

㊴ 宋·释文莹:《玉壶野史》卷3。

㊶ 清·徐松:《宋会要捐稿·食货·茶法杂录》。

㊷《明太祖实录》卷21。

㊸《梦粱录·榻房》。

㊹《东京梦华录·防火》。

㊺《东京梦华录·酒楼》。

㊻《东京梦华录·饮食果子》。

㊼《都城纪胜·酒肆》。

㊽ 南宋·王明清:《投辖录》。

㊾㊿《东京梦华录·马行街铺席、民俗》。

(51) 南宋·楼钥:《北行日录》。

(52)《都城纪胜》。

(53)(54)《马克思恩格斯选集》,人民出版社,1972年版,第71页。

(55)(56) 清·李斗:《扬州画舫录》。

(57)(58)(60) 清·顾禄:《桐桥倚棹录》。

(59)《梦粱录·茶肆》。

(61)《桐桥倚倬录》。

(62)(63)(64)(65)《扬州画舫录》。

(66)《梦粱录·瓦舍》。

(67)《都城纪胜·瓦舍众伎》。

(68) 元·纳新:《河朔访古记》卷上。

(69) 南宋·潜说友:咸淳《临安志》。

(70)《东京梦华录》。

(71) 南宋·周密:《武林旧事》。

(72) 唐·魏徵:《隋书·音乐志》。

(73) 唐·郑处海:《明皇杂录》下。

(74)(75)(76)(77)《东京梦华录》。

(78) 元·杜善夫:《般涉调·耍孩儿·庄稼不识勾栏》。

(79) 元·陶宗仪:《辍耕录》“勾栏压”条。

(80) 元·胡祗遹:《紫山先生大全集》卷8。

(81) 清·王昶:《金石萃编》卷158。

(82) 明·《慈溪县志》。

(83)(84) 明·胡侍:《真珠船》卷四,《丛书集成初编》,商务印书馆,1936年版,第35页。

(85) 清·顾公燮:《消夏闲记》。

(86) 清·汪启淑:《水曹清暇录》卷12。

(87) 谢涌涛:《浙江演出场所的类型和嬗变述略》,载《中华戏曲》第14辑,山西古籍出版社,1993年版。

(88) 程宗骏:《清代寓苏晋商及所建古戏台考》,载《中华戏曲》第14辑。

⑧⑨ 王亦民:《北京清代会馆剧场初探》,载清华大学《建筑史论文集》第8辑。

⑨⑩ 清·焦循:《花部农谭·序》。

⑨① 张家骥:《中国造园论》,山西人民出版社,1991年版。

⑨② 明·张岱:《陶庵梦忆》。

⑨③ 《梦粱录·学校》。

⑨④ 山西《汾阳县教育志》,山西人民出版社,1992年版,第11页。

⑨⑤ 《晋书·刘兆传》。

⑨⑥ 《晋书·杨轲传》。

⑨⑦ 《宋书·徐湛之传》。

⑨⑧ 《魏书·崔㥄传》。

⑨⑨ 《南史·儒林·伏曼容传》。

⑩⑩ 《后汉书·郑玄传》

⑩① 《汉书·董仲舒传》。

⑩② 《南史·隐逸·沈麟士传》。

⑩③ 梁·慧皎撰:《高僧传·竺僧朗传》。

⑩④ 北魏·杨衒之:《洛阳伽蓝记·城西光宝寺》。

⑩⑤ 宋·耐得翁:《都城纪胜·诸行》。

⑩⑥ 《扬州画舫录·草河录》。

⑩⑦ 明·沈德符:《万历野获编·兵部·沈惟敬》

⑩⑧ 《旧唐书·玄宗本纪》。

⑩⑨ 宋·王钦若等:《册府元龟·邦计》。

⑩⑩ 《旧唐书·宪宗本纪》。

⑪① 《册府元龟·台省》。

⑪② 宋·钱易:《南部新书》卷戊

⑪③ 宋·王溥:《唐会要》卷72。

⑪④ 宋·宋敏求:《唐大诏令集》卷72。

⑪⑤ 《续资治通鉴长编》卷32。

⑪⑥ 清·徐松:《宋会要·刑法》。

⑪⑦ 《武林旧事·游手》。

⑪⑧ 《旧唐书·宪宗本纪》。

⑪⑨ 《唐大诏令集》卷2。

⑫⑩ 北齐·魏收:《魏书·崔亮传》。

⑫①⑫②⑫③ 唐·房玄龄:《晋书·杜预传》。

⑫④ 明·徐光启:《农政全书·水利》。

⑫⑤ 唐·杜佑:《通典·食货·水利田》。

⑫⑥ 清·王士祯:《蜀道驿程记》。

山西五台山显通寺明铸铜塔中部
十八罗汉渡海朝观音图

山西五台山南山寺石桥栏杆上的雕龙

山西临汾魏村元代戏台内藻井

山西灵石县王家大院砖雕

山西临汾魏村元代乐楼(戏台)

# 第六章
# 中国建筑的空间组合(一)

○建筑的空间构成

○平面组合

○立面组合

○型体组合

组合,是将个体组织成整体。建筑设计的主要任务，就是按照人的某种生活活动过程，将若干不同使用功能的空间组织成有机的整体，达到在功能上合目的性，在技术上合规律性,而且是按美的规律进行创作的。

# 第一节　建筑的空间构成

在人类文明历史的发展过程中，一切事物都是随着社会生产和经济的发展，经历了由小到大，由简单到复杂、由粗率到精致的发展过程，房屋建筑的规模和内容也同样如此。

李允鉌在《华夏意匠》中，比较中西方建筑的发展特点，概括为"**量**"的扩大和"**数**"的增多这两种方式①。即"西方的古典建筑和现代建筑基本上是采用（量的扩大）这种方式的，因此产生了一系列又高又大的建筑物，取得了巨大而变化丰富的建筑"**体量**"（**mass**）。另一种就是依靠"数"的增加，将各种不同用途的部分处在不同的"**单座建筑**"中，由一座变多座，小组变大组，以建筑群为基础，一个层次接一个层次地广布在一个空间之中，构成一个广阔的有组织的人工环境。中国古典建筑基本上是采取这一个方式，因此产生了一系列包括座数极多的建筑群，"将封闭的露天空间、自然景物同时组织到建筑的构图中来②。"

这里的"单座建筑"，很难从概念上与西方和现代建筑将空间集合为一个整体的建筑区别开来，所以本书用"**单体建筑**"一词，与西方的独立的"**个体建筑**"相区别，而以"**组群建筑**"与之相对应。

李允鉌举出公元前 2 世纪希腊的米勒图斯（**Miletus**）议事堂（**bouleuterion**），在平面布局上，也是用"单体建筑"的"门屋"和"正殿"及两边的回廊围合成庭院。说明古代早期建筑，中西方是很相似的，但发展方向则不同了，"西方建筑很快就倾向于'集中'和'合并'，另一方面主体建筑的'生长'和'膨胀'似乎也毫无休止。中国古典建筑为什么不作'集中'和'合并'呢？为什么单座建筑不再'膨胀'和'生长'呢？这似乎是值得讨论的一个问题③。"

李允鉌提出这个问题来，是否值得讨论，似把握不定，而冠以"似乎"二字。我认为：从空间构成的结构方式，中国木构梁架与西方的砖石结构建筑，是完全不同的两种体系，没有可比性。李之所以提出问题，他认为："并不是说木结构不可能建筑规模巨大的整座建筑物"，因为"在古代的绘画中我们就可以看到一些连成一片的近乎集中式的整座的殿堂楼阁④。"

这种"近乎集中式"的整座堂殿楼阁，不论如何集中，因受梁架和屋顶的限制，只能是不同的形体"集合"，这种量的扩大并未引起结构和空间质的变化。换句话说，中国的梁架结构方式不变，就不可能像西方建筑那样，根据空间的功能和活动的流程组合，向空间集中和集合的方向发展。且不论中国古代社会制度等因素，就以明清时期迅速汉化的蒙、藏少数民族的喇嘛教建筑而言，不仅总体布局均采用"单体建筑"或加廊组合成庭院的**基本模式**，即使是喇嘛教所特有的"大经堂"，除了

中国古典建筑的发展，为什么不像西方那样，将单体建筑加以集中和合并，构成一座整体的"个体建筑"，却始终保持着独立和分散的布局形式呢？

用密梁平顶构架外，采用传统梁架结构者，如内蒙古呼和浩特市**席力图召大经堂**，等于李斗《扬州画舫录》中所说的"连二厅"，不同的是"大经堂为两座二层楼房并连，加上后面三层楼的"佛殿"，实为"连三厅"，确切地说是"连三楼"式(图**6-1**)，但并未改变梁架结构的空间独立性，即：**中国建筑的结构空间与建筑空间一致性的特点。**

由席力图召大经堂剖面图可见，大经堂的空间，只是从平面看是完整的，实际观感仍然是两个空间的并连。由于建筑进深加倍地扩大，为解决室内的采光通风问题，将中间一座的楼层提高，利用与前后楼檐口的高差，做成高侧窗。这就很清楚地说明，中国建筑的结构空间对建筑空间的制约性。中国的木结构，是在两缝梁架之间搁置桁檩成框架，构成一个**空间基本单位**"间"。间的大小，决定于梁架的檩数，即"**架**"，所以，中国建筑的**间架**概念，既包含"间"的平面尺寸大小，也包含"间"的平面形状。中国建筑之所以不向"集中"和"合并"方向发展，因为从空间的形体和性质上，**仍然是数的增加而不是量的扩大。**

所谓"量"的扩大，应该是因"数"的增加而产生"质"的变化。就如西方建筑，在统一的结构空间里，其中任一空间都不是独立的，各个空间的大小、形状、位置，都是按照功能需要和活动流程的有机组合。

李允鉌的回答："其之所以不普遍流行整体的合并可能是因为防火问题。中国的单座建筑两侧的山墙都是实墙，这是一种防火的隔断，一旦发生火灾也不至于迅速蔓延。其次就是屋顶形式在过长过大的整体平面上不易处理，除了在形式上之外，还有伸缩和沉降等问题，大体上以采取分段分部处理的方法为佳。自然，'制度化'和'标准化'已经长期地对设计思想起着支配的作用，'集中'和'合并'的计划不大容易被接受，因为在意义上就会损害到对'传统'的重视。"

中国建筑的木构梁架体系一经形成，就不存在向整体合并发展的可能性，李所

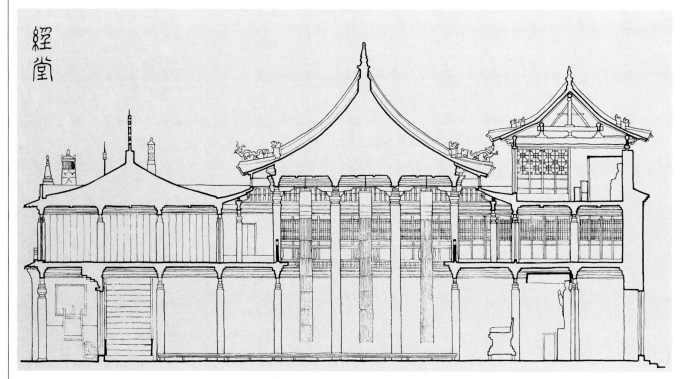

图6-1　内蒙古呼和浩特市席力图召大经堂剖面图
(摹写自《中国古代建筑史》)

说的种种理由，只是在"假设"存在这种发展可能性的前提下，将会产生的问题，而不是中国建筑未能向整体合并发展的原因。至于中国建筑的"制度化"和"标准化"形成人们的传统思想，不大容易接受"集中"和"合并"的计划问题，作为一种假设，也只是表面的现象，而非事情的本质。

任何社会现象，归根到底，都是社会经济的反映，是社会存在决定人们的思想意识，而不是其他。这就是我在第一章所论述的，中国由原始社会的父系家长制发展演变到奴隶社会以血缘为纽带的封建宗法制度，在旧的王朝覆灭、新王朝建立时，必毁掉旧朝的宗庙社稷和宫室，并要求在很短的时间内，建好新的宫殿都城，这是中国采用木结构的根本原因，因为它可以同时投入大量的人力物力，以简单劳动协作方式进行快速施工。这是本书第二章专加论述的"中国建筑的生产方式"所采取的超经济的无偿奴役的"匠役制"。而"模数化"和"标准化"正是这种生产方式的产物。

研究建筑历史与理论，如果没有点辩证唯物的历史观念，很难了解事物之间是否存在着内在联系，不是把毫无内在联系的东西扯在一起，就是在两个简单事物之间，也看不到其内在的联系。如日本学者伊东忠太曾说："欧洲古代之教堂和钟楼，本亦各自独立，其后乃融合为一。而中国的佛塔和佛堂，永久不能融合，盖一为中国系，一为印度系也⑤。"显然伊东忠太认为，欧洲的教堂和钟楼与中国的佛塔和佛堂，是属于一类的建筑，两者发展方向不同，欧洲的"融合为一"了，而中国的则"永久不能融合"，为什么? 他一言以蔽之，"盖一为中国系，一为印度系也"。这就等于说：不同的文化体系有不同的发展道路和文化载体的形式，是毫无意义的。

世界上任何文化都有自己的发展规律和特点，世界上任何文化都必然会受其他文化的影响。对欧洲文化产生巨大影响的古希腊，其文明的成就许多是受到腓尼基和埃及等文化的影响。伊东忠太将欧洲的教堂与钟楼"融合为一"，因为属于印度系，是受印度文化的影响;而受古印度佛教文化影响的中国佛塔和佛堂，反倒"永久不融合"，这不是很奇怪的逻辑吗? 正如李允鉌所指出："佛堂和佛塔与钟楼和教堂根本是不能相提并论的，在外形上二者似乎很相类似，不过在性质上可不相同。"他是从功能不同说的，钟楼只是教堂的附属建筑，佛塔本身却是多层的佛堂，所以不会与佛堂合并。我认为：更主要的原因，除了构筑空间的结构体系完全不同的物质技术因素之外，在宗教观念上中西方也有本质的区别。西方统治者的存在，首先必须得到超人间力量"神"的承认，教堂是上帝神圣的住所;中国任何"神"的存在，必须得到至高无上的统治者"人"的承认，佛堂只是僧侣供佛和进行宗教活动的场所。而塔则是用以藏舍利和经卷，有供奉和纪念佛陀的意义。**舍宅可以为寺，废寺可以为宅**。不了解这一点，也就无从谈论中国的宗教建筑。

李允鉌结论所说："大概由于设计标准化的关系，单座建筑基本上不作多元合一的考虑，平面组织的原则在于寻求群体的完整和变化。"设计标准化不是根本原因，我们在第二章"中国建筑的生产方式"中，对设计的"模数化"和"标准化"与建筑的生产管理、组织关系，已作了较详细的分析，不再赘述。但他以下象棋比喻中国建筑的总体规划，是很生动形象而有深意的。他说：

> 中国建筑很早就产生了不同形式，不同功能的有一定固定制式的单座建筑类型。楼、台、殿、阁、门、廊，正如棋子中的帅、车、马、炮、象、士、卒一样，各有各的任务和形位，巧妙之处就在乎于如何去布局，如何使棋子之间构成一种严密的关系。中国式的单座建筑虽然每座独立，但决不是独

中国独特的工官匠役制的建筑生产方式，是古代宗法制社会"毁旧朝，建新朝"传统的历史必然产物。这种生产方式不变，木构梁架的结构方式就不会改变。所以，中国建筑根本不存在像西方砖石结构建筑向集中式个体建筑发展的可能性。

处的,整体的观念从来就十分坚强,座与座间多半用庑廊相连。主、从、虚、实,井然有序,它所表现出来的高度的技术和艺术处理手法,在性质上已经和"原始型"的平面分布方式相去甚远,平面布局法则往往含义甚多,已经不是简单的"数"的累积了⑥。

上文中"原始型"一词,是指中西方的一些学者和建筑师,用很简单的直观方法,将中国的**单体建筑**与西方的**个体建筑**相比较,认为中国建筑平面组合太简单的贬义说法。这正反映出人们对中国的建筑文化知道得太少,更不理解灿烂辉煌、博大精深的中国文化,"**以少总多**"是一切艺术的美学原则了。关于中国木构架,建筑未向"集中"和"合并"发展问题,见第四节型体组合。

# 第二节　平面组合

平面,是建筑的水平截面投影图,是建筑师表示建筑空间的重要语言和依据之一。但是,建筑平面所反映的内容,中西方建筑是完全不同的,以西方的建筑观点看中国建筑,就如英国人佛列治尔(**Flether**)的《比较法建筑史》所说:"中国建筑虽然受到佛教和回教的影响,从很早的世纪以至今日都保持它自己的一种民族的风格;在宗教与世俗的建筑之间是没有分别的,寺庙、陵墓、公共建筑以至私人住宅,无论大小,都是依随着相同的平面的⑦。"这是以西方的**个体建筑**与**中国传统**的单体建筑相比较而言,事实上两者是没有可比性的。因为西方砖石结构建筑空间是集中成整体的"个体建筑",它满足某一特定的生活活动过程,属于一种建筑类型。平面明确地表示出按功能需要的各个空间的大小、位置及其相互组合关系,建筑空间不等于结构空间,而是包容在结构空间之中。中国的建筑类型,是以若干相对独立的"单体建筑"分散布置成的"**组群建筑**","单体建筑"只是"组群建筑"(类型)中的一个**组合单位**。平面表示的空间功能是不确定的,它既是建筑空间,也是结构空间。这就是李允鉌所说"只要说出'相同的平面'是相同的结构平面,问题就清楚了一大半⑧"的道理。

中国建筑的平面组合,实际上是结构空间的组合。因中国建筑空间构成的特点,是在两缝梁架间搁檩构成框架,造成一个空间的基本单位"**间**"。在这一框架的基础上,每增设一缝(贴)梁架就增加一间。从理论上说,沿着檩木的方向,即建筑物的纵轴线"间"的连续组合,是无限的;但在梁的方向,即建筑物的横轴线则要受梁架结构的制约,是有限的。

间的平面尺寸,从结构上与檩木和主梁的跨度,有关檩(**purlines**)的长度,就是开间(**bay**)的宽度;主梁(**main beam**)的长度,就是进深(**depth**)的深度。"建筑物的大小就以间的大小和多寡而定。普通居中开门的一间叫做**明间**,明间两旁为**次间**,次间之外为**梢间**,梢间之外为**尽间**,全建筑物的四周或前后还可以有廊子,左右还可以加套间⑨。"中国建筑按轴线对称布置,单体建筑的开间均为奇数,一般三间、五间,尊贵者用七间、九间。居中者用槅扇,明亮而豁敞称**明间**;两旁者设槛窗,光线次于明间而称**次间**。开间的尺寸:明间宽而次间较窄,既宜于生活活动的需要,也使

建筑空间与结构空间的一致性,是中国建筑与西方建筑的一个重要区别。

立面上的柱列视觉均衡。

**开间**的面阔，南方工匠按《营造法原》，正间（明间）面阔视木材用料而定，次间面阔为正间的8/10，即按正间面阔8折计，也就是房屋檐口的高度。北方官式，对有斗栱的**大式大木**，开间面阔按斗栱组合的"**攒**"数多少而定："次间较明间收（减少）一攒，梢间可与次间同，或更收一攒。廊深普通以二攒为最多[⑩]。"

**进深**的大小，主要决定于梁架结构中的大梁长度。大梁的长度与用料，是与其所负的荷载有关。从梁架结构的特点与梁上所"架"的檩子根数的多少，与承托屋顶的荷重直接相关。但在檩数一定时，檩与檩的间距随建筑的体量与屋顶的"举架"不同，可以有一定的变化幅度。因为大梁的尺寸不是个常数，故用梁上所架的檩数来表示，有一檩称一架，"架"就成为清代表示建筑进深的一个特殊量词。如：大梁上架有五檩时，称五架梁（**5 – purline beam**），七檩为"七架梁"等。

江南民间表示进深的方法则沿宋制，用檩与檩之间的水平投影距离计，称为"界"，**四界大梁**即"五架梁"，也就是宋代的"**四槫栿**"。四槫栿的含义不够明确，因为宋代称"檩"为"槫"，也就是古代的"**栋**"。"栿"是梁，四槫栿的"四槫"，并非是梁上架的槫数，而是槫之间的水平投影距离数。换言之，是檩间**椽**的水平投影长度。清代简化为"架"的意思直接而明确，是技术上的进步，架数不仅表示出建筑进深的尺度，在木构架已成定制的情况下，也就说明了梁架结构的形式，这对工匠以简单劳动协作方式从事手工业生产，无疑是非常有利的。

中国建筑的平面形状和大小，用"间"和"架"的数量就可以完全表示出来，**这是一种十分准确的能以文字来表示图样的方法**。（李允鉌语）古代建筑的等级制度，并不限制建造多少幢（或栋）房屋，而是详细地规定了不同等级、不同功用的房屋必须按照一定的"间架"才能建造。如《唐六典》的规定中有："六品七品以下堂舍，不得过三间五架，门屋不得过一间两架。"即造堂屋不准超过三开间，进深不得超过五架梁深度。门屋不过两架者，一般梁架为奇数，这里说两架，大概是门屋只有一间，脊柱落地，梁中断为二，梁上有二檩的缘故。

古代表示房屋的数量，不以单体建筑的"幢"或"栋"（**block**）计算。因为一幢房屋的间数有多有少，进深亦有大有小。显然，用"间"表示房屋数量，要比"幢"更准确些，所以习惯上都用"间"。如唐代大诗人杜甫的《茅屋为秋风所破歌》，"安得广厦千万间，大庇天下寒士俱欢颜"，就用"间"而不言"幢"。

中国传统的建筑平面，空间的形状和大小，是以支承大梁的柱列来界定的。如梁思成先生在《清式营造则例》中所说："面阔进深是根据柱子的地位而定，而柱子的地位又是按柁梁（大梁）之长短及重量的分配而定。所以大木的结构与平面布置，相互有因果关系，而柱子之地位，足以影响到全部所有的结构[⑪]。"李允鉌认为，中国建筑采用相同的"结构平面"，是与"标准化"、"模数化"有关，"大概，完全确定房屋平面以'柱网'（**pillar-intervals**）或者'屋顶结构'为基础，是经过了颇长的实践经验的累积，反复地研究才形成和制定的[⑫]。"这种结构设计概念和方法，今天仍在使用，说明："中国传统的建筑设计确实是存在着仍然有用于今日的原则，也说明了中国建筑一早就在合理的、科学的基础上起步的[⑬]。"（图**6 – 2**为"间架柱网"平面图）。

### 平面形式
中国建筑不同于西方建筑的最本质的区别，是中国木构梁架建筑的空间构成的特殊性，**即结构空间与建筑空间的同一性**。也就是说，结构所构成的空间平面

中国建筑用"间"、"架"的多少，完全可以表示出建筑平面的形状和大小，是古代世界上惟一能用文字准确地表示图样的方法。

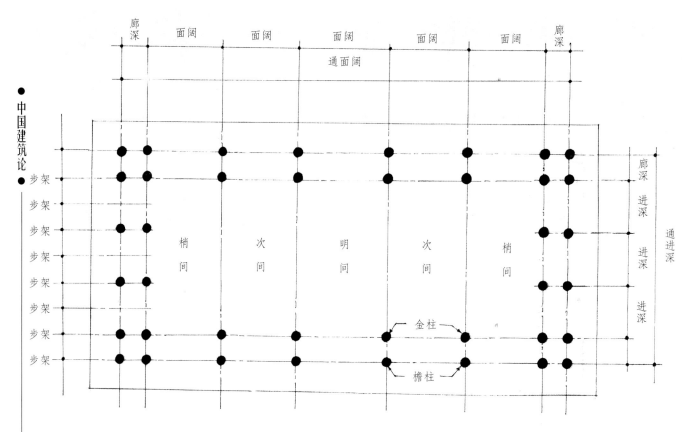

图 6-2　间架柱网平面示意图

——**结构平面**，也就是**建筑平面**。所以，中国建筑的平面形式，不是按照功能，而是根据梁架结构的形式和空间组合的特点，大致可归纳成三种类型。

## 一、间架组合平面

间架组合平面是在横向的两片梁架之间，搁置纵向构件的檩（桁）枋，沿轴线构成空间连续的**单体建筑平面**。这是中国传统建筑最基本的一种组合方式，这类平面形式有：

**正方形平面**，这种平面，空间受梁跨度的限制，面阔与进深尺度相近或相等，空间一般不大，活动无施展之地，宜于驻足小憩，大都为构筑亭子之用。如苏州古典园林中著名的"沧浪亭"，拙政园中的"倚玉轩"、"留听阁"，留园中的"濠濮亭"、"闻木樨香轩"，狮子林的"修竹阁"等等，不一而足。这类方形平面的亭子，体量并不大，何以名之为"轩"、为"阁"呢？这大概同间架式方亭的建筑形象有关，亭多为攒尖顶，为轩、为阁时多为歇山卷棚顶，庄重者则筑正脊为歇山顶，如"沧浪亭"。早期的佛殿，也曾采用过正方形平面，如少林寺中为纪念禅宗初祖菩提达摩，于宋宣和七年（1125）建的"初祖庵"，就是 3×3 间，方形单檐歇山顶建筑。图 6-3 为苏州园林方亭平面。

**长方形平面**，是间架组合平面中最基本的形式，也是应用得最广最为普遍的平面形式。从帝王宫殿到平民住宅，不论是供佛寺庙，还是祭鬼的祠堂，这种平面的建筑，是组合庭院所必需的形式。长方形建筑，作为单体建筑，体量最大的，是北京故宫三大殿之一的"太和殿"，面阔 11 间，进深 5 间；长约 64 米，宽约 37 米，高35 米，

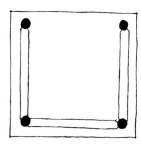

图 6-3　正方形平面
（苏州留园濠濮亭）

302

面积达 2400 平方米, 是中国殿堂中之最大者(图 **6-4**)。

"田"字形平面间架组合虽以纵向连续构成空间平面为主, 但也可以沿纵横轴线, 垂直和交叉组合成较复杂的平面, 田字形平面是其中之一。田字形平面, 房屋进深浅, 空间路线复杂, 不适宜于日常的生活活动需要, 作为园林建筑, 仅见于北京圆明园中的"澹泊宁静"景点。这种平面建筑的特点, 据乾隆皇帝弘历《澹泊宁静》诗序云: "仿田字为房, 密室周遮, 尘氛不到。"这种周遭以廊房封闭, 内藏密室, 可免外部的干扰, 获得内心的宁静。故弘历诗有"境有会心皆可乐, 武侯妙语时相逢"之句, 是用诸葛亮诫子书中名言: "非澹泊无以明志, 非宁静无以致远"之义, 故用以名景。图 **6-5** 为北京圆明园"澹泊宁静"平面及胜概。

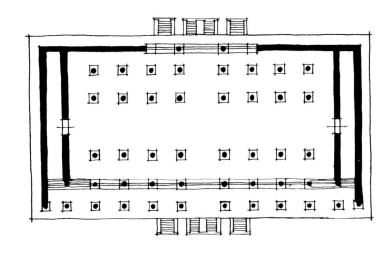

图 6-4　长方形平面(北京故宫太和殿)

这种平面的建筑, 作为宗教建筑却有其特殊的功用。田字形平面在禅宗寺庙中, 已成为"罗汉堂"所特有的建筑平面形式。凡寺中建有五百罗汉堂的, 都采用这种田字形平面的建筑, 因罗汉堂的塑像有五百之众, 且尺度近人, 只有"田"字形建筑, 才能得到最多的墙面展开长度, 为塑像提供足够的陈列面; 更为重要的是: 这种平面空间的人流路线, 形成大环套小环、循环往复、往复无尽的流动空间, 就会给人以罗汉之众难以数计的奇妙效果 (参见"堂"的分析和建筑艺术一章)。

"卐"字形平面　这种平面, 实际上是"田"字四面不闭合的一种形式。"卐"本是佛教中的一个符号, 在佛的胸前, 表示吉祥, 象征火和太阳, 吉祥云海相, 是释迦牟尼的三十二相之一。唐长寿二年(693), 武则天定卐读"万"。圆明园四十景中的"万方安和", 就是用的这种平面, 乾隆皇帝弘历诗序中所说: "此百尺地宁非佛胸涌出宝光耶!"即用佛教的典故。"万方安和"是造在水上的建筑, 据弘历自注, 这里是冬燠夏爽, 四季皆宜的居处。这种平面的建筑, 也是古建筑中仅见的孤例(图 **6-6** 为北京圆明园"万方安和"平面及胜概)。

扇形平面　这种平面的建筑, 多适用于"亭"这类体量较小而独立的建筑。李斗《扬州画舫录》: "由泫海桥内河出口, 筑扇面厅, 前檐如唇, 后檐如齿, 两旁(山墙)如八字, 其中虚棂, 如摺叠聚头扇[14]。"苏州拙政园西部补园中, 临水筑亭, 名"与谁同坐轩"者, 为今所见扇形亭之实例(图 **6-7** 为苏州拙政园扇面亭平面及立图)。

曲尺形平面　这是间架组合将轴线转向90°, 平面成"L"形者。这种平面形式, 因转角处的空间难以利用, 在传统的民用建筑中很少采用。因其具有两个不同方位朝向的立面, 很适合古代城防需要, 建于城墙的角上, 四面砌筑实墙, 墙上开有成排的射孔。如北京城东南角楼(图 **6-8**)。《释名·释宫室》: "楼, 谓户牖之间诸射孔楼楼然也。"段注"楼"应为"娄, 空也"。这是用箭楼解释"楼", 非指居住建筑中之楼。

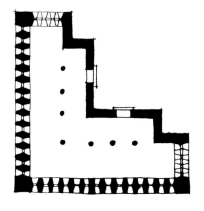

图 6-8　曲尺形平面
(北京城原东南角箭楼)

1. 澹泊宁静
2. 曙光楼

图6-5 田字形平面(北京圆明园"澹泊宁静"平面及胜概)

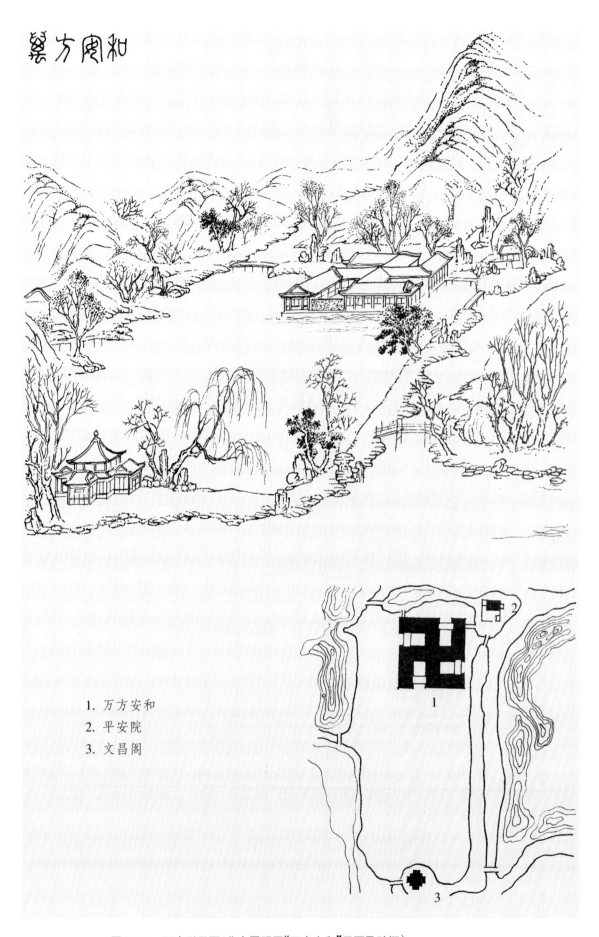

1. 万方安和
2. 平安院
3. 文昌阁

图6-6　万字形平面（北京圆明园"万方安和"平面及胜概）

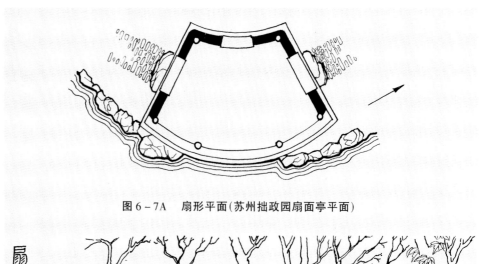

图 6 - 7A　扇形平面(苏州拙政园扇面亭平面)

图 6 - 7B　苏州拙政园扇面亭

## 二、非间架组合平面

非间架组合,就是不用两片梁架中间搁檩枋,构成空间框架的方式,但仍以简支梁的原则,用梁柱构造成一个独立的整体性结构。因为中国建筑**结构空间与建筑空间的同一性**,这种结构构成的建筑,也是独立的点式建筑。正因其不受梁架"贴式"的限制,可以构成多种平面形式。如方形、圆形、六角形、八角形、十字形、梅花形、套方形等等。

这种结构的最主要特点,就似斗四、斗六、斗八藻井,屋顶是用斜向构件角梁和由戗,从四面八方向中心一点聚合,而斜向构件架在由扒梁和童墩叠构的梁架上。所以,屋顶都是攒尖顶,可单檐也可重檐,以至三重檐。造型丰富多彩,翼角飞扬而生动。

**方形平面**　在古典园林中,攒尖顶方亭,是用得较多的一种平面形式,可以说是园皆有,不胜枚举。在庭园中需沿墙构亭时,以方亭为宜。方亭既大量地用于园林,也常用于非常尊贵的宫殿建筑。

北京故宫三大殿中的"中和殿",四角攒尖黄琉璃瓦顶,是古建筑中方形平面之体量最大的一座。方形建筑其体量再大,其平面尺寸都要受大梁木材长度的限制,从空间大小、形状和观感,紧凑而不宽松,难派大的用场。所以"中和殿"只是供皇帝上朝前小憩和接见内阁、礼部及侍卫执事人员的朝拜之所。但从规划设计和布局上,"中和殿"是非常重要的,它居三大殿之中央,而且处于紫禁城的轴线中心,这显然是古代传统思想"定之方中"和"天圆地方"的体现,象征皇权之基业永固也(图6-9)。

**圆形平面** 圆形平面的建筑,檐枋是弧形的,构件加工复杂;且顶如用瓦葺,瓦垄是辐射状的,瓦需特制成竹节瓦,施工维修不便。在园林中用圆亭者较少,苏州古典园林中,仅见拙政园中的"笠亭"。为免屋顶瓦作之难,不仅乡村水车圆亭用草缮,在皇家园林的"避暑山庄"中的"观莲所",也是用草葺的圆亭。

古代在"天圆地方"宇宙观的影响下,帝王祭天祈年的坛庙,皆用圆形平面的建筑。如北京的"天坛",除斋宫等附属建筑物,用矩形的间架组合平面外,主要建筑"圜丘"、"皇穹宇"、"祈年殿",都是圆形的。显然是从"圆象征天"的思想设计的。天坛占地270万平方米,是我国现存最大的古代祭祀性建筑群,也是世界建筑艺术的珍贵遗产(图6-10为北京天坛祈年殿平面)。

**多边形平面** 这种平面形式的建筑,是园林建筑中的亭应用较广的形式。这种平面的几何中心到边和角的距离相等,屋顶只能是攒尖式的,从简支梁结构原则,每层梁必须是双数平行的,才能层梁叠架,保持多边的均衡。所以,大多为六角形或八角形,而无五角形者。如计成在《园冶》中说:"凡亭之三角至八角,各有磨法,尽不能式,是自得一番机构⑮。"说明多边形建筑结构,完全不同于"间架组合平面"的建筑,而且平面形式不同,构架也不一样。

**三角形** 这种平面形式多用于体量小、结构简易的小亭,立于空间迫隘处。如四川青城山的"奥宜亭",一边沿路,一角凸出于崖壁。苏州古典园林中,无此形制。从清人赵昱《春草园小记》中可知有三角形亭,园在杭州,亭名"缺隅"。宋·俞退翁《题三角亭》诗:"春无四面花,夜欠一檐雨。"说明宋代已有三角亭了(图6-11为今广东中山市中山公园中的"三角亭")。

**六角形** 园林建筑中,六角形平面的亭子很多,如苏州拙政园中的"待霜亭"、"荷风四面亭",留园中的"可亭"、"冠云亭",网师园中的"月到风来亭"等等。今天各地公园和风景名胜中,采用传统建筑风格设计者,都可见到这种六角攒尖顶的亭子。随地方建筑风格的不同,亭的不同体量、比例、虚实处理,可谓千姿百态(见第三章《中国建筑的名实与环境》,第十一章《中国建筑艺术》)(图6-12为六角形亭平面)。

**八角形** 八角形平面建筑,形象典丽而生动,除用于园林建筑,如拙政园的"宜雨亭"、"塔影亭"等等,常用于皇家园林的重要景点中,如北京景山山顶中峰"万春亭"的两边,东西两峰上的"周赏亭"和"富览亭",就是重檐绿琉璃瓦八角攒尖顶亭。最著名的是,北京颐和园万寿山前山的"佛香阁",八角三层四重檐,高41米,造在20米高的塔城基座上,形象高大

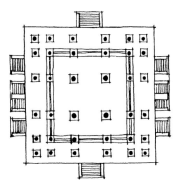

图6-9 方形平面
(北京故宫中和殿)

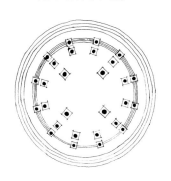

图6-10 圆形平面
(北京天坛祈年殿)

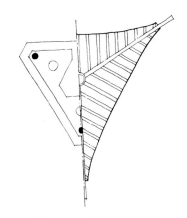

图6-11 三角形平面
(中山市中山公园三角亭)

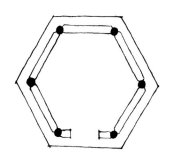

图6-12 六角形平面
(苏州留园冠云亭)

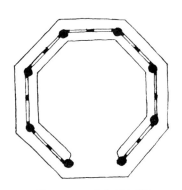

图6-13 八角形平面
(苏州拙政园塔影亭)

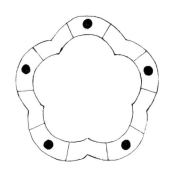

图6-14 梅花形平面
(《园冶》地图式)

图6-15 上海南翔猗园梅亭

而宏伟,使万寿山"山藉阁而倍生气势,阁依山而更加宏丽",是颐和园湖山的构图中心和制高点,已成为颐和园绝胜的标志(图6-13为八角形亭平面)。

**梅花形** 梁架结构和屋顶均按梅花形构筑的亭,尚未见有实例。计成在《园冶·列架》中绘有"梅花形地图式"(图6-14),解释亭的做法只说:"先以石砌成梅花基,立柱于瓣,结顶合檐,亦如梅花也[16]。"但计成没有画出亭的构架式样,实际上,梅花亭用五柱,如我在多边形中说没有五角形平面的亭,因柱子纵横线均不对位,顶部的梁架结构,不仅复杂,即使勉强搭成,仰视平面也很杂乱无章,施工也很困难。可能计成想到这点,又说这种亭子"只可盖草",如此复杂的形体和屋顶,顶上盖草,实难相称。从童寯先生《江南园林志》中所载的一幅上海南翔猗园的"梅亭"看,亭的屋顶,是四角攒尖顶,只是将方亭的四面墙壁,砌成弧形如花瓣,并在每面墙上做成梅花形的窗空,可谓略具梅花之意而已(图6-15)。由此可见,计成的梅花形亭,大概只是个意向性的设计。

**栀子形** 这种形式的平面,仅见宋·陶穀《清异录·居室》记载:"杜岐公别墅,建檐蔔馆。室形亦六出,器用之属俱像之。按《本草纲目》:栀子一名木丹,一名越桃,然正是西域檐蔔[17]。"栀子(gardenia)是常绿灌木,春夏开白花,花六瓣,极香。陶穀所说的"檐蔔馆",是不难建造的,可按六角攒尖顶的梁架结构,将六面墙(如上海南翔猗园的"梅亭"做法)砌成弧形如花瓣,就如陶穀所说:"室形亦六出矣。"可见,宋代的园林建筑,用多边形平面已很普遍。

## 三、型体组合平面

型体组合平面,是将梁架结构成两个或两个以上的空间型体,组合成一座整体性的建筑物。中国古代建筑平面所表示的空间,虽然与结构空间是同一的,但相同平面所表示的空间型体,不一定是相同的,不仅因为同一平面可以用不同的屋顶形式,如上两节中都有正方形平面,间架组合的正方形平面,虽可用歇山、悬山、硬山顶等,但都有正脊,而非间架组合的正方形平面,只能做攒尖顶之故。不仅如此,底层相同的平面,上层可以与底层不同。举两个著名的实例来阐明:

山西万荣县后土庙内的**秋风楼**(The Autumn Wind Tower)建在高台基上,楼三层,高30米,三重檐,十字脊歇山顶。在方形平面上,一层四面出抱厦,二层四面抱厦无柱,用斗栱垂莲柱悬挑,上筑屋顶,山花朝外,有称这种形式为"龟座"者。底层廊庑周匝,二三层廊设斗栱栏杆,建筑形象劲秀而典丽。因三楼存有元大德年间(1297~1307)汉武帝的《秋风辞》刻石,故名"秋风楼"(见彩页:山西万荣县秋风楼图片)。

万荣县解店镇东岳庙内的**飞云楼**(Feiyun Tower),俗称"解店楼"。建于平地上,楼三层,高22米,四重檐,十字脊歇山顶。底层方形,两侧砌墙,前后贯通,二三层四面各出一间抱厦,又用二平柱分成三小间,上筑屋顶,山花朝外。建筑形象,灵秀而有飞腾之感(见彩页:山西万荣县飞云楼)。

从设计角度看，这两座楼阁的设计构思和手法，可以说大体是相同的，都是在三层方形的型体上，力求高耸而华丽，用四出抱厦和十字脊歇山顶，面面山花，层层翼角的手法。不同的地方，主要在底层做通道的处理，秋风楼是将楼建在高大的台基上，台基前后贯通，所以比飞云楼高8米；而飞云楼建在平地上，以建筑的底层为通道，墙体之上，只看到两层，如果画底层建筑平面，上层基本相同，底层不同，秋风楼是十字套方形，飞云楼则是方形。底层相同，上层平面不同的例子，也是不难列举的。举此二楼，是要说明，中国建筑在造型上极具变化之妙。

两楼的始建年代不详，均经历代重修，秋风楼从结构型制看为明代遗构，飞云楼是清乾隆十一年(1746)重建。当地对飞云楼传有"万荣有个解店楼，半截插在天里头"的说法，对秋风楼则没有这种传说。

为什么比秋风楼低8米的飞云楼，反而给人们有高耸及天的审美感呢？

两楼的面阔，都是五间，秋风楼当中一间较窄，且底层设抱厦，二层龟座无柱，在垂直面，上下不能形成一定的空间体量，主要起装饰作用；飞云楼的当中一间较宽，抱厦又用平柱分为三小间，因系顶部为重檐，二三层均设抱厦，所以抱厦突出，上下构成一个较楼身窄，以竖线条为主的体量凸出的建筑部分，且飞云楼各层檐下斗栱密致，衬托得层层檐宇如浮起一般，加之32只翼角，四面扩展而竞相飞扬，确有一种如入云表之势，无怪乎人们有"半截插在天里头"的形容了。

其实，中国建筑的造型，完全要合乎结构和构造的要求，能够运用的造型因素很少，无非是梁、柱、斗栱、屋顶而已，但古代的建筑师们通过体量的大小、比例尺度的微差，不同因素的组合，可以创造出不同的建筑形象，给人以完全不同的审美感受。这两个例子，难道不足以说明，中国传统建筑艺术在造型上的变化之能吗？

从型体组合平面的特点说明，**中国建筑的平面概念，不同于西方和现代建筑，它只反映建筑空间，并不反映建筑的型体。**这里所说的建筑空间，是指梁间结构的大梁以下的平面空间，也就通常所说的生活活动空间，或使用空间。西方和现代建筑，不用平顶用屋架时，虽然也有顶部的结构空间，但它所覆盖的空间较多，非单一性的，而且它不具有型体组合的作用。

下面仅以常见的简单的型体组合平面阐述之，复杂的型体组合，最后在"型体组合"一节中，再作专题分析。

**凸字形平面**　是在长方形平面建筑的前面，做雨搭或抱厦所构成的一种平面形式。如图6-16，北京原阜城门箭楼，就是带雨搭的例子，这同曲尺形平面的角楼，同属于城防性的建筑。清代皇家园林中，常在景点的主要建筑前面设抱厦或雨篷，以突出主体建筑，既丰富建筑造型，也起空间缓冲的作用。这种形式在圆明园中用得较多，如"镂云开月"中之"纪恩堂"，"坦坦荡荡"中之"素心堂"，"汇芳书院"中之"抒藻轩"等等。

**套方形平面**　是由两个正方形平面，对角线搭接叠构成连体的平面。如北京圆明园中的"蔚林亭"；南京煦园中的"鸳鸯亭"等。图6—17平面，为湖北武昌莲花湖的"亭北春红亭"，原为清代的亭北春红景，相传诗人李白曾在此咏觞，亭为1981年复建。

**十字形平面**　一般多为长方形平面建筑，前后加抱厦构成，四面的长度可以相等，亦可不等。计成在《园冶》中，绘有"十字形地图式"(如图6-18)，他解释做法说："十二柱四分而立，结顶方尖，周檐亦成十字。"从"结顶方尖"而言，显然是指中央的方形，做成四角攒尖顶。"周檐亦成十字"，这句话说得很含糊，如果说"周檐"只

中国建筑运用很少的造型因素，创造出变化丰富的建筑形象，正体现了中国传统艺术，所共同具有的"以少总多"的美学特点，早已超越了一般形式美的法则，在更深的层面上追求时空的无限与永恒感。

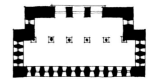

图6-16　凸字形平面
（原北京阜城门箭楼）

图6-17　套方形平面
（湖北武昌"亭北春红亭"）

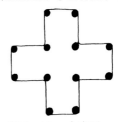

图6-18　十字形
（《园冶》地图式）

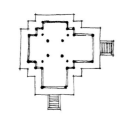

图6-19 十字形
（北京故宫紫禁城角楼）

构成中国建筑的台基、屋身、屋顶三部分形式与比例关系，主要决定于"组群建筑"的类型性质和它在群体组合中的地位与环境。

是四周所看到的檐，也成十字形的话，只能是指屋顶的平面图。这就有几种可能，最简单的做法，是每面都做单坡顶，或者是做两坡顶，华丽点的可做成山花朝外的、歇山顶的抱厦形式。圆明园四十景中的"濂溪乐处"的十字亭，中央为四角重檐攒尖顶，四面的抱厦为歇山式卷棚顶，正面朝外，这种组合看起来较松散。

正方形平面，四面抱厦，就成十字套方形了。这种形式，除上述的楼阁，河北正定隆兴寺"摩尼殿"，是体量之大者。小者如北京故宫紫禁城角楼，中为三重檐的十字脊，四面抱厦为重檐歇山顶，山花朝外，形象十分玲珑而华丽（图6-19 为北京故宫紫禁城角楼）。

# 第三节　立面组合

立面（**elevation**），是建筑物（单体建筑）垂直面的正投影图，是建筑师的语言之一，用以表示构成建筑空间实体的外在形式。对于**形式**（**from**）的含义，黑格尔说得言简意赅："形式非他，即内容之转化为形式[18]。"即形式是内容的反映，并为内容所决定。没有无内容的形式，也没有无形式的内容。建筑立面所反映的形式，同构成空间的材料和结构有关。中国单体建筑的立面形式，反映了梁架所构成的建筑各个相互依存部分形成的整体。因为中国的木构梁架是构成空间的骨架，主要是为了支承屋顶，梁架与基础不是一个整体，只是把它放在台基上，所以在立面上很清楚地分为三个组成部分：下部的台基，根据建筑的性质和等级，有不同的高低和形式；中部的柱列，可以按需要用不同的材料做成或实或虚的围蔽结构，甚至不用任何围蔽而四面阙如；上部的屋顶，是中国建筑最有表现力，形式也最丰富的部分。它既决定于建筑的性质和等级制度，也可以根据空间构图和建筑造型的需要。这就如李允鉌所说："三四十年来有关谈论中国传统建筑的中外著作，多半都以这个'三分说'作为'开宗明义'的[19]。"

其实，这个所谓"**三分说**"，并非是什么理论学说，只是人们可以直观到的事实。早在北宋科学家沈括（1031—1095）的《梦溪笔谈》中就记录有宋代都料匠喻皓《木经》（已佚）的资料，就有"凡屋有三分，自梁以上为上分，地以上为中分，阶为下分[20]"之说。我国建筑学家梁思成教授曾做过具体的阐明："中国的建筑，在立体的布局上，显明地分为三个主要部分：（一）台基，（二）墙柱构架，（三）屋顶。任何地方，建于任何时代，属于何种作用，规模无论细小或雄伟，莫不全具此三部……中间如果是纵横着丹青辉赫的朱柱，画额，上面必是堂皇如冠冕般的琉璃瓦顶；底下必有单层或多层的砖石台座，舒展开来承托。这三部分不同的材料、功用及结构，联络在同一建筑物中，数千年来，天衣无缝地在布局上，始终保持着其间相对的重要性，未能一部分特殊发展而影响到其他部，使失去其适当的权衡位置，而减损其机能意义[21]。"这就是说，其中一部分的发展和变化，在三者的组合中仍然在构图上是权衡（**proportion**）而和谐（**harmony**）的一体。但三者又有其相对的独立性，如台基在天坛中，三重圆形的白石台基，既可以"舒展而承托"着祈年殿，是祈年殿不可缺少的组成部分；又可独立自在，成为祭天处的圜丘式的露天建筑。屋身不用任何围蔽结构时，就成了只有屋顶的建筑——亭；而围蔽结构的形式和用材是灵活自由的，既可三面砌墙一面户牖开敞，也可四向设窗棂槅扇成敞厅。李允鉌视"院子"为没有屋顶的房屋，是正确的，因为中国的"院子"，在组群建筑的功能组织中是不可缺少的部分。

如果说"中国建筑立面构图是一个合成体，可分可合，和平面布局的组织原则完全一致的[22]。"更确切地说，中国"单体建筑"的立面构图原则，首先取决于"组群建筑"的**类型性质**和它在群体组合中的地位和环境。

## 一、台 基

### 1. 台和台基的起源

墨子曾说："古之民，未知为宫室时，就陵阜而居，穴而处。下润湿伤民，故圣王作为宫室。为宫室之法，曰：室高足以辟润湿，边足以圉风寒，上足以待雪霜雨露[23]。"用现代汉语说：远古的人民，还不知道建造房屋的时候，就聚居在地势高爽处，筑地穴居住。下面潮湿伤害人民健康，故聪明的圣人为人民建造房屋。造房屋的方法：抬高地面足以防潮湿，四面围蔽足以挡风寒，上有屋顶足可遮雪霜避雨露。

《墨子》的这段话说明，在原始社会的穴居时代，人民已知"就陵阜而居"，选择地势高而爽垲的地方了。从考古发掘情况，陕西"临潼姜寨遗址"对偶婚家庭的半穴居式的大房子，在进门两侧空间**隐奥**处，人们睡眠的地方就筑有高出地面（约10厘米）的"台"，而且"台"的表层有经过烘烤的痕迹，显然这是在当时的技术条件下，所作的一种防潮措施，虽难理想地防止潮湿，至少改善了直接睡在地上的生活条件。

原始人这种就地坐卧的生活方式，也就是后世进入阶级社会的**"席地而坐"**，一直延续到封建社会初期的秦汉时代。只要这种"席地而坐"的生活方式存在，防止地面潮湿的问题，就必然成为建筑技术上需要解决的重要矛盾之一。如果说，对"墨子所说的'下润湿伤民'当然是理由之一"，李允鉌不认为是主要的原因，他认为："'台'和'台基'的出现相信最初的时候都是起因于功能的作用，是'防洪'、'防涝'的一种安全措施[24]。"可能"中国人也许是经过一场特大的水淹的教训之后，解决的办法就是把房屋上升到地面，而且这还不够，为了安全起见，最好就是升高到一个比四周地面更高一些的台基上，愈高当然就愈安全[25]。"道理虽然不错，立论的前提就大可商榷了。

原始人从生存的本能，也知道"就陵阜而居"，绝不会住到会被水淹的低洼地方。当然将台基筑得愈高就愈安全，要知能筑高台基的历来只能是极少数的统治阶级，黎民百姓的房舍连台基也没有，即使允许他们造也无能为力。如遇特大洪水，民舍田野都淹没了，住在高台房屋的少数贵胄们，岂不坐以待毙？其实，在科学技术高度发展的今天，不是仍难避免特大洪水的灾害吗？

历史事实说明，古人防洪，不是去不断地加高台基，而是去加高堤坝，去不断地治水。古代东方是以农业为本的国家，每个专制政府都很清楚地知道自己首先是水利灌溉总的经营者。就如恩格斯曾对古印度和波斯所说的："在那里，如果没有灌溉，农业是不可能进行的[26]。"中国人早在《周礼·考工记》中，对水利灌溉已有系统的规划思想，历史上出现过大禹治水、李冰父子开都江堰等的水利专家，为华夏子孙造福而流芳千古。"台基始于防洪"说，无可稽考，聊备一说而已。

墨子所说的造宫室之法，高，边，上的"三足"，是指台基、屋身、屋顶的功能和作用。也就是说"三足"，是从"三分"的功能要求而言，可见喻皓的"屋有三分"之说，在

三分说抓住中国建筑不同于西方建筑的特点：中国建筑的台基、屋身、屋顶三部分，各自都有其独立性，在物质技术上，可以灵活自由地构造出各种合成体；在思想艺术上，可以意匠经营创造出丰富的建筑形象。

春秋战国之际已有了明确的概念。

**2. 阶陛与台基**

《周礼·考工记》:"夏后氏世室,九阶。殷人重屋,堂崇三尺。周人明堂,堂崇一筵㉗"。郑玄注:"九阶,南面三,三面各二。"九阶不是指阶的级数,而是指建筑每面所设的阶数。那么,什么是阶呢?汉·许慎《说文》曰:"阶,陛也。"段注:"因之凡以渐而升皆曰阶。木部曰:梯,木阶也。"所以说"因之"是按照"陛"的含义而言。

"陛"的含义又是什么呢?《说文》曰:"陛,升高陛也。"段注:"自卑而可以登高者谓之陛。贾谊曰:陛九级上,廉远地,则堂高;陛无级,廉近地,则堂卑㉘。"这是注《说文》的清代学者段玉裁引用《汉书·贾谊传》的话,其中所谓"廉"者,"堂之边曰廉。天子堂九尺,诸侯七尺,大夫五尺,士三尺,堂边皆如其高㉙。"堂边,显然是指堂的平面高出地面的"台基"之边,其平面尺寸,大于柱网的平面尺寸,为防檐头滴水在台基上,略小于"屋顶"的平面投影面积称"回水"。"堂边皆如其高"句,就点明边为台基之边,高为台基之高。《考工记》列举三代明堂,"堂崇三尺","堂崇一筵(九尺)",崇,高也。这堂崇当然也是说的台基之高(堂的含义详见第三章 建筑的名与环境)。

问题是,为什么从春秋战国到秦汉,人们不直接说"台基"之高,而要以堂高言台基之高呢?这是不难回答的问题。因为从春秋战国时起,为了观天象,察气祥,而筑高台,到秦汉统治者迷信方士的荒诞之说,为了"望神明,候仙人"大兴台观,形成中国建筑史上的**高台建筑**时期。"观四方而高曰台"已成了人们固定的概念,且"台"以高为尚,低者十余丈,高者数十丈,自然不会将功能、性质不同,高仅数尺的台基也称之为"台"。

林尹先生的《周礼今注今译》译"堂崇三尺"、"堂崇一筵"为"堂基高三尺"、"堂基高一筵",就比较清楚地注明"堂高"所指了。但古人何以不用"堂基"?按《说文》:"基,墙始也。"墙开始砌筑的部分,也就是墙的基础了。这主要是指单独砌筑的墙而言,作为围蔽结构的墙是不承重的,最需要基础的是承重结构的柱而不是墙。说明秦汉以前台基尚无以名之,大概是在"高台建筑"消亡以后,才有确定的名称"台基"。

李允鉌在《华夏意匠》中引证宋《营造法式》的"筑基",指正现代德国建筑学者华纳·斯比西尔(Werner Speiser)在《东方建筑》一书中所说,"长久以来台基都是夯实的黏土以最简单的方式造成",这是种非常简单化的说法。按《营造法式》筑基的规定:"筑基之制,每方一尺,用土二担,隔层用碎砖瓦及石札等亦二担,每次布土厚五寸,先打六杵,次打四杵,次打两杵。以上并各打平土头,然后碎用杵辗蹑令平,再攒杵扇扑,重细辗蹑。每布土厚五寸,筑实厚三寸,每布碎砖瓦及石札等厚三寸,筑实一寸五分㉚。"按照如此细致严格的施工规定,筑成的台基整体刚性还是很结实的,用这种方法筑台,中国已经有三千多年的历史了。否则秦汉高达十几二十丈的台,要照华纳·斯比西尔想当然的"最简单的方式"去筑,能够说"筑土坚高能自胜持"(《尔雅》)吗?

《华夏意匠》云:"在结构上,我们应该把台基理解作为一个'块状基础'(**spread footing**),而不是抬高地面高度的一个垫层。把基础建筑到地面上来,台基的意义就更为重大了,它保证了房屋不会产生不均匀的下沉,它比房屋本身较大较宽就不能说是单纯的是一种形式上的考虑,它同时又是一种力学上的合理的形状㉛。"这是对的。即使从形式的美学法则考虑,中国建筑的"大屋顶"也需要相应的大台基作承托。

《营造法式》的"总例"规定,凡柱皆需"侧脚",也就是将柱头向内微倾约1%;同

在秦汉高台建筑时代,房屋高出地面的部分称为堂,高台建筑消亡后,才称之为"台基"。

时柱子有"**升起**"的做法,即柱子的高度,由"明间"(正间)向两端逐渐加高,也就是檐柱向角柱逐渐加高,形成"**角柱升起**"。从立面图看(图 **6-20** 宋《营造法式》立面处理示意图),柱间的"**阑额**"不是水平的直线,而是向两端微有上翘的弧线。如《中国古代建筑史》所说:"这些措施产生了整个构架向内倾斜的倾向,增加构架的稳定性[32]。"这种做法,在台基下沉略有倾斜时,在视觉上多少能避免房屋的倾斜,令人产生些安全感。

清代的台基,由于采用砖,所以台基的构造与做法,都与宋式不同。梁思成《清式营造则例》中所说:"台基的构造是个四面砖墙,里面填土,上面墁砖的台子。在台基之内,按柱的分位用砖砌'**磉墩**'和'**拦土**'。磉墩是柱的下脚。柱子立在柱顶石上,而柱顶石则放在磉墩上。磉墩与磉墩之间,按面阔或进深,砌成与磉墩同高的墙,称拦土,将台基之内分成若干方格。普通做法多用土将格内填满,上面墁砖,故称拦土。但是有门窗槅扇时,拦土就是安放门窗的基墙[33]。"磉墩,是柱子的基础;拦土,有加强柱基的作用,且便于装修和填土。

江南台基的构造做法,即苏式与清代官式大同小异,台基的露明部分也基本相同,各部名称叫法不同,从下列两种台基图可以说明,不再赘述(图 **6-21**《清式营造规例》台阶石作,图 **6-22**《营造法原》阶台柱磉夯石基础图)。

阶与陛,古为同一事物,通常人们对"阶"的概念,是设有一级一级阶石的"**踏垛**",也称"**阶级**",江南工匠则称"**副阶沿石**",今称之为"**踏步**"。所以,东汉刘熙在《释名·释宫室》中解释:"阶,梯也,如梯之有等差也[34]。"

但是,许慎《说文》释"阶"和"陛",只讲其由低处升登高处的作用,不说升登的构造形式。刘熙虽较晚于许慎,都是东汉时人,解释则不同,二者孰是?其实,他们的说法都没有错,只是角度不同。许慎从古"阶"与"陛"同义,而台阶的形式并非只有"踏垛"一种,故明其作用;刘熙则专指用"踏垛"形式的"阶"。因自秦汉始,"陛"已成帝王宫殿主要建筑的台阶专称,"阶"用于次要殿堂和官民房屋的台阶,不论高低,都用"踏垛"。

"陛"用于尊贵建筑,台基较高,"广随间广",往往在宽阔的踏垛中间,斜铺石板雕刻以精美的龙凤纹样,称"御路"(图 **6-24**)。当然这种"陛"的形式,只有皇宫或庙宇才能用。为了便于帝王的御辇或车马上下的地方,台阶就不用一级一步的踏垛,而做成锯齿形的斜道(**ramp**),称"礓磋"。如北京太庙的"礓磋"和上城墙的马道,其坡度须较和缓(图 **6-23**)。台阶的坡度,据喻皓《木经》中解释:"阶级有峻、平、慢三等,宫中则以御辇为法:凡自下登,前竿垂尽臂,后竿展尽臂,为峻道;前竿平肘,后竿平肩,为慢道;前竿垂手,后竿平肩,为平道[35]。"这里所说的"前竿"、"后竿",是指抬辇人的位置,古抬辇有 12 人,辇是帝王所乘,人挽的车,登踏道时需用人抬上去,辇前 6 人,辇后 6 人,"荷辇十二人:前二人曰前竿,次二人曰前挟,又次曰前胁,后二人曰后胁,又后曰后挟,末后曰后竿。辇前队长一人,曰传唱,后一人曰报赛[36]。"辇左右有二长竿,不论踏道坡度大小,辇都必须保持水平状态。

"由此可见,坡度不是随意去制定,是经过了细致的对使用的研究,由动作和人体尺度配合结果而得出来的,根据李约瑟的附注,坡度的比率(**ratio**)峻道为 3.35,慢道为 1.38,平道则为 2.18[37]。"李允鉌认为,如北京故宫太和殿的陛,由两边是"踏垛"中间为"御路"组成(图 **6-24**),这种"两阶一路"的形制,可能就是继承古代的"两阶制",将东西二阶合并而成的产物。英国学者李约瑟把"御路"称之为"精神上的道路"(**spirit-path**)。

古"阶"与"陛"同义,自秦汉始,"陛"为宫殿、坛庙台阶的专称。因陛高而有台基,陛宽而踏步中间做成御路。

台基,是中国建筑独特的形式之一,它是将房屋的基础做成高出地面的方台,一般其平面尺寸略小于屋顶的水平投影面积,台基的形式、高低,视建筑的性质与空间环境而异。

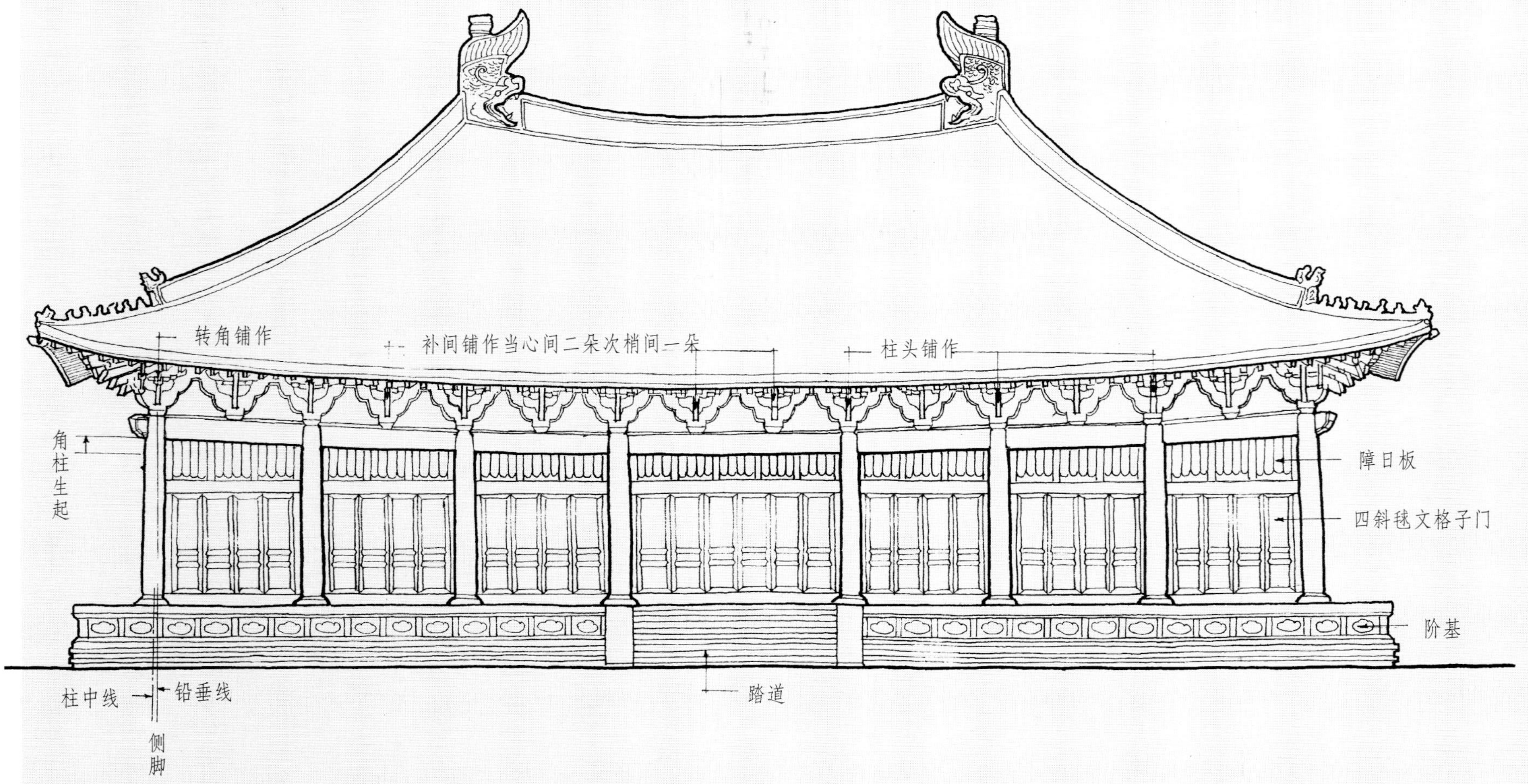

图 6－21　宋《营造法式》立面处理示意图

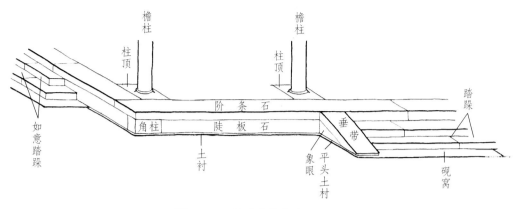

图 6-21 清式台基台阶

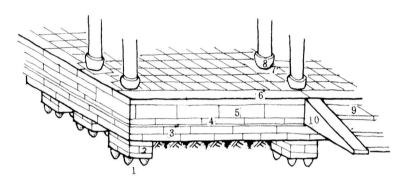

1. 领夯石　　2. 碌墩
3. 绞脚石　　4. 土衬石
5. 侧塘石（陡板）
6. 尽间阶沿（阶条石）
7. 碌石（柱顶石）
8. 磉磴
9. 踏步副阶沿（踏跺）
10. 菱角石（垂带、象眼）

图 6-22　苏式阶台柱碌夯石基础图

则谓之堂[38]。"普通的台基，多简朴而方整，台边用砖砌筑，台面墁砖，为保护边棱转角不易损坏，台口铺"**阶条石**"（南方称"尽间阶沿"），转角植以"**角柱石**"（角石）。"台基之高按柱高百分之十五"，台宽为檐柱（廊柱）中心至檐口水平距离的 4/5，少去的 1/5 谓之"回水"。"若两山山墙，则按柱径二份[39]。"

在围合式庭院中，寺庙的殿堂四面临空，廊庑周匝，台基也四周绕通，是备祭祀、膜拜者行香之用，阶条石南方则称"台口石"。

主要殿堂体量大而雄伟，非承以高大之台基，不能使视觉审美获得稳重均衡。台基高，若直接用台阶上下，不仅空间局促，行走也不安全，就需要一个供停息回旋的缓冲和过渡的空间，所以多在台基前辟"**平台**"（露台）。平台较台基低四五寸，台为正方形，如殿堂面阔七间有廊庑（七间两落翼）者，台宽为五间；五间有廊庑者（五间两落翼），台宽四间；三间有廊庑者（三间两落翼），台宽为三间，绕以石栏。台之前、左、右三边均设台阶。台前的台阶较宽，同明间（正间）之面阔，踏跺（踏步）中可设"御路"或"礓磜"。

"须弥"，梵文 **sumeru**，音译"修迷卢"、"须弥楼"，意译妙光、妙高、安明、善高、善积等，是印度神话中的山名。印度以"须弥"为佛像的基座，用神山为座，以显示佛的崇高和伟大。中国吸收了佛教文化，把它融化于华夏文明之中，超脱宗教的意义，作为一种装饰型式，几乎用于所有很考究物体的基座上，无论是菩萨佛像、佛塔、经幢、殿堂，以至家具、古玩的基座等等。

"须弥座"是一种上下叠涩（线脚）中如束带式的座子，并用莲瓣、壶门等纹样装饰。须弥座起初较简朴，到清代已很华丽了。清代的须弥座各部的位置与尺寸都有

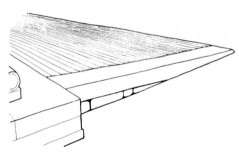

图 6-23　礓磜

中国建筑凡比较尊贵者，台基都用"须弥座"的形式，这是六朝以来受印度佛教文化的影响。

图 6 - 24　北京故宫太和殿的御路

规定,其各部名称,由下往上是**圭角**(龟脚)、**下枋、下枭、束腰、上枭、上枋**(图6–25)。

江南一带称须弥座为**金刚座**(图6–26),做法较官式为简,其各部名称叫法亦不尽相同,"自上而下为台口石,石面平、方形。下为圆形之线脚,有时雕莲瓣称荷花瓣,荷花瓣可置二重。中为束腰,束腰面平而缩进,于转角处雕荷花柱等饰物,中部雕流云、如意等饰物。下荷花瓣之下为拖泥,拖泥为面平、石条,设于土衬石之上[40]。"设计是创造性劳动,对掌握古建筑法式特点和规律的建筑师,不必拘泥其制定的尺寸,可随意变化。

须弥座的广泛应用,说明人们对有欣赏价值的物体,已普遍形成配置"基座"以求完美的要求。一块灵石,一件瓷器和古玩,配上相应的木雕"基座",就会更加烘托出其美,并赋予它一种独立性格,而显得珍贵。

**基座**的概念与承托的物体在结构上毫无联系,两者是完全分离的,又必须是相互吻合的;两者形质可以各异,但又必须是相辅相成的,在空间构图和艺术形象上,是一个完善的有机整体。

乐于吸收外来文化的民族,是富于自信心的民族;善于融化外来文化的文化,是最有生命力的文化。

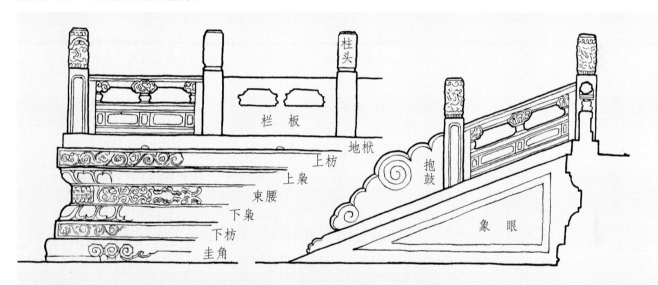

**图6–25 清式须弥座**

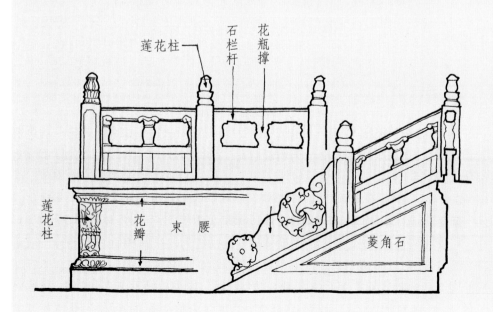

**图6–26 苏式金刚座**

故宫三大殿的台阶,正是从"基座"的概念考虑,在建筑意匠上做出杰出的创造,并在艺术上取得玄妙而辉煌的成就。三重巨大的"基座"上,承托着前后分立的太和、中和、保和三座大殿。它非台基,因为它已大大地超出建筑结构的空间范围(包括"台基"在内);也非平台(露台),因为它与台基已连成一个整体,而且也没有平台的空间过渡和缓冲的功能。所以说它是基座,因为它在建筑的空间艺术上,主要是起着精神审美的作用。

"三大殿"的基座设计,有着丰富的内涵:基座三重,按古"明堂"之制是"法三统"。《三辅黄图》曰:"堂高三尺,土阶三等,法三统[41]。"是西汉董仲舒以神学理论体系为汉王朝服务的历史循环论,提倡每一朝代之始,都应循例改正朔,易服色,以顺天意的象征(详见"建筑的名实与环境"有关"明堂"分析);中和殿居中呈方形,"**方象地,圆象天**",体现古代帝王"尊天重象"之义(见"平面形式"的"方形"分析);基座除在正殿"太和殿"前有殿前平台的性质,整个基座随三大殿的型体和平面呈"工"字形,如《春明梦余录》所载明代北京宫殿的布局:"皇极门内,东曰文昭阁,西曰武成阁,上曰皇极殿,中曰中极殿,后曰建极殿,所谓三大殿也。中极添金圆顶,如穿堂之制[42]。"所说:"如穿堂之制"者,是指宋、元大内及重要庙宇,多喜在正殿后用穿堂与后殿连接,形成"工"字形平面,这种建筑空间紧凑、使用方便,但建筑体量的扩大,对外朝正殿来说,臣民只能见其正立面的形象,是不能以增其势的。

北京故宫三大殿,清承明制,不采取宋、元的型体组合,而是将三殿分立在宫城轴线的中心位置,根据三大殿体量和平面形状,用一个巨大的"工"字形"基座"来承托。这一构思,显然是取工字殿的布局之意。

由宋、元三大殿组合的工字殿,到明清将三大殿置于工字形的"基座"上,绝非只是形式上的简单变化,而是在设计思想上,由直观的建筑形式之美,向空间意象(**spatial imagery**)的飞跃;是中国的建筑艺术精神,富于深邃哲理性的"**道**"的升华。它超越了任何结构技术对建筑体量的制约,由于基座将三大殿形成一个空间整体,使三大殿在故宫建筑群中具有相对的独立性,从而把三大殿充分地突现出来。更为重要的还在于,这个相对独立的空间环境,是以基座为"底",构成一种特殊的**有形而无限**的空间,它使得并不非常巨大的殿堂产生非凡的气势,使三大殿的空间环境与无限的自然空间相通而融合,给人以历史的时空感,蕴积着无限的生命活力!

## 二、屋 身

对"屋身"的概念,中国木构建筑和西方砖石结构建筑是完全不同的。从建筑是物质实体构成的空间来说,如何构成空间,是建筑结构主要解决的问题,关键是用什么去支承屋顶,如何去支承屋顶。西方的砖石结构建筑,是用砖石墙砌体支承屋顶的,墙(**wall**)既是承重结构,也是围蔽结构。因为西方建筑是将各个使用功能的空间集合成一个整体的**个体建筑**,所以建筑实体的外在形式,屋顶不是主要的,往往用女儿墙遮挡起来,主要的是墙体和空间功能需要所开凿的门窗、阳台、雨棚等及其装饰。西方建筑立面的造型主要在于"屋身","依靠它的体量和表面上所形成的图案和形状达到美学上的表现"(李允鉌语),表现出某种节奏和韵律。从形式美的法则,如对称、平衡、和谐、多样统一、黄金分割以至如英国克莱夫·贝尔

（**Clive Bell**）所说的"有意味的形式"（**significant form**）等等，讲究形体和立面的构图。

中国木构架建筑，是用梁架支承屋顶的，屋顶是立面上突出的重要部分，而柱（**column**）是"屋身"的承重结构，围蔽结构无承重作用，用什么材料和构造方法是随意的。因为中国建筑是由栋围合成院所组成的建筑群体，每一栋**单体建筑**只是**组群建筑**中的一个**组合单位**。整个组群建筑对外是完全封闭的，不存在独立自主的立面形式，建筑实体的外在形式，决定于空间的具体功能，取决于其组合的位置和环境。建筑艺术的表现，已超越了西方建筑的形式美的要求，而是以群体的空间序列、层次、大小、开合，形成一定的节奏和韵律，空间与时间是融合的，所以**中国的建筑空间是流动空间**。以"凝固的音乐"来溢美它，是没有真正的理解中国建筑，不懂得空间对建筑的意义。

**中国单体建筑的屋身**大多采取三面封闭一面开敞的形式，即朝向庭院的立面安装槅扇窗棂，背面和两山（侧面）砌筑砖墙。在轴线上的中间殿堂，需要通前达后者，其背立面的明间就不砌墙而装槅扇了。

单体建筑之所以多采取**"三面封闭、一面开敞"**的形式，是长期生活实践的结果。从建筑与庭院的关系而言，庭院是组群建筑中不可少的功能部分，没有庭院，单体建筑之间就不能有序地联系；没有庭院，建筑空间就不能与自然的空间流通，不仅是在物质上，为日照、采光和通风所必需；在精神上，它使人在这封闭的有限空间里，心灵与无限空间的自然才得以沟通。所以《释名·释宫室》解释："窗，聪也。于内窥外为聪明也。"故朝向庭院一面全部开敞，在枋柱间安装可以拆卸的槅扇和窗棂。

建筑"三面封闭"砌墙者，其作用和意义，还可以从墙的解释来看：

《尔雅·释宫》：
　　"墙谓之墉。"
　　"东西墙谓之序。"（指"寝制"堂内之墙。序者，次序也。分别内外
　　　亲疏也。）
《释名·释宫室》：
　　"墙，障也。所以自障蔽也。"
　　"壁，辟也。辟御风寒也。"
　　"墉，容也。所以蔽隐形容也。"
　　"垣，援也。人所依阻，以为援卫也。"

归纳起来，墙壁的功能有四，即：别内外，防侵害，御风寒，蔽形容，这是墙的对外功能。对室内而言，中国家具布置和陈设特点，主要厅堂的家具布置受"礼制"的影响，要求室有中心，位有主次，上下分明，尊卑有序。所以，家具布置，须对称均衡，多沿墙采取周边的布置方式。如墙上开窗，槅扇窗棂，纸糊在里面，须向内开，既占据了沿墙空间，难以布置家具，且打破墙面的完整，无法悬挂字画。

悬挂字画，是中国建筑室内陈设的一个必要的显著特点，而且形成了一定的程式。在厅堂的明间，墙上多挂大幅字画，称"中堂"，上悬匾额，两边配以对联，这不仅只起装饰作用，而且从空间构图上，突出和强调了厅堂的重要地位。而字画匾联的制作和内容，也反映主人的文化素养、生活志趣和情调，同时造成一种浓厚而雅致

中国建筑是长卷式"流动的画卷"，只有打开它（进入建筑），从头至尾地观赏它（身历其境），才能获得完整的艺术形象，才能思与境偕领略到中国建筑艺术的"意境"（**spatial imagery**）。

的文化氛围。如李渔在《闲情偶寄》中所说："厅壁不宜太素,亦忌太华,名人尺幅,自不可少,但须浓淡得宜,错综有致[43]。"古时士大夫对悬挂字画,按房屋的使用性质、时令等等,都很有讲究(见第九章中"悬挂字画"一节)。可见,中国传统建筑,一面开敞、三面封闭的形式,是综合各种功能需要,在长期生活实践中形成的一种"基本模式"。

### 1. 正立面

立面图是建筑物垂直面的平行投影,是建筑师的设计语言。中国建筑的正立面,主要是指朝向庭院的开敞一面,也就是满设槅扇窗棂的一面。从构图上,全部开敞时,是一种"**虚**"的界面,全部关闭时,"青绮疏琐"的槅扇窗棂,则是"**实中有虚**"。厅堂为了轩朗,而"前添敞卷"一排檐柱,就形成了"**虚中有实**"的界面,而屋顶挑出的檐际线,与台基的阶沿线,又构成了一个"**虚**"界面。

中国的庭院组合,正是运用建筑正立面,这种**实中有虚→虚中有实→虚**的层层界面的过渡与扩展,使建筑空间与庭院空间,内外交流、融合为一体。建筑与庭院的有机组合,使有限的建筑空间,才得以与自然的无限空间相通互融。这是任何体系的建筑,在墙上开户辟牖,都不可能使人产生出这种空间感,达到这种空间艺术的效果。

李允鉌从空间构图角度,认为:"无论哪一个层次的构造,都不是为了屋身立面本身而设计的,但是也不能说它们不是屋身立面的一个构成部分,奥妙的地方就在于这个没有自己的立面的立面,同时又是完全满足屋身立面本身种种要求的一个构图。或者我们可以这样理解,屋身立面是从结构设计及室内设计借来的,自己本身不必另外创立形制。这种构成方法是十分合理的,它使台基、屋身、屋顶整个立面得到一种和谐的关系,室内和室外有了一种柔顺的过渡。也许,这种立面关系得来不是出于一种偶然,中国传统的'以无作有'、'以虚当实'等一系列相对的哲学意念对此不会没有影响的[44]。"

说中国建筑的正立面,是"没有自己的立面的立面",这是个很妙的说法。此说以否定的方式肯定了立面比例的协调、轮廓的和谐,都是由结构直接产生的结果。

需要从概念上明确的是,什么是屋身自己的立面呢?

西方砖石结构建筑,由于承重结构的墙体材料——砖石的可雕塑性特点,表面可以作各种形式的美化和装饰,形成不同时代、不同地方的样式和风格,即立面的各种形式。但不论是希腊古典、罗马风、哥特式,以及巴洛克、洛可可等等,离开承重的墙体,就无以附丽。或者说,就不存在屋身立面了。

中国木构架建筑,由构架的梁柱承重,围蔽结构可以用非承重的砖墙,如宫殿庙宇的门殿和一些寺庙的大殿,就四面筑墙,辟拱门或壸门以通行;或三面筑墙,一面装设门窗槅扇;即使是四面阙如,只几根柱子支承着屋顶的亭子,它的台基、柱子和屋顶,难道不是构成空间的物质实体的外部形式? 它没有自己的立面? 事实上,"没有自己的立面的立面"是不存的。

如果理解"屋身立面是从结构设计及室内设计借来的",是想说明"自己不必另外创立形制"的话,那么,既然客观上不存在"没有自己的立面的立面",这样理解还有什么意义呢?如果说,中国建筑的屋身立面,只要按结构设计,不需要有立面设计内容的话,也非事实。以大屋顶言,屋顶的举架、出檐、翼角等,虽有一系列结构和构造上的要求,但"使本来极无趣、极笨拙的实际部分,成为整个建筑物美丽的冠冕"(《清式营造则例·屋顶》),难道没有形式美和整体权衡的立面设计内容吗?就以构

任何结构体系的建筑,结构构成空间的物质实体,其外部形式,都是建筑立面存在的前提和基础。

成立面三大部分之一的屋身的檐柱柱列来说，规定檐柱的柱高与斗栱或明间面阔的比例关系，就与结构设计无关，而是出于立面权衡的需要。中国建筑在外观上，不论是结构的和非结构的东西，在法式的规定中，结构设计和立面设计的内容，本来就是统一的不可分的。

要说中国建筑的屋身立面，是从室内设计借来的，就更加令人费解了。中国建筑的正立面，主要是安装在枋柱间的槅扇窗棂，棂空中的图案和裙板上的纹样，都在向外的一面，纸则糊在里面，从功能来说，是为了采光；从美观来说，是为了立面，与室内设计根本无关，与建筑的性质与性格倒有一定的联系。

对李允鉌的这些说法，本没必要展开讨论，作者之所以作了上面的简略阐述，是为了避免对中国传统建筑文化无知、或缺乏系统了解的读者，对中国古代建筑创作产生片面的理解。

李允鉌先生对筑墙的背立面和两个侧立面，只认为"它们都是仅具构造上意义的作为围护结构的简单的实墙[45]。"大概没有否定它们是立面的意思，否则岂不成了"不是立面的立面"了吗？其实中国建筑的侧立面，也并非是简单到没有任何内容的。

**2. 侧 立 面**

单体建筑的侧面，屋顶部分呈三角形，而称**山墙**，三角形的部分称**山尖**。歇山顶的山尖，用勾头和滴水瓦做成**排山勾滴**，并在桁头上钉人字形的**博风板**，因华丽而称**山花**(图 6－27)。

山墙的设计，与屋顶的形式有关，四坡顶的殿堂不论是歇山还是庑殿顶，除正面都砌筑实墙，在廊庑周匝时，山墙退入檐柱柱列之后，从空间构图说，是化实为虚了。

屋顶为悬山时，北方"五花山墙"的形式，是很有意味的设计，"悬山山墙前后无墀头。山尖或如硬山山墙一直垒到顶；或依着柁梁和瓜柱砌成为阶级形，每级顶上有墙肩，与各梁的下皮平，叫做五花山墙[46]。"也就是在山尖部分，按梁的层叠砌成对称的叠落形式(图 6－28)。既免实墙之呆板，又表示出墙的非承重性。

屋顶为硬山时，将山墙砌到顶，沿顶坡在墙头用大方砖砌成带形作装饰称"**博风砖**"，凸出墙外的线脚称"**拨檐**"。传统民居常将山墙砌筑高出屋顶，顺屋顶坡势作各种形式，很富造型和装饰趣味。因为具有防火作用，而称之为"**风火墙**"或"**封火墙**"，有阻挡火势外延的作用义。南方民居"风火墙"基本上有两种形式：

**五山屏风墙**　山墙高出屋面如屏风状成五级者。屋身山墙均砌出廊柱以外，顶部挑出与檐口齐，作各种砖雕装饰称"**垛头**"(墀头)。"五山屏风墙"的设计，是将前后"垛头"之间宽度分成五份半，中屏较宽，占一份半，其余四屏各占一份。出屋面之高，以中屏风檐口至屋脊底高约四尺半(130公分左右)，其余高可均分(见图 6－29)。这种经验的比例关系，均称而素雅。华南民居的五山屏风墙顶，不用江南简朴的"**甘蔗脊**"，而是将脊向两头翘起如"**雌毛脊**"，使五山屏风皆飞动起来，很有地方特色。

**观音兜山墙**，山墙沿屋面起曲线升高，近屋脊处隆起似观音兜 ⌒ 状者，有半观音兜及全观音兜之分。两者的区别在曲线的起点不同；半观音兜：自金桁处起作曲线至顶；

**全观音兜**：自廊桁起曲势。

半观音兜的墙顶宽约90厘米，顶高距屋脊底约85厘米～90厘米。全观音兜的高及宽须增加(图 6－30)。

山墙，是传统建筑的侧立面，包含屋身和屋顶两部分。它不仅作为围蔽结构或封火的墙壁，只有构造上的作用；也具有立面构图的造型上的意义，并表现出地方性的建筑风格。

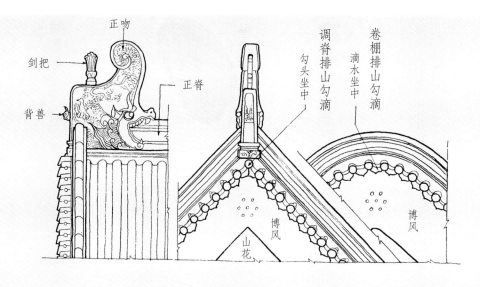

图 6-27　山花、排山勾滴

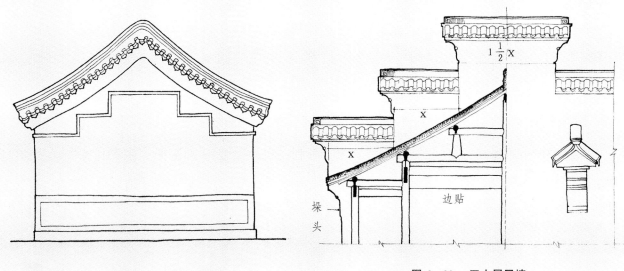

图 6-28　五花山墙(北京颐和园)

图 6-29　五山屏风墙

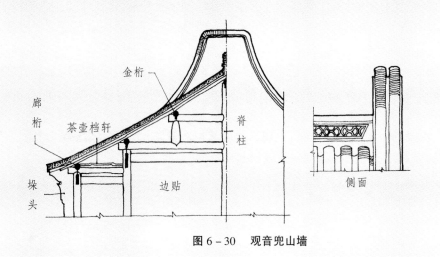

图 6-30　观音兜山墙

## 三、屋 顶

古云:"屋有三分。"中国建筑的屋顶在三分之中,是比率和尺度最大,视觉上最突出显眼的部分。正因为其大,大屋顶也就成为中国传统风格建筑的代称了。

中国的大屋顶,在世界建筑中是独树一帜的,它超越了所有屋顶那种结构构造上的简单直接、呆板冷漠的两坡或四坡形式,更不需要像西方建筑那样用墙去把它遮蔽起来,藉墙体进行表象的形式美化。它的尺度很大,却不感压抑,**巨栋横空**十分巍峨而壮美;它体量庞大,而不觉得沉重,檐宇雄飞,气势非凡而生动!

大屋顶的形式多样,两坡顶的有**硬山、悬山**之分;四坡顶的有**庑殿、歇山、攒尖**等等之别。在造型上各具特色:庑殿顶庄重而舒展;歇山顶华丽而雄飞;悬山顶素朴而轻快;硬山顶俨然而朴实;攒尖顶耸高而飞扬。不同的屋顶形式,赋予单体建筑以不同风貌。在组群建筑中,通过空间的巧妙组合,不但形成丰富多彩的空间环境——**庭院**,即使是同一类型的组群建筑,由屋顶所构成的"**天际线**",可谓千姿百态,无一雷同。这正是使一些对中国传统建筑文化不甚了解的中西方建筑师感到莫名其妙的,为什么看上去那么简单的雷同的平面布置,在现实的组群建筑中,却没有看到两座完全一样的寺院和住宅?而在现代建筑中,那种千篇一律、千人一面的建筑群,却比比皆是。建筑是个复杂的社会现象,不能简单下结论说是非好坏,研究中国传统建筑,仅从涂黑的块块,以鉴赏图案构成的眼光看中国建筑的总体布局,竟贬之为"简单"、"原始"的"学者",岂非兔丝燕麦、南箕北斗哉!

**1. 屋顶的形式**(图 6 – 31)

庑殿顶,是中国最古老的一种屋顶形式。《周礼·考工记·匠人》记载,殷人宫室,"四阿重屋"。郑玄注:"阿,栋也。四角设栋也,是为四注椁[47]。""四注",即四面落水的四坡顶。椁,是棺木的外屋;四注椁,也就是做成四坡顶的死人之屋——椁,做法是在四角上设有"**栋**"(垂)脊檩也。故《左传·成公二年》有"椁有四阿"之说。按郑注,四坡顶的四角屋面相交处,是搁在斜置的栋上,这仅从文字解释的意思而言,即使是如此,椁的盖子做成屋顶形式,并不等于庑殿顶的结构就是如此,何况在唐代以前还无从得知。这就有必要对"阿"字作些分析。

**四阿之名解释** 《说文》曰:"大陵曰阿。一曰阿,曲阜也。"段玉裁注:"室之当栋处曰阿";"凡曲处皆得称阿。……故《隰桑传》曰:阿然,美貌。"郑玄将"阿"解释为"栋";段玉裁说:阿是当栋之处。综合言之,可解释为当栋之处而具曲线之美者,是什么呢?从林尹注译《周礼》:"王公门阿之制,五雉。"注:"郑注:阿,栋也。按栋承屋之中脊,此阿指中脊当栋之处。门阿,谓中脊最高处之高度也[48]。"这个解释是很有道理的。门阿之制,是指门楼的高度不得超过五丈(高一丈为一雉),限定正脊之高也就限定了门阿的总高度。实际上,**阿**是指两坡顶房屋的"**脊**",按古代"寝制"结构上的"**檩**"(桁)只有正脊处的脊檩才称"**栋**"。庑殿顶是四坡顶,除正脊外,还有四条垂脊,故宋称"**五脊殿**"。郑玄注释"四阿"之"阿"为"栋",大概是从两坡顶之脊是筑在栋上的概念,认为"脊"都是筑在"栋"上的缘故罢?

综上所述,可以认为:阿,非栋,而是栋上所筑的脊。引申为有曲线之美的垂脊,也称之为"阿"。"四阿"较确切的解释,就是有四条垂脊的屋顶,也就是四坡顶。

**庑殿顶** 从古籍中对"阿"的解释,可知四坡顶的建筑,应是最早用在宫室上的屋顶形式,叫四阿或四注,宋代叫五脊殿。有五条脊的四坡顶建筑,是否就是"庑殿"顶呢?

中国组群建筑整体形象的丰富性,"屋顶"起着非常重要的作用。它充分体现了中国建筑的艺术精神,成功地运用了中国美学"以少总多"的创作原则。

323

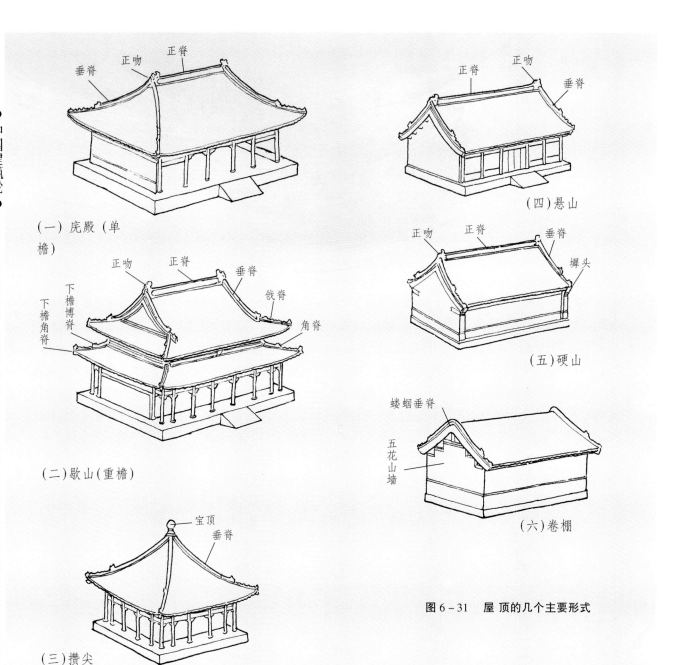

（一）庑殿（单檐）

（二）歇山（重檐）

（三）攒尖

（四）悬山

（五）硬山

（六）卷棚

图6-31　屋顶的几个主要形式

从汉代许慎《说文》解释："庑，堂周屋也。"段注曰是许慎按郑玄注之说，又引《释名》曰："大屋曰庑。幽冀人谓之庌，说与许异。"段玉裁认为刘熙与许慎的说法不同。《说文》释："庌，庑也，从广，牙声。"郑玄注"庌"所以是"庑"者："庑所以庇马凉也。"

我认为，从这些解释中可以看出，"庌"与"庑"的内在联系，因二字都从"广"（yǎn眼），广是附构在崖壁上的房子，应是简易的单坡顶形式。唐韩愈有"剖竹走泉源，开廊架崖广"的诗句，形容广为"廊"。刘熙与许慎对"庑"的解释，是角度的不同，许说可理解为：大房子（堂）四周有廊屋者叫庑；刘说：大屋之所以称庑，就如北方人所说这种大房子四周有马棚似的廊屋。由此可见，把四坡顶的房屋叫四阿或四注是没有问题的，把它称为"庑殿"就不够准确，至少到汉代时人们把廊庑周匝的四注屋才称之为庑殿。

在结构上，庑殿与两坡顶的构架前后坡相同，不同的是左右两坡步架，檩枋的位置不在柱头上时，就要"用扒梁横着，将檩枋搁在扒梁背上，或有童墩立在扒梁背上，扒梁两端，即交在柱上或梁架上[49]。"

**推山** 是清代庑殿顶的一种特殊做法，将正脊的两端加长，将山尖向外推出，故名"推山"。加长正脊也就加长了脊桁，使脊桁悬出梁架之外，为了支承桁端正吻处的屋顶荷重，需在悬空端的下面加一道太平梁，放在前后上金桁上，梁上用**雷公柱**以支承脊桁端。这种做法的好处，在于使开间少的建筑用庑殿顶，正脊不至于太短；从造型上，垂脊从任何角度看，都呈曲线，使屋顶更加舒展而优美(图**6-32**为庑殿顶的推山)。

**歇山顶** 这种形式，刘致平教授认为："它原来是人字顶，后来在人字顶的周围又加上了一周围廊，于是便成了歇山顶。这在汉阙的石刻及山西霍县东昌福寺正殿上全可以得到一些证明[50]。"他并解释说，"这种歇山顶的屋面不是一直下来而是上高下低(两段做法)[51]。"我认为此说很有意义，可能为中国建筑屋顶合乎逻辑的发展，提供了一个中间环节，在本章前面对"殷人重屋"的分析，"重屋"非"重檐"，而是将一个大的屋面分成两截，结合部重叠如 ⌂ 形的屋面，以段玉裁注《说文》的"覆屋"以名之，在山墙部分加上单坡屋面，很简单地就形成初期歇山顶的形式了。

《清式营造则例》解释："歇山是悬山与庑殿合成。垂脊的上半，由正吻到垂兽间的结构，与悬山完全相同。下半与庑殿完全相同，由博风至仙人，兽前兽后的分配同庑殿一样。下半自博风至套兽间一段叫戗脊，与垂脊在平面上成四十五度角[52]。"《营造法原》的解释相同，只南方所用名称不一样，而云：是"悬山与四合舍(庑殿)相

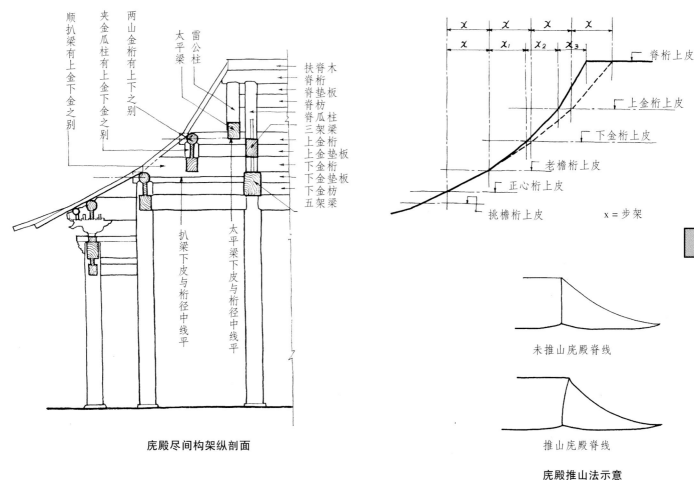

庑殿尽间构架纵剖面

庑殿推山法示意

图 6-32　庑殿顶推山

交所成之屋顶结构"。歇山顶既有庑殿四角飞扬的动态之美,又具两坡顶两端山花之华,是屋顶中庄严而又典丽的一种形式,在殿堂建筑中也用得较多。

**硬山、悬山** 都是两坡顶建筑,两者不同处在于,硬山屋面与山墙齐,悬山挑出山墙之外。硬山两端的山柱、檐柱、排山等梁架以及各檩的端头向外一面,全部都砌在山墙之内,向内一面则露出墙面,山墙头垂脊下做"**排山勾滴**",砌博风砖为饰(图**6-33**为硬山墙檐墙图)。

悬山的山墙出檐同前后檐深,为保护挑出山墙外的檩子,在檩头上钉博风板。山墙同硬山或做成"五花山墙"。

**卷棚、鳌壳** 两者相同都不筑正脊,硬山、悬山、歇山顶都有这种形式。但南北方的构造不同,北方的卷棚,是在顶椽上覆瓦;南方称回顶,"则于顶椽之上,设枕头木,安草脊桁,再列椽铺瓦。其结构称鳌壳,又称之谓抄界,其屋脊用黄瓜环瓦,望之颇似北方之卷棚[53]。"江南园林建筑多喜用歇山卷棚式屋顶,因无正脊而有轻逸流畅的美感(鳌壳构造见第八章 结构与空间)。

**攒尖顶**

是顶部集中在中心一点的锥形屋顶,建筑平面必须是四面对称的点状房屋,有方、圆、六角、八角诸式。屋架结构随平面形式不同而各异,如计成《园冶》所说:"尽不能式,是自得一番机构"的。以各种攒尖顶亭例言之:

**四角攒尖顶** 建筑平面为正方形,结构方式是四角上安**抹角梁**,梁正中立童墩或矮柱,在其上搁檩子,如是叠架,至顶用斜枋"**由戗**"交结于悬垂在中心的"**雷公柱**"上(图**6-34**为四角攒尖顶方亭的结构)。

**圆形攒尖顶** 结构方式同多角形平面,用长短扒梁搭成井口形,长扒梁两头搁在前后对位的檐柱上,而短扒梁则搭在长扒梁上,梁上置童墩以支承弧形檩子,其上用由戗角梁交结于中心的雷公柱(图**6-35**为圆攒尖顶亭的结构)。

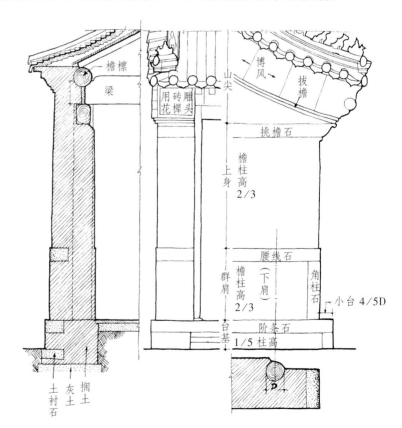

图6-33 硬山山墙檐墙图

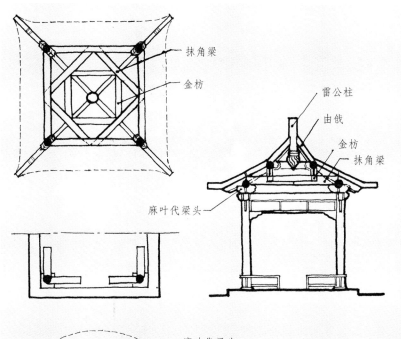

图 6 - 34　四角攒尖顶方亭的结构

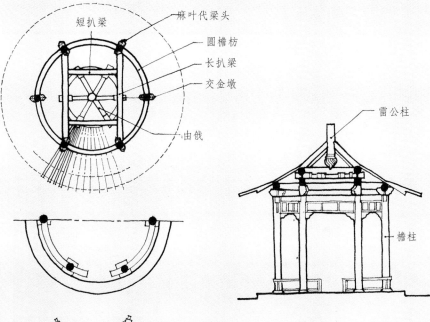

图 6 - 35　圆攒尖顶亭的结构

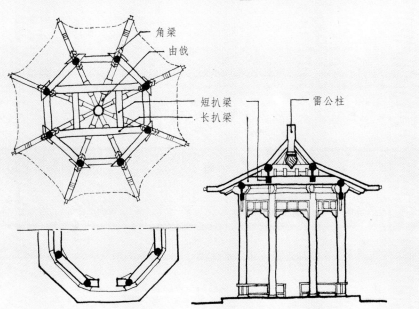

图 6 - 36　八角攒尖顶亭的结构

**八角攒尖顶**　多角形攒尖顶,角必须是偶数,扒梁成对的平行叠架,才能使各面的坡度均衡,梁架结构整齐美观(图6－36)。多边形角为奇数如五角形,由于扒梁不能平行叠架,即使勉强构成,梁架结构杂乱无序很难看。也有不用扒梁,直接用角梁(或昂)构成如伞状的结构,这在宋代《营造法式》中已有此做法(图6－37为宋《营造法式》斗尖用昂和由戗结构图)。

此外,还有将庑殿顶的上部做成平顶的"盝顶",多见于金元时代建筑。"十字脊屋顶",是用两个长方形的歇山顶建筑,十字相交,屋脊成十字形,四面山花朝外,形象生动而华丽。宋画楼阁多用十字脊,现存山西万荣县的"秋风楼"和"飞云楼",玲珑华丽的北京故宫紫禁城角楼,都是十字脊屋顶。

### 2. 屋顶的结构与构造

中国建筑屋顶的特殊形态,有一系列特殊的做法,这一切都是由梁架结构的特点所形成的。如林徽因在《清式营造则例》中说:"屋顶,历来被视为极特异极神秘之中国屋顶曲线,其实只是结构上直率自然的结果,并没有什么超出力学原则以外和矫揉造作之处,同时在实用及美观上皆异常的成功。这种屋顶全部的曲线及轮廓,上部巍然高耸,檐部如翼轻展,使本来极无趣、极笨拙的实际部分,成为整个建筑物美丽的冠冕,是别系建筑所没有的特征[54]。"

中国建筑的屋顶全部曲线的造型形式(**plastic form**),看似复杂却没有附加的、可有可无的东西,而是结构和构造上的需要"直率自然的结果"。

**出檐**　中国建筑围蔽结构的墙,原用土版筑,而槅扇窗棂糊纸。为防雨雪的侵蚀,将屋檐挑出较远,形成中国建筑檐部构造的特殊做法。清代用斗栱的大木大式,与不用斗栱的小式,在比例关系上有所不同。两者的出檐深浅,都与檐柱高有关,不同的是大式的檐柱高按斗口——平生科斗栱座斗上安翘或昂所开的槽口;小式的

屋顶,是中国建筑不同于别的建筑体系最显著的标志和特征。西方建筑屋顶本身是非造型性的,常加以遮遮掩掩;中国建筑的屋顶是创造形象的重要因素,它奕奕煌煌成为整个建筑物美丽的冠冕。

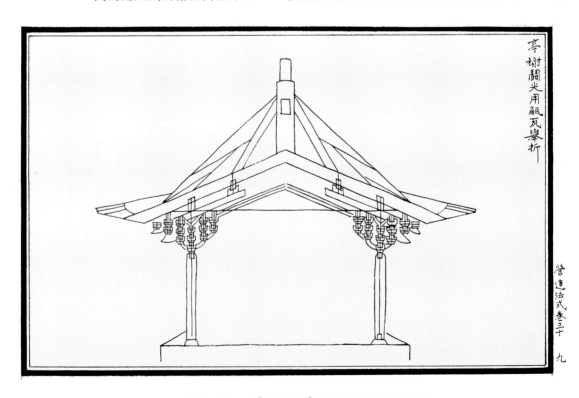

**图6－37　宋《营造法式》斗尖用昂和由戗结构图**

檐柱高则按柱径，如图 **6–38** 出檐法所示。除很小的建筑，多在檐椽上加**飞椽**，飞椽后部做成斜面钉在檐椽上，形成檐口向上微翘，这样既加大了出檐，可少挡光线，有助于抛出檐溜，在造型上也有增加屋面曲线上扬的动势作用。

**翼角** 中国建筑不仅屋面呈曲线向上微微翘起，屋角也像展翅之鸟一样飞扬，称**翼角翘起**。西方人对这样的屋角很难理解，觉得不可思议。其实这种屋角的做法，"在结构上是极合理、极自然的布置，我们竟可以说：屋角的翘起是结构法所促成的"（《清式营造则例·绪论》）。

因为屋角两檐相交处，45°斜置的构材"老角梁"（老戗）和"子角梁"（嫩戗），要比椽子的截面大得多，角梁背至椽背就有一个高差，为了使角部的椽子逐渐与角梁背相平，所以平行排列的椽子，到了屋角部分，由梢间角金柱（角步柱）起，便依次增加斜度，椽头也逐渐向上翘起，直至紧靠角梁的一根与角梁平行，称为"**起翘**"。这转角部分很像鸟翼展开，故称这部分的檐椽为"翼角檐椽"，飞椽则为"翼角翘飞椽"（立脚飞椽）。南方的工匠从椽子的铺设形状，很形象地名之为"捲网椽"（图 **6–39** 为清式翼角檐结构）。

如刘致平教授云："但是六朝以前的实物上还见不到起翘，是令人难解的。到唐代画上及石刻上起翘做法仍然看不出来，如敦煌壁画、大雁塔石刻等。但在四川的晚唐摩崖造像的经变的宝楼阁上则看出很圆和而轻微的起翘。不过此时还谈不到'**出翘**'。所说'出翘'就是到翼角的子角梁处特别伸出，较中段出檐得特别多些（清式规定是三个椽径）。出翘做法在宋代才有，在辽的建筑上还未使用，辽以前亦未见[⑤]。"由于子角梁（嫩戗）比檐口沿线多伸出三个椽径，所以翼角椽子（捲网椽）也逐根加长。

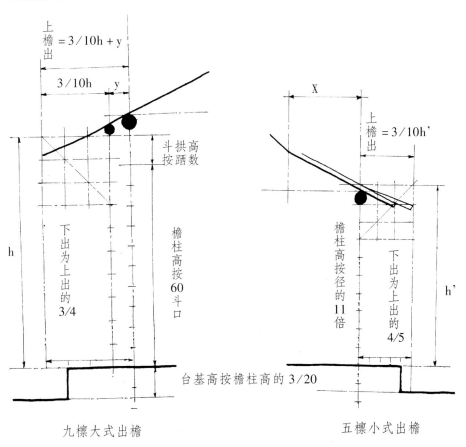

x 为一步架；
y 为正心桁至挑檐桁中心距离；
h 为大式檐柱加斗拱之高；
h'为小式台基上至檐檩上的檐椽上皮之高。

九檩大式出檐　　　　　　　五檩小式出檐

**图 6–38　清式屋顶出檐法**

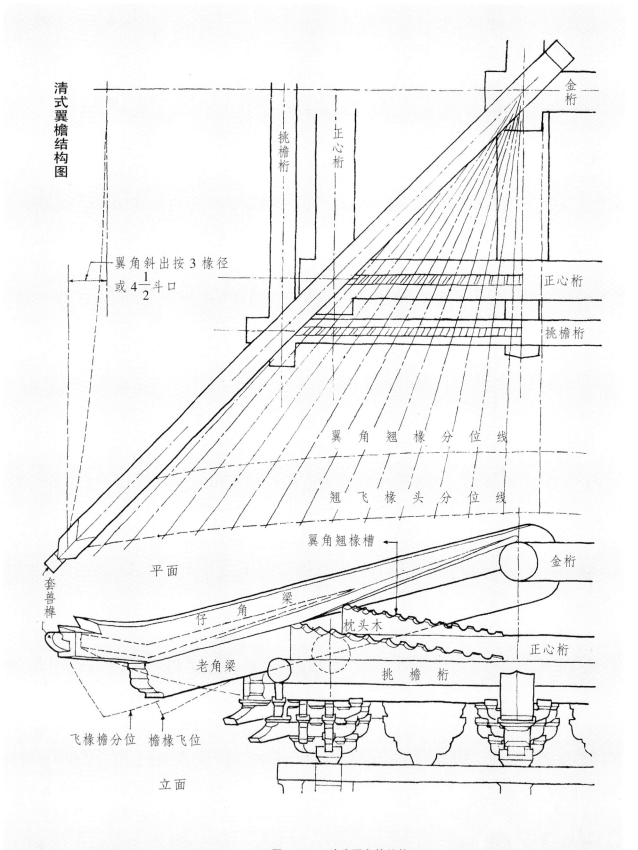

清式翼檐结构图

挑檐桁

正心桁

翼角斜出按3椽径
或4$\frac{1}{2}$斗口

金桁

正心桁

挑檐桁

翼角翘椽分位线

翘飞椽头分位线

翼角翘椽槽

金桁

套兽榫

平面

仔角梁

枕头木

正心桁

老角梁

挑檐桁

飞椽檐分位　檐椽飞位

立面

330

图6-39　清式翼角檐结构(一)

江南工匠称屋角"起翘"为"发戗"，其结构制度与清代官式不同，清式之角梁，是子角梁与老角梁叠合，其关系正同飞椽伏在檐椽上面一样。子角梁前端长过老角梁，如飞椽之长过檐椽，端头上有套兽榫安套兽。老角梁与子角梁后端都安在正侧两金桁相交处，按桁径的一半挖成桁椀，子角梁在上，老角梁承托在下，所以屋的"起翘"不大。

江南的"起翘"有两种做法：（一）是"**水戗发戗**"的非翼角翘起的做法，即屋角构架本身不起翘，用所筑的戗脊翘起，由竖带自戗根处沿戗而下，至角飞椽或嫩戗（子角梁）头，翘起向上兜转成半月形如卷叶状，这种戗脊称为"水戗"。"水戗内必须贯以木条或铁条，戗端承以铁板，上端承戗头弯起，其下端则坚钉戗角木骨上[55]。"这

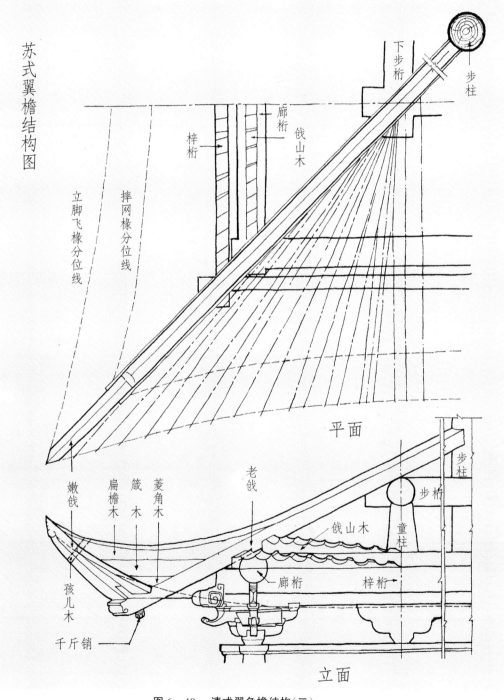

苏式翼檐结构图

平面

立面

图 6-40　清式翼角檐结构（二）

种发戗,檐口平直,戗脊起翘,造型素雅而灵巧,曲势流动而旨秀。(二)是"**嫩戗发戗**",是翼角翘起,但与北方官式做法不同,不是将嫩戗(子角梁)伏在老戗(老角梁)上,而是竖在老戗端部,二者连成相当之角度(成钝角),称为嫩戗。这种戗角的构造,以其全属木工,也称"木骨法"。(图 **6-40** 为翼角檐结构(二))。

江南的"翼角翘起"比北方的造型优美、灵巧、飘逸,在静态中有强劲的动势感。而湖南、广东、福建、台湾等地的屋角就翘得特别高,子角梁是用许多枋子拼成,坐在老角梁背上。这种高翘的做法,如林徽因在《清式营造则例·绪论》中评论:"南方手艺灵活的地方,飞檐及翘角均特别过当,外观上虽有浪漫的姿态,容易引人赞美,但到底不及北方现代所常见的庄重恰当,合于审美的真纯条件。"

### 3. 举 架

中国建筑屋顶不仅只"翼角"与"飞椽"形成曲线,整个屋面也是微凹的曲面。早在《周礼·考工记》中就记有:"轮人为盖……上欲尊而宇欲卑,上尊而宇卑,则吐水疾而霤远[56]。"这虽是用屋顶来比喻车盖的做法,也就说明古人已掌握屋面排水坡度,上宜陡峭下宜和缓的道理;"在外观上又因这'上尊而宇卑',可以矫正本来屋脊因透视而减低的倾向,使屋顶仍得巍然屹立,增加外表轮廓上的美[57]。"

这种屋顶的曲线的形成,是用调整梁架檩子的高度而成,宋代称"举折",清代称"举架",江南工匠则称为"提栈"。"提栈"的说法,据《营造法原》解释:"提栈之名意,或基于定侧与抨绳。"因宋《营造法式》举折有"定侧样"(横剖面图)说法,"定侧"与吴语"提栈"字音相近;又:举折之法,每架举高,是自上而下的递减,皆从桄(桁檩)心"抨绳令紧为则",即提线使垂直的意思,提线又与提栈音义更为相近,吴中工匠语音之讹也。

**宋代的举折**,是先定脊高为前后橑檐枋心间距的 **1/3**,画出脊桄与橑檐枋间斜线,与下一平桄心垂线相交,按脊高×系数,定出桄的下降距离。中间各桄,自上而下依次递减(每桄减上桄下降距离之半,图 **6-41**)。特点是自上而下递减,下降的距离,不是两桄间平行投影的长度,而是各桄与斜线间的垂直距离。按举折法的屋顶坡度曲线,上陡下缓,近檐口处坡度很小,往往易为雨水渗漏。宋代屋顶坡度在 30°~35°之间,出檐大,曲线优美,造型较轻逸。

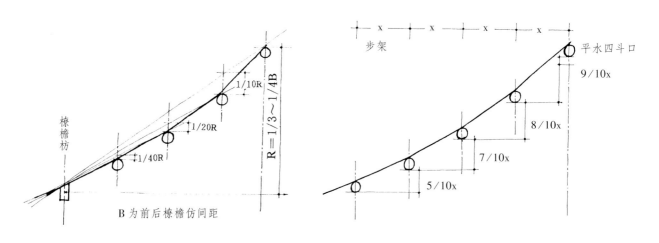

图 6-41　宋代的举折　　　　　　　　　　图 6-42　清代的举架

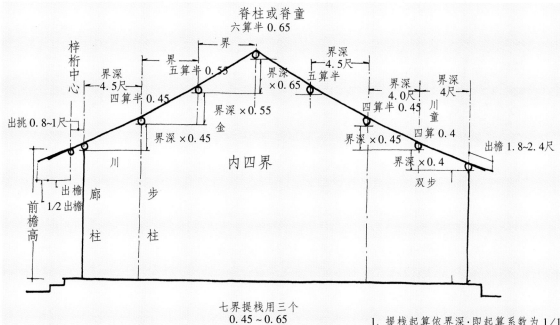

七界提栈用三个
0.45~0.65

1. 提栈起算依界深：即起算系数为 1/10 界深。
2. 提栈个数：即自廊桁至脊桁系数之递加数，如
   二个提栈则脊桁提栈系数为 1/10 界深 + 1/10。
   三个为 1/10 界深 + 2/10。
3. 提栈高度 = 界深 × 各有关系数。

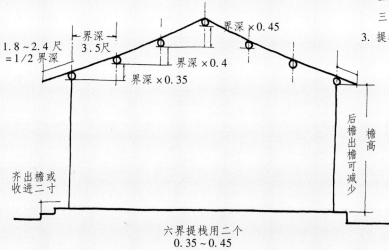

六界提栈用二个
0.35~0.45

333

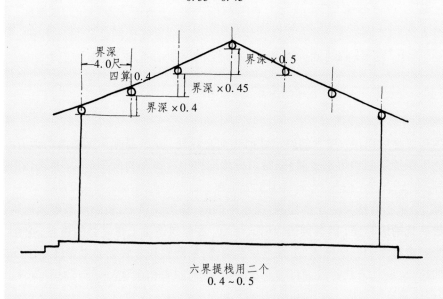

六界提栈用二个
0.4~0.5

图 6-43　江南屋顶的提栈法

清代的举架。与宋代"举折"法相反,是采取自下而上逐步加高的办法。以两檩间的水平距离(步架)为准,"《工程做法》中,有五举,六举,六五举,七举……乃至九举等名词,其实就是说举架之高等于步架之长的十分之五,十分之六……十分之九的意思。举架的急缓,以房屋的大小和檩数的多少而定。最下一举多是五举,飞椽则三五举,最上一举往往在九举之上,还加平水,将房脊推到适当或需要的高度[58]"。"平水"是指脊瓜柱上端举架外另加之高度。按"举架"的屋顶坡度在40°~42°之间,出檐较浅,屋面陡而曲线较缓,造型端庄(图6-42)。

江南提栈,与清代官式举架法相似,以桁间水平投影距离"界"(步架)为准,自下而上地递次加高,以界深的1/10为起算系数。提栈自三算半、四算、五算、六算……九算、十算(称对算)。其法先定起算,如界深为三尺半时,第一界(步桁)提栈,即为界深的1/10,为0.35,称三算半,提栈为界深×0.35。然后以界数的多少,定第一界至顶界(脊桁)的递加次序,工匠有歌诀:

民房六界用三个　　厅房圆堂用前轩
七界提栈用三个　　殿宇八界用四个
依照界深即是算　　厅堂殿宇递加深

"依照界深即是算",就是上述"算"是界深×界深1/10(系数)。"个"的意思,如二个,即1/10界深+1/10;三个,即1/10界深+2/10,定出脊桁的提栈。也就是先定出最下的步桁和最上的脊桁的提高尺寸,中间各界的提栈,每先绘出侧样,审度屋面的曲势,酌情确定,"举架"也同样如此。但从实践经验有"囊金叠步翘瓦头"之谚,意思是:金桁不妨稍低,步桁处可稍予叠高,檐头则需翘起(图6-43)。总的说,江南气候温和,润湿多雨,屋面坡度多较平缓。

中国屋顶之所以做成凹曲线,从功能上如《考工记》所说,是为了使屋面的雨水从檐口抛出远些,以保护土墙纸窗不受侵蚀。从建筑技术上,如刘致平所说:"中国屋顶之所以有凹曲线,主要是因为立柱多,不同高的柱头彼此不能画成一直线,所以宁肯逐渐加举做成凹曲线,以免屋面有高低不平之处,久而久之,我们对于凹曲面反习以为美了[59]。"此说很有道理,因为它合乎古代官营手工业生产方式的技术情况;而且可以设想,中国建筑大屋顶的凹曲面,不可能一开始就因形就势,采取调整瓜柱高度的办法。如前所分析,起初为了避免大面积坡顶的高低不平,曾将屋顶分成上下两截,做成覆屋　⌂　的形式,用《考工记》的"上尊而宇卑"来形容"覆屋",不是会使人的思考更接近于远古的历史生活,少点自我现实生活已有的概念吗?若如是,我认为由"覆屋"的两截折线屋面,到举架的凹曲面屋顶,是合乎逻辑的历史发展。

#### 4. 屋脊的形式与装饰

中国建筑是坡屋顶,屋顶的两个坡面相交合缝处,是最易损坏和渗漏的地方,筑脊是为了保护屋面和防止渗漏,同时具有装饰作用。筑脊的位置不同,要求和形式也殊异。

正脊。是筑于脊檩(株)上的屋脊,是水平向的,除攒尖顶外,也是所有屋顶形式正立面最高处的边际线,因其突出而引人注目,在建筑造型上是装饰的重点,必然也就成为封建等级的一个标志,正脊上是否用吻,是殿堂和非殿堂的主要区别。

吻的起源,据北宋时曾做过将作监丞的吴处厚在《青箱杂记》中载:"海有鱼,虬尾似鸱,用以喷浪则降雨。汉柏梁台灾,越巫上厌胜之法。起建章宫,设鸱鱼之像于

"举架是中国房顶曲线之所由来,也是对于许多关于中国房顶怪问题的答案"(《则例》)。中国建筑的屋顶,由早先"覆屋"的两截式的折线形,到后来的"举折"和"举架",屋顶呈凹曲面的曲线形,是合乎逻辑的发展。是历代匠师在实用功能与生产技术的有机结合基础上,按照美的规律进行创造的杰出成果。

屋脊,以厌火灾,即今世鸱吻是也。"虬(**qiú**,求),是传说中的一种龙,而龙是封建时代皇帝的象征;鸱(**chī**),即鹞鹰。唐宋时称这种脊饰为"**鸱吻**"或"**鸱尾**"。

神化传说虽然无稽,而这个传说却为正脊的装饰设计,作了合理而美妙的描绘。因为正脊的脊身,顶上用瓦覆盖,无渗漏之虞。但脊的两个端头若暴露在外,易受风雨浸蚀而损坏渗漏,所以脊的端头必须用防水材料的构件加以封闭。最简单的办法,是用一块特制的瓦将端头堵上,在敦煌石窟壁画上就绘有这种脊饰的建筑,西安唐大明宫重玄门遗址,还出土了这种**脊头瓦**(图 **6－44**)。尊贵建筑正脊的端头如何设计呢?

尊贵建筑的装饰题材,用龙已成封建社会的传统,而想像中龙的躯体是细长而盘曲自如的,如和玺彩画中的跑龙、盘龙,垫拱板上的坐龙等,显然不适于作脊端的立体装饰造型,借方士之说的尾似鸱的**鱼虬**,就将龙的体形缩短如鱼了,这是极富想像力的杰出创造,这种以龙头为主要特征的装饰,大概因其用嘴咬着脊,而名"鸱吻",又因其尾上翘,亦名"鸱尾"。

我们选择了几个具有这一特征的典型例子,如图 **6－45** 所绘,大体上可以看出其历史的变化,唐宋时代鸱尾,卷曲向内,到明代则明显地将尾由内反转向外。这个变化,从造型设计来看是很有道理的,在透视上尾部卷曲向内,给人有兽角之感。我认为,这种象形无疑地影响了建筑自身的艺术形象。明代的变化,正是为了打破这种象形性,而清代的大吻,不仅吸取了明代造型的优点,并在吻背上插上剑把,吻后做了小的背兽,这就进一步消除了兽角的象形性,使吻的轮廓富于变化,也更具安定之感。因人们只能在远处看到脊上的吻,轮廓的设计远比其纹样的精细更为重要。

正吻的高度,宋《营造法式》规定用鸱尾之制:

> 殿屋八椽九间以上,其下有副阶者鸱尾高九尺至一丈(若无副阶高八尺),五间至七间(不计椽数)高七尺至七尺五寸,三间高五尺至五尺五寸
> ……

宋代鸱尾的高度,是按殿堂建筑长短决定的,清代的吻高,则是按柱高的1/4为准。体量大的建筑,正吻常高达八九尺,按每尺 0.31 米计,要在 2.5 米以上,比人体尺度高大得多,一般人们是不会想到如此之高的。由此可见,对大体量的建筑,局部与整体之间比例关系的和谐,权衡恰当,并非易事。

**垂脊**清代的大式建筑,不论是两坡顶的硬山和悬山,还是四坡顶的歇山和庑殿,都有垂脊。只是两坡顶的垂脊,仅正脊筑在两个坡面的合缝上,垂脊筑在两边山墙的檐头,与正脊成 90°,很少脊的构造作用,主要是出于美观的要求。两坡顶的小式建筑,正脊低而构筑简单,都不筑垂脊。

垂脊都分为两大段,以垂兽分兽前和兽后,兽后**垂脊**筑在骨干构架**由戗**上,结构与正脊大致相同,高度略低;兽前**戗脊**筑在翼角构造的**子角梁**上,为了防止子角梁头外露受雨水浸蚀,子角梁头有套兽榫,榫上套一个**套兽**。戗脊上安有一列特殊的装饰,即**仙人走兽**。前端是仙人,其后依次是:龙、凤、狮子、天马、海马、狻猊(**suānní**)、押鱼、獬豸(**xièzhì**)、斗牛、行什等(《大清会典》)。走兽的多少,决定于屋面坡身的大小和柱子的高矮,大概每柱高二尺可用一件,要成单数。

垂兽的位置问题,因它正好安在正心桁的中心线上,或正面及侧面正心桁相交点上,林徽因在《清式营造则例·绪论》中,对这种似有规律的安排曾设想:"垂兽在

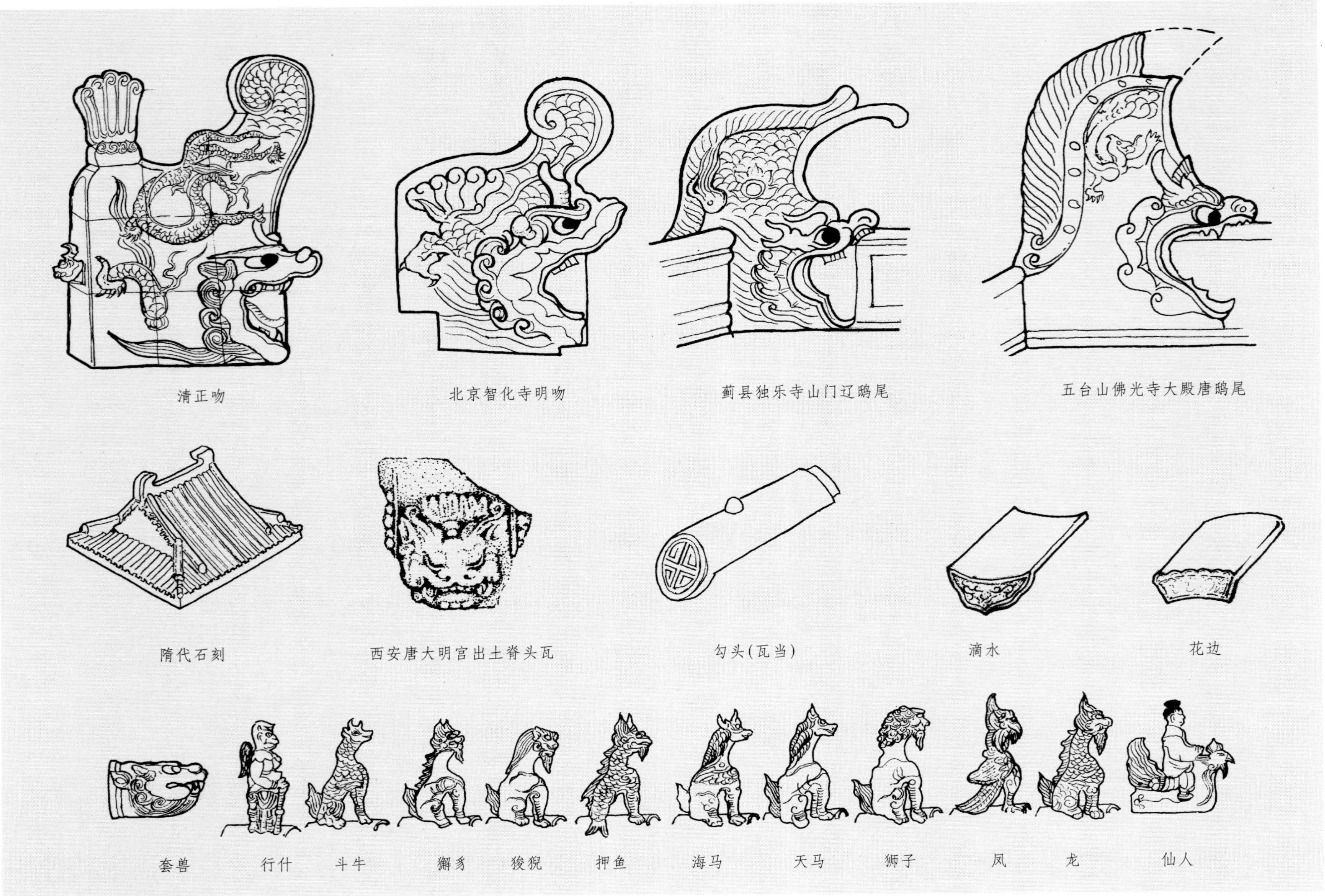

五台山佛光寺大殿唐鸱尾

花边

滴水

蓟县独乐寺山门辽鸱尾

勾头(瓦当)

北京智化寺明吻

西安唐大明宫出土脊头瓦

清正吻

隋代石刻

仙人

龙

凤

狮子

天马

海马

押鱼

狻猊

獬豸

斗牛

行什

套兽

图 6-44　正吻(鸱尾)及仙人走兽瓦件图

斜脊上段之末,正分划底下骨架里由戗与角梁的节段,使这个瓦脊上的饰物,在结构方面又增一种意义,不纯出于偶然"。没有具体明确其结构意义何在,著者不揣浅陋,提出个人管见,从感性直观,戗脊下的角梁,是翼角下的悬挑构件,承受荷重的能力,要比垂脊下的由戗差,按《清式营造则例》戗脊高是垂脊的九折,低于垂脊。如戗脊上无走兽等饰物,不仅显得单调而太过轻简,构图上没有结束也缺乏完整感。如将垂脊一直做至翼角端头,不仅显得笨重而不利于角梁承重,构图上亦影响起翘的动势感。所以,**垂兽的位置,既反映出结构力学的要求,也考虑了造型艺术上的处理**。然否? 供参考。

　　硬山和悬山垂脊端的仙人位置,要与脊成**45°**安置在檐头上,使檐口两头有略向外敞之感。垂脊的外侧,用勾头和滴水瓦,在博风上沿脊坡做成**排山勾滴**,硬山的博风用大方砖立砌,微叠出山墙外称**拔檐**,悬山博风则用板钉在桁头上,钉成梅花形,顶尖用悬鱼为饰。排山勾滴的排列亦稍有讲究,有正脊山尖成三角形时,顶部当中一块用勾头瓦,无正脊的卷棚顶,脊顶呈弧形时,当中一块用滴水瓦。古代匠师在这些装饰细节上,也讲究随形依势,考虑人的视觉审美要求(参见图**6-27**和图**6-33**)。

### 铺瓦筑脊

　　江南称屋面的构造为"铺瓦筑脊"。大式建筑用琉璃瓦,民间建筑用土烧制的**板瓦**,即仰置叠连成沟的**底瓦**,和覆于两底瓦之上的**盖瓦**,俗称**蝴蝶瓦**。底瓦在檐口处置**滴水瓦**,盖瓦则置**花边**;滴水瓦如琉璃瓦,在下端连有下垂尖圆形瓦片以便滴水,花边与勾头(瓦当)不同,上端有向上的花边,下端连有二寸余的边缘,以封护瓦端头的空隙,花边、滴水均烧有花纹。

　　盖瓦一列为**一楞**,两楞之间称**豁**。硬山边楞用盖瓦,有风火墙的边楞则用底瓦,以便排水。

　　**脊的形式**　民间建筑只筑正脊无垂脊,园林建筑的厅堂,多用回顶,无正脊,当脊处用穹似黄瓜形的**黄瓜环瓦**,亦有底盖之分,故屋顶上呈凹凸起伏之状,屋顶造型十分流畅轻逸。脊的形式,一般有游脊、甘蔗脊、雌毛脊、纹头脊、哺鸡脊、哺龙脊等。正脊两头的脊饰称哺鸡和哺龙,而不称之为"吻",吻不仅是尊贵建筑用龙形的专称,从形式哺鸡或哺龙的头向外,翘起的尾是用铁片弯曲外加粉刷做成。

　　**游脊**　是用瓦立起斜铺,简陋过甚,多用于次要的或辅助建筑。其余诸式,皆用瓦竖立排列在脊上,脊顶抹盖头灰,以防雨水。两端用灰做成各种花饰,平头作回纹者称**甘蔗脊**;纹头、雌毛、哺鸡诸脊,其两端以"攀脊"(高于盖瓦二三寸的脊垫层)砌高,做钩子头,使脊端翘起,微曲而有致。雌毛脊下用长铁板,使其悬挑而有动势(见图**6-45**苏式筑脊诸式)。脊的详细构成做法,见《清式营造则例》和《营造法原》。

　　庑殿与歇山顶垂脊与戗脊的相接点,定位在正侧正心桁相交点上,既反映了结构力学的要求,也考虑了造艺术上的处理。

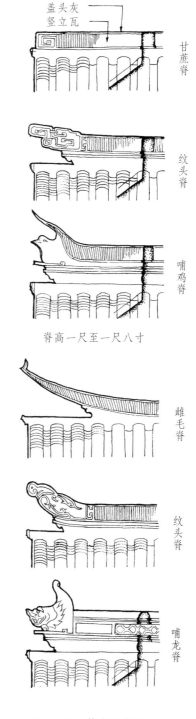

盖头灰
竖立瓦

甘蔗脊

纹头脊

哺鸡脊

脊高一尺至一尺八寸

雌毛脊

纹头脊

哺龙脊

**图 6-45　苏式筑脊诸式**

# 第四节　型体组合

型体组合,是指将不同的型体的建筑集合在一起,构成一个建筑组合体。如在前面"型体组合平面"中所说,中国建筑即使是同一平面,也可以有不同形式的屋顶,而屋顶的形式,决定于梁架的上部结构。因此,中国建筑的结构空间与建筑空间,在概念上应有所区别:**结构空间,包括平面空间和梁以上的屋顶空间;建筑空间,仅指平面空间,即生活活动的使用空间。所谓型体组合,也就是结构空间的组合。建筑型体,就是结构空间实体的外部形式。**

如李允钰先生所说,西方单座建筑的"膨胀"和"生长",是在一个整体的结构空间下空间的增多和体量的扩大,而各个空间形状、大小和位置,决定于某种生活活动的功能需要,是一种空间的有机组合。

中国单体建筑的"膨胀"和"生长",由于受梁架结构方式的限制,是将不同的结构空间集合在一起,包括其各自的屋顶形式,而各个空间形状、大小和位置,要受梁架结构的制约,不可能按照生活活动的需要组合,而是决定于建筑的空间构图和艺术形象的创造,不是一种有机的空间组合,而是一种**有意味的空间集合**。

现以山西遗存古建筑中,型体组合比较简单的建筑举例言之(图 **6 – 46** 为古代单体建筑型体组合立面示意图)。

**太原窦大夫祠**　在太原西北 20 公里上兰村,元至正三年 (1343) 重建,是祀奉春秋大夫窦犨的祠堂,窦犨是晋国大夫,封地太原,曾开渠兴利,后人在此立祠祀奉。因祠在烈石山下,故又名烈石祠。

**山西蒲县东岳庙献亭**　在蒲县东岳庙大殿,重檐歇山顶,殿前的献亭亦为单檐歇山顶,石柱雕以盘龙,屋顶装饰成丰富的琉货花色,形象典丽而雄伟。与窦大夫祠平面类似。组合相同,形象则殊异。(见彩页)。

大殿为单檐悬山顶,殿前连以单檐歇山顶"献亭",出檐深远,翼角飞扬,为端庄简朴的大殿,平添出生意和气势。这是一种最简单的型体组合方式。

**平遥清虚观**　在平遥城内,始建于唐,观内主体建筑"纯阳殿",型体组合,虽不复杂,但颇为别致,大殿为五间单檐歇山顶,殿前连接了一栋三间卷棚顶的敞轩,轩前又附了一间歇山顶、山花朝外的抱厦,平面似"土"字形。构成立面层层向后扩大的形式。抱厦歇山顶的飞檐反宇,因有敞轩的卷棚顶为背景,与大殿歇山顶无重复之感。这种型体组合形式,在佛教寺庙中是少见的。

**介休后土庙**　在介休城内,为山西省重点文物保护单位。始建年代无考,现存皆明、清遗构。其主体建筑"后殿",是由中间的五间重檐歇山顶,与两侧三间悬山顶的侧殿式建筑组合而成,平面呈扁"十"字形,立面造型,中间的殿堂在两边侧殿式建筑的衬托下,显得平稳而雄丽。

**朔州崇福寺**　在朔州城内,布局严谨,主次分明,是国内现存一处比较完整的金代遗构。寺内的藏经阁,位置在佛殿之前,为他处所罕见。型体设计很简朴而有特色,阁为三间二层重檐歇山顶建筑,殿身四面砌筑实墙,平座下不用斗栱,由梁枋伸

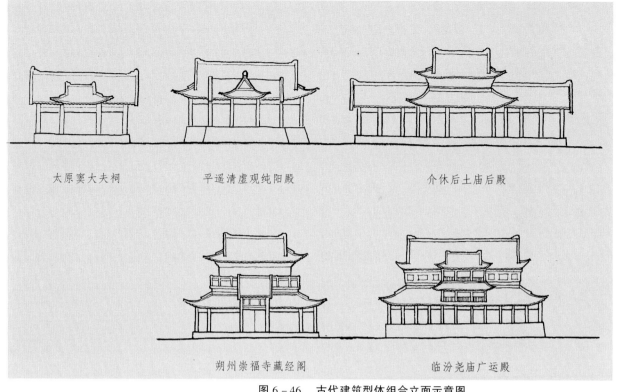

太原窦大夫祠　　　　　平遥清虚观纯阳殿　　　　　介休后土庙后殿

朔州崇福寺藏经阁　　　　　　临汾尧庙广运殿

图 6 – 46　古代建筑型体组合立面示意图

出墙外直接承托，显然是出于藏经防火的需要。底层沿外墙，廊庑周匝，为突出进门处，将明间檐柱提高，上覆单坡悬山顶，博脊升高到与平座栏杆的扶手相齐，将平座隔断，立面上成对称的三段，从而打破了上层实墙的单调。藏经阁的型体设计，立面造型有主有次，构图简洁而有变化，给人以雄厚有力之感。

**临汾尧庙**　庙在临汾市，相传唐尧建都平阳，即今临汾县，有功于民，后人为祭祀尧王所建，现存建筑为清代遗构。尧庙的规模很雄伟，主体建筑"广运殿"，面阔九间，进深六间，重檐歇山顶，高达 **27** 米，廊庑周匝。殿身筑以实墙，上层屋顶，仅在檐口做出线脚，出檐极小，且上层外墙，不辟窗牖，而做成方方浮雕。如此巨大的屋顶，覆盖在雄厚墙体上，如不加处理，可以想见其呆板和沉重了。古代匠师们却从型体设计上，巧妙地解决了这个矛盾。从回廊的深度与开间相等的做法，显然是为了利用廊的深度。将当中三间的檐柱升高，在底层单坡屋顶上，如现代建筑的天窗似的，构成三间两层重檐歇山顶的开敞楼阁，既与底层的回廊相呼应，突出重点，主次分明，又与上层的墙体，形成强烈的虚实对比，从而打破了整体的沉重和单调感。事实上，这两层敞阁，正是体量很高大，四围实墙又不辟窗牖的"广运殿"，殿内光线黝暗，为采光通风所必需。广运殿与上例藏经阁，虽然都是单体建筑本身的型体设计，但却取得型体组合所要达到的目的，取得艺术上的效果。从设计思想方法而言，不是会给我们更多的启发吗？

在山西现存的大量古代建筑中，型体组合的例子，不胜枚举。本书正是欲通过较典型的古建实例，从便于了解古代的设计思想方法，选择数例以资阐明而已。

型体组合的建筑，在唐宋时代很盛行，型体组合也比较复杂，我们用两个绘画的例子，一座比较成功的，一座不够成功的，以便于对比进行分析。

现以宋画《黄鹤楼图》和《滕王阁图》为例（图 **6 – 47**、图 **6 – 48**）。这两座建筑形象都很复杂，实际上并非如此，我们可以用古典建筑的三段设计方法来分析：

图 6 – 47　宋画
《黄鹤楼图》

图 6 – 48　宋画
《滕王阁图》

**黄鹤楼** 是建在凸出堤外的高高台基上，建筑整体的组合，较滕王阁简单得多，中以二层歇山顶十字脊的楼阁为主体，其前面江为重檐敞厅，两侧为歇山顶山花朝外的抱厦。背江向内的主要入口，可能是一幢独立的歇山顶建筑，也是在地板下，用斗栱挑出平座，绕以栏杆。建筑从台基以上，就用斗栱挑出，承托平座，看来是宋代楼阁建筑的一种喜用手法。

黄鹤楼临江的立面，从透视上，主体楼阁的屋顶，被前面建筑的重檐遮挡，突出的是重檐建筑而非主体，难有高耸的气势。而两侧的抱厦体量较大，屋顶堵住楼阁的户牖，主体建筑郁结而不开敞，而少楼阁"临观之美"的优势，作为一个建筑设计方，是不够理想的。

**滕王阁** 整个建筑的底层，是用廊围合成的基座形式，临江一面为单檐歇山顶三面开敞的建筑。上层，在廊式基座上，主体建筑重檐歇山顶楼阁之前，"丁"字形相接一形式相同而进深较小的建筑，因与主体建筑垂直，而山花朝外。这样的组合方式，不仅丰富了主体建筑的型体，也使临江立面富于层次和变化。主体楼阁两侧，均有山花朝外歇山顶抱厦，其下是底层的出入口，设有露天台阶下至江岸。

滕王阁的主入口，在沿堤背江的一面，与临水面有高差，约近一层。从滕王阁的竖向设计分析，主体建筑下面，通风采光都很差，可能根本没有建筑空间，只是填土的台基，在其外围以建筑和回廊而已。若如此，滕王阁的设计，堪称绝妙的杰作，名之为楼阁，上下都是一层；为了像楼阁，主体建筑地板以下，则用斗栱挑出平座。栏楯曲折回绕，檐宇重叠而雄飞，给人以高楼杰阁的形象，气势十分宏伟。后楼曾有韩愈小篆记云："江南多临观之美，而滕王阁独为第一，有瑰丽绝特之称。"

从这两个例子，足资说明，中国的单体建筑体积"膨胀"得愈大，在采光、通风、防火等技术上的矛盾也愈大，对施工组织和建筑生产也愈不利，这种建筑个体化的"膨胀"和"生长"（塔除外），不是中国建筑的发展方向。

型体组合作为建筑设计的一种方法，从其造型性的特点，在园林建筑设计中有其妙用，如用型体组合成船舫的象征性建筑——**不系舟**的创作。我们可从这种建筑的意匠中，理解中国建筑的艺术精神。

现以南京煦园的**"不系舟"**和苏州怡园的**"画舫斋"**为例：两者是大同小异的。大同：都是用三种不同的单体建筑形式，组合成"舟"似的象征性建筑；小异：所用的建筑形式和处理手法略有不同。但是，就在这大同小异之中，却有高下之分，"雅"、"俗"之别。

**不系舟** 位于煦园长方形池塘南端的池水中，船头露天平台的两边有平板石桥，与东西两岸通连。"不系舟"四面临水，建筑的台基模仿船身形式，十分逼真。其上的建筑组合，前为"亭"，平面呈矩形，悬山顶。亭后接"覆屋"式的"房"，房后顺接屋面坡度非常平缓的"屋"。三者的屋顶形式虽不同，但有共同处，都没有屋脊，十分简朴，整体形象非常"形似"一只停泊不动的船。正因为它太像船，而船不能航则死，了无生气；它虽非巨舸，但同小园里的水面相对比，尺度感觉太大，与周围的空间环境显得不够协调，从而失去中国的园林创作"小中见大"、"宛自天开"的目的（图**6-49**为南京煦园总平面图。图**6-50**为南京煦园不系舟透视图。图**6-51**为苏州怡园画舫斋透视图）。

**画舫斋** 位于怡园西端，背靠园墙，前架水上，露台一侧以条石为跳板与岸相接，水如出于基下，故无船身的模仿设计。其上的建筑组合：前为矩形平面的歇山卷棚顶空"亭"，亭后接两坡顶之"房"，房后接歇山卷棚顶二层楼阁，阁三面砌墙，二层

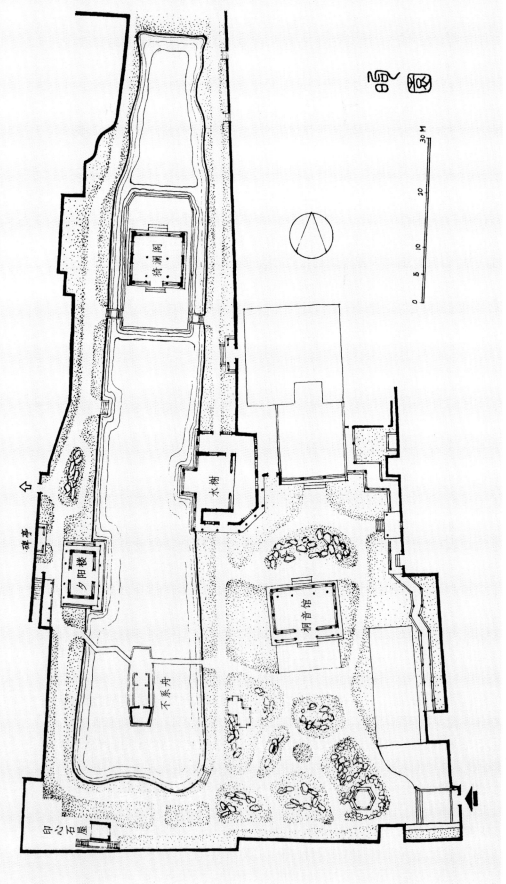

图6-49 南京煦园总平面图

图 6-50　南京煦园不系舟透视图

图 6-51　苏州怡园画舫斋透视图

向前一面开敞,底层设门与沿园墙的游廊相通,与露台边的石梁形成环形的路线。"画舫斋"造型前低后高而中藏,屋顶高低错落而翼角飞扬,形象空灵而生动。它似舟非舟,因其非舟,故不觉一洼小池的空间环境之小;又因其似舟,偃坐其中,而有泛舟江湖之感。这就如中国画论所云,是以形写神的"**神似**"之笔。俗笔刻意求"形",形似则死;高手离形取"神",神似则生。自然主义的模仿,是建筑师无能的表现也。

上面举出两种类型四个建筑的对比例子,我们用宋画和透视图而没有用平面图的原因很显然,用平面图很难表示出这种型体组合的建筑特点,如南京煦园的"不系舟"和苏州怡园的"画舫斋",平面是基本相同的,但两者的艺术效果差别很大,从平面就无法从设计思想和手法上加以比较。而宋画"黄鹤楼"和"滕王阁",两者的功能,一言以蔽之,就是"**临观之美**",空间组合在造型并无具体功能要求。旨在说明,这种型体组合的建筑,不是中国建筑的发展方向;只要梁架结构的方式不变,中国就不会向单体建筑的"膨胀"和"生长"方向发展。这种型体集合式的建筑,到明清时,在绘画中已很少看到了。

---

注　释:

① 李允鉌:《华夏意匠》,中国建筑工业出版社,1985 年重印版,第 129 页。

②《华夏意匠》,第 130 页。

③④《华夏意匠》,第 132 页。

⑤ 伊东忠太:《中国建筑史》,第一章"总论"。

⑥《华夏意匠》,第 133 页。

⑦⑧《华夏意匠》,第 134 页。

⑨⑩ 梁思成:《清式营造则例》,中国建筑工业出版社,1981 年新 1 版,第 18 页。

⑪《清式营造则例》,第 26 页。

⑫《华夏意匠》,第 134 页。

⑬ 同上书,第 27 页。

⑭ 清·李斗:《扬州画舫录》。

⑮⑯ 张家骥:《园冶全释》,山西人民出版社,1993 年版,第 238、244 页。

⑰ 宋·陶澔:《清异录·居室》。

⑱ 黑格尔:《小逻辑》,商务印书馆,1980 年版,第 278 页。

⑲《华夏意匠》,第 162 页。

⑳ 宋·沈括:《梦溪笔谈》卷十八。

㉑ 梁思成:《建筑设计参考图集》,第一集,中国营造学社,1936 年版。

㉒《华夏意匠》,第 163 页。

㉓《墨子·辞过篇》。

㉔㉕《华夏意匠》,第 173 页。

㉖ 恩格斯:《反杜林论》,人民出版社,1970 年版,第 177 页。

㉗《周礼·考工记》。

㉘ 汉·许慎撰、清·段玉裁注:《说文解字注》,上海古籍出版社,1981 年版,第 736 页。

㉙《说文解字注》,第 444 页。

㉚ 宋·李诫:《营造法式》卷三。

㉛《华夏意匠》,第 174 页。

㉜ 刘敦桢主编:《中国古代建筑史》,中国建工出版社,1984 年版,第 243 页。

㉝ 梁思成:《清式营造则例》,中国建工出版社,1981 年版,第 33 页。

㉞ 东汉·刘熙:《释名·释宫室》。

㉟ 《梦溪笔谈》卷十八。

㊱ 李国豪主编:《建苑拾英》,同济大学出版社,1990 年版,第 51 页。

㊲ 《华夏意匠》,第 177 页。

㊳ 汉·史游:《急救篇》。

㊴ 《清式营造则例》,第 34 页。

㊵ 姚承祖原著、张至刚增编:《营造法原》,中国建工出版社,1986 年版,第 47 ~ 48 页。

㊶ 《建苑拾英》,第 31 页。

㊷ 清·孙承泽:《春明梦余录·宫阙》。

㊸ 清·李渔:《闲情偶寄》。

㊹㊺ 《华夏意匠》,第 180、179 页。

㊻ 《清式营造则例》,第 35 页。

㊼㊽ 《周礼·考工记·匠人》。

㊾㊿ 刘致平:《中国建筑类型及结构》,中国建工出版社,1987 年版,第 68、69 页。

51 《清式营造则例》,第 37 页。

52 《营造法原》,第 27 页。

53 55 《中国建筑类型及结构》,第 69、67 页。

54 《清式营造则例》,第 13、31 页。

56 《周礼·考工记》

57 《营造法原》,第 57 页。

58 《清式营造则例》,第 14、32 页。

59 《中国建筑类型及结构》,第 57 页。

山西高平县定林寺中之过殿与经幢

山西解州关帝庙象征长
寿厚禄的松鹿石雕(清)

山西高平县定林寺之经幢

北京故宫中的铜龟

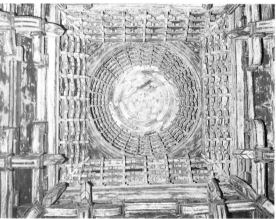

山西解州关帝庙中的八卦藻井（清）

山西解州关帝庙崇宁殿石雕龙柱（清）

山西芮城永乐宫纯阳殿象征天圆地方的藻井（元）

山西平遥古城隍庙大殿琉璃脊饰（明）

# 第七章
# 中国建筑的空间组合(二)

○群体组合
○庭院组合的模式
○多进庭院住宅的空间组合
○圆明园中的庭院组合
○公共建筑的空间组合

中国建筑体现人的生活方式，是组群建筑。所以，中国的古代建筑设计，主要是通过若干栋单体建筑进行群体的空间组织和环境的意匠，与西方个体建筑的空间组合，在思想方法上是完全不同的。

# 第一节　群体组合

在建筑的空间结构与空间组合方式上，中国与西方是完全不同的。西方砖石结构体系建筑的空间特点，是集合式的，是把"原来零散的因素结合成为统一体"（亚里士多德语），强调建筑体量的可见性与整一性，建筑空间是各自相对封闭的，并被包围在自然的空间之中。换句话说，建筑空间在自然空间里是相对独立的、互相对峙的。如李允鉌所说，是典型的"三向"的"塑像体"，追求的是构成空间的建筑实体各部之间"数"的和谐；建筑空间的节奏和韵律，主要表现在建筑的外在形式上。

研究中国建筑，如果以西方的建筑观点看中国建筑，简单化地从形式上去比较，就不会理解什么是中国的建筑，更不能体会什么是中国建筑的艺术精神。

西方的**个体建筑**不同于中国的**单体建筑**，中国的"单体建筑"只存在于"组群建筑"之中，除了"亭"和"塔"外，孤立自在的单体建筑对生活没有实际的意义。为此，**从空间是建筑的本质**这一概念出发，将前面几章中已涉及的有关中国建筑的空间构成和组合方式的特点，再从设计角度作比较系统的概要性的阐明。

## 一、"间"与"进"的概念

中国建筑是木构架体系，建筑空间的构成特点，是在两片(贴)平行的横向梁架之间，放置纵向构件的桁檩，构成一个三度空间的框架，称为"间"。**间是空间的基本单位**。所以，每增加一片梁架，就增加一间。一般用三五间，多者七九间连构成"栋"，在组群建筑中，**栋是空间的使用单位**。一栋房屋是几间，则取决于建筑类型的性质和规模，以及这栋房屋在总体布局中的地位和位置。所以"栋"的多少，并不能准确表示建筑总量的大小，故古人表示建筑数量时，多不用"栋"而用"间"。如陶潜《归园田居》诗："方宅十余亩，草屋八九间。"杜甫《茅屋为秋风所破歌》："安得广厦千万间，大庇天下寒士俱欢颜。"

一栋就是一座单体建筑，再用栋组合成"院"。贫者"儒有一亩之宫(住宅)，环堵之室"（《礼记·儒行》）。一亩之宫，东西南北各十步，围墙以为宅；环堵之室，狭小而简陋之居室也。富者庭院深重大者占一坊之地，重重庭院沿轴线层层而"进"。**进**，在组群建筑中，**是空间组合的基本单元**。一座院落为一"进"，自成一个小环境，具有相对的独立性；院落沿轴线层层而"进"，庭院众多或地形扁阔时，可以用多根轴线以别主次，北京故宫就是在一条长达8公里的主轴线上展开庭院布置，屋宇多达9000余间，占地之广达72万多平方米，规模的宏大，堪称世界之最了。从理论上说，中国建筑庭院的空间组合,是具有无限性的。

## 二、"院"的概念

中国建筑论

进,作动词解,表示空间的序列、层次和空间上的无止尽。从空间构图言,这种空间平面的组合方式,是多向的四方连续结构,所以有着无限的广延性。

中国的庭院,是组群建筑之中的一个组合单元,以一栋或三四栋单体建筑围合而成,有三栋建筑者称"三合院",四栋者称"四合院",北方住宅多用这种空间组合形式。而江南住宅,虽有多"进"房屋,实际上每进常只有一座厅堂,东西两侧是空廊,庭院间用墙分隔,称"塞口墙"。墙与前厅间为夹隙借天的小天井,墙与后堂形成不大的庭院。但庭院虽小却无郁结闭塞之感,何也?因中国建筑均两面封闭,前向庭院一面开敞,后则夹隙借天,不仅户牖虚敞,且堂前多构筑廊轩,与两侧空廊通连回环。正是运用这种"以实为虚,化景物为情思"(《对床夜语》)的手法,同样布局和大小的庭院,景物稍异,就会给人以"小院深藏别有天"的情趣。

中国的庭院,单体建筑和它所围合的天井,就像内容与形式一样融合在一起,庭院离开梁架构筑的特定形式的单体建筑物,就等于消灭了庭院;而单体建筑离开了庭院,也就失去了其使用价值,因为单体建筑只是组群建筑中的一个**空间使用单位**,必须组合在庭院之中,才具有一定的使用功能。中国建筑为满足某种生活活动过程需要(类型),只有在庭院空间组合的总体中,即组群建筑中才能完善地进行。

中国庭院是室内外空间有机结合不可分离的整体,这是了解中国建筑许多问题的关键。从功能上,庭院是单体建筑之间的空间组带和枢纽,本身也具有室外的活动功能。实际上,**中国的庭院是个露天的厅堂**,它不是建筑之外毫无意义的空间;从空间上,中国庭院远远超越建筑采光通风的简单物理作用,它与建筑空间共存互融,从视觉上使建筑实体突破了封闭的有限空间的局限,使建筑空间与自然空间得以流通、流畅,从而达到空间无限的自然之"**道**"。这就是郑板桥"十笏茅斋,一方天井"的生活环境,放之可弥六合(宇宙天地)的道理。

概言之,庭院的内容,就是中国历代建筑家根据一定的世界观(主要是儒家思想)、一定的社会理想(礼制精神)和美学理想(道家的自然之道),反映出来的生活现实;而庭院的形式,则是按照组群建筑的空间组织需要,用建筑的物质手段构成空间的序列、主次、大小、高低、开合,并表现出一定的空间节奏和韵律,它显现和巩固庭院空间的组合内容,体现出人的生活方式。

中国的庭院既体现人的物质生活方式,也反映出人的精神审美需要和对美学理想的追求。

正如李允鉌所说:"西方建筑之所以没有构成很多'内院',就是因为它们只能用实墙来封闭,房屋又高又大的时候,困在其中是不符人所希望处身的环境的要求的。爱孟德·培根(**Edmund N. Bacon**)指出:'用建筑物的一面实墙规限出来的一个空间,只不过是一个没有性格的空间,通过重现中国方式的情况下,就可以在一个空间中注入建筑意义的精神,表现出节奏和肌理。'①"以科学的态度认真研究中国建筑的西方学者,已注意到中国的庭院与西方的院子,在"**本质**"上是不同的。但要"重现中国方式"的庭院,如果不了解中国建筑的艺术精神、中国古代匠心独运的建筑创作思想和规律,只从表象的形式去模仿,是不可能重现出来的。"难怪有些人做出这样的评论:对于中国古典艺术的模仿是'取其形易,得其神难'的②。"

## 三、"空间"与"时间"的概念

对建筑的本质**空间**(**Space**)的概念,中国与西方是大不相同的两种思想体系。

古希腊毕达哥拉斯(**Pythagoras,** 约前 580—约前 500)学派就认为，"整个天体就是一种和谐和一种数"，"美是和谐与比例"。欧洲美学奠基人亚里士多德(**Aristotle,** 前 384—前 322)说：美要靠体积与安排，"不但它的各部分应有一定的安排，而且它的体积也应有一定的大小"。因此他认为："一个非常小的东西不能美，因为我们的观察处于不可感知的时间内，以致模糊不清；一个非常大的东西……也不能美，因为不能一览而尽，看不到它的整一性③。"我在《中国造园史》中曾说过："亚里士多德的这种对美的事物的**时空观念**，同我国古代的美学思想是完全不同的。所以，在西方不会有在一粒米大小的象牙上，雕上一篇散文的微观雕刻艺术，也不会产生连绵在崇山峻岭之上的万里长城，而万里长城正是中华民族伟大活力的象征④。"

西方的时空观念，是共时性的、静止的，这同西方砖石结构建筑和雕刻的"整一性"是完全一致的，如美学家宗白华先生所说："埃及、希腊的建筑、雕刻是一种团块造型。米开朗琪罗说过：一个好的雕刻品，就是从山上滚下来也滚不坏的。因为他们的雕刻是团块。中国就很不同，中国古代艺术家要打破这团块，使它有虚有实，使它流通。"西方建筑是将空间集合为整体的"团块"造型，空间是被严格限定的、凝固的，整个建筑的有限空间与自然的无限空间是对立的、分离的、疏远的，人们习惯于在空间里看见静止的、孤立的"物体"。用李允鉌语，是"三向"的"塑像体"，因此重在建筑实体的造型形式的变化和比例的和谐。

中国的时空观念与西方相反，是历时性的、运动的，天地万物一切皆"变动不居，周流六虚"。早在《易经》中就有"无平不陂，无往不复"之说，《象》中明确表述："**无往不复，天地际也。**"意思是说：宇宙事物有平就有坡，有往就有来，此乃天地之法则，自然之规律也。所谓"天地际"，是指此理贯于天地之间也。

这种往复循环、周流不息的思想，是机械的循环论，而这种往复循环的运动，归根到底，是由本体论的"道"的观念所决定。"**道**"是古代哲学家对自然界的运动和变化规律的朴素认识，认为万事万物都是由"道"那里产生和发展，又都还得回到"道"那里去，否则，一往直前就离了"道"；返回到"道"，就是"归真返璞"。

中国这种古老的宇宙观，有其深邃的思想合理内核，不是把事物看成静止的、固定不变的，更不是由超自然力量的上帝或神灵所主宰，天地间的一切都是由自然的运动变化所产生和发展，有着朴素的唯物辩证精神。

中国的时空观念，就是空间的变化在时间的延续之中，是**时空融合**的观念。这同中国木构架建筑体系的平面空间结构，是完全一致的，并得到充分的体现与发展。中国的每"进"庭院之间，除了规模很小时，一般前后左右无不可通，往往形成往复循环的空间流动路线。在不同性质的建筑中，庭院的空间景观和路线设计是不同的。如住宅建筑，由于贯充着儒家礼制的思想，庭院主次分明，端方规整，但道路并非只有沿轴线穿堂而过的一条，不仅通前达后，而且左右通连，整个组群建筑的人流路线，是环环相套、往复循环的。所以，人身历其中，从一个封闭空间走向另一个封闭空间，景物就会完全变换；从不同的方向进入庭院，就会产生不同的印象和感受，正是通过轴线的主次之分，庭院和建筑体量的大小、高低与造型之别，在路线的往复循环之中，既体现出中国社会的宗法性、伦理性和人的政治地位与权力的差别，而且还打破了封闭庭院的禁锢与闭塞，为人创造出富于生意和情趣的生活环境。

所以，建筑的节奏、韵律不是体现在个别建筑的形式上，而是体现在群体组织的空间序列、层次和时间的延续之中,具有时空的统一性、广延性、无限性。寺庙等建筑也同样如此。在不受宗法和建筑型制束缚的古典园林中,更加弥漫着道家的自然精神,使建筑庭院和景区的空间"无限"或"无尽"得到充分的发展,在创造自然山水的"意境"上,达到高度的艺术成就(在此后"中国的建筑艺术"和"中国的造园艺术"中再展开论述)。

所谓中国建筑的时空统一性,就是空间与时间的融合,与时间融合的空间,就是"流动空间"。从空间上,中西方建筑非常重要的区别就在于,西方和现代建筑的空间,是相对静止的,是包围在自然空间里的"凝固的音乐";而中国建筑的空间,则是运动的,是融合在自然空间中的"流动的画卷"。

# 第二节　庭院组合的模式

中国的庭院组合中,"四合院"是最典型的**基本模式**,但不是惟一的组合方式,而且形式多样非常富于变化。正因为从布局的平面图案看来都十分平淡,也大同小异,非常简单,因此多为研究中国建筑的学者所忽略,以至对庭院空间景象的变化莫测,难以理解。它的奥妙何在?又无法回答。

这就如李允鉌先生在《华夏意匠》中所说: "布局方式似乎都是大同小异类近一致的模式,但是实际所组成的环境,就会因程序的安排手法不同,同一的平面式样都会产生出完全相异的视觉印象来。即使在同一组群建筑中,完全相似的重复的'院落',它们每一个封闭空间所产生的景象和格调很多时候都常常完全不一样⑤。"为什么布局方式大同小异,甚至完全相似的重复的"院落",却给人的视觉印象和空间景象会完全不同呢?

李允鉌的回答是:"设计的注意力大部分是落在不同空间之中的景色的变化和转换上,把整个过程纳入一个总的组织程序之中,使人从一个层次进入另一个层次的时候,由视觉的效果而引起一连串的感受,并产生感情上的变化。设计创作的意图就是控制人在建筑群中运动时所感受到的'戏剧性'的效果⑥。"并强调指出:"布局中程序的安排是中国古典建筑设计艺术的灵魂⑦。"这个答案并没有解决(也不可能解决)上面所提出的问题。从专业设计的"程序"来说,李所讲的是属于控制性总体规划的问题,要解决上述问题,还得深入一步做出详细规划,必须将"程序的安排手法"具体化,或者说为"总的组织程序"设计出具体方案。否则,灵魂没有了骨肉之躯,魂将安附?

问题的症结,如李允鉌所说:"在图面上看来,很多总平面布局都十分平淡,并未显出任何特色。其实,中国建筑群的布局精神和主要设计意念并不落实在平面形式上,紧紧掌握和控制的却是它的'组织程序'。然而,'程序'的效果在平面图上往往是无法说明的⑧。"这个说法,是很难为建筑师所接受的。设计图是建筑师的语言,如果建筑师不能把他的建筑群的布局精神和主要的设计意念——创作构思落实到群体建筑的平面图上,岂不成了"空中楼阁"?要说"程序的效果在平面图上往往是无法说明的",其实,任何设计图既不能完全说明建筑师的设计思想和意图,更不可能完全地表现出建成后空间环境景观的审美效果。建筑师为了更好地说明设计意图,除图纸外都附有文本(设计说明书),当然若无设计图只有文本,岂不又成了"纸上谈兵"?重要的建筑工程,必要时还可用模型。

从李允鉌先生的一些论述中,可以使人隐约地感到,他没有摆脱某些中外"学者"对中国组群建筑的平面布局是"单调的",甚至是"原始型"之说的阴影。一方面他并没有从正面明确地否定过这种南箕北斗的学者高论;一方面对这种简单的平面布局所造成的空间"运动"的、"连续"的艺术表现方式,在**倍加赞美**之余却认为"这些意匠有时过于玄妙,似乎并不是一下子便可以领略和体会⑨"的,这样就难免使他的思想悬在半空了。

我认为,解决问题的关键,仍然必须要回到地面上来,认真地、深入地研究这些平面形式,不是如某些研究中国建筑的学者那样,简单化地把总平面布局看成为一些黑色的块块,以美工师的眼光去审视**图案构成**的特点和好坏,而是要运用建筑师的知识和智慧,用**形象思维**的能力想像这些不同位置的黑色块块的**建筑形象**,再卧游其中感悟一下这种流动的、连续的**空间环境景象**的变化,就会发现这些平面布局形式,看似简单却极具变化,变化之中而有规律,也并非不可知的那么玄妙了。

## 一、组合方式

庭院有两种最基本的组合,从组合的空间特点,有**围合**和**闭合**之分:

**围合**  是用房屋(单体建筑)按南北和东西轴线对位,用对称的布置方式,围合成的庭院。因房屋不是周边连接,院隅有空缺,在视觉上不是完全封闭的,故称之为"围合"。如 ⊓⊔ 形,这是北方住宅常用的典型形式,即"四合院";三面围合成 ⊓ 形者称"三合院";两面围合如 ⌐ ⌐ 形者,就称之为"二合院",一面围合者 ▬,当然也可以称为"一合院"。当然它们都在垣墙之内。

围合,主要是指房屋的围合,三合、二合、一合的围而未合的空缺面,就用院墙或廊来围闭。因为中国任何类型建筑对外都是封闭的,所谓围合,实际上是在封闭的院墙空间里的围合。小型住宅受用地所限,等于在建房处代替了院墙,四合院的四隅同样需用墙围闭,四合院和三合院既可独院为宅,也可以是组群建筑中的一"进",作为一个**空间组合单元**。二合院和一合院,主要是多进住宅中用墙隔成的过渡性小院。

**闭合**  是用房屋按南北和东西轴线周遭围成的完全闭合的庭院。这种组合方式,在视觉上空间是全封闭的,故称之为"闭合"。如 ⊡ 形者,四川、山西等地民居叫做"四合头",云南等地称为"一颗印",为南方常用,尤以云南最多。既可独立为宅,也是南方多"进"住宅中常用的**基本组合单元**。这种组合方式,也有三面闭合呈 ⊓ 形和两面闭合呈"⌐"形者,而这种"∟"形平面组合,在组群建筑中仅见于南方中型民宅,在基地宽度很窄、地形狭长时的一种布局方式。

**闭合中的围合**这种组合方式,就是在一个全封闭的大而狭长的庭院里,中间布置主要的建筑物,分隔成前后可以流通的庭院,故称之为"闭合中的围合"。闭合庭院有三种方式:

(一) 全部用围墙闭合成院。山西永济县**永乐宫**,现存中央主要建筑部分即如此,全部建筑按轴线排列,主体建筑"三清殿"体量最大,前面殿庭空间也最大;此后,建筑体量和庭院都逐渐缩小,这是传统常用的手法(图**7-1**)。

永乐宫是元代道教建筑的典型,以殿内精美的壁画著称于世,尤以三清殿内壁画构图宏伟,线条流畅生动,为元代壁画的代表作品(见彩页)。永乐宫因位于新建水库范围,已全部拆迁按原状建于山西芮城县。

(二)用廊庑围闭成庭院，在其中沿轴线布列殿堂，平面布局呈 █ 形。与一式不同的是，将围闭的垣墙建成四面环绕的廊庑，山西运城**解州关帝庙**，是典型的用廊庑构成"闭合中围合"的布局方式。解州是三国时蜀将关羽的原籍，故解州关帝庙为武庙之祖。在百余间廊庑围闭的空间里，庙分前后两院，前院以端门、午门、御书楼及主殿"崇宁殿"为中轴，配以牌坊、碑亭等；后院围以矮墙与前院相隔，自成格局，以"气肃千秋"牌坊为入口标志，以"春秋楼"为中心，刀楼、印楼为两翼，气势雄伟。这一总体布局严谨，前后院有"前朝后寝"古制之义。后院围筑矮墙，就形成了"闭合中闭合"的组合方式(图 7 - 2)。

**闭合中的围合** 这一类的组合方式，在大规模的组群建筑宫殿、祠庙中，是突

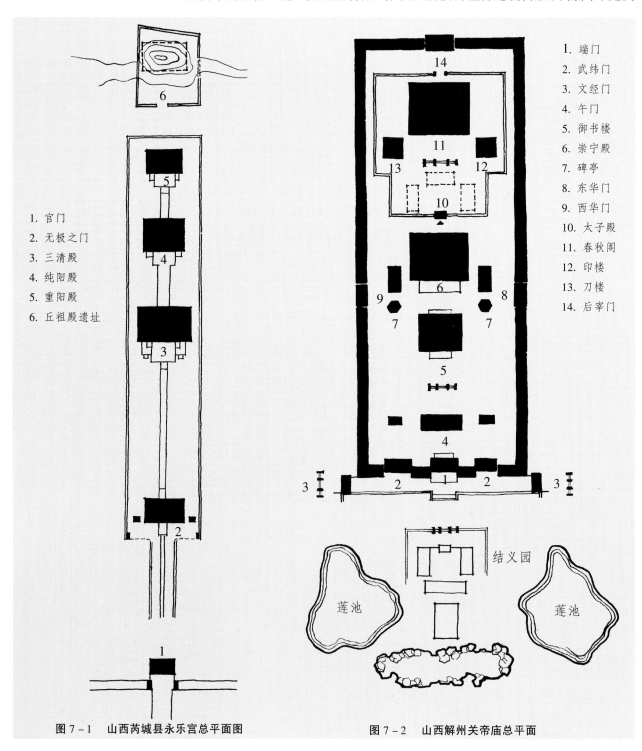

1. 宫门
2. 无极之门
3. 三清殿
4. 纯阳殿
5. 重阳殿
6. 丘祖殿遗址

1. 端门
2. 武纬门
3. 文经门
4. 午门
5. 御书楼
6. 崇宁殿
7. 碑亭
8. 东华门
9. 西华门
10. 太子殿
11. 春秋阁
12. 印楼
13. 刀楼
14. 后宰门

结义园

莲池 莲池

**图 7 - 1 山西芮城县永乐宫总平面图**　　　　　**图 7 - 2 山西解州关帝庙总平面**

1. 棂星门
2. 圣时门
3. 弘道门
4. 大中门
5. 同文门
6. 奎文阁
7. 大成门
8. 杏坛
9. 大成殿
10. 寝殿
11. 东庑
12. 西庑
13. 金声门
14. 玉振门
15. 右掖门
16. 左掖门
17. 承圣门
18. 诗礼堂
19. 崇圣祠
20. 家庙
21. 启圣门
22. 金丝堂
23. 启圣殿
24. 寝殿
25. 乐器库
26. 礼器库
27. 孔子故宅
28. 毓粹门
29. 观德门
30. 十三亭碑
31. 东腰门
32. 西腰门
33. 执事房
34. 斋宿
35. 驻跸
36. 角楼
37. 快靓门
38. 高仰门

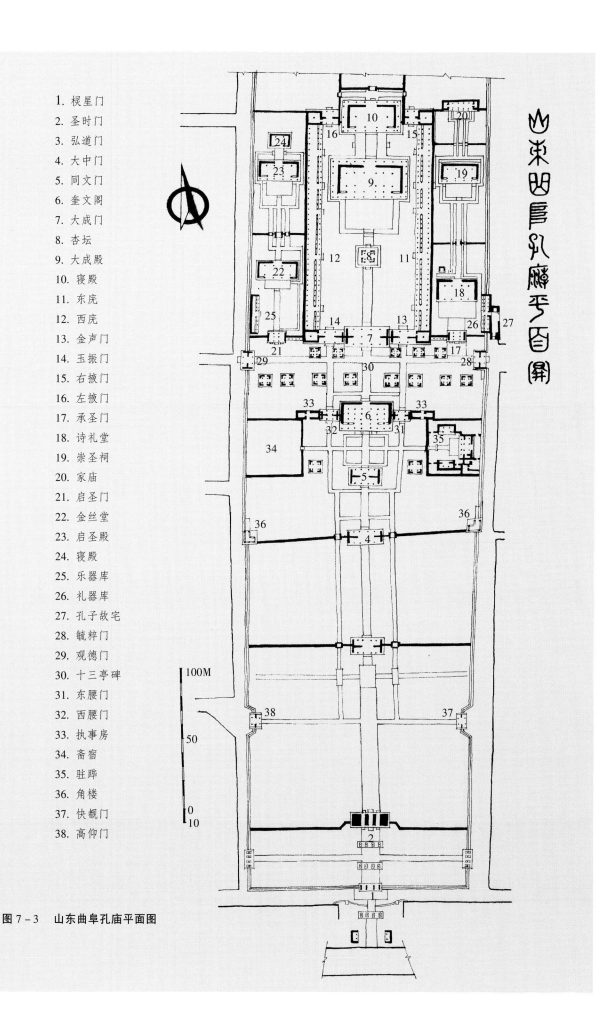

100M

50

0

10

图7-3 山东曲阜孔庙平面图

出主体建筑、构成一个相对独立的空间环境所常用的手法。如山东**曲阜孔庙**,全庙建筑布置在长达 1 公里多的南北轴线上, 周匝以垣墙围闭成占地 300 多亩的长方形基地空间,前后共九进庭院。自"棂星门"到"大成门"六进院子,都是用墙分隔成横向长方形空庭,在空间上是由大渐小,至"同文门"庭院又大,因院内东北和西北隔有两个小院,是主祭人斋戒、沐浴的地方,称"斋宿";此后即大成门前十三碑亭庭院,十三座碑亭两排横列布满了院内,形成进入"大成门"前的夹道。这是进入主体建筑"**大成殿**"庭院的前奏。在空间意匠上是匠心独运的,从进入棂星门起层层牌坊,预示着这里环境的神圣和尊贵;而重重空庭,苍松古柏,森然罗列,造成宁静而肃穆的氛围;庭院空间的由大渐小,形成时间上由慢渐快的节奏;同文门的"斋宿"为旋律的一个休止;而十三碑亭就成为前奏结束时的一个高潮,为人们进入圣殿作了精神上的引导和心理上的准备。

为了从空间环境上突出主体建筑"大成殿",成功地运用了**闭合中围合**的手法,以大成殿为中心,前以"大成门"后以"寝殿"为界,用东、西廊庑连接闭合成院,院宽仅为前院的 1/3,而长度则占总平面的 2/5,构成一个沿南北中轴线方向狭长的庭院。图 **7－3** 为山东曲阜孔庙总平面示意图。

大成殿庭院布局是很有深意的,首先用改变庭院长轴方向与前面庭院形成空间的强烈对比,从而突出了主体建筑的空间环境的重要地位;狭长的庭院,在两边长廊的夹峙下,加深了透视的效果,并将焦点集中在深处的大成殿,就把坐落在 2 米多高须弥台基上的九间重檐歇山顶的大成殿,烘托得巍峨宏丽,气象庄严。

对中国建筑文化缺乏深入的了解,又很少感性直觉体会的人,单从孔庙的总体布局的平面形式看,这个平面图案可谓简单之至,甚至简单得看不出有什么道理,殊不知就是大成殿前的小小"杏坛"的设计,也非庸俗低能的设计者所能为。"杏坛"平面为正方形,在大成殿前甬道的正中,其位置颇近似故宫三大殿中央的"中和殿",如用攒尖顶,就会强化其中心作用,而难免有喧宾夺主之弊;如用寺庙中方形殿堂惯用的歇山顶,因其方向性明确,就会使人有分隔庭院空间之感。古代的建筑师巧妙地用了十字脊屋顶,这种多向性的玲珑华丽的建筑形式,既无上述两点之弊,又体现出"杏坛"(纪念孔子杏坛讲学之典)作为陪衬的建筑性质。可以说,孔庙从总体规划到单体的建筑设计,不仅满足祭祀孔子的活动过程的需要,而且在空间的意匠上,充分地体现出中国建筑的艺术精神!

## 二、组合形式的变化

为了便于阐明中国古典建筑群体布局的空间变化,从大量历史实践的资料中, 概括提炼出几种具有典型性的**基本组合模式**,即:围合、闭合、闭合中围合、闭合中闭合等方式。为分析简便,分别以 **WH.**、**BH.**、**BZW.**、**BZB.** 符号表示。如下表:

7－4　庭园组合模式表

表中所列 10 种图形，是中国建筑空间组合中比较典型的组合模式。**WH.** 和 **BH.** 的 6 种排列组合形式，都是以空庭为中心，单体建筑"量"的加减而成；**BZW.** 和 **BZB.** 的组合形式，只是 **WH.** 和 **BH.** 的综合运用。实际上，所有的组合形式，都是在**围合**（**WH.**）和**闭合**（**BH.**）这两种基本模式的基础上，在实践中根据需要和可能灵活地运用和加以变化的结果。

对中国建筑这种看似大致相同的简单的组合形式中，如果具有中国文化的历史知识，从建筑空间艺术角度，运用建筑师的想像能力，就会想见其极具变化的空间环境和非常丰富的生活文化内涵。如亚里士多德所说："心灵没有想像就永远不能思考。"

以丰富的想像力，用简单的抽象方式表现出来，自古以来是中国人思维方式的一个重要特点，反映在艺术中，可以说，**以少总多，是中国艺术共同的美学原则**。

"以少总多"，在中国哲学思想上有深远的历史传统，早在公元前 778 年就有"阳伏而不能出，阴迫而不能蒸，于是有地震[10]"的文字记载，说明古时很早就产生阴阳二气的概念，用以表示正反两种对立和消长的力量，来说明万物的生长和变化。《周易》中用符号"—"代表阳，"--"代表阴，并明确地表述"**一阴一阳之谓道**"（《系辞传》），认为阴阳二气的变化是宇宙的根本规律。

《周易》从人们日常生活经常接触的自然中，选取了八种东西作为说明世界上其他更多东西的根源。根据阴阳二气分为天地，二气合而成万物的宇宙基本概念，用代表阴阳的最简单的符号"—"阳爻（**yáo**）和"--"阴爻，组合成八种图像，代表这八种东西（见图 **7-5**）如：

☰—乾—天；
☷—坤—地；
☳—震—雷；
☴—巽—风；
☵—坎—水；
☲—离—火；
☶—艮—山；
☱—兑—泽。

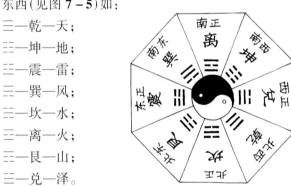

图 7-5 《文王八卦方位图》

这种三爻排列组合的八种图像，称"八卦"，再以这八个基本卦相重组合成六十四卦，以象征纷繁的万事万物。

我们用八卦旨在说明用简单的符号，通过排列组合可以得到多种组合形式。可见，中国人早在 3000 年以前，对自然和社会的复杂现象，已具有非常深刻而丰富的想像能力和把这复杂现象的思维用最简单的方式表现出来的杰出的智慧。这是中国传统的思想方法之一，是理解中国建筑空间的变化和艺术精神不同于西方的一个重要关键。

## 三、组合型体的变化

中国组群建筑的空间组合模式，其构成的因素要比八卦多得多，即使用相同的组合平面形式，建筑也可以有完全不同的形象。如图 **7-6** 三例所示，从建筑的造型和整个形象看，可谓毫无相同之处，但它们的平面形式大致一样，都是用四栋单体

357

建筑组成的闭合庭院,是民居中大量采用的一种较典型的住宅形式。这种闭合式的四合院,民间称之为"四合头",其外墙方正如印者,俗名为"一颗印"。

这种闭合式住宅,四面房屋紧密连接,用地面积最经济,天井(庭院)较小,使用上联系方便,天井多为户外起居之用,常做婚丧嫁娶等集会的场所,所以说**中国的庭院是露天的厅堂**。中国很早就喜欢采用这种组合方式,成为建筑空间组合的基本模式。但在不同地区,由于地理气候条件不同,生活习俗的差别,可以形成不同的建筑形象,反映出不同的地方建筑风格。如:

**1. 四川民居**

四川湿热多雨,闭合则庭院小,少受日晒而多荫凉;常用竹编夹泥或木板为壁,围护结构单薄,木构架自然暴露在外。为防雨水侵蚀,屋顶出檐深远,形成一种立面构图丰富而又质朴的形象。

**2. 山西民居**

华北高寒,干燥而多风沙,冬季取暖多用火炕。在炕上饮食起居和睡眠,是北方人的传统习俗。两厢的炕多顺山(山墙方向)布置,所以厢房的进深很浅,屋顶做成单坡向内的形式,且门屋较低,这就解决了天冷需纳阳日而祈御寒的矛盾。山西民居天井每多很窄长,显然夏季则少西晒之苦而防徂暑。正因厢房单坡顶,外墙高峻而闭实;正面墙壁顺山势沿坡砌筑,形成向上开放的 ＼＿＿／倒"八"字形,从而打破了高墙围困的闭塞郁结之感,造成一种防卫性很强、雄厚而朴实的形象。

**3. 云南民居**

是滇西北部丽江城纳西族的住宅。丽江古城西、北两面是山,东、南面开敞辽阔,"这样,秋冬季节西北寒风为高山所阻,使城镇免受严寒侵袭;春季东风徐来,花木欣欣向荣;夏季南风通畅,城区热气尽除。因此这里虽系高原,却冬无严寒,夏无酷暑,春秋相连,四季温凉[11]。"

丽江纳西族民居有"三坊(房)一照壁"、"四合五天井"、"前后院"、"一进两院"等数种组合形式,图 **7－6** 中 **3** 所示,是"四合五天井"的变体,即取消四隅的小天井或"漏角"的闭合式庭院,也称"四合头"。不论哪种住宅形式,皆三间一明两暗的两层楼房,一般是人居住在楼下,楼上多为仓库;北房则下为畜厩,上堆草料。正房较高大而不拘朝南,亦可朝东,多喜有宽大的前廊,称"厦子",厦子深 1.5 米至 3 米,以能放一桌酒席为最小宽度,它具有吃饭、会客、休息、操作手工副业的多种功能,所以房间的进深较浅,有的仅 3 米多。**厦子**是丽江纳西民居非常重要的一个组成部分,反映

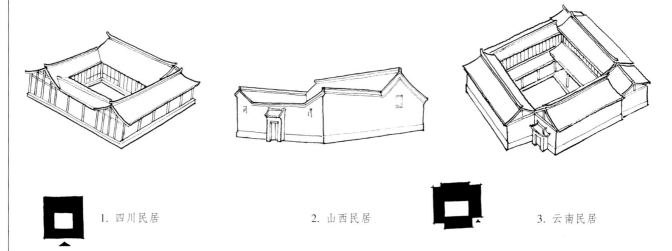

1. 四川民居　　　　　　　　　　　2. 山西民居　　　　　　　　　　　3. 云南民居

图 7－6　平面组合相同风格各异的民居

了丽江的宜人气候,以及纳西族人生活方式的古朴之风和喜爱户外活动的特点。

纳西民居受中原建筑文化的影响,从自身条件出发形成有自己特色的建筑风格,如屋脊两端起翘,当地名"起山";屋面若"举折"呈微微的反拱曲线,叫"落脉",有"起山五寸,落脉三寸"、"起山三寸,落脉一寸"之说,曲度较大而十分舒展。屋顶多用悬山形式,所以,还未见有两个方向的屋顶相交的做法,显然,这在技术上要简单得多,也避免了斜沟排水易于渗漏之弊。由于纳西族很少受儒家正统思想束缚,吸取和借鉴中原传统建筑文化又不拘一格,从而在造型上构图灵活,利用轻巧而舒展的悬山屋顶,大小随宜,高低错落,形成一种古朴而自由的建筑风格。

## 四、围合式庭院住宅

围合式庭院住宅是中国传统居住建筑中应用得最普遍的一种组合形式。

图 7-7 所示是明清北京典型的四合院住宅,在布局上,充分体现着封建宗法礼教的思想与要求;组合形式,是以单体建筑按南北纵轴线四面围合成院,每栋建筑都是三间,正房"一堂二内"供长辈居住,东西厢房"一明两暗"是晚辈的住处,在垂花门(二门)内四隅用廊与建筑的檐廊连接,构成一个可以遮阳蔽雨的建筑空间环路,围成大的主庭院,这是住宅的中心部分。这个中心部分,实际上是个三合院。

所说的四合院,是包括坐南朝北的"**倒座**",因倒座与正房主要庭院间用廊或墙一分为二,形成一个前院,反映了"内外有别"礼制的需要。从鸟瞰图可见,倒座七间占满基地东西宽度,故三间正房两侧,各有面阔两间的耳房,构成小小的跨院,做厨房、厕所、杂屋之用。倒座前东西狭长的前院,用墙壁分隔成四个大小不等的院子,在轴线上正对垂花门的三间倒座做客房,其余用做门房、书塾、杂用或男仆的住处。

住宅的大门多在东南角上,按旧时风水的说法,东南方是震、巽、坎、离东四位中的巽宫,是大吉的。对大门开在正中轴上谓之"直射",喻为"穿心杀",主大凶。其实,这不过是将人们长期生活实践中的经验和习惯,用阴阳八卦牵强附会而已。在封建社会所谓男女授受不亲,妇女被禁锢在家庭生活之中,内外有别要求有严格的私密性。正中开门,不够隐蔽且缺乏安全感,倒座中间被穿过也不便使用,前院的空间环境,既不安静也不够完整。宅门设在一隅,门屋小院就为住宅创造了一个过渡的缓冲空间,作为迎送宾客的场所,迎面建影壁也增加和强调了住宅俨然的气氛;由门院转向前院再通达大院,就形成一个由浅入深、由小至大、由次达主的空间序列和富于变化的节奏感,也体现了住宅的私密性和防卫性的生活要求。

中型住宅,常在正房后再建一排罩房(见图 7-7),大型住宅则在垂花门内,以两个或两个以上的四合院向纵深方向排列,也有在左右再建别院的;更大的住宅在宅后或傍宅建造园林。从图 7-8 的大门、图 7-9 的垂花门、图 7-10、图 7-11 的庭院透视(北京帽儿胡同某宅)可见,它们同规整而虚敞的庭院、轩昂而高显的厅堂形成一个基调,即端庄而典雅的风格。

我们以同样围合方式构成庭院的云南纳西族民居的"四合五天井"为例,与北京的四合院住宅对比,纳西民居只是围合得紧凑,四栋房屋内角相连,形成明显的一个中心大天井、四隅四个小天井的形式,故名"四合五天井"。其实北京的"四合院",只是布局较宽松,五个天井不那么明显罢了。从组合形式上,两者是大同小异

中国建筑就在这简单模式的规矩方圆之中,而极具空间环境和造型上的变化,只凭建筑师的天才和灵感是不成的,必须因时、因地、因人制宜,将物质技术因素与思想艺术因素统一起来,从人们的物质生活与精神生活的需求出发,才能体现出时代的人的生活方式。

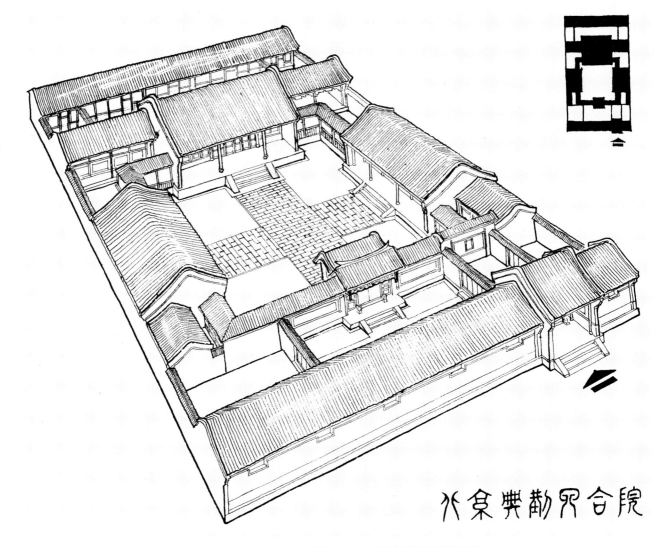

水京典型四合院

图7-7　北京典型的四合院住宅

的,但在庭院的空间环境和建筑造型上,却给人以完全不同的观感。这绝非只是个组合的平面形式和空间构图的问题,就在这围合的松紧之中,一系列的小异包含着深远的历史内容,反映出建筑实践与人生活方式的内在联系,这就从设计思想上,为我们提供一个很有意义的实例(图7-12云南丽江纳西族四合五天井住宅)。

在中国的民族大家庭中,纳西族是较晚才跨入文明社会的少数民族之一。原系西北高原古羌人部族中向南迁移的一个支系,由于分布地区的地理自然条件与社会环境状况不同,发展进程差别很大。在与四川接壤的宁蒗(làng 浪)县泸沽湖地方,纳西族的一个支系称"摩梭人"的,至今还保持着母系氏族对偶婚家庭形态,即"阿注婚姻"(详见本书"导论")。

丽江的纳西族,在元初已有村寨,元忽必烈攻大理,由临洮逾吐蕃至丽江,在此驻军并立"丽江茶罕章管民官",至元八年(1271)改茶罕章为丽江宣慰司,十二年(1275)改置丽江路立军民总管府。此后元、明两代丽江城为通安州的州治所在地,明初已发展有千余户的规模。清代称"大研里",后一直沿用"大研"为县镇之名,今之大研镇即县府和丽江专署所在地,也是至今还能保持古城风貌的全国少数城镇

图 7 - 8　北京四合院大门

图 7 - 9　北京四合院
　　　　内的垂花门

图 7 – 10　北京四合院
　　　　庭院透视图

图 7 – 11　北京帽儿
　　　　胡同某宅

之一。

纳西族由于分布地区的客观条件不同，受文明社会影响程度的差异很大，各地纳西人社会发展进程十分悬殊。即使如此，我们从泸沽湖"摩梭人"的井干式四合院住宅，可以看出已非纯属母系氏族原始型的房屋形式。对此本书在"导论"的"对偶婚家庭"住宅中，已作了详细的分析论证。而居住在丽江坝子的纳西族，据说自唐代开元以来就接受了中原文化的影响，晚唐时期创造了古老的**东巴文**，东巴文已有少数的形声字和用同音假借的方法，但基本上是一种象形表意文字，专供宗教和巫术之用。图 **7 – 13** 为纳西族古老的东巴文。

丽江纳西族这一文化上的进步，说明其社会发展已处于何种形态呢？在未见到人类学、民族史学的研究资料情况下，我们从恩格斯在《家庭、私有制和国家的起源》中，对在凯撒时代的德意志人创造**鲁恩文字**（**Runen Schrift**）的论述，可作参照佐证："鲁恩文字是模仿希腊和拉丁字母造成的，仅仅用作暗号，并且专供宗教巫术之用。……一句话，我们在这里所看到的，是一种刚从野蛮时代中级阶段进到高级阶段的民族[12]。"即相当于从母系氏族进到父系氏族社会。

如果说，终有唐一代，丽江纳西族还远远没有跨入私有制的阶级社会——文明社会的话，到元初这四五百年间，丽江的纳西族无论在家庭形态还是社会结构上，都不可避免地处在不断起着变化的发展过程中。自元代忽必烈的征伐和驻军，将丽江划入国家的行政建制以后，这就一下子把纳西族投入封建社会的大熔炉里。但这种主要由于外力带有强制性的突变，不可能使他们母权制时代的生活和氏族制度的果实，在习惯和意识中全部消失。

正如《丽江纳西族民居》所说："它已不是纳西族民居的原始形式，而是近几百年来根据本地区、本民族的特点，吸取、融汇了其他地区及民族的长处而逐步发展起来的。它的平面布局、构架及造型上反映了唐、宋中原建筑的某些特点；某些平面形式与其近邻白族民居有若干相似之处；部分装修也受到剑川木雕技艺的影响。然而，长期以来它在平面布局上、构筑上、建筑艺术上皆逐步形成了自己的特色[13]。"

问题在于，丽江纳西族民居之所以形成自己的特色，其原因何在？或者说，形成其民族特色的内在因素是什么？

以上我们对纳西族的历史背景，仅据点滴材料作了非常粗率的阐述，目的正是为了与北京典型的四合院作对比，尽可能地从两者的异同之中，探索建筑所体现的人的生活方式的差异，借以说明建筑实践中带有规律性的东西。

现以北京典型的四合院与纳西族民居的异同，简要地概括如下：

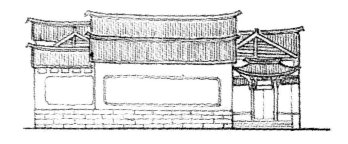

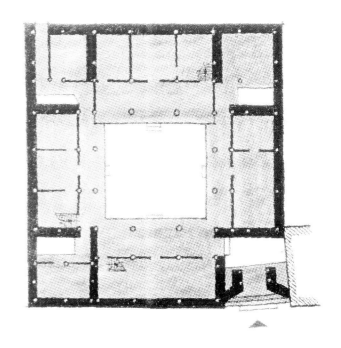

图 7 – 12　云南丽江纳西族四合五天井住宅

一、两者都是用三间"一明两暗"的单体建筑，为庭院空间组合的基本使用单位；

二、两者都是用四栋单体建筑，采取对称均衡围合成院的基本模式；

三、正房当正且体量较大，两厢对称而建筑体量较小，四隅小院为辅助性房屋，宅门在东南角上；

四、居住方式，正房供老人和长辈居住，厢房为晚辈的居处。

以上是纳西族民居与北京四合院在原则上相同的地方，而纳西族民居有许多特异之处：

一、纳西族民居庭院的轴线，不受南北向的限制，亦有东西向者，宅门亦随轴线而异。轴线东西向，正房则朝东，厢房面南。可见，纳西族没有"南面为尊"的观念；老人和长辈居室朝东，从朝向上也反映出封建礼教的伦理道德观念，在纳西人的思想中，并未那么根深蒂固；

二、从宅院的布局，纳西族民居虽然用按儒家礼制要求的四合院模式，但并不拘泥建筑庭院的端方规整，随曲合方，很注重与自然环境的协调。丽江古城为玉泉水的三条支流贯城而过，且支渠纵横，沿水的街巷和建筑庭院均随形而弯，依势曲折，十分自然而生动。图7－14为云南纳西族沿水民居、图7－15为纳西族三坊一照壁住宅。

三、从房屋的使用情况，纳西族几乎不受"北屋为尊，两厢次之，倒座为宾"的传统限制。由于纳西族民居的房屋多为二层楼房，人住楼下的正房和厢房，楼上多做仓房，在城镇中也有做居室的。正房的明间堂屋做客厅，楼上常设供奉神祖的神龛，这同汉族由古老的"庙寝"制度沿袭下来的传统，即堂屋为祭祀鬼神的功能毫无共同之处了。尤其是农村的下房(倒座)，则根本不住人，楼下做畜厩，楼上贮存草料。这种生活方式，虽离中原传统相去甚远，但与泸沽湖的摩梭人的生活方式与习俗有相通之处；(详见"导论")

四、宽大的厦子(檐廊)，是丽江纳西族民居所特有的重要组成部分，也是形成庭院空间环境的一个主要特点。正由于厦子的深广，所以房间的进深很浅。日常的饮食宴集、接待亲友、休息劳作等活动，都在厦子里进行，成为家庭生活的主要活动场所。这一特殊的现象，仅用"纳西族人民喜爱户外活动"的说法，是不能解释清楚的。因为这种无拘无束的生活习惯和活动方式，不合于宗法礼制的行为规范和要求。我认为，它深刻地体现出没有被封建社会伪善的道德所埋葬的，人与人之间那种平等、友爱的原始的纯真朴实的关系；

五、在建筑造型上，纳西族民居喜欢用独立的悬山式屋顶，和"落脉"较大的凹曲屋面，没有将房屋直角连接的做法，这在建筑技术上比较简易。但在型体组合上，则不拘陈法，处理手法十分灵活自由。正房较高大居中，厢房只平面对称，体量并不强求相同，可以有大有小，甚至一边为两层楼房，一边为平房；处于一隅的厨房，为了通风散热，空间加高达两层。这就在造型上形成前后层叠、左右高低、纵横错落、十分自由而别致的空间构图，完全打破了北京四合院的端方规整、封闭而俨雅的传统形象。

通过上面的对比分析，我们不难透过现象触及事物的本质，纳西族民居虽然采用了传统住宅的布局形式，但可以说是旧瓶装新酒，而这酿酒的原料却积淀有许多非常古老的成分，令人品味到有种天然淳净的清芬。

丽江纳西族跨越历史时空的特殊情况，封建宗法的社会文明，还未能浸透他们

tɕi˧ʔ ɕĩ˧ˀ hɑ˧ʔ t˧ʔ

延年益寿

ɯ˧ʔ + dzɿ˧ʔ + dze˧ʔ + dzɿ˧ʔ

恭禧发财

gɯ˧ʔ Lɿ˧ˀ t˧ʔ uɑ˧ʔ

现义五村

Sæ˧ʔ doʔ

三朵神（纳西族保护神）

图7-13　云南纳西族古老的东巴文

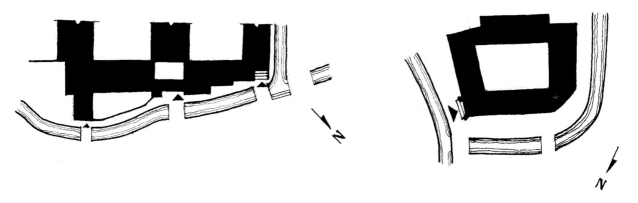

图7-14　云南纳西族沿水渠的民居

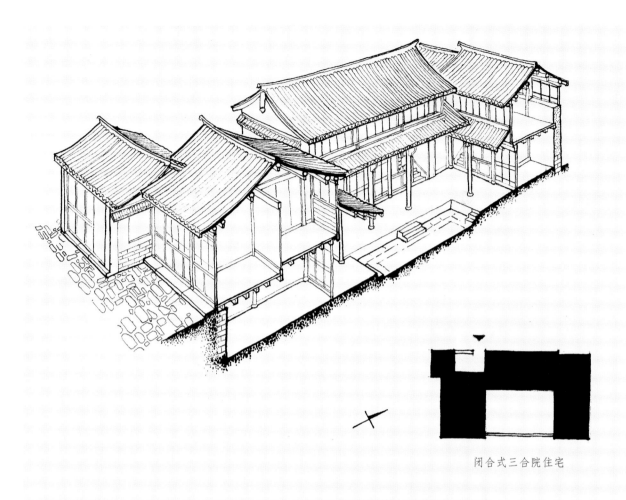

闭合式三合院住宅

图 7-15　云南丽江纳西族三坊一照壁住宅透视图

任何事物的"形式"，都是由其内容决定的。什么是形式？黑格尔认为："形式非他，即内容之转化为形式⑭。"内容决定形式，形式反映内容，这就是形式与内容的辩证关系。

的全部生活内容，可以说这正是丽江纳西人在生活方式中，还保持有初民的淳朴和纯真的原因。从建筑的社会实践而言，决定丽江纳西族民居形式特点的，是他们民族的生活方式的特殊内容。

366

## 第三节　多进庭院住宅的空间组合

中国传统住宅的规模大小，决定于空间组合的基本单元"进"数的多少。历代的建筑制度，虽然等级森严，只对庶民和按官品等级规定建筑的"间架"，并不限制建造多少"进"房屋。也就是说，只限定房屋的形制，不限定房屋的数量。所以，民间的大中型住宅，有多至数进甚至几十进者。

多进住宅受地形所限，不可能沿着一根轴线布置很多进庭院。即使可能，太长的交通路线也不方便生活。所以，常设置一些次要的轴线，并列的组合庭院。苏州工匠称主轴线上的房屋为"**正落**"，次轴线上的房屋为"**边落**"。正落布置主要建筑如大厅、堂屋、正房等，边落布置花厅、书房以及辅助房屋。在纵横庭院之间，为了满足生活活动的需要，既要通前达后，又要左通右连，这就形成一种循环往复的**人流交通路线**和一定的路线形式，即"**线型**"。线型，既反映建筑庭院的构成方式，也反映住宅空间环境的特点。因为人流路线的组织与组群建筑的庭院组合方式，有着密切的内在联系。

中国建筑的人流路线组织，在设计中有着特殊的重要意义，它体现着人的生活方式的多种要求，是物质技术与思想艺术的结合，并非只是单纯的交通功能。因为中国建筑的空间是**流动空间**，所以人流路线的规划和组织，也是一种空间与时间结合的艺术。正如西方人所说，他们习惯于在空间里看见孤立的物体，而中国人看到的是虚实结合的景象。

对中国古代的建筑师来说，是在时空结合中看到建筑空间的序列、层次、内外、开合、动与静、虚与实、有限与无限的有机联系。早在三百多年前，明代杰出的造园学家计成，在《园冶》中就已强调指出，"长廊一带回旋，在竖柱之初，妙于变幻"；"小屋数椽委曲，究安门之当，理极精微[15]"的设计思想方法。这对于那些受西方建筑文化教育和熏陶的现代建筑师，习惯于从静态中注重建筑实体的形式构图者，很难理解计成所说的意思是什么。甚至连某些专门研究中国园林的专家学者，对此也似是而非，不得要旨。

其实，计成讲的正是指人流路线组织和庭院的空间意匠问题。我在《中国造园论》中，曾名之为**往复无尽的空间流动理论**。计成不仅从理论上提出这一精辟的思想，而且总结出"砖墙留夹"等一系列流动空间的设计方法。中国建筑正是使人在这往复无尽的空间流动之中，以简单的平面布局创造出富于变幻情趣的生活环境。

## 一、苏州住宅的平面组合

中国建筑的空间特点，在传统住宅建筑中，苏州民居是具有代表性的例子。苏州是著称于世界的水乡城市，市内河渠纵横交错，街道多沿河布置，形成棋盘式水陆并行的道路网结构。苏州古有"天堂"之誉，城市经济繁荣，人口稠密，在水运便于陆路的时代，加之生活用水的便利，家家都争取沿河建造，因而沿河面占地很窄，住宅多向纵深发展，形成"前街后河"的布局方式。所谓"吴宫闲地少，人家尽枕河"，正是很形象的写照。

图 **7-16** 所示是苏州中型住宅较典型的实例。住宅由于面宽窄，基地狭长，建筑密度大，庭院组合不可能采用北方的三合院和四合院，多以一栋单体建筑为主，用廊和墙闭合成院。苏州住宅，可以说很少有供居住的厢房，更无倒座的形式。如果说，北京的四合院，是有多种功能的**基本组合单元**，苏州的一进庭院，因为只有一栋厅堂或楼房，生活活动只能分别在各个庭院里进行，庭院实际上就等于一个**空间使用单位**了。这种为适应地形而非常紧凑的庭院组合方式，由于活动功能分散，庭院封闭的相对独立性，就为各种生活活动的空间创造出不受干扰的幽深环境。

每进庭院建筑多为三间或五间，东西一边或两面设廊，建筑为楼厅时，廊亦为二层。天井不大，但不妨南纳阳日，西蔽日晒。为避免前后厅堂间的干扰，一般均用"**塞口墙**"在庭院中间隔开，形成厅堂前后都有天井的情形。厅前的天井较大，院深与厅堂的檐口等高，天井呈横长方形；厅后天井甚小，离塞口墙仅 2 米左右，由于在厅的明间背后至墙门筑廊屋，就形成两个很狭窄的小天井，俗称"**蟹眼天井**"，左

中国建筑，是时空结合的流动空间，具有往复无尽周流不息的特点。这是中国建筑在空间上不同于其他建筑体系的一个重要区别。

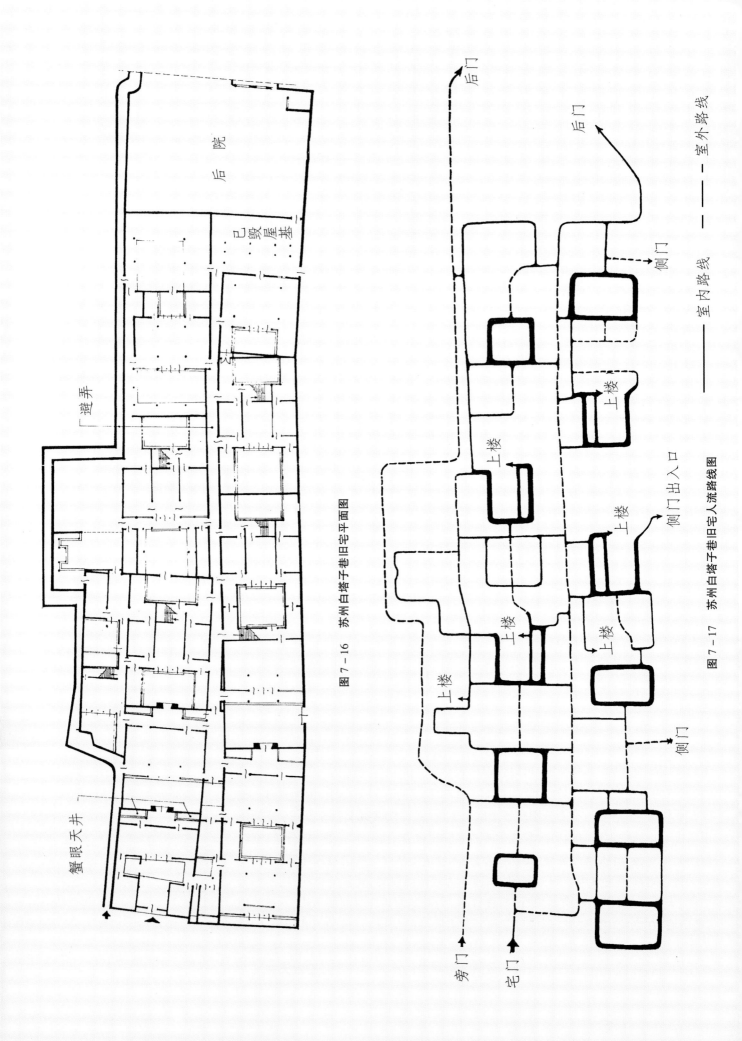

蟹眼天井

避弄

后院

已毁屋基

图7－16　苏州白塔子巷旧宅平面图

后门

后门

侧门

上楼

上楼

上楼

上楼

上楼

侧门出入口

侧门

劳门

宅门

室内路线 ———　室外路线 - - - -

图7－17　苏州白塔子巷旧宅人流路线图

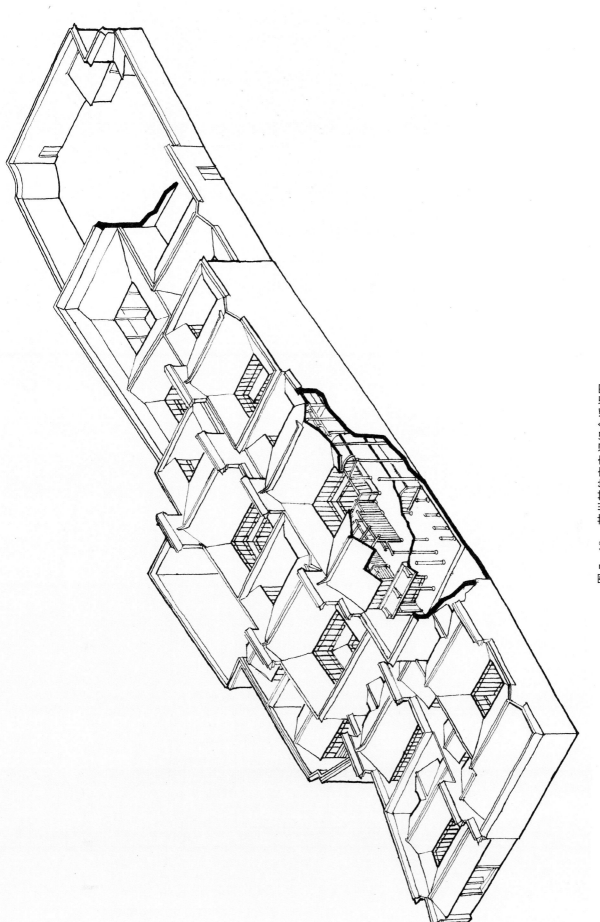

图 7 - 19 苏州某住宅空间组合透视图

右对称故也。正因为蟹眼天井窄小,而有冬屏寒风、夏无西晒之利,为厅堂造成空气对流的微小气候;从视觉上,小小天井,点以灵石,数竿疏篁,几株芭蕉,在粉墙的衬托下,生意盎然,使闭塞的穿堂显得通灵 为了打破后进厅堂面对塞口墙之呆板,对厅堂的一面多用砖雕精致的墙门。图 **7 - 18** 为苏州旧住宅中塞口墙上砖雕墙门。

多进住宅,不论是正落还是边落,为了通前达后,厅堂的明间必须贯通,所以也称中国的厅堂为"**穿堂**"。为了保持穿堂室内的空间完整,既可穿过又不妨碍布置家具,都在后金柱(后步柱)间装设屏门,巧妙地用蔽而通之的办法解决了矛盾。但在生活中,当主人在使用厅堂时,是不允许有人穿过的,即使在为主人服务的奴婢也如此。这就提出一个问题,传统住宅只有轴线上一条通路,是不能满足生活要求的,还必须设有次要的和辅助性的路线。

清代的戏曲家和园林建筑师李渔在《闲情偶寄·居室部》中,有一段专讲路线

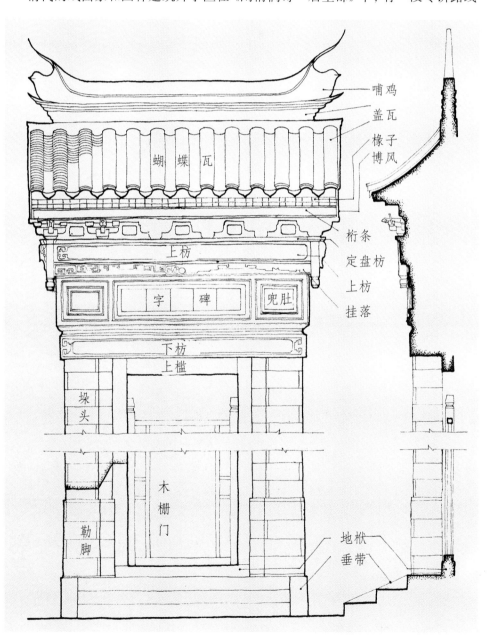

图 7 - 18　苏州旧住宅中塞口墙上的砖雕墙门

设计的话,他说:"径莫便于捷,而又莫妙于迂。凡有故作迂途以取别致者,必另开耳门一扇,以便家人之奔走,急则开之,缓则闭之,斯雅俗俱利,而理致兼收矣⑯。"

说明住宅的路线,捷为主便,迂供奔走,也反映出厅堂在使用时,家人不能随便穿过的内容。而迂途之妙,还不在使用功能方面,迂回曲折的路线,使人的视线在流动中不断转换,从不同方向、位置和角度进入庭院,就会给人以不同景象的审美感受,这就是李渔所说"以取别致"的道理。

显然要故作迂途,必须在轴线通道之外另辟蹊径,这就是苏州住宅中的"**避弄**"。弄,是小巷。"避弄"者,避开住宅的活动空间,所辟的隐蔽小巷也。避弄的方向与轴线平行,多设于两落庭院之间,或正落及边落与宅的垣墙之间留出的夹巷,前后通达,左右与各进庭院相联,可以不必穿过厅堂或院子,将所有院落联系起来的便径。大中型住宅,常设有两三条避弄,避弄也是出入隐蔽的边门和后门的捷径。

## 二、苏州住宅的线型特点

按上面所举的苏州住宅平面图,在凡有门可通处,都用线把它们连接起来,就会得到一幅如图 **7－17** 的人流路线图,它很像现代派的线型抽象画,似随心所欲,毫无章法,但就在这似无规则的淆乱无序的线型中,却有其内在的规律,并反映出当时人的生活方式的某些重要特征。

在图 **7－17** 即住宅平面中的南部,近住宅大门处线型呈环型圆圈的地方,正是住宅的活动中心主体建筑的大厅和边落的活动中心花厅;在轴线上路线不能贯通处,即其后的两进庭院,是内眷居住的深闺,反映出内外有别的生活方式要求;正落和边落的庭院之间,是经避弄错开的,不仅为避免庭院间通视的干扰,也由于两落庭院的主体建筑是前后交错的,显然这样布置便于厅堂建筑的施工(见鸟瞰透视示意图,**7－19** 苏州某宅鸟瞰透视图)。

从整个的线型结构看,它有个显著的特点,除了宅门、边门、后门等箭头所示的对外出口,宅内路线都是可以闭合的环形,形成大环套小环、环环相套的人流路线,这就深刻地反映出中国古老的"**无往不复,天地际也**"的传统的空间意识;充分体现了中国建筑的设计思想"**往复无尽的流动空间理论**"。

我们再将这幅线型图与住宅的平面进行比较,就可以看到,每一庭院的人流路线形式,是完全不同的。由于庭院的出入口都不止一个,进入庭院的方向、位置和视角,就有多种可能性。从不同的入口进到庭院,人们所获得的视觉景象自然也就不同了。从而产生一种奇特的效果,在路线的往复循环中,使人感到空间的无尽,景观变化的莫测。这正是计成所说的"小屋数椽委曲,究安门之当,理极精微"的深刻含义。

苏州旧住宅所体现的人的生活方式,随着历史的过去已不复存在,但这千百年来实践积累的经验和智慧,独创的流动空间的设计思想,以及表现这思想的一系列空间处理手法,对今天的建筑师来说,是很值得深入研究和学习的。

## 三、山西民居的空间组合及线型

苏州住宅的线型特殊性与避弄有关。避弄的形式,在我国其它地区的民居中尚未见到,现举山西太谷的一个典型住宅来说明,见图 **7－20** 山西太谷武家巷住宅。

这是一座正落两进、左右边落三进的住宅。因北方系用火炕采暖,均采取顺山炕的布置方式,即火炕与山墙平行。三落都沿街开门,三门并立,宅的大门居中(看来山西的风水先生是没有"穿心杀"一说的),边落的侧门都设在东南隅,东面的巷内还有两个便门。全宅以主体建筑大厅为中心,庭院比例很狭长,这是山西民居的共同特点,显然有利于冬防寒风、夏挡西晒。与苏州住宅对比,空间组合是用围合形式的三合或四合院,布局较宽松,庭院也较大,与北京住宅的组合模式类似。建筑开门辟牖,不用通间开敞的槅扇,造型朴实,庭院的空间环境和建筑风格,具有山西的地方特色。见图 **7 - 20** 平面,剖面图。

山西住宅中没有"避弄",并非不存在厅堂不被穿过的矛盾。从平面图看,解决这个矛盾的办法,是在厅堂的两端或一端留出夹道,如正落的大厅,将两端的稍间隔成夹弄,成"明三暗五"的形式;边落的厅堂,只需在靠正落的一端稍间或次间隔出夹道即可。这种路线形式,虽解决了厅堂被穿过的矛盾,但由于出入夹道的方向与厅堂一致,并不能完全解决视觉和听觉的干扰,且厅堂的立面构图也不够完整。

我们用同样方法,按住宅的平面图画出人流路线,如图 **7 - 21**。山西住宅的线型,要比苏州住宅简单规整得多,主要人流路线多与轴线平行而吻合,但线型结构的基本特点,仍然是循环往复的,反映出中国建筑在时空融合上的共性和特点。如人流路线在活动中心的厅堂里,形成相对独立的环路;凡沿轴线向后不直接贯通处,即其后部庭院需隐蔽深藏的特点等等。

山西住宅简单而规整的线型,反映了庭院组成的围合方式特点,由于布局的均衡对称,建筑门户大多对位,建筑之间多单线联系之故。

形式反映内容,从这两种不同的线型形式中,也反映出南北方地区不同和生活习惯的差异。江南的精微、含蓄和雅致,北方的粗放、开敞和质朴。

从中国各地的民居庭院已充分说明,建筑之间的组合形式虽然大同小异,甚至是完全相同的,但创造出来的空间环境和艺术形象,却可以完全不同。中国传统建筑庭院的空间艺术,在意匠上之精湛,手法上之极臻变化,在清代的皇家园林设计中,有大量的实例可供我们研究。如北京的颐和园和圆明园等大型园林,除部分景点采用散点建筑连廊的自由式组合,大部分都是以建筑庭院构成,或者用自由式布置与庭院相结合的方式。诸多精湛的意匠和杰出的手法,对现代的建筑师来说,仍然是值得深入研究和足资借鉴的东西。

中国造园,不论是大型的皇家园林还是中小型的私家园林,从总体规划到具体的景点设计,毫无例外地都是以建筑为主。中国园林(**yuanlin**)完全不同于"本身并无意义"的西方花园 (**Garden**),而是充满着人的思想感情和审美理想的生活环境。如果说,**山居是将人的住所建造在自然山水之中,园林则是将自然山水"移天缩地"于人的居住生活环境之内。质言之,中国园林是居住环境的自然山水化。**

所以,中国的园林建筑,也就是人的居住生活活动所需要的建筑,尤其在大型的皇家园林里,不仅只是供生活起居和娱游观赏的厅堂,而且有供皇帝处理政务的宫室,供佛的寺院和祭祀祖先的祠庙等等。这些建筑的性质并没有改变,不同之处是它们在整体的空间环境中,不仅要满足使用功能上的要求,而且要形成可望、可游、可居的一处处景点。在设计上,庭院空间组合同样要遵循对称均衡的原则,但在环境意匠上必须融于景境之中。圆明园中的庭院组合丰富多彩,举较典型者例言之。

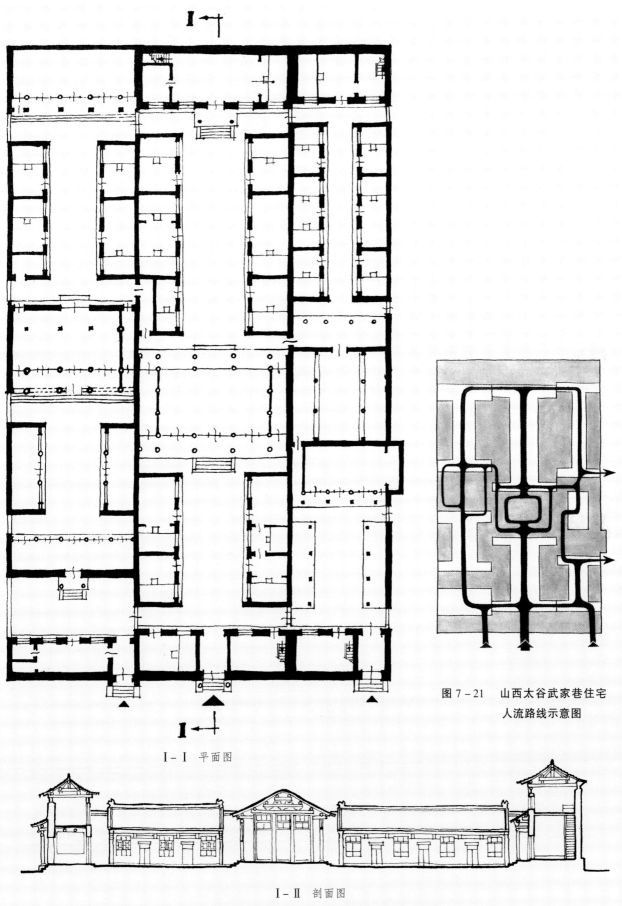

图 7-21 山西太谷武家巷住宅
人流路线示意图

I－I 平面图

I－II 剖面图

图 7-20 山西太谷武家巷住宅平面、剖面图

# 第四节　圆明园中的庭院组合

## 一、闭合中围合

这是采用较多的一种庭院组合方式。如圆明园四十景中的"武陵春色"一景，在进入象征性的桃源洞口以后，山峦起伏中散点式地零星布置了一些小舍，转过山口的武陵春色主体建筑，就是采用闭合中围合的典型的庭院组合方式，四周用廊围闭成院，院中前后以"全碧堂"和"天君泰然"两座厅堂分隔成三个围合的小院。图 7 - 22 为武陵春色主体建筑平面示意图。庭院组合虽完全采用轴线对称、左右均衡的格局，由于相对尺度较小与山环水抱的环境并无不协调之感。而北面隔溪的峦岫围抱中，"桃源深处"、"品诗堂"等一组建筑，则用散点连廊的自由式布置。"武陵春色"在建筑意匠上，有集中，有分散，有主次，形成前部庭院俨雅、后部散点萧疏的布局方式，显然有象征性地体现村社结构之意，却在这疏密有致的建筑布局中，空间上给人以变化的情趣。

筑垣墙围闭成院，是寺庙建筑普遍采用的一种空间构成方式。中国的寺庙处山林者，本身就具有园林化的特点，而且在园林中也是景境创作的内容之一。寺庙在皇家园林中不仅常作为主要的景点，如北京北海琼华岛的永安寺、颐和园的大报恩延寿寺等；在私家园林中规模大者也建有此类建筑，如清代文学家曹雪芹，在其名著《红楼梦》中的大观园里就有"栊翠庵"的描写。

私家园林中筑"庵"而不建"寺"是很有意义的。**庵**，原指隐世修行者所居的茅屋。《释氏要览》："草为圆屋曰庵……西天僧俗修行多居庵。"后来佛教建筑名比丘尼所居之处为"尼庵"；也称草葺的圆顶房子为"庵"，如司马光《独乐园记》："……曰钓鱼庵、曰采药圃者，又特结竹杪落蕃蔓草为之尔。"私家园林中之所以建庵者，庵为女僧修行之所，对主人眷属园居生活既无干扰，且增谈禅说佛的玄趣。庵的规模比较小，建筑形制简朴，亦与私家园林的风格协调故也。对皇家园林言，琳宫梵宇，苍松翠柏与红墙黄瓦相映，奕奕煌煌，宜于装点皇家园林也。从寺与庵的建筑特点而言，也反映出古代园林的不同性质和设计思想。

以寺庙作为装点园林的景物，如清乾隆皇帝在《圆明园四十景图咏》的"月地云居"词中所说："何分西土东天，倩他装点名园。"正反映了中国将神人化的宗教观念，与西方的宗教观有本质的区别。这一点我们在"台观"和"寺院"的有关章节中已作了分析，不再赘述。

园林中的寺庙，虽然并不改变其使用功能，但作为一处景点和园林建筑，在整体的建筑形象上仍然要考虑景观的审美要求，从而建筑的意匠经营有其特点和灵活性。如北京圆明园四十景中的"月地云居"，虽然同样采用墙垣围闭成院，沿中轴线布置殿堂，左右对称的分列碑亭、配殿，并采用初期伽蓝形制，在山门内建正方形殿堂，完全是传统的布局形式，但从组群建筑的整体艺术形象看，却给人以不同于一般寺庙的审美感受。

以寺庙装点山林，从建筑而言，中国木构体系建筑，古朴而自然的结构，典丽而俨雅的色彩，静态中而有飞动之势的神韵，使建筑与自然山水有若天然地融合在一起，这种建筑与大自然的亲和性，是世界上任何其他体系的建筑所无法媲美的。

1. 全碧堂　　　8. 清秀亭
2. 天君泰然　　9. 桃源深处
3. 小隐栖迟　　10. 品诗堂
4. 紫霞想　　　11. 绾春轩
5. 洞天日月多佳景　12. 清水濯缨
6. 天然佳妙　　13. 清会亭
7. 桃源洞

图 7 - 22　武陵春色主体建筑平面示意图

从"月地云居"的透视示意图 **7 - 23** 可见，整个寺院的建筑尺度都较小，这显然是为了与园内尺度不大的山水环境相应取得协调。寺庙的布局虽在规矩方圆之中，建筑形式却不拘一格，如山门内的"月地云居"殿，用古制的正方形平面，而不用歇山顶代之以重檐攒尖顶，建筑体量还是庙内之最大者，这就打破了寺庙以大殿为主体的常规，形成以"月地云居"殿和其后的两座八角重檐碑亭为中心的建筑景观。因此用殿名"月地云居"为景点之名，以说明设计者的意匠所在。这种既不失佛教建筑布局之严整又体现出风景园林建筑灵活而生动的风貌，正反映了园林建筑意匠的特点。

圆明园第十九景"日天琳宇"，是以供奉观音菩萨为主题的寺院，景点四周环水，沿水筑山状若玉玦，地形东西长于南北，建筑布置随地形横向展开。东部的"瑞应宫"，在墙垣围闭中，沿轴线前后布列了"仁应"、"感和"、"晏安"三座殿堂，对称均衡是典型的闭合中围合的组合方式。西部的"极乐世界"和"一天喜色"，则采用了"开"字形的自由组合平面。见图 **7 - 24**"日天琳宇"平面示意图。东西两部的结合，既保持了主要殿堂部分的严整，也取得总体布局上的灵活自由。

以上二例旨在说明，在简单的庭院**基本组合模式**的基础上，是较明显也较典型的变化手法。"月地云居"是组合的基本模式不变，通过单体建筑的相对尺度，体量大小和造型的变异，取得整体建筑艺术形象的变化；"日天琳宇"则是将闭合中围合的基本模

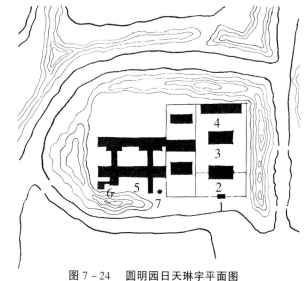

图 7 - 24　圆明园日天琳宇平面图

1. 瑞应宫　2. 仁应殿　3. 感和殿　4. 晏安殿
5. 极乐世界　6. 一天喜色　7. 灯亭

375

圆明园四十景之一"月地云居"胜概

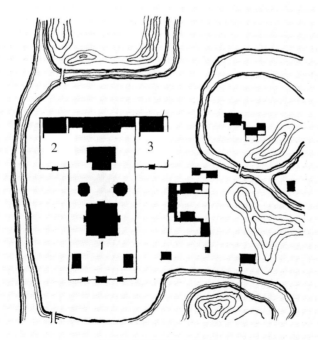

1. 月地云居
2. 戒定慧
3. 开花献佛

"月地云居"平面布置图

图 7 - 23　圆明园"月地云居"平面及胜概图

式,与自由组合的建筑相结合,从而打破了总体布局的规方严整。

## 二、闭合中闭合

这种庭院组合方式,也有两种情况,即用廊闭合和用垣墙闭合,形成庭院环环相套的形式。如圆明园第十二景"长春仙馆",是在河渠环绕中的一处景点,其东部庭院就是用廊围闭成的双重庭院(见图**7-25**"长春仙馆"平面图)。

圆明园第二十七景"西峰秀色"景点,组群建筑西部的"含韵斋",是一座用三栋卷棚顶相连的三卷厅,南北用廊围合成前后两个封闭的庭院,从而为"含韵斋"创造出相对独立的静谧的活动环境(图**7-26**"含韵斋"平面图)。圆明园景点中此类例子不胜枚举。

中国庭院组合的基本模式是非常简单的,但构成庭院的组合因素则是复杂的,这就为空间环境的创造提供了广袤的天地。就如人人皆有五官,不仅颜面各异,而且在精神气质上有很大的悬殊是一样的道理。庭院的意匠亦然,不在于组合形式上有什么不同,而在于从这不同中体现出各种生活活动方式的差异,表现出不同的建筑性格,给人以不同的审美感受。

园林建筑庭院不仅只为了有幽美的**可居**环境,而且要**可望**、**可游**。这就需要打破三合院和四合院的封闭,所以私家园林多以一栋单体建筑为主,用廊、垣组合成院落,建筑空间借"廊"得以引申、延续和展开,庭院的空间是开敞的或半开敞的,从而将空间与时间结合起来,创造出往复无尽的**流动空间**的无穷意趣。

中国园林的建筑庭院,在空间组合上是非常自由灵活的,圆明园150余处景点,庭院组合形式极为丰富多彩,意匠精湛,手法亦极具变化,不胜枚举,足资借鉴。关键在于掌握其基本规律,设计者因时、因地、因人制宜地去变化。正如清代杰出的画家石涛所说:**一知其经,即变其权;一知其法,即工于化。**

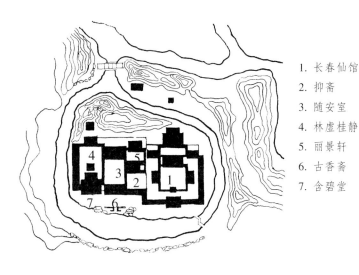

1. 长春仙馆
2. 抑斋
3. 随安室
4. 林虚桂静
5. 丽景轩
6. 古香斋
7. 含碧堂

图7-25　圆明园长春仙馆平面图

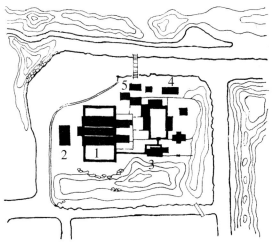

1. 含韵斋
2. 西峰秀色
3. 自得轩
4. 岚镜舫
5. 花港观鱼

图7-26　圆明园西峰秀色平面图

## 第五节　公共建筑的空间组合

在古代的中国,没有像希腊那样的可供人民公共活动的场所,西周时惟一具有公共性的"**市**",围墙峻立,门禁森严,不仅在空间上禁锢,时间上也加以严厉的管制。一天两次,中午的"大市"以消费者为主,傍晚的"夕市"以贩夫贩妇为主。所以统治者只有利用市作为颁布公告法令和执法示众的场所,并称之为"弃市[17]。"直到北宋时,"**坊市**"制度才崩溃,终于打破了围墙的禁闭,出现了沿街的酒楼茶肆和演艺集中的地方"**瓦舍**"——野合易散之意。这种空间的城市繁荣的景象,反映在艺术上,出现了画家张择端著称史册的《清明上河图》。传统的店铺、酒店、衙署等建筑,也都未脱庭院组合和楼堂等民间建筑的范畴,对建筑文化的发展,虽然在建筑技术和空间组合方式上没有起变革的作用,但在环境设计上多少增添了新意。

自后汉刘庄(明帝)遣郎中蔡愔等到西域抄写浮屠遗范,于永平十年(67)东还洛阳,从此中国出现了佛教寺院,第一座是洛阳的**白马寺**。佛教寺院印度原名**Saṅghārāma,** 音译僧伽罗摩,又称僧伽蓝或伽蓝,意为众园,即"聚众说法的学园"。随佛教的发展到南北朝时盛兴,据北魏杨衒之的《洛阳伽蓝记》记载,从后汉明帝时开始有白马寺,到晋怀帝永嘉年间(307～312),经二百多年只有佛寺42所。但到北魏迁都洛阳,陡然大量地增加,最盛时佛寺竟多到"一千三百六十七所"。这种异常现象,是有其一定的社会条件和生活基础的。在佛教传入中国以前,中国本土的神仙方术还未能形成一种思想体系, 即离开物质经济基础采取哲学形式的宗教思想体系。佛教开始只在少数统治阶层中传播,南北朝时的战乱频仍,杀戮残酷,是历史上人民苦难深重的时代,在人民辗转煎熬在极端悲苦、惨痛、恐怖生活之中,对社会和人生绝望的时候,必然会产生对死亡后幸福生活的憧憬。宗教则引导人们忘掉现实,忍受一切苦难,以得到佛的慈悲,把希望寄托在死后或来生幸福的憧憬上。这就是佛教在社会大动乱的魏晋南北朝时代能得到广泛流传的原因。

北魏从孝文帝太和十九年(495)由平城(今山西大同)迁都洛阳,到孝静帝天平元年(534)又从洛阳迁都邺城(河北临漳)。北魏衰亡,而洛阳也就"城郭崩毁,宫室倾覆,寺观灰烬,庙塔丘墟[18]",仅"余寺四百二十一所"了。杨衒之写《洛阳伽蓝记》的目的, 正是欲通过记北魏京师洛阳,在短短的40年间佛教寺塔的突飞猛建和迅速毁败,反映都城的盛衰和北魏的兴亡。虽然国家的兴亡与寺庙的盛衰,没有必然的联系,但宗教一时的空前兴盛,却不能不反映出民间对现实生活的精神状态。

二千年来,中国佛教迄今香火不绝,寺庙遍及全国各地,正是历代封建统治者利用佛教"助王政之禁律,益仁智之善性[19]"的精神统治作用,而佛教亦如晋释道安说的,"不依国主,则法事难举[20]"。但佛教在中国建筑文化及绘画、雕塑艺术上,有其不可磨灭的功绩。历来改朝换代,"**毁旧朝,建新朝**"的历史传统,将历代的帝王宫殿毁坏殆尽;而佛教寺院自唐以来、宋、元、明、清都有遗存,明清以前的古建筑,可说惟佛寺仅存。所以寺庙建筑,是研究中国建筑文化不可或缺的非常重要的资料,也是我们分析公共建筑空间组合的具有代表性的建筑类型。

寺庙建筑随佛教宗派教义的不同而异,"佛教初起时本无宗派,后来才有了小乘、大乘之分。它被传入我国之初,只是在皇族及上层贵族地主阶级少数人物中有些影响。且当时信奉者认为佛和中国黄老之术差不多,造祠(寺)奉祀可以祈福。到东晋时代,龟兹国(今新疆库车一带)人鸠摩罗什来长安(今陕西省西安市)译经后,才建立起各种宗派[21]。"唐时有佛教十宗,随历史发展大多衰败,存在者亦不兴盛,如山西交城县石壁山中的**玄中寺**,北魏时有高僧昙鸾大师住寺研究净土宗,唐时日本亲鸾接受昙鸾一脉相传的净土宗教义,建立净土真宗,故今之日本佛教徒视"玄中寺"为"祖庭"。

在佛教宗派中,只有基于中国国情产生的禅宗流传最为普及广泛,并对日本文化有很深影响,中国的禅宗寺院的制度曾直接影响到日本建筑,并且还波及到日本的住宅。据日本人木宫泰彦的《日中交通史》中所云,禅宗寺院专门建有茶亭,盖坐禅务于不寐,吃茶能解闷睡觉之故。可见饮茶之风,系先行于禅僧之间,后才普及于世。日本的**茶亭**,即仿造自中国的禅寺。

禅宗寺院的制度与传统住宅布局原则相同,采用轴线对称均衡的方式,主要殿堂位置在中轴线上;庭院的空间组合,小型寺院用围合者多,大、中型寺院,则围合与闭合综合运用,主要殿堂常用闭合中围合(**BZW.**)的方式。这类例子不胜枚举。

中国禅宗,不仅教义提倡"不著语言,不立文字,直指人心,见性成佛",一变佛教的历来窠臼;在寺院建筑制度上,也打破佛教传入初期形成的"伽蓝七堂"制度(七堂即七座堂塔),即塔堂的位置沿轴线是:**门——→塔——→殿——→堂**。各宗派堂的内容与附属建筑名称不同,主要建筑布局皆大致一样,共同特点是以塔为中心,进门见塔,塔在寺门(山门)与大殿之间,四周绕以僧房。禅寺无此制度,其他宗派寺院的塔以后也不再是中心,这显然同南北朝时的佛教盛兴,社会上"舍宅为寺"之风大盛,一度造成"京邑第舍,略为寺矣"(《魏书·释老志》)有直接的关系,因为规模再大的住宅改做佛寺,大门与殿堂之间也不可能有造塔的地方(详见第四章《中国建筑的类型(一)》"佛教与佛寺"一节)。

## 一、佛教寺院的空间组合

中国的封建等级制度,对佛教建筑是没有限制的,所以寺庙建筑大体上能反映出历代的建筑发展水平与成就。由于中国疆域广大,地理与民俗有诸多差异,各地寺院在样式和构造上,各有不同的风格和做法。但在群体空间组合上,仍有其自身的特点和规律。为了能清楚地说明问题,我们选择了规模不同但能形成系列的蒙古族喇嘛教寺院的例子。

蒙古族从明代起就大量吸取了汉族文化,到清代得到更加密切的融合。在建筑上,喇嘛教寺院的总体布局完全采用了汉族传统的组合方式,但又保持了喇嘛教大经堂的特有形式,从而在中国的寺庙建筑中,形成在共性中具有个性的特点。

图**7—27**内蒙古达茂联合旗**"百灵庙"**,建于清代康熙年间,清廷赐名"广福寺",为达尔罕旗贝勒(满语,亲王称号)所建,俗称"贝勒庙";又因当地盛集百灵鸟,而讹称百灵庙。庙的规模不大,在中轴线上只有山门和大经堂及东西配殿,以围合的方式组成殿庭。

大经堂是不同于传统殿堂的特殊建筑物,它由前廊、经堂、佛殿三个部分组成,

南北朝时"舍宅为寺"的风气盛行,是佛教建筑彻底迅速中国化的重要原因。从当时贵族在战乱劫后"多舍居宅,以施僧尼"说明,舍宅不是向神灵奉献住所,而是施舍给僧尼作宗教活动以祈福。反映中西方在宗教观念上的不同:在中国主宰人间一切的是皇帝"人",在西方则是超人间力量的上帝"神"。

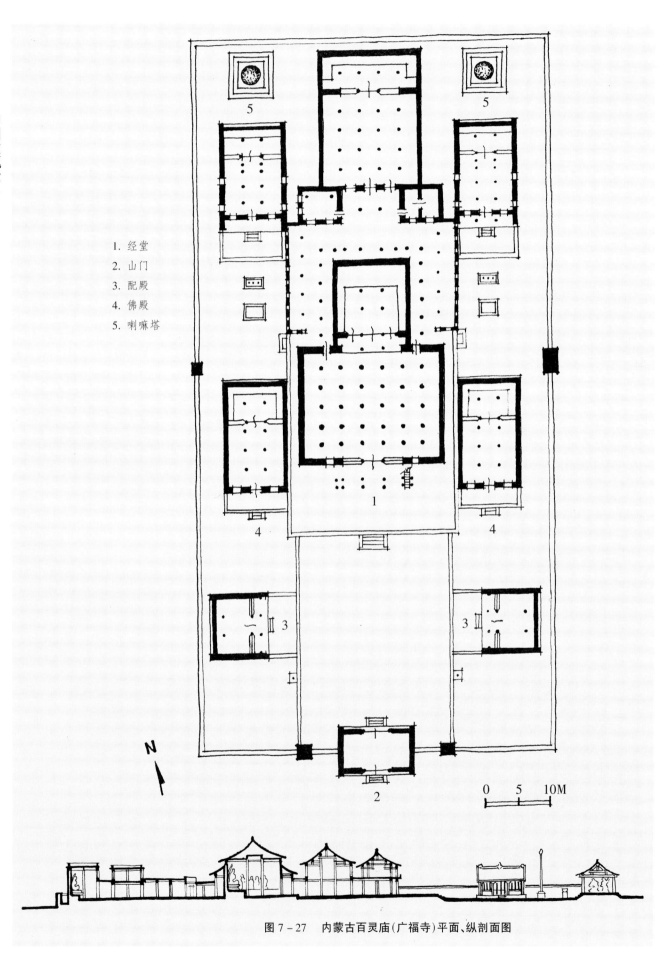

1. 经堂
2. 山门
3. 配殿
4. 佛殿
5. 喇嘛塔

图 7－27　内蒙古百灵庙（广福寺）平面、纵剖面图

以密梁平顶的经堂将三座歇山顶建筑联系在一起，构成型体集合式的大体量建筑物。三栋歇山顶面宽相同，高二层，因进深依次由前向后递增，形成由小而大、由低渐高的层次，形象颇为宏丽(见图**7-29**经堂平面及经堂型体组合透视图)。经堂都建在高台上，前面多有月台，这都是汉族重要建筑的传统手法。

经堂是喇嘛教寺院中突出的主体建筑，因此不论寺庙大小，它在组群建筑中都起着空间控制的作用，构成喇嘛教寺庙特有的天际线和空间形象。这一类寺庙的空间组合和变化，可以从图**7-30**看出，这是内蒙古喇嘛教寺院中五座规模不等的寺

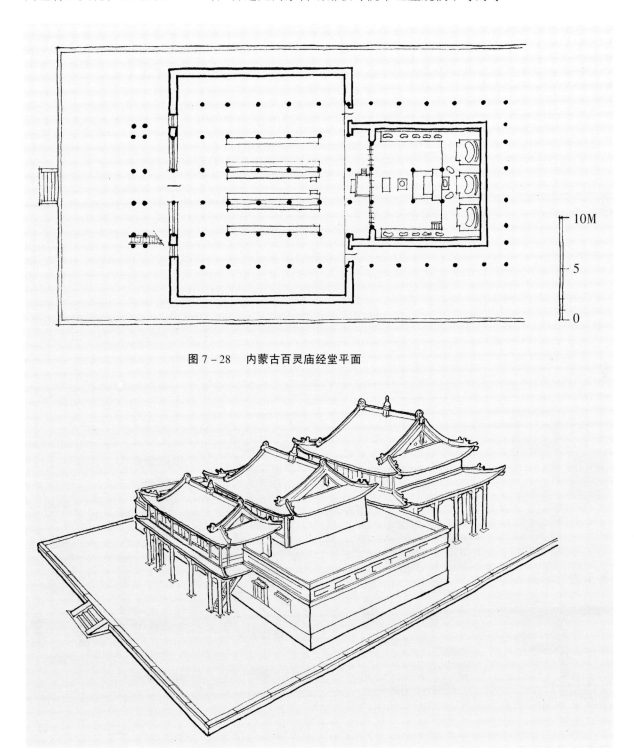

图7-28 内蒙古百灵庙经堂平面

古图7-29 内蒙古达茂联合旗百灵庙经堂平面及型体组合透视图

院，小者如"**乃通庙**"，大者如"**席力图召**"，介于中间者如"**乃木齐召**"、"**大召**"、"**巧尔齐召**"，基本上代表了大、中、小的寺院类型。"召"，是蒙古语"伊克召"，意思是"大庙"。

从最小的"乃通庙"看，全寺只有五栋房屋四种功能，即主体建筑大经堂，山门，左、右配殿，以及后楼。这些内容和建筑物，不仅为满足一个寺庙的宗教和生活活动最少的必需建筑，也是殿庭空间组合的起码条件。

中等规模的"大召"和"乃木齐召"建筑的数量和庭院"进"数增加了，两者都用"天王殿"增加进山门后的一个空间层次，而"大召"在天王殿后，又加了一栋过殿分隔成三进，增加了组群建筑的空间层次和节奏，不仅只增加了空间环境的变化，丰富了环境景观，而且较之"乃通庙"的开门见山、一览无余，更加有力地衬托出大经堂的庄严宏丽来。

"乃木齐召"进山门后，建喇嘛塔，大概是含有仿佛教早期寺院"伽蓝七堂"的遗意。在天王殿与大经堂之间，东西各建两栋配殿，所以殿庭比较开阔，虽突出了体量较大造型丰富的大经堂，但相对于宽阔的殿庭，大经堂的立面就窄，经堂两边的视线通透而无收束，或者说人的视线在大经堂处不聚焦，所以在大经堂前部，台基下左右两侧各建了一个小殿，从而在空间构图上，形成围而不闭、空间环境完整、中心建筑突出的视觉艺术效果。

寺院规模大的如"巧尔齐召"和"席力图召"，其中山门、天王殿、经堂、配殿、后楼，这些基本的建筑物，与中小型寺院并无多少区别，增加的多是附属建筑，如"藏经殿"和喇嘛的生活用房(活佛院、方丈、喇嘛住宅)等。正因规模大了，才住活佛和方丈。"活佛"，藏语为"朱古"，意为神佛化现为肉身，是居寺庙首领地位的大喇嘛，实行大喇嘛继承的制度。大喇嘛死后根据转世制度取得寺庙首领地位的继承人。"方丈"是禅宗寺院的住持，也指其住处。

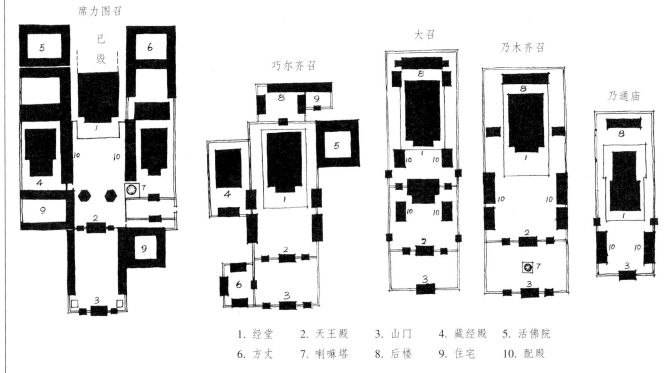

1. 经堂　　2. 天王殿　　3. 山门　　4. 藏经殿　　5. 活佛院
6. 方丈　　7. 喇嘛塔　　8. 后楼　　9. 住宅　　10. 配殿

**图 7 - 30　内蒙古喇嘛寺平面组合示意图**

从这五座寺院简单的平面布局形式看，都各有特点，无一相同，人们游历其中自会获得不同的环境感受和整体的艺术形象。但在这不同中，对一般佛教寺院而言，又具有喇嘛教寺院自己的共同特点。型体集合式的大经堂，体量较大且造型丰富，又造在高台上，从空间环境的意匠，视觉上经堂周围就需要有一定的空间距离。所以没有用闭合中围合(**BZW.**)的组合形式，这种组合形式在非藏传佛教寺院中，是常见的，如北京的"**护国寺**"和西郊的"**卧佛寺**"等的主要殿堂部分。"**席力图召**"大经堂的两侧建筑太近形成夹道，经堂的形象显得空间不够舒展。这大概是该寺院在明代时原是一座小庙。藏语称法座或首席为"席力图"，因当时席力图一世呼图克图希体图噶在此住持，于万历三十年(1602)又护送随其学习经典的四世达赖喇嘛回藏坐床，小庙就倍加受到重视，从清初起就不断地加以扩建殿宇的缘故。

## 二、北京故宫的空间组合

中国的宫殿建筑，自有文字记载就是都城的建设中心，同时也就是国家的建设中心。历代王朝建都或迁都，新的京都城市建设，首先是为了建造宫殿，都城的建设必须在以宫殿为中心的前提下进行规划。"自古以来，中国的皇宫都不是一组孤立的建筑群，它是连同整个首都的城市规划而一起考虑的。在建筑设计上，它所能达到的深远和宽广，它组织的复杂和严谨，至今为止，世界上是没有哪一类建筑物能与之相比的，至于其他同时代的同类建筑物，论气魄和规模，相较之下都大为逊色㉒。"英国的《城市的设计》(**Design of Cities**)著者爱孟德·培根(**Edmund N. Bacon**)在书中说：

> 也许在地球表面上人类最伟大的单项作品就是北京，这座中国的城市设计作为皇帝的居处，意图成为举世的中心的标志。城市深受礼制(原文为 **ritualistic tormulae**)和宗教观念所束缚，这已经不是我们今日所关心的事情。可是，在设计上它是如此辉煌出色，对今天的城市来说，它还是提供丰富设计意念的一个源泉㉓。

中国古代的儒家礼制思想和宗教观念本身，即使对今天的中国城市设计，已没有多大意义，但要从这一源泉中吸取它所提供的丰富设计意念，而不了解这种思想观念对"意念"的形成和影响，恐怕是很难把握的。

西方的古代建筑史，主要是用宗教建筑编织起来的；中国的古代建筑，是以帝王的宫殿为中心而展开的。中国古代的建筑生产，从设计到施工的整个实践过程，都是在官府的组织、管理和监督下进行的，而且弹尽人力、物力去营建，不随朝代的更替而改变，不因战争的破坏而中断，千百年来一脉相承，这是中国建筑最大的特色。所以，不论是建筑技术还是艺术，都集中体现在帝王的宫殿、园苑和都城上。北京的明清故宫，正是在继承这伟大传统的基础上，全面深入总结提高的结果，它集中地代表了华夏建筑文化的辉煌成就。

故宫在空间组合上，是集中国建筑空间组合之大成者，有围有闭，有闭合中围合，也有围合中闭合；组合的建筑，体量有大小，形式亦不同；组合的庭院，形状有宽窄，方向有纵横，应有尽有极尽空间组合变化之能事。

故宫在北京市中心，是一座非常庞大而复杂的建筑群，在长约 3 公里的城墙和护城河的围闭中，建有 9000 余间的屋宇，建筑面积达 15 万平方米，形成一座

北京故宫，是 15 世纪时中国人的杰作。在世界建筑文化中，是举世公认的一个伟大的成功的建筑艺术作品。不论中外，在它那无比的宏伟和令人屏息的壮美面前，人们无不为之惊叹！

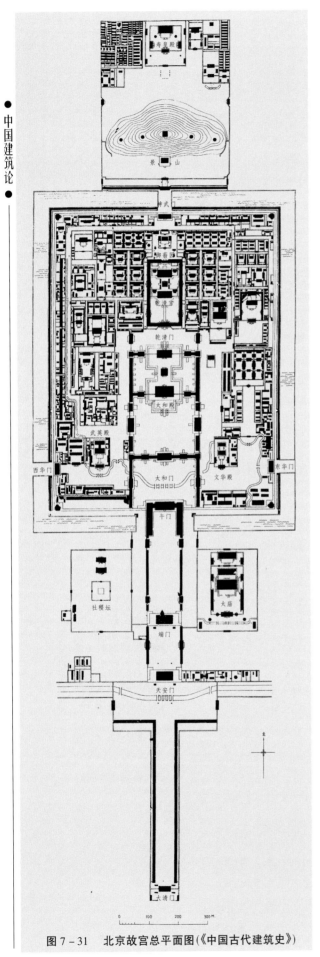

图7-31 北京故宫总平面图(《中国古代建筑史》)

壁垒森严的**紫禁城**。从图**7-31**北京故宫总平面图可见，紫禁城的主要出入口是午门，在午门前"**左祖右社**"之间，直到南端的大清门(已不存)，是由千步廊构成长达1500米的纵深夹道和横阔的**天安门**广庭，这是进入紫禁城的空间过渡部分。自大清门至**神武门**，到屏障于宫城之后的**景山**，形成一条显著明确的中轴线，主要殿堂位置在轴线正中，左右建筑采取严格的对称均衡的布置方式，堪称中国组群建筑的典范。

从总平面图很清楚地看出，布置在中轴线的重重宫门和**外朝内廷**的殿宇，不仅建筑体量很大，而且殿庭的组合全部采取**闭合**的方式，与两侧大片宫室多用围合式的庭院，形成强烈的对比。显然，外朝的三大殿，即**太和殿**、**中和殿**、**保和殿**，以及内廷的**乾清宫**、**交泰殿**、**坤宁宫**三殿，是皇帝的政治和生活活动中心，是禁区中的禁区，对安全保卫的要求，是绝对头等重要的问题，这应是殿庭都采取闭合的组合形式，而且不加以绿化的原因。这就说明，中国建筑的庭院组合形式，首先是在满足功能的基础上，创造出具有高度思想性和艺术性的空间环境。西方现代建筑师对故宫布局曾发出由衷的赞叹，认为："中国建筑这种伟大的总体布局早已达到它的最高的水平，将深沉的对自然的谦恭的情怀与崇高的诗意组合起来，形成任何文化都未能超越的有机的图案[24]。"而过去有的以研究中国建筑权威自诩的"学者"，从故宫布局的图案中，却看不见任何有意义的东西，只看到左右均齐，故作无关紧要的建筑物。这种由于时代背景的不同，在思想观念上的差异，是很值得中国建筑学子深思的。

北京故宫的设计，在"**非壮丽无以重威**"(萧何语)的主题思想要求下，从空间意匠上，对人的视觉心理所产生的作用，可以说有一种震撼人心的力量，远远超越了形式美的范畴，它在建筑艺术成就上所达到的高度，是任何其他建筑文化都难以企及的。

自进入故宫最南端的**大清门**，是一条长长的石板御路，它是由两边整齐划一的廊庑，形成纵向深长的夹道，称**千步廊**。千步廊明确的空间引导指向，在时间的延续中，就给那些去神圣殿堂的人们，在行进中起到专一而静的心理准备作用。尽"千步廊"，耸立在城台上的**天安门**，巨栋横空，空间亦随之横向开展，门前一对雕琢精美的**华表**，和横卧如弓的金水河上，架起五座并列而窄的金水桥，这种有形而无限的空间视界，不仅将天安门烘托得十分巍峨巨丽，而且这种空间界定和分隔起着限定人流作用的做法，显然具有安全保卫的意义，并使人产生庄严肃穆的心理。

从天安门到**午门**，采取闭合中围合的方式，中间用端门分隔成两个门庭,前庭端方,后庭纵长,这就在巍峨巨丽的天安门到壁垒森严的午门之间,起着空间环境的转换和缓冲的作用;也是自大清门到天安门,前奏中第一个高潮后的短暂休止,午门则是前奏的结束。

午门不仅是宫城的正门,也是献俘和颁布诏令的地方。午门前的殿庭较宽而纵向深长,在平面呈 冂 形高 8 米的城台上,建楼五座,俗称"五凤楼"。城台堞雉围绕,正中有三个门,正面门呈长方形,后面为卷形,前(外)刚后(内)柔也。主楼面阔九间,重檐庑殿顶,其余四楼为重檐攒尖顶,两翼前后连以房廊,绕以精美的汉白玉雕栏,形象森严而雄伟。在中国工作过的美国现代建筑师摩尔菲(Murphy),对午门曾写出他的感受说

> 在紫禁城墙南部中间是全国最优秀的建筑单体,伟大的午门是一座大约二百英尺长,位于有栏杆的台座上中心建筑物,两翼是一对方形的六十呎上下的角楼(原文为 pavilions)。四百英尺的构图是升起在五十英尺高的城墙之上的,墙身是暗红色的粉刷,其中有五个(为三个之误)拱形的门洞。向南伸出三百呎构成侧翼的墙基,另外两对角楼是主体建筑的重复。其效果是一种压倒性的壮丽和令人呼吸为之屏息的美㉕。

美国现代建筑师对北京故宫的评价是很高的,对中国建筑的理解与感受,较之凭主观臆断的研究者深刻得多,如中国建筑(故宫)在"视觉上的成功并没有依靠任何尺度上的夸张",而"布局程序的安排很多时候都引起参观者不断的回味";认为中国建筑的总体布局是"伟大的","早已达到它的最高的水平";并从思想艺术上认识到,中国建筑高度成就是同"深沉的对自然的谦恭的情怀与崇高的诗意组合起来"的结果(图 7－32 北京故宫午门全貌)。

由午门至太和门,庭院比例横阔,与午门前庭院的纵深,因较大清门至天安门空间尺度大,对比也更为强烈。院中金水河横贯,水弯曲如弓,中间亦架五座汉白玉拱桥。这一手法的重复,因环境不同,禁卫感更强,空间的关掠预示着即将进入宫殿的中心,最神圣的殿堂"金銮殿"了,使人在进入太和殿之前,已经感到无形的威力和严肃的氛围。

太和门 在故宫中心外朝的正门,门内是广阔达 2.5 公顷的殿庭(广场)。人立于太和门前,展示在眼前的是一幅廊庑环绕、气势磅礴、无比壮丽的太和殿的全景画面。太和门就成为观赏太和殿全景的一个最佳取景框,这是中国公共建筑如坛庙、寺院等传统的设计手法。古代建筑师在大规模组群建筑设计中,从视觉景观上控制空间距离与尺度的非凡能力,现代的建筑师也无不叹为观止!

在故宫的中心广庭中,主体建筑的三大殿,建在一个"工"字形三层汉白玉的基座上,汉白玉的雕栏层层围绕,迎面的太和殿,面阔十一间,进深五间,重檐庑殿顶,高达 35.05 米,宽约 63 米,面积 2377 平方米;红墙黄瓦,沥粉贴金,金碧辉煌,壮丽无比(图 7－33 太和殿立面)。在层层白色高台上,在两边平矮的长廊对比和衬托下,太和殿凌空屹立,气势辉煌而磅礴,至此故宫建筑在空间艺术上达到高潮(见第十一章 中国的建筑艺术,图 11－18 故宫太和殿及环境胜概)。

李约瑟总结了一些现代建筑师,如安德鲁·博伊德及法兰西斯·史坚纳等人对故宫的评论,从中我们可以看到西方建筑师对中国建筑不尽相同的感受:

> 总的来说,我们(英国现代建筑师的话)发觉一系列区分起来的空间,其间是互相贯通的,但是每一空间都是以围墙、门道、高高在上的建筑物

对任何历史文化的研究,研究者都要受时代的和自身的局限。必须认识这一点,去尽力地克服它,才能缩短些走向真理的距离。否则,即使将其所著包装得十分堂皇,最终只能为故纸堆增加一点点份量而已。

故宫的总体规划,充分展示了中国建筑艺术的空间设计。运用庭院方位的纵横、空间的陕长与横阔、体重大小与开合,形成一种合目的性(功能的、心理的)的空间序列与节奏,给人以特定的精神感受。

图 7 - 32　北京故宫午门全貌

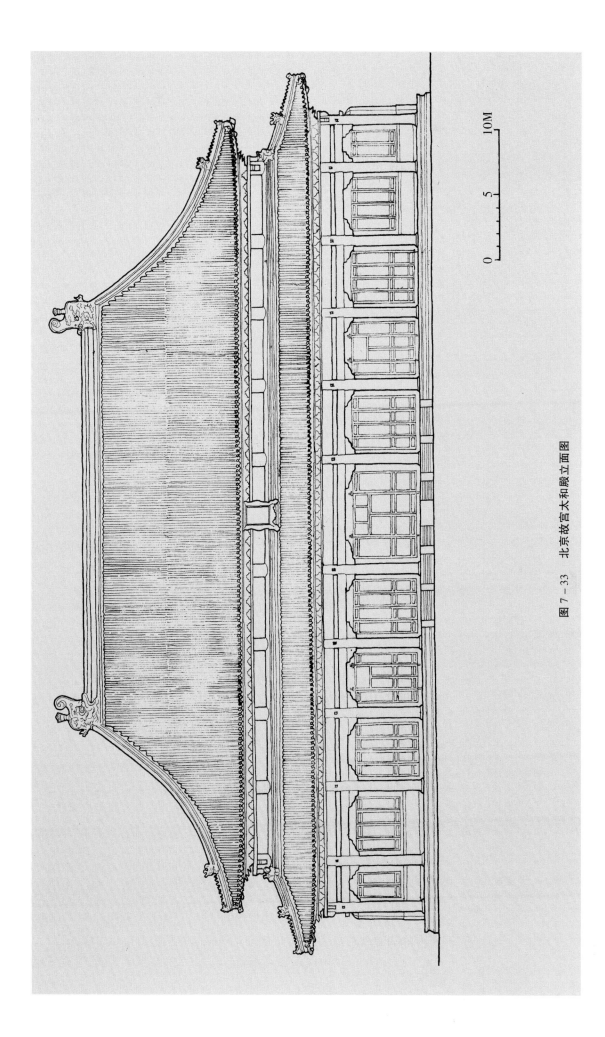

图 7 - 33 北京故宫太和殿立面图

10M

5

0

所环绕和规限,在要点上收紧加高,当达到某种高潮时,插入了附有汉白玉(原文为 **marble**)栏杆弓形的小河及五道平行的汉白玉小桥。在各个组成部分之间是非常平衡和各自独立的。与文艺复兴时代的宫殿正好相反,例如凡尔赛宫,在那里开放的视点是完全集中在中央的一座单独的建筑物上,宫殿作为另外的一种物品与城市分隔开来。而中国的观念是十分深远和极为复杂的,因为在一个构图中有数以百计的建筑物,而宫殿本身只不过是整个城市连同它的城墙街道等更大的有机体的一个部分而已。虽然有如此强烈的轴线性质,却没有单独的中心主体(**dominating Centre**)或者高潮,只不过是一系列建筑艺术上的感受。所以在这种设计上一种反高潮的突变是没有地位的。即使是太和殿也不是高潮,因此,构图越过它而再往北向后伸展[26]。

我们从上面所引出的一段文字中,不难看出由于中西方建筑思想的不同,在一些具体问题上,还多少存在着概念上的差异。这是不能责怪西方建筑师的,因为中国人自己迄今还停留在先辈学者建筑考古成就的基础上,习惯于数典、考证这"**是什么**",没有兴趣去探索"**为什么**"。尚未见愿以消耗大量生命力为代价,用现代的科学思想方法,对中国建筑作系统的理论研究,去揭示出中国建筑的社会实践特点,建筑创作中具有规律性的东西,以及一系列独特的空间意匠和手法,使中国建筑不仅是供人欣赏、令人赞叹的文化古迹,而且是融汇于中国现代建筑文化的观念之流中,成为建筑师世代可以吸取的建筑创作的不竭的源泉。而这正是我著述此书的夙愿了。

上面所说,英国建筑师在一些问题的理解上,同中国建筑的概念是有所差异的,如"在各组成部分之间是非常平衡和各自独立的"。事实上,在中国的组群建筑中,是不存在"各自独立的"组成部分的。这显然是以西方的"**个体建筑**"的概念来谈中国的"**单体建筑**"。西方的个体建筑多是一种建筑类型,但中国的建筑类型,要满足某一生活活动过程的需要的则是组群建筑,而不是单体建筑。

所以,任何单体建筑与庭院、庭院与庭院之间,在空间上都是相互融合的有机整体。可以设想,如果从故宫中轴线上的庭院中,拿掉一些所谓的"无关紧要的建筑物",改变庭院大小和形状及其比例关系,那还能成为今天所看到的故宫吗?

中国的庭院,苏州称宫殿寺院为"殿庭",很恰当地与一般民居庭院区别开来。两者性质一样,但从太和殿的殿庭可以说明,庭院的空间意匠、大小、形状、比例、尺度等对创造环境氛围、主体建筑的艺术形象,有决定性的作用,与西方建筑的院子有"质"的区别。

中国的庭院与建筑的关系,就如中国画的空白与着墨处的关系。中国的画家从两者(空与实)的关系言,认为画中的空白处比用笔墨画出的要难得多。清代画家笪重光有段著名的话:

> 空本难图,实景清而空景现;神无可绘,真境逼而神境生。位置相戾,有画处多属赘疣;虚实相生,无画处皆成妙境[27]。

这是精辟之论,非常辩证地说明中国画的特点,空处(无限空间)与画处(表现对象)不可分割的关系,"空"也是中国艺术所特有的**意境**所借以生成的地方。笪重光是讲山水画,这段话用现代语言表述就是说,山水的精神不好画,但只要画出"真境",即"形似"与"气质"统一之境,就能生成气韵生动的"神境"。"位置相戾"是指

中国的单体建筑只是组群建筑中的一个空间使用单位;由单体建筑组合的庭院,也仅是组群建筑中的一个空间组合的基本单元。

画面构图位置经营不当,有画的地方反而成了多余的赘疣。关键在"虚实相生",虚(空白)实(画处)有机结合,才能从虚无处见气韵,空白处生成意境[28]。清初山水画家王翚说得更为明白,他说:"人但知有画处是画,不知无画处皆画。画之空处,全局所关……空处妙在,通幅皆灵,故成妙境也[29]。"这个道理用来说明中国建筑的庭院空间设计,是非常贴切的。

北京故宫那种静穆中显示的美的永恒力量,离开精心构思的空间组织和庭院意匠,是不可能达到如此高度的艺术成就的。英国建筑师的"故宫无高潮论",充分反映出中西方建筑概念的不同, 他们还不完全了解中国的建筑设计思想和艺术精神。他们认为建筑的"高潮"就像凡尔赛宫那样,"在那里开放的视点是完全集中在中央的一座单独的建筑物上, 宫殿作为另外的一种物品与城市分隔开来"。即认为:一、宫殿与城市的空间结构无须有任何联系,在空间上应是独立自在的"另外的一种物品";二、在宫殿的空间范围里,"开放的视点"要"完全集中在中央的一座单独的建筑物上"。也就是说,到这座单座的建筑物为止就全部结束了,最后形成高潮。

显然用这两条来衡量,故宫对城市来说,它不是"另外的一种物品";它虽有强烈的轴线,"却没有单独的中心主体(**dominating Centre**)";故宫到太和殿并没有结束,而是"构图越过它而再往北向后伸展"。即使人们在 2.5 公顷的广场(殿庭)上,看到中央巍巍然的太和殿,"也不是高潮"。因为在三层汉白玉基座上的不是一座太和殿,而是"三大殿",而且其后还有内廷的三座宫殿。既然太和殿也不是高潮,当然整个故宫也就没有建筑高潮了。它给人们的"只不过是一系列建筑艺术上的感受",即使这种感受在太和殿前,凌空的壮美令人震撼,呼吸为之屏息,也不算达到建筑艺术的高潮?!显然,用西方文艺复兴的宫殿模式,永远也套不进庞大建筑群的故宫;以西方古典建筑艺术的审美观欣赏中国的古典建筑,也就很难超越出建筑的形式美的框子。

**什么是高潮?** 所谓"高潮",原指在潮的一个涨落周期内,水面上升达到最高的潮位。所以,"高潮"一般是就潮水的某一涨落周期而言;最高潮位不是孤立的定格画面,高潮前后是在潮水涨落起伏的运动之中。人们常用"高潮"(**high tide**),比喻事物在一定阶段内发展至顶点;文艺作品中将主要矛盾冲突发展到最尖锐、最紧张阶段,如戏剧术语称"高潮"或"顶点"。

凡尔赛宫(**palacs de vẽrsailles**)是欧洲最大的王宫,在巴黎西南凡尔赛城,始建于 16 世纪,17 世纪末屡经改建和扩建,到 18 世纪才形成现在的规模。王宫包括三大部分,即纵深长 3 公里的**宫前大花园**,自 1667 年由勒诺特(**Le Notre** 1613—1700)设计建造;南北全长约 400 米,平面呈 ⌐⌐ 形的**宫殿**,主要设计者建筑师 **J. H.** 孟莎特(**Jules Hardouin Mansart,** 1646—1708);宫殿后是**三条放射形大道**。宫殿位于东西向轴线上,中央部分是国王和王后生活起居、工作之处,南翼供王子、亲王和王妃、命妇之用,北翼是王权办公处,并有教堂及剧院等建筑,是座规模很大的多功能集合式的建筑物。建筑风格是古典主义的,立面为纵横三段式处理,上面点缀许多装饰和雕像,内部装修极尽豪华之能事(图 **7－34** 为凡尔赛宫总平面示意图)。

凡尔赛宫作为个体建筑,其规模是十分庞大的,形象华丽而雄伟,但却没有三大殿的壮丽,更没有那种入于玄冥的磅礴气势。正如英国建筑师们所感受到的,"中国的观念是十分深远和极为复杂的"。中国建筑的高潮处理是含蓄的,不像西方那样:以建筑体量的高大、尺度上的夸张、装饰上的丰满豪华等等,引起人们视觉感官

中国的单体建筑,不论是作为主体建筑,还是辅助的次要的建筑,设计者不需要设计,只需按法式规定形制加以选择即可。而建筑的功能、性格和艺术形象的创造,决定于庭院的空间组合和组群建筑的空间组织。建筑庭院的空间意匠之得失,直接影响建筑艺术的成败。

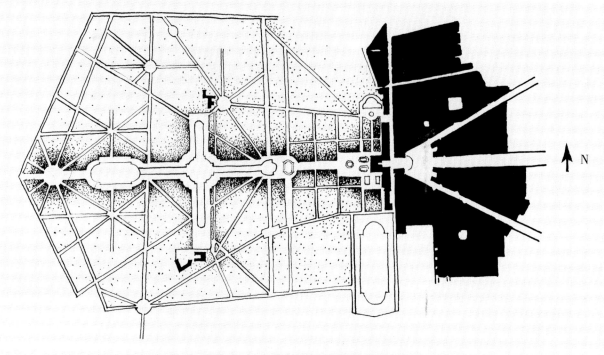

N

图 7 - 34 　凡尔赛宫总平面示意图

古典建筑在艺术上要形成高潮,都离不开对环境的精心意匠。但中西方所运用的手段是全然不同的,西方是个体建筑,以林荫道、草坪、花坛、喷水池、雕塑等非建筑的手段,为铺陈、烘托建筑物的艺术形象创造环境;中国是组群建筑,以空间的组织、序列、主次、节奏等建筑的手段,通过对庭院空间组合的变化和有机联系,创造出建筑艺术的"意境"。

的强烈刺激,通过空间环境烘托建筑自身的形象。中国建筑,是通过一系列空间环境的意匠,使主体建筑形象突破有限空间的局限,从有限达于无限、融于无限,似无非无地**独化于玄冥之境界**(见第十一章 中国古典建筑艺术的"独化玄冥论")。

太和殿的壮丽和磅礴的气势,并不在于它自身的独立的形象,而是取决于它的环境,即庭院组合的视觉审美效果和那高出两边廊庑的三层汉白玉基座的烘托,随着人们向太和殿走近,视线的仰角逐步抬高,三大殿也就渐渐地升起,有如海上的旭日,跳出天际线似地超越在所有建筑群之上,广漠无垠的天空就成了殿堂的背景。这就将基座上三大殿的有限空间与自然的无限空间融合在一起,**空间(Space)成为建筑通向宇宙(Cosmic Space)的媒介**。顺着人的视觉,不期然而然地转移到想像上面。由建筑的有限空间通向无限,是远之极的无。这不是空无的无,而是作为宇宙根源的生机,玄冥中的跃动。这远之极的无,又反转来烘托出宫殿的崔巍和辉煌,与宇宙相通感的一片化机。中国传统的"天人合一"的思想,在人的视觉与想像的统一中,能够把握到从现实中超越上去的**意境(spatial imagery)**。对生活在封建宗法礼制时代的臣民,太和殿的艺术形象就会使他们产生一种无比神圣的、至高无上的境界,从而"天之子"的帝王,借太和殿的意境所给人们的感受,达到"惟我独尊"和"威仪"天下的精神目的。今天的人们,不论是中国人还是外国人,处在太和殿的空间氛围中,都会感到有种难以言喻的宏阔和博大,在沉静中隐隐地跃动着的一种生机和力量。这是中国的建筑艺术才能达到的"高潮"!

至于李约瑟所说,"即使太和殿也不是高潮,因此构图越过它而往北向后伸展"。当然三大殿后的**乾清宫**,并非由于太和殿不是高潮才建造;而乾清宫的存在,与太和殿是否能形成高潮也无关。任何事物的运动发展在达到高潮之前后,必然要有个形成与消亡的过程。凡尔赛宫虽然只是一座单独的建筑物,如果把它造在路边,它永远也成不了高潮。这座单独的建筑物之所以成为高潮,没有那纵轴长达 3 公里、面积达 6.7 平方公里的**宫前大花园**,这样的空间前奏为引导,是不可能形成的；到凡尔赛宫的建筑时，它的空间构图同样没有终止，而是越过它向北往东伸展，就是那**三条放射形大道**。"事实上只有一条是通巴黎的，但在观感上使凡尔赛宫有如是整个巴黎，甚至整个法国的集中点[30]。"没有这个尾声，就不成其为一个涨落周期中的高潮了。

　　三大殿后的乾清宫等三宫，是皇帝和皇后的居处和平常处理政务的地方，体现古代"前朝后寝"之制，属故宫"内廷"部分。**外朝三大殿**与**内廷三宫**，是故宫中轴线上的主要建筑物，但两者有内外之别，性质不同。从图**7－35**故宫主体建筑空间组合平面图可以看出：两者的布局形式，内廷三宫是外朝三大殿的重复，都采用闭合中围合的方式，主要的差别在于缩小了三宫的比例，前三殿和后三宫两组庭院的宽度比例为2：1，建筑的形制也基本一样，三宫的前后殿堂为长方形平面，中间的交泰殿为正方形，但建筑的体量要小，而且围合的辅助建筑多，庭院闭合较紧凑，三宫的基座只用一层。

　　从空间意匠上，前后宫殿采用相同的庭院组合形式，不仅加强了二者之间的统一性，也表示出三大殿与三宫之间，在整个建筑群中的密切联系与关系；从观感上，这种庭院组合形式的"重复"，却毫无雷同之感。正因为三宫的建筑和庭院在比例上的缩小，在空间上给人以收敛和封闭之感，与三大殿在空间上的开放与宏敞，形成强烈的对比，既体现出"外朝"与"内廷"在性质上的不同，也给人以在起伏高潮之后趋向平静的感受。

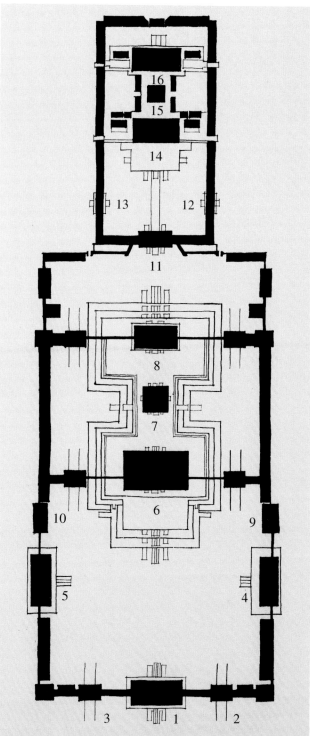

1. 太和门　2. 昭德门　3. 贞度门　4. 体仁阁
5. 弘义阁　6. 太和殿　7. 中和殿　8. 保和殿
9. 左翼门　10. 右翼门　11. 乾清门　12. 景远门
13. 隆宗门　14. 乾清宫　15. 交泰殿　16. 坤宁宫

**图7－35　故宫主体建筑
空间组合平面图**

注　释：

①② 李允鉌:《华夏意匠》,中国建筑工业出版社重版,第165页。

③ 《西方美学家论美和美感》。

④ 张家骥:《中国造园史》,黑龙江人民出版社,1986年版,第15页。

⑤⑥⑦⑧ 《华夏意匠》,第153页。

⑨ 同上,第155页。

⑩ 《国语·周语上》。

⑪ 朱良文主编:《丽江纳西族民居》,云南科技出版社,1988年版,第2页。

⑫ 《马克思恩格斯选集》,第四卷,人民出版社,1972年版,第139页。

⑬ 《丽江纳西族民居》,第2页。

⑭ 黑格尔:《小逻辑》,商务印书馆,1980年版,第278页。

⑮ 张家骥:《园冶全释》,山西人民出版社,1993年版,见"屋宇"和"相地·傍宅地"。

⑯ 清·李渔:《闲情偶寄》。

⑰ 张家骥:《西周城市初探》,载《科技史文集》(十一)"建筑史专辑"(4),上海科技出版社,1984年版。

⑱ 北魏·杨衒之:《洛阳伽蓝记》。

⑲ 北齐·魏收:《魏书序纪一》。

⑳ 《世说新语·赏誉》注引车频《秦书》,《高僧传·释道安传》。

㉑ 孙宗文:《南方禅宗寺院建筑及其影响》,载《科技史文集》(十一)"建筑史专辑"(4)。

㉒㉓㉔㉕㉖ 转引自《华夏意匠》,第90、91页。

㉗ 清·笪重光:《画筌》。

㉘ 张家骥:《中国造园论》,山西人民出版社,1991年版,第117页。

㉙ 清·周亮工:《读画录》卷二,"胡元润"条。

㉚ 罗小未、蔡琬英:《外国建筑史图说》,同济大学出版社,1986年版,第139页。

㉛ 王璧文:《元大都城坊考》,载《中国营造学社汇刊》6卷3期,1936年。

山西大同华严寺大雄宝殿(辽金时最大的佛殿之一)

# 第八章
# 中国建筑的结构与空间

任何体系建筑的空间形式及其组合的方式，都要受到构筑空间的结构技术等物质手段的制约。不同的材料和结构方式，是形成不同体系建筑的重要原因。

# 第一节 槫栿梁架

中国木构架的结构技术，早在秦汉时代，从诗赋对建筑描写中可知已趋成熟，"槫栿梁架"至晚在唐代后期，大约公元 8 世纪亦已形成，历经五代、宋、辽、金、元的 600 年间，只在辽、金、元等少数落后民族的统治地区，对槫栿梁架的形制进行了大胆的变革，在解决结构与空间的矛盾上，取得了一些经验，但对梁架结构方式，并没有原则性的突破，到明清两代虽有所改进，也没有根本的变化，它已成为中国古建筑的典型的构架。

数千年来，中国建筑何以发展如此缓慢？这是中国建筑史上长期未能解决的疑问之一。对此，我在本书第二章的"中国建筑的生产方式"中已作了详细的分析论述。概言之：中国建筑之所以发展得如此缓慢，根本原因决定于中国建筑生产的特殊方式。已知从秦汉时代早就实行**工官匠役制度**，在很短时间里为完成大规模的都城与宫殿建设的需要，这种建立在对工匠和丁夫超经济奴役制的简单劳动协作基础上的官营手工业建筑生产方式，从本质上就排斥或扼制建筑结构和技术的革新。而这种制度几乎累朝无间，因袭不变，一直到清代中叶，才开始废除对工匠无偿的奴役制度，从而严重地阻碍了建筑的发展。**中国历代王朝用鞭子和枷锁奴役建筑生产者，同时也就为建筑的发展戴上了桎梏。**

> 槫栿梁架的最根本特点是：用柱子支承几层横梁；上面的横梁短于下面的，并且在两端用短柱或斗栱支托在下面的横梁上；最后，在屋脊处用两件斜撑和一根平梁构成一个三角形屋架，这斜撑称作"权手"；此外，在每层横梁的两端，用倾斜的"托脚"支戗起来。槫——即圆檩子——放在每层横梁的两端和三角形屋架的顶上。由于三角形下面两个底角的结点位置不合力学原理，因此下桁木做得特别肥大。大概当时人们还没有深彻地了解三角形梁架的受力情况，还不会用它来覆盖大跨度空间，以致最后竟然把它淘汰了①。

这种三角形间缝梁架结构，在秦汉时已运用较广，一直沿用到唐代，数百年间并无多少变化。这种现象，岂不正是说明用平梁权手构成的三角形结构，并非由于人们了解三角形受力较矩形梁架合理，或者说平梁上的三角形不是出于结构设计的需要。当材料和结构力学还未成为一门科学时，处于以简支梁为原则的槫栿梁架结构的时代，人们不可能产生用三角形屋架来覆盖大跨度空间的想法，去彻底否定历史上已经形成和在发展中的槫栿梁架。这可以从两方面来分析：

（一）从结构技术上说，如果说在建筑实践中，人们已发现三角形构架，底角受

建筑是人工创造的生活空间环境。构筑空间，是人类建筑实践活动的根本目的，所以说空间是建筑的本质。任何体系的建筑空间形式和空间组合方式，都要受结构形式和构筑方式的制约。但任何时代结构所能构成空间，与人们生活活动所需求的空间，两者之间始终是个矛盾的统一体。正是在这一矛盾的运动中，建筑才得以不断地发展。

水平剪力的破坏作用，才"因此把下桁木做得特别肥大"的话，用三角形覆盖大跨度空间，而不用金属结构构件，只用卯榫结合的传统生产技术，是根本无法解决的；

（二）从生产方式上说，中国封建宗法社会的建筑生产，只有采取官营手工业的建筑生产方式，才能解决建筑实践的需要。那么，用卯榫结合的、可以标准化和定型化的木构梁架体系建筑，在结构技术上，就不可能产生原则上的根本性变革。

如果这是合乎历史现实的，那么，何以在榑栿梁架的早期，顶上出现三角形的结构形式呢？我认为若排除结构因素，可能是出于构造技术的原因了。

中国的间缝梁架，为支承屋顶，是在三角形空间里用简支梁的原理重叠构成，也就是用一根横梁架在两根柱子上的简支梁，将梁层层缩短向上叠构，但叠架到顶尖时，空间集合为一点，就不能再用梁了，为了支承脊榑（脊檩），只有两种结构的可能性，即在最上层的**"平梁"**——因其上不再有水平承重构件，故称平梁——之上按屋顶坡度，用两根斜撑构成三角形，以三角形顶点支承脊榑；另一办法，在"平梁"中间立矮柱，用柱直接支承脊榑。显然，用矮柱的构造节点要简单方便得多。但事实却相反，宋代以前用三角形的杈手，宋以后才用**脊瓜柱**（脊童柱），这是什么道理呢？

### 三角形杈手的存亡

我认为，这同中国古代习惯于感性直觉的思维方式有关，在人们还不掌握材料和结构力学的时代，用简支梁叠构的梁架，是凭感性直觉最易于理解的结构方式。**古代称桥为梁**，梁是两端有支点架水上之横木，所以一根横木两端有支点的梁，是最早的空间结构的基本原则，并形成人们的传统观念。早期梁架，在平梁上不用一根矮柱直接支承脊榑，从简支梁的结构观念，梁上立一根孤立的柱子，显然认为是不稳定和不牢固的缘故。

从宋代遗构，苏州角直**保圣寺大殿**的构架顶部做法可见，平梁挖底很多，整根梁呈新月状，向上拱起而称之为**月梁**者，显然是为了尽量减少平梁与脊榑间距离，因而在平梁上放了一根矮如垫木的侏儒柱，上置栌斗连接攀间以承脊榑，即使如此也没有取消杈手，只是由结构构件成为扶持脊榑的构造构件。如图**8－1**苏州角直保圣寺大殿顶部构架。这种月梁的做法与后来为视觉审美需要，避免梁有下垂感的挖底做法，意义是不同的。

三角形榑状梁架，在发展中之所以取消了杈手，如果说是"由于三角形下面两个底角的结点位置不合力学原理"，还不如说是从构件的标准化和定型化考虑，是因其顶端承接脊榑的节点构造不易规范。我们从山西五台山**佛光寺大殿**梁架顶部结构可以看出，平梁与杈手构成的三角形，顶端为承接脊榑，上置一个三升栱与三角架尖端用槽口相咬合（见图**8－2**山西五台山佛光寺大殿梁架顶部结构）。这种节点构造，三角架顶端为安装纵向的栱，就必须在两根杈手相交处，上端开成槽口，与栱底下部中间的槽口相咬合。这种做法，随平梁长度不同，脊榑与平梁的距离不同，三角形的角度就是个不定的变数，即使杈手用料的截面不变，随角度的变化而变化，其三角形构件顶端的截面垂直高度，和栱的高度，以及两者所开槽口的尺寸，都是不定的变数。显然，这种三角形的节点构造，构件是难以标准化和定型化的。随着模数制的产生和运用，由于杈手节点构造的复杂，三角形榑栿梁架终于被淘汰。

中国木构建筑体系一经成熟，在建筑生产方式的制约下，结构技术就不可能有根本性的改变。随着社会的发展，木构架建筑在空间上的局限性，早已不适于现代

---

三角形榑栿梁架，由于杈手顶角节点构造，在技术上的复杂性，随着模数制的产生和运用，建筑生产对构件标准化和定型化的要求，构架顶部的三角形结构，也就必然被淘汰了。

人的生活方式需要，传统的庭院建筑几乎已成为历史的遗迹，早为砖石结构和钢筋混凝土结构的**个体建筑**所取代，而个体建筑形象的表现力，主要显示在建筑实体的外在形式上。因此，在建筑领域论及结构技术与建筑艺术的关系时，往往多注重在直观的视觉审美效果，注重结构系统和形式，对建筑造型的影响，忽视结构的存在是为了构成**空间**，这一建筑**本质**，难免于追求空间实体的外在形式倾向，不重视建筑的空间艺术和视觉审美效果。这种现象无论从理论研究，还是从创作实践，对中国建筑师来说，是很遗憾的。而中国传统建筑经千百年的实践，无论是在物质技术与思想艺术的有机结合，还是在建筑空间艺术的表现力上，都取得丰富的经验和高度成就，其中蕴藏着许多杰出的意匠和手法，对今天的创作，仍然是可以汲取的智慧源泉。

我们说**空间是建筑的本质**。事实上，任何结构所能构成的空间，和人们生活对空间的需求之间，始终是矛盾的。不同的建筑结构体系，矛盾的性质并不相同，解决矛盾的方法——设计的思想方法，当然也有所不同。

中国木构架建筑，建筑空间与结构空间的**同一性**，对其他结构体系的建筑来说，具有它的特殊性和矛盾的特殊性质，解决矛盾的方法是完全不同的。我们从分析古典建筑的结构空间与建筑空间的矛盾，和解决矛盾的方法中，就可以比较深入地了解中国建筑，了解古代建筑的设计思想。

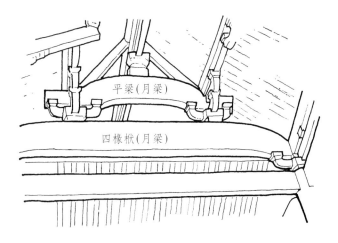

图 8-1 苏州角直(宋)保圣寺大殿梁架结构

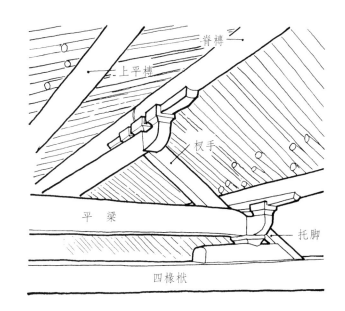

图 8-2 山西五台山佛光寺
大殿梁架上部结构(唐)

任何结构体系所能构成的空间，同人们生活对空间的功能和视觉审美的需求，永远是个矛盾的统一体，解决了旧的矛盾，又会产生新的矛盾，建筑正是在这矛盾的运动中不断地向前发展。

# 第二节 木构架的减柱与移柱

中国建筑空间的特殊性，就在于建筑空间与结构空间是同一的，即建筑"间"的分隔与结构所构成的"间"，是完全等同的。这本身就存在着矛盾，因为人对生活活动的空间要求，不是单一的而是多种多样的。而中国的**单体建筑**，"间"的多少，是有限量的组合，为了满足各种生活活动过程的需要，是用增加建筑"量"的办法，即用多栋建筑组合成庭院来解决的。如果要改变建筑室内空间——**建筑空间**的大小和形式,就必须改变构架的柱网布置,因而就产生了**减柱**和**移柱**的现象。

在中国建筑史上,减柱和移柱的做法,主要是在辽、金、元三代。今天遗存下来的减柱和移柱建筑物,也多分布在这三代少数民族统治汉人的地区。正因为在经济文化上很落后的少数民族,本身很少建筑文化,入主中原以后,在吸取汉民族的建筑文化时,不受正统文化的束缚,根据其需要对木构架建筑用减柱和移柱的办法加以改造,没有什么营造法式和法规可言,因而以往中国建筑史学者,把减柱和移柱问题当做中国建筑史上局部的特殊现象,视为华夏建筑文化中的余波遗响,很少对它进行系统的深入研究,从而形成中国建筑历史在这数百年间似乎中断了,成了断续跳跃式的发展,看不到它们在历史发展中的内在联系,是中国建筑史的一个组成部分。

中国是多民族组成的大家庭,华夏的建筑文化,是各民族文化优势互补的成果;减柱移柱建筑,是根植于汉民族与北方少数民族结合的人文地理环境之上的新的建筑文化发展阶段。

文明的每前进一步,往往伴随着相应的退步,而在所谓"野蛮民族"的文化中,也正包含着社会健康发展所需要的某种积极因素。本书结合较典型的实例,对减柱移柱建筑尽可能地进行较系统的分析,对减柱移柱法产生的历史背景,及其在中国建筑历史发展中的意义与作用,提出著者的管见,供研究者参考,并向海内外方家求教。

顾名思义,**减柱**,就是从梁架结构的柱网中,去掉一些柱子,即减少柱网中柱子的根数;**移柱**,就是将梁架结构柱网中的某些柱子移位,即不在原来柱网的定位上。

不言而喻,要明确建筑的梁架结构是否减柱和移柱,首先就必须要有一个标准,也就是要有个不减柱不移柱的标准柱网平面;否则,就无法确定建筑是否减柱,减了多少根柱子,柱子是如何移位的了。显然,在辽金元三代之前,宋代颁布的《营造法则》,应是惟一的标准。

# 第三节 宋·《营造法式》中的槽式

现以《营造法式》中的殿堂柱网平面为准则(见图8—3)。四种殿阁的柱网布置形式:**a.** 殿身七间副阶周匝各两架椽,身内单槽;**b.** 殿身七间副阶周匝各两架椽身内双槽;**c.** 殿阁九间身内分心斗底槽;**d.** 殿身七间副阶周匝各两架椽,身内金箱斗底槽。

**殿身** 指殿堂结构空间,不包括副阶;

**副阶周匝** 指殿堂四周的回廊(廊庑);

**架椽** 两榑间(檩间)椽子的水平投影长度,即清代的"步架";

**身内** 指殿堂的结构空间(也是建筑空间)以内;

**槽** 按"宋《营造法式》术语汇释"[②]"是建筑中一列斗栱的纵中线称为槽"。从图示看:实际是指梁架结构下,按柱网空间分隔的各种形式特点。单槽或双槽,是指

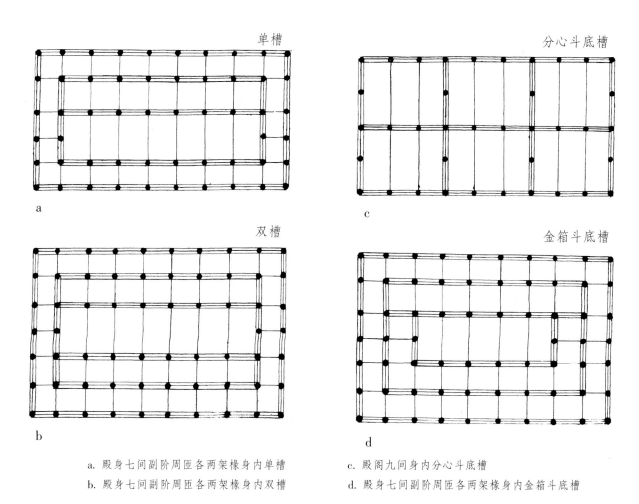

单槽

a

分心斗底槽

c

双槽

b

金箱斗底槽

d

a. 殿身七间副阶周匝各两架椽身内单槽    c. 殿阁九间身内分心斗底槽
b. 殿身七间副阶周匝各两架椽身内双槽    d. 殿身七间副阶周匝各两架椽身内金箱斗底槽

图 8 – 3    宋《营造法式》中的槽式

有一或两个空间狭长如水槽形者等等。

　　从这四种不同的柱网布置平面,除分心斗底槽不设副阶外,余皆副阶周匝,而副阶的深度,都为两架椽。图 **3 – c** 的各缝梁架脊柱全部落地,将殿身分成前后两大部分,故称**分心**。

　　从这四种柱网平面,不同的布置形式中有共同的特点:殿身中部都有由柱网围合成的一块完整的平面空间部分,其纵长随建筑开间多少而异,但横阔的进深都是两间四架椽。这正是梁架结构所需要构成的主要平面空间,即生活活动的场地,我理解这就是所谓"斗底"。

　　关于柱网的概念,中西方是不同的,西方或现代建筑的"柱网",是指在结构空间的纵横轴线交点上设柱,柱子排列成网格形状,故称柱网。如果中国建筑按"间"的纵横轴线交点上,梁架的柱子都落地,殿身内就布满柱子,空间被分隔得很零碎,也就无法使用了。所以,中国古建筑的柱网,是根据梁架结构的特点,在构成梁下空间——斗底的前提下,按"间"的纵横轴线交点设柱,形成网格状的柱网布置形式。实际上,是在落地的前后金柱柱列之外的柱网布置形式。

　　从槫栿梁架柱网布置不同平面形式,用感性直观的方法看《营造法式》的各种槽式,简单地说,就是由柱列构成"斗底"的不同柱网布置的空间平面。如:

　　**分心斗底槽**　就是全部脊柱落地,从建筑中心分隔成前后若干斗底的槽式;
　　**金箱斗底槽**　是殿身由内外两圈柱列,围合成箱子式的斗底柱网平面;

斗底,就是梁架柱列所围合而成的,形如中空之斗的底部平面。

399

单槽和双槽　是从殿身纵向，斗底旁柱列形成单面的或双面的如水槽式的柱网平面形式。

单槽或双槽之所以不说斗底者，显然是为了避免概念上的混淆。如云："单斗底槽"或"双斗底槽"，单、双是数词，就成了斗底有单、双之分；如云："单槽斗底"或"双槽斗底"，这斗底就又成了单槽或者双槽的"斗底"了。不名斗底，因为斗底是空间构成的目的，柱网平面中必然要有斗底，故简称之谓单槽或双槽。

《营造法式》的四种槽式，除"分心斗底槽"外，都有副阶周匝。一般地说，殿堂是否有副阶，决定于建筑群体布局，如庭院的空间组合为闭合式时，殿堂为了与四围的建筑空间呼应，一气运化，多用副阶周匝制度；这是宫殿和祠庙主要殿堂常用的建筑形制；当庭院的空间组合采用围合式时，殿堂多不用副阶周匝的制度，这是佛寺殿堂的主要形制，即殿身外不筑回廊，而砌以雄厚的实墙。

但是从结构角度，副阶之有无与槽式有关，如：单槽和双槽的平面柱网布置，如果不是副阶周匝，殿身的梁架，只有两山的柱子按"间"落地，身内的各缝梁架脊柱都不落地，这对建筑物整体的纵向刚度和稳定性是非常不利的。梁架结构的建筑，平面多矩形，边比愈大，纵向刚度与稳定性就愈差。所以，就必须加强两端的结构空间刚度，将尽间缝的所有柱子落地，与山缝梁架相对地构成刚性体。单槽与双槽的山缝梁间柱列，与副阶侧面的檐柱对位，通过联系梁的联结，有利于加强两端的刚度。所以说，副阶周匝对建筑整体刚度和稳定性的加强是有利的。

> "槽"，是指梁架落地的柱列，和由柱列形成斗底的柱网布置形式。所以，不同的槽式，有不同的柱网平面形式，构成不同梁架结构方式和建筑空间的形式。

## 第四节　标准柱网平面

标准柱网平面，是作为准则以衡量减柱移柱的柱网布置平面。这个标准就是《营造法式》中具有典型性梁架结构方式和建筑空间构成形式的柱网布置平面。从梁架结构方式，即传统的对称均衡式的叠梁式构架，建筑空间对称规整，结构相对经济合理的柱网布置平面。

所谓结构的经济性，从《营造法式》殿堂的四种柱网布置平面，不计副阶周匝，殿身除特殊的"分心斗底槽"外，都是面阔七开间，进深四间的八架椽屋；而斗底的深度，毫无例外都是两间四架椽，也就是大梁的长度都是四椽栿（五架梁），说明"四椽栿"大梁，是一般殿堂建筑最常用的、最经济的尺度。从遗构殿堂的实际情况，也多为四椽栿，一架椽的平均长度约在 2.5 米 ~ 3 米，四椽栿的梁长约 10 米 ~ 12 米，这已是不小的木料了。

在梁架对称、均衡的原则下，梁架结构必然成八架椽屋用四柱，四椽栿对乳栿的构架形式。可视为宋式梁架的标准结构形式。

所谓结构的合理性，是与梁架结构的各种柱网布置相对而言，在无副阶周匝的情况下，通开间大于进深，建筑平面为长方形时，从建筑整体的纵向刚度和稳定性要求，尽间的两缝——山缝和尽间缝梁架，按"间"全部柱子落地，是合理的方案。

在宋《营造法式》的四个柱网布置方案中，大梁均为四椽栿的相同条件下，只有金箱斗底槽的尽间全部柱子落地，不论是否用副阶周匝制度，构架整体的纵向刚度和稳定性,都是最佳方案。因此,衡量梁架结构是否减柱和移柱,应以**金箱斗底槽作为标准的柱网布置平面**,无疑是在宋代槽式中最合理的选择。

殿堂有大小,开间有多有少,进深亦有深有浅。制约进深的大梁长度,虽大多为四椽栿,即清式的五架梁,也有用六架椽、八架椽、十架椽等等。但历史实践说明,四架椽(四椽栿)大梁,是经济合理的用材。

为了一目了然,可以进深的梁架长度组合用简单数字来表示,如建筑进深为六架椽屋时,按上述条件,其结构方式为六架椽屋用四柱。即**四椽栿对搭牵**,1 + 1 = 6;八架椽屋时,为**四椽栿对乳栿**,2 + 4 + 2 = 8;如加大梁长为六椽栿时,成六椽栿对搭牵,1 + 6 + 1 = 8;十架椽屋时,为**四椽栿对三椽栿**,3 + 4 + 3 = 10;或六椽栿对乳栿,2 + 6 + 2 = 10 等等。

有个值得注意的现象,《营造法式》中的**单槽**,殿身的进深为三间,是六架椽用三柱,成四椽栿后乳栿的构架方式,是 4 + 2 = 6。梁架结构不是前后对称的,与金箱斗底槽的平面柱网对比,可确定该方案减去了身内各缝的前金柱。可见,**在北宋时已出现了减柱建筑,可能只限于进深较浅的殿堂。**

为了便于以后对减柱移柱建筑的分析,将有关名词作必要的解释:

**椽栿** 表示梁的长度词。以梁上檩子间距的水平投影之和计,如五檩间距为四,即称四椽栿……等等。"椽"和"栿"的字义,见第一章。

**搭牵** 大梁前后长度为一架椽的枋木,因只起联系作用,故名。

**乳栿** 大梁前后长度为两架椽的联系梁,因其上承受下平椽荷重,故称"栿"(梁)。乳是形容其长度为双数两架椽,又常对称地用于大梁的两侧,故称对乳栿。

**内槽** 即宋法式之斗底,故凡由内柱分隔的建筑中间的平面空间,即结构构成的主要建筑空间部分。

**外槽** 内槽柱列以外的平面空间。在内槽之前者,可称**前槽**,内槽之后者,亦可称**后槽**。

殿身的柱网布置,以四椽栿大梁为准则,柱列形成闭合的两围,平面成"回"字形的金箱斗底槽,是构架刚度稳定性最佳方案,应作为标准柱网平面,可为衡量减柱或移柱的准则。

# 第五节　减柱移柱建筑实例分析

## 一、天津市宝坻县广济寺三大士殿

辽太平五年(1025)建。在现存减柱移柱殿堂中,可能是较早的一座。三大士殿平面为矩形,面阔五间,进深四间。除明间前后和左右次间设槅扇门,四壁无窗,单檐庑殿顶。殿内后金柱三间筑墙屏蔽,墙前为佛坛,坛上每间列大士像一尊(图**8 – 4**为广济寺三大士殿平面图)。

三大士殿面阔较"金箱斗底槽"少两间,余均相同,以金箱斗底槽为准,画出标准柱网平面如图 8 – 5 – a,外柱为 18 根,内柱为 10 根,共有柱 28 根。内槽为 3 × 2 间,是标准的八架椽屋用四柱,梁架为**四椽栿对乳栿**的构架形式。

三大士殿的柱网平面,与标准柱网的柱数是完全相等的,所以并未减柱。但柱网的布置稍有不同,虽然也是八架椽屋用四柱,但梁架结构则为**三椽栿前三椽栿后**

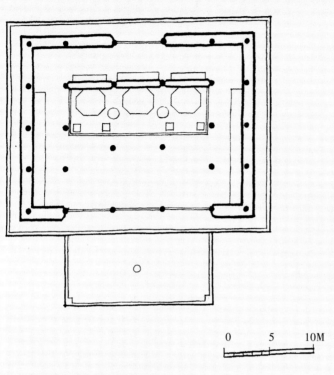

图 8-4 河北宝坻县广济寺三大士殿平面

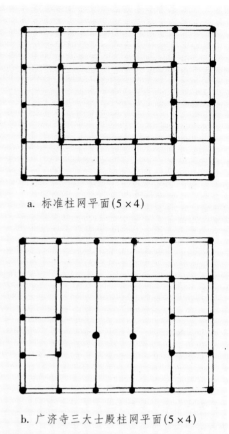

a. 标准柱网平面(5×4)

b. 广济寺三大士殿柱网平面(5×4)

图 8-5 广济寺三大士殿柱网比较图

乳栿, 3 + 3 + 2 = 8。将明间的两根前金柱,向后移位了一架椽,内槽缩小为三架椽 $2\frac{1}{2}$ 间,即由中平槫缝内移至上平槫缝下,明间的前金柱与山柱不对位,图 **8-5-b** 柱网比较。所以,**三大士殿是移柱建筑**。

从结构上,由于前金柱后移,柱子必须升高至四槫栿梁底,即大梁前端的 **1/4** 处,大梁端部和下平槫架于前槽的三槫栿梁背上,从而使四槫栿跨度的大梁,只起 了三槫栿的作用。图 **8-6** 为广济寺三大士殿明间剖面图。

从空间上,移柱后保持了佛像顶上的空间高度,缩小了内槽进深,柱子靠近佛 坛,从视觉上加强三座佛像各自独立的作用。由于前槽空间的扩大,有利用改善礼 佛活动的空间环境。

### 二、山西大同华严寺大雄宝殿

始建于辽清宁八年 (1062),据工匠的梁上题记,为金天眷三年至皇统四年间 (1140 ~ 1144)重建。大同曾是辽、金时的陪都,据《辽史·地理志》载:"建华严寺,奉 安诸帝石像、铜像③。"说明辽时建寺,还具有一定的宗庙性质。华严寺坐西朝东,反 映了契丹族"以东向为尊"的习俗。

华严寺大雄宝殿,面阔九间,长 53.7 米,进深五间,宽 27.5 米,平面为边比 2∶1 的长方形,面积达 1500 平方米,是中国早期佛寺中的巨构。单檐四阿顶,四壁无窗, 仅前檐明间和左右稍间辟壸门三道,殿内幽暗而富神秘感。大片墙面满绘壁画,皆 明清人的手笔。从外观雄厚的实墙,明显的角度升起,舒展的屋顶,檐宇雄飞,巨栋

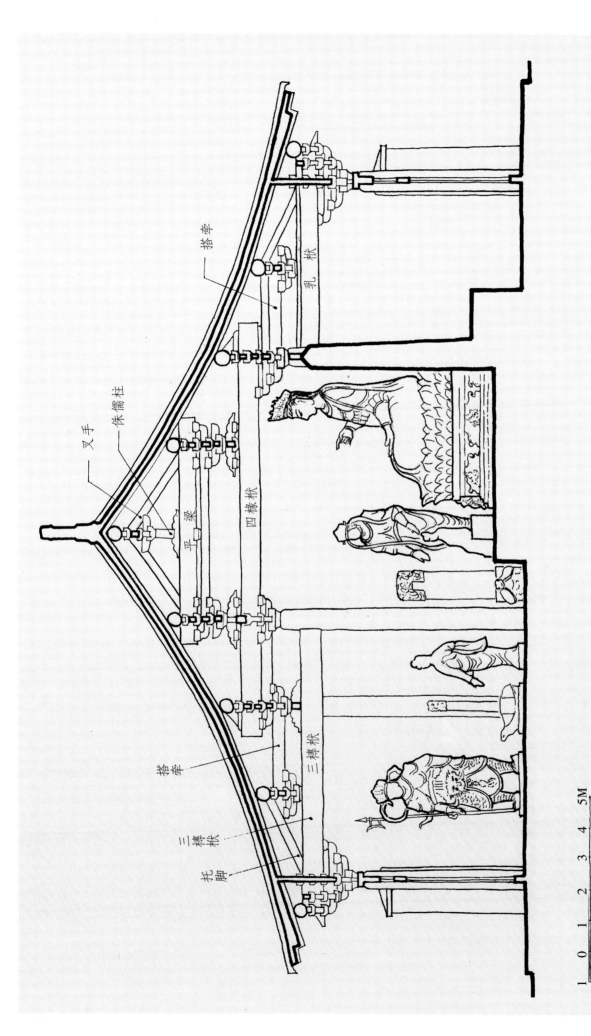

图 8-6 天津市宝坻县广济寺三大士殿剖面图(辽)

403

横空，形象非常巍峨宏伟(图8－7为山西大同华严寺大雄宝殿标准柱网比较图)。

华严寺大殿为**9×5**间，较金箱斗底槽面阔多两开间，进深多一间，按标准柱网的平面布置，可以有两种方案：

**1.** 保持外槽宽度相等，均为两架椽。即十架椽屋用四柱，梁架结构成**六樽栿对乳栿**的构架形式，2＋6＋2＝10，则内槽就为7×3间的平面柱网形式，和金箱斗底槽一样成回字形。

**2.** 保持构架对称仍用四樽栿大梁，则前后槽的乳栿就必须加长为三樽栿，成十架椽屋用四柱，**四樽栿对三樽栿**的构架形式，3＋4＋3＝10。内槽空间平面为7×2间(图8－8山西大同华严寺大雄宝殿平面)。

事实上，在梁架结构对称大梁长度不超过六樽栿，不小于四樽栿的情况下，只要建筑进深是10架椽，而且是用四柱，即前后檐柱与金柱落地，就只有这两个方案，不可能设计出第三个方案来。而这第二个方案，正是华严寺大殿的柱网布置平面，比较方案1与2，外柱都是28根，内柱20根，共有柱48根，是完全相等的。可以肯定地说，华严寺大雄宝殿一根柱子也没有减少，根本不是减柱建筑。国内建筑考古和建筑史学不止一个专家，做报告写论文都说，华严寺大雄宝殿是减柱建筑，甚至有人说减去了全部前金柱，至今竟无人提出疑问，岂非咄咄怪事！

华严寺大殿的柱网布置，完全采用了"金箱斗底槽"的结构原则，只是加大了进深，由"四樽栿对乳栿"扩大为"四樽栿对三樽栿"，金柱间内槽深度仍为四架椽，但加大了建筑进深，屋顶随之增高，层梁加多，必然引起构架的变动，由此也可看出木构架的一些规律。

用层梁来支承三角形的屋盖空间，从截面投影看，以脊樽为中心，其下前后每加一樽，即两架椽的水平投影距离就须设一根横梁。屋顶坡度是前后对称的，所以在平梁下，建筑进深每增加两架椽，就要增加一根横梁。如进深四架椽，就须在平梁下设一根四樽栿的梁；进深六架椽，就要在四樽下再设一根六樽的梁；进深八架椽，就在六樽栿下再设一根八樽的梁等等。但是，受弯的承重构件"梁"，由于受所需截面大小的木材长度限制，多以四樽栿为准，特殊的大进深建筑才用六樽栿大梁。所以进深大于四樽栿时，支承四樽栿处的柱子，就需要落地，因为这两根柱子在构架中承载的荷重最大，故称**金柱**(江南称步柱)。建筑进深超过大梁的长度时，就要在金柱的前后再立柱，用联系梁连接了。所以中国建筑没有无内柱(金柱)的殿堂。因此，可以说明一个问题：

中国建筑的开间与进深，在概念上与现代建筑不尽相同。开间，是间缝梁架的结构间距，同时也是建筑空间面阔的尺度；进深，以两架椽为"间"，是梁架结构的尺度，而不是建筑空间横向分隔的深度。

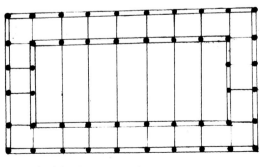

a. 标准柱网平面(9×5间)

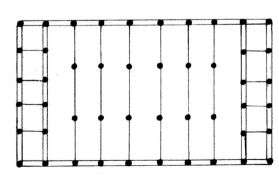

b. 华严寺大殿柱网平面(9×5间)

图8－7　华严寺大雄宝殿与标准柱网比较图

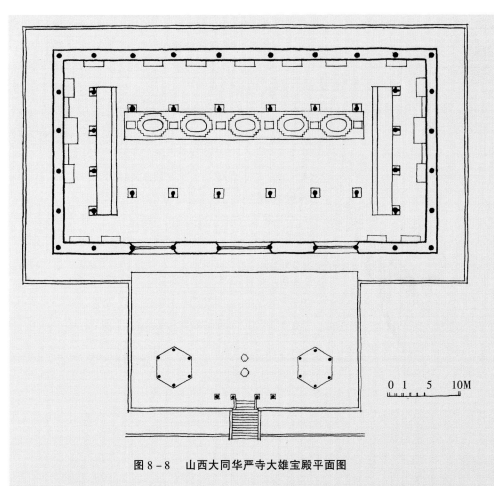

图8-8　山西大同华严寺大雄宝殿平面图

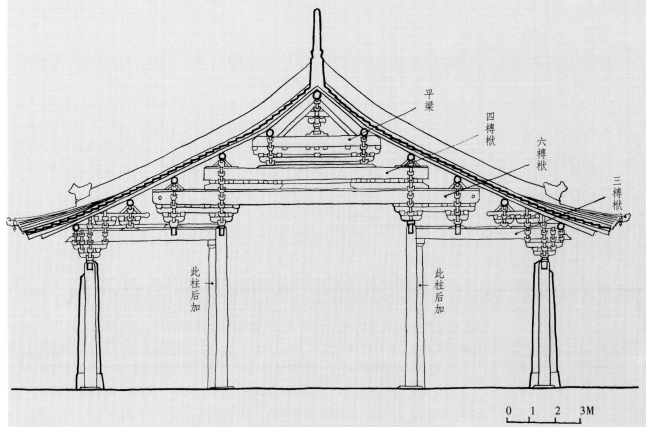

图8-9　山西大同华严寺大雄宝殿横剖面图

405

对梁架结构方式基本上弄清楚了，就便于简单明了地分析华严寺大雄宝殿的结构特点。华严寺大殿无副阶周匝，建筑的体量大，进深较宋式金箱斗底槽扩大了一间，构架成"四椽栿对三椽栿"。虽然前后金柱的间距仍为四架椽，但随建筑进深的加大，屋盖的增高，金柱不可能直接支承四椽栿，而是支承在其下的六椽栿大梁的四架椽处，即退进六椽栿大梁端一架椽，形成六椽栿梁端，两头用斗栱架在前后槽的三椽栿联系梁的梁背上。从简支梁的原则，大梁只有两个支点来说**华严寺大殿可以属于移柱建筑**。

从结构柱网布置。华严寺大殿的柱网布置，完全采取金箱斗底槽的布置原则，但柱网平面形式，看起来很不相同，尤其是前后金柱柱列的轴线，与山柱不对位，而是在第二椽缝下的两根山柱之间。造成这种柱列错位的现象，并非是移柱所致，而是由于进深加大为五间，五间是单数，以脊柱为纵中轴线分，前后各为两间半，按两架椽为"间"，脊柱就不用落地。所以前后金柱就与山柱不对位了(图**8-9**为严华寺大殿横剖面图)。

华严寺大殿正因为扩大了进深，保持内槽深度不变，将前后槽深度加大为三椽栿，六椽栿大梁只起了四椽栿的跨度作用。华严寺大殿之所以如此，显然是因为其每一架椽的水平投影绝对尺寸较大，从剖面图可知，六椽栿大梁之长，竟达19米左右，用一根如此长梁，是难以承受上部梁架荷重的。华严寺大殿用**四椽栿对三椽栿**的结构形式，在构架前后对称，左右均衡，大梁荷重相对较小，柱子受力较均，建筑物的整体刚度和稳定性也较好。所以，在**20**世纪50年代初，第一次进行的雁北文物勘查时，古建筑均年久失修，大多损坏严重，而华严寺大雄宝殿却"损坏情况不甚严重"，"梁架、斗栱和佛像都大致完好④。"但华严寺大殿虽然是移柱，而内柱上升甚少，仍然是用斗栱承托大梁，前后金柱向内一侧悬空，横向刚度和稳定性较差，不得不在两根金柱的外侧都加了支柱。可以看到大殿尚未脱离宋《营造法式》对它的影响。

从空间视觉上，华严寺大殿的"四椽栿对三椽栿"梁架，空间形成中间高两边低，中部内槽空间高约10米，前后槽则较低约8米左右，且深度扩大为三架椽近8米，既使礼佛活动空间很开阔，又使佛像置于高敞的空间里，在空间高低对比之下，就会使瞻仰者在视觉心理上，倍感佛像之庄严崇高。华严寺大殿，在继承宋代传统的柱网布置方式，为扩展建筑空间加大进深，升高内柱，使联系梁直接交榫于金柱，是技术上的一个进步。在结构技术与空间艺术上的结合，是大体量殿堂的成功范例。

### 三、山西大同善化寺大雄宝殿

此殿为辽代遗构，金代曾加修葺。建筑形式与华严寺类同，但体量较小。大殿面阔七间，进深五间，单檐四阿顶，四壁无窗，在正面明间和左右稍间各辟壶门一道，大殿在左右两朵殿对比衬托之下，建筑形象庄严而雄实。(图**8-10**为善化寺大殿平面图)。

善化寺大雄宝殿的面阔较华严寺大殿少两间，进深与华严寺大殿相同(7×5)，按标准柱网布置，保持外槽宽为两架椽时，即十架椽屋用四柱，梁架成**六椽栿对乳栿**的结构形式，2+6+2=10，内槽为3×5间。图**8-11**为标准柱网平面图。如保持后槽宽度两架椽不变，即后金柱列不动，将六椽栿大梁缩减为四椽栿，成**四椽栿前**

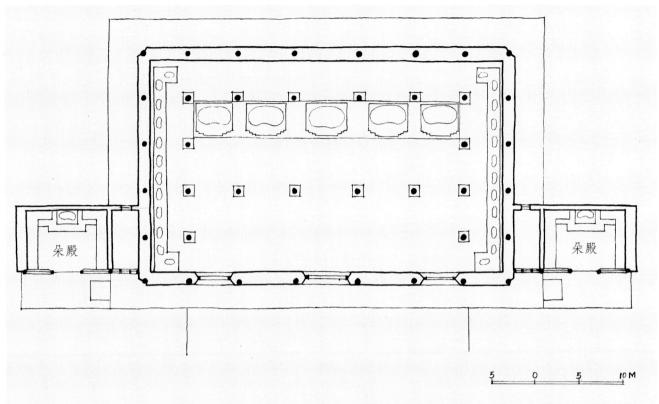

朵殿

朵殿

5　0　5　　10 M

图 8 - 10　山西大同善化寺大雄宝殿平面图

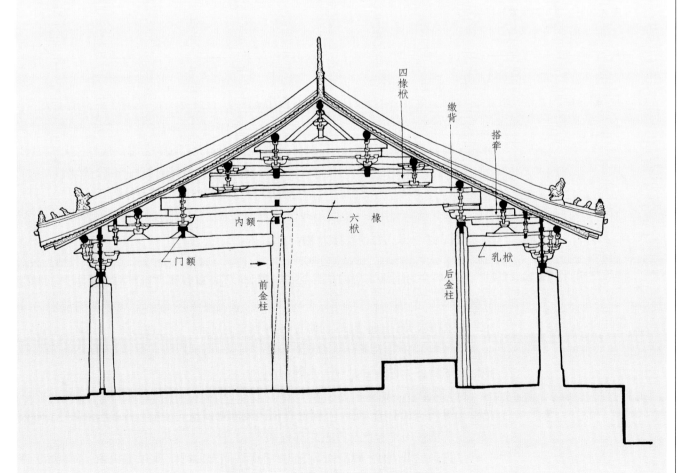

四椽栿

缴背

搭牵

内额

六　椽
栿

门额

乳栿

前金柱

后金柱

图 8 - 12　山西大同善化寺大雄宝殿横剖面图

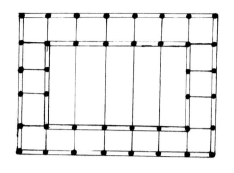

标准柱网平面(7×5)

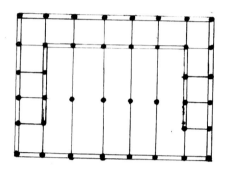

善化寺大殿柱网平面(7×5)

图8-11　善化寺大殿与标准柱网比较

四椽栿后乳栿的结构形式,4+4+2=10,内槽缩小为2×5间,前槽由两架椽扩大一倍,为四架椽。这正是善化寺大雄宝殿的柱网平面布置形式。

这两个柱网平面布置方案虽然不同,但柱子的数目是完全相等的,都是外柱24根,内柱16根,共有柱40根。可见,善化寺大雄宝殿没有减柱,也不属于减柱建筑。

善化寺大雄宝殿,由于扩大了前槽进深与内槽相等,都为四架椽,前金柱就必须向内移位两架椽,由第三槫缝移到第一槫缝下,并上升至六椽栿梁底。前槽之四椽栿联系梁,内端直接交榫于前金柱,外端则架于前檐柱头的斗栱上,端头作批竹昂式耍头,上置替木以承撩风槫。因此,**善化寺大殿属移柱建筑**(图8-12为善化寺大雄宝殿横剖面图)。

结构与空间:善化寺大殿移柱后,因内外槽深的架椽均是双数,所以金柱与山柱不存在错位问题。实际上善化寺大殿与天津市宝坻县广济寺三大士殿的移柱方法与作用是相同的,都是为了拓宽前槽进深,扩大佛像前的人的活动空间,将前金柱内移。由于两者的建筑进深不同,移柱后的构架形式虽大致相同,梁架受力的情况则不同,往往直接影响建筑的坚固性和寿命。

善化寺的大雄宝殿和广济寺的三六士殿前金柱的位置,虽然都在第一槫缝下,由于建筑进深的间数不同,三大士殿进深四间,金柱只内移一架椽,位于四椽栿大梁前端1/4处,直接与平梁上下相承,前槽与内槽梁的受力较均衡。善化寺大殿进深五间,前金柱内移两架椽,位于六椽栿大梁前端2/3处,与上平槫之间隔着上层四椽栿梁的间隙,造成六椽栿大梁前端大部分荷重集中在前槽四椽栿梁的中点,即梁的弯距最大处,且梁柱受力不均,前金柱只前面一边有牵栿头和四椽栿与檐柱连接,后面一边与后金柱间无联系构件而凭空,在长期荷载作用下,前面梁架就会对金柱产生向内的推力。这可能是**20**世纪50年代初看到的"全殿内柱均向后倾斜约50公分。乳栿向外倾斜,明间乳栿与内柱脱榫⑤",造成如此严重破坏的一个重要原因。

## 四、山西太原**晋祠圣母殿**

此殿为北宋天圣年间(1023—1032)重建。晋祠原来是祭祀西周成王之弟唐侯叔虞的祠庙,北魏时称晋王祠,唐略称晋祠,五代时叫兴安王庙,北宋时封叔虞为汾东王,故又称汾东王庙,此后均称晋祠。

圣母殿是祭祀叔虞的母亲邑姜,被封为"昭济圣母"的大殿,殿内以四十多尊彩塑侍女像著称于世,人们俗称**"女郎祠"**。

晋祠复建后,就以圣母殿为主体进行规划设计,形成现在晋祠的格局,这一改造对当时霸府别都的太原,不仅使晋祠向苑囿化发展,成为著名的风景名胜,而且保持了晋祠在历史上已形成的祠庙性质⑥。

圣母殿副阶周匝,殿身面阔五间,进深四间5×4间,重檐歇山顶,木雕盘龙檐柱,回廊轩敞,角柱明显升起,翼角飞扬,与殿前之"鱼沼飞梁",上下呼应,建筑形象

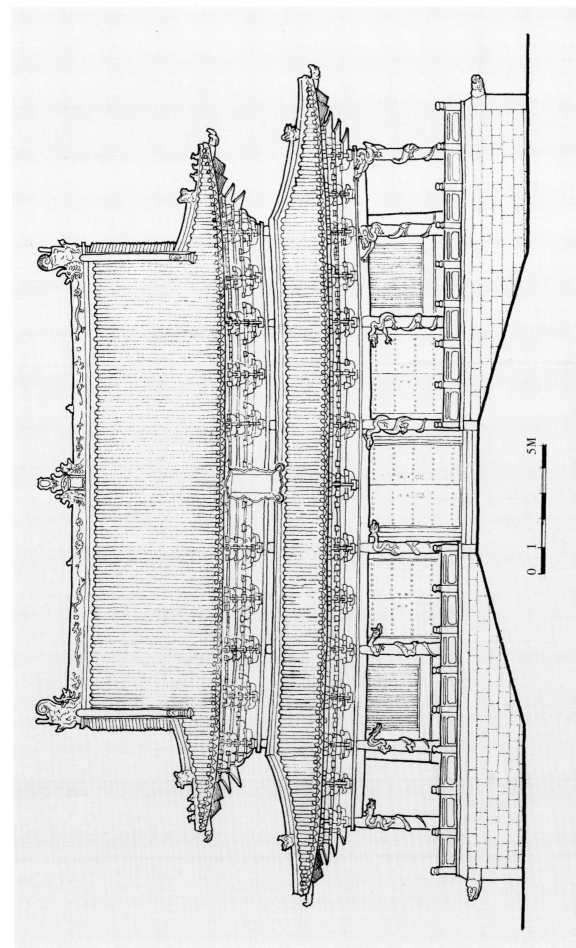

图 8 - 13 山西太原晋祠圣母殿立面图

0 1 5M

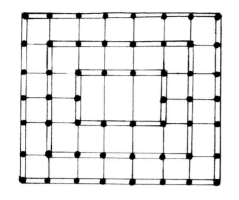

标准柱网平面(7×6)

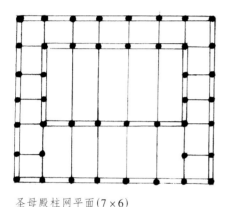

圣母殿柱网平面(7×6)

图8-14　圣母殿柱网平面比较示意图

**圣母殿是用减柱法解决结构与空间矛盾的杰出的宋构建筑物。**

十分空灵而典丽(图8-13为太原晋祠圣母殿立面)。

圣母殿的结构与柱网布置，与《营造法式》的"金箱斗底槽"比较，殿身面阔少两间，但梁架结构和柱网布置相差非常悬殊。如按梁架绘出标准平面的柱网，与实际情况比较(见图8-14圣母殿柱网平面比较示意图)，副阶一周檐柱为26根，殿身外柱"老檐柱"18根，内柱为10根，共有柱54根。内槽空间为3×2间，如按这种标准的柱网平面布置，只有将坐在神龛中的圣母像放在内槽当中，那四十多躯尺度近人的侍女像，沿外槽墙排立，由于内槽一周的立柱，就使得圣母与侍女像被分隔在两个不同的空间里，显然不合雕塑家表现古代宫廷生活的创作意图。为了满足陈列大型侍女像群塑的要求，就产生了正统的结构方式与空间功能之间的矛盾。解决矛盾的出路，只有打破《法式》的束缚，用减柱的办法。

圣母殿为了尽力扩大内槽空间，大胆地运用减柱法，除了保留前列金柱外，将其余内柱全部取消，内槽扩大为5×3间，空间扩大了近3倍。用通长3间六椽栿大梁，承担上部梁架荷重，殿内没有一根柱子，而且用彻上露明造，视觉空间非常轩昂舒敞，从而为数十尊精美的彩塑侍女像创造出适宜陈列和观赏的空间环境(图8-15为太原晋祠圣母殿平面图)。

圣母殿不仅大大地扩展了殿内的建筑空间，并且去掉前檐四间缝的"老檐柱"，将殿前廊庑深度由两架椽扩深为四架椽，形成十分开阔的过渡空间。这无疑地从视觉心理上，为人们走近大殿前就可约略看到殿内那许多和人的尺度相近的侍女像，有了心理上的准备，无神殿的那种幽暗神秘的威胁感，而有一种开朗平和的亲切氛围。

从结构上，圣母殿只副阶周匝的26根柱子未减，殿身减去外柱4根，内柱6根，共减柱10根之多，但整个梁架仍然保持对称规整。殿身的上部梁架，两山为八架椽屋用五柱，梁架为六椽栿前乳栿，中间各缝则是八架椽屋用两柱。前老檐柱则架于廊庑的四椽栿的梁架上；内槽三间六椽栿大梁，前端架于金柱、后端架于老檐柱头斗拱上，三面砌墙，一面槅扇。所以原来未减柱殿堂分隔内外槽的墙，在圣母殿就是外墙，既有围护结构的功能，又起了加强构架刚度和稳定性的作用(图8-16为山西太原晋祠圣母殿横剖面图)。

## 五、山西大同善化寺三圣殿

此殿金代天会六年(1128)始建，皇统三年(1143)建成。三圣殿是善化寺的前殿，面阔5间，进深4间，单檐4阿顶。

金继承辽宋灵活处理柱网以扩大内槽空间的传统，减柱移柱法已颇风行，在现存金代遗构中，减柱移柱的建筑物屡见不鲜，也无一定之规。为了扩大殿内空间而减柱，有的以至忽视了结构的合理性。这在八九百年以前，当人们还未能掌握结构力学的时代，为了解决梁架结构对空间的束缚，这种大胆的探索精神，是应予充分肯定和认真总结的(图8-17为善化寺三圣殿平面图)。

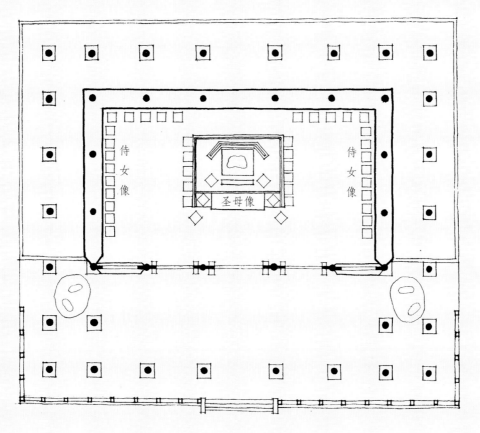

图 8 - 15 山西太原晋祠圣母殿平面图

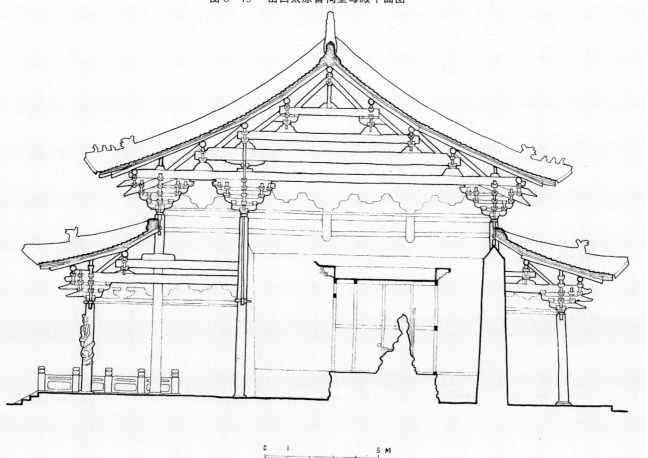

0 1 5 M

图 8 - 16 山西太原晋祠圣母殿横剖面图

三圣殿如按标准柱网布置,即5×4间,八架椽屋用4柱,内槽为3×2间。殿身外柱为18根,内柱为10根,共有柱为28根。内槽梁架成**四椽栿对乳栿**,2+4+2=8的结构形式。

三圣殿既用减柱法又移了柱:

减柱,减掉了前列4根金柱,明间两缝梁架,成八架椽屋用3柱,**六椽栿后乳栿**,即:6+2=8的构架形式。

移柱,将次稍间后金柱向前移一架椽,即由第二椽缝移至第一椽缝下,呈**五椽栿后三椽栿**,5+3=8的构架形式。整个建筑较标准柱网平面少6根内柱,共有柱22根(见图**8-18**柱网比较图)。

从结构与空间看,由于减去前金柱,殿内空间感十分开敞;三间通长的佛坛,上列三尊坐佛,后筑墙屏蔽,台两边的后金柱前移台深之半,既使佛坛在墙柱半围中形成相对独立的空间,又无围闭之感。从空间上,是经过精心设计的。

但从结构上却产生很大的矛盾,取消了前金柱,不仅加大梁的跨度,而且上层四椽栿前端的金瓜柱,将屋盖一半以上的荷重,集中地压在大梁中间的弯距最大处。为了抵抗梁的弯距变形,明间的六椽栿和次稍间五椽栿大梁都用了两层叠梁,上层梁高两材两栔、下层高两层一栔,连后部的乳栿和三椽栿也都用了两层,并用大雀替承托大梁和乳栿,以加强刚度(见图**8-19**三圣殿明间横剖面和图和**8-20**三圣殿次间横剖面图)。

虽然加大了梁栿高度,在梁架不对称、受力不均衡的情况下,由于大梁负荷太重,不可能解决梁的变形和构架整体的刚度和稳定性,后来不得不在六椽栿大梁下,原前金柱处加了柱子,减柱的空间优越性也就不存在了。

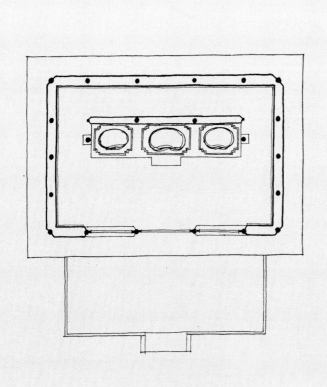

图8-17　山西大同善化寺三圣殿平面图

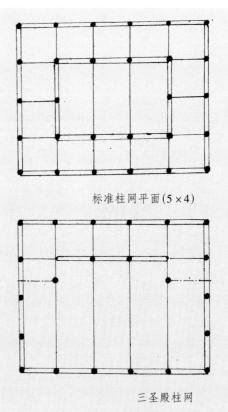

标准柱网平面(5×4)

三圣殿柱网

图8-18　山西大同善化寺三圣殿
柱网比较图

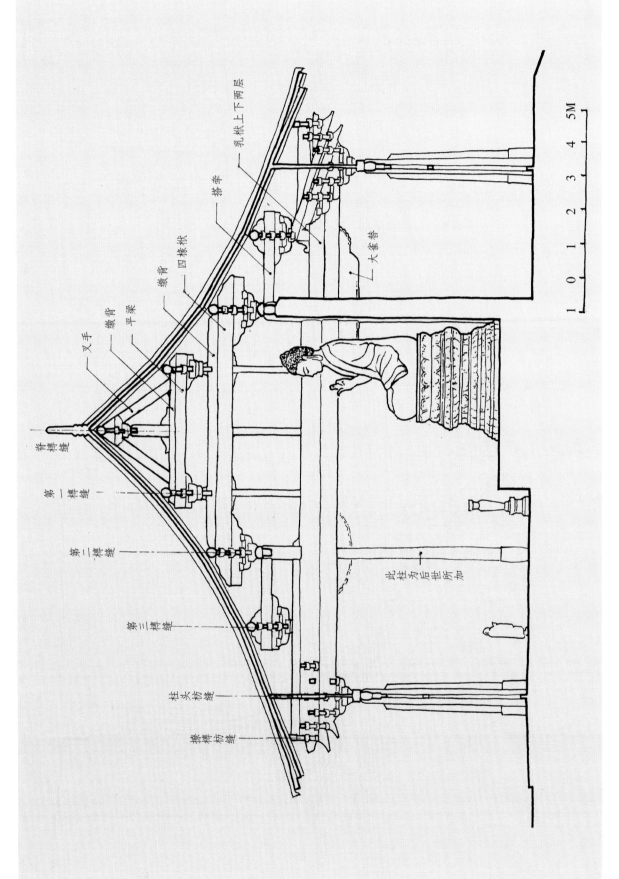

图8-19 山西大同善化寺三圣殿明间横剖面图（金）

脊槫缝

第一槫缝

第二槫缝

第三槫缝

柱头枋缝

撩檐枋缝

叉手

缴背

平梁

缴背

四椽栿

搭牵

乳栿上下两层

大连替

此柱为后世所加

0 1 2 3 4 5M

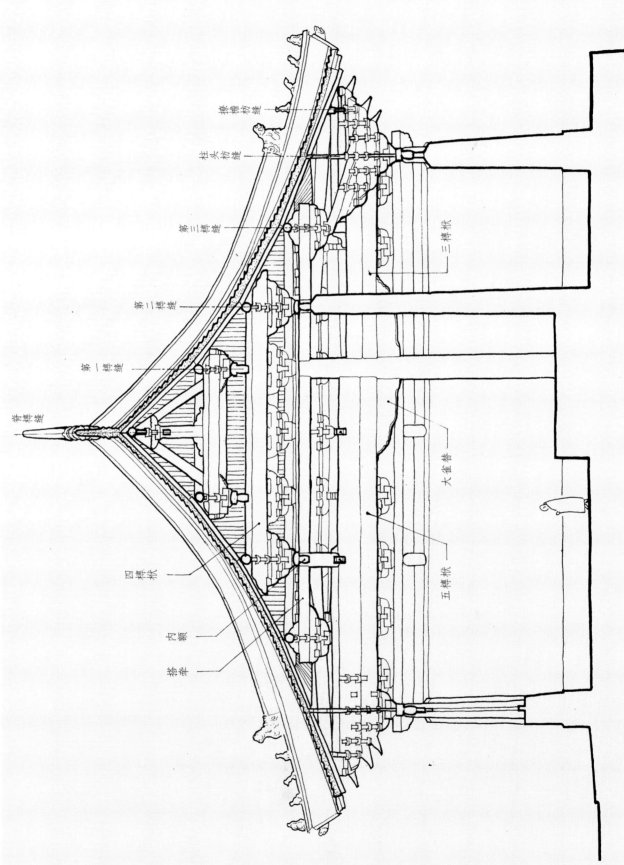

搭扑檐枋缝

柱头枋缝

第三槫缝

第二槫缝

第一槫缝

脊槫缝

三槫栿

五槫栿

大雀替

四槫栿

内额

搭牵

图 8－20　山西大同善化寺三圣殿次间横剖面

## 六、山西五台山佛光寺文殊殿

此殿建于金天会十五年（1137），是现存金代遗构中大胆而别出心裁的一座减柱建筑。文殊殿坐北面南，面阔7间，进深4间，平面长方形，单檐悬山顶。

按 7×4 间金箱斗底槽为标准的柱网布置，为八架椽屋用4柱，构架为**四椽栿对乳栿**的结构形式时，2+4+2＝8，外柱为22根，内柱为14根，共有柱36根，内槽空间为5×2间。文殊殿除了殿身外围一周22根柱子以外，殿内作了大量的减柱，只前后各留了两根金柱，而且还不对位：后金柱列减去4根，只留明间的两柱；前金柱列亦减柱4根，却留下左右次稍间缝的两根金柱，整个殿内仅有4根柱子，共减去内柱10根之多，已完全打破了内外槽的空间视界（图**8-21**为文殊殿柱网比较图）。

文殊殿的结构与空间殿内因明间后金柱砌墙，墙前筑方形砖台，上供文殊菩萨塑像。从视觉上，整个殿内只见有左右两根前金柱，空间十分空旷（图**8-22**为山西五台山佛光寺文殊殿平面图、图**8-23**为佛光寺文殊殿明间横剖面图）

文殊殿内的六间槫缝梁架，因为只有前后不对位的4个柱子为支点，而前金柱的两柱之间距离，和左右后金柱与山柱之间的距离，都长达3开间，也都是用长料组成东西向复梁，架在柱头上（所以上部的各缝梁架的一端或两端就搁在复梁上，由纵向的复梁承受上部的荷载。图**8—24**为佛光寺文殊殿纵剖面图）。

## 七、山西朔州**崇福寺**弥陀殿

此殿梁架结构与五台山佛光寺文殊殿非常相似，有专家认为："减柱的手法与东西横向用复梁也都大致相同。两地距离约300里，此殿晚于文殊殿只6年，可能是出于同一大匠之手。与大同善化寺的三圣殿（建于公元1128年～1143年）约略同时，可以根据判断正定隆兴寺的摩尼殿也是金建⑦。"

文殊殿与弥陀殿两者的间架结构和减柱手法大致相同，两地相距不远，且两者又是同时期建造，相隔年代很近，推断"可能是出于同一大匠之手"的说法，是可以成立的（图**8-25**为河北正定隆兴寺摩尼殿横剖面图。平面图见图**11-4**）。

令人费解的是，从这两座同一时期建造的减柱建筑，如何能推断出河北正定**隆兴寺摩尼殿**"也是金建"的呢？

摩尼殿面阔7间，进深7间，与三殿的间架不同，文殊殿与弥陀殿都是7×4间，三圣殿是5×4间，况且摩尼殿一根柱子未减，根本不是**减柱移柱建筑**。质言之，摩尼殿的梁架结构与空间构成，与三殿毫无内在的必然联系，也就没有可比性，显然推断摩尼殿是金代所建是错误的、没有根据的说法。

大概摩尼殿建于金代，上面的引文是最早见于文字的说法，多年来致使中国建筑史学界，一直讹以承讹，谬以袭谬，认定摩尼殿为金代遗构之故。**20**世纪60年代，我正是从研究减柱移柱法中，发现摩尼殿与晋祠圣母殿两者间架相同，从生产技术的历史发展一般规律，技术上较落后的不减柱的摩尼殿，不可能较技术上

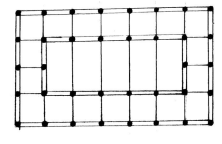

标准柱网平面(7×4)

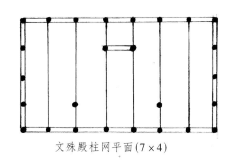

文殊殿柱网平面(7×4)

**图 8-21　佛光寺文殊殿柱网比较图**

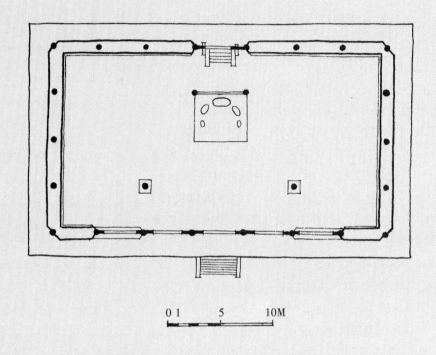

0 1     5     10M

图 8-22　山西五台山佛光寺文殊殿平面图

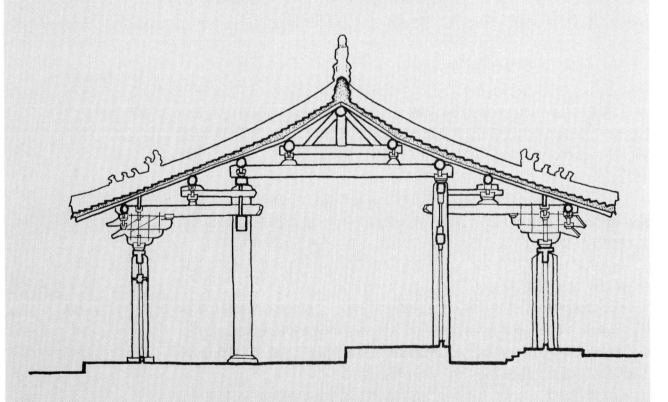

图 8-23　山西五台山佛光寺文殊殿明间横剖面图

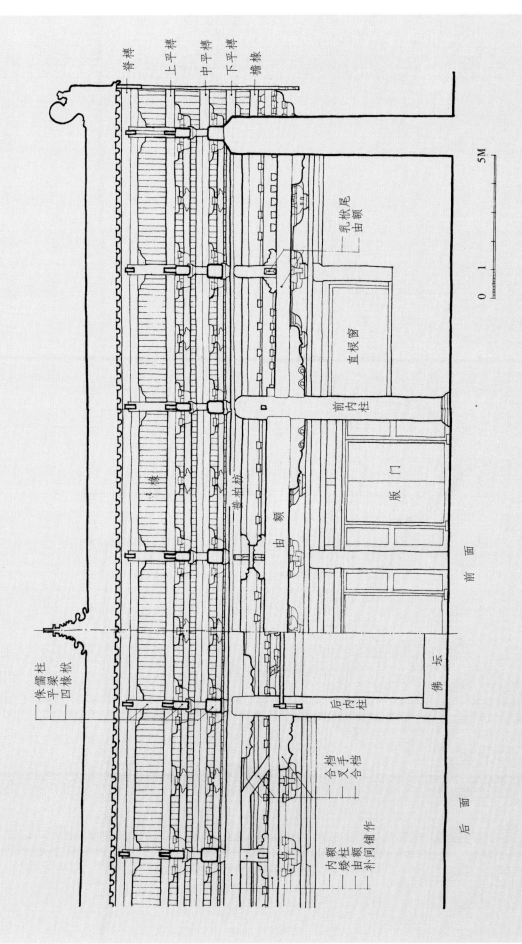

图 8 - 24　山西五台山佛光寺文殊殿纵剖面图

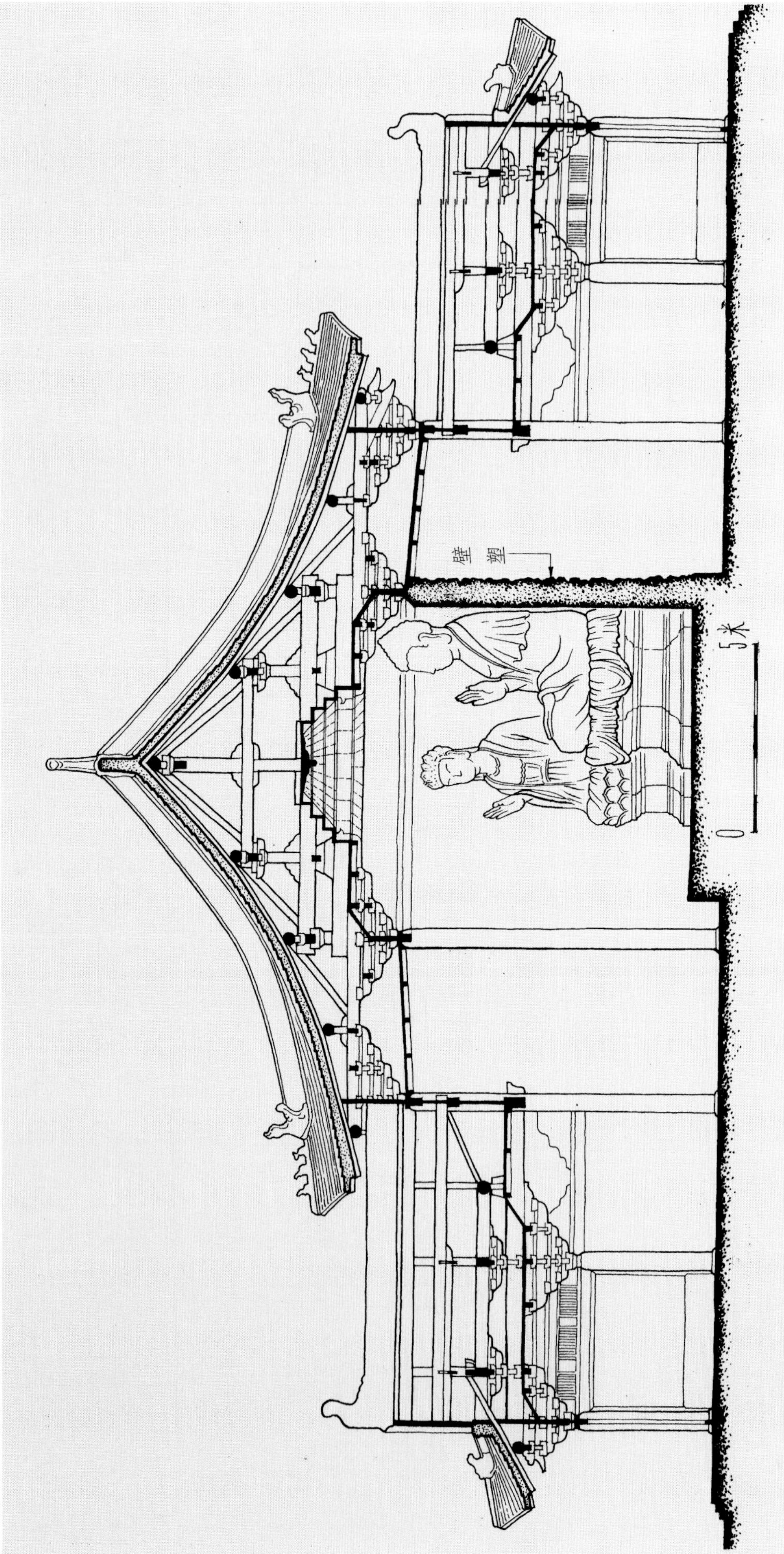

壁塑

5米

0

图 8－25　河北正定隆兴寺摩尼殿横剖面图

先进的大量减柱的圣母殿，在建造年代上反而晚百余年，著文提出摩尼殿的建造年代应先于圣母殿！直到地震重建摩尼殿发现构件上"死人"（工匠）的题记，《中国古代建筑史》终于改正摩尼殿为北宋皇祐四年（1052）所建。这就使我想起一位伟大思想家曾说过的话："传统在任何思想领域中，都是巨大的历史堕力，必须摧毁"！

但是，文殊殿与弥陀殿用复梁承受间缝梁架的结构方式，是不够科学合理的。据 20 世纪 50 年代初的勘查，两殿由于年久失修，"除了因为（复梁）长度太大，木料已压弯之外，还有这部分结构的南北两向都没有很好的联系。复梁受压过重中部弯沉，上面的柱头枋也全部歪扭倾斜，屋面连带开裂渗漏，这一带的枋梁已全弯杇，牵连到全殿中部几间所有的柱统统向北倾斜。"弥陀殿如此，文殊殿的情况也相当严重，"仅大木部分的梁栿一项，散碎、糟杇、劈裂、弯沉者计五件之多⑧。"前面的复梁折裂，内外柱子倾斜沉陷等等，"情况也很骇人"。说明两殿的减柱是不成功的。

从以上数例可以看出，减柱移柱的建筑，进深的间数要比开间的多少，对梁架结构的影响大得多。下面再举一些进深较浅的减柱建筑的例子。

### 八、山西浑源县永安寺传法正宗殿

此殿建于元代延祐二年（1315），是永安寺的正殿，面阔 5 间，进深 3 间，平面长方形，单檐四阿顶。殿的明间和左右次间装槅扇门，四壁均筑墙而不辟窗牖（图 **8－26** 为永安寺传法正宗殿平面图）。

传法正宗殿进深 3 间，如按金箱斗底槽的标准柱网布置，内槽 2 间四椽栿，则外槽不可能是两架椽，只有一架椽，即构架形式由"四椽栿对乳栿"改变为**四椽栿对搭牵**（一架椽），1＋4＋1＝6，如图 **8－27** 的柱网布置形式。内槽为 3×2 间，外柱为 16 根，内柱为 8 根，共有柱 24 根。这样的柱网布置，由于外槽狭窄，佛像的空间感到局促。

传法正宗殿在标准柱网布置的基础上，取消了前列的 4 根金柱，成六架椽屋用 3 柱，**五椽栿后搭牵**的结构形式 5＋1＝6。在 4 根后金柱间砌屏壁，前筑大砖台，台上列坐佛三尊。大砖台外侧，两边如雁字式各有 3 个小台，上列四菩萨和二天王塑像。殿内看不到柱列，所以殿身虽浅，视觉空间却十分完整而开敞（图 **8－27** 为传法正宗殿柱网比较图）。

传法正宗殿减柱后，虽只减去 4 根前金柱，却完全打破了内外槽的视界，取得了扩大空间的显著效果，且整个梁架结构简洁而较规整。后金柱上升，至上层四椽栿梁底，柱头坐栌斗，上施蝉肚绰幕以承四椽栿。通长的五椽栿大梁，内端直接交榫于后金柱，与搭牵相连；前端则架在檐柱的斗栱上。四椽栿层梁的前端，在绰幕栌斗下置两瓣驼峰，架于五椽栿梁上。并在四椽栿下，前后上平椽缝处，用一道连栱将两根丁栿后尾，亦架于五椽栿的梁背上，使大梁的荷重成均匀分布的连续梁，这是很合理的做法（图 **8－28** 为永安寺传法正宗殿横剖面图）。

传法正宗殿由于减柱，后金柱上升，使大梁直接与金柱卯榫结合，这一变革就解决了殿堂柱列等高，构架的内柱间横向无联系，刚度和稳定性差的缺陷。但是相同的进深，用同样的减柱方法，梁架结构方式稍异时，其结果却有很大的差别。

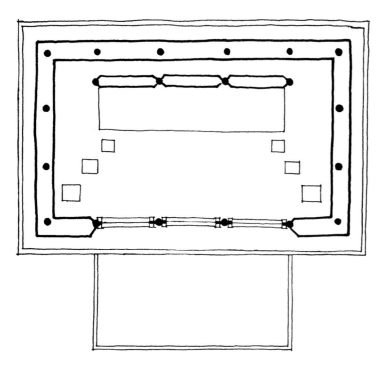

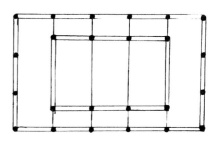

a. 标准柱网平面(5×3)

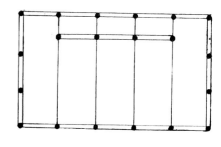

b. 传法正宗殿柱网布置(5×3)

图8-26 山西浑源县永安寺传法正宗殿平面图　　　　图8-27 传法正宗殿柱网布置比较图

## 九、山西高平县舍利山开化寺大雄宝殿

大殿为宋代遗构,进深3间,与传法正宗殿一样减去了前列金柱,为六架椽屋用三柱。不同的是后列金柱与檐柱间为两架椽,成四椽栿后乳栿的结构形式4 + 2 = 6。后金柱虽有上升,但仍在大梁之下,四椽栿大梁与乳栿内端,就都叠架在柱头的斗栱上,并未脱宋代殿堂柱列等高之窠臼,仍然存在内柱前后悬空,构架的横向刚度和稳定性差的弊病。图8-29为开化寺大殿横剖面图。

开化寺大雄宝殿的大梁虽为四椽栿,但用料很大,其截面高度几乎为其他梁栿的一倍,与上层梁的间隙很小,所以将上层四椽栿梁缩短为三椽栿,前端在上平椽缝下与顶层的平梁齐,前下平椽仅用攀间栌斗,直接搁在四椽栿大梁上。三椽栿的后端,上置后下平椽,梁下则用栌斗驼峰,架在搭牵上,乳栿就仅起到联系梁的作用。

从梁架的受力情况看,两架椽长的搭牵承受约2/5的屋盖荷重,而四椽栿大梁却没有充分发挥其作用。且殿堂内部空间转传法正宗殿窄一架椽,结构与空间的矛盾,并没有得到很好的解决。

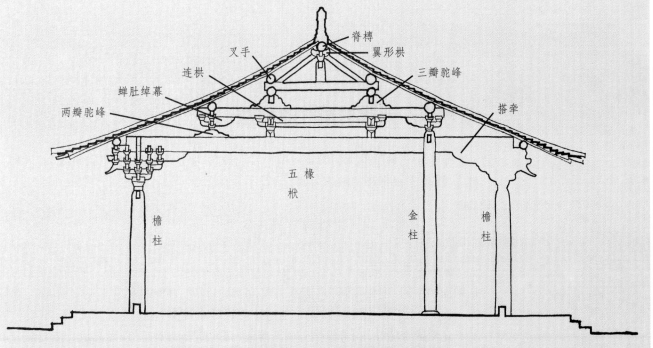

图 8 – 28　山西浑源县永安寺传法正宗殿横剖面图(元)

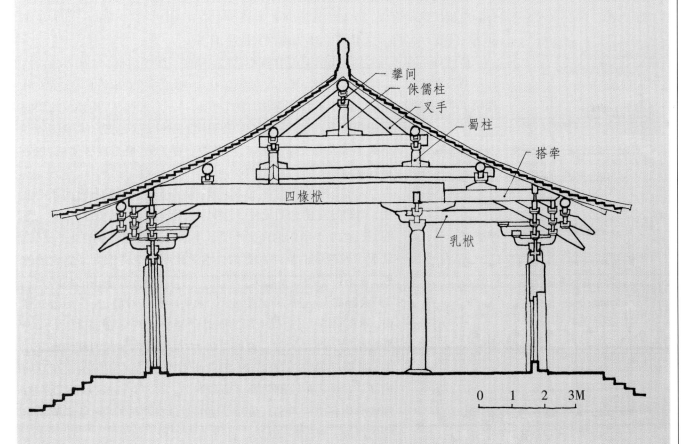

图 8 – 29　山西高平县舍利山开化寺大雄宝殿横剖面图(宋)

421

# 第六节　元代的减柱移柱法

继承金代灵活而大胆的革新精神,甚至在一些地方建筑中,打破传统的"间架"概念,出现了很奇特的做法。如:

## 一、山西洪洞县广胜寺下寺正殿

此殿重建于元至大二年(1309),是元代佛寺建筑重要的遗构。从间缝梁架言,正殿面阔7间,进深4间。单檐悬山顶,正面中间的3间设槅扇门,左右稍间辟直棂窗,其余三面筑墙(图8-30为广胜寺下寺正殿平面图)。

正殿的奇特处,山缝梁架脊柱不落地,与明间缝的梁架相同,都是八架椽屋用4柱;从殿身内后金柱只有4根,面阔就成了五开间。正因为内柱分隔的间数,少于上部梁架的间缝数,完全打破了传统的"间架"概念。

柱网布置,按金箱斗底槽绘出标准柱网平面,即八架椽屋用4柱,梁架成**四椽栿对乳栿**的结构形式,2+4+2=8。外柱一圈为22根,内柱一圈为14根,共有柱子36根,内槽为2×5间。图8-31为标准柱网平面图。

广胜寺下寺正殿,由于山缝梁架脊柱不落地,外柱一圈少两根,只有20根;内柱一共只有6根,共有柱仅26根,较标准柱网减柱10根之多。6根内柱,前金柱只保留了明间缝的2根;后金柱4根,除明间缝的两根,其左右的两根,则移位到稍间的中线位置。也就是说,只有明间的梁柱是对位的,其余的各缝梁架下都没有支柱。所以,**广胜寺下寺正殿,既是减柱建筑,也是移柱建筑**。

梁架结构:广胜寺下寺正殿,从前金柱列,只有明间两根金柱,明间缝至山缝间无柱,为支承上部两品梁架,就用纵跨三开间,长达11.5米的内额来承受。本来作为纵向联系构件的额枋,就成了大跨度的纵向承重梁,承受比明间四椽栿大梁更大的荷载,而不得不用非常粗大的木料。所以,称这种承重的结构方式为"大额式"。正殿的后金柱列,除明间梁柱对缝,左右后金柱移位,不在间缝上,造成上部的四品梁架,也只有搁在内额上,仅跨度较小为一间半长度。这种做法,大概与殿内佛像的陈列布置有关。此殿的佛像位置也与一般寺庙不同,不是在内槽的梁架空间最高处,而是在后槽贴着后墙陈列,三间各有佛像一尊,而左右佛像旁边各立一尊胁侍菩萨,这可能是将两柱外移,便于陈列塑像的缘故了(图8-30为广胜寺下寺大殿平面)。

殿内的梁架结构做法也颇特殊,从横剖面看,仍然是八架椽屋用四柱,四椽栿对乳栿结构形式,但前后的乳栿和乳栿上的搭牵,都是用弯曲的斜木料,上端架于内额,下端置于檐柱的斗栱

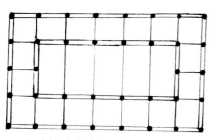

标准柱网平面(7×4)

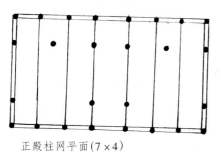

正殿柱网平面(7×4)

图8-31　山西洪洞县广胜下寺
正殿柱网比较图

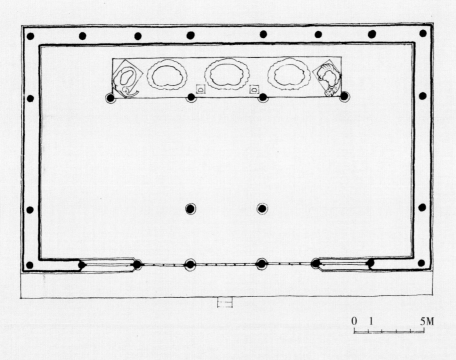

图 8 - 30　山西洪洞县广胜寺下寺大殿平面图

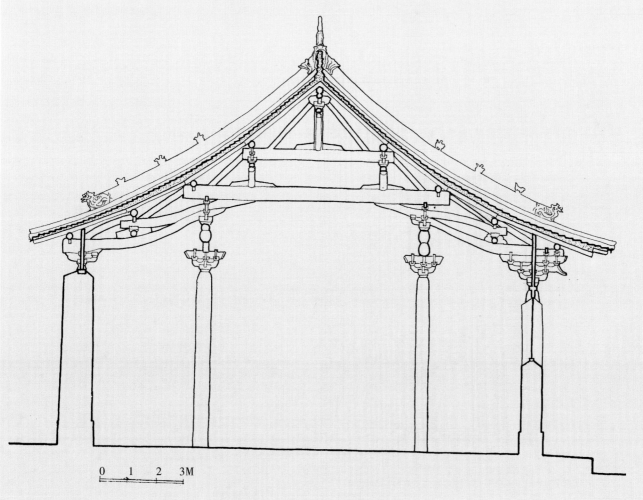

图 8 - 32　山西洪洞县广胜寺下寺大殿稍间横剖面

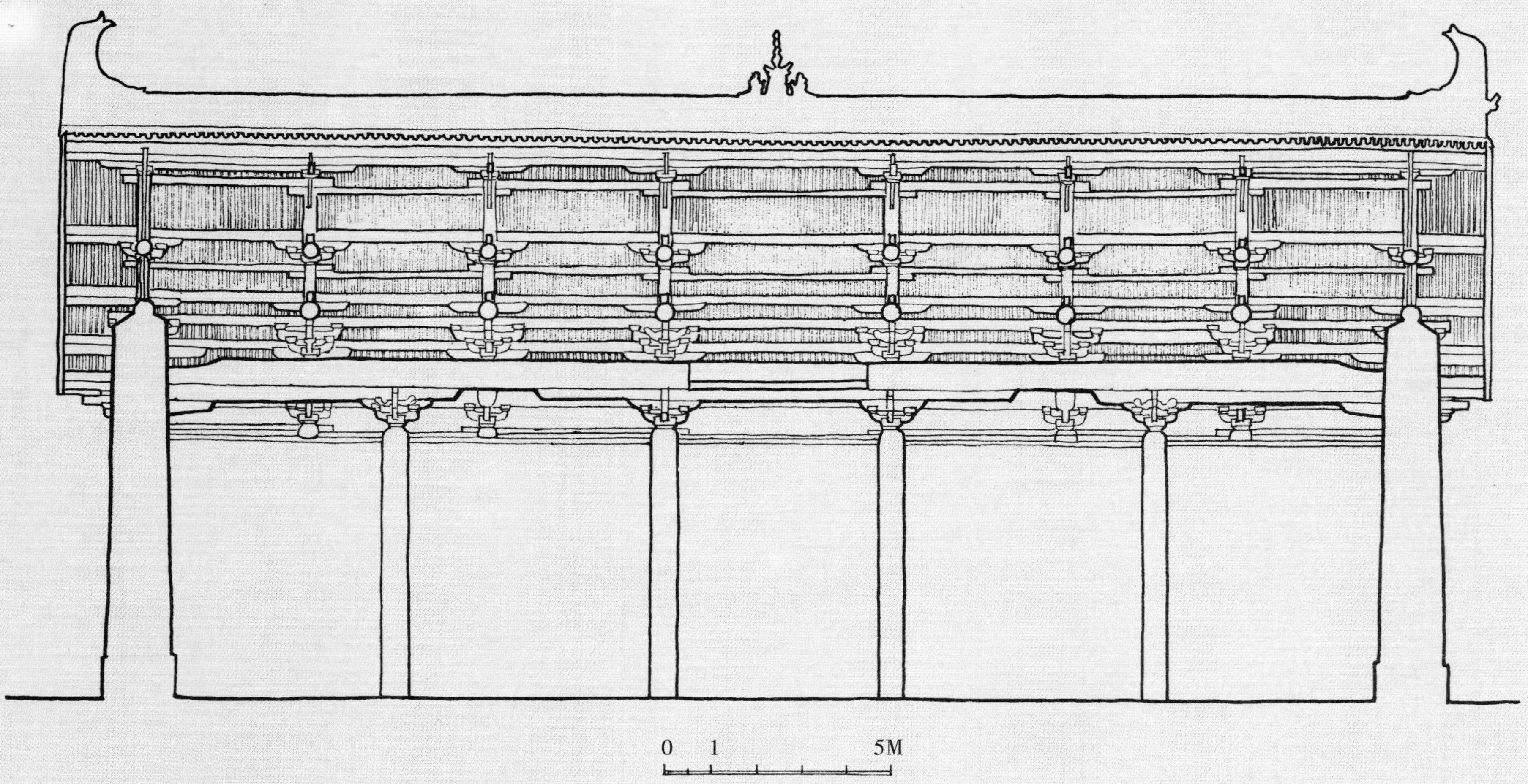

图 8 - 33　山西洪洞县广胜寺下寺正殿梁架纵剖面图（后面）

0　1　　　　　5M

上。下平槫就叠架在搭牵和斜栿上,从而形成"几"形的梁架,室内空间,给人以高敞和活泼自由之感(图 8 - 32 为广胜寺下寺正殿横剖面,图 8 - 33 为广胜寺下寺正殿梁架纵剖面图)。

元代建筑可谓不拘陈法,别出心裁,不仅打破了"间架"概念和构架受力系统的法则,对构件材料的选择也比较随意,为避免斜栿加工制作的困难,多利用原木适宜的自然弯曲木料,或用旧料拼合而成。这既体现出当时的建造者,不受传统法式束缚的大胆革新精神,也反映出只凭感性经验,缺乏科学探索精神的一面。正由于此,殿内那长达 11.5 米的大内额,由于不堪重负,后来不得不在下面加支柱,来维系其寿命了。

元代这种大胆超常的减柱移柱法,在偏僻的乡祠小寺中,就发挥得更为淋漓尽致了。

## 二、陕西韩城司马坡禹王殿

该殿建于元代元统三年(1335),是座非常奇特的建筑,较之广胜寺下寺正殿,在结构上大胆而随意的做法,是有过之而无不及的。

禹王殿,是体量不大、进深只有两间的小殿。从建筑的面阔间数看,很难说它是几间,因为前檐柱只有 4 根,应该说是三开间,可是后檐柱又是 6 根,背立面则是五间。更出人意外的,间缝的梁架,按三开间则多一品,按五开间又少一品,却是五品四间。前后上下都不等,所以,前后檐柱和檐柱与梁栿结构都不对缝,传统的"间架"制度,和"缝"的概念,对禹王殿是统统不适用的。当地群众称之为**"前三后五暗四式"**建筑。

禹王殿的结构,直接支承上部梁架的不是柱子,而是前后檐柱上的**大额枋**。因为前檐柱列与后檐柱列的柱数不等,所以前檐的额枋较后檐额枋更为粗大,前后檐的斗栱也不同,前面的为五铺作,后面的为四铺作,为了使前后的撩檐槫高度一致,就采取了前后檐柱不等高的办法⑨。

禹王殿这种随意改变间架,违背梁、柱受力性能的做法,而能历经数百年风雨遗存下来,是以浪费更多的木材大料为代价的。这在自给自足的自然经济社会,少数民族统治时代的穷乡僻壤,滥用可以采伐到粗大的木料,也可能是好事者限于条件,因材施用而已。

但不论怎么说,进深只有两间的小建筑,用四槫栿大梁,殿内本可不用柱子,为了开间上的变化,不用柱而用额来支承上部梁架,无论从建筑技术和建筑艺术上讲都毫无意义。前檐的肥额胖柱,只能使人感到屋小架子大、材非所用的做作;内部梁架的错乱,令人不可理喻的惊奇了。

**减柱移柱法** 自辽宋至金元,风行数百年之久,虽然有其地区的局限性,无疑地,是中国建筑史上对传统建筑制度和法式的冲击和变革,也是对已形成定制的木构架体系的发展方向,客观上具有实验性的一种革新运动。这对中国的建筑学,无论在理论上,还是实践上,都是历史的客观存在,有它不容忽视的意义,是应予重视和研究的课题。

减柱移柱的建筑,作为社会实践,是特定社会历史条件下的产物,是中国建筑历史发展运动过程中客观存在的有机组成部分,在承上启下中有其内在的必然联系。弄清这一社会现象的实质,对了解中国建筑的历史和传统的建筑文化,都是非

减柱建筑,在宋《营造法式》的"单槽"式中已经出现。但作为一种结构方法,到辽金元时期才兴起和发展起来,形成对传统建筑制度和法式的冲击,对中国木构架建筑的发展,客观上可以说是一种具有实验性的革新运动。减柱移柱法,是中国建筑的历史发展运动过程中不可缺少的一个组成部分,是历史的偶然性中包含的必然性。

常必要的。

# 第七节　减柱移柱法的社会背景

宋代《营造法式》的颁布和模数制的成熟,标志着中国木构架建筑已成定制,建筑的标准化和定型化在技术上已达到很高水平。《法式》是具有法律性的建筑法规,是国家制定的建筑制度和法令,是不允许随意改变的。但从宋代遗存的建筑,在结构和空间上却有违制的减柱和移柱建筑,如《中国古代建筑史》中所说:"至今还没有发现一座宋朝建筑是完全按照《营造法式》的规定建造的⑩。"并以宋代著名的减柱建筑晋祠圣母殿为例证。原因何在?书中没有解释。

我认为,从遗存实物中是难以找到答案的。因为,今存之宋代遗构,对北宋百余年的建筑实践是微乎其微的;北宋朝廷官营建筑生产的主体宫殿、衙署、第宅、寺庙等皆已荡然,遗存极少。晋祠圣母殿,地处北宋边陲,作为一座祠庙,并不代表宋代建筑的主流。这就是说:"至今还没有发现一座宋朝建筑是完全按照《营造法式》的规定建造的",绝不等于宋代历朝所建都是不按《营造法式》建造的。

晋祠圣母殿却不遵《法式》规定,大量减柱,并取得结构技术与空间上的突破与成功,这同太原所处地理位置和政治情况有关。太原在宋以前是晋阳古城,唐宋间一直是少数民族沙陀突厥的统治地区,后唐李存勖,后晋石敬瑭,后汉刘知远,北汉刘继元,都是沙陀人,亦多以晋阳为都城。后晋和北汉,一向依赖辽为后援来维持其政权,尤其是后晋的石敬瑭,认契丹主耶律德光为父,以割地燕云十六州(今河北、山西北部)的卑鄙手段,甘当辽的儿皇帝。日益强盛的契丹,藉燕云之势,建国家(937)称国号为辽,建云州(大同)为西京。契丹以北方游牧部落,南据燕云,建国二百余年,与宋分庭抗礼,形成中国史上的又一次南北朝。

宋王朝开国19年以后,三次攻打才破晋阳,灭北汉。宋太宗赵光义,记取五代三主起家晋阳,晋阳易守难攻的教训,将晋阳古城彻底焚毁,并大肆屠杀百姓,重建太原城,只造丁字街,不筑十字路,迷信风水,妄图丁(钉)住龙脉,防止反叛。这正反映了宋王朝统治者内心的软弱,对边陲重镇太原,鞭长莫及,难以控制。从宋真宗征辽败北,为粉饰太平,提倡神道设教,大建寺庙。在修晋祠时,仿唐朝故事,立太平兴国碑。当地人民由于痛恨宋朝统治者杀戮百姓,焚毁晋阳,而敢于将碑文敲剥得一字不存的"没字碑"(现存已非原物),也可说明赵宋王朝对山西太原统治的薄弱,晋祠圣母殿正是在这种特殊情况下,才能不按《营造法式》规定,根据建筑内容的需要,通权变达,用减柱法突破了传统构架对空间的局限,取得空间艺术上杰出的成就。

减柱移柱的建筑分布地区,大多是历史上北方少数民族辽代契丹、金代女真族、元代蒙古族统治的地方,主要集中在雁北一带,也就是内外长城的中间地带,桑干河流域。因为"雁北一带,地势高亢,气候比较干燥,加上辽金以来,又没有多大兵燹,所以保存下来的古建筑比别处为多⑪。"

为什么减柱移柱法建筑,多在辽、金、元时代呢?

这种现象并不难理解,辽金元都是中国北方的少数民族,过着落后的游牧渔猎生活,还处于氏族社会的历史发展阶段。当他们进入汉族地区,以至入主中原建立政权以后,或者为适应汉族社会的经济情况,必须采用"汉法";或者固持其野蛮的生产和生活方式,靠武力掠夺而导致灭亡,这是历史的必然规律。

正如元世祖忽必烈刚登上皇帝的宝座,就有人向他进言:"北方奄有中夏,必行汉法,可以长久……其他不能实用汉法,皆乱亡相继⑫。"

建国必须建都,都城是国家经济、政治和文化的中心。辽代在耶律阿保机建国以前,还是住毡庐的游牧民族,都城建设不得不采用汉法,利用汉人的物质和技术力量。如辽在建设上京时,"关于京城整体的规划、监修和布置,具体建筑物的设计、施工,以及土木操作,主要由汉人韩延徽、康默记、贾去疑等人以及其他汉人流民和俘奴担负。阿保机及其左右的契丹人,对于这一事业的主持、决定,采取了主动积极态度⑭。"贾去疑先事后唐,出使辽时被留下经营上都,后任辽将作大匠(《辽文汇·贾师训墓志》)。辽建中京,也是模仿汉地城市,依靠燕蓟的工匠。其他三京,均是在汉地原有城市的基础上增建,如南京亦称燕京,即今北京;东京是东北的辽阳故城;西京即今山西大同。

金元的都城都亦如辽代,如金建中都(燕京),完颜亮"先遣画工写京师(北宋京师汴梁)宫室制度,至于阔狭修短曲画其数,授之左相张浩辈,按图以修之⑮。"元代大都(北京),因金的中都已颓败不堪,是在中都东北的金代离宫——万宁宫已修复和水源兴旺的基础上重建的。大都的规划设计者,是忽必烈命汉人赵秉温,"与太保刘公(秉忠)同相宅","图上山川形势城郭经纬,与夫祖社朝市之位,经营制作之方。帝命有司稽图赴功⑯。"其他参加者,还有汉人工部尚书段桢⑰、将领张柔、张弘略父子⑱,蒙古人野速不花⑲,女真人高觿⑳,以及色目人也黑迭儿㉑等。可谓较全面彻底地采用了汉族传统的营建制度和生产技术及管理方法。

一个民族的生活方式,是在一定的生产方式中,长期地逐渐形成的。辽金元等少数民族在征服汉族过程中,阶级结构会产生迅速的分化,但长期形成的生活方式,就不是很快能够被汉族同化的了。如辽建上京,虽然"城郭,邑屋,市廛,如幽州制度㉒",事实上,不可能像汉高祖仿建新丰一样,一点不差地原样照搬过来。从上京的总体规划,皇城在都城的北面,商业区却在南面㉓,就没有受中原的"**前朝后市**"的传统所束缚。

宋朝的薛映,于北宋大中祥符九年,即辽开泰五年(1016),奉使契丹,他有个报道:"又至承天门(皇城南门),内有昭德、宣政二殿,皆东向,其毡庐皆东向㉔。"这句话虽阔略无微,但很重要,既然皇城的门内殿皆东向,主体建筑就都坐西朝东,这就不合中原制度。宫殿区内,还有游牧民族特有住所——毡庐,说明城市规划和宫殿的建筑设计,强烈地体现出游牧民族的生活方式和习俗,并非是对汉地城市的机械模仿,而是结合了契丹人的风俗习惯和当时的实际情况。

城市建设的模仿是如此,建造房屋也一样。处草原居毡庐的游牧民族征服者,没有城市和房屋建筑的文化。建都城造宫室,只有利用汉人的物质技术条件和力量,建国之初也不可能制定出具体的制度和法规来。而《营造法式》作为一种制度和法令,对新朝已失去制约作用;但作为建筑文化的技术文献,则是设计者和工匠们所能掌握的专业知识和技能。这就形成在城市规划和建筑设计中,既不可能脱离传统的建筑文化,又为实践提供了很大的创作自由,这就是客观上产生"减柱移柱法"的社会条件。

"每一次由比较野蛮的民族所进行的征服,不言而喻地都阻碍了经济的发展,摧毁了大批的生产力。但是在长期的征服中,比较野蛮的征服者,在绝大多数情况下,都不得不适应征服后存在的比较高的'经济情况';他们为被征服者所同化,而且大部分还不得不采用被征服者的语言⑬。"

任何事物的模仿,首先都是仿照对象的形式,而不是它的内容。

问题还在于,为什么到辽代人们才感到梁架结构对空间的限制,而力求减少柱子来扩大空间呢?

对汉族人来说,世代相传的木构梁架的空间与组合方式,在礼制的渗透和法制维护下,已融合于人们的生活方式之中,成为生活活动空间的固定模式,不可能改变,也不允许改变。这就是**人创造了生活环境,环境也改造人的生活**。

但是,对祖祖辈辈住惯了穹窿式的"毡庐"的征服者,是很难习惯这满眼柱子的空间环境的,辽初宫殿中搭毡庐,就足以证明。既然要定居宫室,又望建筑空间尽可能得到舒展,这是很自然的事。如果这种愿望一旦成为统治阶级的思想,就会成为建筑实践的主导思想。因为,**在阶级社会中,统治阶级的思想,总是占统治地位的思想**。为征服的统治者服务的汉人,为了扩展建筑空间,就会想方设法尽力去实现。出路只有一条,调整梁架结构的柱网,尽可能地减少内柱。

如果这是合乎历史生活逻辑的,设想是可以成立的话,这应是"减柱移柱法"产生并能风行的社会原因了。

历来在现实社会生活中,新的事物产生并能在社会上风行,得不到统治者的赞赏和倡导,是不可能存在的。从辽代始,大同华严寺大雄宝殿,这样建造在都城、而且具有宗庙性质的重大工程,从梁柱结构简支的传统作了大量移柱的处理,没有统治者的提倡和支持,是难以想像的事。否则,减柱移柱法,更不可能在辽金元三代风行数百年。

问题到此并未结束,为什么减柱移柱法的设计思想和灵活布置柱网的手法,到明代没有被充分地吸取,加以继承呢?这就需要对减柱移柱法的历史作用进行分析了。

# 第八节　减柱移柱的历史作用

任何事物的发展都是辩证的,对辽金元时代减柱移柱法的历史作用,必须以辩证唯物史观来分析:

辽金元三代,都是比较野蛮的民族征服了汉族,必然给华夏的传统文化以巨大的冲击,给数千年文明的某些"神圣"的东西以亵渎。正由于他们本民族没有自己的建筑文化,所以在模仿汉地城市和建筑实践中,才能打破设计思想领域中的"传统"堕力,解除传统建筑形制的种种束缚,给规划和设计者的创作以更多自由,利用而不拘泥于法式。为了扩展建筑空间,解决结构与空间的矛盾,用减柱移柱法进行大胆的变革。在扩展建筑空间方面取得不少成绩,突出的例子,如山西晋祠圣母殿,就是个非常杰出的解决了结构与空间矛盾的典范,不用减柱法根本不可能为大型彩塑群雕侍女像创造出宽舒轩敞的陈列空间和观赏环境。

圣母殿在结构与空间上,运用减柱法的成功实践,从后来的减柱建筑中,却看不到有多少积极的影响。正因为三代的建设是在野蛮的基础上适应汉族的文明,建筑实践中之所以能任意打破宋代的建筑制度和法式,是由于统治者的脑子里根本没有框子,因此也不可能有什么严格的建筑制度,更不可能对减柱移柱法有什么规范性的东西。所以减柱移柱法发展到了元代,柱子愈减愈少,愈移愈离谱,以至于间缝梁架错位,不用柱子而用大的内额来支承,这种无序的缺乏科学实践性的变革,也就说明减柱移柱法,只有在一定的条件下才能起扩展建筑空间的作用。

不容否认,减柱移柱法在中国木构架建筑的历史发展过程中,有积极作用的一面。我们从前面所列举的减柱移柱的建筑实例,可以较全面地了解木构梁架体系在空间构成上的特点和灵活处理空间的相对可能性。首先可以看到,"木构架建筑的空间活动范围,主要在内槽部分,所以减柱移柱也多在内槽的空间范围之内。减少了部分内柱,内槽梁架的柱列配置,不可能再保持完全对称的形式,处理不当往往使梁的受力情况不利,并带来一系列新的矛盾。但是,减少了柱子就加大了柱距,在大梁移位和结构长度的制约下,多半形成柱子要支承两层梁栿的情况,这样就很难再保持柱子等高,全靠用斗栱叠架上去,而不得不将局部的内柱升高。至少从升高内柱、梁柱结合简单牢固这一点来说,对殿堂建筑构架变革,是有促进作用的㉕。"

如果说明清殿堂的内柱升高,是受减柱移柱建筑的影响,这种影响的作用,并不在结构技术上,因为不用斗栱铺作层的**厅堂**,从来就是如此。所以,减柱移柱法形成内柱升高的意义,就在于它打破了**殿堂**的梁架结构方式,必须内外柱列等高,这种已形成传统的思想堕力。

问题是自明代统一江山以后,只吸取了减柱移柱建筑中的副产品,升高内柱的优点,而对其主要目的,扩大建筑空间的那些合理的设计思想方法,却一概摒弃不予采用,是什么道理呢?我们还未见有直接的文字资料说明,但可以想见,明初开始大规模营建之时,对建筑形制这一重大问题,肯定会有一番争议和研究,虽然存在种种因素,但都必须考虑中原地区的物质技术条件和传统建筑文化的深厚基础,况且至今尚未见中原地区遗存有减柱移柱建筑,特别是汉族统治者强烈的**正统观念**等等,我认为最根本的原因,仍然决定建筑的生产方式。

几乎沿用于整个封建社会的**工官匠役制**,这种官营手工业的生产方式,以超经济奴役性的生产和简单劳动做作的方式,只有在构件标准化和定型化的前提下,才能保证快速施工的正常进行。不言而喻,对没有一定之规和形制的减柱移柱法建筑,根本不适合这种建筑生产方式的要求,从而被淘汰,是必然的事。

中国古代这种建筑生产方式的特殊性,可以说从斗栱的产生与发展、兴盛与衰亡的历史运动中,得到充分的体现。

在中国建筑文化中,斗栱是最富于民族性和创造性的东西。最早于春秋战国时代,在若干铜器的装饰图案中,可以证明柱上已有栌斗了。到汉代,不仅见于文献和辞书,在东汉的石阙、崖墓和明器及画像砖的建筑中,已见有承托屋檐和平坐的斗栱。这一时期既有简朴的一斗二升栱和一斗三升栱,而且已有斗栱重叠出跳的做法,已经成为建筑形象的非常显著的重要组成部分。

唐代是斗栱发展的盛期。从敦煌石室的壁画中可见,初唐时栌斗上已出跳水平栱,盛唐时已有双抄双下昂出跳的斗栱,补间铺作初唐时多用人字栱,盛唐时用驼峰上置二跳水平栱以承托檐口。这种结构,今天还可以从山西五台山佛光寺大殿——这座盛唐遗构实物中看到。斗栱由简单朴实,到唐代已发展得复杂而更富于装饰性。

在木构架建筑体系中,斗栱是组合构件,斗、升、栱、昂等分件,在构架中用料最

减柱移柱建筑,由于改变了梁柱结构平衡对称的方式,往往造成结构力学上的不合理性,而且不适合构件标准化和定型化的要求。这是自明代以后减柱移柱建筑消失的原因。

小，规格最多，不仅不同体量的殿堂斗栱规格不同，而且同一体量的殿堂斗栱位置不同，规格也不一样，在大规模殿堂建设中，斗栱构件规格之多，数量之大，是惊人的。尤其斗栱作为铺作层时，是上部梁架与下部柱列间的连接构件，斗栱加工质量的好坏，影响整个构架和建筑的质量。

在工官匠役制的生产方式下，无论从制定《法式》和构件的加工，还是生产的监督管理，都必须运用**模数**，实行构件的**标准化**，否则生产就无法进行。对此，我们在第二章"中国古代的建筑生产方式"中《营造法式》一节已作了较详细地论述。这种模数制度，从敦煌壁画、唐代殿堂建筑遗构，可以看出在唐代甚至唐代以前已经运用，只是到宋代，在《营造法式》中才用文字确定下来，并一直沿用到清代。

从模数制**"以材为祖"**的原则，即以斗栱断面的**"材"**为**基本模数**，一切大木作的尺寸和比例都以材为准。这就从物质和精神两方面充分说明：在物质生产方面，斗栱加工的构件数量庞大，且十分复杂，生产的难度也最大，需要消耗大量的人力物力，特别是在殿堂的内外柱列等高、斗栱作铺作层的情况下，在施工管理上，斗栱的加工生产，是保证整个建筑生产质量的关键。

在精神方面，斗栱那千栌磈嵬、万栱层叠的气势，为建筑形象闪耀出神圣的光辉里，包含着难以数计的所消耗的生命力。在阶级对抗的社会里，人的统治地位与权力，是同他所支配的人的命运的数量成正比。正因为如此，斗栱受到封建统治者的青睐，成为人的政治地位和权力的象征，封建等级的一种标志。选择斗栱的构造尺寸，作为大木作的基本模数，正是肯定斗栱在构架中不可替代的结构作用为前提。同时也就肯定了，上部梁架必须架在柱列等高的铺作层上的结构方式。而由这种结构方式所带来的弊端，诸如斗栱规格多数量大，尺寸繁杂难以定型化，加工技术要求高，耗费巨大的人力物力，以及构架横向刚度和稳定性差……等等，也就不容改善。

换句话说，斗栱作为结构构件的存在，斗栱的发展愈是精巧复杂，对建筑生产就愈是不利。在木构架建筑的历史发展过程中，斗栱就日益成为建筑生产中必须解决的主要矛盾。随着社会经济的发展，明代已出现资本主义的萌芽，由于**毁旧国，建新朝**的传统现象并未终止，**工官匠役制**的官营手工业建筑生产方式，虽然不可能有根本性的改变，但也不可能像封建社会初期那样基本上沿袭奴隶制的生产方式，工匠毫无人身自由无偿地、无定期地被奴役，到唐代时实行定期轮番服役，宋代根据工程需要顺次差使，唐宋时对技艺高或有特殊手艺的，已用出资雇佣工匠的办法。明代则进一步按工程需要，不同的工种规定不同的服役时间，更番赴京轮作，不愿赴班服役的可以纳资代役。到清代中叶以后，终于取消了匠籍制度，采取出资雇佣，匠役制也就完成了它的历史使命。

古代工匠直到封建社会开始走向灭亡，才完全获得人身的自由。工匠从无偿的奴役到被官府雇佣，这种生产关系的质的变化，说明封建朝廷用政治暴力统治，官营手工业的建筑生产已无法进行，为了保证大规模营造的高效快速施工，显然以雇佣工匠方式解放生产力的同时，必须对产品本身加以革新。传统建筑骨干构架的结构是不容改变的，出路只有在**标准化**的基础上，提高**定型化**的程度，尽量减少构件的种类和规格。

从**大式大木**的三大组成部分，即竖向承重构件柱，横向承重构件**梁、桁、椽**及其他附属部分，及两者之间的过渡部分**斗栱**。提高前两者定型化程度，在于建筑的体量大小、尺寸和比例关系，相对的规格较少。规格数量最多，尺寸最复杂的是组合构件斗栱，减少斗栱的规格最简单有效的办法，就是保留斗栱的形式，取消它在构架中的结构作用。

因为，肯定斗栱的存在，是现实合理的，顶着斗栱的柱子，就没有升高的余地；所以，承认升高内柱的结构合理性，斗栱铺作层，以柱列等高为其存在的必要条件也就消失，从而也就失去它的结构作用。

明代正是肯定了减柱法形成的**内柱升高**的结构合理性，使梁身直接置于柱上或插入内柱，梁柱交接更加紧密，节点构造简单，施工方便，从而大大减少了内檐节点的斗栱。梁的外端则直接挑出梁头承托檐檩，梁下的昂自然失去了原来结构的作用，斗栱就成为纯装饰性的构件了。因此，斗栱的规格减少了，比例也可减少。为了加强装饰性，斗栱排列可较密。

这一变革不仅提高了构件定型化的程度，由于梁柱结合紧密，加强了内柱的横向联系，解决了原先大式大木横向刚度和稳定性差的缺点。明代的官式建筑已经高度标准化、定型化了，到清代于雍正十一年(1733)颁布的《工部工程做法则例》则又进一步加以定型化，把所有建筑固定为27种具体的房屋，每一种房屋的大小、尺寸、比例(包括构件)都是绝对的，这就必然造成结构的僵化，预示着传统木构架建筑的发展已失去生命的活力。

这一历史运动过程，从秦汉算起到清代中叶达二千年之久，造成建筑发展如此缓慢的根本原因，正是中国封建社会累朝无间的采用**工官匠役制**官营手工业**生产方式**的结果。历史上的统治者，在封建宗法制"**家天下**"的思想支配下，历来改朝换姓，无不采取"**毁旧国，建新朝**"的方针，为了要在很短时间内完成大规模的宫殿和都城建设，离开这种生产方式是无法实现的。以帝王为代表的封建统治阶级，在建筑生产中，靠政治暴力征调工匠丁夫进行超经济的奴役，如此"**政治权力能给经济发展造成巨大的损害，并能引起大量的人力和物力的浪费**"，只能阻碍建筑的发展，推动它沿着木构架不变的模式方向走，随斗栱的衰退，封建社会的埋灭而走向了尽头。

中国木构架结构体系经三千多年的发展，集中体现在斗栱的由简而繁，由结构构件成为纯装饰性构件，即由形成、发展到衰亡的历史运动过程。

恩格斯说得好："凡人类历史领域内一切现实的东西，随着时间的推移，都会变成不合理的东西，因而，它按其本性就已是不合理的，老早就包含着不合理性[26]。"对减柱移柱法应作如是观，对整个木构架的建筑历史发展，也是同样的道理。

431

# 第九节　厅堂的结构与草架制度

## 一、厅堂的结构与空间"内四界"

在《营造法式》中"厅堂"与"殿堂"建筑在形制上是严格区别的，两者在结构上完全不同：

**厅堂**　构架中不用斗栱作铺作层，称**小式大木**。不用斗栱做铺作层，内柱必须升高，否则梁架结构就无法构造。主要用于民间建筑。

**殿堂**　是为帝王和神佛服务的尊贵建筑，殿堂之所以尊贵，是因为必须用斗栱铺作层，而称**大式大木**。有了斗栱铺作层，上部的梁架就必须搁在柱头的斗栱上，因此，殿堂的内外柱列只有一律等高了。

从解决结构与空间矛盾的角度,减柱移柱法开始有成功的杰作,愈是发展,不合理的成分愈多,因为这种变革,是在梁架结构体系之中的变革,不可能产生出新的木结构形式。所以,当减柱移柱法违反了木构架结构力学原理时,也就彻底地否定了自己。

从减柱移柱法,还可以看到中国木构梁架的基本特点,在开间方向减少了内柱,没有间缝立柱的空间视界,扩大空间的效果是十分显著的,但往往造成上部梁架无支承,放在内额上的不合理的现象。在建筑进深方向减柱,不论如何减柱,大梁是否移位,扩大的空间深度,最大值只能是六椽栿,一般是四椽栿。

我们多次强调,中国木构架的建筑深度,决定于大梁的跨度,也就是要受木材长度的限制,只能前后调整位置,不可能超出六架椽的进深长度。即使像北京故宫太和殿,这座最大最尊贵的殿堂,大梁也只是用七架梁,即六椽栿。**六椽栿,是传统木构架建筑梁的最大长度。**所以,在宋《营造法式》中,标准柱网布置,八架椽屋用四柱,结构成四椽栿对乳栿的"**金箱斗底槽**"形式,即清代的进深九架,五架梁前后双步的构架形式是最常用的、最经济合理的构架形式。由此说明,当建筑进深不大于八架椽时,用六椽栿大梁,是不够经济合理的方案。**四椽栿(五架梁)的梁跨,是殿堂内能取得的完整的、最大的空间深度。**

民间建筑的**厅堂**,每一架椽的长度,即两檩间椽子的水平投影长度,要比殿堂的尺寸小得多,大约近 1 米,但构架的结构方式,仍然多为四椽栿对乳栿,也就是用五架梁前后双步的形式。说明**四椽栿(五架梁),是传统木构架建筑最常用的大梁长度。**

江南工匠提出"**内四界**"的概念,正是古代工匠在长期实践中认识到一般厅堂的建筑空间,其最大的、完整的空间深度,是"**四界**"。四界就是宋式的四架椽,清式的五架。厅堂的结构与空间设计,必须以"四界"为准,四界是建筑空间意匠的出发点,也是梁架结构设计的准则。

民间建筑厅堂,同样存在结构与空间的矛盾,需要扩展建筑空间,主要是扩大建筑的进深。在江南园林建筑中,扩大进深已超越功能的需要,成为创造室内空间艺术的重要手段。在进深方向有各种尺度的扩大,由于扩大进深并不减柱,所以与殿堂扩大进深后产生的矛盾不同,形成各种不同的结构与空间的处理方法,这就是明代计成在《园冶》中所提出的"**草架制度**"。

## 二、厅堂的草架制度

厅堂属小式大木,是木构架中不用斗栱的建筑,也是一般的民用建筑。正因为厅堂大量用于民间,建筑体量不能太大,也不可能像殿堂用很粗大的木料,构件用材较小,梁的跨度亦小,同样四界(四椽栿)大梁,其绝对尺寸要比殿堂小得多。正因为大梁的跨度较小,在结构与空间上,仍然存在着矛盾,只是矛盾主要存在于建筑的空间深度方面。按梁架结构的特点,大梁上至少需架五檩,即清式之五架梁,也就是宋式的"四椽栿"——五根檩木之间的四根椽子的水平投影长度。明、清的一檩称一架,五架梁上架五檩,也就是四椽栿。苏式做法,称两桁(檩)间的水平投影长度为"**界**"(步架),故称五架梁为"四界大梁"。

按《营造法原》大梁的跨度决定大梁的围径,除桁条围径按开间的比例,梁柱的大小都按大梁的围径推算。说明:**大梁的跨度,不仅是建筑进深方向室内完整的空间深度,而且是决定建筑构架用材的标准。**"界"的深度,一般为 3.5 尺、4 尺、

4.5尺、5尺数种，若以1尺折合33.3厘米计，最小界深3.5尺，为1.165米，四界大梁跨度为4.66米；如取最大界深5尺，则大梁的跨度为6.66米。加梁柱结合的构造长度约为5～7米，对一般民用建筑来说，这样长度的木材已是不小的用料了。因此，四界大梁是厅堂的结构与空间设计的决定因素，所以苏州地区的工匠特称之为"**内四界**"。

"将'内四界'特别单列出来，是很有意义的，它不仅是主要承重构件大梁的跨度和围径(大梁的围经为内四界进深的2/10)的量度标准，并且标志着建筑内部的空间深度。这也正说明'叠梁式'构架体系，在横向深度上有很大的局限性。如果要加大进深，就必须在内四界的前后再添柱架梁(称之为'川')，但在空间上，由柱梁所形成的空间视界仍然存在，也就是说，由大梁和步柱构成的完整空间与前后添柱架梁的空间，仍然是两个空间部分。正由于木构梁架在空间深度上的特殊矛盾，古代匠师们却因地制宜地创造出丰富多彩的空间形式，和艺术上精湛的意匠手法[27]"(图**8-34**为古典园林建筑构架透视示意图)。

在中国的传统建筑中，江南的园林建筑，可说是建筑结构与空间的高度统一，在空间设计上取得杰出艺术成就的范例。加大厅堂建筑的深度，不单是为了扩大活动空间，而是把空间的功能与艺术有机结合起来，从视觉审美上创造出空间无限的变化意趣。就是对建筑空间起着制约作用的梁架结构，也转化为建筑空间功能的需要，并且成为建筑空间具有装饰性的部分。

如中进庭院的厅堂，既要满足通前达后的交通需要，解决正间(明间)被穿过的

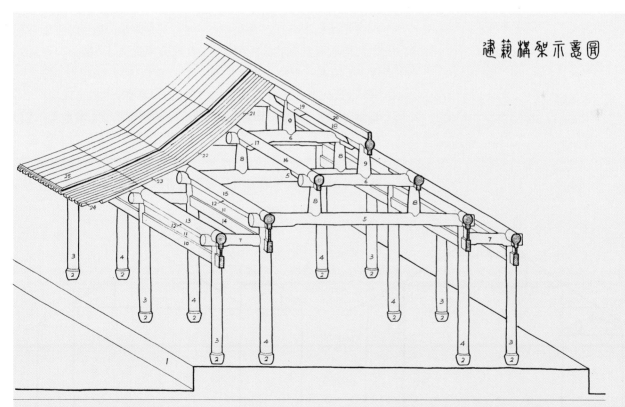

1. 台基　2. 磉磴　3. 廊柱　4. 步柱　5. 四界大梁　6. 山界梁　7. 廊川　8. 金童柱　9. 脊童柱
10. 廊枋　11. 夹堂板　12. 连机　13. 廊桁　14. 步枋　15. 步桁　16. 金桁　17. 金机　18. 脊桁
19. 脊机　20. 帮脊木　21. 头停椽　22. 花架椽　23. 出檐椽　24. 飞椽　25. 望砖

图8-34　古典园林建筑构架透视示意图

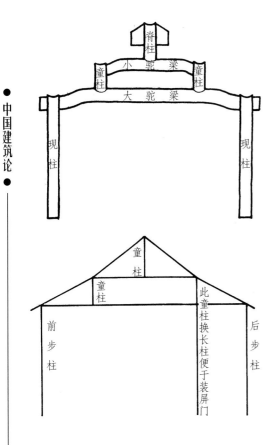

图 8－35　小五架梁式图

问题；同时又要保持室内空间的完整，便于布置家具，而不妨碍厅堂的使用功能。这个矛盾，用传统的方法**屏蔽而通之**就巧妙地解决了。因此，为了安装屏门，正间两贴(缝)的后步柱(后金柱)，不仅是重要的结构构件，同时也成为装修所必须的构件。即使进深仅四界(八架椽)的穿堂，用五架梁时，室内本可无柱，为了装设屏门，也必须将"童柱"换成落地的长柱(图 8－35 为《园冶》中小五架梁式)。

### 三、抬头轩与磕头轩

在厅堂建筑中，加大建筑的幢深，主要矛盾不在于室内有柱，而在于幢深愈大则檐口愈低，既影响采光通风，且空间视觉郁而不敞。厅堂如加大幢深，在内四界前加一界或两界时，梁架结构就形成《营造法原》中所示的"**磕头轩**"式(如图 8－36 厅堂正贴磕头轩贴式)。

要解决"磕头轩"的弊端，就必须将前檐抬高，从而产生了"**抬头轩**"式的做法(图 8－37 为厅堂正贴抬头轩贴式图)。如图所示，其法是将四界大梁后移一界，使轩梁与大梁相平。这样檐口抬高了，但顶部的梁架结构由于前后不对称，桁、梁、柱错位，不整齐也不美观。当然用吊天棚的办法就可以遮住上部结构，但古代匠师们没有用这种简单的方法，而是采取"彻上露明造"，利用结构本身具有装饰性的传统，在原有屋面之下，部分加重复的椽子，使前后对称，表面整齐，自下仰视，俨若假屋者，称之谓"**轩**"。其构架在内外屋面之内者，因为看不到，用料可以草率，不需加工整齐，故称"**草架**"。"草架"一词宋已有之，但意义不同，《营造法式》的"草架"，是"以梁柱等组成结构构架在施工前被称为草架。构架的断面图称为'草架侧样'[28]。"明清的"草架"则是指内外两层屋顶间梁架用料加工草率而名的，草架内的梁、柱、

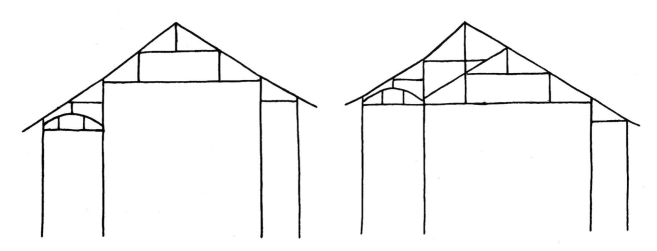

图 8－36　厅堂正贴磕头轩贴式图　　　　　图 8－37　厅堂正贴抬头轩贴式图

桁、椽等构件名称前均冠以草字，如草脊柱、草脊桁、草双步等等。

### 四、草架的源流

《营造法原》云："草架制度盛行于南方厅堂建筑，北方较为罕见，疑系明代创作，与宋式迥异[29]。"明代造园家计成在《园冶·屋宇》中已列有"草架"一节，并绘有草架图数种。证明"草架"创始于明代，是无可怀疑的。从计成所说："草架乃厅堂之必用者，凡屋添卷，用天沟，且费事不耐久，故以草架表里整齐[30]。"也就是说，早先在厅堂前添卷的部分单做屋顶，与厅堂间形成天沟，构造困难易漏雨水，故云"费事不耐久"。这一点，从我对《园冶》的"磨角"一节，长期百思不得其解，前辈学者的解释又多望文生义，将"磨角"误解为屋角起翘。后见苏州民居中，有将廊半绕厅堂者，转角处折角至堂前与檐口并立，与《园冶》所说："凡屋添卷，用天沟"的形式意思相同，终于明白"磨角"是指亭阁的平面形状，讲的是型体设计问题[31]。

草架的形制，在明代还不普及，仅江南的园林建筑中偶尔为之，故文震亨(1585—1645)在《长物志》中无草架之说；清初李渔(1611~1680)对园林建筑颇多卓见，他在《闲情偶寄》的"漏窗"形式中，曾提到《园冶》，但也没有草架之说；稍后的李斗，在《扬州画舫录·工段营造录》中，也没有一点草架的内容，他在解释"厅"的各种形式中，有单体建筑纵向并列的连二、连三，和两卷、三卷厅，以及"四面添廊子飞椽攒角"的蝴蝶厅等等，这些厅堂都是用几幢单体建筑集合而成，各自有顶，也都必须用天沟排水。这个现象说明，草架的做法，直到清代除了江南园林建筑应用以外，其他地区尚未普及。

草架制是否为计成所创，还无资料可以证实，但计成从造园艺术，重视草架在解决结构与空间矛盾上的作用，在《园冶》中专加阐述并绘出图式图（图 **8－38** 为《园冶》中草架贴式）。《园冶》是惟一记载草架的古籍，可以认为**草架创始自计成**。

从《园冶》的草架图式看，主要还偏重于建筑空间的前后分隔，用重椽假顶以取得顶部空间的完整，还未能充分发挥草架在园林建筑空间意匠上的作用。

但从现存苏州古典园林建筑的实例看，可以看到草架制度的发展已臻成熟，不仅在建筑空间形式上丰富多彩，而且在艺术上赋予建筑以空间流动的意趣。如**廊轩**的多种空间形式，**满轩**和**鸳鸯厅**等巧妙的空间意匠，成为中国园林艺术**往复无尽的流动空间**所不可缺少的组成部分，在建筑空间艺术上达到很高的成就。

任何新的事物，是不会凭空出现的，都有其产生的社会条件和合乎规律的发展过程。不合国家制度的"草架"，不可能从正统的《营造法式》中发展出来，但是从草架结构的一个主要特点来看，任何草架形式的四界大梁都必须移位，对称均衡的梁架结构根本不存在草架的制度。这就使我们联想到，辽金元时代，为扩大建筑空间，用减柱移柱的方法，每多造成大梁移位的例子，而这些实例至今尚在，显然它们与草架之间，不可能没有某种历史的联系。虽然，我们还无法去直接证明这一点，但历史是不会中断的，辽金元三代，数百年间对传统梁架的变革，同样无法断言，这一变革除了促进殿堂的内柱升高以外，对后世建筑的发展不存在任何其他的影响。

明代厅堂结构的草架制度，如果不能直接从宋代《营造法式》产生发展出来，而辽金元时代，对传统构架的变革，由于开扩建筑空间，采取减移柱法，造成大梁移位的现象，与草架结构之间可能有其一定的历史渊源。

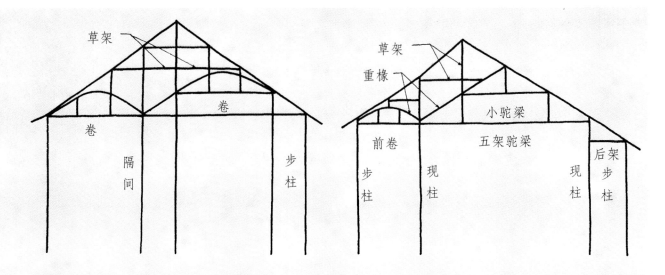

九架梁前后卷式图

厅堂前添卷式图

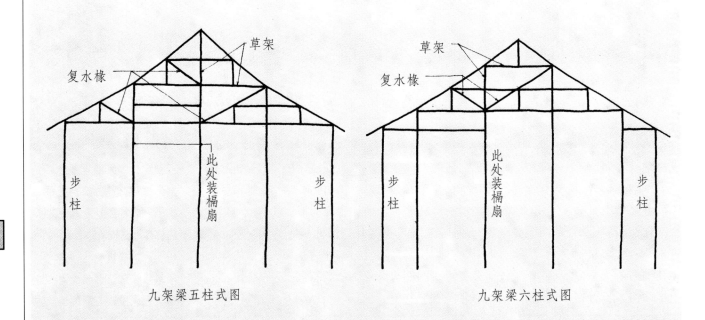

九架梁五柱式图

九架梁六柱式图

图8-38 《园冶》中的草架贴式图

# 第十节 草架的结构形式与空间

草架的结构形式与扩大建筑幢深的"界"数有关,建筑空间由于受四界大梁的局限,在"内四界"以外增加的界数多少,是影响草架结构形式的决定性因素。一般厅堂建筑的幢深都大于内四界,增加界数的多少,要综合考虑多种因素,幢深扩大了,建筑的体量亦大,这就需要考虑厅堂在园林中的位置与性质,在园林总体规划中空间环境的意匠等等。因为厅堂是园林中的主要建筑,厅堂的建筑空间不是孤立的,它是园林游览路线的空间枢纽和活动集散点,也是园林的主要景观。所以,计成在《园冶》的"立基篇"中首先强调指出:"凡园圃立基,定厅堂为主"故也。

下面按扩大建筑幢深,从增加界数由少而多,结合实例分别加以阐述。

## 一、廊轩及其形式

在内四界的前后各增加一界时,界深约 1.2 米 ~ 1.5 米,相当于廊的宽度,形成厅堂的前后檐廊,其上部空间成直角三角形,从视觉上空间局促,且不完整,为了美观,就在"廊川"——宋式之搭牵,清式称单步梁——上加一层椽子,上铺望砖,成等腰三角形的对称的假顶,《园冶》中称"**重椽**",亦称"**复水椽**"。如《营造法原》所说:"于原有屋面之下,架重椽,使前后对称,表里整齐,自下仰上,俨若假屋者谓之轩。"这种做法的檐廊,称为"**廊轩**"。重椽,是一种仿结构的装饰构件,往往加工成不同的形状,构成极富于装饰性的假屋,也就是屋顶形式的顶棚。

如苏州古典园林**沧浪亭**的**面水轩**,建筑形式为歇山卷棚顶。按《营造法原》的术语,属次间拨落翼。因江南称建筑的当心间为**正间**,其余均称**次间**,只硬山顶建筑两头的称**边间**,歇山顶的两头则称落翼。七开间的称**五间两落翼**,五开间称**三间两落翼**,三开间的则不称一间两落翼,而称之为**次间拨落翼**。面水轩是三开间的歇山卷棚顶建筑,故称次间拨落翼。

**落翼** 是江南工匠对歇山顶左右两侧的坡顶,如鸟儿飞落时两翼的形象说法。

面水轩面阔 3 间,进深 3 间,平面为 3 × 3,六界房屋用 4 柱,用宋式术语,即六架椽屋用 4 柱,构架为四界大梁前后单步,宋式谓之四椽栿对搭牵,1 + 4 + 1 = 6。面水轩是将内四界做成"五界回顶",亦称**船厅**,而不叫船蓬轩者,因苏式之轩,是指廊轩,船厅是建筑空间的主要部分之故。**回顶**,是顶上呈弧形,所以要在平梁上架两根脊桁,在前面的称**上脊桁**,在后面的称**下脊桁**,架脊桁的梁(平梁),随构架用料和做法不同,圆堂者称**月梁**,扁作者则称**荷包梁**。脊桁间水平投影长度为顶界,其界深较浅,为平界的 3/4。在两根脊桁上架弯椽,椽的曲度提高界深的 1/10。

但南方建筑的**回顶**,与北方的**卷棚**形式相似,构造方式则不同:

在北方卷棚则于顶椽上覆瓦,南方回顶,则于顶椽之上,设枕头木安草脊桁,再列椽铺瓦。其结构称**鳖壳**,又名为**抄界**。其屋脊则用**黄瓜环瓦**,

望之颇似北方之卷棚(图8-39为苏州沧浪亭面水轩回顶鳌壳正贴式)。

鳌壳的假顶与屋顶间空间非常小,但也是草架的一种形式,故其中看不见的脊桁称草脊桁。屋顶上虽不筑脊,弧度甚小,较北方卷棚形象挺拔而耸秀,且屋脊处不易渗漏。

面水轩落翼下开敞,与前后檐廊成廊庑周匝的形制。因面水轩向外一面对园外水面的转折处,西接复廊,可达园门;东南复廊,随水折转,可至园东北隅的"钓台亭"。

沧浪亭,是苏州古典园林中惟一将园外之水纳入景境之内的园林,面水轩和复廊的设计,正是为了达到这一特殊要求,既起了分隔园林内外的作用;又两面开敞,向内可动观静赏假山亭台;向外临水,成为观赏水景的游览线和休憩点,充分发挥了复廊和面水轩的妙用。

在内四界前后加二界时,称双步,即宋所谓之乳栿。双步一般深2米左右,最大深度为3米,前双步做廊轩,后双步作檐廊,是最常见的抬头轩贴式。

如苏州**怡园雪类堂**,为八界进深用四柱,成四界大梁前廊轩后双步的构架形式,2+4+2=8。为避免进深扩大后前檐低下,将四界大梁向后移位一界,使轩梁与大梁相平,抬高前檐,成抬头轩贴式。随大梁移位,金桁就成为内四界的脊桁,前半用重椽成两坡的假顶。两界廊轩作三界回顶,成船蓬轩式。从而使内四界和廊轩,顶部空间表里整齐而完美。在屋顶和假顶之间,暗藏的梁架部分,用料加工粗率,所以称之为"草架"(图8-40为怡园雪类堂船蓬轩正贴式。图8-41为怡园雪类堂构架透视图)。

雪类堂的结构形式,正是计成在《园冶》中所说:"前添敞卷,后进余轩"的典型做法。因加大进深,为欲轩敞,须抬高前檐的檐口高度,四界大梁就必须向后移位,大梁移位就破坏了梁架结构的对称均衡,影响室内空间的完整,所以要做假顶,这就是《园冶》所说:"必用重椽,须支草架"的道理。

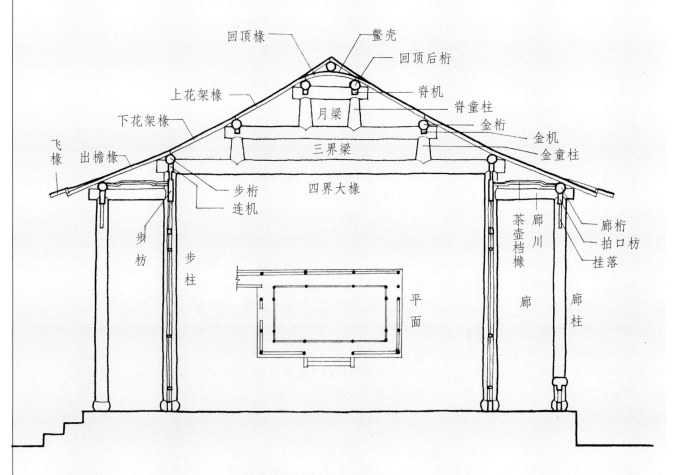

**图8-39 苏州沧浪亭面水轩 回顶鳌壳正贴式图**

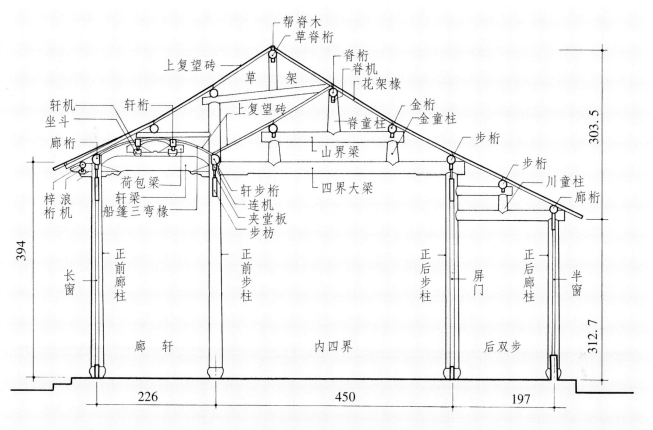

图 8-40 苏州怡园雪类堂——圆堂船篷轩正贴式

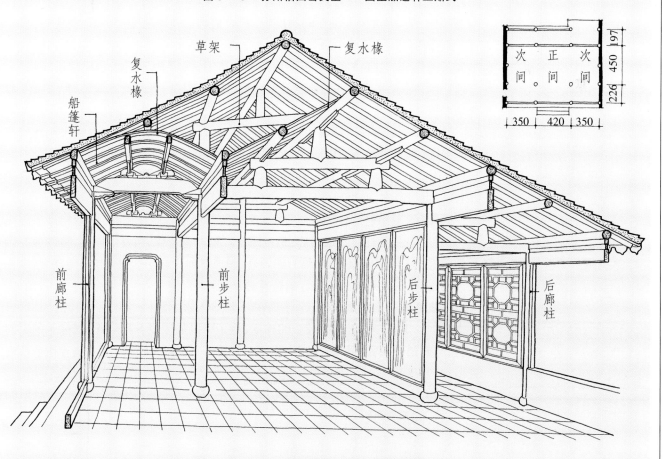

图 8-41 苏州怡园雪类堂构架透视图

解释《园冶》者，对计成在《园冶·屋宇》中的几句话，"前添敞卷，后进余轩；必用重椽，须支草架；高低依制，左右分为。"多不理解，尤其对**"高低依制，左右分为"**更加不知所云。雪类堂的构架，很清楚地说明，"前高后低"是指前檐高后檐低；"左右分为"者，从贴式的图看，左面的廊轩与右面的双步，两者在结构和构造做法上是完全不同的。不研究园林建筑的结构与空间，只从文字形式本身去解释《园冶》，只能望文生义，以己之昏昏，令人昭昭了。

雪类堂体量不大，仅 3×4 间，称堂而不名为厅，说明建筑体量的大小，不是区别堂与厅的标准。厅与堂之别，一、建筑的性质与位置。堂为礼仪宴集之所，位于主要景区；厅为随意休闲之处，多在次要庭园。二、是在构架制作上加工不同，堂用圆料，厅则扁作，有"圆堂"和"扁作厅"的分别：

**圆堂**　构架的梁柱等结构构件，均用圆木，但内四界前的廊轩则不一定用圆木料。

**扁作厅**　构架的梁、柱、川等结构构件，用圆木锯皮成扁方形截面者。

园林厅堂，开间多为 3 间或 5 间，进深多为 4 间，典型的构架形式，在内四界前为船蓬轩后为双步；进深 5 间时，扁作厅堂在轩和双步之外构檐廊（一界），或做成满轩及鸳鸯厅形式。厅堂"用于住宅及祠堂时，住宅则于廊柱间装窗，祠堂窗装于步柱，而廊柱间装挂落，以及内部布置及装饰之不同耳[32]。"

檐廊之所以称**"轩"**，是因其抬高前檐而轩敞，和顶部用重椽如轩之义。用重椽作假顶，是为了空间视觉的审美需要，本身并不承受屋面的荷重，为了充分发挥重椽的装饰作用，将椽木加工成各种形状，按其形状所构成的空间形式不同而名轩。如：

**弓形轩**　是将椽子加工成弯曲的弓形，轩梁也做成与椽子弧度相同的"月梁"，在离梁背三寸许，将椽布列于廊桁与步枋上。这种形式的轩梁和椽子的跨度不宜大，多用于深一界的廊轩（图 **8-42** 为弓形轩的构造及透视图）。

**茶壶档轩**　是轩式中最简单的一种，椽子用直的小方木，中间高起一望砖厚，形如茶壶档——茶壶的提梁，置于廊桁和步枋上，柱间不设轩梁，仅用廊川连系。茶壶档轩顶基本是水平的，视觉上不够轩敞，多用于深一界的檐廊或游廊（图 **8-43** 为茶壶档轩构造及透视图）。

**船蓬轩**　是将轩顶做成如小船的蓬顶一样。船蓬轩适于深二界六尺到九尺左右的檐廊，顶上呈弧形，用双桁成三界回顶，顶界较小，在两根轩桁上置**弯椽**，亦称**顶椽**。顶椽下两边接直椽或弯椽，用弯椽时则称**船蓬三弯椽**。船蓬轩在廊轩以内称"内轩"，可用圆木，亦可扁作（图 **8-44** 为船蓬轩构造及透视图）。

**鹤颈轩、菱角轩**　一般深二界，梁架结构与船蓬轩做法相同，用双桁成三界回顶。鹤颈轩与菱角轩两者相同处，是在两根轩桁上置弯椽；两者不同处，将两旁的椽子做成 ∫ 形，如鹤颈状者，称为鹤颈轩；做成弯曲尖起 ∫ 形，如菱角状者，则称之为菱角轩（图 **8-45** 为鹤颈轩构造及透视图）。

**一枝香轩**　是回顶不用双桁，只在轩梁当中安一坐斗，上架一根轩桁者，称一支香轩。一支香轩适于进深较小的檐廊，椽子可以加工成各种形式，视椽子的不同形状，有**鹤颈一枝香、菱角一枝香、海棠一枝香**等（图 **8-46** 为海棠一枝香构造及透视图）。

## 二、前后卷式

在内四界的基础上，将进深扩大一倍，为八界，界深又较浅时，就将八界分为前

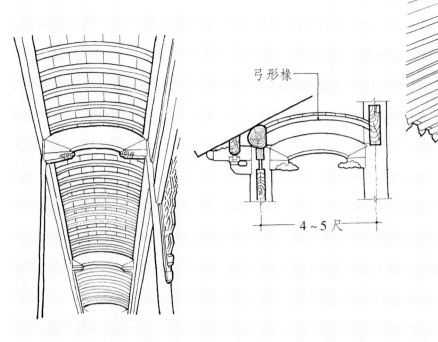

弓形椽

4~5尺

图 8-42 弓形轩构造及透视图

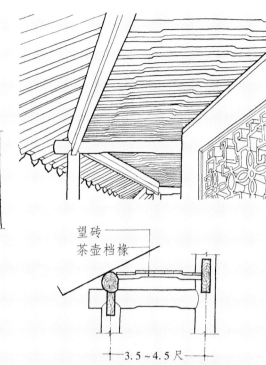

望砖
茶壶档椽

3.5~4.5尺

图 8-43 茶壶档轩构造及透视图

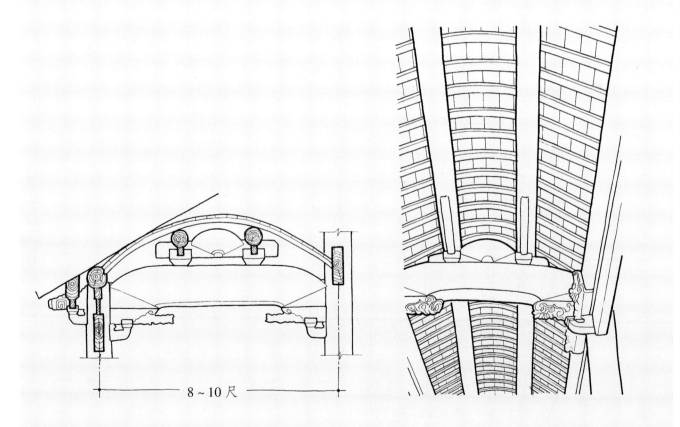

8~10尺

图 8-44 船篷轩构造及透视图

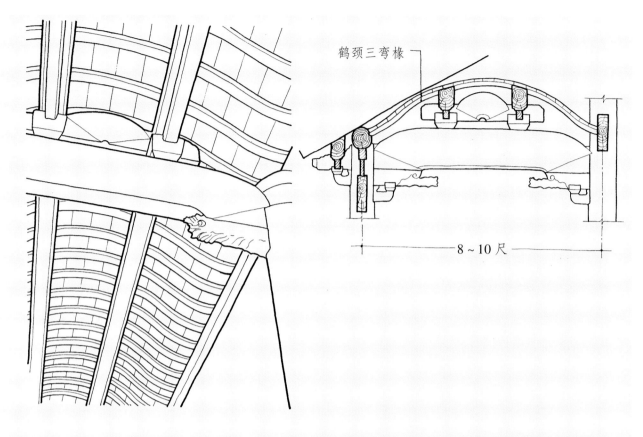

鹤颈三弯椽

8～10尺

图 8－45　鹤颈轩构造及透视图

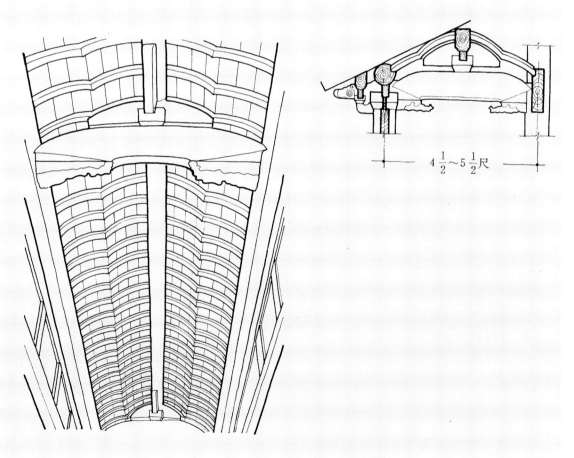

$4\frac{1}{2}$～$5\frac{1}{2}$尺

图 8－46　海棠一枝香轩构造与透视图

442

三界后五界两个部分。从梁架的桁数与界数的关系,界为双数,则桁就是单数;界为单数,桁则为双数。前三后五,正好可做成三界回顶和五界回顶,轩梁与大梁在同一水平高度,这就是《园冶》草架制式中的**九架梁前后卷式**。

苏州**怡园可自怡斋**,是九架梁前后卷加廊轩的形式,通进深为十界用五柱,成 1＋3＋5＋1＝10 的制式。可自怡斋是怡园景区中一座坐南朝北临水的主要厅堂。建筑形式为次间拔落翼,廊庑周匝,东西两侧接以曲廊,沿池通前达后。室内的前后两个空间部分,中间用屏门飞罩分隔,形成左右相通的室内环形路线,空间上面有往复无尽的情趣(图 **8－47** 为苏州怡园可自怡斋回顶草架正贴式图)。

### 三、鸳鸯厅式

建筑进深扩大一倍,为四界深度时,与内四界相等,这样就可以构成前后两个大小相同、体量相等、无主次之分、并列的空间部分,将这种空间形式的建筑,很形象地称之为"鸳鸯厅"。

因为鸳鸯厅的前后空间相等,两者之间的中界,正好是脊柱,为了前后顶上空间的对称均衡,整齐美观,"必用重椽,支以草架",做成屋中假屋的形式。江南的匠师们,为了充分发挥鸳鸯厅两个并立空间的特点,在室内设计上采取**同中求异**的方法,在构架制作用料上**前圆后方**,即前部按圆堂的做法,后部则用扁作,在两者之间的落地脊柱,也随之做成外圆内方的截面形式,称之为**双造合脊**。两山辟牖和前后槅扇等内檐装修,均采取不同的做法。如苏州**留园"林泉耆硕之馆"**,前后都是用五界回顶,并加一枝香式廊轩;构架前圆后方;两山辟牖,前为方形,后为六角形;加上造型不同的家具布具,从而创造出两个并立的、具有不同观感和艺术氛围的空间环境(图 **8－48** 为苏州留园林泉耆硕之馆鸳鸯厅正贴式图)。

### 四、满 轩 式

在园林建筑的草架制度中,当建筑进深超过内四界,达一倍以上时,用几个深度大致相等的连续卷棚式假顶,以解决结构与空间矛盾的方式。实际上,满轩是鸳鸯厅的另一种草架形式。

苏州**拙政园"十八曼陀罗花馆、三十六鸳鸯馆"**,是典型的满轩实例。该馆面阔 3 间,进深十界用 5 柱。整个幢深一分为四,梁架结构成 2＋3＋3＋2＝10 的组合,中间为两个三界回顶船蓬轩,前后檐为两个三界回顶鹤胫轩,构成 4 个连续的拱卷假顶,所以脊柱和前后步柱都必须落地(见图 **8－49** 苏州拙政园鸳鸯厅满轩正贴式图)。

建筑扩大进深的矛盾,关键是随着进深的加大,檐口也就随之降低。拙政园的满轩为了轩敞,四轩的轩梁必须在同一水平高度,檐口就势必有所降低,同留园鸳鸯厅比较可知,鸳鸯厅由于廊轩的轩梁较大梁低,檐口高为 384 厘米,屋顶垂直高度为 368 厘米,而满轩的檐高为 360 厘米,顶的垂直高度则为 435 厘米,比檐口还高出 75 厘米,屋顶就显得大而沉重了。这与园林建筑的空灵挺秀极不调和,也有碍园林意匠"以小见大"的意境创作。

这个矛盾如何解决呢?

拙政园满轩的设计,用**化整为零**的方法巧妙而合理地解决了这个矛盾。从满轩的平面和立面看,在建筑的 4 个角设了 4 座四角攒尖顶的亭式"耳房",从而在视

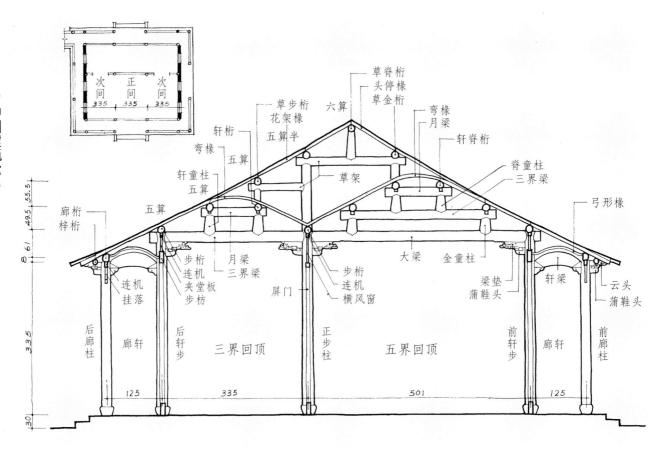

图 8-47　苏州怡园可自怡斋——前后卷贴式图

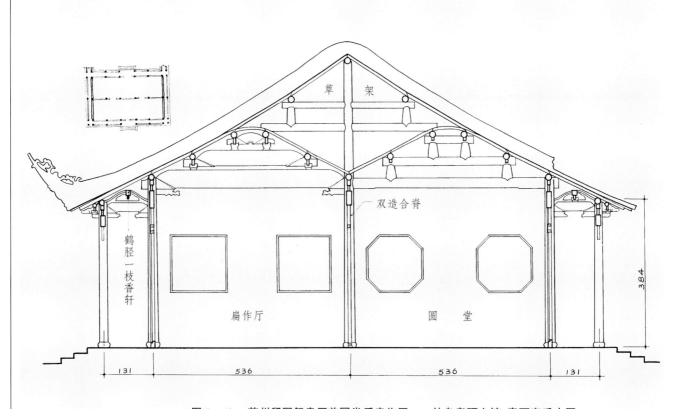

图 8-48　苏州留园鸳鸯厅前圆堂后扁作厅——林泉耆硕之馆、奇石寿千古图

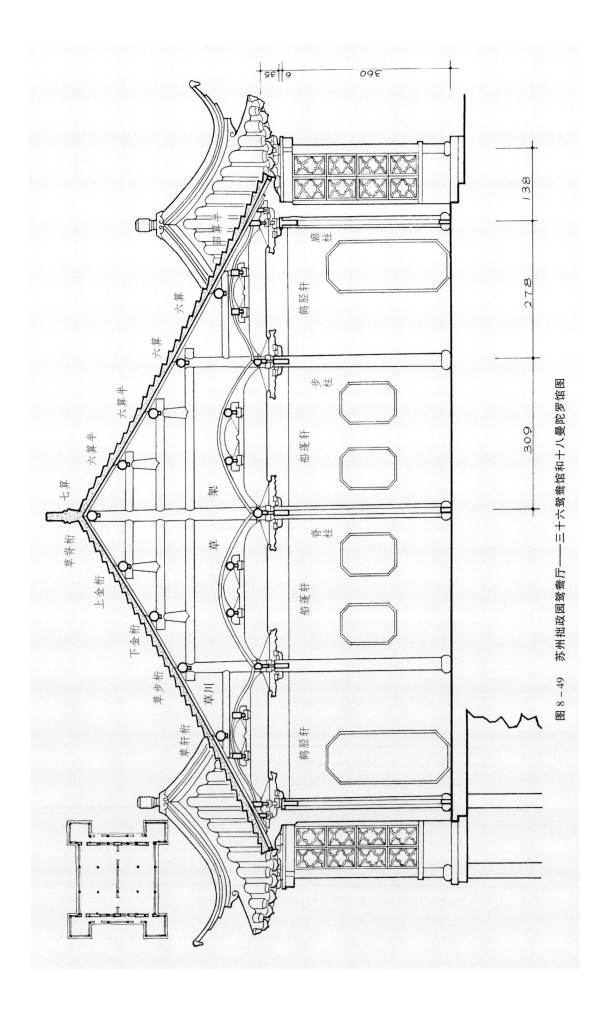

图 8-49　苏州拙政园鸳鸯厅——三十六鸳鸯馆和十八曼陀罗馆图

中国园林建筑的"草架"制度，不仅为扩大幢深抬高檐口，解决了建筑结构与空间矛盾的技术问题，而且是厅堂室内设计的一种特殊的空间艺术处理方法。

觉上，就将檐前两端的亭式耳房推出，使沉重的大屋顶有向后淡出的**化实为虚**的作用。这种造型处理，同那些为了追求形式、脱离功能的形式主义设计不同，"耳房"的设置，是与平面的空间功能有机结合的，由于前后的鹤胫轩，虽只占两界，但深度较大为278厘米，与中部船蓬轩的进深309厘米相近，是鸳鸯厅内空间的一个组成部分，在通进深已达十界的情况下，不可能在鹤胫轩之前再筑廊轩。满轩的做法，是利用落翼下的空间，隔出南北向的敞廊。在鹤胫轩两山辟门空，与两侧敞廊通连，作为厅的内外通路，"耳房"不仅在交通时，成为空间缓冲之处；在厅内进行娱乐活动时，又可作服务性的空间之用。这样就把建筑的形式与内容巧妙地结合起来了。

注　释：

① 赵正之：《中国古代建筑工程技术》，载清华大学《建筑史论文集》第一辑。
② 徐伯安、郭黛姮：《宋〈营造法式〉术语汇释》，《建筑史论文集》第六辑，清华大学出版社1984年版。
③ 元·脱脱：《辽史·地理志》。
④ 《雁北文物勘查团报告》，中央人民政府文化部文物局1951年2月版。
⑤ 同上，第146页。
⑥ 张家骥：《试论晋祠的历史发展与性质》，载《山西建筑》1987年，第3期。
⑦ 莫宗江：《应县朔县及太原之古代建筑》，载《雁北文物勘查团报告》，第158页。
⑧ 《雁北文物勘查团报告》，第158、第181页。
⑨ 刘临安：《韩城元代木构建筑分析》，载《中华古建筑·研究生论文选登》，中国科技　出版社，1990年版。
⑩ 刘敦桢主编：《中国古代建筑史》，中国建筑工业出版社，1984年第二版，第246页。
⑪ 宿白：《浑源古建筑调查简报》，载《雁北文物勘查团报告》。
⑫ 许衡：《立国规模》，《鲁斋文集》卷二。
⑬ 恩格斯：《费尔巴哈与德国古典哲学的终结》，人民出版社，1960年版，第4页。
⑭ 陈述：《契丹社会经济史稿》，三联书店，1978年版，第86~87页。
⑮ 张棣：《金虏图经》，《三朝北盟会编》卷二百四十四。
⑯ 苏天爵：《赵文昭公行状》，《滋溪文稿》卷二十二。
⑰ 《元史·世祖纪三》卷六。
⑱ 《元史·张柔传》卷一百四十七。
⑲⑳ 虞集：《高鲁王神道碑》，《道园学古录》卷十七。
㉑ 欧阳玄：《马合马沙碑》，《圭斋文集》卷九。
㉒ 《新五代史》七二"附录"。
㉓ 《辽史·地理志》。
㉔ 陈述：《辽金见闻汇录》，《薛映行程录》。
㉕ 张家骥：《论斗栱》，载《建筑学报》1979年。
㉖ 恩格斯：《费尔巴哈与德国古典哲学的终结》，人民出版社，1962年版，第5页。
㉗ 张家骥：《中国造园史》第232页。
㉘ 徐伯安、郭黛姮：《宋〈营造法式〉术语汇释》，载《建筑史论文集》第六辑，清华大学出版社1984年版。
㉙ 姚承祖原著、张至刚增编：《营造法原》，中国建工出版社，1986年版，第24页。
㉚ 明·计成：《园冶》。
㉛ 张家骥：《园冶全释》，山西人民出版社，1993年版。
㉜ 《营造法原》第22页。

# 第九章
# 建筑装修与装饰及室内陈设

中国建筑之美，造型不论是简朴，还是典丽，其比例的协调，轮廓的和谐，都是由结构直接产生的结果；其内部梁架亦袒露无遗，构件大小错杂，而功用昭然，一切都是按照美的规律创造出来的。

# 第一节　装修与装饰

中国建筑的空间构成，是用梁架檩木支承着屋顶，屋顶下的空间除了柱列，全部都是开敞的。因此，所有的空间围蔽和分隔，都没有结构承重的作用，除了用墙作围蔽结构以外，凡用木制作围蔽或空间分隔的构件，均属于建筑装修的工程范围。所以，装修在中国传统建筑中占有很大的比重，装修不仅是构成中国建筑形式不可缺少的因素，而且是中国建筑空间艺术创作的重要手段，它给古代的建筑师设计以极大的自由，也充分显示出中国人的杰出创造智慧和才能。

中国建筑的"装修"与"装饰"在性质上是不同的，两者在建筑实践中的意义也不一样。为了从概念上弄清楚，我们有必要先从文字上来作些考据。

在《辞海》和《辞源》中都只有"装饰"，没有"装修"这个词。对"装饰"的解释也都十分简略曰：打扮。那么，什么是"装修"？很有必要从建筑专业角度，弄清楚"装修"的含义，装修和装饰是否同义？如不同，区别在哪里？

装　许慎《说文》："装，裹也，束其外曰装。"从建筑物言，装修和装饰，都冠以"装"字，说明是显露在建筑构件——承重或非承重构件外面的东西。

饰　《说文》："饰者，刷也。"段玉裁注："又部曰，叔者饰也。二篆为转注。"早在《周礼·考工记·封人》条有："凡祭祀，饰其牛牲。"注："饰谓刷治洁清也。"是说祭祀时，用作牺牲的牛要洗刷干净。故段玉裁注："饰，即今之拭字，拂拭之则发其光采，故引申为文饰。"饰的美化之义，是由拂拭清洁引申而来的。

修　《说文》："修，饰也。"以饰解释修，大概从《周礼·春官·司尊彝》："凡酒修酌。"郑玄注："修，读如涤濯之涤。"洗刷之意的转注。修，是个多义字，有修理、整治的意思，《左传·宣公十二年》："郑人修城。"有美义，《楚辞·九歌·湘君》："美要眇兮宜修。"也指文章修辞，人的品德修养等等。所以，段玉裁说：

> 不去其尘垢，不可谓之修。不加以缛采，不可谓之修。修之从彡者，洒
> 叔之也，藻绘之也。修者，治也。伸引为凡治之称。匡衡曰：治性之道，必审
> 己之所有余，而强其所不足[①]。

通过上面的一些解释，我们可以看出，"饰"与"修"的共同点和相异之处，两者都有美化藻绘的意思。相异处，"饰"属于形式美的范畴，含义也较广，凡事物表面的美化，都可称之为"饰"，它本身不具有物质使用功能。"修"是具有物质实用功能，又要求形式美的东西。下面对建筑装饰和建筑装修分别阐述之。

## 第二节　建筑装饰

### 一、结构构件形状的美化

建筑装饰，是对建筑物外在可见的结构构件和非结构构件的形式美化。

中国传统建筑为彻上露明造，凡构件之可见部分，几乎都加以美化，斗栱是最典型的例子：如在撑头木后端，做成三弯九转其状如云的**蔴叶头**；要头外端，做成三角形棱状的**蚂蚱头**；功用如翘，而在向外一端特别加长，向下伸出者称**昂**，状如斧劈者称**批竹昂**，向上反曲端头如云者称**凤头昂**；昂的后端做成二凹三凸如花状的称**菊花头**；栱的两端底部，按分瓣卷杀法，做成小的连续折面，使短木似栱状的**拱瓣**做法等等，使结构奇巧的斗栱，成为木构架中最富装饰性的构件（图9-1为斗栱分体端部的装饰形式图）。

从构造需要的构件美化，如南方的厅堂，构架中的梁端为做榫头，为美化榫头与梁身处截面的改变做成**剥腮**。为了纠正视觉上梁向下弯曲感，将梁底挖去半寸，使梁略有上拱之势的**挖底**等等（图9-2），不一而足，都属于这一类装饰。

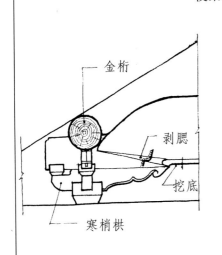

图9-2　梁的剥腮和挖底图

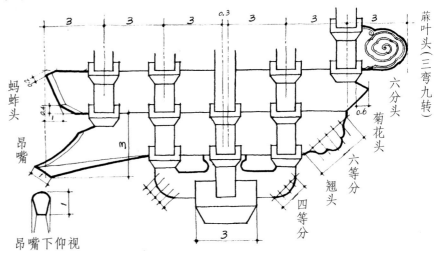

图9-1　斗栱分体端部的装饰形式图（《清式营造则例》）

### 二、建筑构件表面的美化

中国木构建筑，为了保护木材，不仅所有构件表面都加以油漆，并且在柱以上、屋盖下重点地用彩色涂绘，称**彩画**。

《清式营造则例》："彩画主要的工作都在梁枋上，按画题之不同，可分为两大式，殿式和苏式。殿式的特征是程式化象征的画题，如龙、凤、锦、旋子、西番莲、西番草、夔龙、菱花等，这些都用在最庄严的宫殿庙宇上。苏式的特征是写实的笔法和画题，自然现象如云水纹；花卉如葡萄、莲花、梅、牡丹、芍药、桃子、佛手等；动物如仙人、仙鹤、蛤蟆、蝙蝠(福)、鹿(禄)、蝶等；字如福、寿等；器如鼎、砚、书画等；此外还

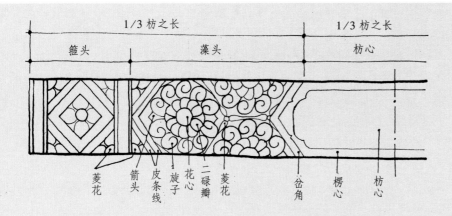

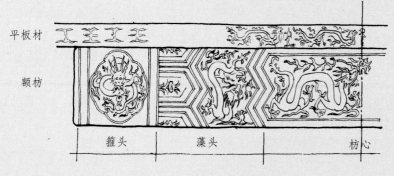

图9-3　旋子与和玺彩画图

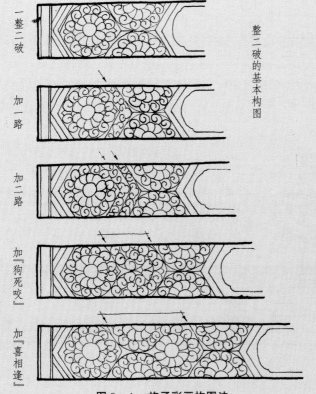

图9-4　旋子彩画构图法

有山水,近年连西洋景都进了苏式彩画中去了②。"(图9–3为旋子与和玺彩画图)。

彩画虽有固定程式,但梁枋有长短高低,如旋子彩画用一定的纹样,在不同长短高低的梁枋上绘画,就有个构图的问题。彩画的整体布局,是将梁枋长度大略分成三分,中段称**枋心**,左右两段的端部称**箍头**,多为独立完整的图案,箍头与枋心之间为**藻头**,(俗称找头),"找头"应是本意,因为当枋心与箍头所占长度确定了,"找头"就成为适应梁枋长短可以调整的部分。以最常见的旋子(亦称蜈蚣圈)彩画为例,旋子形如葵花,其外圈花瓣成涡旋状,基本构图是画成相切的一个圆形两个半圆形。超过这个长度时,在其间加一串花瓣,每加一串称**一路**。三路以上时,可画两个一整二破称**喜相逢**(图9–4为旋子彩画的构图法)。旋子彩画随所用颜色的比例不同,可分若干等级(详见《则例》等有关书籍)。

**壁画** 是绘在殿堂内墙壁上的图画,也是历史最悠久的绘画形式之一。今遗存于古代寺庙殿堂中的大量壁画,不少具有很高的艺术价值,如最著名的山西芮城县元代遗存的**永乐宫三清殿壁画**,题材丰富,线条流畅,构图十分宏伟(见彩页永乐宫壁画)。由于壁画题材广泛,除宗教内容外,反映社会生活方面的内容,为古代文化留下很珍贵的资料。如山西洪洞水神庙明应王殿中"大行散乐忠都秀在此作场"的**戏曲画**,生动形象地描绘了元代戏曲演出的情况,是中国戏曲史上极为珍贵的资料(见彩页)。山西繁峙严山寺菩萨殿金代壁画中的"碾硙图",可见七八百年以前用木制机械以水力加工粮食的情景(见图**5–24**)。

### 三、装饰构件的美化

**藻井** 是在殿堂内空间构图上形成中心的一种穹窿式装饰,构成藻井的构件,就纯属装饰性构件;**枫拱**,是南方斗拱上的一种装饰,架于丁字拱、十字拱或凤头昂上,雕有镂空花饰的长方形木板,虽欠庄严而颇灵秀(见第一章 斗拱部分)图**9–5**山雾云,是雕有流云仙鹤的三角形木板,在山界梁与脊檩之间,斗六升牌科(斗拱)的两旁,板略向下倾斜,以适应人们仰视的审美要求,其作用是将梁架顶尖的暗角,美化为可见的装饰,使整个梁架更为精致,而富于装饰化的情趣。这类都属于纯装饰性的构件。

装饰设计要做到如计成所说:"**式微清赏,构合时宜**"并非易事。"式微清赏",就是忌繁琐,务简洁,给人以清新雅致之感;"构合时宜",就是要有时代的气息,合乎时代的审美观念和趣味。岂不难哉!

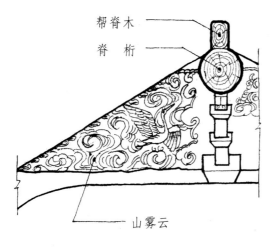

帮脊木

脊桁

山雾云

**图9–5 山雾云图**

# 第三节　装饰的意义

　　任何装饰,所装饰的对象,都有其物质的和精神的功用,如果脱离被装饰的物体,为装饰而装饰,装饰就失掉了它的意义。对建筑装饰来说,只是美化生活空间环境的一种手段,要做到**没有它**,就感到缺少而**不够完善;有了它却不觉其多余而增辉**。这就要求细部与整体的有机结合,一切装饰要融化在整个的艺术形象之中。如庄子所云:"忘足,履之适也。"一双非常合脚的鞋子,穿着它是不会感觉其存在的。这种**虽有若无**的境界,应是建筑装饰(非流行的"包装")的最高追求。

　　在建筑装饰中,一个小小的纹样设计,不仅在比例尺度上要与被装饰的构件协调,同建筑空间环境和谐,而且要有助于表现出环境的特定气氛和建筑的性格,才是成功之作。古典建筑在装饰上有很优秀的传统,现举槅扇裙板上的纹样设计为例,以小见大,由个别以见一般(图**9－6**为建筑槅扇裙板如意纹的变化规律)。

　　图上所画的十二个纹样,是从古建筑实物的裙板上收集的,都是由如意纹变化而来。它们自身的比例关系,决定于所装饰的裙板尺寸,这同建筑的体量大小有关。这里仅从纹样设计来分析,图案虽都是如意纹,有简有繁,简者,只由一根线条构成,一笔就可画出;繁者,也只在这一画的基础上稍加了点花饰。但它们却给人以不同的美感,各有其自己的风格。

　　如图中的1~4四式,大体相似,除4式在外廓线的转角处断开,做成葵式以外,都不出一画的范围,共同特点是有一种简而文的秀美,但又各具自己的形态和风格,这四个纹样都用于园林建筑。

　　图5、6两式,可谓大同小异,5式较简,6式较繁,构图和手法也基本相同,但两者却是出于不同建筑类型的裙板装饰,5式是苏州旧住宅厅堂,而6式则是北京智化寺。这两个纹样设计之妙,在于它们各自都具有一种性格。如果想像一下,将两者互换,就会感到5式太轻,不适于佛寺殿阁之庄重;6式又太重,有悖于园林建筑风格之轻逸。也就是说,与建筑的性格不相适应了。

　　图中的7式、9式,仍以一画构成,7式如灵芝,9式回环重叠,如袅绕上升的祥云,只在中间加了三组连接的短线;10、12式虽与9式迥异,基本上还是由如意纹变化而来,10式挺拔而清逸,12式构图丰满,古拙而雄厚,共同处都是用直线构成,显得端庄而严谨。这四个纹样,都是取自寺庙神殿的槅扇裙板。

　　图8式和11式,构成方式均在如意纹的框架上,用小如意纹为饰。8式用曲线,构图疏朗而纤秀;11式线条方整有线脚,环套了上下层叠的三个小如意纹,成夔纹的式样,颇有堂皇典丽的风格。8式用于苏州的古典住宅,11式则是皇家园林"**承德避暑山庄**"中殿阁裙板的纹样。

　　我们从这些纹样的结构简繁,线条端方圆润的具体而微的差别之中,可以看出:有的挺秀,有的端庄,有的古拙,有的典丽,给人的审美感受是不同的。但在实际生活中,人们进入寺院,游览园林,往往不会注意到它,甚至不觉其存在,因为这些装饰已融化在空间环境的艺术氛围里了。

1

2

3

4

5

6

7

8

9

454

10

11

12

1. 北京景山弘义阁　　2、3、4. 苏州古典园林建筑　　5、8. 苏州旧住宅

6. 北京智化寺　　7. 吴县圣恩寺　　9. 杭州净慈寺　　10. 河北昌平大觉寺

11. 承德避暑山庄殊象寺　　12. 杭州灵隐寺

图 9-6　古建筑槅扇裙板上如意纹的变化规律图

如果装饰从被装饰的物体上，突出而显耀自己，人们就会注意装饰，而忽视被装饰的主体，从而削弱以至损害主体的艺术形象，装饰也就失去其装饰的意义。滥用装饰，若非包装赝品，即是装饰者的庸俗无能。在建筑中，繁琐的装饰，是建筑师无能的表现。

## 第四节　建筑装修

对中国的建筑装修，梁思成先生在《清式营造则例》中说："按地位大概可分为**外檐装修**和**内檐装修**两大类。外檐装修为建筑物内部与外部之间隔物，其功用与檐墙山墙相称。内檐装修则完全是建筑物内部分为若干部分之间隔物，不是用以避风雨寒暑的。二者之功用位置虽略有不同，不过在构造法上则完全一样[②]。"

《营造法原》："李氏《营造法式》及《清式营造则例》，所载木作制度，凡殿庭构架、斗栱、门窗和栏杆等，有大木、小木之分。依南方香山（苏州地）规例，则均归大木，但有花作之分，小木指专做器具之类。香山在苏州城西南，其居民多世袭营造业。至于门窗、栏杆、挂落等项，即北方之内檐装修，吴语称为**装折**[③]。"

中国古典建筑主要都用"**彻上露明造**"，即内部的梁架结构全部祖露可见，所以结构的形式和构件加工，很讲究形式美，也都具有装饰性。作为空间分隔构件的装修，就不单只是个形式的美化问题了，明代造园家计成在《园冶》论"装折"的专篇中，开宗明义的提出："**凡造作难于装修！**"所谓"难"，不是难在装修构件本身的形式美与不美，而是难在装修成什么样的空间环境？这就离不开建筑环境的总体意匠经营，也离不开建筑空间的具体功能和要求。如果脱离建筑空间环境的要求，装修本身的工艺再精，形式再"美"，也就无以附丽而失去它的意义。但是一个成功的装修，空间环境之美，其装修构件的设计也必然合乎形式美的规律。正因如此，可以说：**在中国古典建筑中，构件的装饰，是多于装饰性构件的**。

实际上，古典建筑中具有功能性又有装饰作用的，并非只有木制构件，如栏杆，有木制的，也有石作的；除槅扇窗棂之外，还有门空、窗空、漏窗等等；还有不用木制必须石作的砷石、柱础、阶陛等等，难以尽述。有关中国建筑的书籍，多按法式的工种分门别类，主要在阐明建筑的形制和构造技术，如宋李诫的《营造法式》，清代的《工部工程做法则例》，梁思成先生的《清式营造则例》，姚承祖和张至刚先生的《营造法原》等专著，更有许多遗存实物可供考察研究。

本书旨在从建筑设计理论的角度，从空间这一建筑的本质，运用本人所能掌握的资料，通过分析从中探索中国建筑的设计思想方法，以期能揭示出传统的建筑实践和创作中带有规律性的东西。本章之所以用"建筑的装修与装饰及室内陈设"为题，意在不仅限于外檐装修和内檐装修的范围，凡涉及建筑空间环境设计的问题，尽可能地都加以讨论分析，如铺地、室内的家具布置和器物陈设等等，就其有一定现实意义的方面加以阐述。对一些建筑名词，因有的古今有别，有的至今概念模糊者，适当地加以考证。

在建筑中，任何装饰都是为了美化被装饰的构件，装饰只有在自身的否定中，才能得到肯定；也就是说，装饰只有在整体的建筑艺术形象中，才能获得它的审美价值和意义，这就是形式美的辩证法。

建筑装修，是中国建筑空间构成的有机组成部分，是起空间分隔作用的具有形式美的建筑构件。

"装折"一词来源甚久，非《园冶》所创，更非吴中工匠的俚语。南宋《都城纪胜·酒肆》已有："花园酒店城外多有之，或城中效学园馆装折。"

455

## 一、门的意义与作用

要问：什么是门？

这似乎是尽人皆知的常识了，何需要问？其实并不尽然，如《辞源》解释门为"建筑物的出入口"，未明确出入口是否有开关设备。

《辞海》的解释是"建筑物的出入口上用做开关的设备"。就是说出入口上的开关设备，即门扇才叫门。那么，无门扇的出入口呢？

当然，两种解释人们都能领会，因为有门扇者，固然是门。如城门、宫门、庙门、宅门等等；没有门扇者，也是门。如巴黎的凯旋门，中国的坊门、门空（地穴）等等。但用"出入口"这三个字，就无法解释中国的单体建筑物，在明间一面全都装上开关设备的"槅扇"。

中国建筑的"门"随建筑的性质、位置、功用的不同，有多种多样的形式。而且门的功用，远远不止是个供人交通的出入口，它有丰富的含义和作用。

门是随建筑的发展而发展的，最早的门，可见于文字的是《诗经·陈风·衡门》："**衡门之下，可以栖遟**④。"衡门，是两根木柱上架根横木的门，也可能是在茅屋的版筑土墙的门洞上搁几根横木的门。意思是说，这间用横木做门的简陋茅屋，亦可为贤者之居。

《礼记·儒行》："儒有一亩（方百步）之宫，环堵（方丈）之室，**筚门圭窬，蓬户瓮牖**⑤。"《左传·襄公十年》杜预注："筚门，柴门；圭窬，小户，穿壁为户，上锐下方，状如圭也。""蓬户瓮牖"，以蓬草编门，以破瓮作窗；或穿壁为窗，其形圆如瓮。总之这是当时平民的一般住所，门窗都是在版筑土墙上开的洞口，门扉用柴草编成，而窗则空而无扇。

这就不难理解《诗经·豳风·七月》中"**塞向墐户**⑥"的意思了。塞向，就是塞住向北的窗洞，冬天以防寒风袭入；墐户，就是用泥土涂塞门扇的缝隙。因柴草树枝编成之门扇透风，为防寒而涂之也。

这种早期建筑物的门，为了进出房屋所开的洞口，又为了遮挡风雨而设的门扇。

社会发展了，穷富就向两极分化，盗贼就成了私有制社会两极分化的必然产物，"门"也就有了新的意义与作用。

《易·系辞下传》："**重门击柝，以待暴客**⑦。"重门，可以有两种意思：重读zhòng，重门，就是厚重严实，显得庄重的门；重读chóng，重门，就是指一重一重的门。唐张说诗有"御楼横广路，天乐下重闱"之句，宫中之门谓之闱。这是因为中国建筑是组群建筑，有多进庭院之故。击柝，是敲击木梆，打更警夜。《正字通·木部》："斫木三尺许，背上穿直孔，今官衙设之，为号召之节⑧。""以待暴客"即防御盗贼也。

这类的门，都是用厚木板实拼的门扉，常用二寸或三寸的木枋拼接而成，除了对外的大门，如城门、宫门、庙门、宅门等，皇宫里的每座殿庭，住宅内庭院之间的墙门，都用这种板拼的实心门。它也就有多种的意义和作用。如《门铭》云：

**"门之设张，为宅表会。纳善闭邪，击柝防害。"**

其中"击柝防害"是最基本的功能，"纳善闭邪"是趋吉避凶的风水观念，精神意义的"表会"已是首要的地位。在封建等级社会，大门是集中显示其社会地位与身份的地方,从唐宋至明清,对门屋的间架到门扇的颜色和装饰都有定制。

大门是一种特殊的装修,显贵之家的大门很讲究,江南称之为"将军门",在门屋正中间两柱之间设门,其做法《清式营造则例》和《营造法原》中都有详细介绍。这里仅提出门饰中有功能作用的东西。

**门簪** 是为装设门扉上头转轴,在"大门中槛上,将连楹系于槛上之材[⑩]。""连楹"是一根与门框通长的两头有孔洞以纳转轴的扁木枋,使门扇定位可以开关转动。门簪是为了将连楹牢固地固定在中槛上的一种销榫,而将其露在门槛外一端做成六角形,或葵花形,门簪上可以置门匾,是很富于立体感的有趣味的装饰(图9-7为《清式营造则例》大门装修)。

**门枕石** 南方叫砷石。是"大门转轴下承托转轴之石[⑪]。"石上有槽臼以耐磨损。门枕石式样不一,立于大门的两旁,上部大都做成圆鼓形,下部为长方形之石座,按其上部式样南方称砷石为挨狮砷、纹头砷、书包砷、葵花砷等,雕刻亦颇精美,为大门增添了坚固和端庄之美,与门簪都是利用具有构造作用的装修构件,加以美化成为建筑上一种有机的装饰。

中国的大门装饰是很丰富的,"在较大的大门上,门钹的形式做成有环的铪钑

457

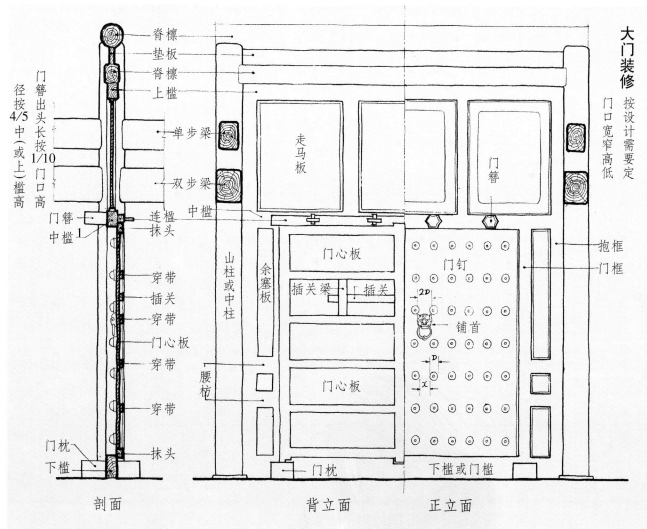

x 为门钉间距　　D 为门钉之径。如用钉九路 x 按 1D;七路 x 按 $1\frac{1}{2}$ D;五路 x 按 2D。

图9-7　《清式营造则例》大门装修图

铺首　秦咸阳宫遗址出土

北方的抱鼓石

石螭首　宁安渤海国东
京城官殿遗址出土

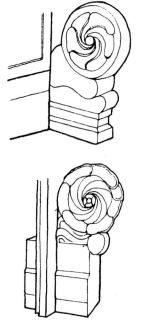

南方的砷石（二）

**图9-8　铺首与门枕石**

兽面。此外还有五路，七路，九路，乃至十一路的门钉，可以帮助表现出凛然不可侵犯的庄严样子[12]。"门钹，是门扇上衔环的形如敲击乐器的铙钹，如颜师古注《汉书》所释："门之铺首，所以衔环者也。"

**铺首**就是固定在门扇上，用以衔环的装饰。环悬挂于铺首，人于门外拍环，内闻音而开门也。设想从外面要关闭门扉加锁，没有门环是不行的，门钹是铺首中形式简单的一种，古之铺首有做成龟蛇状或兽面的。如《汉书·哀帝纪》："孝元庙殿门铜龟蛇铺首鸣[13]"。《文选》傅武仲《舞赋》："黼(fǔ)帐祛而结组兮，铺首炳以焜煌。"意思是，锦绣的幔帐垂着彩穗，门环映着明月闪闪发光。可见铺首的装饰作用了(图9-8为门铺首与门枕石)。

## 二、门钉之始

门钉，是中国古建筑大门上的一种特有装饰，雄厚平整的实拼板门，门上那一排排硕大的金色门钉，禁锢森严的大门，不仅显得更加坚固、威武，而且呈现出一种奕奕煌煌的气氛，倍增建筑壮丽之感。

最早见于文字记载门钉的古籍，是北魏杨衒之的《洛阳伽蓝记》永宁寺塔条："魏灵太后起永宁寺浮图，有四门，面有三户六窗，户皆朱漆，扉上有五行金钉，合五千四百枚，复有金环铺首[14]。"描写门扉，将金钉与金环铺首并举，显然是值得夸耀的装饰。说明门钉突出的装饰作用，至迟到北魏时在重要建筑上已在运用，但门钉被列入建筑制度却为时很晚。

从明《太祖实录》载，明太祖朱元璋要把门钉列入制度，命礼部员外郎张筹等去考证古代的门钉形制，由于"**门钉无考**[15]"，所以在明代只对王诚规定"正门以红漆金涂铜钉"，钉几行，行几枚均无具体规定。在官民第宅制度中，也未提到门钉，可见，门钉到明代还没有像斗栱一样明确地列入封建等级制度。

门钉之制，到清代乾隆年间的《大清会典》里才有了详细的规定，如"宫殿门庑皆崇基，上覆黄琉璃，门钉金钉，坛庙圜丘墙外内垣四门，皆朱漆金钉，纵横各九。亲王府制，正门五间，门钉纵九横七。世子府制，正门五间，金钉减亲王七之二。郡王、贝勒、贝子、镇国公、辅国公与世子府同。公门钉纵横皆七，侯以下至男递减至五五，均以铁[16]。"小小的门钉就被封建统治集团所垄断，成了特权阶级的标志。

门钉虽小，如此受到统治者的重视，也就引起研究中国建筑的学者们的兴趣，从19世纪三四十年代至20世纪末，研究者对门钉的起源，在看法上基本是一致的。如：

陈仲篪《识小录·门饰之演变》云："盖扉之构造，系集通肘版、身口版等而成。当其并联数材成一整扉，必加福以系之，钉以固之，而扉面显露钉痕，影响观瞻，故又将钉帽作成泡头形状，由结构而变装饰之焉[17]。"明确门钉是由结构需要演变的一种装饰。

刘致平《中国建筑类型及结构》，在外檐装修的"门"中说："有的大门（双扇大门）门板常用二寸枋或三寸枋拼在一起，背后用梢或打眼穿梢。要是王府、宫殿等门板在背后钉梢带之外，还在正面用门钉（也叫浮沤）。清式门钉路数有规定，如七路，即每路用七钉[18]。"未讲门钉装饰作用，从"正面用门钉"的意思，是钉门板而非纯装饰的东西。

李允鉌《华夏意匠》："在大型的大门中，'肘版'和'横楅'最牢固的连接方法就是用'卯钉'栓紧。因此，有'钉头'布满的门最初由构造而来的形状，后来，钉头排列成规则的装饰图案，并定下一些制式，代表着尊贵的意义。于是，这种形式的大门就专用于皇宫寺庙等重大建筑物当中了。'钉头'改变为大门的装饰很早就产生，称为'钣'，后来称为'浮沤'。……清代之前，浮沤的数量和位置是自由设计的，清之后，规定每扇门纵横两列的'钣'数都相等，所规定的数目叫做'路'，比如'七路'，就是说门上有七行'浮沤'，每行的'钣'数也是七个，'钣'与'钣'纵横都在同一直线上[19]。"

门钉装饰的构造演变说，从实拼板门的构造推想，可谓是想当然的事。但这只是缺乏历史事实的一种推断而已。先从文字上的疑问言，如"钣"是古代容量单位，《管子·轻重》注：谓二斗为一钣。据《说郛》卷五七引宋·程大昌《演繁露·金铺》："《义训》曰：门饰，金谓之铺，铺谓之钣，钣音欧，今俗谓之浮沤钉也。"浮沤是形容钉头如水上的泡沫，即今所称之泡钉。铺何以谓之"钣"？莫名其出处。要说门钉的行数与每行钉数相等是清代制度，就不合《大清会典》的"亲王府制"纵九横七的规定了。

如按大门门扇的构造仔细推敲，通肘板后联系的"楅"，即梢带。通常民间门板只有上下两根，如按门钉横向行列用楅，就有五根至九根，如此多的楅，每排钉上许多金属的大钉，而且在同一直线上，恐怕非但不能起加固的作用，而是很可能把板钉裂的。何况遗存实物的门钉是木制的，是否早先的门钉是金属制造的呢？据我所知，早在战国时城门扇上的"门钉"就都是木制的，当时不叫门钉，而称"椓杙"。"杙"，《尔雅·释宫》："橛谓之杙。"郭璞注："橛也。"邵晋涵正义："古谓之橛，又谓之枳，又谓之杙，其状不一，或邪而锐，或大而长，其用至广。"总之是木棒一类，其形状大小长短，视其用而异。如系牛的小木桩，钉在墙上的木橛，都叫"杙"，亦作"弋"。

"椓杙"或"杙"，是用于城门扇上的一种小木棒，而且与门扇的构造毫无关系。那么，杙有什么作用呢？

《墨子·备城门》："为烟矢射火城门上，凿扇上为杙，涂之，持水麻斗，革盆救之。门扇薄植（薄同槫，薄植，柱也。），皆凿半寸（一寸）一椓杙，弋长二寸，见一寸，相去七寸，厚涂之以备火[20]。"《墨子》城守各篇，是专论城市防守的军事著作。这段话是讲战时如何防备城门被火攻的措施，"烟矢"是附着火种之箭；"麻斗"是麻布所制之斗；"革盆"是革制之盆。麻斗、革盆，皆盛水之器。意思是：为防备烟矢射火城门上，在门扇凿孔以安杙，供涂抹，用麻斗、革盆盛水救火。门扇和门柱上都要凿一寸深的卯眼，安上一个"椓杙"，杙长二寸，露出一寸，杙相距七寸，要厚涂抹以防火焚。涂，《书·禹贡》："厥土惟涂泥。"涂是泥也。

又《墨子·备城门第五十二》："故凡守城之法，备城门为县门，沈机，长二丈，广八尺，为之两相如；门扇数合相接三寸，施土扇上，无过二寸[21]。"孔疏："县门者编板广长如门，施关机以县（即悬）门上，有寇则发机而下之。"所谓"两相如"是指左右两

研究中国建筑的学者，都误认为"门钉"是实拼板门的构造需要，其实门钉原出于古代城门扇防火攻的措施之一。

扇门一样大小。这里讲"涂"很清楚,就是在门上涂泥土,不要超过二寸。

从上引文可知,古代战时为了防御用火烧城门,在门扇上涂以泥土。"从门扇上涂泥防火就不难了解**椓杙**的作用了。城门扇长二丈,广八尺,两扇门搭接三寸(使门严无缝隙)。可知门宽为一丈五尺七寸,按椓杙每隔七寸一枚,均匀排列为纵十四,横二十三,总计约322枚。显然,这许多满布在门扇和柱子上的杙,是为了支持和加固门上所涂的泥土,以免剥落。不言而喻,泥土涂抹在垂直的木门表面,不论土中是否加有纤维类的材料,愈厚也就愈易剥落。椓杙的作用,正如今天的板条墙抹灰需加钢丝网的道理是一样的㉒。"

椓杙的作用,与门扇的构造完全无关,只是为了不让涂在门扇上的泥脱落下来,根本不需要穿透门板,"皆凿半寸(一寸)一椓杙",杙长二寸,所以楔入门板一寸时,露出门板外为一寸,故云"杙长二寸,见一寸"。而"施土扇上,无过二寸",是需要将易燃的椓杙涂盖住,又不致涂得太厚,使泥土脱落下来。

这种攻城与城防的战争方式,到唐代杜佑(735~812)的《通典》中记当时攻城战具还有:"以小瓢盛油冠矢端,射城楼橹上,瓢败油散,因烧矢簇,纳竿中射油散处,火立燃,复以油瓢续之,则楼橹尽焚,谓之火箭㉓。"火箭,与《墨子》中所说的"烟矢"是同一类武器,应更进步。而《通典》中讲防火攻之法,仍然是"城门扇及楼堠,以泥涂厚备火"。楼堠,大概是城墙土堡上的瞭敌建筑。

可以设想,城门扇上那许多"椓杙",不可能到战争要涂泥时才安上,只有先安装好"椓杙",战时才能有备无患。所以《墨子·城守篇》的第一篇就称"备城门"。平时,城门上这种行列整齐的杙,自然也就成为门扇上的一种装饰。当城防已不需要在门扇上涂泥以后,逐渐变成门扇上的一种特殊装饰了。

### 三、槅扇与槛窗

中国古代建筑由"**塞向墐户**"到"**击柝防害**",反映社会的不同发展阶段,从人与自然发展到人与人之间的对立关系,这是一种被动的不得已而为之的办法。中国人的传统思想,是酷爱自然,重"天道"与"人道"的统一,人与自然的相融与和谐。《淮南子》中有一段人与建筑空间关系的议论,说:

> 凡人之所以生者,衣与食也。今囚之冥室之中,虽养之以刍豢,衣之以绮绣,不能乐也。以目之无见,耳之无闻。穿隙穴见雨零,则快然而叹之,况开户发牖,从冥冥见炤炤乎?从冥冥见炤炤,犹尚肆然而喜,又况出室坐堂,见日月光乎?见日月光,旷然而乐,又况登泰山,履石封,以望八荒,视天都若盖,江河若带,又况万物在其间者乎?其为乐岂不大哉㉔?

用现代汉语说:凡人赖以生存的,是衣服和食物。若把人囚于暗室之中,虽然食佳肴,衣锦绣,是不能快乐的。因为眼不见光明,耳不闻声音。透过缝隙看到细雨飘零,就会叹息,何况打开门窗,从幽暗中见到光明呢?从幽暗中得见光明,尚且会由衷地高兴,又何况从奥室坐到厅堂,看到日月的光辉呢?见日月生辉,而心旷神怡,更何况登泰山,立石颠,极目八荒,视天穹如盖,江河如带,万物都生存其间呢?作为人这不是最大的快乐吗?

这就是王羲之在《兰亭集序》中所说:"仰观宇宙之大,俯察品类之盛,所以游目骋怀,足以极视听之娱,信可乐也。"这是中国古人所追求的人与自然的关系,是中

椓杙,是古代城门防御火攻的措施,战时可涂泥于门扇上防止泥土脱落,作用在防火;平时,这种行列整齐布满门扇上的椓杙,自然也就成为一种装饰。后世的门钉,应是古代椓杙的遗制。

国传统的空间观念,这种空间观念反应在建筑上,就是突破建筑封闭的、有限空间的局限,从而形成一种非常特殊的建筑空间形式。对外,为了"**击柝防害**",垣墙高筑,门重严实,形成组群建筑的封闭性;对内,则崇尚"**道法自然**",力求突破建筑空间的封闭,使有限的建筑空间,通过庭院与自然的无限空间相通联。所以,单体建筑皆三面筑墙,向庭院一面全部开敞的特殊形式。

按《说文》对户的解释:"户,护也,半门曰户。"又:"一扇为户,两扇为门;在堂曰户,在宅曰门。"所谓一扇两扇的门户,显然就是指开在墙上的住宅大门、院门和后门,大门、院门两扇,后门或便门一扇,都是实拼的板门,防护的需要也。而"在堂曰户"与"在宅曰门"的意思相同,也是房屋围蔽结构的一部分,既闭上可采光,打开可供交通往来。**户**:这里不是指一扇两扇的门,而是指一扇一扇的户槅,俗称"**槅扇**"。

中国建筑,不论朝向东西南北,向着庭院的一面,即单体建筑的正立面,都是在檐柱或步柱(金柱)间全部做成户和窗,户落地有通往来的作用,窗不落地,但作为建筑内外的空间分隔,和采光通风的功能是一样的,构造也基本相同。可以说:**户是落地的长窗**。窗扇不落地,下砌槛墙,而称之谓"**槛窗**";落地的户扇,下做裙板,宋代称"障水板",有分隔内外之义,而称之为"**槅扇**",而不称之为"门扇"。

对"**槅**"和"**槅扇**"的词义,须略加讨论。《辞源》释"槅":"二窗上用木条做成的格子。"这个解释不准确,因"格"是方框(《辞源》"格"条),因窗上用木条做成许多方形的格子,是很古老的样式之一,如《楚辞》中的"网户未缀刻方连",大概就是这种形式,而且是用在"户"扇上,非只窗上才用。正因户扇和窗扇的透光部分形式相同,构造也一样,多指窗。文学上常用"**绮疏青琐**"来形容。《义训》:"交窗谓之牖,棂窗谓之疏。"后来用木条做成各种图案很美丽,所以谓"绮疏";木条称"棂"。琐:是指连接的花纹,青琐是涂成青色的花纹。棂窗、常称"**窗棂**",并代称窗。疏:是因为透光糊纸用木条做的花纹,稀疏通透故名。用"棂"做成图案样式的部分,清代北方官式称"棂子",南方民间称"心仔",《园冶》中称"棂空",是很形象的命名。《辞海》释"槅":"②房屋或器物的隔板。如槅扇;槅子。"以置物用的板来解释"槅扇",是不正确的,首先槅扇非板,作为建筑内外空间的分隔,同时作交通采光之用,槅扇的主要功用是窗式的门扇。所以说:

槅扇不仅是外檐装修,也可作内檐装修,将槅扇用于室内的空间分隔,则将棂子的背面,易明瓦或糊纸以青纱,或者钉木板裱上字画,十分轻巧雅致,称"纱槅"。

中国的庭院组合,不论大小,是围合还是闭合,绝无砖石结构建筑的院子那样,四壁环堵,封闭如牢笼之感,正由于这"绮疏青琐",空灵而美丽的窗棂槅扇,使内外空间得以流通、流动、流畅,与无限空间的自然融合。从艺术上,是"**以实为虚**","**化景物为情思**"虚实结合的美学原则,是中国建筑艺术精神的所在。

## 四、窗 与 牖

中国建筑向庭院一面全部开敞,做成槅扇棂窗的形式,是中国建筑所特有的门窗形式。但并非是起初的形式,当建筑发展有了墙,屋顶由地面上升到墙头,为采光通风需要,就在墙上开凿孔洞了。

《说文·窗》"通孔也,从穴,悤声。"如段玉裁注,古本无"窗"字,窗是从穴居顶上排烟的通孔"囱"演变而来。但《说文·囱》解释:"**在墙曰牖**片部曰,牖,穿壁以木为交窗也。**在屋曰囱**,屋在上者也。"说明在"蓬户瓮牖"(《礼记·儒行》)时代,由地

中国传统建筑,凡出入口皆统称之谓门,是不确切的说法。中国建筑作为主要出入口的大门,都建有门屋,其他出入口而称做"门"的,一般是指开辟在墙垣上或板壁上的,并安装有可以开关的实拼板门扇者,具有隐密或防卫作用的,才称为门。

槅扇,是中国传统建筑,在正立面上通间安装的、若干可以采光通风和开关的户扇。

窗棂槅扇,不仅只具有门窗的功能,它体现了中国古代的空间观念,任何人为的有限空间,都与自然无限空间相贯通的哲学思想。

下或半地下之穴居，升到地面上建屋以后，为通风采光把在墙上开的通孔称为"牖"。《辞海》释"牖"为"窗"。是不确切的。

**牖** 起初的孔洞开得很小，故《诗经》中有"塞向墐户"之说，后来洞开得大些了，就用木棒横直在洞口作遮拦，名为**交窗**。所以"牖"从此就作为墙上开窗的专称。中国木构架建筑的墙不承重，只作围蔽结构，洞不能大，故《淮南子》中有："十牖毕开，不若一户之明也。"

**窗** 是专指房屋向庭院一面按开间满装的多扇短槅。故东汉刘熙《释名·释宫室》曰："窗，聪也，于内窥外为聪明也。"说明窗子早已用木格的窗棂，并用透明可看到室外材料做窗了。据《汉武故事》载："帝起神室，有琉璃窗、珊瑚窗、云母窗[25]。"珊瑚可能是做窗的装饰，琉璃非指烧制的瓦件，与云母都是一种矿石质的有色透明的材料，制成薄片嵌在窗格中以采光也。唐代王棨的《琉璃窗赋》云："彼窗牖之丽者，有琉璃之制焉。洞彻而光凝秋水，虚明而色混晴烟。"南北朝时，《邺中记》："石虎(后赵主)太武殿西有昆华殿，阁上辄开大窗，皆施以绛纱幌[26]。"绛纱幌，是丝织红色薄纱的帐幔，可能是做窗帘之用。《南部烟花记》："隋文帝为蔡容华作潇湘绿绮窗；上饰黄金芙蓉花，琉璃网户，文杏为梁，雕刻飞走，动值千金[27]。"大概是嵌琉璃的木格孔洞较小，而称"琉璃网户"。

《唐会要·辟寒》："杨炎在中书后阁糊窗，用桃花纸涂以冰油，取其明暖[28]。"窗棂糊纸涂以桐油，是后来普遍的做法，如《莼鲈词话》云："京师冬月，既以纸糊窗格间，用琉璃片画作花草人物嵌之。由室中视外，无微不瞩。从外而观，则无所见。此欧阳楚公十二月《渔家傲》词所云'花户油窗'也。盖元时习俗已尚之。"说明唐时尚不普及，元以后成为时尚的做法了。从上可了解窗的采光一般情况。

### 五、窗户的形制

中国传统建筑的窗，形式很多，南北方做法亦有不同，就其位置与开关方式不同概述之。

**槛窗** 南方称"半窗"，构造与开关方式均同长槅的户槅(槅扇)，较槅扇短，窗下砌槛墙故名。多装于厅堂的次间、厢房、亭阁的柱间。用于亭阁者，槛墙较低，高约一尺半，上设坐槛，其外可装吴王靠，俗称**美人靠**，可以凭坐。因其栏杆弯曲呈 ⌒ 形，宋法式称为鹅颈。这是传统建筑中应用最多的一种窗的形式。

**支摘窗** 是北方常用的一种形式，多在一开间立中柱(南方称"中枋")，在两半间中安窗，窗做成上下两扇，上扇可用竿向外支起，下扇插于边框的槽内，可以提起摘下来，故名"支摘窗"。采用这种开关方式的窗，显然与北方的炕的生活方式有关。北方冬季气候严寒，《日知录》："北人以土为床，而空其下以发火，谓之炕[29]。"北方的火炕，不单是睡觉的床，因炕多靠窗沿墙，占整个开间长度，白天饮食起居也在炕上进行，如用"槛窗"窗扇内开，不仅占有炕上的空间，也妨碍生活活动。这也正是迄今东北农村房舍，仍然可见用支摘窗的缘故。由于室内外温差很大，窗里面结霜潮湿，所以"窗户纸糊在外"成为东北的一怪。

**和合窗** 是一种特殊式样的窗，刘致平教授在《中国建筑类型及结构》中所说："在苏杭一带的园林里常见的支摘窗不只上下两扇，而是上下三扇，很富装饰趣味，远看建筑物有如很多方形的花棂拼成一样[30]。"从形式是指"和合窗"，但"和合窗"的开关方式，却不是向外支起，而是"向上旋开"的，也就是从里面将中间一扇，由底边向内上旋开,与支摘窗正好相反。《营造法原》:"(和合)窗下装栏杆,后钉裙板,栏杆花纹则向外。栏杆之上为捺槛(下槛),槛面与长窗(户槅)中夹堂底平。捺槛以上与上槛或中槛之间,装以和合窗,一间三排,以中枨分隔之。每排三扇,上下二窗固定(可以拆卸),中间开放,以摘钩支撑之。"上中二窗,用铰链相连[31]。常装于次间步柱之间,亭阁和旱船(不系舟)多用之(图**9-9**为和合窗)。

**横披窗**　即南方的"横风窗"。当房屋过高时,窗棂槅扇不能做得太长,用料大且开关不便,须加中槛。在上槛与中槛间做固定的窗子,窗成扁长方形,通常按开间分成三扇,因窗横长,而名"横披窗",南方则称"横风窗"。

**地坪窗**　是将槛窗下不砌槛墙做成栏杆的一种外檐装修。《营造法原》:"地坪窗即法式之**钩栏槛窗**,窗下为栏杆,用于大厅次间廊柱之间,其式样构造与长窗相似,惟其长仅及长窗中夹堂下之横头料底至窗顶[32]。"窗和栏杆的花纹均向室内,栏杆外装雨挞板以防风雨。

这是窗的几种主要形式,在传统住宅中,多用槛窗和槅扇,其实两者都是槅扇,构造也基本相同,由竖木枋的**边梃**,横木枋的**抹头**,南方叫"横头料",做成木框,也都分上中下三部分,即**槅心**(心仔)、**绦环板**(夹堂板)、**裙板**,因窗短户长,三部分的安排和比例不同。为了便于说明窗与户的异同,**窗与户,可统称为槅扇,定指时可以"窗槅"或"窗扇",与"户槅"或"户扇"以资区别。**

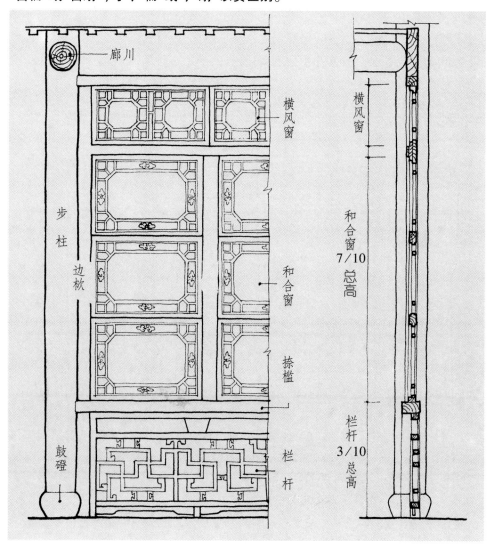

图9-9　和合窗的装修图

### 1. 槅扇的设计

户扇与窗扇的"槅心"(心仔),是透明通气的部分,户扇按《营造法式》规定,裙板与槅心之比为一比二,清式规定是四比六,这只是相对比例关系的约数,随户扇构图形式不同略有上下。如清式户扇上部为槅心,下部裙板的上下有绦环板(夹堂板),而南方的户扇有三道夹堂板,槅心上(扇顶)有上夹堂,槅心与裙板间有中夹堂,裙板下有下夹堂(扇底),按《营造法原》:"自中夹堂顶横头料中心,至地面连下槛,占十分之四。以上窗心仔连上夹堂至窗顶占六份[33]。"窗扇则在槅心(心仔)上有上夹堂,下有裙板,裙板亦较短成扁长方形。窗扇与户扇的槅心的比例须大致相等,以取得立面构图的一致和协调(图 **9 - 10** 为扇各部分比例关系图)。

槅心为了糊纸或嵌明瓦,需要做棂子,即用细木条做成各种图案的格子。因窗棂的设计,既要考虑糊纸使其牢固或适于嵌上明瓦,又要槅扇的形式美观而便于制作,就需要下一番惨淡经营的功夫了。明瓦,据《肇庆府志·物产》载:"蚝光,出阳江海中,蚝别种,无肉,治其壳,施之窗槅,薄而光明,谓之明瓦。"是一种半透明的蛎、蚌之类的壳,磨制成薄片,嵌槅心棂子中以采光,有了玻璃以后,槅扇上就不用"明瓦"了。

### 2. 窗棂的设计

窗棂是糊纸或嵌明瓦的骨架,不论用什么式样的图案,洞孔都不能过大,洞孔小则棂子根数多,既挡光制作亦不坚固,这就形成了矛盾,李渔在《闲情偶寄》对窗棂的设计,有段很精辟的论述,他认为不论是窗棂还是栏杆,最重要的"止在一字之坚,坚而后论工拙"。设计制作出来的窗棂栏杆,如果不坚固很容易损坏,当然也就谈不上设计的好坏了。

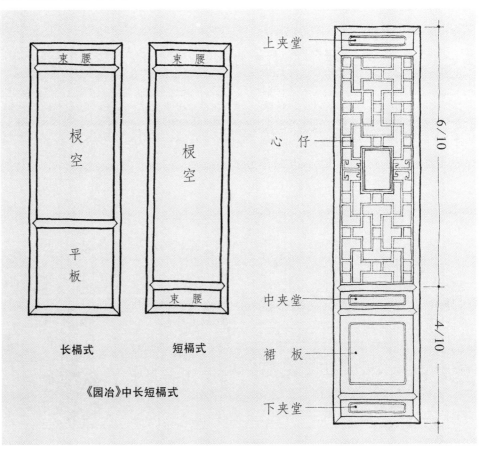

图 9 - 10　槅扇各部分比例关系图

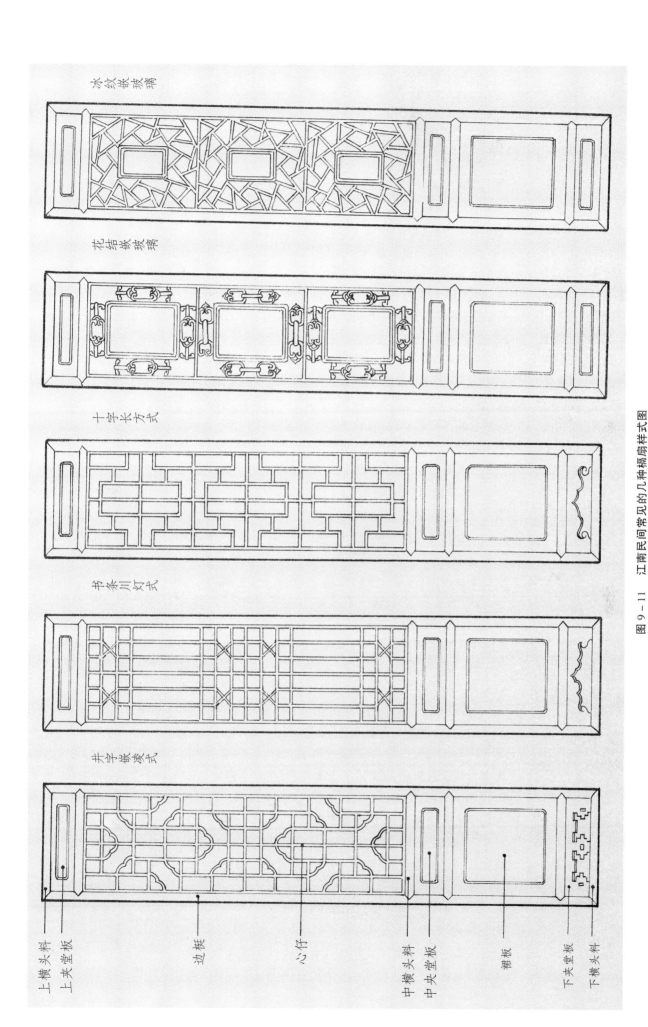

冰纹嵌玻璃

花结嵌玻璃

十字长方式

书条川灯式

井字嵌菱式

上横头料
上夹堂板

边梃

心仔

中横头料
中央堂板

裙板

下夹堂板
下横头料

图 9－11 江南民间常见的几种槅扇样式图

他提出窗栏的设计原则："**宜简不宜繁,宜自然不宜雕琢**。"认为事物之理,简单者可继,繁杂者难久。对木制之物,是"顺其性者必坚,戕(qiāng)其体者易坏",凡木器合于榫卯结合的,就是顺其性;雕镂而成者,都是戕其体。所以说:"故窗棂栏杆之制,务使头头有笋,眼眼着撒。"但榫头卯眼太多,仍然等于戕其体,何以能坚?故云"宜简不宜繁"。这样就产生了矛盾,要简则棂子的"根数愈少愈佳,少则可坚;眼数(格子)愈密愈贵,密则纸不易碎"。问题是"然既少矣,又安能密?"李渔的回答是:"此在制度之善,非可以笔舌争也[34]。"他认为在于经营意匠得法,是不能用语言文字说清楚的。

从设计思想方法言,李渔从窗棂的设计中,看到事物存在的矛盾,和矛盾双方产生的原因,并且也抓住了矛盾统一的辩证关系,而未能深化的加以概括,明确地表达解决矛盾的方法。这就反映出古时研究问题,重感性直观的悟性,缺乏理性分析和逻辑推理的局限。其实从李渔的论述,已不难得出如何统一窗棂的"少"和"密"的矛盾。

图 **9－11** 是江南民间常见几种槅扇样式,左三式基本用直线构成,简而文;右二式,时间较晚,是按嵌玻璃要求设计者,都可以称得上一个"雅"字,对建筑师来说,建筑首先是物质生活资料,必须先把它生产出来。设计建筑如果不能把握结构构成空间的特点和规律,根本不了解建筑的生产过程,也不可能设计出杰出的作品来。

窗棂的设计,在满足糊纸、采光的前提下,不仅要掌握窗棂图案设计的变化规律,同时必须了解制作窗棂的工艺过程和法则,才能如李渔所说"根数不多,而眼亦未尝不密,是所谓头头有笋,眼眼着撒者,雅莫雅于此,坚亦莫坚于此"的设计作品来。

## 六、窗牖的意匠

中国人对窗户的概念,从《淮南子》的"**开户发牖,从冥冥见炤炤**"已说明,早已超越了采光通风的物质功利的要求,它是突破建筑的有限空间,从有限空间观照无限自然空间的孔窍。这就是《老子》所说"凿户牖,以为室,当其无,有室之用"的"无",没有这个"无",就不能当室之用,就不能见"天道"。没有这个"无",有限与无限空间,就不能流通、流畅、流动而融合。

中国古老的哲学思想,渗透在生活环境中,就成为对窗户意义的特殊理解。早在 1500 多年以前,南朝齐诗人谢朓(390~426)诗:"**辟牖栖清旷,卷帘候风景**",可以说是迄今世界上对窗户最精辟的定义了。

"**栖清旷**" 中国古代对隐迹山林者,称之谓"栖清旷"。清旷,不仅是建筑采光通风的意思,视觉上有明净和空间扩大感。如李渔所说,室庐清净,"净则卑者高,而隘者广矣[35]";栖清旷,含有窗外环境设计之义,是窗才将有限的建筑空间与自然的无限空间联系起来,所谓"灵光满大千,半在小楼里"(明·陈眉公诗)的境界,小楼与大千世界相流通而融合自然就有"清旷"之感。归根到底,窗的观念,体现了中国人与宇宙天地相往来,人与自然统一和谐的传统精神。

"**候风景**" 是"虚而万景入"(刘禹锡)之义,是左思的"开高轩以临山,列绮窗而瞰江",谢灵运的"罗曾崖于户内,列镜澜于窗前";计成的"纳千顷之汪洋,收四时之烂漫"。开窗是"借景"的重要手段,而且具有空间景象在时间中变化的意义,所以用"候"。而这种纳时空于自我,收山川于户牖的意识,正体现出"**无往不复,天地际也**"(《易经·象》)的传统的空间观念。

纳山川于户牖的空间意识,首先体现在建筑的选址上,同时也必须体现在建筑的空间意匠和户牖的设计中,中国建造于自然山水中的寺庙建筑,在巧妙地利用地形、地势和借山水之景方面，有大量杰出的佳构。现以明代散文家张岱在《西湖梦寻》中所写的"火德庙"为例：

> 火德庙在城隍庙右，内为道士精庐。北眺西泠，湖中胜概，尽作盆池小景。南北两峰，如研山在案；明圣二湖，如水盂在几。窗棂门槛，凡见湖者，皆为一幅画图，小则斗方，长则单条，阔则横披，纵则手卷，移步换影，若遇韵人，自当解衣盘礴。画家所谓水墨丹青，淡描浓抹，无所不有。昔人言：一粒粟中藏世界，半升铛里煮山川。盖谓此也[36]。

张岱窥窗所得如斗方（方约一尺的画幅）、如单条、如横披、如手卷、如一幅幅比例不同的中国画，不论是建筑师将户牖设计如此，还是具有欣赏山水之美眼睛的张岱的审美联想，如其诗所云："瓮牖与窗棂，到眼皆图画。"这虽然是火德庙选址有"**撮奇搜胜**"的优越性，若无可供观赏的户牖窗棂，犹盲者对景，目无所见矣。

窗牖的视觉审美作用，不仅建筑在山水之中须精心意匠，在城市庭院建筑里更应渗淡经营。张岱在《陶庵梦忆》中，对"不二斋"的描写，说明环境设计与窗的重要关系。文曰：

> 不二斋，高梧三丈，翠樾千重，墙西稍空，腊梅补之，但有绿天，暑气不到。后窗墙高于槛，方竹数竿，潇潇洒洒，郑子昭"满耳秋声"横披一幅。天光下射，望空视之，晶沁如玻璃、云母，坐者恒在清凉世界[37]。

如横披的后窗，借潇洒而富于生意的数竿方竹，就将有限的建筑空间与无限的天空联系起来，张岱居斋中，"解衣盘礴"，竟"思之如在隔世"。清代画家郑板桥，对他的"十笏茅斋，一方天井，修竹数竿，石笋数尺"，简朴不大的居处，而有无穷的情趣，由衷地赞赏说："何如一室小景，有情有味，历久弥新乎! 对此画，构此境，何难敛之则退藏于密（指心境），亦复放之可弥六合（指天地）也[38]。"

中国的艺术家们酷爱大自然的传统，他们见人所未见，或人虽见而无法表达出来的审美感受，**当窗为画**，就是从生活中**窥窗如画**的感兴而来，这种美感经验，直接影响到对窗牖的设计。城市住宅均于街坊深巷之中，难有自然山水之景可借，窗的有限与无限的空间流通、流畅的作用，就更加重要。但窗外必须有生动可观之景，可卧游之境，这个矛盾到清代李渔提出"**尺幅窗**"和"**无心画**"，将窗作为取景框在窗外创造景境以扩展人的视觉空间，才成为中国建筑和园林创作的思想方法之一。

李渔在康熙十年（1671）梓行问世的《闲情偶寄》的"借景"中，叙述了他创造"无心画"的过程。

> 浮白轩中，后有小山一座，高不逾丈，宽止及寻，而其中则有丹崖碧水，茂林修竹，鸣禽响瀑，茅屋板桥，凡山居所有之物，无一不备。盖因善塑者肖予一像，神气宛然……是此山原为像设，初无意于为窗也。后见其物小而蕴大，有须弥芥子之义，尽日坐观，不忍阖牖，乃瞿然曰：**是山也，而可以作画；是画也，而可以为窗**……遂命童子裁纸数幅，以为画之头尾，及左右镶边。头尾贴于窗之上下，镶边贴于两旁，俨然堂画一幅，而但虚其中。非虚其中，欲以屋后之山代之也。坐而观之，则窗非窗也，画也；山非屋后之山，即画上之山也……而**无心画**、**尺幅窗**之制，从此始矣[39]。

窗虚其中，不能遮蔽风雨，用一般窗扇，则于窗口边饰不类，则丑态出矣。所以

无心画、尺幅牖之说，创始于李渔，而无心画之制，早在计成《园冶》的窗空中，已有论述，并且是庭园空间意匠"方方侧景，处处邻虚"的重要手法。无心画之说的意义，在于"以窗作画"的设计思想，丰富了中国建筑艺术的创作内容。

图 9 - 12　李渔《闲情偶寄》中无心画制式

"必须照式大小，作木榻一扇，以名画一幅裱之，嵌入窗中，又是一幅真画[40]"（图 9 - 12 李渔《闲情偶寄》中无心画图式）。今天可以用整块玻璃镶嵌，不必去裱幅真画而挡光线，且可随宜设计"尺幅窗"矣。

李渔的"无心画"之说，对今之建筑师的设计，不失为一很好的构思和手法。

关于"方方侧景，处处邻虚"的庭园空间设计问题，见"中国园林的艺术"一章。在今遗存的苏州古典园林中，堪称无心画者甚多。如苏州拙政园的**扇面亭**，亭后墙辟牖如扇形，墙后修篁弄影，俨然扇面小品也。留园的**五峰仙馆**东厢的鹤所，是由馆内出东山门空，南行可达"石林小院"的廊屋，平面呈曲折形，向庭院一面辟有地穴、月洞。由"鹤所"内外望，大窗洞然，院内嶙峋假山，翠樾树木，如一巨幅山水；转折处，墙上窗空如条幅，佳石丛竹，潇洒入室，实"满耳秋声图"（图 9 - 15、16 苏州园林的门空和窗空）。这些建筑因非居人之处，窗牖阒然旷如，在白色粉墙上，洞口饰以精致的门景，十分雅致清靓。

## 七、室内环境与槅扇窗棂

中国的传统建筑，三面实墙，一面满装槅扇窗棂，是室内惟一的采光面，而"绮疏青琐"玲珑剔透的棂子，在白色窗纸柔和光线的衬托下，形成十分美丽而生动的视觉界面，室内环境给人一种极富民族风情的雅致氛围，这是现代建筑通过门窗设计，无法取得的空间艺术效果。明清以来窗棂图案之丰富多彩，说明古人对窗棂槅扇影响室内环境的作用，是非常重视的。清代的戏曲家和园林建筑师李渔，对建筑颇有奇思妙想，他从木构架建筑，窗棂槅扇等外檐装修，可以方便安装和拆卸的特点，在室内空间意匠上，提出**"贵活变"**的创作思想，从建筑设计角度，是很值得我们吸取和效法的。

居家所需之物，惟房舍不可动移，此外皆当活变，何也？眼界关于心境，人欲活泼其心，先宜活泼其眼，即房舍不可动移，亦有起死回生之法。譬如造屋数进，取其高卑广隘之尺寸，不甚相悬者，授意工匠，凡作窗棂门扇，皆同其宽窄而异其体裁，以便交相更替。同一房也，以彼处门窗，挪入此处，便觉耳目一新，有如房舍皆迁者。再入彼屋，又换一番境界。是不特迁其一，且迁其二矣[41]！

这的确是室内设计的妙法，一般住宅和园林的厅堂，建筑体量的差别不大，就可以将安装槅扇和窗棂的樘框，里边的尺寸统一，这样可把户槅和窗扇做成一样大小，而窗棂的图案各不相同，同一建筑，原来安装这一套窗、户槅扇的，可与另一幢建筑的互换，两者都会使人耳目一新，如同换了一个环境。如有几幢厅堂馆榭可以相互调换，就会年年更新，岁岁不同了。

这种一物多用，改变室内环境的妙法，对今天设计传统风格的园林，是大可师法的。对现代的建筑设计，虽无直接的意义，但李渔的贵活变的思想方法，还是足资吸取和借鉴的。门窗固定，家具陈设可动，对多厅的建筑，不仅家具布置有多种可能,不同空间的家具亦可互换,获得室内环境的变化情趣。物无生命,人有性情,设计就是使无情之物,变为有情,"则造物在手而臻化境矣"(李渔语)!

### 八、门空与漏窗

#### 1. 门 空

是指只在墙上开辟门洞,不装门扉的一种门的特殊形式。南方称之谓"地穴"(《营造法原》)。计成在《园冶》中名之为"门空",门虽设而空空如也,这是很恰当而有禅味的说法。计成认为:"门窗磨空,制式时裁,不惟屋宇翻新,斯谓林园遵雅。"意思说,门空和窗空,须用清水磨砖嵌满边框,形式要时新,制作需精致,不仅可使房屋增加新意,园林也更为雅致。门空边框满嵌清水磨砖,并做成各种线脚,南方称做"门景"。

门空的形式很多,有方有圆,有六方八方、如意、梅花,《园冶》中仅汉瓶式就有五六种之多。门空的形式视环境而异,作用亦不相同 (图 **9-13** 门空图式之一;图 **9-14**《园冶》中门空图式之二)。

门空在庭院空间意匠中,多辟于厅堂廊轩的两山,形式宜规整,以方门合角式最常用。门空之外接廊,所谓庑出一步为廊,门空就是廊与庑 (檐廊) 之间的出入口。《园冶》中强调:"长廊一带回旋,在竖柱之初。"作为流动空间的手段之"廊",不能在房子造好再去添设,但从设计的程序来说,这"竖柱之初",必须要"地局先留","余屋之前后",为了接廊而"前添敞卷,后进余轩",廊才有所依附,有其始终。这就

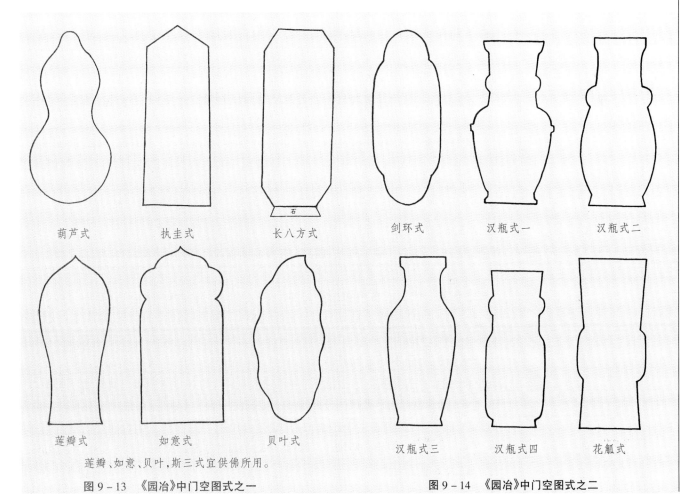

葫芦式　　　执圭式　　　长八方式　　　剑环式　　　汉瓶式一　　　汉瓶式二

莲瓣式　　　如意式　　　贝叶式　　　　汉瓶式三　　　汉瓶式四　　　花觚式

莲瓣、如意、贝叶,斯三式宜供佛所用。

**图 9-13**　《园冶》中门空图式之一　　　　　　　**图 9-14**　《园冶》中门空图式之二

门空,在中国建筑"往复无尽的流动空间"意匠中,不仅是空间转换的视界,同时是具有导向性的一种门的特殊形式。

是计成所说"家居必论,野筑为因。虽厅堂俱一般,近台榭有别致,前添敞卷,后进余轩"的道理。无论是在大中型住宅,还是在园林建筑设计中,廊是建筑空间的引伸与延续,建筑与廊连接,必须要有个空间缓冲与过渡的部分,这就是前添之**敞卷**和**后进**的余轩,也就是**檐廊**或**廊轩**。所以,从整个空间流动的路线言,建筑的廊轩,就是"廊"的起点、休止和终点,门空则起着空间转换的符号作用。

门空,正因它空空如也,不仅止凿于廊轩的两山,也常辟于露天或半露天的墙垣上,"门空豁敞,伟石迎人,别有一番天然化境"(《园冶》),是个很好的取景框。图**9－15**为门空景观。中国园林中的门空,还有个特殊的作用,即用门之形,而无门之用,这就是清代《浮生六记》的作者沈复(1763~1807)所说:"开门于不通之院,映以竹石,如有实无也[42]。"这是中国造园的一种特殊的手法。西方花园的基地,多端方规整;而中国城市园林基地,皆嵌缺不齐,形成许多死角,令人感到阻塞。中国园林有许多化实为虚的方法,如:沿墙构筑长廊,于阴角处建亭,亭斜置向外开敞,背后砌墙辟门空,使死角上借天光,内置奇松怪石,如尺幅小品。一隅死角,使人有通透空灵的情趣,可谓是置之死地而后生的妙法之一。

在苏州古典园林中,门空窗空之内,常是一角死隅,或邻虚的借天夹隙,多精心地加以点缀,或伟石迎人,或奇松怪石,或树竹萧疏,或藤萝漫衍,构成生意盎然的尺幅小品。即李渔之"无心画",从意匠上,就是"化实为虚","化景物为情思"的一种手法;从空间上,使人视觉莫穷,而有空间无尽之感也(图**9－16**为窗空景观)。

**2. 漏窗**

是中国窗牖中的一种独特形式,是古典园林中不可少的景观。《园冶》中称"漏砖墙",《闲情偶寄》中称之为"女墙",《营造法原》中则称为"花墙洞"。《园冶·墙垣》:"凡有观眺处筑斯,似避外隐内之义[43]。"漏窗是筑在墙上的,与窗空不同处,是在空洞中用望砖、瓦片或用铁筋泥塑成透空的图案或花纹。既然筑在人可观眺的位置,何以说"似避外隐内"呢?计成在避外隐内前加"似"字,正是说不同于影壁屏门的意思,是指漏窗虽在远处可遮挡墙外的视线,近观游赏中却使墙内景色有迷离恍惚的情趣,是园林空间视觉设计的独特形式与手法。

《闲情偶寄·女墙》:"至于墙上嵌花或露孔,使内外得以相视,如近时园圃所筑者,益可名为女墙,盖仿睥睨之制而成者也。其法穷奇极巧,如《园冶》所载诸式,殆无遗义矣[44]。"睥睨:侧目窥察;亦称城上有孔之小墙。李渔是从小墙而可窥察之意,名之为"女墙"的,可见明清时"漏窗"尚无定称,就连"园林"这个词,除计成在《园冶》中应用而外,明清人有关园圃的文章中多称为"园亭"或"亭园",造园也没有成为一门学问。可以说,在拙著《中国造园论》于1991年问世后,中国才有了一本中国造园学的理论专著,中国造园学才成为一门科学。而《园冶》一书自明末梓行,终有清一代二三百年间寂然无闻,只李渔在《闲情偶寄》中讲到"女墙"形式时,提到一句:"如《园冶》所载诸式,殆无遗义矣。"关于《园冶》的历史情况,详见拙著《园冶全释·序言》。

漏窗的功能不同于取景框式的窗空,不在于空间的流通和视觉的流畅,它只起空间相互渗透作用。透过漏窗,隔院楼台罅影,竹树迷蒙摇疏,使景色于隐显藏露之间,如论画者云"**擅风光于掩映之际**,览而愈新"(《画筌》),能使人倍感空间之幽深,于朦胧恍惚中而生变幻的情趣,这是隔出境界的手法。如怡园建筑庭院与景区之间,一带长廊曲折,廊墙上一幅幅玲巧的漏窗,疏影斑斑,墙外风光忽隐忽现,十分引人入胜。

图 9 – 15　门空景观

图 9 – 16　窗空景观

471

图 9 – 18　苏州留园漏窗一隅景观

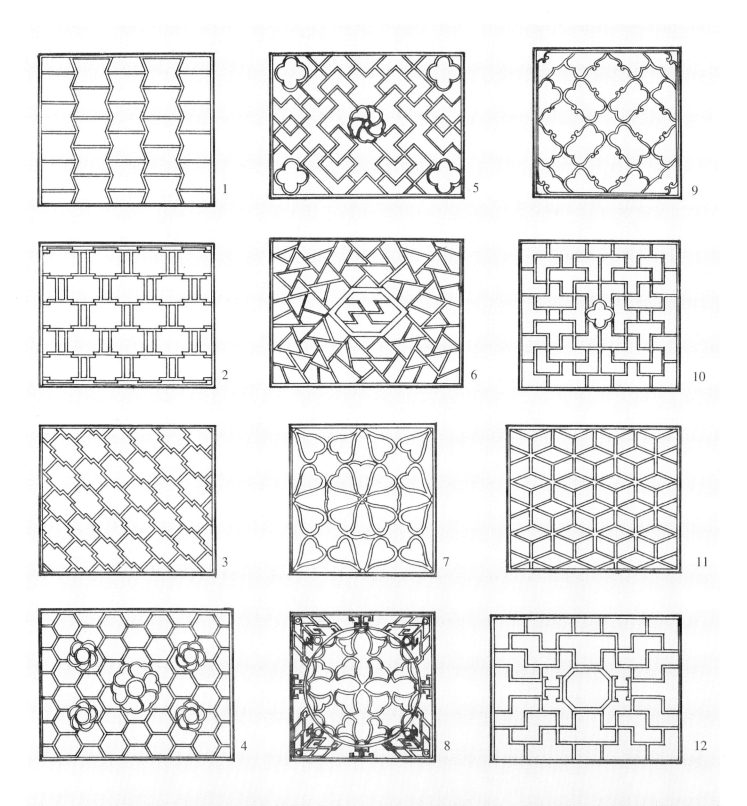

1. 竹节　2、3. 条环　4. 六角梅花　5. 穿万海棠　6. 冰裂纹　7. 葵花　8. 岔角葵花
9. 藤茎如意　10、12. 宫式万字　11. 菱花

图 9 - 17　苏州古典园林中的漏窗

在造型上,漏窗玲珑别透的图案,丰富多彩,有浓厚的民族风味(图9–17为苏州古典园林漏窗图案)。漏窗的形状样式很多,如方、圆、六角、扇面等等。在空间构图上,漏窗有其独特的审美作用,如图9–18是苏州留园的庭院一隅,白壁如纸,灵秀而雅致的漏窗,映托以丛簇的花草,瘦漏的湖石;隔院古木繁柯,浓荫匝地,境虽浅而清幽。漏窗就起到了化实为虚的作用,使人无狭小闭塞之感,而有空灵通透之趣。

## 九、建筑的空间与隔断

中西方建筑由于结构体系不同,空间分隔的方式也殊异。西方建筑是砖石承重结构,空间分隔多为砖石砌体,是承重结构的组成部分,所以空间是相对固定的。优点是空间体量的大小和形状,和空间的位置及其相对组合关系,可以按照生活活动的过程和使用功能进行具体的设计。中国建筑是木构梁架承重结构,空间的体量大小和形状,不是按照具体的使用功能,而是决定于梁架的空间构成,这正是中国建筑不同于其他体系建筑,具有**结构空间与建筑空间一致性**的特殊性质。

中国的**单体建筑**,实际上是一幢没有任何分隔的**空间使用单位**。建筑构架的梁枋柱列所形成的视界,既为空间分隔提供了依据和可能,也给设计者以很大的自由和灵活性,用什么分隔,怎样分隔,可以说是不受限制的。因为"任何作为空间分隔的构造和设置都不与房屋的结构发生力学上的关系,因而在材料的选择,形式和构造等方面都有完全的自由,这就形成建筑装修能够产生多种多样分隔方式的基本条件。相反的,在承重墙结构的房屋中,内部的间隔常常考虑同时利用作为承重构件,因而分割空间的方式往往只能限于是实墙,难于超越力学上的要求而出现更多的变化⑤。"

中国建筑空间分隔的自由性,给人们以充分发挥聪明才智的天地,创造出诸如帷帐、槅扇、挂落、飞罩、屏风、博古架等等,一系列空间分隔的形式和手法,分隔灵活自由,造型轻巧精丽。正如刘致平教授所说:"若不是我们先民历代智慧的积累,我们凭空是不容易想像出这样多的办法的。就是在国外也没有看见这样多的内檐装修方式,说这是世界文化的精华,也非过誉之词⑯。"

## 十、帷 幕

帷幕是古代最早分隔空间的东西。《周礼》中有"掌帷幕幄帟绶之事⑰"的记载。林尹注:帷:在旁所张之布,像墙垣;幕:在帷上所张之布,幕上帷下共为室,犹今之帐篷;幄:小帐篷也。王者所居之帐,设于帷幕之内;帟:平张于幄内王座之上,以承尘土之缯帛;绶:丝带,用以连系帷幕幄帟者。

《史记·秦始皇本纪》:"乃令咸阳之旁二百里内,宫观二百七十,复道甬道相连,帷帐钟鼓美人充之⑱。"帷帐是当时居住生活中不可缺少的东西。所以,不少典故都与帷帐联系在一起,如汉董仲舒"下帷讲诵,弟子传,以久次相授业,或莫见其面⑲。"下帷,后成闭门读书的典故。南朝宋马融"常坐高堂,施绛纱帐,前授生徒,后列女乐⑳。"绛帐,后来成为对师长的尊称。又韩偓诗有"绛帐恩深无路极,语余相顾却酸辛"之句。帷帐几乎成了人们生活的代称,以至古时对家庭闺房不整肃者,谓之"帷薄不修"。在汉代的画像石及壁画上,生活环境的描绘,多有帷帐(图9–19汉画像石上的帷帐)。

帷帐不仅用于室内，也用于室外。《隋书·裴矩传》说隋炀帝为夸示中国之盛，"令三市店肆皆设帷帐，盛列酒食……(蛮夷)所至之处，悉令邀延就坐，醉饱而散[51]。"这里所说的帷帐，就是支在店肆外面的。**帷**，按《说文》段注："帷，围也，所以自障围也。"这是"帷"的基本含义，帷既有遮蔽的作用，也可作隔断之用，用于遮蔽时叫"帷障"；用帷隔出一个空间时叫"屏帷"，有"屏帷四合"之说。悬挂在堂中或门窗处的，则称"帷幕"或"帘帷"。董仲舒"下帷讲诵"，显然是帘幕之类。宋欧阳修词："庭院深深深几许? 杨柳堆烟，帘幕无重数。"大概内檐装修兴盛，帷幕多用在窗上了。《红楼梦》十七回贾政查问贾琏为大观园置办帐幔帘子的事，贾琏回道："妆蟒绣堆、刻丝弹墨并各色绸绫大小幔子一百二十架……帘子二百挂……外有猩猩毡帘二百挂，湘妃竹帘一百挂，金丝藤红漆竹帘二百挂，黑漆竹帘二百挂，五彩线络盘花帘二百挂……[52]。""妆蟒绣堆"、"刻丝弹墨"，是形容各种纺织工艺花饰的绸绫幔子，帐幔是张挂在床架上的，故以"架"为单位，而那近千挂的不同材料和色彩的帘子，则是用于不同房子和季节的门帘和窗帘。帷帐随社会物质文化的进步与发展，它的分隔空间的功能，就为易清洗又耐久、玲珑精丽的内檐装修构件所取代，帷帐只作为一种室内装饰起灵活的遮挡光线和视线的作用。

帷帐的灵便性，"将它挂起来室内即可里外打成一片，将它放下则又内外隔绝，或是左右拉开也是可大可小……有的帷帐上锦绣花纹富丽堂皇，张开则满室豪华光彩动人，是最好的室内装饰品[53]。"帷帐的这些优点，显然对形成挂落飞罩等特殊形式的空间分隔，有深刻的影响。

古代用于分隔空间的帷帐，由灵便而暂时性的软隔断，发展为空灵而固定的硬隔断，从功能、形式和人们审美经验上，存在着某种内在的联系，是中国人的传统生活方式和空间观念合乎规律的发展。

图9-19 汉代石刻中的"帷帐"和"屏风"

## 十一、挂落与栏杆

### 1. 挂 落

挂者悬挂,落者下降,顾名思义,挂落是悬空挂立着的东西。它安装于廊柱间的枋下,用木条斗成流空花样的横拔式的装修构件。其轮廓形状,上边水平,左右垂直,边框用竹销固定于柱上,而悬空的下边,多呈两旁和中间下垂的形状(见图 **9 – 20** 挂落),显然是模仿挂起帷帐的样子。

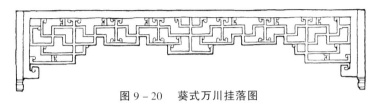

图 9 – 20　葵式万川挂落图

对外开敞的檐廊,是建筑与庭院内外空间的缓冲与过渡。挂落作为一种空间分隔,就起着空间过渡的中介作用,它看上去似隔非隔,虽有若无,但必须有,而绝不能无。去掉它缺少空间过渡的层次,建筑失之于简敞;有了它既使檐廊空间具相对独立之感,又增加了建筑内外空间的流动之趣,为建筑增生轻巧秀丽的风采。

挂落的设计,由于"廊是多间连续,具有将建筑空间引伸出来的作用,常同建筑围合成院,不是独立自在的建筑。所以挂落的纹样,要有连续性,宜简不宜繁,要在变化中有规律。中国古典园林建筑,装修的纹样非常丰富,独挂落仅有藤茎、屮川两种,尤其屮川用得最多。不论廊的开间是大是小,挂落有长有短,都是以屮字反复变化相连而成,在构图上有中心,两端亦有结束。实际上,开间不等的挂落尺寸,并不完全相同,但在景观上,却给人以规则和统一的感觉,而不觉其零乱繁琐。为了适应不同建筑和环境的需要,屮川又有宫式和葵式之分,宫式相对较朴,一般多用于游廊;葵式稍华,常用于厅堂等建筑前添之廊轩。其至有的栏杆,也用屮川纹样,虽宽度与挂落不同,屮字既可上下反复连续,亦可斜向交错,变化十分灵活。说明图案设计,构成的基本元素不在于多,而在于变化。知道了方法,还要研究它的变化规律[54]"(图 **9 – 21** 为苏州园林挂落栏杆万川纹变化规律)。

### 2. 栏 杆

栏者,阻挡之意;杆,是木之细长者。在建筑中不仅有防护的作用,也是一种空间分隔的方式。从防护的需要,台基是构成中国建筑的三大要素之一,建筑的体量愈大,地位愈显要,台基也就愈大愈高。台基与地面高差不能举步而上时,为了安全就需要设置防护栏杆。栏杆因地制宜,露天者用砖石,建筑上的则用木制。

栏杆不仅只是防护,设置栏杆就形成视界,起着空间分隔的作用。北京故宫三大殿、天坛的祈年殿三层台基,层层围绕的汉白玉雕栏,远远超出了防护的意义,在广袤无限的自然空间里,形成了一种**"无形而有限"**的空间环境,将殿堂烘托得与宇宙天地融合在一起。否则,何以使人们感到那样的气势磅礴?

住宅和园林中的厅堂,基台高者有数级踏步,在廊柱间(次间)的挂落下,常做木制花式栏杆,既有安全防护之意,亦有空间分隔的作用。栏杆的式样很多,常见者有笔管、万川、回文、冰纹、套方等等。明代对栏杆的制作已十分讲究,仅《园冶》中就绘有栏杆图式近百种之多,极臻图案变化之能。栏杆的设计,如李渔所云,首在一字之"坚",坚而后论工拙,这对有防护意义的栏杆,尤为重要。纹样的加工制作,必顺

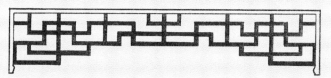

网师园殿春簃挂落

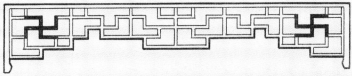

狮子林古五松园挂落

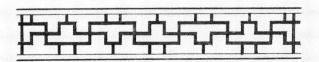

网师园射鸭轩半栏

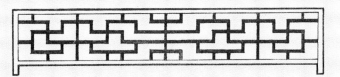

留园冠云楼栏杆

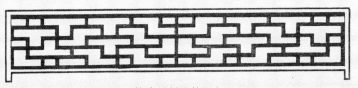

拙政园倒影楼栏杆

**图9-21　苏州园林建筑挂落栏杆万川纹变化规律图**

其性而不戕其体,要"头头有榫,眼眼着撒",故要精而工,约而文,达到计成提出的**"构合时宜,式征清赏"**的要求(图**9-22**为《园冶》中栏杆样式)。

　　立山巅临水际的空亭,为防护需要和免日晒雨淋,栏杆多不用木制;而筑矮的槛墙,上置平盘或施方砖,亦有在其上设木制靠背者,可驻足小坐,凭栏观赏,是简而约,素朴而大方的做法。空虚的游廊,柱间上安挂落,下筑矮墙亦可小憩,廊基甚低,非为防护,而是作为空间的界定,具有空间导向和规划路线的作用了。

## 十二　罩与格

### 1. 罩

　　罩是捕鱼捉鸟有网眼的工具。陆龟蒙《渔具诗序》:"圆而纵舍曰罩。"后指类似的东西为"罩";或覆盖之物通透而可见者,亦称"罩"。如李洞诗:"柳庭花阴露压尘,瑞烟轻罩一园春。"在建筑内檐装修中,用木条拼凑成流空图案的空间分隔构件,它形成空间视界,而有分隔空间之意;因其透漏流通,而无空间隔绝之实,称这样的隔

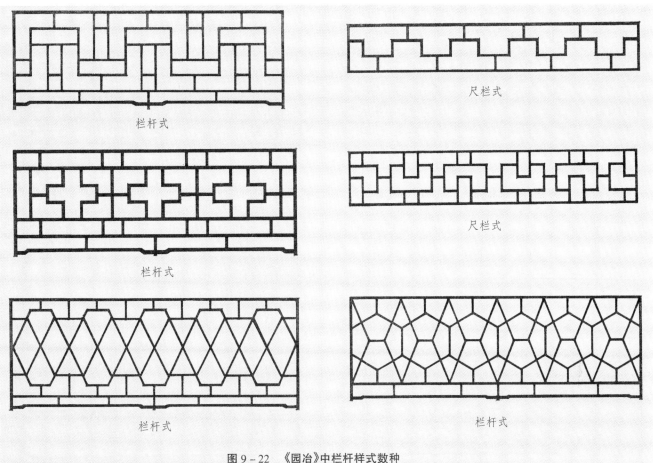

尺栏式

栏杆式

尺栏式

栏杆式

栏杆式

栏杆式

**图 9 – 22　《园冶》中栏杆样式数种**

断为"罩"，是很形象生动的。

　　刘致平教授认为："罩是笼罩的意思，也可能是帐字变来的，古代室内多用帷帐。后来用小木作仿帷帐遗意来做隔断，所以落地罩有写作落地帐的[55]。"如天弯罩，南方称挂落飞罩，或两边用槅扇而空其中，角上用门弯如拉开帷帐的落地罩等，很可能是由帷帐发展而来，这应是一种合乎逻辑的演化。

　　罩的形式有多种，如落地罩、飞罩、栏干罩、炕罩等等。罩是中国建筑中特有的空间分隔方式，在一栋建筑里，不论三间五间，人的生活活动是多种多样的，而这些活动又是关联的随意的，不需要完全隔离开来，在空间上适当地加以分隔，通过家具布置和陈设，在一个大的空间里形成不同的空间部分和环境，以满足不同活动功能的需要，这就是罩的用途。而精心设计制作的"罩"，也就成了中国建筑室内设计富于装饰性的一种美化环境的手段（图 9 – 23、图 9 – 24）。

　　图 9 – 25 为中国古典园林中挂落飞罩的空间分隔。中国建筑的进深不大，一般纵向空间除穿堂设"屏门"作隔断外，都没有空间分隔的必要。纵向隔断多用于园林建筑的"鸳鸯厅"里，如苏州留园的"林泉耆硕之馆"，五间敞厅，明间屏门排比屏立；两旁，稍间纱槅落地，中嵌木板，裱以字画，轻巧而雅致；次间圆门花罩，隔而不断，剔透而空灵。是运用屏门、花罩、纱槅的综合装修设计。"这种设计，不仅把厅堂前后隔开一分为二，厅内也自形成三个不同的空间部分，在花罩次间有交通之用，正、稍间是为室内的使用空间，由于两者的装修不同，空间上也就有主次之分。加之罩的隔而不绝，前后可通，从而形成室内的环形路线[56]。"这就在室内创造出视觉莫穷"往复无尽的流动空间"的情趣（见第十一章　图 11 – 40）。

罩，是安装于建筑梁枋柱子间，隔而不断，断而不绝，似隔非隔，实有若无的一种特殊的空间分隔构件。

图 9-23　乱纹飞罩

图 9-24　菊竹梅兰落地罩

478

图 9-25　中国古典园林中挂落飞罩的空间分隔

## 2. 格

格是**多宝格**，也称**博古架**：既可做成富于装饰性的家具，也用作室内的空间分隔。用宽一二尺的木板，做成上下交错，左右勾搭，形状大小不一的空格，格中放置各种古玩，故名多宝格，因器物多是古董，所以又称博古架（如图**9－26**为清代多宝格家具）。作为空间分隔，有按间的横向隔断，也有一连几间的纵向隔断，非常阔绰典雅而气势非凡，多用于宫殿府邸装修。博古架虽然通透，因为陈列琳琅满架的古董珍宝，引人注目，隔的效果也较花罩为甚，这种极富于文化气息的室内装修，今天也颇受人们的喜爱。在现代建筑的厅堂和住宅客厅里，加以简化作为局部分隔，既雅致又具传统文化的风味（图**9－27**为博古架的室内分隔）。

在建筑艺术上，中国古典建筑的各种内檐装修，已超越了一般美化环境的意义，作为室内设计，充分体现出传统的时空结合的流动空间的设计思想方法，形成中国建筑具有独特民族性格的空间艺术。

图 9－26　清代家具书案·多宝格、鼓凳、根雕凳

图 9－27　博古架作横向间隔

## 十三、天花与藻井

### 1. 天 花

天花是建筑室内的吊顶，天花板向下一面早先多画有荷花的图案，而名之谓"天花"。所谓**吊顶**，是从天花的结构方式说的，因为在屋顶的三角形空间里，天花本身是平面结构，它的骨架主要是靠用金属的杆件钩吊在枋檩上，做成的顶棚。天花有不同的形式，也就有不同的名称。

**平阁**　是用方木相交构成的小格子，以方形的格子为多。这种形式之所以叫"平阁"者，平是指天花，相对屋顶三角形空间而言；阁是"暗"的异体字，是指吊顶以后梁架被遮蔽，就暗而不见的意思。平阁的格子很小，约为方木（清代称枝条）宽的二倍至三倍，叫一枝二空或一枝三空。在现存遗构中还可看到平阁的，有山西五台

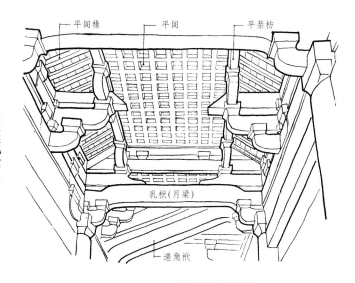

图 9 - 28　平阁构造透视图

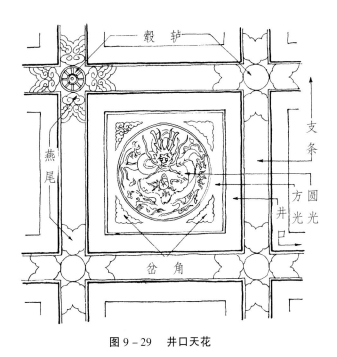

图 9 - 29　井口天花

山佛光寺大殿和河北蓟县独乐寺的观音阁，辽宋以后已很少用这种形式的吊顶（图 **9 - 28** 为平阁构造透视图）。

**平棊**　是用方木相交构成正方形的大格子，约一椽六空，其上盖木板，即天花板。宋时板上"贴络花纹"，仰视像棋盘，故称"平棊"。宋代的平棊不一定是正方形，也有做成长方形或多边形的。清代都做成正方形，称枝条内的空格为"井口"，并加以彩画。纵横枝条交叉处画金色的毂轳，四出画燕尾岔角，井口里，天花板中心为圆光，圆光内画龙凤寿鹤等纹样，外为方光、岔角，以蓝绿色为基调，称"井口天花"。整个天花，端方齐整，华丽而辉煌（图 **9 - 29** 为井口天花彩画图。见彩页山西大同华严上寺大殿平棊）。

**天井**　因井口天花方方如井字，早先称为天井，如唐诗人温庭筠诗："宝题斜翡翠，天井倒芙蓉。"宝题，似指绿漆的题字匾额；倒芙蓉，是指天花板向下的一面，画有荷花彩画。后来很少再称天花为"天井"，大概是在北方，天井已成为露天庭院的名称之故。

**承尘**　东汉刘熙《释名·释床帐》："承尘，施于上，以承尘土也。"是指床上的帐子，说明早先帐子的用途，主要是承接屋上落下的尘土。显然是"帝"的遗意。但是，据《后汉书·雷义传》"默投金于承尘上，后葺理屋宇，乃得之（金）"的记载[57]，是说东汉时的雷义济人死罪，此人为报答他，不声不响地把黄金投到他家承尘上，后来他修理房屋时才发现，得到这金子。从《左传·昭公二十三年》："必葺其墙屋。"据杜预注："葺，补治也。"显然这黄金不会是投在帐顶上，否则用不着等到修理房顶才发现，但如何投到天花板上去的，因为不知天花的做法，就无从猜测了。《后汉书》是南朝刘宋时人范晔所著，承尘是南北朝时的南朝刘宋时的叫法，说明汉代一般住宅房屋很少有顶棚。

明代的文震亨在《长物志·海论》中，第一句话就说："忌用承尘，俗所称天花板是也，此仅可用廨宇中。"这是从江南气候炎热而潮湿，民居房屋室内空间不像官署那样高大，故云"仅可用廨宇中"也。

清代的李渔在《闲情偶寄·置顶格》中，则认为房间要整洁美观，就必须用天花板。"精室不见椽瓦，或以板覆，或用纸糊，以掩屋上之丑态，名为顶格，天下皆然。"李渔称天花为顶格，不一定指"平棊"式顶棚，如房屋用料粗率的人家，不会为遮丑再用木料制作讲究的天花。如果是用纸糊的顶棚，对南方潮湿地区并不相宜，就不能说"天下皆然"。就如刘致平教授所说，用天花更经济些，"因为天花上部的构架常是用草架粗料，也不用油漆彩画"。这些说法，虽都有道理，但均不是建筑是否做天花的决定因素。对重要的殿堂建筑而言，做不做天花，决定于室内空间的艺术需要；对一般性居住建筑，则与地理气候条件有关。

总的说，中国建筑以**彻上露明造**为主，只在特殊情况时用天花藻井。从木构建筑的维护角度，我很同意李允鉌的看法，他认为："为了避免屋顶构架木材易于朽坏，最好的办法就是令它们能处身在一个干爽的、经常通风的环境中。因此，中国古建筑很多时候都不在室内部分另作天花，让屋顶构造完全暴露出来，将各个构件做出适当的装饰处理，这种做法一般就称为'彻上明造'。尤其在南方，因为天气潮湿和炎热，不论什么建筑物，以彻上明造更为适宜[58]。"

南方气候潮湿而炎热，室内喜高敞，若房屋不甚高大，糊顶棚不仅空间压抑，由于潮湿多雨，尤其黄梅雨季，易发霉而纸脱落，故南方民居无裱糊顶棚者。计成的**草架**之制，正是解决南方园林建筑顶部空间矛盾的产物，为扩大建筑幢深，避免檐口低下的压抑，大梁向后移位，从而打破了顶部构架的对称完整，为使表里整齐，用"重椽"复水做成**屋中假屋**的各种**轩式**，既起了"以掩屋上之丑态"的作用，也取得空间轩敞的效果。

从天花"承尘"的功用，草架的轩式，仿屋顶在重椽上铺望砖，因无须坐灰盖瓦，但要在望砖上铺一层席子，作用也是为了承尘。

在干燥寒冷的北方，稍微好点的住人房屋都要糊"顶棚"。如清柴桑的《燕京杂记》所说，旧时北京"裱糊多间岁一易，侈者一年四易，北地高燥，即春月亦无湿气发泄者"。说明大多数人家每年要裱糊一次，讲究的每季要裱糊一次。不仅只糊"顶糊"，而且连窗户、门窗框和墙壁全都裱糊，如《红楼梦》第十四回中，彩明向凤姐回报领物单账目，"支领买纸料糊裱"的事。不仅荣、宁二府的贵胄之家如此，而且清故宫中的大部分房屋也是这样，都用白纸裱糊，叫做"四白落地"。旧时北京房屋不喜粉刷、油漆，习惯于裱糊，是有其优越性的，既使室内洁白明亮，又便于更新，如秋后裱糊，冬季可防风保暖；年底裱糊，除旧更新以迎岁华；入夏裱糊，去窗纸换碧纱以度酷暑。裱糊房屋，成为旧时北京生活中不可缺少的部分，所以裱糊的用纸很有考究，裱糊的技艺，堪称一绝。曼殊震钧《天咫偶闻》记云：

> 京师有三种手艺为外方所无，搭棚匠也，裱褙匠也，扎彩匠也……若裱褙之工，尤妙于裱饰屋宇，虽高堂巨厦，可以一日毕事，自承尘至四壁、前窗，无不斩然一白，谓之"四白落地"。其梁栋凹凸处，皆随形曲折。而纸之花纹，平直处，如一线，无少参差。……真绝技也[59]。

所说"纸之花纹平直处，如一线"，这种裱糊用的"大白纸"，是用大白粉浆刷过的一尺见方的纸，还可以刷成带有"福"、"寿"字和如意等暗花纹样，有花纹处发亮，无花纹处发暗。裱糊用的纸在专业的"京纸铺"中卖，用这种大白纸糊顶棚，也用它糊墙壁。

北京顶棚的做法，有先做好木骨架的，一般的骨架多用高粱秸扎的，京纸铺有加工好的高粱秸，截成一样长短、去皮，外面用旧纸裹上，裱糊后十分牢固。具体做法，柴桑在《燕京杂记》记述颇详。

> 京师房舍，墙壁窗牖，俱以白纸糊之。屋之上以高粱秸为架，秸倒系于桁桷，以纸糊其下，谓之"顶棚"。不善裱者，辄有绉纹。京师裱糊匠甚属巧妙，平直光滑，仰视如板壁横悬，或间以别纸点缀，为丹楹刻桷状，真如油漆者然。又有"琉璃纸"，俗称之光明纸，用以糊窗，自内视外则明，自外视

江南园林建筑的"草架"制度，实际上，是适应湿热地区的、空间艺术化的特殊"顶棚"。

481

内则暗,欧阳元功《渔家傲》所谓"花户油窗通晓旭"者,此也[60]。

这是二百多年前北京顶棚的做法,用高粱秸做顶棚,今天在东北农村还可见到,常用数根高粱秸绑扎成束,长略大于房间宽,将一束束高粱秸向上弯曲,利用其弹性张力,撑在两墙间,亦有用纵向楞木固定者,下用泥灰抹平,如卷棚,朴实而牢固。

#### 2. 藻 井

藻井 是中国建筑中的一种特殊形制,历史上有不同名称,如北宋科学家沈括在《梦溪笔谈》中说:

> 屋上覆橑,古人谓之绮井,又谓之藻井,又谓之覆海。今令文中谓之斗八,吴人谓之罳顶,惟宫室祠观为之[61]。

在中国古代建筑木构架中,藻井与结构无关,纯属建筑空间的一种装饰,而且只允许用于帝王的宫殿和神佛的祠庙建筑中,这大概是民间对藻井无定称的缘故了。

那么,藻井是如何产生的呢?这也是个尚待回答的问题。

李允鉌将刘致平先生的设想加以生发,提出**罍式结构**的概念,即藻井是由罍式结构发展而来。所谓罍式结构,是"在一个方形或多角形的平面上,在底架上以抹角梁层层叠起,逐渐缩小,这样便可构成一个锥形的无中柱的屋顶构架。这种罍式屋顶产生得很早,它的顶部留下一个天窗,这种情况和原始型房屋要求是一致的,古代文献上也说过这是一种上古的屋顶形制[62]。"刘著文中注明这种结构"可以画出想像图来",按图号却是故宫的图片所云"根据古代文献记载",也不知载于何书何处。

设想:这种模仿穴居屋顶,以井干式结构层层缩小堆叠,中央留有孔洞的锥形顶盖,这种顶部结构是非常沉重的,如非直接置于地面,这底架也应是井干式结构。问题是,上古人民为什么不惜消耗大量的人力,用粗大的木头去堆叠这种"罍式结构"的穴居?这是不可思议的事,也很难从社会生活作科学的解释!

我们还是看古人对"罍"是如何解释的。汉·许慎《说文》:"罍,屋水流也。"清代学者段玉裁注:"水部曰:渡,罍下皃也。《释名》曰:中央曰中罍,古者复穴,后室之罍,当今之栋,下直室之中,古者罍下处也。皃,是"貌"的本字;复,地上覆土为室。复穴,即指穴居。是说:穴居顶上留有通风排烟之囱,雨水从这里注下,因在穴的中央而称"中罍"。后来建造宫室了,就把室的中央,相当于脊檩下面的地方,仍然称为"中罍"。罍,也指屋檐滴水之处,如《仪礼·燕礼》:"设洗篚于阼阶东南,当东罍。"可见"罍"是指屋上注下的雨水,或滴水之处,罍字本身毫无屋顶结构的意思。从"后室之罍,当今之栋",也引伸不出"罍式结构"来。

《华夏意匠》中,为了证明"罍"式结构的存在,还用了一幅古高丽建筑室内顶部的图片,其实在汉代山东沂南古画像石墓中,已有这种**"斗四天花"**了(见图 **9－30** 斗四天花),因而并不能说明,这是"古高丽建筑所表现出来的'罍'式结构意念"。

汉代张衡(78～139)的《西京赋》中,有"蒂倒茄于藻井,披红葩之狎猎"句,从薛综注:"藻井,当栋中交木为之,如井干也。"说明东汉时的藻井构造还比较简单,是在脊檩下,室的当中,用方木框交错层叠而成,就如井干一样的做法,上面绘有莲花的图案。与所谓罍式结构也毫

**图 9－30　斗四天花**(山东沂南画像石墓)

无关系!

**斗四天花**和**覆斗形天花**显然与石窟和石墓的结构构造和装饰有关。如果说这种天花形式的出现,早于藻井的话,可以设想,这种天花构造虽然简单,但其凹凸富于立体感的特点,由于它打破了天花平面结构的单调,在空间上突出的显著作用,引起人们的重视,从而在建筑中着意于加强其空间形态的意义,由简而繁,由朴而华,形成藻井这一特殊的空间装饰,应是合乎逻辑的发展,它与屋顶的结构无关。

宋《营造法式》中的"斗六"和"斗八"藻井,较覆斗形天花的"斗四"已复杂得多。所谓斗(繁体之鬥、鬦、鬪、鬮),是指从四面八方趋向一个中心的构造做法。《梦溪笔谈》所说"今令文中谓之斗八",就是用八根相同的构件,向中心结构成的藻井形式。所以称藻井,是起初多画上莲荷的图案,而"藻"是水生植物的统称,也有华丽的意思(图9-31为宋式斗八藻井平面及剖面图)。

藻井多设于殿堂空间的主要位置,如北京故宫太和殿的明间宝座上空,佛寺则在殿堂中本尊佛像的顶上,不论是一尊还是三尊,藻井多随佛像头部的位置,作前后的调整。可见藻井不是一种单纯的装饰,它不仅从空间上突出建筑中的主体——帝王和佛像,并且还能有空间上升和扩散的视觉效果,如河北蓟县独乐寺的观音阁的藻井等等(详见第十一章《中国古典建筑艺术》)。

藻井,在中国建筑艺术中,是非常成功的创作,它在空间中的作用和艺术感染力量,正是为历代帝王所重视的原因,早在唐代就有明确的规定:"凡王公以下屋舍,不得施重栱藻井[63]。"形成国家法定的建筑制度中一个重要的内容。所以,沈括在《梦溪笔谈》中强调说:"惟宫室祠观为之。"藻井同斗栱一样,成为一种封建等级的标志,为最高统治阶层和神佛的专用品了(见彩页山西代县文庙大殿藻井)。

## 十四、屏风与屏门

屏风在建筑中是灵活隔断,屏门则只用于穿堂的纵向分隔。**屏**,是障蔽或捍卫之物。古亦指当门的小墙,《荀子·大略》:"天子外屏,诸侯内屏。"即指此,亦称塞门,如后来的照壁。

### 1. 屏风

屏风作为一种空间分隔,它介于装修与家具之间,历史非常悠久。《仪礼·觐礼》:"天子设斧依于户牖之间[64]。"郑玄注:"依,如今绨素屏风也,有绣斧文,所以示威也。"薛综注《东京赋》"负斧扆"曰:"白与黑谓之斧;扆,屏风,树之坐后也。"说明,战国时将放在帝王座位后,绣有黑白纹样的屏风,称为**斧依或斧扆**(古"依"与"扆"通)。

《尔雅》曰:"户牖之间谓之扆,其内谓之家。"这个解释的前一句,与《仪礼》都是从所放的位置解释"扆",说明扆虽然是可以移动的东西,但放置的位置是固定的。从后一句"其内谓之家",显然是从古代宫室的"**前朝后寝**"制而言,说明"扆"是放在朝政的殿堂里户牖之间,也就是后世安装屏门的位置,相当于明间后金柱之间。

中国使用屏风,至少在战国之前,把屏风列入**礼制**之中,足以说明它在古代生活中是多么的重要了。屏风在古代生活中,为什么会受到如此的重视呢?

我认为,屏风的出现,和它在古代生活中之所以如此重要,是与古人**席地而坐的生活方式**有直接的联系和关系。在席地而坐的时代,室内除了可依凭身体的几,没有别的家具,一切生活起居,都是跪坐在地上进行的。

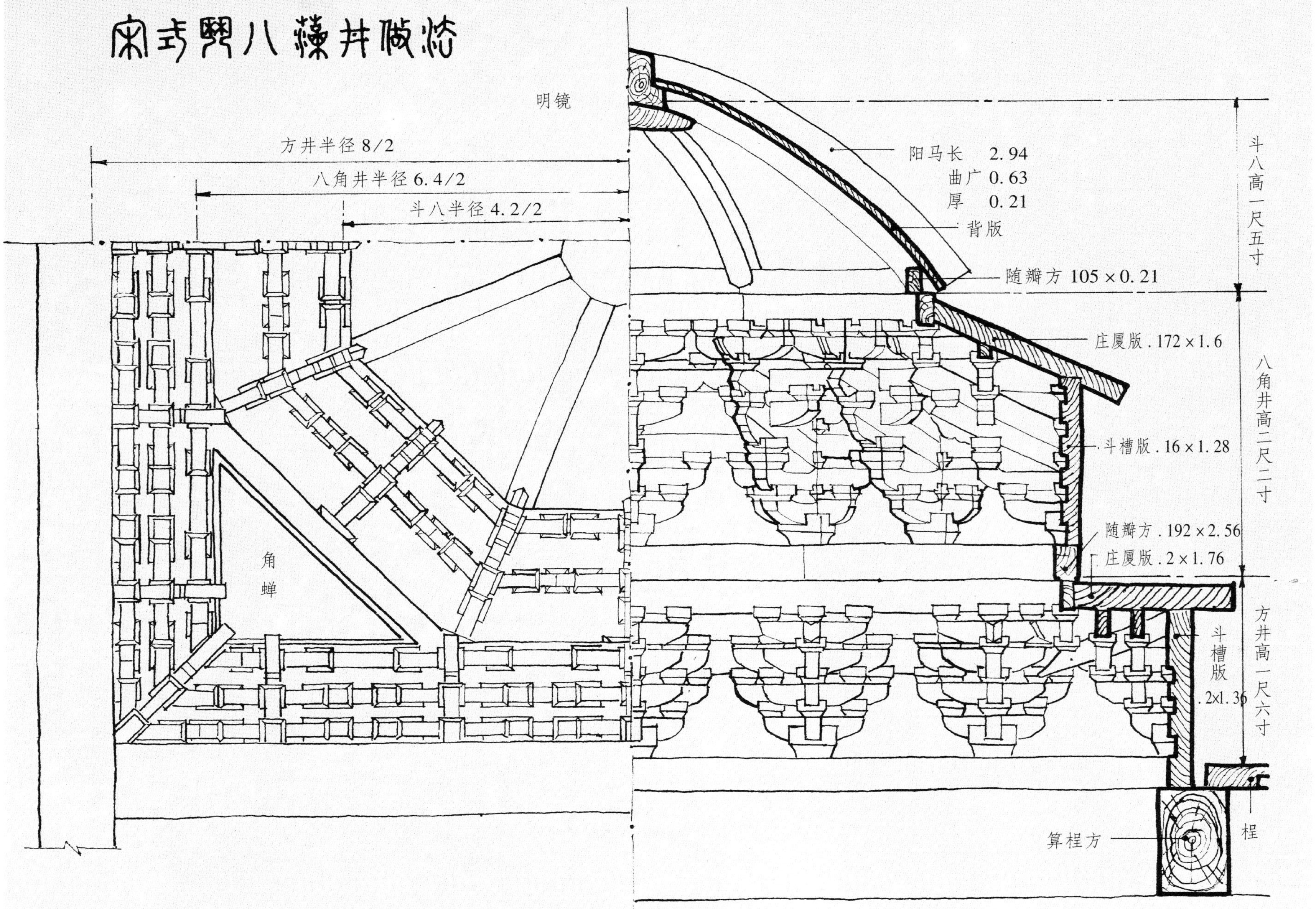

# 闲话閣八藻井概论

图9-31 宋式斗八藻井平面及剖面

我们知道，先秦时代非常重视**礼制**，实行奴隶社会和封建社会的贵族等级制度。而体现这种制度的社会规范和道德规范，虽然在人与人的语言行为的各种生活活动之中，但却离不开人生活在其中的**建筑空间环境**。所以，古人从物质生活和精神生活的需要着眼，不仅在室内地面上铺满了"**筵**"，而且用不同材料和边饰的坐垫"**席**"，按照礼的要求，放在一定的位置，以别尊卑、分上下、示宾主。

由于中国古代统治者崇尚建筑高大，《礼记·礼器》云："**有以大为贵者，宫室之量**。"但在屋顶的覆盖下，跪坐着的人视平线较低，就显得空间很旷宕了，加之古代建筑装修的粗率简朴，人在其中的相对位置和关系，从视觉上显得松散而不够集中，难以明确昭示人的身份和地位的关系。

屏风，可以说是解决这个矛盾的杰出创造。在周遭粗率简朴的室内，当中树立一个平整而华丽的屏风为背景，就会吸引人们的视线，形成一种**无形而相对集中的空间部分**，从室内空间中相对独立昭示出来。古人虽无现代建筑师的空间设计概念，但人们从感性直观就可以想像，王者坐在绣有黑白边饰"斧扆"为背景的室中，自然烘托出王者至尊的地位，形成一种特殊的氛围，这正是郑玄之所以解释，扆"有绣斧文，所以示威也"的道理。

"扆"在生活空间上的特殊功能和装饰作用，逐渐得到人们的喜爱，以至在民间普遍地用于室内陈设，当然不会用黑白的斧纹做边饰。屏风，人们常易望文生义，认为屏风是挡风之物。屏风在日常生活中，有如门帘、窗帘的主要作用，在遮挡视线，而用于非固定的空间分隔。屏风作为室内的重要陈设，制作日益精美，并与雕刻、绘画艺术结合而成为工艺品。

唐代的显贵为得到画家曹霸的手笔，裱在屏风上以示高贵，杜甫有"贵戚权门得笔迹，始觉屏壁生光辉"的诗句。曹霸是画马的大师，这是以画马图饰屏。杜甫《李监宅》诗："屏开金孔雀，褥隐绣芙蓉"是以孔雀入画屏。韩偓《闻雨》诗："碧栏杆外绣帘斜，猩色屏风画折枝，八尺龙须方锦褥，已凉天气未寒时。"可以想见，屏风在室内形成的氛围。五代诗人韦庄《望远行》词云："欲别无言倚画屏"，就泛指用绘画装饰为"**画屏**"了。

《宣和字谱·历代诸帝》：唐太宗"一日作真草屏幛，以示群臣，其笔力遒劲，尤为一时之绝"。从白居易《素屏谣》中提到以书法入屏的有"李阳冰之篆，张旭之笔迹"，唐太宗之真草屏，可能是最早用书法装饰屏风者。物质生活的丰俭，总是因人而异的，白居易以木骨纸面的**素屏**为宜，而帝王贵胄之家，则是"织成步障银屏风，缀珠陷钿怗云母，五金七宝相玲珑"（《素屏谣》），屏风成为炫耀地位和财富的一种手段，同时也促进了屏风制作工艺的发展。

古代的屏风，从古画中所绘的屏风来看，大致有两种，一是单扇的，如最古的"扆"，和后来的座屏、插屏；一是多扇的，有围屏和折屏。如东晋顾恺之《列女仁智图卷》中所画**围屏**，这种屏三面围合于人的坐处，因人席地而坐，故屏较低，三面屏蔽，一面开敞，将坐处形成独立自在的小空间，因空间视界明确，视觉上空间是有限的、也较封闭（图**9－32**）。

斧扆，可能是最早的屏风形式，只有昭示王者之尊，设置在户牖之间者，才称之谓"斧依"或"斧扆"。

屏风，从最早的"扆"，作为人在室内活动的背景，具有形成空间突出和昭示的作用；在寻常生活中，多用于遮挡视线作不固定的空间分隔之具。

图 9-32　东晋·顾恺之《列女仁智图卷》中的围屏

图9-33　五代　屏风围成的空间（五代）王齐翰《勘书图》（摹写）

图9-34　五代顾闳中《韩熙载夜宴图卷》中座屏

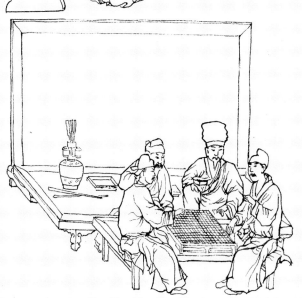

图9-35　五代周文矩《重屏会棋图》中的榻与屏

图9-36　明代的座屏《明式家具类型及其特征》

五代·王齐翰的《勘书图》，因使用家具，屏较高大，是将折屏成 ╱╲ 字形布置，这是整间设置的围屏，因两翼张开，空间较开敞，但与周围空间分隔性较强(图 **9－33**)。亦有用多扇折屏呈 ╱╲ 字形布置者，这种陈设方式的间隔性都较明确。

五代·顾闳中《韩熙载夜宴图卷》中的座屏(见图 **9－34**)，这是整间陈设的大型座屏，这种形式与陈设方式，唐、五代的绘画中较多，作用有如后来的屏门。这种单面的座屏，在沿墙布置时，它在室内突出的屏面，也会形成无形而相对集中的空间部分，使屏前空间的生活活动昭示出来，居于主导的地位。而当时周文矩的《重屏会棋图》所绘，则是在榻后树屏(图 **9－35**)。这种榻屏结合的陈设方式，在宋元人的绘画中比较常见，说明在长期生活中，为人们所乐于采用的一种方式。榻屏结合，就形成以榻为底，以屏为面的**无形而有限的空间环境**，使屏前空间具有一种亲切的聚合氛围，也不影响两边的家具布置，构成有主有次的整体的**建筑空间环境**，充分显示出中国古人，在家具和陈列方面的**空间艺术**的智慧和才能。

小的座屏或插屏，宽度较窄，一般在80公分左右，搬动方便，多作暂时性局部屏蔽之用(图 **9－36**)。

**折屏**，多扇相连可以折叠的屏风。最多者可达数十扇，如五代十国的后蜀孟知祥"作画屏七十张，关百钮而斗之，用于寝室"(《清异录》卷下)。寻常多为四扇到六扇，因可折小以便于收藏，常作临时性的空间分隔(图 **9－37** 为清代的折屏)。北京故宫太和殿宝座后的雕龙屏风，须中心对称用七扇，为突出以宝座为中心的空间背景(见彩页)。

**2. 屏门**

图 9－37　清·束腰回纹条桌、摺屏、鼓凳《马骀画室》

图 9－38　穿堂中屏门安装于明间后金柱(步柱)间

屏门是安装在穿堂中的多扇板门,平时屏蔽如壁,遇有婚丧喜庆,需要前后通畅时,可以打开或全部卸掉而洞然豁敞。

屏门装于门屋者,有"蔽内隐外"之义;装于穿堂者,有"蔽而通之"的妙用;装于楼房者,后设楼梯,则是"蔽而上之"了。从屏门的功能,视觉上要求似壁,而不是门,所以皆用木框架,正面嵌板,平整如壁。

屏门在穿堂者,安装于明间后金柱之间,平时可从次间到屏门后通向后院,这样明间不直接被穿过,保持室内空间完整,不妨碍布置家具和使用。由于其位置的重要,制作亦须讲究,计成在《园冶·装折》中说:屏门"堂中如屏列而平者,古者可一面用,今遵为两面用,斯谓'鼓儿门'也[65]。"两面嵌板使平,室内观之平整,由后入厅堂观之亦整洁美观也。

屏门排比如壁,皆用四扇排偶的方式,不用单数,何也?这大概是从人的视觉心理考虑,偶数对称有安定之感,单数虽平衡而有不定之意的缘故(图 **9 - 38** 为安装于明间后金柱间的屏门)。

# 第五节　匾额与楹联

## 一、建筑中的匾额

匾是指横向长、竖向短、厚度薄的东西,中国建筑多用木制成匾,题字悬挂在额枋上,所以称之谓"**匾额**",简称为"**匾**"。

中国建筑悬匾的历史非常悠久,最早见于文字的,是南朝宋羊欣的《笔阵图》记载:"前汉萧何善篆籀,为前殿成,覃思三月,以题其额,观者如流。"萧何为题写匾额如此精思构想,可见题匾是非常讲究的,而题匾的事,早在西汉以前就已实行了。

为什么古代用匾的形式为建筑题名呢?

我认为,这同中国木构建筑,宜于在平面空间上展开的特点有关。帝王宫室都是以千百间计的庞大建筑群,秦始皇统一天下,大兴土木,"东西八百里,南北四百里,离宫别馆,相望联属[66]",空间如此广袤,建筑如此之多,要说清楚一个人在什么地方,是无法用语言表达的,为了给建筑物定位,就必须给建筑标名。中国是以庭院为单位,只需给庭院的主体建筑题名即可。这应是中国古代建筑需要题名的初始原由。

秦汉时代的宫殿苑囿,匾额题名多用三个字,如建章宫、灵波殿、长杨榭、走马观、通天台等等,其实名只两个字,末一字是说明建筑的形式,主要在为建筑标名,还是从实用出发的。唐玄宗李隆基在兴庆宫的建筑题名中,虽用了"勤政务本楼"、"花萼相辉楼"五个字,仍沿袭秦汉传统,题名的含义在颂德、表彰,作用主要在标名,不是题景。清代用四字题名,不仅是命名这个建筑,也代表一处景境。四字题名被普遍采用,因它有两个词组,能表达更多的意思,适于景境题名的要求,同楹联一样,是造园与文学相结合的一个发展[67]。

园林建筑用四字题名,清康熙皇帝于承德避暑山庄开其端;扩建圆明园以后,乾隆皇帝广为运用,视建筑和景境特点,或颂扬,或明志,或寓意,或抒情,因地、因

**侧注（左栏）:**

屏门是中国庭院组合中,为解决厅堂被穿过的空间矛盾。打开则洞然豁敞,平时屏闭如壁,可蔽而通之,既保持室内的空间完整,又解决了庭院间通前达后的要求。

在大规模宫殿建筑群中,匾额的作用在为建筑标名定位。为了醒目,故匾取其横,大书于木,悬于门额之上,并与书法艺术结合,成为中国建筑上,富于思想性和艺术性的一种特殊标识。

境制宜,如圆明园四十景中的"万方安和"、"正大光明"、"澡身浴德"、"上下天光"、"蓬岛瑶台"等等。

私家园林中的建筑题名,如"远香堂"、"画舫斋"、"留听阁"、"林泉耆硕之馆"等等,所名堂、馆、斋、阁,并非定指建筑形式,往往多从园居的生活情调,表示建筑的景境和园主的志趣。用匾额的几个字来名景述志,含意既广,取材亦丰,虽然简单概括,但从中却不难了解其生活取向和造园的艺术思想,有些还可"名"、"实"对照,从中体会景境的创作思想方法。

**楹与对联**

**楹** 《说文》:"楹,柱也。""联",一般指对仗工整,平仄协调的对句和联语。

**楹作数量词的误解**。如《辞海》:"楹,计算房屋的单位,一列为一楹。如有房屋三楹。"释楹为一列,一列当然是指一栋,三列就是三栋,而中国建筑一栋房屋的"间"数是不定的,这个解释令人费解。

《辞源》:"楹,量词,屋一间为一楹,一说一列为一楹。"大概撰写词条者,对"楹"是否与"间"相等,把握不准,所以又补上"一列为一楹"的说法,可见"楹",至今仍然是个模糊概念。

清代学者段玉裁注《说文》,对"楹"已考证得很清楚,他说:"《释名》曰:楹,亭也,亭亭然孤立旁无所依也。按《礼》言:东楹西楹,非孤立也,自其一言之耳。《考工记》:盖杠谓之桯,桯即楹。如栾盈,《史记》作栾逞,其比也。"段玉裁不同意东汉刘熙在《释名》中,解释"楹"是孤立的,即一根柱子。他从古籍考证,《史记》中的"栾逞",是一双柱子,故云:"其比也。"这是符合中国人观察事物的**感性直观**特点的,木构架是简支梁结构方式,凡梁皆架在两根柱子上。从建筑正面看,两柱之间是"一间"。这就说明"楹"的含义,"**一楹就是一间**"。楹,在文章中,是"间"的另一种表示方法。

正因为楹是两根柱子,所以贴在柱上的对联,不叫柱联而称"楹联"。对联的别称很多,如:对子、对句、联句、联语、桃符、桃版、楹贴、楹句、楹语、楹联、春联、春帖等等。从这许多名称,也多少反映出对联的发展。

对联源自对偶句,对偶句出现很早,如《诗经》中的"风雨凄凄,鸡鸣喈喈"、"杨柳依依,雨雪霏霏"等等;《老子》"有无相生,难易相成";《论语》:"学而不思则罔,思而不学则殆"等等,可谓俯拾皆是。我国古代用**对偶**的修辞方法,可说是世界上最早出现的修辞手段。对偶与中国古典哲学思想,有很深的渊源,反映在文学上,如南朝梁·文学理论批评家刘勰(约465～约532),在《文心雕龙》中说:

> 造化赋形,肢体必双;神理为用,事不孤立。夫心生文辞,运裁百虑,高下相须,自然成对⑱。

是说天地间造物赋于生命的形态,都必然是成双数的,这是自然规律,作文修辞中的对偶,是顺乎自然的现象。对联随着诗歌骈赋的发展,逐渐形成一种特殊的文学形式。如蔡邕在《联对作法》中说:"至唐以律诗、律赋取士,于是谐偶兴焉,俪青骈紫,文字之中有一种美术,殆未始不足观焉。厥后或拟诗一联,称为楹帖,亦号楹联焉。"楹帖和楹联,说明对联贴在柱子上已较普遍。

最早对联起于何时?贴于何处?

近年出版楹联的书很多,大都认为,是五代时后蜀主孟昶代替桃符书写贴在宫门上的春联,即"新年纳余庆,嘉节号长春",为历史上的第一副对联。但据专家考证,此说不确,最早出现的对联,是汉末文学家孔融(153～208),从他诗中取出的一

楹作为量词,根据古代文献中"栾盈"一词,说明"楹"本有成对的意思,这很合乎古人感性直观的习惯,梁总是架在两根柱子上的,从建筑正面看,两柱之间是一间,古文中"楹"是"间"的代称,一楹就是一间。

联："座上客常满,樽中酒不空"挂在客厅中。这就是说,表示主人生活情怀,并用作装饰的室联,比春联要早得多。

南朝梁文学家刘孝绰(481~539)丢官回乡,也取其诗中一联:"闭门罢庆吊,高卧谢公卿"贴在大门上。这不是春联,也早于孟昶的春联,可说是第一副门联了。

唐代中期门联已较普遍,晚期也出现了柱联。宋代对联已颇盛行,内容和形式十分丰富,如风景名胜联、堂联、居室联、婚联、挽联、行业联、格言联等等,都可见诸著录。元明两代皇帝都喜欢对联,元世祖忽必烈,曾命著名的书画家赵孟頫撰写春联;明太祖朱元璋曾下令,春节时家家户户都必须贴春联,从而大大地推动了对联的发展,成为中国的一种民俗。

## 二、建筑中的楹联

建筑中的楹联,不是指贴在柱子上的对联,而是用木制的固定的对联,它不仅有文字上的意义,而且具有建筑上的空间构图作用。

这种建筑意义上的"楹联"出现于何时?尚未见对联学者有所论及,我在著述《中国造园史》时曾做了点初步考证。仅从南宋吴自牧《梦粱录》有关记载,摘录数例,以见南宋时的匾联情况:

> 德寿宫,"其宫中有森然楼阁,匾曰聚远,屏风大书苏东坡诗:'赖有高楼能聚远,一时收拾付闲人'之句。其宫御四面游玩庭馆,皆有名匾。"
>
> 西太乙宫,"宫中旧有陈朝桧……侧有小亭,孝庙(孝宗赵昚)宸翰,其诗石刻于亭下。"
>
> 御画中有香月亭,"亭侧山椒,环植梅花。亭中大书'疏影横斜水清浅,暗香浮动月黄昏'之句于照屏之上。"
>
> "绍兴以銮舆驻跸,尤其涵养,以示渥泽,仍以西湖为放生池,禁勿采捕,遂建堂匾德生。有亭二:一以滨湖,为祝网纵鳞之所,亭匾泳飞;一以枕山,凡名贤旧刻皆峙焉。"

从上录资料可见,"宋时的亭堂楼阁,'皆有名匾',并大书诗文于建筑内的屏风上,或刻石列于建筑之旁。但未见有在柱上用楹联的,由此可证,宋元时代尚无楹联。清代李笠翁所云:'大书于木,悬之中堂'、'匾取其横,联妙在直'匾联配合运用的情况,可能到明清时代才盛行起来。明末计成在他的造园学专著《园冶》中,对造园作了全面的论述,细处谈到栏杆、铺地的样式,却无一字提到匾额和楹联。匾额古已有之,可存而不论。如果说楹联之始,不会晚至清代的话,至少在明代还很不普遍,尚未发展为园林建筑意匠的必要手段之一,因而未能引起计成的重视[69]。"

对联发展到清代,是鼎盛时期,清统治者入关以后,不仅积极地适应汉族文明较高的社会经济情况,而且认真学习、吸取汉族文化,康熙皇帝玄烨能写一手好汉字,会做像样的格律诗,也喜爱撰写对联。乾隆皇帝弘历更胜过他的祖父,喜诗词,擅书法,嗜园林,在艺术上是很有修养的。康熙皇帝两次南巡,而乾隆皇帝六次南巡,江南的名胜和许多名园使他们流连忘返,所到之处总要题上几笔,所以随处可见弘历的诗、联手迹。如王闿运在《圆明园宫词》中所说:"谁道江南风景好,移天缩地在君怀",把江南的风景名园"肖其意",在北京和承德大造园林如颐和园、圆明园、避暑山庄等,规模之大,景点之多,是空前绝后的,形成中国造园史上的鼎盛时期。凡园中景境,主要建筑皆题有匾额和楹联,大多出自清高宗之手。

清代的扬州,为盐商集居的城市,是当时著名的风尚华丽之处。由于乾隆皇帝南巡,盐商为逢迎皇帝满足其娱游之赏,大肆突击建造园林,自城北沿瘦西湖至平山堂,"楼台画舫十里不断",这种盛况,并没有维持多久,据节性斋老人在道光十四年(1834),为李斗的《扬州画舫录》所写跋文说:"扬州以盐为业,而造园旧商家,多歇业贫散……李艾塘(斗)撰画舫录,在乾隆六十年,备载当年景物之盛,按图而索园观之,成黄土者七八矣⑦。"盛极一时的扬州园林,仅数十年已大多湮没。

从李斗《扬州画舫录》中,凡记园林,建筑都有楹联,所有对联多集古人诗句而成,摘自唐诗者最多。这种集句式楹联,据李斗《画舫录》说:"集句始于卢雅雨转运见曾,徽金棕亭博士兆燕,集唐人句为园亭对联,亦间用晋宋人句。"李斗所云集句之始,是指当时的扬州园林呢,还是指这种集句对联,这已非本书的研究范围,只有留待对联专家去考证了。

清代皇家园林和私家园林的盛兴,大量采用唐人诗句,以点景抒情,因联妙在直,而大书于木,将其悬挂在园林建筑的柱子上,成为有意义的艺术性装饰,这应是形成建筑意义上"楹联"的重要原因。

清代的戏曲理论家、园林艺术家李渔(1611~1679),于康熙十年(1671)梓行的《闲情偶寄》中专列有"联匾第四"一节,首先就说:"堂联斋匾,非有成规。"他认为大书于木,悬之中堂的匾联,是前人赠人以言,字数太少,以及偶语一联,"便面(扇面)难书,方策不满","不得已而大书于木",受之者,"亦不得已而悬之中堂,使人共见"。是"当日作始者偶然为之,非有成格定制,画一而不可移也⑦。"李渔此说,纯属想当然耳。宫殿建筑题名,书于匾额,历来有之。但由李说可证,民间斋馆题额悬匾,出现较晚,到清中叶才风行起来,楹联当亦如此,到李渔时尚无定制。所以他自出机杼,设计了一些造型别致的匾联形式(以下均引自《闲情偶寄·匾联第四》卷四,如图9-39)。

**蕉叶联** 用木板制成蕉叶形状的楹联。李渔《闲情偶寄》:"蕉叶题诗,韵事也;状蕉叶为联,其事更韵。其法先画蕉叶于纸上,授木工以板为之,一样二扇,一正一反,即不雷同。后付漆工,令其满灰密布,以防碎裂,后书联句,并画筋纹。蕉色宜绿,筋色宜黑,字则宜填石黄,始觉陆离可爱,他色皆不称也。此联悬之粉壁,其色更显,可称'雪里芭蕉'。"

**此君联** 用竹片制成的楹联。李渔《闲情偶寄》:"此君联,其法:截竹一筒,剖而为二,外去其青,内铲其节,磨之极光,务使如镜,然后书以联句,令名手镌之,掺以石青或石绿,即墨字亦可。"李渔认为这是极雅极俭的做法。上下用铜钉,择有字处穿眼钉之,再用掺字之色补钉上,不见钉为妙。

**碑文额** 形如碑文的匾额。李渔《闲情偶寄》:"三字匾,平书者多,间有直书者,匀作两行;匾用方式,亦偶见之。然皆白地黑字或青绿字。兹效石刻为之,嵌于粉壁之上,谓之匾额亦可,谓之碑文亦可。名虽石,不果用石,不若以木为之,地用黑漆,字填白粉,值既廉,又使观者耀目。此额惟墙上开门者宜用之,又须风雨不到之处。"

**手卷额** 制作成书画手卷形式的匾额。《闲情偶寄》:"手卷额,额身用板,地用白粉,字用石青石绿,或用炭灰代墨,无一不可。与寻常匾式无异,止增圆木二条,缀于额之两旁,若轴心然。左画锦纹,以像装潢之色;右则不宜太工,但像托画之纸色而已。天然图卷,绝无穿凿之痕。"

**册页匾** 如展开册页形状的匾额。《闲情偶寄》:"册页匾,用方板四块,尺寸相

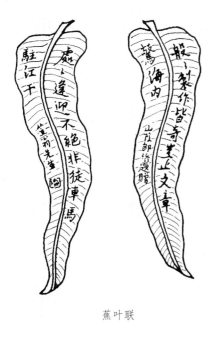

蕉叶联

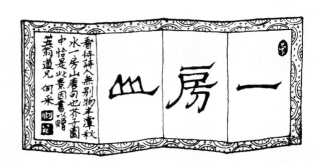

手卷额

册页匾

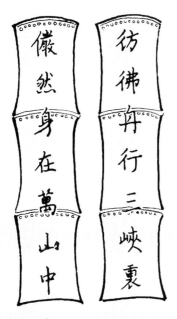

此君联

秋叶匾

虚白匾

**图 9－39　李笠翁《闲情偶寄》中匾联式样**

同,其后以木绾之,断而使续,势取乎曲,然勿太曲。边画锦文,亦像装潢之色。止用笔画,勿用刀镌,镌者粗略,反不似笔墨精工。且和油入漆,着色为难,不若画色之可深可浅,随取随得也。字则必用剞劂。各有所宜,混施不可。"

**秋叶匾**　制作成秋叶形状的匾额。《闲情偶寄》:"御沟题红,千古佳事,取以制匾,亦觉有情。但制红色与绿蕉有异:蕉叶可大,红叶宜小;匾取其横,联妙在直。是亦不可不知也。"

以上所取李渔设计的匾联式样数例,可供园林建筑装饰设计之参考,不必拘泥笠翁所制,现代新材料甚多,可因材而创新,因地以制宜可也。

匾额和楹联发展到清代,可说上至宫殿寺庙的殿堂,下至住宅园林的斋馆厅堂,几乎没有不悬匾挂联的,匾联已成为建筑不可缺少的东西,其作用已远不止是一种装饰。

楹联用于园林建筑,使中国的造园艺术文学化,联、匾结合,匾为建筑或景点题名立意,联集诗句以点景述境,既将古人的美感经验积淀和传承下来,又提高游人对当处景境的审美和鉴赏能力,陶冶中倍增游兴。

如扬州之**平山堂**,是宋代文学家欧阳修任扬州太守时所建,因堂选址之佳,"江南诸山拱揖槛前,若可攀跻,名曰平山堂"。平山堂与江南诸山中隔长江天堑,离岸亦二三十里,只有雨后天晴,碧空如洗,江南诸山才能隐现槛前;平时尘烟迷漫,平山倚栏只见茫茫一片了。乾隆皇帝御赐联云:"诗意岂因古今异,山光长在有无中。"这有无中,正道出江南诸山时隐时现的境界。杭州灵隐寺前的冷泉亭楹联:"泉声咽危石,月色冷青松。"联含亭名"冷泉"之意,也点出冷泉亭周围环境景观的特色。游此地,读斯联,会给人以审美联想,领略景色时空变化的意境。再如《扬州画舫录》中"青琅玕馆"集句楹联:"遥岑出寸碧(韩愈),野竹上青霄(杜甫)。"青琅玕馆,是荷浦熏风(江园)中"清华堂"后的一景,"堂后,长廊透迤,修竹映带,由廊下门入竹径中,藏矮屋曰:青琅玕馆"。从楹联集句,也可想见,馆藏修竹丛深之中,远处小山露出点点的幽深境界了。

对联用于殿堂建筑,非颂扬帝业的宏图永固,就是祈愿菩萨普渡众生,这是借联语的教化作用。中国佛寺,迎门多供一尊大肚佛,北京潭柘寺题联曰:"大肚能容,容天下难容之事;开口便笑,笑世间可笑之人。"此联之妙,不仅为大肚佛描绘出形象,并赋大肚佛以思想,实是在讥笑世上的芸芸众生。

在建筑上悬匾挂联,除了文字上的意义,不仅有重点的标志作用,也有空间构图和界定视觉空间的意义(详见本书"中国古典建筑艺术"一章中有关故宫太和殿室内意匠的分析)。

# 第六节　花街铺地

**花街铺地**是江南工匠的术语。

**铺地**　是指营造中,为避免自然土壤地面的潮湿、生尘、易滑、不坚等等弊病,为防潮、防尘、防滑、耐磨等,用适宜的材料进行地面铺装。明清人笔记中也有称"甃地"者。

**花街** 是指住宅庭院和园林廊路,用铺地材料组合成各种花饰图案,俗称之谓"花街"。花街铺地,较全面地说明室内外地面工程。

## 一、江南园林的铺地

地面,是人平常视觉景物和环境的底面,这个具有背景作用的"底",往往在建筑和环境设计中被设计者所忽视,而中国的造园和建筑意匠,很重视铺地——"底"的美学意义,对空间环境的影响,其中"意象设计"和富于想像力的构思,从创作思想方法上,是足资借鉴的,应于继承的优秀传统。

在建筑材料生产技术不发达的古代,用什么材料铺地,李渔在《闲情偶寄·甃地》中有段很精彩的论述,他说:"土不覆砖,尝苦其湿,又易生尘。有用板作地者,又病其步履有声,喧而不寂。以三和土甃地,筑之极坚,使之完好如石,最为丰俭得宜。而又有不便于人者,若和灰和土不用盐卤,则燥而易裂;用之发潮,又不利于天阴。且砖可挪移,而甃成之土不可挪移……不若仍用砖铺,止在磨与不磨之间,别其丰俭⑦。"

砖铺之地,是平铺还是仄砌,是磨还是不磨,讲究因地制宜,如计成《园冶》所云:"惟厅堂广厦,中铺一概磨砖。"厅堂厂厦是室内地面,要求平整光洁,用大方砖磨制,棱角齐整,表面镜平,扁铺掩丝合缝,青灰一片,沉实净洁而雅素,将精雕细刻的红木家具,衬托得更加古朴而典雅,辉煌而平易。如李渔所说:"盖居室之制,贵精不贵丽,贵新奇大雅,不贵纤巧烂熳。"**简而文**,可谓传统建筑**铺地**的美学思想。

室内铺地,"庭下,宜仄砌"(《园冶》)。这是指住宅而言,仄砌,是将砖的侧面向上,立起来铺砌。露天庭院宜于仄砌者,庭院为排雨水,地面须有一定坡度,仄砌面小,适应地势的变化;且仄砌较坚而不易碎,碎亦便于更换。为免仄砌排列之单调,如《园冶》云:"中庭或宜叠胜,近砌亦可回文,八角嵌方"等等。

园林中的**廊**,是立体的路,"蹑山腰,落水面,任高低曲折,自然断续蜿蜒"(《园冶》),廊内铺地,为适应左右曲折,上下起伏的形势,皆用砖仄砌,成人字、席纹,既美观,又有流动的方向性。

园林的蹊径,则"莫妙于迂",如论画者云:"由活动之意取其变化,由曲折之意取其幽深固也。"园路从山摄壑,曲折高低,铺地材料,体积宜小不宜大,小则形体可塑;形状宜碎不宜整,碎则路面易平。故计成云:"园林砌路,惟小乱石如榴子者,坚固而雅致。"(《园冶》)亦可用砖瓦嵌鹅子成蜀锦,园林常见有自然主义的铺成鹤鹿、狮球等吉祥图案,计成从其造型批评,"犹类狗者可笑",认为用"鹅子石,(只)宜铺于不常走处",铺成象形的图案"尚且不坚易俗"(《园冶·铺地》)。鹅子石,也叫鹅卵石,是岩石风化碎块经流水搬运作用而成,形如禽卵而光滑,铺于地面,点点向上,行走硌脚,所以只宜铺于人不常走之处。

从视觉心理而言,铺地是景境之底,有衬托地上景物的作用。图案设计,忌有主题、有形象,因若有主题、形象,即使无类犬之可笑,亦喧宾夺主,干扰视线,华而不实;且往往比例过大,破坏环境的协调。所以,铺地的图案设计,不在个别纹样的突出,而要浑然一体,虽有而若无,故图案构成,多采取四方连续的形成,注意与景物环境的和谐与协调(图 **9－40** 为花街铺地诸式)。

这就是说,铺地的材料,破砖废瓦,鹅子碎石,皆无不可。但用什么材料,如何铺砌,是需要下一番惨淡经营的工夫。如《园冶》云:用乱青石板斗冰裂纹,"宜于山堂、水坡、台端、亭际"。即冰裂纹的石铺地,宜于铺在山上平地,水边的坡陂、台的顶面、亭子的周围等。庭园中铺地如锦者,如苏州古典园林**拙政园"海棠春坞"**小院,用废瓦片和鹅子石嵌成海棠花图案,以此为元素,四方连续构成地面,十分雅致,不仅为

1. 席纹式

2. 间方式

3. 六角式

4. 八角式

5. 八角套方式

6. 八角灯景式

7. 海棠芝花式

8. 万字海棠式

9. 十字海棠式

图 9-40　花街铺地的几种形式和变化图

庭院主题生色,又丰富了空间景境的意趣,是很成功的例子。铺地,在环境设计中,是不应忽视的方面,设计能做到式微清赏,得体合宜,并非易事。李渔说得好:"但能自运机杼,使小者间大,方者合圆,别成文理,或作冰裂,或肖龟纹,收牛溲马渤入药笼,用之得宜,其价值反在参苓之上。此种调度,言之易而行之甚难[73]。"

### 二、铺地的用材

中国建筑和园林中的铺地,用破砖废瓦、碎石缸片等材料,是一种废物利用,但制作出来的花街艺术效果,可以说是物尽其用。这种化腐朽为神奇的方法,也充分体现出**中国艺术"化景物为情思"的思想**。

铺地除了全部用砖仄砌成席纹、间方、回文等,或用瓦片仄砌成波纹外,用多种材料组合成较复杂的图案时,以望砖瓦片为线条,直线用砖,曲线用瓦,视曲率可选择蝴蝶瓦或筒瓦。在线条构成的图案轮廓中,填砌卵石或碎石片,石虽有大小,应与图案相宜,可大小相间,可有序排列,同时可利用石料的不同形状和颜色进行组合,要能相间得宜,错综为妙,在精思巧构,还得下一番惨淡经营的工夫。

铺地的图案很多,没有到处适用的最佳模式,铺地是否得当在环境,即使是同一环境也有多种方案可以选择。铺地是环境的意匠,是设计问题。所以从设计角度(如图**9-40**所绘作简要说明),图中除用砖仄砌的二式,其余图案实际上只有两个基本元素,即八角形和海棠形,**八角式**由八角形直接相连构成四方连续图案,在四个八角形中间必然有方形的余空;**八角套方**在八角形的纵横轴上相套构成四方连续图案,这就必然在每一八角形当中出现方形余空;**八角灯景式**在八角式中加十字转方,这三者既有轻重之感,也有繁简之别。

下面三式,都是用筒瓦砌成海棠花形,不同处只在花之间的连接形式,**海棠芝花式**,是在海棠花之间,用蝴蝶瓦砌成四瓣的芝花,构成花形的四方连续图案;**万字海棠式**,是在海棠花之间,用蝴蝶瓦砌成软卐字形,使整个图案带有动感,**十字海棠式**,在海棠花之间,按纵横轴线用望砖砌成十字形,并用软万字将海棠分成四瓣如旋花状,使整个图案在简直中而有活泼之感。

在图案轮廓中填石子多少也有点讲究,如图中**4-6**在方框中嵌碎石片或缸片,按回文方向嵌砌则无零乱之弊。不同的几何形状中,可填不同形状的石料,若同一材料可用不同的颜色如黄石或青石片等等。海棠花小可向心排列用白色卵石,图中**9**之花则宜按其旋转方向嵌砌为宜。总之,石虽乱,砌宜有序;工虽粗,制宜有致,方能宜而爽,简而文也。

### 三、铺地的意象设计

计成在《园冶·铺地》的概论一节中,始终贯穿着传统的美学思想,处处从景境的特定审美感受出发进行铺地设计。如:"锦线瓦条,台全石版;吟花席地,醉月铺毡。"用现代汉语说:"花前席地吟诗,锦线瓦条仄砌如簟;月下醉卧饮酒,台面石版恍若铺毡[74]。"这就是说,在栽有花卉的庭院,宜于用砖仄砌成席纹地面;而在赏月的台上,用石版斗冰裂纹铺地,版块宜大,在朦胧月色下,好似铺了一层地毯。

计成在"铺地"中提出一个很有意义的思想,他说:"废瓦片也有行时,当湖石削铺,波纹汹涌;破方砖可留大用,绕梅花磨斗,冰裂纷坛。"用现代汉语说:"废瓦片也有走俏之时,立峰石的地面,可削铺成波浪纹,峰石如突立波涛汹涌的水上;破方砖留着可派大用,植梅花的深院,磨斗呈冰裂纹样,梅花似凛立在冰天雪地之中⑦。"

计成这句话,不只是述景,而有造境的深义。前者是说,在立峰石处,用废瓦片削铺成波浪纹铺地,有助于创造出峰立"波涛汹涌"之中的意象,给人以高峡出平湖的山水联想;后者是说,在栽梅花的庭院,用破方砖磨斗成冰裂纹,置梅花于"冰裂纷纭"的地面上,衬托出"梅花香自苦寒来"的品格,造成冷艳幽香的境界。

可见,如果将"铺地"只当做活动行走的功能需要,加以美化的一种装饰手段,设计思想就未免于失之肤浅了。要知道地面是创造一切景境的基础,是景境地面规划的依据,是人们空间视野内的实的界面,与景境的创造是相辅相成的关系,"与戴冠者不可跣足,同一理也"(李渔《闲情偶寄》)。铺地,是建筑与造园设计不可忽视的部分,如何铺地?既与景境的空间大小形态有关,更与景境的创作主题"立意"有密切的联系。计成这几句话虽简单,却言简意赅,这正是建筑师们所乐道,而又道不明的"意象设计",对今天的建筑创作思想方法言,是大有启迪发凡之功的。

# 第七节　意象之说

意象(image)一词,是近年设计者所喜闻乐道的时髦名词,据说"意象"是20世纪初西方意象主义(imagism)兴起后,才进口的"精品",这可是道地的数典忘祖了。

"意象"这个词,我们的祖先早在1500年以前,南朝梁时的文学理论批评家刘勰,在其巨著《文心雕龙·神思》篇中已提出了"意象",并将"意象"在文学创作中的作用提高到很重要的地位。他说:

> 玄解之宰,寻声律而定墨;独造之匠,窥**意象**而运斤,此盖驭文之首术,谋篇之大端⑦。

玄解之宰,是指深通事物奥秘者。独造之匠,是指有独特技艺的大匠。这句话的意思是说,文章构思既要去庸鄙之情志,有探微奥妙的思想,掌握表现手段的形式美的规律,又要有把握整体艺术形象的高度技巧和能力,是文艺创作的"首术"和"大端"。

"意象"的含义是什么呢?

是指带有情感色彩的创作和审美中的想像,神思方运,"登山则情满于山,观海则意溢于海"。当艺术家对外界境物形象的感知情满意溢的时候,他内心的情感、意念才能化为想见的艺术形象——**意象**,进行创作活动。要得到这种形象的构思,艺术家就要具备上述的"首术"和"大端"的条件,但最主要的如刘勰所说是"神与物游",即庄子所崇尚的,人与自然合一和谐的自由精神,超然物外的"登天游雾"(《庄子·大宗师》)。也就是在审美观照中,通过外界境物的触发,而引起人的情感意念与境物融合的一种精神状态。所以"意象",是"神用象通,情变所孕"的产物。

一千多年以前刘勰的意象说,同今天或西方所说的意象,虽有所不同,但已具

意象,是外界境物的形象与主体情感相互交融,所形成的充满主体情感的形象。用黑格尔的话说:"在艺术里,感性的东西经过心灵化了,而心灵的东西也借感性化而显现出来⑦。"

497

备"**情景契合**"的基本内涵,如果说"意象,就是形象和情趣的契合",刘勰的"意象",在主观与客观、意与象、情与景的关系中,他注重在主观方面的"意",认为要做到"神与物游",必须"神居胸臆,而志气统其关键"(《神思》)。所谓"志气",即《孟子》所说的"夫志,气之帅也;气,体之充也"(《孟子·公孙丑》上)。这就是说,刘勰的"意象",是重在主体精神活动的"意"。

今天所说的"意象",从"意"与"象"的关系言,是两者内在的统一。而这一思想的成熟,中国在西方意象主义兴起以前,17世纪的明代中期以后,已有深刻的认识,如明诗人李东阳(1447~1516)所说:需"意象具足,始为难得⑦⑧。"文学家何景明(1483~1521)说:"意象应曰合,意乖曰离,是故乾坤之卦,体天地之撰,意象尽矣⑦⑨",及王世贞(1526~1590)的"意象衡当"说"要外足于象,内足于意⑧⑩"等等。明末清初的思想家王夫之(1619~1692)在集前人大成的基础上,对"意象"作了全面深入的分析,他说:

> 夫景以情合,情以景生,初不相离,唯意所适。截分两橛,则情不足兴,而景非其景⑧①。
>
> 言情则于往来动止缥缈有无之中,得灵蚃(灵感意)而执之有象,取景则于击目经心丝分缕合之际,貌固有而言之不欺,而且情不虚情,情皆可景,景非虚景,景总合情。神理流于两间(宇宙),天地供其一目,大无外而细无垠⑧②……

这就明确地阐明:"审美意象的'景'不能脱离'情',脱离情的景,就成了'虚景';情脱离了景,就成了'虚情',都不能构成意象。所谓'景以情合,情以景生','情不虚情,情皆可景,景非虚景,景总合情'。意思都是说,**情与景,意与象,是内在的统一,而不是外在拼合**。王夫之对'意'与'象'关系的论述,是意象理论史上的一个高峰,对'意'与'象'的内在统一的辩证、微妙的关系,可谓是鞭辟入里、前无古人的经典之论⑧③。"

意象,是中国古典美学范畴中的一个专门术语,早在西方意象主义提出意象之前的一个多世纪,明代的文学家们就以"意象"论诗了。意象的理论,在中国的美学史上有着源远流长的历史传统。

# 第八节 家具与陈设

## 一、概 述

建筑是为了人的生活活动需要,人工构筑的空间环境。在建筑空间里,如果没有家具器皿等用品,寝食起居等一切活动就无法进行,所谓"一人之身,百工之所为备"也。

建筑与家具,在人的物质生活资料中,两者互为表里缺一不可。早在《周礼·考工记》中已有"**室中度以几,堂中度以筵**"的记载,古人席地而坐,"几"是室内惟一的家具,"筵"是满铺在室内地面上的一块块织物,一定开间进深的堂,与一定块数的筵面积相等,故建堂需度以筵。人则跪坐在放于筵上的坐垫称之为"席"。古王者有五几、五席,即有五种装饰和颜色不同的"几"和用不同材料编织制成的、边饰各异的坐垫"席",几和席的陈设,按需要和其不同的地位身份,而有一定的礼仪要求(详见第二章《周礼》与《考工记》一节)。

这就是说,中国建筑不仅从组群的总体布局,到单体的庭院组合,都渗透着儒家"礼制"的精神,家具的陈设与布置,也体现出按礼制的人的行为活动规范。家具器皿等作为必须的物质生活资料,同建筑一样,人所拥有家具的质和量,也反映人的社会经济地位、文化素养和审美的趣味。

建筑的空间和组合方式,直接体现人的生活方式;而室内的家具布置,则体现生活方式的具体活动内容。

住宅的庭院,按轴线对称平衡布局,层层而"进";庭院组合,面南为尊,两厢次之。倒座为宾,围合成院,分主次,别尊卑。家具布置亦然,堂内居中面南为尊,东坐为主,西坐为宾,两边次之,也是采取按轴线平衡对称的围合布置方式。这是对主体建筑需祭祖先、婚丧典礼、接待宾客等活动的厅堂而言,作为其他活动的房间,则精在随宜,而式征清赏。如李渔所说"安器置物者,务在纵横得当":

> 方圆曲直,齐整参差,皆有就地立局之方,因时制宜之法。能于此等处展其才略,使人入其户登其堂,见物物皆非苟设,事事具有深情,非特泉石勋猷于此足征全豹,即论庙堂经济,亦可微见一斑。未闻有颠倒其家,而能整齐其国者也[84]。

李渔认为,从家具布置和器玩陈设中,能见微知著,可以看出一个人是否有"经国济民"的才能。这虽有点小题大做,但不容否认的是,人的自身物质生活条件和环境,虽然"丰俭不同,总不碍道,其韵致才情,正不可掩耳[85]!"也就是说,对一个有文化素养,有高尚审美趣味的人,不论其生活是丰是俭,是华是朴,都掩盖不住他的韵致才情。反之亦然,庸奴、蠢汉愈是富有,以炫耀其富,但"出口便俗,入手便粗,沾沾以好事自命",就愈是显得其俗不可耐了。

明人沈春泽为文震亨《长物志》所写的"序"从中就可见古之文士对室内环境、家具布置和陈设等审美要求的一斑。他说:

> 室庐有制,贵其爽而倩、古而洁也;花木、水石、禽鱼有经,贵其秀而远、宜而趣也;书画有目,贵其奇而逸、隽而永也;几榻有度,器具有式,位置有定,贵其精而便、简而裁、巧而自然也[86]。

通俗点说,房屋有一定的形制,贵在爽朗悦目,古朴而明净;花木、水石、禽鱼,都有一定的常理和审美要求,贵在生动而有神韵,宜己而有情趣;书画有一定的鉴赏品味,贵在看似平淡而神奇,览之意趣无尽;家具有一定的尺度,器具有一定的制式,布置有一定的方式,贵在精工便用,简朴而舒适,给人以自然和谐的感觉。这些说法,对今天的生活和建筑师的设计,还是有其参考价值的。

中国的士大夫的生活态度,是"居于儒,依于老,逃于禅"的,反映在居住生活上,是住宅遵循儒家礼制的思想,辨君臣上下长幼之位,别男女父子兄弟之亲,建筑布局无不上下左右,对称平衡、端方规整;但是,对护宅佳境的园林,则寄托道家无为的精神,居闹市之中,欲效渔樵之隐;处庙堂之上,而有林泉间想,力求空灵自然,达到虽由人作,宛若天成。这种思想对生活环境的要求,明末的文震亨(1585～1645)在《长物志·室庐》篇,开宗明义地说:

> 居山水间为上,村居次之,郊居又次之。吾侪纵不能栖岩止谷,追绮园之踪,而混迹廛市,要须门庭雅洁,室庐清靓。亭台具旷士之怀,斋阁有幽人之致。又当种佳怪箨,陈金石图书。令居之者忘老,寓之者忘归,游之者

忘倦。蕴隆则飒然而寒，凛冽则煦然而燠。若徒侈土木，尚丹垩，真同桎梏樊槛而已[87]。

文中绮园，是指汉初隐士绮里季和东园公。《汉书·贾谊传》："淡虖若深渊之靓，泛虖若不系之舟。"筹，本是竹皮笋壳。怪筹，奇竹之意。蕴隆：《诗·大雅·云汉》："旱既太甚，蕴隆虫虫"，非常闷热。飒然：风声。煦然：温暖；燠，暖也。桎梏：脚镣和手铐。樊槛：樊是鸟笼；槛是兽圈。桎梏樊槛，比喻受束缚。了解词义，文字并不难懂。文震亨的意思，是说建筑的生活环境，简朴而雅洁就可以了，花很多的钱去雕饰装修房子，反而住着拘束不惬意感到不自在。

园林建筑的家具布置和器玩陈设，除了作为待客宴集活动的主体建筑"堂"之外，并不像今天苏州古典园林所看到的，不论厅堂斋馆，建筑大小，家具多少，一律对称平衡地摆在那里。实际上，这样布置只起到展览传统红木家具的作用。对缺乏历史文化知识的游人，尤其是对外国的游人来说，以为园林里所有的建筑都只是给人坐坐休息用的，根本无从了解景境与建筑内在的生活联系，也就看不到园林所体现的古代的园居生活方式，从而也无法理解中国园林的文化内涵和历史的意义。见微而知著，说明中国人自己也很少了解中国的园林文化。

为了说明园林建筑中的家具布置与陈设，同园居生活的关系，将明清有关著作中的资料，摘其要者阐述之。

古籍中很少有专论家具布置和器物陈设的文字，清初的陈淏子（约1612～?）于康熙二十七年(1688)梓行的《花镜》一书，其中仅"花园款设"八则，讲到园林建筑的家具布置与陈设，从其内容看，多摘抄自明代文震亨《长物志》卷十中的"位置"一节，加以铺陈之作。文震亨与陈淏子都是明清之际人，文早于陈出生27年，文震亨于南明弘光元年(1645，也就是清顺治二年)，因南京沦陷，忧愤绝食殉国。显然《长物志》对陈淏子《花镜》的著作有一定影响，但也可以看出，在家具布置和器物陈设方面，明清时代人们的时尚和审美思想。

文震亨在《长物志》中说："(家具)位置之法，繁简不同，寒暑各异，高堂广榭，曲房奥室，各有所宜，即如图书鼎彝之属，亦须安设得所，方如图画[88]。"所谓繁简不同，是指家具与陈设量的多少，视室内空间大小和活动内容的不同，而因地制宜；寒暑各异，避暑凉堂，多用竹石家具；防寒温室，多用披垫以保暖，因时制宜也。所以，不同的建筑放什么家具，如何布置，是各有所宜的。总的要求，文震亨言简意赅用"高雅绝俗"四字作了概括。

## 二、家具的制式

古今家具已有所不同，随社会的发展有些家具已难见到，现摘其要者简介如下：

**椅与凳**　都是坐具，椅有靠背或扶手，而凳则无，凳之矮小者称"杌"(wù)。多用硬木，讲究的镶嵌大理石面和"螺钿"装饰。《长物志》："宜矮不宜高，宜阔不宜狭。"凳与杌，有方有圆有矩形的，方形者曰"方凳"，圆形者曰"圆凳"，矩形如骨牌者曰"牌凳"，狭长可容二人并坐者曰"长凳"。

"椅"：秦汉前，人们席地而坐，家具中只有"几"而无"椅"，原为"倚"。椅，大概是从东汉时"灵帝好胡服、胡帐、胡床……"(《后汉书·五行志》)由胡地(西域)传入，隋代改胡床为交床，唐明皇时改胡床为"交椅"。胡床，据宋陶榖《清异录》载："胡床

中国的椅子，自汉代始由胡床传入，到南宋时所称的"太师椅"，还是椅足交叉，可以转动折叠，靠背和扶手相联成圈的"交椅"形式。

施转关以交足,穿便条以容坐,转缩须臾,重不数斤[89]。"唐时亦称"逍遥座"。这是"椅"的由来了。

据南宋张端义《贵耳集》说:"今之交椅,古之胡床也。自来只有栲栳样,宰执侍从皆用之[90]。"并记有吴渊为秦桧用的交椅设计荷叶托首,号曰太师样,即后世所称的"太师椅"。《贵耳集》中颂扬奸相秦桧,并为秦桧杀害岳飞开脱,但所记则是"太师椅"之名的由来。文中之"栲栳"一词,本指柳条竹篾编的盛物用器,这里是形容"交椅"靠背和扶手相联用曲木圈成的样子。这也就是明沈德符《万历野获编·玩具物带人号》中所说:"椅之栲栳联前者名太师椅。"栲栳(bēiquān),栲同杯;栲,曲木制成的用具。也是说椅的靠背和扶手连成半圆形的意思,俗称"圈椅",说明这种式样的椅子宋代仍很盛行(见图 **9-41** 明代的凳椅)。

"太师椅":便于携带收藏,但其圈形则只宜单用而不适于组合排列,后来的椅子靠背与扶手分别设计组装,采用框架结构,造型也丰富多彩。尤其自明代海外交通发达,东南亚一带的花梨、紫檀、红木等质地细密坚硬、色泽纹理美观的木材资源输入,构件截面较小,榫卯线脚加工精细,并重点运用雕刻装饰,不论家具大小样式之不同,都有挺秀而端庄的特点。

"脚凳":古称"足承"。"脚凳以木制滚凳,长二尺,阔六寸,高如常式,中分一档,内二空,中车圆木二根,两头留轴转动,以脚端轴,滚动往来,盖涌泉穴精气所生,以运动为妙。竹踏凳方面而大者亦可用[91]。"这是运用中医穴位按摩的医疗原理,使家具有保健功用的设计。今之类似的电动足疗器械,在三百多年前的明代,早就已发明创造出来了。

"禅椅":是坐禅用的椅子,因跌坐而较椅子宽大。《长物志》:"禅椅以天台籐为之,或得古树根,如虬龙诘曲臃肿,槎枒四出,可挂飘笠及数珠、瓶钵等器,更须莹滑如玉,不露斧斤者为佳[92]。"图 **9-42** 为汉唐五代的坐具。

**床与榻** 皆坐卧用具。"床"主要为睡眠用,双人与单人之床宽窄不同,为防尘、防风、防蚊多做有架以悬帐。"榻"如单人床而低矮。《长物志》:"(榻)下座不虚,三面靠背(屏),后背与两旁等,此榻之定式也。"榻高一尺二寸,合38.4厘米;背高一尺三寸,合41.6厘米;长七尺有奇,约2.24米,横三尺五寸,1.12米。在古时为"榻坐卧依凭,无不便适"的家具。

"弥勒榻",是一种矮而短的榻。高只尺许,约合30多厘米,长四尺约1.2米,三面有靠背,而后背稍高,更便于斜倚。两旁称背,功能在倚凭,较椅之扶手为高故。多置于书斋、佛堂,用于"习静坐禅,谈玄挥麈(拂尘)",故名"弥勒榻",亦称"矮榻"(图 **9-43** 为明代的榻、桌、椅)。

**几与桌** "几":古人席地而坐,置坐位旁以倚凭而示尊重。几窄长而低矮,日本人置于榻榻咪(此为日文)上称"机",中国古代称其为"倭几"。后置于榻上,置于炕上者则称"炕几"。放椅旁置茶具,称"茶几"则高,陈设器玩称"天然几"者,"以阔大为贵,长不可过八尺,厚不可过五

束腰三弯罗锅枨方凳

高靠背椅

束腰罗锅枨长方凳

501

圈椅

**图 9-41　明代的凳椅**

汉·靠背椅　明刻本《於赵先贤像传赞》

唐·竹禅椅、足承　卢楞伽《六尊者像册》

五代·靠背椅、足承
《韩熙载夜宴图卷》宋摹本

唐·胡床　敦煌壁画《维摩诘经变文殊师利》

图 9－42　汉唐五代坐具(摹写)

清·外撇腿组合圆桌

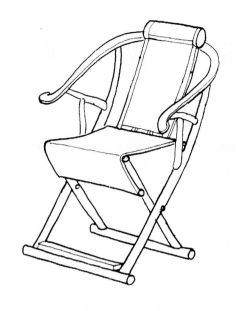

明·交椅《明式家具艺术》

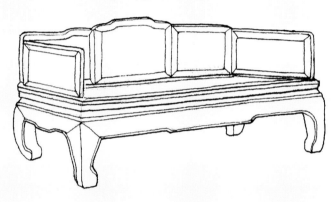

明·榻《中国历代家具》

明·桌、竹椅《三希堂画室》

明·小翘头霸王枨暗屉条桌

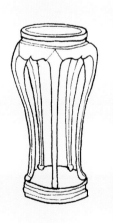

明·香几《中国历代家具》

图 9-43　明代的榻、桌、几（摹写）

寸,飞角处不可太尖,须平圆,乃古式。"即长不过 2.5 米,厚不过 16 厘米(几面),大概即堂正间靠后壁之供几,或曰"供案"。书桌之无抽屉和柜者,也称天然几。

"桌":是放置物品借以活动与椅子配合的家具。正方形的桌谓之"方桌",每边坐一人者曰"四仙桌";每边可坐两人者曰"八仙桌";方桌多供餐饮宴集之用,大而"列坐可十数人者,以供展玩书画"之用。

"书桌",读书写作用的桌。"书桌中心取阔大,四周镶边,阔仅半寸许,足稍矮而细,则其制自古。"书桌多抽屉而便于用。

"折叠式书桌":清代为乾隆皇帝北巡特制的旅行用书桌。折合时是箱,打开后是桌,用紫檀木制成。合成箱子时,长 74 厘米,宽 29 厘米,高 14 厘米。箱槽内装有四条活腿,两个抽屉,抽屉里做成许多格子,可放几十件文具,还有放书画、棋盒、蜡台的装置。打开后的桌子长 74 厘米,宽 58 厘米,高 30.7 厘米。桌子制作很精巧,为适合乾隆皇帝北巡塞外,在帷幄中的使用要求,故桌高较低。这是我国最早的一张折叠式书桌,现藏故宫博物院历代艺术馆。

"壁桌":是用于陈设而靠墙布置的桌。但"长短不拘,不可过阔";亦有两个半圆形式的壁桌,分则靠墙,合可居中,是富于装饰性的组合家具。

**橱与架** 存放物件的家具。橱:是设有门扇的贮放用家具,放置衣服的称"衣橱",放书籍的称"书橱",也可称"柜"。《长物志·橱》:"藏书橱须可容万卷,愈阔愈古,惟深仅可容一册,即阔至丈余,门必用二扇,不可用四及六。"存放容万卷的书橱,书房岂不太大?而橱阔丈余,就 3 米多长,门只能用二扇,每扇阔 1.5 米多,不仅开启不便,占地亦太多,且橱本身的比例也失调,此亦作者想当然之说耳。

"架" 与橱之别,在于开敞而不设门扇。"书架有大小二式,大者高七尺余,阔倍之,上设十二格,每格仅可容书十册,以便检取;下格不可置书,以近地卑湿故也。足亦当稍高,小者可置几上⑬。"说书架之大者高七尺余,按明一尺合 0.32 米,约高 2.2 米,顶格取书,人举臂尚可及,是合适的高度,书橱高应大致相同,即使橱顶部放置不常用书籍,高也只在 2.5 米左右,可证上述橱门之不妥。

所谓家具的寒暑各异,一般家具不可能冬夏更换,古代家具讲究的桌椅几榻,多用硬木如红木、铁梨、香楠等木制作,有的还镶嵌大理石板,与人体接触部分较凉爽;竹籐家具更宜于夏季使用了。严寒季节,从《颜氏家藏尺牍》二"曹禾书"中所说:"敢借卓围二条,椅披坐褥各六。"可知,卓,同桌;桌围,亦曰桌帏,是罩在桌子上的五彩刺绣的织物。椅披,是罩在椅背上的织物,再放上坐垫。榻椅上的坐垫或坐褥一般用古锦制,用虎皮制的称"皋比",这些既为了保温,且极富装饰性,也常用于节庆时日。

### 三、家具布置

**书斋** 园林中书斋,非待客之处,是主人读书写作"藏修密处之地",可以从"偏僻处随便通园,令游人莫知有此"(《园冶·立基》),借外景自然幽雅。室内"宜明净,不可太敞。明净可爽心神,太敞则费目力"。庭院须稍广,"夏日去北扉,前后洞空"(《长物志·山斋》)。

**家具** "斋中仅可置四椅一榻,他如古须弥座、短榻、矮几、壁几之类不妨多设"。书斋须有"书架及橱具列以置图史,然亦不宜太杂,如书肆中"。"屏风仅可置一面",家具布置,"忌靠壁平设数椅"。以上是文震亨《长物志·位置》中的"椅榻屏架"

条的文字,未明"斋"是书房。

陈淏子《花镜·花园款设》中,因上文中有书架橱具之说,而列条明确为"书斋椅榻",并作了一些补充,如:"夏月宜湘竹,冬月加以古锦制褥,或设冤比俱可",及"书架书柜俱宜列于向明处"和备有著书所用的"界尺、裁纸刀、铁锥各一"等。但他在家具中增加了"二凳、一床",凳犹可,这"床"大概是考虑秉烛夜书,通宵达旦笔耕,间作小睡之需了。如此工作方式,是不合消闲隐逸的士大夫们的养生之道的,须在园中住宿者,多专设有卧室,书斋中设床显然是多余的。作为"书斋",文、陈二位文中都遗忘了一件重要的家具,即供读书挥毫的书桌或天然几。可用《长物志·位置》一"坐几"以补之:"天然几一,设于室中左偏东向,不可迫近窗槛,以逼(疑为"避")风日。几上置旧砚一,笔筒一,笔觇一,水中丞一,砚山一。古人置砚,俱在左,以墨光不闪眼,且于灯下更宜,书尺镇纸各一,时时拂拭,使其光可鉴,乃佳[94]。"

笔墨纸砚:统称"文房四宝"亦称"文房四士"。陆游诗有"水复山重客到稀,文房四士独相依"之句。四宝是中华民族的独特创造,它们本身就是一种文化,北宋苏易简撰有《文房四宝谱》的专著。古之士人对四宝是十分讲究和珍重的,今天除书法家仍用四宝,一般人家已无,甚至对四宝及附属文具之名,已不知为何物。现简要述之:**笔**,是书写绘画的主要文具,屠隆《纸墨笔砚笺》:"笔之所贵在毫",因笔用毫为之,今笔分羊毫、狼毫、鸡毫、紫毫等。要求"尖"、"齐"、"圆"、"健",谓笔之四德。**笔管**,即笔杆子,古以金、银、象牙、紫檀等制作,今以白竹、湘妃竹(斑竹)制笔管。**墨**,书画用的黑色颜料,制作成块,形状很多。《西京杂记》:"魏晋间,以黍烧烟,和松煤为之;宋熙宁间,张迂供御墨,始用油烟入麝,谓之'龙剂'[95]。"以安徽徽州所产者最著名,俗称"徽墨"或"黄山松烟"。松烟墨色调较冷,淡之发青;油烟墨色调较暖,淡之微赤,建筑画水墨渲染多用之;**笔筒**,盛笔之筒;用竹、木、陶、瓷制成;**笔觇**,试笔的小浅碟,瓷制者佳。**水丞**,贮砚水的小水盂;**研山**,研通砚,即砚山,是雕凿有峰峦造型的砚台;**旧砚**,旧时的砚。砚著名的有端砚、澄泥砚等;**书尺**,即界尺,用以镇纸;**镇纸**,压在纸上,使之不动,以铜、玉、石、竹等材料制成禽、兽、鳞、介等形象(图9-44为水丞及水注)。

**小室** 室小易保暖,"宜隆冬寒夜","前庭须广,以承日色,留西窗以受斜阳,不必开北牖也"(《长物志·丈室》)。"小室内几榻俱不宜多置,但取古制狭边书几一,置于中,上设笔砚、香盒、薰炉之属,俱小而雅。别设石小几一,以置茗瓯茶具;小榻一,以供偃卧趺坐,不必挂画;或置古奇石,或以小佛橱供鎏金小佛于上,亦可"(《长物志·小室》)。趺坐,即盘腿而坐,为习静坐禅的姿势,小室也可为禅室。《镜》中"密室飞阁"条,文字基本相同,只将鎏金(涂金或镀金意)小佛具体化,为檀香吕祖像和鎏金大士像。

**敞室** 是指园林中的凉厅、水榭之类的建筑物,四面开敞者,《花镜》:"敞室宜近水,长夏所居,尽去窗槛,前梧后竹,荷池绕于外,水阁启其旁,不漏日影,惟透香风[96]。"

敞室的家具和陈设:《长物志·敞室》:"列木几极长大者于正中,两旁置长榻无屏者各一,不必挂画,盖佳画夏日易燥,且后壁洞开,亦无处宜悬挂也。北窗设湘竹榻,置簟于上,可以高卧。几上大砚一,青绿水盆一,尊彝之属,俱取大者;置建兰一二盆于几案之侧;奇峰古树,清泉白石,不妨多列。湘帘四垂,望之如入清凉界中。"

古玉如意足水丞
宋《古玉图谱》

古玉卧瓜水注
宋《古玉图谱》

图9-44 水丞与水注

敞室　是厅堂之开敞式建筑,建筑空间要较大。凉厅水榭,家具不宜多而宜大,陈设器玩亦须大者,与空间家具尺度协调也。

**卧室**　《长物志·卧室》:"地屏、天花板虽俗,然卧室取干燥,用之亦可,第不可彩画及油漆耳。面南设卧榻一,榻后别留半室,人所不至,以置薰笼、衣架、盥匜、厢奁、书灯之属。榻前仅置一小几,不设一物,小方杌二,小橱一,以置香药、玩器。室中精洁素雅,一涉绚丽,便如闺阁中,非幽人眠云梦月所宜矣。"先释文中贮藏之物,薰笼:罩在熏炉上的笼子,用以熏香或烘干衣服。宋·范成大《重午》:"熨斗薰笼分夏衣,翁身独比去年衰。"盥匜(**guànyí**):古代洗手时,用以盛水倒在手上的用具;厢奁(**xiāng lián**):厢,本作"箱",通"镶";奁,古代妇女梳妆用的镜匣。厢奁,概指有镶嵌装饰的镜匣。

文震亨所说的卧室,非宅中夫妇的卧室,而是主人在园林中"眠云梦月"的地方。所以室内布置要"**精洁雅素**",李笠翁(渔)说得好,"欲营精洁之房,先设藏垢纳污之地"。人的生活起居行为,不仅随手所需之物很多,用后废弃之物也不少,"且如文人之手,刻不停批;绣女之躬,时难罢刺。唾绒满地,金屋为之不光;残稿盈庭,精舍因而欠好。是极韵之物,尚能使人不韵,况其他乎⑰?"

中国木构架建筑受间架限制,建筑空间只能按"间"分隔,存放杂物的小间,在室内难以设计,李渔建议:"故必于精舍左右,另设小屋一间,有如复道,俗名'套房'是也。"而设套房有一定的条件限制,非精舍左右皆可构筑。文震亨所说之"榻后别留半室",所谓"榻"应为有架之"床",位置多在金柱(步柱)前,床后至檐柱(廊柱)留出余地,因床悬帐而隐蔽,这在旧四合院住家中常见之法,可谓"先有容拙之地,而后能施其巧,此藏垢之不容已也"。这是古今皆然的,设计住宅标准再高,而少藏垢纳污之处,非完善的设计也。

文震亨在《长物志·卧室》中还设计了"壁床",他说:"(卧室)更须穴壁一,贴为壁床,以供连床夜话,下用抽替(屉)以置履袜。庭中亦不须多植花木,第取异种宜秘惜者,置一株于中,更灵璧、英石伴之。"壁床,是筑壁留槽穴以藏床,平常贴壁不见床榻,遇有客自远方来,故旧知己,则放下可夜间连床叙旧。朱熹诗:"胜游朝挽袂,妙雨夜连床。"

庭中花木"取异种宜秘惜",是稀有而珍贵的品种之意。灵璧:是按安徽宿县灵璧所产之石;英石:广东英德县所产之石,大者可叠假山,形态美者可单列与佳木成园林小品,小者可制作盆景。

**层楼**　陈淏子《花镜·层楼器具》:"楼开四面,置官桌四张,圈椅十余,以供四时宴会。远浦平山,领略眺玩。设棋枰一,壶矢骰盆之类,以供人戏。具笔、墨、砚、笺,以备人题咏。琉璃画纱灯数架,以供长夜之饮。古琴一,紫箫一,以发客之天籁,不尚伶人俗韵。"棋枰:棋,指围棋或象棋的棋子;枰:是指棋盘,亦为古代所称博局;壶矢:是古人宴会时投壶游戏的壶和矢,设特制的壶,宾主以次投矢其中,多者胜,负者饮酒;骰盆:是指赌博时用以投掷的骰子和盆;笺:供题诗词用的精美纸张。

园林建楼,妙在借远景而可登眺,楼阁之供登眺者,"须轩敞宏丽"(《长物志》),待宾客也宜于作宴集娱乐之所。

**亭榭**　《长物志·亭榭》:"亭榭不蔽风雨,故不可用佳器,俗者又不可耐,须得旧漆、方面、粗足、古朴自然者置之。露坐,宜湖石平矮者,散置四旁,其石墩、瓦墩之属,俱置不用,尤不可用朱架官砖于上。"官砖,是指明代官府烧制的二尺、尺七细料方砖，用朱红木架上置官砖为凳，实不类亦粗俗。用湖石做桌凳，在景区的露天设置，自觉天然矣(图**9－45**为天然石几桌)。

《花镜·亭榭点缀》条，与上文基本相同，但在最后补充了两句，即"榜联须板刻，庶不致风雨摧残，若堂柱馆阁，则名笺重金，次朱砂皆可"。而文震亨的《长物志》，对园林建筑陈设器物所记甚多，就是没有"楹联"。这同我在本章"匾联"一节中所论，明·计成的《园冶》中亦无楹联之说，而清李渔在《闲情偶寄》中专加讨论，进一步证明了明代尚无木制的"楹联"，到清代才日益盛行起来，成为园林建筑文学化的不可缺少的装饰。

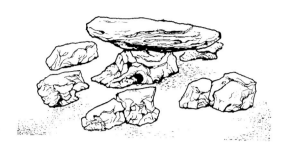

图9－45  湖石的天然几桌

仅就以上有关家具布置的简约资料说明，中国传统的家具布置，在充分体现人的生活方式的前提下，**家具、建筑、环境**，三者的有机联系和关系，从建筑创作而言，则充分体现出设计一体化的思想，也反映出中国传统建筑的特点和它的优越性。因为中国的一栋建筑——**单体建筑**，只是一个**使用单位**，但是，一栋建筑用廊或墙或者利用相邻的建筑，可独自构成庭院。实际上，苏州的传统住宅和古典园林，基本上都是用一栋建筑组合成的庭院。这就是说，人在生活活动过程中，各种活动内容，是分别在各个相对独立的院子里进行的，这样就有条件按照活动内容的需要设计房屋，布置庭院，选择和陈设家具，从而形成具有一定内涵和性格的、内外融合的生活空间环境，从物质和精神上充分满足和体现人的生活。这种优越性，在其他体系建筑中是不存在的。如：

长夏消暑纳凉，择近水处建"敞室"，这种建筑虽不独自构成庭院，实际上是散点布置在景区的大院子中，虽自不成院，却独自成境。为加强通风，则四面开敞，尽去窗槛；为免日晒，则前梧后竹，不漏日影；设长大几榻，为供二三知己展玩书画；洞北牖置竹榻，以便长日高卧。文具器玩少而大，清净而爽精神也。

隆冬防寒保暖，构广庭而造"小室"，不辟北窗而凿西牖，南阳西晒，充分获得日照以御寒。小室家具，不宜多而大，置狭几可伏案读书，设短榻以习静坐禅，或与好友品茗清谈。器玩用具小而雅，薰炉长燃满室温，是隆冬时的别一世界也。

用这两个例子，是借以说明古人的生活方式和情趣。而这种生活方式和情趣，不仅渗透和体现在家具与器玩的布置陈设之中，而是早在建园之初，就根据生活方式的要求，决定庭院的规划和建筑设计了。中国园林是居住生活的有机组成部分，要在"**可望，可游，可居**"。研究中国园林者，多重在可望、可游的审美价值和美学意义，而忽视了"可居"的生活内容，割弃了内容，形式就成了不可捉摸的抽象的东西，这大概是诸多园林著作，多景象的描述而缺乏理论分析概括的缘故。

## 四、室内陈设

《长物志·器具》："古人制具尚用，不惜所费，故制作极备，非若后人苟且，上至锺、鼎、刀、剑、盘、匜之属，下至隃糜、侧理，皆以精良为乐。"**锺**：是盛行于汉代的容器，为圆形的壶，用以盛酒浆和粮食；**鼎**：古代以鼎为立国的重器，多用青铜制成，圆形，有两耳三足，也有方形四足的。实际上是古时的烹饪器；用鼎镬烹人，就成为残酷的刑具了，盛行于商周，汉代还流行。后来道士用以炼丹煮药，最终是作为寺庙道观里的香炉流传至今；**刀、剑**，是武器，后常悬挂壁上作装饰；**匜**：是古代妇女化妆用的镜匣；隃糜：汉时隃糜县（在今陕西省千阳县东）所产之墨，常赐给官员，故诗文中有称墨为"隃糜"，一作"榆眉"；侧理：纸名。《拾遗记》："南人以海苔为纸，其理(纹)纵横邪侧，因以为名。"

器具本是生活实用的东西，人的生活是随社会的发展进步，在不断的变化演进的。生活所用的器物，随着逝去的生活也在不断的消失。但用无生命的自然物质制成的器具，要比有生命的人能得以长存，在人的消费和损坏下，历时愈久，遗存者愈稀，由于器物本身的审美价值，和对逝去生活的烙印，具有鉴赏和研究的价值，成为文物和"古董"。物以稀为贵，愈古也就愈珍贵，成为人们收藏陈设的宝物。如文震亨所说："今人见闻不广，又习见时世所尚，遂致雅俗莫辨。更有专事绚丽，目不识古，轩窗几案，毫无韵物，而侈言陈设，未之敢轻许也。"（《长物志·器具》）这几句话，反映出明代社会经济发展，所谓太平盛世间，士大夫们儒雅相尚，评书品画，焚香瀹茗，弹琴选石，以为能事，认为工鉴别，擅陈设，方是有真情实才的风尚。这不过是士大夫有闲阶级的生活情调，"贵介风流，雅人深致"之论。

戏曲家兼园林建筑师的李渔，对古董的看法颇有卓识，他说："崇高古器之风，自汉魏晋唐以来，至今日而极矣。百金贸一卮，数百金购一鼎，犹有病其价廉工俭而不足用者。常有为渺小之物，而费盈千累万之金钱，或弃整陌连阡之美产，皆不惜也[98]。"可见明清时代崇尚古器的社会风气了。

李渔从古董的意义，提出他的见解说："夫今人之重古物，非重其物，重其年久不坏；见古人所制与古人所用者，如对古人之足乐也。若是则人与物之相去，又有间矣。设使制用此物之古人至今犹在，肯以盈千累万之金钱与整陌连阡之美产，易之而归，与之坐谈往事乎？吾知其必不为也[99]。"李渔认为古代器物虽有反映生活，认识历史的文物作用，从私人爱好的角度，是不值得花大量金钱去收藏古董的。

所以，李渔不否定古董的价值，认为收藏古董是富豪的事，他说："古物原有可嗜，但宜崇尚于富贵之家，以其金银太多，藏之无具，不得不为长房缩地之法"，认为古器轻而小，便于收藏，甚至盗贼不识古董，"即误攫入手，犹将掷而去之"。看来古之盗贼的智商，较今盗窃私贩文物的犯罪团伙相去甚远矣。今天收藏的"珍宝"远不止古玩，凡物稀者贵，愈稀少愈贵，画家的作品死后较生前，价高常达千万倍之多，因其画不能再有也，其价值之高与作品无关，而在收藏者富有的程度，"贵"在昭示其人而已。

如果说："因为金银是抽象的材料，所以炫耀财富的最好的方法，是把它们用作具体的使用价值[100]。"而今天炫耀财富的最好的方法，是以惊人的价格收买别人难以与之争购的稀有的东西，以取得轰动的社会效应罢了。

对现代家庭来说，古董只是"挟日用寒不可衣、饥不可食之器"，鉴别古董，是专业人员的事；是否识古，与人之雅俗无关。"人无贵贱，家无贫富，饮食器具皆所必需"，陈设古董玩好之物，是富有者的需要，寻常人家无须去讲究制式出处，以实用美观与室内协调为好，如李渔所说："然而粗用之物，制度果精，入于王侯之家，亦可同乎玩好。"若如暴富者附庸风雅，真赝不辨，铜陶杂陈，琐杂碎细罗列几案，难免庸奴、蠢汉之讥。不如房室清靓，家具简而裁，器具美而洁，布置得当，陈设适宜，素朴中而见文雅，令人爽心惬意为上。

---

室内布置，贵其爽而雅，净而洁也；家具陈设，贵其尺度相宜，位置有序；贵其精而便，简而裁，自然而有致也。

"幽斋陈设，妙在日异月新。若使古董生根，终年匏系一处，则因物多腐像，遂使人少生机，非善用古玩者也。"

——李渔

## 五、悬挂字画

中国传统的室内陈设,离不开悬挂字画,一壁字画,满室生辉;具有强烈的中国特色和文化氛围。中国随改革开放社会经济的迅速发展,传统的民族文化随之弘扬,学习中国画和书法者日众,书画新秀辈出,甚至西方人也来华学习书画艺术,悬挂书画已逐渐形成中国现代家庭的风尚。

中国画自元代始,在画面中题字作诗,以诗文点出画意,开创了中国画与诗文、书法、篆刻艺术结合的独特形式,在世界绘画艺术中独树一帜。如明代沈颢在《画尘》中所说:

> 元以前多不用款,款或隐之石隙,恐书不精,有伤画局。后来书画并工,附丽成观[101]。

中国画讲究"书绘并工,诗画兼长",这就对画家提出更高的要求,也把中国画的艺术趣味,升华到更高的境界。元人在画面题诗写字有时多达百字,占很大的画面,而是有意使文字成为画面构图的有机组成部分,诗情画意,给人以无穷的意趣和美的享受,"虽侵画位,弥觉其隽雅"。如"倪云林字法遒逸,或诗尾用跋,或跋后系诗;文衡山行款清整,沈石田笔法洒落,徐文长诗款奇横,陈白阳题志精卓,每侵画位,翻多奇趣[102]。"到明清时画上题款、用章,从画面构图的审美经验,总结出一套章法。明孔衍栻的《画诀》中说:

> 画上题款,各有定位,非可冒昧,盖补画之空处也。如左有高山,右边空虚,款印在右;右边亦然,不可侵画位。字行须有法,字体勿苟简。
> 用图章宁小勿大,大即不雅。或书诗章,亦不必用引首[103]。

其中所谓"字行须有法",清代邹一桂在《小山画谱》中解释:

> 画有一定落款处,失其所,则有伤画局。或有题,或无题,行数或长或短,或双或单,或横或直,上宜平头,下不妨参差,所谓齐头不齐脚也……又款宜行楷,题句字略大,年月等字略小[104]。

中国书法,行文是从右向左竖写,题字的上头须齐,下可参差,即每行字多少随宜,但下头不能齐,齐则呆板与画构图不谐。所谓参差,亦视画面留白处的情况,与画面构图协调,其位置经营,须意在笔先,才能相得益彰。

画有章法,挂字画亦有讲究,正房堂屋,从礼制要求,亦如家具布置,须主次分明,左右对称均衡。堂屋正中宜悬挂大幅的立轴,大小亦要与墙面相宜,称中堂,左右对称悬挂对联,随主人的身份、地位以及文化修养等的不同,画的题材和联的内容亦有不同。两壁字画,常采取四幅排比的悬挂方式,内容多相联系,或一色山水,或整篇词赋,或时分四季等。

园林建筑则相反,力求随宜自然。《花镜·悬挂字画》:"古画之悬,宜高斋中,仅可置一轴于上,若悬两壁,及左右对列最俗。须不时更换,长画可挂高壁,不可用挨画竹曲挂画。桌上可置奇石,或时花盆景之属,忌设朱红漆等架。堂中宜挂大幅横披,斋中密室,宜小景花鸟。若单条、扇面、斗方、挂屏之类,俱不雅观。有云:画不对景,其言亦谬,但不必拘。挨画几须离画一分,不致污画[105]。"

中国画画好后，须装潢裱背上下有竿，上端的提竿扁而细，称"上轴"，俗称"天干"，有带作悬挂用。下竿粗而圆，称"下轴"，俗称"地支"，轴较画幅宽稍长，出头部分常用金玉、玛瑙、象牙、牛角装饰轴头，下轴较重，挂时可使画幅垂直。立轴画的长度，下端与几案面平，上端如超过墙壁高度时，将提竿曲挂到屋盖的椽子上，为避免画离开墙面，在屋墙转折处，钉细竹横挡住，称"挨画竹"。所以靠墙布置的几案，须离画一分者，清洁几案以免污损画也。

中国画幅的比例与西方画完全不同，西方画是静止的定点透视，讲究画面比例的黄金分割；中国画是采取高视点动态的散点透视，远近仰俯取景，用立轴式的条幅；左右环瞩则用横披；扇面、斗方（一尺见方）多小品。挂屏是指四或六幅大小相同并列悬挂如屏者；单条，是指画幅比例可能较常规窄长，单独悬挂的画。《长物志·书画》卷五列有"单条"云："宋元古画，断无此式，盖今时俗制，而人绝好之。斋中悬挂，俗气逼人眉睫，即果真迹，亦当减价。"而与文震亨同代人的戏曲作家、文学家屠隆（1542～1605）在《考槃余事》中则说："高斋精舍，宜挂单条，若对轴即少雅致，况四五轴乎。"[106] 单条与立轴只比例有所差别，文震亨认为很俗气，理由是宋元古画"断无此式"，陈淏子袭文震亨之说，说明二人的保守和泥古不化。屠隆对时人绝好的单条，认为宜挂于高斋精舍。中国画两幅并列时（对轴，而不是指室内挂两幅），壁面位置难以安排，如四轴并列形成一面，较为常见，并无不可。悬挂书画不是孤立的，要视室内大小，家具布置情况，画的形式和内容，安设相宜，自然雅称。

所谓"**画不对景，其言亦谬**"，对景主要是指画的内容与时令之景对应，《长物志》卷五专列有"悬画月令"一节，从元旦到隔年立春，一年四季的花卉，和各种节令宜挂什么内容的画，罗列颇详。花卉如：正、二月宜梅、杏、山茶、玉兰、桃李之属；清明前后宜牡丹、芍药；六月宜莲、七月宜芭蕉；八月宜桂；九、十月宜菊花、芙蓉、枫林；十一月宜腊梅、水仙、山茶等。节日如：元旦挂天官赐福；三月三"真武会"、四月八日"浴佛会"、端午节挂钟馗驱魅，七夕挂牛郎、织女，祝寿挂寿星等等。都是指旧时民间风俗。

《花镜》在悬设字画中有"须不时更换"之说，事实上是难以做到的事。古时除帝王之家，也不可能备有这么多的画，即使有一些画，换来换去，也不胜其烦。文震亨认为大幅的神图，松柏、鹤鹿、寿星等，是俗套而"断不宜悬"，但宋元时人画的佛像、福神、寿星、王母等等则是高雅的。文震亨对绘画，已非是艺术评价，而是古物的鉴别，愈古愈好，完全是"**崇古黜今**"的思想，他所谓的"雅"与"俗"之论，多不足为训。

文震亨指出："至如宋元小景，枯木、竹石四幅大景，又不当以时序论也。"其实宋与元的画风完全不同，明代的书画家董其昌（1555～1636）在《画禅室随笔》中说：

> 东坡有诗曰："论画以形似，见与儿童邻；作诗必此诗，定知非诗人。"余曰：此元画也。晁以诗云："画写物外形，要物形不改；诗传画外意，贵有画中态。"余曰：此宋画也[107]。

宋代占主导地位的院画，讲究细节的真实和追求诗意的画风，元代因蒙古族入侵，在野的士大夫们作画，非写愁即寄恨，不再是对客观景物的工细刻画和忠实的再现，只是借物抒情，写意式的信笔挥毫，"写胸中的逸气耳"（倪云林语）。如论画者云，观赏元画要"先观天真，次观意趣，相对忘笔墨之迹，方为得之"（《画鉴》）。对写意画无所谓月令对景,再如徐悲鸿的马,齐白石的虾,黄胄的驴等画家擅长题材,有何景可对?挂画如按月令对景,不如考虑与室内环境之相宜,"中堂"山水,如用元人残山剩水的画法,不如用构图丰满重山叠岭的高远章法,适于俨然之"堂"的氛围。枯木、竹石可添斋阁的幽人雅致;花鸟、仕女,能为闺房点染文雅清馨。如李渔所说:"眼界关乎心境,人欲活泼其心,先宜活泼其眼。"如有条件在年节喜庆时日,有画应景更换,使室内环境为之一新,何乐而不为?

室内陈设更须如此,李渔云:"幽斋陈设,妙在日异月新。若使骨(古)董生根,终年匏(**páo**袍)系一处,则因物多腐象,遂使人少生机,非善用古玩者也。"所以,他认为不仅家具陈设可变动,门窗槅扇亦可交替互换(见前)。器物陈设的变动之法,"或卑者使高,或远者使近,或二物别之既久而使一旦相亲,或数物混处多时而使忽然隔绝,是无情之物变为有情[108]"。当然,不是为变而变,要变得相宜,观之悦目,处处惬意。"乐此者不觉其疲,但不可为饱食终日无所用心者道"。

# 第九节 防热与采暖

在建筑满足了人们的基本物质需要以后,对如何改善室内空间的微小气候,创造舒适的生活环境,在历史上虽然发展缓慢,但不同的民族在长期实践中形成其特有的方式,如中国西北高原的窑洞和北方寒冷地区普遍采用的火炕,已形成北方人特有的生活方式。在这一方面的资料,史籍所载多一鳞半爪,因此,研究中国建筑的学者几乎无人关注,而古代的一些做法,虽然简单但在有益于生理卫生和环境保护而极少负面影响,现代的空调技术也还未能完善地解决。

## 一、古代的制冷

我国于西周时代,距今至少在将近 3000 年,就已有用天然冰冷藏食物的记载。《周礼·天官·冢宰》设有专管藏冰和供冰事务的职官"凌人",据"凌人"条记载:"掌冰,正岁十有二月,令斩冰,三其凌。春始治鉴,凡外内饔之膳羞,鉴焉。凡酒浆之酒醴,亦如之。祭祀,共冰鉴;宾客,共冰,大丧,共夷槃冰。夏颁冰,掌事,秋刷[109]。"凌:是指冰室。三其凌:是为防止入春后,天暖冰有溶化,要采集预计所用的三倍,藏入冰室里。鉴:古陶器名,用来盛水或冰。饔:熟食,也指熟肉。膳羞:美食,膳是牲肉;羞是有滋味者。酒浆、酒醴:指酒、甜酒和饮料。夷槃:人死后置尸床下盛冰之大盘。

用现代汉语说,凌人掌理藏冰出冰的政令,每年十二月命其所属去砍冰,以预计所用的三倍贮藏于冰室。春天开始后,就要检查清理好盛冰用的大口陶器。凡内外宴饮所需的鱼肉之类的熟食都要盛入放冰的容器里冷藏,凡酒类和饮料也一样。祭礼时供应冷藏牲肉,宾客餐饮则供应冰块;王或后丧,供应夷槃中的冰块。夏天负责和执行王者颁赐给群臣的冰,秋天则清洁冰室和容器,以备冬天藏冰之用。

说明,在周代王者用冰的量是很大的,当时人已掌握用冰冷藏肉食和调制饮料的技术,并在人死后治丧期间用冰降温以防尸体腐烂。但在《周礼》职官中,未见有用于夏天降低室温的记载,是否用天然冰块置室内以降温防热,难以凭想像去妄断了。

但是到汉代,班固的《西都赋》中有"清凉、宣、温,神仙长年"之句,清凉,是指清凉殿,又名延清室,夏天避暑的殿堂。温,是温室殿,冬天保暖的殿堂。宣,是宣室殿,为皇帝斋戒的地方。这是常人所不能享受的生活条件,加之有鬼神的保祐,所以班固形容帝王宫殿的生活,就像神仙似的可以长寿了。清凉殿的情况,如《三辅黄图》所说:

> 清凉殿,夏居之,则清凉也。亦曰延清室。《汉书》曰:"清室则中夏含霜。"即此也。董偃常卧延清之室,以画石为床,文如锦,紫琉璃帐,以紫玉为盘,如屈龙,皆用杂宝饰之。侍者于外扇偃,偃曰:"玉石岂须扇而后凉邪!"又以水晶为盘,贮冰于膝前,水晶与冰相洁,侍者谓冰无盘必融湿席,乃拂(水晶)盘坠,冰水晶俱碎。水晶千涂所贡也,武帝以此赐偃[110]。

从汉武帝宠臣董偃的"延清之室"可知,清凉殿除了用水晶玉石等难以传热的材料做家具等器物,主要是以冰制冷来降低室温的,所谓殿内"含霜"之说,是夸饰之词。西周时人既已掌握用冰冷藏的技术,进而用冰降温,可说是轻而易举的事。推测在建筑中用冰降温防暑,早在汉代以前就已实行了。

北魏时洛阳华林园中有"清凉殿","海西有藏冰室,六月出冰以给百官[111]。"清凉殿可能还是用冰来降低室温的。用天然冰降温防暑,是费时费力的办法,到唐代皇帝造凉殿就已不用冰了。据宋·王谠的《唐语林》记载:

> (唐)玄宗起凉殿,拾遗陈知节上疏极谏。上令力士召对。时暑毒方甚,上在凉殿,座后水激扇车,风猎衣襟。知节至,赐坐石榻,阴雷沈吟,仰不见日,四隅积水成帘飞洒,座内含冻,复赐冰屑麻节饮。陈体生寒栗,腹中雷鸣,再三请起方许,上犹拭汗不已。陈才及门,遗泄狼藉,逾日复故。谓曰:卿论事宜审,勿以已方万乘也[112]。

这是很有意思的故事,唐玄宗造凉殿时,谏官陈知节上书极力劝阻。凉殿造好后,玄宗召见陈。由于凉殿阴冷,加之陈喝了加冰的饮料,受寒而腹泻,狼狈不堪。唐玄宗教训他议论事要慎重,不要以他的生活常识来猜度帝王的生活。

那么,唐玄宗所造的凉殿,是如何降温制冷的呢?

从上文看,凉殿是采取了多种降温的措施。除了用玉石为面的榻几等家具和饮用加冰屑的饮料外,值得注意的是,已利用水力的机械装置设计了风扇和屋顶上注水"成帘飞洒",有效地达到降温防暑的目的。利用流水为动力,在南北朝时已用于水磨的机械装置,作灌溉和粮食加工之用了。用它来作为防暑设备的动力机械是完全可能的。

最高统治者皇帝如此,王侯权贵们亦竞相效尤,如《唐语林》所云:

> 武后以后,王侯妃主京城第宅,日加崇丽。天宝中,御史大夫王铁有罪赐死,县官簿录铁太平坊宅,数日不能遍。宅内有自雨亭子,檐上飞流四注,当夏处之,凛若高秋。又有宝钿井栏,不知其价,他物称是[113]。

不论凉殿的"四隅积水成帘飞洒",还是自雨亭的"檐上飞流四注",屋顶上都必须不间断地注水,只有用机械装置靠水力运转才行,具体的情况虽已不得而知,这种"积水成帘"隔离室外的高温,并使屋顶具有一定的吸热作用,要比用冰降低室温有效而进步得多。

从元代绘画《水磨图》看,这种用木制的水力机械装置,是很笨重的,也需占有较大的空间,若如《旧唐书·拂林国传》所说:"引水潜流,上遍于屋宇,机制巧密,人莫之知。观者惟闻屋上泉鸣,俄见四檐飞溜,悬波如瀑,激气成凉风[114]。"想来唐玄宗在凉殿内,"座后水激扇车",其机械装置,一定设计得巧密,谁都不知道,不会有碍殿内观瞻的,但其复杂和糜费也定然非常可观,否则陈拾遗就不会冒犯皇帝去上书极谏了。

这种利用生产上的科技成果用于皇宫防暑的设施,只能是帝王贵胄极少数人的享受,不可能普及转化为民品而得到发展。唐以后历代宫殿里的防暑降温情况,我没有做过专门的研究,在多年爬剔古籍之中,尚未留意到这方面的资料。设想:在以水力为能源的条件下,用机械装置降低室内气温,是难以达到舒适要求的。对帝王来说,最理想的夏季防暑,莫过于找个佳山胜水气候适宜的地方去建离宫别馆了。唐太宗时,就曾命匠作大将阎立德在洛阳附近的汝州西山"建离宫清暑",号"襄城宫",因失败被罢了官。唐太宗于贞观十八年(644),利用临潼骊山的温泉建"汤泉宫"。到唐玄宗天宝六年(747)扩建后改名"华清宫",每年携杨贵妃来过冬沐浴。诗人白居易的《长恨歌》:"春寒赐浴华清池,温泉水滑洗凝脂"即指此,现是陕西省著名的古迹名胜之一。历来帝王造离宫,不止为了娱游,也有避暑之意。如满清入关前是生活在严寒的我国东北地区,不习惯北京的气候,感到"溽暑难堪",摄政王多尔衮就想仿效"前代(辽金元代)建山城一座,以便往来避暑"。后来清代除在北京建有颐和园、圆明园等,并在河北承德建造了山水宫苑"避暑山庄"。而室内用降温措施,只有在圆明园里,西方建筑师为"水木明瑟"设计的是仍然用水力转动的风扇了。

唐代贵胄有凿崖洞避暑的记载,据元·骆天骧《类编长安志》卷九"胜游"中"莲花洞"条云:"莲花洞,在杜曲南樊村,倚神禾半原,高百尺,凿数洞,俗呼莲花控,亦云郑驸马洞。按《唐书》:'明皇临晋公主下嫁郑虔姪郑潜曜,临崖筑洞以避暑'……今为野僧之居[115]。"杜甫《郑驸马宅宴洞中》诗:

> 主家阴洞细烟雾,留客夏簟青琅玕。
> 春酒杯浓琥珀薄,冰浆椀碧玛瑙寒。
> 误疑茅屋过江麓,已入风磴霾云端。
> 自是秦楼厌郑谷,时闻杂佩声珊珊。

## 二、古代的采暖

在《周礼》中早有用冰冷藏的记载,却没有采暖供热的材料,只在夏官司马属下,掌管悬壶滴漏计时的职官"挈壶氏"条有"及冬,则以火爨鼎水而沸之,而沃之"的记载。挈是悬挂之意;爨(cuàn,窜),烧火煮饭意。是说冬天的时候,把鼎里的水烧沸,再倾入壶中,以免因天寒水被冻结而漏不下来。

在春秋战国的数百年间,建筑中尚无采暖设备的事实,可以从汉代的情况推知,汉武帝时建有温室殿,《三辅黄图》曰:"温室殿,武帝建。冬处之温暖也。"温室殿的情况,据《西京杂记》说:

温室以椒涂壁,被之文绣,香桂为柱,设火齐屏风,鸿羽帐,规地以罽宾氍毹⑯。

以椒涂壁,即以花椒和泥涂壁,取其温暖有香气,兼有多子之意,故汉代后妃所居宫殿多用之,称"椒房"。文绣:彩色花纹的纺织品。火齐:玫瑰珠石。晋左思《吴都赋》:"火齐之宝,骇鸡之珍。"晋刘逵注:"《异物志》曰:火齐如云母,重沓而可开,色黄赤,似金,出日南。"也就是如云母的矿物可分离成薄片者做成的屏风;鸿羽:雁的羽毛;罽(jì计)宾,古西域国名,汉代在今喀布尔河下游及克什米尔一带,佛教大乘派发源地;氍毹(qúyú):毛或毛麻混织品,地毯之类。

这段话用现代汉语说,温室殿,用椒和泥粉刷墙壁,以取其温暖有香气。墙上挂着华丽的壁毯,用香桂木为柱子,设有玫瑰珠石制成的屏风,羽毛绒的帐幕,地上满铺着整齐的地毯。

虽然到汉初建筑还没有采暖的设备,但已开始有温室种植蔬菜的记载。在《汉书·循吏传·召信臣》条中的记载:"太官园种冬生葱韭菜茹,覆以屋庑,昼夜燃蕴火,待温气乃生。信臣以为此皆不时之物,有伤于人,不宜以奉供养⑰。""燃","然"的古字,燃烧。屋庑:廊式的棚屋。值得注意的是"待温气乃生"之说,提高菜棚中的温度,直接用薪柴燃烧,烟熏火燎是不能生长蔬菜的,所以说要"待温气"才能生长,"温气"显然是指菜棚内有宜于植物生长的空气温度。如何加热室内的温度?从后来的火炕推测,大概是在菜棚内砌有水平的烟道,在外面烧火,使炎气内流,利用烟的散热获得"温气"的办法。

植物的生长,不只需要有一定的气温,还要有一定时间的日照。最简单获得日照的办法,是棚屋只筑构架,上覆草帘,午间气温高时卷起帘子让阳光照射。没有文字记载,只是一种可能性的推测而已。

古建筑中用烟道散热采暖,最早见于文字的,是北魏郦道元(466或472~527)在《水经注》中,对"观鸡寺"的记载:

水出土垠县北陈宫山,西南流迳观鸡山,谓之观鸡水。水东有观鸡寺,寺内起大堂,甚高广,可容千僧,下悉结石为之,上加涂塈,基内疏通,枝经脉散,基侧室外,四出爨火,炎势内流,一堂尽温。盖以此土寒严,霜气肃猛,出家沙门,率皆贫薄,施主虑阙道业,故崇斯构,是以志道者多栖托焉⑱。

这段话是郦道元在注"鲍丘水"中所说,鲍丘水在今天津市蓟县一带。据治郦学者陈桥驿先生在其《水经注研究》一书中,对这段话的解释说:

这里记载的观鸡寺,其建筑不仅拥有可容千僧的大堂,而且这座大堂的建筑,又具有适应于低温地区的这种特殊的保温结构。从注文所记载的内容看,这种保温结构是以块石为基础,墙身用土坯砖砌成,墙身中预留孔道,相互贯通,外墙留有烧火口,烧火后,通过热的辐射与对流,提高大堂的气温,是一种火墙取暖的建筑结构,确是我国古代建筑中的卓越创造⑲。

这个解释从采暖供热的原理来看是对的,但具体的构造做法,多有不合郦注原意的地方,提出我的看法与陈先生商榷,并向暖通专家求教。

### 1. 观鸡寺非火墙采暖辨

按陈先生的解释,烧火散热采暖用的是"**墙**"。这大概是从今天尚可看到的"火墙"采暖的一种推测,但在郦注的全文中,根本就没有提到一个"墙"字,从"火墙"的构造原理来说,也是不可能的。如果这"墙"是指大堂外墙,虽然传统建筑的外墙不承重,只是围蔽结构,由于填筑在檐柱之间,"墙身中预留孔道",是不能"相互贯通"的。即使按间砌成火墙,分别设置烧火口和烟囱,有一半的墙面将热散发到室外,既不可能把"可容千僧"的大堂室温提高到需要的温度,也不符合火墙局部采暖的原理。

如果像今天一样,在大堂里设置许多火墙,且不谈火墙构造上的困难,大堂的室内空间就被分隔得很零碎,是不合"大堂"的空间使用要求的。佛教寺庙中的大堂,是僧众诵经的殿堂,建大堂是需要大的活动空间。所以,我认为陈桥驿的解释,既不合郦文的原意,也不符合当时的实际情况。

郦道元对观鸡寺大堂采暖情况的描述,虽然简约但却交代得很明确。所云"下悉结石为之",即下面全部用石料结构,不仅是指地面下相当于基础的部分(也就是柱础间所砌的栏土墙部分),砌成许多并列的烟道,同时以这些烟道为基,上面的地面也用石板铺成,并在石板上用泥抹平,防止烟气渗漏起保温作用。这"基"非墙、柱之基,而是地面所铺石板之基。所以说"基内疏通"。烟道的两侧可能开有许多孔洞,使烟气可以互相疏通,故云:"枝经脉散"。

对"四出爨火,基侧室外",这八个字要多作些解释。爨(**cuàn**):有灶和烧火煮饭的意思,是说在大堂的四面设有烧火煮饭的"灶",而灶的位置是在大堂室外,不是靠墙,而是靠墙基的外侧,因为烧火口必须低于室内地面——散热面,烟气向上才能流通之故。是利用做饭时,烧火的烟气余热的采暖方式,这也正是**炕的做饭采暖一把火的优越性**,炕是以高出地面的土床为散热面,观鸡寺大堂则是以室内地面为散热面,可以称之为"**火地**"。

这种"火地"的构造,实际上是同今天东北农村的"长洞炕"基本一样。供热的方式,不同于"火墙"以辐射与对流来提高室温,而是同"火炕"相似,"席地而坐"诵经的僧众,是靠身体与散热面直接接触为主的热传导,和地面的辐射散热,达到防寒采暖的目的。这种"火地"式的采暖,与朝鲜族的"**温坑**"更为相似。

火炕多用土坯砌筑,可以就地取材,而且"做饭采暖一把火"非常经济实用,所以直到今天,在东北和西北的村镇民居,还在普遍地采用。唐、宋时"炕"在文字中已常见,宋人诗中多用土床或土榻称炕,如陆游:"土榻藉蒲团","土床纸帐卧幽寂"等等。张载诗有"土床烟足紬衾暖"之句。土床指的是北方之炕。朱弁《炕寝三十韵》:"御冬貂裘敝,一炕且跧伏。西山石为薪,黝色惊射目。"石薪是煤炭,大概写的是金大都(今北京)的炕。元时周伯琦《上京杂诗十首》:"土床长伏火,板屋颇通凉";"地炕规玲珑,火穴通深幽……田家烧榾柮,湿烟炫泪流"的形容,上京一般市民居住生活,是很简陋而贫困的。

**2. 火炕考略**

现就古籍中有关"炕"的资料集录以简析之。

《旧唐书·东夷·高丽传》:"其俗贫窭者多,冬月皆作长坑,下燃煴火以取暖。[120]"

《新唐书·东夷·高丽传》:"窭民盛冬作长坑,煴火以取暖[121]。"

《三朝北盟会编》:"环屋为土床,炽火其下,与寝食起居其上,谓之炕,以取其暖[122]。

20世纪五、六十年代东北乡镇的商店还有用火地采暖的方式。

《大金国志》："穿土为床，煴火其下，而寝食起居其上。"⑫

《卮言觉非》："埃者灶窗也，烟出所直埃曲突，吟诵顺口，而东夷犹称温埃。子曰"⑫。"

《柳边纪略》："宁古塔，四面皆山……屋皆东南向，土炕高尺五寸，周南北西三面，空其东，就南北炕头作灶⑫。"

《龙沙记略》："屋无堂室，厌西南北，土床相连曰卍字炕⑫。"

《黑龙江述略》："环屋三面土炕，燃薪其中，以御寒冷，入夏亦然⑫。"

以上数条，是记朝鲜和女真人采暖情况，女真是后来满族的主要组成部分，宁古塔即今黑龙江省宁安县。高丽，即高句丽，指朝鲜国。值得注意的是，称朝鲜的为坑，称女真族的为炕，这是从两者构造方式不同，朝鲜人的屋内地面都是散热面，如日本人的榻榻米，锅灶与室内地面相平，烧火口设在挖下去的坑里，不做饭时坑上盖上木板，故称"坑"。今东北朝鲜族人也称"炕"或"温埃"。

东北的炕，住房为两间时，西间居人，东间设烧炕的灶以做饭，所以说"周南北西三面，而空其东"，东面中间是房门。炕的设置，是沿南北外墙满铺，即对面炕。两炕梢的烟道，沿西山墙相接，称"炕桥"，通入室外的烟囱以排烟，这种炕的布置形式称为"万字炕"，房屋为三间时，则东西两间设炕为居室，东间就成了周南北东三面，空其西了，中间为烧炕要设四个灶，除做饭亦用来煮猪饲料。一切生活起居都在炕上进行，当心间只是烧火间，没有堂屋的作用，故云：**"屋无堂室"**。

"屋无堂室"，这种用火炕采暖的三间住屋，从功能上改变了传统民居**"一堂二内"**的生活方式。在民间用火炕采暖的房屋，自宋、金以后到元代，北方已很普及，如陶宗仪《辍耕录》有"北人以土为床，而空其下，以发火，谓之炕⑫。"高兆《群经别解》所说："燕齐之俗，人家土炕，多近窗牖。"可见从元到清，北方的河北、山东一带，民间多已用炕采暖。

清康熙间，高佑釲在《蓟立杂抄》中，对北京城市贫民的生活，有段很生动的描写，他说："燕地苦寒，寝者不以床，以炕。室无东西南北，炕必近前荣。贫家一麈衾枕之外，即于巷。妇人安坐炕上，市贩者至，汤饼肴菽，传食于窗牖中，或近日不作爨廖之炊也⑫。"荣，屋檐；前荣，即前檐。衾：被子。一麈衾枕，形容被褥少而单薄。肴：荤菜；菽：蔬菜统称。爨廖：门闩。是用《颜氏家训·书证》中因贫穷"并以门牡木作薪炊"的典故。形容穷得无柴薪不用做饭了。家贫虽只"一麈衾枕"，正因为用火炕采暖，才能度过寒冷的严冬。

清代，北京不只是贫寒人家烧炕，上至皇帝宫室、王侯府邸，下至平民百姓的住宅，无不用火炕采暖。清宣宗旻宁《养正书屋集》有"火炕"诗云：

> 花砖细布擅奇工，暗蓺松枝地底烘。
> 静坐只疑春煦育，闲眠常觉体冲融。
> 形参鸟道层层接，理悟羊肠面面通。
> 荐以文裀饶雅趣，一堂暖气著帘栊。

睡炕不在贫富，所睡之炕则贫富悬殊。《红楼梦》中就有深刻的反映。如第十七回，贾宝玉去探望被诬陷逐出贾府正在病中的晴雯。"他独掀起布帘来，一眼就看见晴雯睡在一领芦席上。"穷人家睡的炕，只在土床上铺一领芦席而已。其实在20世纪六七十年代，东北农村还仍然如此。

《红楼梦》第三回，林黛玉初进贾府，看到王夫人的炕铺设非常讲究："于是老嬷嬷引黛玉进东房门来。临窗火炕上铺着猩红洋毯，正面设着大红金钱蟒靠背，石青金线蟒引枕，秋香色金钱蟒大条褥，两边设一对梅花式洋漆小几，左边儿上摆着文王鼎……[130]"富贵人家不仅炕上铺设华丽而舒适，而且炕面要裱糊或油漆，炕沿和沿下炕墙，以及炕上围墙"炕围"，都要油漆彩画的。

有钱人家睡炕，当然不是出于"做饭采暖一把火"的经济性，皇宫府邸房屋很多，烧炕不在室内，是在前荣檐廊下，窗的槛墙上设烧火口，直接烧炕，即烧火在室外进行。就是"屋无堂室"的人家，烧炕、做饭的炉灶，也是在当心间。所以火炕采暖，对居室没有烟尘的污染，室内空气比较清洁。

火炕采暖，主要是对人体的热传导和炕面的热辐射作用。据著者在 20 世纪 60 年代与哈尔滨医科大学卫生学者合作，对火炕采暖的研究，从卫生学角度看，火炕采暖有其独特的优越性。简略阐释之。炕是靠燃烧产生的烟气，加热于炕的表面，人在睡眠时，炕面的热直接传导给人体，被褥内的温度较高，平均在 30℃ 左右，有利于人体的血液循环，对因受寒而病痛的部位，有热疗的保健作用。所以睡热炕，使人有经舒脉畅的感觉。室内温度则是靠炕面的热辐射，因而室温较低，平均在 10℃ 左右，室内空气也流通，这就使人在睡眠时，头部置于较低的室温中，上呼吸道不受刺激，一般不易感冒。所以，使人感到睡热炕有解乏之故。

### 3. 火炉采暖

在古代，除了冬季严寒的北方用火炕采暖，其他冬季比较寒冷的地区，是如何解决采暖问题的呢？

《辞源》解释采暖的火炉，上溯到《诗·小雅·白华》："樵彼桑薪，卬烘于煁。"唐孔颖达疏："煁。郭璞曰：'今之三隅灶也。……亦燃火照物，若今之火炉也'。"于煁是上面没有锅子的可移动的灶，供烘火，不能煮饭菜。故云："若今之火炉"，至少说明魏晋时人，是用火炉烘火取暖的。

五代蜀(缺名)《玉溪编事·仲庭预》："时方凝寒，(蜀嘉)王以旧火炉送学院，庭预方独坐叹息，以筯拨灰，俄灰中得一双金火筯。"火筯，夹炭用的金属长筷。这里所说的火炉，无疑是采暖用的炉子。

周密在《武林旧事》的"开炉"中，专讲南宋时皇室取暖用炉的事，"自此御炉日设火，至明年二月朔止，皇后殿开炉节排当[131]"孟元老《东京梦华录》十月一日条有十月五日"有司进暖炉炭，民间皆置酒作暖炉会也[132]"。南宋冬季开始取暖的开炉节，是沿袭北宋的习俗。南宋人金盈之《醉翁谈录》四："旧俗十月朔开炉向火，乃沃酒及炙脔肉于炉中，围坐饮啗，谓之暖炉。至今民家送亲党薪炭酒肉缣绵，新嫁女并送火炉[133]。"炙脔(zhìluán)，是烘烤切成小块的肉。薪炭，是木炭。可知宋代的采暖时间，从十月初五至二月初五，共四个月。但这可以沃酒、炙脔的火炉，是什么样子呢？

从元代《至顺镇江记》卷四《土产·器用》记所产铁器，"作温器、烧器等物，以锡镀之，其色如银而耐久可用，他郡称之。"这种取暖用的铁炉，表面还镀一层锡。可能同 20 世纪 50 年代还在使用的取暖用铁炉差不多，炉身为圆筒状，下有脚，上有盖，由于是烧煤炭，有铁皮制的烟筒，将煤烟气排放到室外。古代火炉烧木炭，无烟当不用烟筒。这种火炉，现在山东曲阜衍圣公府里，孔子后裔住宅的厅堂中陈列有一个火炉，炉为铜制，形状同铁炉相似，只炉盖是漏空的铜罩，可以参考。

清李渔在《闲情偶寄》中，对冬季采暖有段文字，可见江浙一带的采暖情况。

予冬月著书，身则畏寒，砚则苦冻，欲多设盆炭，使满屋俱温，非止所

图9-46 李渔《闲情偶寄》中暖椅

费不赀,且几案易于生尘,不终日而成灰烬世界;若只设大小二炉以温手足,则厚于四肢而薄于诸体,是一身而分冬夏……计万全而筹尽造,此暖椅之制所由来也,制法列图于后⑬。(图9-46为暖椅式)。

李渔设计的**暖椅**并不复杂,是将椅子自扶手以下,用板围闭起来,前面做成门扇形式,扶手上搁板盖,可作书写的台案。关键是在"臀下和足下俱有栅",以透火气;在脚栅下置炭盆,成抽屉的形式,将燃着的木炭埋在抽屉的灰里,为了安全;盆的底和内壁包上铜皮,火气不烈,而座中长温。李渔在生活情趣方面,不少奇思妙想,颇有启迪之功。

文中提到当时的采暖用具有三,即炭盆和大小炉。所说的炭盆之"盆",即**20**世纪二三十年代在江浙一带还可见到的,用铜制平底的置于木架上的烤火盆,人们常围盆而坐烤火,俗称"**围炉**"者。所说的"大小二炉以温手足"的炉,称"**手炉**"和"**脚炉**",均用铜制,著者曾见脚炉较大,圆形直径约25厘米~30厘米,高约15厘米~20厘米,有转动的炉把,炉有盖,盖上满布小的圆孔洞;手炉较小,可拎在手中,有圆形和长方形的,有提把,盖上作镂空花饰,以透火气,制作精巧。如元·伊世珍《琅嬛记》:"冯小怜有足炉曰辟邪,手炉曰凫藻,冬天顷刻不离,皆以其饰得名⑬。"这种手炉和脚炉造型比较复杂,是属于装饰性很强的工艺品。

注　释:

① 汉·许慎撰,清·段玉裁注:《说文解字注》。

② 梁思成:《清式营造则例》,中国建筑工业出版社,1981年版,第38页。

③ 姚承祖原著,张至刚增编:《营造法原》,中国建筑工业出版社,1986年版,第41页。

④⑥《诗经》

⑤《礼记·儒行》

⑦《易经·系辞下》

⑧ 李国豪主编:《建苑拾英》,同济大学出版社,1990年版,第431页。

⑩⑪⑫《清式营造则例》,第五章"装修"。

⑬《汉书·哀帝纪》。

⑭ 北魏·杨衒之:《洛阳伽蓝记》。

⑮ 明《太祖实录》

⑯《大清会典》

⑰《中国营造学社汇刊》,第5卷,第3期。

⑱ 刘致平:《中国建筑类型及结构》,中国建筑工业出版社,1987年版,第74页。

⑲ 李允鉌:《华夏意匠》,中国建筑工业出版社,1985年重印,第290页。

⑳㉑ 岑仲勉:《墨子城守各篇简注》,古籍出版社,1958年版。

㉒ 张家骥:《门钉之始》,载《中华古建筑》,中国科学技术出版社,1990年版,第143页。

㉓ 唐·杜佑:《通典》。

㉔ 汉·刘安:《淮南子·泰族训》。

㉕ 旧题汉·班固撰:《汉武故事》

㉖ 东晋·陆翙:《邺中记》

㉗《建苑拾英》,第444页。

㉘ 宋·王溥:《唐会要·辟寒》。

㉙ 清·顾炎武:《日知录》。

㉚《中国建筑类型及结构》,第 76 页。

㉛㉜㉝《营造法原》,第 43 页~44 页。

㉞ 清·李渔:《闲情偶寄·制体宜坚》。

㉟《闲情偶寄·房舍第一》。

㊱ 明·张岱:《西湖梦寻》,上海古籍出版社,1982 年版,第 94 页。

㊲ 张岱:《陶庵梦忆》,第 16 页。

㊳《郑板桥全集》,齐鲁书社,1985 年版,第 223 页。

㊴㊵《闲情偶寄·取景在借》。

㊶《闲情偶寄·位置第二·贵活变》。

㊷ 清·沈复:《浮生六记》。

㊸ 张家骥:《园冶全释》,山西人民出版社,1993 年版,第 279 页。

㊹《闲情偶寄·墙壁第三·女墙》。

㊺《华夏意匠》,第 296 页。

㊻《中国建筑类型及结构》,第 79 页。

㊼《周礼·天官·幕人》。

㊽ 汉·司马迁:《史记·秦始皇本纪》。

㊾《汉书·董仲舒传》。

㊿ 南朝宋·范晔:《后汉书·马融传》。

51 唐·魏徵等:《隋书·裴矩传》

52 清·曹雪芹:《红楼梦》,第十七回。

53《中国建筑类型及结构》,第 82 页。

54 张家骥:《中国造园史》,黑龙江人民出版社,1986 年版,第 237 页。

55《中国建筑类型及结构》,第 80 页。

56《中国造园史》,第 237 页。

57《后汉书·雷义传》

58《华夏意匠》,第 283 页。

59 曼殊震钧:《天咫偶闻》。

60 紫桑:《燕京杂记》。

61 北宋·沈括:《梦溪笔谈·器用》。

62《华夏意匠》,第 206 页。参见刘致平:《中国建筑类型及结构》,第 86 页。

63《建苑拾英》,第 166 页。

64《仪礼·觐礼》。

65《园冶全释》,第 257 页。

66《三辅黄图》。

67《中国造园史》,第 167 页~168 页。

68 南朝梁·刘勰:《文心雕龙·丽辞》。

69《中国造园史》,第 117 页~118 页。

70 李斗:《扬州画舫录·跋》

71《闲情偶寄·联匾第四》

72 73《闲情偶寄·甃地》

74 75《园冶全释》,第 109 页。

76《文心雕龙·神思》。

77 张家骥:《中国造园论》,山西人民出版社,1991 年版,第 163 页。

78 明·李东阳:《怀麓堂诗话》

79 明·何景明:《何大复先生全集》,卷三十二。

⑧⓪ 明·王世贞:《弇州山人四部稿》,卷六十四。
⑧① 明·王夫之:《姜斋诗话》,卷二。
⑧② 王夫之:《古诗评选》,卷五。
⑧③《中国造园论》,第 164 页。
⑧④《闲情偶寄·位置第三》。
⑧⑤⑧⑥《长物志·序》。
⑧⑦《长物志·室庐》。
⑧⑧《长物志·位置》。
⑧⑨ 宋·陶穀:《清异录》。
⑨⓪ 南宋·张端义:《贵耳集》。
⑨①⑨②⑨③⑨④《长物志·几榻》
⑨⑤ 晋·葛洪:《西京杂记》。
⑨⑥ 清·陈淏子:《花镜·花园款设》。
⑨⑦《闲情偶寄·藏垢纳污》。
⑨⑧⑨⑨《闲情偶寄·骨盖》。
⑩⓪ 马克思:《政治经济学批判》,人民出版社 1964 年版,第 118 页。
⑩① 明·沈颢:《画尘》。
⑩② 清·王槩:《画学浅说》。
⑩③ 明·孔衍栻:《画诀》。
⑩④ 清·邹一桂:《小山画谱》。
⑩⑤《花镜·悬挂字画》。
⑩⑥ 明·屠隆:《考槃余事》。
⑩⑦ 明·董其昌:《画禅室随笔》。
⑩⑧《闲情偶寄·贵活变》。
⑩⑨《周礼·天官·凌人》。
⑪⓪《三辅黄图》。
⑪① 北魏·杨衒之:《洛阳伽蓝记》。
⑪②⑪③ 宋·王谠:《唐语林》
⑪④《旧唐书·拂林国传》。
⑪⑤ 清·蒋文骥、王先谦等:《东华录》。
⑪⑥《西京杂记》。
⑪⑦《汉书·循吏传·召信臣传》
⑪⑧ 北魏·郦道元:《水经注·鲍丘水》。
⑪⑨ 陈桥驿:《水经注研究》,天津古籍出版社,1985 年版,第 280 页。
⑫⓪《旧唐书·东夷·高丽传》。
⑫①《新唐书·东夷·高丽传》。
⑫② 南宋·徐梦莘:《三朝北盟会编》。
⑫③ 宋元间人撰:《大金国志》。
⑫④《疋言觉非》。
⑫⑤《柳边纪略》。
⑫⑥《龙沙记略》。
⑫⑦《黑龙江述略》。
⑫⑧ 清·陶宗仪:《辍耕录》。
⑫⑨ 清·高佑钇:《蓟立杂抄》。
⑬⓪ 清·曹雪芹:《红楼梦》,第三回。
⑬① 宋·周密:《武林旧事·开炉》。
⑬② 宋·孟元老:《东京梦华录》。

⑬ 宋·金盈之:《醉翁谈录》。

⑭ 《闲情偶寄》。

⑮ 元·伊世珍:《琅嬛记》。

山西解州关帝庙崇宁殿石雕柱础之一（清）

山西高平县定林寺经幢底座（宋代之前）

山西解州关帝庙崇宁殿石雕柱础之二（清）

山西襄汾县丁村民居中的柱础

山西解州关帝庙崇宁殿石雕柱础之三（清）

521

（以上未标注图名者均为山西朔州崇福寺弥陀殿门窗隔扇棂花）　　　　　　　　山西洪洞广胜寺大殿门窗隔扇

山西解州关帝庙崇宁　　　山西朔州崇福寺弥陀殿
殿门扇棂花（清）　　　　隔扇棂花（金）　　　　山西平遥古城民居窗棂　　山西洪洞广胜寺上寺门窗棂花（元）

# 第十章
# 儒家礼制、五行、风水与中国建筑

○宗法封建等级与礼制

○礼制与古代建筑

○儒学与建筑学

○儒家的诗人与学者

○阴阳五行说与中国建筑

○堪舆学与建筑

○论宅外形

○阳宅外形吉凶图说

○论宅内形

○阳宅内形吉凶图说

○论开门修造

儒家对中国古代建筑的重要影响，是对建筑整体性的和谐和时空无限性、永恒性的追求。而和谐既是一种最高的伦理准则，也是一种最高的美学境界。

# 第一节　宗法封建等级与礼制

中国古代社会，不同于其他古代文明的国家，不是建立在氏族制瓦解的基础上，而是由氏族制演进强化的结果。夏王朝的建立标志着中国古代正式诞生了国家。由于氏族制并未解体，因而国家必然借助氏族组织进行阶级剥削和压迫的职能，可以说这是夏、商、周三代政治经济制度的根本特点。

据近代学者，古文字学家、史学家王国维（1877～1927）的看法，"夏、商二代文化略同"，"文化既尔，政治亦然①。"夏、商二代的政治制度保留了氏族制的基本结构，即形式上保留了民族制的氏族、胞族、部落、部落联盟的各级组织，各级氏族组织也就是各级行政组织，各级氏族组织的首领就是各级行政长官，而统治部族的有夏氏或商族的首领，也就是国家最高的领袖——**王**。

之所以说是形式上保留了氏族制的各级组织者，因为氏族制各级组织内，已发生了根本性的**质**的变化，不再是原始社会由身份自由平等的人组成的**血缘群体**，而是分裂为**贵族和庶人两大阶级**。"三代也存在奴隶主（即贵族）对奴隶的剥削，但奴隶制生产关系在中国古代发育得极不充分。氏族贵族以'公'的名义占有庶人的劳动成果是中国古代的主要剥削形式②。"这种情况正反映出中国古代奴隶制国家，不是建立在氏族制瓦解基础上的特点。

王国维认为"周人制度"，"大异于商"者，是周代实行"'立子立嫡'之制，由是而生宗法及丧服之制，并由是而有封建子弟之制，君天子臣诸侯之制③。"即**宗法封建等级制**，从而改变了国家行政结构的性质，不再是部落的联盟，而是以宗法建构起来的血缘群体，有的学者称之为**家国一体**制。关于宗法制，本书在第一章中已作了阐述，不再重复。

周初的统治者周公，在建立宗法封建等级制的同时，又"**制礼作乐**④。"将夏、商的礼乐加以损益，使之更适合宗法封建等级制的要求，改变了本来"**礼**"用于祭祀等宗教活动的性质，"周礼主要不是'事神致福'的宗教仪式，而是宗法封建等级社会的典章制度和人们的行为规范。礼的性质的这一改变，使周礼成为覆盖社会生活的各个方面，人们衣食住行、视听言动无不受其节制的准则⑤。"对维护宗法封建等级制而言，礼和乐的社会功能是相反相成的。《乐记》云：

> 乐者为同，礼者为异。同则相亲，异则相敬。乐胜则流,礼胜则离
> ……礼义立,则贵贱等矣;乐文同,则上下和矣。

乐，《周礼·地官·大司徒》："礼、乐、射、御、书、数。"注云："乐，六乐之歌舞。"即指音乐、舞蹈。乐为古代儒家传习的六艺之一，并认为乐与政治有密切的关系，

《礼记·乐记》:"礼以道其志,乐以和其声,政以一其行,刑以防其奸。礼乐刑政,其极(最终目的)一也⑥。""礼、乐的作用,何以能与刑、政一样达到维护宗法封建统治的目的呢?

乐的作用如《乐记》云:"乐在宗庙之中,君臣上下同听之,则莫不和敬;在族长乡里之中,长幼同听之,则莫不和顺;在闺门之内,父子兄弟同听之,则莫不和亲。""合和父子君臣,附亲万民也,是先王立乐之方也⑦。"如果说"乐之所以能合和各社会等级,是由于乐的本质就是'和'⑧"的话,乐的魅力如此之大,今人是不可理解的。质言之,古代之乐能感发人们的和谐情志,化解下层民众对贵族的不满,使不同等级身份的人在共同观赏乐时达到沟通,情感交融的内在原因,在于他们是**共同氏族的血缘群体**。

国家是阶级统治的机关,由氏族制的血缘群体分化为阶级的宗法制,单靠"乐"是不可能维系以血缘为纽带的宗法封建等级制的。

礼和乐,是儒家的政治及伦理范畴。礼的根本作用,正是适应阶级社会的需要,将血缘群体中的全体成员分别开来,以明确他们各自的等级身份。或者说,按照已形成的人们的社会地位分等级,明贵贱。《国语·周语》记内史过之语曰:"诸侯春秋受职于王以临其民,大夫士日恪位箸以临其官,庶人工商各守其业以供其上,犹恐有坠失也,故以车服旗章以旌之,为挚币瑞节以镇之,为班爵贵贱以列之……"车服旗章,上下有等,以此作为标志,明贵贱别身份。"非礼无以辨君臣、上下、长幼之位也;非礼无以别男女、父子、兄弟之亲,婚姻疏数之交也⑨。"礼的这种身份和等级的分别,是以不同的政治经济待遇来实现的。

荀子在《乐论》中说:"乐合同,礼别异"二者作用互补,相反相成,共同发挥维护宗法封建等级制的作用。统治者以血缘上的嫡庶、长幼、远近、亲疏,将人分成若干等级,同时又以血缘为纽带把不同等级的人结合成统一的群体。这种既能"**别异**"又能"**合同**"的**礼乐文化**,是中国儒学得以产生的社会和文化背景。

> "礼乐"并称,广义上是指奴隶社会、封建社会的宗法等级制度、道德规范和社会意识形态。其作用在为帝王"经国家,定社稷,序民人,利后嗣"(《左传·隐公十一年》)。

# 第二节　礼制与古代建筑

"礼"对中国的建筑文化有非常广泛和深刻的影响,礼是儒家重要的政治伦理思想之一,要求每个人都能自觉遵守统治者为人们画定的"度量分界"而不逾越,依礼行事,宗法封建等级制度也就得到维持了,所以"礼"也就是人的一切行为规范和准则。数千年来,中国的统治者正是用"礼"塑造着中国的**社会生活方式**和中国人的**生活方式**。

建筑直接体现人的精神和物质的"**生活方式**",中国古代建筑也必然充分地体现礼制的要求和精神。如李允鉌在《华夏意匠》中所说:"由于长期地受到影响(指儒家思想),'礼'的意识就融会到古代大部分的建筑制式中去,从王城到宅院,无论内容、布局、外形无一不是来自'礼制'而作出的安排,在构图和形式上以能充分反映一种礼制的精神为最高的追求目的⑩。"关于建筑中反映的礼制情形,从有关资料中择其重要的典型建筑略述之。

## 一、王城、宗庙、社稷坛、住宅

**王城**　从《周礼·考工记·匠人》载："匠人营国,方九里,旁三门,国中九经九纬,经涂九轨,左祖右社,面朝后市,市朝一夫⑪。"这是世界城建史上,最早记载城市规划的文字了。总共只有短短的32个字,其中用数字"九"就有四次,可见"九"字的意义之重要了。

"九"这个数字的象征意义,在中国历史上很悠久,涉及的面也最广。数字的象征是把数神物化的一种手段,其象征的意义是人为规定的,象征与被象征二者之间,根本没有什么必然的内在联系。如古以奇数象征天和阳性的事物,偶数象征地和阴性的事物,"三"象征**天、地、人**。

古人认为:"天地之至数始于一,终于九焉⑫。""至"是"极"的意思,九就是天数中的极数,被视为天的代表。把天分为九重,地划为九州等等。而帝王自称是"奉天承运"来统治百姓的,故"九"也成了天子的象征,凡与皇帝有关的东西多用极数"九"。如《考工记·匠人》中,王城之"方九里",路"九经九纬","经涂九轨";周人明堂,"度九尺之筵";宫殿"内有九室,九嫔居之;外有九室,九卿朝焉。九分其国,以为九分,九卿治之"等等。清故宫的金銮殿(太和殿)必须占九间,甚至屋顶戗脊上的走兽也要用九种,按次序是:一龙、二凤、三狮子、四麒麟、五天马、六海马、七鱼、八獬、九吼,外加"行什"等等。北京的天坛,是明清两代皇帝祭天的场所,其建筑无处不体现着"九"的象征意义。

礼与乐,是对立的统一。所以儒家在实践礼义学说时强调要遵循"**中庸**"的原则,中和是儒家的矛盾观和方法论原则,是指不同的因素或对立的两端,不走极端要适量配合使之合乎正确的法度准则。《中庸》:"致中和,天地位焉,万物育焉⑬",以中和为一切事物存在和发展的理想状态。在政治上,就是避免阶级矛盾的激化。在中国的传统思想中,认为物"**极**"必反,以"**和**"为贵。最典型的是,中国皇帝登"极"称为登"基"。故宫三大殿都以"和"命名为**太和殿、中和殿、保和殿**。

**宗庙**　《礼记·祭法》:"天子至士,皆有宗庙⑭。"是古代帝王、诸侯或大夫、士祭祀祖宗的地方,即《中庸》云:"宗庙之礼,所以祀乎其先也⑮。"据记载,天子设七庙,诸侯立五庙,大夫置三庙,士建一庙。庶人不能设庙,也不能祭始祖,只在家中堂屋里祭祖,按"寝制"即前堂后室之堂,因在堂中祭祖亦称"庙"(见第四章《中国建筑的类型·寝制》)。

皇家宗庙称"太庙",凡国有大事,凡皇帝登基,册立皇后、太子,大的战争出师或凯旋,都要到太庙举行祭祀典礼,报告祭祀事,叫做"告庙"。按"礼"的规定,祭祀供品,亦因祭者与被祭者身份的不同而有严格区别,国君用牛,大夫用羊,士用猪或狗,庶人用鱼等等。宋元时民间开始祭祀始祖,出现了"家祠",不称"庙"而称"堂"。明中叶以后,民间建祠堂已很普遍。如清同治年间修的《兴国县志》所说,当地风俗,"重追远,聚族而居者,必建祠堂,祭祀始迁祖。"还制定了许多祠堂的祭祀条规。

**社稷坛**　《白虎通·社稷》:"王者所以有社稷何? 为天下求福报功。人非土不立,非谷不食。土地广博,不可遍敬也;五谷众多,不可一一祭也。故封土立社示有土尊;稷,五谷之长,故立稷而祭之⑯。"社稷坛是古代帝王、诸侯和州县祭祀土、谷之神的处所。社稷坛的形制、规模都有具体规定:在规模大小上,"天子之社稷广五丈,诸侯半之";在颜色上,天子社稷坛覆五色土"。如北京社稷坛,明永乐十九年(1421)

建,(在今北京天安门西侧中山公园内),清乾隆二十一年(1756)重修。分两部分,内墙部分:中央广场和场内方坛,坛方形者法地也。坛为汉白玉砌成的三层方台,上覆**黄**(中)、**青**(东)、**红**(南)、**黑**(北)、**白**(西)五色土,坛北为祭殿和戟门;外墙部分古柏参天,并有假山、荷池、水榭,今为游览胜地。

**住宅的男女之别** 自周朝开始实行"立子立嫡"的制度。宗法制的根本目的是维护嫡长子的继承制,首先就要求妇女具备贞顺的品德,尤其强调妇女的贞操和守节。儒家从男权中心的伦理道德观认为,妇女的美德是所谓"三从四德","三从"《仪礼·丧服》:"未嫁从父,既嫁从夫,夫死从子[17]。"将夫妇间的平等关系转变为夫尊妻卑、夫主妻从,否定了妇女的独立的人格和地位。"**四德**",源出《周礼·天官》中的妇德、妇言、妇容、妇功,也就是妇女的贞操、恭顺、柔和、谨守所谓品德,从而就将妇女禁锢在家庭的牢笼之中。

在早"墨子的'宫墙之高,足以别男女之礼'也许就是最早的正式将'礼'和'房屋'(应指人们的住房——著者)拉上了关系的话,这句话不能看作无关紧要。事实上中国古代住宅的布局就是由'别男女之礼'引申而来的构图。皇宫中的'六宫六寝',宅舍中的'前堂后室',就是首先将男女活动和生活的范围做出严格清楚的区分。周代是以'宗法制度'作为立国的基本,别男女之礼看得那么重要自然是十分容易理解的。其后,住宅中的'北屋为尊,两厢次之,倒座为宾'的位置序列,就完全是一种'礼制'精神在建筑上的反映[18]。"礼制作为具体的道德规范,儒家的德目很多,不胜枚举,对建筑的影响,仅摘其要者而言之。

## 二、礼制与古代建筑的辩证关系

对礼制与古代建筑的关系,研究者大多认为"礼制"对中国古代建筑起了严重束缚和阻碍其发展的作用。如研究传统文化形态者认为:"中国古典建筑造型有明显的象征性写意目的,视建筑造型为表达吉祥和门第思想的语言,而忽视建筑造型与建筑功能的灵活结合以适应实用目的,因而限制了建筑风格的自由发展[19]。"

李允鉌在《华夏意匠》中也认为:"在建筑上,'礼'不但作为妨碍形式发展的框框,而且对建筑思想产生了一种根本性的局限[20]。"他甚至将中国建筑文化停滞不前,也归结为是受大一统的封建礼教的严重约束之故。

这种观点是对中国古代数千年来始终采用木构梁架体系建筑这一客观存在的事实,视之为想当然之故,却没有想过何以会如此?而且是用今所习见的砖石结构建筑来评比传统古典建筑,将建筑文化长期无根本性的变革,发展停滞不前,都归罪于礼制,虽情有可原,却不合于理。因为不了解古代为什么始终不变地采用木构梁架建筑这一根本性的问题。

礼制作为一种社会意识形态,是中国古代社会存在的反映,而不是社会存在的原因。是"**物质生活的生产方式制约着整个社会生活,政治生活和精神生活的过程**[21]。"在世界建筑史上,中国建筑历史发展的特殊性,归根到底决定于建筑生产方式的特殊性,即"**工官匠役制**"的官营手工业生产方式。

而传统的木构梁架建筑,正是这种超经济奴役制生产方式的特殊产物。关于如何评论礼制与建筑问题,如果清楚地了解木梁架结构的特点和构成空间的特殊性,不是以现代砖木结构的知识分析礼制对古典的影响,就不会得出古人"忽视建筑造型与建筑功能的灵活性结合以适应实用目的"的结论了。

528

工官匠役制的建筑生产方式,正是中国古代宗法制的"家天下",在改朝换姓时"毁旧国,建新朝"的传统所形成。

以传统建筑的庭院组合为例，庭院组合是中国建筑所有类型的基本空间组合模式。为了便于具体分析，以住宅建筑为例：按"礼制"的说法是"北屋为尊，两厢次之，倒座为宾"。换句较明确些的话，**当正向南为尊，东西两厢次之，背阴向北为宾**。

先从建筑的空间组合来谈，空间组合，本书列有专章，这里就其要者略述之。

中国建筑的木结构，是以两缝梁架之间搁檩，构成三度空间的"间"，不论间的大小，平面都是矩形的，"间"是中国建筑**最基本的组合单位**。要扩大空间，只能增加间数，每加一间，必须再加一缝(贴)梁架，搁上檩子。建筑的组合方式，是"间"沿纵轴方向的并联。从理论上说这种并联是无限的，但事实上从人的生活和活动要求，是有限的，所以用阳数三间、五间、七间、九间组合成一栋房屋。"栋"是中国建筑的**基本使用单位**。按礼制只有皇帝的金銮殿才能用极数"九"间，庶人只用三间。实际上即使能造九间，平民百姓也不可能有那么大的基地去造，更何况一栋九间并列的房子用作单身宿舍尚可，根本不适于家庭生活。住宅建筑既要满足家庭生活的各种活动功能要求，相互间又要能方便地联系，从建筑设计角度考虑，只能以多栋房满足多种功能要求；以向心的排列方式取得相互间最短距离。这就是中国建筑**空间的基本组合模式——庭院**。由三栋组合者，称三合院；四栋组合者，就称四合院。大中型住宅沿轴线纵深组合不止一个庭院时，有一座院子为一**"进"**。"进"是中国建筑**空间组合的基本使用单元**。

四合院是中国民居的典型模式，北方的以北京四合院为代表，庭院组合的四栋房屋由于方位和朝向不同，存在着室内微小气候和居住条件的差异，因北半球以南向最佳，在住宅轴线上坐北朝南者，当正向阳，阳光充沛，空气流通，相对的冬暖夏凉，条件最好，称之为**"堂屋"**(正房)，供长辈居住。在轴线两侧相对布置者，日照时间短，且东煦西晒，朝西者夏热，朝东者冬冷，条件较正房要差，因在正房两边，而称之为**"厢房"**，供晚辈居住。在住宅轴线上坐南朝北者，临沿街巷，南墙不能开窗，不见阳光，阴冷而易潮湿，因与正房朝向相反，而称之为**"倒座"**，不宜于居，多作待客、书房或男仆的住处(详见"类型"和"空间组合"两章)。

从以上概略的阐述，如已了解中国古典建筑的空间组合特点和方式，可能就不会有中国的"建筑造型被赋予过多的寓意作用，因而忽视了造型与实用性的灵活结合，限制了建筑风格的自由发展[22]"的看法了。造型与实用性的结合，是西方建筑的特点，只有砖木或砖石结构建筑，在统一的结构空间下，按照使用功能的不同与要求，设计空间的大小与形状，与各空间之间的相对位置与关系组合成整体，才能实现建筑"造型与实用性的灵活结合"。西方住宅，往往是一栋建筑，中国传统住宅，是由几栋以至更多栋建筑组合成四合院或多进庭院的**组群建筑**，任何一栋建筑只是其中的一个空间使用单位，两者有本质的不同，前面已经讲过，为了区别，我们称西方的为**个体建筑**，中国的为**单体建筑**，两者绝不能混为一谈。

从四合院建筑不同方位和朝向的分析，就应将礼制与四合院的关系颠倒过来，四合院的"北屋为尊，两厢次之，倒座为宾"的方式不是为了适应礼制的要求，相反的，是礼制对庭院这种无法改变的空间组合模式和居住方式，从思想观念上的认同和肯定。

对古代的城市规划问题，必须置于当时的社会背景之下，以唯物史观的眼光审视，就会从更深的层面理解其文字的意义。

古代从王到诸侯规定的筑城大小，是与其封地面积相应的，如《逸周书·文传篇》所云："土广无守，可袭伐；土狭无食，可围竭[23]。"建国筑城与封地面积相应的比例关系,应该说是大体上反映了当时的社会经济状况和生产力发展的水平。

按封地等级规定:王国是:"制其畿方千里而封树之",诸公之地"方五百里",诸侯之地"方四百里",诸伯"方三百里",诸子"方二百里",诸男"方百里㉔"。

筑城的规模:王城"方九里",其余的等差为,公方七里,侯伯方五里,子男方三里㉕。

从《周礼》的封建等级制度看,很重要的是首先限制方国的城市与封地面积。它具有双重作用,在经济上限制了土地面积,即限制了作为生产资料的土地,也就限制了对方国经济具有决定性的农业生产。

在"**寓兵于农**"的古代社会,土广人众,地少则人寡。限制等级土地,实际上也就限制了各级诸侯的军旅人数。所以相应的规定,"凡制军万有二千五百人为军。王六军,大国三军,次国二军,小国一军㉖。"可见古代的军事和经济是密切相关的。

帝王为了维护其统治,从军事上不仅规定各级诸侯筑城的规模,而且规定了城墙、宫墙的高度,城市道路的宽度。如王城城墙高七丈,宫墙高五丈,门阿高三丈。而以王的宫墙高度为诸侯的城墙高, 低王城二丈。以门阿的高度为王弟子的都城高度,低王城四丈㉗。

城市道路则规定:王城内南北和东西大道均宽九轨,环城道宽七轨,城郊道宽五轨。以王城的环城道宽为诸侯城的南北大道之宽,城郊道宽为王弟子都城的南北道宽㉘。轨宽八尺,九轨是七十二尺。按战国时每尺折合0.227米~0.231米,七十二尺为16.34米~16.63米。王城内南北东西,纵横各有九条宽16米的大道。其宽以轨度量者,轨是战车的轮距。道路之宽直,非为城市交通运输的需要,而是为了战时兵车的调动与巷战有关㉙。

显然,降低诸侯王弟子城墙高度和道路的宽度,不仅是正名分等而已,更重要的是起着削弱诸侯和王弟子的城防作用。

无疑的,"礼制"对建筑文化起着一定的制约作用,如封建社会后期的"官民第宅之制",这是完全按官本位的建筑制度,即按官的品阶从大到小甚至平民百姓的住宅,对房屋间架、装修都有不同的规定,显然这种对住宅建筑实践的限制,是不利于社会经济发展的,所以到明清时代规定就有所放松,而且不论官民建宅,均不限制"进"数,也就是说只限定房屋的间架而不限制住宅的规模。

再如城市规划,《周礼》中按封建等级规定了不同的占有土地的多少和筑城的规模大小,在当时有其**现实的合理性**。

事实上随着城市经济的发展,人口的繁衍,被限定范围的城市就会日益成为城市发展的障碍。到战国时,已非周王朝时代那种地广人稀,诸侯立国只建一城的状况了。从《管子》所说的建国制地之法,城市规划思想已大不相同了,"凡立国都,非于大山之下,必于广川之上。高毋近旱,而水用足;下毋近水,而沟防省。因天材,就地利,故城郭不必中规矩,道路不必中准绳㉛。"

用现代汉语说:凡营建都城,不是建于大山之下,就必须建于大河之边。建在高处时不要近干旱之地,要有充足的用水;建于低处时不要太靠近水边,以节省沟渠的修筑。要充分利用天然资源,尽力依靠地势之利。所以造城建郭不必要合于四方端正的规矩,开辟道路不必拘泥经纬平直的准绳。

战国时国多,国的城市也多,城郭不可能都建于平畴之上,地形地势复杂了,城郭的建造必须从战争防御的要求而因形就势,道路自然也就不能横平竖直,经纬分明,坦荡绳直了。城市的规模也不可能受《周礼》规制的束缚,如据《汉旧仪》载:"长安

在维护宗法封建等级制的作用上,礼制不同于刑政者,是它为宗法封建等级制蒙上一层典雅的伦理道德的面纱。

但任何事物的存在"在发展过程中,凡从前是现实的一切,都会成为不现实的,都会失掉自己的必然性,失掉自己存在的权利,失掉自己的合理性㉚。"

城中，经纬各长三十二里十八步，地九百七十三顷，八街九陌，三宫九府，三庙，十二门，九市，十六桥③②。"《文选·两都赋》李善注引《汉宫阙疏》曰："长安立九市，其六市在道西，三市在道东。"汉长安城较周王城规模大近四倍，九市之多，似在宫城之前，已不可能保持"前朝后市"的制度了。到唐代的长安城，总面积已达 83 平方千米，南北并列有 14 条纵街，东西平行有 11 条横街，有 108 个里坊。但皇城不在城的中心，而在城北部中间，故东西两市在皇城之前。三代王城"择天下之中而立国，择国之中而立宫"，以王宫为中心的城市规划，唐代已不再遵循。以至到宋代仁宗朝，空间上禁锢、时间上管制的**坊市制**，在城市商业发展的经济力量冲击下也被摧毁。

从城市规划角度，城市总是在不断地发展，是不断地从量变到质变的运动过程，礼制随着现实生活的变化和要求，必然会在具体内容上有所调整，但其包含的合理性内核会承传下来。如《周礼》中的城市规划思想，以宫殿突出的城市中心，明确的中轴线，沿轴线对称均衡的布局，经纬纵横，坦荡平直的道路等等，从明清的北京和故宫中，就显现出这种文化传承的关系。

如果说，古代中国人的生活方式，是合乎"礼"的要求，处处体现着"礼制"精神的话，我认为，"礼制"对建筑而言，它从思想意识上起着加强和肯定庭院空间组合模式的作用。所以作为建筑**内容**的人的**生活方式**不变，反映内容的形式一经形成并被肯定，必然又对人的生活方式起着稳定的作用。这就是"礼"作为意识形态，对建筑思想的影响和局限。前已阐明，中国古代建筑文化长期停滞不前，没有根本性变革的原因，在于始终采用"工官匠役制"的建筑生产方式，而形成这种生产方式的源头，正是**家国一体的宗法制**。

礼制在建筑的物质形态上，虽起着原则性的或一定范围的规范作用，但并不限定整体空间环境的意匠，而"礼"的美学思想，对建筑的艺术精神却有其特殊的意义。中国建筑从**单体建筑**的尺度造型和室内设计，到整体**组群建筑**的空间艺术形象，不是立足于孤立的所谓"空间构图"，而是建筑与庭院的内外空间融合，从空间的引伸与时间的延续流动之中，赋予建筑以特定的思想内容，让人们从有序的时空节奏和韵律中，获得某种审美境界。

中国古典建筑艺术，正是藉建筑这一体量巨大的物质手段，把"礼"的理性化之为情感，以直观可感的形象，在促进情感民族化和社会化方面，较之其他艺术更具有非常广泛的潜移默化的作用。

# 第三节　儒学与建筑学

儒学，孔子所创立的儒家学说，其内容主要是礼和仁。孔子是竭力维护周礼的，周礼的基本特征是把氏族社会晚期的巫术礼仪和宗法封建等级规范化和系统化，以适应阶级社会的需要。由于经济基础中氏族共同体的基本社会结构长期延续，所以礼制在一定程度上又保存了原始的民主性和人民性。所以在"礼"之中也含有一些合理的因素。

"**仁**"是孔子思想体系的中心，是儒家伦理哲学的中心范畴和最高道德准则。仁是以血缘感情为辐射核心,扩展到社会人际关系,就是"爱人",对自我则形成内心感情和自觉的道德意识。在阶级社会人有差等,"仁爱"的差等,就是以宗法等级之"礼"为标准。

以"礼"为核心的儒学,由于其伦理化的政治思想和哲理化的天命观,为封建的中央集权制提供最有力的哲学依据。所以历代统治者皆将儒学作为官方哲学,两千多年来,对中国人的思维方式和心理结构素质的形成,具有难以磨灭的作用。

儒学的偏于人伦的实用的"天人合一"观念,在人与自然的矛盾中,趋于追求对立面的统一,人与自然的依存与和谐,而不重视从对立矛盾运动中,探索自然的奥秘,揭示其本质和规律。在社会伦理道德范畴,满足于现实存在的合理性,对现实存在的不合理因素,不予重视而采取回避的态度。

儒学的"天人合一"的天命观,形成中国传统思维方式的特点。一方面具有整体性的朴素的辩证思维的优点;一方面又存在着笼统性,偏重于直觉体悟,轻视生产实践,鄙薄生产技术和科学实验,不重视形式逻辑和演绎法等缺点。使人们习惯于思想朦胧性,概念的不确定性,以至防碍科学理论体系的建立。

儒学的自然哲学和对科学技术视为"小道",只"**可以兼明,不可以专业**[33]"的思想,是影响了中国科学技术后来的发展,落后于西方的原因之一。因"儒家本身不曾对思维规律作出系统研究,不曾产生亚里士多德逻辑学那样的形式逻辑体系。在儒家文明形成后,先秦墨家的逻辑学说也很快成为绝学。这一缺陷使中国数学未能产生欧几里德几何那样经过严密证明的数学体系。同时,儒家虽然提出了实验、测验、试验等方法,但总的说,儒家的科学方法论是不系统的,尤其不曾提出对近代科学发展至关重要的数学方法,即在实验所得数据基础上提出一个包括观察各星之间的数学关系式的方法。儒家自然哲学和科技思想的这些缺陷,严重地影响了中国科学技术向近代科学技术的转化[34]。"对中国古代科技发展给予高度评价的英国学者李约瑟认为:"中国固有的科学技术成就的最高形式是达·芬奇型,而不是伽利略型的[35]。"这是很值得令人深思的话。

中国古代有丰富精湛的美学思想,却没有如西方博大精深、逻辑严密的美学论著。这种有**美**而无**美学**的现象,是中国古代学术上的普遍现象,大量有价值的科学思想和科技上的发明创造,往往穿着文学的外衣,以个人才情志趣随意抒发的方式,无系统的杂录在随感式的笔记里。著名的如:郦道元(472?~527)的《水经注》,沈括(1031~1095)的《梦溪笔谈》,徐弘祖(1586~1641)的《徐霞客游记》等等。

在建筑与造园学中,如:北魏杨衒之《洛阳伽蓝记》,李格非(约1047~约1107)的《洛阳名园记》,刘侗(1591~1634)、于奕正(1586~1636)的《帝京景物略》,李渔(1611~约1679)的《闲情偶寄》,文震亨(1585~1645)的《长物志》等等,其中不乏精辟之论和一得之见。世界上最古造园学名著,明代计成(1582~?)的《园冶》,也是用"骈四骊六,锦心绣口"的文体写成,正由于缺乏科学的逻辑系统,太重文学趣味和审美感兴,大量用典且语焉不详,使人难以读通看懂。这种状况,可以说正是由于儒家哲学思想的单调和僵化,缺乏把零散材料整理发展为系统理论的思想的反映。

在建筑技术上,工官"匠役制"的强迫劳役制度,需要的不是什么技术理论指导,只是保证建筑生产实施的制度和法规,所以如宋代的《营造法式》、元代的《元内府宫殿制作》,明代的《营造正则》和清代的《工部工程做法》等一类技术规范性的文献,才能得到流传和遗存下来。

建筑以"礼"为主导思想,建筑设计就成为士大夫儒学致用的特殊才能,在官营手工业建筑生产关系中,建筑设计也不可能形成独立的专业,设计所要解决的矛盾,也不同于现代的"可能构筑的建筑空间环境与人的生活活动对空间环境要求之间的矛盾",而是按照"礼"的精神和"礼制"的要求进行规划设计,不是要解决技术性问题,而是意在表现建筑艺术的思想精神。所以,当设计者需要从科学技术上去改善和提高生活环境的质量时,往往就无能为力了。这里举个很有意义的例子来说明:

唐代的阎立德(?~656)和他的弟弟阎立本,都以"擅工艺,有巧思"著称,在建筑和绘画上驰名于世。阎立德在贞观时任将作大匠、博州刺史、工部尚书,后以营建高祖、太宗山陵工程,进封为公。他是大画家,也是古代的"建筑师"了。他为唐太宗在汝州造避暑离宫,因失败曾被免过官。《新唐书·阎立德传》记载:

> 太宗幸洛阳,诏立德按爽垲建离宫清暑,乃度地汝州西山,控汝水,睨广成泽,号襄城宫,役凡百余万。宫成,烦燠不可居,帝废之,以赐百姓。坐免官。
>
> 未几,复为大匠[36]。

用现代汉语说:唐太宗驾临洛阳,召见阎立德,命他在高爽干燥的地方建离宫避暑,他选择汝州的西山,控制汝水汇成湖泽,名为襄城宫,使役的人多达百余万。离宫建成后,燥热不能居住,唐太宗就废掉这座离宫,赐给了百姓。阎立德因此获罪被免去官职。

不久,唐太宗又恢复了阎立德的将作大匠的职位。

避暑离宫,是综合自然地理条件与人工创造多种因素的环境规划与设计问题。宫建成而"烦燠不可居",说明选址汝州西山,自然地理条件并不适于避暑。废掉以后可"以赐百姓",也可以想像阎立德的离宫设计,多半是因循宫殿布局规整的空间基本模式,不是因山就水,与山水有机结合的园林化的离宫别馆。

阎立德设计"襄城宫"的失败,要说明的不是设计者的水平和能力问题,而是反映了古代建筑设计重"礼"的思想精神,不重视科学技术对生活环境质量改善与提高的观念。

令人十分遗憾的是,就在20世纪末的今天,不仅是对中国的传统建筑,就是在整个建筑学领域里,也极难找到一部称得上是**系统科学的建筑理论著作**。如李允鉌先生所说:"事实上,关于这一门学问,东方人自己实在没有做过足够的工作[38]。"这种状况,对一个炎黄子孙的中国人来说,更加令人奋惭怒臂了。这正是我多年夙愿著述本书的初衷。

在历史上,中国并没有将建筑看成是一门独立的学问,因此虽然以古代文献丰富见称,却没有流传下多少有关建筑的专业著作[37]。

# 第四节　儒家的诗人与学者

历来无数知识精英的智慧光芒,有如浩瀚的星空,为华夏构成灿烂的文化。从大量历史资料可以看出,古代文人有很好的文化基础和修养,如果禀赋优异,虽为官作宦,嘉遁遨游,并不妨碍可以成为著名的画家和诗人。如唐代以金碧山水自成家法的大李将军(李思训)和小李将军(李昭道)父子,而宋徽宗赵佶则是以书画家著称的皇帝了。史称"诗仙"的李白和"诗圣"的杜甫,他们都是很有政治抱负而仕途不得志的大诗人,等等。但事实也说明,任一学科,在学术上真正有所建树的**学者**,可以说没有活得轻松的,他必须甘愿寂寞清贫,长期不懈,二三十年以至一生,以消耗大量生命力为代价,才能达到前人所没有达到的境界。如:

明代的医药学家李时珍(1518~1593),出身医药世家,广集验方,亲自采药进行实地调查,参考历代医药及有关书籍800余种,经27年的艰苦劳动,著成《本草纲目》,收录原有诸家《本草》中药物1518种,新增药物374种,附方11096则,插图1160幅。总结了16世纪以前我国人民丰富的药物经验,对中华的医药学发展做出了重大贡献。

清代的学者段玉裁(1735~1815),曾任知县以父老称病归,键户不问世事三十余年,师戴震学通经史,精于音韵训诂,积数十年精力,专研《说文》,先成长编《说文解字读》540卷,后撰《说文解字注》30卷,旁征博引,引书至226种;逐字注解,无不采集考订而求得其精确之指归,在文字学上的贡献是很杰出的。段玉裁注释对今天仍然有用,但却为现代学者所忽视。

如国内权威的工具书《辞海》和《辞源》,均释"**栋**"为正梁或主梁;释"**桴**"与"**楣**"为二梁或次梁,都误解了郑玄注:"是制五架之屋也;正中曰栋,次为楣"的意思,所说构件的位置"正中"和"次",不是指梁架中的梁,而是梁架之间的檩(桁)。段玉裁在《说文解字注》中注释**宋(máng**,即梁,古"梁"字指桥),就明确的指出:"栋与梁不同物,栋言东西者,梁言南北者。"古无"檩"或"桁"字,故用构件在房屋中的方向分别也。还有"**楹**"字,作为建筑物的数量词,《辞海》、《辞源》都没有肯定为"间",实际上有若干楹,即有若干间的房舍。段玉裁否定《释名》释"楹"为单根柱子,他从《礼》和《考工记》考证"楹"是指一对柱子。外观两柱则是一间也。例子很多,不胜枚举。

做学问,要超越前人,首先就必须掌握前人掌握的所有资料,只有在这个基础上才能谈超越,这就需要扒剔精研大量的文献资料,可谓学海无涯,人生苦短,即使焚膏继晷,"**寄身于翰墨,见意于篇籍**"(曹丕),若无正确的思想方法,虽皓首穷经,亦难得其环中。

治学者是孤寂的。必须祛名利,耐清寒,长期不懈,孜孜以求,方能登学术的堂奥,成为一个名副其实的真正学者。寂寞,对治学可说是必要的条件,它能使人"**虚一而静**",洞察事物的内在联系和本质;孤独,能使学者精神凝聚为攻无不克的力量,攀登崎岖的小路而达到高峰。所以有人说:"**寂寞就是深刻,孤独就是力量**"。对学者的生活来说确是如此,而对撮抄成文的"博士",剽窃文章的"教授",炒得火红的文化名人而言,寂寞是其活动的终止,孤独就意味着被社会遗弃矣!

# 第五节　阴阳五行说与中国建筑

## 一、阴　阳　说

在中国儒学史上,阴阳是指正反两种相互矛盾的力量,并以二者的对立、消长、作用说明万物的生长和变化。阴阳的本义,是指对日的向背,向日为阳,背日为阴。自然界地球运行变化的一年四季寒暑之变,万物之生息蜕藏而导致种种现象,是人们所以概括出两种相对立又相关联的概念的客观基础。由此而引申,凡明亮的、热的、动的、在上的、在前的、位高的、向外的、亢进的、雄性的、刚健的、奇数的、善的,均象为阳;反之,凡晦暗的、冷的、静的、在下的、在后的、位低的、向内的、减退的、雌性的、柔顺的、偶数的、恶的,均象为阴。进而抽象为一切事物的两个对立的方面,成为具有哲学意义的概念。

阴阳观念最早见于文字的,是《国语·周语》周幽王三年 (前779),伯阳父认为:"阳伏而不能出,阴迫而不能蒸,于是有地震[39]。"以为阴阳是自然界的两种力量。据《易传》理解《易经》八卦的基本符号"—"和"--",就分别象征着"阳"和"阴"两种势力。因而谓**乾☰**为纯阳之卦,**坤☷**为纯阴之卦。认为"**一阴一阳之谓道**"(《系辞上传》)。把阴阳的矛盾看作是宇宙的根本规律。

阴阳说认为,阳阴作为自然界的两种力量,是相互依存的,没有阴,阳则不存,没有阳,阴不存在。北宋李覯撰《观物外篇》云:"阳以阴为基,阴以阳为唱。"说明两者的依存和互用的关系。这种阴阳相互为用的观念拓延到象数学中,构成象数学中独特的包容万象的体系。

阴阳说认为,阴阳两者的对立矛盾,是以彼此消长的形式进行运动变化的,"消"是减退;"长"是递增。《系辞下传》云:"日往则月来,月往则日来,日月相推而明生焉。寒往则暑来,暑往则寒来,寒暑相推而岁成焉[40]。"往来,即消长之义。阴阳的这种彼此消长运动反映了事物发展变化的客观规律。

《易·系辞下传》云:"阴阳合德,而刚柔有体[41]。"所谓"德"是指属性、性质。意为阴阳两个对立面的互相转化,用阴阳合德,刚柔有体,去分析天地间的一切事物,区别其异,综合其同。如此分析会通,则能认识天地万物。在易占中,用阴阳相通的转化,征兆事物变化的不同阶段。

## 二、五 行 说

五行,即木、火、土、金、水,是先民们在生活实践和生产实践中常见的五种物质,中国古代思想家企图以此五种物质,说明世界万物的起源和多样性的统一。最早记有五行的文献《尚书·洪范》云:"五行:一曰水,二曰火,三曰木,四曰金,五曰土[42]。"从《尚书·甘誓》载夏后启讨有扈氏,宣布其罪状是:"威侮五行,怠弃三正。"可见在夏代已有五行之说了。而且当时人们已认识五种物质的一些特性,如《尚书·洪范》:"水曰润下,火曰炎上,木曰曲直,金曰从革,土爰稼穑"。西周末年史伯进一步认识到五行之间的差别与统一的关系,说:"先王以土与金木水火杂以成百物[43]。"战国时人们发现了这五种物质在物理和化学上的某些关系,产生了"**五行生克**"的观念,认为五行中有相生和相克的关系。这些关系是:

**相生:木生火,火生土,土生金,金生水,水生木。**

**相克:木克土,土克水,水克火,火克金,金克木。**

五行生克的关系见图**10－1**,其中成圆周的弧线表示相生,圆内呈五角形的虚线表示相克。按照木、火、土、金、水的顺序,可用一句话说明图中的生克关系,即"**比相生而间相胜**"。"胜"者克制之义。如木比(邻)火,则木生

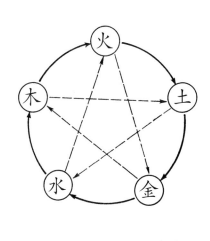

————→ 相生
-----→ 相克

**图10－1 五行生克图**

火。如木间(隔一)土,则木克土,余类推。五行说与阴阳说合流后,又具有了阴阳的象征或属性。

### 三、阴阳五行说

战国末期的哲学家,阴阳学派的代表人物和集大成者为邹衍 (约前305~前240),他研究学问的方法是"先验小物,推而大之,至于无垠","乃深观阴阳消息"(《史记·孟子荀卿列传》)。他提出阴阳转化、五行生胜的观点,认为世上万物的变化无不根源于阴阳五行的变化,把阴阳观念与五行观念相结合。并附会到社会历史的变化,以**"五德终始"**说,推演王朝的兴衰,预测吉祥符应,成为两汉谶纬学说的主要来源之一,阴阳五行说就被神秘化了。

西汉今文经学大师、天人感应论集大成者董仲舒(约前179~前104),向武帝提出**"罢黜百家,独尊儒术"**的建议。他将秦汉以来社会上流传颇广的"天人感应"论思潮理论化、系统化,建立了一套比较完整的**"天人感应"论**体系。他认为"天"是至高无上的,能产生宇宙万物,主宰人间一切,提出**"君权神授"**论及"王者承天意从事[44]"的观点。在历史方面提出"三统"、"三正"说[45]。为了给这种天人关系进行论证,他提出了**"人副天数"、"同类相动"、"天人交感"**等理论,并吸收战国时邹衍的"五德终始"说。

董仲舒在《春秋繁露·人副天数》中说:"天以终岁之数成人之身,故小节三百六十六,副日数也;大节十二分,副月数也;内有五脏,副五行数也;外有四肢,副四时数也[46]。""副",符合之义。董仲舒首先用数来沟通天与人,把两者互相类比,于是得出"天人合一"的结论,于是乎顺理成章地认为,天有四时,人有四肢,王有四政。于是"见天之数,人之形,官之制(与礼之仪)相参相得也"。董仲舒把自然现象与人身或社会政治现象的数目等同起来,在类比之中互渗,在互渗之中类比,遇到无法用数目符合的现象时,就主张以类合之,"于其可数也副数,不可数也副类,皆当同而副天一也[47]。"最终就是要证明宗法等级、礼制等等都是合于天意的。这种被神物

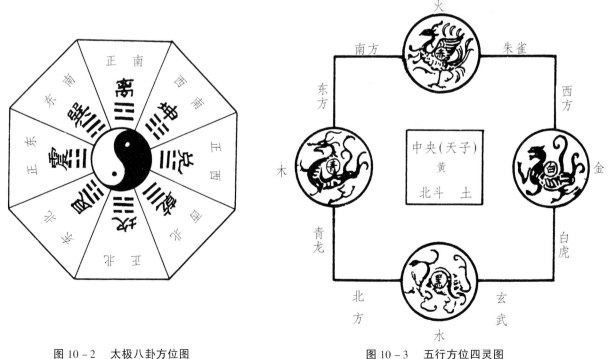

图 10-2　太极八卦方位图　　　　　　　　图 10-3　五行方位四灵图

化了的"数",就成了"君权神授"、"天人感应"、"天人合一"等唯心主义天命观和宿命论的推导工具。

战国时将五行与四时和方位相配:木德为春,为东;火德为夏、为南;金德为秋,为西;水德为冬,为北;土德为夏,为中央。五方配五色,东色青,南色赤,西色白,北色黑、中央色黄。

大约在殷代前后,人们把春天黄昏时在南方的若干星星想像为一只鸟形,同时把东方的若干星星想像为一条龙,西方的若干星星想像为一只虎,北方的若干星星想像为龟蛇形象,称"**四象**"。五方配五色的说法流行后,四象就标上了色彩,成为**青龙、白虎、朱雀、玄武**,代表东、西、南、北四个方位,这些想像的动物称"**四灵**",并成为建筑中象征主义的一个内容。图 **10－2** 为太极八卦方位图。图 **10－3** 为五行方位四灵图。

阴阳五行说,对中国古代学术思想的影响很深、涉及面很广,如占星家释五行,为金、木、水、火、土五星运行;兵家释五行,为东、西、南、北、中五方行阵的排列;医家释五行为心(火)、肝(木)、脾(土)、肺(金)、肾(水)五脏等等。五行说中的合理因素一直被保存下来,对中国古代的天文、历数,尤其是对古代医学理论,产生过重大影响。现将五行说与建筑有关的摘其要者列表于次:

| 阳 | 动 | 刚 | 实 | 起 | 进 | 前 | 左 | 上 | 出 | 开 | 外 | 升 | 1.3.5.7.9. |
| 阴 | 静 | 柔 | 虚 | 落 | 退 | 后 | 右 | 下 | 入 | 合 | 内 | 降 | 2.4.6.8.10. |

| 木 | 东 | 春 | 青 | 青龙 | 日 | 左 | 宗庙 | 震巽 | 角 | 仁 | 风 | 3.8 |
| 火 | 南 | 夏 | 红 | 朱雀 | 天 | 前 | 朝 | 离 | 徵 | 礼 | 暑 | 7.2 |
| 土 | 中 | | 黄 | | | | | 坤艮 | 宫 | 信 | 湿 | 5.10 |
| 金 | 西 | 秋 | 白 | 白虎 | 月 | 右 | 社稷 | 乾兑 | 商 | 义 | 燥 | 9.4 |
| 水 | 北 | 冬 | 黑 | 玄武 | 地 | 后 | 市 | 坎 | 羽 | 智 | 寒 | 1.6 |

## 四、阴阳五行说与建筑

"阴阳五行之说中的象征主义,例如五行的意义,象德,四灵,四季,方向,颜色等很早就反映到建筑中来。这些东西在建筑设计中运用不但是在艺术上希望取得与自然结合的'宇宙的图案',最基本的目的在于按照五行的'气运'之说来制定建筑的形制。因为秦汉时候的人十分相信'气运图谶'——观运候气的观点而做出预言,因而建筑上的形、位、彩色和图案都要与之相配合,以求使用者藉此而交上了'好运'⑱。"从社会的意识形态来说,反映了秦汉时人在建筑上的思想观念,但不能说建筑设计就是运用五行的象征意义,摆布成与自然结合的"宇宙的图案"。其实这样的设计是无法进行的。如果这"宇宙的图案"有固定的模式,那就根本不用设计。如果这"宇宙的图案"是变化不定的,而五行的象征意义又非常广泛,设计者按照五行的"气运"之说是无法设计出有具体使用功能的建筑方案的。

首先建筑是人为了"住"所必需的物质生活资料,建筑设计离不开功能的要求,而且要受结构技术的制约，就如前面所说四合院的庭院空间组织体现**礼制**的面南为尊，左右次之，倒座为宾的要求，实际上是肯定了木构架建筑庭院组合，在满足使用功能上的合理性；不同朝向房屋地位的差别，正说明建筑朝向不同在使用质量上的差异。这就说明古代建筑设计，在满足功能需要的基础上，利用阴阳五行说作为设计方案的理论依据易于为人们所接受。事物都是辩证的，五行说"是中国人对宇宙系统的信仰"(顾颉刚语)，对建筑艺术的创作，无疑为设计者也提供了一定的想像空间。

**明堂**　是汉以来为了"以存古制"，象征帝王受命于天，统治于地的天地之精神，都竭力考证、建造以示其正统。对明堂的所谓考据，是以后世的理想去考证先世的建筑，实际上考证者只是以阴阳五行的观念，按现世的礼制要求对"明堂"的种种想像而已。但不论其想像的方案，是复杂的还是简单的，都有一个共同的主导思想，即"**上圆象天，下方法地**[49]"，将建筑形体构成上圆下方，就成了"明堂"建筑艺术形象的特征。古代设计者并非形式主义者，为了合理地利用上层建筑圆形平面空间，都作为"**观祲象，察氛祥**"的台观。

这种阴阳五行的宇宙观，在象征型艺术的坛庙建筑中，体现得最为充分。

现存北京**天坛**是最典型的杰出范例："封建帝王对于天坛的建筑设计，有着严格的思想要求，最主要的是在艺术上表现天的崇高、神圣和皇帝与天之间的密切关系。例如：圜丘、皇穹宇、祈年殿平面都为圆形，内外围墙和祈年殿、圜丘间的隔墙作弧形，附合了古代'天圆'的宇宙观。圜丘的石块与栏板数目也附会为'阳'的奇数或其倍数，并符合'周天'360度的天象数字。而祈年殿的内外三层柱子的数目。也和农业有关的十二月、二十四节气、四季等天时相联系。各主要建筑用蓝色琉璃瓦顶是象征着'青天'。通过一系列的处理，给建筑蒙上了一层神秘的色彩[50]。"这些建筑中附会的天地自然的象征性意义，给人的神秘感，对一般人言不加以解释是不起什么作用的。但中国建筑艺术这种象征主义的创作，其艺术形象对人的精神审美作用却是很大的。

北京**故宫**的设计附会《礼记》、《考工记》之说很多，诸如：在宫城前中轴线的两侧，东建太庙，西建社稷坛，是附会《周礼·考工记·匠人》中的"**左祖右社**"之说。

故宫自大清门、天安门、端门、午门、太和门到太和殿、中和殿、保和殿，共五门三殿，是附会"**五门三朝**"的古制。**五门**者，《周礼·天官·阍人》"阍人掌守王宫中门之禁"。郑玄注："郑司农(兴)云：'王有五门，外曰皋门，二曰雉门，三曰库门，四曰应门，五曰路门[51]。"孙诒让在《周礼正义》引《三礼义宗》云"天子宫门有五，法五行。"**三朝**者，《周礼·秋官·朝士》郑玄注："周天子诸侯皆有三朝，外朝一，内朝二[52]。"

故宫三大殿，即太和、中和、保和殿。三大殿之后的乾清宫、交泰殿、坤宁宫，前三殿后三宫的空间组合关系体现了"**前朝后寝**"的制度。三大殿的工字形台基，则是取元朝工字殿之义。基座采用三层的形式，也是由古代"明堂"的"**土阶三等，法三统**"之说而来。

**三统**　原为古代历法，指夏、商、周三代正朔，又称"三正"。董仲舒衍此为朝代更迭次序的历史循环论，谓夏正建寅(以农历正月为岁首)为黑统；殷正建丑(以农历十二月为岁首)为白统；周正建子(农历十一月为岁首)为赤统。新王受命，必按此循环顺序"改正朔，易服色"，才合于"天之道终而复始"的规律。

以三层台基象征王朝更迭的"**三统说**"，可说是非常牵强附会，但它成为中国建筑艺术的空间处理和手法之后，使建筑的艺术形象产生了巨大的感染力量。如北京故宫的三大殿,天坛的圜丘和祈年殿,在三重台基的烘托之中,建筑的气势,不大而雄,不高而伟,建筑空间与宇宙天地相应互融的**意境**,使人无不感到中国建筑文化的深邃和博大(见彩页:北京天坛祈年殿,北京故宫中和殿、保和殿)。

对阴阳五行说与建筑的关系,常用"**附会**"一词。我所说的附会,不仅仅只是指把不相联系的事说成有联系,把没有某种意义的事物说成有某种意义,更多的意思是从建筑创造而言,有如南朝文学理论批评家刘勰(约465~约532),在《文心雕龙·附会》中所说:是"谓总文理,统首尾,定予夺,合涯际,弥纶一篇,使杂而不越者也⑤。"刘勰所说的"附会",就是要根据文理,首尾相应,决定文字取舍,合于表达范围,统摄全篇,错综而不杂乱,要求对整篇文章达到外部完整,内部均衡。

故宫三大殿和天坛祈年殿是具有巨大艺术感染力的建筑,不是孤立地存在。意境的创造,离不开整体空间环境的精心意匠。自汉代董仲舒继承了先秦儒家的"**天人合一**"思想,把天命论与阴阳五行说糅合起来,建立了"**天人感应**"的思想体系。对建筑思想的影响,从两方面言:一方面,儒家提倡人与自然和人际之间的和谐,和谐既是一种最高的伦理准则,也是一种最高的美学境界。中国木构梁架建筑,宜于平面铺展,最讲究轴线明确,建筑布置对称均衡,整体的和谐之美;一方面,儒家认为:"天人一物,内外一理,流通贯彻,初无间隔㊴。"重天道与人道的统一,人与自然的深层的感情与精神交流,在自然哲学上是道家的"**道**",在政治、伦理学上就是儒家的"**礼**",反映在建筑空间上,就是要突破建筑有限空间的**视界**局限,与无限空间的自然相通互融,即从有限达于无限,又从无限回归于有限,从而达于自我的**见道**方式。

这种建筑空间意识,体现在总体生活环境中的时间和空间的融合,和视觉的莫穷或无尽,形成中国建筑和造园,对**空间的流动性**、**时空的无限性**、**永恒性**的追求。积千百年的建筑实践,中国古典建筑中已积累有非常丰富的创作经验,形成中国的具有民族特色的、富于哲理性的思想理论体系。

阴阳五行说,对中国传统建筑的影响,并非只是在形式的象征意义上,它更深地体现在儒家"天人合一"的思想,道家的宇宙本体的"道"的观念上,渗透和深化在建筑的空间意匠中,以及对建筑整体的和谐完美和时空无限性、永恒性的追求。从而在建筑艺术上,形成具有鲜明民族性格和独特的创作思想方法。

# 第六节 堪舆学与建筑

## 一、堪舆、风水

**堪舆** 一作堪余,《说文》:"堪,地突也。"是指地之突出者。段玉裁注:"《淮南子》曰'堪舆行雄以起雌'。堪,言地高处无不胜任也,所谓雄也;舆,言地下处无不居纳也,所谓雌也。"《汉书·艺文志》著录有《堪舆金匮》十四卷,《隋书·经籍志》著录有《堪余历注》、《地节堪余》等书,是论占日占辰的书。可见,堪舆初非专论风水,只有部分关于风水的内容。隋唐以后,逐渐以相宅相墓为堪舆了,如清钱大昕《恒言录》:"古堪舆家即今选择家,近世乃以相宅图墓者当之。"相宅图墓也就是所说的看风水了。

**风水**之名的由来,据托名晋郭璞撰《葬书》云:"葬者乘生气也。经曰:气乘风则散,界水则止。古人聚之使不散,行之使有止,故谓之风水。"民间主要指附会阴阳五行的一系列迷信方法,选择住宅和墓地以获得吉祥富贵、福寿平安的**风水术**。

东汉时佚名作者撰《图宅术》，书虽已不存，从仅存的两段佚文，略论五姓五音配合住宅吉凶之说，为最早的风水专著。说明秦汉时期，风水已逐渐从堪舆家的学说中分化出来，同时阴阳五行、周易八卦、天文河洛等术数学说，也进入了卜居、卜宅领域，风水由此也就获得了哲学的思想基础，更具迷惑性了。

魏晋南北朝时期，住宅、墓地的吉凶附会人事的观念，已为士大夫阶层广泛接受，甚至最高统治者的皇帝对风水也笃信不疑。到隋唐时期，风水术已基本成熟定形。由于风水的盛行，各种《宅经》达数十种，《葬书》更达百种以上，阴阳五行说被大量引入风水中。如《堪舆易知》所说："凡一术数之成立，必有所谓本源者。本源者何？即五行是也。"晚唐时罗盘作为风水术的必备工具，也逐渐推广开来。

宋元明清以来，风水说继续发展和完善，社会影响日益扩大、深入到社会各阶层，并且得到历代封建统治者的大力支持，对中国古代社会生活的影响至为深广。李允鉌《华夏意匠》说：风水"这种迷信事实上的确成为了古代对建筑影响的一个因素，上至皇帝，下至贩夫走卒都有一些人相信建筑物的形状与位置(尤其是陵墓)与人命运有关，不深信也至少是'半信半疑'，较少人对此说作出根本的否定[35]。"对风水这一历史客观存在的现象，不能加以简单的否定，更不能盲目去吹捧，必须以科学的态度作具体的分析。这里我们仅从建筑实践的角度，分析风水对建筑的影响。

从人与自然的关系，建筑本是一种改造与利用自然的活动，如何改造与利用自然，不断创造提高人们对生活环境的要求，是永无止境的实践过程。当人们的社会实践（包括建筑）还处于初期状态时，盲目性愈大，就愈是感到难以掌握自身的命运，就利用幻想"超自然的力量"来实现自己对生活的某种愿望。在现实的世界中，人的生活总是存在种种的艰难与险阻，对人生前途莫测，就幻想能得到超人间力量——神的保佑，遇难呈祥，逢凶化吉。有人说："风水起源于远古自然崇拜中对地形的崇拜，'以地形为某种神灵化身或者具有灵性'的迷信，后来就发展为风水术。"是不无道理的。

风水对自然根本不是什么科学的探索，而是怀着对自然神秘的崇拜去寻求自然的奥秘。所以，我们可以从风水中，对环境种种现象的似是而非的解释，它以通俗的逻辑、道德和惟灵论的热情，借以作安慰和诡辩的依据，让人们相信其编造的幻想的现实。实质上，风水所关注的主要不是物质环境本身的好坏，而是与这一环境形式相对应的人的命运的凶吉。人人皆有趋吉避凶、希望生活安康、子孙兴旺发达的心理，这是人的正常感情，风水不过是为人们提供了表达这种感情和寄托希望的方式。

如果认为风水纯是迷信，统统斥之为荒诞，也不合乎事实。因为，即使没有风水，人们在改造与利用自然的实践活动中，如长期的建筑实践，必然会不断积累一些合乎自然规律的、有利于创造生活环境的经验，这些经验也正是风水中所包含的现实性的合理因素，虽然风水给它披上阴阳五行等等神秘的外衣，作为有用的经验传播是有益于生活的，这是风水的积极作用方面。

民间借风水中有利于生活的东西，而取得某些"吉"的应验，除了许多复杂因素的偶然巧合，应是《宅经》中常有所谓"屡验"之说的道理。但绝不应该因此而无限地夸大。据说当代有风水论者提出：

风水术实际上是集地质地理学、生态学、景观学、建筑学、伦理学、心理学、美学等于一体的综合性、系统性很强的古代建筑规划设计理论，是中国古建筑理论的精华,与营造学、造园学共同构成中国古代建筑理论的三大支柱⑤⑥。

对如此高调,我大有石破天惊、凌厉激越到声嘶弦崩之感!这位当代的风水论者,虽然可以肯定非中国建筑和造园学方面的专家,但却知道中国古代根本没有建筑规划设计的理论著作,他既然认为风水术是古建筑理论的精华,从而得出风水术与营造学、造园学是共同构成中国古代建筑理论的三大支柱,真是荒谬绝伦了!

将风水术认为不仅是古代建筑规划设计理论,而且是中国古建筑理论的"精华",这恐怕是有史以来在公开正式出版的书籍中,惟一见到的"高论"了。先看看我国权威辞书对"风水"的解释:

《辞海》:"风水,也叫'堪舆'。旧中国的一种迷信。认为住宅基地或坟地周围的风向水流等形势,能招致住者或葬者一家的祸福。"

《辞源》:"风水,指宅地或坟地的地势、方向等。旧时迷信,据以附会人事吉凶祸福。"

如果说,古代的占星术是天文与巫术的结合,那么堪舆学就是地理与神灵迷信结合的产物了。如照此风水论者所说,风水是中国古建筑理论的精华。那么,高等学校建筑系的中国古代建筑史教学,岂不是应该改教风水术了吗?若如此,可谓天大的笑话了!

风水的内容很杂,为了说明风水术的性质,在古代建筑实践中,风水倒底起了什么样的作用,择其要者分析之。

古代的"**宅**",既有住宅,包括村镇与城市,也有墓地之意。为了加以区别,风水称墓地为**阴宅**,而以住宅市镇等为**阳宅**。这里我们只讲与建筑实践关系密切的、一些选择宅基和建造住宅的有关内容,即阳宅风水。

## 二、阳宅风水

风水术认为住宅的形相,关系到人家的祸福吉凶,故又称宅相。《晋书·魏舒传》:舒"少孤,为外家宁氏所养。宁氏起宅,相宅者云:'当出贵甥'。外祖母以魏氏甥小而慧,意谓应之。舒曰:'当为外氏成此宅相'⑤⑦。"文中的相宅者,旧时俗称专职从事风水活动的人,即风水先生。魏舒所说:"当为外氏成此宅相",是表示今后当力图显贵,以证实舅宅形相当出贵甥的预言。后因用"宅相"为外甥的代称。

**宅相** 即住宅的风水相。宅相主要包括两个方面内容,即"宅穴"和"宅形"。

**宅穴** 就是住宅、村落、城镇的基址,称阳宅穴场。点阳穴即确定基址所在地及其范围。而宅穴中的"**正穴**",是阳穴的正中,是指确定城镇中心和中心的建筑布局问题,实际上,就是**建筑规划设计问题**。

风水术是怎么说的呢?阳穴的正中,如建都城,要先于其正穴营建宗庙、社稷和宫殿;建省城,先于其正穴营建府署官衙;建州、县城,先于其正穴建公堂正治,次为府库、牢狱。这一建筑规划设计原则,早在三代建王城就是"择天下之中而立国,择国中之中而立宫",以宫室为中心的城市规划模式。《诗经·鄘风·定之方中》:"定之方中,作于楚宫。揆之以日,作于楚室⑤⑧。"也说明春秋时卫文公于楚丘重兴建国(城)时,仍然是如此规划的。

这种天下之中立国,古即建城,城之中立宫,是居中便于控制四方,占地势之利也。《文选》张衡《东京赋》:"彼偏据而规小,岂如宅中而图大⑤⑨。"《旧唐书·音乐志三》："至哉枢纽,宅中图大⑩。"

不论是三代时的"定之方中",还是秦汉以来的"宅中图大"的城市规划思想和建筑组合的意匠,早在风水术形成以前就存在,根本与风水无关,而是决定于封建宗法礼制的要求。自汉代"罢黜百家,独尊儒术"以来,以礼制为核心的儒家思想,是踞于社会统治地位的思想,风水术的所谓"正穴"之说,只不过是对现实社会制度和礼制思想的附和罢了。

**宅形**　是指住宅的形状,分宅外形和宅内形。宅外形指宅院所处的位置、形状、四方地形等自然情况。宅内形则指住宅所有建筑物的形状、位置及相对的组合形式。

晋干宝《搜神记》中以"宅相"喻人很形象,云："宅以形势为身体,以泉水为血脉,以土地为皮肉,以草木为毛发,以舍屋为衣服,以门户为冠带。若得如斯,是事俨雅,乃为上吉⑪。"

# 第七节　论宅外形

风水术非常强调宅外形,如《阳宅十书·论宅外形第一》云："人之居处,宜以大地山河为主,其来脉气势最大,关系人祸福最为切要。若大形不善,总内形得法,终不全吉⑫。"认为宅院所处地势、位置、环境最为重要,即使宅内形房屋的形式、布局等都合风水要求,如外形不好,终究不会皆吉祥的。一般强调地势要平缓,门前街道(风水术称明堂)要宽阔,有水怀抱等等。各种情况的吉凶说法很驳杂,分别摘要以见一般。

## 一、环　境

凡宅左有流水谓之青龙,右有长道谓之白虎,前有污池谓之朱雀,后有丘陵谓之元武,最为贵地⑬。

《阳宅十书》被信风水者认为是"颇为实用"的书。共十卷,撰者不详,从书后跋："王子既辑阳宅十书成",知撰辑者姓王,是辑录诸书而成,内容十分驳杂。从上引文"元武"本为"玄武",可能避讳康熙玄烨之名,则出书当在清代康熙朝或之后。以下所引此书者不再注明。

上述住宅基地为"四神相应",从宅基选址来说,在古代尤其是农村,交通不便,基础设施依赖于自然条件时,这四句话所包含的自然条件,是很优越的。地势前低后高(丘陵),向阳开敞;左畔河流,右旁大道,既有水陆交通之便,又有汲水排水之利,故云"最为贵地"。但附会以五行方位"四灵"说,即东青龙,西白虎,南朱雀,北玄武,不说东西南北,而以四方之神的"四灵"表示方位。对迷信风水者言,就会有一种神秘的力量。

凡宅东有流水达江海吉,东有大路贫,北有大路凶,南有大路贵。

东有流水,即左有青龙,达江海是活水,故吉。为什么东有大路就贫呢?从住宅与道路的关系,宅院是坐北朝南的,路在宅东或宅西并无多大差别。何况南北通衢,大家岂能都建在道东?从功能上是毫无道理的。所以说"东有大路贫"者,是不合阴阳五行之说,西方为金为白虎,东方为木为青龙,大路在东则金克木也。但并不妨碍功能,故言"贫",未言"凶"。

南有大路最为便利,故云"贵"。北有大路何以就"凶"呢?若在乡野,大路在村落和住宅之北很寻常,说"凶"就毫无道理了。但对城市住宅,三面被围于建筑之中,只北面沿街,不仅宅门朝北,按庭院组合模式,主要堂屋也只能坐南朝北,终年不见阳光,这样的居住条件,当然不利于健康,故云其"凶"。

> 凡宅门前不许开新塘,主绝无子,谓之血盆照镜。门稍远,可开半月塘。

这条与前"四神相应"条的"前有汙池谓之朱雀"的污池,也在门前,却是最贵地的因素之一,而人工开凿新塘,竟严重到会断子绝孙的地步!这已不是什么推断,而是恫吓了。从前条的"污池"还可勉强解释。有下降,停积不流之水意。《孟子·滕文公下》:"园囿污池沛泽多而禽兽至。"而地形的高低,古有用"污隆"一词,如潘岳《西征赋》:"凭高望之阳隈,体川陆之污隆[64]。"综合起来可以作如斯解,风水术从建筑朝向的卫生学意义,一贯强调地形最佳是前低后高。"四神相应"地形,是后有立陵,前有污池,说明宅基是坡地,污池雨水冲积自然形成之池,故吉。若池小,一塘死水,污浊不堪,又何贵之有?

新开池塘成半月形就可以,言外之意开成方形或圆形,倒成了"血盆照镜",而有绝子之灾了。所以,皖南徽州村庄的宅前水池,多成半月形状,可见风水对民间生活影响之深。但从审美角度,却也反映出中国人不喜欢几何形的方塘石洫,爱好自由灵活的形式与自然和谐的审美观念。

> 凡宅居滋润光泽阳气者,吉;干燥无润泽者,凶。

这条很好理解,凡负阴抱阳,背山面水,林木茂盛之地,自然滋润光泽而有阳气。若土地沙化,草木不生,缺乏水源之地,必然干燥无润泽,不宜居住也。

> 凡宅树木皆欲向宅吉,背宅凶。

将住宅的绿化,用树对宅的向背表示,是故弄玄虚,令人莫测高深而已。说白了,就是住宅在林木的环抱之中,树木就皆欲向宅了。如此住宅,周围的环境景观肯定幽美。背宅者,住宅近处很少树木也。

在阳宅内形吉凶图说中,对庭院绿化亦大加赞赏。断曰:

> 苍苍翠竹送身旁,堪羡其家好画堂。
> 大出官僚小出贵,个个儿孙姓名香。

这个断语是否灵验,是将来的事了。在风水中,宅门前种树,非凶即祸,独对栽竹加以赞扬,是迎合古人爱竹耳。东晋大书法家王羲之子王献之,居必种竹,说"何可一日无此君"。甚至有食可无肉,居不可无竹之说。风水对绿化的肯定,显然是有利于环境保护的。

## 二、地形

凡宅东下西高,富贵英豪。前高后下,绝无门户。后高前下,多足牛马。

这是讲基地有坡度的情况, 按住宅院落的空间组合, 不同朝向房屋的使用质量,主要是日照问题。中国在北半球,**是南阳、北阴、东煦、西晒**。东下可纳晨曦,西高夏挡西晒冬障寒风。前高后下,前面的倒座高,而后面的正房低,不仅冬遮正房阳光,而且视觉不畅,否则,只有加大倒座与正房的间距。后高前下,正房炎夏北窗清凉,寒冬可纳阳日也。

凡宅地形卯酉不足,居之自如。子午不足,居之大凶。子丑不足,居之口舌。南北长东西狭,吉;东西长南北狭,初凶后吉。

这是讲住宅基地的形状,前三句以地支代方位,故作高深而已。为便于说明,将地支所代表的八方列表如左:

卯酉不足,就是南北长东西狭的地形,这种地形非常宜于沿轴线组合多"**进**"庭院,也是最适用最普遍的形式,故云"居之自如",是吉祥的。子午不足,即东西长南北狭,多进庭院就不能沿南北纵轴线组合,只能向东西方向(横轴)延伸,这就完全不合于中国人的生活活动方式,故云"居之大凶"。但是,后面不用地支代方位时,"东西长南北狭",又说是"初凶后吉"了。自相矛盾的说法,非此一则。所谓的长、短、宽、狭,都是不定量的,伸缩余地很多,风水先生随口道来,皆能自圆其说。

| 地支 | 方位 | 地支 | 方位 |
|------|------|------|------|
| 子 | 北 | 午 | 南 |
| 丑寅 | 东北 | 未申 | 西南 |
| 卯 | 东 | 酉 | 西 |
| 辰巳 | 东南 | 戌亥 | 西北 |

风水术将人们长期积累的生活经验和习俗以及官府制定建筑制度为基础,从宅基的形状到周围环境,凡视线所及,诸如山水的形态与走势,地势高低与倾斜,道路、河流、池塘的位置,甚至与树木的关系……等等,一切能考虑到的因素,归纳出一百多项,凶和吉的宅外形,并用图的形式和打油诗式的断语,作为给人们选择宅基和环境好坏的依据。其中虽多荒诞不经之说,但从这些现象中多少也折射出一些现实性和合理性的东西。

# 第八节 阳宅外形吉凶图说

为了简要的说明问题,现将《阳宅十书·阳宅外形吉凶图说》中选择有代表性的例子,以见一斑。图 **10－4** 为宅基形状风水吉凶图。

这些宅基形状示意图,均以坐北朝南为准则。显然端方规整的长方形,是适合传统住宅庭院组合的要求,所以风水断为吉地。那么,是否不规整的地形就不吉呢?非也,从图所示被认为"凶"的不规整形状宅基却很少,如图中三个不规整的凶地,按上北下南看,梯形平面,不论是南宽北窄,还是北宽南窄,从庭院组合端方规整的特点,四面都会留有边角碎地,难以使用造成浪费。北宽者,院后尚有利用的可能;南宽者,不仅院后无法利用,由于主体建筑厅堂的体量较大,厅堂的位置要受梯形

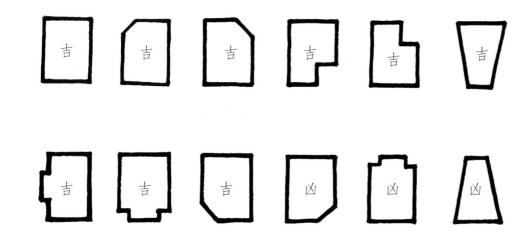

**图 10 - 4　宅基形状风水吉凶图**

两边侧墙距离的限制,甚至难以按日照间距组合庭院,如此地形,如何能吉?

凸字形基地,要较梯形为佳,其凸出部分在北面的,显然比南面的利用差,故云:凶。

东南缺角的宅基,按风水要求以"坎宅巽门"为吉,即正房坐北朝南的庭院,宅的大门应开在东南方为吉,在西南方为凶(有关宅门开设方向问题,下列专节分析)。传统梁架结构建筑,除点式者而外,只能组合成矩形平面,不能去掉一角。四合院住宅之倒座如让开缺角,在房屋东间作门屋,可能正在轴线上,进门后院内一览无余,不合一般住宅隐僻的生活要求,风水术称之为"穿心杀"。若在倒座中间开门,有可能失去对位的关系,且偏向西南。从风水"坎宅巽门"的要求,东南缺角为凶,西南缺角就为吉了。

在《阳宅十书·外形吉凶图说》中:凡认为是"凶"的,绝大多数并不在于宅基地的形状是否规整,而是对其四周环境条件不同情况进行判断,断语多属荒诞无稽之谈,举数例以见一斑。

东有坟丘:
> 此宅卯地有坟丘,后来居之定灭门。
> 愚师不辨吉凶理,年久坟前缺子孙。

西北有池:
> 西北乾宫有水池,安身甚是不相宜。
> 不逢喜事多悲泣,初虽富时终残疾。

东边有山:
> 此宅东边有大山,又孤又寡又贫寒。
> 频遭口舌多遭难,百事先成后来难。

四边有路:
> 四面交通主凶殃,祸起人家不可当。
> 若不损财灾祸死,投河自缢井中亡。

门前双池:
> 此屋门前两口塘,为人哭泣此明堂。
> 更主人家常疾病,灾瘟动火事干连。

总之,凡有东西直对住宅大门都是不吉利的,如:大树当门,主招天瘟。墙头冲

545

门,常被人论。众路相冲,家无老翁。神社对门,常病时瘟。粪屋对门,痛疾常存。水路冲门,忤逆子孙。门前直屋,家无余谷。仓口向门,家退遭瘟……不胜枚举。

风水的诸多说法,是没有多少科学道理好说的,其实有些情况,人们凭生活经验,也能衡量其利弊和得失的,有些明知不利,限于主观和客观条件,一时难以改善的,如"凡宅不居当冲口处"言,对门冲口之物,就不是宅主能改变的,更无法使其消失。风水对此的断语,可谓竭尽恫吓之能事。只有如此,宅主才不得不祈求风水先生为之化解,风水先生就会拿出"惟符镇一法可保平安"的法宝,实现其生财之道。

为什么风水术对直接影响住宅建造不规则形状的基地很少作吉凶的判断? 而对宅基地周围可变的环境条件却大做文章?

风水术中的这个现象,正是客观存在的现实在人头脑中的反映。风水作为一种观念,当然也不例外。在封建社会,无论是生产还是交换,都是以个体分散的方式进行,户户自营的家庭经济,家家都是根据自己的经济条件和愿望造住宅。但要受到封建宗法等级制度的种种的社会条件的限制,能有足够的规整的宅基者,除非是少数在经济上居于统治地位的人,对绝大多数的人来说,只能相互拥挤在可能得到的一点空间里,宅基的残缺不规整,正反映封建私有制自给自足的自然经济形态,宅基不规整是正常的必然现象,具有现实的合理性。

凡具有现实合理性的事物,都是风水藉以判断为"吉"的依据,反之则"凶"。尽管风水理论似悬浮半空难以捉摸,但它终究离不开现实生活的土地。

# 第九节　论宅内形

风水讲住宅内形,仍然是以四合院的空间组合模式为准则的。从《阳宅十书·论宅内形第八》的"内形篇"总论来看,不仅内容驳杂,有些说法多属臆造。如讲了点木构架的构造问题,梁枋以出笋为胜,若"藏头不出,则主人短命,主小儿难养"。这要看梁枋的位置,如随梁枋、挑尖梁里头就不能出头。再如:"枋压梁头亦不良,人不起头多夭死,妇人少壮守空房。"这是十足的不懂建筑的外行话,枋是柱间的联系构件,主要附于梁、桁之下,如梁架中的随梁枋,桁木下的桁枋。压在梁头上是桁(檩)而不是枋。

在讲营建住宅的工程顺序时说:"造屋从来有次第,先外及内起自堂。"由外向内的建造次序,不是从门屋开始,而是从当正向阳的堂屋开始,有了堂屋可作为准则,其他房屋的方向、位置才不会有所偏差。但讲到造屋子的禁忌现象,就令人难以理解了。举例言之:

　　若还造门堂不造,屋未成时要分张。堂屋终须不结果,少年寡妇受恓惶。

　　若还造厅堂不造,客胜主人招官防。中堂无主失中馈,钱财耗散有祸殃。

　　光造两廊不造堂,儿筑争斗不可当。公婆父母禁不住,兄弟各路行别方。

从这些文理欠通用词不妥的语言中,意思让人模糊不清。如果说这三种情况,只是针对建造住宅未按"先外及内起自堂"的顺序而言,所谓"堂不造"或"不造堂"的意思,仅指造门、造厅、造两廊时没有造堂,那么所说的断语,不过是信口开河,恫吓宅主,借以禳灾祈福捞取钱财而已。如果说,"堂不造"或"不造堂",是说只造了"门"、"厅"、"两廊",不会再造堂了。一座宅院,宅主只造了一小部分,就不能继续造下去了,不问可知,宅主肯定遭到严重的灾祸,甚至已家破人亡,无力再造,无人去造了,风水的断语岂非是毫无意义的废话?

对房屋的使用功能讲到厨房的位置说:"厨灶必须居左位,不宜安在白虎方。"左位,是堂屋之左,即坐东朝西的东厢房;白虎方,即坐西朝东的西厢房。这是生活实践的常识,对我国大部分地区,尤其是南方,东厢夏受西晒,酷热难当,不宜于居也,故而安厨灶。

# 第十节　阳宅内形吉凶图说

内形图说,是讲院落房屋组合的数量、体量、质量等问题,图说是用单体建筑的立面来表示的。从所画的立面图言,《阳宅十书》犯了个很大的错误,屋顶全都画成四坡的庑殿式。古代庑殿顶是用于最珍贵建筑物的,不要说是黎民百姓,就是王公大臣的府邸也不能用,只能用于皇宫和庙宇的主要建筑物上。但从所画个别透视图的房屋倒是硬山顶的(见图10-5),说明辑著者不是对古代建筑制度知之甚少,就是对建筑投影画法无知。

从图10-5看,松竹在宅门外,但据外形吉凶图说,凡在宅外的树皆"凶"。所以,此图可作在院内解。断曰:

> 青松郁郁竹漪漪,气色兴容好住基。人丁火旺家豪富,精玉堆金着紫衣。

何以风水术认为院内有树"吉",大门外有树则"凶",似无道理。如从古代城镇街巷狭窄不可能种树来说,有一两株大树紧靠宅门就不是好事了,至少它有碍交通。

图10-5　《阳宅十书》中的
房屋立面图

### 一、庭院建筑不同组合吉凶说(图10-6)

四合院断曰:

> 此个人家大发财,猪羊六畜自然来。读书俊秀人丁显,气恼纷纷眼疾催。

三合院断曰:

> 若见人家两直屋,必主钱财多不足。名为龙虎必齐直,退田少亡无衣禄。

两合院住宅内有北房(堂屋)、东屋(东厢)而无西房为"青龙头",反之则为"白虎头"(见图10-6)。

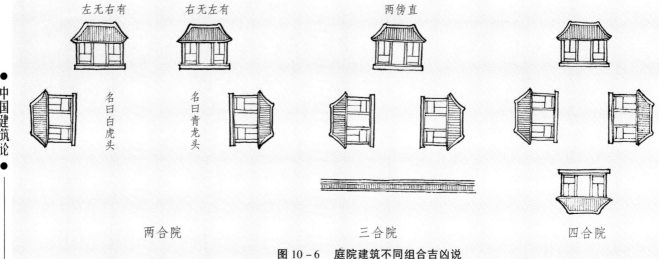

左无右有 右无左有 两傍直

名曰白虎头 名曰青龙头

两合院 三合院 四合院

图 10-6 庭院建筑不同组合吉凶说

**"青龙头"**断曰:

> 此屋名为青龙头,必主长房衣食愁。在家孤寡主长败,出去不回空倚楼。

**"白虎头"**断曰:

> 此屋名为白虎头,必主小房衣食愁。幼男孤寡必损败,便见原因在里头。

**重阴房**,凡住宅内只有南房或西房,而无北房、东房者为"重阴房"。断曰:

> 阴盛阳衰最不强,女人兴旺儿不长。盗贼官事都无数,绝了后代少儿郎。

**孤阳房**,住宅内只建一座北房者名"孤阳房"。断曰:

> 只有一北房,男旺女遭殃。钱财主破散,年年有不祥。

风水术对四合院大唱赞歌,因为四合院是中国封建社会城镇以至乡村大多数家庭传统居住建筑形式,也是小康之家的典型住宅模式,是广大劳动者家庭理想的住所。风水术赞颂四合院,正是通过肯定这种现实的生活方式,得到人们对自身的肯定。四合院自然成为评断住宅吉凶的一个重要标准,凡达不到四合院标准的,就无一不"凶"了。

如有四合院的基地,只盖成三合、两合甚至只盖了一栋房屋,如三合院的断语中所云:"必主钱财多不足",这倒是实话。要是有财力能盖四合院,何乐不为呢! 显然,房子愈少者愈贫困,这种家庭生活本已困顿,且知识贫乏,最怕再遭飞来横祸,只有寄托风水术化解,以保平安。

上述的几种情况,要宅主人再增建房屋,并合乎四合院的规制,不知要到何年何月了。宅兆既凶如何化解呢?风水术的真谛就在《阳宅十书·论符镇第十》所说:**"若宅兆既凶,又岁月难待,惟符镇一法可保平安。"**这是风水术的绝招,也是属于风水术所能创造出来"精华"了。

朱雀垂翅　　　　　玄武插尾　　　　　青龙举其首　　　　　白虎畔边哭

图 10-7　单体建筑的吉凶图说

## 二、单体建筑的吉凶图说(图10-7)

在风水术中,四合院中的任一栋房屋,在山墙外接建小屋,都是凶兆。诸如:"西房北头垂下厦,为**白虎畔边哭**。女先故,必有死事";"**青龙举其头**者,乃是东房南头插小房。主年虚耗,男女有损,大凶,牛马死伤。急拆镇之,则吉";"**玄武插其尾**,乃北房西头接小厦。主贼盗,六畜之事不吉。拆之,吉";**朱雀垂其翅**,"南房两头垂有小房厦,是主人家不测之灾祸也"。如此等等,不一而足。

为进一步说明风水术的实质,再举几个例子,原书所画之图甚差,根本不能表示其所说情况,故略之,仅录文字如下。

**露星房**

歌曰:"旧房远年雨露多,东则见西号星堂,官灾口舌频频有,更有年年见火光。"

解曰:"破屋大漏有窟者,主有官灾横事,人口血财不旺。修补完备,吉。"

**晒尸房**

歌曰:"莫盖晒尸房,人口病着床。服药无数效,阴小必损伤。"

解曰:"盖房经年不盖完,名为晒尸。主人口病,不快。择吉日苫盖了,吉。"

**焦尾房**

歌曰:"莫盖焦尾房,人口必受殃。阳屋伤男子,阴屋女人伤。"

解曰:"若盖旧房,用新椽接出前后厦,主人口损伤,血火之灾,官事口舌。"

所谓"露星房"、"晒尸房"不用多说,风水术中有多少学问,是一目了然的。对"焦尾房"涉及到房屋结构和构造问题,值得讨论。看看风水术中有些什么建筑设计理论上的所谓"精华"。首先弄清楚上述文字中概念模糊、似是而非的话。

"盖旧房",可有两种解释,一是在已有旧房子的前后接出厦;一是利用旧房构架材料盖房,"用新椽接出前后厦"。

"前后厦",在一栋建筑前后接出开敞的建筑,称**抱厦**。开间少于主体建筑,抱厦的屋顶与主体建筑多垂直相交,亦有平行相接者。古建筑中住宅没有用抱厦的,前后接抱厦的也仅见圆明园等皇家园林建筑中。

云南丽江纳西族,将正房前宽大的檐廊(前廊)称为**厦子**。这"接出前后厦"的厦,显然是指前后廊。

"**阳屋**"、"**阴屋**"。阳屋:坐北朝南的北屋(正屋)和坐东朝西的东厢房;阴屋:坐南朝北的南屋(倒座)和坐西朝东的西厢房。

先讲"用新椽接出前后厦"问题,且不论用新椽与否。在传统的四合院住宅中,南北东西四栋房屋,南房倒座沿街,东西厢房比邻,绝无前后接廊的,即使是两进宅院的正房,也没有前后接廊的做法。四栋房屋皆做檐廊,都是在朝向庭院的一面,即只做前廊没有后廊,但园林中的厅堂除外。

况且在旧房子的前后接廊，也是不可能的事。不论这旧房是已经存在的，还是利用旧房构架材料再造的，房屋的檐高都有定制，按《清式营造则例》中"营造算例"："檐柱定高按面阔一丈，得高八尺⑯。"檐口高加出檐坡度，还要低些。如前接檐廊，不仅单用新椽，还得加廊柱和联系梁架檐桁来承担新椽才行，况且廊子愈深，檐口就愈低下，既影响采光通风，又遮挡视线，憋闷而不畅。在旧房子的前后接出檐廊来，只是研究风水者的主观臆想罢了。

# 第十一节　论开门修造

风水术特别重视住宅大门的方位，《阳宅十书·论开门修造第六》云："夫人生于大地，此身全在气中。所谓分明人在气中游者是也。惟是居房屋中，气因隔别，所以通气只此门户耳。门户通气之处，和气则致祥，乖气则致戾，乃造化一定之理。"认为，住宅受气于门，犹如人之受气于口，故风水术有"**气口**"之说。要求宅门建于吉星方位，以迎气避凶。

风水术依住宅坐向及开门方位，分别归属于八卦，共有八种住宅。即乾宅、离宅、兑宅、坎宅、艮宅、巽宅、坤宅、震宅，故曰"**八宅**"。我们以最典型的四合院，坐北向南的坎宅为例讨论之。

据八宅说，坐北向南住宅共有三种，即坐北向南离门宅，就是在正中向南开门，"**坎宅离门**"；坐北向南巽门宅，即在左边向东南开门，"**坎宅巽门**"；坐北向南坤门宅，即在右边向西南开门，"**坎宅坤门**"。据风水术的说法，前两种开门方位正当天乙、福德吉星，故吉；后一种开门方位正当五鬼凶星，故凶。尤以宅门开向东南巽位的，称"**青龙门**"，最吉；宅门开向西南坤位的，称"**白虎门**"，大凶。所以，民间传统住宅，宅门多在东南隅，绝没有在西南隅开门的。下面对"离门"和"巽门"作进一步讨论。

住宅在南方向开门，多为庭院深重的官宦人家，民居极少。何也？这同风水的"宅有五音，姓有五声"，宅不克姓的说法有关。《图宅术》有"商家门不宜南向，徵家门不宜北向。则商金，南方火也。徵火，北方水也。水胜火，火贼金，五行之气不相得"。这是将五音之商，附会五行之金，又将商转换为"商人"，可谓极臻附会之能事矣。故南向开门就为商家所忌，平民百姓家就更不会向南开门了。

撇开阴阳五行的说法，我们不妨从建筑设计角度来分析，传统民居四合院，以往皆单门独户，宅门开在东南一隅，避免在正中向南开门，庭院一览无余，而需筑隐壁屏蔽。因不直接进入堂前庭院，既避内隐外，又有个缓冲的余地，且"倒座"不被穿过，可作待客之用。或者说，四合院坐南朝北的房屋可较好地得到利用(详见本书第七章《中国建筑的空间组合》中的"群体空间组合"部分)。

官宦缙绅之家，第宅多"进"，少者数进，多者数十进，庭院多房间众，内眷多在后进庭院活动，既内外有别，亦主宾分明。为了气派和排场，以显示其地位身份，均向南开正门，且装饰典丽。可以说，"坎宅离门"是缙绅第宅的需要，风水当然捧场说吉了。

一般住宅，何以东南开门吉，西南开门就凶呢？我们还是从建筑设计角度做些分析。

城镇中的传统住宅，多东西比邻，南沿街道，如当正向南不能开门，宅门就只有开在东南隅的巽方，或西南隅的坤方。按东方日出属阳，西方日没属阴。《礼·礼器》："大明生于东"和《礼·曲礼》有"**主人入门而右，客入门而左。主人就东阶，客就西阶**⑥"。"东，就有代表主人的意思，后来用作主人的代称。

《汉书·公孙弘传》："弘数年至宰相封侯，于是起客馆，开东阁以延贤人，与参谋议⑥"。阁(gē)颜师古注："阁者，小门也。东向开之，避当庭门而引宾客，以别于掾史官属也。"这个东阁之典，就有了主人重贤好客以待来宾的意思。

从建筑设计角度，宅门开在东南，与主人接待客人"入门而右"和"就东阶"的活动路线是顺应的，若宅门在西南则走势不顺。据此可证，住宅在东南隅开门，源于古代的礼制所形成的**生活习俗**，与礼制有着直接的内在联系。

因此，风水术对建筑吉凶的判断，是绝不会同古代社会的建筑制度相抵触的，如在论宅内形中有"凡人家宅门上不可起楼，必主家长不利，官衙亦然。古云：门上起高楼，家长遭狱囚。"如此等等。断言不说人口疾病伤亡，而说"遭狱囚"者，因门上造楼是不合建筑制度的违法行为也。

在《风水辩》中对风水的解释，颇有意义："所谓风者，取其山势之藏纳……不冲冒四面之风。所谓水者，取其地势之高燥，无使水近夫亲肤而已。若水势屈曲而又环向之，又其第二义也⑥"。"山之势，即山之走向、方位、朝向，要"草木兹荣，四山盘绕，支陇四辑，即为贵地"(《青囊海角经》)。水之势，要"水口宜山川融结，峙流不绝"(《青鸟经》)。村镇选址，要在山环水抱之中，**背山面水**，"**负阴抱阳**"，地势爽垲的向阳之处。这些说法，实际上是堪舆家吸取了人们在长期生活实践中，对自然环境选择所积累的经验。正因为风水术吸取有传统建筑文化的好的方面，随风水在民间的流行，尤其是对穷乡僻壤地区，客观上也就起了传播的作用。或者说，这是风水具有积极意义的方面。

为了说明风水的作用，张十庆在《风水观念与徽州传统村落关系之研究》一文，所举黟(yí)县宏村的例子，是很有意义的。

> 南宋德祐年间，暴雨引起溪水改道，两河汇西绕南，很如精通堪舆的汪氏始祖之意。水系变迁为宏村提供了很好的发展村基，呈背山面水之势。明永乐间，又三聘休宁海阳镇地师何可达对村落进行了总体规划，"巧工追琢，十载治成，遍阅山川，详审脉络"，将村中一天然泉水掘成半月形月沼，并从村西河中"引西来之水南转东出"。明万历年间又将村南百亩良田掘成南湖。至此，宏村水系规划完善。这一水系，从村西入村，经九曲十弯，贯穿村中月沼，穿过家家门口，再往南注入南湖。水系构成了宏村形态的最主要特征(图**10−8**)。值得注意的是，这一水系的规划是在地师的指导下进行的，带有明显的风水吉凶观念。改造后的村落环境为村的发展提供了良好的基础，明清时期成为古黟"森然一大都"⑥(图**10−9**)。

宏村在山环水抱之中，错综有致，鳞次栉比的村舍，曲折蜿蜒的街巷，整个村落呈现出一种质朴和谐的自然之美。英国学者李约瑟认为："风水一般强烈偏好蜿蜒之道路，纡曲之墙垒与波折多姿之建筑物，盖求其适合山水之景色，而不欲支配之也。直线与几何学之设计则所极端反对"，他感受中国"风水包含着显著的美学成分，遍中国的农田、居室、乡村之美不可胜收，皆可借此以得说明⑩。"

李约瑟对中国中世纪乡村的"**蜿蜒之路**"如田园诗般，大加赞赏；而建筑大师勒

中国传统住宅，大多将宅门开在东南隅，是与古代待客的礼制，形成人们生活习俗有着内在的联系。风水术不过是借阴阳五行的说法，作为预言人的命运和推断吉凶祸福的依据而已。

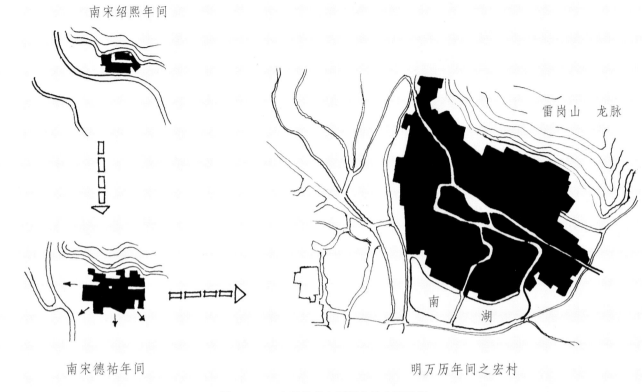

南宋绍熙年间

南宋德祐年间

雷岗山　龙脉

南　湖

明万历年间之宏村

图 10 - 8　水系构成宏村形态的主要特征

图 10 - 9　安徽黟县宏村月沼环境景观(摹写)

·可布西耶（**Le Corbusier**）形容欧洲中世纪城市道路，如"驴行之径"错综曲折，毫无规划。不论中国还是欧洲，从乡村到城市都是在封建私有制度下，人们各自建宅尽量占有土地，房屋相互挤在一起，自然形成道路之蜿蜒曲折。何以欧洲如"驴行之径"杂乱无章，而中国的街巷，却蜿蜒有情，曲折有致。这是否如李约瑟所说，是由于中国有风水术之故呢？

中世纪的乡村和市镇，都是经过长期逐渐自发形成的，就以黟县宏村来说，自南宋德祐年间（1275），因暴雨溪水改道始，中经永乐年间地师对水系的规划改造，到明万历年间（1574～1619）凿成南湖，前后有300多年，到20世纪中叶达六七百年之久。难道风水有如此巨大的深透的神奇力量，能左右逐渐增建宅院而形成道路吗？

不能否认，水系规划对宏村发展和总体面貌形成的影响，但不可能控制带有自发性的住宅建筑最后形成道路的结果。也就是说，风水对村镇的水系、房屋、道路的形成虽有一定的影响，但非决定性因素。

我认为，形成中国乡村、市镇"蜿蜒之路，纡曲之墙垒与波折多姿之建筑物"和谐之美的决定性因素，是房屋采用同一木构梁架体系，和庭院空间组合的基本模式。因而具有内在的统一与和谐，使人感到房屋错落有致，道路曲折有情的自然淳朴之美。

有着悠久历史文化传统的徽州地区，由于"泥于阴阳，拘忌废事，且昵鬼神，重费无所惮"的风俗，在山区村庄中，为了避开"绝祸之方"，可以看到大量的假门、斜门、设而不开之门，和道路冲宅之处，墙上立着符镇之用的"山镇海"、"泰山石敢当"的大石块……这些为山村添加上去的东西，才是纯粹的风水术的杰作。今天，倒使人感到有种特殊的风味。

如果说，造住宅时请风水先生看过风水，为何还有这些符镇的东西呢？这就是《阳宅十书·论选择第九》中所说："总令内外之形俱佳，修造之法尽善，若诸神煞一有所犯，凶祸立见，尤不可不慎。"这就是说，即使宅基和环境选址、房屋布局和形式等俱佳，施工建造也尽善，也不能保证就会平安。因为，不知什么时候无形中触犯神灵恶煞，凶祸就会立即降临。这种说法，对有点科学头脑的人来说，风水术岂非自我已经否定，那些所谓吉凶祸福的断言，都是无稽的谎言吗？

## 一、符 镇 法

风水术中的有关符镇法的内容，凡衣食住行无所不包，方法以书写符文和埋石为主。埋石风俗与古代石头崇拜有关；符文则是取法道教的符咒，用甲骨文、金文的变体和毫无意义的符号线条组成，以其神秘气氛给人以精神的安慰。

"石敢当"，凡住宅大门正对街巷路口、桥梁时，设石碑上刻"石敢当"三字，立于门口，以镇不祥，亦有刻"泰山石敢当"五字者，刻"山镇海"很少，流传不广。

"石敢当"起源传说颇多，最早有说起源于黄帝战蚩尤之时，有说起源于西周者，而最早见于文字的为汉代史游《急救篇》，唐颜师古注，云：石为其姓，敢当为虚拟其名，"言所当无敌也"。其法在凿石时用冬至日后之十日，即所谓"龙（辰）虎（寅）日"。石碑制成后，于除夕时用生肉三片祭祀之，新正寅时植于大门口，以示其慎重而增神秘感耳。

符镇，方法除画符以镇之，视不同情况还有相应的做法。如"镇宅中妖邪法"：

木构梁架体系的房屋，庭院空间组合的基本模式，是形成中国乡村房屋错落有致，街巷曲折有情，具有淳朴、和谐、统一之美的内在因素。

"凡住宅中见到有烟气成人鬼形,不吉。镇法用红笔写酆都大帝的牌位供养,再用长一尺二寸的柏木板书符镇于宅中,则吉[71]。"见图"10－10 镇宅中妖邪符"。镇符的名称有:"镇灯自明灭"、"镇门自响"、"镇房屋自响符"、"镇母鸡鸣"、"镇梦不祥"、"镇六畜走失"、"镇盗贼符"、"产妇不下"符等等。从符名可见,当时人缺乏科学知识而愚昧,若产妇难产,不请医生,只等符镇催生,岂不等于送死?这又是风水坏的一面了。这就是"惟用符镇一法可保平安"的实质。

像黟县宏村这样令人赞赏不已,具有浓厚的乡土风情,自然淳朴之美的山村,正是建立在封建宗法制的生产关系之上,造成生活环境的闭塞、文化落后的原因。

封建帝王为了维护其统治,利用阴阳五行风水之说愚弄人民。历史上典型的例子,是宋太宗赵光义为掩饰他焚毁晋阳、屠杀百姓的罪行,搬出占星术的"**分野**"之说,即地上各州郡和天上一定的区域相对应,散布京师开封是"商星"的分野,晋阳是"参星"的分野。天上商、参不相见,地上宋、晋不两立,焚毁晋阳是合乎天意的鬼话。

历史上,晋阳是曾出帝王霸主之地,毁晋阳建新城太原时,为了破坏掉此地的龙脉,只修丁字街,不筑十字路,因"丁"与"钉"同音,这样一钉之下,就把龙脉钉住,太原则永远不得翻身,不会出反抗赵宋王朝的人了。可见统治者面对人民的强烈反抗,其内心恐惧的心理。在为自己命运担忧的情况下,同样也迷信风水,做出愚蠢可笑的事情。

**图 10－10**
**镇宅中妖邪符**

## 二、风水的实质

本书无意对风水术作系统性的研究,而是从建筑学角度,主要是对风水术中有关建筑规划设计问题进行科学的分析批驳。读者不难看出,说风水术"是中国古建筑理论的精华",是多么的荒谬!通过分析,可对风水术的实质能有所认识。

早在 2000 年前,东汉的思想家王充(27～97)就指出风水是"**伪书俗文,多不实诚**[72]",对风水持否定态度,他对《图宅术》中的无稽之谈,进行了有力的批驳。明代造园学家计成在《园冶·立基》中强调:"**选向非拘宅相**[73]"的原则,认为在园林的规划设计中,建筑的方位、朝向与风水无关。风水非学术问题,少数学者对风水的否定,是不可能否定掉其存在和流行的,迷信风水与迷信宗教一样。

在人类已经走过 20 多个世纪的历程,跨入 21 世纪时,尽管科学技术已高度发展,仍然有人迷信风水。随着人们物质生活水平的提高,迷信风水又流行起来,绝迹多年的堪舆家、相术者也还阳复苏,并且打着研究《周易》的招牌,以提高身价。这种现象是不足为怪的,风水就同宗教一样,"**在人们还处在异己的自然和社会力量支配下的时候,作为人们对这种支配着他们的力量的关系的直接形式,即有感情的形式而继续存在**[74]。"也就是说,在生活中只要有对前途莫测,不能把握自己命运的人存在,反映人的幻想现实性的感情形式——风水也就会继续存在。只有当人摆脱了**幻想**,以**理性**的人来思想行动,建立自己的现实性,那么靠幻想的现实性而存在的风水,自然也就随之消失了。

风水术中涉及一点建筑学和环境科学内容的,只是牵强附会,根本没有一点属于它自己的东西。

**注　释：**

①③　王国维：《观堂集林·殷周制度论》。

②⑤　马振铎等：《儒家文明》，中国社会科学出版社，1999 年版，第 11 页。

④《礼记·明堂位》。

⑥⑦《礼记·乐记》。

⑧《儒家文明》，第 19 页。

⑨《礼记·哀公问》。

⑩ 李允铄：《华夏意匠》，广角镜出版社，1984 年版，第 40 页。

⑪《周礼·考工记·匠人》。

⑫《素问·三部九候论》。

⑬《中庸》，儒家经典"四书"之一，原《礼记》中的一篇，相传战国时子思作。

⑭《礼记·祭法》。

⑮《礼记·中庸》。

⑯ 东汉·班固等编撰：《白虎通义·社稷》。

⑰《仪礼·丧服》。

⑱⑳《华夏意匠》，第 90 页、40 页。

⑲㉒ 赵光远主编：《民族与文化》，广西人民出版社，1990 年版，第 227 页。

㉑ 马克思：《政治经济学批判》，人民出版社，1964 年版，第 2 页。

㉓《逸周书·文传篇》。

㉔《周礼·地官·大司徒》。

㉕ 清·戴震：《考工记图》。

㉖《周礼·地官·大司马》。

㉗㉘《周礼·考工记·匠人》。

㉙《左传·宣公十二年》。

㉚ 恩格斯：《费尔巴哈与德国古典哲学的终结》，人民出版社，1960 年版，第 4 页～5 页。

㉛《管子·乘马第五·经言五》。

㉜《三辅黄图·汉长安故城》。

㉝《颜氏家训·杂艺》。

㉞《儒家文明》，第 308 页。

㉟ 李约瑟：《中国科学技术史》，第三卷，科学出版社，1978 年版，《作者的话》第 3 页。

㊱ 宋·欧阳修：《新唐书·阎立德传》。

㊲㊳《华夏意匠》，第 13 页。

㊴ 春秋·左丘明：《国语·周语》。

㊵㊶《周易·系辞下传》。

㊷《尚书·洪范》。

㊸《国语·郑语》。

㊹㊺ 西汉·董仲舒：《春秋繁露·尧舜汤武》。

㊻㊼《春秋繁露·人副天数》。

㊽《华夏意匠》，第 41 页。

㊾《周礼·考工记》。

㊿ 刘敦桢主编：《中国古代建筑史》，中国建筑工业出版社，1984 年版，第 355 页～356 页。

51《周礼·天官·阍人》。

52《周礼·秋官·朝士》。

53 南朝梁·刘勰《文心雕龙·附会》。

54 南宋·朱熹讲学录,《朱子语类》。

55 《华夏意匠》,第42页。

56 尹协理主编:《中国太极八卦全书》,团结出版社,1994年版,第101页。

57 唐·房玄龄:《晋书·魏舒传》。

58 《诗经·鄘风·定之方中》。

59 《文选》,张衡:《东京赋》。

60 后晋·刘昫:《旧唐书·音乐志三》。

61 晋·干宝:《搜神记》。

62 《阳宅十书》,撰者不详,10卷。从书的"跋"文曰:"王子既辑阳宅十书成",知为王姓者辑著。内容十分驳杂,但为风水术者所重。后引此书者,不再注明。

63 《阳宅十书·论外形第一》。

64 《文选》,潘岳:《西征赋》。

65 梁思成:《清式营造则例》,中国建筑工业出版社,1981年版,第148页。

66 《礼记·曲礼上》。

67 汉·班固:《汉书·公孙弘传》。

68 69 张十庆:《风水观念与徽州传统村落关系之研究》,载《建筑理论与创作》,南京工学院建筑系编,1987年版。

70 李约瑟:《中国科技与文明》,第二册。

71 《中国太极八卦全书》,第105页。

72 东汉·王充:《论衡》。

73 明·计成:《园冶·立基》。

74 恩格斯:《反杜林论》,人民出版社,1971年版,第313页。

山 西 五 台 山 白 塔 远 景

# 第十一章
# 中国古典建筑艺术

○建筑与艺术

○建筑与艺术"质"的共同点

○建筑的物质生产和精神生产性质

○建筑艺术的表现形式与内容

○单体建筑的艺术

○组群建筑的艺术

○中国建筑的室内艺术

往复无尽的流动空间理论，独化玄冥的空间设计方法，是中国古典建筑艺术具有鲜明的民族性和独到性的创作思想方法。

# 第一节 建筑与艺术

建筑是艺术吗?

这不是简单地用一个肯定或否定的答案所能回答的问题。提出这个问题本身就说明,建筑是不是艺术,迄今尚无定论,所谓**"建筑艺术"**就更是个模糊概念了。以权威性的工具书《辞海》言,对**"艺术"**的解释是:

> 通过塑造形象具体地反映社会生活、表现作者思想感情的一种社会意识形态……由于表现的手段和方式不同,艺术通常分为:表演艺术(音乐、舞蹈)、造型艺术(绘画、雕塑),语言艺术(文学)和综合艺术(戏剧、电影)。另有一种分法为:时间艺术(音乐)、空间艺术(绘画、雕塑)和综合艺术(戏剧、电影)。

《辞海》在艺术分类中,就没有将建筑列入艺术的范畴。《简明社会科学词典》对艺术的解释,与《辞海》意思是一样的,但在艺术分类中包括了建筑。如:

> **艺术**:用语言、动作、线条、色彩、音响等不同的手段构成形象以反映社会生活,并表达作家、艺术家的思想感情的一种社会意识形态……艺术以其运用的手段和表现形式的不同,传统上分为文学、音乐、绘画、舞蹈、雕塑、建筑、戏剧等。近代电影崛起后,又特称电影为第八艺术。亦有将艺术分为语言艺术(文学)、造型艺术(绘画、雕塑、建筑)、表演艺术(音乐、舞蹈)、综合艺术(戏剧、电影),或分为时间艺术(音乐、文学——最早的文学是口头吟诵的)、空间艺术(绘画、雕塑、建筑)、综合艺术(戏剧、电影、舞蹈)等类。时间艺术又称为听觉艺术,空间艺术又称为视觉艺术。

两者都一致肯定**艺术是一种社会意识形态**。《辞海》在艺术的分类中,没有将建筑列入艺术,大概是考虑到用"社会意识形态"的概念,很难解释清楚首先是一种**物质生活资料**的建筑。《简明社会科学词典》对此亦未作任何解释。

《辞海》虽未将建筑列入艺术,但也并不否定建筑是艺术,而是在"建"字下单列有**"建筑艺术"**的词条。那么,什么是建筑艺术呢?《辞海》解释说:

> **建筑艺术**:通过建筑群体组织、建筑物的形式、平面布置、立面形式、结构方式、内外空间组织、装饰、色彩等多方面的处理所成的一种综合性的艺术。

解释虽从各方面罗列了建筑创作的诸多手段,却使人无法理解进行怎样的"多方面处理",建筑就成了"一种综合性的艺术"呢?更重要的是这种综合性的艺术,有什么社会作用呢?从这个解释中是找不出答案的。如果以《辞海》对艺术的解释,可以表述为运用这些手段"通过塑造形象具体地反映社会生活",但也不能涵盖具有**物质实用功能的建筑**,因为建筑的空间构成与组合,不同于纯社会意识形态的艺术,**建筑不是反映社会生活,而是直接体现人的生活方式和社会生活的**。

就艺术创作而言,仅列出建筑创作的诸手段,并不能说明建筑是不是艺术,任何艺术无不有它一定的物质表现手段。《辞海》对建筑艺术的解释,既没有从**本质**上说明,**建筑艺术与其他艺术有什么不同**;也没有说明,建筑作为人类生存和生活所不能缺少的一种**物质生活资料**,是否可以成为一种艺术,怎样才能成为一种艺术。

我认为,要科学地解释什么是"**建筑艺术**",首先必须要明确建筑的**本质**是什么,建筑与其他艺术有什么质的区别,才能去进一步论证,建筑何以能成为艺术。

近年来,由《新建筑》杂志发表郑光复先生的《建筑是美学的误区》一文以后,引起对建筑是不是艺术的争论。郑文提出一系列"建筑非艺术"的看法,其主要观点之一是:"建筑的根本性质以物质为主,以意识形态为次,这是不容颠倒的,更不能武断建筑只是意识形态。否则它的实用、经济和技术的属性又到哪里去了①?"

这句话的开头,是用了哲学的基本概念,即物质与客观实在的关系问题。在哲学上**物质**的概念,是最大的一般,最高的抽象,包罗世界的全体、总和。而"物质的惟一'特性'就是:它是**客观实在**,它存在于我们意识之外②。"这种客观实在,人是通过感觉感知和反映的,在哲学上"正是绝对地无条件地承认自然界存在于人的意识和感觉之外这一点,才把辩证唯物主义同相对主义的不可知论和唯心主义区别开来③。"**存在决定意识,意识是存在的反映**,这是辩证唯物主义哲学的基本概念。

"各种特定的、实在的物质",无非是各种实物的总和,也就是有着具体形态的物质实体。建筑,是人们改变自然的物质形态,构成生活空间环境的**物质实体**。这是人人可感知的客观实在。既然肯定建筑的本质是物质的,同时又承认建筑具有意识形态的性质,就不能否定建筑具有艺术性。至于物质和意识之间的主次关系,是建筑自身所具有的特性,并不能说明建筑不能有艺术性。如果有人将这主次关系颠倒,甚至"武断建筑只是意识形态"的话,这只是个认识问题或者说是设计思想问题,与建筑的本质无关。反而说明设计者对建筑本质的认识是模糊的,甚至可以说是无知的。这里首先需要弄清楚的是:

## 一、什么是意识形态?

我很同意社会意识形态就是**社会心理的凝聚**的说法,"所谓社会心理,是在特定的时代、特定的民族和特定的社会阶级、阶层中普遍流行的精神状况,即人们的感觉、观点、情感、愿望、理想、习惯、信仰、道德风尚和审美情趣等等。一句话,也就是人的生活的主观方面④。"而社会意识形态较之社会心理,则具有理论化、系统化、概括化的特点,在与社会存在的关系上,具有更间接的性质,是社会心理在较高水平上的自觉的集中形态。所以,社会意识形态,亦称"**意识形态**",不是指日常生活的一般意识,而是对政治、法律、道德、哲学、艺术、宗教等意识形态的不同形式的总称。

## 二、艺术是一种社会意识形态

它反映社会存在并体现人对世界的"**实践精神的把握**"的独特过程和结果。在艺术中，人对世界的审美掌握得到最充分、最集中的表现，**是人的实践创造活动的一个必要方面**；艺术就其内容、职能和发展来说是社会性的，它把审美价值与审美之外的价值——道德价值、政治价值、生活实践价值——辩证地结合在一起。艺术与生活实践的建筑不是相互排斥和对立的东西。

问题是，既然艺术是人在精神上把握世界，是一种精神的、思想的活动，是通过审美活动对人的意识起作用，这一点对精神生产的文学、绘画、电影、戏剧等艺术，是无须证明的。对建筑的审美影响，是否与只是意识形态的艺术具有同样的作用呢？我们可以先用实际的例子来说明。

美国现代建筑师摩尔菲，在北京故宫中所感受到的"是一种压倒性的壮丽和令人呼吸为之屏息的美"。这就是说建筑形象所传达给人们的，已非实用功利性的精神审美的影响，这点与艺术的审美作用是相同的。建筑和艺术的不同处在于，人们创造建筑主要是为了满足"住"（广义的）的物质生活的需要，同时在一定条件下以它的艺术美影响人的思想感情。所以说，建筑具有意识形态的性质是次要的（纪念碑除外），只是对建筑的物质实用性而言，次要的并不等于建筑在满足物质生活的同时不能从精神上表达一定思想感情。

建筑非艺术论的谬误，显然是陷入了艺术只能是意识形态的"误区"，认为物质实用的东西，是不能成为一种艺术的，这是数典忘祖。最初艺术作为人的精神活动，就是与物质功利性密切融合而不可分的。在远古社会当人类的生产活动还处于直接自然的原始状态时，人认识世界的精神活动，还不可能从物质生活资料的生产中分解出来。这种原始的艺术活动，是以劳动的习惯为依据，其本身就是功利性的，或者被设想成是有功利性的。这要到后来特别是产生了阶级分化以后，一部分人从物质生产中解放出来，直接从事于政治文化活动的时候，艺术作为精神生产才能独立并得到发展。古人云："仓廪实而后知礼义，衣食足而后知荣辱。"人的生活在"仓廪实"、"衣食足"了之后，似乎对精神生活的追求更重于物质生活，但这种追求并非只体现在意识形态的艺术中完全与物质生活脱离，而是使物质生活更加丰富，不仅将绘画、雕塑等艺术与建筑的形式美结合起来，同时使建筑本身体现出一种思想精神，成为一种艺术。

事实上，艺术不仅在原始时代，而且在任何时候都具有其实用的功利的一面。在大多数场合，这并不损害它的充分审美价值，甚至有助于其审美价值，对实用艺术的青铜器和陶瓷艺术是如此，对建筑更是如此。

建筑非艺术论者，面对美术史和艺术史都把建筑列入艺术的范畴，不得不承认客观存在着"建筑艺术"。为了能自圆其说，物质实用的东西不能成为艺术，竟然臆造出所谓建筑艺术，是人们从失去了功能内容与实际意义之后"仅供游赏"的古建筑，才得出建筑是艺术的结论。按此"妙"论，北京的故宫，在清代的数百年里作为宫殿，它就不是艺术，或者说是没有任何艺术性的；只有到今天，在它失去了宫殿的功能内容与实际意义之后，仅供人游赏了才成为艺术，就有了艺术性。这就等于说，建筑本身不存在是否有艺术性，建筑是否是艺术，决定于人的主观审美评价，这就从艺术的唯意识形态论滑进唯心主义的泥坑了。

在现实生活中，可以说不存在"失去了功能内容与实际意义"的建筑。昔日的清代皇宫成为今天的"故宫博物院"，作为历史文化名胜，正说明它在物质和精神文化上具有很高的价值。将故宫视为仅供人游赏的东西，是对中国传统文化的无知和亵渎。故宫不仅只是让人们通过这一特殊的生活空间环境形象地、具体地了解历史，同时，故宫宏伟的建筑形象，向人们所展示的不仅是它的物质生活的功能内容，而且创造了美。这种美超越了它的功能内容，显现出一种民族的、历史的思想精神！

故宫博物院并未改变清代皇宫的功能内容，只是改变了它的使用对象和性质，以满足今天的社会需要，实际的意义虽已不同，但丝毫也没有颠倒建筑以物质为主，意识形态为次的根本性质。

我们应该看到，在建筑是否是艺术的争论中，有个值得深思的问题：不论是赞同"建筑非艺术"论，还是反对者，以及模棱两可面面俱到者，都没有说明什么是建筑艺术。因而赞同者说不清楚建筑为什么不能具有艺术性，成为一门艺术；反对者也道不明什么是建筑的艺术性。建筑的艺术性到底体现在哪里？模棱两可者自己恐怕也不知要说些什么。这种现象也并不奇怪，因为虽然把建筑列入为艺术的美术史和艺术史中，却极少对建筑艺术作专门的深入分析，更没有能科学地揭示出建筑艺术的创作规律。比如它与只是意识形态的艺术，在本质上有什么不同点和共同点？如果说建筑是艺术，那么，建筑的艺术性体现在哪里？是如何表现的？正由于以往对建筑的本质缺乏认真的理论研究，自 20 世纪 60 年代初的建筑风格的讨论和 70 年代末对建筑的民族形式问题的争论⑤，由于诸多基本概念和史实都搞不清楚，只是各敲各的锣，各打各的鼓，喧闹了一阵，如泛起的涟漪，终归之于平静，中国建筑理论的研究仍然是一潭死水。所以，在历史的进程已走到 20 世纪的终点时，中国建筑界还在为建筑是不是艺术争论不休，也就不值得奇怪了。这种学术思想上的混乱现象，正如窦武先生所说："我们当前（过去也如此）建筑文章界的种种缠夹，不是学术性问题，而是学风问题，学品问题，是因为我们这个建筑学专业的一些特点，使我们不习惯于作真正的理论思维⑥。"

建筑的确是个复杂的社会现象，是构成社会的、人的生活的重要组成部分，弄清楚建筑是不是艺术，是对建筑本质认识的一个重要方面，直接影响建筑的社会实践，尤其对建筑的设计思想有着深刻的影响。我认为研究建筑的艺术问题，不能孤立地只从建筑本身出发，必须从艺术的整个本质去研究。建筑如果是艺术，固然有它自身的特点，但决不可能脱离艺术实践的共同特点和一般的规律。

艺术是具体的历史现象，随着社会的发展，反映现实存在的艺术也会发生种种变化。但是，不论社会的艺术活动在不同的发展阶段，以怎样的具体的历史形式出现，艺术过去始终是具有而且现在仍然具有表现出它整个本质的共同特点。换句话说，凡是艺术，不论用什么物质表现手段和表现形式，也不论其表现手段是否有物质实用的性质，其表现形式是二维的、三维的还是四维的空间，都应有着某种本质的共同特点，否则就不成其为艺术。

我们找出艺术"质"的共同点，就不难论证建筑是艺术，还是非艺术了。

# 第二节 建筑与艺术"质"的共同点

我们所说的艺术的共同点,不是指不同艺术自身所具有的某个特点,而是指能体现出艺术整个本质的共同点。既然是一切艺术共同具有的"**本质**"特点,就必须从艺术的本质中去探寻。我们知道,由于艺术本质的多面性、复杂性以及一定程度的矛盾性,阐明艺术的本质,是个复杂的任务。如俄国的文豪列夫·托尔斯泰在《什么是艺术?》的文章中,就曾列举了许多美学家和哲学家对艺术本质的论点,并指出其中的矛盾和混乱情况。回答什么是艺术,是艺术哲学问题,不是本书的研究对象。但是,我们从这些论点中,可以看出对艺术本质在许多方面是正确的,也不乏深刻而有益的见解。即使是唯心主义的观点,虽有其片面性,也不是没有可取之处。我们从这些不同角度和不同方面对艺术本质的解释,就可以归纳出艺术"质"的共同点来。

托尔斯泰反对把艺术视为一种享乐和奢侈品,主张艺术是传达感情的交际手段。有人补充说,艺术是用艺术形象来表达感情的活动。有些人说,艺术是现实的再现;进而有人说,艺术创造理想。还有人说,艺术是思想的表现、人的精神和自我表现、对美的要求的满足,等等。这些论点都正确地指出了人类艺术活动的某些本质方面。

著名的英国视觉艺术评论家克莱夫·贝尔提出"艺术乃是'有意味的形式'"的美学假说和"'有意味的形式'就是'终极现实'或'物自体'"的形而上学理论。贝尔的所谓"**有意味的形式**",其本身含义是很模糊的。如贝尔自己解释"有意味"说,是由于形式能唤起一种特殊的审美感情;而这种特殊的审美感情,不是来自艺术家的日常感情表现,而是来自"有意味的形式"。这个解释就如美国华盛顿大学教授麦文·雷德所说,这种理论患的是一种"恶性循环"病。

贝尔的"有意味的形式",他自己也无法解释清楚,终极只有走向神秘主义。他认为形式是脱离现实生活的"终极现实",无疑是错误的;但强调艺术都必然有其美的形式,却是抓住了艺术的基本特征。贝尔在《艺术》一书中强调:"艺术品中必定存在着某种特性。离开它,艺术品就不能作为艺术品而存在;有了它,任何作品至少不会一点价值也没有 ⑦。"这种特性就是"有意味的形式"。其实,也就是**艺术的形式美**。我们可以把贝尔的话改写成这样:艺术品中必定存在着形式美的特性,离开它,艺术品就不能作为艺术品而存在;有了它,任何作品虽不一定是艺术,但至少不会一点价值也没有。事实上,我们无法想像真正的艺术是不具有形式美的,这就是说,**形式美是所有艺术的共同特点**。

任何艺术都有一定的内容和它本身所固有的内部结构——形式。形式是内容的转化,两者互为表里。人们在谈到形式时,只有在想像上才能把它和内容"分割"开来。俄国的文学评论家、哲学家别林斯基早就正确地指出:"当形式是内容的表现时,形式和内容之间是联系得那么密切,以致如果把形式同内容分开,就等于取消内容本身;反之,如果把内容同形式分开,也就等于取消形式 ⑧。"

所谓形式就是内容诸要素的结构和表现方式。形式美就是美的内容内部结构和外在的表现形态,是内容存在的方式。

563

那么,艺术的美的内容,在本质上的共同点是什么呢?

托尔斯泰的艺术表现感情说,无疑地抓住了艺术实践活动的一个重要方面,但不是本质的方面。所以普列汉诺夫就不同意托尔斯泰的看法。他认为:"说艺术只是表现人们的感情,这一点是不对的。不,艺术既表现人们的感情,也表现人们的思想,但是并非抽象地表现,而是用生动的形象来表现。艺术的最主要的特点就在于此⑨。"这就是说,感情反映思想,没有思想的艺术品是不会有的,没有感情的艺术品也是不会有的。普列汉诺夫非常重视艺术的**思想性**,但不是任何一种思想和感情都可以作为艺术品的基础。英国的艺术理论家赖斯金说得好:一个少女可以歌唱她失去的爱情,而一个守财奴却不能歌唱他失去的金钱。思想感情苍白贫乏的作者,只能制造出庸俗无聊的作品;当卑下的谬误思想成为艺术作品的基础的时候,往往会使不健康的艺术趣味得到扩散,特别是对还不懂得什么是真正艺术的青少年。有时不但对艺术,而且在实际生活中也表现出低级的和庸俗不堪的趣味。

任何艺术创作都是对现实生活在思想上和审美上的深刻理解和把握,只有那种促进人与人之间交往的思想感情,才能给予艺术家以真正的灵感。艺术史上杰出的作品无不具有深刻的思想性。如法国的现实主义作家巴尔扎克在其名著《人间喜剧》中,就广泛而深刻地再现了19世纪上半期法国社会生活的各个方面。用恩格斯的话来说,巴尔扎克用编年史的形式逐年描写了自1816年到1848年的习俗风尚,写出了一部"法国社会的最卓越的现实主义的历史"。

我国古典文学中的现实主义经典作品,曹雪芹(大约1720～1764年之间)的《红楼梦》,以广阔丰富的生活内容,巨大的思想深度和高度的艺术技巧,异常深刻地反映了我国18世纪的封建社会生活,生动而成功地塑造了当时各种典型人物的艺术形象,揭露了封建贵族的虚伪、欺诈、贪婪的本质和心灵与道德的堕落,为行将就木的封建社会谱写了一首挽歌。

艺术中的思想因素的重要,不仅是文学,其他艺术也如此。有人问维克多·卢梭:你对艺术中的思想性有何看法?他回答道:"我坚决相信,雕刻永远是绝妙的,只要他从思想中吸取灵感,依靠思想。在这里人们是喜欢美的形式的。但是,如果伟大心灵的抒情通过美的形式使人们能认识它,那么艺术作品因此可以在表现方面获得非常巨大的力量。雕刻的任务是什么呢?就是在物体上刻画出心灵的激动,就是迫使青铜或大理石吟出你的诗,把它传达给人们⑩。"真正美妙的艺术作品总是表现**"伟大心灵的抒情"**。

中国绘画不求"形似",但求"神似",追求整体的"气韵生动"。尤其是写意画,虽逸笔草草,而意趣无穷。澳·德西迪里厄斯·奥班恩在其《艺术的涵义》一书中,举了一幅大量空白的中国画中只画几只柿子的《六柿图》说:

> 那些不能被解释或者甚至不能完全描述的东西,就是作品的精神。我们西方人感激东方的艺术和东方人的思维方法发现了这种精神,因为千百年来西方人总是把**精神的和神的**看成同义语⑪。

画面的大片空白,是想像的无限空间。视觉的真实空间,体现出中国画的艺术精神,而这种艺术精神,正是源出于深邃的中国古典的哲学思想如道家所强调的人与自然的高度和谐和统一,对自然在时空上的无限性和永恒性的追求。

中国的诗到宋代，在创作方法上深受佛教禅宗的思想影响和启迪，要求诗人从自然中得到**观照**（智慧之意），有着对禅理的豁然彻悟，力图在司空见惯的事物中，揭示出别人往往只能意会不能言传的哲理来，进而写出**理性**与**感性**完美结合的作品。如：

苏　轼：横看成岭侧成峰,远近高低各不同。
　　　　不识庐山真面目,只缘身在此山中。
朱　熹：半亩方塘一鉴开,天光云影共徘徊。
　　　　问渠那得清如许,为有源头活水来。
游九功：烟翠松林碧玉湾,卷帘波影动清寒。
　　　　住山未必知山好,却是行人得细看。

这种空灵而奇妙的悟道诗和悟理诗，是艺术具有思想性特点的最好说明。事实上，艺术的思想内容愈深刻，作品的审美价值和趣味就愈隽永，也就更具艺术的感染力。思想内容庸俗不健康以至胡编乱造的作品，根本不是真正的艺术。可以说：**思想性,是艺术在内容上具有的共同特点。**

有人认为，强调艺术的思想性必然会导致公式化和概念化的说法，这是根本站不住脚的。难道巴尔扎克的《人间喜剧》、托尔斯泰的《战争与和平》、曹雪芹的《红楼梦》等等具有高度思想性和感染力的作品，其艺术的思想认识意义，不是恰好证明，导致公式化和概念化的正是艺术思想不明确，把艺术当作政治口号的缘故吗？

所以造型艺术传达的思想感情，完全不同于语言。语言直接地传达思想，抽象地表现感情；艺术作品则间接地传达思想，以形象具体的表现感情。因此，人们往往从艺术中体验到某种感情的时候，却不能用确切地概念把它表达出来。这样的例子在古典建筑中俯拾即是，如：

西方建筑师在故宫**太和殿**前，他们体验到的是一种令人呼吸为之屏息的美；

人们在天坛**祈年殿**中体验到的空间视觉高度，远比实际尺度高得多，却难以言喻其高；

人们游览**苏州园林**，咫尺山林虽仅数亩之地，总感游之未尽，却难以言喻其大；

……

可见，艺术的思想内容，不是在艺术家的理论观点中，而是艺术家把他的理性思考融于艺术形象的创造活动之中。只有把艺术当做抽象观念的形式图解，才必然导致作品的公式化和概念化。艺术与科学实践不同，科学家用逻辑思维以逻辑论证来表述自己的思想，艺术家则用形象思维以形象来体现自己的思想，就必须求助于**想像力**。

历来的哲学家和艺术家们都非常重视想像力对形象思维的重要。早在二千多年以前，古希腊的亚里斯多德（**Aristoteles**,前 384～前 322）就说过："**心灵没有想像就永远不能思考。**"狄德罗说："想像是人们追忆形象的机能[12]。"康德认为："想像力（作为生产认识的机能）是强有力地从真的自然所提供给它的素材里创造了一个相似的另一自然来[13]。"歌德则说："想像为理性观念塑造发明了形象[14]。"等等。这些说法从不同角度正确而深刻地阐明想像的特点和对艺术形象创造的重要意义。没

艺术中的思想，不是通常意义上的概念中的思想，而是交织在形象之中，与感情相融合的思想。

有丰富的想像力，就不可能以形象思维进行创造性的艺术活动。而形象的完美是在艺术内容与形式的和谐与统一之中。

在中国文学史上，有一个靠想像力创作出不朽名篇的例子，就是范仲淹撰写的著名的《岳阳楼记》。他的好友滕子京谪守巴陵郡时，为重修岳阳楼，送来岳阳楼的建筑结构图和一幅《洞庭晚秋图》，请他撰写文章。范仲淹并未到过洞庭湖，更没有登过岳阳楼，他揣摩后一挥而就，岳阳楼的名声因而益大。当然，想像力的发挥必须以作者的丰富阅历、学识和情操为基础。想像力的妙用并不神秘，我在 20 世纪 60 年代初和 70 年代末，研究中国传统建筑期间，因我一直是从事建筑设计的教学而不是教建筑历史的，当时根本没有条件和机会进行古建筑的考察，都是根据文献和图纸等资料，完全靠建筑师的想像力进行分析研究，从图上发现山西太原的晋祠圣母殿与河北隆兴寺摩尼殿两者间架基本相同，只有减柱与否的不同，先后写了两篇论文，并纠正了摩尼殿始建于金代之说的谬误；而《独乐寺观音阁的空间艺术》一文，是在研究了太和殿的空间尺度上的矛盾以后，从相反的尺度矛盾研究才撰写出来。对这三座建筑，我当时都没有实地去考察过，还是到 1979 年带哈建工学院建筑系毕业生去北京实习，才抽空去了趟蓟县(今属天津市)。1984 年，应山西太原市之聘，担任天龙山风景区规划设计顾问后，对晋祠圣母殿才有机会进行考察。河北正定的隆兴寺，直到 1997 年 5 月应河北农业大学校长夏亨熹教授邀请去讲学，顺道匆匆地观光了一番。我不是建筑史学家，更非建筑考古学者，只是对中国建筑，尤其是建筑艺术有浓厚兴趣的建筑理论研究者而已。就如歌德所说的，**是想像为我的理性观念塑造发明了形象。**

谈论艺术的本质，是个复杂的问题。我国 19 世纪中期的美学家刘熙载(1813～1881)解释其著作《艺概》之名，何以论艺术用"概"时说得好，他认为："或谓艺之条绪綦繁，言艺者非至详不足以备'道'。不然也，欲极其详，详有极乎? 若举此以概乎彼，举少以概乎多，亦何必殚竭无余，始足以明旨要乎[15]!"何况本书非艺术理论之作，只是从有关艺术本质的论述材料中，找出艺术所具有的共同特点，以资区别艺术与非艺术的界限足矣。从上面的概略分析可知，**形式美和思想性，是艺术在内容与形式上本质的共同点。**

据此，我们就可以简单明确地区别什么是艺术，什么不是艺术! 如：小汽车很讲究形式美，但它不具有什么超功利的思想性，所以不是艺术；同样，医疗和识字教学的挂图，是图画但不是绘画艺术。如此等等，不一而足。对建筑而言，问题就不是这么简单了，自商品经济复苏，随之百废皆兴，建筑业空前繁荣起来，从而也充分暴露出建筑学界轻视理论研究，"不习惯于作认真的理论思维"在建筑思想上混乱所造成的后果。就如窦武先生所指责的那样：

> 到街上去看看：除了复古主义和折中主义到处泛滥，城市景观零零碎碎之外，被当作什么"符号"的空无所有的结构框架也吊出在墙头了，像一副枯骨，像火灾后的残骸。到学校去看看：有些学生连最起码的功能问题都懒得考虑，却把房子画得像变形虫，沾沾自喜于非理性的潜意识的流淌。再看看杂志：哥儿们玩的新潮"理论"堆砌，谁也猜不透，谁也摸不准的奇词怪句，故弄玄虚，装腔作势。两句大白话就可以说明白的道理，偏用"哲学"语言写了上万字，谁要是略有微辞，就被讽刺挖苦成土老

凡是艺术，在内容和形式上，都必须具有形式美和思想性，两者必须兼备，缺一不可。否则就不能称其为艺术。

冒⑯。

窦武先生把建筑实践和建筑教学中这些畸形现象,认为是"这些'理论'文章的社会效果",这就未免太抬高文人和专业文章的社会作用了。在时间就是金钱的时代,有多少人有工夫会去认真阅读这些文章不得而知,据我所知充其量这些"高论",只不过为东拼西凑的建筑"大师"们提供口实罢了。那些宣扬"形式服从形式",或者"形式创造功能"的形式主义者,只有歪曲、牺牲功能,破坏建筑的生活美,结果也就失去其形式的审美价值,更何况有些随意堆砌的建筑,连起码的形式美也没有,如果也竟自标榜为建筑艺术,恐怕艺术女神缪斯(**Muses**)也会低下头来,羞愧得无处躲藏了。

值得深思的是,建筑文章界形形色色的"高论",有的"连起码的逻辑都不大清楚"的文章,概念模糊,满纸自相矛盾的文章家,何以如窦武先生所说:"只不过是我们的建筑界'兼容并包',宽宏得很,才有了他们藏身的机会"呢⑰?

我认为这种"宽宏",正说明我们在建筑理论方面几乎是一片荒漠,数千年灿烂的建筑文化,如无人开发的地下宝藏,地面上是杂草丛生、良莠不齐,至今还没有称得上真正科学的、系统的建筑理论著作。造成这种状态自有其复杂的社会原因。就从建筑界的学术思想来说,我认为:

> 对传统的建筑文化,视为帝王贵胄、达官显宦奢靡生活产物的封建糟粕,从而一概否定者有之;视之为中华文明的精髓,国之瑰宝,全盘肯定者亦有之。究其实质,两者形色虽异,却都是根植于缺乏辩证唯物史观的思想贫瘠的土壤上,永不结实的花朵。这是造成我国建筑学界理论上长期极端贫困的原因⑱。

"建筑非艺术"论,非但不能解决建筑实践中的一切弊端,只能将建筑设计思想简单化、庸俗化,使混乱的思想更加混乱,以致在客观上对传统建筑文化起否定的作用。归根到底,是对建筑本质在认识上的模糊所致。

# 第三节 建筑的物质生产和精神生产性质

本书在"导论"中,对建筑的本质已作了专门的分析论述,并对什么是建筑作出科学的定义。这是我们讨论建筑艺术的依据和出发点。为了便于说明问题,我们从物质生产和精神生产两个方面分别来论述建筑艺术的特殊性。

从社会实践看,建筑是个复杂的社会现象。人们常为纷繁复杂的意识形态所掩盖,而看不到一个很简单的事实:"人们首先必须吃、喝、住、穿,然后才能从事政治、科学、艺术、宗教等等。所以,直接的物质生活资料的生产,因而一个民族或一个时代的一定的经济发展阶段便构成为基础。人们的国家制度、法的观点、艺术以至宗教观念,就是从这个基础上发展起来的。因而,也必须由这个基础来解释,而不是像过去那样做得相反⑲。"

在社会物质生活条件体系中,人们生存和生活所必需的生活资料的谋得方式,

567

空间,是建筑的本质。建筑的空间组合方式,直接体现人的生活方式。

也就是社会生活和发展所必需的住房、食品、衣服、燃料和生产工具等等的生产方式,是决定社会面貌和社会制度性质的主要因素。在一定的生产方式和经济发展阶段,就形成一定的社会的、人的生活方式,人们用物质技术手段构成空间实体的建筑,以它的空间形态和具体的组合方式,直接体现人的生活方式,既满足人的物质生活要求,同时也能满足人的精神生活需要。所以,建筑实践既是一种物质生产,同时也具有精神生产的性质,虽然在实践中很难把创造实用功利的空间实体的过程——**物质生产**,与建筑的艺术形象创作过程——**精神生产**区分开来,但建筑实践的这种特殊性,与一般艺术的本质区别就在于:"**建筑直接体现人的生活和生活方式,艺术则是对人的生活和生活方式的再现**"。从艺术创作角度,建筑作为一门艺术,同样具有艺术的共性即形式美和思想性,但是,正由于建筑首先是"住"的生活资料,必须合乎构筑空间的结构技术的规律性,并合乎人的生活活动的目的性。因而建筑艺术的创作思想方法和过程,艺术的表现形式和内容,都有着不同于一般艺术的特殊性,起到其他艺术所不能起到的社会作用。

### 一、建筑的物质生产性质

在所有的物质生活资料生产中,建筑的生产方式对社会面貌具有决定性的作用,特别是中国的建筑生产方式,对城镇环境面貌和民族风格的形成所起的内在的统一与和谐的作用,可以说是世界上其他建筑体系无法相比的。

中国的城市规划思想,早在公元前七、八百年已经形成,记载在《周礼·考工记》中。中国古代的城市,是国家惟一的政治和消费中心,也是国家存在的军事堡垒,形成以宫殿为中心,道路纵横平直的兵营式街坊规划特点。这种规整的布局形式,在二千多年以前的古代,使一些学者感到不可思议,认为这只是古代中国人在城市规划上的理想模式而已。但中国的考古发掘已证实,这是历史存在的事实[20]。而《考工记》被收入《周礼》之中,就已说明,这种城市规划的思想和模式,已作为政治思想和制度成为礼制的组成部分。

此后,中国的城市规划,仍然保存着古代城市规划思想和模式的**合理性内核**。如中国城市史上著名的《平江府城石刻图》,描绘的是13世纪时的**苏州城市**,虽是水乡城市,仍保持以官府的衙署为中心,街道与水道并行,整齐规则的交通网规划(见图**11-1**平江府城石刻图)。这种传统的规划思想和基本原则,一直到封建社会的末期,集中地、典型地体现在明清的**北京城**和**故宫**的规划中。这种现象,在世界城市史上是绝无仅有的。造成这种现象的原因可能很多,但最本质的一点,是由于中国建筑的生产方式始终没有根本的原则上的变革。

中国古代城市建设,有中心,有层次,有规则的道路网规划,整齐而通畅的城市面貌,与欧洲中世纪的无统一规划、自由发展的城市形成强烈的对比,如19世纪以来,欧洲所产生的有关城市规划的理论或**理想**及一些基本的原则,在中国古代城市建设中早已充分地体现出来。如李允鉌在《华夏意匠》中所说:

> 在世界建筑史上,直至今日为止,除了中国的城市作为一个极大面积的单体而存在之外,实在还没有一个建筑计划延展得如此广阔深远,没有一个建筑群像中国古代城市那样完全在极有组织、层次分明的控制下构成一个无法分割的整体[21]。

英国现代城市规划家爱蒙德·培根(Edmund N. Bacon)说:"也许地球上人类最伟大的单项作品就是北京。"

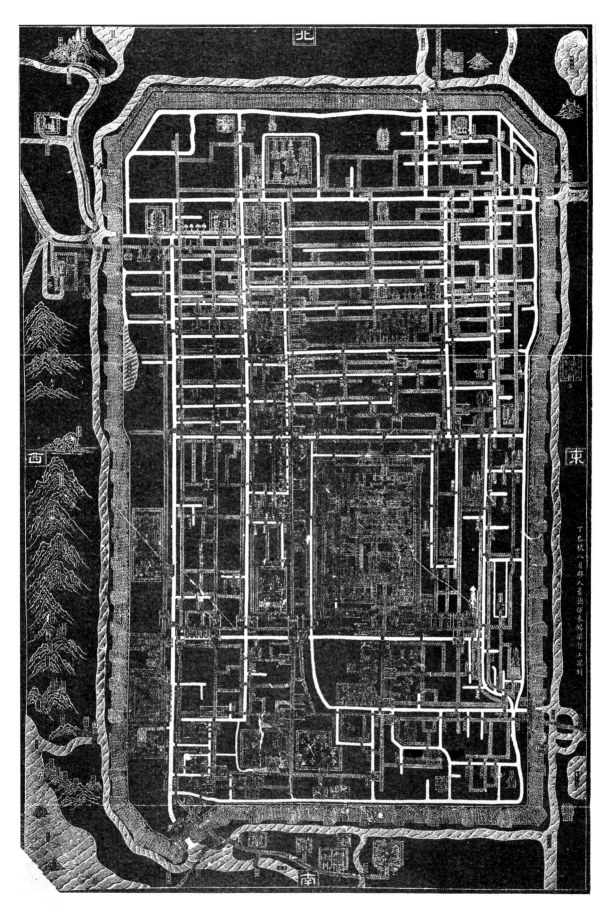

图 11-1　平江府城石刻图

不论在城市和乡村，中国木构间架形制和庭院空间组合的基本模式，是形成建筑实体在风格上的统一性和整体的空间结构的内在一致性的主要因素。也是中国古代乡镇和村庄，自然形成错杂有致、曲折生情、朴实而和谐的风貌的内在原因。

中国的建筑生产方式，不仅对有组织、有规划的城市建设面貌起决定性作用，就是对乡野自然形成的村镇也直接或间接起着作用。在那些交通闭塞、保存古代风貌、有悠久文化传统的地方，不论是沿河枕水的穷乡小镇，还是背山面水的僻壤山村，都给人以道路曲折有致、房舍错综有情之感；好像杂乱而隐藏着一种秩序，貌似散漫而笼罩着整体和谐，使人感到亲切、淳朴，有种浓浓的乡土气息和自然之美。

李约瑟说："再也没其他地方表现得像中国人那么热心体现他们伟大的设想'人不能离开自然'的原则……城乡中不论集中的或散布于田庄中的住宅也都经常出现一种对'宇宙图案'的感觉以及作为方向、节令、风向和星宿的象征意义[22]。"且不论风水等观念对村镇面貌起多大的作用，我认为对村镇建设起决定性作用的，归根到底，是中国古代的建筑生产方式和在这个生产方式中形成的木构架建筑的特点和空间组合方式，也就是木构架的形制和庭院组合的基本模式。不论是城市还是乡镇，不管地形如何偏狭，地势如何复杂，如计成《园冶》中所说："如端方中须寻曲折，到曲折处还定端方[23]。"房屋不论几间，为进不管多少，都在这"间架"形制和庭院组合的基本模式的规矩方圆之中。

中国木构架建筑和庭院组合方式，除少数民族外遍及全国各地，单从建筑技术能够如此广泛普及看，正是建立在中国建筑生产方式基础上的。工官匠役制的生产方式，虽然只是为帝王服务的，但历代朝廷大兴土木，都要从全国征调工匠丁夫来京服役，实际上就起了培训工匠的作用。工匠在建设中，必须掌握营造的规范和法式，回到各地的工匠，必然成为法式制度的推行者。中国民间造房子，专主鸠匠而无需设计，正反映了中国建筑生产方式优越性的一面。

### 建筑的生活美

"建筑即艺术"说之所以不科学，因为现实中大量建筑不可能成为艺术，因为建筑是财富。只要存在财产的私有制，贫富悬殊的现象就不会消灭。有史以来一个普遍存在的事实，那就是：

**劳动者替富人生产了惊人作品（奇迹），然而替劳动者生产了赤贫。劳动生产了宫殿，但替劳动者生产了洞窟；劳动生产了美，但给劳动者生产了畸形[24]。**

先秦时代，黎民以方丈斗室"蓬户瓮牖"为自足；秦穆公大治宫观，戎的使臣由余见之曰："使鬼为之，则劳神矣！使人为之，则苦人矣[25]！"汉以后**一堂二内**的三间房舍，为广大民众的典型住所。封建剥削阶级则按官品的大小规定建筑的等级制度，官愈大占有的土地和居住空间也愈大，高官显贵的第宅常占一坊之地。唐代的郭子仪住宅之大数以千间计，家人出入，竟不知其居。"权"与"钱"成正比，是封建私有制的必然产物。在私有制社会，"财富、财富，第三还是财富——不是社会的财富，而是这个渺小的各个个人底财富，乃是文明底惟一而具有决定性的目标"。对此，恩格斯非常深刻地指出："**卑贱的贪婪乃是文明从它的第一日起以至今日底动力[26]。**"

人在社会中所处的经济地位不同，也就过着与其经济地位相适应的生活，就如郑元勋在《园冶·题词》中所说："简文之贵也，则华林；季伦之富也，则金谷；仲子之贫也，则止于山陵片畦。此人之有异宜，贵贱贫富，勿容倒置者也[27]。"译成白话说：南朝梁的简文帝萧纲，以帝王之贵，建造了华林园；西晋石崇（季伦），以敌国之富，构筑有金谷园；战国时的隐士陈仲子，贫困潦倒，只能有一小块菜圃，这就是人有"异宜"，人的富贵贫贱、社会地位是不容颠倒的，这是历史存在的客观事实。人能住什么样的房子,决定于其经济而不是欲求;人的经济地位不同,生活条件和状况就不同。所以说"**人的生活是怎样的,人就怎样地在生活**"。

早在唐代,大诗人杜甫就曾大声疾呼为秋风所破的茅屋,"床头屋漏无干处,雨脚如麻未断绝[28]。"难以栖身的住所,连起码的生活美也没有,还能讲什么艺术性?而杜甫所祈求的"安得广厦千万间,大庇天下寒士俱欢颜[29]"的广厦,只不过是"风雨不动安如山",砖墙瓦舍坚固耐久的房子;广厦者也绝非高堂广榭,大概是指比仅能容膝的蜗居稍宽松些的房子而已。这样的建筑,是天下寒士所祈求而不能得到的。对寒士来说,这就是具有生活美的建筑了。所以,建筑的生活美不是个固定不变的概念,对处于不同的政治地位和经济地位的人来说,**建筑生活美**的具体要求和概念是不同的,尤其在中国古代,封建统治者为了从物质生活上区别人们的政治地位,在建筑上按官阶品级制定了**间架制度**(不限间数和"进"数)。也就是说,在简陋的茅屋至帝王宫殿之间,有着各种层次和等级的建筑。这些合乎制度的建筑,也是合乎当时物质技术条件和水平的建筑,都具备遮风雨、避寒暑、防燥湿的基本建筑功能。人们按照一定的"间架"制度,建造一定间数和进数的房屋,以满足自己的生活活动和生活方式的需要,这种能满足人的**生存**和**生活**需要的建筑,不论它属于哪一个等级,都可以说是具有**生活美**的建筑。

建筑的生活美,由于建筑具体的空间环境差异,给人的审美感受也就不同。如城市中的住宅,庭院深重,昼永锁窗闲,日迟帘幙静,给人以清闲幽静之感;陶渊明《归园田居》中的"方宅十余亩,草屋八九间。榆柳荫后檐,桃李罗堂前。暧暧远人村,依依墟里烟。狗吠深巷中,鸡鸣桑树巅"。这是很平常的乡野村居之景,使人感受到的那种宁静、安闲和自由,却是重门击拆、戒备森严的宫庭邸宅所不能具有的生活美。由种种的建筑生活之美组成了时代的旋律,反映出中国中世纪的社会面貌和精神。这说明:**建筑的生活美是具有时代性的**。

建筑作为必需的物质生活资料和财富,必然为在经济上居于社会统治地位的阶级所掌握和占有,尤其在封建宗法集权的古代中国,"普天之下,莫非王土;率土之滨,莫非王臣",帝王是至高无上的统治者,工官匠役制的建筑生产方式,就是以暴力绝对占有全国的物力、人力才能实行的生产方式。这种官营建筑手工业生产,只是为了朝廷和帝王的生活需要服务,是国家惟一有组织的建筑生产,历代统治者也莫不殚尽国家的人力、物力去营造满足其需要的建筑,因而它充分体现出建筑物质技术的科学进步状况,集中地反映出当时社会建筑生产力的发展水平。所以,古代为统治阶级服务的建筑,必然成为中国建筑文化的主流。

其实,这是有目共睹的事实,根本不是什么理论问题。可笑的是,以往人们因为怕担封建剥削阶级的孝子贤孙之名,而缄口讳言。如果说德国哲学家费尔巴哈的历史观不是唯物主义的,被马克思评为"在他那里,唯物主义和历史是彼此脱离的"话[30],那末,把唯物主义彻底庸俗化了的"唯物主义"者,就根本不研究历史,在他那里,唯物主义与历史不是彼此脱离,而是对两者的无知。这大概是中国建筑有史无论的一个重要原因了。

## 二、建筑的精神生产性质

人们在生活中都会体验到的一个简单的事实,即:"统治阶级的思想在每一时代都是占统治地位的思想。这就是说,一个阶级是社会上占统治地位的**物质力量**,

自人类历史进入文明社会以来,没有生活美的建筑,总是与社会文明对立而存在的,也永远被排斥于建筑艺术的大门之外。即使是具有生活美的建筑,也不可能都成为艺术。建筑艺术是在合目的性和合规律性的物质生产的基础上,有意识的一种思想感情的升华。建筑作为一种精神生产,还必须具备一定的条件。

在中国建筑史上占主导地位的,是为封建统治阶级服务的建筑。正是宫殿、苑园、寺庙、衙署、第宅等等汇成中国建筑文化的主流。

同时也是社会上占统治地位的**精神力量**。支配着物质生产资料的阶级,同时也支配着精神生产资料。因此,那些没有精神生产资料的人的思想,一般地是受统治阶级支配的[31]。"

所谓占统治地位的思想,不过是占统治地位的物质关系在观念上的表现,或者说是以思想的形式表现出来的占统治地位的物质关系。在经济上居于统治地位的阶级,在物质生活上当然都远远地超过对生存需要的满足,因而也就更加重视对精神生活的追求。在中国古代封建宗法制社会,表现在建筑上的封建等级观念,在世界建筑史上恐怕是最为严明的了。历代的官民第宅之制,不仅规定了各个等级房屋的间架制度,尤其对**宅之表会**的大门,门扇的油漆颜色、铺首门环的材料、门钉的路数都作了不同的规定;特别是对斗栱和藻井,这种构造复杂,需以大量生命力消耗去生产的、又极富于装饰性的能充分体现劳动智慧的构件,为帝王、神佛所垄断,成为皇权与神权的标志和象征。虽然这些东西本身都具有其物质实用性,但制度所赋予的已是精神内容,反映的是统治阶级的思想。

对主宰天下的帝王来说,他可以随心所欲地取得现实存在的一切,对建筑的精神要求更高于物质的需要。东汉善诗赋的科学家张衡(78~139)在《西京赋》中说:"**惟帝王之神丽,惧尊卑之不殊。虽斯宇之既坦,心犹凭而未摅**[32]。"用现代汉语说,帝王的宫室神奇而瑰丽,惟恐抹煞了尊卑的界限。虽然殿庭已很高大宽广,君心悒怏仍然未如其意。这就是说只把宫殿造得高大宽敞,并不能满足皇帝"唯我独尊"的要求。那么,他想把宫殿造成什么样的呢?

张衡说帝王是"**思比象于紫微**",即帝王所想是比拟象征如天上的紫微宫。紫微,是古代天文学家分天区为三垣,中垣称紫微宫,或紫宫,有星15颗,以北极为中枢,分两列成屏藩状。后附会其名,想像成天上神仙的宫阙。这种只是天上神仙有,本来地上人间无的幻想,虽虚幻无据,但却说明帝王欲把宫殿造成人间虽不"绝后"而要"空前"的、的独一无二的建筑,使天下臣民看到如想像中的仙宫楼阁,那样的崇高、神圣和无比的壮丽。

宫殿的物质实体,首先要高大。

宫殿建筑"**以高大为贵**",这是在物质上占统治地位的阶级在思想观念上的反映,这种思想已经超出物质实用的范围而具有精神上的意义了。但建筑的物质实体的"量",要受物质技术条件的制约,总是有限的,而精神上要求的崇**高**和伟**大**,是无限量的。这就是说,建筑实践在超越了对生存需要的满足之后,单单合目的性和合规律性的物质生产,已不能满足人对生活的要求。充分体现人的生活方式,必须在满足实用功能的同时满足人们的审美思想的要求,从而使建筑实践在物质生产的同时具有了精神生产的性质。

建筑在物质实用的基础上,要求有精神审美的作用,并非只是帝王才有,只不过在"唯我独尊"的帝王那里,反映得更为集中、强烈而已。建筑作为人生活的空间环境,是生活的重要组成部分,任何人建造房屋,在超越了对**生存**需要的满足后,如果对建筑生活美有更高的追求时,必然超越物质功能上升为精神的欲求,追求超功利的建筑**艺术美**。但是,这就首先要求建筑实践的**主人**必须具有一定的艺术修养和更高的思想境界。

建筑实践的全过程,从精神生产角度说,它与单纯精神生产的艺术有很大的不同,如文学、绘画、雕塑等艺术,从构思、制作到作品完成的创作过程,大都是由作家、画家、雕塑家独立完成的。在创作过程中运用的不是科学技术而是艺术技巧。建

建筑,既是一种物质生产资料,也是一种精神生产资料;建筑不仅满足人们生存和生活的物质需要,同时也满足人们思想审美的精神需要,这是社会文明进步的一个重要方面。

筑实践的过程要比一般艺术创作复杂得多了。首先,建造房屋需要一定的、甚至大量的人力、物力,必须依靠科学技术和掌握各有关工种专业技术的工人,通过有组织的劳动协作方式,按照法式构筑成空间实体的**单体建筑**,再以若干单体建筑遵循"礼制"要求的生活方式组合成庭院的**组群建筑**。所以说,在中国封建社会,民间建筑几乎不需要专业的设计人员,依靠工匠就可以建造出来。

古代的工匠与现代的建筑工人也有质的区别。在封建社会"每个工人都不能不熟习全套的工作,凡是用他的工具所能做的东西,他都应该会做,各城市彼此间有限的来往和联系,人口的稀少和有限的需要,都妨碍了进一步的分工。因此,凡是要想成为老板(师傅)的每个工人(工匠),都必须精通自己行业的全套手艺。这就是为什么中世纪的手工业者,对于自己专业和其熟练更为关心的原因,这种关心可以提高到某一种偏隘的艺术风味"③③。中国古代工匠技艺之精堪称一绝。石作,如宫殿阶陛之雕栏、御路、盘龙石柱、华表,神形各异的石狮,著名的卢沟桥,桥栏望柱头上雕有大小石狮虽多达485个,却神形姿态无一雷同;细清水砖作,江南住宅中之照壁、垛头、墙门,不论是花卉图案的浮雕,还是人物鸟兽的深刻,十分精致而美观;大木作,如著称世界的斗栱,"千栌赫奕,万拱峻层"的气势,构造复杂而精巧如穹窿的藻井,可谓鬼斧神工;小木作,如苏州东山之万花楼,门窗槅扇、挂落栏杆,布满精雕细刻、玲珑剔透的图案,可谓琳琅满目,美不胜收。在传统建筑中,这些充分表现出人的劳动智慧,并以消耗大量生命力为代价,使实用的东西具有审美的价值,成为可供欣赏的对象,就其本身来说,无疑地都达到某种艺术的程度,并且它们赋予整个建筑一种传统的或古雅、或典丽的**艺术风味**。

虽然工匠们所加工制作的对象,是具有物质实用和功利目的的建筑部分和构件,但从极富于装饰性的形式美的创造中,却充分表现出人的个性才能相对自由的发展。也正因为这种创造性劳动没有摆脱物质功利性的束缚,虽有其一定的审美作用,只能说这些加工对象本身达到某种艺术的**风味**,但它们还只是属于建筑**生活美**的范畴。对建筑的整体来说,还没有达到**建筑艺术**的高度境界。

对中国古代建筑实践的特殊性和局限性,明代造园学家计成在其名著《园冶·兴造论》中说得很透彻。他说:"世之兴造,专主鸠匠,独不闻三分匠、七分主人之谚乎?"说明旧时人们建造房屋,专以工匠为主,都是依靠工匠规划经营而建造的。计成指出建筑实践是创造性劳动,在实践过程中匠人只能起十分之三的作用,即建筑的物质生产部分,十分之七要依靠"主人"。计成解释"主人"说:"非主人也,能主之人也③④。"不是指建筑和园林的产业主,而是能主持建筑和园林设计的人,也就是今天的建筑师和景园建筑师。

计成认为,工匠只以雕镂为巧,按法式制作构架就以为精,一梁一柱定不可移,称为"无窍之人"是很确切的,也就是指对整体缺乏创造性构思和形象思维能力的人。计成还认为对造园的要求就更高,主持造园的人要起十分之九的作用,工匠的作用只有十分之一而已。英国的哲学家培根在《论造园》的文章中说:"文明人类先建美宅,营园较迟,可见造园艺术比建筑更高一筹。"因为不是艺术的建筑,仍然是建筑;不是艺术的园林,就不是园林。

计成所论指出的情况,在中国建筑史中客观上虽然存在,主观上却不予重视的问题,即只按法式重视如何组织建筑施工,却不重视建筑设计对实践的主导作用和具有决定性的意义。在数千年封建社会的"工官匠役制"的基础上,可以说已建立有完善的管理机构和严密的施工组织,却始终没有一个独立的设计部门,当然也就没有相当于建筑师的职务和官职。虽然如此,并不等于没有或不需要建筑设计者。事实上,历代都城宫殿都是由最高的工官"将作大匠"负责设计营造的,担任这一职务的多是推荐官吏中之有"巧思"者,重大工程朝廷常派有工程经验和才能的文官武将,参与工程的规划经营。甚至有艺术修养和造诣的皇帝,如宋徽宗造"艮岳",清帝乾隆弘历造圆明园、颐和园(清漪园),不仅直接参与造园活动并起决定性作用,如颐和园万寿山顶之"佛香阁",原仿建杭州六和塔,已建到第八层时,塔的形体比例与山的体势不协调,"奉旨停修",不惜拆掉重建。乾隆弘历在园记诗文中,许多卓识高见,对大型园林的规划设计原则和景境的创作,都有理论上的价值和意义。《中国园林艺术大辞典》誉之为造园艺术家,是持之有据的[35]。

民间私家建宅造园,虽云"专主鸠匠",并非不需要设计或没有设计。由于城市用地无不偏狭不齐,房屋虽可按法式建筑,而庭院组合必须"随曲合方",因地制宜,工匠也要画出图样,征得房产主的同意,最后决定权不在工匠而是产业的主人。实际上,工匠和主人就在起着建筑师的作用。工匠等于具体设计者,产业主等于方案的审批者,有权贯彻自己的建筑意图,对设计方案修改、变动以至否决的权利。所以,在私有制社会,产业主人的文化素质和艺术修养,直接影响建筑和园林文化的品格和命运。

计成正是看到建筑与造园实践的特殊性,不仅强调设计的重要性,也指出产业主的直接干预和作用。如他在《园冶·掇山》中说:"蹊径盘且长,峰峦秀而古,多方景胜,咫尺山林,妙在得乎一人,雅从兼于半士[36]。"用现代汉语说,园径盘曲而透迤,园山奇秀而苍古,处处景胜如画卷,咫尺山林若天成,造此佳境虽妙在主持造园者得人,一半还要依靠园主的脱俗雅兴。可见,如园主趣味庸俗还乱加干涉,园林建筑师的水平再高也难以发挥。如园内叠石如鸟若兽,或千窍百孔,如乱堆煤渣;或仿真船为不系舟,置一洼死水之中,毫无意境可言,只有**物趣**而**天趣**全无矣!产业主的这种作用古今皆然,充分反映出**建筑实践的生产社会性与私人占有的矛盾**。

### 建筑的艺术美

**生活美**的概念很广泛,是**社会美**与**自然美**的总称,又称"**现实美**"。现实美产生于人类长期的社会实践,普遍存在于自然现象与社会生活之中,是自然属性和社会属性的辩证统一。我们所说的**建筑生活美**,只是指建筑的物质实体所构成的空间、和通过建筑的空间组合,创造出适应人们生活需要的**生活空间环境**。

在现实生活中,人总是按照美的规律进行创造的,美是人的个性、才能自由发展的表现,是同人类在实践中所追求的各种实际目的密切地结合在一起,因而也必然存在各种需要解决的矛盾,考虑各种利害关系。如古代的建筑实践中将作大匠与皇帝的关系,工匠与主人的关系,方案的决定权在主人。而任何设计都必然存在材料结构与空间构筑、建筑空间与生活空间可能与现实之间的矛盾。可以说,**建筑实践过程,就是一个不断解决矛盾的过程**。因此不可能把现实生活完全当作自由创造的过程和结果来欣赏。正因为这样,人类才不满足于生活美(现实美),还需要有艺术美的创造和欣赏。

**建筑艺术美**的创造,只有在建筑物质实用的基础上,不是改变建筑的物质合理性,而是通过建筑的空间视觉形象,赋予一定的思想性,把人改造世界的建筑实践过程和结果中所显示的创造性充分地表现出来,使之具有精神审美的价值,成为可供欣赏的对象。

由于生活美总是同我们在现实生活中所要达到的实际功利分不开，这就决定了我们对现实的审美感受带有各种不可避免的局限性。建筑的艺术美虽然以现实美(生活美)为根据，但它在建筑物质实体的基础上，赋予建筑的空间形象以超功利的思想精神。克服了建筑生活美的局限性，也就克服了我们对日常的现实审美感受所必然带有的局限性，这正是艺术美产生的必然原因。

建筑的**艺术美**，是以建筑的**生活美**为前提，一幢内容和形式都不美的建筑物，即空间的使用功能不合理、不合于形式美的法则，就不可能具有艺术美。即使建筑本身的功能合理，也合乎形式美的法则、如果处于杂乱无序、气候恶劣的环境中，不仅不能具有艺术美，而且破坏了建筑的生活美。

建筑只要建成，立在地面上就形成环境。建筑体现人的生活方式，是与环境密切联系的一个整体。所以，我们可将本书在"导论"中的建筑定义，简单地概括为:**建筑，是人工创造的生活空间环境**。

艺术美有形象性，建筑的艺术美，有建筑艺术形象的审美属性。而建筑形象的创造，是离不开一定的空间环境的。建筑既然是人的生活组成部分，就直接体现人的生活方式。所以，建筑的艺术美，就不存在是建筑生活美的某种反映，但它必须以建筑的生活美为前提，超越建筑的功利性，赋予建筑形象以某种思想性。这种融于建筑形象之中，从形象中反映出来思想性，不可能脱离构成空间的建筑实体去创造什么形象，而是在建筑物质合理性的基础上，建筑师对建筑空间环境意匠经营的结果。概言之，建筑形象的思想性，就是中国在历史上形成的**空间概念，天人合一的宇宙精神**。所以建筑形象的创造，就是要突破建筑空间有限性的局限，从有限达于无限，**在空间视觉上，给人以时空无限性和永恒性的审美感受**。对此，我们在建筑实例分析中再作阐明。而这种审美感受的具体的思想内容，则随时间的流变、审美主体的人与审美客体的**建筑**之间的功利关系不同而异。

事实说明，不具有生活美的建筑，根本不能成为艺术；大量具有生活美的建筑并不等于就能成为艺术。除客观条件的制约以外，如果设计者不具有建筑艺术的修养和创作才能，当然不可能设计出具有艺术性的建筑；即使是优秀的建筑师，如果在设计过程中，不断受到业主和审批者非专业性的干预，不能充分自由地发挥他的智慧和才能，也不可能使其作品成为艺术。所以，历来能成为艺术的建筑都是少数。

# 第四节　建筑艺术的表现形式与内容

中国古代受建筑生产方式的制约，只有建筑法式，不需要什么建筑理论，也就从未有过对建筑艺术问题的研究和讨论。建筑艺术的概念，主要来自西方的美学和建筑理论。中西方建筑的结构体系不同，空间形态殊异。西方砖石结构建筑，是将各个活动空间集合成一个整体、实体的外在形式，即建筑艺术所借以表现的形象。所以，西方的建筑美学思想非常注重形式的和谐。早在公元前5世纪由古希腊哲学家毕达哥拉斯(**Pythagoras,** 约前580～500)和他的信徒们组成的毕达哥拉斯学派就认为"整个天体就是一种和谐和一种数"，"美是和谐与比例"；欧洲美学思想的奠基人亚里士多德说，美要靠体积与安排，"不但它的各部分应有一定的安排，而且它的体积也有一定的大小"；欧洲文艺复兴时期，多才多艺的意大利**巨人达·芬奇**更明确地说，事物的美，就在于"完全建立在各部之间神圣的比例关系上"，造成敏锐的感受力，要"以可靠的准则为依据的理性"[40]。他把比例(**Proportion**)的和谐提高到神圣的地位。达·芬奇为了探索人体最完美的比例关系，亲自解剖过几十具尸体，并对医学也作出过贡献。

可见，西方的古典建筑非常重视建筑的形体安排，和建筑实体外在形式的各部分之间的比例关系。毕达哥拉斯学派最早就从数学原则出发，在五角星中发现**黄金分割**的数理关系，即设 A> B，则 A: B = (A + B): A，结果为 1: 1.618 比例的矩形。按此比例关系组成任何对象，都表现了有变化的统一，显示出其内部关系的和谐。并以这种比例关系来解释建筑、雕塑等艺术形式美的原因。此后古希腊的哲学、美学家柏拉图认为，由直线和圆形成的平面形和立体形是绝对的形式美。文艺复兴时期的艺术家、建筑家用数学和几何学作为"可靠的准则为依据"，对建筑进行"理性"的分析研究，希望找出建筑艺术形式最美的比例关系。

由于人是生命进化的最高产物，人体美为古希腊人视为自然美的最高形态，成为造型艺术的表现对象。当时的建筑主要是**神殿**，建筑空间受石结构的限制，空间距离甚至小于石柱的直径。人们的活动主要在室外广场上，建筑是人们的视觉中心，为了创造形象加强建筑艺术的表现力，不仅注重建筑的形式美，并且用人体雕塑为装饰，以直接的富于生命力的表现显示神的伟大。

古罗马的建筑家维特鲁维，在公元前 32 ~ 前 22 年于奥古斯都时所写的《建筑十书》，这是部被誉为西方古典建筑典籍、并对西方后世建筑有深刻影响的建筑专著。他把人体比例与建筑物，或建筑物的某些部分的比例等同起来，以便论证人体的建筑性"**对称**"和建筑物中具有人的特点的那种生命力。

这里有必要对形式美的法则作一些解释：

## 一、形式美的法则

一般所谓均衡、对称、节奏、韵律、多样统一等等，本是自然界生命运动的存在形式。如动物躯体与四肢的对称平衡，崖壁青松枝叶反曲的非对称平衡，人的呼吸、马的奔走动作等生理活动的节奏……人在改造自然的社会实践(首先是物质生产劳动)中，长期反复感知这些形式与美的关系，如"在房屋建筑中，在对作为人最初的工具即人自身的躯体四肢的结构和运用的观察中，无疑地已经千百万次重复地感受到了'比例匀称'同美的形式关系。只是由于'比例匀称'表现在人所反复感知到的各种各样美的事物中，最后它才可能被抽象出来成为一个美的'法则'[41] "，从而具有"先入之见的巩固性和公理的性质"(列宁语)。

从人的最基本的生命活动——劳动特点来说，如马克思所说："不断从事单调的劳动，会妨碍精力的发挥和紧张程度，因为精力是在活动的变换中得到休息并显示出魅力的[42]。"这就是说生命活动要持续进行下去，就应得到恢复并"显示出魅力"，不论是劳动本身还是劳动环境，不应是"单调"的，必须是有"变化"的。这实际上就是形式美的"**多样统一**"的生理根据。

所谓"多样统一"是对形式美中对称、平衡、虚实、主次、对比、节奏等规律的集中概括，如在建筑的空间构图和立面构图中，只有多样变化，没有整齐统一则零乱；只有整齐统一，没有多样变化则单调。清代李渔在《闲情偶寄·贵活变》的槅扇设计中，提出人欲活泼其心，必先活泼其眼。从人类的生命活动这个方面来看，"多样统一"的形式之所以感觉其美，就因为这种形式符合于人的生命活动要求，能"显示出魅力"。多样统一的**多样**，是外在的可见的形与色；统一则是内在的和谐关系。多样

建筑实体的外在形式，是建筑艺术借以表现的物质手段；建筑艺术的内容，则是形式美反映的符合生命运动规律所"显示出的魅力"。

统一规律,是事物对立统一规律在人审美活动中的具体表现,在本质上都同人的感情活动直接相关的生命运动形式分不开。

空间集合成整一实体的西方建筑,形式美的法则对建筑形体与立面设计之重要,是不言而喻的。中西建筑史讲建筑艺术,实际上都是讲形式美的法则,这就造成这样的概念,认为建筑艺术就是建筑形式美的片面性。按照形式美的法则设计建筑的形体和立面,也就是说在满足使用功能的基础上,设计合乎形式美的法则。这样的建筑在形式上可能是美的,但美的东西并不就是艺术。

因为,人总是按照美的规律进行创造的,合乎形式美法则的东西,会给人以悦目的美感。但美的事物并非就是艺术,就如具有生活美的建筑并非建筑艺术一样,我们说形式美和思想性,是一切艺术所具有的共同的本质特点,而这两者是互为表里的关系。所谓形式美,不是仅仅指建筑物质实体外在形式本身的构图,作为建筑艺术的美的表现形式,它必须能从实体所构成的空间环境中,反映出某种思想精神。

因此,艺术形式美的本质不在形式规律本身,而在于运用规律表现出思想感情达到艺术的化境。黑格尔在《美学》中说:"美的要素可以分为两种:一种是内在的,即内容;另一种是外在的,即内容借以现出意蕴和特性的东西。"这种"借以现出意蕴和特性的东西",也就是形式。这是对具有意蕴和特性的美的东西,或者对一般艺术而言。

建筑艺术不同于一般艺术,因为,建筑艺术的内容,不是指建筑的物质实用功能,而是超越物质功利性的思想精神,即思想性。从理论上说,作为物质生活资料的建筑内容和作为精神生活资料的建筑艺术内容,既有内在的联系,又有质的区别。**建筑内容,是指建筑在物质上的合理性;建筑艺术内容,是指建筑在精神上的思想性**。在现实生活中,这是无法分开的,只是为了便于分析问题,必须加以区别而已。

同样,建筑形式与建筑艺术形式,既是同一体又有区别,**建筑形式,是构成空间的物质实体的外在形式;建筑艺术形式,是思想内容借以现出意蕴和特性的形式,即建筑的艺术形象**。显然,建筑艺术的表现形式,不能脱离其物质实体的形式。建筑首先是人生活所必需的物质资料,如果建筑构成空间的物质形式是不合理的,也就从根本上否定了它作为建筑艺术的表现形式。但仅具建筑物质合理性的形式,而不能"现出意蕴和特性",它只是客观存在物质形式即**"建筑形式"**,而不是艺术。

建筑艺术形式,这种能"借以现出意蕴和特性"的形式,即具有社会内容的、反映思想感情的形式,是以其直观的空间形态与其隐含的社会内容达到了对立的统一,形式似乎扬弃了思想内容,思想内容不是外在于形式,而是形式自含内容,内容消融在形式之中。这就是中国传统美学所说的**"意在象外"**,观赏者**"得其环中"**。

建筑艺术要取得"意在象外"的效果,才能耐人寻味而有魅力。建筑不同于其他纯属意识形态的艺术再现生活中某些典型的形象,建筑形象所表现的是人的生活空间环境的理想境界。所以,建筑艺术创作的要旨,就在于突破物质实体所构成的有限空间的局限,在视觉上从有限的空间达于无限空间的自然,使生活美升华为艺术美,将人改造和利用自然的空间本质,上升到神圣的本质,在有限中表现无限,从有限达于无限,"与浑成等其自然,与造化钧其符契"。

建筑艺术的形式美，如美学家宗白华先生所说，其"最后与最深的作用，就是它不只是化实相为空灵，引人精神飞越，超入真境；而尤其它能进一步引入'由美入真'，探入生命节奏的核心[43]。"

## 二、建筑形式与建筑艺术形式

为了具体地说明建筑形式与建筑艺术形式，或者说建筑艺术的形象，举例以阐明之：

晚明与计成同时代的刘侗（1591～1634）、于奕正（1586～1636）合著的《帝京景物略》（1635年刊），其中有段描写"定国公园"的文字。而张岱（1597～约1676）在《陶庵梦忆》中所记无锡惠山右的园林"愚公谷"，其中有段关键性文字，几乎全抄自《帝京景物略》，录之如下：

> 《帝京景物略》：
> 藕花一塘，隔岸数石，乱而卧，土墙生苔，如山脚到涧边，不记在人家圃[44]。
>
> 《陶庵梦忆》：
> 藕花一塘，隔岸数石，乱而卧，土墙生苔，如山脚到涧边，不记在人间[45]。

张岱只将这句话改动了两个字，即"人家圃"改为"人间"，境界拔高了。两园其他景物的描绘是不同的。如《四库全书总目》所说张岱的文字，"其体例全仿刘侗《帝京景物略》，其诗文亦全沿公安、竟陵之派"。可见张岱对刘侗的崇拜。我们撇开这种文字关系不谈，从造园艺术而言，刘侗记的是北京园林，张岱则是写的江南无锡园林，地分南北，遥隔千里，单从这局部造景，藕花的池塘，几块乱石，生苔的土墙，皆平常之物，如果造园者没有"意境"的构思，仅按形式美的法则布置，只能造成悦目的景物形式，或者说只有一般景物的**形式美**。但是，当造园艺术家**立意**，"在这有限的空间里，创造出视觉无尽的具有高度自然精神境界"的园林时，同样用这些东西经过艺术的提炼和巧妙的安排，使人有涉身山脚涧边的审美感受，这就是从形式美到**艺术美**的升华，山脚涧边已不是景物的一般形式，而是人们所感受到的**艺术形象**，形象所显示的是自然山水的**生命活力**。这种"会境通神，合于天造"的意境，正是中国古典园林艺术创作所追求的具有高度自然精神境界的生活环境。

刘侗的感受作为审美经验用文字积淀下来，使张岱在相似景象的审美观照中，受到启发而吸取并再表现出来，说明历史上审美经验的积淀和流传作用。刘侗和张岱是从欣赏者的角度，用文学的形式进行的一种创作。而明末清初的叠山名家张南垣（1587～1671），则从长期实践中认识到：以自然山水为创作主题的中国园林，在空间上的矛盾，不可能自然主义地"尤而效之"，只能用写意式的方法，寓全（山林）于不全（水石）之中，他认为园林造景：

> 惟夫平冈小坂，陵阜陂阤，版筑之功，可计以就然。后错之以石，棊置其间，缭以短垣，翳以密筱，若似乎奇峰绝嶂，累累乎墙外[46]。

陵阜是大的土山，陂阤是水边山坡，就是指山脚水边的景象。如论画者云：土山无骨，"平垒透迤，石为膝趾"（《画筌》），所以要错落地如布棋子样的置些乱石，后面绕以藤萝荫翳的不高的土墙，就会使人感受奇峰绝嶂如在墙外的联想。张南垣所说的做法，与刘侗、张岱所见的景境是不谋而合的，可见这种造景是园林艺术一个成熟的手法，张南垣称之为"**截溪断谷**"法。

从上述的例子，我们就不难理解生活美（绿化、美化环境）与艺术美（造园艺术的创作），一般物质形式与艺术形象的关系和区别了。

这个简单而寻常景象的创作意匠令人深思。它说明一个道理，园林造景并非愈奇特愈好，亦不在景物的多少，而在是否能创造出"意境"。清代的画家笪重光在《画筌》中说得好："怪僻之形易作，作之一览无余；寻常之景难工，工者频观不厌[47]。"园林和建筑设计也如此，以怪异之形为超群，堆砌装饰为美，是设计者庸俗无能的表现；真正的艺术，看似寻常最奇崛，以为容易却艰辛，它示人以意象，"使人思而咀之，感而契之，邈哉深矣"。

人们虽然多无法用语言表达出什么是建筑艺术，建筑的艺术性和思想性表现在哪里，但从北京故宫的辉煌壮丽的形象中可以感受到它，对一般建筑几乎就感受不到有什么艺术性了。因此，就使人产生误解，认为建筑要讲究艺术，需要花费大量的钱财。事实并不尽然，这里我们再举两个例子来说明。

张岱在《陶庵梦忆》中所写的"不二斋"：

> 不二斋，高梧三丈，翠樾千重，墙西稍空，腊梅补之，但有绿天，暑气不到。后窗墙高于槛，方竹数竿，潇潇洒洒，郑子昭"满耳秋声"横披一幅。天光下射，望空视之，晶沁如玻璃、云母，坐者恒在清凉世界。图书四壁，充栋连床，鼎彝尊罍，不移而具。余于左设石床竹几，帏之纱幕，以障蚊虹，绿暗侵纱，照面成碧。夏日，建兰茉莉芗泽侵入，沁人衣裾。重阳前后，移菊北窗下，菊盆五层，高下列之，颜色空明，天光晶映，如沉秋水。冬则梧叶落，腊梅开，暖日晒窗，红炉毾毲，以昆山石种水仙列阶趾。春时，四壁下皆山兰，槛前芍药半亩，多有异本。余解衣盘礴，寒暑未尝轻出，思之如在隔世[48]。

不二斋小小庭院，只有一幢不大的房屋，张岱以清新的笔法，从外部庭院写到室内，时历春夏秋冬，四时花卉，环境清幽，颇有"意境"。建筑意境的创造不能离开整体的空间环境，但又要从一点突出体现出来。不二斋是书斋，人的活动在室内，所以其后窗设计是匠心独运的，所谓"后窗墙高于槛"，窗的位置较高，而比例扁阔，似画幅之"横披"；窗后定有隙地，故有方竹数竿，视之听之如"满耳秋声"图，这确是一幅有生命活力的图景。正是这富有生命的"动"，将有限的室内空间与外部虚"静"的无限空间流通而融合，使人从有限观照无限，达于无限，又归之于有限。这就是张岱之所以"解衣盘礴，思之如在隔世"的缘由。从窗牖设计看，是李渔的"尺幅窗"、"无心画"；从空间设计看，就是计成的"方方侧景，处处邻虚"。最终是要达到人与自然的和谐统一。

清代的书画家郑燮（板桥，1693～1765）写他的茅斋是：

> 十笏茅斋，一方天井，修竹数竿，石笋数尺，其地无多，其费亦无多也。而风中雨中有声，日中月中有影，诗中酒中有情，闲中闷中有伴，非惟我爱竹石，即竹石亦爱我也。彼千金万金造园亭，终其身不能归享。而吾辈欲游名山大川，又一时不得即往，何如一室小景，有情有味，历久弥新

乎!对此画,构此境,何难敛之则退藏于密,亦复放之可弥六合(天地)也[49]。

小小的院子里,只有"环堵之室"的茅舍,院中只数竿修竹,几尺石笋而已,这是不需要花费几个钱的。板桥以境为画,构成有声有色、有情有趣的**意境**。居内而观"历久弥新",意趣无穷,空间视觉随景境而敛放,敛则藏于斗室,容膝以自安;放则达于天地,乘物以游心。这茅斋难道不是艺术吗**?**

张岱和郑燮的建筑环境意匠,充分体现了中国古代"**无往不复,天地际也**"的传统空间意识,人与大自然和谐统一的精神。中国的建筑艺术和其他艺术一样,它所要表现的思想情感经常是一种与整个宇宙(包括社会和自然)合一的,具有深邃的、高度的哲理性的情感。就如对中国传统文化感兴趣的西方学者的认识:

> 在所有中国的诗,艺术与宗教中都显示中国民族对自然的特殊态度,并表现在他们伟大圣哲的思想中,他们的哲学均以天人并行不悖的思想作为主宰。此思想透过孔子的伦理哲学而大放异彩。在孔子的伦理学里,维持人与人之间和谐关系的法则,被视做获致人与宇宙间更深的和谐关系的规范。此思想被精缩于老子的箴言中,老子教人:人只有顺从天道,才能过有意义的生活[50]。

中国艺术中所表现的自然,经常是和社会的伦理道德情感渗透在一起的自然,不论是儒家所强调的伦理道德的内在修养,所达到的"天人合一"的精神,还是道家所强调的"乘物以游心",天马行空的与宇宙天地合为一体,在中国古代哲学家和艺术家的心目中,自然的外在现象是"**道**"的表现形式,只有作为"道"的表现形式才能成为艺术的表现对象,才具有艺术价值。

有人会说:张岱是文学家,郑板桥更是名垂青史的书画大家,人们很难有他们那种审美感受,这恐怕是事实。但一种艺术有多少人能欣赏它,同它是否是艺术无关。"如同音乐才唤醒人的音乐感觉一样,最优美的音乐对非音乐的耳朵是没有意义的"[51]。因为人可能享受的诸感觉,如欣赏音乐的耳朵,对形式美欣赏的眼睛,是要长时间熏陶和培育才能得到的。

中国十年"文化大革命",被剥夺了文化生活的一代人,多半已不具有享受音乐、舞蹈、戏剧的诸感觉,而这些艺术也就戴上"严肃"和"高雅"的光环,几乎被俚言俗语的歌词和扯着嗓子叫喊的演唱,拼命摇摆躯体的舞蹈和震耳欲聋的音响,挤下了舞台。如徐复观所说,这种"顺着现实跑,与现实争长短的艺术",只能"使紧张的生活更紧张,使混乱的社会更混乱"罢了。这同建筑上的混乱现象一样,认为建筑艺术已成公害,否定建筑是艺术。难道取消建筑艺术,这种混乱的现象就会自动消失了吗?事实完全相反,建筑实践中的混乱,正是由于设计思想的混乱所造成的。问题的症结,就在于对什么是建筑艺术,在概念上模糊不清。解决的办法,不是否定建筑艺术,而是肯定它,承认客观存在的历史事实,中国古典建筑的高度艺术性,是有目共睹的,在数千年灿烂的建筑文化中,积累了非常丰富的建筑艺术创作经验,独到的设计思想方法和杰出的艺术处理手法,需要系统地加以总结,深入地进行研究,去揭示出建筑艺术的创作规律,理解它才能真正掌握它,设计才不会受死人和活人的控制(抄袭),由自由走向必然,去弘扬华夏建筑的优秀文化传统!

对建筑艺术问题,我们尽可能地从各个方面作了分析和阐明。为了区别建筑艺术与其他艺术"质"的不同,旨在阐明建筑发展成为一种艺术,是历史的客观存在!

中国建筑的艺术精神,就在于有限的建筑空间之间,是相对的、流动的、变化的,而且与无限的自然空间相贯通,表现出时空的无限性与永恒性,追求的是达于宇宙天地的"道"。

为了经常使用的方便,有必要为建筑艺术作如下定义:

**建筑艺术,是在建筑物质实体所构成空间、合目的性与合规律性的前提下,运用形式美的法则,突破有限的建筑空间的局限,创造出空间无限的、富于生命力的艺术形象。**

正因为建筑首先是人的物质生活资料,所以,永远不可能将所有建筑都能成为艺术,只有那些具有形式美和思想性的建筑才是艺术。

下面我们对有代表性和典型性的古典建筑艺术实例,作具体的分析。

# 第五节　单体建筑的艺术

中国建筑是属于木构梁架体系,建筑生产有法式和制度的严格控制,不同"间架"的建筑都有一定的形制。建筑设计主要是**组群建筑**的总体规划,**单体建筑**在一般情况下,不需进行个别的设计,根据建筑的类型、性质、规模、地形等条件,按照制度和法式的间架形制就可以建造。整体建筑形象的多样统一的丰富性,决定于"单体建筑"之间的空间意匠和组合的关系。

但是,单体建筑并无千篇一律、千人一面之弊。因为中国建筑立面的三大组成部分,每一部分都是可变的,通过不同的组合,可以形成变化丰富的建筑形式。如:台基之可大可小,大者可承托一组殿堂,小者仅在屋檐之内;可高可低,高者三层,阶级数十,低者仅一级,抬脚可上;屋身之可虚可实,实者三面墙垣一面户牖,虚者四面空灵,廊庑周匝,虚实相半者"前添敞卷,后进余轩"(《园冶》)。屋顶形式之多样,庑殿端庄而飘逸,歇山华丽而雄飞,悬山轻简,硬山朴实;可连续并列,可多样聚合,亦可相交成十字脊;有脊饰者庄严而崇伟,无正脊者流畅而轻逸……不一而足。不同的组合,在不同的环境,看是相似,实际无一雷同。不宁惟是,在特殊需要的情况下,从结构空间到外部造型,都可打破常规,大胆革新,以满足特定的空间使用要求和视觉审美的精神需要。山西太原晋祠圣母殿,就是非常杰出的典范。

## 一、晋祠圣母殿

晋祠圣母殿不是佛寺,而是祭祀鬼神的祠庙。圣母殿是祭死后被封为水神"昭济圣母"的邑姜,她是西周成王之弟唐侯叔虞的母亲。所以,晋祠从总体布局到殿堂的空间设计,都采取开敞而自由的方式,没有庙宇那种封闭、严肃、神秘之感,却具有一种典雅、空灵、亲和的氛围。早在北魏郦道元的《水经注》中就有记载:"悬瓮之山,晋水出焉……后人踪其遗迹,蓄以为沼。沼西际山枕水,有唐叔虞祠,水侧有凉堂,结飞梁于水上。左右杂树交荫,希见曦景……于晋川之中,最为胜处。"我国著名的建筑学家梁思成教授,于20世纪30年代对山西建筑进行考古时,初见晋祠,惊叹它似一座苑囿。20世纪80年代末,我在梁先生的这一直觉感受的启迪下,研究了

图 11-2　太原晋祠圣母殿侍女像之一

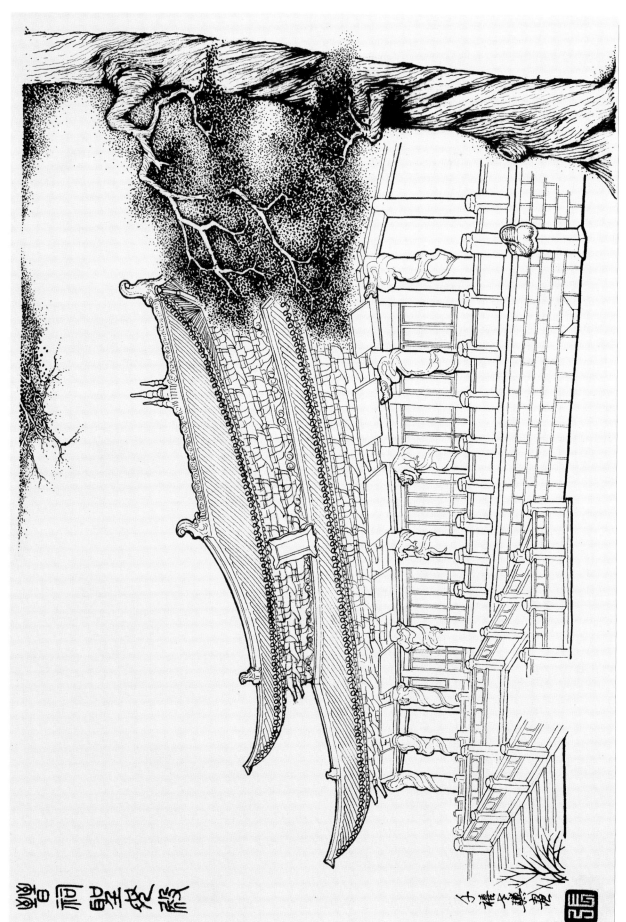

图11-3　太原晋祠圣母殿透视图（平面图见结构与空间一章）

古晋阳（太原）的特殊历史地理情况，论证了晋祠的确具有苑囿化性质的历史发展原因，撰文在《山西建筑》上发表。

宋代的雕塑家们，为表现帝后的宫廷生活，用现实主义的手法，塑像均尺度近人，除圣母邑姜跌坐在殿正中的神龛内，四十多尊侍女塑像分列于神龛两侧，极富生活气息。尤以宫女像最为生动，全身比例匀称，服饰鲜丽，衣纹流畅若动；身段或丰满，或清瘦；面容或圆润，或清秀。手中各有所执，或文印翰墨，或饮食餐具，或洒扫器械、梳妆用具，或演奏乐器，欲言欲动，确是栩栩如生。从雕塑技法和艺术风格，毫无宗教造像那种显示超人间力量的神秘，而是很有人情味的现实生活情景的写照。

宋塑侍女群像，不仅对研究宋代彩塑艺术有重要价值，对研究宋代宫闱生活以至妇女发式、衣冠服饰制度也是难得的形象资料。正因为殿堂需要陈列众多的侍女群像，从而产生了建筑的结构空间与使用空间的矛盾。按《法式》，圣母殿 5×4 间，以"金箱斗底槽"的标准柱网平面，副阶一周的檐柱为 26 根，殿身的"老檐柱"为 18 根，内柱 10 根，共应有柱子 54 根，内槽空间仅为 3×2 间（圣母殿平面、剖面图见本书第八章　中国建筑的结构与空间）。

圣母殿的塑像都与人体尺度相近，除圣母邑姜盘腿坐于神龛中，侍女像均立于地上，如在内槽的完整空间里陈列圣母像，不仅太空，且侍女像都被隔于内槽的柱列之外，显然破坏了圣母与侍女之间的生活关系，不可能从整体上表现出宫闱生活的形象和氛围。为了解决这种空间上的矛盾，古代匠师们从结构上进行了大胆的改革，巧妙地运用**减柱法**，在保持整体结构稳定和刚度的要求下，除全部保留外围一周的檐柱和前列一排金柱外，减去了其余的内柱和前四缝的老檐柱，造成殿堂内部为 5×3 间的无柱敞厅，和深广轩昂的前檐廊庑，为数十尊精美的彩塑侍女像，创造出舒敞而亲和的陈列空间和观赏的环境（图 **11-2** 为晋祠圣母殿侍女像）。

圣母殿的内容改变了，反映内容的形式也随之改变，与同时代的河北正定县隆兴寺的摩尼殿形成强烈的对比。摩尼殿是供佛的殿堂，间架与圣母殿基本相同，没有减柱，不仅内槽（3×2）三面筑墙，殿身一周也用墙围闭，四出抱厦，歇山单檐顶。内部空间黝暗而神秘，外部形象严实而雄浑；圣母殿内部空间明净而轩敞，外部形象重檐歇山顶，副阶周匝，前檐廊庑深广豁敞，加之一列盘龙木雕檐柱，十分空灵而典丽。这就充分说明，中国的**单体建筑**有法式而不固执于法式，在设计中是通权变达极具变化之能事的（图 **11-3** 为晋祠圣母殿透视，图 **11-4** 为河北正定隆兴寺摩尼殿平面，图 **11-5** 为摩尼殿透视）。

图 11-2　晋祠圣母殿侍女像之二

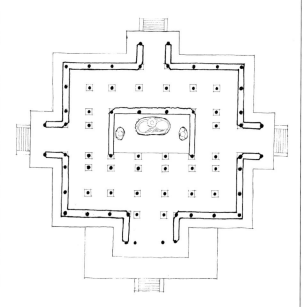

图 11-4　河北正定隆兴寺摩尼殿平面

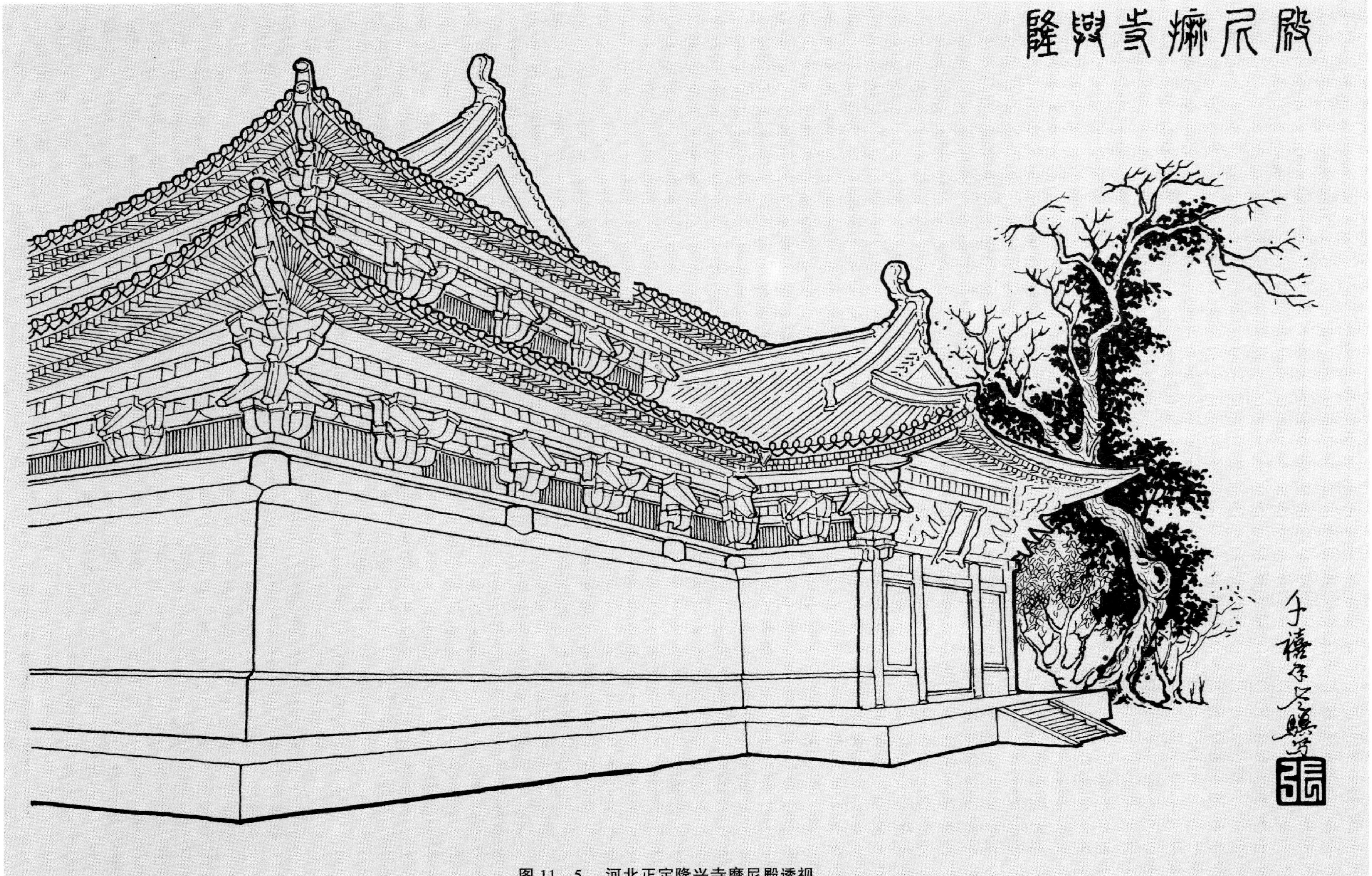

隆兴寺摩尼殿

图11－5　河北正定隆兴寺摩尼殿透视

## 二、罗汉堂田字殿

　　单体建筑多采用单一轴线的纵向**间架**组合，在特殊情况下也采用改变方向的多轴线的间架组合方式。其中在空间艺术上有特殊作用的，是佛教的禅宗寺院罗汉堂的**田字殿**了。罗汉，是梵文 **Arhat** 的音译"阿罗汉"的略称，是小乘佛教修行的最高果位。禅宗寺院多建有五百罗汉堂，罗汉的塑像多达五百躯，如陈列在一栋殿堂里，建筑体量将非常庞大，显然不合佛寺的主体建筑是供奉佛陀的要求。而众多的罗汉并无主次之分，是无主体、无中心的罗汉雕像群，陈列数以百计的塑像，要按展厅的常规布置，展览空间之大，是可以想见的。若殿堂太大，超过佛殿则喧宾夺主；殿堂太长，则寺院基地有限，而且佛事活动也不便。罗汉堂之妙，并不因像多而大，而是采用了"田"字形平面，从而获得最长最多的展览面。"田"字形平面中有四个封

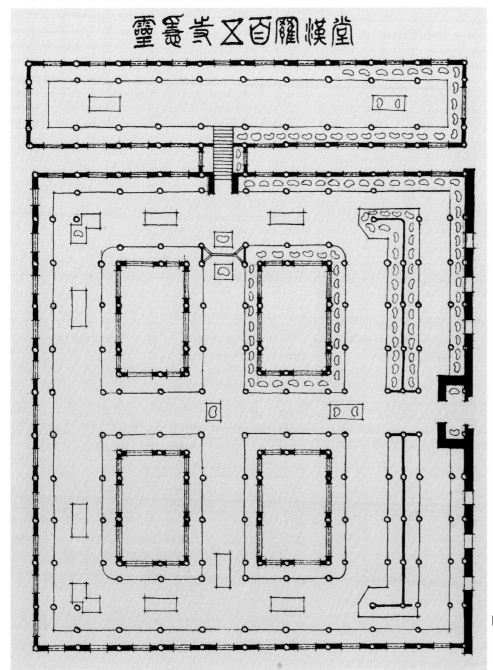

图 11 - 6　灵隐寺田字殿平面图

闭的小天井,建筑的跨度也不大,全部设天窗,堂内靠天窗的高侧窗通风采光,塑像沿墙相对陈列(图 **11－6** 为罗汉堂平面)。

罗汉堂的罗汉菩萨塑像,尺度近人,高约 2 米左右,全身鎏金,不作彩绘,所以室内光虽不强,而须眉毕现,神情姿态,无一相同,或蹲或坐,或倚或踞;有仰有俯,有静有动;神形各异:清癯瘦瘠者,闭目沉思;脑满腹膜者,笑容可掬;虎背熊腰者,举拳怒视;佝偻龙钟者,慈眉善目;喜怒哀乐,神态殊异,实是人世间众生相的刻画,充分发挥出古代雕塑家的智慧和艺术才能。

田字殿在空间艺术上的绝妙处,从视觉上说,人莫穷其深浅;在人流路线上,是大环套小环,环环相套,纵横交织,循环往复,无始无终。人信步其中,两边罗汉,千姿百态,左顾右盼,目不暇接,流连忘返,如入迷宫。罗汉是否五百?人们是难以数清的。罗汉堂之妙,就在空间无尽,视觉莫穷,使人产生一种神奇奥妙的情趣。

在中国单体建筑中,最能体现建筑本质——人与自然的关系,并能集中表现中国人具有高度哲理性思想和情感的是"亭"!

罗汉堂是中国古代大量圆雕的特殊陈列馆,是中国独特的"往复无尽"的流动空间理论,在建筑艺术上的体现。

### 三、亭的建筑艺术

亭,在中国建筑中,是构筑最为简单,造型也最为丰富的建筑形式。只需几根柱子支撑着一个屋顶,可以别无所有。平面自三角至八角,可方可圆;屋顶可卷棚可攒尖,可歇山可十字脊,可单檐亦可重檐。造型丰富多姿,形象生动而空灵。

亭,是高度适应性的建筑,体量可大可小,位置灵活自由:山顶、水际、原野、丛林、路边、桥头,凡人可驻足处皆可筑亭以待 (图 **11－7** 为苏州怡园立山上之螺髻亭,图 **11－8** 为扬州个园鹤亭,图 **11－9** 为苏州拙政园松风亭)。

亭的功用很多,正因其"事约而用博"[52]的优越性。关于亭在美学上的意义,详见本书第三章"中国建筑的名实与环境"有关"亭"的一节。

这里从景区规划和建筑设计角度,有必要从"亭"在人与自然关系中所揭示的建筑本质,作进一步的阐述。

亭,对了解建筑的本质,是非常有意义的建筑形式。从人类的发展历史而言,人是大自然的一部分,人不能离开自然的无限空间生存,但就在这无限的自然空间也难以生存。人类为了生存,并获得人的生活与发展,就必须生产出大自然自身所不能产生的东西——**建筑**。所以说:**空间是建筑的本质**。这是最简单不过的事实,而这种适于人的"生活空间"是要用物质技术的手段,去构成空间的**实体**,换言之,是要由物质实体构成生活的空间——建筑。人们所看到的建筑,如庄子所说:"视而可见者,形与色也[53]。"这是指建筑实体的外在**形式**,而不是实体所构成的**空间**。

有胜境处建亭,如画龙点睛,使景象顿生民族的风采和精神;无胜境处立亭,因亭成景,于平淡中见精神,使景境富于生机和活力。

正因如此,在建筑实践中,设计者往往从建筑形式出发,首先注重的是建筑实体的外在形式,甚至是建筑的立面形式,不重视以至轻视建筑的空间内容。尤其在商品经济的冲击之下,缺乏设计思想深度和艺术修养的设计者,把形式当艺术,不惜牺牲建筑的空间功能,去片面追求外部形式的包装效果,东拼西凑,以奇特不伦而自我标榜,甚至美其名曰:"形式创造功能"。

这种现象,正说明他们并不真正懂得"空间是建筑本质"的道理,不理解建筑实践的根本目的,不是为了获得构成空间实体的"**有**",即建筑物质实体本身,而是要

图 11-7 苏州怡园螺髻亭

图 11-9 苏州拙政园松风亭

图 11-8 扬州个园鹤亭

从这"有"中去得到"无",即实体所构成的空间和环境。

其实,这个道理,早在两千多年以前,春秋时代的思想家老子已阐明:"凿户牖以为室,当其无,有室之用。故有之以为利,无之以为用。"他用"无"的概念,已深刻地揭示出建筑的本质,建筑实体的"有"与建筑空间"无"的辩证关系。

亭正是揭示出建筑本质最生动、最典型的建筑形式,几根柱子一个屋顶,空空如也。但它在自然山水中,却构成一种相对独立的有限空间。这是**人为**的也**为人**所占有的**空间**,它是人本质力量的对象化,即**自然的人化**,标志着人对自然的改造和占有。有了这大自然自身所不能产生的东西——**亭**,就在某种范围内,改变了人与自然的关系,人就不会在无限的大自然中自觉软弱和渺小,产生不安全的恐惧心理,而是可以安闲自适地去欣赏大自然,使山川日月"乃得玩之于几席之上"。事实上,亭改变了人与自然的那种疏远和对立的关系,转化为一种亲切和谐的关系。

如果说,建立一个学术思想体系,都有其思想核心的话,我的著作包括造园学方面的专著,一切立论的基础,都是从"空间是建筑本质"这一点出发的。

认识这一建筑的本质,是一切设计的出发点。如在自然山水中建亭,既是"观景",也是"造景"。从**观景**方面说,建亭之初,就必须"撮奇搜胜,物无遁形"。建成后,驻足亭中,举目而视,景观之美,令人赏心悦目,心旷神怡;从**造景**方面说,自然山水,空间广阔,不论是上山、下岭、盘山途中,凡见亭处,无不景观如画,引人入胜。这就要求,从各种可见角度的审美需要,决定亭的体量大小,是方是圆,是卷棚还是攒尖顶,是单檐还是重檐等等,使亭与山林浑然一体,有"亭补旧青山"之妙,成为"不可易"的佳构。这就是"安亭得景"和"构亭成景"两者不可分割的道理。

在园林中建亭,应遵循因形就势,因地制宜的原则。因亭空灵而有飞举之势。势欲展则需要有一定空间视距。多边或圆形之亭,宜于立四面临空之处;近垣墙构亭,宜于方形或矩形等等。这就是《园冶》中对亭的形体设计与景境的意匠需要精心构思下一番功夫的道理了⑨。(图 **11 – 10** 为苏州拙政园笠亭,图 **11 – 11** 为苏州拙政园嘉实亭)。

计成对亭的设计,概括为"亭安有式,基立无凭",可谓言简意赅、十分精辟。这是对一般具有一定规模的园林而言,对那些环堵的小园就不适用了。大不足亩的小园,空间范围很小,哪怕造一栋两间四牖的小屋,就无造景的余地了,何以创造山林的意境?但是,中国园林是以建筑为主体的,具有高度自然精神境界的生活环境,可以说:**造园中没有建筑,就不是中国式的园林!**这就是矛盾。

这一类小园,多在住宅庭院组群建筑之中,宅内厅堂的高大山墙,往往成为小园里无法避免的、巨大的视觉障碍。这就产生了亭的特殊形式——半亭。顾名思义,半亭就是从结构到造型都是亭子的一半,正因其半,必须靠墙建造。纵观江南小园,为解决空间小和隔院山墙的视觉障碍,几乎毫无例外地都在山墙处建亭,随山墙之高下,或叠石构亭,或抬高亭基,既增亭飞举之势,也使连亭之廊,曲折中而有起伏,倍加空灵而生动。我对这种带有规律性的艺术手法,名之为"**见山构亭法**"。从而弥补了计成的"亭安有式,基立无凭"说之不足,提出小园建亭是"**亭安有式,基立有凭**"的。

半亭贴墙,解决了亭与墙之间必须要有一定的空间距离问题,这就极大地提高了亭的环境适应性,真正做到**到处可亭**的地步,充分发挥了其他建筑所不能起到的艺术作用。半亭之妙,举些较典型的例子:

图 11－11　苏州拙政园枇杷园内的嘉实亭

图 11－12　上海嘉定秋霞圃院门半亭

图 11－10　苏州拙政园笠亭

图 11-13　苏州网师园
殿春簃院中冷泉亭

图 11-14　苏州狮子林
古五松园院隅半亭

图 11 - 15 苏州残粒园括苍亭

半亭建于园墙的洞门处,不仅起突出门户的标志作用,也打破了墙垣的沉重和闭塞感(图 **11－12** 为上海嘉定秋霞圃院门半亭)。

半亭建于小院的廊端,一角飞扬,直指蓝天,从空间高度上突破庭院的封闭感,构成静寂中的生动景象(图 **11－13** 为苏州网师园殿春簃院中冷泉亭)。

半亭建于庭院的一隅,翼然飞举,点染得闲庭深院生意盎然,有置之死地而后生的妙用(图 **11－14** 为苏州狮子林古五松园院隅半亭)。

半亭建于隔院的山墙上,沉重的山墙使之轻快,呆板的实体变得空灵,叠落墙头构成富有诗意的背景(图 **11－15** 为苏州残粒园括苍亭)。

此类例证不胜枚举。关于亭就可写本专著,实例的分析,读者可看本书第四章中"亭的美学意义"部分和拙著《中国造园论》的第八章第三节"江山无限景,全聚一亭中"一节。

明代散文家张岱记"筠芝亭"文中有句话说:"亭之事尽,筠芝亭一山之事亦尽㉟。"这句话有两层意思,一是亭本身设计的完美,不须增一椽一瓦,设一槛一扉,增设任何东西都是多余的;二是筠芝亭所在山的一切美景,在筠芝亭中皆可"举目眺望"饱览无余。这就是"安亭成景"和"安亭得景"的真谛了。

　　笔者认为,认识了"亭"的审美价值和美学意义,可以说,就理解了中国园林建筑的空间艺术;掌握了"亭"的创作思想方法和规律,也就把握了其他园林建筑的意匠的奥秘。所以,借用张岱的话来说,那就是"**亭的一事尽,园林建筑的意匠之事亦尽!**"㊱。

# 第六节　组群建筑的艺术

中国建筑是以一定数量的"单体建筑"组合成群体来满足生活要求的,所以靠单体建筑不能创造出完满的艺术形象,建筑的艺术形象必须借整体的空间环境才能显现。在艺术分类中,有将建筑列入**造型艺术**者,这对运用雕塑的西方古典建筑来说是可以的,因为它具有造型艺术的塑造形象反映客观具体事物的方面,但中国的古典建筑并不反映它自身以外的任何东西,而是直接地体现人的生活方式,是人生活方式客观存在的物化形式。有将建筑列入**空间艺术**者,这也不符合中国建筑艺术的特点。按德国美学家莱辛提出的"造型艺术"的概念,形象具有瞬间性的特征,而中国建筑的艺术形象,因为是组群建筑,人必须身历其境,从整体的空间环境中才能感受。也就是说,空间的形象在一定的时间延续中才能感受到。如果要用时、空来说明中国建筑艺术的特征,它既非造型艺术,也非空间艺术,而是**时空结合的艺术**。所以,我们说中国的建筑艺术,不是西方的"**凝固的音乐**",而是"**流动的画卷**"。

因为,与时间结合的空间是**流动的空间**。"流动空间"是中国建筑艺术的主要特征。可以说,**中国的建筑艺术,是流动的空间艺术**。一位西方的建筑师说得好:"掌握空间与知道空间、如何去观察空间,是了解建筑空间的钥匙㊲。"如果说西方的建筑学者,其视觉习惯于"只是在空间里看见孤立的'物体'㊳",难以了解中国建筑空间流动性的特点，甚至有的把中国的庭院组合对称平衡的格局，看成是简单的没有意义的东西，还可以理解的话，研究中国建筑的中国人，对建筑空间却熟视无睹，反倒把"流动空间"当成西方建筑大师的创造，真可谓"不识庐山真面目，只缘身在此山中"了。

中西方建筑的空间形态不同，建筑艺术的创作思想方法——设计思想方法也自然不同，中国古代建筑师意匠惨淡经营，无需考虑建筑物自身的形体组合，也无需考虑在构成空间实体的外在形式上去刻意进行艺术加工，而是从组群建筑的总体布局出发，精心地进行有序的空间组合。具体地说，就是进行庭院的组合和庭院之间的组合。中国的庭院受**礼制**的影响，在当正为尊，两厢为辅，倒座为宾的指导思想下已形成一定的**基本模式**；只是大型的公共性建筑无倒座，以主要建筑物分隔前后殿庭；沿街的商业性建筑，只将倒座正落向街一面开敞成铺面。但庭院组合方式，任何类型建筑都必须遵守按轴线左右平衡对称的布置原则。正由于这一严格的、统一的布置原则，使一些研究中国建筑的外国学者无法理解，中国建筑何以能创造出不同的性格和艺术形象。

我认为这个问题，不是具体的审美感受怎样，而是抽象的概念问题，问题多半出在对对称平衡理解的偏见和片面，即认为形体相同、距离相等才是"平衡对称"。中国所有的艺术创作都遵循**师法自然**的原则，来自于自然合乎生命运动规律的形式美法则，根本就不存在绝对相等的同一性重复的平衡对称事物。哲学家黑格尔对此有精辟的见解。他说：

> 只是形式一致，同一性的重复，那就还不能组成平衡对称。要有平衡对称，就需要有大小、地位、形式、颜色、音调之规定性方面的差异。这些差异还要以一定的方式结合起来。只有把这种彼此不一致的定性结为一致的形式，才能产生平衡对称⑤。

这是合乎自然的形式美规律的平衡对称。中国建筑的群体组合，正是在把不同规定性结为一致形式上，充分地运用了这一平衡对称的法则。如庭院的主体建筑形制不同，仅屋顶就有五种形式可供选择；建筑的间架不同，体量就有大小；庭院的形状不同，面积有大小，比例有广狭；庭院的组合不同，可围合可闭合，亦可两者兼用；建筑的装修有繁简，装饰可华可朴……存在着多种因素规定性方面的差异。这些差异正是用庭院组合的方式把它们结合在一起，不仅取得形式上的一致，而且组成有机的整体，显示出不同的内在性格和艺术形象，使人在空间流变中获得不同的审美感受。

中国建筑以庭院的空间组合方式、严谨的平衡对称的空间布局，使有限的建筑空间与无限的自然空间得以流通和融合，空间的序列在时间的流变中，展示出有主次、有开合、有虚实、有节奏、有变化的情景。在微妙的变化中，具有**时空的统一性、广延性和无限性**。

中国建筑的这种特殊的空间形态，有着很高的哲理性。它充分体现了中国古代"与浑成等其自然，与造化钧其符契"的空间观念，为建筑形象、富于**生命力**的表现提供了独特的条件。

我所说的中国建筑**往复无尽的流动空间理论**，从第六章的"多进庭院住宅的空间组合"一节中，所举的江南苏州住宅和山西住宅的典型实例，从两者的庭院组合分析，画出的人流路线的**线型**图，北方的较规则，南方的看似很混乱而复杂，似线条

庭院组合无倒座，是中国古代公共建筑的重要特征之一。

593

中国传统建筑的艺术精神，就在于任何有限的空间之间是相对的、流动的、变化的，而且是与无限的自然空间相通的，也就是表现通向宇宙天地的"道"。

组合的抽象画,但就在这抽象的线型中,反映出不同地区庭院空间组合的特点:生活活动的有序性和往复无尽的空间流动性、无限性。这就充分说明,中国组群建筑的空间组合,在视觉审美上是极具变化之能事的。

古典建筑中,大型的具有典型性的类型建筑,如山东曲阜孔庙和北京故宫,对其主轴线上庭院组合序列的空间特点,以及各"进"空间景象对人视觉心理上的作用和审美感受,在第六章的"群体组合"中已作了分析阐述,不再重复(见彩页,北京故宫鸟瞰)。

这里我们对组群建筑的艺术高潮,主体建筑的空间意匠和独特的手法作专题分析。在前面的建筑类型讲到故宫时,提出英国的著名学者李约瑟所谓的故宫无高潮论,曾对"高潮"的含义作了解释,指出中西方在建筑艺术观念上的不同。但不管对艺术高潮如何理解,故宫三大殿的艺术形象,同样使西方建筑师感到"呼吸为之屏息的美"。中国古典建筑高度的艺术性和震撼人心的艺术感染力量,只要对形式美具有欣赏眼光的人,都会获得这种审美感受。

## 一、北京故宫三大殿

那么故宫三大殿的艺术形象是如何创造的?何以能产生如此巨大的魅力?从建筑设计中是否有规律可循呢? 这是迄今没有人回答过的问题,现以我的一得之见,一家之言,作如下分析:

在群体组合一章中,就李约瑟的"故宫无高潮"说之偏见,对法国的**凡尔赛宫**和**北京故宫**作了对比分析,指出中西方古典建筑艺术创造高潮的不同手段与方法,任何建筑艺术都离不开空间环境的设计,由于西方是**个体建筑**,其构成空间的建筑实体,对自然的无限空间是相对独立的、封闭的,高潮就在建筑物本身。所以环境的空间设计,多以非建筑的手段,如:林荫道、草坪、花坛、喷水池、雕塑及小品等等,为烘托建筑物的艺术形象创造环境。

中国是以多"进"庭院组合的**组群建筑**,空间是内外流动的、融合的,高潮在组群后部的主体建筑物。所以,环境的意匠在空间的组织,以空间的序列、主次、开合、虚实、节奏等建筑的手段,突出主体建筑,并将建筑从视觉空间引升到无限空间的自然,使人有一种时空的无限和永恒之感,从而达到高潮。

在到达高潮之前,庭院组合的变化,可以构成不同的空间序列。对空间的处理一般多采取**欲放先收,欲开先合,欲虚先实,欲大先小的对比手法**,空间有序而节奏韵律不同。如何具体地处理,则决定于建筑的性质和建筑师的设计了(参见第六章"群体组合"的有关实例分析)。

### 1. 建筑艺术高潮的意匠

建筑艺术与其他艺术质的区别,就在于它不反映社会生活的任何具体事物,只体现人生活方式的精神审美方面的要求。所以,建筑的艺术形象,即使是主体建筑也离不开具体的建筑形式;中国组群建筑的空间组合,也离不开庭院的基本组合模式。但是,作为艺术高潮的主体建筑和殿庭,却有其独特的构思和处理手法。

现以北京故宫三大殿为典型,太和殿是故宫中体量最大的一座殿堂,十一间面阔约 63 米,五间进深,重檐庑殿顶,高达 35.05 米。建筑体量虽然高大,仍不出法式的间架和形制。其特殊之处,是将**太和殿**和其后的**中和殿**,以及体量较小的**保和殿**

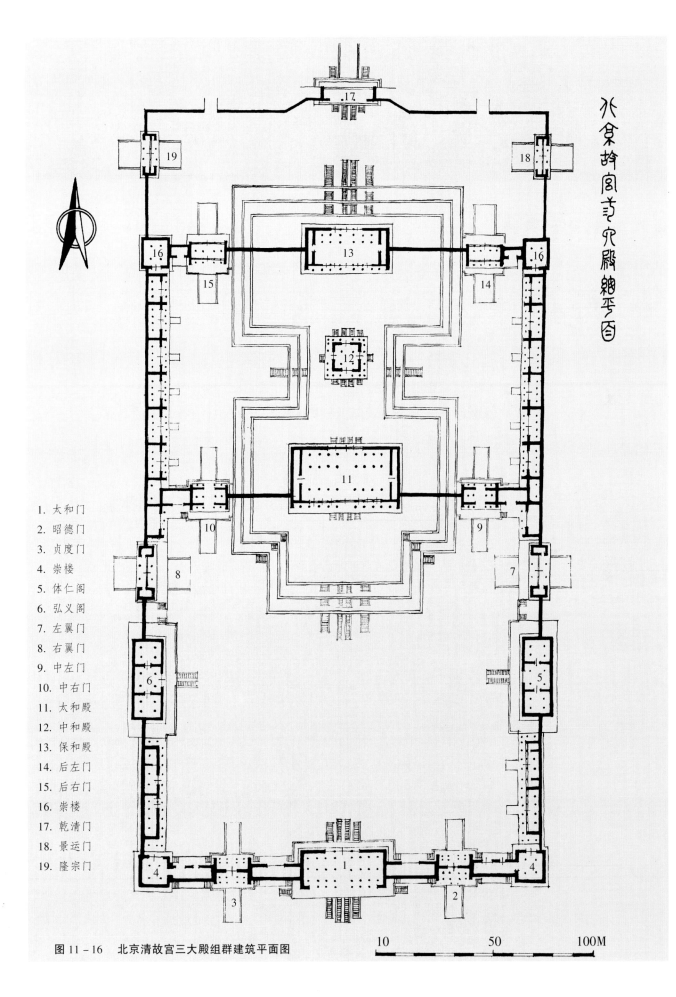

北京故宫三大殿组群平面图

1. 太和门
2. 昭德门
3. 贞度门
4. 崇楼
5. 体仁阁
6. 弘义阁
7. 左翼门
8. 右翼门
9. 中左门
10. 中右门
11. 太和殿
12. 中和殿
13. 保和殿
14. 后左门
15. 后右门
16. 崇楼
17. 乾清门
18. 景运门
19. 隆宗门

10　　　　50　　　　100M

**图 11-16　北京清故宫三大殿组群建筑平面图**

情代故宫首宁殿鼎影　　　　　　　　　　于禧庚辰年元月初五日志赎查 圆

图 11 – 17　清代故宫三大殿侧影

等三座主要的大殿建在一个三层的高约 8.13 米，平面呈干字形的庞大台基上。如此之大的台基，显然已大大地超过"高足以辟润湿"(《墨子·辞过》)的功能需要，也远远地超过"屋有三分"说(喻皓语)的构造意义和建筑物立面构图的作用(图 **11 – 16** 为北京故宫三大殿组群建筑平面)。

三层汉白玉石台基，在形成故宫艺术高潮的处理上起着特殊的妙用。古代常泛指天地宇宙为"**六合**"，是从上下东西南北六个方位对宇宙空间的概括，并非是六面体几何式的空间概念，就如"圆象天，方象地"一样，先秦人认为天动而地静，见日月星辰皆往复旋转，而谓之"天道圆"，非天体圆也；见地之山川原野皆定而不移，不能旋转，而谓之"地道方"，非地体方也。所以《吕氏春秋·圜道》曰："天道圜，地道方"；《淮南子·天文训》亦说："天道曰圆，地道曰方。"古代的宇宙空间概念，是无形、无限的混沌。这一点对理解中国古代的空间概念是很必要的 (图 **11 – 17** 为清故宫三大殿侧影)。

在生活实践中，如果在地上或顶上，有个有形的界面，人的视觉心理活动具有**邻近性**——在时间或空间上相接近的各部分倾向于一起被感知和**封闭性**——即有一种填补缺口使其完满的趋向的特点[60]，因而就会形成一种**有限而无形的空间感**。如果"六合"空间有两相邻的界面，这"有限而无形的空间"的视界就会更具体一些。其实这种空间处理的手法，中外建筑中都可以见到，如西方有的室内设计，用一片墙壁和地毯，在大的空间里形成一个相对独立的空间部分之类；而这种空间设计方法，可以说是中国建筑艺术的传统手法。最典型的，如太和殿明间宝座下的台基和背后屏风(详见下面"建筑室内艺术"一节)。

因此，可以想见，三大殿台基的妙用，不仅将三座大殿连结成一个空间整体，同时形成三大殿以台基为"底"的**有限而无形的空间**。由于台基三层是层层缩小的，这"底"的有限视界具有扩散性。三大殿台基的空间设计，是集中表现出故宫建筑形象的思想性和艺术性的关键，仅此，还难以充分发挥其艺术的感染力量，因为三大殿不是孤立的，它必须在环境的烘托下，才能使故宫的艺术形象达到完美，并形成高潮从而产生巨大的艺术魅力。

三大殿的空间环境设计，是匠心独运的，虽在规矩方圆之中，却充分发挥出建筑师的高度智慧和杰出的才能。正因为三大殿是故宫的高潮，虽然仍用**闭合中围合**的庭院组合模式，殿庭广袤尽达 2.5 公顷之大，是故宫空间序列中之最大者，与太和门前庭院相对之小形成强烈对比。这种"欲放先收，欲大先小"的手法，由于对比

图 11 - 18 北京故宫太和殿及环境胜概图

非常强烈,人们进入太和门都会心胸为之一畅,感到空间无限宏大,耸立在层层白色台基上的太和殿,如浮现在廊庑围绕的闭合殿庭之上,将人的视线超越廊庑的封闭引向上空,给人以烟霭神秘、气势磅礴之感。

从太和门到太和殿前的台基有 150 多米长,当人们走向太和殿时,随着时间的延续,距离的渐近,视野缩小而视线的抬高,太和殿有如跃出地平线的旭日冉冉升起。三大殿的"有限而无形的空间"渐渐融合于宇宙空间之中,其气势的宏伟,空间氛围的博大精深,非"壮丽"一词可以言喻,而是使人有一种时空无限与永恒之感(图 11－18 为北京故宫太和殿及环境胜概图)。

如果三大殿这一组建筑,没有从艺术创作进行构思和安排,按照一般的"闭合中围合"的庭院组合方式,尽管它完全可以满足宫殿的活动功能要求,也合乎形式美的创造规律,人们只会有诸如明净轩敞、惬意舒适、华丽悦目等等的审美感受,这种不脱离物质功利性的审美感受的局限性,就在于它不能解决帝王**"惧尊卑之不殊"**的需要,也不能达到宫殿**"非壮丽无以重威"**的要求。

这就是前面讲过的**生活美**的局限性和**艺术美**产生的必然原因。尤其是对特殊的政治性、纪念性和宗教性建筑来说,不存在建筑是不是艺术的问题,而是建筑必须是也应该是一种艺术,才能借以表现一定的思想性,也才能满足人的、社会的精神生活需要。

从故宫实例分析说明:

中国建筑的**艺术形象**,不是指构成空间实体的建筑形式,而是指**组群建筑的空间意象**。

中国建筑的艺术表现,是通过组群建筑的**空间序列在时间的流变中**,创造一系列的空间景象,最终突破有限空间的局限,与无限空间的自然相贯通而融合,具有**时空的无限性和永恒性**。

中国建筑艺术的**思想性**,是以形象给人难以言喻的时空感。在现实社会生活中,人们的这种感受就会与建筑的主题思想相联系,形成某种**思想情感的具体化**。如臣民们对宫殿、帝王的威仪感;儒士对孔庙、圣人的崇敬情等等。

中国的艺术精神,特别是以空间为本的建筑艺术,对时空无限性与永恒性的追求是最终和最高的要求,也就是对**"道"**的追求。道作为自然哲学,始终是包含人的生命在内的整个宇宙自然生命的运动与和谐,也就是**"天人合一"**的思想表现。天人合一是中国非常古老的思想,从人与自然的关系,"儒"与"道"的人生态度不同有不同的思想内涵,但其核心是包括人在内的自然,是统一的、有序的、和谐的整体,这是中国传统思想的一个重要特征。建筑,可以说是能直接体现出这一思想的艺术,如美学家宗白华先生所说:

> 音乐和建筑的秩序结构,尤能直接地启示宇宙真体的内部和谐与节奏,所以一切艺术趋向音乐的状态,建筑的意匠㉑。

中国古典建筑的艺术高潮,就是在有序的时空的流变中,最后突破建筑有限空间的局限,与自然的无限空间流通而融合,从空间视觉上,为主体建筑创造出具有无限与永恒之感的空间**意境**,使主体建筑形象给人以巍峨壮丽、气势磅礴的审美感受。

中国建筑艺术与西方完全不同,建筑形式本身还不能成为艺术形象,但只有中国的建筑形式,通过空间环境的意匠才能创造出特有的形象,产生震撼人心的巨大力量。凡主体建筑,殿身多廊庑周匝,以化实为虚,"虚"才能使空间流通、内外融合;

而殿堂的屋顶、反宇和翼角飞扬的形式，具有一种动势，在广袤无际的天空背景中，才能充分展开其"势"而有上升的活力。台基形成的有限而无形的空间，起着突出与扩展殿堂形象与天际流通的作用，并把殿庭联结为一体，在时空的流变中，赋予建筑艺术形象以生命的活力。

这种空间意匠与手法，并非只见于故宫，可以说是公共性组群建筑空间设计的一个传统方法。如我们在"群体组合"一章中，曾分析过的**山东曲阜孔庙**，无论从总体到主体建筑**大成殿**，规模与故宫和太和殿是无法相比的，但群体的空间设计和高潮的处理手法，基本原则是一致的。这种方法运用在**太和殿**的室内设计上，也取得非常杰出的艺术效果(见下一节"中国建筑的室内艺术")。

这种设计思想方法的特点，空间上的奇妙变化，并不用任何非建筑的手段，而是靠建筑自身和空间的安排造成的，用庄子的话说，是"**安排而去化，乃入于寥天一**"⑫。如郭象注："安于离移而与化俱去，故乃入于寂寥而与天为一也。"可称之"独化玄冥的空间设计方法"。

**2. 独化玄冥**

魏晋玄学家郭象(约 252～312)有物各自生而无所待的"独化"之说。他认为世界是"**独化于玄冥之境**"的(《庄子序》)。"独化"有事物不待外因而自身变化之意；"玄冥"用成玄英疏："玄者，深远之名也；冥者，幽寂之称。"我认为用独化之义，能恰当地比喻中国建筑艺术这一独特的设计思想方法。

从理论上说，**独化玄冥**与**往复无尽**的流动空间意匠，可谓中国建筑艺术的两大重要创作方法。前者多用于建筑高潮的处理，后者则是总体设计(庭院组合)所普遍运用的方法。但在中国传统的园林设计中，往复无尽的流动空间设计又是主要的创作方法。根据设计对象和条件的不同，运用的具体手法是多种多样的。

## 二、北京天坛

本书在第十章"阴阳五行说与中国建筑"一节中，从天坛的设计与阴阳五行说的关系，已作了简略的阐述，现从天坛的建筑与空间意匠来分析：天坛的建筑物，除辅助性次要建筑配殿采用标准矩形平面外，圜丘、皇穹宇、祈年殿都为圆形，并围闭以低矮的**壝墙**(壝，wěi 读伟，坛之矮墙)，或圆(皇穹宇)、或方(祈年殿)、或内圆外方(圜丘)，是古代**天圆地方**之说的象征。

建筑中，圆形的平面在空间组合中具有很强的独立性，尤其是圆形屋顶，瓦垄上小下大呈辐射状，更具排它的扩散性。天坛是皇帝祭天的地方，为附会古代"**天圆地方**"之说，建筑都采用圆形，所以将圜丘、皇穹宇、祈年殿散点式的布置在一条轴线上，南端是层层扩大的白石祭天圆坛"圜丘"，其后是供奉"昊天上帝"牌位的单檐圆形小殿"皇穹宇"，北端是坐落在三层白石台基之上，三重檐的圆形大殿"祈年殿"；南北两端建筑圆心距离长达 750 米，且各自都用壝墙围闭成相对独立的庭院，虽有轴线联系，如此之大的空间距离，是难以形成一个空间整体的。这是天坛设计中的一个主要矛盾(图 **11－19** 为北京天坛总平面)。

古代的建筑师们正是巧妙地运用了**独化玄冥**的方法解决了这个矛盾，大胆地用一条高出地面 4 米，长约 400 米，宽 30 米的砖砌大甬道——**丹陛桥**相联系，把轴线上的"点"托起，统一在一个**有限而无形的空间**整体里，从而构成由南到北、由低而高、主次分明、高低对比有序统一的空间整体。在四周苍郁的树木烘托下，人漫步

---

中国建筑艺术"独化玄冥"的创作方法，就是运用建筑物质的表现手段，通过建筑物自身的空间组织与安排，将视觉空间由有限引入无限的与天为一的境界。

---

圆是中国儒家的"太极"，道家的"道"的象征，是佛教修持的最高境界。

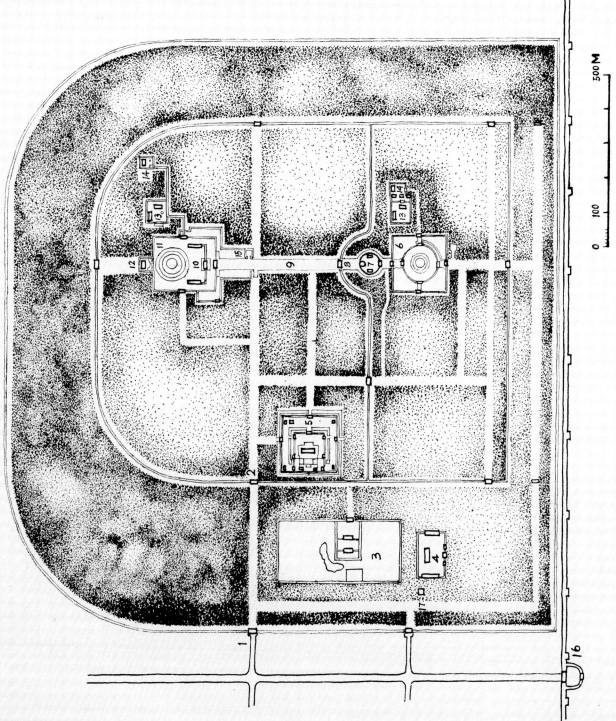

1. 坛西门
2. 西天门
3. 神乐署
4. 牺牲所
5. 斋宫
6. 圜丘
7. 皇穹宇
8. 成贞门
9. 丹陛桥
10. 祈年门
11. 祈年殿
12. 皇乾殿
13. 神厨神库
14. 宰牲亭
15. 具服台
16. 永定门
17. 钟楼

500 M

图 11-19 北京天坛总平面图

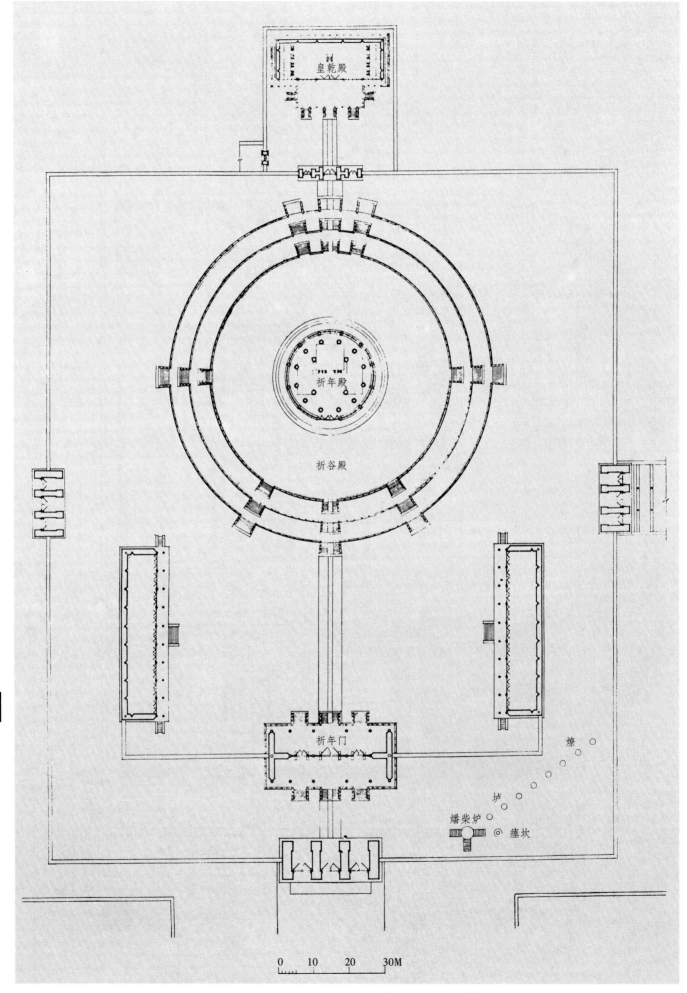

皇乾殿

祈年殿

祈谷殿

祈年门

燎

炉

燔柴炉 瘗坎

0　　10　　20　　30M

**图 11 – 20　北京市天坛祈年殿总平面图(《中国古代建筑史》)**

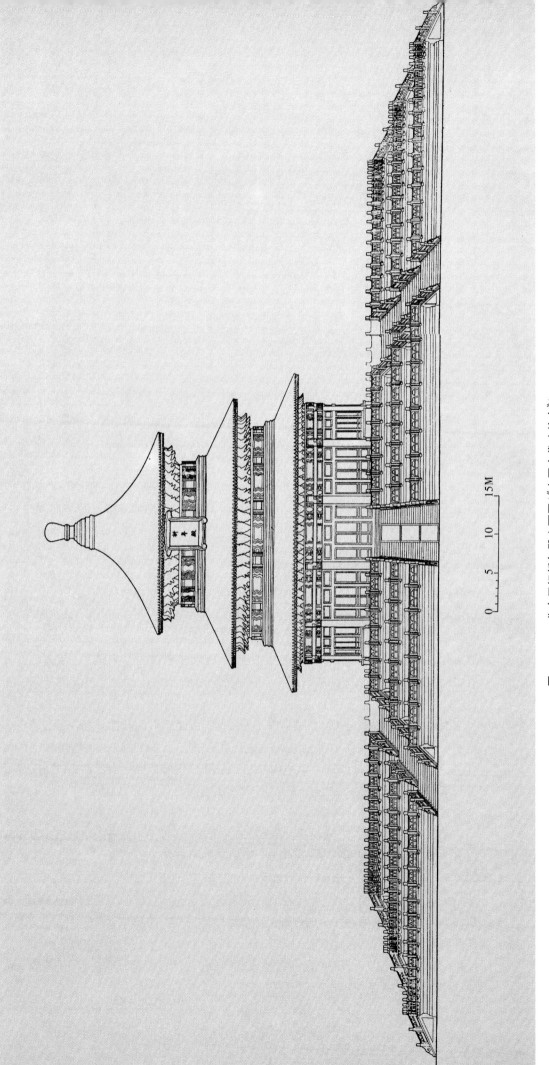

图 11 – 21 北京天坛祈年殿立面图（《中国古代建筑史》）

其中就如凌驾在绿色的海洋之上，造成令人感到广袤无垠、高与天接的意境。而视野开阔的圆丘与巍然耸立的祈年殿的形象，用帕斯卡《思辩录》中论宇宙真宰所说："譬若圆然，其中心无所不在，其外缘不知所在"了[63]。中西方的哲学家和艺术家都把"圆"看做思维和艺术的最高境界，我国的文学理论家刘勰在《文心雕龙·体性》中云："思转自圆"；白居易认为："形真而圆，神和而全"；明徐上瀛认为，圆表征"道"和"艺"两者在艺术的无缺无余、至善尽美的境界，赞叹："神哉圆乎！"

祈年殿为明代所建，原为十一间大殿，嘉靖皇帝崇尚道教，改建为圆形三重檐，分别用黄、绿、青三色琉璃瓦，十分庸俗。清光绪十五年(1889)被雷火焚毁，次年重建改成一色的青琉璃瓦，色彩纯净而统一，与碧海蓝天融为一体，使祈年殿在艺术上得到"质"的飞跃(图 **11－20** 为北京天坛祈年殿总平面图，图 **11－21** 为北京天坛祈年殿立面图)。

### 三、山西隰县小西天

小西天又名千佛庵，在山西隰县城郊西北凤凰山上，是造在山峰顶上的小庙，建于明崇祯七年(1634)。将庙建于危崖陡壁之上，是以"险"示"奇"，借以表现神灵超人间力量的无边法力的象征性设计方法。庙虽小，但构思之精，手法之巧，是足资学习借鉴的杰作。

小西天之奇首在选址，凤凰山在群山的一个小坳中，是座峰高而聚，四面如削的小嶂。三面靠山，一面临水，庙踞峰顶，层叠参差，高下有致。由下仰视，山不高而耸危，庙虽小而雄秀，有如入云表之势，颇有佛国灵鹫的神韵，故被喻为"小西天"(见彩页：小西天胜概图)。

从视觉审美效果看，小西天却是下过一番惨淡经营的工夫的。进坳口沿小溪至凤凰山前，溪水环曲横过嶂前，对庙跨水架小桥，桥拱高而体量不大，显然是为了与小山和顶上的建筑尺度取得协调。在山前坡离地三分之二高处，凿一隧道，洞门附壁建硬山半坡屋顶的山门，卷门上横额题"小西天"三字。这是一段长仅数米的隧道。出隧洞就是靠着庙西面殿庭的挡土墙，用砖砌成至顶的一条梯道。从侧面由主要庭院的无量殿檐廊端头进入庙内。这个路线设计，从总体规划上可以说是匠心独运的。

因为山西的山多是土山，凤凰山小而陡峭，正面即山的开面处，不论采用什么规划设计方案，只要在崖边建房屋，由于无处立基，都必须砌挡土墙护坡以免塌方。若如此，就彻底地改造了凤凰山，成为秦汉时**"夷嶂筑堂，累台增成"**的台观(见第三章"台观")。人造之台的体量，既与山坳的空间环境失调，也违背利用山水中的"嶂"建庙奇险的立意。

千佛庵虽小，有一定的规模，而峰顶弹丸之地，建筑不可能都离开崖壁，为立基留有余地，如何保持"嶂"的峰高而聚、陡峭峻立的自然形态特征，又满足寺庙建筑的要求，并创造出"仙宫楼阁"的意境和形象，这是小西天设计的主要矛盾。

小西天设计的精当，正是巧妙地解决了这个难题。凤凰山背后与山峦相连，只三面临空。实际上的小西天，仅保留了前面一部分"嶂"的形象，左右两侧为建筑需要都砌筑了挡土墙，虽大部分已不见土色，但在树木掩映之中，仍然保持了"嶂"的形象。这种创作方法，如中国论画者所说的"写意"之法，是寓"**全**"(嶂)于"**不全**"(嶂前局部)**之中的手法**。

北京天坛，是用圆的建筑形式和独化玄冥的艺术手法，创造出具有高度思想性和艺术性的建筑。在世界建筑史上它是取得杰出成就的典范之一。

小西天的建筑设计，在巘前开面处的构思和庭院组合上的巧妙，说明这位无名的建筑师有很高的修养和设计才能。巘的特点是峰聚而峻峭的小山，从寺庙布局沿轴线对称的原则，山门在巘前，因山坡太陡无法筑磴道至峰顶，所以将山门设于近峰顶处，用隧道旁通至庙右侧的阶梯，既保持山门在轴线上的位置，也不致破坏山前巘的形态。而过桥到山门的一段磴道，全用人工堆砌的数十级砖阶，因并不太高，且陡而不危，所以不设护栏而较自然。同时山门也起到将庙与峰联络一气的作用。

山门峰顶上的建筑设计，是颇具匠心的。建筑师设计高层塔式建筑，都有这样的经验，如上部的建筑体量层层缩小时，为了考虑仰视视角对上层的部分遮挡，不能以两度空间的立面比例为准，必须加高上一层建筑部分的高度，才能取得视觉上比例协调均衡的效果。

凤凰山顶空间狭窄，整个庙宇的建筑尺度都较小，前端又非主体建筑，如设计成多层的楼阁，体量大而喧宾夺主。小西天非常巧妙地利用山西窑洞形式构凿成两层高台，台顶上是一座体量很小的一开间悬山顶小殿，殿虽很小架立层台之上，实中有虚、叠落有致，造型简朴而挺拔，颇具凌空矗立之势。

小西天在庭院组合上也是独具特色的。如前所说，真正进入庙内是从右侧"无量殿"的檐廊端头入院的，这是庙里最大的院子。在组群建筑中的标高最低，左右有两栋三间不大的厢房，是普通的两坡顶瓦舍，无量殿对面倒座是三小间平顶房（可能是窑洞式），房左右为掖门，一名"疑无路"，一名"别有天"，进掖门上踏步可至前小殿之第一层高台，入口台上各有一座悬山卷棚顶的方亭。

显然，由檐廊入院的"无量殿"，无论从人流路线和视觉环境氛围来说，都难以建造庙宇的主体大雄宝殿。小西天构思的独特之处，是将位于峰顶北端的"无量殿"，做成一排窑洞，在窑洞顶上建造了以"大雄宝殿"为主体，左右"文殊"、"普贤"两配殿为辅的三合小院。"无量殿"窑洞前檐廊的搏脊，就成了殿上庭院的南面的围墙墙顶，从而解决了没有余地建造大雄宝殿的矛盾。

上下两院的交通，是从无量殿东端内部砖砌梯道，上至文殊殿内东南隅梯井来通联的。这殿堂庭院上下重叠的巧妙安排，不仅突出"大雄宝殿"的主体建筑地位和视野开阔的环境，同时造成整个组群建筑高低错落、形体极臻变化的建筑形象，借山陡峭峻拔之势，令人有仙山琼阁之想。

大雄宝殿内明代的彩塑，佛像很精致，而且殿内布满悬塑，金碧辉煌，蔚为大观（见彩页）。

小西天的意匠，可以说是以峰顶为"底"，构成有限而无形的空间，与无限空间的自然贯通而融合，是**独化玄冥**设计思想的另一种手法。

在宗教建筑中，利用自然山水之险峰危崖建庙者不止一处。如四川江油县境内**圆山三峰**上之**东岳、窦真、鲁班古庙**。圆山自麓至顶，山道迂回盘旋约五千多米，山顶上分列三峰，拔地而起，高逾100米，峰巅各有一座古庙，其中唯一峰有险路可通，其余两峰由上下两根铁索作悬桥相连，其险令人叹为观止。仰望峰顶，檐宇隐约如飞于虚无缥缈的云雾之间。

重庆市忠县东的长江北岸，著名的**石宝寨**，又名玉印山。山形如印，拔地凌空，四方如削，顶上为平坦石坝，广约1 200多平方米，建有古庙名"天子殿"。四边陡峭，无路可登。附石壁建阁九层，高50余米，内设楼梯为登山惟一路径。阁建于清代嘉庆年间，重重飞檐，直上云霄，十分壮观（图**11－22**为四川忠县玉印山石宝

古代的超寻常建危寺，以示菩萨无边法力的惊人之构，正充分地展示了塑造菩萨的"人"的无穷智慧和伟大的创造力量！

图 11 - 22　重庆市忠县玉印山石宝寨

606

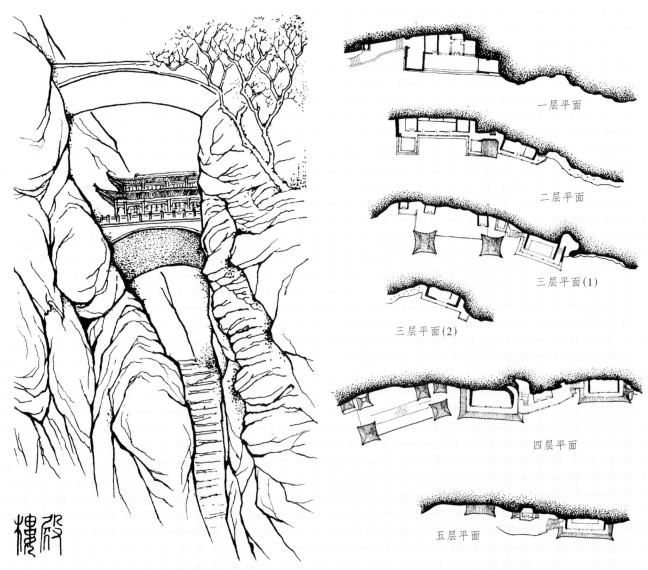

一层平面

二层平面

三层平面(1)

三层平面(2)

四层平面

五层平面

图 11 - 23　河北井陉苍岩山福庆寺桥楼殿　　　图 11 - 24　山西浑源悬空寺各层平面图(摹自《中华古建筑》)

寨)。

河北井陉县东北苍岩山**福庆寺**主体建筑之一的**桥楼殿**，建于飞架对峙的两崖之间长 15 米、宽 9 米的单拱石桥上。殿面阔五间，进深三间，廊庑周匝，二层重檐歇山顶；桥下石磴三百余级，拾级而上可达"桥楼殿"。由崖间仰视，青天一线，"千丈虹桥望入微，天光云彩共楼飞"，令人叹为奇观（**图 11－23** 为河北井陉苍岩山福庆寺桥楼殿）。

山西代县赵杲观内**朝圆洞**，系天然石洞，外沿崖裂隙构五层楼阁，内无石级磴道，上悬铁索，可攀索而登（见彩页）。

以上所举数例，将庙宇建于危崖绝巘之上，反映出佛教修持者远尘寰，近苍天，亲神灵的宗教思想，以出人意料之外显示佛法的神奇。我们对"小西天"作了比较详细的分析，并非由于它在建筑考古学上的价值，而是重在小西天的建筑意匠，将山体作为创造艺术形象的有机部分，将建筑与山体的巧妙结合成一体，在设计思想方法上的精湛，有足资"师法"的意义。

### 四、山西浑源县悬空寺

悬空寺在县城南 5000 米的恒山入口处。据《恒山志》记载，该寺始建于公元 6 世纪的北魏晚期，距今已有一千四百余年的历史。（**图 11－24** 为悬空寺各层平面图）。

悬空寺的地势险窄，坐西朝东，面对恒山，背倚 90°峭壁，且崖顶作倒悬之势，上接危崖，下临深渊。全寺共有大小殿堂楼阁四十间，分三组，山门部分下筑砖壁为基，院内南北危楼对峙，寺内向北，凿崖挑梁为基，梁上架三层殿阁两座，南北高下对峙，中间以栈道相通；其上又飞架两层楼阁，高下曲折，有若蟠龙游走于悬壁之上，登临悬阁飞廊，使人有惊心动魄之感（见彩页）。悬空寺结构之奇、施工之巧，正如寺的栈道绝壁上刻的"公输天巧"四个大字。数百年前崖壁上游人诗刻有：

> 石壁何年结梵宫，悬崖细路小溪通。
> 山川缭绕苍冥外，殿宇参差碧落中。
> 残月淡烟窥色相，疏风幽籁动禅空。
> ……

悬空寺是如何建造的呢**？**

从寺内保存的清同治三年（1864）的石碑上，记载由木匠张廷彦承担维修工程。当时维修更换挑梁、支柱，不用脚手架，而是用大绳系一个绳圈在腰间，脚下也蹬个绳圈，绳头拴在崖上。按更换挑梁、支柱的位置，上下游走、左右移动进行施工作业。可见一千多年前建寺之初，在崖壁上凿榫孔、安装挑梁的情形。

## 第七节　中国建筑的室内艺术

中国古代灿烂的建筑文化，不仅在建筑艺术形象创作中含有高度哲理性的思想，在室内设计中，运用精湛的木构技艺，创造出流动的、无限的空间意境，也同样达到极高的水平和成就。

对大量一般生活用建筑，由于中国建筑结构空间与建筑空间一致性的特点，千百年来已形成一系列空间分隔等装修和装饰方法，积累有丰富的实践经验和优秀的设计手法，本书在第九章"中国建筑的装修与环境"中已作了专题论述。

大型的公共性建筑，尤其是皇宫的殿堂和寺庙的殿阁，对室内空间的精神审美大大地超过对物质功能的要求。建筑空间愈大，尺度问题就成为难以把握、不易解决的矛盾。中国古典建筑有不少室内意匠精湛手法高超的成功杰作，本应载入建筑史册，成为后世师法的典范，却几乎无人去研究。我在二十多年以前，从室内设计角度做了一些探讨，发表了几篇论文，但并未引起研究中国建筑者的重视。如北京故宫太和殿，解决建筑空间（殿堂）尺度之大与人体（帝王）尺度小的矛盾，极为成功而且具有很高的思想性和艺术性。在中西方建筑史上，恐怕是绝无仅有的范例。相反的是，在寺庙中却存在尺度巨大的塑像，与建筑空间尺度相对之小的矛盾。在中国佛教建筑中，成功地解决塑像与建筑空间的矛盾例子很多，其中尤以天津市蓟县独乐寺观音阁最为杰出，阁中陈列的菩萨观音像，是现存泥塑立像中之最大者，但阁的建筑体量并不很大，却在视觉心理上为塑像创造出和谐的无限空间的意境。从中揭示出其创作规律，对建筑艺术无论在理论上和实践上都有很大的意义和价值。我们用这两个典型的实例，就足以阐明中国建筑的室内艺术了。

### 一、太和殿的空间艺术

北京故宫太和殿，俗称"金銮殿"，位于庞大的故宫建筑群的中心，是封建朝廷举行重大典礼，皇帝大朝和颁布诏书的地方，是故宫中最重要的一座殿堂，也是故宫中体量最大的殿堂之一。

太和殿东西通面阔 11 间，长 63.96 米，南北深 5 间，37.17 米；高 35.05 米。重檐庑殿黄琉璃瓦顶，建在三重高 8.13 米的汉白玉石基座上，气势宏伟，建筑形象极为壮丽。

太和殿的建筑空间十分巨大，面积达 2 400 平方米，净空高度约 14 米，至藻井顶约 16 米多，为人体高度的八、九倍。如此巨大的室内空间，并不是由于活动的人数众多；相反，却是使用人数极少，偌大的殿堂除寥寥几个侍卫和执事的宦官太监，惟一的主人就是高踞在宝座之上称孤道寡的皇帝。

显然，太和殿空间体量如此之大，与物质使用的功能无关，完全是出于政治上的"非壮丽无以重威"的精神审美的需要。但建筑空间的巨大，并不就等于能达到重王者之威的精神要求，而且建筑空间愈大，人就愈觉其小。作为生物的人，帝王也无法改变自身的形态，也不能像塑造偶像一样把自己放大到与空间相适应的尺度。而帝王要求建筑空间之大，正是要所有的人在这巨大的空间里，都感到自身的卑微和渺小，惟独对他这"真龙天子"的皇帝，不仅不允许人们感觉其小，而是要感觉其惟我独尊的无比伟大。这就在尺度上造成一个很大的矛盾，即：**殿堂空间尺度之大与帝王人体尺度之小的矛盾**。

这是太和殿室内设计的一个主要矛盾，建筑师是可以想见的。要解决这个难题，达到惟帝王独大而众人皆小的视觉心理效果，是个很难解决的问题。但古代的建筑师却非常巧妙地解决了这个特殊的矛盾，并在室内艺术上取得了光辉的成就。

从空间的整体而言，太和殿面阔 11 间，除东西两端的夹室，殿内净阔为 9 间，但实际活动所需要的空间，仅当心一间的**明间**而已。也就是说"明间"是太和殿室内设计的重点，其余的大量空间，虽无实际的用途，却成为烘托陪衬"明间"的背景。这背景就如中国画的画面上留有大片的空白一样，虽无须着墨，但意匠经营的是否恰当，关系到整幅作品的成败。清初的画家王翚说得好："人但知有画处是画，不知无画处皆画。画之空处，全局所关……空处妙在，通幅皆灵，故成妙境也。"说明"作画惟空境难"[④]。

中国艺术注重"虚实结合"，更强调"虚"的作用，没有"虚"则不能体现出"实"，有了"实"，就制约"虚"，界定"虚"；有了"虚"才能自由地扩大"实"，丰富"实"。建筑艺术就在于虚中有实，化实为虚，才能化有限为无限，创造出空灵的意境。

太和殿为了突出明间，在整体环境的意匠上，是下过一番工夫的。南面向广阔的殿庭开敞，前檐做成轩昂的廊庑，庑后老檐柱列，正中七间排比着雕镂精美的槅扇，两端的四间为槛窗，气势轩昂而开敞。北面则相反，用封闭的形式，不辟廊庑，除当心三间用槅扇，其余八间都是砌筑到顶的实墙，加之东西两头的夹室和山墙皆用墙封闭，太和殿内就形成明暗强弱的光影变化。明间十分敞亮，而两边则逐渐黝暗，

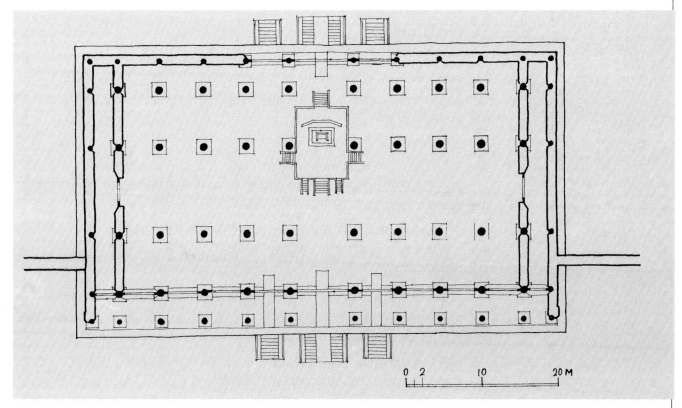

**图 11 - 25　北京故宫太和殿平面图**

从而把"明间"部分,从殿堂里烘托突出出来(图 **11－25** 为太和殿平面图)。

太和殿后檐封闭,从整体环境看,殿的两侧筑有宫墙,以分隔前后围闭成院,显然是空间组合和禁卫的需要。所以,太和殿三面筑墙,而不用四面开敞的"副阶周匝"制度。

从室内设计看,后檐封闭,将后面的檐柱与老檐柱之间的空间纳入殿内空间的一部分,对解决明间宝座在空间尺度上的矛盾,却具有重要的作用。后檐副阶的空间较低,为殿内净空高度的三分之二左右,而其顶部倾斜的天花与鎏金斗拱,在空间构图上,既为明间宝座的空间提供了一个相对尺度较小的背景,而且起了加深宝座后空间深度的透视效果(图 **11－26** 为太和殿明间宝座透视图)。这样就为明间宝座的设计,从殿堂室内空间整体创造了相宜的必要的环境。

建筑作为人工创造的生活空间环境,人的生活活动必须要借助一定的家具。太和殿的家具,就是皇帝所坐的惟一的一把椅子——**宝座**。所以,太和殿建筑空间尺度与帝王人体尺度的矛盾,实际上也就是那惟一的宝座与建筑空间的矛盾。宝座虽较一般的椅子大,有如今之双人沙发,但必须与人体尺度相适应。只有解决了宝座与所在空间的矛盾,才能使高踞宝座之上的皇帝,借建筑的物质手段所创造的形象,给臣民以威严、崇高、神圣之类的感觉。

以宝座为中心的明间,是太和殿室内设计的主要内容和关键,也是太和殿室内艺术表现的精华所在,从整体到细部都是经过精心的设计。首先为了突出以宝座为中心的明间,采取了两个有力的措施:

**1. 盘龙金柱**

将明间的 4 根**金柱**沥粉画成盘龙且全部贴金。这四根盘龙金柱,金光闪闪,十分辉煌雄壮,与两边大片暗淡而简朴的空间,形成明暗、繁简、疏密的强烈对比,分外地烘托出明间的光照与金碧辉煌。而那些在黝暗中两排暗红色的高大柱列森然矗立,使太和殿内平添出一种森严肃穆的氛围。

**2. 楹联匾额**

在明间后老檐柱上挂了一副木雕金字的对联,柱间额枋上悬挂了一块占满明间面阔的巨幅匾额,巧妙地运用了这种具有民族特色的文学化的装饰构件,不仅标志出明间的特殊重要地位,赋予明间以相对独立的尊贵的性格,而且构成以宝座为中心的空间构图上不可缺少的景框,把宝座与整个殿堂在空间尺度上协调起来,创造了必要的条件。

太和殿明间宝座的设计,可以说是:

**独化玄冥的理论在古典建筑的室内设计中,一个巧妙的运用和充分体现的杰出典范。**

主要的手法,就是用**台基**和**屏风**形成一个**有限而无形的空间**,与精心设计的明间环境有机地联系起来,成为主题鲜明、中心突出的殿堂空间的核心。现分别予以具体阐述。

**台基** 将象征皇权的宝座,放在七级踏步高的贴金雕镂的木台基上,借以抬高皇帝的视点,使其居高临下,同俯首贴耳、恭顺肃立在台下的臣仆形成强烈的对照,强调出君臣、主奴的封建地位与关系。

台基在殿的后半部,两根明间后金柱之间,宽为柱间的净距。长宽比为 1.5∶2,平面呈长方形。前后位置,基本在后金柱列的纵轴线上,宝座在轴线之后,即金柱后面。为了从视觉上感觉台基之高,将正面的阶梯分做成三段,中间的较宽,两旁对称

图 11-26　北京故宫太和殿内宝座透视

611

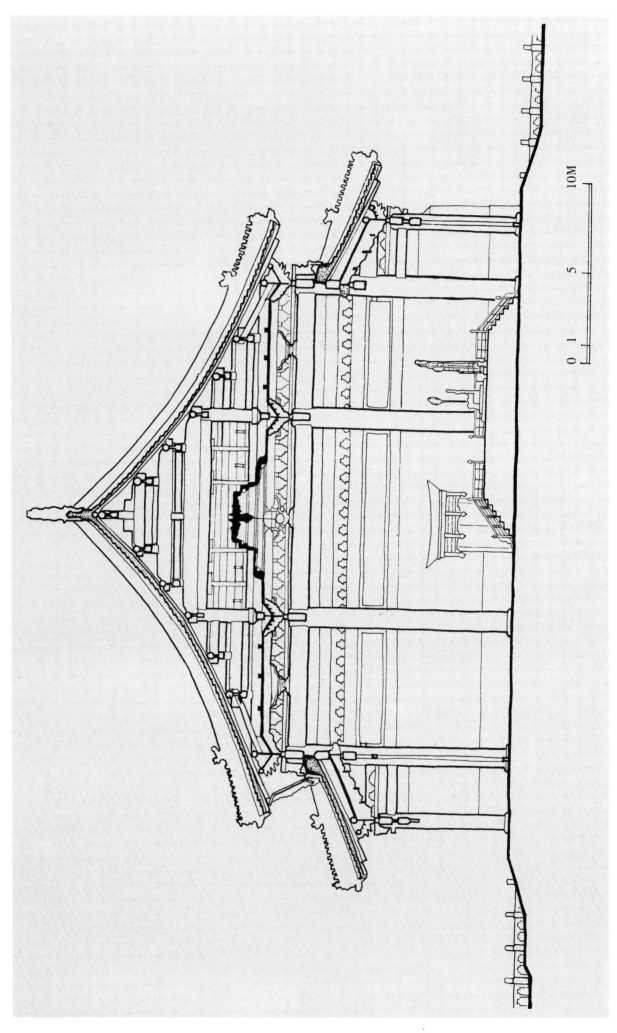

612

图 11 - 27  北京故宫太和殿明间横剖面图

图 11－28　沈阳清·故宫崇政殿内宝座透视

而较窄,从透视上宝座正在中间阶梯的当中,尺度比例协调。踏步设计较陡,有七级之多,加之三个阶梯垂直栏板的隔断,显得台基很高峻。台的东西两侧,紧靠金柱前各设有一个阶梯,伸向左右的次间,既打破了台基夹峙在两柱之间的局促感,又使这"有限而无形的空间"之底,具有向外扩展之势,从而把明间宝座与殿堂空间联系起来。

**屏风** 宝座后树立屏风,是中国的古制。作为背景,屏风与台基两者突出的垂直相交的面,视觉上产生**独化**作用,形成有形而无限的空间,为宝座提供了相宜的小环境。为打破屏风的呆板,七扇雕龙屏风的造型设计采取中央高两边叠落,使顶上的轮廓呈放射状,视觉空间有一种向上扩散的动势,在副阶背景的烘托下,借助**匾联**所构成的景框的过渡,使宝座的"独化"空间与顶上的藻井以及整个殿堂浑然一体,终于完成一幅以宝座为中心的具有空间无限感的艺术形象。

太和殿的室内设计,所表现的高度艺术水平与成就,堪称建筑史上的杰出典范。但任何设计都必须以人的特定生活活动方式为依据。太和殿的空间意匠,就是根据朝觐活动的具体要求,从人们正视宝座的中心透视画面出发的。如果我们从殿内两侧的次间去看宝座,由于宝座与背景失去空间透视上的联系,宝座部分的空间形象就大大地削弱了,对人的精神作用也就不能发挥出来(图**11-27**为太和殿明间剖面图)。但这种情形,在当时是不存在的,也不允许存在,因为皇帝上朝时,大臣们都只能立在明间宝座的台基前面,即明间的前半部分。古代匠师正是从此出发,成功地解决了尺度上的矛盾。

### 崇政殿的室内设计

我们从沈阳故宫**崇政殿**的室内设计,就可以清楚地看到解决尺度上的矛盾,实非易事。

从建筑功能看,崇政殿的性质与太和殿基本相同,但建筑体量较小。从空间设计看,崇政殿与太和殿的不同处,是采用了建筑型的**神龛**,把宝座限制在神龛的有限而狭隘的空间里,与整个殿堂的空间分隔并独立出来。在不大的台基上,建成"凸"字形平面的神龛。由于立面的竖向三段划分,这屋中之屋的神龛更加显得尺度之小,柱子十分纤细无力。尤其是柱上那两条张牙舞爪的木雕龙饰,形象凶恶,体量过大,比例失调,与宝座相比大有喧宾夺主之势,宝座几同玩具,特别是那两条强劲有力、蹬向神龛阑额的龙腿,似欲将那精巧细致的宝盖掀翻,意匠庸俗,手法殊为粗野[65](图**11-28**为沈阳故宫崇政殿宝座透视)。

崇政殿为解决宝座与殿堂空间尺度的矛盾,用屋中之屋的方法,以缩小宝座的空间,这与中国艺术追求时空的无限与永恒的意境是背道而驰的。在建筑文化上与太和殿有**文与野**之分、**雅与俗**之别。崇政殿宝座空间的细部处理失调,也反映出这一点,如台基的三级踏步,可能较太和殿之陡窄要走上去舒服,但与宝座和神龛的柱子对比,尺度大而笨重。悬挂在神龛后柱上的对联,既与前柱阑额上的匾缺乏空间上的联系而显得零乱,尤其与柱子的比例也不当,纤细的柱子有不堪重负之感。如此等等,不一而足。

研究中国建筑理论,不能囿于建筑考古的思想方法——古代的都是好的,而且是愈古愈好。建筑实践古典建筑中不乏成功的杰作,必然也存在不成功的作品。从太和殿,我们可以汲取有益于建筑创作的东西;从崇政殿的失败例子,不是也可以得到许多教益吗?

## 二、独乐寺观音阁的空间艺术

　　天津市蓟县独乐寺观音阁,传说初建于唐,重建于契丹(辽)统和二年(984),现存仅山门和观音阁为辽时构筑,其余为后世所建,总体布局已非辽时原貌。

　　独乐寺山门和观音阁,斗栱硕大,出檐深远,屋顶坡度和缓,造型端庄而舒展,保存着唐代建筑雄健的余韵,是唐宋间的过渡形式,被誉为罕有的"千年国宝"(梁思成语)。观音阁在室内设计上,解决尺度巨大的塑像与建筑空间相对之小的矛盾,是非常成功的。

　　唐代已有专为观音菩萨建造崇楼高阁的记载,辽代更为盛行。在建筑中陈列巨大的塑像,目的是借佛像尺度的巨大,给人以一种超人间力量的感受,使人对神灵产生崇高、神圣的精神作用。观音阁的设计,不单纯只是建筑空间大小的问题,更非放大建筑空间体量所能获得这种精神审美的效果。何况建筑空间的大小,要受构筑空间的手段,即结构技术等条件的制约,是有限量的;同样,佛像之大也要受塑造手段的制约。事实上单靠放大塑像的尺度,大到填满整个建筑空间的程度,如囚于牢笼之中,也就不能造成什么超人间力量的幻觉了。所以,既要塑像尺度之大,又要为塑像能创造出和谐的无限的空间意境来,佛像才能借尺度之大,给人以无边法力的崇高和神圣之类的心理感受。这就造成**中国佛教建筑佛阁的室内设计中,需要解决的一个塑像尺度之大与建筑空间尺度相对之小的特殊矛盾。**

　　观音阁面阔五间,进深四间,阁内三层,中间平座与下檐间为暗层,外观二层,高约23米,重檐歇山顶,出檐深远,栾栱垒偟,平座回绕,建筑体量并不很大,却有檐宇雄飞、阑楯绕云的气势。

　　观音阁平面5×4间,呈矩形,外围檐柱18根,内围金柱10根,内槽为2×3间。底层南面当中三间和北面的明间设槅扇。其余四周均砌筑雄厚的实墙,墙面绘有古拙而精美的天王和十八罗汉画像。内槽部分砌了一个很大的须弥台。整个殿阁内只须弥台上陈列了观音和胁侍菩萨塑像,室内环境十分简洁而疏朗(图**11-29**为独乐寺观音阁平面)。

　　阁内立于台上的本尊十一面观音巨像,高达16米,是我国古代遗存下来的尺寸最大的一尊泥塑观音立像。为了陈列如此高大的塑像,楼层只在外槽部分铺设楼板,成四面围绕的回廊,内槽形成贯通三层的空井。观音像纵贯三层几达屋顶(图**11-30**为观音阁纵剖面)。

　　当人们迈进殿阁的门槛时,由于视线受外槽楼板的遮挡,只能看到观音像的膝下部分和分列观音两旁高倍于人而神态隽逸的胁侍菩萨的全身像。这种登堂拜佛不见佛面的情景,颇能引人欲识庐山真面目的奇趣。

　　随着人们向佛台前走近,视距的缩短,视角的逐步抬高,高大的塑像就由下而上的显现出来。站立台前,昂首仰望,巍巍乎巨像,凌空矗立,如升腾而上,穿过两层楼面

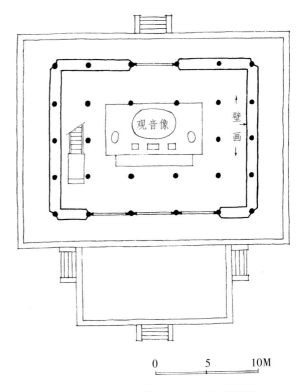

图 11-29　天津市蓟县独乐寺观音阁平面

几达阁顶，却是奇伟惊人，让人叹为观止。加之顶层户牖开敞，佛像头部明亮，须眉毕现，中间暗层无窗，光线昏暗，隐约难辨，佛像通体上下就处于光影明暗隐显的变化之中。如论画者云："山欲高，云霞锁其腰则高矣！"（《林泉高致》）巨大的佛像就令人有高耸及天，栩栩欲动之感（图 **11－31** 为观音阁仰视透视图）。

在狭小的空间里，塑造高大的形象，利用人近观由下而上的仰视心理活动的特点，以获得峻危和崇高的艺术效果，可以说是中国建筑艺术中具有独创性的传统手法。如寺庙殿内扇面墙是主要佛像的背景，筑于后金柱之间以蔽而通之，墙的背面所做的寿山福海的壁塑；在造园艺术中，利用小院狭长、视距短、依墙嵌理岩壁等等。

正因为空间小，相对的物像高大，欲窥全貌，必须近观仰视。近观则受视角范围的限制，只能作由下向上的观赏。在视线的运动中，连续的获得各个局部的形状，才能综合感知形象的整体；仰视时视角愈高，视线的灭点就愈远，视线入于玄冥，物像终端在空间位置是很难用经验来确定的。在这样高深莫测的情况下，人的视觉心理上就会产生高不可及的感觉了。

但在室内设计中，人们在仰视佛像的同时，可见看到构筑殿阁空间的部分建筑实体，即梁柱斗栱天花藻等建筑构件，也就有了空间尺度上的参照物。如果为陈列塑像所构成的空间环境，不能创造出视觉上空间无限的意境，人对佛像的瞻仰，非但不可能产生出崇高之类的美感，甚至有损佛像的高大形象。

观音阁的室内设计，在空间尺度上的矛盾主要在两个部分：一是内槽空井视界对塑像的束缚；二是塑像顶上空间的压抑。

一、阁的二、三层楼面，在内槽处不铺板，是为了构成空井以陈列佛像。如果在内围的一圈金柱间设栏杆，由于上下层柱子和栏杆的对位关系，塑像的周围就会形成视界闭合的空间，使人感到塑像被封闭和束缚在一个筒状的空间里，岂非置法力无边的菩萨于囚笼之中？

为了打破塑像周围视觉空间的局限，观音阁采取了两个有效的措施：一是将二、三层外槽的回廊楼面，向内槽空井内挑出，仰视时就遮蔽了上下层柱列对位所形成的视界；二是在三层楼面内槽井框的四角加斜撑，平面呈六角形，与下层的矩形井框相互交错，打破了上下井框对位的关系。同时在结构上，也避免了矩形井框受侧向力易于变形的缺点，起了加强构架水平向刚度的作用。仰视上空，上下回廊叠错，曲折雕栏绕空，既丰富了空间造型的变化，又起了扩展空间的艺术效果，把建筑的结构与装饰，在空间上巧妙地统一起来。

二、为了解决塑像顶上空间的局促和压抑感，古代匠师在天花藻井的设计上，下了一番惨淡经营的工夫。在室内空间高度上，16 米高的塑像，头顶已超出了天花板，距藻井只有 1 米多的间隙，空间十分迫隘。杰出的大匠们，既没有想把佛像塑得小些，更未去违反建筑形制改用加长柱子提高楼层净空的办法，而是用缩小构件和构件组合的尺寸，将顶棚做成小格子的井式开花——**平阁**与建筑构架的雄大梁柱及斗栱形成强烈的对比，从而加深了天棚高远的透视感。

**藻井**的设计，是将构成藻井的骨架，做成由中心向外放射的斗八形式，并在骨架间做成密结如网的装饰图案。由于藻井骨架的放射形线条和网状结构，视觉上具有扩散性，从而使藻井给人以向上升腾的动势感。正是经过这一系列的处理，塑像顶上的空间，不仅使人毫无局促和压抑之感，而且为佛像的崇高形象创造出非常和谐而高远的空间环境。

观音像的塑造，在雕塑艺术上也是很成功的杰作，它吸取了魏晋以来大型圆雕

在一千多年前，中国建筑在室内设计中，就利用物体近大远小的透视原理，缩小天棚构件和组合尺寸，取得加深空间高远感的艺术效果，是令人惊叹和值得自豪的事。

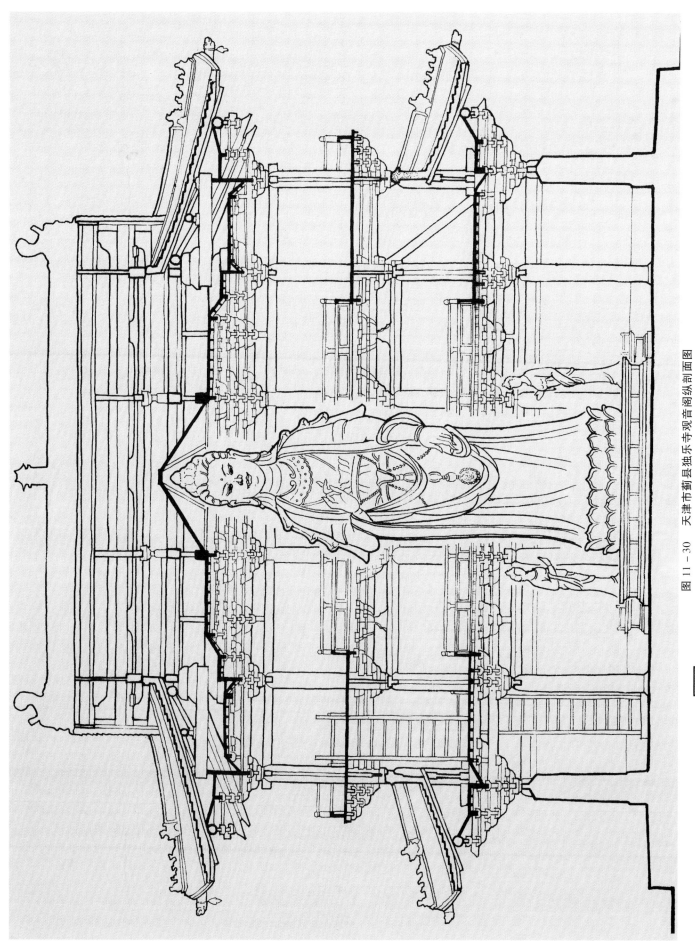

图 11 – 30 天津市蓟县独乐寺观音阁纵剖面图

617

图 11-31　独乐寺观音阁仰视图

在形体比例上头部较大的经验，并且考虑到人们在仰视时，塑像脸部的透视变形问题，将塑像的身躯略微向前倾斜，为免塑像倾覆，背后用铁杆拉牢，同时将藻井的位置加以调整，保持藻井的穹窿空间与塑像头部的对位关系。从图 **11－32** 阁的横剖面图可见，藻井位置是不对称的。

观音阁不仅将建筑空间的功能要求与结构空间有机地统一起来，在结构设计上也是非常成功的。阁的形体近于现代多层点式建筑，建筑中部要承受风力和地震的水平荷载，是结构上薄弱的部位。观音阁利用下檐与平座下斗栱间不能开窗的暗层，在内外围的柱子之间都加了斜向支撑——**斜戗柱**。这一措施对加强建筑整体的刚度与稳定性，显然起了很大的作用。观音阁经历多次强烈地震，周围建筑每多倒塌毁坏，惟独它始终屹立完好，足以证明观音阁在结构技术上的杰出成就。

从艺术欣赏角度看，佛教殿堂可以说是雕绘艺术的博物馆。如山西芮城永乐宫

观音阁的空间艺术，是综合运用多种手法，体现"独化玄冥论"创作思想方法的佳构。

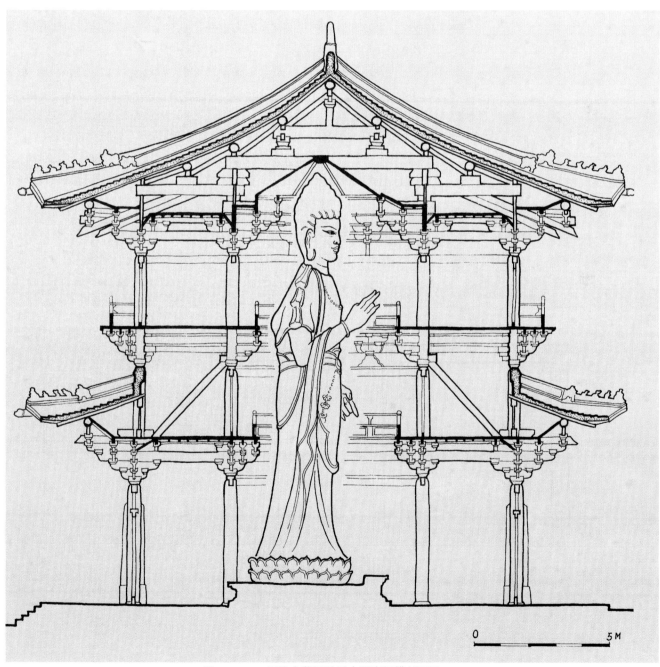

**图 11－32　天津市蓟县独乐寺观音阁横剖面图**

著称于世的元代的精美壁画,总面积达960平方米;无主题群雕的五百罗汉堂;而专门为供奉观音菩萨的佛阁,则是有主题的大型立塑陈列馆。而独乐寺的观音阁,是现存最大的辽塑精品,底层的十六罗汉壁画(后为十八罗汉),不仅在罗汉画的演变史上有一定价值,也是古代罗汉画中仅存的孤例,都是很珍贵的艺术品。但是,如果没有意匠精湛的佛阁建筑,它们将无以附丽,不可能发挥出它们的审美价值和精神的感染力量。

### 三、隆兴寺慈氏阁的空间艺术

慈氏阁,在河北正定县城内隆兴寺,为该寺主体建筑佛香阁前两侧的二层殿阁,阁与转轮藏殿相对,两者大小相同,结构各异,都是重檐歇山顶。

隆兴寺以高三层、33米的佛香阁为主,阁内供高22米的四十二手(即千手)观音像,是中国古代最大的铜像。寺以高阁为中心,是与唐中叶以后供奉高大的佛像有关。寺内的主要建筑,基本上保持着宋代的建筑特点和风格。

慈氏阁内供奉弥勒菩萨。弥勒是梵文的音译,意译为慈氏。后来一些寺庙,在门殿内供的笑口常开的大肚弥勒像,则是五代时名为契比的和尚,因传说是弥勒的化身而被塑像供奉的。

慈氏阁,面阔三间,进深三间,阁前底层设一间抱厦,殿身为3×3的正方形,内槽原为一间。内槽中在2米左右高的台上,站着8米多高的弥勒立像,通高超过底层的层高。为了陈列佛像,将二层的内槽不铺楼板,留出1×1间的方形空洞,二层的平面就成"回"字形(图 **11-33** 为河北正定隆兴寺慈氏阁底层平面图,图 **11-34** 为隆兴寺慈氏阁二层平面图)。

慈氏阁室内设计的矛盾与独乐寺观音阁有共同之处:观音阁是主殿,体量较大;慈氏阁是配殿,体量较小,共同处都是要解决建筑空间对塑像的制约,为塑像的崇高形象创造出和谐的陈列环境。

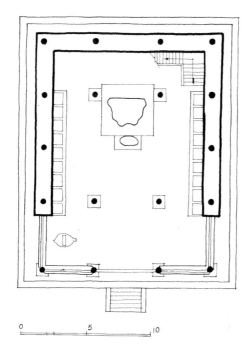

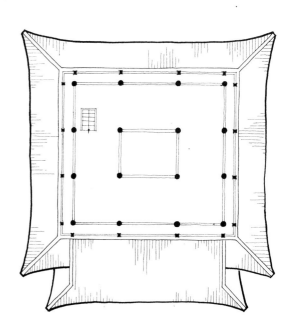

图 11-33　河北正定隆兴寺慈氏阁底层平面图　　　　　图 11-34　河北正定隆兴寺慈氏阁二层平面图

陈列在慈氏阁内槽佛台上的弥勒，如保持四根金柱全部落地，四根金柱在视觉上就会形成一个有限的围合空间，弥勒像就如关在牢笼中的困兽了，这显然是不允许的。为了解决这个矛盾，设计者用**减柱法**(见第九章"结构与空间")，取消了底层的两根前金柱，扩大了佛像前的空间。

弥勒像加台高，超出底层的层高，菩萨的头部有一部分伸出二层地板面。巧妙的是，当人们跨进抱厦时，抬头可见菩萨头部的完整形像，并没有被楼板遮挡(图**11-35**为隆兴寺慈氏阁横剖面图)。在这种巧妙的安排中，我们不难想见，慈氏阁在竖柱之初，建筑的意匠和塑像的创作，只有在统一的规划经营之下才有可能。阁虽不大，人们进入佛阁后看到的弥勒像，在具有放射和扩散效果的背光衬托和体形近人的胁侍菩萨对比下，仍然使人感到十分巍然崇高(图**11-36**为河北正定隆兴寺慈氏阁内部透视图)。

但是，从建筑力学的角度而言，慈氏阁减柱后的结构，是不够合理和科学的。减掉两根前金柱以后，几乎一半以上的上部荷载，通过上层前金柱压在底层后金柱与前檐柱间的大梁上，而且荷重集中在梁的中间弯距最大处。所以，只好用两层枋子

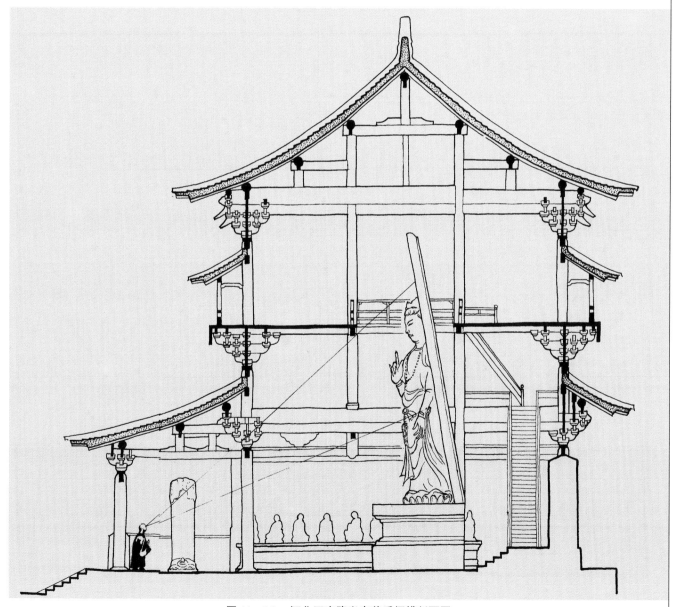

**图11-35 河北正定隆兴寺慈氏阁横剖面图**

图 11－36　河北正定隆兴寺慈氏阁内部透视

做成复合大梁,而建筑构架的整体刚度和稳定性,也都被削弱而受到影响。这种结构空间与使用空间的矛盾,正反映出中国木构架建筑体系的缺点。但慈氏阁的室内设计,在建筑内部空间艺术上,仍不失为一个较好的例子。

## 四、鸳鸯厅的空间艺术

**空间流动性**　是现代西方建筑师所追求的空间艺术效果,对中国传统建筑来说,可谓是固有的特征。因为中国木构间架房屋和庭院的空间组合,不论用围合还是闭合方式,门屋和中进厅堂都必须被穿过,为了保持厅堂室内空间的完整和使用,又可通前达后,都在明间步柱(金柱)间装设屏门,用**蔽而通之**的方式解决了这个空间上的矛盾。

厅堂内设屏门,这是"**穿堂**"室内设计的传统手法,对中国人可说是"司空见惯等闲事"了,但在建筑空间设计上,却形成**环形路线**。这是出于功能需要的设计,所以说是中国传统建筑本身所具有的特征,这个特征古代园林建筑师们,在造园艺术中巧妙地运用在建筑的室内设计中,充分地发挥了空间艺术的妙用。而这一点,今天的研究者正由于司空见惯而熟视无睹。

一般厅堂,由于屏门后的空间很窄,只是通道,人们通前达后半绕屏门而过,不会绕屏门环行,是虽具空间环形之势,而无空间环形之趣,所以说是功能性的。

园林建筑中的厅堂,不论是散点布置,还是组合在庭院之中,是娱游活动之处,观赏休憩之所,其本身就是造景成境的重要手段。当厅堂前后景境不同时,建筑前后的立面,对景境而言都是主要立面,可以说园林建筑的厅堂,是没有正立面和背立面之分的。这同作为一个空间使用单位的住宅厅堂,必须前敞后蔽、前虚后实完全不同,而是需要前后皆敞,两面空灵。这就必须根据前后的景境特点,设计前后不同的立面。为了适应前后相对独立的建筑景观需要,室内空间势必一分为二,既免通视的一览而尽,又形成两个相互通联的并列的空间环境。

方法非常简单,就是将步柱间的屏门移至脊柱下,即"栋"的下面,扩大屏后的空间,左右相通,形成环路,从而形成往复无尽的流动空间情趣。这已成为园林建筑**流动空间设计的普遍手法**。这样的例子很多,除了独立布置在景区中的堂,不论园的大小都为四面厅,如拙政园中的"远香堂"、北半园中的"四季厅"等等。凡组合在庭院中的或因位置环境形成多面不同景观的,前者如狮子林的"燕誉堂"、木渎羡园的"友于书屋"等,后者如怡园"可自怡斋"、南翔宜园的"半湖云锦万芙蓉"馆……大多将厅堂纵向的一分为二,隔成前后相等的两个并列空间,左右设门空形成环路,与外部空间多向通联,在人流路线上构成外环套内环,大环套小环,环环相套,**循环往复**,无始无终,则空间无尽。同一景境,来去方向不同,审美感受殊异。**往复无尽的流动空间**设计思想方法,是中国建筑和园林空间艺术的精华。

在古典园林建筑中,鸳鸯厅是充分体现流动空间设计的杰出范例。

**鸳鸯厅**　从结构构成空间的关系,是将进深扩大一倍或一倍以上时,即扩大"内四界"一倍以上,将厅内构成两个大小相等、空间并列的建筑,所以是园林建筑中之体量最大者。为了使两者室内空间完整,都必须用屋中假屋的**草架制度**(见第八章"中国建筑的结构与空间"中"草架的结构与空间形式"一节)。

鸳鸯厅室内设计之妙,因前后空间深度相等,脊柱落地作装修,如苏州留园的鸳鸯厅"**林泉耆硕**"、"**奇石寿千古**",厅堂前后空间相等,在中间脊柱之间,正间(明

623

在建筑和园林艺术中,人流路线的循环,是造成空间上的"流动性"与"无限性"的惟一手段,也是从有限达于无限的根本原因。

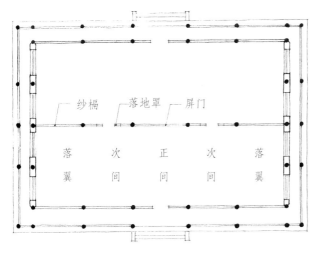

图 11－37　苏州留园鸳鸯厅平面

江南古典园林的鸳鸯厅设计，是结构技术与空间艺术的高度统一，是往复无尽的流动空间理论在室内设计上的巧妙运用。建筑的空间与造型，不仅与景境十分和谐协调，而且空间富于变化莫测的情趣，充分体现中国建筑、园林艺术对时空的无限性与永恒性的追求。

间)屏门排比，为厅内主要的家具布置和活动之处；次间装设玲珑剔透的圆洞花罩，前后空间得以流通、流畅、流动；梢间安纱槅，是镶木板的槅扇，裱糊字画，十分雅致，为厅内两端辅助的活动空间。透过圆洞花罩，隔壁的陈设隐约可见，而景象不同，花罩洞门可前后相通，形成室内的环路，充分发挥往复无尽、流动空间的情趣(图 11－37 为苏州留园鸳鸯厅平面图)。

留园鸳鸯厅的题名：南面为园的次要出入口，庭院虽窄小，是入门后的厅堂，以示园主德高望重退隐之意，题额为"林泉耆硕"。耆硕，是年高有德望的人；北面对开旷的庭园，庭中列有著名峰石"冠云峰"，故题额为"奇石寿千古"。为示两者性质有别，"林泉耆硕"是堂，梁架结构用圆作，木用圆料；"奇石寿千古"是厅，梁架结构则扁作，木料方形。前后两山辟牖，前堂为规整的方形，后厅为多角形，加之家具陈设不同，两者室内环境具有不同的景象和氛围(图 11－38 为苏州留园鸳鸯厅室内透视)。

鸳鸯厅不仅室内设计力求同中有异，与室外环境协调，前后立面设计也因地而异。南面庭院窄小，空间迫隘，看不见立面全貌，屋角不发戗、不起翘；北面庭园开阔，空间舒敞，是主要的建筑景观，屋角起翘而檐宇飞扬。

苏州拙政园**满轩式鸳鸯厅**，位于园西部"补园"的南端。同留园鸳鸯厅对照，它将前后廊轩纳入室内，构成进深十界的最大进深，前后厅各为五界，顶上草架，用四个连续的拱顶，中间两个为船篷轩式，前后外边为两个鹤胫轩式，脊柱落地，中隔为二(其结构与空间关系与建筑造型，见第八章"建筑结构与空间")。

拙政园鸳鸯厅，南面靠园墙，庭院东西狭长，院中以蔓蔓陀罗花为景，是闲庭赏花之处，故厅题额为**十八曼陀罗花馆**；北面驾曲沼之上，因而不能从北面进入厅内，所以在厅的两山构轩廊，与东西曲廊通连。池中养禽，凭栏可观赏鸳鸯戏水，而题额为"三十六鸳鸯"馆。东出曲廊，南折有便径可通住宅；北折沿水廊，可达拙政园的主景区。西出曲廊，向南靠墙沿水可至塔影亭；西北角隔水架曲梁，而达留听阁(图 **11－39** 为拙政园鸳鸯厅平面及环境图)。

整个补园地形狭长，南北约百米，东西时宽时窄，宽处 40 余米，窄处仅 10 余米。山高水长，大小亭阁七座，东池水至墙，上驾曲廊(水廊)，南北半绕。园较小而景物颇多，由于布局高下有致，相间错综得宜，非但无郁结闭塞之感，而有空间无限的自然的山林意趣。

1987 年春，经友人向我推荐，三十多位德国建筑师来苏州参观园林。至补园时，我告诉建筑师们，请他(她)们闭目想见一块长约百米、宽三四十米的地块，其空间范围的大小，然后张目看看眼前的空间景象，与想见的地块空间比较，有何观感。客人们均感到比实际的空间有难以言喻之大，深感中国园林空间艺术创作之玄妙！

中国园林的艺术精神，就在有限的空间里给人以无限的自然之感，不在景物本身的造型，而在人工水石有自然山水的意境。首先是空间视觉的意匠问题，不论山水景境的创造，还是建筑空间的设计，都必须融合于往复无尽的空间流动中，只有在时空融合之中，才能从有限达于无限，创造出具有高度自然精神境界的环境。

图11－38 苏州留园"林泉耆硕之馆"室内透视

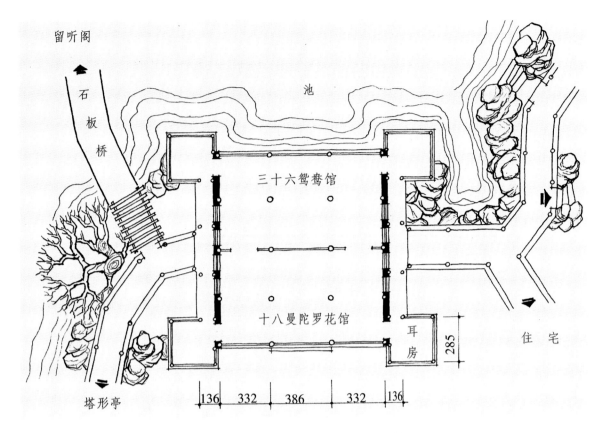

**图 11 - 39  苏州拙政园鸳鸯厅平面及环境**

　　研究中国建筑和园林艺术，不能脱离建筑的空间环境，尤其对园林建筑，只孤立地研究亭台堂榭的形式，忽视建筑空间与造型同景境之间的内在联系，就不可能从园林的总体构思中了解中国园林艺术的空间意匠和手法，从而深入地理解什么是中国的园林艺术，什么是中国的建筑艺术。

---

**注　释：**

① 郑光复：《建筑是美学的误区》，载《新建筑》1990 年第一期。以下所引"建筑非艺术"的观点均出自该文，不再一一注明。

②③《列宁选集》第 2 卷，第 266 页、第 128 页。

④ 马奇：《艺术的社会学解释》，中国人民大学出版社，1988 年版，第 55 页。

⑤ 作者于 1962 年 7 月 14 日《黑龙江日报·理论研究》版发表《试论建筑风格》一文，为当时国内报纸发表的三篇论文之一，《文汇报》曾作综合报道。1979 年，作者本人针对《建筑学报》上开展学术讨论的思想混乱情况，以题为《建筑的民族形式、复古主义及国际式》撰文，参加黑龙江省自然辩证法学会年会大会宣读，获优秀论文奖。

⑥ 窦武：《夜读偶得》，载《新建筑》1991 年 1 期。

⑦ 克莱夫·贝尔：《艺术》，中国文艺联合出版公司，1984 年版，第 4 页。

⑧《别林斯基全集》，1955 年俄文版，第 9 卷，第 535 页。

⑨⑩《普列汉诺夫美学论文集》，人民出版社，1983 年版，第 308 页、第 521 页。

⑪ 澳·奥班恩：《艺术的涵义》，学林出版社，1985 年版，第 70 页。

⑫《狄德罗美学论文选·论戏剧诗》，人民出版社，1984 年版，第 161 页。

⑬ 康德：《判断力批判》，商务印书馆，1965 年版，第 160 页。

⑭《外国理论家论形象思维》，中国社会科学出版社，1979 年版，第 34 页。

⑮ 清·刘熙载:《艺概》。

⑯⑰ 窦武:《夜读偶得》。

⑱ 张家骥:《传统的园林文化与研究园林的传统思想》,《中国造园论·自序》,山西人民出版社1991年版。

⑲《马克思恩格斯选集》第3卷,第574页。

⑳ 详见本书第二章"中国的建筑生产方式·《考工记》"一节。

㉑ 李允鉌:《华夏意匠》,中国建筑工业出版社,1985年重印版,第382页。

㉒ 李约瑟:《中国之科学与文明》第2册。

㉓ 明·计成:《园冶》。

㉔ 马克思:《经济学—哲学手稿》,人民出版社,1963年版,第54页。

㉕《三辅黄图·序》。

㉖ 恩格斯:《家庭、私有制和国家的起源》,人民出版社,1961年版,第170页。

㉗ 明·计成:《园冶·题词》。

㉘㉙ 唐·杜甫:《茅屋为秋风所破歌》。

㉚㉛ 马克思恩格斯:《德意志意识形态》,《马克思恩格斯全集》第3卷,第51页、52页。

㉜《昭明文选译注》,吉林文史出版社,1987年版。

㉝《城市建设》。

㉞ 计成:《园冶·兴造论》。

㉟ 张家骥:《中国园林艺术大辞典》,山西教育出版社,1997年版。

㊱㊲㊳㊴《园冶·掇山》。

㊵《西方美学家论美和美感》。

㊶ 刘纲纪:《艺术哲学》,湖北人民出版社,1986年版,第356页。

㊷ 马克思:《资本论》,第1卷,第362页。

㊸ 宗白华:《美学散步》,上海人民出版社,1981年版,第100页。

㊹ 刘侗、于奕正:《帝京景物略》,北京古籍出版社,1982年版,第29页。

㊺ 张岱:《陶庵梦忆》、《西湖梦寻》,上海古籍出版社,1982年版,第68页。

㊻ 吴伟业:《张南垣传》,《梅村家藏稿》卷五十二。

㊼ 笪重光:《画筌》。

㊽ 张岱:《陶庵梦忆》。

㊾《郑板桥全集》。

㊿ 西蒙德:《景园建筑学》,台隆书店,1971年版。

51 马克思:《经济学—哲学手稿》,人民出版社,1963年版,第89页。

52 唐·欧阳詹:《二公亭记》,载《建苑拾英》,同济大学出版社,1990年版,第391页。

53《庄子·天道》。

54 张家骥:《园冶全释》,山西人民出版社,1993年版,第238页。陈植先生的《园冶注释》对"磨角"一节的解释,牵强附会,纯属误解。

55 张岱:《陶庵梦记·筠芝亭》。

56《中国造园论》,第218页。

57 58 西蒙德:《景园建筑学》,台隆书店,1972年版。

59 黑格尔:《美学》第1卷,第174页。

60 舒尔茨:《现代心理学史》,第303页。

61 宗白华:《美学散步》,上海人民出版社,1981年版,第67页。

62《庄子·大宗师》。

63 转引自钱钟书:《谈艺录》,第111页。

64 张家骥:《太和殿的空间艺术》,载《建筑师》1980年第2期。

山西五台山显通寺铜殿上的花鸟图案

山西隰县城西小西天胜概

危岩奇阁——山西浑源县悬空寺仰视

# 第十二章
## 中国的造园艺术

园林，是指中国传统的造园而言。换句话说，只有按照中国传统造园思想所造之园，才能称之为园林。中国的园林，在艺术上有高低雅俗之分，却没有非艺术的园林。

# 第一节　中国古代的造园性质

　　童寯先生在《造园史纲》中将世界造园分为西亚、欧洲和中国三大系统；英国造园学家杰利克说：世界造园三大派是中国、西亚和古希腊[①]。不论从什么角度，中国造园以它鲜明的民族性和高度的艺术性，在世界造园史上独树一帜，并对邻国和欧洲的造园产生深刻的影响。

## 一、灵囿中的台和池

　　中国造园最早见于文字的是《诗经》。据《诗经·大雅·灵台》记载：

　　**王在灵囿，麀鹿攸伏；麀鹿濯濯，白鸟翯翯。王在灵沼，于牣鱼跃。**

　　灵囿，是苑囿中有"灵台"，故名"灵囿"、"灵沼"。麀：牝鹿，也泛指雌性兽类；攸伏：安静驯伏的样子；濯濯：形容兽之肥美，毛色光泽；翯翯：洁白肥泽貌；牣：充满其中。用现代汉语说：周文王在灵台下的苑囿里，驯养得肥美而皮毛光泽的雌鹿，都安闲地伏在那里；白色的鸟儿，羽毛也洁白丰满。文王到台下的池边去，满满池水里，鱼儿在快乐地欢跳。这些描写，是颂扬"文王受命，而人乐其有灵德以及鸟兽昆虫焉"（《三辅黄图·台榭》卷五）。

　　**灵囿**　在《诗经·大雅·灵台》篇开头就说："经始灵台，经之营之，庶民攻之，不日成之。经始勿亟，庶民子来。"据郑玄注："天子有灵台者，所以观祲象、察氛祥也。文王受命，而作邑于丰，立灵台。"《诗经》和郑玄作注都是把"灵台"放在首位，这对理解当时造园的性质是很重要的。中国是农业国家，天时气象的变化直接影响到民生社稷，所以古代的天子和诸侯，都为观阴阳天文之变而建造高台。正因为对天文的重视，才产生了世界上最早的天文学家张衡（78~139），在1900年以前就发明了水力转动的浑天仪和测定地震的地动仪。

　　据清代学者毕沅考考证：周灵台"高二十丈，周回四百二十步"（《三辅黄图》）。台高达50多米，底边长近200米，平地挖土筑台，土方量之大是非常惊人的。从《三辅黄图·台榭》卷五"周文王作灵台及为池沼，掘得死人之骨"，文王为之更葬的故事，说明"灵台是筑于平地，就地挖土垒筑成台的，故云'作灵台及为池沼'。可证池是由筑台取土挖掘而成"[②]。

　　筑高台，虽为了观察天文，当然也可登眺，极目畅怀而具娱游的功能。既凿成池沼，则可喂养鱼鳖；既处山野，则可驯豢禽鹿。而禽鹿鱼鳖，也并非只为了观赏，是古代只有天子和诸侯才能经常享用的佳肴。直到汉代在上林苑里还养有大量禽兽，因为每当祭祀和宴请宾客，就要"用鹿千枚，麛兔无数"（《汉官旧议》）。汉代还是如此，古代的灵囿，是为了观察天文，垒土筑灵台，挖土而成灵池。初期的造园，大概就是利用这台观、池沼的环境，为天子宴享而养禽兽、饲鱼鳖，同时形成可供娱游观赏的灵囿。

古代帝王占山封水建造苑囿，本质上是帝室物质生活资料的生产基地。在这个基础上，大量建造离宫别馆，同时具有娱游观赏的功能。从造园学角度，可称之为"自然经济的山水宫苑"。

在人口少、禽兽多、生产力还不发达的西周，鹿兔鱼鳖，对帝王生活之不可缺少的重要性，是可想而知的。鹿在野兽中是便于大量捕捉和驯养的动物，不仅鹿肉是珍馐，鹿乳、鹿血、鹿茸，大概是人们最早服用的保健补品。鹿与人类生活的密切关系，反映在古汉字中从鹿者都是美好的意思，如麗(简体作"丽"字)，《礼》："丽皮纳聘。"丽皮，即鹿皮；麔，山羊大而细角者。扬雄《蜀都赋》："兽则麔羊野麋"；麔，《尔雅·释兽》："麔，大羊"；麒麟，古代传说中的仁兽，象征吉祥，等等。可见苑囿中豢养的兽类，大多是供食用的羊鹿之类。实际上，古时凡供帝王宴享需要的，专门开辟的物质生活资料生产的地区，都可以称之为"囿"，所以，清代学者段玉裁注《说文》中有"凡分别区域曰囿"的解释。

我们从《诗经》中的灵囿，大致可以了解中国初期造园的情况。

西汉古诗学的传授者毛苌在《诗经》注云："囿所以域养禽兽也。天子百里，诸侯四十里。"以往研究中国园林者，多将"囿"理解为"苑囿"，认为这百里和四十里，就是供帝王和诸侯狩猎而域养禽兽的地方。我认为这里的"囿"，是"分别区域"的意思，也就是划归帝王和诸侯专有的土地。正因为禽兽与帝王和诸侯的生活以至军事有非常密切的关系，突出养禽兽的内容，正反映了时代的特征，也说明"囿"的性质，主要是为保证统治者物质生活而划拨的土地。

因此，不能笼统地把"囿"看成只是养禽兽的地方，而是在"囿"的范围内，有专为养禽兽而设置的场所称"苑"。《说文》："苑，所以养禽兽。"在释"囿"条注中有"有墙曰苑，无墙曰囿"。说明"囿"的范围很大，不可能围筑墙垣，而专门豢养禽兽的"苑"，是"缭以周墙"的。到汉代时"囿"与"苑"的概念已没有严格的区分了。

古代的商品经济极不发达，凡统治者生活用品根本不允许在"市"里买卖，都是直接由官府经营的手工业，在奴隶制的生产方式下进行生产供应，所谓"天子百里，诸侯四十里"是封建宗法分封制的一种食邑制度，也就是帝王和诸侯的物质生活资料的生产领地。到封建社会初期，秦始皇"改诸侯为郡县"，但帝王仍以苑囿的形式保留了"食邑"的性质，这就是秦、西汉采取帝室财政与国家财政分别运筹的制度。

以往研究中国园林者，认为秦汉时代苑囿中豢养禽兽供帝王校猎，是原始游牧生活的遗风，天子狩猎就如"弄田"一样，是一种仪式，并有娱乐的作用。这显然是受汉代许慎《说文》的影响，将"苑"和"囿"都解释为养禽兽的缘故。

如认真地思考，以农业为本的封建社会，为了帝王的娱乐狩猎，竟然在京畿地区，以广袤数百里的膏腴土地去域养禽兽吗？这是无法解释的。就以狩猎而言，班固的《西都赋》中所说：天子"历长杨之榭，览山川之体势，观三军之杂获③"。汉武帝如此"盛娱游之壮观，奋泰武乎上囿"的目的，根本不是为了娱乐，而是"因兹以威戎夸狄，耀威灵而讲武事④"，是借狩猎以炫耀武力，向边陲的少数民族戎、狄示威。

## 二、古代狩猎是军事活动

对古代的打猎，如果以今天的概念认为是一种娱乐就错了。宋祚胤先生在《周易新论》中对卦辞的考证说：

明夷九三爻辞有"于南狩"，升卦卦辞有"南征吉"。所谓"南狩"和"南征",都是说向南方用兵。因为"征"可以讲成征伐,而"狩"的本义虽是冬天打猎,但打猎和用兵在古人却看成一回事。这从《诗经·豳风·七月》"二之日其同,载缵武功"和《左传》隐公五年"故春蒐、夏苗、秋狝、冬狩,皆于农隙,以讲事也",都可以得到证明⑤。

《诗经·豳风·七月》中的"二之日",是天上斗星从丑时出来,指的是夏朝的正月。"同",是指君主和百姓一同去打猎。"载",语助词,无义;"缵",毛传:"缵,继;功,事也。"

《左传》隐公五年中的"春蒐、夏苗、秋狝、冬狩",都是打猎,也都是古代的一种练兵方式。

**春蒐** 蒐(sōu 搜),打猎。《尔雅·释诂》:"蒐,聚也。"郭璞注:"春猎为蒐。蒐者,以其聚人众也。"蒐,亦作阅兵之义。

**夏苗** 毛传:"夏猎为苗。"有夏季捕杀危害农作物的禽兽之义。南朝梁沈约《均圣论》:"春蒐免其怀孕,夏苗取其害谷。"

**秋狝** 狝(xiǎn 显),古代秋天出猎之谓。《尔雅·释天》:"秋猎为狝。"《国语·齐语》:"秋以狝治兵。"

**冬狩** 狩(shòu 兽),特指君主冬天打猎,亦称"狩田"。《周礼·夏官·大司马》:"中冬,教大阅……遂以狩田。"

问题是,为什么古代一年四季都要在农闲时打猎?为什么同君主去打猎的是百姓呢?

这是因为中国奴隶社会地多人少,生产力很不发达,国家没有脱离生产的军队,实行"卒伍定乎里,军政成乎郊"的**寓兵于民**的制度。如《汉书·刑法志》所说"因井田而制军赋",也就是按土地面积征兵和征用车马兵器,所以城市编户和军伍的编制,是相互对应一致的。

在寓兵于民的古代,打猎就成为集中卒伍进行军事训练的主要方式。而古代城市规划,棋盘式的道路网,兵营式的里闾布局,既反映了土地规划思想,也直接体现出这种寓兵于民的制度。

这种情况不仅只是作为猎场的长杨榭,上林苑中的昆明池也绝不是为了水上娱乐而开凿的人工湖。据古籍记载,昆明湖是汉武帝为征伐昆明国,仿滇池以习水战而凿。即使如此,为了一个战役练兵,而在苑囿中开凿"方四十里"之大的人工湖,也是令人难以置信的。

从今昆明池遗址看,面积之大约 10 平方公里,显然对当时都城长安的城市生活环境有直接的影响。据古今学者的研究,汉武帝作石闼堰,使西流入沣的滈水北流,经细柳原注入昆明池,汇为巨浸,再引渠至长安。它接纳樊、杜诸水,长安"城内外皆赖之"(南宋·程大昌《雍录》)。"昆明池共有四个口,南口为源所自入,北口和东口宣泄水量,供应城内外,西口则是调节水量之用"⑥。为解决漕运供漕渠水量,昆明池东出之水,经长安城东南入漕渠。昆明池对长安城市供水和漕运都起着重要的作用。

为习水战的军事需要而开凿的昆明池,对都城的供水和漕运起着重要的作用。实际上,是长安的蓄水库。

昆明池作为人工湖,自然成为水上娱游的胜地。汉武帝就"常令宫女泛舟池中,张凤盖、建华旗、作棹歌,杂以鼓吹,帝御豫章观,临观观矣"(《三辅黄图》)。豫章观,是池中岛上的台观。这种大规模水上歌舞的情景,是十分壮观的。

### 三、苑囿是皇家的生产基地

昆明池有如此广阔的水面,自然可以养殖鱼鳖,成为水产丰富的养殖场。据《西京杂记》中说:"鱼给诸陵庙祭祀,余付长安市卖之⑦。"说明昆明池中鱼的产量是很大的。上林苑中的池沼很多,列名记载的就有十池,可以说这些池多非为造景所凿。如蒯池,就是种植织席用的蒯草的池沼,因秦汉时人的生活习惯还是"席地而坐",数以百计的离宫别馆,房舍中所需铺地席子的数量是惊人的,蒯池就是为大量织席提供原材料之处。

上林苑中出产的东西很多,都是帝室生活所必需的物资。同时,由于其审美价值,也就成为娱游观赏的对象。古代苑囿的这种物质生产功能,扬雄在《羽猎赋》说得很清楚:

> 宫馆台榭,沼池苑囿,林麓薮泽,财足以奉郊庙,御宾客,充庖厨而已⑧。

质言之,中国古代奴隶社会的苑囿,是统治者的物质生活资料的生产领地,即"食邑"。自秦始皇统一中国,在历史上建立了第一个中央集权的封建国家,废封建而行郡县,取消了食邑制度,但却保留了物质生活资料的生产领地,形成帝室生活财政单独筹划管理的制度,也就是将帝室财政与国家财政分开的制度,到西汉仍然如此。正如元初史学家马端临(1254～1323)在《文献通考》中所指出:

> 西汉财赋曰大农者,国家之帑藏也。曰少府、曰水衡者,人主之私蓄也⑨。

> 《急救篇》:"司农、少府国之渊。"颜师古注:"司农领天下钱谷,以供国之常用;少府管池泽之税及关市之资,以供天子……同此二者,百物在焉,故以深泉为喻也⑩。"

我在《中国造园史》中,对秦汉苑囿的内容及其社会性质,曾作了专题的分析论证,可供研究者参考。总之,"秦汉苑囿中山水土地等自然资源的开发利用,以及禽兽鱼鳖等的域养,水果、蔬菜、药材的种植等等,都是为了帝室生活物资的需要而进行的生产活动。大量的宫馆台榭,多以独立的组群建筑分散建造在自然山水的区域之中,正是利用这些生产对象本身所具有的审美价值,而成为娱游的活动场所。当然事物总是辩证的,主要为娱游狩猎目的所建造的宫馆台榭,从自然景观要求,也必然在不同程度上影响生产区域的规划,而这两者(娱游观赏和物质生产)的相互关系与影响,总的说要受苑囿范围内自然条件的制约"⑪。

古代苑囿的内容是十分庞杂的,用今天的语言来说,它包括了动物园、植物园、果园、菜圃、药圃等等生产场地,还包括有竞技场、跑马场、赛狗场、猎场等等的娱乐场所,并有练兵演武、都城供水的蓄水库等功能。

**上林苑等苑囿,是帝室物质生活资料的生产基地;大量的宫室台榭,则是帝王娱游的享乐场所。**

# 第二节 中国的园林与西方的花园

## 一、什么是中国园林

中国的园林（**yuán** **lín**）与西方的花园（**Garden**），由于造园思想完全不同，两者之间不仅是形式殊异，而且有质的区别。

中华大地山河锦绣，可说是"崖崖壑壑竞仙姿"，既孕育出中国古代灿烂辉煌的文化，也培养了中国人酷爱自然山水的思想传统。社会在不断地向前发展，随着人口的繁衍，人的生活空间不断扩大，自然的空间也就日益缩小，人们愈来愈远离自然山水向嚣烦的城市集中。反映在文化艺术上的现象，中国的山水诗盛行于开发自然山水的庄园经济时代；而中国的园林与山水画同步，兴盛于远离自然山水的城市经济繁荣时代。特别是自隋朝实行科举制度以后，大批世俗地主阶级的知识分子，或由"丘园养素"的乡村，或由"泉石啸傲"的山林，或由"渔樵隐逸"的江湖，为了功名利禄集中到"尘嚣缰锁"的都邑城市，而"不能得自然岩壑以为恨"，既不得志于自然山水，山水画和园林就成为人们心理上的补充和精神上的需要。

中国园林从一开始，就不同于西方只是单纯供人休息散步，如现在通常所说的对生活环境的绿化和美化，而是以人工水石创造出自然山林的意境，要求园林的景境，能"玩心惬意，与神契合"，令人"忘尘俗之缤纷，而飘然有凌云之志"（《艮岳记》）。就如本书在"导论"中所说，中国园林是艺术，没有非艺术的园林，而且在艺术上取得了很高的成就。

从美学角度看，中国园林的创作思想具有深邃的哲理。中国古代的哲学家和艺术家认为，自然的外在现象是"道"的表现形式，只有作为"道"的表现形式才能作为艺术的表现对象，才具有艺术价值。以自然山水为创作主题的中国园林，不是对自然山水形态的模仿，而是依据对"道"的理解，对自然山水的概括、提炼、加工，突破有限的空间局限，给人以无尽的时空感，充分体现出生命的活力和运动变化着的自然精神。从造园的空间意匠言，这是中国园林与西方花园在本质上的区别。

正是根据中国园林不同于西方花园的特殊性，我在《中国造园论》中为园林作如下的定义：

园林，是以自然山水为主题思想，用花木、水石、建筑等为物质表现手段，在有限的空间里，创造出视觉无尽的、具有高度自然精神境界的环境。

中国园林，是一种时空融合的艺术。任何有限的空间之间，是相对的、流动的、变化的，而且与无限的自然相贯通，追求的是达于宇宙天地的"道"。

635

## 二、西方的造园思想及其花园

中国园林在艺术上的高度成就，今天已为世界所公认。但很有意思的是，世界著名的德国大哲学家黑格尔很反对造园将景物与人的感情结合的思想方法。他认为：

一座园子的使命在于供人任意闲游，随意交谈，而这地方却已不是本来的自然，而是人按照自己对环境的需要所改造过的自然。但是现在一座大园子却不如此，特别是当它把中国的庙宇（大概是指中国古典形式的建筑——笔者），土耳其的伊斯兰教寺，瑞士的木栅，以及桥梁，隐士的茅庐之类外来货色杂凑在一起的时候，它单凭它本身就有要求游览的权利，它要成为一种独立的自有意义的东西。但这种引诱力是一旦使人满足以后立即消逝的，看过一遍的人就不想看第二遍；因为这种杂烩不能令人看到无限，它本身上没有灵魂；而且在漫步闲谈中，每走一步，周围都有分散注意力的东西，也使人感到厌倦[12]。

从上面的这段话说明，黑格尔并没有到过中国，也没有看到过中国的园林，但从他对园子应造成什么样环境的看法，同中国园林艺术创作的思想是根本对立的。黑格尔认为："人按自己对环境的需要所改造过的自然"，它的使命就在于"供人任意闲游，随意交谈"，这就要求园中任一景物不能引人注目，分散人的注意力。按黑格尔的说法：

一座单纯的园子应该只是一种爽朗愉快的环境，而且是一种本身并无意义，不至使人脱离人的生活和分散心思的单纯环境[13]。

黑格尔的美学思想代表西方对造园的普遍观点，俄国的美学家车尔尼雪夫斯基在他的名著《生活与美学》中，也否定造园是一门艺术。他认为："花床（似应为花坛——笔者）与花园原来是为着散步与休息用的，而又必须成为美的享乐对象。"在生活中"美的享乐的对象"是很多的，单是作为"美的享乐的对象"并不能成其为艺术[14]！的确，单纯供人散步和休息，对环境的绿化和美化，只具有生活美还不能成为艺术。

可见，西方造园并不要求园子本身有什么意义，景物与人的生活内容无关，只是供人散步休息的地方而已。那么，西方人要求将园子造成什么样呢?黑格尔赞赏的是"最彻底地运用建筑原则"的法国凡尔赛宫的花园。他说：

它们照例接近高大的宫殿，树木是栽成有规律的行列，形成林荫大道，修剪得很整齐，围墙也是用修剪整齐的篱笆来造成的。这样就把大自然改造成为一座露天的广厦[15]。

所以，当欧洲人到中国看到园林时，赞叹中国人造园是"表现大自然的创造力"，中国园林"如同大自然的一个单元"，而"我们追求以艺术排斥自然，铲平山丘，平涸湖泊，砍伐树木，把道路修成直线一条，花许多钱建造喷泉，把花卉种得成行成列"。(我们)"不是去适应自然，而是喜欢脱离自然，越远越好，我们的树木修剪成圆锥形、球形和方锥形，我们在每一棵树、每一丛灌木上都见到剪刀的痕迹"。因为这些都是与人的思想感情无关的**景物**。

中国造园则完全不同，所造之景是与人生活密切相关的**情景**，人与景物之间是统一的、融合的、亲和的，而且园林中任何景境的创造，都包含着生活在园林中人的活动和感情，人在园中一切娱乐观赏活动本身，就是构成"景"的主要内容。对中国人来说，人与景"相得益彰"才能产生审美感兴；有了审美观照和感兴，才能产生审美意象，即"情"与"景"的契合，也就是情景交融。

质言之，中国园林所造之景，是"情中景"和"景中情"，或者说是"人中景"，"景中人"。"景"与"情"的关系是：

**景是情的物质形式,情是景的精神内容。**

情景结合是中国美学思想的一个重要特点。情景论,是中国造园学的一个重要组成部分,也是富于中华民族特色的造园学理论之一。情景论的意义就在于:任何景境的创造都不能离开人的生活;而人的生活方式、生活情趣、审美观念等等,随着时代的变革是在不断发展变化的。从人的生活和思想感情出发,我们的思想才不会僵化。"对研究造园史来说,把握住不同时代人的生活方式和思想意识的变化,才有可能科学地揭示出我国古代造园的历史发展规律,才不至于凭个人的主观臆测,想当然地任意解释历史。对今天的园林创作来说,人的活动本身既然是构成景境的一个重要内容,就必须考虑现代人的生活方式、审美观念和趣味,创造出适于人们生活要求的传统风格的园林来,才不至于生搬硬套,抄袭模仿,而泥古不化"⑯。

从造园的经营意匠,即设计角度,设计花园与设计园林属于完全不同的两种思想体系。西方花园只是要求露天的开敞而悦目的休息环境,主要是对环境的绿化和美化,设计只要求形式美,不要求有什么思想性,为了让花园"不至使人脱离人的生活和分散心思的单纯环境",绿化设计无需主题和空间层次,皆以草坪和修剪、配置成几何形的灌木及花坛为主。黑格尔所讲的"无限",只是指花园中人的视线不要有阻碍的意思,这同中国园林的意象设计,要求视觉无尽,使人从有限的园林空间达于自然的"无限"境界,两者有本质的区别。西方的花园,即使作为"美的享乐的对象",如车尔尼雪夫斯基所说,也不能称其为艺术。

中国园林是生活的一个组成部分,它与人的园居生活感情融为一体,而这种生活与思想感情,是对山居理想生活,在精神审美上的集中体现。历来中国的诗人、画家、文学之士,对自然山水的欣赏和山居生活的赏心乐事,积累有十分细致的、深刻的审美感受和非常丰富的审美经验,为中国园林的创作构思提供了不竭的源泉(图**12－1**为摹写的明·仇英《园居图》部分)。

古代造园多诗人画家自出机杼,如谢灵运的始宁墅、王维的辋川别业、白居易的白莲庄、倪云林的清闷阁……到明末以造园为业的计成也是能诗擅绘的人。中国的园林建筑师,必须是有深厚的传统文化修养和造园艺术才能的人,他才能从园基的客观条件出发,**物情所逗,目寄心期**,运于胸次,从总体规划上创造出山林的意境,这就是中国艺术创作所共同要求的"**意在笔先**"。对园林艺术来说,还可以从丰富的审美经验中,对各个具体的景境赋以不同的思想感情内容。如同以听雨为题之景,苏州拙政园中的"留听阁",是池边水榭,意在"留得残荷听雨声";而"听雨轩",则是小院清斋,意在"移蕉当窗先听雨"也。只有景中之情,情中之景,才能使游人触景生情,达到情景交融的审美境界,即**外界境物的形象与主体的情感相互交融,所形成的充满主体感情的形象——意象**。如黑格尔所说:"在艺术里,感情的东西经过心灵化了,而心灵的东西也借感性化而显现出来⑰。"

中国造园正是运用楼台亭阁、池沼竹树、堆土叠石等物质表现手段,"方方侧景,处处邻虚",化实景为虚境,化景物为情思,游人在主观与客观、情与景、意与境的高度统一之时,才从有限达于无限中体现出宇宙生命之"道"的山林意境。

城市人口随社会经济发展日益集中,随着人们的生活空间缩小,中国封建社会

637

意境:园林的意境是包含具体的、感性的"意象"在内的,视觉空间的艺术化境,也就是园林整体的空间意象。

图 12 – 1　明·仇英《园居图》部分（摹写）

后期的私家园林也就向小型化发展。造园空间愈小，与以自然山水为主题的园林创作的矛盾就愈大。传统园林非但没有受到空间缩小而抑制萎缩；相反，却使它得到精炼而升华，突破了狭隘的有限的空间局限，从模拟山水的"形似"，升华为写意式的"神似"，创造出视觉无尽的、往复循环的流动空间景象，体现出具有高度自然精神境界的生活环境。

一言以蔽之，中国造园，是创造具有高度艺术性的园林；西方造园，只是对环境绿化和美化的花园。中国园林的实践意义，不只是在对生活环境微小气候的改善，也不是仅仅为人提供自我休息的室外场所，更深层的意义是：

在城市狭隘而烦嚣的生活空间里，中国人却藉方丈之地，为人们创造出具有"高度自然精神境界的"咫尺山林，无论在物质文化和精神文化上，无疑地都是对世界文化做出的杰出贡献。这个意义，并非都能为人们所理解。

# 第三节　汉代的台苑

在历代古籍中，关于园的名称是不同的，如汉代称**台苑**，魏晋南北朝时称**园苑**和**山居**，唐宋称**禁苑**和**池园**，明清时称**廷园**和**亭园**。不同的名称反映了当代造园在形式或内容上的特征，也反映出中国造园的历史演变情况。我们可以从这一角度，对古代造园作概要阐述。

《三辅黄图·咸阳故城》云："诸庙及台苑皆在渭南。"这是我所见古籍中惟一用"台苑"一词称秦汉苑囿者。"台苑"一词，非常形象地表示出秦汉时代苑囿的形式特征。

春秋战国时筑台已成风尚，秦汉时代发展到高峰，形成中国建筑史上的高台建筑时期。《淮南子·氾论训》："秦之时，**高为台榭，大为苑囿**[18]，**远为驰道**。"用"高"、"大"、"远"三个字，充分地概括出秦汉时代的建设面貌。这三者密切联系、相辅相成，苑囿恢弘数百里，无驰道则无交通之便；苑囿处山水之中，无高台则难以极目而尽，三者缺一不可。

秦汉苑囿之所以称台苑，首先是台多，凡离宫别馆池沼等处皆建有台榭，《三辅黄图》中列名的台榭就有数十座之多。台之低者十余丈，高者四五十丈，最高者如"通天台"，去地达百余丈（台观的具体情况，见本书第四章"建筑类型（一）·台观"）。在自然山水之中，宫殿楼阁之上，巍巍乎高台屹立，如出云表。从这种景象宏旷壮观之美，可想见秦汉苑囿的形象特征（图**12－2**为元·李容瑾《汉苑图》）。

台苑，台之初虽然不是为了娱游而造，但在中国造园史上具有非常深刻的意义。由观察天文到大量用于观赏景物，利用高台建筑占领和控制高空，解放了人在地面生活的视觉障碍和束缚，不仅使人获得目极八荒、心胸开阔的视觉审美经验和享受，而且使人产生宇宙天地的规律性与人自身目的性相合一的思想感受。东晋葛洪所说"**与浑成等其自然，与造化钧其符契**"（《抱朴子》），即与宇宙共生，与天地融合之意，与其说这是一种宗教思想，还不如说是古代高台建筑形成中国古人的审美

图 12 - 2　元·李容瑾《汉苑图》

经验与空间意识,对中国古代哲学和艺术产生深刻的影响。

中西方艺术之别,由于对空间观察的不同方式,形成不同的空间概念,是两者不同的根本原因。中国人是站在高空的台上,远眺俯瞰,广瞻环瞩的观赏。如司马相如在《上林赋》中对植物的描写,是"驰丘陵,下平原,扬翠叶,杌紫茎,发红华,垂朱荣,煌煌扈扈,照耀巨野"的宏观之美。美学家朱光潜说,诗本是时间艺术,赋"用在时间上绵延的语言,表现在空间上并存的物态,则有几分是空间艺术"(《诗论》)。汉赋的描写反映了秦汉"高台榭,大苑囿"的特点,空间广阔,品类繁多,**以大为胜,以大为美**。

但汉赋的铺陈藻饰,是藉视野之广,品类之盛,以颂扬帝王的宏图伟业,不是讲造园。虽秦汉苑囿较"灵囿"的时代大量地充实了娱游的生活内容,但还没有脱离物质生活资料生产的性质,人工景境的创作也没有成为造园的主要手段。所以,也不可能出现造园学意义上的文章。

西汉末到元、成、哀、平四朝,政治上的腐败和生活的糜费,帝室财政的无限扩大与国家财政失去平衡,"已不足称帝矣"(李贽语)! 终于被农民起义推翻。东汉光武帝刘秀以西汉为鉴,在财政制度上废止了帝室财政与国家财政分开的制度,把原属少府掌管的租税划归大司农,少府就成为只管宫廷杂务的机构,作为帝室生活资料生产基地性质的苑囿,自然也就随之消失。

所以,自东汉始,终封建社会各代,帝王造园的数量不仅很少,规模也大大地缩小,娱游成为造园的目的,很少在远离都城的自然山水之中,大都在京畿之内,开始人工筑山。如大将军梁冀所筑之园"采土筑山,十里九坂,以象二崤"(《后汉书·梁统传》),虽然保持了域养禽兽的内容,已非为了狩猎练兵,只为了观赏,禽兽也不是豺狼虎豹之类的"奇禽怪兽",而是"沈牛麈麋、穷奇象犀、騊駼橐驼"之属,即牛、鹿、犀、象、骆驼等食草动物的"奇禽驯兽"了。后汉的王侯贵胄们造园的规模还很大,但已不是分封的"食邑",而是借造园之名掠夺霸占农民的土地。外戚梁冀的所谓造园"殆将千里",霸占了好几个县的土地,并强迫失去土地的农民卖身为奴,名为"自卖人",有数千人之众。这样的例子又如汉元帝的舅父王凤五兄弟。当时民谣:

> 五侯(王凤五兄弟)初起,曲阳(曲阳侯王根)最怒。坏决高都(水名),连竟外杜。土山、渐台、西白虎。

从以上数例,可以说明当时在平地造园开始用土筑山,在池沼中建筑台榭,房舍豪华如帝王的宫殿。

在中国造园史上,不能笼统地看待汉代苑囿。因为前汉与后汉,造园的性质在本质上是完全不同的。

641

# 第四节　魏晋南北朝的园苑和山居

## 一、园　苑

魏晋南北朝时代,是中国历史上社会大动荡、战祸频仍、生灵涂炭、民不聊生的苦难时代;统治阶级的争权夺利,互相残杀,使世家大族出身的知识分子如何晏、嵇康、二陆(陆机、陆云)、郭象、范晔、谢灵运等一大批诗人、文学家、史学家、哲学家一个个都被送上了断头台。社会现实本身就否定了两汉时代的那套伦理道德、谶纬宿命、繁琐经学等等的规范、标准和价值,人们在对外在的怀疑和否定中,激起了内在人格的觉醒和对人生的生活和生命的欲望和追求。当了皇帝的曹丕,也感到"年寿有时而尽,荣乐止乎其身,二者必至之常期,未若文章之无穷"[20]。这就是文章千古事的典故之由来。鲁迅评论:"曹丕的一个时代可说是文学的自觉时代,或如近代所说,是为艺术而艺术的一派[21]。"

**为艺术而艺术**,是建立在对艺术的热爱,对美的执着追求和感情率真基础上的。这对汉代"助人伦之教化",一切以统治者帝王为中心,一味地歌功颂德、粉饰太平的煌煌大赋来说,确是历史的一大进步。

在战乱的形势下,不可能将苑园造在远离都城的自然山水中,而是造在城内或城郊,完全改变了秦汉时造园的客观条件,园林在内容与形式上必然引起质的变化。首先是空间范围大大地缩小,"狩猎"的内容消失,"娱游"的功能加强。平地造园,人工景观的创作成为突出的难题。特别在造山方面,汉代那种象征性的海上三神山,既不适于陆上堆筑,也不能满足视觉审美的需要,开始由水中三岛的壶式土山,向模拟自然山水的方向发展,成为中国造园史上的转折时期。

帝王造园,由于规模的缩小,在人工造景的初期阶段,还处于模拟山水的形式上,远远谈不上山水的"意境"创造,为突破视觉空间的局限,高台榭的传统被继承下来。三国时曹操在其魏都邺城(今河北临漳)所筑"铜爵园",是很典型的例子。

邺城不大,仅东西七里,南北五里的范围。铜爵园(爵,同雀)在城的西北一隅,园较小亦无什景物,因《铜雀台赋》而著名。这是座以台为主的园苑,为了解决城堳的视觉障碍,"因城为基",建造了金凤、铜雀、冰井三座高台,"于铜雀台起五层楼阁,去地三百七十尺"。据《三国志》、《魏志·武帝纪》中说,铜雀台上绕楼阁有屋120间,金凤台有屋130间,冰井台有屋145间,可见台的面积和体量是很高大的,在铜雀台和金凤台楼阁顶上,饰有高一丈五尺铜制的云雀和金凤,故云:"云雀跂翼而矫首,壮翼摛镂于青霄。"(《魏都赋》)三台各相隔60步,有吊桥式阁道相通。三台在建筑形象上较之秦汉更加崇丽,有"三台崇举,其高若山"之誉。

魏晋南北朝时造苑在都城,不论南北都很重视台榭的经营,讲究台榭结构的奇巧,在建筑技术上有很大的进步,台有不用砖砌,而"累木为之"者。如洛阳城中的西游园,造在碧海边的"凌云台"和造在灵芝池中的"灵芝台",建台以前必须"先称平众材,轻重当宜",累到台的顶部则"递相负揭",四面悬挑,台上再建楼观,亦十分精丽。据云:"台虽高峻,常随风摇动,而终无崩坏"(元《河南志·晋城阙宫殿古迹》引《述征记》)。可以想见,台的顶部悬挑甚多,状如灵芝。这种利用力的平衡原理,建造20多米高的木构高台,在中国造园史上恐怕是空前绝后的建筑[22]。

秦汉时因大苑囿而筑高台,到魏晋南北朝在城市造园空间缩小以后,台就起了突破有限空间的局限,使人接近无限自然空间的特殊作用。如凌云台"登之见孟津",可览古黄河渡口一带的景色;"登台回眺,究观洛邑,暨南望少室(山),亦山岳之秀极也"。这种视觉审美经验,无疑地为后世造园,并借园外山水之景以扩展空间之先河。

这种以建高台的**借景**方式,左思在《蜀都赋》概括为:"**开高轩以临山,列绮**

魏晋南北朝时,造园已无养禽兽供狩猎的功能,所以极少用"苑囿"一词。皇家园林多称"园"或"苑",泛称之为"园苑"。名称的演变反映了造园内容的变化。

窗而瞰江。"从造园的形式言，是继承秦汉高台榭的传统，以建筑的雄丽和巍峨的形象为胜；从造园的空间艺术言，"借景"还是一种被动的收纳，而不是主动的选择。

魏晋南北朝时期，是以自然山水为造园的创作主题的开始和兴起期。理水，多受秦汉池中三岛——海上三神山蓬壶、方壶、瀛壶的象征性影响。池中三岛的布局需要广阔的水面，如南京的玄武湖，古称桑泊，亦称后湖或北湖，南朝刘宋元嘉时，据云湖中曾现黑龙，故为玄武湖名称之由来。湖中即仿海上神山故事，有三座神山，即今玄武湖中五洲的基底。洛阳华林园中天渊池，池中有蓬莱山，上有九华台，池虽不大仅有一岛，其构思仍出于海上神山的故事。

造山，是属造型性的对自然山林形质的模仿，如华林园中著名的景阳山，曹魏时筑，北魏又加以修建增饰。据《魏书·恩幸·茹皓传》载：

> (茹皓)迁骠骑将军，领华林诸作。皓性微工巧，多所兴立。为山于天渊池西，采掘北邙及南山佳石；徙竹汝、颖，罗莳其间，经构楼馆，列于上下，树草栽木，颇有野致[23]。

景阳山的造型情况，郦道元在《水经注》中描述，是"石路崎岖，岩嶂峻崄，云台风观，缨峦带阜……其中引水，飞罩倾澜，瀑布或柂渚，声溜潺潺不断。竹柏荫于层石，绣薄丛于泉侧，微飙暂拂，则芳溢于六空，人为神居矣!"[24]文中之"罩"为"羍"的繁体，通"泽"；柂渚：柂水注入沉水的小水湾，这里形容曲沼。飙：疾风。曹植诗："何意回飙举，吹我入云中。"杨衒之的《洛阳伽蓝记》中对景阳山和山上的建筑布置亦有较详的描写。这一时期的造山，为模仿自然山水的形质特征，多用石构，外石内土，如《齐书》载世祖太子造元圃园，"其中楼观塔宇，多聚奇石，妙极山水"。唐余知古在《诸宫旧事》中记梁朝湘东王萧绎造园，"穿池构山，长数百丈，植莲浦，缘岸杂以奇木……山有石洞，潜行逶迤二百余步"，等等。

魏晋南北朝时代的造园，人工筑山在园中已占有重要的地位，山的体量也较大，因为不可能模拟自然山林的**体势**——远景景观，而是力求仿造山的悬崖洞壑的形质特征——中景和近景景观，并且以大量的建筑"列于(山)上下"。如景阳山主峰上建有景阳殿，山南建有清暑殿；山的体型亦有主次，呈对称状态，东有羲和岭，上建温风室；西有姮娥峰，上建露寒馆。据山南清暑殿，东有临涧亭，西有临危台的描写，显然羲和岭南具洞壑之形，姮娥峰南呈悬岩之态。景阳北临天渊池，空间开阔，竹树萧森，林木翳然，可能以土为主，土中载石。这种对自然的模仿，难以造成自然山林空间无限的意境，所以很重视林木的掩映作用，可谓"高林巨树，足使日月蔽亏；悬葛垂梦，能令风烟出入"。《魏书》记茹皓造景阳山云："树草栽木，颇有野致"，是很确切的评价[25]。

魏晋南北朝时期的描写山水，是造园以自然山水为创作主题的初期，是中国造园历史发展的一个重要阶段。但在有限的空间里，对广袤千里，结云万里的自然山水，是不可能模拟再现的，所谓"妙极山水"只是文字上的藻饰和夸张。从人工造山艺术而言，可以说是在摸索探求的过程之中，这一点可以从当时山水画发展水平得到证明。如唐代张彦远在《历代名画记》中所说：

> 魏晋以降，名迹在人间者，皆见之矣。其画山水，则群峰之势，若钿饰犀栉，或水不容泛，或人大于山，率皆附以树石，映带其地。列植之状，则若伸臂布指[26]。

宋代郭思在《画论》中也指出，画山水是"古不及今"的，山水画的初期情况如此，三维空间的人工造山艺术，也不可能超越时代的局限。

## 二、山　居

魏晋南北朝时代，由于统治阶级间的争权夺地，皇室内部的自相残杀，斗争异常残酷激烈，门阀士族中许多著名人士，为了避君侧之乱，免遭横流之祸，多隐迹山林。这种隐居完全不同于所谓深居不仕的隐士，他们在思想精神上，不是看破名利，而是胸怀愤懑之情，不得已而退避自保；在物质生活上，不是淡泊寡欲，而是饫甘餍肥，"奢侈之费甚于天灾"（《世说新语·汰侈》）。他们不择手段地强取豪夺土地山林，建立世家大族大土地所有制的庄园经济，如历史上著名的豪富西晋石崇的"河阳别业"，即"金谷园"，就是一座园林化的大庄园，他"出则以游目弋钓为事，入则有琴书之娱"（《思归引序》），他很确切地用**肥遁**称道其隐居生活。三国时江南东吴的许多世家大族，其庄园莫不"僮仆成军，闭门为市，牛羊掩原隰，田池布千里"（葛洪：《抱朴子·吴失卷》）。

自然山水尚未开发的土地，更成为世家大族掠夺的对象。如随晋室南渡的北方世家大族，对浙江东部自然山林土地的大肆侵占和掠夺，他们"占山封水，保为家利"，"名山大川，往往占固"（《宋书·孝武帝纪》）。世家大族对官府的禁令视若罔闻，早已"颓弛日甚"，形成"富强者兼岭而占，贫弱者薪苏无托，至渔采之地，亦又如兹"[27]的局面。

大书法家王羲之、山水诗人谢灵运，都是东晋和南朝著名的世家大族，在浙东都占有大量山林土地的庄园。据《宋书·谢灵运传》载：

> 灵运因父祖之资，生业甚厚。奴僮既众，义故门生数百，凿山浚湖，功役不已。寻山陟岭，必造幽峻，岩嶂千里，莫不备尽。登蹑常著木屐，上山则去前齿，下山去其后齿[28]。

**谢屐**，就成了后世登山涉壑探幽寻胜的典故。李白有"脚著谢公屐，身登青云梯"的诗句；计成在《园冶》中用"欲藉陶舆，何缘谢屐"之典，从谢灵运登山陟岭不见山的全貌，可窥山的局部景象特点，以说明人工造山"未山先麓"的创作原则。

实际上，谢灵运不辞辛劳地率领众多门生奴仆，爬山越岭，伐木开径，以至上山磨掉木屐的前齿，下山磨掉了后齿，并非是他有那么大的闲情逸趣去寻胜探幽，而是他不满足于其父祖在浙东留下的产业"始宁墅"（在今上虞西南）的规模。谢灵运扩张性的掠夺，不仅在上虞，"在会稽亦多徒众"，以至"惊动县邑"，"谓为山贼"来抢杀。正由于他占有大量的山林土地资源，供他挥霍，才过着"游娱宴集，以夜续昼"，"肆意游遨，遍历诸县，动逾旬朔[29]"的生活。

这就是魏晋南北朝时的隐逸之士，自诩"应物而无累于物"，"故选神丽之所，以申高楼之意"的实质。如《宋书·隐逸·王弘之传》所说："会境既丰山水，是以江左嘉遁，并多居之。"对所谓隐迹山林者，用**嘉遁**一词，是大有深意的。

穷奢极欲，贪婪残暴的"金谷园"主石崇，美其园居生活为"肥遁"，门阀世族中的上层知识分子，如谢灵运者流，则称其园居生活为"嘉遁"，嘉遁之意已超越了自然山水庄园的丰富生产资源,而是溢美这种园居生活环境的山水神丽。自然山水就成为人的直接审美对象,反映了人与自然山水关系的历史变化。

从人与自然山水的关系言,先秦两汉的"知者乐水,仁者乐山"的自然美学思想,是从人的生存离不开这山山水水的宏观概念,而形成一种"**比德**"的思想感情,美既不在自然山水本身所具有的客观属性,也不在人与自然的社会实践关系之中,而是在于审美主体——人的主观思想感情,即审美主体,看到的自然山水与"知者"、"仁者"相似的品德和精神。这种以人的生活想像和联想,将自然山水树石的某些形态特征,看做为人的精神拟态的审美心理和美学思想,同自然山水尚未被开发,与人的生活很少直接联系,是相适应的。

魏晋南北朝时代隐逸山林的庄园主,对自然山水的肆意掠夺和开发,使山水成了财富和生活的主要部分。生活在佳山胜水中的庄园主,尤其是具有深厚文化艺术修养的士大夫们,只有他们有条件和可能把自然山水作为直接的审美对象去观察、欣赏、品味,并用文学艺术的形式去表现它。

谢灵运是南朝著名的山水诗人,也是门阀世族的大庄园主。他写了不少诗以抒发他对自然山水的酷爱。正由于他对自然山水酷爱之情,是建立在封山固水保为家利的生活基础之上的,所以他的山水诗,不可能达到超功利的**艺术美**的高度境界。虽然如此,但已非是纯主观的移情"比德",而是揭示出山水客观的**自然美**。这种美学思想的形成,无疑对后世的文学艺术,尤其是山水画和以山水为创作主题的园林艺术有深刻的影响。

谢灵运在《山居赋》里,从其山居的实践,对建筑与自然山水的结合,就提出非常有价值的创作思想,如:

> 抗北顶以葺馆,瞰南峰以启轩。
> 罗曾崖于户里,列镜澜于窗前。
> 因丹霞以颒楣,附碧云以翠椽。
> 视奔星之俯驰,顾飞埃之未牵。

这第一句,是讲建筑的位置,建在山上须因形就势,坐北朝南。如谢灵运所说:"向阳则在寒而纳煦,面阴则当暑而含雪。"建山上之南坡,故云"抗北顶",且视野开扩而"瞰南峰"。

第三、四句,前者是从远处、低处看到山上的建筑景象,晚霞照得门楣如赤,碧云染绿了飞椽;后句是从建筑中看到的自然景象,流星如在脚下奔驰,飞尘在空中随意流荡。这种观察的方式,对建筑和园林创作是很有启迪意义的。建筑在山水或园林之中,必须内外兼顾,由外观之,建筑要融于景境之中;从内望外,美景要收于户牖之内。

第二句,是建筑的布局以至门窗设计的关键,要能"罗曾崖于户里,列镜澜于窗前"。如果我们将这句话与一个世纪以前左思在《蜀都赋》中所说作比较,就可以看出建筑空间意识的历史发展轨迹。

**开高轩以临山,列绮窗而瞰江。**(左思)
**罗曾崖于户里,列镜澜于窗前。**(谢灵运)

左思所说,是打开窗户可能看到的山水景象,是被动的接受,非主动的选择。谢灵运则不是讲从窗户里能看到什么,而是在建筑中远眺俯瞰要欣赏到山水

人与自然山水的关系,只有在社会实践的功利基础上,与人密切联系的生活中,才能从思想上超越功利的关系,升华为一种精神审美的关系。这正是南北朝时山水诗盛行于山居时代的原因。

的美景，不是被动的，而是主动摄取。这就必须在选址和建筑设计之前，考虑到建筑在山水中的位置经营和户牖的意匠。从空间的视觉审美上，才能将建筑有机地融于山水之中。从左思到谢灵运，在自然山水的美学思想上，是一个重要的"质"的飞跃。

魏晋南北朝时代的山居生活，人们在建筑实践中，满足物质实用功能的同时，很自然地为了看到如画的山水，必然注意到建筑的位置和门窗户牖的视觉审美问题。谢灵运提出了"收山水入户牖"的美学思想；晚他半个世纪的南朝齐·诗人谢朓对户牖的意匠，从其审美经验作了非常精辟的阐述，他的诗句：

**辟牖栖清旷，卷帘候风景。**

可以说，在建筑理论上，迄今为止，这是对"窗"的功能解释所作的最全面的定义。"栖清旷"不仅指窗的采光和通风作用，而且有净则使隘者广、卑者高的心理作用；"候风景"，既有窗作景框的空间构图作用，而且有空间景色随时间在变化的意义(详见第九章"建筑装修"有关窗的部分)。

魏晋南北朝，这一为艺术而艺术的时代，由于山居生活的盛行，在建筑与自然山水结合的实践基础上，形成的时空观念与美学思想，对后世建筑、造园艺术的发展和理论的形成，都有直接的影响。从谢灵运的"收山水入户牖"，到明代计成的"借景"论；从谢朓的"窗"的动态时空观，到清代李渔的"无心画"之说，可以明显地看到传统文化的历史发展进程和继承的关系。

# 第五节　唐宋的园苑和池园

## 一、禁　苑

唐代的皇家造园与宋代大不相同，虽然唐代经济文化繁荣，山水诗和山水画已有很高的水平和成就，但在皇家园林中，多理水而极少人工造山，造山艺术很不发达。宋代则相反，北宋的"艮岳"，不仅以造山为主，而且将模拟自然的造山艺术发展到顶峰。

魏晋南北朝时，模写自然的造山艺术已经兴起，何以到唐代在皇家园林中，却未能进一步发展呢？

影响唐代皇家园林造山艺术的因素很多，从其主要的方面，概言之，"唐代帝王娱乐生活内容，随造园空间的集中日益世俗化，加上唐对外贸易的发达，文化交流的频繁，大大地丰富了娱乐生活的内容。秦汉时帝王那种高瞻广瞰的观赏方式，如大规模大空间的活动，看军士狩猎、赛马、跑狗、角抵等等，多为帝王自己投入娱乐之中的活动方式所取代，如打球戏(是一种马上击球的游戏，由波斯传入，原名波罗球)，以及丰富多彩的音乐、舞蹈等等"[30]。

从苑址的客观条件看，唐代的都城长安是造在龙首原南部高坡上，宫城在长安城的北端，只东西南三面有都城城墙围护，北面即宫城城墙，且部分宫殿区凸出都城北墉之外。为了宫城的安全防卫需要，就必须将宫城外北面的高地和原来龙首原北下坡的汉代长安故城划为禁区作苑，所以称之谓"禁苑"。

宫殿区位于龙首原上，占踞全城的制高点，如大明宫"南望终南山如指掌，京城坊市街陌，俯视如在槛内"(《长安志》)，殿阁楼台已得登高眺远之美，而唐代的宫殿如含元殿、麟德殿，多殿堂组合，廊庑缭绕，台基高大，无不气势宏伟(图**12-3**为唐代含元殿复原图)。可能因此种种而形成唐代宫苑重建筑、广水池、少造山的特点。

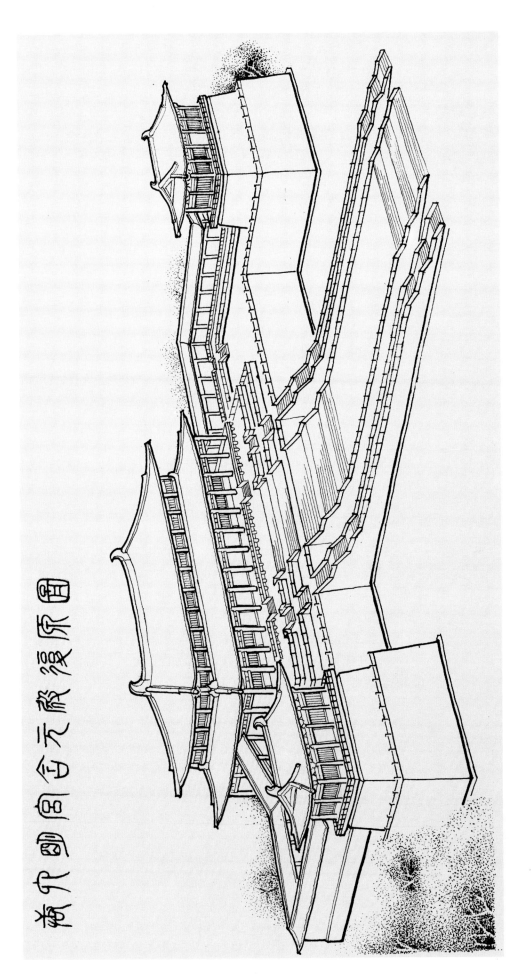

唐大明宫含元殿复原图

图 12 - 3　唐大明宫含元殿复原（据《考古》1963 年第 10 期摹写）

禁苑更不同于一般园苑，主要功能在禁卫防御，苑中建筑除汉长安故城中遗存的宫殿建筑，仅见有"在左右神策军后宫中，有殿舍、山池"的记载（《旧唐书·地理志》），即为驻防在苑中的禁卫军建有殿舍，筑有山池外，几乎都用亭。在《长安志》记载的禁苑建筑中，亭就有18座之多，占全苑列名建筑的80%以上，既充分利用了"亭"的空间制空点作用，也充分发挥了"亭"的艺术审美的特点。

唐代的禁苑，是历史上大量以亭入园之始。

## 二、艮　岳

"艮"，八卦为☶，象征山；《易》："艮，东北之卦也。"指东北方。"岳"（狱的简体），是高大的山。"艮岳"是北宋徽宗朝在京城开封东北隅，以造山为主体的皇家园林，故名。园林中大规模造山，唐代不兴，何以在北宋末赵宋政权式微之时，却不惜人力物力，用五年之久的时间去大规模筑山呢？

官方文章说："徽宗登基之初，皇嗣未广，有方士言：'京城东北隅，地协堪舆，但形势稍下，倘少增高之，则皇嗣繁衍矣。'上遂命土培其冈阜，使稍加于旧，而果有多男之应。"[31]所谓"皇嗣未广"，并非无嗣。所谓"稍加于旧"，则是"山周十余里，其最高一峰九十步"（《宋史·地理志》），九十步就有30米之高，艮岳造山是中国造园史上人工造山规模之最大者。宋徽宗赵佶在国势衰微之际，大肆人工造山，无疑是在加速自掘坟墓之进程。

宋徽宗虽然是昏庸无能的皇帝，但却是个书画兼长又"颇留意苑囿"的艺术家。按他自撰的《艮岳记》所说，造艮岳是由于"今都邑广野平陆，当八达之冲，无崇山峻岭襟带于左右；又无洪流巨浸浩荡汹涌、经纬于四疆"[32]。他既不敢远离京师去遨游山水，平陆的开封又无山水之胜，造艮岳正是为了满足他"玩心惬志"（《御制艮岳记》）的要求了。

从有关"艮岳"的文字资料描述，艮岳的山，是"并包罗列"了我国东南的天台、雁荡、庐阜与三峡、云梦等等名山大川之美，"又兼其绝胜"的，可见"艮岳"的创作思想是"模写"山水。宋徽宗赵佶是非常讲究细节的真实和追求以诗意入画的画家。艮岳的造山，不仅"雄拔峭崎"，张淏《艮岳记》誉之为"神谋化力"，令人有"巧夺天工"之叹。为了追求细节的真实，用人工注水为瀑布，并用数千斤雄黄和炉甘石（石灰石）砌筑在山洞里，"阴天能致云雾，瀹郁如深山穷谷"。如此模仿自然山水景象，在世界造园史上也是绝无仅有的了（"艮岳"的详情，见《中国造园史》第五章，第二节"宋代名园艮岳"）。

在中国造园史上，艮岳的体量之大，艺术成就之高是空前的，据说深入山中，"徘徊而仰顾，若在重山大壑、幽谷深岩之底，而不知京邑空旷坦荡而平夷也，又不知郛郭寰会纷华而填委也"（《艮岳记》）。如此景境，以至使"履万乘之尊，居九重之奥"的皇帝赵佶，步入其中，乐而忘国，而有出世之想。如其自述：

> 朕万机之余，徐步一到，不知崇高贵富之荣。而腾山赴壑，穷深探岭，绿叶朱苞，华阁飞陛，玩心惬志，与神合契，遂忘尘俗之缤纷，而飘然有凌云之志，终可乐也[33]。

艮岳随着北宋王朝的覆灭而被彻底毁掉以后，模拟写自然的造山艺术也就画上了句号。此后的皇家园林中不再有艮岳式的山水，这是必然的事。自然山水不可能再现，实际上是集中、缩小模仿山的悬崖峭壁、深洞幽壑的形质特征。模写之山体量不能小,不仅耗时费力,且不适于陶舆式的游赏,只宜谢展式的攀登。从赵佶《御制艮岳记》的描写中,艮岳只有两条主要的登山道路,一条是万松岭上设有上下关的嶝道,隘迫而十分险峻,令人"胆战股栗";另一条是登万岁山顶峰的嶝道,不仅陡峭且中间断绝,需过倚石排空的栈阁,才能攀登山顶。如果要下到艮岳山中之底,大概就没一条好走的路,否则宋徽宗就不会说,他"自山蹊石罅,搴条下平陆,中立而四顾",才有"若在重山大壑幽谷深岩之底"的感受了。

艮岳的游赏方式,即使是万乘之尊的帝王,也得身体力行,去钻石缝、攀枝藤、手脚并用才行。这对养尊处优、举手抬足都需人服侍的皇帝来说,宋徽宗赵佶可以说是个真正的艺术家,但对后来任何一代封建统治者,是绝不会要求艮岳式的娱游方式,这大概就是宋以后再没有模写山水的一个原因了。但艮岳的艺术成就,无疑地为后来"写意"式的山水创作,在造型方面积累了审美经验。

## 三、池　园

中国造园直到唐宋时代,私家园林尚不普及,主要还是集中在都城及京畿之地,而宋代的私家园林,如李格非的《洛阳名园记》所说:"洛阳园池,多因隋唐之旧。"如宋之"归仁园",在唐原为丞相牛僧孺的"松岛",后为袁象先园;"大字寺园"是唐诗人白居易之园;"湖园"则是唐裴晋公(裴度)的私园……

宋代洛阳园林,多因唐代之旧,时隔数纪,且园林易主,自会有所变化,但在叠石为山这一点上,仍然没有发展。明代王世贞在《游金陵诸园记》和童寯先生在《江南园林志》中,都据《洛阳名园记》所述"不称有叠石为峰岭者",提出北宋洛阳园林无叠山的问题。我在《中国造园史》中曾列"洛阳园林无叠山论"一节作了分析,这里摘其要而概言之:

一、城市私家园林受街坊的空间限制,不宜于模写式造山,但并不等于园林地貌无意匠,大概属土筑平冈丘阜之类,而不名之为山。

二、唐宋私家园林与居住生活无直接的联系,其主要功能,只是为园主邀朋聚友,置酒赋诗,提供一个赏心悦目的清旷环境和集会的场所。造景以池沼竹树为主,建筑则凉堂广榭,不在"可居",而在宴会娱乐中"可赏"、"可游"。从园林形式,池沼是景观的主要特征,故宋人文字中多称"**园池**"。从园林的活动内容,作为与后世住宅园林区别,可名之为"**宴集式园林**"。

唐宋时代,京师园林日多,造园受空间的限制,人工山水造景,正处于由摹写向写意发展的准备阶段。唐宋时代的造园和文学艺术,直接或间接的为明清园林的"写意"式山水造景,从审美经验到创作思想都提供了许多具有造园学意义的土壤和养分。

## 四、文学与中国造园艺术

唐诗人白居易在东都洛阳履道里,自出机杼造园。据他在《池上篇》中说:

> 此园"地方十七亩,屋室三之一,水五之一,竹九之一,而岛树桥道间之"。

园的面积包括住宅在内总计 17 亩,园的净面积约 11 亩,其中水面占 1/3,种竹面积占 1/5 多。这是一座以水为主,水中有岛,岛上有亭,水池西有琴亭、东有粟廪、北有书斋、南通宅院的布局。

从白居易园的总体规划,土地使用面积的分配比例看,与八百年后明末计成在《园冶》"村庄地"中所说的规划几乎是相同的。如:

> 约十亩之基,须开池者三,曲折有情,疏源正可,余七分之地,为垒土者四,栽竹相宜㉞。

对比之下,可以看到其中"变"与"不变"的因素:变化的是,唐代城市街坊中园林的土地规划比例,到明代时已成为农村中造园的模式。这一变化反映出古代城市的发展,由于人口的增加,造园空间不断缩小的规律。不变者,是这样的土地规划比例,非常适应平地建园、不以造山为主的造园要求。

白居易总结了造园实践情况,将他的这一园林规划设计思想作了一般性的概括:

> 十亩之宅,五亩之园,有水一池,有竹千竿,勿谓土狭,勿谓地偏,足以容膝,足以息肩。有堂有亭,有桥有船,有书有酒,有歌有弦……灵鹊怪石,紫菱白莲,皆吾所好,尽在我前㉟。

白居易的园林规划思想,对后世城市私家造园,有普遍的参考价值,他把园居生活融于园林景境之中,使园林景境的创作与园居的生活思想,与生活内容密切结合起来的思想,对传统园林的发展有深远的影响,对中国造园学的思想理论体系的形成,也具有重要的意义。

**以小见大,审美经验的积淀。**

唐宋时代的自然美学思想较之南北朝时代有很大的发展,唐代的自然山水庄园,作为世代相传的产业,不只是物质生活资料,山水本身已成为生活内容和志趣的一部分。山水草木不是与人对立的无生命的东西,而是融于人的生活和思想感情之中。如果我们将谢灵运的《山居赋》和他的山水诗与白居易的《庐山草堂记》、王维的诗《辋川集》等唐人山水诗文相比较,可以看出人与自然山水关系的变化,志趣亦不同,尽管谢灵运对山水刻画得如何细腻,自然景物却并未能活起来(李泽厚语)。而唐代诗人是借山水以抒发性情,是写生活感受,人在情景之中,景融生活之内,使人感到亲切而生动。

人与自然关系的变化,也反映到观赏方式的差异:秦汉的高台榭和南北朝的山居,是在无限的空间里主要以宏观的方式,极目游骋,俯仰自得,感受的是大自然蓬勃生命活力的壮美;唐以后进入城市生活的士大夫,则多以微观方式,近观静赏,从有限空间中感知无限,从局部景观的意象中,生发涉身岩壑之想,重在审美意趣。在唐代城郊自然小景的散文中充分反映出这种审美思想的变化,如柳宗元的《永州八记》。这里仅以元结的《右溪记》为例:

> 道州城西百余步,有小溪,南流数十步合营溪。水抵两岸,悉皆怪石,敧嵌盘屈,不可名状。清流触石,洄悬激注,佳木异竹,垂阴相荫。
>
> 此溪若在山野,则宜逸民退士之所游处,在人间,则为都邑之胜境,静者之林亭。而置州以来,无人赏爱。徘徊溪上,为之怅然。乃疏凿芜秽,俾为亭宇,植松与桂,兼之香草,以裨形胜。为溪在州右,遂命之曰"右溪"。刻铭石上,彰示来者㊱。

这是元结在唐代宗广德元年（763）任道州刺史时，记城西埇旁的一条小溪之景，唐代道州州治在今湖南省道县，在早道州称南营州，因营水而名。这是条靠近城埇流入营水的小溪，为什么元结发现这条小溪却产生联想：如在山野可为隐逸之士的遨游之所？如在都市是风景幽胜之地，是造园的好地方呢？

显然，是小溪景色的野趣，使元结产生如涉身岩壑的审美联想。问题是什么样的小景，会使人产生自然山林的审美联想呢？我们且不论审美主体的主观因素，因为并非人人皆会有此联想，从"置州以来，无人赏爱"就可说明了，但能使人产生这种联想，是离不开小溪具体的客观条件的。这条小溪不仅曲折有致，且两岸怪石"欹嵌盘屈"，所以形成"洄悬激注"的景象，这就如论画所说："以活动之意取其变化，由曲折之意取其幽深故也"。小溪的四周，"佳木异竹，垂阴相荫"，造成远处杂树迷离的景象，因而具有"合景色于草昧之中，味之无尽；擅风光于掩映之际，览而愈新"的意境（《画鉴》）。

从人的视觉心理活动特点和审美经验的积累，右溪的种种特点，综合概括到一点，就是使人"视觉无尽"。正因其不是一览而尽，小小的溪水才能使人有涉身岩壑的联想和感受。

《右溪记》和《小石潭记》这类描写自然美的文学作品，在造园学上的意义，就在于作者把自然景观中的"**虚与实**"、"**有限与无限**"、"**少与多**"按照人的心理活动特点，形象地把它揭示出来，对园林写意式的山水创作，无疑起着发凡和启迪的作用。

## 五、太湖石审美价值的发现

唐宋以前对园林造山用石早有文字记载，未见有湖石之说。湖石是产于江苏省苏州洞庭东、西山的太湖之中，"因在水中，殊难运致"（李斗《扬州画舫录》）。正因石在水中，受风浪的冲击，有的纹理纵横，有的洞窍婉转，且多峰峦岩壑之致。湖石何时被发现开采，不得而知。到中唐时像白居易这样的士大夫，在苏州刺史任上被免去官职时，只得了五块湖石，可见得湖石之难。当时只有个别高官显宦才有收藏湖石的条件。唐文宗朝的宰相牛僧孺以嗜好湖石，且收藏最丰而著称于造园史册，白居易撰有《太湖石记》记其事。

牛僧孺非常爱好太湖石，他的僚属，"多镇守江湖，知公之心，惟石是好，乃钩深致远，献瑰纳奇，四五年间，累累而至㊲"。牛僧孺把这些大大小小、奇形怪状的石头，视为件件奇珍，罗列于南墅以供欣赏。说明太湖石被发现之初，只作为独立的观赏对象，还没有成为园林叠石为山的手段，更非商品，所以对绝大多数的士大夫来说，也是非常难得的珍品。牛僧孺是位"治家无珍产，奉身无长物"的清廉官吏，但他笃好湖石，对"于此物独不廉让"，来者不拒，广为收罗，加之白居易为之作《太湖石记》文章传世，才使湖石的审美价值昭然于世，成为中国古典园林中最具传统文化特征的景物。

从白居易《太湖石记》可知，湖石之所以受到当时人的欣赏和酷爱，首先是在石的形态，玲珑剔透，厥状非一，有的如瑞云秀出，有的如真人端立，缜润削成者如珪璋、廉棱锐剖者如剑戟；其动态者，"如虬如凤，若跧若动，将翔将踊，如鬼如兽，若行若骤，将攫将斗"。更重要的是，如白居易概括所说："撮而要言，则三山五岳，百洞千壑，缙缕簇缩，尽在其中，百仞一拳，千里一瞬，坐而得之㊳。"白居易不仅从湖石的形态中，看到动态中所表现出来的生命活力；而且从石的罗列中，已经产生三山五

造园空间随城市的发展日益缩小，已不能容纳大体量的模拟山水。造园艺术如何"师法自然"，师法什么样的自然，才能具有自然山林的情趣和意境？唐代文学中如《右溪记》、《小石潭记》对自然小景的描写，和其"即小见大"、"以少总多"的创作思想，作为中国人的审美经验和美学思想，为后来造园艺术写意式的山水创作开辟了途径。

651

湖石之"丑"，是指在形式上，它完全打破了形式美的法则，可以说是对和谐整体的破坏，形成一种完美的不和谐。

所谓石的"丑而雄，丑而秀"者，是指石的神态而言。秀是《楚辞·大招》的"容则秀雅"之秀，即奇异之美；雄是指石的形态具有动势之感，使人感到一种蓬勃的生命活力之美。

岳,百洞千壑,如自然山水聚集在眼前的审美感受,这无疑地从美学思想上,为后来园林写意式造山用湖石掇山有密切的关系。

自唐以来好石之风不绝,对湖石的审美评价也愈益深入。白居易论石曰:"石文而丑。"北宋书画家米芾(元章,1051～1107),将湖石之美概括为"瘦、绉、漏、透"四个字。清代的书画家郑燮(板桥,1693～1765)评论:"彼元章但知好之为好,而不知陋劣之中有至好也",他认为"一丑字则石千态万状皆从此出"。所以说他所画的石,是丑石。并释丑石是丑而雄,丑而秀[39]。百余年后的刘熙载(1813～1881)在《艺概》中说:"怪石以丑为美,丑到极处,便是美到极处,丑字中丘壑未尽言[40]。"丑之极就是美之极的解释颇有"禅"的味道。这个难以尽言的"丑"字,如不用现代的观念和语言加以阐明,是不易理解把握的。

以丑为美,是中国非常悠久的美学思想特点之一,如爱国诗人闻一多(1899～1946)教授曾说:"文中之支离疏,画中的达摩,是中国艺术里最有特色的两个产品。正如达摩是画中有诗,文中也常有一种'清丑入图画,视之如古铜古玉'(龚自珍《书金铃》)的人物,都代表中国艺术中极高古、极纯粹的境界,而文学中这种境界的开创者,则推庄子[41]。"

湖石审美价值之发现,它充分体现出中国古代艺术哲学思想,对中国艺术的民族性和风格形成的深刻影响,并在各种艺术之间,起着相互渗透和补充的积极化合作用。山水诗文和山水画,对后世园林写意山水的创作,不仅提供了审美经验和理想,而且对园林的水石意匠以至手法有着密切的关系。

## 六、绘画与园林掇山

园林中土堆之山,如计成云:"欲知堆土之奥妙,还拟理石之精微。"说明理石对园林造山之重要,他在"峭壁山"提出"藉以粉壁为纸,以石为绘"之说。以石何以作画?那就要"相石皴纹,仿古人笔意"。

"皴",是绘画名词,是中国画画山写石所运用各种线条,这是中国画家长期观察各种山石的形质,概括提炼出用笔墨表现阴阳脉理的一种特殊**线型**技法。如清代画家石涛所说:"皴有是名,峰亦有是形。"可见,皴不是单纯的笔墨技巧,更不是抽象的符号可随意运用,而是要根据表现对象(山石)的不同形质,用不同的皴法。

在自然界峰峦山石,是"体奇面生,具状不等",自然山水是多姿多彩的,黄山之奇、泰山之雄、华山之险、峨眉之秀、青城之幽、石林之怪……说明它们具有不同的地质和地理气候等条件,在自然力作用下形成不同的形态特征。而皴法并非画家主观臆造出来的,而是根据不同山岳的岩性结构、节理所形成的外在的形式特征,创造出来的不同线型画法。这是中国用笔墨绘画的特有需要,大约在元明时代就已出现皴法的名称,如披麻皴、云头皴……到明末清初皴法的名目就日益繁多了。皴法,是中国画家"**师法自然**"的结果,我们从图**12-4**及图**12-5**中不同石的纹理与皴法可见,中国画的笔墨技法与造化自然的关系。实际上自然界的石的纹理是变幻莫测的,但相同的岩性结构和节理所形成石纹有其共同的特征,图中所绘只在说明皴与石的关系而已。

古代画家由于表现不同地域的山水,所运用的皴法和技巧也各有其自身的特点。一般地说,皴的笔意,如清笪重光在《画鉴》中说:"皴之俯仰,披似风芦

西方的审美心理和审美趣味,多喜静态的几何形式中体现出来的数的和谐和整一性,齐整了然的优美。而中国的造园则力求打破形式上的和谐,追求自然的完美的不和谐,视觉无尽的意蕴之美[42]。

三叠石(卷云皴)

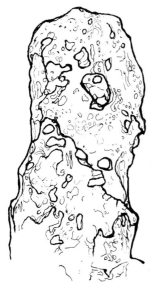

洞窝纹石(弹窝皴)

图12-4 石的纹理与皴法的关系(之一)

● 中国建筑论 ●

652

而垂如露草;皴之缜密,明同屋漏而隐若纱笼。连钩带染,机到笔随,似石如山,形忘意会。"说明一个成熟的画家在绘画时,由于熟练掌握笔墨技巧,"然于运墨操笔之时,又何待有峰皴之见,一画落纸,众画随之"(《石涛画语录·皴法章第九》),也就是笪重光所说的**形忘意会**。计成所说的"相石皴纹,仿古人笔意"的意思是,掇山必须要根据石的纹理,所谓"石纹者,皴之现者也"(龚贤《画诀》)。"仿古人笔意"者,就是要参考、吸取画家如何运用皴法表现山的体势和形质。

李渔在《闲情偶寄》中,对如何按照石性叠山,有一段很具体的阐述,他说:

> 石纹石色,取其相同者,如粗纹与粗纹,相拼一处;细纹与细纹,宜在一方;紫碧青红,各以类聚是也。然分别太甚,至其相悬接壤处,反觉异同,不若随取随得,变化从心之为便。至于石性,则不可不依,拂其性而用之,非止不耐观,且难持久。石性维何?斜正纵横之理路是也。

园林掇山,是一种艺术创作,"以石为绘",不知石性,不能叠山;了解石性,而不能把握自然山水的形象特征和精神,也不能叠好山。违背物之常理,必然破坏作品的形象。典型的例子,莫过于近年造公园所垒的假山了。如果说,古人批评苏州狮子林的假山,是"乱堆煤渣"、"全无山林气势"的话,那么今天所见,大多如鸟兽粪的堆积,不仅毫无天趣,也无物趣,甚至形式美也谈不上,成了破坏环境的东西。

今天要了解石性,并非难事,最典型的例子,莫过于云南的路南**石林**和湖南张家界的**峰岩**,怪石嶙峋,千姿万态,莫可名状,其鬼斧神工的奇妙,难以言喻,但大自然本身都有其**客观规律性**。

路南石林和张家界石峰,两者有其异同之处,不同的是:路南石林是石灰岩,而张家界峰岩是石英砂岩。相同的是都属于深海沉积。路南石林地区的石灰岩,多呈黑灰青色,层厚质纯,产状平缓,岩层与竖向节理受外力溶蚀、侵蚀作用,石峰的垂直面,如刀砍斧凿,痕深而斑剥;但其横向岩层的裂隙明显,水平高度却有惊人的一致。远眺,莽莽苍苍,如一片森林,给人一种原始的旷野之美,生机勃勃具有天然的魅力(图12-6为云南路南石林"石灵芝")。

张家界的石峰,为石英砂岩,岩性单纯,硬而较脆,垂直节理极为发育。在长期的侵蚀作用下,节理裂隙不断扩展,在重力作用下崩塌,峰岩笔立陡削,棱角分明,形成像金鞭岩那样挺拔而峥嵘的柱状峰群。由于河床比较平缓,加之地质年代沉积环境的周期变化,构成石英岩与砂质岩互层,水平岩层的层次分明,更加强了柱峰的直立感,形成一片有两千多座石峰,高100到200米之间,峰峰拔地,沟谷叠嶂的旖旎风貌(图**12-7**为张家界"金鞭岩")。

石林与峰岩,两者岩性不同,形态各异,但由于都是海洋沉积发育而成,所以水平层和横向裂隙基本上一致,这正是在造化自然的鬼斧神工中,向人们揭示着大自然的客观规律。

这一岩性结构的规律,据笔者的体会,这是叠石为山所必须的"**师法自然**"。从石林和峰岩形式上加以概括,就是**垂直面欲奇,水平向要齐**。但叠山之石大小不一,裂隙大致上取齐即可。只有在乱中有齐,才能使众石聚积之山统一成整体(图**12-8**为横向纹拼叠之涧壑,图**12-9**为竖向纹拼叠之涧

波纹石(破网皴)

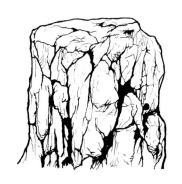

竖纹石(荷叶皴)

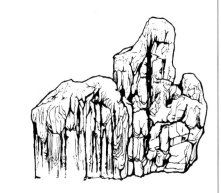

竖纹石(披麻皴)

**图12-5 石的纹理与皴法的关系(之二)**

653

654

图 12 - 7 湖南张家界金鞭岩

图 12 - 6 云南路南石林万年灵芝

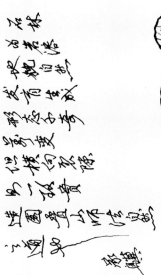

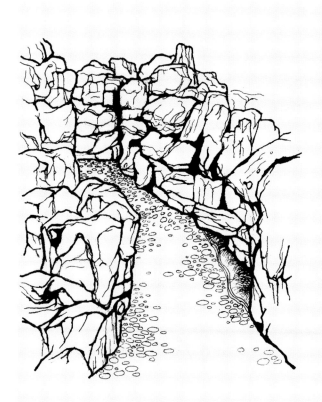

图 12 - 8 横向纹拼叠之涧壑

图 12 - 9 竖向纹拼叠之涧壑

图 12 - 10 南京瞻园池端假山侧面（A）

图 12 - 10 南京瞻园池端假山正面（B）

图 12－12　曲梁汀步

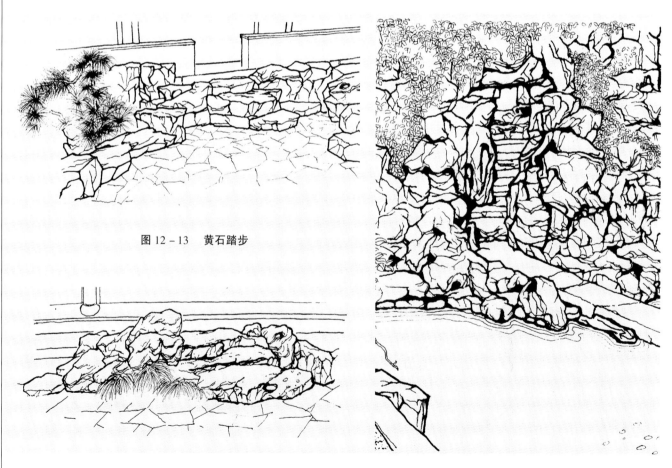

图 12－13　黄石踏步

图 12－14　湖石踏步

图 12－11　平桥渡壑

壑。南京瞻园池端假山，据云是"文化大革命"前，在先辈学者刘敦桢教授主持下，所叠假山，水小而窄，山也不高，但山显得自然并且浑然一体，有高山深潭的意趣（图12－10为南京瞻园池端假山正、侧面图）。

上面所举的图例，计成在《园冶》称之谓"**依皴合掇**"。即构石为山，必须要选择石形石性，按中国山水画笔墨技法"**皴**"与"**峰**"的表现关系，掇山造型，达到"**合皴如画**"的要求。图12－11平桥渡壑，图12－12曲梁汀步，是用湖石所造之景。

园林庭院中，建筑踏步用自然的湖石或黄石如：图12－13黄石踏步和图12－14湖石踏步。这样的踏步，显然不如用整齐的条石，走起来方便舒服。只是为了美观吗？非也，它是城市园林"**咫尺山林**"造景的一部分。人们往往会片面理解，自然山水景观的创造只能在园林的景区里，与园林中的庭院无关。这是误解，我们说中国园林，是要"**创造出视觉无尽的，具有高度自然精神境界的环境**"。是指整个园林，包括园林中的景区和庭院。景区是集中创造山水景观的地方，人游其中，使人有涉身岩壑之感；庭院是园居生活不可缺少的组成部分，人居其中，使人有山居嘉遁之想。

所以，园林中的庭院完全不同于宅院，园林庭院，在空间意匠上，有往复无尽的流动空间的情趣（详见后"古典园林意匠"一节的实例分析）；院中亦可造景，如：留园石林小院中布以奇峰怪石，或如拙政园海棠春坞点以树石小品；或槐荫遮牖，青松绿桐，连枝交映；或堂庑周环，花丛芳草，遍满阶墀。而用掇山之石为踏步，是欲给人以暗示，房舍造在山林中也。因此这样的踏步多用一组湖石，或与花台等连络，以示土山石骨之意。所用之石，应与园中假山峰石一致。说明园林中的庭院，不是一般住宅的院子（天井）而是**庭园**，从建筑的组合和空间设计有其特殊性，简言之，是有景观意义的院子。为了区别，所以我们名之为"**庭园**"（详见拙著《中国造园论》"庭园今释"）。

## 七、一峰则太华千寻

自然山水中的"**峰**"，是山的顶尖。李白有"连峰去天不盈尺"诗句，所以用指山的最高处。园林中掇山，不可能有多高，是以形写神，表现山的精神和气势。园林中称之为峰者，是指有独立观赏价值，象征山峰屹立的"峰石"，是文震亨《长物志》中所说的"**一峰则太华千寻**"之峰。

当然不是什么石头都可以为峰的，计成根据用途如何选石时曾说："取巧不但玲珑，只宜单点；求坚还从古拙，堪用层堆"（《园冶·选石》），即玲珑奇巧的石头，宜于散立单点；古拙而质坚者，宜于垒叠为山。历来选石均以太湖石为最佳，按古代文人画家相石的审美标准，如明代文学家、书画家陈继儒（1558~1639）《题米仲诏石卷》："米元章相石法曰秀，曰绉，曰透。"郑燮（1693~1765）《板桥题画》："米元章论石曰瘦，曰绉，曰漏，可谓尽石之妙矣。"明代文学家袁宏道（1568~1610）有"诘曲歌岖路，绉秀透瘦石"诗句。计成《园冶·掇山》云"瘦漏生奇"。后来用瘦、透、漏、绉四字为相石的标准。这四字可作如下解释：

**瘦**　是指石的形体峭削多姿。宋叶梦得《为山亭晚卧》诗："瘦石聊吾伴，遥山更尔瞻。"

**透**　是指石有洞隙而通透的空灵形象。唐代韩愈《南山》诗："蒸岚相颎洞，表里忽通透。"颈,指有空洞之状。

**漏**  指石多孔窍。《淮南子·修务训》："禹耳参(三)漏,是谓大通。"注:漏,穴也。石多孔窍则玲珑。

**绉**  是指石的纹理。韩愈《南山》:"前低划开阔,烂漫堆众绉。"

合乎这个标准的石头,肯定有独立欣赏的价值,但不一定合乎做峰石的要求。《园冶》中云:"峰石一块者,相形何状,选合峰纹石,令匠凿笋眼为座,理宜上大下小,立之可观。或峰石两块三块拼掇,亦宜上大下小,似有飞舞之势。或数块掇成,亦如前式。"李渔在《闲情偶寄》中也说:"瘦小之山,全要顶宽麓窄,根脚一大,虽有美状不足观矣。"这就说明,峰石不论是一块,还是用两三块,以至数块拼掇,都必须上大下小,即顶宽麓窄,才能有飞舞之势,似乎有升腾的动态感,在特定的视觉环境里,方能令人产生山峰峻立崇高的审美感兴。

掇峰石的关键在一个"**势**"字,在中国艺术创作中"势"是非常重要的,如王船山(夫之)(1619~1692)《诗绎》云:"论画者曰:咫尺有万里之势,一'势'字宜作眼。若不论势,则缩万里于咫尺,直是《广舆记》前一天下图耳。"刘熙载《艺概》以"飞"代"势"论文,说:"文之神妙,莫过于能飞。庄子之言鹏曰:'怒而飞',今观其文,无端而来,无端而去,殆得'飞'之机者。"造园掇山是空间艺术,以石为峰,能象征山的崇高精神,要能得"势",计成很精辟地概括出,石的形态必须**上大下小**,不如此,即使"透漏生奇"之石,亦不能为峰也(图**12-15**为南京倚清石,图**12-16**为江苏昆山半茧园寒翠石)。

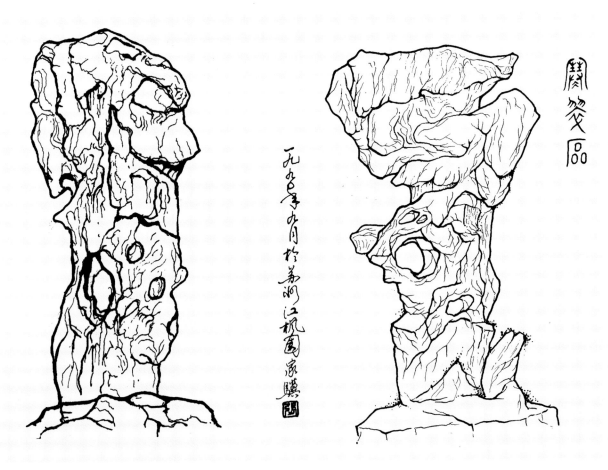

图 12-15  南京倚清石          图 12-16  昆山半茧园寒翠石

峰石，是以石为峰的抽象表现，"势"是石自身的形态，要使"势"有上升的动感，必须在一定视距中，才能使人借联想获得崇高形象的感受。从设计角度，就是要考虑石与周围的空间环境关系。计成在《园冶》中，对峰石的位置经营，提出**"掇石须知占天，围土必然占地"**，要从"占天"、"占地"考虑峰石的位置，用道家的宇宙观，天地间万物是有机联系的思想，峰石作为独立观赏的景物，多置于庭院之中，不论是闭合的院子，还是半开敞的围合，都需要考虑游人在游览活动中不同的观赏角度和适宜的视距，随着石的飞舞之势，升华到"太华千寻"的审美感兴之中。

视觉是距离的感官，园林建筑和景境的创造，位置经营，体量大小，一切景物必须从游人的角度考虑，是静观还是动赏，是仰望还是俯瞰，都要在规划之前，成竹在胸。张岱在《西湖梦寻》的"芙蓉石"条，讲新安"吴氏书屋"，"阶前一石，状若芙蓉，为风雨所坠，半入泥沙较之寓林'奔云'，尤为苦壮。但恨主人深爱此石，置之怀抱，半步不离，楼榭逼之，反多阻塞，若得础柱相让，脱离丈许，松石闲意，以淡远取之，则妙不可言矣。"芙蓉石，是像荷花一样形态的石。寓林奔云，是杭州南屏黄寓庸居处之石，状如滇茶。张岱《芙蓉石》诗："此石但浑朴，不复起奇峰。花瓣几层摺，堕地一芙蓉。"石不高而浑朴如芙蓉，正因在楼榭阶前，视距太近，使人感到狭隘而郁塞不畅，石的美也就难以展现出来。

掇峰石亦然，如石虽透漏奇巧，顶宽麓窄，但高不盈丈，而置于很大的开敞或半开敞庭院中，视之矮小，即使有飞舞之势，也绝不可能使人有耸山高岭的联想。

## 八、石令人古

明文震亨在《长物志》中提出，园林不可以没有水石，水石的创作要**"水令人远，石令人古"**。"水令人远"，见后面"理水"一节。"石令人古"之"古"，已成中国古典园林美学的术语。自然山水是地壳在以千万年计的运动中形成和发育的，而"古"正是山水自然美在时空永恒性上所显示的生机和力量。以自然山水为创作主题的中国园林艺术，景境要求具有苍劲、深邃、朴拙的自然之美。

清初画家恽寿平（1633～1690）在《南田论画》中说："**一勺水亦有曲处，一片石亦有深处**"，是从水石的空间造型而言。石如何令人感觉其"古"呢？石古之法，如张岱《西湖梦寻》的"奔云石"条所说："色黝黑如英石，而苔藓之古，如商彝周鼎入土千年，青绿彻骨也。"苔藓，是隐花植物的一大类，种类很多，大多生长在潮湿的地方。石上苔藓之古，是使人联想到出土青铜器上所生的绿锈。江南气候润湿，苏州园林的湖石上常生有苔藓，尤其在石的背阴面，青苔斑驳，苍古成文。叠石之峰或假山，石上苔藓青绿，不仅使石富生机有苍古之美，而且可掩人工堆凿之痕，使其浑朴一体。

若峰石新叠，一时不能生苔藓，据陈淏子在《花镜》所说之法，不妨一试。他说："凡盆花拳石上，最宜苔藓，若一时不可得，以菱泥、马粪和匀，涂润湿处及桠枝间，不久即生，俨如古木华林。"李渔《养苔》诗云：

> 汲水培苔浅却池，邻翁尽日笑人痴。
> 未成斑藓浑难待，绕砌频呼绿拗儿。

明末琴家徐上瀛，对园居之古说："一室之中，宛在深山邃谷，老木寒泉，风声簌簌,令人有遗世独立之思,此能进于古矣。"有怀古之幽思,触景生情,对景物方能有"古"的审美感兴。

# 第六节　明清时代的园廷与亭园

明清时代,是中国园林艺术日臻完善的成熟时期,也是住宅生活环境趋于园林化的时代。这五百多年间,在造园实践方面,不论是皇家园林还是私家园林,艺术上都达到很高的水平,取得举世瞩目的辉煌成就;在造园学理论方面,不少有关园林的文字,不仅从欣赏角度,对景物的客观描述;而且在美学思想上,对造园的手法和意境创作,不乏精辟之论。突出的如刘侗、张岱等,从园林小景中"以小见大",对山林意境创造了美学思想;清代乾隆皇帝爱新觉罗·弘历,对皇家园林的总体规划设计思想和大规模人工造山的"因山以构室"法则的论述……以明末计成的造园学专著《园冶》为标志,中国在世界上最早出现造园的理论著作,为中国造园学建立现代科学的、系统的思想理论体系,奠定了巩固的基础。现就主要方面阐述之。

## 一、园林的规划设计思想

关于私家园林的总体规划设计问题,计成在《园冶》开篇的"兴造论"中,首先从园林的游赏特点和审美要求着眼,提出**互相借资**的主导思想。为了强调这一思想的重要性,在书的最后专门写了一篇**"借景"**,并强调指出:**"夫借景,园林之最要者也**[43]!"作为全书的结束。

可见,借景对园林的规划设计,是多么的重要了。但是,现代研究中国园林者,几乎都认为"借"只是园林设计扩展空间的一种手法,如此理解显然是片面的。计成虽列举了借景之法,"如远借、邻借、仰借、俯借、应时而借"等等,他认为也难涵盖借景的全部内容,所以他进一步概括说:"然物情所逗,目寄心期,似意在笔先,庶几描写之尽哉[44]!"关于"借景",在拙著《中国造园论》一书的第六章"因借无由,巧于因借——中国造园艺术的'借景论'"中作了专题分析,这里不再展开论述。

计成在《园冶·相地》篇中,从两方面阐明园林的总体规划设计。首先从园址本身的具体情况,是新建还是旧园翻造,地形和地势的不同,必须随形依势,充分利用并发挥园基的有利条件。同时要根据园基所处地方不同的条件和特点,如山林地、城市地、村庄地、郊野地、傍宅地、江湖地等,必须因地制宜,改造利用原有的自然条件,因地成景,创造出具有当地环境特点的景观风貌。

如山林地造园,地势高下,林木荫郁,则因形取势,要"入奥疏源,就低凿水;搜土开其穴麓,培山接以房廊",利用多于改造,立意在清旷、深邃;

村庄地葺园,地势开旷,水面无需太大,"约十亩之基,须开池者三,曲折有情,疏源正可,余七分之地,为垒土者四"。挑堤种柳,桑麻篱落,而有田园风光;

江干湖畔,湖光山色,无须多构,择地于"深柳疏芦之际,略成小筑,足征大观也";

質言之,"借景"论,是从人与景境之间的整体的动态关系,由实践升华而具有传统园林文化特色的造园艺术创作的一个重要思想方法的概括[45]。

郊野构园,要"依乎平岗曲坞,迭陇乔林"。立意在野,所谓"开荒欲引长流,摘景全留杂树",使之郁密之中而兼旷远的野趣;

城市宅旁筑园,要在闹处寻幽,且难有可利用的自然条件,若原有树木务必保存,掇山亦不必求深,精在"片山多致,寸石生情",立意在清静、幽雅;

因地制宜和依势随形的思想,是园址选择和总体规划设计的重要原则。最忌强为造作,破坏自然,如计成所说:"须陈风月清音,休犯山林罪过",才能达到《园冶·相地》篇综述中所提出的"**相地合宜,构园得体**"的要求。

计成在《园冶》中对景境的阐述中,对城市园林设计,住宅与园林的相对组合关系,每多有所论及,本章将在"苏州古典园林的规划设计"一节,以实例作专题分析。

## 二、廷园的规划设计

清代康熙皇帝常在诗文中称皇家园林为"**园廷**"。"园廷"一词反映了清代皇家园林在内容上的特点,因清代的皇帝每年几乎三分之二以上的时间生活在园林里,只在举行重大典礼时才回紫禁城的皇宫。所以,园林不仅是皇帝生活起居和娱游的住所,也是日常处理朝政和召见大臣等政务活动的地方。因此,清代的皇家园林中,都有宫廷建筑部分,可以说是:**宫廷生活的园林化,园林化的宫廷**。称之为"园廷"或"廷园"是名副其实的。

园林化的宫廷,由于政务和皇帝生活的需要,园内生活的人数众多,可以说是清代的廷园规模都很大的重要原因。而且类型也齐全,有造在自然山水中的承德"**避暑山庄**",占地5.64平方千米,有"宇内山林无此奇胜,宇内园廷无此宏旷"之誉;有占地290公顷对山水进行大规模改造的半人工山水的北京"**颐和园**";更有在平地建造的"**圆明园**",占地约350公顷,建筑面积多达16万平方米,比故宫还多1万平方米,被誉为"**万园之园**"、"**一切造园艺术的典范**",并对欧洲造园产生深刻的影响。

这些规模宏大的园林,景点之多皆数以百计,题名著称者数十处。这样广袤的空间,如此众多的景点,如果没有高明的立意、正确的创作思想方法,是不可能做好园林的总体规划和景点设计的,更不可能在艺术上取得高度的成就。

清代廷园兴于康、乾盛世,同康熙皇帝玄烨和乾隆皇帝弘历直接有关,特别是有很高艺术造诣的弘历,他不仅酷爱园林,可说是位杰出的园林艺术家,虽未撰写系统的造园著作,但在他的诗文园记中,颇多真知灼见的精辟之论,如他提出园林的规划思想:

**略仿其意,就天然之势,不舍己之所长**[46]。

"略仿其意",是指园林的景境和景点的仿建设计。"就天然之势,不舍己之所长",是指园林如何立意和规划设计问题,也是对廷园创作的思想方法精辟的概括。这里仅以圆明园为例,对规划和个别景点设计,重点的简析之[47]。

圆明园,在北京西郊"颐和园"东北,这一带是永定河冲积"洪积扇的边缘,地下水多且具承压性,自流泉很多,涌出地面形成大大小小的池沼。明清时称这里叫海淀,亦称"丹棱沜",是多水泉的地方。

圆明园的自然优势在水,就必须充分发挥"就低凿水",以水构境成景之所长。圆明园的总体规划,充分体现了"就天然之势,不舍己之所长"的造园思想。全园的水面占总面积一半以上,汇为巨浸成海,聚则为湖为池,成为景点布局的枢纽和景区的中心主体。如在园的西部主要景区的园门内"正大光明"殿与"九州清晏"之间，隔以小池**前湖**，"九州清晏"之后，是广袤约 200 米的**后湖**，为景点布局的枢纽；东部景区，以宽约 600 米的**福海**，为景区的中心和主体。散则为渠为溪，回环潆绕，曲折蜿蜒，结构成一个错综复杂的水系，将分隔成许多大小不一、形状各异的洲渚岛屿连成一体，既为众多景点设计提供了造景的环境，又将各个景点溶于这水网的空间环境之中，从而创造出具有自己风格和特点的大型水景园（图 **12 – 17** 为北京圆明园四十景位置图）。

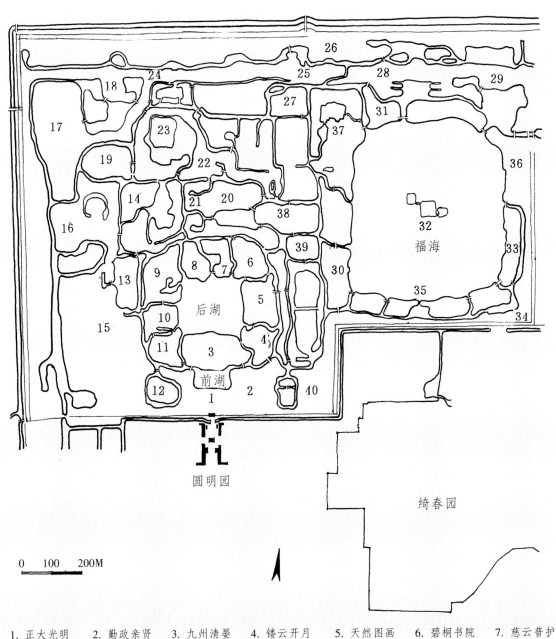

| 1. 正大光明 | 2. 勤政亲贤 | 3. 九州清晏 | 4. 镂云开月 | 5. 天然图画 | 6. 碧桐书院 | 7. 慈云普护 |
| 8. 上下天光 | 9. 杏花春馆 | 10. 坦坦荡荡 | 11. 茹古涵今 | 12. 长春仙馆 | 13. 万方安和 | 14. 武陵春色 |
| 15. 山高水长 | 16. 月地云居 | 17. 鸿慈永祐 | 18. 汇芳书院 | 19. 日天琳宇 | 20. 淡泊宁静 | 21. 映水兰香 |
| 22. 水木明瑟 | 23. 濂溪乐处 | 24. 多稼如云 | 25. 鱼跃鸢飞 | 26. 北远山村 | 27. 西峰秀色 | 28. 四宜书屋 |
| 29. 方壶胜境 | 30. 澡身浴德 | 31. 平湖秋月 | 32. 蓬岛瑶台 | 33. 接秀山房 | 34. 别有洞天 | 35. 夹镜鸣琴 |
| 36. 涵虚朗鉴 | 37. 廓然大公 | 38. 坐石临流 | 39. 曲院风荷 | 40. 洞天深处 | | |

**图 12 – 17　北京圆明园四十景位置图**

### 三、圆明园景点设计

圆明园有景点 150 余处，清高宗爱新觉罗·弘历题名的就有四十景。平地造园，无形势可依，如此众多的景境，不可能都去凭空构想，这就要收集大量资料，以资借鉴。乾隆皇帝是很重视园林创作素材收集的，他多次南巡，凡所游胜景都命画师摹写下来，作为建造廷园的借鉴。要将各地之景汇集在一园之中，构成一个完整而和谐的总体，不可能生搬硬套、七拼八凑就能成功。所以乾隆皇帝提出"略仿其意"的设计原则。

"**略仿其意**"的核心是"意"，所仿建者不是对象的形式，而是它的意趣和意境之所在，所以乾隆皇帝还常用"肖其意"的说法。用论画者的语言，就是不求形似，要在似与不似之间，具有仿建对象最主要的特征——**神似**。

"仿"，是手段，只是景点设计的一种方法；"建"，是目的，要使景点成为廷园的有机组成部分，就必须在园址的客观条件和基础上，遵循"就天然之势，不舍己之所长"的原则。圆明园题名的四十景中，诸多仿建之景都是很成功的作品。下面从景点的不同性质、景境创作的特点进行分析：

**1. 宫廷部分的景点设计**

宫廷部分除皇帝生活起居的殿堂外，日常处理朝政和召见大臣等政务活动的殿堂，都是政治性建筑，需要庄严肃穆，因为是离宫也无需宏伟壮丽，要作为园林的有机组成部分"景点"来设计。所以宫廷部分的所有殿堂，不论是大殿还是配殿，也不论用什么形式的屋顶，一律取消正脊用较轻快的卷棚顶。正殿也不用高大的或多层的台基，建筑组群显得较为平易近人。如：

**正大光明**，是圆明园四十景中的第一景，由宫门"出入贤良"，主体建筑"正大光明"殿和东西配殿围合成院，院后为前湖，左右为附属建筑。乾隆皇帝《御制诗序》云：

> 园南出入贤良门内为正衙，不雕不绘，得松轩茅殿意。屋后峭石壁立，玉笋嶙峋。前庭虚敞，四望墙外，林木阴湛，花时霏红叠紫，层映无际。

殿后"玉笋嶙峋"的石山名寿山。殿东以曲尺回廊围蔽，西侧则豁然开敞，可见殿后岗阜回环的景色，从空间上就与后湖景区联系起来，从而将"正大光明"纳入园景之中（图 12–18 为"正大光明"平面及胜概图）。

**九州清晏** 是圆明园四十景中的第三景，在"正大光明"之后，前后湖之间的主轴线上。以"圆明园殿"、"奉三无私"、"九州清晏"三大殿与东西廊庑围合成两进庭院。东西两面为休憩、娱乐等附属建筑组合的诸多院落，南临前湖，北依后湖，"周围支汊纵横，旁达诸胜，仿佛浔阳九派"（《御制诗序》）。

"九州清晏"的命名，是用《尚书·禹贡》的国分九州的典故，环绕后湖的景区，就是按九州之数划分成九座洲渚，以象征国家。九州清晏之意，犹如国泰民安的称颂。"九州清晏"是九个岛屿中的最大一座。妙在设计者以九州之典为园林规划中划分景境的题材（图 12–19 为"九州清晏"平面及胜概图）。

**2. 寺院宗庙的景点设计**

在圆明园中以寺庙为景者不止一处，如"慈云普护"、"月地云居"、"日天琳宇"、"坐石临流"等等。以庵观寺庙入园，并非是帝王好佛，历史上不少开国者和盛世的君主多不信宗教，主要在利用宗教"助王政之禁律，益仁智之性善"的精神对人民起

正大光明

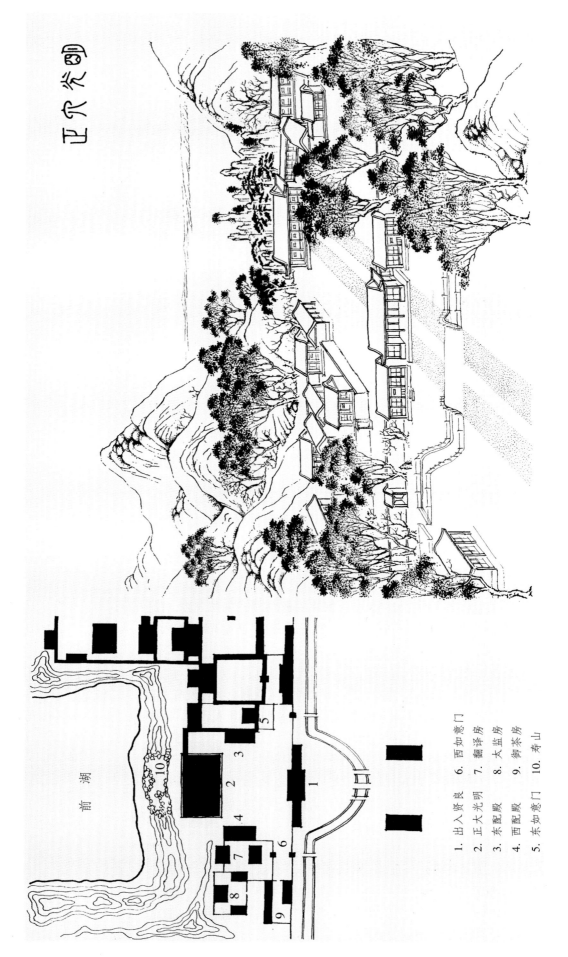

1. 出入贤良　　6. 西如意门
2. 正大光明　　7. 翻译房
3. 东配殿　　　8. 大监房
4. 西配殿　　　9. 御茶房
5. 东如意门　　10. 寿山

图 12 – 18　北京圆明园"正大光明"平面及胜概图

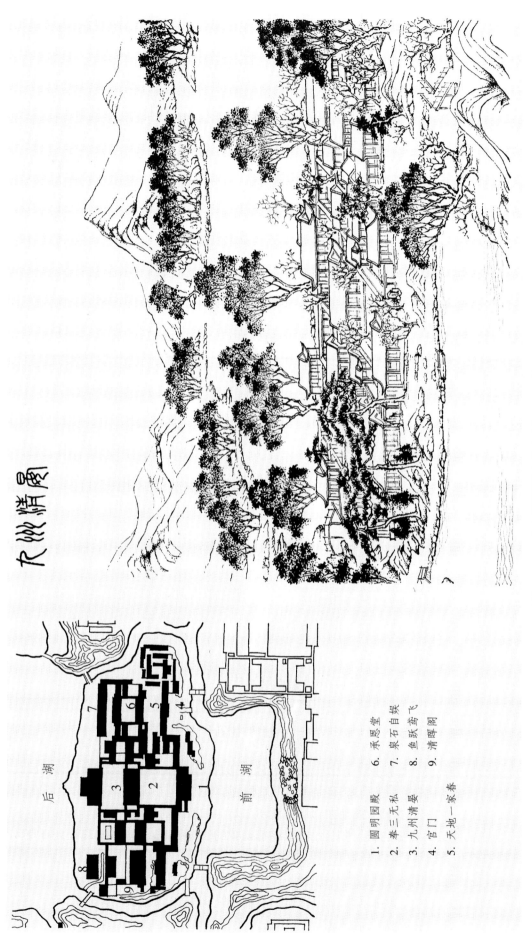

图 12－19　北京圆明园"九州清晏"平面及胜概图

1. 圆明园殿　　6. 承恩堂
2. 奉三无私　　7. 泉石自娱
3. 九州清晏　　8. 鱼跃鸢飞
4. 宫门　　　　9. 清晖阁
5. 天地一家春

后湖

前湖

麻痹作用。寺庙本具有公共游览的性质,正如乾隆皇帝弘历在《月地云居》诗中所说:"大千乾闼,何分西土东天。指上无真月,倩他装点名园。"可见,弘历用这些梵宫琳宇,不过是用来**装点**名园而已("月地云居"、"日天琳宇"图,见第七章"建筑空间的组合(二)"图**7-23**和图**7-24**)。下面举圆明园中两个景点为例。

**慈云普护** 此景设计完全打破了寺庙建筑布局对称均衡形式,地处后湖之北,前临湖,三面环以曲水,并引西面之水入岛,扩大成沼,使岛的平面呈口形,绕池沼三面筑堂,池南即"慈云普护",为供奉南海观世音菩萨的两卷式殿堂。池东是供东海龙王的"昭福龙王殿",池北为二层楼阁,供的是密宗欢喜佛,图**12-20**欢喜佛,显然是皇家性教育之处。西北角为钟楼。如此神佛的组合颇有浪漫的气息,从弘历词咏,可想见其景之情:

图 12-20 欢喜佛

> 偎红倚绿帘枕好,幽人醒午梦,
> 莺声浏栗南塘晓,树底浓阴重。
> 高阁漏丁丁,蒲上便和南(合掌礼),
> 春风多少情,枞枞声色参。

建筑布局,因三堂尺度较小,并以曲尺回廊相通连,三面环抱池沼,与其后的半绕山势相呼应,形成一处小中见大的清幽景境(图**12-21**为圆明园"慈云普护"平面及胜概图)。

**鸿慈永祜** 又名"安佑宫",是乾隆皇帝奉祀康熙皇帝和雍正皇帝的地方,题名"鸿慈永祜",意在颂扬其祖父的恩泽。鸿慈永祜是园中一组规模宏大的建筑群,建筑形制的规格高于"正大光明"殿,由于是宗庙的性质,布局十分严谨,完全采取对称的方式。

鸿慈永祜位置在园内西北隅,地势爽垲高深,地形深长规整,四周曲溪环绕,岛内沿溪岗阜起伏回抱。北面两座高峰卫峙安佑宫左右,东西两侧如山的余脉,前低后高,从空间上就把安佑宫的地位突出起来。概言之,鸿慈永祜无论从建筑布局,地形地势,山形水流,都力求端庄而严肃。

安佑宫大殿,立台基之上,重檐歇山顶,金碧辉煌,在"周垣乔松偃盖,郁翠干霄"的绿化中,使双重围闭的殿庭,非常清宓肃穆。鸿慈永祜的意匠,既体现了宗庙建筑的性质,也不失为圆明园中的一景(图**12-22**为圆明园"鸿慈永祜"平面及胜概图)。

**3. 仿江南园林的景点设计**

圆明园是一座规模宏大的皇家园林,景点之多,数以百计,经验再丰富的高水平建筑师,也不可能构思出如此众多的景点。仿建别处名园和名胜,可以说是大规模皇家园林景点设计的方法之一。

康熙皇帝两次南巡,乾隆皇帝六次南巡,对江南风光和诸多名园大为赞赏,命画师写生下来,就是想在北京仿建。如王闿运在《圆明园宫词》中所说:"谁道江南风景好,移天缩地在君怀。"弘历虽然为圆明园的规划和景点设计收集了资料,但要把这些素材搬到圆明园里,绝非简单的"移天缩地"能成的,所处的环境改变了,景境不可能保持原貌,所以仿建只能是利用原来素材,在新的条件下的一种再创造。这就是乾隆皇帝所提出的"**略仿其意,就天然之势,不舍己之所长**"。举例言之:

**曲院风荷** 是仿杭州"曲院风荷"所造之景。杭州的"曲院风荷",在西湖苏堤跨虹桥西北。南宋时,这里有一家酿酒的曲院,院中植荷,花开时清香远溢,取名"曲院

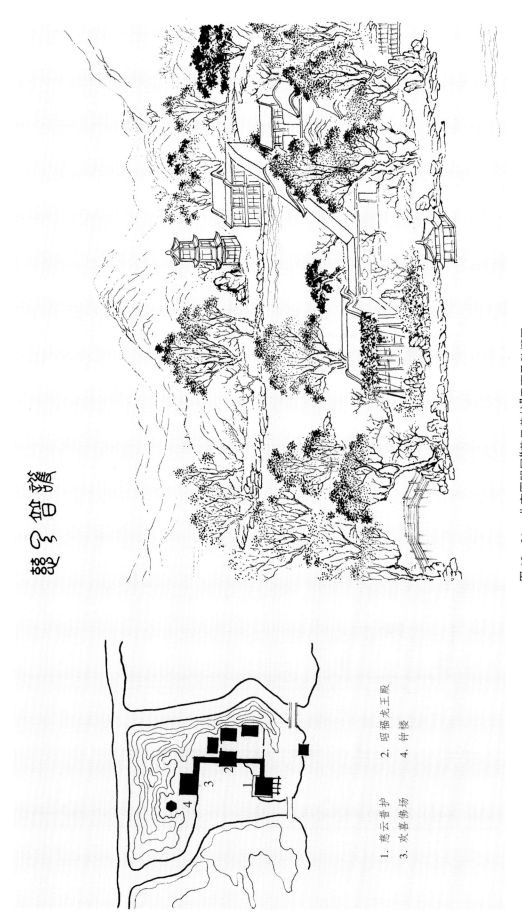

慈云普护

图 12－21 北京圆明园"慈云普护"平面及胜概图

1. 慈云普护　　2. 昭福龙王殿
3. 欢喜佛场　　4. 钟楼

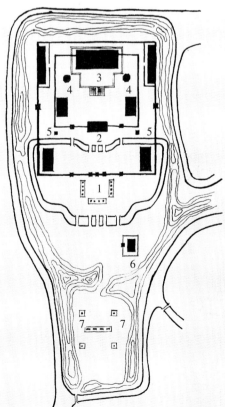

1. 鸿慈永祜(牌坊群)
2. 宫门
3. 安佑宫
4. 碑亭
5. 井亭
6. 致孚殿
7. 华表

图 12－22　北京圆明园"鸿慈永祜"平面及胜概图

湖 园 院 图

1. 聚景楼
2. 望春楼
3. 跨虹桥

图 12－23 清·《南巡盛典》中杭州的曲院风荷图

曲院风荷

图 12-24 北京圆明园"曲院风荷"平面及胜概图

1. 曲院风荷 2. 洛伽胜境 3. 渔家乐 4. 九孔桥 5. 金鳌 6. 玉㼈 7. 饮练长虹 8. 苏堤春晓 9. 四围佳丽

荷风",早就湮没不存。清初时构亭于跨虹西,平临湖面,环亭植荷。当时景色,清人许承祖有诗咏之云:

> 绿盖红妆锦绣乡,虚亭面面纳湖光。
> 白云一片忽酿雨,泻入波心水亦香。

从《南巡盛典》中所绘的"曲院荷风"图看,是一座两面临水的院落。院门向东,建筑主要分布在南面临水一带,多为楼阁,东西北三面用廊围闭成两个院子,南面水中用篱圈隔,在其中植荷(图 **12-23** 为《南巡盛典》中杭州的"曲院荷风"图)。

圆明园的"曲院风荷"之名为康熙皇帝南巡时将"荷风"改为"风荷",突出此景在荷。景在后湖与福海两大景区之间,地形狭长,渠水回绕,北部为一组建筑,隔河亭桥南开凿水面为长湖,横贯湖中架九孔石桥(图 **12-24** 为圆明园"曲院风荷"平面及胜概图)。

从弘历《御制诗序》说:

> 西湖曲院,为宋时酒务地,荷花最多,是有曲院风荷之名。兹处红衣印波,长虹摇影,风景相似,故以其名名之。

可见相似者,非其形貌,而是风荷之意也。两者环境完全不同,虽园中的"曲院风荷"也效西湖,将池西岸长堤,名之为"苏堤春晓",但这里湖面很狭,恐难具杭州西湖晨雾中新柳如烟、春风驶荡的意境。

**平湖秋月**,仿杭州西湖的"平湖秋月"而造之景。杭州的"平湖秋月",在西湖白堤西端,前临水面开阔的外湖,背依孤山为屏,唐代时建有望湖亭,清康熙三十八年(1699),就望湖亭遗址勒石建亭,并在亭前水边构筑水轩望台等建筑。

此处为杭州西湖金秋赏月的最佳处。秋夜,皓月当空,水平如镜,清辉如泻,波光潋滟,可谓"万顷湖平长似镜,四时月好最宜秋",故名"平湖秋月"。

圆明园的"平湖秋月",在福海北岸西端,海的西北角,视野十分开阔。如弘历诗序》云:"倚山面湖,竹树蒙密,左右支桥,以通步履。湖可数十顷,当秋深月皎,潋滟浪光,接天无际。苏公堤畔差足方兹胜概。"的确与杭州相比,都是赏月佳境,但两者的布局和景观并不相同,所仿者临水赏月之意也。从设计言,建筑离开水面,境界稍逊西湖。但环境则较胜,前临湖,三面环水,港汊纵横,十分清幽(图 **12-25** 为圆明园"平湖秋月"平面及胜概图)。

**坦坦荡荡** 是仿杭州"玉泉鱼跃"之景,未用其名。"坦坦荡荡"是取《易经》的"履道坦坦"和《尚书》中"王道荡荡"而名。

杭州的"玉泉鱼跃",在栖霞山和灵隐山之间的青芝坞口,南朝齐建元年间(479—482)建造的"清涟寺"内,因泉将庭的一半凿成长方形大池,在池东门内建有两层楼阁,临池西北两面为廊屋,为观鱼之所,池中有石幢及湖石点缀,凭栏观鱼,有"鱼乐人亦乐,泉清心共清"之趣,故名"玉泉鱼跃"(图 **12-26** 为清《南巡盛典》杭州"玉泉鱼跃"图)。

"坦坦荡荡"的造景,抓住观鱼之乐的意趣,既不受寺庙庭园形式的束缚,也不拘泥于在封闭庭院中满院池水的格局,而是在岛中凿大方池,池中筑平台,建敞厅"光风霁月",台东西北三面平桥如堤与池岸通连,池成品字形,均绕以石栏,凭栏抚槛,扩大了观鱼的功能。

池南以门屋"素心堂"居中,东有"知鱼亭",西有"双佳斋",曲廊相连,围池半

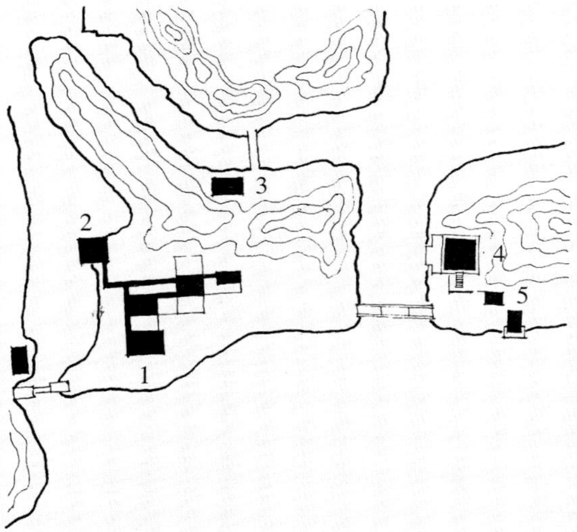

平湖秋月

1. 平湖秋月　2. 夏隐亭　3. 花屿兰皋
4. 双峰插云　5. 山水乐

图 12 - 25　北京圆明园"平湖秋月"平面及胜概图

玉泉鱼跃

图 12-26 清·《南巡盛典》杭州玉泉鱼跃图

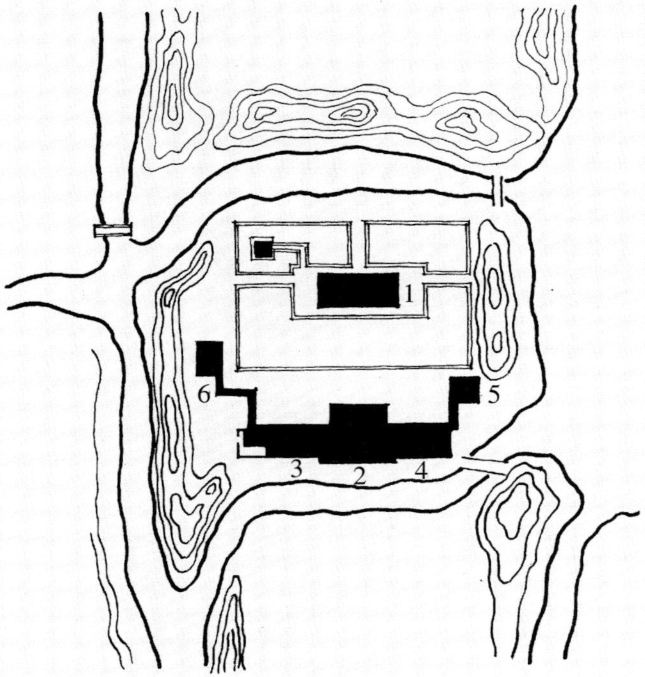

坦坦荡荡

图 12－27 北京圆明园"坦坦荡荡"平面及胜概图

1. 光风霁月　2. 素心堂　3. 澹怀堂
4. 半亩园　5. 知鱼亭　6. 双佳轩

绕。池北开敞,以隔河之山为屏障;西山逶迤,东面临后湖豁敞;南面平旷,与"茹古涵今"重重庭院相对。景境半围半敞,虚虚实实,有山重水复,峰回路转之趣。把一个颇大的"方塘石洫",置于空间景象极具变化的环境之中,从而避免了"玉泉鱼跃"的空间封闭,境界浅而少山水的天趣。"玉泉鱼跃"是历史形成的名胜,"坦坦荡荡"是园林造景,所谓"仿"只能是借题发挥的新创造(图 **12－27** 为圆明园"坦坦荡荡"平面及胜概图)。

### 4. 借诗文意境的景点设计

圆明园的创作,有数以百计的景点需要设计,全靠仿建江南名胜名园是难以满足的。中国造园目的在创造**意境**,这是中国艺术创作共同追求的东西,所以在中国艺术之间,是互相渗透、相互生发,相互补充而融合的,所谓"诗中有画,画中有诗"。古代诗人往往是画家,而且不少人兼长造园。对园林建筑师来说,古典文艺方面的修养,是造园艺术创作必要的条件之一。圆明园四十景中,取材前人诗情画意为题造景的例子就有好几处,就其要者阐述之。

**武陵春色** 是借陶渊明《桃花源记》的意境,想像创造的一处景点。其立意之妙,就在发挥圆明园多水泉之长,用水将岛分为三块,这样化整为零,是为了解决在有限的空间里创造无限自然山水的矛盾,以地形小而曲折多变,烘托出山不大却显得高峻而深邃,造成"复岫回环一水通"的幽岩深壑的景象。

武陵春色为切"桃花源"题意,南部两个小岛的溪流汇合处,构石为洞,横跨在桃花溪上,一组尺度不大的房舍,深藏山坳之中,林麓间错杂"山桃万株",从而表现出《桃花源记》避世隐居的山水意境(图 **12－28** 为圆明园"武陵春色"胜概图)。

**杏花春馆** 也称"杏花村"。是取唐代诗人杜牧的"借问酒家何处有,牧童遥指杏花村"的诗意。后人将杏花村泛指为卖酒处,故弘历诗中有"载酒偏宜小隐亭"之句。圆明园"杏花春馆"的造景,据《御制诗序》云:

> 由山亭逶迤而入,矮屋疏篱,东西参错。环植文杏,春深花发,烂然如霞。前辟小圃,杂莳蔬蓏,识野田村落景象。

"杏花春馆"在后湖西北隅,是围绕后湖九洲中较大的一个洲渚,绕水四围堆筑山岗,中间一片平野。从筑山意匠看,北部峰峦重叠,体量高大,山上点缀有空亭,山势向南逐渐低小,岗埠起伏,至临湖一面只地面微有余脉之意而已,空间上形成向后湖一面开敞。从圆明园沿湖景点设计,山的体势意匠,无例外地近湖面要低,以利借湖面的山光水色而扩大空间。这应是**水景园**设计的一条重要法则。

杏花春馆为切杏花村之题,沿山麓岗脚"环植文杏",建筑采取"矮屋疏篱,东西参错"的布置方式,南面还辟了一块种植瓜果菜蔬的象征性园圃,表现出"田野村落"的景象(图 **12－29** 为圆明园"杏花春馆"平面及胜概图)。

### 5. 空间尺度与景点的设计

圆明园发挥多水泉之长,用水将全园分隔成数十座洲渚岛屿,以水构境成景,有的景点为创造主题的需要,在岛屿内进一步用溪流池沼分隔数块,园虽占地三千余亩,水面占全园面积一半以上,景点的空间并不太大,如此用**化整为零**的手法,与以自然山水为主题的造景,在空间上是非常矛盾的。如何从**小中见大**,是圆明园从总体规划到景点的具体设计必须解决的问题,这是探索圆明园艺术创作的思想方法关键所在(详见下一节"景境的创造")。

在圆明园的造园艺术实践中,**寓大于小、小中见大**的创作方法,不仅用得很广,

**图 12－28　北京圆明园"武陵春色"胜景图**

而且非常成功。我们仅以"蓬岛瑶台"为例，进行分析阐述。

　　**蓬岛瑶台**　是筑于园中最大的水面"福海"中的三岛。这种一池三岛是秦汉以来水景设计的传统格局，但"蓬岛瑶台"却有其匠心独运的地方。据弘历在诗序中说，三岛的形象是"仿李思训画意，为仙山楼阁之状"（图 **12－30** 为圆明园"蓬岛瑶台"平面及胜概图）。

　　三岛一大两小，相距很近，以居中大岛"蓬岛瑶台"为主，南岛"瀛海仙山"并列在右，"北岛玉宇"在左，错列稍后。三岛基本上都是正方形，建筑集中在大岛，南岛只有一亭，亭后叠有假山。北岛仅有三栋体量很小的建筑，用廊、垣围闭成院，成不对称布置。中央大岛为四合院，以"神洲三岛"堂为主体，堂东接耳室名"随安"，堂西北隅有很小的天井，中构四角攒尖顶小亭，西墙有门，经曲桥可达"北岛玉宇"门前。院东为二层"畅襟楼"，院西为一平顶建筑，名"安养道场极乐世界"，顶上围以栏杆，两端各有一方天井，可能是开敞式的回廊。院南门屋三楹临水，形制别致，在卷棚顶上建了一个很小的歇山卷棚顶方亭，名"镜中阁"，采用了楼台亭阁多种建筑形式，建筑尺度较小，但体量差别较大。

　　三岛的面积也较小，大岛边长，约为"福海"东西宽度的十分之一，不足 50 米，

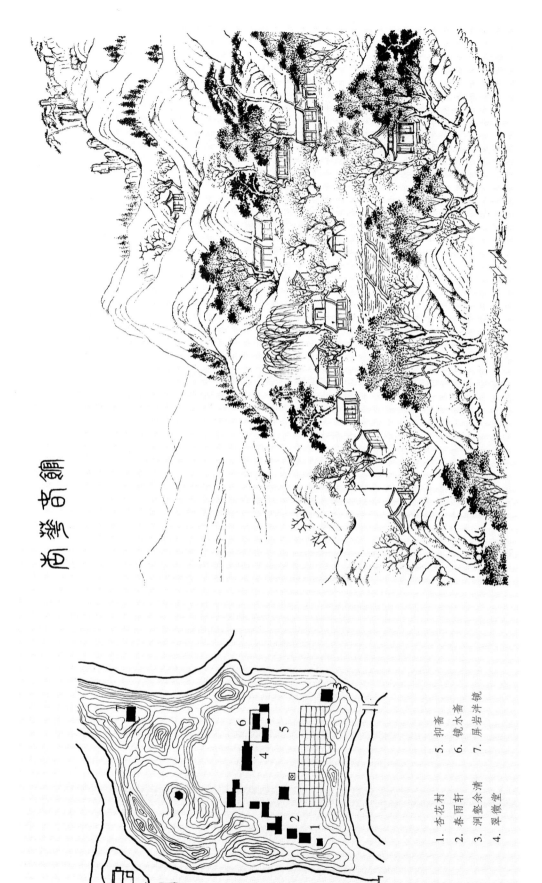

图 12-29　北京圆明园"杏花春馆"平面及胜概图

1. 杏花村　　5. 抑斋
2. 春雨轩　　6. 镜水斋
3. 洞壑余清　7. 屏岩洋镜
4. 翠微堂

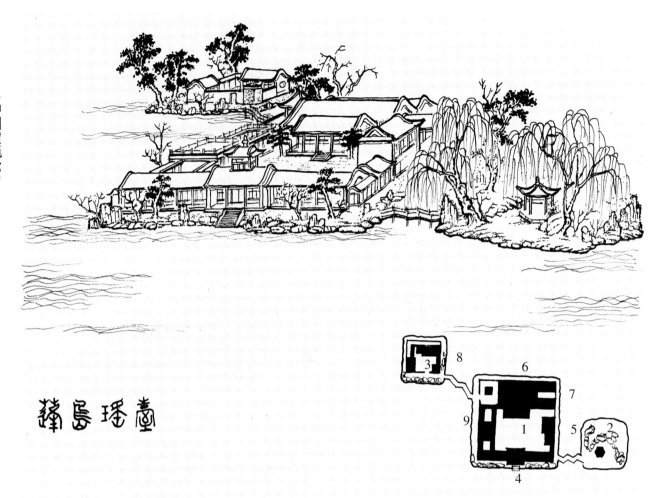

1. 蓬岛瑶台　　2. 瀛海仙山　　3. 北岛玉宇　　4. 镜中阁　　5. 畅襟楼

6. 神洲三岛堂　　7. 随安室　　8. 日日平安报好音　　9. 安养道场极乐世界

**图 12 - 30　北京圆明园"蓬岛瑶台"平面及胜概图**

小岛仅为大岛面积的四分之一。岛虽小,而建筑形体的变化则大,并不追求崇楼高阁的气势。这正是设计者的高明处,岛小才能对比出水面之大,距离之远。相应的必然要求建筑尺度小,借形体的变化,屋顶的大小高低错落,在树木掩映和水面浮光泛影,给人以虚幻缥缈、海上仙山的意趣。如弘历所说,三岛"峇峇亭亭,望之若金堂五所,玉楼十二也。"他还精辟地指出:

真妄一如,小大一如,能知此是三壶方丈,便可半升铛内煮江山。

意思是:真的和假的一样,小的和大的也一样,能知(欣赏、感受)这方丈的小岛,就是那海上的神山,便可用半升的容器去煮整个的江山了。换言之,就是做假可以成真,小中可以见大,从有限的景象中,能感悟到无限的意境之美,便能理解"**移天缩地**"的道理,掌握"**寓大于小**"的造园的思想方法了。

有关对清代皇家园林如颐和园、避暑山庄等的规划设计的分析,见拙著《中国造园论》。

# 第七节　园林景境的创造

明清之际,是中国园林发展的鼎盛时代。在总体规划上,**往复无尽**的意匠和手法,充分体现了中国古典哲学思想"**无往不复,天地际也**"的空间意识,这是中国传统园林在空间上从有限达于无限,景境极具变化之能事的根本原因;在景境创造上,以自然山水为创作主题的中国园林,象征性的写意式山水创作已达到很高的艺术境界和水平。

## 一、造　山

私家园林多为闹处寻幽,占地有限,小者不足亩,大者数亩、十数亩,在三维空间里造山,完全不同于二维空间上画山,不可能去塑造山的形象,只能是创造山林的意境。这就是明代造园家计成在《园冶·掇山》中所说的"**未山先麓**"。应强调指出"未山先麓",是对古代私家园林造山艺术高度的精辟概括。因为在园林的极其有限的空间里造山,不可能是山的具象,必须是高度艺术提炼和概括的抽象,也就是如论画者所说用**写意**的创作方法,抓住人登山时只见局部不见整体,即石块嶙峋、老树蟠根嵌石的形象特征,**寓全(山)于不全(山脚)之中**,给人以自然山林的意境。计成在《掇山》篇之前,早在《园冶·相地·山林地》中用"**欲藉陶舆,何缘谢屐**"的典故,非常形象地阐明了这一点。如何理解这两句话的意义,我在《园冶全释》一书中已作了较详细的分析⑱。《园冶》是造园学而不是文学,这两句话作为比喻,意思是讲如何造山,不会无聊地讲坐轿子要比徒步跋涉舒服,而是通过坐轿子游山与徒步登山所见景象的不同,为园林造山提供视觉心理的依据。陶渊明坐着轿子游山,看到的是山的远景和中景,主要是"远观其势";谢灵运穿着木屐爬山,不见山的体貌,看到的是山的局部近景和特写,主要是"近赏其质"。园林造山,只能用写意的方法"以少总多",寓整体(山)于局部(山麓)景象之中。

因此,我认为以往学者将这两句话译成"欲想玩赏,可以坐竹轿代步,不须着木屐寻山(意谓不必远游,而有跋涉之劳)⑲",正是未从造园学角度去理解,局限于文字的表面,难免望文生义,以至与计成的原意相反。所以,这两句话我译为:"要想如陶渊明乘轿子去游山玩水,远观山水的体势,何不效法谢灵运着木屐登山涉壑,近赏山林的形质⑳!"

有研究者对我在《园冶全释》中的诸多阐释,下尽功夫斟酌字句,提出不同的看法,而忘掉《园冶》是造园学专著。诸如咬文嚼字的结果,认为"欲藉陶舆,何缘谢屐"与"未山先麓"毫无关系之类的"创见",使我想起钱钟书先生在《谈艺录》中,曾引用法国当代文论家罗兰·巴特的看法,说诵诗读书都不应局限于文字表面,即死在句下,而应超越文字表面,去领会文字背后的精神实质。**死在句下**是对望文生义者最好的诠释,一个人如果以消耗大量生命力为代价读书,只能守株胶瑟,死在句下,岂不可悲! 如此研究学问,皓首穷书,却不懂得从无字句处读书,看不见事物的内在规律，还沾沾自喜其"博奥"，就更加可悲了。对这类**有才而无趣**之人，如唐代史学家刘知幾所说："**犹愚贾操金，不能殖货**"者也[51]。

以**未山先麓**之法造山，苏州园林实例较多，如沧浪亭的园山，堆土不高，外围以湖石，北傍园路设蹬道，南临涧壑为峭壁，山上树木萧疏，**沧浪亭翼然屹立**(图**12－31**为苏州沧浪亭)。

**耦园**的黄石山，山体较高，分层堆筑，四围叠黄石，向厅堂面设蹬道，临池沼则叠洞壑。清代沈复在《浮生六记》中说，一般园林"掘地堆土成山，间以石块，杂以花草，篱用梅编，墙以藤引，则无山而成山矣"[52]。

**拙政园**水中的岛屿，堆土如岗阜，围以湖石，顶上构亭，亭前筑台，石的矮栏半绕，为广览全园胜概之处。

另一种是用"虚拟"的象征方法，不直接塑造山脚，而使人有如身临大山脚下的感觉。这种方法，本书在第十章"中国的建筑艺术"中"艺术美"一节，介绍明刘侗和张岱所讲的小景，即明末清初叠山家张涟的"**截溪断谷**"法，用土堆成岗阜小丘，然"后错之以石，碁置其间，缭以短垣，翳以密筱，若似乎奇峰绝嶂累累乎墙外"[53]也。

图 12－31　苏州沧浪亭

### 清代皇家园林造山

清代皇家园林规模都很大，除造在自然山水中的承德"避暑山庄"外，大体量人工或半人工造山，在艺术上已取得很高的成就。但体量再大也不可能有自然山水结云万里的气势，而一座毫无气势的土山，也难以显示出自然山水的精神。

清代造山如颐和园的万寿山，体量较宋代堆筑城内一隅的"艮岳"大得多，不可能人工叠石追求峰崖涧壑的奇峭特征，而是将山与建筑组群有机地结合起来，**山藉檐宇雄飞的殿阁，而气势宏阔；建筑借山势之高下，而其趣恒佳**。正因将平面空间结构的传统建筑组群，在空间上立体化，和中国传统建筑造型与自然的和谐，才能达到"状飞动之趣，写真奥之思"的更高境界。

这种造山法，如清乾隆皇帝爱新觉罗·弘历在《塔山四面记》中所说：

> 室之有高下，犹山之有曲折，水之有波澜。故水无波澜不致清，山无曲折不致灵，室无高下不致情。然室不能自为高下，故因山构室者，其趣恒佳[54]。

室，指宫室，建筑之意。因山之势，殿庭重重，高下叠落，方能形成气势。这种"因山构室"以增山势之法，非乾隆皇帝所创，而是他吸取了江苏镇江"金山寺"的"寺包山"经验。金山原是屹立在长江中的小山，高60米，周回约520米。金山寺傍山构筑，殿阁高下，僧房层叠，气势非凡，故有"寺包山"之称(图**12－32**

图 12－32　江苏镇江金山寺胜概

为镇江金山寺胜概,图 **12－33** 为清·《南巡盛典》中的金山寺图)。清代皇家园林借鉴金山寺"寺包山"方式,成为大体量人工造山非常成功的方法。现以北京北海琼华岛为例。

**琼华岛**  辽代称"瑶屿",金代名"琼华岛"。金大定十九年(1179)为离宫"万宁宫"的一部分,传说是拆运宋艮岳万寿山石为水中之岛,顶上建有广寒殿。

琼华岛在元初已荒败不堪,忽必烈于至元元年(1264)开始修复广寒殿,至元八年琼华岛改名"万寿山",又称万岁山。"其山皆以玲珑石叠垒,峰峦隐映,松桧荫郁,秀若天成"。时人有诗云:"广寒宫殿近瑶池,千树长杨绿影齐。"建筑除广寒殿外,很少记述,但岛上植有大量的杨柳。

明灭元后,曾派工部侍郎萧洵去北京毁掉元代的宫殿。萧洵据当时所见元代宫殿情况编《故宫遗录》一书,从所记琼华岛看,跨桥上岛,过石拱门,原有殿已毁,由山下到山顶,除主体建筑广寒殿,半山有方壶殿,殿西有吕公洞,上为金露殿,殿上为玉虹殿,此外就没有什么主要建筑了。明代的琼华岛未遭太多的破坏,基本上保持元时状态。据孙承泽《天府广记》中有关记载,琼华岛虽增加了些建筑,仍以广寒殿为主,建筑物采取单幢分列的布置方式。广寒殿于明代万历年间倒塌以后,终有明一代未再修复。

到清代顺治八年(1651)修琼华岛时,作了重大的改造,正因为采取了**寺包山**的方式,琼华岛起了"质"的变化。拆除了前山原有殿堂,建造了一座整体性组群建筑"永安寺",山顶于广寒殿旧址旁造了喇嘛塔,这不仅只是建筑量的增加,而是质的变化。寺院殿庭依山层叠而上,耸然屹立山顶的白塔,成为北海苑内的制高点。琼华岛不仅形成北海的主体景观,也起了中心构图作用,可谓**梵宇层出山气壮,碧天突起玉浮图**。白塔简洁而特有的造型,前与金碧辉煌层层的木构殿堂形成对比,后与山峦青霭相间,使北海具有一种独特的风貌(图 **12－34** 为北京北海琼华岛平面,图 **12－35** 为北京北海琼华岛胜概)。

从琼华岛的历史演变,自金大定十九年(1179)至清顺治八年(1651),长达近500 年时间,作为艺术创作过程来看,颇能深刻地说明造园艺术的创作特点和性质。中国园林造景以建筑为主,建筑作为物质生活资料的消费是长期的,景境一旦造成,除兵燹破坏或人为拆除,很难做大的改变。从设计者言,在大的空间范围里造景,从建筑与景物的总体布局到具体的体量和尺度大小,如果没有深厚的专业艺术修养,并积累有丰富的实践经验,是很难把握的,往往在景境造好之后,才能发现不足之处和问题所在。琼华岛历次修建都有所改变,就如创作一幅油画,在创作过程中不断润饰、修改并加以充实。但琼华岛最后成为完美的杰作,却经历了 500 年时间,到采用了**因山构室的寺包山**的创作方法,才使琼华岛得以旧貌变新颜,成为造园史上著名的景点,取得了大体量人工造山艺术取得成功的经验。将这种"寺包山"的方式,从创作思想方法上概括为"因山构室"的原则,则应归功于清乾隆帝弘历了。

在清代造山艺术中,还有重要建筑物已近建成,因为发现不够理想而将其拆除重新设计建造的例子。如颐和园的"万寿山":

**万寿山**是燕山的余脉,体既不伟,形亦不奇,原是童童无草木的"土赤坟"。虽山体和水面都经过改造,但山高不足 60 米与 3000 多亩辽阔的昆明湖水面对比,不但很单调更无所谓气势。因此,万寿山采取"因山构室"以增其势的方法,前山以"大报恩延寿寺"为主,从临湖山麓起,由山门、天王殿、大雄宝殿、多宝殿,依山层叠而上,形成一条中轴线(见彩页颐和园、万寿山、排云殿、佛香阁)。左右两条次轴线上,东

1. 慈寿塔　2. 别有轩　3. 操江楼　4. 七峰阁　5. 天王殿　6. 大殿　7. 行宫　8. 浮玉亭

图 12-33　清·《南巡盛典》中的金山寺（摹写）

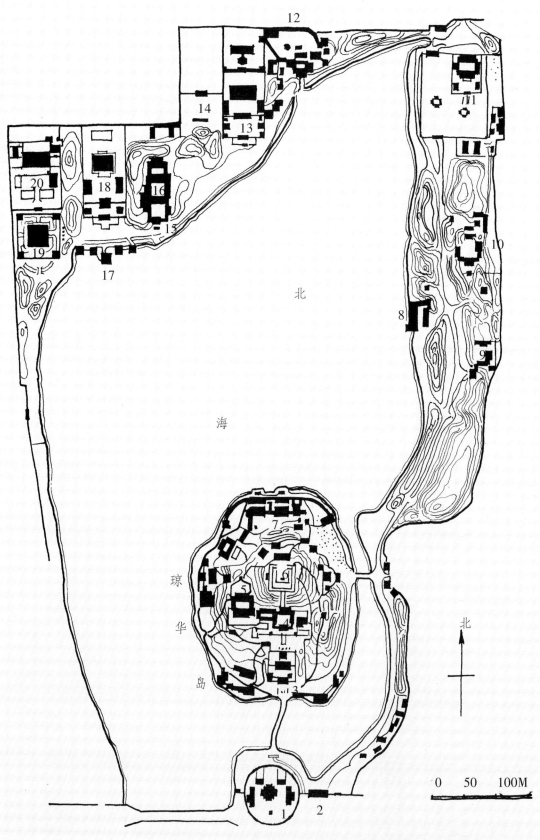

北

海

琼

华

岛

1. 团城　2. 苑门　3. 永安寺　4. 正觉殿　5. 悦心殿　6. 白塔　7. 漪澜堂　8. 船坞
9. 濠濮间　10. 画舫斋　11. 蚕坛　12. 静心斋　13. 小西天　14. 九龙壁
15. 铁影壁　16. 澂观堂　17. 五龙亭　18. 阐福寺　19. 极乐世界　20. 大西天

**图 12 - 34　北京北海琼华岛平面**

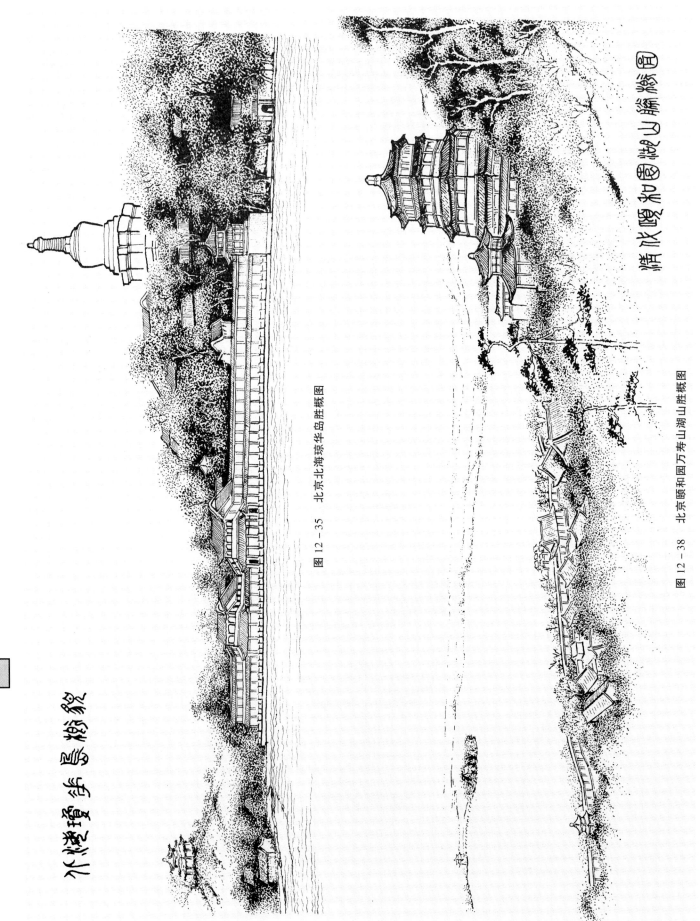

图 12-35　北京北海琼华岛胜概图

图 12-38　北京颐和园万寿山湖山胜概图

水榭楼阁　园林概貌

为慈福楼、转轮藏，西为罗汉堂、铜殿宝云阁。为加强寺庙与湖的主轴关系，山门前之堤岸向湖中凸出呈弓形滑溁，两侧对称布置了对鸥舫和渔藻轩等临水建筑，联以著名的长廊(图12－36为北京颐和园湖山位置图，图12－37为颐和园万寿山平面图)。

在山顶主轴线上，原先"仿浙之六和塔，建窣堵波(塔)，未成而圮[55]。"是九层的"延寿塔"，实际情况是建到第八层时，奉旨停修，全部拆除，重建今所见之佛香阁。佛香阁高41米，八角形平面，三层四重檐，绿琉璃瓦顶，造在20余米高的石台基上"塔城"，十分壮丽(图12－38为北京颐和园湖山胜概)。

为什么仿六和塔兴建的延寿塔已经造到第八层了，却奉旨停修全部拆除呢?这里所说的奉旨，是指奉乾隆帝弘历的旨意，据清代文献记载，凡建园，乾隆皇帝都亲自过问，他所写的园记与园林诗词中，不乏真知灼识、极有价值的见解。显然，正是由于"延寿塔"造到八层，才易于看出九层塔的形体比例，在万寿山上显得孤峙无依，不能与万寿山浑然一体;也正因为弘历是至高无上的皇帝，才能下旨将要造好的延寿塔拆掉，重建佛香阁。这个例子足以说明，在自然山水中造园，空间范围愈广大，建筑的体量与尺度就愈难把握，绝非随手拈来能成格局的(图12－39北京颐和园万寿山胜概图，图12－40为北京颐和园万寿山的建筑布置)。

圆明园造山，开创了大型水景园特殊条件下的造山艺术。"圆明园在总体上，利用地势低而多水泉的天然之势，发挥'就低凿水'(《园冶》)宜于以水构景成境之所长，汇而成湖，为景区的中心主体，散则为河为溪，回环潆绕，形成一个完整而复杂的水系，将空间分隔成大小不一的洲渚岛屿，并连成一体，既为园林造景提供多样的地貌环境，又将仿建之景融于水系的总体规划之中，创造出自己的独特风貌[56]。"而凿水之土就用以堆山。圆明园的山与颐和园的万寿山不同，它不是创造景境的主体，而是作为洲渚岛屿之间，空间分、合的间隔手段，同时也为洲渚岛屿各自构成山水景观和环境。圆明园的群山布局，是总体规划空间构成的重要组成部分，平面上以水网为界，山的体量与造型则根据景点的内容与环境构成的需要创作。从《圆明园四十景图》可以看出一般的规律，景点大多北边峰峦屏嶂，南边开敞，

图12－36　北京颐和园湖山位置图

1. 知春亭
2. 龙王庙
3. 凤凰墩
4. 藻鉴堂
5. 冶镜阁
6. 水晶堂

图12－40　北京颐和园万寿山的建筑布置

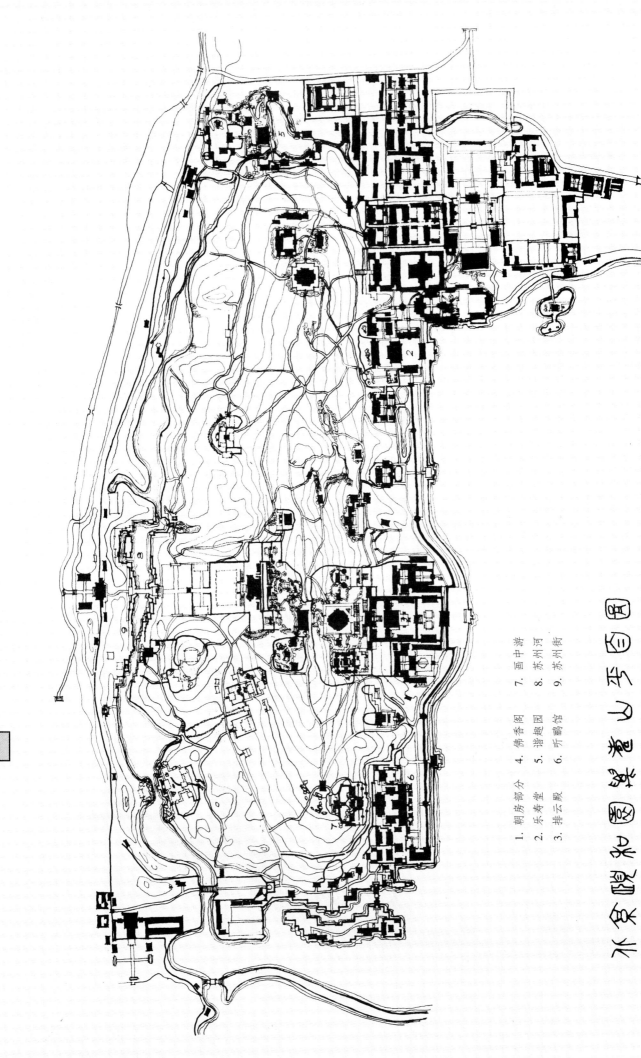

北京颐和园万寿山平面图

1. 朝房部分　4. 佛香阁　7. 画中游
2. 乐寿堂　　5. 谐趣园　8. 苏州河
3. 排云殿　　6. 听鹂馆　9. 苏州街

图 12－37　北京颐和园万寿山平面图

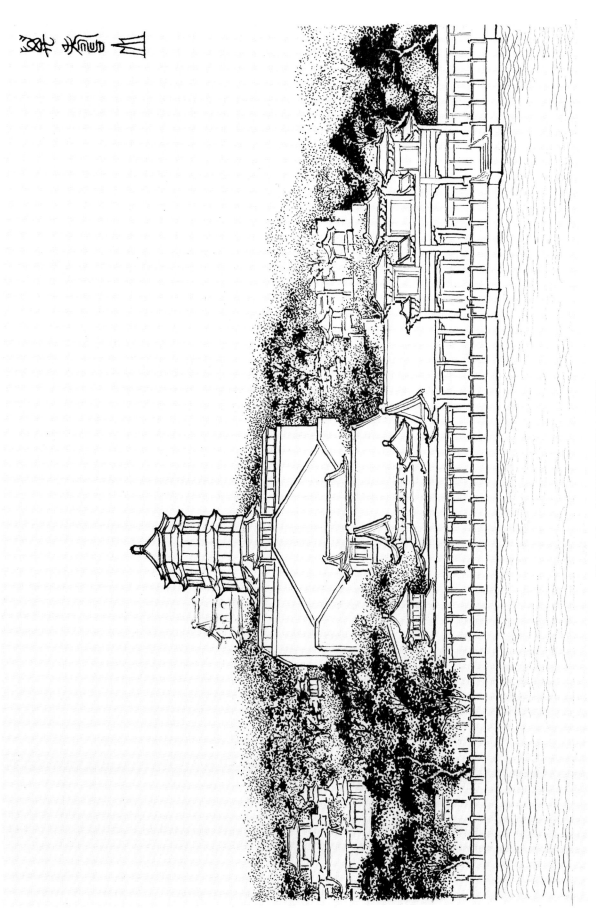

图 12-39　北京颐和园万寿山胜概图

687

有利于挡风寒纳阳日也;沿湖岛屿的景点造山,则向水一边开敞,背水一边屏蔽,以便借湖光水色而开旷视野,造成浮空泛影、峰峦缥缈之胜。

圆明园造山,主要是作为景点间分隔与围合的手段,既不需要"未山先麓",也不适用"因山构室"的方法。但不论是峰峦,还是岗阜,体量大小是十分有限的,与自然山水比较,尺度上的矛盾很大。据研究者从遗址推测,山高一般仅10米左右,高者不足20米,约15米上下,如何使人不觉其小?

这可以从两方面来分析,在景点之间,沟渠纵横,回环潆绕,夹于两岸山岗之中,山虽不高大,由于溪小涧狭,会给人以曲折幽邃之感,探幽寻胜之趣。如论画者云:

**"以活动之意取其变化,由曲折之意取其幽深固也。"**

在景点之中,建筑物的体量不大,且尺度较小,显然景观主体的建筑体量及其尺度相对较小,对比之下,人工山水才会如远景一样,使人不觉其小。在绿化的覆盖下,藤萝蔓延,林木萧森,自然会造成山林的意境(见本书圆明园四十景胜概图)。

### 二、理 水

中国园林造景,以自然山水为主题,小园只有叠石而无需造山,但任何园林都不可无水,可见水对造园之重要。中国城市园林,历来以水多为胜,水不仅有调节环境微小气候的生态作用,在造园艺术中,水的处理得当有扩大空间的妙用。如文震亨在《长物志》中指出:"水令人远"。这"远"是水的艺术形象给人以"远思"的精神感受。

古典园林的水面,是以聚为主,聚则汇为巨浸,为湖为沼;以散为辅,支经脉散,为溪为涧。从图12-41古典园林的水面意匠,可见园无论大小,水面都有聚有散,形状宜曲折宛转而自然,临水亭台楼阁参差,山石林木掩映,在迂回映带之间,不让人一望而尽,造成一种清旷深远的意境。

古典园林的理水要求,一言以蔽之,**视觉无尽**。理水之法,大致如下:

一是**掩** 如计成在《园冶》中所说:"杂树参天,楼阁碍云霞而出没;繁花覆地,亭台突池沼而参差。"要以建筑和绿化将曲折的池岸加以掩映。大池的水面,则如文震亨在《长物志》中说:"长堤横隔,汀蒲岸苇杂植其中,一望无际。"人们看不见边岸之水而生远思。如论画者云:

**合景色于草昧之中,味之无尽;**

**擅风光于掩映之际,览而愈新。**

从理水也充分说明,中西方的审美观念是绝然不同的。西方的花园,造池喜欢了然悦目的几何式的形式美,很讲究用喷泉、雕塑艺术造成的"**物趣**"。中国造园,最忌"方塘石洫",一览无余,而是力求打破一般的形式美的规律,追求空间的无限和视觉无尽的自然"**天趣**"。

二是**藏** 小池,若一潭死水则是了无生意。计成在《园冶》中提出"**临溪越地,虚阁堪支**",作为解决死水一潭的绝妙之法。临溪,是指临水建筑;越地,是在建筑下做成涵洞的样子,跨于洞上,故云越地;虚阁,开敞式的亭阁之类;堪支,建筑如架在水口上。这种做法,如将水的源头藏没,使人感到水如从阁下流出。水有来路则有生意,不知源头何处?则令人有远思。苏州狮子林"**修竹阁**",是运用这一手法构成典型的佳例(见图12-42苏州狮子林修竹阁景观)。

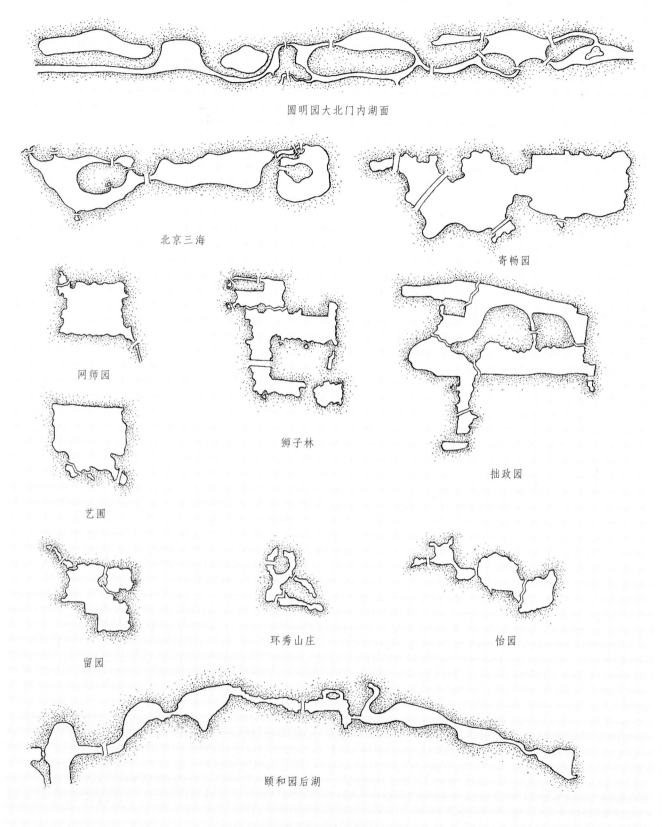

圆明园大北门内湖面

北京三海

寄畅园

网师园

狮子林

拙政园

艺圃

留园

环秀山庄

怡园

颐和园后湖

**图 12 - 41 古典园林的水面意匠**

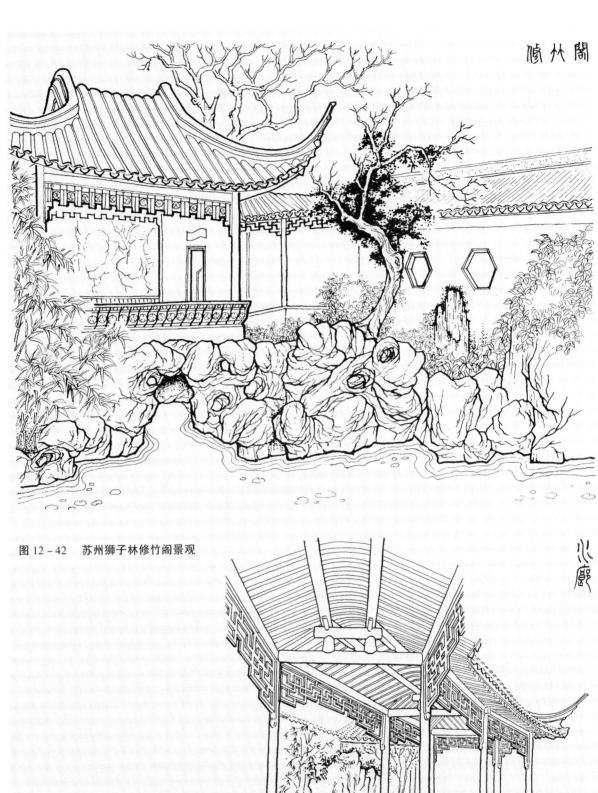

图 12 - 42　苏州狮子林修竹阁景观

图 12 - 43　苏州拙政园西廊补园水廊

小池若无死水之感,必须给人有源头活水来的意象。如苏州最小的园林残粒园,面积仅有百余平方米,全园只有一只半亭,中央一汪小池,为了给人以小池活水之感,在小池南水边用湖石做成水口模样,环池小路在水口处,地面微微拱起,暗示其下为进水渠道,造成源头活水由此来的意象。

苏州大中型园林,受城市用地所限,水面也不可能太大。为了不使人一览而尽,凡临水建筑,除厅堂前平台,为突出建筑的主要地位,用文石驳岸外,不论亭、廊、阁、榭,都要前部架空,挑出水上,水如自其下流出,从而打破边岸的视界局限。这可谓藏岸之法。苏州拙政园西部的补园,沿墙构水廊架于池上,藏边岸于曲廊之下,使人不知池宽几许?就是个杰出的例子(图 **12-43** 为苏州拙政园西部补园水廊)。苏州古典园林中,这种不见边岸,造成池水无边的做法,例子很多,不胜枚举。

三是**隔** 计成在《园冶》中说:"**疏水若为无尽,断处通桥**。"这是"隔"出境界的手法,也是中国园林理水的一条法则。

园林池水,为免规整,多因基地形状,随形而傍,依势而曲,有聚有散。所谓"断处通桥"的"断处",就是池水聚与散的接合处,或者说是池与溪的连接处。在此处架桥,"水面隔而水不断,视界似有若无,隔出了空间层次,心理的距离随增,视觉则莫测深浅,从而有无尽之感。苏州的**壶园**(今已不存),园很小以水为主,近厅堂处,支分脉散,如小溪隐出墙外,上架石梁,墙上藤萝蔓延,颇有深意"[57]。这是小园"断处通桥"的典型例子(图见下一节"古典园林的意匠"中的壶园)。这种手法在苏州古典园林中几乎都可以看到。

"**引蔓通津,缘飞梁而可度**"。这是"疏水若为无尽,断处通桥"倒过来的说法,有主动设计的意思。蔓,是"一沟瓜蔓水,十里稻花风",用瓜蔓形容渠水曲折而细长。这句话是说要把溪水引入池中,在连接处架桥,即"飞梁石蹬,陵跨水道"(《后汉书·梁冀传》)。

这种"隔"出境界的手法,不仅常用于中小园林,对皇家园林也同样适用。如北京颐和园的**昆明湖**,建园时对山体水面经过大规模的改造,扩大了湖面,加强湖山联系的前提下,筑西堤将湖面分成三大部分,堤东以昆明湖为主体,堤西为"养水湖"和"西湖"。三湖中各筑一岛,养水湖岛上为"藻鉴堂",西湖岛上为"冶镜阁",而昆明湖中的**龙王庙**,原是湖东岸的庙宇,湖拓宽后成水中的岛屿。三岛成鼎足之势,显然还是受古代海上三座神山的布局影响。

保留龙王庙为岛有重要作用,此岛正处万寿山与昆明湖的中轴线上,是万寿山南望的对景。在龙王庙岛与湖东岸间,架了一座长度达 150 米的十七孔大石桥,桥头建有六角重檐的**廓如亭**。岛、桥、亭相接,向万寿山呈环抱之势,使山、湖、岛在空间上相呼应。而十七孔桥的作用,正合乎"疏水若为无尽,断处通桥"的法则,长桥把昆明湖分为两个相对独立又连成一体的水面,有隔而不绝,分而不断之妙,既丰富了水面景观,又增加了水面的空间层次和深度,有一望无际、烟波浩森的意境(图 **12-44** 为岛、桥、亭组合)。

昆明湖自龙王庙岛向南,湖面逐渐缩小,在南端水中的**凤凰墩**,是个很小的岛屿,位置正处在湖山的中轴线上,形成万寿山、龙王庙、凤凰墩在尺度次第减小的关系,从而加强了昆明湖在透视上的深远感,使南北纵深不足二千米的湖面,有天水一色,广阔无垠的意境。

四是**破**,特别是池的水面很小,打破池岸的呆板和视界局限更为重要。故凡曲溪绝涧,清泉小池,只宜乱石为岸,怪石纵横,欹嵌盘屈,犬牙交错,打破池岸的视

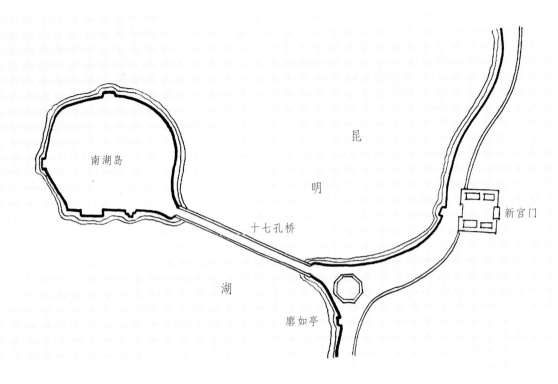

图 12 - 44　北京颐和园昆明湖中岛、桥、亭组合

图 12 - 46　苏州耦园山水间（水榭）景观

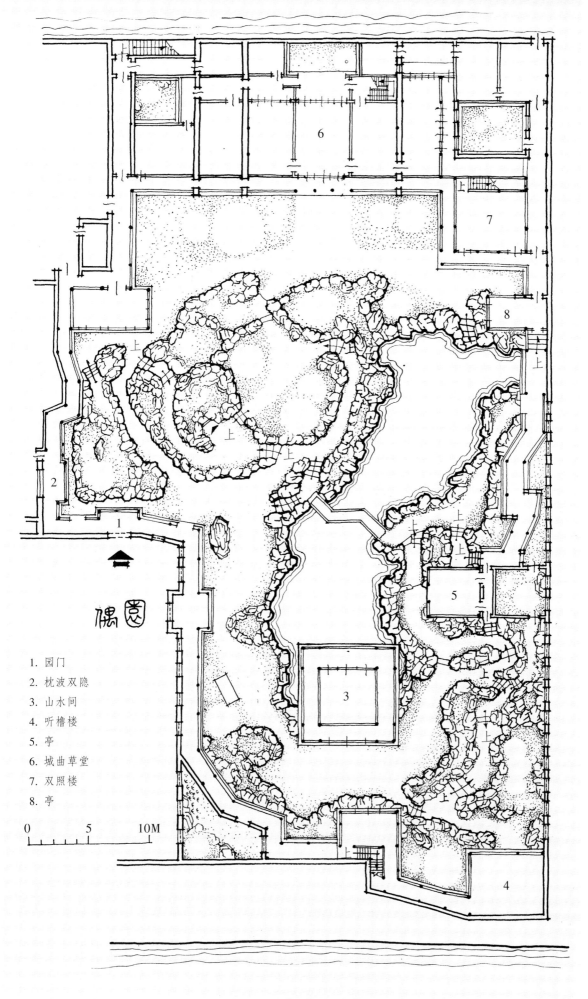

偶园

1. 园门
2. 枕波双隐
3. 山水间
4. 听橹楼
5. 亭
6. 城曲草堂
7. 双照楼
8. 亭

0    5    10M

图 12－45　苏州耦园平面图

界;再植以细竹野藤、朱鱼翠藻,虽一洼之水,而能有幽邃的山野风致。这是苏州古典园林小池的传统处理手法,如狮子林的修竹阁、鹤园、壶园等等。这类小池,池边临水不宜有建筑,小池建筑近水,空间小而视野局促,若抬高建筑,石块嶙峋层叠,而有涧壑的意境。

苏州耦园的"山水间"水榭,北面临池,水面狭长,"山水间"水榭是园中体量最大的一栋建筑,平面方形,单檐歇山卷棚顶的四面厅。水榭面阔几与池宽相等,显得池小而建筑体量过大;水榭的临池一面,挑空架于水上,由于池相对太窄,两边形同水沟,虽用湖石驳岸,毫无池水无边的扩展作用,反而使人感到水榭的环境空间郁塞而不畅,此处的景观设计是个不成功的例子(图 **12 – 45** 为苏州耦园平面图,图 **12 – 46** 为苏州耦园"山水间"景观)。

### 池的水面景观

欧阳修有"叶有清风花有露,叶笼花罩鸳鸯侣"的诗句,以荷花、莲叶、鸳鸯等植物和水禽点缀水面,是江南园池常见之景。如苏州拙政园西部临池的建筑"留听阁"和"三十六鸳鸯馆",从题名可知,池中就是以莲荷、鸳鸯为欣赏景物的。

杨万里的"接天莲叶无穷碧,映日荷花别样红"的水乡风光,却不适于"**咫尺山林**"的城市园林需要。因园林池塘,最忌荷叶、浮萍满池,不见水色。所以池中植荷,常种植在池底的缸内,按水面的构图控制其繁殖,以便留出较多的水面,浮光泛影,获得映云霞而秀媚、照楼台而光辉的景象,令人心旷神怡。一言以蔽之,如论画者云:"**水欲远,尽出之则不远,掩映断其脉则远矣!**"即要以不尽而尽之的手法,造成池水无边、源流不尽的意象,关键在使人**视界莫穷**!

关于水面的设计,承德避暑山庄的九湖十岛(今存七湖八岛),是充分运用"隔"的手法的杰作,见拙著《中国造园论》第九章"笔在法中 法随意转——中国园林艺术的创作思想方法"中的论述。

# 第八节 古典园林的意匠

### 一、概　述

中国园林艺术意匠,是个复杂的创造性过程,从上节所举琼华岛的历史演进,万寿山拆掉已近建成的塔重建佛香阁,足以说明建成一座高度艺术性的园林是多么不易!不仅大型的皇家园林如此,中小型的私家园林也一样。如郑元勋在《园冶·题词》所说:"古人百艺,皆传之于书,独无传造园者何?曰:'园有异宜,无成法,不可得而传也'"。用现代汉语说,古人的各种技艺,都有书传于后世,为什么惟独没有传下造园的著作呢?可以说:造园因人、因地、因时而各有异宜,又无既定的模式可以遵循,所以不可能有专著流传下来。造园当然就不是轻而易举的事了。

写出世界上最早一部造园学著作的计成,在《园冶》首篇"兴造论"中,主要就是强调园林设计者(主持造园者)的难得和绝对的主导作用。他提出造园必须"**巧于因**

借,精在体宜",这不是工匠所能为,也不是凭园林业主的主观意图能够实现的。他对这八个字做了解释,一言以蔽之,要做到**体宜因借**,即总体规划须因地制宜,也就是说要根据基地条件因形就势;园林建筑布局合理,造型尺度恰当;游目皆景要互相借资,园外之景须摒俗收嘉,造园虽没有固定的格式,借景却要有一定的依据。

计成认为"**借景**",是园林艺术创作重要的思想方法,换言之,也就是园林设计的重要思想方法。如何操作呢?他在"借景"篇结尾,也是全书的最后一句说:"**物情所逗,目寄心期**"。物情所逗,是指造园基址的客观环境,引起设计者对景境的构思;目寄心期,是设计者目之所见(物象),触发心有所思(意象)。对整个园林如何建造,则必须胸有成竹而"**意在笔先**"。

"**意在笔先**",是中国传统艺术创作的共同要求;如草书"意在笔先,笔绝意在"(徐度《却扫篇》);做词"意在笔先,神余言外"(陈焯《白雨斋词话》);绘画"意在笔先,画成神足"(屠隆:《论画》)。造园"意在笔先"的"意",不仅指规划布局和景境的意匠要考虑游赏功能、空间构图以及形式美的规律,而且要通过这些表现手段,从有限达于无限,创造出具有高度自然精神境界的山水"意境"。

计成在《园冶·自序》中,用自己的创作经验,非常生动地说明"物情所逗,目寄心期"的实践过程。这是计成应常州吴又于邀,为其在城东所得15亩地设计园林。从总体上说,园主按传统住宅与园林的比例,是"十亩之宅,五亩之园"的规模。计成根据园基的具体情况,是如何构思的呢?他说:

> 予观其基形最高,而穷其源最深,乔木参天,虬枝拂地。予曰:"此制不
> 第宜掇石而高,且宜搜土而下,令乔木参差山腰,蟠根嵌石,宛若画意;依
> 水而上,构亭台错落池面,篆壑飞廊,想出意外。"⑤⑧

用白话说:我观察了园址情况,地势很高,而究其水源(地下水位)则很深。修伟而高耸的乔木,排虚凌空;盘曲如虬(无角的龙)的枝条,垂拂地面。所以计成说:"据这里的基地条件,造园不仅宜于叠石而增其高,而且宜于挖土而使其深,令地上的乔木踞于山腰,露土的蟠根嵌以石头,这样就宛然而有画意了。再依水而上,构筑亭台,远近交错,高低迭落。曲折深邃的涧壑,架浮廊以飞渡,其境界会出人意料之外。"果然,园造好以后,园主大加赞赏地说:"从进而出,计步四百,自得谓江南之胜,惟吾独收矣⑤⑨。"

计成很形象而具体地说明,造园如何**因地制宜**的问题。更恰切地说,是根据园基如何进行竖向设计创造景境的问题,但对园林的总体规划设计,仍然不知其详。

本书从园林意匠的角度,综合《园冶》中有关总体规划的材料,结合苏州现存古典园林实例进行分析,望能揭示出园林规划设计的一些客观规律。

《园冶·相地》,是论述不同的基地情况如何进行设计的问题,其中"傍宅地"就是专讲城市中的住宅园林。这段文字中有两句话,可以说是园林总体规划设计的关键,即:

设门有待来宾,

留径可通尔室⑥⓪。

设门既是为了接待来宾,显然是指园林之门。城市园林是住宅的组成部分,为了邀请客人游园不穿过住宅,须开可直接通向街巷的园门,避免对园主家庭生活的干扰。尔室:是指园主的住宅,留径既是为了通向主人的宅院,必须方便主人家的园居生活和供服役的仆人奔走。李渔在《闲情偶寄·房舍第一·途径》中所说:"径莫

便于捷,而又莫妙于迂。凡有故作迂途,以取别致者,必另开耳门一扇,以便家人奔走,急则开之,缓则闭之,斯雅俗俱利,而理致兼收矣<sup>⑥</sup>。"这种做法可供宅与园之间设门的参考。

"设门"与"留径"时所置的两门的位置不同,方向也可能不一致,这就形成园林总体规划上的矛盾,以致影响到总体布局和景境的设计。"设门"是为了宾客,是园林的主要出入口,从客人的游赏要求,要能步步引人入胜,并且使游者对园林能获得整体的艺术形象,感受到"咫尺山林"的意境。所以,入园门后的路线,应是园林一条主要游览线。

一般古典园林的中心,是景区中接待宾客和宴集聚会的厅堂。《园冶·立基》篇开头就说:"凡园圃立基,定厅堂为主<sup>⑥</sup>。"厅堂是园林的主体建筑,要求视野开朗,朝南背北,景观最佳。所以,厅堂的位置,直接影响总体规划布局和主要游览路线的设计,而有"奠一园之体势者,莫如堂"之说。

厅堂的位置定了,由园门到厅堂的路线,也就是园林的主要游览线。所以,计成在《园冶·立基》中强调,"选向非拘宅相,安门须合厅方<sup>⑥</sup>。"宅相,是旧时迷信风水,以为房屋的布局安排会关系到主人的吉凶祸福。意思说,建筑方位不必拘于宅相的无稽之谈,园门的开设必须与厅堂的方向一致。

中国建筑以坐北朝南为佳,"安门须合厅方",就是要求园门的方位与厅堂一致,由园门到厅堂的路线,基本上在一条南北轴线上,这是中国传统建筑庭院空间组合的主要轴线方向。计成在《园冶·立基·门楼基》中又一次强调说:"**园林屋宇,虽无方向,惟门楼基,要依厅堂方向,合宜则立<sup>⑥</sup>。**"设园门和园林通向住宅的路径的要求,显然是从园居生活内外活动的功能需要决定的。但城市造园受城市结构和空间的制约,开设园门若非在立基之初就加以考虑,很难使园门既与主体建筑厅堂的方向一致,又能直接通向城市的街巷。小园林若深藏街坊建筑群之中,要想将园门直接通向街巷,往往是不可能的。但有一点是肯定的,那就是:**住宅与园林的相对位置和关系,是影响园林总体规划设计的决定性因素。**

这里,我们从建筑的布局与庭院组织角度看,对园林在不同环境和条件下总体规划上的特点,就苏州的几座名园为例,作概要的分析,以窥古典园林艺术创作的规律。

## 二、拙 政 园

园在苏州娄门内东北街,始建于明代正德年间(1506~1521),御史王献臣占大宏寺地所建。现在的拙政园,是由东部的"归田园",中部的原"拙政园",西部的"补园"三园合并而成,精华仍在中部,也是现"拙政园"的最主要部分。原拙政园在明代末年已废,中、西两园是清代顺治年间恢复重建的。园名"拙政"者,是王献臣因仕途困顿失意,不甘"以一郡倅老退林下",用西晋潘岳《闲居赋》所云,隐逸田园,"孝乎惟孝,友于兄弟,此亦拙者之为政也"的意思。

原拙政园部分,地形东西长于南北,占地不足20亩,水面占三分之二。从住宅与园的相对位置关系,宅在街北园南,园在宅后北面,园西为"补园",园东为"归田园居",北面在街坊房舍的包围之中,三面均无出路。为了设园门直接通向街道,只有在东北街设门,经宅旁的夹巷,曲折经腰门入园,形成住宅与园门均在园的南边。这是拙政园原来的园门。现拙政园扩大后,已由归田园沿街辟大门出入。由归

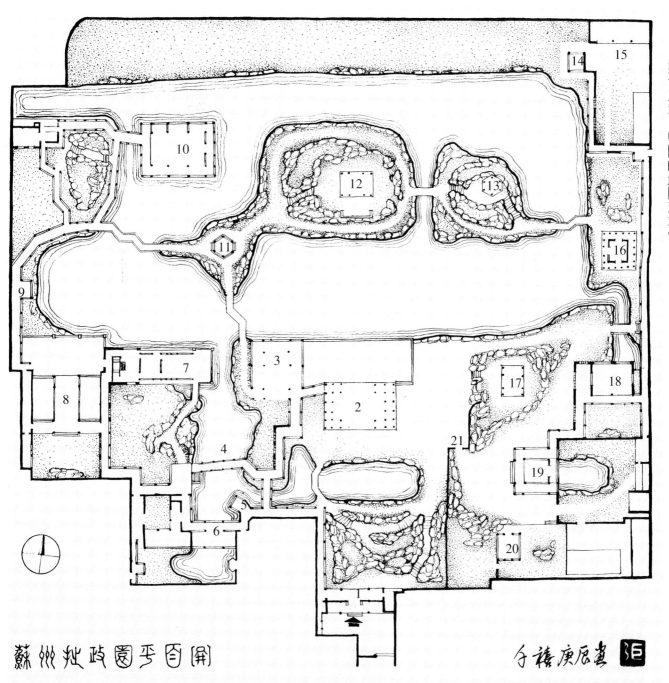

蘇州拙政園平面圖

壬禧庚辰畫

1. 原园门　　2. 远香堂　　3. 南轩　　4. 小飞虹　　5. 松风亭　　6. 清华阁　　7. 香洲　　8. 笔花堂

9. 别有洞天　　10. 见山楼　　11. 荷风四面亭　　12. 雪香云蔚亭　　13. 待霜亭　　14. 绿漪亭　　15. 采花楼遗址

16. 梧竹幽居亭　　17. 绣绮亭　　18. 海棠春坞　　19. 玲珑馆　　20. 嘉实亭　　21. 枇杷园

图 12－47　苏州拙政园总平面图(中部)

图 12－48　苏州拙政园中部景区胜概图

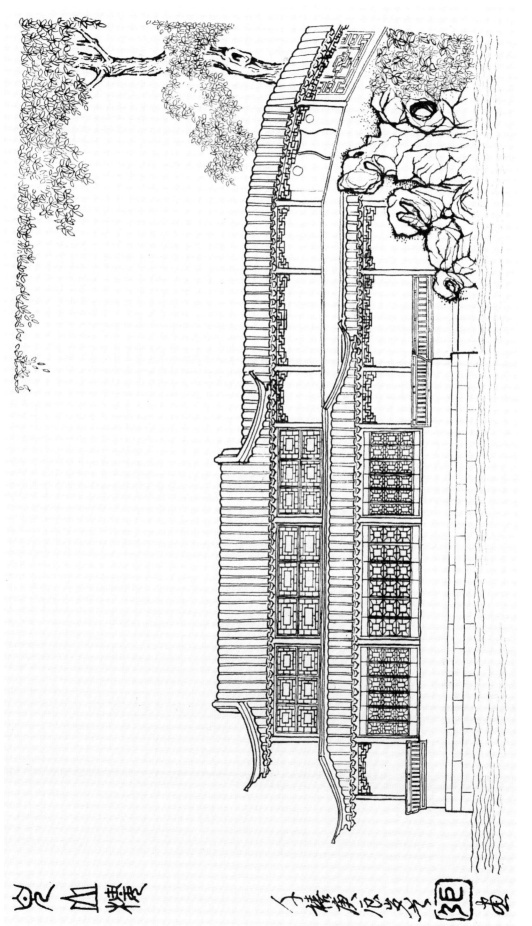

图 12－49 苏州拙政园见山楼景观

田园进入拙政园的位置,是拙政园的东侧后半部分,原拙政园的游览路线与空间序列已被打乱,成为不得已的憾事了。

原拙政园的园门与住宅位置在总体规划布局上,是将主要建筑和庭园沿园的南面一侧分布,其北即大片水面,由池岛竹树、亭台楼阁等散点建筑构成的水景。池南为视野开朗的主体建筑"**远香堂**",堂与园门对位,在一根轴线上,充分体现了"安门须合厅方"的要求,这是很典型的实例。由于建筑和庭园均布置靠住宅的南侧,"留径可通尔室"自然也就很方便了。

由园门夹巷经腰门入园,门内假山屏蔽,循廊绕水,曲折回环,至主要景区的"远香堂",豁然开朗而旷如,形成空间上强烈的对比。这种屏蔽而通、欲放先收、不使人一览无余的做法,是中国园林艺术传统的空间处理手法(图**12-47**为苏州拙政园总平面图,图**12-48**为拙政园中部景区胜概图)。

堂北池中,筑有东西相连的两座山岛,底部围以湖石,顶上皆建空亭,檐宇飞扬。池西沿墙,游廊曲折,高下起伏,直至伸入水中的"见山楼"。这一设计意匠之妙,是见山楼虽在池西,全园建筑之后,体量较高较大,而成为视觉景观的结束点。楼与廊对池从西端呈环抱之势,在池水的联络下,就将岛屿亭榭等景物连成一气,成疏而不散的有机整体(图**12-49**为苏州拙政园见山楼)。

拙政园池南的庭园设计十分精湛,如"**海棠春坞**"小院,虽只两间精舍,在空间艺术上水平之高,可以说是"以少总多"的杰出范例。

"海棠春坞"在拙政园中部主要景区的东南隅,沿东园的园墙,在"玲珑馆"和"听雨轩"后院之北。整个庭院,只有一幢两间小舍,南与前院一墙相隔,东西构廊,从图**12-50**海棠春坞平面看,庭院构成因素不多,但空间极富变化。视点A是庭的主要入口,图**12-51**,利用"玲珑馆"至小院游廊的转折处,门内虚实相比,虚敞的入口可见院中竹石,是引人入胜的一幅小品;实墙上设漏窗,可通隔院消息。视点B是沿廊而入,在入口处所见景观(图**12-52**),小斋户牖开敞,西山墙辟六角形"牖",墙外一方天井可借天光,几竿翠竹,二三块灵石,由室内观之,宛然一幅"竹石图";外观则空间富有层次和变化,这是"**处处邻虚,方方侧景**"的手法。而小斋檐廊下东设门空,外出一步为廊,转东廊围合小院。此处即是"**砖墙留夹**"处。由此回顾(视点C图**12-53**),南墙竹石点染如画,图**12-54**为海棠春坞小院南墙小景。但入口处都不甚明显(亦不宜太显)。图**12-55**是鸟瞰庭院的全境,只有两间房而已,"留夹"处之廊与东山墙之间还留有夹隙,以短垣隔之,墙辟漏窗以疏通之,"处处邻虚"也。视点D是由北南看"海棠春坞"小院背

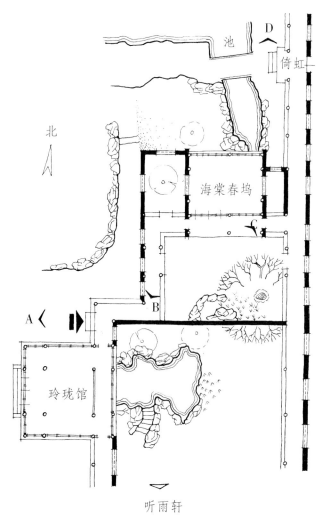

**图12-50 苏州拙政园海棠春坞环境平面图**

图 12 - 51　苏州拙政园海棠春坞小院入口景观

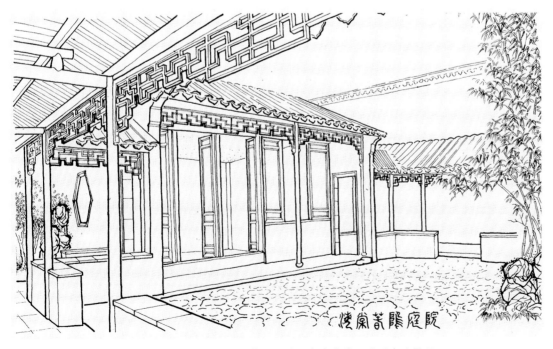

图 12 - 52　苏州拙政园海棠春坞入院后庭院景观

图12—53 海棠春坞院内回望入口处

荇堰小景

海棠春坞

图12—54 苏州拙政园海棠春坞小院南墙小景

图 12-55 苏州拙政园海棠春坞庭院鸟瞰图

703

景，小舍似架于溪上，水如出之舍下（图 **12－56**），此又是"视觉莫穷"的手法了[65]。

这个小小庭院，在空间艺术上运用了许多手法，看来只是两间房舍由廊墙组合的规整的小院，并无任何奇观异景，可谓"看似寻常最奇崛"了。"海棠春坞"的妙处，就是有三个出入口，在游人从不同路线进入庭院，看到的景象则不同，感受也不一样，刚刚出了小院，再从另一门口进入，就觉得是未曾来过的地方，仔细观察大有"蓦然回首，此地却是来时处"的惊喜之趣。这就说明，为什么初次游苏州园林的人，游完总觉意犹未尽，还有许多地方未游到、未看到的缘故。

对中国的园林艺术，研究者如果只从感性直观的山（石）水（池）如何创作出发，只见"**实**"的方面，而忽视园林的空间意匠和手法，如何突破有限空间的局限达于无限的不可见的"**虚**"的方面，这样的研究者并没有真正了解中国园林。作为一个园林建筑师，不懂得、不掌握中国园林的空间意匠和手法，只能在绿化之中，点缀些假山亭榭之类，自以为这就是园林了，这只不过是在花园里用了点传统建筑形式而已。

有的研究文章竟然宣称建筑在园林中是可有可无的谬论，说明其对中国造园是多么无知，只不过是套用西方造园的观点谈中国的园林艺术罢了。中国造园发展到宋代以后，私家园林已是住宅的一个组成部分，为了满足业主家庭园居生活的各种活动需要，必须建有一定的庭院，迄今遗存的古典园林实物就是无需证明的事实。如果我们将住宅庭院的空间结构和组合方式照搬到园林里，稍有点建筑常识的人也会想见：端方规整、空间封闭的庭院，与山水景区是多么的难以协调，也就根本

图 12－56　海棠春坞小院之背后景观

谈不上什么"往复无尽"的流动空间意趣了。

"海棠春坞"小院的空间意匠，正是运用了计成在《园冶》中提出的"**砖墙留夹，可通不断之房廊**"⑥⑥的手法，而"留夹"之法，是计成在《园冶》中多处提出，又不阐明、故弄玄虚的一再点出的手法。他认为园林建筑的"深奥曲折，通前达后"全在这留夹中"生出幻境"。并特别强调指出："凡立园林、必当如式!"说明"留夹"是计成在《园冶》中总结出来的中国古典园林建筑庭院非常重要的意匠和手法。

## 三、留 园

留园在苏州阊门外，是现存苏州古典园林中之最大者。明嘉靖年间（1522～1566)太仆寺徐泰所建，清乾隆间(1736～1795)为官僚刘恕所有，重加修葺，于嘉庆三年(1798)落成。因园"竹色清寒，波光澄碧，擅一园之胜"，故名"寒碧山庄"，亦称"刘园"。光绪时重建，扩大了东西北三部分，增加了大量建筑物，取刘园之谐音为"留园"。

留园占地 30 亩，在私家园林中是规模较大者。园的地形很不规整，嵌欹偏缺，但大致呈曲尺形。宅与园的相对位置关系是:宅在街北，宅门南向，园在宅后。留园四周除沿街外无出路，三面被包围在街坊的建筑群中。

留园为了"**设门有待来宾**"，在宅的西边留出通路。路虽是曲折的借天夹巷，但进园门设门屋并建轿厅，不失大园之风范。从宅园位置的相对关系看，很自然地在空间结构上，以园门内南北一线为区划，紧接祠堂后的曲尺形短边部分为景区。东北部分，在住宅之后则用大量建筑组合成"**庭园**"，既满足主人的园居生活需要，又可方便地"**留径可通尔室**"(图 **12－57** 为留园总平面图)。

留园的景区，以池沼为中心，由夹道进园的门厅，有两条路线，一是经"古木交柯"顺墙向北沿池东岸之"曲溪楼"、"西楼"、"清风池馆"这一列建筑空间的过渡，进入庭园区的主要厅堂"**五峰仙馆**"楠木厅。另一条游览路线，是从"古木交柯"之廊向东，沿池的南岸，过"绿荫"，经"水阁"，至"**明瑟楼**"和"**涵碧山房**"，这是一幢楼与厅的组合建筑。涵碧山房是坐北朝南、临池的大厅，其东山墙面园门为二层楼房，厅临池设月台，用文石驳岸，是景区的主体建筑。

"古木交柯"是用廊围成的半敞小院，南墙下原有一株交柯古木，故名。廊的沿池一面筑墙，墙上辟有一列玲珑剔透、图案各异的漏窗，隔墙景区隐约迷离，西接空间通畅开敞的"绿荫"可览池山景色，空间变化十分引人入胜。游人入园后，很少向北一线，大多从古木交柯长廊向东至"涵碧山房"，正因**设门不合厅方**，用空间设计为引导，让游人不由自主地按设计者的规划路线行动，这样的设计才是高水平的成功佳作 (图 **12－58** 为留园入口内古木交柯、绿荫平面图，图 **12－59** 为进门景观)。

景区的南、东两面都是建筑，从景观上看，建筑位置前后高低，虚虚实实，形象非常生动(图 **12－60** 为留园池东建筑正立面)。池的西部和北面则筑土构石为山，游廊自"涵碧山房"西出一步爬山，依园垣曲折高下，周绕西、北两面。西部山顶以"闻木樨香轩"为对景，向东曲折而下，至景区东北隅"远翠阁"终止。古木荫翳、景境清幽而

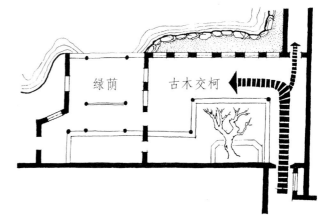

图 12－58　苏州留园入口古木交柯、绿荫平面空间设计

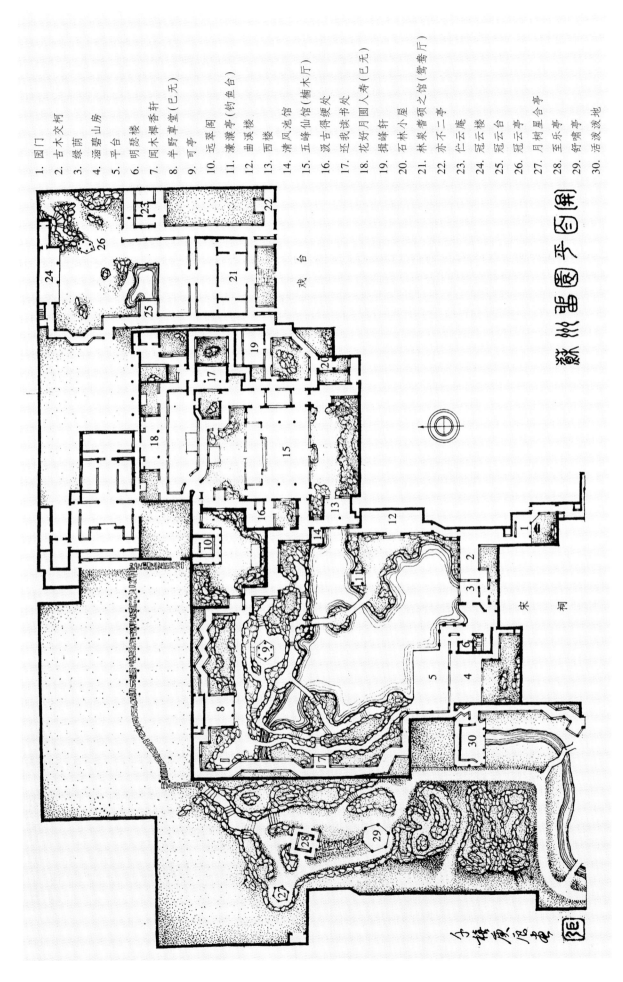

1. 园门
2. 古木交柯
3. 绿荫
4. 涵碧山房
5. 平台
6. 明瑟楼
7. 闻木樨香轩
8. 半野草堂（已无）
9. 可亭
10. 远翠阁
11. 濠濮亭（钓鱼台）
12. 曲溪楼
13. 西楼
14. 清风池馆
15. 五峰仙馆（楠木厅）
16. 汲古得绠处
17. 还我读书处
18. 花好月圆人寿（已无）
19. 揖峰轩
20. 石林小屋
21. 林泉耆硕之馆（鸳鸯厅）
22. 亦不二亭
23. 仁云庵
24. 冠云楼
25. 冠云台
26. 冠云亭
27. 月树星合亭
28. 至乐亭
29. 舒啸亭
30. 活泼泼地

苏州留园总平面图

图 12－57

706

有山林的意境,登之可远眺虎丘、天平、狮子山诸胜。

留园大量建筑组成深重庭园,集中在东北部,自成一区。进园门厅直北,沿池东岸入"清风池馆",至主要的厅堂"五峰仙馆"的庭院。园的最东端,以"林泉耆硕之馆"与"冠云楼"南北对峙,院中即著名的峰石**冠云峰**,登楼可远借虎丘之景(图**12-61**为留园冠云峰)。

留园庭院的空间意匠,是很精湛的(见图**12-62**石林小院环境平面和图**12-63**小院俯视图)。在"五峰仙馆"院中,看不到有通向**石林小院**的道路。其东厢"鹤所"是座只辟门空、窗洞的廊屋(图**12-64**为鹤所室内透视)。进鹤所出南端侧门,可至"石林小屋"南的背面,非主要通路。而通向石林小院的主要路线,却出人意外地在五峰仙馆之内,即"前添敞卷"、"后进余轩"的东山墙所辟的门空,图**12-65**为由五峰仙馆东山墙窗牖,看到石林小院的情景,空间层次十分丰富。图**12-66**是在石林小院的主要入口"静中观"处,回头望"五峰仙馆"东山墙窗牖的景观。视点 A(图**12-67**静中观望石林小院景境)为"静中观"——院内曲廊的端头——所见小院全景,峰石突立,藤萝漫衍,花木满庭,郁密而不迫塞,院虽小而境幽深。视点 B 是循廊转折至"揖峰轩"前檐廊下,回观入口处的"静中观",利用廊端部的屋脊水戗,一角飞扬,抛向蓝天,从空间上打破了小院的闭塞感,空间景象显得非常活泼而生动(图**12-68**为留园揖峰轩前回望静中观)。

石林小院除小小三间的"揖峰轩"外,四围皆廊,为打破庭院的规整,将东廊与南廊错位斜出折角相连,这种意匠与手法,如《园冶》所说:"惟园屋异乎家宅,曲折有条,端方非额,如端方中须寻曲折,到曲折处还定端方。"[67]是很生动的实例。视点 C 就是在东廊南望,在廊南头转折处,砌墙以屏蔽之,墙上又开漏窗,可通几许消息,既加强了空间的导向性,也具有视觉莫穷的作用。否则,不筑此墙,院角死隅可见,不仅使人感到院小,而且也了无生意(图**12-69**为石林小院东廊南望的空间景象)。

"五峰仙馆"与"石林小院"之间的空间设计之妙,就在两个庭院间的交通隐蔽性,通过厅堂内部空间,由山墙门空出入的做法,是出乎人意料之外的;空间的层次和变化,也大大地引起游人的兴趣。这就是计成在《园冶》中提出的另一种手法,即**"出幕若分别院,连墙傥越深斋"**的建筑空间意匠和手法。对这句话,以往研究《园冶》者多不能理解,或者是望文生义,不得要领。对此,我在《中国造园论》和《园冶全释》中已作了较详细分析,不必在这里赘述而浪费笔墨了[68]。

中国古典园林建筑庭院的空间结构,是四方连续的,具有多向性的特点,所以庭院之间的交通联系也是多向的,除主要出入口外,往往从不同方向都有次要的二个或二个以上出入口或通路,有的暗藏,有的半露;有主有次,有明有暗,或半明半暗,明者踏园径,暗者穿房舍,半明半暗者步曲廊。虚中有实,实中有虚,虚虚实实,方方皆景,处处邻虚,从而创造出变化莫测极为丰富的空间景境来。

这种空间设计,构成一种复杂而多变的环形路线,不仅是庭院,就是整个园林的景区与景区、景区与庭院、庭院与庭院之间,构成大环套小环,环中有环,环环相套,错综复杂"循环往复"的人流路线的特殊组织形式。使游人往复循环,无终无

图 12-61 苏州留园冠云峰

这种空间意匠具有深邃的哲理性,是中国古老的哲学思想"无往不复,天地际也"的空间意识,渗透在造园艺术之中,经长期的历史实践,随时空的变化不断发展精炼而成的灿烂成果。可名之为"空间往复无尽论"。

图 12-59　苏州留园进门之"古木交柯"景观图(摹写)

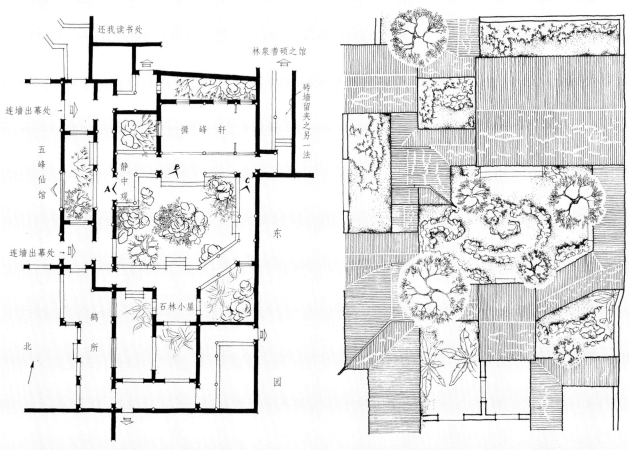

图 12-62　苏州留园石林小院环境平面图

图 12-63　苏州留园石林小院俯视平面

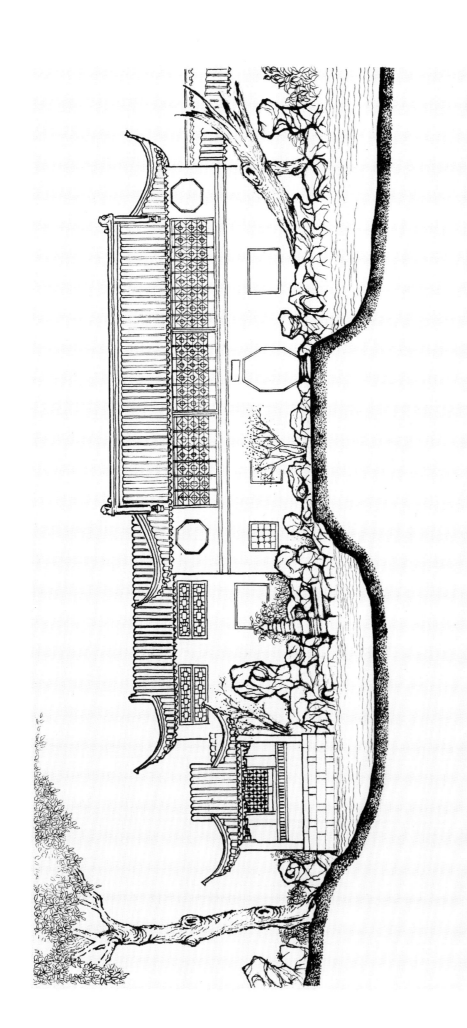

苏州留园园池东面建筑景观

苏州留园池东面建筑景观图

图 12－60　苏州留园园池东面建筑景观图

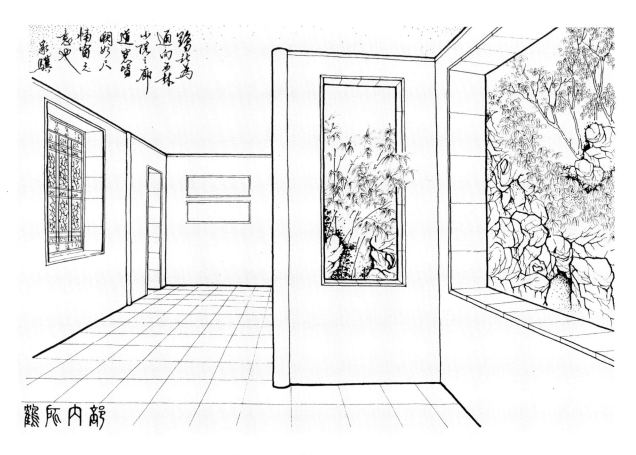

图 12-64 苏州留园鹤所室内透视图

图 12-65 由五峰仙馆东山墙窗牖望石林小院

图 12-66　由石林小院静中观望五峰仙馆

图 12-67　留园静中观处石林小院景观

图12—68 石林小院揖峰轩前回望静中观

图12—69 由石林小院东廊南望的空间景象

始,也就无尽。上述两园中的"海棠春坞"与"石林小院"就是最好的例子。用分析图示之,如图**12-70**海棠春坞庭院空间组合示意图,图**12-71**海棠春坞庭院人流路线示意图,图**12-72**石林小院空间组合示意图,图**12-73**石林小院人流路线示意图。

这一空间艺术理论的核心,是时空的融合,而时空融合的空间是"**流动空间**"。这就是说,西方曾流行的流动空间的建筑设计,在中国最迟到明末即350多年以前,流动空间的理论与实践就已盛行,在建筑和环境的设计方面已取得很高的成就了。

## 四、狮 子 林

狮子林在苏州园林路,是寺庙园林。元末至正二年(1342)建,初名狮林寺,后改名菩提正宗寺。据元欧阳玄(1274~1358)的《狮子林菩提正宗寺记》云:"林有竹万个,竹下多怪石,有状如狻猊者,故名狮子林。且师得法于普应国师中峰本公,中峰倡道天目山之狮子岩,又以识其授受之源也。"狻猊(**suān ní**):即狮子;师:天如禅师。清代江苏人钱泳(1759~1844)在《履园丛话》中所记资料说,狮子林的假山,是寺僧天如禅师请朱德润、赵善长、倪云林、徐幼文等当时著名的诗人和书画家共同参划叠成。说狮子林的假山是画家倪瓒(云林)的手笔。此说不确,倪瓒只是参划者之一,也并非只有他是画家,朱、赵、徐三人也都是能诗善绘,当世负盛名者。

狮子林建园之初,建筑不多,以竹树萧森、石峰奇巧见称。清初荒废,变为民居,寺庙与园林已用墙隔开,园林部分为黄氏所购,名"涉园"、"五松园"。民国初年,归苏州贝氏所有,以东部为宗祠。如今之现状,前为祠堂,后作住宅。西部园林,扩大了园址,并重建了亭榭厅堂(图**12-74**为苏州狮子林总平面图)。

狮子林园林占地15亩,地形较方整,四周高墙峻宇,无出路亦无外景可借。其空间结构特点,是沿进园门一侧,在园的东边和东北边两面组合庭院,呈凵形半绕的布局。为打破高墙的视界闭塞感,用化实为虚之法,在园的西边和南边沿墙以廊疏通之,在高下曲折的廊中,对景处缀以轩亭。形成狮子林总体的格局,**实四周而空其中**,留出大片空间作为创造山水意境的景区。

狮子林的庭院有其值得介绍的妙笔,即很巧妙地运用廊的围与隔,空间的透与漏,丰富的虚实变化,令人有空间无尽、意趣无穷之感。循廊入"**燕誉堂**",院西墙有圆洞门,这是园的主要出入口,东、南两面高墙峻立,西面为隔院的"**立雪堂**"背面,一堵粉墙,只辟一个方牖,可通隔院消息(立雪堂)。南墙下点缀了一二株佳木,三两块灵石,萧疏而不空松,庭院十分雅洁(图**12-75**为从立雪堂后窗望燕誉堂庭院进园入口)。

出"燕誉堂"前檐廊的西山门空,沿廊西行(此廊即"立雪堂"庭院北廊),至"立雪堂"小院,院内只此一堂,坐东面西,院的南北西三面是:南墙高峻屏蔽,北廊外实内敞——是"燕誉堂"的空间引伸与延续,形成庭院南北虚实相对。院西构复廊成 **U** 形通道,复廊内外筑墙,东西两面外墙,开有一排窗空,廊中隔墙则是一排漏窗。从"立雪堂"西望,透过复廊内外对位的窗空和漏窗,可见隔院亭阁罅影,竹树迷离,颇能引人入胜。由院内北廊南折,入复廊,只见南端筑墙似不可通,但绕过短墙,西有

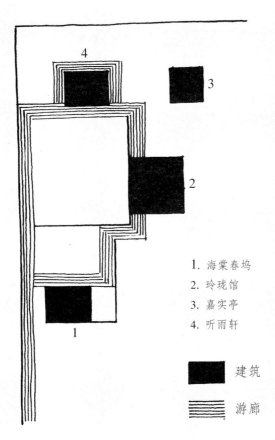

1. 海棠春坞
2. 玲珑馆
3. 嘉实亭
4. 听雨轩

■ 建筑

▤ 游廊

图 12-70  海棠春坞庭院空间组合示意

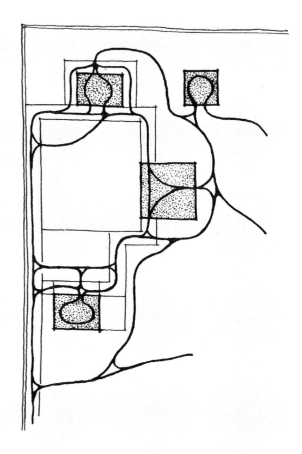

图 12-71  海棠春坞庭院人流路线示意图

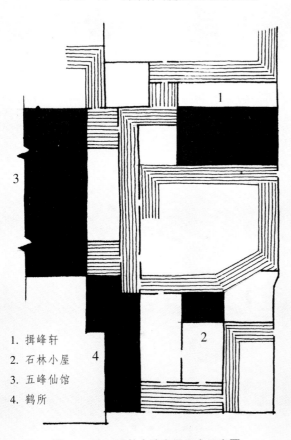

1. 揖峰轩
2. 石林小屋
3. 五峰仙馆
4. 鹤所

图 12-72  石林小院空间组合示意图

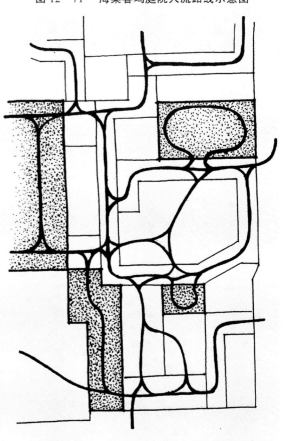

图 12-73  石林小院人流路线示意图

门洞,出门洞向西,"凝辉亭"翼然在望;向北,则复廊深长,窗空外"修竹阁"约略可见。由复廊北端西出,是向南开敞,北面筑墙,设有门空的游廊,廊端与"修竹阁"相接,构成半开敞的小院。院中小池深邃,湖石围岸,犬牙交错,池西竹树茂密,"修竹阁"似架水口之上,景境有山林涧壑的意趣(图 **12－76** 为狮子林进园后庭园空间组合平面,图 **12－42** 为修竹阁景观)。

### 狮子林的假山

狮子林是以假山形貌之奇异著称的如何评价?最早见于文字的,大概是清代沈复在《浮生六记·浪游记快》中的一段评论。他说:

> 其在城中最著名之狮子林,虽曰云林(倪瓒)手笔,且石质玲珑,中多古木;然以大势观之,竟同乱堆煤渣,积以苔藓,穿以蚁穴,全无山林气势。以余管窥所及,不知其妙[69]。

是否有**意境?** 是中国人评价艺术的非常重要的标准,艺术的意境有它的深度、广度。对中国传统艺术,如果毫无意境可言,也就不成其为艺术了。沈复对狮子林假山的评价,"全无山林气势!"是艺术的评价。而与沈复同时的长于史学的赵翼,对狮子林的假山,有诗云:

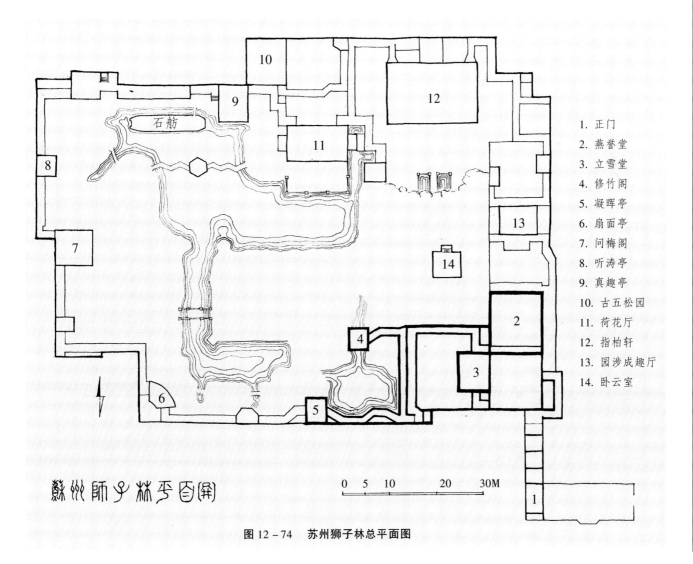

1. 正门
2. 燕誉堂
3. 立雪堂
4. 修竹阁
5. 凝晖亭
6. 扇面亭
7. 问梅阁
8. 听涛亭
9. 真趣亭
10. 古五松园
11. 荷花厅
12. 指柏轩
13. 园涉成趣厅
14. 卧云室

图 **12－74**　苏州狮子林总平面图

图 12－75　狮子林由立雪堂后窗看燕誉堂庭院入园处

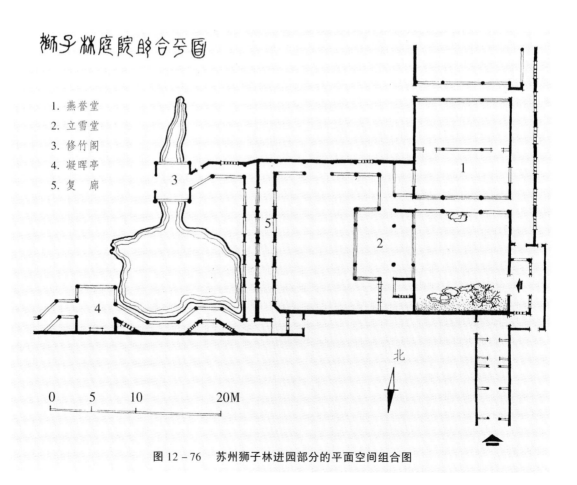

狮子林庭院的合平圖

1. 燕誉堂
2. 立雪堂
3. 修竹阁
4. 凝晖亭
5. 复　廊

0　　5　　10　　　　20M

北

图 12－76　苏州狮子林进园部分的平面空间组合图

　　山蹊一线更纡回,九曲珠穿蚁行隙。

　　入坎涂愁墨穴深,出幽蹬怯钩梯窄。

　　上方人语下弗闻,东面来客西未觌。

　　有时相对手可援,急起追之几重隔。

　　这正是狮子林假山,让游人在其中钻来钻去所得到的**物趣**。这种做法,如计成在《园冶·掇山》中指出的,是"罅堪窥管中之豹,路类张孩戏之猫",虽有"物趣"而毫无**天趣**。园林造山,旨在**"山林意味深求"**,追求的是无限自然精神的"天趣"。"物趣"多俗,是暂时的,如狮子林假山,乍游则惊喜,游毕则无味,多游就生厌矣;"天趣"是情景交融的感情升华,是一种精神绝对自由的审美境界,使人心灵得到净化,这样的景境历久弥新。

　　狮子林的园林建筑较少,相对景区则大,整个景区的山水造景,以石山为主,山在景区之中,将水面划分得很散,没有一个大的完整水面。而山用湖石,可谓块块玲珑,峰石嶙峋却布如刀山,沈复说它如"乱堆煤渣"不算太过;水如涧壑,却无涧壑深邃的意象;峰石丛叠,全无山林的气势,加以四面被包围在建筑中间,人游其中毫无山林清旷之意,只有郁结不畅之感。

　　狮子林创作立意之**"俗"**,充分表现在西北隅池上的**石舫**,本不宽广的水面,中间用曲桥亭子横跨东西,水面更觉其小,而石舫之大,几乎占一半水面;舫制作很真实,令人不解的是如此一洼小池,何以会有如此之大的舟舫?园林山水要**"做假成真"**,而狮子林的石舫是**仿真更假**,而这"假"不止是这石舫,而是整个园林的山水景境了。

　　以上三例,是苏州大中型园林中之最著名者,从中也不难看出,中国园林的高度艺术性,建筑艺术的空间设计,占有重要的地位。中国的园林建筑,既为园居生活所必需,同时也是创造景境的重要手段,但不论是水石的山水造景,还是建筑及其庭院组合,除了掌握其本身的结构与造型规律,园林设计首先必须要解决的,是从视觉上突破有限的空间局限,给人以无限、无尽的审美感受,才能取得"虽由人作,宛自天开"的效果。

　　中国古代的园林建筑师,高妙地解决了空间与空间之间的联结、流通、流畅,而达于无限的问题。这是现代西方建筑师所向往而欲创造的**"流动空间"**。中国的匠师通过**"砖墙留夹"**、**"出幞连墙"**等的意匠与手法,早已取得**空间的无限性**与**永恒性**的高度艺术成就了。

　　在苏州古典园林中,小型园林的规模不大,园林占地少,大者数亩,小者亩余。一般小园多在住宅的东或西面一侧,宅与园长轴并列者多,如园基不临街,在鳞次栉比的房舍中,不可能具备**"设门有待来宾"**的条件,只能由宅内就便进园。正因宅与园长边相邻,可在宅院辟侧门随便通园,很易解决**"留径可通尔室"**的矛盾。现以苏州几座小园的实例,从其总体规划和景境意匠特点阐释之。

### 五、鹤园

　　鹤园在苏州韩家巷,是苏州小园中之较大者,地形南北之长,倍于东西,呈纵长方形。住宅与园林相对位置关系是:住宅南临街道,园在住宅西边,园基南端面街,故在东南隅建有门厅。

　　从园的总体布局看,因园基东西宽仅 20 米左右,南北深约 50 米,采取实两头而虚其中的格局，南建"四面厅"，与门厅构成前院，为景区前的空间过渡。北端为主体建筑"**携鹤草堂**"。门厅、四面厅、携鹤草堂三栋体量较大的厅堂，基本在一条轴线上。园虽小，却满足了**设门有待来宾**的需要，也合乎**安门究合厅方**的规划设计要求（图 **12 – 77** 为苏州韩家巷鹤园与住宅平面图，图 **12 – 78** 为鹤园俯视图）。

在"四面厅"与"携鹤草堂"间，是园的惟一的景区，因空间范围非常有限，中央凿池较小，水面曲折蜿蜒，至"四面厅"西山墙外，与前院西南角之山亭映带呼应。池小则用湖石驳岸，犬牙交错，洞隙透漏，从而打破池岸的视界局限。

在池之东面，沿西墙朝东，依墙建重檐小阁，平面呈倒八字形，进深虽很浅，檐宇重叠飞扬，颇有气势。沿东墙朝西，自门厅至草堂，一带长廊曲折，穿前厅，接"风亭"，遮阳蔽雨，通前达后，是园内的一条主要游览线（图 **12 – 79** 为苏州韩家巷鹤园西面景观，图 **12 – 80** 为苏州鹤园东面景观）。

"风亭"的意匠是值得介绍的，亭的位置在隔壁厅堂的山墙下。高大而沉实的山墙，就成了小园内巨大的视觉障碍和心理上的沉重压力，必须**化实为虚，化景物为情思**。玲珑的"风亭"建于大山之下，亭基随山墙高低而上下，在空间构图上，叠落的三山屏风墙成了亭的装饰性背景，曲折游廊亦随之起伏，化呆板的山墙为生动，化重实的山墙为空灵（图 **12 – 81** 为苏州鹤园风亭景观）。这种在山墙下构亭的"化实为虚"手法，因小园的长轴多与住宅多进庭院并列，几乎不可避免地见到厅堂的山墙，所以这种手法在小园中十分普遍，我名之为"**见山构亭**"法。

我们在讲到亭的建筑形式时，曾说近墙构亭宜方不宜圆，方亭离墙也须有一定的空间距离，否则亭的戗角难以舒展，使人感到迫隘。"风亭"限于地形，亭后空间狭隘，翼角不得舒展，设计者干脆将亭后的夹隙两头砌墙堵死，墙上辟漏窗，构成邻虚的小天井，亭的后墙开窗空，如一幅生动的小品，可谓置之死地而后生了。在造型上，只保持亭正面翼角飞扬的形象，侧面利用屋顶的坡度，与墙头盖顶联成一体，巧妙地运用了"**处处邻虚，方方侧景**"的原则。正侧两面的形象不同，却浑然一体，形成各有特色而性质不同的空间环境（图 **12 – 82** 为鹤园风亭侧面景观）。

《园冶·立基》对亭榭基有"亭安有式，基立无凭"之说，对大中型园林是适用的。对小园而言，"见山构亭"就不是无凭，而是"基立有凭"的了。

## 六、网 师 园

网师园在苏州葑门阔街头巷，南宋时为史正志"万卷堂"故址。清代乾隆时，"宋光禄悫庭购其地治别业，为归老之计，因以'网师'自号，并颜其园，盖托于渔隐之义"。乾隆末年此园日就颓圮，有瞿远村者购其地，"因其规模，别为结构，叠石种木，布置得宜，增建亭宇，易旧为新"[⑦]。此后几经兴衰，而成现状。

网师园，虽只数亩之地，却是苏州小园林中最精致者。从宅与园的相对位置关系看，园在宅的西面，地形呈 **T** 形，长于南北，而短于东西。著者据 20 世纪 50 年代上海同济大学建筑系的测绘图分析[⑦]，园林长轴南端是可以设园门直接开向阔街头巷的，当初设计者并未如此，而是采取住宅与园林同一出入门户。对来宾入园，设了两条路线：一是由门屋折向西行，经园南端横向小院，直接进入"**蹈和馆**"，路线曲折较隐蔽；一是由轿厅西侧小过厅"**网师小筑**"，西出院墙门，步游廊入池南的厅堂"**道古轩**"，是南部的主体建筑，可览一园胜概。在以轿子代步的时代，由轿厅入园，应是接待来宾的主要入口和路线。数十年来，网师园一直由十全街后门入园，是逆游览路线参观，很不合理。近年旅游事业兴旺，已走正途，由住宅大门入园矣（图 **12 – 83** 为苏州网师园及住宅平面图，图 **12 – 84** 为苏州网师园及住宅二层平面图）。

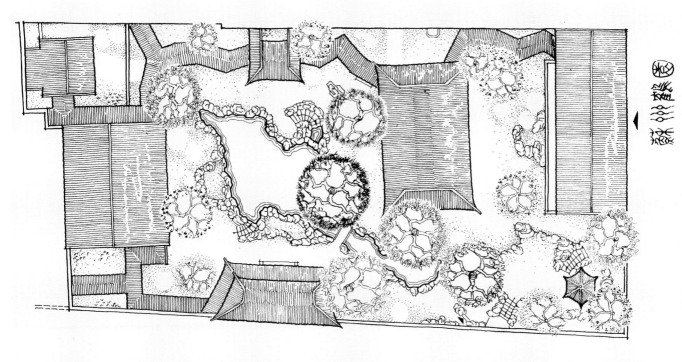

图 12 - 78  苏州鹤园俯视图

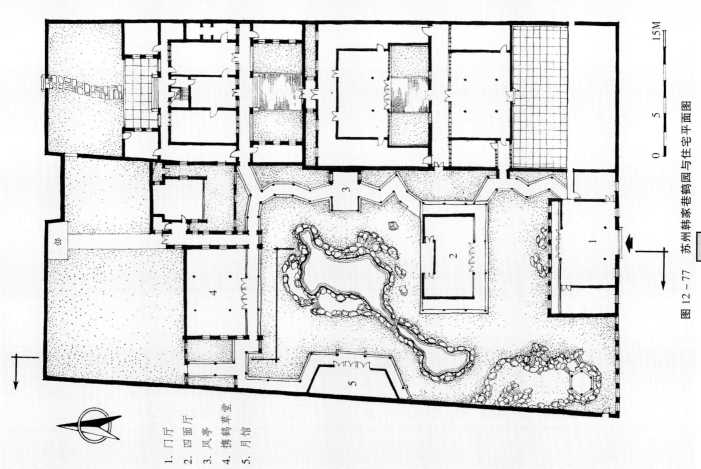

1. 门厅
2. 四面厅
3. 风亭
4. 携鹤草堂
5. 月馆

0  5  15M

图 12 - 77  苏州韩家巷鹤园与住宅平面图

719

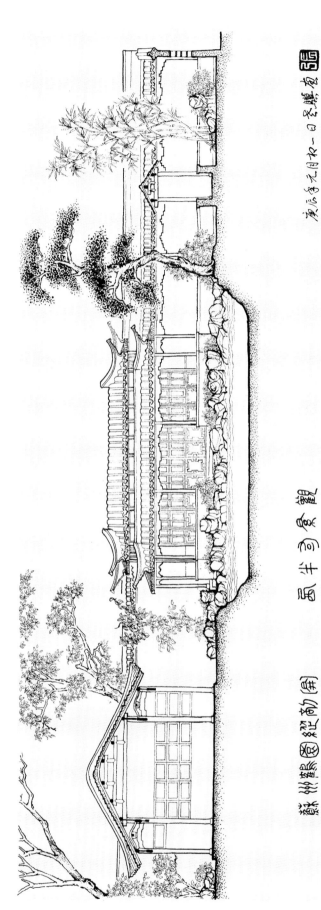

苏州鹤园纵断面图 瓦平台景观

图12-79 苏州韩家巷鹤园纵剖面图（西面景观）

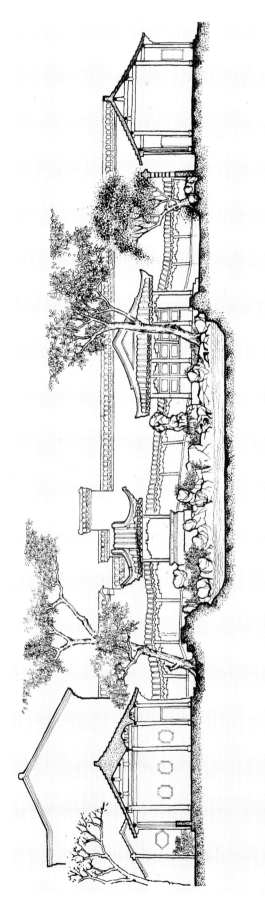

苏州鹤园断面图（四周一朵立面景观

图12-80 苏州韩家巷鹤园东面景观

图12—81 苏州鹤园风亭景观

图 12－82　苏州鹤园风亭侧面景观

网师园不设园门,显然有其合理性。因宅与园临街巷的面宽共约 50 米左右,住宅是单轴线多"进"庭院组成,约占面宽的五分之二,园林约占五分之三近 30 米,若设园门,则宅门与园门相距太近,且园受宽度的限制,按"安门须合厅方"的要求,近门若建一座厅堂,则再难布置其他建筑。网师园的建筑密度较大,不设园门,由侧面便可入园,也有利于提高园的建筑密度。

网师园布局特点,虽采取小园的**实两头而空其中**的模式,由于建筑较多,在位置经营、使用功能及路线规划上,可谓惨淡经营,十分"**得体合宜**"。中央以水池为中心,水面较大,几占满庭,将 **T** 形园基的长轴方向这一完整的空间(景区),分为南北两部:池南以"道古轩"厅堂为主,西南隅的"蹈和馆",成为从轿厅进园的对景,与临水建筑"集虚斋"这一组建筑物,是接待宾客和聚会宴集的场所;池北以前后错列的"琳琅馆"和"射鸭轩"为南岸对景(图 **12－85** 为苏州网师园胜概图)。

**T** 形园基短轴的东西两头,在景区之外,嵌邻舍之中,各自成封闭的庭院。东头紧靠内宅,为藏修密处的"**五峰书屋**"小院,地处一隅,位置非常合宜,既合乎《园冶》对书房的基本要求:"**择偏僻处,随便通园,令游人莫知有此。**"又与宅院紧邻,从内宅楼厅入园,极为方便。西头隔墙为"**殿春簃**"和"**冷泉亭**"组合的庭院。"**冷泉亭**"是院西墙大山下之半亭,亦"**见山构亭**"之法(见第十章中"冷泉亭"图)。小院景物不多,老树繁柯,花木灵石,十分静谧清幽。

景区池水,环池叠石,池的西北和东南两角,则用了"**引蔓通津,缘飞梁而可渡**"的手法,断处通桥,架以曲折的石梁。池的东面宅墙,藤萝蔓延,"环堵延翠萝薜";缘西墙一带回廊曲折,中间架水构亭,由亭沿廊向南与"道古轩"廊庑相接,向北入"殿春簃"庭院,门额"潭西渔隐",可能为旧时园主经常休憩的地方。

网师园建筑虽多,但布局紧凑,尺度适宜,前后高下,十分有致,且形体极富变化,藉水面的浮空泛影,景境之幽美,令人神往。如钱大昕在《网师园记》所说:"地只数亩,而有纡回不尽之致;居虽近廛,而有云水相忘之乐。"

### 七、畅 园

畅园在苏州庙堂巷,地形规整,呈狭长方形,面积不大,东西宽不足 20 米,南北长约 50 米左右,仅一亩半地。从宅与园的相对位置看,园在住宅的东边(图 **12－86** 为苏州畅园与住宅总平面图,图 **12－87** 为苏州畅园俯视图,图 **12－88** 为畅园平面图)。

畅园总体规划设计,在园门和景境的意匠上,都有其个性和特色。从宅园总平面图看[72],畅园虽然可以向南扩展至庙堂巷,直接对外开设园门,但若如此,显然园的基地太过狭长,难以集中布置景物。如从住宅东垣开门,随宜入园,不仅难以避免经过住宅厅堂,且从侧面入园,视界很浅,不可能一览园的胜概。

设计者是将园南端到庙堂巷这块基地规划设计成住宅与园林并列的两个大门。对宅门而言,在住宅东侧的次要轴线上,不但符合将宅门设于东南方巽宫的风水要求,而且门屋的院子,为住宅创造一个过渡的缓冲空间,即加强了住宅生活的隐密性和空间序列的变化;迎面的照壁,选用精致的砖雕作重点装饰,造成住宅俨雅的气氛。

园门的设计,不仅完全按照园林大门必须依厅堂方向的原则,而是干脆将门屋(桂花厅)与厅堂组合成庭院,使"**桐华书屋**"凸向园中一角,为待客休憩之处。出"桐华书屋"有三条路线到园的主体建筑"**留云山房**":一是向北入东廊,经"延辉成趣亭"和"憩闲亭",至"留云山房"堂前露台;二是由书屋北下台阶,露天步行,过跨水曲桥,至池西水榭"**涤我尘襟**";三是向西由爬山游廊经"**待月亭**"北折,步曲廊入夹弄,可进"涤我尘襟",或直到"留云山房"。

园的总体布局,仍然采取**实两头而空其中**的小园模式,以池沼为中心,沿池两侧构以亭廊,基本上采取"**亭台突池沼而参差**"的方式。池东建筑西晒,不宜于居住,故沿东界墙下,以"延辉成趣"六角攒顶亭为主景,以"憩闲"两坡顶简朴小亭为转折,连以曲折长廊,意在可游、可望,构成东面景观。

西侧东煦,宜于居住,隔水与"憩闲"小亭相对者,为体量较大之"涤我尘襟"半

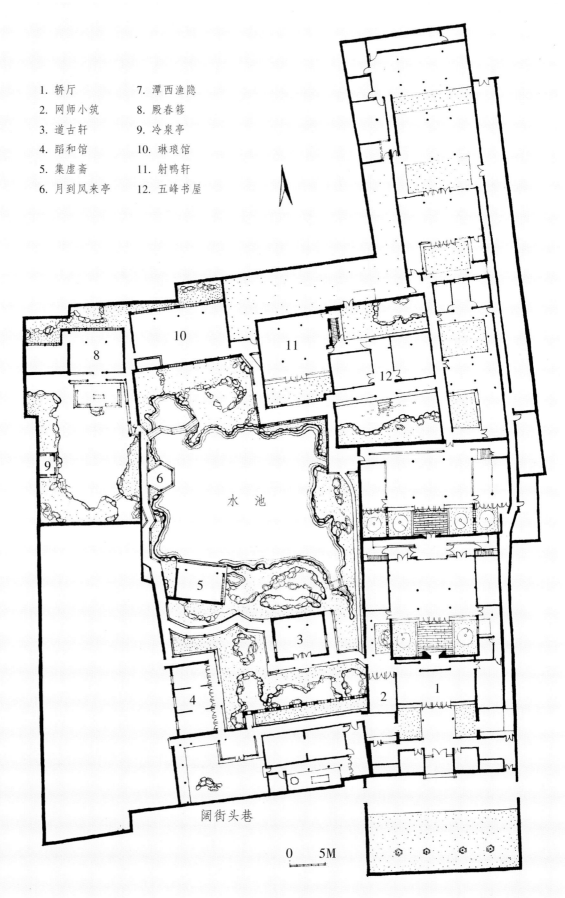

1. 轿厅　　　7. 潭西渔隐
2. 网师小筑　8. 殿春簃
3. 道古轩　　9. 冷泉亭
4. 蹈和馆　　10. 琳琅馆
5. 集虚斋　　11. 射鸭轩
6. 月到风来亭 12. 五峰书屋

水　池

阔街头巷

0　　5M

图 12-83　苏州网师园平面图

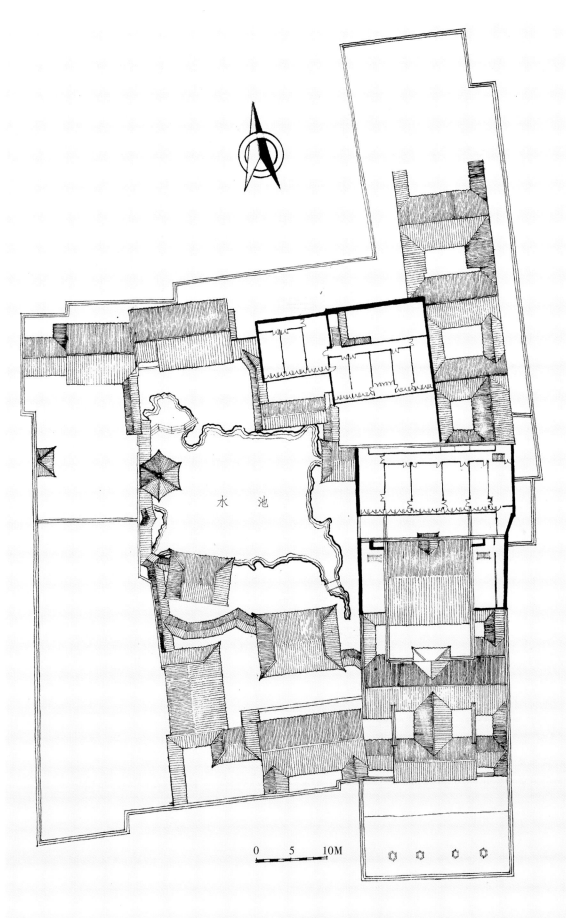

水 池

0 5 10M

图 12 - 84 苏州网师园二层平面图

图 12-85　苏州网师园胜概图

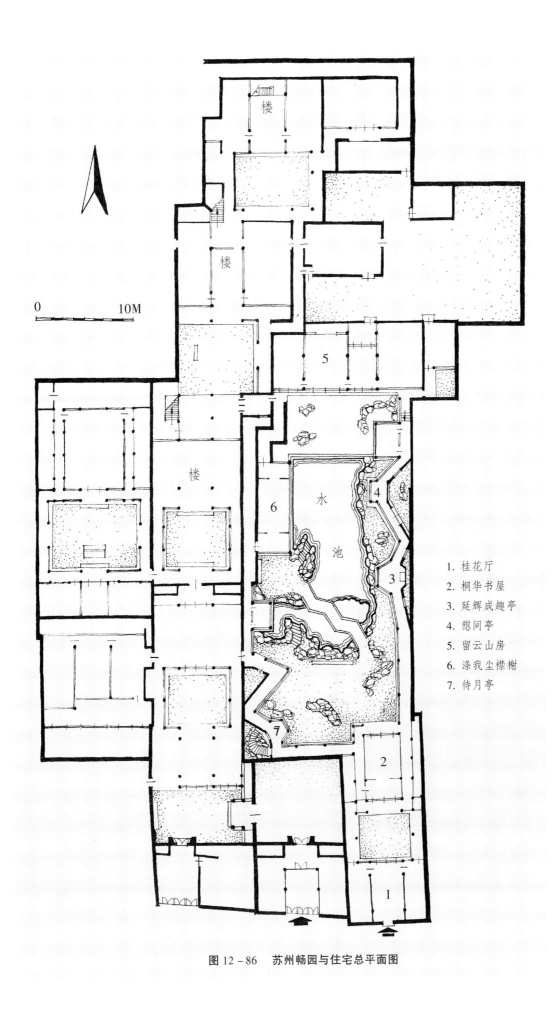

0          10M

1. 桂花厅
2. 桐华书屋
3. 延辉成趣亭
4. 憩间亭
5. 留云山房
6. 涤我尘襟榭
7. 待月亭

图 12-86　苏州畅园与住宅总平面图

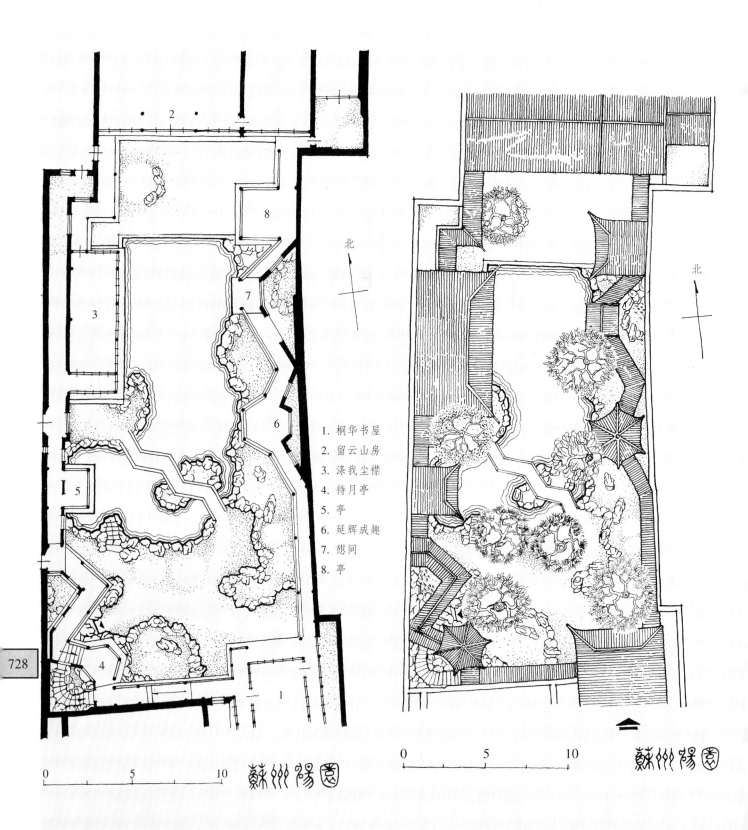

北

1. 桐华书屋
2. 留云山房
3. 涤我尘襟
4. 待月亭
5. 亭
6. 延辉成趣
7. 憩间
8. 亭

北

0    5    10    苏州畅园

0    5    10    苏州畅园

图 12-88  苏州畅园平面图

图 12-87  苏州畅园俯视图

北面与主体建筑"留云山房"相近,既可形成一个相对的主导空间,又与隔水亭廊形成体量大小与虚实的对比。"涤我尘襟"的构思甚妙,若用单坡顶则笨重,体量显得太大;若用两坡顶则山墙太实,妙在用了半个歇山顶,山花向外翼角飞扬,不仅无沉重之感,而且造型丰富有飞动之美。为了开朗而轻逸,则檐下求虚,故窗槅排比而空棂,建筑体量看来较大,而不觉其沉重,充分发挥了中国传统木构架建筑屋顶的长处[73]。(图 **12－89** 为苏州畅园西面景观,图 **12－90** 为畅园西南隅待月亭)。

### 八、壶　园

壶园原在苏州庙堂巷,现已不存,园基地为长方形,面积很小,仅 300 平米左右。园在宅东,如此小园,嵌于住宅之中,当然不存在**设门**与**留径**的问题。

园林的布局,只能用**实两头而空其中**的办法,由于园小空间狭隘,如何突破这空间的局限,而能多少体现出自然山水的精神,是个很大的难题。

从住宅入园,在西垣设圆洞门,进门处即为沿西墙构筑的游廊,折南为架于水上的半亭,廊可通前厅达后堂。小小园林,池水满庭,水占有很大的比例。壶园之水,确是下了一番惨淡经营的工夫,水面南阔北狭,堤岸曲折,石块嶙峋,犬牙交错;南端水入堂除阶下,西面半亭前楹亦如架水上,充分运用了"**临溪越地,虚阁堪支**"的手法,从而打破了池边岸的视界局限,扩大了空间。池上还架有两座石板小桥,如计成在《园冶》中所说,具有"**疏水若为无尽,断处通桥**"的妙用;在空间上,桥隔而水不

图 12－90　苏州畅园西南隅待月亭景观

苏州畅园图纵剖面图

图 12 - 89　苏州庙堂巷畅园园纵剖面图（西半部景观）

断,视觉有莫穷之感,桥将这一勺之水,隔出了空间层次和境界。东墙藤萝翳蔽,加以竹树掩映,小小庭园而有林樾清幽、如涧壑般的深邃意境(图 **12－91** 为壶园平面图,图 **11－92** 为壶园俯视平面图,图 **11－93** 为苏州壶园胜概图)。

## 九、北半园

苏州的北半园之名,是相对南半园而言。南半园为工厂所占,早已毁坏殆尽。北半园虽已残破,其面貌大体尚存。所以名之为"半园",因园很小,除主体建筑"**四季厅**"和"**藏书楼**"的构架和屋顶是完整的建筑外,其余多为一半。如:半廊、半亭、半旱船等。园小,宽仅 10 余米,深不过倍之,平面如半个凸字形。

总体布局是:主体建筑"四季厅",在园北部较宽处,南端东南隅原有座半个不系舟的小榭,名"**旱船**"。其南原来还有小院,拓宽街道时已拆除,"旱船"的旧貌已难寻觅,成为简易的坡屋了。"四季厅"露台前为池,池水几占满庭,水面向东北"四季厅"侧分流成小池,用"**断处通桥**"法,在水口处建小桥。池的东西两边,因空间狭小,只能构筑亭廊,西面的亭廊已残缺不全,东面的半廊尚完好(图 **12－94** 为苏州

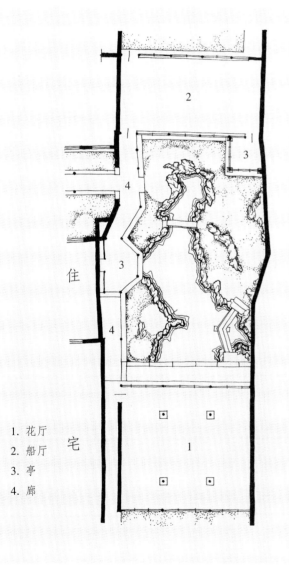

1. 花厅
2. 船厅
3. 亭
4. 廊

**图 12－91 苏州壶园平面图**

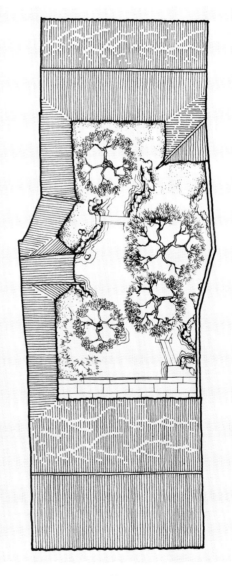

**图 12－92 苏州壶园俯视图**

图 12 - 93　苏州壶园胜概(已不存)

北半园平面图,图 **12 - 95** 为北半园俯视平面图)。

　　"半廊"者,廊甚窄,宽仅容人,两头各一间靠墙是半坡顶也。廊的中部三间离墙,平面呈八字形,中一间开敞,左右两间砌墙,各开一窗空。廊既有曲折之意,且夹隙借天,点缀以竹石,颇有空灵之趣。此亦**"方方侧景,处处邻虚"**的空间处理手法也(图 **12 - 96** 为北半园东面景观)。

　　最妙者是半廊北端,院墙转角处建了一座六角半亭。亭下叠石使高,随着亭的高耸尖顶,将园墙随亭依势做成叠落的形式,从而打破围墙等高的呆板和单调。墙有高下起伏,景有主次虚实,轻重均衡,曲折有致。小园景物不多,空间亦很有限,但意象丰富,而意境无穷。园虽多半,形象则完整,可谓**以少总多,寓无限于有限之中**的佳构(图 **12 - 97** 为苏州北半园半亭景观)。

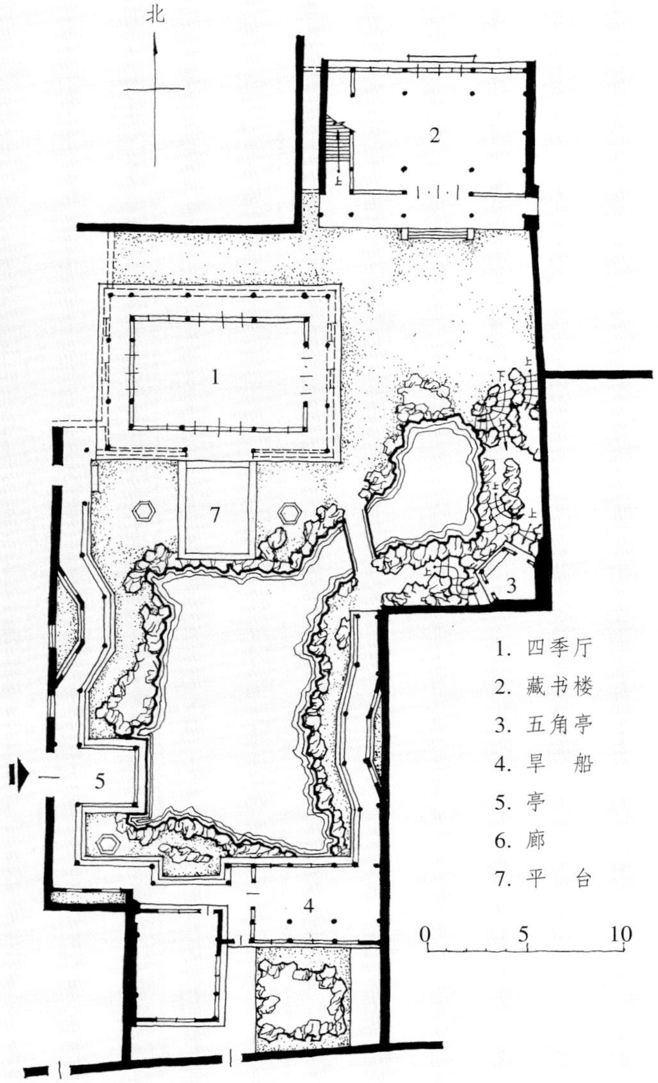

苏州北半园俯视图

图 12 - 95

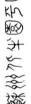

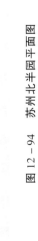

苏州北半园平面图

1. 四季厅
2. 藏书楼
3. 五角亭
4. 旱船
5. 亭
6. 廊
7. 平台

0    5    10

北

图 12 - 94 苏州北半园平面图

733

图12-96 苏州北半园纵剖面(西立面)图

图 12－97　苏州北半园半亭景观

## 十、残 粒 园

　　残粒园是吴姓私家的小园,园名"残粒",可见其小。平面近方形,面积仅 10 × 12 米,120 平方米,如镶嵌在住宅建筑群中的一粒珍珠(图 **12－98** 为苏州装家桥吴姓住宅总平面图,图 **12－99** 苏州装家桥吴宅二层平面图)。

　　残粒园的总体规划设计很简约,景物少到不能再少了,全园只有中央一洼小池和西北角上的一座半亭 (图 **12－100** 为残粒园平面, 图 **12－101** 为残粒园俯视图)。水面之小,境之远,虽不能如文震亨所说:"一勺则江湖万里"(《长物志》),但堪称理极精微,颇有深远之意。小池除以乱石为岸的手法,打破边岸的视界,且岸边湖石,均叠挑出的石块上,使人不见水际,获得视觉无尽的效果。为了使这一洼死水变活,将南岸的地面拱起(平面画踏步处),做成水口,似其深莫穷,令人产生似有源头活水的联想(图 **12－102** 为残粒园纵断面图)。

　　园的西北角,正是隔壁楼厅的山墙,为化实为虚,必须**见山构亭**。限于园基太小,只能靠墙构半亭,名"**栝苍**";因山墙高大,而在亭下叠石为山,山内洞穴宛转,外为断涧,上设嶝道、栈桥,洞内可拾级而登亭上,形成立体的环路。从构图上看,亭、

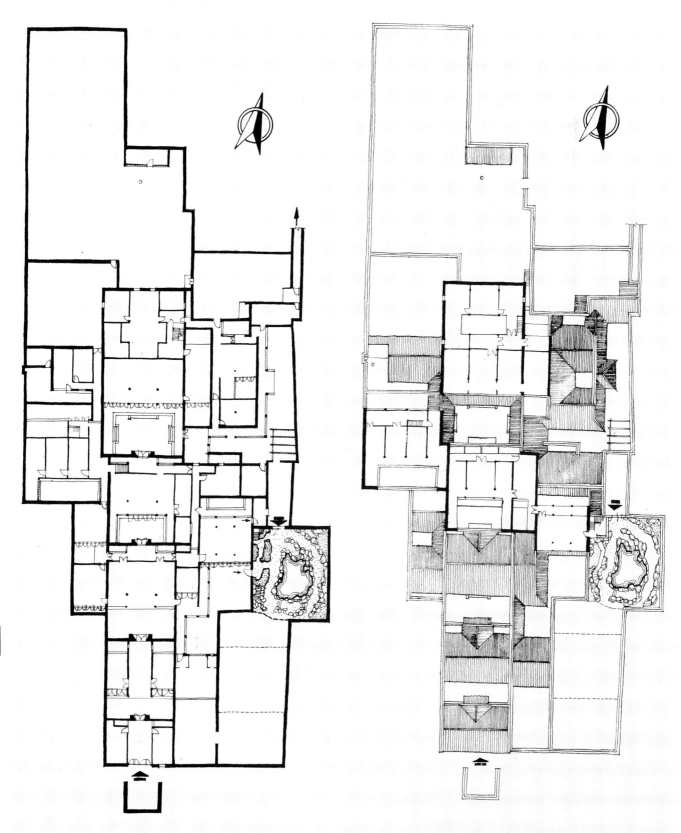

图 12 - 98　苏州装家桥吴宅残粒园平面图　　　　　　　图 12 - 99　苏州装家桥吴宅残粒园二层平面图

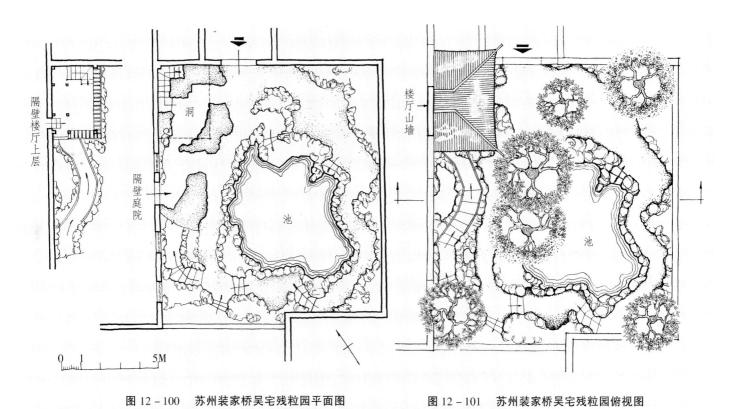

图 12 – 100　苏州装家桥吴宅残粒园平面图　　　　图 12 – 101　苏州装家桥吴宅残粒园俯视图

山与背后的山墙、院墙,高下相应,加之墙头悬葛垂萝,十分和谐而生动(图**12 – 103** 为苏州装家桥吴宅残粒园东立面)。

残粒园虽很小,立意高古,处处精思细作,一勺之水,有如深潭;崎岖嵚路,如履绝涧;半个小亭,空灵翼然,颇有山林清旷的意境,可谓须弥芥子。它体现了中国园林艺术的水平和特色。

为探讨古典园林的设计规律,通过以上几座不同规模和地形条件的园林实例分析,可以说明一个重要的事实,即建筑的空间艺术——建筑的造型、位置与空间组合,是园林空间结构组成的重要因素。古代城市中造园,不论大小和平面形状如何,都极少整齐的几何形,不是南凸北凹,就是东偏西缺,形成许多死角,难以充分利用,更难造成可观、可游、可居之境。因此,因形就势,邻嵌补缺,布置建筑,组织庭院,用杰出的空间意匠和独特的手法,"**往复无尽**"和"**处处邻虚,方方侧景**",使人感到空间的无尽和无限,从而达到意趣无穷的审美效果,这正是古典园林艺术成就所不可或缺的方面,也是使人工水石获得**高度自然精神境界**所必需的**生活环境**。其实,这一点在计成的《园冶·兴造论》中,已非常明确地指出了,却往往为研究中国园林和《园冶》者所未理解而忽视了。

那么,什么是古典园林设计的规律呢?

**所谓规律,是事物发展过程中内在的、本质联系和必然的趋势,具有普遍性、客观性、必然性。**任何事物都有其自己的发展规律,不承认规律,科学就不能发展。规律是看不见摸不着的,必须在占有丰富资料的前提下进行分析研究,从感性认识上升为理性认识,才能看到事物的本质和它的发展规律,也就是要透过现象去看事物的本质。读书同样如此,如罗兰·巴特所说的,要超越文字表面,去领会文字背后的精神实质。用传统的说法,就是"从无字句处读书",或者说"意在言外"。

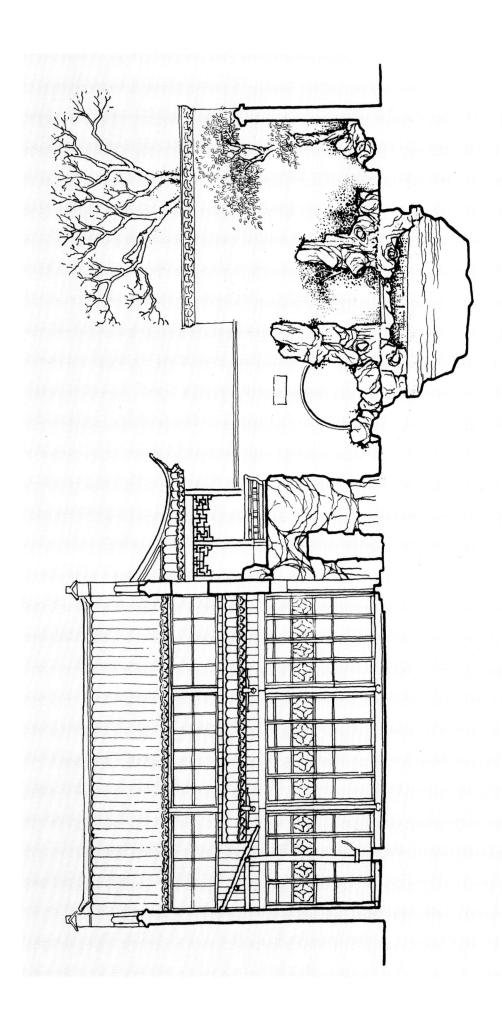

图 12－102　苏州残粒园横断面图

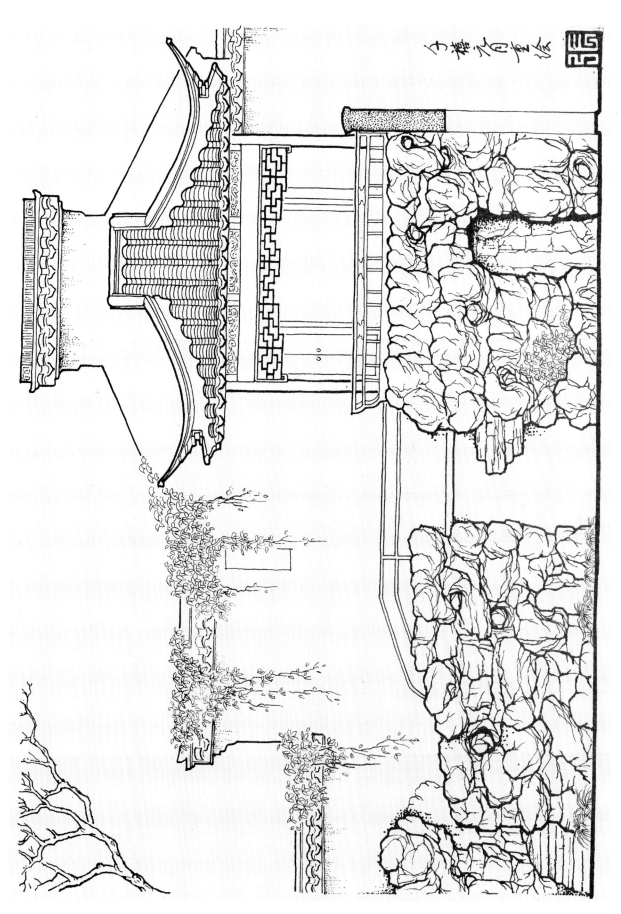

739

图 12－103　苏州装家桥吴宅残粒园东立面

从上面园林总体规划设计的实例分析,已经说明了这一点。《园冶》是造园学,总体布局是不可少的内容。但明代的计成,不可能有今天的规划设计概念,因受时代的局限,也不可能科学地论述这个问题,有关内容只是三言两语分散在书中有关部分。如果胶柱鼓瑟地局限于文字表面,既不能正确解释字句的意思,更不可能看出文字间的内在联系,望文生义,必然要误解或曲解原义。

在园林的总体布局中,厅堂位置是影响全局的**关键**。《园冶·立基》概念,开宗明义第一句就是"**凡园圃立基,定厅堂为主**"。这句话看来易懂,其实不然,"厅堂"二字连用,是比较模糊的概念,只是泛指体量较大,有公用性的建筑物。中国建筑的名称,在形式和功能方面,离开它在组群建筑中的位置和环境、具体性质,是很难做出严格的界定的。

按习惯称"堂"的是主体建筑,"厅"则不尽然。就在《园冶·立基》专讲"厅堂基"一则,除了"古以五间三间为率"这句,通指厅、堂的间数,后面几句讲,可以多半间也行,而且通前达后,全在这半间中生出幻境,就不是指的主体建筑"堂"了。

"定厅堂为主",显然是指园林建筑中的主体"堂",所以计成接着这句话提出,要"先乎取景,妙在朝南,倘有乔木数株,仅就中庭一二,筑垣须广,空地多存",以便创造景境等。到清代乾隆年间,沈元禄记南翔"猗园",就非常明确地指出:"**奠一园之体势者,莫如堂**"。堂的位置,要求"**一园之胜,可得而揽其大凡**"。而计成所说的种种,正是为了堂能览一园之胜的设计条件。

言外之意,园林总体布局,主要决定于堂的位置。从园居生活要求来说:堂,对内是园主家庭团聚和赏心乐事的活动之处;对外是接待宾客游赏园林、吟诗作画、品茗宴集的场所。要求空间宽敞,朝向要好,形象俨雅,视野开朗,可以一览园林的胜概。这就是说,堂的位置应在园林景区的中心。换句话说,堂的位置一定,园林景区与庭园的相对位置也就决定了,进一步则是按照地形地势进行具体的景境设计了。

明确厅堂位置在总体规划中的重要性,了解作为主体建筑的厅堂,对环境和景观的要求,还不能解决厅堂安排位置的问题。那么,厅堂在园基中的位置,是根据什么因素决定的呢?

计成在《园冶》中几次提出有关厅堂位置问题,特别是在城市私家园林的基地选择——《园冶·相地·傍宅地》中,非常明确地提出:"**设门有待来宾,留径可通尔室**",这两条直接影响厅堂位置的要求。

以往注释《园冶》者,只是从文字表面下工夫,未究文字背后的精神实质,将这两句话译成:"设门以待来宾,留径可通近室"[74]。对咬文嚼字者来说,译文译得很精彩,不多一个字,不少一个字,只改动了两个字,即用"以"代"有",以"近"释"尔",就成很通顺的白话了。话虽通顺了,意思并未清楚,大概注释者自己也没有弄清楚,所设者何门,留径通向何室。真可谓是以其昏昏,令人昭昭了。此译等于未译!

对古籍注译者只从文字表面出发,就不可能看到书中文字之间的内在联系。如《园冶·相地》后"立基"篇概论中的"**安门须合厅方**","门楼基"中的"**惟门楼基,要依厅堂方向,合宜则立**"。按字面就译成:"安设门楼,必须与厅堂的方向相符[75]"。"但门楼的基地,要依照厅堂的方向,形势合宜,就照它的方向建立"[76]。将安门之门,译成门楼,大概是为了与同一篇的"门楼基"中用词的一致,但注释者并没有看到,这门楼与"傍宅地"中所说的"设门"与"留径",有什么内在的联系,没有弄清楚这门究竟是宅门还是园门?当然也就根本不知道这"门"之所以"要依厅堂方向",在总体规划设计中的意义和作用了。而将"**合宜则立**"四个字,译成:"形势合宜,就照它的方向建立。"这"形势"如是指地形地势的话,难道它影响"必须与厅堂的方向相符"的原则吗?如果与形势不宜,是否"就(不)照它(厅堂)的方向建立呢?真是不译还能明白,一译反而糊涂了!所谓"合宜则立",不是指合地势之宜,而是合于总体规划的要求才能确定之义。

"设门"与"留径",是园林总体规划中的主要矛盾。设门,是设置园林直接开向街巷的园门,避免宾客干扰主人家庭的起居生活。园门必须与主体建筑厅堂的方向一致,是为了邀请宾客游园进门后,能方便而有序地到达景区中心待客之处的"堂",而一览园林的胜概。所以,由园门至厅堂,是园林的主要游览路线,景境的设计,要有序列、有节奏、有开合,富于变化而引人入胜。留径是园林和住宅的有机组成部分,是主人和家人经常园居的活动场所,同样需要有一条最便捷的路径,能随便通入园的景区中心。不论园林的游览(交通)路线多么复杂和变化莫测,这两条路线必须在规划中首先解决,既要规划得科学合理,又要达到造园艺术的审美要求。

实际上,这两条主要路线的交点,就是主体建筑"堂"的位置。所以说,"设门"与"留径"的矛盾解决了,主体建筑"堂"的位置也就确定了。堂的位置确定,园林的整体空间结构——景区与庭园的相对位置和关系,大体也就确定下来。这就是"**凡园圃立基,定厅堂为主**";"**奠一园之体势者,莫如堂**"所包含的规划设计内容和意义。

不言而喻,"设门"、"留径"、"定厅堂",三者是互相联系相辅相成的,同时都要受宅基的制约。因造园人与地俱有异宜,且城市造园基地多偏缺不齐,园有大小,地形不一,宅与园的相对位置和关系,对三者起着制约的作用。《园冶·相地·傍宅地》第一句所说:"**宅傍与后有隙地可葺园**"。事实上,不可能先造好住宅,再看留下多少隙地造园,而是根据基地的具体情况和条件,按业主的要求,通盘运筹,统一规划,只有将住宅与园有机结合才能相得益彰。从以上园林实例的分析,充分说明园林的"设门",通向住宅的"留径",奠一园之体势的"堂"位置,在宅与园的相对位置一定时,这三者是互相依存和制约的关系。这一内在的联系和矛盾运动,对古典园林具有**客观性、普遍性、必然性**。这就是园林规划设计中带有**规律性**的东西。

园林的规划设计,是科学也是艺术。是科学的,须分析人的生活方式,人对园居生活的欲求,因人、因时、因地制宜,充分合理地运用物质技术手段去创造环境;是艺术的,须分析人的视觉心理活动过程的审美特点,创造出视觉无尽的、时空无限的山林意境。

注　释:

① 童寯:《造园史纲》,中国建工出版社,1981 年版,第 1 页。

② 张家骥:《中国造园史》,黑龙江人民出版社,1986 年版,第 43 页。

③④《昭明文选译注》第一册,吉林文史出版社,1987 年版。

⑤ 宋作胤:《周易新论》,湖南教育出版社,1982 年版,第 15 页。

⑥ 黄盛璋,文载《地理学报》,1983 年 4 月。

⑦ 晋·葛洪:《西京杂记》。

⑧ 西汉·扬雄:《羽猎赋》,见《昭明文选》。

⑨ 元·马端临:《文献通考》。

⑩ 西汉·史游:《急就篇》。

⑪ 张家骥:《中国造园史》,第 52 页。

⑫⑬ 黑格尔:《美学》第三卷,上册,商务印书馆,1979 年版,第 104 页。

⑭ 车尔尼雪夫斯基:《生活与美学》,海洋书屋,1947 年版,第 83 页。

⑮ 黑格尔:《美学》,第 105 页。

⑯《中国造园论》,山西人民出版社,1991 年版,第 107 页。

⑰ 黑格尔:《美学》第 49 页。

⑱ 西汉·淮南王刘安等：《淮南子·氾论训》。

⑲ 东汉·班固：《汉书·元后传》。

⑳ 魏·曹丕：《典论·论文》。

㉑ 鲁迅：《而已集·魏晋风度及药与酒的关系》。

㉒㉕ 参见《中国造园史》"魏晋南北朝的苑囿"一节。

㉓ 北齐·魏收：《魏书·恩幸列传·茹皓传》。

㉔ 北魏·郦道元：《水经注·穀水》。

㉖ 唐·张彦远：《历代名画记》。

㉗ 南朝·梁·沈约：《宋书·羊玄保传·附羊希传》。

㉘㉙《宋书·谢灵运传》。

㉚ 参见《中国造园史》第四章"唐代帝王的园苑"一节。

㉛ 南宋·张淏：《艮岳记》。

㉜㉝ 北宋·赵佶：《御制艮岳记》。

㉞ 明·计成：《园冶·相地》。

㉟ 后晋·刘昫：《旧唐书·白居易传·附池上篇》。

㊱ 唐·元结：《元次山文集》。

㊲㊳ 白居易：《太湖石记》。

㊴ 卞孝萱编：《郑板桥全集》，齐鲁书社出版，第215页。

㊵ 清·刘熙载：《艺概》。

㊶ 闻一多：《古典新义·庄子》，载《闻一多全集》第二册，三联书店，1982年版，第289页。

㊷《中国造园论》，第118页。

㊸㊹ 张家骥：《园冶全释》，山西人民出版社，1993年版，第326页。

㊺《中国造园论》第148页。

㊻ 清·爱新觉罗·弘历：《惠山园八景诗序》。

㊼ 参见《中国造园史》有关清代皇家园林部分。

㊽㊿《园冶全释·相地·山林地》。

㊾ 陈植：《园冶注释》，中国建筑工业出版社，1981年版，第52页。

51 如何解释《园冶》，我在《园冶全释》的"序言"中已作了详细的说明，本无须对"死在句下"的不同意见浪费笔墨去回答，为对读者负责，这里对如何做学问提出我的见解，说明我的研究思想方法。《园冶》是造园学，不是文学！

52 清·沈复：《浮生六记》，作家出版社，1995年版，第40页。

53 清·吴伟业：《梅村家藏稿·张南垣传》，卷五十二。

54 清·于敏中等：《日下旧闻考·国朝宫室》卷二十六。北京古籍出版社，1985年版，第366页。

55 清·吴振棫：《养吉斋丛录》，北京古籍出版社，1983年版，第193页。

56《中国造园论》第232页。

57 同上书，第82页。

58 59《园冶全释·自序》。

60《园冶·相地·傍宅地》。

61 清·李渔《闲情偶寄·房舍第一·途径》。

62 63《园冶·立基》。

64 66 67《园冶全释·装折》。

65 68《中国造园论》，第88~89页。

69《浮生六记·浪游记快》卷四。

70 清·钱大昕：《网师园记》。

71 72《苏州旧住宅参考图录》，同济大学教材科，1958年版。

73《中国造园论》第124页。

74 75 76 陈植注释：《园冶注释》，中国建筑工业出版社，1981年版，第60、63、67页。

附录:

# 对《辞海》中有关建筑词义的质疑

近几年我在撰写《中国建筑论》一书的过程中,深感建筑学界从未对中国传统建筑做过系统的理论研究,造成建筑名词概念上的十分模糊,解释不确以至谬误之处,比比皆是。这种情况集中反映在当今我国最权威的辞书《辞海》中。对此,却未见有人提出过疑问,建筑学界早已**习非成是**了。我就著述中所及,做了点考据,摘其要者提出,向《辞海》有关建筑词条的撰写专家们求教。

栋。《辞海》解释:"栋,房屋的正梁。"若按此说,《易·系辞》:"上栋下宇,以待风雨。"《孔颖达正义》:"于屋则檐边为宇","**上栋下宇**",就成了"上梁下檐",这句话就无法理解了。

《说文》:"栋,极也。"注:"极者谓屋至高之处。《系辞》曰:上栋下宇。五架之屋,正中曰栋。《释名》曰:栋,中也,居屋之中。"所以《康熙字典》将"栋"解释为"屋脊"。宇,是屋边,即檐部。"上栋下宇"意指屋顶。准确地说,**栋,是脊檩**。

清代的文字训诂学家段玉裁在《说文解字注》的"**宋**"(梁)字注中,明确地指出:"栋与梁不同物,栋言东西者,梁言南北者。"这是从传统建筑主要方位是坐北朝南而言。用现代专业语言说,南北向布列的、两度空间构架中的水平承重构件,方称之为**梁**。在两片(缝)梁架之间,东西向搁置在梁头的、构成三度空间的横木,则称之为"**檩**"或"**桁**"。檩是直接承托屋面的构件,按其搁置的位置有不同名称。五架之屋当中的脊桁,古称之为**栋**;脊桁前后之金桁,古称之为**楣**;金桁前后之檐桁,古称之为**庪**。这就是《仪礼·乡射礼》注中所说:五架之屋"正中曰栋,次曰楣,前曰庪。"

在中国传统的木构架建筑中,檩或桁不在梁架结构中,所以段玉裁说:"栋与梁不同物",并强调"不得谓梁为栋也。"

楣。《辞海》:"楣①房屋的横梁,即二梁。"这个解释的错误,也是将檩作梁。

桴。《辞海》:"桴①房屋的次栋,即二梁。"中国木构架中的构件,在结构中位置和作用相同者名同,位置和作用不同者名异。如桁下辅以与桁平行的通长木枋,在宋式中不论其在脊槫或平槫之下,都称"襻间",而苏式在脊桁、金桁、步桁之下者,皆称"连机"。虽与桁的位置相同,因是桁的辅助构件,故不能名之为桁。栋是脊桁,只有一根,何来主次之分,也从无一梁、二梁之说。

桴,在建筑中就是栋。《尔雅·释宫》:"栋谓之桴。屋稳也。"《康熙字典》:"屋稳,即屋脊也。"**桴即栋,脊桁也**。

桁。《辞海》:"桁,梁上的横木。"这个解释在概念上很模糊。

梁思成《清式营造则例·辞解》:"桁,梁头与梁头间,或柱头科与柱头科间之上,横断面作圆形,承椽之木。"从木构架整体关系而言,**桁,是在两缝梁架之间,构**

成空间框架的横向圆木。

桁,亦称檩。大式大木称桁,小式大木称檩。即有斗栱的构架称桁,无斗栱的构架称檩。但不论是叫"桁"还是"檩",都用圆木制作。所以在唐、宋时称之谓"槫",《康熙字典》:"槫,音团。楚人谓圆为槫。"显然"槫"是从构件用圆木而来。宋代之所以强调桁的截面为圆形木料,可能与《营造法式》中规定梁的截面为矩形有关。《营造法式》中称梁为"栿",构架中不同位置和长度的梁称之为"x 椽栿"。

槫和栿字,是学习中国建筑必不可少的两个字,《辞海》都没有收入,不知何故?《辞源》有"栿",释:"房梁",但没有解释梁何以称栿。经我研究解释如下:

**栿** 按《营造法式》卷五"大木作制度二"规定梁截面为 **3∶2** 的矩形,"凡方木小,须缴贴令大;如方木大,不得裁减,即于广厚加之。"意思大概是即使方木大于规定尺寸,也不允许裁减,不仅就照来料尺寸用上去,而且要按截面的比例补足。这就是说,圆木锯方必须补材加高才能合于梁的截面比例。据此就解开一个谜团,为什么在辽宋遗构中,几乎梁上都加有"缴背"的道理! 梁的这种做法之所以称栿,如《康熙字典》所说:"栿,梁栿也。以小木附大木上为栿。"**栿,宋式附有缴背的梁**。

**楹** 《辞海》:"①厅堂前部的柱子。②计算房屋的单位,一列为一楹。"

厅堂"前部"不明确,应为"前列"。但楹并非前列柱子的专称,清代官式建筑前列柱子称"**檐柱**",苏式称"**廊柱**"。楹是柱子的通称,《说文》:"楹,柱也。"如《诗》:"有觉其楹。"《春秋·庄公二十三年》:"丹桓宫楹。"**楹,柱子**。

楹作为房屋计算单位,"一列为一楹",此释犯了常识性错误。直排叫行,横排叫列,一列就不止一栋房屋,唐·陆龟蒙说他隐居甫里(今昆山甪直镇)时,"有地数亩,屋三十楹"。数亩之地,能造下数十栋以至近百栋房屋吗?

清代学者段玉裁在《说文》"楹"注中,从《礼记》、《考工记》等古籍考证,否定《释名》解释:"楹,亭也,亭亭然旁无所依也"的说法,考证古"杠谓之楹,楹即楹",《史记》作"栾逞,其比也"。证明,楹是一对柱子。对联贴在一对柱子上,所以才称为"**楹联**"。从房屋立面看,两根檐柱之间,是两缝梁架之间,构成房屋的基本空间单位"间"。《康熙字典》:"楹,言盈盈对立之状"是正确的。楹,作为房屋计算单位,一间为一楹。

**堂** 《辞海》:"①古代宫室,前为堂,后为室";"③四方而高的建筑;四方形的坛"。

①对堂的解释,大概来自《尔雅·释宫》:"古者有堂,自半已前虚之谓之堂;半已后实之谓之室"(《康熙字典》)。这是说明古代寝制居住房屋平面布置情况,不看图是无法理解这句话的意思,见清·黄以周《礼书通故·名物图·宫》所示。《辞海》却用本身就需要解释的文字来解释"堂",作为工具书,读者查阅,将如何理解"堂"与"室"的前后关系呢?

③《辞海》在这一解释下,引用

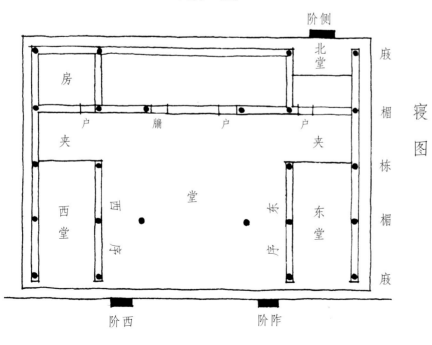

阶侧

北堂

房

户 牖 户 户

夹 夹

西堂 栋 东堂 楣

西 序 堂 东 序 寝图

庪 楣 庪

阶西 阶阼

了《礼记·檀弓上》:"吾见封之若堂者矣。"郑玄注:"堂形四方而高",藉以证明堂是"四方而高的建筑"和"四方形坛"的说法。

这个解释犯了主观主义的错误,显然词条撰写者认为"堂"这个字,只能是指称的房屋建筑。正因如此,既不考虑《礼记·檀弓上》讲的是丧礼,也不问引文中的"封之若堂",明明不是指堂本身,为了证明堂是房屋建筑,不惜断章取义,将郑玄注:"封,筑土为垄,堂形四方而高"的前半句删掉,只用"堂形四方而高"的后半句,这就歪曲了引文《檀弓上》是讲坟墓筑土形状的原意。

可见词条撰写者,大概不知道"堂"本义就不是指建筑,《说文》:"堂,殿也。"段玉裁注:"堂之所以称殿者,正谓前有陛,四缘皆高起,沂鄂显然,故名之殿。"沂鄂亦作垠鄂,殿鄂,边界之意。前面有阶级,四周边缘高出地面者,房屋下之台基也。

刘致平先生早在 **1935** 年发表在《中国营造学社汇刊》第六卷第二期的"建筑设计参考图集简说"中,通过《墨子》、《礼记》、《考工记》等典籍中有关"堂"的资料分析,结论是"古所谓'堂',就是宋代所谓'阶基',清代及今所谓'台基'。堂原非指建筑。《诗·鄘风》:"望楚与堂"。注:"山之宽平处曰堂",亦可佐证。

《康熙字典》:"堂,当也,谓当正向阳之宇也。"后世,堂为组群建筑中的主体,位于主轴线上,坐北朝南。**堂,当正向阳轩敞的建筑**。这是堂作为房屋建筑的解释。

**馆** 《辞海》:"**❸**房舍建制的通称。"这个解释实在令人费解,"建制"是指行政区划和军队的编制与隶属关系,而馆是一种建筑,两者性质完全不同。在这条解释后,撰写者引证了汉·司马相如《上林赋》:"于是乎,离宫别馆,弥山跨谷。"难道"离宫别馆"是一种建制吗?其内容是什么呢?何况"馆"与"别馆"也是有所区别的。

《说文》:"馆,客舍也",是接待宾客的房舍。**别馆,古代帝王于正式宫殿之外,别筑宫室,以供游娱之处。**

**亭** 《辞海》:"**❶**一种开敞的小型建筑物"。此释反映"亭"的建筑特征不够。

**亭,四围开敞的小型点式建筑。又:古代的城防和边防建筑之一。**《墨子·备城门》:"百步一亭,高垣丈四尺,厚四尺,为闺门两扇,令各可以自闭。"岑仲勉注:"闺门,即亭垣之门。"

**阁** 《辞海》:"**❶**我国传统楼房的一种。《淮南子·主术训》:'高台层榭,接屋连阁。'其特点是通常四周设槅扇或栏杆回廊,供远眺、游憩、藏书和供佛之用。"解释太笼统,不能概括不同功用的阁的特点。

藏书者,梁架纵向组合成的多间二层楼房。

游憩者,多为型体组合的独立式建筑,四面槅扇,绕以雕栏,宏敞而崇丽。

供佛者,三面筑墙,一面户牖开敞,设平座雕栏,结构成筒状空间,以陈列大型立塑佛像。

**牌坊** 《辞海》:"**❶**又名'牌楼'。一种门洞式的纪念性建筑物。"此释不妥!在建筑形式上牌坊与牌楼是有区别的。

牌坊,梁柱结构成门宕式的标志性纪念性建筑物。梁间有题字的牌,古时多用于标识坊里故名。

牌楼,梁柱结构成门式框宕,梁间有牌可题字,梁上置斗栱承托檐屋的标志性纪念性建筑物。因檐屋(房屋之顶盖)呈对称的叠落形式,称"起楼",故名牌楼。

**门**。《辞海》:"建筑物的出入口上用作开关的设备。如:板门、铁门。也即指出入口。如大门;城门。"解释中国传统建筑不够确切。

中国传统建筑的门与户有别,《玉篇》:"门,人所出入也,在堂房曰户,在宅区域曰门。"堂房曰户,是指宅中房舍向庭院一面通间所做的楅扇。宅区域曰门,是指住宅对外在墙上所开的门。对中国传统建筑言,**门,是开辟在墙上安装有门扇的出入口**。如:大门、后门、塞口墙门(庭院之间)、庙门、城门等等。

牖 《辞海》:"①窗。"古代窗与牖有别,以窗释牖不妥!

《说文》:"牖,穿壁以木为交窗也。"段注:"交窗者,以木横直为之。"故云:"在墙曰牖,在屋曰窗。"窗,是在柱间满设窗扇者。**牖,是传统建筑在墙上开的窗**。

筵 《辞海》:"①竹席。《诗·大雅·行苇》:'或肆之筵,或授之几。'②古人席地而坐,用筵作坐具,所以座位也叫筵。"

①筵非竹席,所引《诗·大雅·行苇》的"肆之筵",是摆设酒筵的意思,与筵是否用竹编织无关。从《周礼·春官·司几筵》:"掌五几五席之名物,办其用与其位。"司几筵,是《周礼》春官宗伯的属官,主管办明几筵的名称、用途以及陈设等事务。五席中"筵"只有两种,即"**莞筵纷纯**"和"**蒲筵缋纯**"。莞是较细的小蒲草,莞筵纷纯,就是用莞草编织的以白丝带为边饰的席子;蒲筵缋纯,则是用蒲草编织的以红丝带为边饰的席子,没有用竹材编织的筵。正如段玉裁在《说文解字注》中说,《说文》释"筵,竹席也。"认为许慎"释筵为竹席者,其字从竹也。"

②释"筵"为坐具或座位,是错误的!虽然《周礼·司几筵》注:"筵亦席也。"但筵与席的功用不同,所以两者的形状和尺寸也不一样。《说文》段玉裁注:"**铺陈曰筵,藉之曰席**。"古人席地而坐,满铺在室内地面,以防潮、保暖的蒲草编织物称筵。置于筵上人坐处的垫子称席(见下"席"条)。

筵,既然铺满室内地面,筵的大小就与室内面积有相互制约的关系。《周礼·考工记·匠人》有"**室中度以几,堂上度以筵**"之说,从"周人明堂,度九尺之筵",筵长为九尺(按战国每尺折合 **0.227** 米,约长 **2** 米)。从"凡室二筵",即室广与长都是二筵,则筵的宽度为四尺半,宽约 **1** 米。**筵,古人席地而坐,为防潮、保暖满铺室内地面的长 2 米宽 1 米的蒲席**。

席 《辞海》:"芦苇竹蔑等编成的铺垫用具。如芦席、炕席。此释非"席"的本义也。

《说文》:"席,藉也。"藉,可作坐垫解。《文选·游天台山赋》:"藉萋萋之纤草,荫落落之长松。"注:"以草铺地而坐曰藉。"席的形状,《说文》:"席,从巾。"段注:"其方幅如巾也。"说明席是方形,如古代拂拭用的巾。席的大小,按《礼记·曲礼上》:"若非饮食之客,则布席,席间函丈。"陈皓注:"非饮食之客,则是讲说之客也……,席之制,三尺三寸三分寸之一,则两席并中间空地共一丈也。"席约为 **75** 厘米的方形坐垫。席的制作材料、边饰,放置的位置,是单席还是重席,都与人的身份、地位、宾主关系等礼仪有关。**席,古人席地而坐,席是按人的身份、地位放在筵上的坐垫**。

瓦舍 《辞海》:"瓦舍,也叫'瓦肆'、'瓦子'。宋元时大城市里娱乐场所集中的地方。"此释如去掉"宋元"二字,对今天也适用,没有说明"瓦舍"的时代特征。

有的辞书对"瓦舍"的解释是歪曲的。如:

《辞源》(商务印书馆 **1983** 年版)解释:"㊁瓦舍,即妓院、茶楼、酒肆、娱乐、出售杂货等场所。"

《大辞典》(台湾三民书局 **1985** 年版)解释:"瓦子,宋代称妓院、茶楼、酒肆、卖杂货的店铺等场所。"娱乐的内容也没有了。

《中文大辞典》(台湾中国文化学院出版部 **1968** 年版)解释:"瓦子,宋时妓院之称。"完全歪曲了"瓦子"的性质。

宋元人笔记中对"瓦子"多有记载,瓦子是北宋仁宗朝坊市制崩溃以后,城市生活解除了千余年来在时间和空间上的管制和束缚,兴起对娱乐生活的渴求,在都城重镇出现了用木栅栏围成的露天圆场,并搭有舞台,以供百戏杂技的演出,这是中国建筑史上剧场建筑的萌芽和原始形式。这种用栅栏围成的露天演出场地,称为"勾栏",有的勾栏里搭有腰棚,故勾栏也称"棚"。

瓦子,就是由若干勾栏集中在一起的娱乐场所。勾栏大者可容上千人,瓦子大者有大小勾栏五十余座。正因瓦子中集中了大量游人观众,如《东京梦华录·东角楼街巷》所说:"瓦中多有货药、卖卦、喝估衣、探搏、饮食、剃剪、绘画、令曲之类。终日居此,不觉抵暮。"这些买卖,只举行当,不说是"邸店"或"铺席",显然都是临时性的摊点和"浮铺"。这一种由民间自发形成的瓦子里,不可能建有永久性建筑,《辞源》将"茶楼、酒肆"包括在瓦舍中已经不妥,《大辞典》还加上"店铺"二字,实是以今度之,想当然耳。

称瓦子即妓院,这是元以后,瓦子逐渐消失与明代称妓院为勾栏有关。如明·朱权(1378~1448)《太和正音谱》:"杂剧,俳优所扮者谓之娼戏,故曰勾栏。"

瓦子,北宋仁宗朝坊制崩溃以后,都市中出现的由若干演艺坊"勾栏"集中的游乐场所。

建筑 《辞海》:"①建筑物和构筑物的通称。"这是同语反复的解释。

我在《中国造园论·传统时代 时代传统》中为建筑定义:"在社会一定的生产发展阶段,形成人们的一定生活方式,人们总是以社会可能提供的物质技术条件,建造出适于自己生活方式的空间环境——建筑。"

建筑艺术 《辞海》:"通过建筑群体组织、建筑物的形体、平面布置、立面形式、结构方式、内外空间组织、装饰、色彩等多方面的处理所形成的一种综合性的艺术。"此释罗列的种种只是建筑艺术创作的手段而非本质。

我认为:建筑艺术,是在建筑物质实体所构成的空间环境,合目的性与合规律性的前提下,运用形式美的法则,并突破建筑的有限空间的局限,创造出空间无限的、富于生命力的形象。

建筑首先是人不可缺少的物质生活资料,所以,永远不可能所有建筑都能成为艺术。建筑艺术不同于意识形态性的艺术,不是反映生活而且直接体现人的物质的和精神的生活。在建筑中只有那些具有形式美和思想性的才能成为艺术。

《辞海》有关建筑词条中,还有一些解释不够完善和不够确切的,限于篇幅,不再列举。

# 后 记——

写完《中国建筑论》的最后一页，如卸下多年的精神重负，有种从未有过的轻松感和心境的虚明。想起 1984 年为我的第一部著作《中国造园史》出版写的后记中曾说："遗憾的是，在 50 年代却找不到一本系统的理论著作，当时仅有的一本中国建筑史，也非出自中国人之手。对此情景，我这青年学子，真是恨无此力而**奋惭怒臂**，但也更加激励了我对古代造园和建筑理论的探索。"①间隔近半个世纪，这本《中国建筑论》终于出版，总算了却我平生的夙愿。

40 多年来，手录笔耕，夜以继日，常常每天工作 10 多小时，几乎放弃了一切娱乐，能如此长期不懈，应该说是时代的造就。从内因说，是欲改变建筑无理论的历史，给予自我精神重负的压力；从外因说，是为生活中常令人愤懑的苦恼找一个消解的良方。因为只有全身心地投入研究之中，此中的精神境界，如我在《中国造园论·后记》中所说："常常为许多难以理解的问题，而彻夜地冥思苦想；又常常为了一点点了悟，而兴奋得废寝忘食。可能由于这种长期的夜以继日'**虚一而静**'的思考，不觉形成几乎近于'**禅定**'的思维方式，可以自觉地将意念进入无尽的求索冥想之中，忘乎所以到不闻其声、不见其形的境地，自然也就能排除、'**解脱**'了诸多烦恼，沉浸其中，得到无穷的人生乐趣。"②

自 1986 年《中国造园史》出版到 90 年代中，约 10 年时间，我奋力笔耕，先后出版了《中国造园论》、《园冶全释——世界最古造园学名著研究》、《中国园林艺术大辞典》等著作，共约 200 多万字。其中有两次特异的现象，我称之为"精神亢奋症"，整天毫无饥饿感和困倦感，既不按顿吃饭，也不按时睡觉，只随便吃一点点东西，随便小睡一两小时，醒了和没睡过一样精神。不仅精力非常旺盛，思维也十分清晰敏捷，时间在半个月到二十天左右，自己无法控制，所以写作效率特高。《中国造园论》和《园冶全释》这两本书，文字都在 35 万到 40 万字，也都只用了 7 个月左右的时间就完稿了。我在《中国造园论》的"后记"中，曾说："我夜以继日，信笔而书，一次草就，无时作任何修改"的话，是当时的实际情况。我与文友艾定增通信，谈到这种状态，怕会损害健康。他认为这是自身自然调动起来的精力，不会有问题。正如其言，每当一部书稿写完，总有五六天时间，大脑似停止了一切思维活动，全身瘫软，除吃饭外，连梦也无，一动不动地沉睡，过后就一切恢复正常了。

这十余年来，我的学术研究，实际成了纯属我私人的活动。研究没有一点经费，稿纸、墨水、打印等还可自理，古建筑调研就无法进行了。要感谢我的学生山西省古建筑研究所所长左国保校友，他多年来一直关注我的生活和研究，了解我的情况后，即聘请我为该所顾问，中国古建筑百分之七十以上在山西，调查古建筑的事就大大地解决了。

我已出版的几部著作，都是造园学方面的，不少人就以为我是园林专业出身，是搞这方面工作的，这是误会。20世纪50年代，我读大学时的建筑系里还没有园林专业，也没有造园学的课程。80年代，我来苏州筹建环保学院，任首届建筑系主任，设立了园林专业，却没有时间为他们上课。我曾在《中国造园论》中提过，我之所以能写点中国造园学理论的著作，就因为我是建筑师，研究园林与先辈学者不同之处，不是以品评鉴赏的眼光，抒发雅人深致之论。我是从设计者的角度，要搞清楚为什么要这样设计，这是如何设计的，等等。如我在《中国造园论》中，从庭园设计总结出**"往复无尽的流动空间理论"**等，就是如此。

我对古代建筑，也是从设计理论角度研究的，如本书第十一章"中国古典建筑艺术"中的**"独化玄冥论"**等等。我非建筑史学家，对建筑考古更是外行，所以，本书第八章"中国建筑的结构与空间"，主要是讲**减柱移柱**建筑，只是涉及古建筑结构问题，为了避免因知之太少而产生谬误，贻笑大方，贻误后学。写完这一章，就寄给学友、南京东南大学建筑系朱光亚教授，他是这方面的专家，承他仔细地看了手稿，列出文字上的疏漏讹误之处，更要谢谢他提出的重要建议：要讲清楚减柱移柱建筑，是否减柱，减了多少，如何移柱，就要找出一个标准构架的柱网平面，才能言之有据，便于分析。因此，我从宋《营造法式》的四种殿阁分槽图中，经分析"金箱斗底槽"应是木构梁架的标准构架形式和标准的柱网布置平面。据此将减柱或移柱的建筑，按"金箱斗底槽"画出柱网平面，与原柱网平面对比，是否减柱移柱就一目了然。由此还发现，不止一位的古建专家，误认为大同华严寺大雄宝殿是减柱建筑。因为按"金箱斗底槽"的梁架结构原则画出柱网平面，与原平面完全吻合，实际此殿既未减柱，也未移柱。

我的研究既然成了我个人的私事，为了免除一切干扰，就退休回家。其实是否退休，丝毫没有改变我的生活方式，仍然焚膏继晷，读书研究，为此摒弃一切纷扰，谢绝一切社会活动和交往，潜心著述。读书著述已成了我生活的主要活动内容，也是生活中惟一能得到的真正乐趣。有如明人陈继儒所说：

　　**闭门即是深山，**

　　**读书随处净土。**

这样的生活岂非太孤寂了？其实孤寂并非坏事，要看对谁而言。我深感：寂寞能使人达到**虚一而静**，洞察事物的内在联系和本质。或者说：能从无字句处读书。孤独能使人精力高度集中，变得无坚不摧，在崎岖的道路上勇往直前。我认为这种耕读的生活，是合乎养生之道的。人老是不可抗拒的自然规律，我虽年至古稀，但体质很好，既未鸡肤鹤发，亦未老态龙锺。因以往数十年，深夜不寐，抽烟太多，得了阻塞性肺功能障碍，爬高、用力、多走则气短；坐读写作一如既往，至今画钢笔画，手不颤抖；书写著述，一次草就。自然也不可否认，精力已不如五六年以前了，要写写停停，做做深呼吸，看看报纸、电视，而单位时间内的效率仍旧。

我没有一个助手，许多资料的查找核对，都是打电话由我的小儿子，在同济大学攻读建筑博士学位的张凡去做；我的学生夏健副教授常来谈谈建筑理论方面的困惑及问题，也曾为我查询和复印一些资料。这数年来的大部分时间我一人在苏州，生活上我胞妹玉玕包揽了所有家务，否则我也难以如此自如地专心一意地著述。尤其是完稿后大量的整理工作，如注释的核对和检阅，数百幅插图的分章编号等等,我就会头昏脑胀,疲惫不堪,幸亏有了我的妻子,她驾轻就熟,一切定稿工作就都由她代劳了。她成了我文稿的第一位读者。

一个人能按自己的意愿做学问,已属不易了。终年耕读而乐在其中,则更不易。得其环中,有所成就,能为社会和后人提供些有用的东西,那就是幸福!

注　释:
① 张家骥《中国造园史·后记》,黑龙江人民出版社,1986 年版。
② 张家骥《中国造园论·后记》,山西人民出版社,1991 年版。

**按:** 本书彩色照片(除 1 幅为新华图片社纳一同志提供外)均为我国著名摄影家顾棣先生拍摄。顾棣先生年逾七旬,在几十年的摄影生涯中足迹遍及全国,积累了各类题材的数万幅作品。他认真、热诚地从古建类作品中遴选出精品欣然提供于本书。

正文中的黑白照片为顾棣、王昊等十余人提供;全书的线条图均为本书作者亲绘。

在此,谨对所有热诚的支持者致以深深的谢意!

——编者
2003.6

后
记
●

责　　编：赵世莲
复　　审：郭　松
终　　审：张继红　张安塞
彩页摄影：顾　棣　纳　一
黑白照片摄影及提供者：顾　棣　王　昊　张家骥　水　石　等
黑白线条手绘图：张家骥
书籍设计：陈永平
责任监制：董建设

## 图书在版编目（CIP）数据

中国建筑论/张家骥著. —太原：山西人民出版社，
2003.9（2013.6重印）
ISBN 978－7－203－04617－2

Ⅰ．中… Ⅱ．张… Ⅲ．木结构－建筑理论－中国
Ⅳ．TU－098.9

中国版本图书馆CIP数据核字（2002）第063911号

## 中国建筑论

著　　者：张家骥
责任编辑：赵世莲
装帧设计：陈永平

出　版　者：山西出版传媒集团·山西人民出版社
地　　址：太原市建设南路21号
邮　　编：030012
发行营销：0351－4922220　4955996　4956039
　　　　　0351－4922127（传真）　4956038（邮购）
E－mail：sxskcb@163.com　发行部
　　　　　sxskcb@126.com　总编室
网　　址：www.sxskcb.com

经　销　者：山西出版传媒集团·山西人民出版社
承　印　者：山西出版传媒集团·山西人民印刷有限责任公司

开　　本：889mm×1194mm　1/16
印　　张：51
字　　数：1138千字
印　　数：3001—5000册
版　　次：2003年9月第1版
印　　次：2013年6月第2次印刷
书　　号：ISBN 978－7－203－04617－2
定　　价：330.00元

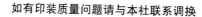